环保公益性行业科研专项（201109034）项目成果

金属矿采选业环境保护政策法规

环境保护部环境工程评估中心　编

中国环境出版社・北京

图书在版编目（CIP）数据

金属矿采选业环境保护政策法规/环境保护部环境工程评估中心编．—北京：中国环境出版社，2013.12

ISBN 978-7-5111-1419-8

Ⅰ．①金…　Ⅱ．①环…　Ⅲ．①金属矿开采—采掘工业—环境保护政策—中国②金属矿开采—采掘工业—环境保护法—中国　Ⅳ．①X-012②D922.68

中国版本图书馆 CIP 数据核字（2013）第 070630 号

出 版 人　王新程
责任编辑　黄晓燕
责任校对　唐丽虹
封面设计　宋　瑞

出版发行　中国环境出版社
（100062　北京市东城区广渠门内大街 16 号）
网　　址：http://www.cesp.com.cn
电子邮箱：bjgl@cesp.com.cn
联系电话：010-67112765（编辑管理部）
010-67112735（环评与监察图书出版中心）
发行热线：010-67125803，010-67113405（传真）

印　　刷　北京市联华印刷厂
经　　销　各地新华书店
版　　次　2013 年 12 月第 1 版
印　　次　2013 年 12 月第 1 次印刷
开　　本　787×1092　1/16
印　　张　46.25
字　　数　1050 千字
定　　价　120.00 元

本书编写委员会

主　编　任洪岩　李时蓓

副主编　王柏莉　苏　艺

编　委　周连碧　李　飒　张希柱　宋　爽　李　青

祝怡斌　鞠丽萍　陈　斌　李　敏　李　晨

许红霞　卢　力　关晓东　王　琼　周　俊

喻元秀　董晓东　庚　乐　刘大钧　翟圣佳

顾　睿　吴　铁　赵春丽　王海会　梁建辉

李　韧　陈宣颖

前　言

矿产资源是人类生存与发展的重要物质基础，矿业是国民经济与社会发展的基础产业。冶金工业是一个以开发利用矿产资源为主的传统产业，20 世纪 90 年代以来，我国冶金工业进入了一个高速发展阶段，目前已跃居世界第一大金属生产国。与金属冶炼产能相比，我国金属矿产资源相对贫乏，在当前和今后相当长时期内金属矿产资源的勘探、开发将成为建设重点，包括现有矿山企业的深部开采和外围找矿，开发强度会越来越大，矿产资源的开发与生态环境保护的矛盾将进一步加剧。

近些年来各级管理部门相继出台了若干个指导性政策法规和标准规范，旨在引导矿产资源有序开发，加强生态环境保护，推动采矿工业发展循环经济、节约能源和资源。为方便各级环境保护部门管理人员及从事金属矿采选业环境保护相关工作人员在工作中使用，我们对国家和地方颁布的金属矿采选业环境保护方面的相关法律法规、规范性文件、部门规章、政策及标准等进行了全面梳理，选编形成了《金属矿采选业环境保护政策法规》。

在本书编写出版过程中，有关省市环保部门和有色行业等企事业单位给予了大力支持，胡学海、王国栋、陶遵华、宗子就、王成功等专家提出了宝贵意见，中国环境出版社的领导和编校人员付出了辛勤的劳动，在此表示衷心的感谢！

由于时间紧迫，本书难免有缺漏，敬请读者批评指正。

编者

2013 年 11 月 30 日

目 录

第一部分 国家金属矿采选业环境保护政策法规

第一章 国家相关法律

第二章 国家相关法规、规章

一、行政法规和国务院文件

第三章　国家相关产业政策

一、产业政策

二、技术规范

三、污染物排放标准

四、固废污染控制标准

第二部分　国家及地方金属矿采选业相关法规、规划、标准目录

第五章　国家相关规划及标准

第六章　地方政策法规规划目录

第一部分

国家金属矿采选业环境保护政策法规

第一章　国家相关法律

中华人民共和国宪法（节选）

（1982年12月4日第五届全国人民代表大会第五次会议通过　1982年12月4日全国人民代表大会公告公布施行）

（根据1988年4月12日第七届全国人民代表大会第一次会议通过的《中华人民共和国宪法修正案》、1993年3月29日第八届全国人民代表大会第一次会议通过的《中华人民共和国宪法修正案》、1999年3月15日第九届全国人民代表大会第二次会议通过的《中华人民共和国宪法修正案》和2004年3月14日第十届全国人民代表大会第二次会议通过的《中华人民共和国宪法修正案》修正）

第九条　矿藏、水流、森林、山岭、草原、荒地、滩涂等自然资源，都属于国家所有，即全民所有；由法律规定属于集体所有的森林和山岭、草原、荒地、滩涂除外。

国家保障自然资源的合理利用，保护珍贵的动物和植物。禁止任何组织或者个人用任何手段侵占或者破坏自然资源。

中华人民共和国矿产资源法

中华人民共和国主席令

第74号

《全国人民代表大会常务委员会关于修改〈中华人民共和国矿产资源法〉的决定》已由中华人民共和国第八届全国人民代表大会常务委员会第二十一次会议于1996年8月29日通过，现予公布，自1997年1月1日起施行。

中华人民共和国主席　江泽民

1996年8月29日

中华人民共和国矿产资源法

（1986年3月19日第六届全国人民代表大会常务委员会第十五次会议通过，根据1996年8月29日第八届全国人民代表大会常务委员会第二十一次会议《关于修改〈中华人民共和国矿产资源法〉的决定》修正）

第一章　总　则

第一条　为了发展矿业，加强矿产资源的勘查、开发利用和保护工作，保障社会主义现代化建设的当前和长远的需要，根据中华人民共和国宪法，特制定本法。

第二条　在中华人民共和国领域及管辖海域勘查、开采矿产资源，必须遵守本法。

第三条　矿产资源属于国家所有，由国务院行使国家对矿产资源的所有权。地表或者地下的矿产资源的国家所有权，不因其所依附的土地的所有权或者使用权的不同而改变。

国家保障矿产资源的合理开发利用。禁止任何组织或者个人用任何手段侵占或者破坏矿产资源。各级人民政府必须加强矿产资源的保护工作。

勘查、开采矿产资源，必须依法分别申请、经批准取得探矿权、采矿权，并办理登记；但是，已经依法申请取得采矿权的矿山企业在划定的矿区范围内为本企业的生产而进行的勘查除外。国家保护探矿权和采矿权不受侵犯，保障矿区和勘查作业区的生产秩序、工作秩序不受影响和破坏。

从事矿产资源勘查和开采的，必须符合规定的资质条件。

第四条　国家保障依法设立的矿山企业开采矿产资源的合法权益。

国有矿山企业是开采矿产资源的主体。国家保障国有矿业经济的巩固和发展。

第五条　国家实行探矿权、采矿权有偿取得的制度；但是，国家对探矿权、采矿权有偿取得的费用，可以根据不同情况规定予以减缴、免缴。具体办法和实施步骤由国务院规定。

开采矿产资源，必须按照国家有关规定缴纳资源税和资源补偿费。

第六条　除按下列规定可以转让外，探矿权、采矿权不得转让：

（一）探矿权人有权在划定的勘查作业区内进行规定的勘查作业，有权优先取得勘查作业区内矿产资源的采矿权。探矿权人在完成规定的最低勘查投入后，经依法批准，可以将探矿权转让他人。

（二）已取得采矿权的矿山企业，因企业合并、分立，与他人合资、合作经营，或者因企业资产出售以及有其他变更企业资产产权的情形而需要变更采矿权主体的，经依法批准可以将采矿权转让他人采矿。

前款规定的具体办法和实施步骤由国务院规定。

禁止将探矿权、采矿权倒卖牟利。

第七条　国家对矿产资源的勘查、开发实行统一规划、合理布局、综合勘查、合理开采和综合利用的方针。

第八条　国家鼓励矿产资源勘查、开发的科学技术研究，推广先进技术，提高矿产资源勘查、开发的科学技术水平。

第九条　在勘查、开发、保护矿产资源和进行科学技术研究等方面成绩显著的单位和个人，由各级人民政府给予奖励。

第十条　国家在民族自治地方开采矿产资源，应当照顾民族自治地方的利益，作出有利于民族自治地方经济建设的安排，照顾当地少数民族群众的生产和生活。

民族自治地方的自治机关根据法律规定和国家的统一规划，对可以由本地方开发的矿产资源，优先合理开发利用。

第十一条　国务院地质矿产主管部门主管全国矿产资源勘查、开采的监督管理工作。国务院有关主管部门协助国务院地质矿产主管部门进行矿产资源勘查、开采和监督管理工作。

省、自治区、直辖市人民政府地质矿产主管部门主管本行政区域内矿产资源勘查、开采的监督管理工作。省、自治区、直辖市人民政府有关主管部门协助同级地质矿产主管部门进行矿产资源勘查、开采的监督管理工作。

第二章 矿产资源勘查的登记和开采的审批

第十二条 国家对矿产资源勘查实行统一的区块登记管理制度。矿产资源勘查登记工作，由国务院地质矿产主管部门负责；特定矿种的矿产资源勘查登记工作，可以由国务院授权有关主管部门负责。矿产资源勘查区块登记管理办法由国务院制定。

第十三条 国务院矿产储量审批机构或者省、自治区、直辖市矿产储量审批机构负责审查批准供矿山建设设计使用的勘探报告，并在规定的期限内批复报送单位。勘探报告未经批准，不得作为矿山建设设计的依据。

第十四条 矿产资源勘查成果档案资料和各类矿产储量的统计资料，实行统一的管理制度，按照国务院规定汇交或者填报。

第十五条 设立矿山企业，必须符合国家规定的资质条件，并依照法律和国家有关规定，由审批机关对其矿区范围、矿山设计或者开采方案、生产技术条件、安全措施和环境保护措施等进行审查；审查合格的，方予批准。

第十六条 开采下列矿产资源的，由国务院地质矿产主管部门审批，并颁发采矿许可证：

（一）国家规划矿区和对国民经济具有重要价值的矿区内的矿产资源；

（二）前项规定区域以外可供开采的矿产储量规模在大型以上的矿产资源；

（三）国家规定实行保护性开采的特定矿种；

（四）领海及中国管辖的其他海域的矿产资源；

（五）国务院规定的其他矿产资源。

开采石油、天然气、放射性矿产等特定矿种的，可以由国务院授权的有关主管部门审批，并颁发采矿许可证。

开采第一款、第二款规定以外的矿产资源，其可供开采的矿产的储量规模为中型的，由省、自治区、直辖市人民政府地质矿产主管部门审批和颁发采矿许可证。

开采第一款、第二款和第三款规定以外的矿产资源的管理办法，由省、自治区、直辖市人民代表大会常务委员会依法制定。

依照第三款、第四款的规定审批和颁发采矿许可证的，由省、自治区、直辖市人民政府地质矿产主管部门汇总向国务院地质矿产主管部门备案。

矿产储量规模的大型、中型的划分标准，由国务院矿产储量审批机构规定。

第十七条 国家对国家规划矿区、对国民经济具有重要价值的矿区和国家规定实行保护性开采的特定矿种，实行有计划的开采；未经国务院有关主管部门批准，任何单位和个人不得开采。

第十八条 国家规划矿区的范围、对国民经济具有重要价值的矿区的范围、矿山企业矿区的范围依法划定后，由划定矿区范围的主管机关通知有关县级人民政府予以公告。

矿山企业变更矿区范围，必须报请原审批机关批准，并报请原颁发采矿许可证的机关重新核发采矿许可证。

第十九条 地方各级人民政府应当采取措施，维护本行政区域内的国有矿山企业和其他矿山企业矿区范围内的正常秩序。

禁止任何单位和个人进入他人依法设立的国有矿山企业和其他矿山企业矿区范围内采矿。

第二十条 非经国务院授权的有关主管部门同意，不得在下列地区开采矿产资源：

（一）港口、机场、国防工程设施圈定地区以内；

（二）重要工业区、大型水利工程设施、城镇市政工程设施附近一定距离以内；

（三）铁路、重要公路两侧一定距离以内；

（四）重要河流、堤坝两侧一定距离以内；

（五）国家规定的自然保护区、重要风景区，国家重点保护的不能移动的历史文物和名胜古迹所在地；

（六）国家规定不得开采矿产资源的其他地区。

第二十一条　关闭矿山，必须提出矿山闭坑报告及有关采掘工程、不安全隐患、土地复垦利用、环境保护的资料，并按照国家规定报请审查批准。

第二十二条　勘查、开采矿产资源时，发现具有重大科学文化价值的罕见地质现象以及文化古迹，应当加以保护并及时报告有关部门。

第三章　矿产资源的勘查

第二十三条　区域地质调查按照国家统一规划进行。区域地质调查的报告和图件按照国家规定验收，提供有关部门使用。

第二十四条　矿产资源普查在完成主要矿种普查任务的同时，应当对工作区内包括共生或者伴生矿产的成矿地质条件和矿床工业远景作出初步综合评价。

第二十五条　矿床勘探必须对矿区内具有工业价值的共生和伴生矿产进行综合评价，并计算其储量。未作综合评价的勘探报告不予批准。但是，国务院计划部门另有规定的矿床勘探项目除外。

第二十六条　普查、勘探易损坏的特种非金属矿产、流体矿产、易燃易爆易溶矿产和含有放射性元素的矿产，必须采用省级以上人民政府有关主管部门规定的普查、勘探方法，并有必要的技术装备和安全措施。

第二十七条　矿产资源勘查的原始地质编录和图件，岩矿心、测试样品和其他实物标本资料，各种勘查标志，应当按照有关规定保护和保存。

第二十八条　矿床勘探报告及其他有价值的勘查资料，按照国务院规定实行有偿使用。

第四章　矿产资源的开采

第二十九条　开采矿产资源，必须采取合理的开采顺序、开采方法和选矿工艺。矿山企业的开采回采率、采矿贫化率和选矿回收率应当达到设计要求。

第三十条　在开采主要矿产的同时，对具有工业价值的共生和伴生矿产应当统一规划，综合开采，综合利用，防止浪费；对暂时不能综合开采或者必须同时采出而暂时还不能综合利用的矿产以及含有有用组分的尾矿，应当采取有效的保护措施，防止损失破坏。

第三十一条　开采矿产资源，必须遵守国家劳动安全卫生规定，具备保障安全生产的必要条件。

第三十二条　开采矿产资源，必须遵守有关环境保护的法律规定，防止污染环境。

开采矿产资源，应当节约用地。耕地、草原、林地因采矿受到破坏的，矿山企业应当因地制宜地采取复垦利用、植树种草或者其他利用措施。

开采矿产资源给他人生产、生活造成损失的，应当负责赔偿，并采取必要的补救措施。

第三十三条　在建设铁路、工厂、水库、输油管道、输电线路和各种大型建筑物或者建筑群之前，建设单位必须向所在省、自治区、直辖市地质矿产主管部门了解拟建工程所在地区的矿产资源分布和开采情况。非经国务院授权的部门批准，不得压覆重要矿床。

第三十四条 国务院规定由指定的单位统一收购的矿产品，任何其他单位或者个人不得收购；开采者不得向非指定单位销售。

第五章 集体矿山企业和个体采矿

第三十五条 国家对集体矿山企业和个体采矿实行积极扶持、合理规划、正确引导、加强管理的方针，鼓励集体矿山企业开采国家指定范围内的矿产资源，允许个人采挖零星分散资源和只能用作普通建筑材料的砂、石、粘土以及为生活自用采挖少量矿产。

矿产储量规模适宜由矿山企业开采的矿产资源、国家规定实行保护性开采的特定矿种和国家规定禁止个人开采的其他矿产资源，个人不得开采。

国家指导、帮助集体矿山企业和个体采矿不断提高技术水平、资源利用率和经济效益。

地质矿产主管部门、地质工作单位和国有矿山企业应当按照积极支持、有偿互惠的原则向集体矿山企业和个体采矿提供地质资料和技术服务。

第三十六条 国务院和国务院有关主管部门批准开办的矿山企业矿区范围内已有的集体矿山企业，应当关闭或者到指定的其他地点开采，由矿山建设单位给予合理的补偿，并妥善安置群众生活；也可以按照该矿山企业的统筹安排，实行联合经营。

第三十七条 集体矿山企业和个体采矿应当提高技术水平，提高矿产资源回收率。禁止乱挖滥采，破坏矿产资源。

集体矿山企业必须测绘井上、井下工程对照图。

第三十八条 县级以上人民政府应当指导、帮助集体矿山企业和个体采矿进行技术改造，改善经营管理，加强安全生产。

第六章 法律责任

第三十九条 违反本法规定，未取得采矿许可证擅自采矿的，擅自进入国家规划矿区、对国民经济具有重要价值的矿区范围采矿的，擅自开采国家规定实行保护性开采的特定矿种的，责令停止开采、赔偿损失，没收采出的矿产品和违法所得，可以并处罚款；拒不停止开采，造成矿产资源破坏的，依照刑法第一百五十六条的规定对直接责任人员追究刑事责任。

单位和个人进入他人依法设立的国有矿山企业和其他矿山企业矿区范围内采矿的，依照前款规定处罚。

第四十条 超越批准的矿区范围采矿的，责令退回本矿区范围内开采、赔偿损失，没收越界开采的矿产品和违法所得，可以并处罚款；拒不退回本矿区范围内开采，造成矿产资源破坏的，吊销采矿许可证，依照刑法第一百五十六条的规定对直接责任人员追究刑事责任。

第四十一条 盗窃、抢夺矿山企业和勘查单位的矿产品和其他财物的，破坏采矿、勘查设施的，扰乱矿区和勘查作业区的生产秩序、工作秩序的，分别依照刑法有关规定追究刑事责任；情节显著轻微的，依照治安管理处罚条例有关规定予以处罚。

第四十二条 买卖、出租或者以其他形式转让矿产资源的，没收违法所得，处以罚款。

违反本法第六条的规定将探矿权、采矿权倒卖牟利的，吊销勘查许可证、采矿许可证，没收违法所得，处以罚款。

第四十三条 违反本法规定收购和销售国家统一收购的矿产品的，没收矿产品和违法所得，可以并处罚款；情节严重的，依照刑法第一百一十七条、第一百一十八条的规定，追究刑事责任。

第四十四条　违反本法规定，采取破坏性的开采方法开采矿产资源的，处以罚款，可以吊销采矿许可证；造成矿产资源严重破坏的，依照刑法第一百五十六条的规定对直接责任人员追究刑事责任。

第四十五条　本法第三十九条、第四十条、第四十二条规定的行政处罚，由县级以上人民政府负责地质矿产管理工作的部门按照国务院地质矿产主管部门规定的权限决定。第四十三条规定的行政处罚，由县级以上人民政府工商行政管理部门决定。

第四十四条规定的行政处罚，由省、自治区、直辖市人民政府地质矿产主管部门决定。给予吊销勘查许可证或者采矿许可证处罚的，须由原发证机关决定。

依照第三十九条、第四十条、第四十二条、第四十四条规定应当给予行政处罚而不给予行政处罚的，上级人民政府地质矿产主管部门有权责令改正或者直接给予行政处罚。

第四十六条　当事人对行政处罚决定不服的，可以依法申请复议，也可以依法直接向人民法院起诉。

当事人逾期不申请复议也不向人民法院起诉，又不履行处罚决定的，由作出处罚决定的机关申请人民法院强制执行。

第四十七条　负责矿产资源勘查、开采监督管理工作的国家工作人员和其他有关国家工作人员徇私舞弊、滥用职权或者玩忽职守，违反本法规定批准勘查、开采矿产资源和颁发勘查许可证、采矿许可证，或者对违法采矿行为不依法予以制止、处罚，构成犯罪的，依法追究刑事责任；不构成犯罪的，给予行政处分。违法颁发的勘查许可证、采矿许可证，上级人民政府地质矿产主管部门有权予以撤销。

第四十八条　以暴力、威胁方法阻碍从事矿产资源勘查、开采监督管理工作的国家工作人员依法执行职务的，依照刑法第一百五十七条的规定追究刑事责任；拒绝、阻碍从事矿产资源勘查、开采监督管理工作的国家工作人员依法执行职务未使用暴力、威胁方法的，由公安机关依照治安管理处罚条例的规定处罚。

第四十九条　矿山企业之间的矿区范围的争议，由当事人协商解决，协商不成的，由有关县级以上地方人民政府根据依法核定的矿区范围处理；跨省、自治区、直辖市的矿区范围的争议，由有关省、自治区、直辖市人民政府协商解决，协商不成的，由国务院处理。

第七章　附　则

第五十条　外商投资勘查、开采矿产资源，法律、行政法规另有规定的，从其规定。

第五十一条　本法施行以前，未办理批准手续、未划定矿区范围、未取得采矿许可证开采矿产资源的，应当依照本法有关规定申请补办手续。

第五十二条　本法实施细则由国务院制定。

第五十三条　本法自 1986 年 10 月 1 日起施行。

中华人民共和国矿山安全法

中华人民共和国主席令

第65号

《中华人民共和国矿山安全法》已由中华人民共和国第七届全国人民代表大会常务委员会第二十八次会议于1992年11月7日通过，现予公布，自1993年5月1日起施行。

中华人民共和国主席　杨尚昆

1992年11月7日

中华人民共和国矿山安全法

第一章　总　则

第一条　为了保障矿山生产安全，防止矿山事故，保护矿山职工人身安全，促进采矿业的发展，制定本法。

第二条　在中华人民共和国领域和中华人民共和国管辖的其他海域从事矿产资源开采活动，必须遵守本法。

第三条　矿山企业必须具有保障安全生产的设施，建立、健全安全管理制度，采取有效措施改善职工劳动条件，加强矿山安全管理工作，保证安全生产。

第四条　国务院劳动行政主管部门对全国矿山安全工作实施统一监督。

县级以上地方各级人民政府劳动行政主管部门对本行政区域内的矿山安全工作实施统一监督。

县级以上人民政府管理矿山企业的主管部门对矿山安全工作进行管理。

第五条　国家鼓励矿山安全科学技术研究，推广先进技术，改进安全设施，提高矿山安全生产水平。

第六条　对坚持矿山安全生产，防止矿山事故，参加矿山抢险救护，进行矿山安全科学技术研究等方面取得显著成绩的单位和个人，给予奖励。

第二章　矿山建设的安全保障

第七条　矿山建设工程的安全设施必须和主体工程同时设计、同时施工、同时投入生产和使用。

第八条　矿山建设工程的设计文件，必须符合矿山安全规程和行业技术规范，并按照国家规定经管理矿山企业的主管部门批准；不符合矿山安全规程和行业技术规范的，不得批准。

矿山建设工程安全设施的设计必须有劳动行政主管部门参加审查。

矿山安全规程和行业技术规范，由国务院管理矿山企业的主管部门制定。

第九条　矿山设计下列项目必须符合矿山安全规程和行业技术规范：

（一）矿井的通风系统和供风量、风质、风速；

（二）露天矿的边坡角和台阶的宽度、高度；

（三）供电系统；

（四）提升、运输系统；

（五）防水、排水系统和防火、灭火系统；

（六）防瓦斯系统和防尘系统；

（七）有关矿山安全的其他项目。

第十条　每个矿井必须有两个以上能行人的安全出口，出口之间的直线水平距离必须符合矿山安全规程和行业技术规范。

第十一条　矿山必须有与外界相通的、符合安全要求的运输和通讯设施。

第十二条　矿山建设工程必须按照管理矿山企业的主管部门批准的设计文件施工。

矿山建设工程安全设施竣工后，由管理矿山企业的主管部门验收，并须有劳动行政主管部门参加；不符合矿山安全规程和行业技术规范的，不得验收，不得投入生产。

第三章　矿山开采的安全保障

第十三条　矿山开采必须具备保障安全生产的条件，执行开采不同矿种的矿山安全规程和行业技术规范。

第十四条　矿山设计规定保留的矿柱、岩柱，在规定的期限内，应当予以保护，不得开采或者毁坏。

第十五条　矿山使用的有特殊安全要求的设备、器材、防护用品和安全检测仪器，必须符合国家安全标准或者行业安全标准；不符合国家安全标准或者行业安全标准的，不得使用。

第十六条　矿山企业必须对机电设备及其防护装置、安全检测仪器，定期检查、维修，保证使用安全。

第十七条　矿山企业必须对作业场所中的有毒有害物质和井下空气含氧量进行检测，保证符合安全要求。

第十八条　矿山企业必须对下列危害安全的事故隐患采取预防措施：

（一）冒顶、片帮、边坡滑落和地表塌陷；

（二）瓦斯爆炸、煤尘爆炸；

（三）冲击地压、瓦斯突出、井喷；

（四）地面和井下的火灾、水害；

（五）爆破器材和爆破作业发生的危害；

（六）粉尘、有毒有害气体、放射性物质和其他有害物质引起的危害；

（七）其他危害。

第十九条　矿山企业对使用机械、电气设备，排土场、矸石山、尾矿库和矿山闭坑后可能引起的危害，应当采取预防措施。

第四章　矿山企业的安全管理

第二十条　矿山企业必须建立、健全安全生产责任制。

矿长对本企业的安全生产工作负责。

第二十一条　矿长应当定期向职工代表大会或者职工大会报告安全生产工作，发挥职工代表大会的监督作用。

第二十二条 矿山企业职工必须遵守有关矿山安全的法律、法规和企业规章制度。

矿山企业职工有权对危害安全的行为，提出批评、检举和控告。

第二十三条 矿山企业工会依法维护职工生产安全的合法权益，组织职工对矿山安全工作进行监督。

第二十四条 矿山企业违反有关安全的法律、法规，工会有权要求企业行政方面或者有关部门认真处理。

矿山企业召开讨论有关安全生产的会议，应当有工会代表参加，工会有权提出意见和建议。

第二十五条 矿山企业工会发现企业行政方面违章指挥、强令工人冒险作业或者生产过程中发现明显重大事故隐患和职业危害，有权提出解决的建议；发现危及职工生命安全的情况时，有权向矿山企业行政方面建议组织职工撤离危险现场，矿山企业行政方面必须及时作出处理决定。

第二十六条 矿山企业必须对职工进行安全教育、培训；未经安全教育、培训的，不得上岗作业。

矿山企业安全生产的特种作业人员必须接受专门培训，经考核合格取得操作资格证书的，方可上岗作业。

第二十七条 矿长必须经过考核，具备安全专业知识，具有领导安全生产和处理矿山事故的能力。

矿山企业安全工作人员必须具备必要的安全专业知识和矿山安全工作经验。

第二十八条 矿山企业必须向职工发放保障安全生产所需的劳动防护用品。

第二十九条 矿山企业不得录用未成年人从事矿山井下劳动。

矿山企业对女职工按照国家规定实行特殊劳动保护，不得分配女职工从事矿山井下劳动。

第三十条 矿山企业必须制定矿山事故防范措施，并组织落实。

第三十一条 矿山企业应当建立由专职或者兼职人员组成的救护和医疗急救组织，配备必要的装备、器材和药物。

第三十二条 矿山企业必须从矿产品销售额中按照国家规定提取安全技术措施专项费用。安全技术措施专项费用必须全部用于改善矿山安全生产条件，不得挪作他用。

第五章 矿山安全的监督和管理

第三十三条 县级以上各级人民政府劳动行政主管部门对矿山安全工作行使下列监督职责：

（一）检查矿山企业和管理矿山企业的主管部门贯彻执行矿山安全法律、法规的情况；

（二）参加矿山建设工程安全设施的设计审查和竣工验收；

（三）检查矿山劳动条件和安全状况；

（四）检查矿山企业职工安全教育、培训工作；

（五）监督矿山企业提取和使用安全技术措施专项费用的情况；

（六）参加并监督矿山事故的调查和处理；

（七）法律、行政法规规定的其他监督职责。

第三十四条 县级以上人民政府管理矿山企业的主管部门对矿山安全工作行使下列管理职责：

（一）检查矿山企业贯彻执行矿山安全法律、法规的情况；

（二）审查批准矿山建设工程安全设施的设计；

（三）负责矿山建设工程安全设施的竣工验收；

（四）组织矿长和矿山企业安全工作人员的培训工作；

（五）调查和处理重大矿山事故；

（六）法律、行政法规规定的其他管理职责。

第三十五条　劳动行政主管部门的矿山安全监督人员有权进入矿山企业，在现场检查安全状况；发现有危及职工安全的紧急险情时，应当要求矿山企业立即处理。

第六章　矿山事故处理

第三十六条　发生矿山事故，矿山企业必须立即组织抢救，防止事故扩大，减少人员伤亡和财产损失，对伤亡事故必须立即如实报告劳动行政主管部门和管理矿山企业的主管部门。

第三十七条　发生一般矿山事故，由矿山企业负责调查和处理。

发生重大矿山事故，由政府及其有关部门、工会和矿山企业按照行政法规的规定进行调查和处理。

第三十八条　矿山企业对矿山事故中伤亡的职工按照国家规定给予抚恤或者补偿。

第三十九条　矿山事故发生后，应当尽快消除现场危险，查明事故原因，提出防范措施。现场危险消除后，方可恢复生产。

第七章　法律责任

第四十条　违反本法规定，有下列行为之一的，由劳动行政主管部门责令改正，可以并处罚款；情节严重的，提请县级以上人民政府决定责令停产整顿；对主管人员和直接责任人员由其所在单位或者上级主管机关给予行政处分：

（一）未对职工进行安全教育、培训，分配职工上岗作业的；

（二）使用不符合国家安全标准或者行业安全标准的设备、器材、防护用品、安全检测仪器的；

（三）未按照规定提取或者使用安全技术措施专项费用的；

（四）拒绝矿山安全监督人员现场检查或者在被检查时隐瞒事故隐患、不如实反映情况的；

（五）未按照规定及时、如实报告矿山事故的。

第四十一条　矿长不具备安全专业知识的，安全生产的特种作业人员未取得操作资格证书上岗作业的，由劳动行政主管部门责令限期改正；逾期不改正的，提请县级以上人民政府决定责令停产，调整配备合格人员后，方可恢复生产。

第四十二条　矿山建设工程安全设施的设计未经批准擅自施工的，由管理矿山企业的主管部门责令停止施工；拒不执行的，由管理矿山企业的主管部门提请县级以上人民政府决定由有关主管部门吊销其采矿许可证和营业执照。

第四十三条　矿山建设工程的安全设施未经验收或者验收不合格擅自投入生产的，由劳动行政主管部门会同管理矿山企业的主管部门责令停止生产，并由劳动行政主管部门处以罚款；拒不停止生产的，由劳动行政主管部门提请县级以上人民政府决定由有关主管部门吊销其采矿许可证和营业执照。

第四十四条　已经投入生产的矿山企业，不具备安全生产条件而强行开采的，由劳动行政主管部门会同管理矿山企业的主管部门责令限期改进；逾期仍不具备安全生产条件的，由劳动行政主管部门提请县级以上人民政府决定责令停产整顿或者由有关主管部门吊销其采矿许可证和营业执照。

第四十五条 当事人对行政处罚决定不服的，可以在接到处罚决定通知之日起十五日内向作出处罚决定的机关的上一级机关申请复议；当事人也可以在接到处罚决定通知之日起十五日内直接向人民法院起诉。

复议机关应当在接到复议申请之日起六十日内作出复议决定。当事人对复议决定不服的，可以在接到复议决定之日起十五日内向人民法院起诉。复议机关逾期不作出复议决定的，当事人可以在复议期满之日起十五日内向人民法院起诉。

当事人逾期不申请复议也不向人民法院起诉、又不履行处罚决定的，作出处罚决定的机关可以申请人民法院强制执行。

第四十六条 矿山企业主管人员违章指挥、强令工人冒险作业，因而发生重大伤亡事故的，依照刑法第一百一十四条的规定追究刑事责任。

第四十七条 矿山企业主管人员对矿山事故隐患不采取措施，因而发生重大伤亡事故的，比照刑法第一百八十七条的规定追究刑事责任。

第四十八条 矿山安全监督人员和安全管理人员滥用职权、玩忽职守、徇私舞弊，构成犯罪的，依法追究刑事责任；不构成犯罪的，给予行政处分。

第八章 附 则

第四十九条 国务院劳动行政主管部门根据本法制定实施条例，报国务院批准施行。

省、自治区、直辖市人民代表大会常务委员会可以根据本法和本地区的实际情况，制定实施办法。

第五十条 本法自1993年5月1日起施行。

中华人民共和国环境保护法（节选）

（中华人民共和国主席令第22号，1989.12.26）

第七条 国务院环境保护行政主管部门，对全国环境保护工作实施统一监督管理。

县级以上地方人民政府环境保护行政主管部门，对本辖区的环境保护工作实施统一监督管理。

国家海洋行政主管部门港务监督、渔政渔港监督、军队环境保护部门和各级公安、交通、铁道、民航管理部门，依照有关法律的规定对环境污染防治实施监督管理。

县级以上人民政府的土地、矿产、林业、水利行政主管部门，依照有关法律的规定对资源的保护实施监督管理。

第四十四条 违反本法规定，造成土地、森林、草原、水、矿产、渔业、野生动植物等资源的破坏的，依照有关法律的规定承担法律责任。

中华人民共和国清洁生产促进法（节选）

（中华人民共和国主席令第54号，2012.2.29）

第二十五条 矿产资源的勘查、开采，应当采用有利于合理利用资源、保护环境和防止污染的勘查、开采方法和工艺技术，提高资源利用水平。

中华人民共和国水土保持法（2010年修订）（节选）

（中华人民共和国主席令第39号，2010.12.25）

第十五条　有关基础设施建设、矿产资源开发、城镇建设、公共服务设施建设等方面的规划，在实施过程中可能造成水土流失的，规划的组织编制机关应当在规划中提出水土流失预防和治理的对策和措施，并在规划报请审批前征求本级人民政府水行政主管部门的意见。

第二十八条　依法应当编制水土保持方案的生产建设项目，其生产建设活动中排弃的砂、石、土、矸石、尾矿、废渣等应当综合利用；不能综合利用，确需废弃的，应当堆放在水土保持方案确定的专门存放地，并采取措施保证不产生新的危害。

第三十八条　对生产建设活动所占用土地的地表土应当进行分层剥离、保存和利用，做到土石方挖填平衡，减少地表扰动范围；对废弃的砂、石、土、矸石、尾矿、废渣等存放地，应当采取拦挡、坡面防护、防洪排导等措施。生产建设活动结束后，应当及时在取土场、开挖面和存放地的裸露土地上植树种草、恢复植被，对闭库的尾矿库进行复垦。

在干旱缺水地区从事生产建设活动，应当采取防止风力侵蚀措施，设置降水蓄渗设施，充分利用降水资源。

第五十五条　违反本法规定，在水土保持方案确定的专门存放地以外的区域倾倒砂、石、土、矸石、尾矿、废渣等的，由县级以上地方人民政府水行政主管部门责令停止违法行为，限期清理，按照倾倒数量处每立方米十元以上二十元以下的罚款；逾期仍不清理的，县级以上地方人民政府水行政主管部门可以指定有清理能力的单位代为清理，所需费用由违法行为人承担。

中华人民共和国循环经济促进法（节选）

（中华人民共和国主席令第4号，2008.8.29）

第二十二条　开采矿产资源，应当统筹规划，制定合理的开发利用方案，采用合理的开采顺序、方法和选矿工艺。采矿许可证颁发机关应当对申请人提交的开发利用方案中的开采回采率、采矿贫化率、选矿回收率、矿山水循环利用率和土地复垦率等指标依法进行审查；审查不合格的，不予颁发采矿许可证。采矿许可证颁发机关应当依法加强对开采矿产资源的监督管理。

矿山企业在开采主要矿种的同时，应当对具有工业价值的共生和伴生矿实行综合开采、合理利用；对必须同时采出而暂时不能利用的矿产以及含有有用组分的尾矿，应当采取保护措施，防止资源损失和生态破坏。

第三十条　企业应当按照国家规定，对生产过程中产生的粉煤灰、煤矸石、尾矿、废石、废料、废气等工业废物进行综合利用。

第五十三条　违反本法规定，矿山企业未达到经依法审查确定的开采回采率、采矿贫化率、选矿回收率、矿山水循环利用率和土地复垦率等指标的，由县级以上人民政府地质矿产主管部门责令限期改正，处五万元以上五十万元以下的罚款；逾期不改正的，由采矿许可证颁发机关依法吊销采矿许可证。

中华人民共和国水污染防治法（节选）

中华人民共和国主席令

第 87 号

《中华人民共和国水污染防治法》已由中华人民共和国第十届全国人民代表大会常务委员会第三十二次会议于 2008 年 2 月 28 日修订通过，现将修订后的《中华人民共和国水污染防治法》公布，自 2008 年 6 月 1 日起施行。

中华人民共和国主席　胡锦涛

2008 年 2 月 28 日

（1984 年 5 月 11 日第六届全国人民代表大会常务委员会第五次会议通过　根据 1996 年 5 月 15 日第八届全国人民代表大会常务委员会第十九次会议《关于修改〈中华人民共和国水污染防治法〉的决定》修正　2008 年 2 月 28 日第十届全国人民代表大会常务委员会第三十二次会议修订）

第一章　总　则

第三条　水污染防治应当坚持预防为主、防治结合、综合治理的原则，优先保护饮用水水源，严格控制工业污染、城镇生活污染，防治农业面源污染，积极推进生态治理工程建设，预防、控制和减少水环境污染和生态破坏。

第五条　国家实行水环境保护目标责任制和考核评价制度，将水环境保护目标完成情况作为对地方人民政府及其负责人考核评价的内容。

第九条　排放水污染物，不得超过国家或者地方规定的水污染物排放标准和重点水污染物排放总量控制指标。

第十条　任何单位和个人都有义务保护水环境，并有权对污染损害水环境的行为进行检举。县级以上人民政府及其有关主管部门对在水污染防治工作中做出显著成绩的单位和个人给予表彰和奖励。

第三章　水污染防治的监督管理

第十七条　新建、改建、扩建直接或者间接向水体排放污染物的建设项目和其他水上设施，应当依法进行环境影响评价。

建设单位在江河、湖泊新建、改建、扩建排污口的，应当取得水行政主管部门或者流域管理机构同意；涉及通航、渔业水域的，环境保护主管部门在审批环境影响评价文件时，应当征求交通、渔业主管部门的意见。

建设项目的水污染防治设施，应当与主体工程同时设计、同时施工、同时投入使用。水污染防治设施应当经过环境保护主管部门验收，验收不合格的，该建设项目不得投入生产或者使用。

第十八条　国家对重点水污染物排放实施总量控制制度。

省、自治区、直辖市人民政府应当按照国务院的规定削减和控制本行政区域的重点水污染物排放总量，并将重点水污染物排放总量控制指标分解落实到市、县人民政府。市、县人民政府根据本行政区域重点水污染物排放总量控制指标的要求，将重点水污染物排放总量控制指标分解落实到排污单位。具体办法和实施步骤由国务院规定。

省、自治区、直辖市人民政府可以根据本行政区域水环境质量状况和水污染防治工作的需要，确定本行政区域实施总量削减和控制的重点水污染物。

对超过重点水污染物排放总量控制指标的地区，有关人民政府环境保护主管部门应当暂停审批新增重点水污染物排放总量的建设项目的环境影响评价文件。

第十九条　国务院环境保护主管部门对未按照要求完成重点水污染物排放总量控制指标的省、自治区、直辖市予以公布。省、自治区、直辖市人民政府环境保护主管部门对未按照要求完成重点水污染物排放总量控制指标的市、县予以公布。

县级以上人民政府环境保护主管部门对违反本法规定、严重污染水环境的企业予以公布。

第二十条　国家实行排污许可制度。

直接或者间接向水体排放工业废水和医疗污水以及其他按照规定应当取得排污许可证方可排放的废水、污水的企业事业单位，应当取得排污许可证；城镇污水集中处理设施的运营单位，也应当取得排污许可证。排污许可的具体办法和实施步骤由国务院规定。

禁止企业事业单位无排污许可证或者违反排污许可证的规定向水体排放前款规定的废水、污水。

第二十一条　直接或者间接向水体排放污染物的企业事业单位和个体工商户，应当按照国务院环境保护主管部门的规定，向县级以上地方人民政府环境保护主管部门申报登记拥有的水污染物排放设施、处理设施和在正常作业条件下排放水污染物的种类、数量和浓度，并提供防治水污染方面的有关技术资料。

企业事业单位和个体工商户排放水污染物的种类、数量和浓度有重大改变的，应当及时申报登记；其水污染物处理设施应当保持正常使用；拆除或者闲置水污染物处理设施的，应当事先报县级以上地方人民政府环境保护主管部门批准。

第二十二条　向水体排放污染物的企业事业单位和个体工商户，应当按照法律、行政法规和国务院环境保护主管部门的规定设置排污口；在江河、湖泊设置排污口的，还应当遵守国务院水行政主管部门的规定。

禁止私设暗管或者采取其他规避监管的方式排放水污染物。

第二十三条　重点排污单位应当安装水污染物排放自动监测设备，与环境保护主管部门的监控设备联网，并保证监测设备正常运行。排放工业废水的企业，应当对其所排放的工业废水进行监测，并保存原始监测记录。具体办法由国务院环境保护主管部门规定。

应当安装水污染物排放自动监测设备的重点排污单位名录，由设区的市级以上地方人民政府环境保护主管部门根据本行政区域的环境容量、重点水污染物排放总量控制指标的要求以及排污单位排放水污染物的种类、数量和浓度等因素，商同级有关部门确定。

第二十四条　直接向水体排放污染物的企业事业单位和个体工商户，应当按照排放水污染物的种类、数量和排污费征收标准缴纳排污费。

排污费应当用于污染的防治，不得挪作他用。

第二十七条　环境保护主管部门和其他依照本法规定行使监督管理权的部门，有权对管辖范围内的排污单位进行现场检查，被检查的单位应当如实反映情况，提供必要的资料。检查机关有义务为被检查的单位保守在检查中获取的商业秘密。

第二十八条 跨行政区域的水污染纠纷，由有关地方人民政府协商解决，或者由其共同的上级人民政府协调解决。

第四章 水污染防治措施

第二十九条 禁止向水体排放油类、酸液、碱液或者剧毒废液。

禁止在水体清洗装贮过油类或者有毒污染物的车辆和容器。

第三十条 禁止向水体排放、倾倒放射性固体废物或者含有高放射性和中放射性物质的废水。

向水体排放含低放射性物质的废水，应当符合国家有关放射性污染防治的规定和标准。

第三十一条 向水体排放含热废水，应当采取措施，保证水体的水温符合水环境质量标准。

第三十二条 含病原体的污水应当经过消毒处理；符合国家有关标准后，方可排放。

第三十三条 禁止向水体排放、倾倒工业废渣、城镇垃圾和其他废弃物。

禁止将含有汞、镉、砷、铬、铅、氰化物、黄磷等的可溶性剧毒废渣向水体排放、倾倒或者直接埋入地下。

存放可溶性剧毒废渣的场所，应当采取防水、防渗漏、防流失的措施。

第三十四条 禁止在江河、湖泊、运河、渠道、水库最高水位线以下的滩地和岸坡堆放、存贮固体废弃物和其他污染物。

第三十五条 禁止利用渗井、渗坑、裂隙和溶洞排放、倾倒含有毒污染物的废水、含病原体的污水和其他废弃物。

第三十六条 禁止利用无防渗漏措施的沟渠、坑塘等输送或者存贮含有毒污染物的废水、含病原体的污水和其他废弃物。

第三十七条 多层地下水的含水层水质差异大的，应当分层开采；对已受污染的潜水和承压水，不得混合开采。

第三十八条 兴建地下工程设施或者进行地下勘探、采矿等活动，应当采取防护性措施，防止地下水污染。

第三十九条 人工回灌补给地下水，不得恶化地下水质。

第四十条 国务院有关部门和县级以上地方人民政府应当合理规划工业布局，要求造成水污染的企业进行技术改造，采取综合防治措施，提高水的重复利用率，减少废水和污染物排放量。

第四十一条 国家对严重污染水环境的落后工艺和设备实行淘汰制度。

国务院经济综合宏观调控部门会同国务院有关部门，公布限期禁止采用的严重污染水环境的工艺名录和限期禁止生产、销售、进口、使用的严重污染水环境的设备名录。

生产者、销售者、进口者或者使用者应当在规定的期限内停止生产、销售、进口或者使用列入前款规定的设备名录中的设备。工艺的采用者应当在规定的期限内停止采用列入前款规定的工艺名录中的工艺。

依照本条第二款、第三款规定被淘汰的设备，不得转让给他人使用。

第四十二条 国家禁止新建不符合国家产业政策的小型造纸、制革、印染、染料、炼焦、炼硫、炼砷、炼汞、炼油、电镀、农药、石棉、水泥、玻璃、钢铁、火电以及其他严重污染水环境的生产项目。

第五章　饮用水水源和其他特殊水体保护

第五十七条　在饮用水水源保护区内，禁止设置排污口。

第五十八条　禁止在饮用水水源一级保护区内新建、改建、扩建与供水设施和保护水源无关的建设项目；已建成的与供水设施和保护水源无关的建设项目，由县级以上人民政府责令拆除或者关闭。

禁止在饮用水水源一级保护区内从事网箱养殖、旅游、游泳、垂钓或者其他可能污染饮用水水体的活动。

第五十九条　禁止在饮用水水源二级保护区内新建、改建、扩建排放污染物的建设项目；已建成的排放污染物的建设项目，由县级以上人民政府责令拆除或者关闭。

在饮用水水源二级保护区内从事网箱养殖、旅游等活动的，应当按照规定采取措施，防止污染饮用水水体。

第六十条　禁止在饮用水水源准保护区内新建、扩建对水体污染严重的建设项目；改建建设项目，不得增加排污量。

第六十一条　县级以上地方人民政府应当根据保护饮用水水源的实际需要，在准保护区内采取工程措施或者建造湿地、水源涵养林等生态保护措施，防止水污染物直接排入饮用水水体，确保饮用水安全。

第六十二条　饮用水水源受到污染可能威胁供水安全的，环境保护主管部门应当责令有关企业事业单位采取停止或者减少排放水污染物等措施。

第六十三条　国务院和省、自治区、直辖市人民政府根据水环境保护的需要，可以规定在饮用水水源保护区内，采取禁止或者限制使用含磷洗涤剂、化肥、农药以及限制种植养殖等措施。

第六十四条　县级以上人民政府可以对风景名胜区水体、重要渔业水体和其他具有特殊经济文化价值的水体划定保护区，并采取措施，保证保护区的水质符合规定用途的水环境质量标准。

第六十五条　在风景名胜区水体、重要渔业水体和其他具有特殊经济文化价值的水体的保护区内，不得新建排污口。在保护区附近新建排污口，应当保证保护区水体不受污染。

第六章　水污染事故处置

第六十六条　各级人民政府及其有关部门，可能发生水污染事故的企业事业单位，应当依照《中华人民共和国突发事件应对法》的规定，做好突发水污染事故的应急准备、应急处置和事后恢复等工作。

第六十七条　可能发生水污染事故的企业事业单位，应当制定有关水污染事故的应急方案，做好应急准备，并定期进行演练。

生产、储存危险化学品的企业事业单位，应当采取措施，防止在处理安全生产事故过程中产生的可能严重污染水体的消防废水、废液直接排入水体。

第六十八条　企业事业单位发生事故或者其他突发性事件，造成或者可能造成水污染事故的，应当立即启动本单位的应急方案，采取应急措施，并向事故发生地的县级以上地方人民政府或者环境保护主管部门报告。环境保护主管部门接到报告后，应当及时向本级人民政府报告，并抄送有关部门。

造成渔业污染事故或者渔业船舶造成水污染事故的，应当向事故发生地的渔业主管部门报告，接受调查处理。其他船舶造成水污染事故的，应当向事故发生地的海事管理机构报告，接受调查处理；给渔业造成损害的，海事管理机构应当通知渔业主管部门参与调查处理。

第七章 法律责任

第七十条 拒绝环境保护主管部门或者其他依照本法规定行使监督管理权的部门的监督检查，或者在接受监督检查时弄虚作假的，由县级以上人民政府环境保护主管部门或者其他依照本法规定行使监督管理权的部门责令改正，处一万元以上十万元以下的罚款。

第七十一条 违反本法规定，建设项目的水污染防治设施未建成、未经验收或者验收不合格，主体工程即投入生产或者使用的，由县级以上人民政府环境保护主管部门责令停止生产或者使用，直至验收合格，处五万元以上五十万元以下的罚款。

第七十二条 违反本法规定，有下列行为之一的，由县级以上人民政府环境保护主管部门责令限期改正；逾期不改正的，处一万元以上十万元以下的罚款：

（一）拒报或者谎报国务院环境保护主管部门规定的有关水污染物排放申报登记事项的；

（二）未按照规定安装水污染物排放自动监测设备或者未按照规定与环境保护主管部门的监控设备联网，并保证监测设备正常运行的；

（三）未按照规定对所排放的工业废水进行监测并保存原始监测记录的。

第七十三条 违反本法规定，不正常使用水污染物处理设施，或者未经环境保护主管部门批准拆除、闲置水污染物处理设施的，由县级以上人民政府环境保护主管部门责令限期改正，处应缴纳排污费数额一倍以上三倍以下的罚款。

第七十四条 违反本法规定，排放水污染物超过国家或者地方规定的水污染物排放标准，或者超过重点水污染物排放总量控制指标的，由县级以上人民政府环境保护主管部门按照权限责令限期治理，处应缴纳排污费数额二倍以上五倍以下的罚款。

限期治理期间，由环境保护主管部门责令限制生产、限制排放或者停产整治。限期治理的期限最长不超过一年；逾期未完成治理任务的，报经有批准权的人民政府批准，责令关闭。

第七十五条 在饮用水水源保护区内设置排污口的，由县级以上地方人民政府责令限期拆除，处十万元以上五十万元以下的罚款；逾期不拆除的，强制拆除，所需费用由违法者承担，处五十万元以上一百万元以下的罚款，并可以责令停产整顿。

除前款规定外，违反法律、行政法规和国务院环境保护主管部门的规定设置排污口或者私设暗管的，由县级以上地方人民政府环境保护主管部门责令限期拆除，处二万元以上十万元以下的罚款；逾期不拆除的，强制拆除，所需费用由违法者承担，处十万元以上五十万元以下的罚款；私设暗管或者有其他严重情节的，县级以上地方人民政府环境保护主管部门可以提请县级以上地方人民政府责令停产整顿。

未经水行政主管部门或者流域管理机构同意，在江河、湖泊新建、改建、扩建排污口的，由县级以上人民政府水行政主管部门或者流域管理机构依据职权，依照前款规定采取措施、给予处罚。

第七十六条 有下列行为之一的，由县级以上地方人民政府环境保护主管部门责令停止违法行为，限期采取治理措施，消除污染，处以罚款；逾期不采取治理措施的，环境保护主管部门可以指定有治理能力的单位代为治理，所需费用由违法者承担：

（一）向水体排放油类、酸液、碱液的；

（二）向水体排放剧毒废液，或者将含有汞、镉、砷、铬、铅、氰化物、黄磷等的可溶性剧毒废渣向水体排放、倾倒或者直接埋入地下的；

（三）在水体清洗装贮过油类、有毒污染物的车辆或者容器的；

（四）向水体排放、倾倒工业废渣、城镇垃圾或者其他废弃物，或者在江河、湖泊、运河、渠道、水库最高水位线以下的滩地、岸坡堆放、存贮固体废弃物或者其他污染物的；

（五）向水体排放、倾倒放射性固体废物或者含有高放射性、中放射性物质的废水的；

（六）违反国家有关规定或者标准，向水体排放含低放射性物质的废水、热废水或者含病原体的污水的；

（七）利用渗井、渗坑、裂隙或者溶洞排放、倾倒含有毒污染物的废水、含病原体的污水或者其他废弃物的；

（八）利用无防渗漏措施的沟渠、坑塘等输送或者存贮含有毒污染物的废水、含病原体的污水或者其他废弃物的。

有前款第三项、第六项行为之一的，处一万元以上十万元以下的罚款；有前款第一项、第四项、第八项行为之一的，处二万元以上二十万元以下的罚款；有前款第二项、第五项、第七项行为之一的，处五万元以上五十万元以下的罚款。

第八十一条　有下列行为之一的，由县级以上地方人民政府环境保护主管部门责令停止违法行为，处十万元以上五十万元以下的罚款；并报经有批准权的人民政府批准，责令拆除或者关闭：

（一）在饮用水水源一级保护区内新建、改建、扩建与供水设施和保护水源无关的建设项目的；

（二）在饮用水水源二级保护区内新建、改建、扩建排放污染物的建设项目的；

（三）在饮用水水源准保护区内新建、扩建对水体污染严重的建设项目，或者改建建设项目增加排污量的。

在饮用水水源一级保护区内从事网箱养殖或者组织进行旅游、垂钓或者其他可能污染饮用水水体的活动的，由县级以上地方人民政府环境保护主管部门责令停止违法行为，处二万元以上十万元以下的罚款。个人在饮用水水源一级保护区内游泳、垂钓或者从事其他可能污染饮用水水体的活动的，由县级以上地方人民政府环境保护主管部门责令停止违法行为，可以处五百元以下的罚款。

第八十二条　企业事业单位有下列行为之一的，由县级以上人民政府环境保护主管部门责令改正；情节严重的，处二万元以上十万元以下的罚款：

（一）不按照规定制定水污染事故的应急方案的；

（二）水污染事故发生后，未及时启动水污染事故的应急方案，采取有关应急措施的。

第八十三条　企业事业单位违反本法规定，造成水污染事故的，由县级以上人民政府环境保护主管部门依照本条第二款的规定处以罚款，责令限期采取治理措施，消除污染；不按要求采取治理措施或者不具备治理能力的，由环境保护主管部门指定有治理能力的单位代为治理，所需费用由违法者承担；对造成重大或者特大水污染事故的，可以报经有批准权的人民政府批准，责令关闭；对直接负责的主管人员和其他直接责任人员可以处上一年度从本单位取得的收入百分之五十以下的罚款。

对造成一般或者较大水污染事故的，按照水污染事故造成的直接损失的百分之二十计算罚款；对造成重大或者特大水污染事故的，按照水污染事故造成的直接损失的百分之三十计算罚款。

造成渔业污染事故或者渔业船舶造成水污染事故的，由渔业主管部门进行处罚；其他船舶造成水污染事故的，由海事管理机构进行处罚。

第八十四条　当事人对行政处罚决定不服的，可以申请行政复议，也可以在收到通知之日起十五日内向人民法院起诉；期满不申请行政复议或者起诉，又不履行行政处罚决定的，由作出行政处罚决定的机关申请人民法院强制执行。

第八十五条 因水污染受到损害的当事人，有权要求排污方排除危害和赔偿损失。

由于不可抗力造成水污染损害的，排污方不承担赔偿责任；法律另有规定的除外。

水污染损害是由受害人故意造成的，排污方不承担赔偿责任。水污染损害是由受害人重大过失造成的，可以减轻排污方的赔偿责任。

水污染损害是由第三人造成的，排污方承担赔偿责任后，有权向第三人追偿。

第八十六条 因水污染引起的损害赔偿责任和赔偿金额的纠纷，可以根据当事人的请求，由环境保护主管部门或者海事管理机构、渔业主管部门按照职责分工调解处理；调解不成的，当事人可以向人民法院提起诉讼。当事人也可以直接向人民法院提起诉讼。

第八十七条 因水污染引起的损害赔偿诉讼，由排污方就法律规定的免责事由及其行为与损害结果之间不存在因果关系承担举证责任。

第八十八条 因水污染受到损害的当事人人数众多的，可以依法由当事人推选代表人进行共同诉讼。

环境保护主管部门和有关社会团体可以依法支持因水污染受到损害的当事人向人民法院提起诉讼。

国家鼓励法律服务机构和律师为水污染损害诉讼中的受害人提供法律援助。

第八十九条 因水污染引起的损害赔偿责任和赔偿金额的纠纷，当事人可以委托环境监测机构提供监测数据。环境监测机构应当接受委托，如实提供有关监测数据。

第九十条 违反本法规定，构成违反治安管理行为的，依法给予治安管理处罚；构成犯罪的，依法追究刑事责任。

第八章 附 则

第九十一条 本法中下列用语的含义：

（一）水污染，是指水体因某种物质的介入，而导致其化学、物理、生物或者放射性等方面特性的改变，从而影响水的有效利用，危害人体健康或者破坏生态环境，造成水质恶化的现象。

（二）水污染物，是指直接或者间接向水体排放的，能导致水体污染的物质。

（三）有毒污染物，是指那些直接或者间接被生物摄入体内后，可能导致该生物或者其后代发病、行为反常、遗传异变、生理机能失常、机体变形或者死亡的污染物。

（四）渔业水体，是指划定的鱼虾类的产卵场、索饵场、越冬场、洄游通道和鱼虾贝藻类的养殖场的水体。

第九十二条 本法自 2008 年 6 月 1 日起施行。

中华人民共和国节约能源法（节选）

（中华人民共和国主席令第 77 号，2007.10.28）

第六十二条 国家实行有利于节约能源资源的税收政策，健全能源矿产资源有偿使用制度，促进能源资源的节约及其开采利用水平的提高。

中华人民共和国固体废物污染环境法（节选）

（中华人民共和国主席令第31号，2004.12.29）

第三十六条　矿山企业应当采取科学的开采方法和选矿工艺，减少尾矿、矸石、废石等矿业固体废物的产生量和贮存量。

尾矿、矸石、废石等矿业固体废物贮存设施停止使用后，矿山企业应当按照国家有关环境保护规定进行封场，防止造成环境污染和生态破坏。

第七十三条　尾矿、矸石、废石等矿业固体废物贮存设施停止使用后，未按照国家有关环境保护规定进行封场的，由县级以上地方人民政府环境保护行政主管部门责令限期改正，可以处五万元以上二十万元以下的罚款。

中华人民共和国放射性污染防治法（节选）

（中华人民共和国主席令第6号，2003.6.28）

第一章　总　则

第二条　本法适用于中华人民共和国领域和管辖的其他海域在核设施选址、建造、运行、退役和核技术、铀（钍）矿、伴生放射性矿开发利用过程中发生的放射性污染的防治活动。

第八条　国务院环境保护行政主管部门对全国放射性污染防治工作依法实施统一监督管理。

国务院卫生行政部门和其他有关部门依据国务院规定的职责，对有关的放射性污染防治工作依法实施监督管理。

第二章　放射性污染防治的监督管理

第九条　国家放射性污染防治标准由国务院环境保护行政主管部门根据环境安全要求、国家经济技术条件制定。国家放射性污染防治标准由国务院环境保护行政主管部门和国务院标准化行政主管部门联合发布。

第十条　国家建立放射性污染监测制度。国务院环境保护行政主管部门会同国务院其他有关部门组织环境监测网络，对放射性污染实施监测管理。

第十一条　国务院环境保护行政主管部门和国务院其他有关部门，按照职责分工，各负其责，互通信息，密切配合，对核设施、铀（钍）矿开发利用中的放射性污染防治进行监督检查。

县级以上地方人民政府环境保护行政主管部门和同级其他有关部门，按照职责分工，各负其责，互通信息，密切配合，对本行政区域内核技术利用、伴生放射性矿开发利用中的放射性污染防治进行监督检查。

监督检查人员进行现场检查时，应当出示证件。被检查的单位必须如实反映情况，提供必要的资料。监督检查人员应当为被检查单位保守技术秘密和业务秘密。对涉及国家秘密的单位和部位进行检查时，应当遵守国家有关保守国家秘密的规定，依法办理有关审批手续。

第十二条　核设施营运单位、核技术利用单位、铀（钍）矿和伴生放射性矿开发利用单位，负责本单位放射性污染的防治，接受环境保护行政主管部门和其他有关部门的监督管理，并依法对其造成的放射性污染承担责任。

第十六条 放射性物质和射线装置应当设置明显的放射性标识和中文警示说明。生产、销售、使用、贮存、处置放射性物质和射线装置的场所，以及运输放射性物质和含放射源的射线装置的工具，应当设置明显的放射性标志。

第十七条 含有放射性物质的产品，应当符合国家放射性污染防治标准；不符合国家放射性污染防治标准的，不得出厂和销售。

使用伴生放射性矿渣和含有天然放射性物质的石材做建筑和装修材料，应当符合国家建筑材料放射性核素控制标准。

第五章 铀（钍）矿和伴生放射性矿开发利用的放射性污染防治

第三十四条 开发利用或者关闭铀（钍）矿的单位，应当在申请领取采矿许可证或者办理退役审批手续前编制环境影响报告书，报国务院环境保护行政主管部门审查批准。

开发利用伴生放射性矿的单位，应当在申请领取采矿许可证前编制环境影响报告书，报省级以上人民政府环境保护行政主管部门审查批准。

第三十五条 与铀（钍）矿和伴生放射性矿开发利用建设项目相配套的放射性污染防治设施，应当与主体工程同时设计、同时施工、同时投入使用。

放射性污染防治设施应当与主体工程同时验收；验收合格的，主体工程方可投入生产或者使用。

第三十六条 铀（钍）矿开发利用单位应当对铀（钍）矿的流出物和周围的环境实施监测，并定期向国务院环境保护行政主管部门和所在地省、自治区、直辖市人民政府环境保护行政主管部门报告监测结果。

第三十七条 对铀（钍）矿和伴生放射性矿开发利用过程中产生的尾矿，应当建造尾矿库进行贮存、处置；建造的尾矿库应当符合放射性污染防治的要求。

第三十八条 铀（钍）矿开发利用单位应当制定铀（钍）矿退役计划。铀矿退役费用由国家财政预算安排。

第六章 放射性废物管理

第三十九条 核设施营运单位、核技术利用单位、铀（钍）矿和伴生放射性矿开发利用单位，应当合理选择和利用原材料，采用先进的生产工艺和设备，尽量减少放射性废物的产生量。

第七章 法律责任

第五十四条 违反本法规定，有下列行为之一的，由县级以上人民政府环境保护行政主管部门责令停止违法行为，限期改正，处以罚款；构成犯罪的，依法追究刑事责任：

（一）未建造尾矿库或者不按照放射性污染防治的要求建造尾矿库，贮存、处置铀（钍）矿和伴生放射性矿的尾矿的；

（二）向环境排放不得排放的放射性废气、废液的；

（三）不按照规定的方式排放放射性废液，利用渗井、渗坑、天然裂隙、溶洞或者国家禁止的其他方式排放放射性废液的；

（四）不按照规定处理或者贮存不得向环境排放的放射性废液的；

（五）将放射性固体废物提供或者委托给无许可证的单位贮存和处置的。

有前款第（一）项、第（二）项、第（三）项、第（五）项行为之一的，处十万元以上二十万元以下罚款；有前款第（四）项行为的，处一万元以上十万元以下罚款。

第八章　附　则

第六十二条　本法中下列用语的含义：

（一）放射性污染，是指由于人类活动造成物料、人体、场所、环境介质表面或者内部出现超过国家标准的放射性物质或者射线。

（二）核设施，是指核动力厂（核电厂、核热电厂、核供汽供热厂等）和其他反应堆（研究堆、实验堆、临界装置等）；核燃料生产、加工、贮存和后处理设施；放射性废物的处理和处置设施等。

（三）核技术利用，是指密封放射源、非密封放射源和射线装置在医疗、工业、农业、地质调查、科学研究和教学等领域中的使用。

（四）放射性同位素，是指某种发生放射性衰变的元素中具有相同原子序数但质量不同的核素。

（五）放射源，是指除研究堆和动力堆核燃料循环范畴的材料以外，永久密封在容器中或者有严密包层并呈固态的放射性材料。

（六）射线装置，是指X线机、加速器、中子发生器以及含放射源的装置。

（七）伴生放射性矿，是指含有较高水平天然放射性核素浓度的非铀矿（如稀土矿和磷酸盐矿等）。

（八）放射性废物，是指含有放射性核素或者被放射性核素污染，其浓度或者比活度大于国家确定的清洁解控水平，预期不再使用的废弃物。

第六十三条　本法自2003年10月1日起施行。

中华人民共和国草原法（节选）

（中华人民共和国主席令第82号，2003.3.1）

第三十八条　进行矿藏开采和工程建设，应当不占或者少占草原；确需征收、征用或者使用草原的，必须经省级以上人民政府草原行政主管部门审核同意后，依照有关土地管理的法律、行政法规办理建设用地审批手续。

第五十条　在草原上从事采土、采砂、采石等作业活动，应当报县级人民政府草原行政主管部门批准；开采矿产资源的，并应当依法办理有关手续。

经批准在草原上从事本条第一款所列活动的，应当在规定的时间、区域内，按照准许的采挖方式作业，并采取保护草原植被的措施。

在他人使用的草原上从事本条第一款所列活动的，还应当事先征得草原使用者的同意。

中华人民共和国水法（节选）

（中华人民共和国主席令第74号，2002.10.1）

第三十一条　从事水资源开发、利用、节约、保护和防治水害等水事活动，应当遵守经批准的规划；因违反规划造成江河和湖泊水域使用功能降低、地下水超采、地面沉降、水体污染的，应当承担治理责任。

开采矿藏或者建设地下工程，因疏干排水导致地下水水位下降、水源枯竭或者地面塌陷，采矿单位或者建设单位应当采取补救措施；对他人生活和生产造成损失的，依法给予补偿。

中华人民共和国防沙治沙法（节选）

（中华人民共和国主席令第 55 号，2002.1.1）

第三十条 已经沙化的土地范围内的铁路、公路、河流和水渠两侧，城镇、村庄、厂矿和水库周围，实行单位治理责任制，由县级以上地方人民政府下达治理责任书，由责任单位负责组织造林种草或者采取其他治理措施。

第三十二条 国务院和沙化土地所在地区的地方各级人民政府应当在本级财政预算中按照防沙治沙规划通过项目预算安排资金，用于本级人民政府确定的防沙治沙工程。在安排扶贫、农业、水利、道路、矿产、能源、农业综合开发等项目时，应当根据具体情况，设立若干防沙治沙子项目。

中华人民共和国森林法（1998 年修订）（节选）

（中华人民共和国主席令第 17 号，1998.4.29）

第十六条 各级人民政府应当制定林业长远规划。国有林业企业事业单位和自然保护区，应当根据林业长远规划，编制森林经营方案，报上级主管部门批准后实行。

林业主管部门应当指导农村集体经济组织和国有的农场、牧场、工矿企业等单位编制森林经营方案。

第十八条 进行勘查、开采矿藏和各项建设工程，应当不占或者少占林地；必须占用或者征用林地的，经县级以上人民政府林业主管部门审核同意后，依照有关土地管理的法律、行政法规办理建设用地审批手续，并由用地单位依照国务院有关规定缴纳森林植被恢复费。森林植被恢复费专款专用，由林业主管部门依照有关规定统一安排植树造林，恢复森林植被，植树造林面积不得少于因占用、征用林地而减少的森林植被面积。上级林业主管部门应当定期督促、检查下级林业主管部门组织植树造林、恢复森林植被的情况。

任何单位和个人不得挪用森林植被恢复费。县级以上人民政府审计机关应当加强对森林植被恢复费使用情况的监督。

第二十六条 各级人民政府应当制定植树造林规划，因地制宜地确定本地区提高森林覆盖率的奋斗目标。

各级人民政府应当组织各行各业和城乡居民完成植树造林规划确定的任务。

宜林荒山荒地，属于国家所有的，由林业主管部门和其他主管部门组织造林；属于集体所有的，由集体经济组织造林。

铁路公路两旁、江河两侧、湖泊水库周围，由各有关主管单位因地制宜地组织造林；工矿区，机关、学校用地，部队营区以及农场、牧场、渔场经营地区，由各该单位负责造林。

国家所有和集体所有的宜林荒山荒地可以由集体或者个人承包造林。

第二十九条 国家根据用材林的消耗量低于生长量的原则，严格控制森林年采伐量。国家所有的森林和林木以国有林业企业事业单位、农场、厂矿为单位，集体所有的森林和林木、个人所有的林木以县为单位，制定年采伐限额，由省、自治区、直辖市林业主管部门汇总，经同级人民政府审核后，报国务院批准。

中华人民共和国防洪法（节选）

（中华人民共和国主席令第 88 号，1997.08.29）

第十三条　山洪可能诱发山体滑坡、崩塌和泥石流的地区以及其他山洪多发地区的县级以上地方人民政府，应当组织负责地质矿产管理工作的部门、水行政主管部门和其他有关部门对山体滑坡、崩塌和泥石流隐患进行全面调查，划定重点防治区，采取防治措施。

城市、村镇和其他居民点以及工厂、矿山、铁路和公路干线的布局，应当避开山洪威胁；已经建在受山洪威胁的地方的，应当采取防御措施。

第十六条　防洪规划确定的河道整治计划用地和规划建设的堤防用地范围内的土地，经土地管理部门和水行政主管部门会同有关地区核定，报经县级以上人民政府按照国务院规定的权限批准后，可以划定为规划保留区；该规划保留区范围内的土地涉及其他项目用地的，有关土地管理部门和水行政主管部门核定时，应当征求有关部门的意见。

规划保留区依照前款规定划定后，应当公告。

前款规划保留区内不得建设与防洪无关的工矿工程设施；在特殊情况下，国家工矿建设项目确需占用前款规划保留区内的土地的，应当按照国家规定的基本建设程序报请批准，并征求有关水行政主管部门的意见。

防洪规划确定的扩大或者开辟的人工排洪道用地范围内的土地，经省级以上人民政府土地管理部门和水行政主管部门会同有关部门、有关地区核定，报省级以上人民政府按照国务院规定的权限批准后，可以划定为规划保留区，适用前款规定。

第三十三条　在洪泛区、蓄滞洪区内建设非防洪建设项目，应当就洪水对建设项目可能产生的影响和建设项目对防洪可能产生的影响作出评价，编制洪水影响评价报告，提出防御措施。建设项目可行性研究报告按照国家规定的基本建设程序报请批准时，应当附具有关水行政主管部门审查批准的洪水影响评价报告。

在蓄滞洪区内建设的油田、铁路、公路、矿山、电厂、电信设施和管道，其洪水影响评价报告应当包括建设单位自行安排的防洪避洪方案。建设项目投入生产或者使用时，其防洪工程设施应当经水行政主管部门验收。

在蓄滞洪区内建造房屋应当采用平顶式结构。

第三十四条　大中城市，重要的铁路、公路干线，大型骨干企业，应当列为防洪重点，确保安全。

受洪水威胁的城市、经济开发区、工矿区和国家重要的农业生产基地等，应当重点保护，建设必要的防洪工程设施。

城市建设不得擅自填堵原有河道沟叉、贮水湖塘洼淀和废除原有防洪围堤；确需填堵或者废除的，应当经水行政主管部门审查同意，并报城市人民政府批准。

第三十六条　各级人民政府应当组织有关部门加强对水库大坝的定期检查和监督管理。对未达到设计洪水标准、抗震设防要求或者有严重质量缺陷的险坝，大坝主管部门应当组织有关单位采取除险加固措施，限期消除危险或者重建，有关人民政府应当优先安排所需资金。对可能出现垮坝的水库，应当事先制定应急抢险和居民临时撤离方案。

各级人民政府和有关主管部门应当加强对尾矿坝的监督管理，采取措施，避免因洪水导致垮坝。

第四十九条 江河、湖泊的治理和防洪工程设施的建设和维护所需投资，按照事权和财权相统一的原则，分级负责，由中央和地方财政承担。城市防洪工程设施的建设和维护所需投资，由城市人民政府承担。

受洪水威胁地区的油田、管道、铁路、公路、矿山、电力、电信等企业、事业单位应当自筹资金，兴建必要的防洪自保工程。

第二章　国家相关法规、规章

一、行政法规和国务院文件

国务院办公厅转发安全监管总局等部门关于依法做好金属非金属矿山整顿工作意见的通知

（国务院办公厅，国办发[2012]54 号）

各省、自治区、直辖市人民政府，国务院各部委、各直属机构：

安全监管总局、发展改革委、工业和信息化部、公安部、财政部、国土资源部、环境保护部、工商总局、电监会《关于依法做好金属非金属矿山整顿工作的意见》已经国务院同意，现转发给你们，请认真贯彻执行。

国务院办公厅

2012 年 11 月 4 日

关于依法做好金属非金属矿山整顿工作的意见

安全监管总局　发展改革委　工业和信息化部　公安部

财政部　国土资源部　环境保护部　工商总局　电监会

近年来，各地区、各有关部门持续开展金属非金属矿山（含尾矿库，以下统称矿山）整顿和矿产资源开发整合等工作，取得了明显成效。“十一五”期间，全国矿山事故起数和死亡人数分别下降 47%和 45%。但是全国矿山数量多、规模小、分布散、基础差的状况尚未得到根本改善，生产安全事故仍然多发，安全生产形势依然严峻。根据《国务院关于坚持科学发展安全发展促进安全生产形势持续稳定好转的意见》（国发[2011]40 号）等一系列文件精神，学习借鉴煤矿整顿工作经验，为从根本上改善矿山安全生产条件，降低事故总量，决定于 2012—2015 年组织开展矿山整顿攻坚战，现就有关事项提出如下意见：

一、总体要求和目标任务

（一）总体要求。深入贯彻落实科学发展观，大力实施安全发展战略，按照严格依法、淘汰落后、标本兼治、稳步推进的原则，统筹采取“关闭、整合、整改、提升”等措施，依法取缔和关闭无证开采、不具备安全生产条件和破坏生态、污染环境等各类矿山尤其是小矿山，全面提高矿山安全生产水平和安全保障能力，促进矿山安全生产形势持续稳定好转。

（二）目标任务。到2015年底，无证开采等非法违法行为得到有效制止，不符合产业政策、安全保障能力低下的小型矿山得到依法整顿关闭，浪费破坏矿产资源、严重污染环境等行为得到有效遏制，小型矿山数量有较大幅度减少，安全基础工作进一步加强，矿山安全生产条件进一步改善，矿山规模化、机械化、标准化、信息化、科学化水平进一步提高，生产安全事故持续下降，较大、重大事故得到有效遏制，努力杜绝特别重大事故。

二、矿山整顿重点

（一）对存在非法违法开采行为的矿山依法予以取缔关闭：

1. 未依法取得采矿许可证、工商营业执照、安全生产许可证等证照，擅自从事矿产资源开采的；

2. 关闭后擅自恢复生产的；

3. 存在持勘查许可证采矿、越界开采等违法行为，且拒不整改的；

4. 违反建设项目安全设施、污染治理设施“三同时”（同时设计、同时施工、同时投入生产和使用）规定，拒不执行安全环保监管指令、逾期未完善相关手续的；

5. 采矿许可证和安全生产许可证到期未提出延期换证申请，经限期整改仍不申请办理延期换证手续的。

（二）对限期停产整改后仍不具备安全生产条件的矿山依法予以关闭：

1. 存在重大安全和环境隐患，且整改无望的；

2. 技术装备落后、安全生产和环境保护得不到保障的；

3. 小型露天矿山无正规设计或不按设计规范建设、应采用而未采用中深孔爆破、未实行机械铲装和机械二次破碎，以及未实行分台阶（分层）开采的；

4. 相邻小型露天采石场开采范围之间最小距离不符合有关规定的；

5. 地下矿山井下生产系统尤其是通风系统不完善、未实行机械通风，以及采场管理混乱的；

6. 尾矿库危库、险库未按要求治理或治理后仍不符合安全环保要求，以及未经审批擅自回采尾矿的；

7. 地下矿山在规定期限内未完成安全避险“六大系统”（监测监控系统、人员定位系统、紧急避险系统、压风自救系统、供水施救系统和通信联络系统）建设的；

8. 三等以上尾矿库在规定期限内未安装在线安全监控系统的；

9. 在规定期限内未完成安全生产标准化建设的；

10. 发生较大以上生产安全责任事故或次生较大以上突发环境事件的。

（三）对工艺、技术、装备落后，不符合产业发展政策的矿山限期予以关闭：

1. 一个矿体存在多个开采主体、不符合矿产资源规划和矿业权设置方案，已经纳入资源整合范围要求进行关闭的；

2. 不符合国家或地方政府规定的有关矿种最小开采规模、最低服务年限的；

3. 使用国家或地方政府明令淘汰的落后工艺、技术和装备，在规定期限内未整改的；

4. 独立选矿厂无固定、合法矿石来源的；

5. 砖瓦用粘土、页岩等资源开采不符合国家关于保护土地资源、保护环境相关政策的。

三、矿山整顿标准

1. 吊销或注销采矿许可证、安全生产许可证、工商营业执照等相关证照。

2. 拆除供电、供水、通风、提升、运输等直接用于生产的设施和设备。

3. 地下矿山要炸毁或填实矿井井筒，露天矿山要恢复生态环境或治理边坡，尾矿库要履行闭库程序。

4. 消除重大安全、地质灾害和环境隐患，地表设立明显警示标志。

5. 清理收缴矿山留存的民用爆炸物品和危险化学品。

6. 妥善安排关闭矿山的从业人员。

四、工作要求

（一）抓紧制定工作方案。各省级人民政府要结合本地区经济社会发展规划和安全生产规划，组织制定 2012—2015 年矿山整顿关闭工作方案，并于 2012 年 12 月 31 日前报送国务院安全生产委员会办公室备案。工作方案应明确整顿关闭工作目标、方法步骤和配套的政策措施等，细化关闭矿山的范围和对象，将整顿关闭任务指标逐年分解到市、县。

（二）完善联合执法机制。地方各级人民政府要建立专门的组织和协调机制，细化落实各有关部门工作责任，建立健全联合执法工作机制，采取有力有效措施，努力推动整顿关闭工作顺利实施。国务院安全生产委员会有关成员单位要按照职责分工，加强协调配合，研究提出有关政策措施，协商解决存在的问题，积极指导和推进矿山整顿关闭工作。

（三）狠抓整顿工作效果。对决定关闭的矿山，由县级以上地方人民政府组织有关部门依法实施关闭，并组织验收。各有关部门要对照整顿关闭标准，严格履行工作职责和关闭程序，认真落实吊销证照、拆除设备设施、炸毁井筒等各项工作措施，确保关闭到位。要积极探索矿山整顿关闭工作常态化措施和手段，防止已关闭矿山死灰复燃，巩固整顿关闭工作成果。要依照相关法律法规，妥善解决整顿关闭工作中的突出问题，确保社会和谐稳定。

（四）加强社会监督和督导检查。要加强宣传引导和社会监督，按照确定的矿山关闭计划，分期分批将关闭对象在当地主流媒体进行公告，同时设立举报电话、举报信箱，鼓励广大群众积极举报非法违法开采、存在重大安全隐患仍冒险作业等违法行为。加大督促检查力度，强化责任落实，对不认真履行职责，工作中互相推诿，导致不能按计划完成整顿关闭工作任务或仍然存在非法违法矿山的，要依法依规严肃追究相关责任人的责任。

土地复垦条例

中华人民共和国国务院令

第592号

《土地复垦条例》已经2011年2月22日国务院第145次常务会议通过，现予公布，自公布之日起施行。

总　理　温家宝

二〇一一年三月五日

土地复垦条例

第一章　总　则

第一条　为了落实十分珍惜、合理利用土地和切实保护耕地的基本国策，规范土地复垦活动，加强土地复垦管理，提高土地利用的社会效益、经济效益和生态效益，根据《中华人民共和国土地管理法》，制定本条例。

第二条　本条例所称土地复垦，是指对生产建设活动和自然灾害损毁的土地，采取整治措施，使其达到可供利用状态的活动。

第三条　生产建设活动损毁的土地，按照“谁损毁，谁复垦”的原则，由生产建设单位或者个人（以下称土地复垦义务人）负责复垦。但是，由于历史原因无法确定土地复垦义务人的生产建设活动损毁的土地（以下称历史遗留损毁土地），由县级以上人民政府负责组织复垦。

自然灾害损毁的土地，由县级以上人民政府负责组织复垦。

第四条　生产建设活动应当节约集约利用土地，不占或者少占耕地；对依法占用的土地应当采取有效措施，减少土地损毁面积，降低土地损毁程度。

土地复垦应当坚持科学规划、因地制宜、综合治理、经济可行、合理利用的原则。复垦的土地应当优先用于农业。

第五条　国务院国土资源主管部门负责全国土地复垦的监督管理工作。县级以上地方人民政府国土资源主管部门负责本行政区域土地复垦的监督管理工作。

县级以上人民政府其他有关部门依照本条例的规定和各自的职责做好土地复垦有关工作。

第六条　编制土地复垦方案、实施土地复垦工程、进行土地复垦验收等活动，应当遵守土地复垦国家标准；没有国家标准的，应当遵守土地复垦行业标准。

制定土地复垦国家标准和行业标准，应当根据土地损毁的类型、程度、自然地理条件和复垦的可行性等因素，分类确定不同类型损毁土地的复垦方式、目标和要求等。

第七条　县级以上地方人民政府国土资源主管部门应当建立土地复垦监测制度，及时掌握本行政区域土地资源损毁和土地复垦效果等情况。

国务院国土资源主管部门和省、自治区、直辖市人民政府国土资源主管部门应当建立健全土地复垦信息管理系统，收集、汇总和发布土地复垦数据信息。

第八条　县级以上人民政府国土资源主管部门应当依据职责加强对土地复垦情况的监督检查。被检查的单位或者个人应当如实反映情况，提供必要的资料。

任何单位和个人不得扰乱、阻挠土地复垦工作，破坏土地复垦工程、设施和设备。

第九条　国家鼓励和支持土地复垦科学研究和技术创新，推广先进的土地复垦技术。

对在土地复垦工作中作出突出贡献的单位和个人，由县级以上人民政府给予表彰。

第二章　生产建设活动损毁土地的复垦

第十条　下列损毁土地由土地复垦义务人负责复垦：

（一）露天采矿、烧制砖瓦、挖沙取土等地表挖掘所损毁的土地；

（二）地下采矿等造成地表塌陷的土地；

（三）堆放采矿剥离物、废石、矿渣、粉煤灰等固体废弃物压占的土地；

（四）能源、交通、水利等基础设施建设和其他生产建设活动临时占用所损毁的土地。

第十一条　土地复垦义务人应当按照土地复垦标准和国务院国土资源主管部门的规定编制土地复垦方案。

第十二条　土地复垦方案应当包括下列内容：

（一）项目概况和项目区土地利用状况；

（二）损毁土地的分析预测和土地复垦的可行性评价；

（三）土地复垦的目标任务；

（四）土地复垦应当达到的质量要求和采取的措施；

（五）土地复垦工程和投资估（概）算；

（六）土地复垦费用的安排；

（七）土地复垦工作计划与进度安排；

（八）国务院国土资源主管部门规定的其他内容。

第十三条　土地复垦义务人应当在办理建设用地申请或者采矿权申请手续时，随有关报批材料报送土地复垦方案。

土地复垦义务人未编制土地复垦方案或者土地复垦方案不符合要求的，有批准权的人民政府不得批准建设用地，有批准权的国土资源主管部门不得颁发采矿许可证。

本条例施行前已经办理建设用地手续或者领取采矿许可证，本条例施行后继续从事生产建设活动造成土地损毁的，土地复垦义务人应当按照国务院国土资源主管部门的规定补充编制土地复垦方案。

第十四条　土地复垦义务人应当按照土地复垦方案开展土地复垦工作。矿山企业还应当对土地损毁情况进行动态监测和评价。

生产建设周期长、需要分阶段实施复垦的，土地复垦义务人应当对土地复垦工作与生产建设活动统一规划、统筹实施，根据生产建设进度确定各阶段土地复垦的目标任务、工程规划设计、费用安排、工程实施进度和完成期限等。

第十五条　土地复垦义务人应当将土地复垦费用列入生产成本或者建设项目总投资。

第十六条　土地复垦义务人应当建立土地复垦质量控制制度，遵守土地复垦标准和环境保护标准，保护土壤质量与生态环境，避免污染土壤和地下水。

土地复垦义务人应当首先对拟损毁的耕地、林地、牧草地进行表土剥离，剥离的表土用于被损毁土地的复垦。

禁止将重金属污染物或者其他有毒有害物质用作回填或者充填材料。受重金属污染物或者其他有毒有害物质污染的土地复垦后，达不到国家有关标准的，不得用于种植食用农作物。

第十七条 土地复垦义务人应当于每年12月31日前向县级以上地方人民政府国土资源主管部门报告当年的土地损毁情况、土地复垦费用使用情况以及土地复垦工程实施情况。

县级以上地方人民政府国土资源主管部门应当加强对土地复垦义务人使用土地复垦费用和实施土地复垦工程的监督。

第十八条 土地复垦义务人不复垦，或者复垦验收中经整改仍不合格的，应当缴纳土地复垦费，由有关国土资源主管部门代为组织复垦。

确定土地复垦费的数额，应当综合考虑损毁前的土地类型、实际损毁面积、损毁程度、复垦标准、复垦用途和完成复垦任务所需的工程量等因素。土地复垦费的具体征收使用管理办法，由国务院财政、价格主管部门商国务院有关部门制定。

土地复垦义务人缴纳的土地复垦费专项用于土地复垦。任何单位和个人不得截留、挤占、挪用。

第十九条 土地复垦义务人对在生产建设活动中损毁的由其他单位或者个人使用的国有土地或者农民集体所有的土地，除负责复垦外，还应当向遭受损失的单位或者个人支付损失补偿费。

损失补偿费由土地复垦义务人与遭受损失的单位或者个人按照造成的实际损失协商确定；协商不成的，可以向土地所在地人民政府国土资源主管部门申请调解或者依法向人民法院提起民事诉讼。

第二十条 土地复垦义务人不依法履行土地复垦义务的，在申请新的建设用地时，有批准权的人民政府不得批准；在申请新的采矿许可证或者申请采矿许可证延续、变更、注销时，有批准权的国土资源主管部门不得批准。

第三章 历史遗留损毁土地和自然灾害损毁土地的复垦

第二十一条 县级以上人民政府国土资源主管部门应当对历史遗留损毁土地和自然灾害损毁土地进行调查评价。

第二十二条 县级以上人民政府国土资源主管部门应当在调查评价的基础上，根据土地利用总体规划编制土地复垦专项规划，确定复垦的重点区域以及复垦的目标任务和要求，报本级人民政府批准后组织实施。

第二十三条 对历史遗留损毁土地和自然灾害损毁土地，县级以上人民政府应当投入资金进行复垦，或者按照"谁投资，谁受益"的原则，吸引社会投资进行复垦。土地权利人明确的，可以采取扶持、优惠措施，鼓励土地权利人自行复垦。

第二十四条 国家对历史遗留损毁土地和自然灾害损毁土地的复垦按项目实施管理。

县级以上人民政府国土资源主管部门应当根据土地复垦专项规划和年度土地复垦资金安排情况确定年度复垦项目。

第二十五条 政府投资进行复垦的，负责组织实施土地复垦项目的国土资源主管部门应当组织编制土地复垦项目设计书，明确复垦项目的位置、面积、目标任务、工程规划设计、实施进度及完成期限等。

土地权利人自行复垦或者社会投资进行复垦的，土地权利人或者投资单位、个人应当组织编制土地复垦项目设计书，并报负责组织实施土地复垦项目的国土资源主管部门审查同意后实施。

第二十六条　政府投资进行复垦的，有关国土资源主管部门应当依照招标投标法律法规的规定，通过公开招标的方式确定土地复垦项目的施工单位。

土地权利人自行复垦或者社会投资进行复垦的，土地复垦项目的施工单位由土地权利人或者投资单位、个人依法自行确定。

第二十七条　土地复垦项目的施工单位应当按照土地复垦项目设计书进行复垦。

负责组织实施土地复垦项目的国土资源主管部门应当健全项目管理制度，加强项目实施中的指导、管理和监督。

第四章　土地复垦验收

第二十八条　土地复垦义务人按照土地复垦方案的要求完成土地复垦任务后，应当按照国务院国土资源主管部门的规定向所在地县级以上地方人民政府国土资源主管部门申请验收，接到申请的国土资源主管部门应当会同同级农业、林业、环境保护等有关部门进行验收。

进行土地复垦验收，应当邀请有关专家进行现场踏勘，查验复垦后的土地是否符合土地复垦标准以及土地复垦方案的要求，核实复垦后的土地类型、面积和质量等情况，并将初步验收结果公告，听取相关权利人的意见。相关权利人对土地复垦完成情况提出异议的，国土资源主管部门应当会同有关部门进一步核查，并将核查情况向相关权利人反馈；情况属实的，应当向土地复垦义务人提出整改意见。

第二十九条　负责组织验收的国土资源主管部门应当会同有关部门在接到土地复垦验收申请之日起60个工作日内完成验收，经验收合格的，向土地复垦义务人出具验收合格确认书；经验收不合格的，向土地复垦义务人出具书面整改意见，列明需要整改的事项，由土地复垦义务人整改完成后重新申请验收。

第三十条　政府投资的土地复垦项目竣工后，负责组织实施土地复垦项目的国土资源主管部门应当依照本条例第二十八条第二款的规定进行初步验收。初步验收完成后，负责组织实施土地复垦项目的国土资源主管部门应当按照国务院国土资源主管部门的规定向上级人民政府国土资源主管部门申请最终验收。上级人民政府国土资源主管部门应当会同有关部门及时组织验收。

土地权利人自行复垦或者社会投资进行复垦的土地复垦项目竣工后，由负责组织实施土地复垦项目的国土资源主管部门会同有关部门进行验收。

第三十一条　复垦为农用地的，负责组织验收的国土资源主管部门应当会同有关部门在验收合格后的5年内对土地复垦效果进行跟踪评价，并提出改善土地质量的建议和措施。

第五章　土地复垦激励措施

第三十二条　土地复垦义务人在规定的期限内将生产建设活动损毁的耕地、林地、牧草地等农用地复垦恢复原状的，依照国家有关税收法律法规的规定退还已经缴纳的耕地占用税。

第三十三条　社会投资复垦的历史遗留损毁土地或者自然灾害损毁土地，属于无使用权人的国有土地的，经县级以上人民政府依法批准，可以确定给投资单位或者个人长期从事种植业、林业、畜牧业或者渔业生产。

社会投资复垦的历史遗留损毁土地或者自然灾害损毁土地，属于农民集体所有土地或者有使用权人的国有土地的，有关国土资源主管部门应当组织投资单位或者个人与土地权利人签订土地复垦协议，明确复垦的目标任务以及复垦后的土地使用和收益分配。

第三十四条 历史遗留损毁和自然灾害损毁的国有土地的使用权人，以及历史遗留损毁和自然灾害损毁的农民集体所有土地的所有权人、使用权人，自行将损毁土地复垦为耕地的，由县级以上地方人民政府给予补贴。

第三十五条 县级以上地方人民政府将历史遗留损毁和自然灾害损毁的建设用地复垦为耕地的，按照国家有关规定可以作为本省、自治区、直辖市内进行非农建设占用耕地时的补充耕地指标。

第六章 法律责任

第三十六条 负有土地复垦监督管理职责的部门及其工作人员有下列行为之一的，对直接负责的主管人员和其他直接责任人员，依法给予处分；直接负责的主管人员和其他直接责任人员构成犯罪的，依法追究刑事责任：

（一）违反本条例规定批准建设用地或者批准采矿许可证及采矿许可证的延续、变更、注销的；

（二）截留、挤占、挪用土地复垦费的；

（三）在土地复垦验收中弄虚作假的；

（四）不依法履行监督管理职责或者对发现的违反本条例的行为不依法查处的；

（五）在审查土地复垦方案、实施土地复垦项目、组织土地复垦验收以及实施监督检查过程中，索取、收受他人财物或者谋取其他利益的；

（六）其他徇私舞弊、滥用职权、玩忽职守行为。

第三十七条 本条例施行前已经办理建设用地手续或者领取采矿许可证，本条例施行后继续从事生产建设活动造成土地损毁的土地复垦义务人未按照规定补充编制土地复垦方案的，由县级以上地方人民政府国土资源主管部门责令限期改正；逾期不改正的，处10万元以上20万元以下的罚款。

第三十八条 土地复垦义务人未按照规定将土地复垦费用列入生产成本或者建设项目总投资的，由县级以上地方人民政府国土资源主管部门责令限期改正；逾期不改正的，处10万元以上50万元以下的罚款。

第三十九条 土地复垦义务人未按照规定对拟损毁的耕地、林地、牧草地进行表土剥离，由县级以上地方人民政府国土资源主管部门责令限期改正；逾期不改正的，按照应当进行表土剥离的土地面积处每公顷1万元的罚款。

第四十条 土地复垦义务人将重金属污染物或者其他有毒有害物质用作回填或者充填材料的，由县级以上地方人民政府环境保护主管部门责令停止违法行为，限期采取治理措施，消除污染，处10万元以上50万元以下的罚款；逾期不采取治理措施的，环境保护主管部门可以指定有治理能力的单位代为治理，所需费用由违法者承担。

第四十一条 土地复垦义务人未按照规定报告土地损毁情况、土地复垦费用使用情况或者土地复垦工程实施情况的，由县级以上地方人民政府国土资源主管部门责令限期改正；逾期不改正的，处2万元以上5万元以下的罚款。

第四十二条 土地复垦义务人依照本条例规定应当缴纳土地复垦费而不缴纳的，由县级以上地方人民政府国土资源主管部门责令限期缴纳；逾期不缴纳的，处应缴纳土地复垦费1倍以上2倍以下的罚款，土地复垦义务人为矿山企业的，由颁发采矿许可证的机关吊销采矿许可证。

第四十三条 土地复垦义务人拒绝、阻碍国土资源主管部门监督检查，或者在接受监督检查时弄虚作假的，由国土资源主管部门责令改正，处2万元以上5万元以下的罚款；有关责任人员构成违反治安管理行为的，由公安机关依法予以治安管理处罚；有关责任人员构成犯罪的，依法追究刑事责任。

破坏土地复垦工程、设施和设备，构成违反治安管理行为的，由公安机关依法予以治安管理处罚；构成犯罪的，依法追究刑事责任。

第七章　附　则

第四十四条　本条例自公布之日起施行。1988 年 11 月 8 日国务院发布的《土地复垦规定》同时废止。

国务院安委会办公室关于进一步做好金属非金属矿山整顿关闭工作的意见

安委办[2009]13 号

各省、自治区、直辖市人民政府及新疆生产建设兵团安全生产委员会，国务院安委会有关成员单位：

近年来，按照国务院的总体部署，全国金属非金属矿山领域扎实开展安全生产专项整治和隐患排查治理等工作，取得了明显成效。但是，矿山数量多、规模小、布局不合理等状况尚未得到根本改善，事故总量仍然偏大，特别是重特大事故尚未得到有效遏制，非法违法建设、生产经营造成的事故仍然占较大比例，安全生产形势依然严峻。为深入贯彻落实《国务院办公厅关于进一步推进安全生产“三项行动”的通知》（国办发[2009]32 号）精神，切实做好金属非金属矿山整顿关闭工作，促进金属非金属矿山安全生产形势持续稳定好转，现就进一步做好金属非金属矿山整顿关闭工作提出如下意见。

一、总体思路和工作目标

（一）总体思路。坚持以科学发展观为指导，深入开展安全生产“三项行动”，以“治乱、治散、治差”为重点，着力打击金属非金属矿山领域非法违法建设和开采活动，依法取缔无证开采，关闭不具备安全生产条件、严重超层越界开采的矿山，清理纠正不符合安全生产标准的新建、改扩建项目，促进全国金属非金属矿山安全生产形势持续稳定好转。

（二）工作目标。到 2009 年底，金属非金属矿山开采安全生产秩序进一步好转，无证开采和超层越界开采等非法违法行为得到有效制止；小矿山基本实现正规开采，安全设施得到较大改善，企业安全管理水平和从业人员技术素质有一定程度提高；小矿山（含尾矿库）数量在 2008 年基础上减少 5000 座以上；生产安全事故有较大幅度下降，重大事故得到有效遏制，努力杜绝特别重大事故。

二、整顿和关闭的重点对象

（一）整顿的重点对象。

1. 不符合矿产资源规划和矿业权设置方案，已经纳入资源整合范围的矿山。

2. 一个矿体存在多个开采主体，严重影响安全生产的矿山。

3. 存在以采代探、超层越界开采、不同矿山井下相通的地下矿山。

4. 新、改扩建项目未依法履行立项审批和安全设施“三同时”审查程序，违法建设、生产经营的矿山。

5. 未采用分台阶（分层）开采的露天矿山和未实现机械通风的地下矿山。

6. 采矿许可证和安全生产许可证到期未提出延期换证申请的矿山（含尾矿库）。

7. 发生过较大以上生产安全责任事故的矿山。

8. 坝体超过设计坝高、超设计储存尾矿、超量排放尾矿、存在重大安全隐患的尾矿库。

（二）关闭取缔的重点对象。

1. 未依法取得地质勘查许可证、采矿许可证、安全生产许可证、营业执照和安全资格证书等证照，擅自从事矿产资源勘查和生产的矿山。

2. 不符合国家和地方政府规定的有关矿种最小开采规模的矿山。

3. 存在重大安全隐患被依法责令停产整改，逾期不整改或整改后仍达不到安全生产条件的矿山。

4. 违反建设项目安全设施“三同时”规定，拒不执行安全监管指令、在限期内未完善相关手续的矿山。

5. 私挖滥采、严重超层越界开采的矿山。

6. 危库、险库未按要求治理或治理后仍不符合安全要求以及未经审批擅自再利用尾矿的尾矿库。

三、关闭程序和标准

（一）关闭程序。

关闭工作由县级以上地方人民政府做出决定。对决定关闭的矿山（含尾矿库）由县级以上地方人民政府向社会公告，公告期结束后，县级以上地方人民政府组织有关部门对拟关闭矿山（含尾矿库）实施关闭，并负责组织有关部门对关闭工作实施验收。

（二）关闭标准。

1. 吊销或注销工商营业执照、采矿许可证、安全生产许可证、安全资格证等相关证照。

2. 拆除供电、供水、通风、提升、运输等直接用于生产的设施和设备。

3. 地下矿山要炸毁或填实矿井井筒，露天矿场要恢复地貌或治理边坡，尾矿库要履行闭库程序。

4. 消除重大安全和环境隐患，地表设立明显警示标志。

5. 清理收缴矿山留存的民用爆炸物品。

6. 妥善遣散关闭矿山的从业人员。

四、方法步骤

（一）制定方案，明确职责。

各地要制定整顿关闭工作方案，明晰工作职责，分解任务指标。整顿关闭工作方案原则上由地方人民政府组织制定并下发，工作方案要明确整顿关闭工作牵头部门和参加部门，并具体细化各相关部门的职责。

（二）安排部署，摸底排查。

根据工作方案，相关部门要在各自职责范围内安排部署整顿关闭工作。要按照整顿关闭要求对辖区内的金属非金属矿山和尾矿库进行摸底排查，研究提出整顿和关闭矿山企业名单。

（三）履行程序，关闭到位。

各级安委会有关成员单位要切实履行职责，按照“关闭标准”确保关闭到位，并履行关闭验收工作程序。

（四）认真总结，全面深化。

各地要认真总结经验，认真解决整顿关闭工作中存在的突出问题，创新整顿关闭工作新机制，并积极探索整顿关闭工作常态化的措施和手段，防止反弹，确保整顿关闭工作成果的巩固，确保工作不断深化。

五、工作要求

（一）提高认识，加强领导。

开展金属非金属矿山整顿关闭工作，是深入贯彻落实科学发展观，推进安全发展，确保经济平稳较快发展的客观需要，是深入落实安全生产“三项行动”的有效措施，是有效防范和遏制重特大事故发生，实现金属非金属矿山安全生产形势持续稳定好转的迫切要求。各地要进一步提高思想认识，充分理解整顿关闭工作的重大意义，切实加强对整顿关闭工作的组织领导。各级安委会办公室要积极主动做好整顿关闭的协调工作。

（二）明确责任，强化执法。

各地要建立健全政府统一领导、相关部门共同参与的联合执法工作机制，明确并落实国土、发展改革、公安等各相关部门在整顿关闭工作中的责任。进一步强化非煤矿山整顿关闭的行政执法工作，及时研究解决存在的重大问题。要按照职责分工提出需要关闭的矿山（含尾矿库）名单，由指定部门汇总后，提请地方人民政府予以关闭，并通报证照颁发管理机关，依法吊（注）销相关证照。

（三）严格标准，提高门槛。

各地要加强调查研究，尽快制定各矿种最小开采规模标准，制定地方性法规、规章或政策，提高金属非金属矿山的市场安全准入门槛。要探索建立矿产资源开发安全准入制度，完善矿山建设项目审批机制，在项目审批、核准、备案过程中严格安全生产条件。

（四）抓好典型，强化宣传。

各地要选择辖区内整顿关闭的难点地区和重点企业，加强调研与指导。同时，要注重发现和培养典型，及时总结推广他们的经验。要发挥舆论的监督作用，利用报刊、电视、网络等新闻媒体广泛宣传，对整顿关闭不力的地区和单位要及时予以曝光。要建立并畅通群众举报渠道，充分调动社会力量推动整顿关闭工作。

（五）加强检查，督促落实。

各地要强化整顿关闭工作的监督检查，发现问题要及时通报有关部门认真研究解决，促进责任和工作落实，确保完成金属非金属矿山关闭计划。同时，通过监督检查，推动整顿关闭工作向纵深推进，并根据新的情况，不断完善相关产业政策和安全法规，推动安全生产长效机制的建立。

附：2009年全国金属非金属矿山（尾矿库）关闭数量计划表

国务院安全生产委员会办公室

二〇〇九年五月七日

附件：

2009 年全国金属非金属矿山（尾矿库）关闭数量计划表

地区	2008 年底矿山（尾矿库）数量				2009 年计划关闭数量			
	合计	地下矿	露天矿	尾矿库	合计	地下矿	露天矿	尾矿库
北　京	134	5	115	14	20	1	17	2
天　津	0	0	0	0	0	0	0	0
河　北	6050	761	2401	2888	300	38	119	143
山　西	5992	599	3658	1735	2014	166	1013	835
内　蒙	2885	301	2332	252	172	17	140	15
辽　宁	5001	880	3064	1057	315	53	198	64
吉　林	2526	139	2213	174	160	7	140	13
黑龙江	2884	397	2425	62	104	2	98	4
上　海	0	0	0	0	0	0	0	0
江　苏	1779	48	1710	21	115	4	110	1
浙　江	1804	181	1545	78	107	5	102	0
安　徽	2824	464	2013	347	150	30	100	20
福　建	3861	398	3216	247	199	24	160	15
江　西	6191	690	5119	382	360	15	335	10
山　东	5673	282	4897	494	341	17	294	30
河　南	2601	269	1651	681	156	26	52	78
湖　北	4190	428	3437	325	290	30	210	50
湖　南	5481	785	4045	651	625	40	400	185
广　东	2253	172	1855	226	208	11	142	55
广　西	5449	430	4449	570	340	25	270	45
海　南	442	61	371	10	24	0	23	1
四　川	5975	726	5112	137	380	45	316	19
重　庆	2627	261	2331	35	158	16	139	3
贵　州	8168	506	7443	219	636	30	595	11
云　南	6936	825	5419	692	416	49	325	42
西　藏	0	0	0	0	0	0	0	0
陕　西	1603	348	986	269	100	20	60	20
甘　肃	2255	233	1839	183	53	0	21	32
青　海	762	632	75	55	31	3	26	2
宁　夏	268	0	268	0	20	0	20	0
新　疆	2488	261	2187	40	212	19	193	0
新疆兵团	152	8	142	2	9	0	9	0
合　计	99254	11090	76318	11846	8015	693	5627	1695

国务院办公厅关于进一步加强矿山安全生产工作的紧急通知

国办发明电[2008]35号

各省、自治区、直辖市人民政府，国务院各部委、各直属机构：

近年来，我国矿山安全生产基础工作不断加强，事故总量大幅度下降，但重特大事故尚未得到有效遏制，矿山安全生产形势依然严峻。2008年9月8日，山西省临汾市襄汾县新塔矿业有限公司尾矿库发生特别重大溃坝事故。经初步调查，这是一起企业严重违法违规生产和有关政府部门监管不力造成的特别重大责任事故，在社会上造成恶劣影响。为深刻吸取事故教训，举一反三，严防类似事故发生，经国务院同意，现就进一步加强矿山安全生产工作紧急通知如下：

一、充分认识加强矿山安全生产工作的重要性和紧迫性

目前，全国有金属非金属矿山近十万座，其中95%为小型矿山，安全基础薄弱，内部管理松弛，工艺技术落后，安全条件较差，从业人员素质亟待提高。特别是随着矿产品价格上涨，重效益、轻安全的现象仍然严重，违法违规行为屡禁不止，加之一些地方对安全生产工作重视不够，监管不力，重特大矿山安全事故时有发生，给人民群众生命财产造成严重损失。各地区、各部门、各单位要深刻吸取“9·8”特大溃坝事故和近期发生的矿山事故教训，认真贯彻落实党中央、国务院领导同志的重要批示精神，切实把安全生产作为落实科学发展观、构建社会主义和谐社会的重要任务，进一步提高认识，加强领导，强化政府安全监管主体责任和企业安全生产主体责任，针对本地区本单位矿山安全生产存在的薄弱环节和突出问题，采取切实有效措施，坚决遏制重特大事故，继续降低矿山企业事故总量。

二、强化尾矿库安全监督管理

（一）严厉打击非法违法生产行为。对于未领取安全生产许可证、未通过安全设施“三同时”验收的尾矿库，要立即责令其停产整改，经整改后仍不达标的，坚决依法予以关闭；对拒不执行安全生产许可制度和擅自利用废弃尾矿库进行生产的企业，要依法予以取缔；对于超量排放储存尾矿、没有正规设计或私堆乱建以及擅自违规加高坝体的，要吊销相关证照，停止生产并落实取缔、关闭措施，确保安全。

（二）加强对废弃或停止使用尾矿库的管理。按照尾矿库安全监督管理的有关规定，依法履行闭库程序，落实闭库责任；未经尾矿库管理单位同意、论证及有关安全监管部门批准，不得在库区进行采砂或从事尾矿再利用活动。

（三）强化基础管理。要建立尾矿库数据库，查清本地区正常库、危库、险库、病库以及已经停止使用或闭库的各类尾矿库基本情况，查清尾矿库下游重要工业设施、居住区域和人员聚集场所情况，明确责任，完善措施，分级管理。进一步加强矿山特别是尾矿库环境安全评估、监测和治理，防止环境污染事故发生。

（四）强化评估治理措施。对现有尾矿库要组织专家进行全面调查评估。对确定为危库的，要立即停产，完善落实抢险加固措施；确定为险库的，要限期消除险情；确定为病库的，要严格按照安全标准进行治理；对于库区下游、周边不符合安全距离要求的企业、居民区，要落实资金、场地和配套设施，尽快组织搬迁。

三、切实抓好矿山企业隐患排查治理

要对矿山企业安全隐患进行彻底排查，对排查出的各类隐患，要梳理分类，抓紧治理。重大隐患要实行政府挂牌督办，明确整改责任，落实整改措施，确保整改到位；对隐患突出、可能发生重大事故的矿山企业，要立即采取停产整顿措施，并加强监控，严防发生事故；经过整改治理仍达不到安全要求的，要坚决予以关闭。要建立和完善重大危险源监控机制，实行隐患治理分级负责，加强重点跟踪监控；建立健全应急管理机制，制定应急预案，明确紧急情况下通知联络、疏散撤离、抢险救援的程序办法，建立企业与周边农村、工厂、市场、居民点等的联防联动机制，遇有险情，要立即进行转移、疏散。

四、进一步深化矿山安全专项整治

（一）深化采矿秩序整顿。安全监管、国土资源和环保等部门要通力合作，扎实推进资源整合，依靠技术进步，加强规范化管理，提升企业规模和安全生产水平。要依法严厉打击无证、超层越界开采等行为，坚决关闭污染环境、不具备安全生产条件的矿山企业，全面清查和纠正矿产资源开发管理中的各种违法违规行为。关闭之后又擅自非法恢复生产的，要严肃查处，严防死灰复燃。

（二）严格执行安全生产规范。所有矿山企业要做到开采正规、系统完善、技术先进、工艺达标、作业规范、管理严格。要严格落实爆破作业和火工品管理制度，严防爆破和冒顶片帮事故；加大对采空区隐患治理，摸清采空区、废弃井积水以及地表移动带、陷落带范围内重大水体、导水构造的状况，制订和落实防洪、防透水、防火灾、排水措施，完善应急预案，坚决防止事故发生。

（三）切实加强安全监管。各级安全监管部门要严格落实安全许可制度，实施经常性的安全检查和重点监控，加强对矿山企业的动态监管；进一步完善安全生产联合执法机制，加大监管力度，督促企业严格落实安全生产法律法规和规章制度。对每一起生产安全事故，要按照“四不放过”原则，尽快查明事故性质和原因，依法严肃追究有关人员的责任；要依法严厉打击瞒报谎报事故行为，严肃查处事故背后的失职渎职行为；鼓励群众积极举报非法违法生产行为和事故，并认真核查处理；要针对每一起事故教训，举一反三，完善安全监管措施。

五、坚决落实矿山企业安全生产主体责任

（一）严格落实安全生产责任制。建立健全并落实金属非金属企业以法定代表人负责制为核心的各级安全生产责任制，完善规章制度和操作规程；要配备相应的安全管理机构和与工作要求相适应的技术人员；要加大安全方面的资金投入，提升安全生产条件；要加强企业安全管理，切实做到制度完善、执行有力、基础扎实、手段科学、工作有效，确保矿山企业安全运行。

（二）大力推行先进实用安全生产技术。地下矿山要抓紧建立完善的机械通风系统，保证风量充足；加强对矿山和尾矿库运行情况的监测监控，要加强露天高陡边坡的管理和监测；深入推广露天采石场中深孔爆破技术，强制推行分台阶（分层）正规开采，切实保证安全。

（三）进一步加强煤矿安全工作。煤矿企业要认真贯彻落实各级政府和有关部门的部署，加大煤矿瓦斯治理力度，继续整顿关闭非法和不具备安全生产条件、破坏资源、污染环境、不符合国家产业政策的小煤矿，巩固发展煤矿安全“两个攻坚战”成果，有效遏制重特大事故发生。

国务院办公厅

二〇〇八年九月十三日

中华人民共和国防治海岸工程建设项目污染损害海洋环境管理条例

中华人民共和国国务院令

第 507 号

现公布《国务院关于修改〈中华人民共和国防治海岸工程建设项目污染损害海洋环境管理条例〉的决定》，自 2008 年 1 月 1 日起施行。

总 理 温家宝

二〇〇七年九月二十五日

中华人民共和国防治海岸工程建设项目污染损害海洋环境管理条例（节选）

第十九条 建设滨海矿山，在开采、选矿、运输、贮存、冶炼和尾矿处理等过程中，应当按照有关规定采取防止污染损害海洋环境的措施。

风景名胜区条例

中华人民共和国国务院令

第474号

《风景名胜区条例》已经2006年9月6日国务院第149次常务会议通过，现予公布，自2006年12月1日起施行。

总　理　温家宝

二〇〇六年九月十九日

风景名胜区条例（节选）

第二十六条　在风景名胜区内禁止进行下列活动：

（一）开山、采石、开矿、开荒、修坟立碑等破坏景观、植被和地形地貌的活动；

（二）修建储存爆炸性、易燃性、放射性、毒害性、腐蚀性物品的设施；

（三）在景物或者设施上刻划、涂污；

（四）乱扔垃圾。

第四十条　违反本条例的规定，有下列行为之一的，由风景名胜区管理机构责令停止违法行为、恢复原状或者限期拆除，没收违法所得，并处50万元以上100万元以下的罚款：

（一）在风景名胜区内进行开山、采石、开矿等破坏景观、植被、地形地貌的活动的；

（二）在风景名胜区内修建储存爆炸性、易燃性、放射性、毒害性、腐蚀性物品的设施的；

（三）在核心景区内建设宾馆、招待所、培训中心、疗养院以及与风景名胜资源保护无关的其他建筑物的。

县级以上地方人民政府及其有关主管部门批准实施本条第一款规定的行为的，对直接负责的主管人员和其他直接责任人员依法给予降级或者撤职的处分；构成犯罪的，依法追究刑事责任。

防治海洋工程建设项目污染损害海洋环境管理条例

中华人民共和国国务院令

第 475 号

《防治海洋工程建设项目污染损害海洋环境管理条例》已经 2006 年 8 月 30 日国务院第 148 次常务会议通过，现予公布，自 2006 年 11 月 1 日起施行。

总　理　温家宝

二〇〇六年九月十九日

防治海洋工程建设项目污染损害海洋环境管理条例（节选）

第十一条　下列海洋工程的环境影响报告书，由国家海洋主管部门核准：

（一）涉及国家海洋权益、国防安全等特殊性质的工程；

（二）海洋矿产资源勘探开发及其附属工程；

（三）50 公顷以上的填海工程，100 公顷以上的围海工程；

（四）潮汐电站、波浪电站、温差电站等海洋能源开发利用工程；

（五）由国务院或者国务院有关部门审批的海洋工程。

前款规定以外的海洋工程的环境影响报告书，由沿海县级以上地方人民政府海洋主管部门根据沿海省、自治区、直辖市人民政府规定的权限核准。

海洋工程可能造成跨区域环境影响并且有关海洋主管部门对环境影响评价结论有争议的，该工程的环境影响报告书由其共同的上一级海洋主管部门核准。

第二十五条　建设单位在海洋固体矿产资源勘探开发工程的建设、运行过程中，应当采取有效措施，防止污染物大范围悬浮扩散，破坏海洋环境。

国务院关于加快发展循环经济的若干意见（节选）

国发[2005]22 号

各省、自治区、直辖市人民政府，国务院各部委、各直属机构：

改革开放以来，我国在推动资源节约和综合利用，推行清洁生产方面，取得了积极成效。但是，传统的高消耗、高排放、低效率的粗放型增长方式仍未根本转变，资源利用率低，环境污染严重。同时，存在法规、政策不完善，体制、机制不健全，相关技术开发滞后等问题。本世纪头 20 年，我国将处于工业化和城镇化加速发展阶段，面临的资源和环境形势十分严峻。为抓住重要战略机遇期，实现全面建设小康社会的战略目标，必须大力发展循环经济，按照“减量化、再利用、资源化”原则，采取各种有效措施，以尽可能少的资源消耗和尽可能小的环境代价，取得最大的经济产出和最少的废物排放，实现经济、环境和社会效益相统一，建设资源节约型和环境友好型社会。为此，提出如下意见。

一、发展循环经济的指导思想、基本原则和主要目标

（一）指导思想。以邓小平理论和“三个代表”重要思想为指导，树立和落实科学发展观，以提高资源生产率和减少废物排放为目标，以技术创新和制度创新为动力，强化节约资源和保护环境意识，加强法制建设，完善政策措施，发挥市场机制作用，促进循环经济发展。

（二）基本原则。坚持走新型工业化道路，形成有利于节约资源、保护环境的生产方式和消费方式；坚持推进经济结构调整，加快技术进步，加强监督管理，提高资源利用效率，减少废物的产生和排放；坚持以企业为主体，政府调控、市场引导、公众参与相结合，形成有利于促进循环经济发展的政策体系和社会氛围。

（三）发展目标。力争到 2010 年建立比较完善的发展循环经济法律法规体系、政策支持体系、体制与技术创新体系和激励约束机制。资源利用效率大幅度提高，废物最终处置量明显减少，建成大批符合循环经济发展要求的典型企业。推进绿色消费，完善再生资源回收利用体系。建设一批符合循环经济发展要求的工业（农业）园区和资源节约型、环境友好型城市。

（四）主要指标。力争到 2010 年，我国消耗每吨能源、铁矿石、有色金属、非金属矿等十五种重要资源产出的 GDP 比 2003 年提高 25%左右；每万元 GDP 能耗下降 18%以上。农业灌溉水平均有效利用系数提高到 0.5，每万元工业增加值取水量下降到 120 立方米。矿产资源总回收率和共伴生矿综合利用率分别提高 5 个百分点。工业固体废物综合利用率提高到 60%以上；再生铜、铝、铅占产量的比重分别达到 35%、25%、30%，主要再生资源回收利用量提高 65%以上。工业固体废物堆存和处置量控制在 4.5 亿吨左右；城市生活垃圾增长率控制在 5%左右。（注：上述有关指标将根据“十一五”规划作相应调整）

二、发展循环经济的重点工作和重点环节

（五）重点工作。一是大力推进节约降耗，在生产、建设、流通和消费各领域节约资源，减少自然资源的消耗。二是全面推行清洁生产，从源头减少废物的产生，实现由末端治理向污染预防和生产全过程控制转变。三是大力开展资源综合利用，最大程度实现废物资源化和再生资源回收利用。四是大力发展环保产业，注重开发减量化、再利用和资源化技术与装备，为资源高效利用、循环利用和减少废物排放提供技术保障。

（六）重点环节。一是资源开采环节要统筹规划矿产资源开发，推广先进适用的开采技术、工艺和设备，提高采矿回采率、选矿和冶炼回收率，大力推进尾矿、废石综合利用，大力提高资源综合回收利用率。二是资源消耗环节要加强对冶金、有色、电力、煤炭、石化、化工、建材（筑）、轻工、纺织、农业等重点行业能源、原材料、水等资源消耗管理，努力降低消耗，提高资源利用率。三是废物产生环节要强化污染预防和全过程控制，推动不同行业合理延长产业链，加强对各类废物的循环利用，推进企业废物“零排放”；加快再生水利用设施建设以及城市垃圾、污泥减量化和资源化利用，降低废物最终处置量。四是再生资源产生环节要大力回收和循环利用各种废旧资源，支持废旧机电产品再制造；建立垃圾分类收集和分选系统，不断完善再生资源回收利用体系。五是消费环节要大力倡导有利于节约资源和保护环境的消费方式，鼓励使用能效标识产品、节能节水认证产品和环境标志产品、绿色标志食品和有机标志食品，减少过度包装和一次性用品的使用。政府机构要实行绿色采购。

三、加强对循环经济发展的宏观指导

（七）把发展循环经济作为编制有关规划的重要指导原则。各级政府及有关部门要用循环经济理念指导编制“十一五”规划和各类区域规划、城市总体规划，以及矿产资源可持续利用、节能、节水、资源综合利用等专项规划，对资源消耗、节约、循环利用、废物排放和环境状况作出分析，明确目标、重点和政策措施。

（八）建立循环经济评价指标体系和统计核算制度。发展改革委要会同统计局、环保总局等有关部门加快研究建立循环经济评价指标体系，逐步纳入国民经济和社会发展计划，并建立循环经济的统计核算制度。地方各级人民政府有关部门要积极开展循环经济的统计核算，加强对循环经济主要指标的分析。

（九）制定和实施循环经济推进计划。地方各级人民政府要组织发展改革（经贸）、环境保护等有关部门，根据本地区实际，制定和实施循环经济发展的推进计划。国务院有关部门要研究制定矿产资源集约利用、能源和水资源节约利用、清洁生产，以及重点行业、重点领域发展循环经济的推进计划。

（十）加快经济结构调整和优化区域布局。加强宏观调控，遏制盲目投资、低水平重复建设，限制高耗能、高耗水、高污染产业的发展。大力发展高技术产业，加快用高新技术和先进适用技术改造传统产业，淘汰落后工艺、技术和设备，实现传统产业升级。

四、加快循环经济技术开发和标准体系建设

（十一）加快循环经济技术开发。国务院有关部门和地方各级人民政府有关部门要加大科技投入，支持循环经济共性和关键技术的研究开发。积极引进和消化、吸收国外先进的循环经济技术，组织开发共伴生矿产资源和尾矿综合利用技术、能源节约和替代技术、能量梯级利用技术、废物综合利用技术、循环经济发展中延长产业链和相关产业链接技术、“零排放”技术、有毒有害原材料替代技术、可回收利用材料和回收处理技术、绿色再制造技术以及新能源和可再生能源开发利用技术等，提高循环经济技术支撑能力和创新能力。

（十二）抓紧制定循环经济技术政策。发展改革委要会同科技、环保等有关部门研究制定发展循环经济的技术政策、技术导向目录，以及国家鼓励发展的节能、节水、环保装备目录。

支持引进国外发展循环经济的核心技术，加快新技术、新工艺、新设备的推广应用。

（十三）建立循环经济技术咨询服务体系。各地区、各部门要积极支持建立循环经济信息系统和技术咨询服务体系，及时向社会发布有关循环经济技术、管理和政策等方面的信息，开

展信息咨询、技术推广、宣传培训等。充分发挥行业协会、节能技术服务中心、清洁生产中心等中介机构和科研单位、大专院校的作用。

（十四）制定和完善促进循环经济的标准体系。要加快制定高耗能、高耗水及高污染行业市场准入标准和合格评定制度，制定重点行业清洁生产评价指标体系和涉及循环经济的有关污染控制标准。加强节能、节水等资源节约标准化工作，完善主要用能设备及建筑能效标准、重点用水行业取水定额标准和主要耗能（水）行业节能（水）设计规范。建立和完善强制性产品能效标识、再利用品标识、节能建筑标识和环境标志制度，开展节能、节水、环保产品认证以及环境管理体系认证。

五、建立和完善促进循环经济发展的政策机制

（十七）制定支持循环经济发展的财税和收费政策。财政部门要积极安排资金，支持发展循环经济的政策研究、技术推广、示范试点、宣传培训等，并会同有关部门积极落实清洁生产专项资金。各级财政和环保部门要安排排污资金，加大对企业符合循环经济要求的污染防治项目的投入力度。有关部门要加快研究建立促进节能、节水产品和节能环保型汽车、节能省地型建筑推广的鼓励政策。继续完善资源综合利用的税收优惠政策，调整和完善有利于促进再生资源回收利用的税收政策，加快建立大宗废旧资源回收处理收费制度。适时出台燃油税，完善消费税制。积极研究以资源量为基础的矿产资源补偿费征收办法，进一步扩大水资源费征收范围并适当提高征收标准，优先提高城市污水处理费征收标准，全面开征城市生活垃圾处理费。研究完善限制国内紧缺资源及高耗能产品出口的政策。在理顺现有收费和资金来源渠道的基础上，积极探索建立和完善企业生态环境恢复补偿机制。政府采购目录要优先考虑节能、节水和环保认证产品。

六、坚持依法推进循环经济发展

（十八）加强法规体系建设。要结合我国国情，加快研究建立和健全循环经济的法律法规体系。当前要抓紧制定节能、节水、资源综合利用等促进资源有效利用以及废旧家电、电子产品、废旧轮胎、建筑废物、包装废物、农业废物等资源化利用的法规和规章。研究建立生产者责任延伸制度，明确生产商、销售商、回收和使用单位以及消费者对废物回收、处理和再利用的法律义务。

（十九）加大依法监督管理的力度。各地区、各部门要认真贯彻落实《中华人民共和国节约能源法》、《中华人民共和国可再生能源法》、《中华人民共和国清洁生产促进法》、《中华人民共和国固体废物污染环境防治法》和《中华人民共和国环境影响评价法》等有关法律法规。依法加强对矿产资源集约利用、节能、节水、资源综合利用、再生资源回收利用的监督管理工作，引导企业树立经济与资源、环境协调发展的意识，建立健全资源节约管理制度。各级环境保护部门要将发展循环经济与环境保护工作紧密结合，严格执行环境影响评价和“三同时”制度，逐步实行排污许可证制度；严格控制污染物排放总量，加强对企业废物排放和处置的监督管理，降低排放强度；鼓励有条件的企业在自愿的基础上，开展环境管理体系认证。

（二十）依法推行清洁生产。认真实施《中华人民共和国清洁生产促进法》，加快企业清洁生产审核，积极实施清洁生产审核方案。对污染物排放超过国家和地方规定的标准或者总量控制指标的企业，以及使用有毒、有害原料进行生产或者在生产中排放有毒、有害物质的企业，要依法强制实施清洁生产审核，监督实施清洁生产方案。发展改革委、环保总局要在全国范围内组织开展创建清洁生产先进企业、环境友好企业活动，引导企业加快实施清洁生产。

七、加强对发展循环经济工作的组织和领导

（二十一）加强组织领导。各地区、各部门要从战略和全局的高度，充分认识发展循环经济的重大意义，增强紧迫性和责任感，结合本地区、本部门实际，抓紧制定具体的实施方案，采取切实有效措施，加快推进循环经济发展。发展改革委牵头，会同环保总局等有关部门建立健全推进循环经济发展的协调工作机制，做好组织协调和指导推动工作，及时解决推进循环经济发展中遇到的重大问题。有关部门要在各自的职责范围内积极落实各项政策措施，加快推动循环经济发展。地方各级人民政府要确定一位领导同志负责循环经济发展工作，明确有关部门的职责分工，做到层层有责任、逐级抓落实。

（二十二）开展循环经济示范试点。发展改革委要会同环保总局等有关部门和省级人民政府，在重点行业、重点领域、产业园区和城市组织开展循环经济试点工作，探索发展循环经济的有效模式。通过试点，提出发展循环经济的重大技术和项目领域，进一步完善促进再生资源循环利用、降低污染排放强度的政策措施，提出按循环经济模式规划、建设、改造工业园区以及建设资源节约型、环境友好型城市的思路，树立一批先进典型，为加快发展循环经济提供示范。

（二十三）加强宣传教育和培训。各地区、各部门要动员社会各方面力量，大力开展形式多样的节约资源和保护环境的宣传活动，提高全社会对发展循环经济重大意义的认识，把节约资源、保护环境变成全体公民的自觉行为。要将树立资源节约和环境保护意识的相关内容编入教材，在中小学中开展国情教育、节约资源和保护环境的教育。要组织开展相关管理和技术人员的知识培训，增强意识，掌握相关知识和技能。编写消费行为导则和资源节约公约，引导合理消费，规范消费行为，开展多种形式的实践活动，逐步形成节约资源、保护环境的消费方式。

发展改革委要会同环保总局等有关部门，对各地推进循环经济发展的情况进行监督检查，重要情况要及时向国务院报告。

国务院

二〇〇五年七月二日

地质灾害防治条例

中华人民共和国国务院令

第 394 号

《地质灾害防治条例》已经 2003 年 11 月 19 日国务院第 29 次常务会议通过，现予公布，自 2004 年 3 月 1 日起施行。

总　理　温家宝

二〇〇三年十一月二十四日

地质灾害防治条例

第一章　总　则

第一条　为了防治地质灾害，避免和减轻地质灾害造成的损失，维护人民生命和财产安全，促进经济和社会的可持续发展，制定本条例。

第二条　本条例所称地质灾害，包括自然因素或者人为活动引发的危害人民生命和财产安全的山体崩塌、滑坡、泥石流、地面塌陷、地裂缝、地面沉降等与地质作用有关的灾害。

第三条　地质灾害防治工作，应当坚持预防为主、避让与治理相结合和全面规划、突出重点的原则。

第四条　地质灾害按照人员伤亡、经济损失的大小，分为四个等级：

（一）特大型：因灾死亡 30 人以上或者直接经济损失 1000 万元以上的；

（二）大型：因灾死亡 10 人以上 30 人以下或者直接经济损失 500 万元以上 1000 万元以下的；

（三）中型：因灾死亡 3 人以上 10 人以下或者直接经济损失 100 万元以上 500 万元以下的；

（四）小型：因灾死亡 3 人以下或者直接经济损失 100 万元以下的。

第五条　地质灾害防治工作，应当纳入国民经济和社会发展计划。

因自然因素造成的地质灾害的防治经费，在划分中央和地方事权和财权的基础上，分别列入中央和地方有关人民政府的财政预算。具体办法由国务院财政部门会同国务院国土资源主管部门制定。

因工程建设等人为活动引发的地质灾害的治理费用，按照谁引发、谁治理的原则由责任单位承担。

第六条　县级以上人民政府应当加强对地质灾害防治工作的领导，组织有关部门采取措施，做好地质灾害防治工作。

县级以上人民政府应当组织有关部门开展地质灾害防治知识的宣传教育，增强公众的地质灾害防治意识和自救、互救能力。

第七条　国务院国土资源主管部门负责全国地质灾害防治的组织、协调、指导和监督工作。

国务院其他有关部门按照各自的职责负责有关的地质灾害防治工作。

县级以上地方人民政府国土资源主管部门负责本行政区域内地质灾害防治的组织、协调、指导和监督工作。县级以上地方人民政府其他有关部门按照各自的职责负责有关的地质灾害防治工作。

第八条 国家鼓励和支持地质灾害防治科学技术研究，推广先进的地质灾害防治技术，普及地质灾害防治的科学知识。

第九条 任何单位和个人对地质灾害防治工作中的违法行为都有权检举和控告。

在地质灾害防治工作中做出突出贡献的单位和个人，由人民政府给予奖励。

第二章 地质灾害防治规划

第十条 国家实行地质灾害调查制度。

国务院国土资源主管部门会同国务院建设、水利、铁路、交通等部门结合地质环境状况组织开展全国的地质灾害调查。

县级以上地方人民政府国土资源主管部门会同同级建设、水利、交通等部门结合地质环境状况组织开展本行政区域的地质灾害调查。

第十一条 国务院国土资源主管部门会同国务院建设、水利、铁路、交通等部门，依据全国地质灾害调查结果，编制全国地质灾害防治规划，经专家论证后报国务院批准公布。

县级以上地方人民政府国土资源主管部门会同同级建设、水利、交通等部门，依据本行政区域的地质灾害调查结果和上一级地质灾害防治规划，编制本行政区域的地质灾害防治规划，经专家论证后报本级人民政府批准公布，并报上一级人民政府国土资源主管部门备案。

修改地质灾害防治规划，应当报经原批准机关批准。

第十二条 地质灾害防治规划包括以下内容：

（一）地质灾害现状和发展趋势预测；

（二）地质灾害的防治原则和目标；

（三）地质灾害易发区、重点防治区；

（四）地质灾害防治项目；

（五）地质灾害防治措施等。

县级以上人民政府应当将城镇、人口集中居住区、风景名胜区、大中型工矿企业所在地和交通干线、重点水利电力工程等基础设施作为地质灾害重点防治区中的防护重点。

第十三条 编制和实施土地利用总体规划、矿产资源规划以及水利、铁路、交通、能源等重大建设工程项目规划，应当充分考虑地质灾害防治要求，避免和减轻地质灾害造成的损失。

编制城市总体规划、村庄和集镇规划，应当将地质灾害防治规划作为其组成部分。

第三章 地质灾害预防

第十四条 国家建立地质灾害监测网络和预警信息系统。

县级以上人民政府国土资源主管部门应当会同建设、水利、交通等部门加强对地质灾害险情的动态监测。

因工程建设可能引发地质灾害的，建设单位应当加强地质灾害监测。

第十五条 地质灾害易发区的县、乡、村应当加强地质灾害的群测群防工作。在地质灾害重点防范期内，乡镇人民政府、基层群众自治组织应当加强地质灾害险情的巡回检查，发现险情及时处理和报告。

国家鼓励单位和个人提供地质灾害前兆信息。

第十六条 国家保护地质灾害监测设施。任何单位和个人不得侵占、损毁、损坏地质灾害监测设施。

第十七条 国家实行地质灾害预报制度。预报内容主要包括地质灾害可能发生的时间、地点、成灾范围和影响程度等。

地质灾害预报由县级以上人民政府国土资源主管部门会同气象主管机构发布。

任何单位和个人不得擅自向社会发布地质灾害预报。

第十八条 县级以上地方人民政府国土资源主管部门会同同级建设、水利、交通等部门依据地质灾害防治规划，拟订年度地质灾害防治方案，报本级人民政府批准后公布。

年度地质灾害防治方案包括下列内容：

（一）主要灾害点的分布；

（二）地质灾害的威胁对象、范围；

（三）重点防范期；

（四）地质灾害防治措施；

（五）地质灾害的监测、预防责任人。

第十九条 对出现地质灾害前兆、可能造成人员伤亡或者重大财产损失的区域和地段，县级人民政府应当及时划定为地质灾害危险区，予以公告，并在地质灾害危险区的边界设置明显警示标志。

在地质灾害危险区内，禁止爆破、削坡、进行工程建设以及从事其他可能引发地质灾害的活动。

县级以上人民政府应当组织有关部门及时采取工程治理或者搬迁避让措施，保证地质灾害危险区内居民的生命和财产安全。

第二十条 地质灾害险情已经消除或者得到有效控制的，县级人民政府应当及时撤销原划定的地质灾害危险区，并予以公告。

第二十一条 在地质灾害易发区内进行工程建设应当在可行性研究阶段进行地质灾害危险性评估，并将评估结果作为可行性研究报告的组成部分；可行性研究报告未包含地质灾害危险性评估结果的，不得批准其可行性研究报告。

编制地质灾害易发区内的城市总体规划、村庄和集镇规划时，应当对规划区进行地质灾害危险性评估。

第二十二条 国家对从事地质灾害危险性评估的单位实行资质管理制度。地质灾害危险性评估单位应当具备下列条件，经省级以上人民政府国土资源主管部门资质审查合格，取得国土资源主管部门颁发的相应等级的资质证书后，方可在资质等级许可的范围内从事地质灾害危险性评估业务：

（一）有独立的法人资格；

（二）有一定数量的工程地质、环境地质和岩土工程等相应专业的技术人员；

（三）有相应的技术装备。

地质灾害危险性评估单位进行评估时，应当对建设工程遭受地质灾害危害的可能性和该工程建设中、建成后引发地质灾害的可能性做出评价，提出具体的预防治理措施，并对评估结果负责。

第二十三条 禁止地质灾害危险性评估单位超越其资质等级许可的范围或者以其他地质灾害危险性评估单位的名义承揽地质灾害危险性评估业务。

禁止地质灾害危险性评估单位允许其他单位以本单位的名义承揽地质灾害危险性评估业务。

禁止任何单位和个人伪造、变造、买卖地质灾害危险性评估资质证书。

第二十四条 对经评估认为可能引发地质灾害或者可能遭受地质灾害危害的建设工程，应当配套建设地质灾害治理工程。地质灾害治理工程的设计、施工和验收应当与主体工程的设计、施工、验收同时进行。

配套的地质灾害治理工程未经验收或者经验收不合格的，主体工程不得投入生产或者使用。

第四章 地质灾害应急

第二十五条 国务院国土资源主管部门会同国务院建设、水利、铁路、交通等部门拟订全国突发性地质灾害应急预案，报国务院批准后公布。

县级以上地方人民政府国土资源主管部门会同同级建设、水利、交通等部门拟订本行政区域的突发性地质灾害应急预案，报本级人民政府批准后公布。

第二十六条 突发性地质灾害应急预案包括下列内容：

（一）应急机构和有关部门的职责分工；

（二）抢险救援人员的组织和应急、救助装备、资金、物资的准备；

（三）地质灾害的等级与影响分析准备；

（四）地质灾害调查、报告和处理程序；

（五）发生地质灾害时的预警信号、应急通信保障；

（六）人员财产撤离、转移路线、医疗救治、疾病控制等应急行动方案。

第二十七条 发生特大型或者大型地质灾害时，有关省、自治区、直辖市人民政府应当成立地质灾害抢险救灾指挥机构。必要时，国务院可以成立地质灾害抢险救灾指挥机构。

发生其他地质灾害或者出现地质灾害险情时，有关市、县人民政府可以根据地质灾害抢险救灾工作的需要，成立地质灾害抢险救灾指挥机构。

地质灾害抢险救灾指挥机构由政府领导负责、有关部门组成，在本级人民政府的领导下，统一指挥和组织地质灾害的抢险救灾工作。

第二十八条 发现地质灾害险情或者灾情的单位和个人，应当立即向当地人民政府或者国土资源主管部门报告。其他部门或者基层群众自治组织接到报告的，应当立即转报当地人民政府。

当地人民政府或者县级人民政府国土资源主管部门接到报告后，应当立即派人赶赴现场，进行现场调查，采取有效措施，防止灾害发生或者灾情扩大，并按照国务院国土资源主管部门关于地质灾害灾情分级报告的规定，向上级人民政府和国土资源主管部门报告。

第二十九条 接到地质灾害险情报告的当地人民政府、基层群众自治组织应当根据实际情况，及时动员受到地质灾害威胁的居民以及其他人员转移到安全地带；情况紧急时，可以强行组织避灾疏散。

第三十条 地质灾害发生后，县级以上人民政府应当启动并组织实施相应的突发性地质灾害应急预案。有关地方人民政府应当及时将灾情及其发展趋势等信息报告上级人民政府。

禁止隐瞒、谎报或者授意他人隐瞒、谎报地质灾害灾情。

第三十一条 县级以上人民政府有关部门应当按照突发性地质灾害应急预案的分工，做好相应的应急工作。

国土资源主管部门应当会同同级建设、水利、交通等部门尽快查明地质灾害发生原因、影响范围等情况，提出应急治理措施，减轻和控制地质灾害灾情。

民政、卫生、食品药品监督管理、商务、公安部门，应当及时设置避难场所和救济物资供应点，妥善安排灾民生活，做好医疗救护、卫生防疫、药品供应、社会治安工作；气象主管机构应当做好气象服务保障工作；通信、航空、铁路、交通部门应当保证地质灾害应急的通信畅通和救灾物资、设备、药物、食品的运送。

第三十二条　根据地质灾害应急处理的需要，县级以上人民政府应当紧急调集人员，调用物资、交通工具和相关的设施、设备；必要时，可以根据需要在抢险救灾区域范围内采取交通管制等措施。

因救灾需要，临时调用单位和个人的物资、设施、设备或者占用其房屋、土地的，事后应当及时归还；无法归还或者造成损失的，应当给予相应的补偿。

第三十三条　县级以上地方人民政府应当根据地质灾害灾情和地质灾害防治需要，统筹规划、安排受灾地区的重建工作。

第五章　地质灾害治理

第三十四条　因自然因素造成的特大型地质灾害，确需治理的，由国务院国土资源主管部门会同灾害发生地的省、自治区、直辖市人民政府组织治理。

因自然因素造成的其他地质灾害，确需治理的，在县级以上地方人民政府的领导下，由本级人民政府国土资源主管部门组织治理。

因自然因素造成的跨行政区域的地质灾害，确需治理的，由所跨行政区域的地方人民政府国土资源主管部门共同组织治理。

第三十五条　因工程建设等人为活动引发的地质灾害，由责任单位承担治理责任。

责任单位由地质灾害发生地的县级以上人民政府国土资源主管部门负责组织专家对地质灾害的成因进行分析论证后认定。

对地质灾害的治理责任认定结果有异议的，可以依法申请行政复议或者提起行政诉讼。

第三十六条　地质灾害治理工程的确定，应当与地质灾害形成的原因、规模以及对人民生命和财产安全的危害程度相适应。

承担专项地质灾害治理工程勘查、设计、施工和监理的单位，应当具备下列条件，经省级以上人民政府国土资源主管部门资质审查合格，取得国土资源主管部门颁发的相应等级的资质证书后，方可在资质等级许可的范围内从事地质灾害治理工程的勘查、设计、施工和监理活动，并承担相应的责任：

（一）有独立的法人资格；

（二）有一定数量的水文地质、环境地质、工程地质等相应专业的技术人员；

（三）有相应的技术装备；

（四）有完善的工程质量管理制度。

地质灾害治理工程的勘查、设计、施工和监理应当符合国家有关标准和技术规范。

第三十七条　禁止地质灾害治理工程勘查、设计、施工和监理单位超越其资质等级许可的范围或者以其他地质灾害治理工程勘查、设计、施工和监理单位的名义承揽地质灾害治理工程勘查、设计、施工和监理业务。

禁止地质灾害治理工程勘查、设计、施工和监理单位允许其他单位以本单位的名义承揽地质灾害治理工程勘查、设计、施工和监理业务。

禁止任何单位和个人伪造、变造、买卖地质灾害治理工程勘查、设计、施工和监理资质证书。

第三十八条 政府投资的地质灾害治理工程竣工后，由县级以上人民政府国土资源主管部门组织竣工验收。其他地质灾害治理工程竣工后，由责任单位组织竣工验收；竣工验收时，应当有国土资源主管部门参加。

第三十九条 政府投资的地质灾害治理工程经竣工验收合格后，由县级以上人民政府国土资源主管部门指定的单位负责管理和维护；其他地质灾害治理工程经竣工验收合格后，由负责治理的责任单位负责管理和维护。

任何单位和个人不得侵占、损毁、损坏地质灾害治理工程设施。

第六章 法律责任

第四十条 违反本条例规定，有关县级以上地方人民政府、国土资源主管部门和其他有关部门有下列行为之一的，对直接负责的主管人员和其他直接责任人员，依法给予降级或者撤职的行政处分；造成地质灾害导致人员伤亡和重大财产损失的，依法给予开除的行政处分；构成犯罪的，依法追究刑事责任：

（一）未按照规定编制突发性地质灾害应急预案，或者未按照突发性地质灾害应急预案的要求采取有关措施、履行有关义务的；

（二）在编制地质灾害易发区内的城市总体规划、村庄和集镇规划时，未按照规定对规划区进行地质灾害危险性评估的；

（三）批准未包含地质灾害危险性评估结果的可行性研究报告的；

（四）隐瞒、谎报或者授意他人隐瞒、谎报地质灾害灾情，或者擅自发布地质灾害预报的；

（五）给不符合条件的单位颁发地质灾害危险性评估资质证书或者地质灾害治理工程勘查、设计、施工、监理资质证书的；

（六）在地质灾害防治工作中有其他渎职行为的。

第四十一条 违反本条例规定，建设单位有下列行为之一的，由县级以上地方人民政府国土资源主管部门责令限期改正；逾期不改正的，责令停止生产、施工或者使用，处 10 万元以上 50 万元以下的罚款；构成犯罪的，依法追究刑事责任：

（一）未按照规定对地质灾害易发区内的建设工程进行地质灾害危险性评估的；

（二）配套的地质灾害治理工程未经验收或者经验收不合格，主体工程即投入生产或者使用的。

第四十二条 违反本条例规定，对工程建设等人为活动引发的地质灾害不予治理的，由县级以上人民政府国土资源主管部门责令限期治理；逾期不治理或者治理不符合要求的，由责令限期治理的国土资源主管部门组织治理，所需费用由责任单位承担，处 10 万元以上 50 万元以下的罚款；给他人造成损失的，依法承担赔偿责任。

第四十三条 违反本条例规定，在地质灾害危险区内爆破、削坡、进行工程建设以及从事其他可能引发地质灾害活动的，由县级以上地方人民政府国土资源主管部门责令停止违法行为，对单位处 5 万元以上 20 万元以下的罚款，对个人处 1 万元以上 5 万元以下的罚款；构成犯罪的，依法追究刑事责任；给他人造成损失的，依法承担赔偿责任。

第四十四条 违反本条例规定，有下列行为之一的，由县级以上人民政府国土资源主管部门或者其他部门依据职责责令停止违法行为，对地质灾害危险性评估单位、地质灾害治理工程勘查、设计或者监理单位处合同约定的评估费、勘查费、设计费或者监理酬金 1 倍以上 2 倍以下的罚款，对地质灾害治理工程施工单位处工程价款 2%以上 4%以下的罚款，并可以责令停业整顿，降低资质等级；有违法所得的，没收违法所得；情节严重的，吊销其资质证书；构成犯罪的，依法追究刑事责任；给他人造成损失的，依法承担赔偿责任：

（一）在地质灾害危险性评估中弄虚作假或者故意隐瞒地质灾害真实情况的；

（二）在地质灾害治理工程勘查、设计、施工以及监理活动中弄虚作假、降低工程质量的；

（三）无资质证书或者超越其资质等级许可的范围承揽地质灾害危险性评估、地质灾害治理工程勘查、设计、施工及监理业务的；

（四）以其他单位的名义或者允许其他单位以本单位的名义承揽地质灾害危险性评估、地质灾害治理工程勘查、设计、施工和监理业务的。

第四十五条　违反本条例规定，伪造、变造、买卖地质灾害危险性评估资质证书、地质灾害治理工程勘查、设计、施工和监理资质证书的，由省级以上人民政府国土资源主管部门收缴或者吊销其资质证书，没收违法所得，并处 5 万元以上 10 万元以下的罚款；构成犯罪的，依法追究刑事责任。

第四十六条　违反本条例规定，侵占、损毁、损坏地质灾害监测设施或者地质灾害治理工程设施的，由县级以上地方人民政府国土资源主管部门责令停止违法行为，限期恢复原状或者采取补救措施，可以处 5 万元以下的罚款；构成犯罪的，依法追究刑事责任。

第七章　附　则

第四十七条　在地质灾害防治工作中形成的地质资料，应当按照《地质资料管理条例》的规定汇交。

第四十八条　地震灾害的防御和减轻依照防震减灾的法律、行政法规的规定执行。

防洪法律、行政法规对洪水引发的崩塌、滑坡、泥石流的防治有规定的，从其规定。

第四十九条　本条例自 2004 年 3 月 1 日起施行。

基本农田保护条例

中华人民共和国国务院令

第257号

《基本农田保护条例》已经1998年12月24日国务院第12次常务会议通过，现予发布，自1999年1月1日起施行。

总理 朱镕基

1998年12月27日

基本农田保护条例（节选）

第二条 国家实行基本农田保护制度。

本条例所称基本农田，是指按照一定时期人口和社会经济发展对农产品的需求，依据土地利用总体规划确定的不得占用的耕地。

本条例所称基本农田保护区，是指为对基本农田实行特殊保护而依据土地利用总体规划和依照法定程序确定的特定保护区域。

第十七条 禁止任何单位和个人在基本农田保护区内建窑、建房、建坟、挖砂、采石、采矿、取土、堆放固体废弃物或者进行其他破坏基本农田的活动。

第三十三条 违反本条例规定，占用基本农田建窑、建房、建坟、挖砂、采石、采矿、取土、堆放固体废弃物或者从事其他活动破坏基本农田，毁坏种植条件的，由县级以上人民政府土地行政主管部门责令改正或者治理，恢复原种植条件，处占用基本农田的耕地开垦费1倍以上2倍以下的罚款；构成犯罪的，依法追究刑事责任。

矿产资源开采登记管理办法

中华人民共和国国务院令

第 241 号

现发布《矿产资源开采登记管理办法》，自发布之日起施行。

总　理　李　鹏

1998 年 2 月 12 日

矿产资源开采登记管理办法

第一条　为了加强对矿产资源开采的管理，保护采矿权人的合法权益，维护矿产资源开采秩序，促进矿业发展，根据《中华人民共和国矿产资源法》，制定本办法。

第二条　在中华人民共和国领域及管辖的其他海域开采矿产资源，必须遵守本办法。

第三条　开采下列矿产资源，由国务院地质矿产主管部门审批登记，颁发采矿许可证：

（一）国家规划矿区和对国民经济具有重要价值的矿区内的矿产资源；

（二）领海及中国管辖的其他海域的矿产资源；

（三）外商投资开采的矿产资源；

（四）本办法附录所列的矿产资源。

开采石油、天然气矿产的，经国务院指定的机关审查同意后，由国务院地质矿产主管部门登记，颁发采矿许可证。

开采下列矿产资源，由省、自治区、直辖市人民政府地质矿产主管部门审批登记，颁发采矿许可证：

（一）本条第一款、第二款规定以外的矿产储量规模中型以上的矿产资源；

（二）国务院地质矿产主管部门授权省、自治区、直辖市人民政府地质矿产主管部门审批登记的矿产资源。

开采本条第一款、第二款、第三款规定以外的矿产资源，由县级以上地方人民政府负责地质矿产管理工作的部门，按照省、自治区、直辖市人民代表大会常务委员会制定的管理办法审批登记，颁发采矿许可证。

矿区范围跨县级以上行政区域的，由所涉及行政区域的共同上一级登记管理机关审批登记，颁发采矿许可证。

县级以上地方人民政府负责地质矿产管理工作的部门在审批发证后，应当逐级向上一级人民政府负责地质矿产管理工作的部门备案。

第四条　采矿权申请人在提出采矿权申请前，应当根据经批准的地质勘查储量报告，向登记管理机关申请划定矿区范围。

需要申请立项，设立矿山企业的，应当根据划定的矿区范围，按照国家规定办理有关手续。

第五条　采矿权申请人申请办理采矿许可证时，应当向登记管理机关提交下列资料：

（一）申请登记书和矿区范围图；

（二）采矿权申请人资质条件的证明；

（三）矿产资源开发利用方案；

（四）依法设立矿山企业的批准文件；

（五）开采矿产资源的环境影响评价报告；

（六）国务院地质矿产主管部门规定提交的其他资料。

申请开采国家规划矿区或者对国民经济具有重要价值的矿区内的矿产资源和国家实行保护性开采的特定矿种的，还应当提交国务院有关主管部门的批准文件。

申请开采石油、天然气的，还应当提交国务院批准设立石油公司或者同意进行石油、天然气开采的批准文件以及采矿企业法人资格证明。

第六条 登记管理机关应当自收到申请之日起 40 日内，作出准予登记或者不予登记的决定，并通知采矿权申请人。

需要采矿权申请人修改或者补充本办法第五条规定的资料的，登记管理机关应当通知采矿权申请人限期修改或者补充。

准予登记的，采矿权申请人应当自收到通知之日起 30 日内，依照本办法第九条的规定缴纳采矿权使用费，并依照本办法第十条的规定缴纳国家出资勘查形成的采矿权价款，办理登记手续，领取采矿许可证，成为采矿权人。

不予登记的，登记管理机关应当向采矿权申请人说明理由。

第七条 采矿许可证有效期，按照矿山建设规模确定：大型以上的，采矿许可证有效期最长为 30 年；中型的，采矿许可证有效期最长为 20 年；小型的，采矿许可证有效期最长为 10 年。采矿许可证有效期满，需要继续采矿的，采矿权人应当在采矿许可证有效期届满的 30 日前，到登记管理机关办理延续登记手续。

采矿权人逾期不办理延续登记手续的，采矿许可证自行废止。

第八条 登记管理机关在颁发采矿许可证后，应当通知矿区范围所在地的有关县级人民政府。有关县级人民政府应当自收到通知之日起 90 日内，对矿区范围予以公告，并可以根据采矿权人的申请，组织埋设界桩或者设置地面标志。

第九条 国家实行采矿权有偿取得的制度。采矿权使用费，按照矿区范围的面积逐年缴纳，标准为每平方公里每年 1000 元。

第十条 申请国家出资勘查并已经探明矿产地的采矿权的，采矿权申请人除依照本办法第九条的规定缴纳采矿权使用费外，还应当缴纳经评估确认的国家出资勘查形成的采矿权价款；采矿权价款按照国家有关规定，可以一次缴纳，也可以分期缴纳。

国家出资勘查形成的采矿权价款，由国务院地质矿产主管部门会同国务院国有资产管理部门认定的评估机构进行评估；评估结果由国务院地质矿产主管部门确认。

第十一条 采矿权使用费和国家出资勘查形成的采矿权价款由登记管理机关收取，全部纳入国家预算管理。具体管理、使用办法，由国务院地质矿产主管部门会同国务院财政部门、计划主管部门制定。

第十二条 有下列情形之一的，由采矿权人提出申请，经省级以上人民政府登记管理机关按照国务院地质矿产主管部门会同国务院财政部门制定的采矿权使用费和采矿权价款的减免办法审查批准，可以减缴、免缴采矿权使用费和采矿权价款：

（一）开采边远贫困地区的矿产资源的；

（二）开采国家紧缺的矿种的；

（三）因自然灾害等不可抗力的原因，造成矿山企业严重亏损或者停产的；

（四）国务院地质矿产主管部门和国务院财政部门规定的其他情形。

第十三条　采矿权可以通过招标投标的方式有偿取得。

登记管理机关依照本办法第三条规定的权限确定招标的矿区范围，发布招标公告，提出投标要求和截止日期；但是，对境外招标的矿区范围由国务院地质矿产主管部门确定。

登记管理机关组织评标，采取择优原则确定中标人。中标人缴纳本办法第九条、第十条规定的费用后，办理登记手续，领取采矿许可证，成为采矿权人，并履行标书中承诺的义务。

第十四条　登记管理机关应当对本行政区域内的采矿权人合理开发利用矿产资源、保护环境及其他应当履行的法定义务等情况依法进行监督检查。采矿权人应当如实报告有关情况，并提交年度报告。

第十五条　有下列情形之一的，采矿权人应当在采矿许可证有效期内，向登记管理机关申请变更登记：

（一）变更矿区范围的；

（二）变更主要开采矿种的；

（三）变更开采方式的；

（四）变更矿山企业名称的；

（五）经依法批准转让采矿权的。

第十六条　采矿权人在采矿许可证有效期内或者有效期届满，停办、关闭矿山的，应当自决定停办或者关闭矿山之日起30日内，向原发证机关申请办理采矿许可证注销登记手续。

第十七条　任何单位和个人未领取采矿许可证擅自采矿的，擅自进入国家规划矿区和对国民经济具有重要价值的矿区范围采矿的，擅自开采国家规定实行保护性开采的特定矿种的，超越批准的矿区范围采矿的，由登记管理机关依照有关法律、行政法规的规定予以处罚。

第十八条　不依照本办法规定提交年度报告、拒绝接受监督检查或者弄虚作假的，由县级以上人民政府负责地质矿产管理工作的部门按照国务院地质矿产主管部门规定的权限，责令停止违法行为，予以警告，可以并处5万元以下的罚款；情节严重的，由原发证机关吊销采矿许可证。

第十九条　破坏或者擅自移动矿区范围界桩或者地面标志的，由县级以上人民政府负责地质矿产管理工作的部门按照国务院地质矿产主管部门规定的权限，责令限期恢复；情节严重的，处3万元以下的罚款。

第二十条　擅自印制或者伪造、冒用采矿许可证的，由县级以上人民政府负责地质矿产管理工作的部门按照国务院地质矿产主管部门规定的权限，没收违法所得，可以并处10万元以下的罚款；构成犯罪的，依法追究刑事责任。

第二十一条　违反本办法规定，不按期缴纳本办法规定应当缴纳的费用的，由登记管理机关责令限期缴纳，并从滞纳之日起每日加收千分之二的滞纳金；逾期仍不缴纳的，由原发证机关吊销采矿许可证。

第二十二条　违反本办法规定，不办理采矿许可证变更登记或者注销登记手续的，由登记管理机关责令限期改正；逾期不改正的，由原发证机关吊销采矿许可证。

第二十三条　违反本办法规定开采石油、天然气矿产的，由国务院地质矿产主管部门按照本办法的有关规定给予行政处罚。

第二十四条　采矿权人被吊销采矿许可证的，自采矿许可证被吊销之日起2年内不得再申请采矿权。

第二十五条 登记管理机关工作人员徇私舞弊、滥用职权、玩忽职守，构成犯罪的，依法追究刑事责任；尚不构成犯罪的，依法给予行政处分。

第二十六条 采矿许可证由国务院地质矿产主管部门统一印制。申请登记书、变更申请登记书和注销申请登记书的格式，由国务院地质矿产主管部门统一制定。

第二十七条 办理采矿登记手续，应当按照规定缴纳登记费。收费标准和管理、使用办法，由国务院物价主管部门会同国务院地质矿产主管部门、财政部门规定。

第二十八条 外商投资开采矿产资源，依照本办法的规定办理；法律、行政法规另有特别规定的，从其规定。

第二十九条 中外合作开采矿产资源的，中方合作者应当在签订合同前，将合作的矿区范围、开采矿种、开发利用方案等资料报原发证机关复核并签署意见；在签订合同后，向原发证机关备案。

第三十条 本办法施行前已经取得采矿许可证的，由国务院地质矿产主管部门统一组织换领新采矿许可证。

本办法施行前已经开办的矿山企业，应当自本办法施行之日起开始缴纳采矿权使用费，并可以依照本办法的规定申请减缴、免缴。

第三十一条 登记管理机关应当对颁发的采矿许可证和吊销的采矿许可证予以公告。

第三十二条 本办法所称矿区范围，是指经登记管理机关依法划定的可供开采矿产资源的范围、井巷工程设施分布范围或者露天剥离范围的立体空间区域。

本办法所称开采方式，是指地下开采或者露天开采。

第三十三条 本办法附录的修改，由国务院地质矿产主管部门报国务院批准后公布。

第三十四条 本办法自发布之日起施行。1987 年 4 月 29 日国务院发布的《全民所有制矿山企业采矿登记管理暂行办法》和 1990 年 11 月 22 日《国务院关于修改〈全民所有制矿山企业采矿登记管理暂行办法〉的决定》同时废止。

附录：

国务院地质矿产主管部门审批发证矿种目录

1　煤	13　铬	25　稀土
2　石油	14　钴	26　磷
3　油页岩	15　铁	27　钾
4　烃类天然气	16　铜	28　硫
5　二氧化碳气	17　铅	29　锶
6　煤成（层）气	18　锌	30　金刚石
7　地热	19　铝	31　铌
8　放射性矿产	20　镍	32　钽
9　金	21　钨	33　石棉
10　银	22　锡	34　矿泉水
11　铂	23　锑	
12　锰	24　钼	

中华人民共和国自然保护区条例

（中华人民共和国国务院令第 167 号，1994 年 9 月 2 日国务院
第 24 次常务会议讨论通过，1994.12.1）

中华人民共和国自然保护区条例（节选）

第二条 本条例所称自然保护区，是指对有代表性的自然生态系统、珍稀濒危野生动植物物种的天然集中分布区、有特殊意义的自然遗迹等保护对象所在的陆地、陆地水体或者海域，依法划出一定面积予以特殊保护和管理的区域。

第八条 国家对自然保护区实行综合管理与分部门管理相结合的管理体制。

国务院环境保护行政主管部门负责全国自然保护区的综合管理。

国务院林业、农业、地质矿产、水利、海洋等有关行政主管部门在各自的职责范围内，主管有关的自然保护区。

县级以上地方人民政府负责自然保护区管理的部门的设置和职责，由省、自治区、直辖市人民政府根据当地具体情况确定。

第十一条 自然保护区分为国家级自然保护区和地方级自然保护区。

在国内外有典型意义、在科学上有重大国际影响或者有特殊科学研究价值的自然保护区，列为国家级自然保护区。

除列为国家级自然保护区的外，其他具有典型意义或者重要科学研究价值的自然保护区列为地方级自然保护区。地方级自然保护区可以分级管理，具体办法由国务院有关自然保护区行政主管部门或者省、自治区、直辖市人民政府根据实际情况规定，报国务院环境保护行政主管部门备案。

第二十六条 禁止在自然保护区内进行砍伐、放牧、狩猎、捕捞、采药、开垦、烧荒、开矿、采石、挖沙等活动；但是，法律、行政法规另有规定的除外。

第三十五条 违反本条例规定，在自然保护区进行砍伐、放牧、狩猎、捕捞、采药、开垦、烧荒、开矿、采石、挖沙等活动的单位和个人，除可以依照有关法律、行政法规规定给予处罚的以外，由县级以上人民政府有关自然保护区行政主管部门或者其授权的自然保护区管理机构没收违法所得，责令停止违法行为，限期恢复原状或者采取其他补救措施；对自然保护区造成破坏的，可以处以 300 元以上 10000 元以下的罚款。

中华人民共和国矿产资源法实施细则

中华人民共和国国务院令

第 152 号

现发布《中华人民共和国矿产资源法实施细则》，自发布之日起施行。

总理　李　鹏

1994 年 3 月 26 日

中华人民共和国矿产资源法实施细则

第一章　总　则

第一条　根据《中华人民共和国矿产资源法》，制定本细则。

第二条　矿产资源是指由地质作用形成的，具有利用价值的，呈固态、液态、气态的自然资源。

矿产资源的矿种和分类见本细则所附《矿产资源分类细目》。新发现的矿种由国务院地质矿产主管部门报国务院批准后公布。

第三条　矿产资源属于国家所有，地表或者地下的矿产资源的国家所有权，不因其所依附的土地的所有权或者使用权的不同而改变。

国务院代表国家行使矿产资源的所有权，国务院授权国务院地质矿产主管部门对全国矿产资源分配实施统一管理。

第四条　在中华人民共和国领域及管辖的其他海域勘查、开采矿产资源，必须遵守《中华人民共和国矿产资源法》（以下简称《矿产资源法》）和本细则。

第五条　国家对矿产资源的勘查、开采实行许可证制度。勘查矿产资源，必须依法申请登记，领取勘查许可证，取得探矿权；开采矿产资源，必须依法申请登记，领取采矿许可证，取得采矿权。

矿产资源勘查工作区范围和开采矿区范围，以经纬度划分的区块为基本单位。具体办法由国务院地质矿产主管部门制定。

第六条　《矿产资源法》及本细则中下列用语的含义：

探矿权，是指在依法取得的勘查许可证规定的范围内，勘查矿产资源的权利。取得勘查许可证的单位或者个人称为探矿权人。

采矿权，是指在依法取得的采矿许可证规定的范围内，开采矿产资源和获得所开采的矿产品的权利。取得采矿许可证的单位或者个人称为采矿权人。

国家规定实行保护性开采的特定矿种，是指国务院根据国民经济建设和高科技发展的需要，以及资源稀缺、贵重程度确定的，由国务院有关主管部门按照国家计划批准开采的矿种。

国家规划矿区，是指国家根据建设规划和矿产资源规划，为建设大、中型矿山划定的矿产资源分布区域。

对国民经济具有重要价值的矿区，是指国家根据国民经济发展需要划定的，尚未列入国家建设规划的，储量大、质量好、具有开发前景的矿产资源保护区域。

第七条 国家允许外国的公司、企业和其他经济组织以及个人依照中华人民共和国有关法律、行政法规的规定，在中华人民共和国领域及管辖的其他海域投资勘查、开采矿产资源。

第八条 国务院地质矿产主管部门主管全国矿产资源勘查、开采的监督管理工作。国务院有关主管部门按照国务院规定的职责分工，协助国务院地质矿产主管部门进行矿产资源勘查、开采的监督管理工作。

省、自治区、直辖市人民政府地质矿产主管部门主管本行政区域内矿产资源勘查、开采的监督管理工作。

省、自治区、直辖市人民政府有关主管部门，协助同级地质矿产主管部门进行矿产资源勘查、开采的监督管理工作。

设区的市人民政府、自治州人民政府和县级人民政府及其负责管理矿产资源的部门，依法对本级人民政府批准开办的国有矿山企业和本行政区域内的集体所有制矿山企业、私营矿山企业、个体采矿者以及在本行政区域内从事勘查施工的单位和个人进行监督管理，依法保护探矿权人、采矿权人的合法权益。

上级地质矿产主管部门有权对下级地质矿产主管部门违法的或者不适当的矿产资源勘查、开采管理行政行为予以改变或者撤销。

第二章 矿产资源勘查登记和开采审批

第九条 勘查矿产资源，应当按照国务院关于矿产资源勘查登记管理的规定，办理申请、审批和勘查登记。

勘查特定矿种，应当按照国务院有关规定办理申请、审批和勘查登记。

第十条 国有矿山企业开采矿产资源，应当按照国务院关于采矿登记管理的规定，办理申请、审批和采矿登记。开采国家规划矿区、对国民经济具有重要价值矿区的矿产和国家规定实行保护性开采的特定矿种，办理申请、审批和采矿登记时，应当持有国务院有关主管部门批准的文件。

开采特定矿种，应当按照国务院有关规定办理申请、审批和采矿登记。

第十一条 开办国有矿山企业，除应当具备有关法律、法规规定的条件外，并应当具备下列条件：

（一）有供矿山建设使用的矿产勘查报告；

（二）有矿山建设项目的可行性研究报告（含资源利用方案和矿山环境影响报告）；

（三）有确定的矿区范围和开采范围；

（四）有矿山设计；

（五）有相应的生产技术条件。

国务院、国务院有关主管部门和省、自治区、直辖市人民政府，按照国家有关固定资产投资管理的规定，对申请开办的国有矿山企业根据前款所列条件审查合格后，方予批准。

第十二条 申请开办集体所有制矿山企业、私营矿山企业及个体采矿的审查批准、采矿登记，按照省、自治区、直辖市的有关规定办理。

第十三条 申请开办集体所有制矿山企业或者私营矿山企业，除应当具备有关法律、法规规定的条件外，并应当具备下列条件：

（一）有供矿山建设使用的与开采规模相适应的矿产勘查资料；

（二）有经过批准的无争议的开采范围；

（三）有与所建矿山规模相适应的资金、设备和技术人员；

（四）有与所建矿山规模相适应的，符合国家产业政策和技术规范的可行性研究报告、矿山设计或者开采方案；

（五）矿长具有矿山生产、安全管理和环境保护的基本知识。

第十四条　申请个体采矿应当具备下列条件：

（一）有经过批准的无争议的开采范围；

（二）有与采矿规模相适应的资金、设备和技术人员；

（三）有相应的矿产勘查资料和经批准的开采方案；

（四）有必要的安全生产条件和环境保护措施。

第三章　矿产资源的勘查

第十五条　国家对矿产资源勘查实行统一规划。全国矿产资源中、长期勘查规划，在国务院计划行政主管部门指导下，由国务院地质矿产主管部门根据国民经济和社会发展中、长期规划，在国务院有关主管部门勘查规划的基础上组织编制。

全国矿产资源年度勘查计划和省、自治区、直辖市矿产资源年度勘查计划，分别由国务院地质矿产主管部门和省、自治区、直辖市人民政府地质矿产主管部门组织有关主管部门，根据全国矿产资源中、长期勘查规划编制，经同级人民政府计划行政主管部门批准后施行。

法律对勘查规划的审批权另有规定的，依照有关法律的规定执行。

第十六条　探矿权人享有下列权利：

（一）按照勘查许可证规定的区域、期限、工作对象进行勘查；

（二）在勘查作业区及相邻区域架设供电、供水、通讯管线，但是不得影响或者损害原有的供电、供水设施和通讯管线；

（三）在勘查作业区及相邻区域通行；

（四）根据工程需要临时使用土地；

（五）优先取得勘查作业区内新发现矿种的探矿权；

（六）优先取得勘查作业区内矿产资源的采矿权；

（七）自行销售勘查中按照批准的工程设计施工回收的矿产品，但是国务院规定由指定单位统一收购的矿产品除外。

探矿权人行使前款所列权利时，有关法律、法规规定应当经过批准或者履行其他手续的，应当遵守有关法律、法规的规定。

第十七条　探矿权人应当履行下列义务：

（一）在规定的期限内开始施工，并在勘查许可证规定的期限内完成勘查工作；

（二）向勘查登记管理机关报告开工等情况；

（三）按照探矿工程设计施工，不得擅自进行采矿活动；

（四）在查明主要矿种的同时，对共生、伴生矿产资源进行综合勘查、综合评价；

（五）编写矿产资源勘查报告，提交有关部门审批；

（六）按照国务院有关规定汇交矿产资源勘查成果档案资料；

（七）遵守有关法律、法规关于劳动安全、土地复垦和环境保护的规定；

（八）勘查作业完毕，及时封、填探矿作业遗留的井、硐或者采取其他措施，消除安全隐患。

第十八条 探矿权人可以对符合国家边探边采规定要求的复杂类型矿床进行开采；但是，应当向原颁发勘查许可证的机关、矿产储量审批机构和勘查项目主管部门提交论证材料，经审核同意后，按照国务院关于采矿登记管理法规的规定，办理采矿登记。

第十九条 矿产资源勘查报告按照下列规定审批：

（一）供矿山建设使用的重要大型矿床勘查报告和供大型水源地建设使用的地下水勘查报告，由国务院矿产储量审批机构审批；

（二）供矿山建设使用的一般大型、中型、小型矿床勘查报告和供中型、小型水源地建设使用的地下水勘查报告，由省、自治区、直辖市矿产储量审批机构审批；

矿产储量审批机构和勘查单位的主管部门应当自收到矿产资源勘查报告之日起 6 个月内作出批复。

第二十条 矿产资源勘查报告及其他有价值的勘查资料，按照国务院有关规定实行有偿使用。

第二十一条 探矿权人取得临时使用土地权后，在勘查过程中给他人造成财产损害的，按照下列规定给以补偿：

（一）对耕地造成损害的，根据受损害的耕地面积前 3 年平均年产量，以补偿时当地市场平均价格计算，逐年给以补偿，并负责恢复耕地的生产条件，及时归还；

（二）对牧区草场造成损害的，按照前项规定逐年给以补偿，并负责恢复草场植被，及时归还；

（三）对耕地上的农作物、经济作物造成损害的，根据受损害的耕地面积前 3 年平均年产量，以补偿时当地市场平均价格计算，给以补偿；

（四）对竹木造成损害的，根据实际损害株数，以补偿时当地市场平均价格逐株计算给以补偿；

（五）对土地上的附着物造成损害的，根据实际损害的程度，以补偿时当地市场价格，给以适当补偿。

第二十二条 探矿权人在没有农作物和其他附着物的荒岭、荒坡、荒地、荒漠、沙滩、河滩、湖滩、海滩上进行勘查的，不予补偿；但是，勘查作业不得阻碍或者损害航运、灌溉、防洪等活动或者设施，勘查作业结束后应当采取措施，防止水土流失，保护生态环境。

第二十三条 探矿权人之间对勘查范围发生争议时，由当事人协商解决；协商不成的，由勘查作业区所在地的省、自治区、直辖市人民政府地质矿产主管部门裁决；跨省、自治区、直辖市的勘查范围争议，当事人协商不成的，由有关省、自治区、直辖市人民政府协商解决；协商不成的，由国务院地质矿产主管部门裁决。特定矿种的勘查范围争议，当事人协商不成的，由国务院授权的有关主管部门裁决。

第四章 矿产资源的开采

第二十四条 全国矿产资源的分配和开发利用，应当兼顾当前和长远、中央和地方的利益，实行统一规划、有效保护、合理开采、综合利用。

第二十五条 全国矿产资源规划，在国务院计划行政主管部门指导下，由国务院地质矿产主管部门根据国民经济和社会发展中、长期规划，组织国务院有关主管部门和省、自治区、直辖市人民政府编制，报国务院批准后施行。

全国矿产资源规划应当对全国矿产资源的分配作出统筹安排，合理划定中央与省、自治区、直辖市人民政府审批、开发矿产资源的范围。

第二十六条 矿产资源开发规划是对矿区的开发建设布局进行统筹安排的规划。

矿产资源开发规划分为行业开发规划和地区开发规划。

矿产资源行业开发规划由国务院有关主管部门根据全国矿产资源规划中分配给本部门的矿产资源编制实施。

矿产资源地区开发规划由省、自治区、直辖市人民政府根据全国矿产资源规划中分配给本省、自治区、直辖市的矿产资源编制实施；并作出统筹安排，合理划定省、市、县级人民政府审批、开发矿产资源的范围。

矿产资源行业开发规划和地区开发规划应当报送国务院计划行政主管部门、地质矿产主管部门备案。

国务院计划行政主管部门、地质矿产主管部门，对不符合全国矿产资源规划的行业开发规划和地区开发规划，应当予以纠正。

第二十七条 设立、变更或者撤销国家规划矿区、对国民经济具有重要价值的矿区，由国务院有关主管部门提出，并附具矿产资源详查报告及论证材料，经国务院计划行政主管部门和地质矿产主管部门审定，并联合书面通知有关县级人民政府。县级人民政府应当自收到通知之日起一个月内予以公告，并报国务院计划行政主管部门、地质矿产主管部门备案。

第二十八条 确定或者撤销国家规定实行保护性开采的特定矿种，由国务院有关主管部门提出，并附具论证材料，经国务院计划行政主管部门和地质矿产主管部门审核同意后，报国务院批准。

第二十九条 单位或者个人开采矿产资源前，应当委托持有相应矿山设计证书的单位进行可行性研究和设计。开采零星分散矿产资源和用作建筑材料的砂、石、粘土的，可以不进行可行性研究和设计，但是应当有开采方案和环境保护措施。

矿山设计必须依据设计任务书，采用合理的开采顺序、开采方法和选矿工艺。

矿山设计必须按照国家有关规定审批；未经批准，不得施工。

第三十条 采矿权人享有下列权利：

（一）按照采矿许可证规定的开采范围和期限从事开采活动；

（二）自行销售矿产品，但是国务院规定由指定的单位统一收购的矿产品除外；

（三）在矿区范围内建设采矿所需的生产和生活设施；

（四）根据生产建设的需要依法取得土地使用权；

（五）法律、法规规定的其他权利。

采矿权人行使前款所列权利时，法律、法规规定应当经过批准或者履行其他手续的，依照有关法律、法规的规定办理。

第三十一条 采矿权人应当履行下列义务：

（一）在批准的期限内进行矿山建设或者开采；

（二）有效保护、合理开采、综合利用矿产资源；

（三）依法缴纳资源税和矿产资源补偿费；

（四）遵守国家有关劳动安全、水土保持、土地复垦和环境保护的法律、法规；

（五）接受地质矿产主管部门和有关主管部门的监督管理，按照规定填报矿产储量表和矿产资源开发利用情况统计报告。

第三十二条 采矿权人在采矿许可证有效期满或者在有效期内，停办矿山而矿产资源尚未采完的，必须采取措施将资源保持在能够继续开采的状态，并事先完成下列工作：

（一）编制矿山开采现状报告及实测图件；

（二）按照有关规定报销所消耗的储量；

（三）按照原设计实际完成相应的有关劳动安全、水土保持、土地复垦和环境保护工作，或者缴清土地复垦和环境保护的有关费用。

采矿权人停办矿山的申请，须经原批准开办矿山的主管部门批准、原颁发采矿许可证的机关验收合格后，方可办理有关证、照注销手续。

第三十三条 矿山企业关闭矿山，应当按照下列程序办理审批手续：

（一）开采活动结束的前一年，向原批准开办矿山的主管部门提出关闭矿山申请，并提交闭坑地质报告；

（二）闭坑地质报告经原批准开办矿山的主管部门审核同意后，报地质矿产主管部门会同矿产储量审批机构批准；

（三）闭坑地质报告批准后，采矿权人应当编写关闭矿山报告，报请原批准开办矿山的主管部门会同同级地质矿产主管部门和有关主管部门按照有关行业规定批准。

第三十四条 关闭矿山报告批准后，矿山企业应当完成下列工作：

（一）按照国家有关规定将地质、测量、采矿资料整理归档，并汇交闭坑地质报告、关闭矿山报告及其他有关资料；

（二）按照批准的关闭矿山报告，完成有关劳动安全、水土保持、土地复垦和环境保护工作，或者缴清土地复垦和环境保护的有关费用。

矿山企业凭关闭矿山报告批准文件和有关部门对完成上述工作提供的证明，报请原颁发采矿许可证的机关办理采矿许可证注销手续。

第三十五条 建设单位在建设铁路、公路、工厂、水库、输油管道、输电线路和各种大型建筑物前，必须向所在地的省、自治区、直辖市人民政府地质矿产主管部门了解拟建工程所在地区的矿产资源分布情况，并在建设项目设计任务书报请审批时附具地质矿产主管部门的证明。在上述建设项目与重要矿床的开采发生矛盾时，由国务院有关主管部门或者省、自治区、直辖市人民政府提出方案，经国务院地质矿产主管部门提出意见后，报国务院计划行政主管部门决定。

第三十六条 采矿权人之间对矿区范围发生争议时，由当事人协商解决；协商不成的，由矿产资源所在地的县级以上地方人民政府根据依法核定的矿区范围处理；跨省、自治区、直辖市的矿区范围争议，当事人协商不成的，由有关省、自治区、直辖市人民政府协商解决；协商不成的，由国务院地质矿产主管部门提出处理意见，报国务院决定。

第五章 集体所有制矿山企业、私营矿山企业和个体采矿者

第三十七条 国家依法保护集体所有制矿山企业、私营矿山企业和个体采矿者的合法权益，依法对集体所有制矿山企业、私营矿山企业和个体采矿者进行监督管理。

第三十八条 集体所有制矿山企业可以开采下列矿产资源：

（一）不适于国家建设大、中型矿山的矿床及矿点；

（二）经国有矿山企业同意，并经其上级主管部门批准，在其矿区范围内划出的边缘零星矿产；

（三）矿山闭坑后，经原矿山企业主管部门确认可以安全开采并不会引起严重环境后果的残留矿体；

（四）国家规划可以由集体所有制矿山企业开采的其他矿产资源。

集体所有制矿山企业开采前款第（二）项所列矿产资源时，必须与国有矿山企业签定合理

开发利用矿产资源和矿山安全协议，不得浪费和破坏矿产资源，并不得影响国有矿山企业的生产安全。

第三十九条　私营矿山企业开采矿产资源的范围参照本细则第三十八条的规定执行。

第四十条　个体采矿者可以采挖下列矿产资源：

（一）零星分散的小矿体或者矿点；

（二）只能用作普通建筑材料的砂、石、粘土。

第四十一条　国家设立国家规划矿区、对国民经济具有重要价值的矿区时，对应当撤出的原采矿权人，国家按照有关规定给予合理补偿。

第六章　法律责任

第四十二条　依照《矿产资源法》第三十九条、第四十条、第四十二条、第四十三条、第四十四条规定处以罚款的，分别按照下列规定执行：

（一）未取得采矿许可证擅自采矿的，擅自进入国家规划矿区、对国民经济具有重要价值的矿区和他人矿区范围采矿的，擅自开采国家规定实行保护性开采的特定矿种的，处以违法所得50%以下的罚款；

（二）超越批准的矿区范围采矿的，处以违法所得30%以下的罚款；

（三）买卖、出租或者以其他形式转让矿产资源的，买卖、出租采矿权的，对卖方、出租方、出让方处以违法所得一倍以下的罚款；

（四）非法用采矿权作抵押的，处以5000元以下的罚款；

（五）违反规定收购和销售国家规定统一收购的矿产品的，处以违法所得一倍以下的罚款；

（六）采取破坏性的开采方法开采矿产资源，造成矿产资源严重破坏的，处以相当于矿产资源损失价值50%以下的罚款。

第四十三条　违反本细则规定，有下列行为之一的，对主管人员和直接责任人员给予行政处分；构成犯罪的，依法追究刑事责任：

（一）批准不符合办矿条件的单位或者个人开办矿山的；

（二）对未经依法批准的矿山企业或者个人颁发采矿许可证的。

第七章　附　则

第四十四条　地下水资源具有水资源和矿产资源的双重属性。地下水资源的勘查，适用《矿产资源法》和本细则；地下水资源的开发、利用、保护和管理，适用《水法》和有关的行政法规。

第四十五条　本细则由地质矿产部负责解释。

第四十六条　本细则自发布之日起施行。

附件：

矿产资源分类细目

（一）能源矿产

煤、煤成气、石煤、油页岩、石油、天然气、油砂、天然沥青、铀、钍、地热。

（二）金属矿产

铁、锰、铬、钒、钛；铜、铅、锌、铝土矿、镍、钴、钨、锡、铋、钼、汞、锑、镁；铂、钯、钌、锇、铱、铑；金、银；铌、钽、铍、锂、锆、锶、铷、铯；镧、铈、镨、钕、钐、铕、钇、钆、铽、镝、钬、铒、铥、镱、镥；钪、锗、镓、铟、铊、铪、铼、镉、硒、碲。

（三）非金属矿产

金刚石、石墨、磷、自然硫、硫铁矿、钾盐、硼、水晶（压电水晶、熔炼水晶、光学水晶、工艺水晶）、刚玉、蓝晶石、硅线石、红柱石、硅灰石、钠硝石、滑石、石棉、蓝石棉、云母、长石、石榴子石、叶蜡石、透辉石、透闪石、蛭石、沸石、明矾石、芒硝（含钙芒硝）、石膏（含硬石膏）、重晶石、毒重石、天然碱、方解石、冰洲石、菱镁矿、萤石（普通萤石、光学萤石）、宝石、黄玉、玉石、电气石、玛瑙、颜料矿物（赭石、颜料黄土）、石灰岩（电石用灰岩、制碱用灰岩、化肥用灰岩、熔剂用灰岩、玻璃用灰岩、水泥用灰岩、建筑石料用灰岩、制灰用灰岩、饰面用灰岩）、泥灰岩、白垩、含钾岩石、白云岩（冶金用白云岩、化肥用白云岩、玻璃用白云岩、建筑用白云岩）、石英岩（冶金用石英岩、玻璃用石英岩、化肥用石英岩）、砂岩（冶金用砂岩、玻璃用砂岩、水泥配料用砂岩、砖瓦用砂岩、化肥用砂岩、铸型用砂岩、陶瓷用砂岩）、天然石英砂（玻璃用砂、铸型用砂、建筑用砂、水泥配料用砂、水泥标准砂、砖瓦用砂）、脉石英（冶金用脉石英、玻璃用脉石英）、粉石英、天然油石、含钾砂页岩、硅藻土、页岩（陶粒页岩、砖瓦用页岩、水泥配料用页岩）、高岭土、陶瓷土、耐火粘土、凹凸棒石粘土、海泡石粘土、伊利石粘土、累托石粘土、膨润土、铁矾土、其他粘土（铸型用粘土、砖瓦用粘土、陶粒用粘土、水泥配料用粘土、水泥配料用红土、水泥配料用黄土、水泥配料用泥岩、保温材料用粘土）、橄榄岩（化肥用橄榄岩、建筑用橄榄岩）、蛇纹岩（化肥用蛇纹岩、熔剂用蛇纹岩、饰面用蛇纹岩）、玄武岩（铸石用玄武岩、岩棉用玄武岩）、辉绿岩（水泥用辉绿岩、铸石用辉绿岩、饰面用辉绿岩、建筑用辉绿岩）、安山岩（饰面用安山岩、建筑用安山岩、水泥混合材用安山玢岩）、闪长岩（水泥混合材用闪长玢岩、建筑用闪长岩）、花岗岩（建筑用花岗岩、饰面用花岗岩）、麦饭石、珍珠岩、黑曜岩、松脂岩、浮石、粗面岩（水泥用粗面岩、铸石用粗面岩）、霞石正长岩、凝灰岩（玻璃用凝灰岩、水泥用凝灰岩、建筑用凝灰岩）、火山灰、火山渣、大理岩（饰面用大理岩、建筑用大理岩、水泥用大理岩、玻璃用大理岩）、板岩（饰面用板岩、水泥配料用板岩）、片麻岩、角闪岩、泥炭、矿盐（湖盐、岩盐、天然卤水）、镁盐、碘、溴、砷。

（四）水气矿产

地下水、矿泉水、二氧化碳气、硫化氢气、氦气、氡气。

矿产资源补偿费征收管理规定

中华人民共和国国务院令

第 222 号

现发布《国务院关于修改〈矿产资源补偿费征收管理规定〉的决定》，自发布之日起施行。

总理　李　鹏

一九九七年七月三日

矿产资源补偿费征收管理规定（修订）

（1994 年 2 月 27 日国务院令第 150 号发布，根据 1997 年 7 月 3 日国务院第 222 号令发布的《国务院关于修改〈矿产资源补偿费征收管理规定〉的决定》修改）

第一条　为了保障和促进矿产资源的勘查、保护、科学规划、合理开发、总体布置，维护国家对矿产资源的财产权益，根据《中华人民共和国矿产资源法》的有关规定，制定本规定。

第二条　在中华人民共和国领域和其他管辖海域开采矿产资源，应当依照本规定缴纳矿产资源补偿费；法律、行政法规另有规定的，从其规定。

第三条　矿产资源补偿费按照矿产品销售收入的一定比例计征。企业缴纳的矿产资源补偿费列入管理费用。采矿权人对矿产品自行加工的，按照国家规定价格计算销售收入；国家没有规定价格的，按照征收时矿产品的当地市场平均价格计算销售收入。

采矿权人向境外销售矿产品的，按照国际市场销售价格计算销售收入。

本规定所称矿产品，是指矿产资源经过开采或者采选后，脱离自然赋存状态的产品。

第四条　矿产资源补偿费由采矿权人缴纳。

矿产资源补偿费以矿产品销售时使用的货币结算；采矿权人对矿产品自行加工的，以其销售最终产品时使用的货币结算。

第五条　矿产资源补偿费按照下列方式计算：

征收矿产资源补偿费金额＝矿产品销售收入×补偿费费率×开采回采率系数

开采回采率系数＝核定开采回采率/实际开采回采率

核定开采回采率，以按照国家有关规定经批准的矿山设计为准；按照国家有关规定，只要求有开采方案，不要求有矿山设计的矿山企业，其开采回采率由县级以上地方人民政府负责地质矿产管理工作的部门会同同级有关部门核定。

不能按照本条第一款、第二款规定的方式计算矿产资源补偿费的矿种，由国务院地质矿产主管部门会同国务院财政部门另行制定计算方式。

第六条　矿产资源补偿费依照本规定附录所规定的费率征收。矿产资源补偿费费率的调整，由国务院财政部门、国务院地质矿产主管部门、国务院计划主管部门共同确定，报国务院批准施行。

第七条 矿产资源补偿费由地质矿产主管部门会同财政部门征收。

矿区在县级行政区域内的，矿产资源补偿费由矿区所在地的县级人民政府负责地质矿产管理工作的部门负责征收。

矿区范围跨县级以上行政区域的，矿产资源补偿费由所涉及行政区域的共同上一级人民政府负责地质矿产管理工作的部门负责征收。

矿区范围跨省级行政区域的和在中华人民共和国领海与其他管辖海域的，矿产资源补偿费由国务院地质矿产主管部门授权的省级人民政府地质矿产主管部门负责征收。

第八条 采矿权人应当于每年的 7 月 31 日前缴纳上半年的矿产资源补偿费；于下一年度 1 月 31 日前缴纳上一年度下半年的矿产资源补偿费。采矿权人在中止或者终止采矿活动时，应当结缴矿产资源补偿费。

第九条 采矿权人在缴纳矿产资源补偿费时，应当同时提交已采出的矿产品的矿种、产量、销售数量、销售价格和实际开采回采率等资料。

第十条 征收的矿产资源补偿费，应当及时全额上缴，并按照下款规定的中央与省、自治区、直辖市的分成比例分别入库，年终不再结算。

中央与省、直辖市矿产资源补偿费的分成比例为 5∶5；中央与自治区矿产资源补偿费的分成比例为 4∶6。

第十一条 矿产资源补偿费纳入国家预算，实行专项管理，主要用于矿产资源勘查。

矿产资源补偿费的具体使用管理办法，由国务院财政部门、国务院地质矿产主管部门、国务院计划主管部门共同制定。

第十二条 采矿权人有下列情形之一的，经省级人民政府地质矿产主管部门会同同级财政部门批准，可以免缴矿产资源补偿费：

（一）从废石（矸石）中回收矿产品的；

（二）按照国家有关规定经批准开采已关闭矿山的非保安残留矿体的；

（三）国务院地质矿产主管部门会同国务院财政部门认定免缴的其他情形。

第十三条 采矿权人有下列情形之一的，经省级人民政府地质矿产主管部门会同同级财政部门批准，可以减缴矿产资源补偿费：

（一）从尾矿中回收矿产品的；

（二）开采未达到工业品位或者未计算储量的低品位矿产资源的；

（三）依法开采水体下、建筑物下、交通要道下的矿产资源的；

（四）由于执行国家定价而形成政策性亏损的；

（五）国务院地质矿产主管部门会同国务院财政部门认定减缴的其他情形。

采矿权人减缴的矿产资源补偿费超过应当缴纳的矿产资源补偿费 50%的，须经省级人民政府批准。

批准减缴矿产资源补偿费的，应当报国务院地质矿产主管部门和国务院财政部门备案。

第十四条 采矿权人在规定期限内未足额缴纳矿产资源补偿费的，由征收机关责令限期缴纳，并从滞纳之日起按日加收滞纳补偿费 2‰的滞纳金。采矿权人未按照前款规定缴纳矿产资源补偿费和滞纳金的，由征收机关处以应当缴纳的矿产资源补偿费 3 倍以下的罚款；情节严重的，由采矿许可证颁发机关吊销其采矿许可证。

第十五条 采矿权人采取伪报矿种，隐匿产量、销售数量，或者伪报销售价格、实际开采回采率等手段，不缴或者少缴矿产资源补偿费的，由征收机关追缴应当缴纳的矿产资源补偿费，并处以应当缴纳的矿产资源补偿费 5 倍以下的罚款；情节严重的，由采矿许可证颁发机关吊销其采矿许可证。

第十六条　采矿权人未按照本规定第九条的规定报送有关资料的，由征收机关责令限期报送；逾期不报送的，处以 5000 元以下罚款；仍不报送的，采矿许可证颁发机关可以吊销其采矿许可证。

第十七条　依照本规定对采矿权人处以的罚款、加收的滞纳金应当上缴国库。

第十八条　当事人对行政处罚决定不服的，可以自接到处罚决定通知之日起 15 日内向作出处罚决定的机关的上一级机关申请复议；当事人也可以自接到处罚决定通知之日起 15 日内直接向人民法院起诉。

当事人逾期不申请复议也不向人民法院起诉、又不履行处罚决定的，作出处罚决定的机关可以申请人民法院强制执行。

第十九条　本规定发布前的地方性法规和地方人民政府发布的规章及行政性文件的内容，与本规定相抵触的，以本规定为准。

第二十条　省、自治区、直辖市人民政府可以根据本规定制定实施办法。

第二十一条　本规定由地质矿产部负责解释。

第二十二条　本规定自 1994 年 4 月 1 日起施行。

附录：

矿产资源补偿费费率表

（地下水费率及征收管理办法由国务院另行规定）

矿种	费率（%）
石油	1
天然气	1
煤炭、煤成气	1
铀、钍	3
石煤、油砂	1
天然沥青	2
地热	3
油页岩	2
铁、锰、铬、钒、钛	2
铜、铅、锌、铝土矿、镍、钴、钨、锡、铋、钼、汞、锑、镁	2
金、银、铂、钯、钌、锇、铱、铑	4
铌、钽、铍、锂、锆、锶、铷、铯	3
镧、铈、镨、钕、钐、铕、钇、钆、铽、镝、钬、铒、铥、镱、镥	3
离子型稀土	4
钪、锗、镓、铟、铊、铼、镉、硒、碲	3
宝石、玉石、宝石级金刚石	4
石墨、磷、自然硫、硫铁矿、钾盐、硼、水晶（压电水晶、熔炼水晶、光学水晶、工艺水晶）、	2

矿种	费率（%）
刚玉、蓝晶石、硅线石、红柱石、硅灰石、钠硝石、滑石、石棉、蓝石棉、云母、长石、石榴子石、叶蜡石、透辉石、透闪石、蛭石、沸石、明矾石、芒硝（含钙芒硝）、金刚石、石膏、硬石膏、重晶石、毒重石、天然碱、方解石、冰洲石、菱镁矿、萤石（普通萤石、光学萤石）、黄玉、电气石、玛瑙、颜料矿物（赭石、颜料黄土）、石灰岩（电石用灰岩、制碱用灰岩、化肥用灰岩、熔剂用灰岩、玻璃用灰岩、水泥用灰岩、建筑石料用灰岩制灰用灰岩、饰面用灰岩）、泥灰岩、白垩、含钾岩石、白云岩（冶金用白云岩、化肥用白云岩、玻璃用白云岩、建筑用白云岩）、石英岩（冶金用石英岩、玻璃用石英岩、化肥用石英岩）、砂岩（冶金用砂岩、玻璃用砂岩、水泥配料用砂岩、砖瓦用砂岩、化肥用砂岩、铸型用砂岩、陶瓷用砂岩）、天然石英砂（玻璃用砂、铸型用砂、建筑用砂、水泥配料用砂、水泥标准砂、砖瓦用砂）、脉石英（冶金用脉石英、玻璃用脉石英）、粉石英、天然油石、含钾砂页岩、硅藻土、页岩（陶粒页岩、砖瓦用页岩、水泥配料用页岩）、高岭土、陶瓷土、耐火粘土、凹凸棒石粘土、海泡石粘土、伊利石粘土、累托石粘土、膨润土、铁矾土、其他粘土（铸型用粘土、砖瓦用粘土、陶粒用粘土、水泥配料用粘土、水泥配料用红土、水泥配料用黄土、水泥配料用泥岩、保温材料用粘土）、橄榄岩（化肥用橄榄岩、建筑用橄榄岩）、蛇纹岩（化肥用蛇纹岩、熔剂用蛇纹岩、饰面用蛇纹岩）、玄武岩（铸石用玄武岩、岩棉用玄武岩）、辉绿岩（水泥用辉绿岩、铸石用辉绿岩、饰面用辉绿岩、建筑用辉绿岩）、安山岩（饰面用安山岩、建筑用安山岩、水泥混合材用安山玢岩）、闪长岩（水泥混合材用闪长玢岩、建筑用闪长岩）、花岗岩（建筑用花岗岩、饰面用花岗岩）、麦饭石、珍珠岩、黑曜岩、松脂岩、浮石、粗面岩（水泥用粗面岩、铸石用粗面岩）、霞石正长岩、凝灰岩（玻璃用凝灰岩、水泥用凝灰岩、建筑用凝灰岩）、火山灰、火山渣、大理岩（饰面用大理岩、建筑用大理岩、水泥用大理岩、玻璃用大理岩）、板岩（饰面用板岩、水泥配料用板岩）、片麻岩、角闪岩、泥炭、镁盐、碘、溴、砷	
湖盐、岩盐、天然卤水	0.5
二氧化碳气、硫化氢气、氦气、氡气	3
矿泉水	4

中华人民共和国河道管理条例（节选）

（中华人民共和国国务院令第3号，1988年6月3日国务院第7次常务会议通过
1988年6月10日中华人民共和国国务院令第3号公布，自公布之日起施行）

第二十四条　在河道管理范围内，禁止修建围堤、阻水渠道、阻水道路；种植高秆农作物、芦苇、杞柳、荻柴和树木（堤防防护林除外）；设置拦河渔具；弃置矿渣、石渣、煤灰、泥土、垃圾等。

在堤防和护堤地，禁止建房、放牧、开渠、打井、挖窖、葬坟、晒粮、存放物料、开采地下资源、进行考古发掘以及开展集市贸易活动。

第三十二条　山区河道有山体滑坡、崩岸、泥石流等自然灾害的河段，河道主管机关应当会同地质、交通等部门加强监测。在上述河段，禁止从事开山采石、采矿、开荒等危及山体稳定的活动。

矿产资源监督管理暂行办法

（1987 年 4 月 29 日国务院发布）

第一条 为加强对矿山企业的矿产资源开发利用和保护工作的监督管理，根据《中华人民共和国矿产资源法》的有关规定，制定本办法。

第二条 本办法适用于在中华人民共和国领域及管辖海域内从事采矿生产的矿山企业（包括有矿山的单位，下同），但本办法另有规定的除外。

第三条 国务院地质矿产主管部门对执行本办法负有下列职责：

一、制定有关矿产资源开发利用与保护的监督管理规章；

二、监督、检查矿产资源管理法规的执行情况；

三、会同有关部门建立矿产资源合理开发利用的考核指标体系及定期报表制度；

四、会同有关主管部门负责大型矿山企业的非正常储量报销的审批工作；

五、组织或者参与矿产资源开发利用与保护工作的调查研究，总结交流经验。

第四条 省、自治区、直辖市人民政府地质矿产主管部门对执行本办法负有下列职责：

一、根据本办法和有关法规，对本地区矿山企业的矿产资源开发利用与保护工作进行监督管理和指导；

二、根据需要向重点矿山企业派出矿产督察员，向矿山企业集中的地区派出巡回矿产督察员；

派出督察员的具体办法，由国务院地质矿产主管部门会同有关部门另行制定。

第五条 国务院和各省、自治区、直辖市人民政府的有关主管部门对贯彻执行本办法负有下列职责：

一、制定本部门矿产资源开发利用和保护工作的规章、规定，并报同级地质矿产主管部门备案；

二、根据本办法和有关法规，协助地质矿产主管部门对本部门矿山企业的矿产资源开发利用与保护工作进行监督管理；

三、负责所属矿山企业的矿产储量管理，严格执行矿产储量核减的审批规定；

四、总结和交流本部门矿山企业矿产资源合理开发利用和保护工作的经验。

第六条 矿山企业的地质测量机构是本企业矿产资源开发利用与保护工作的监督管理机构，对执行本办法负有以下职责：

一、做好生产勘探工作，提高矿产储量级别，为开采提供可靠地质依据；

二、对矿产资源开采的损失、贫化以及矿产资源综合开采利用进行监督；

三、对矿山企业的矿产储量进行管理；

四、对违反矿产资源管理法规的行为及其责任者提出处理意见并可越级上报。

第七条 矿山企业开发利用矿产资源，应当加强开采管理，选择合理的采矿方法和选矿方法，推广先进工艺技术，提高矿产资源利用水平。

第八条 矿山企业在基建施工至矿山关闭的生产全过程中，都应当加强矿产资源的保护工作。

第九条 矿山企业应当按照国家有关法规及其主管部门的有关规章、规定，建立、健全本企业开发利用和保护矿产资源的各项制度，并切实加以贯彻落实。

第十条　矿山开采设计要求的回采率、采矿贫化率和选矿回收率，应当列为考核矿山企业的重要年度计划指标。

第十一条　矿山企业应当加强生产勘探，提高矿床勘探程度，为开采设计提供可靠依据；对具有工业价值的共生、伴生矿产应当系统查定和评价。

第十二条　矿山企业的开采设计应当在可靠地质资料基础上进行。中段（或阶段）开采应当有总体设计，块段开采应当有采矿设计。

第十三条　矿山的开拓、采准及采矿工程，必须按照开采设计进行施工。应当建立严格的施工验收制度，防止资源丢失。

第十四条　矿山企业必须按照设计进行开采，不准任意丢掉矿体。对开采应当加强监督检查，严防不应有的开采损失。

第十五条　矿山企业在开采中必须加强对矿石损失、贫化的管理，建立定期检查制度，分析造成非正常损失、贫化的原因，制定措施，提高资源的回采率，降低贫化率。

第十六条　选矿（煤）厂应当根据设计要求定期进行选矿流程考察；对选矿回收率和精矿（洗精煤）质量没有达到设计指标的，应当查明原因，提出改进措施。

第十七条　在采、选主要矿产的同时，对具有工业价值的共生、伴生矿产，在技术可行、经济合理的条件下，必须综合回收；对暂时不能综合回收利用的矿产，应当采取有效的保护措施。

第十八条　矿山企业应当加强对滞销矿石、粉矿、中矿、尾矿、废石和煤矸石的管理，积极研究其利用途径；暂时不能利用的，应当在节约土地的原则下，妥善堆放保存，防止其流失及污染环境。

第十九条　矿山企业对矿产储量的圈定、计算及开采，必须以批准的计算矿产储量的工业指标为依据，不得随意变动。需要变动的，应当上报实际资料，经主管部门审核同意后，报原审批单位批准。

第二十条　报销矿产储量，应当经矿山企业地质测量机构检查鉴定后，向矿山企业的主管部门提出申请。

属正常报销的矿产储量，由矿山企业的主管部门审批。

属非正常报销和转出的矿产储量，由矿山企业的主管部门会同同级地质矿产主管部门审批。

同一采区应当一次申请报销的矿产储量，不得化整为零，分几次申请报销。

第二十一条　地下开采的中段（水平）或露天采矿场内尚有未采完的保有矿产储量，未经地质测量机构检查验收和报销申请尚未批准之前，不准擅自废除坑道和其他工程。

第二十二条　矿山企业应当向其上级主管部门和地质矿产主管部门上报矿产资源开发利用情况报表。

第二十三条　矿山企业有下列情形之一的，应当追究有关人员的责任，或者由地质矿产主管部门责令其限期改正，并可处以相当于矿石损失50%以下的罚款，情节严重的，应当责令停产整顿或者吊销采矿许可证：

一、因开采设计、采掘计划的决策错误，造成资源损失的；

二、开采回采率、采矿贫化率和选矿回收率长期达不到设计要求，造成资源破坏损失的；

三、违反本办法第十三条、第十四条、第十七条、第十九条、第二十一条的规定，造成资源破坏损失的。

第二十四条　当事人对行政处罚决定不服的，可以在收到处罚通知之日起十五日内，向人民法院起诉。对罚款的行政处罚决定期满不起诉又不履行的，由作出处罚决定的机关申请人民法院强制执行。

第二十五条 矿山企业上报的矿产资源开发利用资料数据必须准确可靠。虚报瞒报的，依照《中华人民共和国统计法》的有关规定追究责任。对保密资料，应当按照国家有关保密规定执行。

第二十六条 对乡镇集体矿山企业和个体采矿的矿产资源开发利用与保护工作的监督管理办法，由省、自治区、直辖市人民政府参照本办法制定。

第二十七条 本办法由国务院地质矿产主管部门负责解释。

第二十八条 本办法自发布之日起施行。

二、部门规章及规范性文件

【国家发展和改革委员会】

国家发展改革委关于印发"十二五"资源综合利用指导意见和大宗固体废物综合利用实施方案的通知

（国家发展和改革委员会，发改环资[2011]2919号，2011.12.10）

各省、自治区、直辖市及计划单列市、副省级省会城市、新疆生产建设兵团发展改革委、资源综合利用管理部门：

为贯彻《国民经济和社会发展第十二个五年规划纲要》，落实节约资源和保护环境基本国策，深入推进"十二五"时期的资源综合利用工作，促进循环经济发展，我委组织编制了《"十二五"资源综合利用指导意见》和《大宗固体废物综合利用实施方案》，研究提出了"十二五"资源综合利用工作的指导思想、基本原则、主要目标、重点领域以及政策措施，同时提出了在工业、建筑业和农林业等领域选择产生堆存量大、资源化利用潜力大、环境影响广泛的固体废物编制实施方案。现将两份文件印发给你们，请认真贯彻执行。

《"十二五"资源综合利用指导意见》（节选）

开展资源综合利用是国民经济和社会发展中一项长远的战略方针，对于贯彻落实节约资源和保护环境基本国策，缓解工业化和城镇化进程中日趋强化的资源环境约束，提高资源利用效率，加快经济发展方式转变，增强可持续发展能力都具有重要意义。根据《国民经济和社会发展第十二个五年规划纲要》关于"提高资源综合利用水平"的总体要求，特提出"十二五"资源综合利用指导意见。

三、指导思想、基本原则和主要目标

（三）主要目标：到2015年，矿产资源总回收率与共伴生矿产综合利用率提高到40%和45%；大宗固体废物综合利用率达到50%；工业固体废物综合利用率达到72%；主要再生资源回收利用率提高到70%，再生铜、铝、铅占当年总产量的比例分别达到40%、30%、40%。

四、重点领域

（一）矿产资源的综合开发利用

1. 金属矿产

（3）黑色金属矿产：继续推进多金属钒钛磁铁矿、含稀土型铁矿的深度开发利用；加大中低品位铁矿、弱磁性铁矿、低品位锰矿、硼镁铁矿、锡铁矿等难选资源的综合利用技术研

发力度。

（4）有色金属矿产：综合开发利用铝、铜、镍、铅、锌、锡、锑、钽、钛、钼等有色金属共伴生矿产资源，实现有用组分梯级回收。

（5）贵金属矿产：加强铂系金属矿、金矿和银矿等贵金属共伴生矿产资源的综合开发利用。

（6）稀有、稀土金属矿产：开展复杂难处理稀有金属共生矿在选矿和冶炼过程中的综合回收利用，加强稀土金属矿资源综合利用。

（二）产业“三废”综合利用

（9）尾矿：大力推进尾矿伴生有用组分高效分离提取和高附加值利用、低成本生产建材以及胶凝回填利用，开展尾矿在农业领域的利用和生态环境治理。

（13）赤泥：加快共性关键技术研发，实现赤泥科学、高效利用，重点发展赤泥提取有用组分、生产建材产品、用作脱硫剂等。

（21）废水（液）：进一步提高工业废水循环利用和城镇污水再生利用水平；继续推进矿井水资源化利用；鼓励重点行业开展废旧机油、采油废水、废植物油、废酸、废碱、废液等回收和资源化利用。

五、政策措施

（二）加强资源综合利用制度建设

加快推进标准化进程，逐步建立完善矿产资源、产业废物和再生资源综合利用标准体系，重点加强技术标准和管理标准的制修订工作，建立涵盖产生、堆存、检测、原料、生产、使用、产品及应用等多领域的各类标准体系，强化标准宣贯、执行和监督。

（三）实施资源综合利用重点工程

实施资源综合利用“双百”工程，建设共伴生矿产及尾矿、煤矸石、粉煤灰、工业副产石膏、冶炼渣、建筑垃圾、农作物秸秆、废旧轮胎、包装废弃物、废旧纺织品综合利用等重点工程，增强技术支撑能力，加快构建服务体系，建设示范项目，鼓励产业集聚，培育百个示范基地和百家骨干企业。继续推进共伴生矿产及尾矿资源综合利用示范基地建设。

《大宗固体废物综合利用实施方案》（节选）

三、实施内容

（一）尾矿

目标

到 2015 年，尾矿综合利用率提高到 20%，通过实施重点工程新增 3000 万吨的年利用能力。

主要任务

推进绿色矿山建设，提高矿产资源综合利用率。开展铁矿、铜矿、铝土矿、铅锌矿、钨矿、锡矿、锑矿等尾矿再选、生产建材等资源化利用，重点推动有色金属尾矿资源的高效利用技术发展和工程示范。攻克铁尾矿伴生多金属及有色金属尾矿中残余有用组分的高效提取、非金属矿物高值利用、低成本高效胶结填充等一批尾矿综合利用重大共性关键技术，开发成套装备。完善尾矿整体利用技术的系统化、配套化和工程化。在资源枯竭矿区重点鼓励尾矿回填和尾矿库复垦。

重点工程

1. 在重点地区建设 10 个技术成熟、工艺装备先进的尾矿提取有价元素示范基地；

2. 建设若干尾矿整体开发利用示范基地，支持一批技术创新工程及产业化推广。

四、保障措施

（四）推动技术创新。尾矿、冶炼渣提取有价元素等先进适用技术的研发和产业化。

办理开采黄金矿产批准书管理规定

中华人民共和国国家发展和改革委员会令

第6号

为加强对开采黄金矿产的管理，保护国家矿产开采利益，根据《中华人民共和国矿产资源法》和《矿产资源开采登记管理办法》的有关规定，特制定《办理开采黄金矿产批准书管理规定》，现予发布，自2004年1月1日起施行。

主任　马　凯

二〇〇三年十二月十七日

办理开采黄金矿产批准书管理规定

第一条　为加强对开采黄金矿产的管理，保护国家矿产开采利益，根据《中华人民共和国矿产资源法》第十七条、《矿产资源开采登记管理办法》（国务院第241号令）第五条的规定，制定本规定。

第二条　开采黄金矿产须经国家发展和改革委员会（以下简称国家发展改革委）审查批准，取得由国家发展改革委颁发的开采黄金矿产批准书后，方可开采。

第三条　开采黄金矿产的申请人，应当认真填写《开采黄金矿产申请书》，并报送下列材料：

（一）开采黄金矿产的申请文件；

（二）明确表示矿区范围的正规图件；

（三）建设依据地质储量报告的评审备案证明或地质储量报告的审批认定文件；

（四）环保部门批复的项目环境影响评价报告书；

（五）当申请的矿界有争议时，应附有关部门裁定的矿界协议书；

（六）采取股份制形式开采黄金矿产的，应提供公司合同、章程及有关部门批准其成立的文件。

第四条　国家发展改革委对开采黄金矿产申请人提交的有关材料进行审查，申请材料不齐全或者不符合有关要求的，应当当场或者5日内一次性告知申请人不需要补正的全部内容。

第五条　申请人申请材料齐全，符合有关要求的，国家发展改革委应当自受理申请之日起二十日内作出是否批准申请人开采黄金矿产的决定。二十日内不能作出决定时，经本行政机关负责人批准，可延长十日，并应当将延长期限的理由告知申请人。

第六条　《开采黄金矿产批准书》的有效期按照下列矿山规模确定：

（一）日处理矿石500吨以上的，有效期为15年；

（二）日处理矿石100～500吨的，有效期为10年；

（三）日处理矿石100吨以下的，有效期为5年。

有效期满需要继续开采的，限其在有效期满30日前，及时申请办理延续开采手续。

第七条　当开采的黄金资源枯竭时，有关企业应当到国家发展改革委办理注销手续，并交回《开采黄金矿产批准书》。

第八条　《开采黄金矿产申请书》、《开采黄金矿产批准书》由国家发展改革委统一印制，严禁伪造、出租、出借、转让。

第九条　本规定由国家发展改革委负责解释。

第十条　本规定自 2004 年 1 月 1 日起施行，原国家经济贸易委员会《关于印发〈办理开采黄金矿产批准书的有关规定〉的通知》（国经贸黄金[2000]161 号）同时废止。

【国土资源部】

土地复垦条例实施办法

（2012 年 12 月 11 日国土资源部第 4 次部务会议审议通过）

第一章　总　则

第一条　为保证土地复垦的有效实施，根据《土地复垦条例》（以下简称条例），制定本办法。

第二条　土地复垦应当综合考虑复垦后土地利用的社会效益、经济效益和生态效益。

生产建设活动造成耕地损毁的，能够复垦为耕地的，应当优先复垦为耕地。

第三条　县级以上国土资源主管部门应当明确专门机构并配备专职人员负责土地复垦监督管理工作。

县级以上国土资源主管部门应当加强与发展改革、财政、城乡规划、铁路、交通、水利、环保、农业、林业等部门的协同配合和行业指导监督。

上级国土资源主管部门应当加强对下级国土资源主管部门土地复垦工作的监督和指导。

第四条　除条例第六条规定外，开展土地复垦调查评价、编制土地复垦规划设计、确定土地复垦工程建设和造价、实施土地复垦工程质量控制、进行土地复垦评价等活动，也应当遵守有关国家标准和土地管理行业标准。

省级国土资源主管部门可以结合本地实际情况，补充制定本行政区域内土地复垦工程建设和造价等标准。

第五条　县级以上国土资源主管部门应当建立土地复垦信息管理系统，利用国土资源综合监管平台，对土地复垦情况进行动态监测，及时收集、汇总、分析和发布本行政区域内土地损毁、土地复垦等数据信息。

第二章　生产建设活动损毁土地的复垦

第六条　属于条例第十条规定的生产建设项目，土地复垦义务人应当在办理建设用地申请或者采矿权申请手续时，依据国土资源部《土地复垦方案编制规程》的要求，组织编制土地复垦方案，随有关报批材料报送有关国土资源主管部门审查。

具体承担相应建设用地审查和采矿权审批的国土资源主管部门负责对土地复垦义务人报送的土地复垦方案进行审查。

第七条　条例施行前已经办理建设用地手续或者领取采矿许可证，条例施行后继续从事生产建设活动造成土地损毁的，土地复垦义务人应当在本办法实施之日起一年内完成土地复垦方案的补充编制工作，报有关国土资源主管部门审查。

第八条　土地复垦方案分为土地复垦方案报告书和土地复垦方案报告表。

依法由省级以上人民政府审批建设用地的建设项目，以及由省级以上国土资源主管部门审批登记的采矿项目，应当编制土地复垦方案报告书。其他项目可以编制土地复垦方案报告表。

第九条　生产建设周期长、需要分阶段实施土地复垦的生产建设项目，土地复垦方案应当包含阶段土地复垦计划和年度实施计划。

跨县（市、区）域的生产建设项目，应当在土地复垦方案中附具以县（市、区）为单位的土地复垦实施方案。

阶段土地复垦计划和以县（市、区）为单位的土地复垦实施方案应当明确土地复垦的目标、任务、位置、主要措施、投资概算、工程规划设计等。

第十条　有关国土资源主管部门受理土地复垦方案审查申请后，应当组织专家进行论证。

根据论证所需专业知识结构，从土地复垦专家库中选取专家。专家与土地复垦方案申请人或者申请项目有利害关系的，应当主动要求回避。土地复垦方案申请人也可以向有关国土资源主管部门申请专家回避。

土地复垦方案申请人或者相关利害关系人可以按照《政府信息公开条例》的规定，向有关国土资源主管部门申请查询专家意见。有关国土资源主管部门应当依法提供查询结果。

第十一条　土地复垦方案经专家论证通过后，由有关国土资源主管部门进行最终审查。符合下列条件的，方可通过审查：

（一）土地利用现状明确；

（二）损毁土地的分析预测科学；

（三）土地复垦目标、任务和利用方向合理，措施可行；

（四）土地复垦费用测算合理，预存与使用计划清晰并符合本办法规定要求；

（五）土地复垦计划安排科学、保障措施可行；

（六）土地复垦方案已经征求意见并采纳合理建议。

第十二条　土地复垦方案通过审查的，有关国土资源主管部门应当向土地复垦义务人出具土地复垦方案审查意见书。土地复垦方案审查意见书应当包含本办法第十一条规定的有关内容。

土地复垦方案未通过审查的，有关国土资源主管部门应当书面告知土地复垦义务人补正。逾期不补正的，不予办理建设用地或者采矿审批相关手续。

第十三条　土地复垦义务人因生产建设项目的用地位置、规模等发生变化，或者采矿项目发生扩大变更矿区范围等重大内容变化的，应当在三个月内对原土地复垦方案进行修改，报原审查的国土资源主管部门审查。

第十四条　土地复垦义务人不按照本办法第七条、第十三条规定补充编制或者修改土地复垦方案的，依照条例第二十条规定处理。

第十五条　土地复垦义务人在实施土地复垦工程前，应当依据审查通过的土地复垦方案进行土地复垦规划设计，将土地复垦方案和土地复垦规划设计一并报所在地县级国土资源主管部门备案。

第十六条　土地复垦义务人应当按照条例第十五条规定的要求，与损毁土地所在地县级国土资源主管部门在双方约定的银行建立土地复垦费用专门账户，按照土地复垦方案确定的资金数额，在土地复垦费用专门账户中足额预存土地复垦费用。

预存的土地复垦费用遵循“土地复垦义务人所有，国土资源主管部门监管，专户储存专款使用”的原则。

第十七条　土地复垦义务人应当与损毁土地所在地县级国土资源主管部门、银行共同签订土地复垦费用使用监管协议，按照本办法规定的原则明确土地复垦费用预存和使用的时间、数额、程序、条件和违约责任等。

土地复垦费用使用监管协议对当事人具有法律效力。

第十八条　土地复垦义务人应当在项目动工前一个月内预存土地复垦费用。

土地复垦义务人按照本办法第七条规定补充编制土地复垦方案的，应当在土地复垦方案通过审查后一个月内预存土地复垦费用。

土地复垦义务人按照本办法第十三条规定修改土地复垦方案后，已经预存的土地复垦费用不足的，应当在土地复垦方案通过审查后一个月内补齐差额费用。

第十九条 土地复垦费用预存实行一次性预存和分期预存两种方式。

生产建设周期在三年以下的项目，应当一次性全额预存土地复垦费用。

生产建设周期在三年以上的项目，可以分期预存土地复垦费用，但第一次预存的数额不得少于土地复垦费用总金额的百分之二十。余额按照土地复垦方案确定的土地复垦费用预存计划预存，在生产建设活动结束前一年预存完毕。

第二十条 条例实施前，采矿生产项目按照有关规定向国土资源主管部门缴存的矿山地质环境治理恢复保证金中已经包含了土地复垦费用的，土地复垦义务人可以向所在地国土资源主管部门提出申请，经审核属实的，可以不再预存相应数额的土地复垦费用。

第二十一条 土地复垦义务人应当按照土地复垦方案确定的工作计划和土地复垦费用使用计划，向损毁土地所在地县级国土资源主管部门申请出具土地复垦费用支取通知书。县级国土资源主管部门应当在七日内出具土地复垦费用支取通知书。

土地复垦义务人凭土地复垦费用支取通知书，从土地复垦费用专门账户中支取土地复垦费用，专项用于土地复垦。

第二十二条 土地复垦义务人应当按照条例第十七条规定于每年12月31日前向所在地县级国土资源主管部门报告当年土地复垦义务履行情况，包括下列内容：

（一）年度土地损毁情况，包括土地损毁方式、地类、位置、权属、面积、程度等；

（二）年度土地复垦费用预存、使用和管理等情况；

（三）年度土地复垦实施情况，包括复垦地类、位置、面积、权属、主要复垦措施、工程量等；

（四）国土资源主管部门规定的其他年度报告内容。

县级国土资源主管部门应当加强对土地复垦义务人报告事项履行情况的监督核实，并可以根据情况将土地复垦义务履行情况年度报告在门户网站上公开。

第二十三条 县级国土资源主管部门应当加强对土地复垦义务人使用土地复垦费用的监督管理，发现有不按照规定使用土地复垦费用的，可以按照土地复垦费用使用监管协议的约定依法追究土地复垦义务人的违约责任。

第二十四条 土地复垦义务人在生产建设活动中应当遵循“保护、预防和控制为主，生产建设与复垦相结合”的原则，采取下列预防控制措施：

（一）对可能被损毁的耕地、林地、草地等，应当进行表土剥离，分层存放，分层回填，优先用于复垦土地的土壤改良。表土剥离厚度应当依据相关技术标准，根据实际情况确定。表土剥离应当在生产工艺和施工建设前进行或者同步进行；

（二）露天采矿、烧制砖瓦、挖沙取土、采石，修建铁路、公路、水利工程等，应当合理确定取土的位置、范围、深度和堆放的位置、高度等；

（三）地下采矿或者疏干抽排地下水等施工，对易造成地面塌陷或者地面沉降等特殊地段应当采取充填、设置保护支柱等工程技术方法以及限制、禁止开采地下水等措施；

（四）禁止不按照规定排放废气、废水、废渣、粉灰、废油等。

第二十五条 土地复垦义务人应当对生产建设活动损毁土地的规模、程度和复垦过程中土地复垦工程质量、土地复垦效果等实施全程控制，并对验收合格后的复垦土地采取管护措施，保证土地复垦效果。

第二十六条　土地复垦义务人依法转让采矿权或者土地使用权的，土地复垦义务同时转移。但原土地复垦义务人应当完成的土地复垦义务未履行完成的除外。

原土地复垦义务人已经预存的土地复垦费用以及未履行完成的土地复垦义务，由原土地复垦义务人与新的土地复垦义务人在转让合同中约定。

新的土地复垦义务人应当重新与损毁土地所在地国土资源主管部门、银行签订土地复垦费用使用监管协议。

第三章　历史遗留损毁土地和自然灾害损毁土地的复垦

第二十七条　历史遗留损毁土地和自然灾害损毁土地调查评价，应当包括下列内容：

（一）损毁土地现状调查，包括地类、位置、面积、权属、损毁类型、损毁特征、损毁原因、损毁时间、污染情况、自然条件、社会经济条件等；

（二）损毁土地复垦适宜性评价，包括损毁程度、复垦潜力、利用方向及生态环境影响等；

（三）土地复垦效益分析，包括社会、经济、生态等效益。

第二十八条　符合下列条件的土地，所在地的县级国土资源主管部门应当认定为历史遗留损毁土地：

（一）土地复垦义务人灭失的生产建设活动损毁的土地；

（二）《土地复垦规定》实施以前生产建设活动损毁的土地。

第二十九条　县级国土资源主管部门应当将历史遗留损毁土地认定结果予以公告，公告期间不少于三十日。土地复垦义务人对认定结果有异议的，可以向县级国土资源主管部门申请复核。

县级国土资源主管部门应当自收到复核申请之日起三十日内做出答复。土地复垦义务人不服的，可以向上一级国土资源主管部门申请裁定。

上一级国土资源主管部门发现县级国土资源主管部门做出的认定结果不符合规定的，可以责令县级国土资源主管部门重新认定。

第三十条　土地复垦专项规划应当包括下列内容：

（一）土地复垦潜力分析；

（二）土地复垦的原则、目标、任务和计划安排；

（三）土地复垦重点区域和复垦土地利用方向；

（四）土地复垦项目的划定，复垦土地的利用布局和工程布局；

（五）土地复垦资金的测算，资金筹措方式和资金安排；

（六）预期经济、社会和生态等效益；

（七）土地复垦的实施保障措施。

土地复垦专项规划可以根据实际情况纳入土地整治规划。

土地复垦专项规划的修改应当按照条例第二十二条的规定报本级人民政府批准。

第三十一条　县级以上地方国土资源主管部门应当依据土地复垦专项规划制定土地复垦年度计划，分年度、有步骤地组织开展土地复垦工作。

第三十二条　条例第二十三条规定的历史遗留损毁土地和自然灾害损毁土地的复垦资金来源包括下列资金：

（一）土地复垦费；

（二）耕地开垦费；

（三）新增建设用地土地有偿使用费；

（四）用于农业开发的土地出让收入；

（五）可以用于土地复垦的耕地占用税地方留成部分；

（六）其他可以用于土地复垦的资金。

第四章 土地复垦验收

第三十三条 土地复垦义务人完成土地复垦任务后，应当组织自查，向项目所在地县级国土资源主管部门提出验收书面申请，并提供下列材料：

（一）验收调查报告及相关图件；

（二）规划设计执行报告；

（三）质量评估报告；

（四）检测等其他报告。

第三十四条 生产建设周期五年以上的项目，土地复垦义务人可以分阶段提出验收申请，负责组织验收的国土资源主管部门实行分级验收。

阶段验收由项目所在地县级国土资源主管部门负责组织，总体验收由审查通过土地复垦方案的国土资源主管部门负责组织或者委托有关国土资源主管部门组织。

第三十五条 负责组织验收的国土资源主管部门应当会同同级农业、林业、环境保护等有关部门，组织邀请有关专家和农村集体经济组织代表，依据土地复垦方案、阶段土地复垦计划，对下列内容进行验收：

（一）土地复垦计划目标与任务完成情况；

（二）规划设计执行情况；

（三）复垦工程质量和耕地质量等级；

（四）土地权属管理、档案资料管理情况；

（五）工程管护措施。

第三十六条 土地复垦阶段验收和总体验收形成初步验收结果后，负责组织验收的国土资源主管部门应当在项目所在地公告，听取相关权利人的意见。公告时间不少于三十日。

相关土地权利人对验收结果有异议的，可以在公告期内向负责组织验收的国土资源主管部门书面提出。

国土资源主管部门应当在接到书面异议之日起十五日内，会同同级农业、林业、环境保护等有关部门核查，形成核查结论反馈相关土地权利人。异议情况属实的，还应当向土地复垦义务人提出整改意见，限期整改。

第三十七条 土地复垦工程经阶段验收或者总体验收合格的，负责验收的国土资源主管部门应当依照条例第二十九条规定出具阶段或者总体验收合格确认书。验收合格确认书应当载明下列事项：

（一）土地复垦工程概况；

（二）损毁土地情况；

（三）土地复垦完成情况；

（四）土地复垦中存在的问题和整改建议、处理意见；

（五）验收结论。

第三十八条 土地复垦义务人在申请新的建设用地、申请新的采矿许可证或者申请采矿许可证延续、变更、注销时，应当一并提供按照本办法规定到期完工土地复垦项目的验收合格确认书或者土地复垦费缴费凭据。未提供相关材料的，按照条例第二十条规定，有关国土资源主管部门不得通过审查和办理相关手续。

第三十九条　政府投资的土地复垦项目竣工后，由负责组织实施土地复垦项目的国土资源主管部门进行初步验收，验收程序和要求除依照本办法规定外，按照资金来源渠道及相应的项目管理办法执行。

初步验收完成后，依照条例第三十条规定进行最终验收，并依照本办法第三十七条规定出具验收合格确认书。

国土资源主管部门代复垦的项目竣工后，依照本条规定进行验收。

第四十条　土地权利人自行复垦或者社会投资进行复垦的土地复垦项目竣工后，由项目所在地县级国土资源主管部门进行验收，验收程序和要求依照本办法规定执行。

第五章　土地复垦激励措施

第四十一条　土地复垦义务人将生产建设活动损毁的耕地、林地、牧草地等农用地复垦恢复为原用途的，可以依照条例第三十二条规定，凭验收合格确认书向所在地县级国土资源主管部门提出出具退还耕地占用税意见的申请。

经审核属实的，县级国土资源主管部门应当在十五日内向土地复垦义务人出具意见。土地复垦义务人凭国土资源主管部门出具的意见向有关部门申请办理退还耕地占用税手续。

第四十二条　由社会投资将历史遗留损毁和自然灾害损毁土地复垦为耕地的，除依照条例第三十三条规定办理外，对属于将非耕地复垦为耕地的，经验收合格并报省级国土资源主管部门复核同意后，可以作为本省、自治区、直辖市的补充耕地指标，市、县政府可以出资购买指标。

第四十三条　由县级以上地方人民政府投资将历史遗留损毁和自然灾害损毁的建设用地复垦为耕地的，经验收合格并报省级国土资源主管部门复核同意后，依照条例第三十五条规定可以作为本省、自治区、直辖市的补充耕地指标。但使用新增建设用地有偿使用费复垦的耕地除外。

属于农民集体所有的土地，复垦后应当交给农民集体使用。

第六章　土地复垦监督管理

第四十四条　县级以上国土资源主管部门应当采取年度检查、专项核查、例行稽查、在线监管等形式，对本行政区域内的土地复垦活动进行监督检查，并可以采取下列措施：

（一）要求被检查当事人如实反映情况和提供相关的文件、资料和电子数据；

（二）要求被检查当事人就土地复垦有关问题做出说明；

（三）进入土地复垦现场进行勘查；

（四）责令被检查当事人停止违反条例的行为。

第四十五条　县级以上国土资源主管部门应当在门户网站上及时向社会公开本行政区域内的土地复垦管理规定、技术标准、土地复垦规划、土地复垦项目安排计划以及土地复垦方案审查结果、土地复垦工程验收结果等重大事项。

第四十六条　县级以上地方国土资源主管部门应当通过国土资源主干网等按年度将本行政区域内的土地损毁情况、土地复垦工作开展情况等逐级上报。

上级国土资源主管部门对下级国土资源主管部门落实土地复垦法律法规情况、土地复垦义务履行情况、土地复垦效果等进行绩效评价。

第四十七条 县级以上国土资源主管部门应当对土地复垦档案实行专门管理，将土地复垦方案、土地复垦资金使用监管协议、土地复垦验收有关材料和土地复垦项目计划书、土地复垦实施情况报告等资料和电子数据进行档案存储与管理。

第四十八条 复垦后的土地权属和用途发生变更的，应当依法办理土地登记相关手续。

第七章 法律责任

第四十九条 条例第三十六条第六项规定的其他徇私舞弊、滥用职权、玩忽职守行为，包括下列行为：

（一）违反本办法第二十一条规定，对不符合规定条件的土地复垦义务人出具土地复垦费用支取通知书，或者对符合规定条件的土地复垦义务人无正当理由未在规定期限内出具土地复垦费用支取通知书的；

（二）违反本办法第四十一条规定，对不符合规定条件的申请人出具退还耕地占用税的意见，或者对符合规定条件的申请人无正当理由未在规定期限内出具退还耕地占用税的意见的；

（三）其他违反条例和本办法规定的行为。

第五十条 土地复垦义务人未按照本办法第十五条规定将土地复垦方案、土地复垦规划设计报所在地县级国土资源主管部门备案的，由县级以上地方国土资源主管部门责令限期改正；逾期不改正的，依照条例第四十一条规定处罚。

第五十一条 土地复垦义务人未按照本办法第十六条、第十七条、第十八条、第十九条规定预存土地复垦费用的，由县级以上国土资源主管部门责令限期改正；逾期不改正的，依照条例第三十八条规定处罚。

第五十二条 土地复垦义务人未按照本办法第二十五条规定开展土地复垦质量控制和采取管护措施的，由县级以上地方国土资源主管部门责令限期改正；逾期不改正的，依照条例第四十一条规定处罚。

第八章 附 则

第五十三条 铀矿等放射性采矿项目的土地复垦具体办法，由国土资源部另行制定。

第五十四条 本办法自 2013 年 3 月 1 日起施行。

国土资源部、国家发展和改革委员会关于发布实施《限制用地项目目录（2012 年本）》和《禁止用地项目目录（2012 年本）》的通知

国土资发[2012]98 号

各省、自治区、直辖市国土资源主管部门和发展改革部门、新疆生产建设兵团国土资源局和发展改革委：

为贯彻落实《国务院关于促进节约集约用地的通知》（国发[2008]3 号）精神，依据《产业结构调整指导目录（2011 年本）》（国家发展改革委令第 9 号）和国家有关产业政策、土地供应政策，国土资源部、国家发展改革委制定了《限制用地项目目录（2012 年本）》和《禁止用地项目目录（2012 年本）》（以下分别简称《限制目录》和《禁止目录》）。现印发给你们，请认真贯彻执行。

一、本通知的规定适用于新建、扩建和改建的建设项目。

二、凡列入《限制目录》的建设项目，必须符合目录规定条件，国土资源管理部门和投资管理部门方可办理相关手续。

三、凡列入《禁止目录》的建设项目或者采用所列工艺技术、装备、规模的建设项目，国土资源管理部门和投资管理部门不得办理相关手续。

四、凡采用《产业结构调整指导目录（2011 年本）》明令淘汰的落后工艺技术，装备或者生产明令淘汰产品的建设项目，国土资源管理部门和投资管理部门一律不得办理相关手续。

五、《限制目录》和《禁止目录》执行中，国务院发布的产业政策和土地资源管理政策对限制和禁止用地项目另有规定的，按国务院规定办理。

六、国土资源部、国家发展改革委将根据宏观调控需要，依据国家产业政策、土地供应政策，适时修订《限制目录》和《禁止目录》。各地可以根据本地区实际情况，在符合本《限制目录》和《禁止目录》的前提下，制定本地的限制和禁止用地项目目录。

七、《限制目录》和《禁止目录》执行中的问题，由国土资源部和国家发展改革委研究处理。

八、违反本通知规定办理相关手续的，依法追究有关部门和有关责任人的责任。

九、本通知自发布之日起施行。《关于发布实施〈限制用地项目目录（2006 年本）〉和〈禁止用地项目目录（2006 年本）〉的通知》（国土资发[2006]296 号）和《关于印发〈限制用地项目目录（2006 年本增补本）〉和〈禁止用地项目目录（2006 年本增补本）〉的通知》（国土资发[2009]154 号）同时废止。

国土资源部
国家发展和改革委员会
二〇一二年五月二十三日

附件：1.《限制用地项目目录（2012 年本）》
2.《禁止用地项目目录（2012 年本）》

附件 1：

限制用地项目目录（2012 年本）（节选）

六、黄金项目

1．独立氰化不得低于以下标准：日处理金精矿 100 吨，原料自供能力 50%

2．独立黄金选矿厂不得低于以下标准：日处理矿石 200 吨，配套采矿系统

3．火法冶炼不得低于以下规模：日处理金精矿 100 吨

4．独立堆浸场不得低于以下规模：东北、华北、西北地区年处理矿石 10 万吨、华东、中南、西南年处理矿石 20 万吨

5．采选不得低于以下规模：日处理岩金矿石 100 吨

6．砂金开采不得低于以下规模：年处理砂金矿砂 30 万立方米

附件 2：

禁止用地项目目录（2012 年本）（节选）

七、有色金属

1．新建、扩建钨、锡、锑开采、冶炼项目

2．新建、扩建钼金属资源量小于 20 万吨、开采规模小于 100 万吨/年的钼矿项目

3．稀土开采、选矿、冶炼、分离项目（在确保产能总量不增加的前提下，有利于布局优化和兼并重组的项目除外）

八、黄金

1．在林区、基本农田、河道中开采砂金项目

十七、其他

5．未依法取得探矿权的矿产资源勘查项目

6．未依法取得采矿权的矿产资源开采项目

关于设立首批铁矿国家规划矿区的公告

中华人民共和国国土资源部

公告 2011年第2号

关于设立首批铁矿国家规划矿区的公告

为加强我国铁矿资源保护和合理开发，根据《中华人民共和国矿产资源法》及其相关法规和《全国矿产资源规划》的有关规定，国土资源部决定在钒钛磁铁矿资源集中分布的四川省攀西地区划定设立首批铁矿国家规划矿区。现将首批铁矿国家规划矿区名单及范围予以公告。

二〇一一年一月四日

附件：

首批铁矿国家规划矿区名单及范围

序号	规划矿区名称	坐标范围	面积/km^2
1	攀枝花钒钛磁铁矿国家规划矿区	略	200.76
2	白马钒钛磁铁矿国家规划矿区	略	266.18

关于设立首批稀土矿产国家规划矿区的公告

中华人民共和国国土资源部

公告　2011 年第 1 号

关于设立首批稀土矿产国家规划矿区的公告

为加强我国稀土资源保护和合理开发，根据《中华人民共和国矿产资源法》及其相关法规和《全国矿产资源规划》的有关规定，国土资源部决定在我国离子型稀土资源分布集中的江西省赣州市划定设立首批稀土国家规划矿区。现将首批稀土国家规划矿区名单及范围予以公告。

二〇一一年一月四日

附件：

首批稀土矿产国家规划矿区名单及范围

序号	规划矿区名称	坐标范围	面积/km^2
1	龙南重稀土规划矿区（1）	略	246
2	龙南重稀土规划矿区（2）	略	49
3	寻乌轻稀土规划矿区	略	154
4	定南中稀土规划矿区	略	432
5	赣县（北）中稀土规划矿区	略	248
6	赣县（中）重稀土规划矿区	略	246
7	赣县（南）中稀土规划矿区	略	40
8	安远中、重稀土规划矿区	略	395
9	信丰（北）中稀土规划矿区	略	60
10	信丰（南）中、重稀土规划矿区	略	209
11	全南中稀土规划矿区	略	455

国土资源部关于鼓励铁铜铝等国家紧缺矿产资源勘查开采有关问题的通知

国土资发[2010]144 号

各省、自治区、直辖市国土资源厅（国土环境资源厅、国土资源局、国土资源和房屋管理局、规划和国土资源管理局），中国地质调查局、中央地质勘查基金管理中心：

为促进铁、铜、铝、镍、铬、锰、钾盐等国家紧缺矿产资源地质找矿和合理开发利用，提高资源保障能力，根据矿产资源法律法规和有关规定，现就有关问题通知如下：

一、加大紧缺矿产资源勘查力度

（一）国家和省级国土资源行政主管部门依据矿产资源规划，结合矿产资源潜力评价工作取得的阶段性成果，研究总结紧缺矿产资源成矿区带成矿规律，突出重点成矿区带，科学部署地质找矿工作。对重点调查评价区和重点勘查区，加大基础地质调查和前期地质矿产勘查，提高地质工作程度。

（二）省级国土资源行政主管部门要结合地质矿产保障工程、全国地质找矿行动计划等的组织实施，会同有关单位，抓紧提出紧缺矿产资源整装勘查区设置方案，按照构建地质找矿新机制的有关要求，整合各方资金，推进整装勘查；面上展开，点面结合，争取尽快实现点上突破。紧缺矿产资源整装勘查区设置方案报国土资源部批准后向社会公告。

（三）中国地质调查局会同中央地质勘查基金管理中心，做好紧缺矿产资源整装勘查的业务统筹部署和技术支撑。科学安排国家出资地质勘查项目，为在三到五年内实现地质找矿重大突破提供基础地质信息和后续靶区。

（四）对于找矿潜力大且社会资金不愿独立承担找矿风险的紧缺矿产资源勘查区和勘查项目，中央和省级地质勘查基金项目应重点给予支持。鼓励符合条件的民间资本参与紧缺矿产资源勘查开采。

二、完善紧缺矿产资源矿业权出让制度

（五）省级国土资源行政主管部门在制定矿业权设置方案和矿业权年度投放计划时，应优先编制紧缺矿产资源矿业权设置方案，保障紧缺矿产资源矿业权投放。

（六）登记管理机关开辟紧缺矿产资源矿业权审批、土地复垦方案审查、地质矿山环境治理方案审查的“快速通道”，优先安排紧缺矿产资源矿业权审批发证、矿产资源储量评审备案、矿业权价款评估备案等工作。

（七）调整部分铁矿探矿权出让方式，鼓励铁矿勘查。除沉积变质型和沉积型铁矿外，其他成因类型的铁矿由《关于进一步规范矿业权出让管理的通知》（国土资发[2006]12 号）文中规定的第二类矿产调整为第一类矿产，按照相关规定出让矿业权。

（八）鼓励矿山企业开展矿区范围深部及其毗邻区域紧缺矿产资源勘查开采工作，属于第二类矿产的，可以协议方式为其配置矿业权。矿业权登记管理机关受理新的矿业权申请时，要统筹考虑周围已有矿山企业对其矿区范围周边紧缺矿产资源的找矿工作。

（九）对于国家出资勘查形成的紧缺矿产资源的矿产地，按照规定应该以招标拍卖挂牌出

让探矿权的，主要以招标方式出让，优选勘查方案。鼓励资金能力强、技术先进的勘查单位和大型矿业企业联合进行勘查开采，实现探采一体化。

（十）以紧缺矿种申请获得的探矿权如需变更勘查矿种，按照《关于进一步规范探矿权管理有关问题的通知》（国土资发[2009]200 号）中相关规定办理。

三、保障紧缺矿产资源勘查开采环境

（十一）加快推进紧缺矿产资源的勘查开采，严格执行勘查区块面积退出制度，规范紧缺矿产资源勘查秩序。加强紧缺矿产资源勘查实施方案审查，切实保障勘查质量。

（十二）对紧缺矿产资源勘查开采布局不合理的矿业权，加快推进资源开发整合，进一步提高紧缺矿产资源开发规模化、集约化程度和利用率。

（十三）加强对紧缺矿产资源矿业权人法定义务履行情况的监督检查。督促探矿权人加大勘查投入，提高勘查效率和质量，依法查处圈而不探、投入不足、以采代探等违法行为。监督采矿权人合理开发利用紧缺矿产资源，依法查处无证开采、越界开采等违法行为。对于违法违规勘查开采紧缺矿产资源的重大典型案件，公开通报或者挂牌督办。

（十四）健全完善紧缺矿产资源勘查开采监督管理和执法监察长效机制。各级国土资源行政主管部门按照《关于健全完善矿产资源勘查开采监督管理和执法监察长效机制的通知》（国土资发[2009]148 号）要求，着力做好巡查、完善案件查处机制、推进建立地方政府统筹协调、部门联动的执法监管制度、建立健全保障机制。

各级国土资源行政主管部门应高度重视紧缺矿产资源勘查开采管理，切实加强基础技术支撑队伍建设，提高监督管理质量，促进紧缺矿产资源勘查开发健康有序发展。

关于贯彻落实全国矿产资源规划发展绿色矿业建设绿色矿山工作的指导意见

国土资发[2010]119 号

各省、自治区、直辖市国土资源厅（国土环境资源厅、国土资源局、国土资源和房屋管理局、规划和国土资源管理局），部机关各司局、各有关单位：

《全国矿产资源规划（2008—2015 年）》提出了发展绿色矿业的明确要求，并确定了 2020 年基本建立绿色矿山格局的战略目标，为全面落实规划目标任务，现就发展绿色矿业、建设绿色矿山提出以下指导意见。

一、发展绿色矿业建设绿色矿山的重要意义

（一）是贯彻落实科学发展观，推动经济发展方式转变的必然选择。当前我国正处于工业化城镇化加快发展的关键阶段，资源需求刚性上升，资源环境压力日益增大。促进资源开发与经济社会全面协调可持续发展，必须将资源开发与保护放到经济社会发展的战略高度，按照国家转变经济发展方式的战略要求，通过开源节流、高效利用、创新体制机制，改变矿业发展方式，推动矿业经济发展向主要依靠提高资源利用效率带动转变。发展绿色矿业、建设绿色矿山，既是立足国内提高能源资源保障能力的现实选择，也是转变发展方式、建设“两型”社会的必然要求，对我国经济社会发展全局具有十分重要的现实意义和深远的战略意义。

（二）是加快转变矿业发展方式的现实途径。发展绿色矿业、建设绿色矿山，以资源合理利用、节能减排、保护生态环境和促进矿地和谐为主要目标，以开采方式科学化、资源利用高效化、企业管理规范化、生产工艺环保化、矿山环境生态化为基本要求，将绿色矿业理念贯穿于矿产资源开发利用全过程，推行循环经济发展模式，实现资源开发的经济效益、生态效益和社会效益协调统一，为转变单纯以消耗资源、破坏生态为代价的开发利用方式提供了现实途径。

（三）是落实企业责任加强行业自律，保证矿业健康发展的重要手段。发展绿色矿业、建设绿色矿山，关键在于充分调动矿山企业的积极性，加强行业自律，促进矿山企业依法办矿，规范管理，加强科技创新，建设企业文化，使矿山企业将高效利用资源、保护环境、促进矿地和谐的外在要求转化为企业发展的内在动力，自觉承担起节约集约利用资源、节能减排、环境重建、土地复垦、带动地方经济社会发展的企业责任。建设绿色矿山，是矿山企业经营管理方式的一次变革，对于完善矿产资源管理共同责任机制，全面规范矿产资源开发秩序，加快构建保障和促进科学发展新机制具有重要意义。

二、推进绿色矿山建设的思路、原则与目标

（四）总体思路。深入贯彻落实科学发展观，按照国家转变经济增长方式的战略要求，将发展绿色矿业、建设绿色矿山作为保障矿业健康可持续发展的重要抓手，认真落实全国矿产资源规划提出的目标任务和部署要求，坚持规划统筹、政策配套，试点先行、整体推进，通过绿色矿山建设促进矿业发展方式的转变，努力构建规范矿产资源开发利用秩序的长效机制。

（五）基本原则。一是坚持政府引导。强化政策激励，积极引导，组织做好试点示范，建立健全绿色矿山建设标准体系，有序推进。二是落实企业责任。鼓励矿山企业树立科学发展理

念、严格规范管理、推进科技创新、加强文化建设，落实节约资源、节能减排、保护环境、促进矿区和谐等社会责任。三是加强行业自律。充分发挥行业协会桥梁和纽带作用，密切联系矿山企业，加强宣传，扩大共识，加强行业自律。四是搞好政策配套。充分运用经济、行政等多种手段，制定有利于促进资源合理利用、环境保护等方面的政策措施，建立完善制度，推动绿色矿山建设。

（六）建设目标。力争1～3年完成一批示范试点矿山建设工作，建立完善的绿色矿山标准体系和管理制度，研究形成配套绿色矿山建设的激励政策。到2020年，全国绿色矿山格局基本形成，大中型矿山基本达到绿色矿山标准，小型矿山企业按照绿色矿山条件严格规范管理。资源集约节约利用水平显著提高，矿山环境得到有效保护，矿区土地复垦水平全面提升，矿山企业与地方和谐发展。

三、统筹规划绿色矿山建设工作

（七）认真落实矿产资源规划的目标任务和部署要求。各级国土资源管理部门要加大矿产资源规划实施力度，将各级规划提出的绿色矿山建设的目标任务和具体要求予以落实，结合规划确定的矿山结构布局优化调整、资源高效利用和矿山地质环境治理恢复等要求，切实统筹好新建和生产矿山、大中小型矿山，以及各行业绿色矿山建设，采取有效措施，有序推进绿色矿山建设工作。各地可结合实际情况，制定专项规划和具体措施，加快推进绿色矿山建设工作。

（八）指导矿山企业制定绿色矿山建设的发展规划。指导矿山企业按照绿色矿山建设要求和条件，结合自身发展目标和进程，因地制宜编制绿色矿山建设发展规划，从提高资源利用水平、节能减排、保护耕地和矿山地质环境、创建和谐社区等角度出发，明确具体工作任务、安排、进度和措施等，按照规划积极推进各项工作，实现绿色矿山建设目标。

四、开展国家级绿色矿山建设试点示范

（九）试点工作坚持政府指导支持、协会支撑、矿山主体的原则。以大中型矿山企业为主体，兼顾不同地区、不同行业及小型矿山企业，按照矿山企业自愿、协会推荐组织、试点矿山制定规划和开展建设，通过评估考核、达标公布的步骤进行，探索绿色矿山建设的有效途径。

（十）中国矿业联合会要切实做好组织和有关业务支撑工作。加快研究完善绿色矿山建设具体标准和办法，会同有关行业协会组织做好国家级试点矿山的推荐和评估工作，加强政府和企业之间的沟通配合，积极搭建绿色矿山建设交流与合作平台，为试点矿山提供经验交流和技术咨询等服务，切实承担起全面推进绿色矿山建设的业务支撑工作。

（十一）各级国土资源管理部门要做好绿色矿山建设试点示范的指导工作。各级国土资源部门要切实发挥职能作用，结合地方实际情况和矿业发展特点，通过加强对绿色矿山建设工作的指导，落实鼓励和支持政策，引导企业按照绿色矿山发展模式建设和经营矿山，协调解决试点过程中遇到的问题，通过不断完善管理制度和加强监督，促进试点矿山达到建设要求，努力使企业的发展和地方经济发展协调一致。

（十二）试点矿山要按照规划积极开展建设工作。具备条件的矿山，要按照绿色矿山建设的基本要求编制建设规划，明确建设目标、具体内容和发展模式，有效推进绿色矿山建设各项工作，力争尽快达到绿色矿山条件和标准，主动地为保护资源、保护环境、促进地方经济发展和维护群众利益做出贡献。

五、稳步推进全国绿色矿山建设

（十三）加强试点经验总结和推广。全面总结推广不同类型绿色矿山建设的经验与模式，逐步完善分地域、分规模、分类型的绿色矿山建设标准和相关管理办法，研究探索有利于资源合理利用、节能减排、环境保护的政策措施和管理制度，为全面推进绿色矿山建设奠定基础。通过试点示范企业树立先进样板，发挥试点示范作用，带动更多矿山企业开展绿色矿山建设活动，积极履行绿色矿山建设的各项责任和义务，促进绿色矿业的全面发展。

（十四）依据绿色矿山建设标准和条件严格矿山准入管理。各级国土资源管理部门要把发展绿色矿业、建设绿色矿山的要求贯彻于矿产资源管理的始终，用绿色矿山建设标准规范矿产资源勘查、开发利用与保护的各项活动，加强对新建矿山开发利用、环境保护、土地复垦等方案的审查，严禁采用国家限制和淘汰的采选技术、工艺和设备，确保新建矿山实现合理开发、资源节约、环境保护、安全生产和社区和谐。全面落实矿产资源规划确定的最低开采规模制度和准入条件，优化资源勘查开发布局和矿业结构，逐步构建集约、高效、协调的矿山开发格局。

（十五）加强对生产矿山监督管理。用绿色矿山建设标准规范矿产资源勘查、开发利用与保护的各项活动，督促矿山企业自觉按照绿色矿山建设标准不断改进开发利用方式，提高开发利用水平，促进节能减排，落实企业社会责任，实现合理开发、节约资源、保护环境、安全生产和社区和谐，为绿色矿山建设工作营造良好环境。

六、营造良好的政策环境

（十六）加大财政专项资金的支持力度。加大危机矿山接替资源勘查、矿山地质环境恢复治理、矿产资源节约与综合利用等财政专项资金向绿色矿山企业的倾斜和支持力度，鼓励和支持矿山企业开展做好资源合理利用、环境保护等相关工作，不断提高发展水平。

（十七）研究制定有利于绿色矿山建设的资源配置制度。在资源配置和矿业用地等方面向达到绿色矿山条件的企业实行政策倾斜，依法优先配置资源和提供用地，鼓励企业做大做强，积极为繁荣地方经济做出贡献，建设和谐矿区。

（十八）逐步完善税费等经济政策。全面落实资源综合利用、矿山环境保护、节能减排等已有相关优惠政策，通过资源税费改革和税费减免，形成矿山企业资源消耗的自我约束机制。积极协调相关部门，建立和完善资源综合利用等税费减免制度，逐步形成与法律制度相衔接，向绿色矿山企业倾斜的经济政策体系。

（十九）加强技术政策引导。鼓励矿山企业加大科技投入和技术攻关，研究制定矿产资源节约与综合利用鼓励、限制、淘汰技术目录，通过技术改造采用先进技术、工艺和装备，逐步淘汰落后产能，提高资源开发利用、节能减排和环境保护的水平，满足绿色矿山建设的要求。

七、加强组织协调

（二十）各级国土资源管理部门要切实加强组织领导和监督检查。高度重视绿色矿山建设工作，作为一项重要任务纳入工作计划进行部署，加强领导，落实责任，精心部署，完善制度，抓好落实，认真做好绿色矿山建设工作的指导、协调和监督检查，加强对绿色矿山建设工作的总结、宣传和推广，有序推进绿色矿山建设工作。

（二十一）中国矿业联合会要全面推进行业自律。通过积极推进矿业领域循环经济发展和资源节约与综合利用，积极倡导和鼓励企业发展绿色矿业，提高依法办矿的意识，促使企业履行社会责任和规范化管理，不断加强行业自律和社会监督。

（二十二）矿山企业要认真履行社会责任全面开展绿色矿山建设。矿山企业是绿色矿山建设主体，要积极加入并自觉遵守《绿色矿业公约》，按照绿色矿山建设的有关条件和循环经济的发展模式，不断加强规范管理，切实履行社会责任，加大投入，改进生产工艺、优化生产布局，加强环境保护，促进资源开发、环境保护与矿区和谐的协调发展。

国土资源部关于印发《保护性开采的特定矿种勘查开采管理暂行办法》的通知

国土资发[2009]165 号

各省、自治区、直辖市国土资源厅（国土资源环境厅、国土资源局、国土资源和房屋管理局、规划和国土资源管理局），新疆生产建设兵团国土资源局：

为进一步加强保护性开采的特定矿种勘查开采的管理，国土资源部研究制定了《保护性开采的特定矿种勘查开采管理暂行办法》，现印发给你们，请结合实际，认真贯彻执行。

二〇〇九年十一月二十四

保护性开采的特定矿种勘查开采管理暂行办法

第一条　为加强对保护性开采的特定矿种勘查、开采的管理，保护我国优势矿产资源，不断提高优势矿产的合理开发利用水平，根据《中华人民共和国矿产资源法》及相关法律法规的规定，制定本办法。

第二条　本办法所称保护性开采的特定矿种，是指按照有关规定，由国家实行有计划勘查、开采管理的矿种。

第三条　保护性开采的特定矿种的勘查、开采实行统一规划、总量控制、合理开发、综合利用的原则。

第四条　国土资源部会同有关部门提出保护性开采的特定矿种的设立或撤销名单，经国务院批准后，公布实施。

第五条　国土资源部负责全国保护性开采的特定矿种勘查、开采的登记、审批。

国土资源部可根据需要，授权有关省（区、市）国土资源管理部门对保护性开采的特定矿种进行勘查、开采的登记、审批。

第六条　国土资源部负责组织全国保护性开采的特定矿种勘查、开采的监督管理。县级以上地方人民政府国土资源管理部门负责本辖区内保护性开采的特定矿种勘查、开采的监督管理。

第七条　国土资源部按照矿产资源规划，根据相关产业政策、资源储量变化、市场需求等因素，按年度分矿种下达保护性开采的特定矿种勘查、开采计划，依法设立探矿权、采矿权，并加强监管。

第八条　保护性开采的特定矿种资源调查评价和矿产地储备工作由国土资源部统一组织实施。

第九条　探矿权人在对其他矿种进行勘查活动时，应对共、伴生的保护性开采的特定矿种进行综合勘查评价，并单独估算资源储量。否则，地质储量报告不予评审、备案。

第十条　国土资源部按照规划对保护性开采的特定矿种实行开采总量控制管理，分年度下达分省（区、市）控制指标。综合开采、综合利用保护性开采的特定矿种的，纳入开采总量控制管理。

第十一条　各有关省（区、市）国土资源管理部门根据本辖区矿山企业的资源储量、开发利用情况、资源利用水平等，将控制指标分解落实到矿山企业，企业名单和指标分解情况应向社会公示，公示结果予以公告，并报国土资源部备案。国土资源部向社会公布全国控制指标分解落实情况。

各有关省（区、市）国土资源管理部门在分解下达控制指标时，上下级国土资源管理部门间应按照职责分工签订责任书，矿山所在地市或县级国土资源管理部门和矿山企业间签订合同书，明确各方的权利、义务和违约责任。责任书、合同书式样由各省（区、市）国土资源管理部门制定。

第十二条 保护性开采的特定矿种开采总量控制指标执行情况实行月报和季报统计制度。矿山企业每月应按规定向当地国土资源管理部门报送保护性开采的特定矿种开采总量控制指标执行情况；各有关省（区、市）国土资源管理部门每季度向国土资源部上报保护性开采的特定矿种开采总量控制指标执行情况。

保护性开采的特定矿种开采总量控制指标执行情况报表及报送时间等要求由国土资源部相关统计制度规定。

开采保护性开采的特定矿种的矿山企业应建立储量、产量、销售原始台账及开采总量控制相关管理制度。

第十三条 各有关省（区、市）国土资源管理部门每年 11 月底前向国土资源部上报当年指标完成情况（含预计完成情况）及下年度指标申请报告。

第十四条 保护性开采的特定矿种开采总量控制指标不得买卖和转让。特殊情况，由矿山所在地的省（区、市）国土资源管理部门在当地进行调配并报部备案。

第十五条 保护性开采的特定矿种与其他矿种共、伴生的，凡保护性开采的特定矿种资源储量达到中型以上，且占矿山全部资源储量达到20%的，按主采保护性开采的特定矿种设立采矿权，并执行保护性开采的特定矿种各项管理规定。

第十六条 不符合本办法第十五条规定的共、伴生情况的，矿山开采企业综合开采、综合利用保护性开采的特定矿种，应严格按照下达的保护性开采的特定矿种开采总量控制指标组织生产，其主采矿种的开采规模应与保护性开采的特定矿种的开采总量控制指标相适应，不得因开采主采矿种而导致保护性开采的特定矿种超开采总量控制指标生产。

经批准，主采矿种扩大开采规模，造成综合利用的保护性开采的特定矿种采出量超出开采总量控制指标的，采矿权人应妥善保存，不得超开采总量控制指标销售。

对暂不能开采、利用的矿体、尾矿，采矿权人应采取有效措施加以保护，不得随意丢弃、浪费或破坏保护性开采的特定矿种资源。

第十七条 开采非保护性开采的特定矿种的矿山企业在开采其他矿产过程中，新发现矿区内有共生或伴生保护性开采的特定矿种的，应当向当地国土资源管理部门报告，经资源储量评审备案后，依据评审结果，纳入矿产资源规划，并分别按照本办法第十五条或第十六条的有关规定办理。

第十八条 各级国土资源管理部门应切实加强本辖区内保护性开采的特定矿种的勘查、开采管理，加大开采总量控制指标执行情况的检查力度。矿山所在地的国土资源管理部门应按照责任书的有关要求，指派专人负责对矿山开采企业进行定期和不定期的检查，发现问题及时处理，确保开采总量控制指标执行到位，并建立加强开采总量控制管理的具体管理措施。

第十九条 违反本暂行办法的，按照有关法律法规规定进行处罚。

第二十条 外商投资企业申请保护性开采的特定矿种勘查、开采的，按照国家的外商投资产业指导目录办理。

第二十一条 本办法由国土资源部负责解释。

第二十二条 本办法自 2010 年 1 月 1 日起施行。

关于进一步推进矿产资源开发整合工作的通知

国土资发[2009]141号

各省、自治区、直辖市人民政府：

《国务院关于全面整顿和规范矿产资源开发秩序的通知》（国发[2005]28号）和《国务院办公厅转发国土资源部等部门对矿产资源开发进行整合意见的通知》（国办发[2006]108号）下发以来，各地高度重视，认真贯彻落实，在优化矿山开发布局、提高矿产资源开发利用水平、改善矿山安全生产状况和矿山生态环境等方面取得了明显成效。但由于矿产资源开发整合工作是一项复杂的系统工程，涉及多方面利益关系的调整，工作量大，政策性强，难度大，目前各地整合工作进展不平衡，一些地方运作不规范，整合工作不彻底。为进一步推进矿产资源开发整合工作，促进矿业持续健康发展，经国务院同意，现就有关事项通知如下：

一、目标任务

进一步推进矿产资源开发整合工作是矿产开发领域贯彻落实科学发展观的一项重要举措，是调整矿产开发结构、推动产业升级、促进资源高效开发利用的有效途径，是适应当前经济形势，实现矿业可持续健康发展的具体部署。要通过进一步推进整合，全面规划，突出重点，构建矿产资源合理开发利用长效机制。

（一）矿产资源勘查开发布局进一步优化。按照成矿地质条件、矿产资源自然赋存状况，科学编制矿产资源规划、地质勘查专项规划和矿业权设置方案，合理设置探矿权、采矿权，矿产资源勘查开发布局趋于合理。

（二）矿产资源勘查开发规模化、集约化程度进一步提高。逐步提高矿产资源勘查技术水平，淘汰落后开采能力，积极创造条件实施整装勘查、勘查开发一体化，推动矿产资源进一步向勘查开采技术先进、开发利用水平高、安全生产装备条件优良和矿区生态环境得到有效保护的优势企业集聚，促进矿产资源开发利用水平进一步提高。

（三）矿山安全生产状况、生态环境进一步改善。强化矿山企业安全生产主体责任，改善矿山安全生产条件，预防生产安全事故发生。按照财政部、国土资源部、原环保总局《关于逐步建立矿山环境治理和生态恢复责任机制的指导意见》的要求，建立健全矿山环境治理恢复保证金制度，制订矿山生态环境保护与综合治理方案。通过进一步推进整合，因矿山开发布局不合理引起的安全隐患逐步减少，废弃物得到妥善有效处置，污染物集中治理并达标排放，环境污染和生态破坏问题进一步得到防控。

（四）矿产资源合理开发利用长效机制初步建立。逐步建立以规划为龙头，以矿业权管理为核心，以准入制度为引导，以矿业权计划投放为调节的矿业权管理制度体系；采用科学的采矿方法和选矿工艺，使矿产资源开发利用水平明显提高；形成部门协作、上下联动、共同推进矿产资源合理开发利用的长效机制。

二、基本原则

（一）进一步推进整合与产业结构调整相协调。结合国家产业规划、政策和行业准入条件，优化矿产勘查开发结构和布局，鼓励上下游企业联合重组，推动产业结构调整和升级，提高产业集中度，增强产业竞争力。

（二）矿产资源勘查与开发相衔接。遵循地质工作规律和市场经济规律，统筹规划地质找矿与矿产开发，努力推进勘查与开发一体化。

（三）资源效益与环境效益、安全生产相统一。综合考虑各种效益，在发挥好资源效益和经济效益的同时，实现矿山安全效益和矿区环境效益。

（四）政府引导与市场运作相结合。以规划为依据，以资源为基础，政府引导、市场运作，综合运用经济、法律、技术和必要的行政手段，依法推进整合工作。

三、整合范围

（一）国办发[2006]108 号文件规定的整合范围。煤、铁、锰、铜、铝、铅、锌、钼、金、钨、锡、锑、稀土、磷、钾盐等 15 个重要矿种，以及其他对各地经济社会发展具有较大影响的矿种；影响大矿统一规划开采的小矿，一矿多开、大矿小开的矿区，小矿密集区，位于地质环境脆弱区范围内的矿区；开采方法和技术装备落后，资源利用水平低的矿山；生产规模长期达不到设计要求，管理水平低、存在安全隐患，社会效益、环境效益较差的矿山。

（二）探矿权整合范围。具备统筹部署整装勘查成矿地质条件的矿产资源勘查区；一个成矿区设置多个探矿权、布局明显不合理的勘查区；勘查投入达不到勘查实施方案要求、“圈而不探”的勘查项目；不符合矿区规划或不适宜单独设置采矿权的勘查项目；其他需要整合的勘查区及勘查项目。

四、总体部署和要求

2010 年 3 月底前，各省、自治区、直辖市按要求组织编制和审批整合实施方案，并报国土资源部备案。2010 年年底前，按照经批准的进一步推进整合实施方案，全面完成整合工作任务，建立健全矿产资源管理有关制度，初步建立矿产资源开发利用长效机制。2011 年起，整合工作转入常态化管理。

（一）科学编制方案，实行分级审批。各地在加快推进已确定整合工作任务的基础上，根据矿产资源规划、地质勘查专项规划、矿区总体规划和产业政策，结合矿产资源潜力评价、矿产资源储量利用调查和矿业权实地核查等工作，对本行政区域内矿业权设置情况进行全面梳理，对需进一步推进整合的矿区逐一登记造册，确定整合范围，编制整合实施方案。实施方案要明确 2010 年年底前必须完成的整合重点及目标任务。整合实施方案实行分级审批。整合矿区内矿山企业原采矿许可证均为市、县级国土资源管理部门审批颁发的，整合实施方案可由市级人民政府审查批准，报省级人民政府备案后实施；其它整合矿区的整合实施方案由省级人民政府批准后实施。对已经批准的整合实施方案，在实施过程中出现新情况或与实际情况不符，需要调整整合实施方案的，应尽快组织修订，经批准后组织实施。

（二）合理确定整合主体，鼓励优势企业参与整合。地方人民政府应结合实际，从资金、技术、管理和履行社会责任等方面制订整合主体标准，明确整合后的矿山建设规模、矿产资源开发利用、安全生产及环境保护指标。要注重运用经济手段推进整合工作，切实保护参与整合的矿业权人的合法权益。在符合整合主体标准的前提下，应优先从整合矿区内产生整合主体。对矿区内参与整合的矿业企业均达不到整合主体标准，或者参与整合的矿业企业在规定整合期限内未达成整合协议的，当地政府可以优先选择符合产业政策和布局规划的下游优势企业作为整合主体；或者以招标方式规范引入优势企业，公开、公平、公正地确定整合主体；或者将矿区内矿业权依法收回，统一规划后按规定权限以招标、拍卖、挂牌方式重新向符合整合主体标准要求的企业出让矿业权。鼓励优势企业充分利用资金、技术、管理等方面的优势，运用市场方式，实施整合，培育壮大矿业龙头企业。

（三）规范证照办理程序，提高行政效率。国土资源管理部门在矿区整合主体确定后，应及时划定区块或矿区范围。对于应发放采矿许可证的，在划定矿区范围后，凭经评审备案的储量核实报告、经审定的矿产资源开发利用方案及经审查批准的环境影响评价报告，颁发采矿许可证。矿山企业持该采矿许可证，须在两年内完成采矿权有偿处置及有关规定要件，开展生产系统改造，申办其他相关证照；未取得相关证照前，矿山企业不得生产，采矿权不得转让、变更。负责整合工作的各相关职能部门要进一步密切配合，协调行动，齐抓共管，进一步明确整合工作流程，简化办事程序，提高行政效率，实行限时办结、现场办公、“一条龙”办公等制度，依法为整合后的矿业企业换发相关证照。

（四）实施适度优惠政策，调动参与整合的积极性。按照整合实施方案，被整合矿业权周边的零星边角资源、不宜新设矿业权的深部资源可按计划以协议方式出让给整合主体。国土资源部将根据有关地方整合工作任务完成情况，在已确定的开采总量控制指标基础上，经稀有金属部际协调机制协商，可适度调整其钨、锑、稀土等矿种开采总量指标。对整合任务完成较好的地区，在符合相关规定的前提下，优先考虑安排地质勘查基金项目、国家战略性矿产勘查项目、矿山地质环境治理项目及矿产资源保护项目。

（五）创新整合模式，推动矿产开发结构调整。统筹考虑矿产资源及矿山企业生产要素，以及企业制度、技术、人才、资金等要素，进一步推进多要素整合。各地要创新整合模式，总结推广成功经验。积极探索多元投入，实施联合出资、整装勘查，勘查开发一体化，风险共担、成果共享、互利共赢的新模式。鼓励整合主体向资源高效开发利用、资源综合回收率高、应用深部找矿技术和难处理矿高效选冶技术的企业倾斜。鼓励有实力的企业突破地区、所有制的限制，以多种方式对矿业企业进行重组，实现规模化开发，进一步提升产业集中度，增强产业竞争力。

（六）健全完善制度，促进矿产资源开发合理布局和结构优化。加强矿产资源规划管理，合理规划重点勘查区和开采区，设置鼓励、限制、禁止勘查区和开采区，优化矿产资源勘查开发布局。完善勘查开采和规划管理制度，积极推进探矿权出让分区管理，提高勘查开采准入条件，建立探矿权退出机制，限期淘汰达不到标准的矿山。根据规划合理设置矿业权，原则上一个矿区只设置一个主体。对于同一个矿区有多个探矿权的，探矿权转采矿权时要整合成一个开采主体。探索建立探矿权合理投放机制和采矿权总量控制制度，积极推进探矿权有计划投放。对整合工作成效明显的地区，在符合矿产资源规划的前提下，矿业权投放数量可给予倾斜；对未通过整合验收的地区，调减其新设矿业权投放数量计划指标。

五、保障措施

（一）强化领导，建立共同责任机制。地方各级人民政府要充分认识整合工作的长期性、复杂性和艰巨性，认真履行整合工作主体责任，切实加强对整合工作的领导。地方各级国土资源、发展改革、工业和信息化、公安、监察、财政、环境保护、商务、工商、安全监管监察、能源等行政主管部门要按照国办发[2006]108 号文件的要求，明确分工，落实责任，加强协调，相互配合，建立共同责任机制，继续加大对违规违法案件的查处力度，切实巩固并不断扩大整顿规范工作成果，进一步规范整合工作中的矿业权审批、项目核准、生产许可、安全许可、环评审查、企业设立等各项管理行为，确保整合工作有序推进。

（二）加大力度，扎实推进整合工作。各地要结合开展工程建设领域突出问题专项治理工作，全面清理排查矿业权管理中存在的突出问题，采取有效措施，加大整合工作力度，扎实开展整合工作。要切实抓好整合实施方案的编制并严格审查，确保整合实施方案的科学性和可操作性。学习借鉴一些地方先进整合工作经验，在实践中不断创新。注重策略，耐心细致地协调各方利益，先易后难，重点突破，全面推进。对已列入整合范围的矿业企业，无故拖延整合的，要督促其限期开展整合；对借整合名义实施开发建设或非法生产的矿山企业，有关部门要通过联合执法给予严厉打击。各地要明确省、市、县级整合重点矿区，制定挂牌督办方案，分级对整合重点矿区实行挂牌督办，限时完成整合工作任务；各级挂牌督办重点矿区数量原则上不能少于本行政区域内确定整合矿区的30%；地方各级人民政府随时掌握挂牌督办整合重点矿区工作进展情况，将督办责任落实到人。凡未按整合实施方案完成整合工作任务的地区，自2011年1月1日起，不得新设矿业权。

（三）加强督导，确保整合工作规范实施。各地要进一步加强对整合工作的督导，及时研究解决整合工作中出现的新情况、新问题。加强对整合矿区实地检查，确保整合到位，防止走过场、假整合。严禁借整合之机，倒卖矿业权。加强整合矿山爆炸物品管理工作，对整合工作中确定关闭的矿山，要依法吊销其《爆炸物品使用许可证》，并对遗留的爆炸物品妥善处置；对整合工作中因开展生产系统改造需要使用爆炸物品的，公安机关凭国土资源管理部门颁发的采矿许可证及安全生产监督管理部门出具的证明文件进行审批。对在协调确定整合主体、调整各方关系过程中采取不正当手段谋取利益的矿业企业，要建立黑名单并予以曝光。强化对国家行政机关工作人员违法违规行为的责任追究，对徇私舞弊、滥用职权的，要依法依纪严肃查处；对涉嫌犯罪的，要移送司法机关处理。各省、自治区、直辖市于2010年12月底前完成本行政区域内整合工作自查验收，并向国土资源部、发展改革委等部门提交自查报告。国土资源部等部门将于2011年一季度对各省、自治区、直辖市整合工作进行抽查。

（四）加强宣传，发挥典型引导作用。各地要充分发挥新闻媒体的舆论导向和监督作用，大力宣传整合工作的重要意义、目标任务和工作成效，营造良好的舆论氛围。要多渠道、多方式宣传正面典型，总结推广典型经验，发挥典型示范引导作用；通报、披露整合工作推进不力地区和弄虚作假行为。国土资源部等部门将适时组织召开全国矿产资源开发整合工作经验交流现场会。

国土资源部办公厅关于做好矿山地质环境保护与治理恢复方案编制审查及有关工作的通知

国土资发[2009]61 号

各省、自治区、直辖市国土资源厅（国土环境资源厅、国土资源局、国土资源和房屋管理局、规划和国土资源管理局）：

为贯彻落实《矿山地质环境保护规定》（国土资源部令第 44 号，以下简称《规定》），加强矿山地质环境保护管理，做好矿山地质环境保护与治理恢复方案（以下简称“治理方案”）的编制、审查工作，现将有关事项通知如下。

一、“治理方案”的编制

（一）自《规定》施行之日起，采矿权申请人在申请办理采矿许可证时，应当编制“治理方案”，并不再单独进行地质灾害危险性评估。已取得采矿许可证的，采矿权人应自《规定》施行之日起两年内完成“治理方案”的编制。《规定》施行之日前已经申请并正在办理采矿许可证的，采矿权申请人应在取得采矿许可证后一年内完成“治理方案”的编制。

采矿权人扩大开采规模、变更矿区范围或者开采方式的，应当重新编制“治理方案”。

（二）“治理方案”由采矿权申请人或采矿权人委托符合《规定》要求的资质单位进行编制。其中，由国土资源部受理发证的矿山，编制单位应具备甲级资质；由省级国土资源行政主管部门受理发证的矿山，编制单位应具备乙级及其以上资质；由市、县级国土资源行政主管部门受理发证的矿山，编制单位应具备丙级及其以上的资质。“治理方案”中涉及地质灾害危险性评估内容的，编制单位应具备相应等级的地质灾害危险性评估资质。

（三）“治理方案”的编制内容和技术要求应符合地质矿产行业标准《矿山地质环境保护与治理恢复方案编制规范》（DZ/T 223—2009）的规定。其中，涉及地质灾害危险性评估内容的，还应符合《国土资源部关于加强地质灾害危险性评估工作的通知》（国土资发[2004]69 号）要求。油气、水气及砂石粘土类等矿产，“治理方案”的编制内容可适当简化，可按规范要求编制方案表。

二、“治理方案”的审查

（一）采矿权申请人或采矿权人按要求编制完成的“治理方案”，应按采矿权审批权限，报具有相应审批权的国土资源行政主管部门组织专家开展评审和审查工作。主管矿山地质环境保护与治理恢复的业务部门负责评审组织工作，并委托具有一定技术力量的单位承担具体评审工作。

（二）负责评审组织工作的国土资源行政主管部门要建立和完善“治理方案”评审专家库。专家库要由水文地质、工程地质、环境地质、采矿工程、岩土工程、土地整理、生态环境、工程预算等相关专业领域的专家组成。专家库成员应具有较高专业技术水平，熟悉国家矿产资源开发和矿山地质环境保护管理等方面的法律法规、政策及技术标准。入选专家库的专家名单要向社会公告。

（三）采矿权申请人或采矿权人在报送“治理方案”审查时，应提交下列资料：

1．“治理方案”审查申请登记表（见附件 1）；

2．“治理方案”报告书（或表）及附图；

3．编制单位资质证书及培训合格证书复印件；

4．缴纳矿山地质环境保护与治理恢复保证金承诺书。

（四）承担评审工作的单位要根据矿山的开采矿种、开采方式、地质环境条件等特点，在专家库中选定相关专家组成专家组，对“治理方案”进行评审，形成专家评审结论，填写“矿山地质环境保护与治理恢复方案评审表”（附件 2）。专家组应对“治理方案”的规范性、科学性和可行性进行评审，主要内容包括：编制单位是否符合资质要求；“治理方案”内容和格式是否符合编制要求；矿山地质环境现状是否清楚，评估是否准确，预测是否科学；矿山地质环境保护与治理恢复目标、任务是否合理，工程部署及措施是否可行；经费估算是否合理等。

（五）负责评审组织工作的国土资源行政主管部门应对专家评审结论进行审查，并在“矿山地质环境保护与治理恢复方案评审表”上签署意见。审查的重点内容包括：评审程序是否合理、评审专家组成是否合适、评审结论是否获得通过、对评审提出的意见是否已按要求进行了修改、缴存矿山地质环境保护与治理恢复保证金承诺书是否符合要求等。

经国土资源行政主管部门审查同意后，采矿权申请人将“治理方案”报告文本等有关资料，按照矿产资源开采登记有关规定，随采矿登记资料一并报送有审批权的国土资源行政主管部门。

（六）负责评审组织工作的国土资源行政主管部门应当自收到申请之日起 45 日内，作出同意或不同意的审查意见，并通知申请人。

三、监督管理

各级国土资源行政主管部门应加强对“治理方案”编制、评审、审查工作的组织领导和管理，督促采矿权人按照经审查批准后的“治理方案”开展治理工作，并对“治理方案”中包括监测方案等各项措施的落实情况进行检查。

矿山地质环境保护规定

中华人民共和国国土资源部令

第44号

《矿山地质环境保护规定》已经2009年2月2日国土资源部第4次部务会议审议通过，现予以发布，自2009年5月1日起施行。

部　长　徐绍史

二〇〇九年三月二日

矿山地质环境保护规定

第一章　总　则

第一条　为保护矿山地质环境，减少矿产资源勘查开采活动造成的矿山地质环境破坏，保护人民生命和财产安全，促进矿产资源的合理开发利用和经济社会、资源环境的协调发展，根据《中华人民共和国矿产资源法》和《地质灾害防治条例》，制定本规定。

第二条　因矿产资源勘查开采等活动造成矿区地面塌陷、地裂缝、崩塌、滑坡，含水层破坏，地形地貌景观破坏等的预防和治理恢复，适用本规定。

开采矿产资源涉及土地复垦的，依照国家有关土地复垦的法律法规执行。

第三条　矿山地质环境保护，坚持预防为主、防治结合，谁开发谁保护、谁破坏谁治理、谁投资谁受益的原则。

第四条　国土资源部负责全国矿山地质环境的保护工作。

县级以上地方国土资源行政主管部门负责本行政区的矿山地质环境保护工作。

第五条　国家鼓励开展矿山地质环境保护科学技术研究，普及相关科学技术知识，推广先进技术和方法，制定有关技术标准，提高矿山地质环境保护的科学技术水平。

第六条　国家鼓励企业、社会团体或者个人投资，对已关闭或者废弃矿山的地质环境进行治理恢复。

第七条　任何单位和个人对破坏矿山地质环境的违法行为都有权进行检举和控告。

第二章　规　划

第八条　国土资源部负责全国矿山地质环境的调查评价工作。

省、自治区、直辖市国土资源行政主管部门负责本行政区域内的矿山地质环境调查评价工作。

市、县国土资源行政主管部门根据本地区的实际情况，开展本行政区域的矿山地质环境调查评价工作。

第九条　国土资源部依据全国矿山地质环境调查评价结果，编制全国矿山地质环境保护规划。

省、自治区、直辖市国土资源行政主管部门依据全国矿山地质环境保护规划，结合本行政区域的矿山地质环境调查评价结果，编制省、自治区、直辖市的矿山地质环境保护规划，经国土资源部审核后，报省、自治区、直辖市人民政府批准实施。

市、县级矿山地质环境保护规划的编制和审批，由省、自治区、直辖市国土资源行政主管部门规定。

第十条 矿山地质环境保护规划应当包括下列内容：

（一）矿山地质环境现状和发展趋势；

（二）矿山地质环境保护的指导思想、原则和目标；

（三）矿山地质环境保护的主要任务；

（四）矿山地质环境保护的重点工程；

（五）规划实施保障措施。

第十一条 矿山地质环境保护规划应当符合矿产资源规划，并与土地利用总体规划、地质灾害防治规划等相协调。

第三章 治理恢复

第十二条 采矿权申请人申请办理采矿许可证时，应当编制矿山地质环境保护与治理恢复方案，报有批准权的国土资源行政主管部门批准。

矿山地质环境保护与治理恢复方案应当包括下列内容：

（一）矿山基本情况；

（二）矿山地质环境现状；

（三）矿山开采可能造成地质环境影响的分析评估（含地质灾害危险性评估）；

（四）矿山地质环境保护与治理恢复措施；

（五）矿山地质环境监测方案；

（六）矿山地质环境保护与治理恢复工程经费概算；

（七）缴存矿山地质环境保护与治理恢复保证金承诺书。

依照前款规定已编制矿山地质环境保护与治理恢复方案的，不再单独进行地质灾害危险性评估。

第十三条 矿山地质环境保护与治理恢复方案的编制单位应当具备下列条件：

（一）具有地质灾害危险性评估资质或者地质灾害治理工程勘查、设计资质和相关工作业绩；

（二）具有经过国土资源部组织的矿山地质环境保护和治理恢复方案编制业务培训且考核合格的专业技术人员。

第十四条 采矿权申请人未编制矿山地质环境保护与治理恢复方案，或者编制的矿山地质环境保护与治理恢复方案不符合要求的，有批准权的国土资源行政主管部门应当告知申请人补正；逾期不补正的，不予受理其采矿权申请。

第十五条 采矿权人扩大开采规模、变更矿区范围或者开采方式的，应当重新编制矿山地质环境保护与治理恢复方案，并报原批准机关批准。

第十六条 采矿权人应当严格执行经批准的矿山地质环境保护与治理恢复方案。

矿山地质环境保护与治理恢复工程的设计和施工，应当与矿产资源开采活动同步进行。

第十七条 开采矿产资源造成矿山地质环境破坏的，由采矿权人负责治理恢复，治理恢复费用列入生产成本。

矿山地质环境治理恢复责任人灭失的，由矿山所在地的市、县国土资源行政主管部门，使用经市、县人民政府批准设立的政府专项资金进行治理恢复。

国土资源部，省、自治区、直辖市国土资源行政主管部门依据矿山地质环境保护规划，按照矿山地质环境治理工程项目管理制度的要求，对市、县国土资源行政主管部门给予资金补助。

第十八条　采矿权人应当依照国家有关规定，缴存矿山地质环境治理恢复保证金。

矿山地质环境治理恢复保证金的缴存标准和缴存办法，按照省、自治区、直辖市的规定执行。矿山地质环境治理恢复保证金的缴存数额，不得低于矿山地质环境治理恢复所需费用。

矿山地质环境治理恢复保证金遵循企业所有、政府监管、专户储存、专款专用的原则。

第十九条　采矿权人按照矿山地质环境保护与治理恢复方案的要求履行了矿山地质环境治理恢复义务，经有关国土资源行政主管部门组织验收合格的，按义务履行情况返还相应额度的矿山地质环境治理恢复保证金及利息。

采矿权人未履行矿山地质环境治理恢复义务，或者未达到矿山地质环境保护与治理恢复方案要求，经验收不合格的，有关国土资源行政主管部门应当责令采矿权人限期履行矿山地质环境治理恢复义务。

第二十条　因矿区范围、矿种或者开采方式发生变更的，采矿权人应当按照变更后的标准缴存矿山地质环境治理恢复保证金。

第二十一条　矿山地质环境治理恢复后，对具有观赏价值、科学研究价值的矿业遗迹，国家鼓励开发为矿山公园。

国家矿山公园由省、自治区、直辖市国土资源行政主管部门组织申报，由国土资源部审定并公布。

第二十二条　国家矿山公园应当具备下列条件：

（一）国内独具特色的矿床成因类型且具有典型、稀有及科学价值的矿业遗迹；

（二）经过矿山地质环境治理恢复的废弃矿山或者部分矿段；

（三）自然环境优美、矿业文化历史悠久；

（四）区位优越，科普基础设施完善，具备旅游潜在能力；

（五）土地权属清楚，矿山公园总体规划科学合理。

第二十三条　矿山关闭前，采矿权人应当完成矿山地质环境治理恢复义务。采矿权人在申请办理闭坑手续时，应当经国土资源行政主管部门验收合格，并提交验收合格文件，经审定后，返还矿山地质环境治理恢复保证金。

逾期不履行治理恢复义务或者治理恢复仍达不到要求的，国土资源行政主管部门使用该采矿权人缴存的矿山地质环境治理恢复保证金组织治理，治理资金不足部分由采矿权人承担。

第二十四条　采矿权转让的，矿山地质环境保护与治理恢复的义务同时转让。采矿权受让人应当依照本规定，履行矿山地质环境保护与治理恢复的义务。

第二十五条　以槽探、坑探方式勘查矿产资源，探矿权人在矿产资源勘查活动结束后未申请采矿权的，应当采取相应的治理恢复措施，对其勘查矿产资源遗留的钻孔、探井、探槽、巷道进行回填、封闭，对形成的危岩、危坡等进行治理恢复，消除安全隐患。

第四章　监督管理

第二十六条　县级以上国土资源行政主管部门对采矿权人履行矿山地质环境保护与治理恢复义务的情况进行监督检查。

相关责任人应当配合县级以上国土资源行政主管部门的监督检查，并提供必要的资料，如实反映情况。

第二十七条 县级以上国土资源行政主管部门应当建立本行政区域内的矿山地质环境监测工作体系，健全监测网络，对矿山地质环境进行动态监测，指导、监督采矿权人开展矿山地质环境监测。

采矿权人应当定期向矿山所在地的县级国土资源行政主管部门报告矿山地质环境情况，如实提交监测资料。

县级国土资源行政主管部门应当定期将汇总的矿山地质环境监测资料报上一级国土资源行政主管部门。

第二十八条 县级以上国土资源行政主管部门在履行矿山地质环境保护的监督检查职责时，有权对矿山地质环境保护与治理恢复方案确立的治理恢复措施落实情况和矿山地质环境监测情况进行现场检查，对违反本规定的行为有权制止并依法查处。

第二十九条 开采矿产资源等活动造成矿山地质环境突发事件的，有关责任人应当采取应急措施，并立即向当地人民政府报告。

第五章 法律责任

第三十条 违反本规定，应当编制矿山地质环境保护与治理恢复方案而未编制的，或者扩大开采规模、变更矿区范围或者开采方式，未重新编制矿山地质环境保护与治理恢复方案并经原审批机关批准的，由县级以上国土资源行政主管部门责令限期改正；逾期不改正的，处3万元以下的罚款，颁发采矿许可证的国土资源行政主管部门不得通过其采矿许可证年检。

第三十一条 违反本规定第十六条、第二十三条规定，未按照批准的矿山地质环境保护与治理恢复方案治理的，或者在矿山被批准关闭、闭坑前未完成治理恢复的，由县级以上国土资源行政主管部门责令限期改正；逾期拒不改正的，处3万元以下的罚款，5年内不受理其新的采矿权申请。

第三十二条 违反本规定第十八条规定，未按期缴存矿山地质环境治理恢复保证金的，由县级以上国土资源行政主管部门责令限期缴存；逾期不缴存的，处3万元以下的罚款。颁发采矿许可证的国土资源行政主管部门不得通过其采矿活动年度报告，不受理其采矿权延续变更申请。

第三十三条 违反本规定第二十五条规定，探矿权人未采取治理恢复措施的，由县级以上国土资源行政主管部门责令限期改正；逾期拒不改正的，处3万元以下的罚款，5年内不受理其新的探矿权、采矿权申请。

第三十四条 违反本规定，扰乱、阻碍矿山地质环境保护与治理恢复工作，侵占、损坏、损毁矿山地质环境监测设施或者矿山地质环境保护与治理恢复设施的，由县级以上国土资源行政主管部门责令停止违法行为，限期恢复原状或者采取补救措施，并处3万元以下的罚款；构成犯罪的，依法追究刑事责任。

第三十五条 县级以上国土资源行政主管部门工作人员违反本规定，在矿山地质环境保护与治理恢复监督管理中玩忽职守、滥用职权、徇私舞弊的，对相关责任人依法给予行政处分；构成犯罪的，依法追究刑事责任。

第六章 附 则

第三十六条 本规定实施前已建和在建矿山，采矿权人应当依照本规定编制矿山地质环境保护与治理恢复方案，报原采矿许可证审批机关批准，并缴存矿山地质环境治理恢复保证金。

第三十七条 本规定自2009年5月1日起施行。

关于加强生产建设项目土地复垦管理工作的通知

国土资发[2006]225号

各省、自治区、直辖市及新疆生产建设兵团国土资源厅（国土环境资源厅、国土资源局、国土资源和房屋管理局、房屋土地资源管理局），发展改革委（厅），财政厅（局），铁路局，交通厅（局、委），水利厅（局），环保局（厅）：

自《土地管理法》及《土地复垦规定》颁布实施以来，土地复垦工作取得了一定成效。但近年来，由于重视程度不够，复垦费用不落实，管理不到位等原因，生产建设中因挖损、塌陷、压占等破坏的土地得不到及时恢复利用，造成土地浪费，环境恶化现象比较严重。为贯彻党的十六届五中全会提出的“加快建设资源节约型、环境友好型社会”有关精神，落实我国国民经济和社会发展“十一五”规划纲要和党中央国务院有关文件中提出的“加快推进土地复垦”的要求，必须切实加强生产建设项目土地复垦管理工作。现就有关问题通知如下：

一、认清形势，提高认识，切实增强搞好土地复垦的紧迫感

搞好土地复垦工作是贯彻落实科学发展观，坚持最严格的耕地保护制度，实施土地可持续利用的重要举措，对恢复和改善生态环境、发展循环经济、推进社会主义新农村建设、建设节约型社会、促进经济社会全面协调可持续发展具有十分重要的意义。各地一定要认清土地复垦在经济建设中所处的地位和作用、当前面临的严峻形势和任务，进一步增强紧迫感和责任感，切实把土地复垦工作纳入重要议事日程，加强组织领导，明确专门机构，指定专人负责，强化监管力度，抓紧抓好土地复垦工作，努力做到土地复垦与破坏数量平衡，实现“不欠新账、快还旧账”的目标。

二、明确责任、强化措施，确保土地复垦任务落到实处

“谁破坏、谁复垦”是土地复垦工作的基本原则。凡从事开采矿产资源、烧制砖瓦、燃煤发电、修建公路铁路和兴修水利设施等生产建设活动造成土地破坏的单位或个人是土地复垦法定义务人（以下简称复垦义务人），必须对被破坏的土地承担复垦责任和义务。

所有复垦义务人在生产建设活动中要按照“统一规划、源头控制、防复结合”的要求，尽量控制或减少对土地资源不必要的破坏，做到土地复垦与生产建设统一规划，把土地复垦指标纳入生产建设计划。有复垦任务的生产建设项目，其可行性研究报告和设计任务书应当包括土地复垦的内容；设计文件应当有土地复垦的章节；工艺设计应当兼顾土地复垦的要求，并据此编制土地复垦方案，落实土地复垦费用。露天开采的生产项目以及交通、水利等建设项目要尽量做到土地复垦与生产建设同步设计、同步施工，努力实现“边生产、边建设、边复垦”；进行地下采掘或施工的，应尽量采取充填等复垦措施，尽可能降低和减少土地塌陷程度和范围。

复垦义务人必须根据破坏土地面积和类型、采出原矿量、复垦标准等，依法缴纳土地复垦费，确保土地复垦责任的落实。土地复垦费要列入生产成本或建设项目总投资并足额预算。土地复垦费纳入财政预算管理，专项用于缴费单位和个人破坏土地的复垦工作。对1999年1月1日新修订的《土地管理法》实施以后尚未履行复垦义务的，复垦义务人必须依法补缴土地复垦费。土地复垦费的具体征收、使用要严格按照国家有关规定执行。

矿产资源监督管理暂行办法

国土资发[2003]17号

（2003年1月16日国土资源部国土资发[2003]17号文发布实施）

第一条 为加强市（地）县（市）级国土资源主管部门对矿产资源勘查、开采的监督管理工作，进一步明确监督管理职责，规范监督管理行为，维护矿产资源的国家所有权益和探矿权人采矿权人的合法权益，依据矿产资源法律法规的有关规定，制定本办法。

第二条 市（地）县（市）级国土资源主管部门依据本办法的规定，对本行政区内矿产资源勘查、开采活动进行监督管理。在同级人民政府的领导下，维护本行政区内正常的矿产资源管理秩序。

第三条 市（地）县（市）级国土资源主管部门根据上级国土资源主管部门要求的内容和时限，对拟设置探矿权、采矿权区域内的矿产资源勘查、开采状况，提出调查意见。

探矿权、采矿权登记管理机关应当在颁发勘查许可证、采矿许可证后30日内将探矿权人的勘查实施方案、采矿权人的矿产资源开发利用方案及其它相关资料送交勘查作业区或者矿区范围所在的市（地）县（市）级国土资源主管部门。

第四条 市（地）县（市）级国土资源主管部门依照矿产资源法律法规的规定，对本行政区内的矿产资源储量进行监督管理。并对下列违法行为进行查处：

（一）探矿权人不按规定进行探明资源储量登记的；

（二）建设单位不按规定进行压覆资源储量登记的；

（三）采矿权人不按规定进行占用资源储量登记的；

（四）采矿权人不按规定由具有资质的地质测量机构每年对其占用的矿产资源储量变动情况进行地质测量，并提交有关报告和图件的；

（五）采矿权人不按规定填报矿产资源储量统计报表的。

第五条 市（地）县（市）级国土资源主管部门依照矿产资源法律法规的规定，对本行政区内的矿山地质环境进行监督管理。组织开展矿山地质环境调查，制定矿山地质环境保护规划，严格执行新建矿山环境影响评价制度和地质灾害危险性评估制度，按照"谁破坏、谁治理"的原则，负责矿山地质环境恢复和地质灾害防治的监督管理。

第六条 市（地）县（市）级国土资源主管部门按照《矿产资源法》、《矿产资源勘查区块登记管理办法》的规定，对发生在本行政区的下列违法勘查行为实施行政处罚：

（一）未取得勘查许可证擅自进行勘查工作的，超越批准的勘查区块范围进行勘查工作的；

（二）擅自进行滚动勘探开发、边探边采或者试采的；

（三）擅自印制或者伪造、冒用勘查许可证的；

（四）不依法备案、报告有关情况、拒绝接受监督检查或者弄虚作假的；

（五）未完成最低勘查投入的；

（六）变更勘查单位未向登记机关备案的；

（七）已领取勘查许可证的勘查项目，满6个月未开始施工，或者施工后无故停止勘查工作满6个月的；

（八）不依法办理勘查许可证变更登记或者注销登记手续的。

第七条 市（地）县（市）级国土资源主管部门按照《矿产资源法》、《矿产资源开采登记管理办法》、《矿产资源补偿费征收管理规定》的规定，对发生在本行政区的下列违法开采行为实施行政处罚：

（一）未取得采矿许可证擅自采矿的；擅自进入国家规划矿区、对国民经济具有重要价值的矿区和他人矿区范围采矿的，擅自开采国家规定实行保护开采的特定矿种的；

（二）超越批准的矿区范围采矿的；

（三）非法买卖、出租或者以其他形式转让矿产资源的；

（四）不依法提交年度报告、拒绝接受监督检查或者弄虚作假的；

（五）在缴纳矿产资源补偿费时不按规定提交已采出的矿产品的矿种、产量、销售数量、销售价格和实际开采回采率等资料的，或者采取伪报矿种，隐匿产量、销售数量，或者伪报销售价格、实际开采回采率等手段，不缴或者少缴矿产资源补偿费的；

（六）破坏或者擅自移动矿区范围界桩或者地面标志的；

（七）擅自印制或者伪造、冒用采矿许可证的；

（八）不按期缴纳矿产资源补偿费、采矿权使用费、采矿权价款等依法应当缴纳的费用的；

（九）不依法办理采矿许可证变更登记或者注销登记手续的；

（十）开采回采率、选矿回收率长期达不到要求，未按照开发利用方案进行施工或者开采，未对有工业价值的共生、伴生矿产进行合理综合回收或者采取必要的保护措施，造成资源破坏损失和浪费的；

（十一）擅自超计划开采国家规定实行保护性开采特定矿种的；

（十二）不参加年检或年检不合格的；

（十三）法律法规规定的或由上级国土资源主管部门授权市（地）县（市）级国土资源主管部门处罚的其它违法开采行为。

第八条　市（地）县（市）级国土资源主管部门按照《矿产资源法》、《探矿权采矿权转让管理办法》的规定，对发生在本行政区非法转让探矿权、采矿权的行为实施行政处罚：

（一）未经批准、擅自转让探矿权、采矿权的；

（二）以承包等方式擅自转让探矿权、采矿权的。

第九条　市（地）县（市）级国土资源主管部门应按照省级国土资源主管部门的统一规定建立年检制度，并对探矿权人勘查实施方案和采矿权人矿产资源开发利用方案的执行情况和第四条、第五条、第六条、第七条、第八条所规定的监督管理内容实施年度检查，对违法行为依法进行查处。对采取破坏性的开采方法开采矿产资源的，经省级国土资源主管部门授权实施行政处罚。对实施本办法第六条、第七条、第八条规定的处罚，情节严重依法应予吊销勘查许可证、采矿许可证的，应当向原发证机关提出建议，由原发证机关作出决定。对违反矿产资源法第三十九条、第四十条、第四十四条有关规定并构成犯罪的，应提交司法机关依法追究其刑事责任。

第十条　上级国土资源主管部门应当加强对下级国土资源主管部门的业务指导和监督，对下级管理机关的违法行政或行政不作为应当责令纠正，必要时可以对违法勘查开采行为进行直接查处。对石油天然气矿产资源的监督管理，应向当事人出示国土资源部油气督察员证。

第十一条　建立和完善监督管理工作责任制和过错追究制，从严查处越权、失职、渎职及滥用职权行为。对违法勘查开采行为不及时处理或者不报告的，要依法追究法律和行政责任，构成犯罪的，要依法追究刑事责任。

第十二条　探矿权人不按勘查施工合同支付工程款，或以各种名义向勘查单位收取费用的，按非法转让探矿权处罚。凡是以工程承包、巷道工程承包及其他任何形式、名义，将矿产资源交由他人开采经营的，按非法转让采矿权处罚。矿山企业进行生产勘探及其监督管理，按照《关于矿山企业进行生产勘探有关问题的通知》（国土资发[2002]344 号）的规定执行。

第十三条 各省（区、市）国土资源主管部门可以依照本办法，结合实际确定本行政区市（地）县（市）级国土资源主管部门的监督管理权限并制定具体实施办法。

第十四条 本办法自发布之日起施行。

国土资源部关于加强钨矿开发管理工作的通知

国土资发[2001]80号

各省、自治区、直辖市国土资源厅（国土环境资源厅、国土资源和房屋管理局、房屋土地资源管理局、规划和国土资源局）：

为保护和合理开发利用钨矿资源，维护正常的生产、经营秩序，国家决定对钨行业进行综合治理。经国务院批准，对外贸易经济合作部、国家经济贸易委员会、国土资源部于2000年10月23日联合下发了《关于加强钨行业综合治理有关问题的通知》（[2000]外经贸管发第523号）。根据该通知要求，现就有关实施意见通知如下：

一、依法查处无证开采，坚决取缔个体（联户）采钨

根据《国务院关于将钨、锡、锑、离子型稀土矿产列为国家实行保护性开采特定矿种的通知》（国发[1991]5号）精神，必须取缔所有的个体（含联户）采钨。建立迅捷有效的监管体系，要通过群众举报、社会监督和矿政执法巡查等形式，强化对钨矿等保护性开采特定矿种生产经营秩序的监管力度。实行严格的查处责任制，凡未依法取缔和处罚无证采钨、个体（含联户）采钨的，要追究所在地区国土资源主管部门主要领导人的责任。

二、进一步规范和加强采矿权管理

1998年2月12日以后，未经我部授权擅自审批授予的采矿权一律无效；1999年4月23日以后，审批、颁发的采矿许可证一律无效。凡持无效证件进行采钨的各类矿山企业，一律视为无证采矿予以依法取缔，并追究有关违法发证机关的行政责任。

对钨矿采矿许可证换证工作进行一次复查，凡不符合换证条件或在换证中弄虚作假的，要严肃处理。属矿山企业责任的，要依法查处；属管理机关责任的，要注销采矿许可证，并追究有关人员的责任。

2001年6月底以前，各省（区、市）要完成确认钨矿采选企业的经营资格、采矿许可证换证及复查工作，并将通过复查的企业（包括经整改后已符合要求的企业）名单报部审核，部于年内将通过审核的钨矿生产企业名单予以公布。

三、对钨矿开采企业进行一次全面清查

要规范钨矿生产企业的开采行为。2001年6月底以前，对钨矿开采企业的依法办矿情况进行一次全面清查。清查的重点是：采矿权人是否存在以承包等方式擅自将采矿权转让他人进行开采；是否存在超越批准的矿区范围采矿等违法行为；是否按批准的矿山设计或开采方案、生产规模开采；采矿权人和钨选矿企业的资源回收利用情况；矿区环境保护措施及生态恢复情况；企业的生产技术条件、安全措施等情况；矿产资源补偿费缴纳情况；矿产品的依法销售情况；有关的法定义务履行情况。

凡在清查中发现存在问题的，应当责令停产、限期整改并按法律法规的规定给予处罚；达不到要求的，不得恢复生产；问题严重的，应当依法吊销其采矿许可证。

四、加强对小型钨矿选矿企业和钨矿产品销售环节的管理

关闭1991年1月15日以后兴办的钨矿小选冶企业及没有生产矿山的独立小型钨矿选矿企业。采矿权人必须向经国土资源等有关主管部门批准的指定单位出售矿产品；有关的收购单位不得收购非法开采和来源不明的钨矿石和钨精矿；严禁无证开采的钨矿产品进入市场流通。依法对非法开采出的钨矿产品和违法所得予以没收并处罚款。通过严格执法，切实搞好钨矿产品销售环节的管理。

五、依法加强监管和宏观调控，实施钨矿开采总量控制

为了控制钨矿的开采总量，采矿权人必须按批准的生产规模进行开采，不得超量开采。

各级国土资源主管部门要加强对矿山企业生产的监督管理，禁止超产的钨矿产品进入市场，必要时可对本辖区的钨矿等保护性开采特定矿种的开采实施强制性的总量控制。

以上工作，国土资源主管部门应在当地政府的统一组织领导下，会同经贸委（经委）、环保局、工商局等有关部门组织实施。

国家实行保护性开采特定矿种的锡、锑、离子型稀土等矿产的管理工作，参照《关于加强钨行业综合治理有关问题的通知》精神执行。

关于印发《矿产资源储量规模划分标准》的通知

国土资发[2000]133 号

矿产资源储量规模划分标准

序号	矿种名称	单位	规模		
			大型	中型	小型
1	铀				
	（地浸砂岩型）	金属（吨）	≥10000	3000～10000	＜3000
	（其他类型）	金属（吨）	≥3000	1000～3000	＜1000
2	地热	电（热）能（兆瓦）	≥50	10～50	＜10
3	铁				
	（贫矿）	矿石（亿吨）	≥1	0.1～1	＜0.1
	（富矿）	矿石（亿吨）	≥0.5	0.05～0.5	＜0.05
4	锰	矿石（万吨）	≥2000	200～2000	＜200
5	铬铁矿	矿石（万吨）	≥500	100～500	＜100
6	钒	V_2O_5（万吨）	≥100	10～100	＜10
7	钛				
	（金红石原生矿）	TiO_2（万吨）	≥20	5～20	＜5
	（金红石砂矿）	矿物（万吨）	≥10	2～10	＜2
	（钛铁矿原生矿）	TiO_2（万吨）	≥500	50～500	＜50
	（钛铁矿砂矿）	矿物（万吨）	≥100	20～100	＜20
8	铜	金属（万吨）	≥50	10～50	＜10
9	铅	金属（万吨）	≥50	10～50	＜10
10	锌	金属（万吨）	≥50	10～50	＜10
11	铝土矿	矿石（万吨）	≥2000	500～2000	＜500
12	镍	金属（万吨）	≥10	2～10	＜2
13	钴	金属（万吨）	≥2	0.2～2	＜0.2
14	钨	WO_3（万吨）	≥5	1～5	＜1
15	锡	金属（万吨）	≥4	0.5～4	＜0.5
16	铋	金属（万吨）	≥5	1～5	＜1
17	钼	金属（万吨）	≥10	1～10	＜1
18	汞	金属（吨）	≥2000	500～2000	＜500
19	锑	金属（万吨）	≥10	1～10	＜1
20	镁 （冶镁白云岩） （冶镁菱镁矿）	矿石（万吨）	≥5000	1000～5000	＜1000
21	铂族	金属（吨）	≥10	2～10	＜2
22	金				
	（岩金）	金属（吨）	≥20	5～50	＜5
	（砂金）	金属（吨）	≥8	2～8	＜2
23	银	金属（吨）	≥1000	200～1000	＜200

序号	矿种名称	单位	规模		
			大型	中型	小型
24	铌				
	（原生矿）	Nb_2O_5（万吨）	≥10	1～10	＜1
	（砂矿）	矿物（吨）	≥2000	500～2000	＜500
25	钽				
	（原生矿）	Ta_2O_5（吨）	≥1000	500～1000	＜500
	（砂矿）	矿物（吨）	≥500	100～500	＜100
26	铍	BeO（吨）	≥10000	2000～10000	＜2000
27	锂				
	（矿物锂矿）	Li_2O（万吨）	≥10	1～10	＜1
	（盐湖锂矿）	LiCl（万吨）	≥50	10～50	＜10
28	锆（锆英石）	矿物（万吨）	≥20	5～20	＜5
29	锶（天青石）	$SrSO_4$（万吨）	≥20	5～20	＜5
30	铷（盐湖中的铷另计）	Rb_2O（吨）	≥2000	500～2000	＜500
31	铯	Cs_2O（吨）	≥2000	500～2000	＜500
32	稀土				
	（砂矿）	独居石（吨）	≥10000	1000～10000	＜1000
		磷钇矿（吨）	≥5000	500～5000	＜500
	（原生矿）	TR_2O_3（万吨）	≥50	5～50	＜5
	（风化壳矿床）	（铈族氧化物）（万吨）	≥10	1～10	＜1
	（风化壳矿床）	（钇族氧化物）（万吨）	≥5	0.5～5	＜0.5
33	钪	Sc（吨）	≥10	2～10	＜2
34	锗	Ge（吨）	≥200	50～200	＜50
35	镓	Ga（吨）	≥2000	400～2000	＜400
36	铟	In（吨）	≥500	100～500	＜100
37	铊	Tl（吨）	≥500	100～500	＜100
38	铪	Hf（吨）	≥500	100～500	＜100
39	铼	Re（吨）	≥50	5～50	＜5
40	镉	Cd（吨）	≥3000	500～3000	＜500

说明：

1. 确定矿产资源储量规模依据的单元：矿床；
2. 确定矿产资源储量规模依据的矿产资源储量：

基础储量+资源量（仅限 331、332、333），相当于《固体矿产地质勘探规范总则》（GB 13908—92）中的 A+B+C+D+E 级（表内）储量；

3. 存在共生矿产的矿区，矿产资源储量规模以矿产资源储量规模最大的矿种确定。
4. 中型及小型规模不含其上限数字。

国土资源部关于加强对矿产资源开发利用方案审查的通知

国土资发[1999]98 号

各省、自治区、直辖市地质矿产厅（局），海南省国土海洋环境资源厅，重庆市矿产资源管理办公室：

为切实落实党中央关于“在保护中开发，在开发中保护”、“把节约放在首位”的资源政策，加强矿产资源开发利用前期的管理，部制定了《矿产资源开发利用方案编写内容》和《矿产资源开发利用方案审查大纲》（以下分别简称《编写内容》和《审查大纲》），现印发给你们，请严格遵照执行。各级地矿行政管理机关在受理采矿权申请时，必须加强对《矿产资源开发利用方案》（以下简称开发利用方案）的审查，保证开发利用方案编写的规范化和审查工作的质量，严格把好资源利用的源头关，使矿产资源的开发利用方案能够遵循科学、合理、有效的原则，坚持可持续发展战略，为国民经济建设发挥出最大的资源效益。有关事项通知如下：

一、今后，凡新建矿山申请采矿权时，申请人必须按《编写内容》的要求编报开发利用方案，采矿登记管理机关必须按《审查大纲》的要求对开发利用方案进行审查，并将其作为采矿权授予中必经的、重要的程序，纳入采矿权审批的内部管理责任制中。开发利用方案若包括在矿山可行性研究报告或矿山设计之中，不应影响采矿登记管理机关对开发利用方案的专门审查。

二、开发利用方案的审查是一项业务性、政策性很强的工作，为在目前的行政管理中加强此项工作，审查工作可委托给有一定技术力量的机构或有设计资格的单位代为组织，由其聘请熟悉地矿行政管理、熟悉地矿法律法规和政策、有经验的地质、采矿、选矿等方面专家承担具体的审查论证工作。

三、承担审查工作的机构对开发利用方案审查后，应向登记管理机关报送书面审查意见（附：参加审查的专家名单，并由本人签字）。审查意见经采矿登记管理机关审定。审查不合格或经限期修改仍不合格的开发利用方案，登记管理机关不予颁发采矿许可证。

四、受聘审查的机构未按审查大纲内容进行审查的，应由登记管理机关提出重审或由登记管理机关组织复审。有三次以上重审或复审记录的机构，不应再承担开发利用方案的审查工作。各级地矿主管部门对在审查中玩忽职守、徇私舞弊、弄虚作假、行贿受贿的专家和机构，一经发现即取消审查资格；构成犯罪的，依法追究刑事责任。

矿产资源开发利用方案编写内容要求

一、概述

（一）矿区位置、隶属关系和企业性质。如为改扩建矿山，应说明矿山现状、特点及存在的主要问题。

（二）编制依据

1. 简述项目前期工作进展情况及与有关方面对项目的意向性协议情况。

2. 列出开发利用方案编制所依据的主要基础性资料的名称。如经储量管理部门认定的矿区地质勘探报告、选矿试验报告、加工利用试验报告、工程地质初评资料、矿区水文资料和供水资料等。对改、扩建矿山应有生产实际资料，如矿山总平面现状图、矿床开拓系统图、采场现状图和主要采选设备清单等。

二、矿产品需求现状和预测

（一）该矿产在国内外需求情况和市场供应情况

1. 矿产品现状及加工利用趋向。

2. 国内外近、远期的需求量及主要销向预测。

（二）产品价格分析

1. 国内外矿产品价格现状。

2. 矿产品价格稳定性及变化趋势。

三、矿产资源概况

（一）矿区总体概况

1. 矿区总体规划情况。

2. 矿区矿产资源概况。

3. 该设计与矿区总体开发的关系。

（二）该设计项目的资源概况

1. 矿床地质及构造特征。

2. 矿床开采技术条件及水文地质条件。

3. 设计利用矿产资源储量。

4. 对地质勘探报告的评述。

四、主要建设方案的确定

（一）开采方案

1. 建设规模及产品方案。

——可能的建设规模（两个以上方案比较）；

——推荐规模方案的简要论证；

——可供选择的产品方案；

——推荐产品方案简要论证。

2. 确定开采储量。

——采矿权人在登记管理机关划定的矿区范围内，根据矿床赋存条件、勘探程度，并考虑产品方案及建设规模的要求，结合矿石品位变化，对开采品位进行技术、经济论证，确定开采矿体的最低品位，在此基础上，圈定矿体，并确定开采对象。有共、伴生矿产的，必须体现综合开采、综合利用的原则。

3. 矿床的开采方式。

——根据矿体赋存情况及开采技术条件等因素，对矿床的开采方式进行分析研究。对于采用露天开采或地下开采优势不明显的矿床，应进行开采方式的技术经济比较，确定最佳方案。当采用露天和地下联合开采时，应确定二者的合理分布界线及阐明其在时间上和空间上的互相关系。

4. 开拓运输方案及厂址选择。

——根据地形、矿床赋存条件、备选厂址工程地质条件及环保要求，对各种可供比较选择的开拓运输系统及厂址配套方案，进行技术经济论证，提出推荐方案。

（二）防治水方案

当矿床水文地质条件复杂或有径流大量渗漏时，需采取地下和地表的防治水措施，以确保安全生产，应进行全面防治水方案的综合比较，并提出推荐方案。

五、矿床开采

（一）露天开采

1. 露天开采境界：阐明圈定露天开采境界的原则、方法及所采用的经济合理剥采比。

2. 确定露天采场最终边坡要素。

3. 工作面阶段回采率。

4. 圈定露天开采境界，应进行不同境界方案比较，确定最优境界。

（二）地下开采

1. 确定矿区开采总顺序并阐明首采地段选择的原则和依据。

2. 推荐的生产能力及能力验证。

3. 利用远景储量扩大生产能力或延长矿山生产年限的可能性。

4. 开采崩落范围的确定。

5. 简述开采技术条件和水文地质条件对采矿方法选择的影响。

6. 采矿方法选择和比较，论证推荐采矿方法对资源充分利用的合理性。

7. 矿块的结构参数及矿井、采区、矿块（工作面）的采矿回采率。

六、选矿及尾矿设施

（一）选矿方案

1. 选矿试验研究及评价。

——选矿试验研究主要成果，并对其作出技术经济评价，指出存在问题及今后工作意见；

——大、中型矿山应进行工业或半工业实验结果，应有加工评价试验结论。

2. 根据选矿试验研究结果及评价资料提出推荐的选矿方案。

3. 对难选矿种，根据已掌握的技术确定是否需建中间试验厂。并提出拟建规模、工艺流程和主要设备选择。

（二）尾矿设施

1. 初步确定尾矿量并简述尾矿品位及其他特性。对于目前因技术或市场原因暂不能利用的矿产，应有保护的措施。

2. 尾矿库址选择（应具有坝址选择阶段的工程地质资料）。

3. 尾矿综合利用设想。

4. 尾矿水的处理利用。

七、环境保护

（一）矿山地质环境报告

1. 对采矿引起的地质灾害，如崩塌、滑坡、泥石流、尾矿垮坝等应做出评价，并提出切实可行的监测预防措施。

2. 对采矿引起的区域地质条件做出影响评价。

3. 露天开采，应作边坡稳定性评价；坑采的，应作采空塌陷范围预测。

4. 矿山闭坑时对造成的地质灾害提出处理措施。

（二）矿山环境影响报告书、水土保持和土地复垦方案应按国家有关规定编写相应的内容。

八、开发方案简要结论

（一）设计利用矿产资源储量和根据矿床规模确定的设计生产规模及矿山服务年限
（二）产品方案
（三）厂址及开拓运输方案
（四）采、选工艺方案
（五）综合回收、综合利用方案
（六）对工程项目扼要综合评价
（七）存在的主要问题及建议
附表：综合技术经济指标表

九、附图

1. 开拓系统纵投影图。
2. 带有矿区范围、崩落范围的地形地质图。
3. 矿区总平面图。
4. 露天采矿最终境界图。
5. 采矿方法标准图。

《矿产资源开发利用方案》审查大纲

采矿权申请人依据批准的矿区范围，申请取得采矿许可证时，采矿登记管理机关对其报送的《矿产资源开发利用方案》应对以下内容进行审查：

一、方案编写的资格审查

开采下列矿山、矿区和矿种的，其矿产资源开发利用方案必须由具有国家批准矿山设计资格的单位进行编写：

1. 开采海域矿产资源；
2. 外商投资矿山企业；
3. 开采能源和金属矿产；
4. 上述之外的大、中型矿山。

小型以下矿山企业的开发利用方案可由各省（自治区、直辖市）地矿主管部门认定的具有设计能力的单位进行编写。

二、开采储量确定的合理性的审查

设计所依据的地质资料必须由具有资格的地勘单位提供，并依据《矿产资源储量评审认定办法》进行认定，满足相应的设计要求。在经济合理和技术可能的前提下，以合理利用、贫富兼采、综合回收为原则，确定合理的经济开采品位，并以此圈定矿体（矿床）。确定的工业指标应充分考虑矿产品市场等方面的要求。对于目前暂不宜开采的贫矿，应制定“采富保贫”的技术措施和后续回采方案，以利于今后可能进行的开采活动。

三、矿山建设规模的审查

在储量有保障、适合大规模开采的矿区，必须实施统筹规划、合理布局的方针，避免大矿小开、整矿零开。依据开采技术条件、市场需求等因素，在总体规划之后，可采取分期建设、滚动发展，逐步扩大生产规模的方式，使企业（矿区）持续、稳定地发展生产。

矿山设计服务年限参考矿山设计规范。

四、开采方案的审查

开采方案应遵循“安全、高效、经济和充分利用资源”的原则来确定。做到贫富兼采、采剥（掘）并举、剥离（掘进）先行。采矿回采率、矿石贫化率和选矿回收率等技术指标应比照国内同类矿山的平均先进水平。在经济合理的情况下，首先考虑采取先进的开采技术。

采矿方式依据矿体赋存状况和地质地形条件，通过计算和论证确定。

确定开拓系统要有利于矿产资源的合理开发回收。尽量不留或少留永久性矿柱，提升运输系统应减少运输过程中矿石的损失、贫化。矿山的开拓系统也需通过方案比较确定。

采矿方法依据地质条件和开采技术，考虑采掘工程量、回采效率、出矿品位和资源回收率等方面的指标，通过方案比较，确定适宜的采矿方法。

五、选矿加工方案的审查

依据矿石的性质、构造、结构等特点，经过充分的选矿试验工作和方案比较，选定合理的选矿方法、工艺条件和先进的产品技术指标。入选的原矿中含其他具利用价值的共、伴生矿产时，应进行充分的综合回收、综合利用试验研究工作，进行方案论证，确定合理的分选回收流程。对目前暂不能回收利用的部分，要提出可行的保护性处理措施。

设计的选矿工艺流程，应采用先进技术和高效装备，精矿品位、产率指标得到保障，尾矿品位有效控制，选矿加工的总体水平达到优质、高产、低消耗的要求。

六、环境保护、水土保持、土地复垦等方案的审查

重点审查废石场的建设、矿井水的排放、选矿厂粉尘处理、废水处理和循环利用、尾矿坝的建设、尾矿水排放的方式和影响、土地（草原、林地）复垦利用以及其他有关项目。

矿山建设项目的环境影响报告书按程序上报并经有关主管部门批准；

矿山的开发利用方案中，应有水土保持方案、土地复垦实施方案，并按规定已上报国家有关部门批准。

矿山地质环境影响报告，对矿山开采可能引起的地质灾害（崩塌、滑坡、泥石流、水文地质条件的变化）以及对土地资源的破坏应采取预防措施。

七、矿山安全的审查

矿山企业必须具有保障安全生产的设施，矿山建设工程的安全设施必须与主体工程同时设计、同时施工、同时投入生产和使用。矿山建设工程安全设施的设计，必须经劳动安全行政主管部门的审查。

关于加强矿山生态环境保护工作的通知

国土资发[1999]36 号

各省、自治区、直辖市土地（国土）局（厅）、地质矿产厅（局），海南省国土海洋环境资源厅，重庆市矿产资源管理办公室：

为了实施可持续发展战略，在今后的地矿行政管理工作中，必须切实加强矿山环境保护工作。几十年来，我国矿业发展迅速，有力地保证了国民经济发展对矿物原料的需求。但矿产资源开发活动也程度不同地造成大气、水源和土壤的污染，破坏自然景观和植被，诱发地质灾害等一系列矿山环境问题。

保护环境是我国一项基本国策，在矿产资源开发中搞好矿山生态环境的监督管理是各级地矿行政部门的一项重要职责。根据最近国务院领导的有关指示，特作如下通知：

一、广泛、深入地宣传《矿产资源法》、《环境保护法》、《土地管理法》和《土地复垦规定》等法律、法规，增强各级政府特别是地矿行政主管部门、土地行政主管部门、采矿权人和广大群众的环境保护意识，将矿山生态环境保护工作摆到突出的地位，努力实现经济效益、社会效益、资源效益和生态环境效益的有效统一。

二、各级地矿行政管理部门应商环境保护及其他有关部门，不断完善矿山环境保护的法规、规章，做到有章可循、管理到位。坚持预防为主，制定矿山环境保护规划，有效地调控矿业活动及其对土地和生态环境的影响。

三、加强矿山开采中的土地复垦工作。在建设项目尤其是露天采矿项目的前期论证中，必须包含土地复垦的内容并作相应的资金预算。对不符合要求的，土地行政主管部门不得出具建设项目用地预审报告，也不得办理新的用地审批手续。地矿行政主管部门要依法对土地复垦进行监督，对违法或不履行复垦义务的要认真查处。

四、在采矿审批中，要严格审查环境影响评价报告，对矿山环保责任的落实情况要进行严格的监督检查；加强对因矿山开采造成的地质灾害的监测、预防和治理；加大执法力度，努力实现有效保护、合理利用矿产资源与创造良好的矿山生态环境同步达标。

五、露天采场作业必须遵守自上而下、分水平台阶开采的原则，其水平台阶的高度、宽度应符合有关的技术规范要求。在铁路、国道、省道、旅游公路两侧的直观可视范围内，不得进行露天开采。

六、对已造成矿山环境破坏的，要根据“谁污染，谁治理”的原则，结合矿业秩序根本好转的目标要求，调查研究的基础上，依照不同矿种、不同地区、影响环境的不同程度，制定切实可行的整治规划，并地矿行政主管部门依法指导、监督实施。

七、要引导和鼓励矿山企业在矿山环境防治与保护方面加大资金和科技投入，采用先进的采、选、冶工艺和有关的技术、设备，完善管理措施，对废口、尾矿进行二次开发和回收利用，不断提高矿产开发、保护和利用水平。

【工业和信息化部】

工业和信息化部、监察部、环境保护部、国家税务总局、国家工商行政管理总局、国家安全生产监督管理总局关于开展全国稀土生产秩序专项整治行动的通知

工信部联原[2011]352 号

有关省、自治区工业主管部门、监察厅、环境保护厅、国家税务局、地方税务局、工商局、安全生产监督管理局：

为贯彻落实《国务院关于促进稀土行业持续健康发展的若干意见》（国发[2011]12 号，以下简称《若干意见》）精神，切实整顿和规范稀土生产秩序，加快转变稀土行业发展方式，决定自 2011 年 8 月 1 日至 12 月 31 日开展稀土生产秩序专项整治行动。现将有关事项通知如下：

一、整治目标

通过专项整治，对稀土矿山和冶炼分离企业无计划、超计划生产，收购和销售非法开采的稀土矿产品等违法违规行为依法进行查处，维护正常的生产和流通秩序，促进稀土行业持续健康发展。

二、工作重点及要求

（一）整顿稀土矿山生产秩序

凡具有以下情形之一的稀土矿山企业，责令立即停产，限期整改。对整改后仍不能达到要求的，核减或取消指令性生产计划指标，依法没收违法矿产品和违法所得，直至依法吊（注）销相关证照。

1. 无指令性生产计划的；
2. 超指令性计划生产的；
3. 采用国家已明令禁止落后生产工艺的；
4. 未通过环境保护部稀土企业环保核查的；
5. 未取得安全生产许可证的。

（二）整顿稀土冶炼分离生产秩序

凡具有以下情形之一的稀土冶炼分离企业，责令立即停产，限期整改。对整改后仍不能达到要求的，核减或取消指令性生产计划，依法没收违法冶炼分离产品和违法所得，直至依法吊（注）销相关证照。

1. 无指令性生产计划的；
2. 超指令性计划生产的；
3. 采用国家已明令禁止落后生产工艺和装备的；
4. 未通过环境保护部稀土企业环保核查的；
5. 不具备安全生产条件的。

（三）坚决打击销售和收购非法稀土矿产品行为

稀土矿产品交易应限于具有指令性生产计划的稀土矿山和冶炼分离企业间进行，对存在以下情形之一的，核减或取消指令性生产计划指标，并依法予以处罚。

1. 稀土矿山企业向无指令性生产计划的稀土冶炼分离企业销售稀土矿产品的；

2. 稀土冶炼分离企业采购非法稀土矿产品的；

3. 稀土流通企业采购非法或无指令性生产计划稀土矿产品和冶炼分离产品的。

三、进度安排

专项整治行动时间为 2011 年 8 月 1 日至 12 月 31 日。分三个阶段进行：

（一）动员部署阶段：8 月 10 日前

有关省、自治区工业主管部门会同有关部门认真组织学习《若干意见》文件精神，根据本通知要求，结合本地区实际情况制定生产秩序专项整治方案，并上报工业和信息化部。

（二）检查整治阶段：8 月 11 日至 11 月 10 日

有关省、自治区工业主管部门会同有关部门对本地区稀土矿山及冶炼分离企业执行指令性生产计划、环境保护、安全生产等情况进行核查，并填写《稀土企业情况核查表》（见附件），于 8 月 25 日前上报工业和信息化部。

对发现的无计划或超计划生产企业由省级工业主管部门立即责令停产；对在环境保护、安全生产等方面存在问题的企业，按照本通知要求立即责令整改，相关情况于 10 月 10 日前上报工业和信息化部。

各地要加强对责令停产和整治企业的检查，切实将本通知要求落到实处，11 月 10 日前汇总本地区企业整改情况，上报工业和信息化部。

（三）检查验收阶段：11 月 11 日至 12 月 31 日

12 月 10 日前，有关省、自治区工业主管部门会同有关部门组织对本地区稀土生产秩序专项整治的检查验收，并汇总上报工业和信息化部。

12 月 31 日前，工业和信息化部会同监察部、环境保护部等相关部门组织检查验收，并向社会公告专项整治结果。

四、组织保障

（一）明确责任分工。各地方工业主管部门对本地区稀土生产秩序专项整治工作负总责，要切实加强组织领导，完善工作体系，确保对稀土矿山和冶炼分离企业逐一核查、不留死角，对发现问题的企业，依法进行整治。

（二）加强组织领导。要充分认识稀土生产秩序专项整治工作的重要性、复杂性和艰巨性，各有关部门要按照《若干意见》要求，及时研究解决各地在专项整治工作中遇到的问题，确保专项整治工作有序开展。

（三）加强监督检查。要根据生产秩序专项整治工作重点和要求，逐级开展监督检查，确保整治工作成效，防止出现反弹，对整治效果显著的地区，要给予表彰，对问题突出、整治不力的地区，要通报批评，督促整改。

（四）严格责任追究。对地方政府及有关部门不认真落实有关规定，甚至支持、纵容企业违法组织生产，以及瞒案不报、有案不查、查处不力的，要严肃追究有关责任人员的责任，涉嫌犯罪的，移送司法机关处理。

（五）加强宣传引导。各地要充分发挥新闻媒体的舆论导向和监督作用，大力宣传专项整治工作的重要意义、目标任务和工作成效，宣传正面典型，推广先进经验，营造良好的舆论氛围；通报、披露重大和典型违法违规案件。

附件：稀土企业情况核查表（略）

二〇一一年七月二十五日

金属尾矿综合利用先进适用技术目录

中华人民共和国工业和信息化部、中华人民共和国科学技术部、国家安全生产监督管理局
公告　工联节[2011]139号

为实施《金属尾矿综合利用专项规划》，加快金属尾矿综合利用先进适用技术推广应用，提高金属尾矿综合利用率，发展循环经济，工业和信息化部、科学技术部、国家安全生产监督管理总局联合编制了《金属尾矿综合利用先进适用技术目录》，现予以公告。

附件：1. 金属尾矿综合利用先进适用技术目录
2. 金属尾矿综合利用先进适用技术简介（略）

二〇一一年二月十日

附件1

金属尾矿综合利用先进适用技术目录

编号	技术名称	适用范围	基本原理和内容	典型项目资源综合利用效果	推广前景
一、尾矿提取有价组分					
1	尾矿反浮选提铁降硅资源综合利用技术	铁矿石尾矿	品位约为11%的尾矿经立缓脉动高梯度磁选机复选粗精矿；粗精矿由渣浆泵经脱磁器给入高频细筛，高频细筛筛上经浓缩磁选后给入球磨机，球磨机排矿返回高频细筛，高频细筛筛下经磁选后给入二段磨矿细筛；二段磨矿细筛筛上经浓缩磁选后给入二段磨机，筛下经磁选进入反浮选作业除硅，获得含铁品位67.2%的铁精粉。	年处理尾矿200万t的项目，每年可提取66.7%铁精粉20万t，产生无法再选别的尾矿180万t，经深度加工后用于充填地下采矿区，替代河沙200万m^3，尾矿水经深度处理后回用于生产。	该技术适用于品位10%以上的铁尾矿，可将尾矿铁品位降低至5%左右。提高尾矿中铁资源利用率，节约矿石资源，减少尾矿堆存，具有明显的经济效益。以年处理200万t尾矿为例，每年产生直接经济效益4600万元，具有较高的推广价值。
2	尾矿再选短流程大型细粒浮选柱	硫化矿尾矿、氧化矿尾矿以及其它非金属尾矿	以尾矿作为矿源，采用正浮选工艺，回收尾矿中的目的矿物和其他主要有价元素。采用浮选—重选—浮选联合工艺配置方案：尾矿经大浮选柱一次富集后，精矿泡沫给入螺旋溜槽进行重选分离，目的矿物再给入小浮选柱二次富集后直接产出精矿。	减少资源浪费、提高资源综合利用率，降低浮选设备单位能耗，实现节能减排，提高企业的经济效益和核心竞争力。年处理尾矿2500万t的项目，直接经济效益达5000万元以上。	大型细粒浮选柱的技术开发有助于我国尾矿资源的高效利用。该大型浮选柱在取得高品质精矿的条件下，实现了节能降耗和资源高效回收的目的。

编号	技术名称	适用范围	基本原理和内容	典型项目资源综合利用效果	推广前景
3	钒钛磁铁矿选铁尾矿回收钛铁技术	钒钛磁铁矿选铁尾矿	利用钒钛磁铁矿选铁后的尾矿作为原料，经一段磁场强度为 1300 安的强磁抛尾后得到含 $TiO_2$17%～19%的粗钛精矿；将粗钛精矿进行一段闭路磨矿，合格产品经过弱磁扫铁后，给入二段强磁磁选（磁场强度为 750 安），获得含 $TiO_2$22%～24%的钛精矿；二段强磁磁选尾矿经反浮选除硫作业后，再给入全粒级浮钛作业，主要药剂为 R-2 及硫酸，经过一粗四精的选别作业后，获得含钛 47%以上的钛精矿。	该技术最大限度地回收了尾矿中的有价元素，减少了资源浪费，减少了尾矿占用土地面积，延长了尾矿库服务年限。	该技术工艺新颖、可靠，不仅简化选别工艺流程，实现钛铁矿全粒级浮选，而且对矿浆粒度、浓度有较强的适应性，加工费用低。
4	浮钼尾矿综合回收白钨技术	浮钼尾矿	浮钼尾矿先经过浮选柱常温浮选，所得粗精矿经浓缩机浓缩至 65%～80%的浓度后，送入搅拌筒进行加温脱药（即彼得罗夫法），待矿浆制作完成后以一定流速放入Φ2000×2000 搅拌筒稀释至 25%～28%的浓度，然后进入精选作业，最终获得品位在 25%～35%的钨精矿。	以年处理尾矿量 8965 万 t 计，每年可回收 8000 多吨钨精矿。该技术全部采用国内先进设备，自动化程度高，高效、节能、环保。提高了资源利用率，同时减少了对矿产资源的开采。	该技术适用于栾川地区浮钼尾矿低品位、难选白钨的浮选，达到国内先进技术水平，生产成本较低，设备维修方便，效益较好；采用的药剂简单、种类少，对环境没有危害。本技术已在部分地区推广。
5	多金属尾矿综合回收萤石技术	含萤石尾矿	该技术采用磁选、浮选相联合的方式选别尾矿中的萤石，其中磁选主要是脱除尾矿中的弱磁性含硅矿物，为萤石浮选提供有利的条件，或脱除萤石浮选精矿中的弱磁性矿物，降低萤石精矿杂质含量；浮选是采用组合调整剂和新型改性油酸增大萤石与其它脉石矿物表面的可浮性差异，从而提高萤石精矿品位和回收率。	年处理尾矿量 120 万 t，可减少 10%尾矿排放，每年可创造产值 4000 万元，既增加了就业又提高了企业经济效益。	采用该尾矿综合利用技术能达到低碳、绿色、环保和节能减排的生产要求，同时也为企业带来巨大的经济效益。该技术可推广到含萤石尾矿的矿山，具有较好的前景。
6	粗颗粒充气机械搅拌式浮选机	尾矿再选及冶炼炉渣浮选	当浮选机叶轮旋转时，来自鼓风机的低压空气通过分配器周边的孔进入叶轮叶片间，同时矿浆由叶轮下部被吸入到叶轮叶片间，矿浆和空气在叶轮叶片间充分混合后，从叶轮上半部周边排出，经定子稳流后，穿过阻流栅板，进入槽内上部区。此时浮选机内部区矿浆中含有大量气泡，而外侧循环通道内矿浆中不含气泡（或含有极少量气泡），于是内外矿浆就形成压差，在此压差及叶轮抽吸力作用下，内部区矿浆在设定的流速下上升通过阻流栅板，并在阻流栅板上方形成大比重矿物悬浮层，而矿化气泡和含有较细矿粒的矿浆则继续上升，矿化气泡升到液面形成泡沫层，含有较细矿粒的矿浆则越过隔板经循环通道，进入叶轮区加入再循环。采用液位变送器检测浮选机矿浆液面的高低，由气动执行器、排矿锥阀控制矿浆液面稳定。	整个控制系统配置合理，工作稳定，操作简单，根据浮选工艺要求自动调节浮选机出泡量，控制精矿产率，使浮选作业始终满足工艺要求。使用该设备配置的浮选流程简单，基建投资少。	该技术填补了国内尾矿再选及冶炼炉渣浮选设备的空白，促进我国选矿技术进步，提高有色金属固体废物综合利用，减少环境污染。具有推广价值。

编号	技术名称	适用范围	基本原理和内容	典型项目资源综合利用效果	推广前景
7	尾矿回收磁性铁矿物技术	含磁性铁矿物尾矿	采用强磁、摇床选别相结合的磁—重联合工艺流程。结合尾矿贫、细、杂的特性，采用低浓度给矿和小直径强磁分选介质，通过不同磁场强度的强磁粗选、精选工艺，生产品位为50%以上的铁精矿。	年处理尾矿能力400万t的项目，每天可从尾矿中回收品位为50%～52%的二级铁精矿800～1000t。具有显著的经济效益。	针对尾矿浓度低，给矿体积大、矿物嵌布粒度细的特点，采用了磁—重联合工艺流程，并利用地形高差实现了全自流，达到了稳定生产、提高资源利用率、节能减排、提高经济效益的目的。适合在国内推广应用。
8	湿式强弱磁选铁及尾渣综合利用技术	提金尾渣	提金尾渣湿式强、弱磁选铁技术的基本原理是对提金尾渣中的各种弱磁性矿物、非金属矿物进行超细磨、高温烘干后，利用“多层感应磁极技术”和“双向冲洗压力气水联合技术”磁选选铁。	年处理提金尾渣20万t的项目，全年可回收铁精粉7.2万t，尾渣水泥添加剂12.8万t，上缴税金400万元，为企业增效2900万元。年可节约用电30万度，间接增加效益50万元。	该技术工艺流程短、生产管理简单。生产过程中不添加任何选铁用剂，污染小、环保可靠。自主开发的循环生产用水体系、设备改进工艺以及选铁尾渣综合利用工艺，使该技术更具实用性和推广性。
9	锡尾矿综合利用技术	锡尾矿	根据不同矿物间矿物学性质及物理化学性质的差异采用重-磁-浮联合工艺，其中重选主要是根据锡、钨、钽、铌、黄玉与长石、石英、云母及其它脉石矿物之间比重的差异，采用螺旋溜槽、摇床等重选设备和重选技术将比重较大的钽铌、黄玉和其它矿物分离或预富集；再根据钽铌矿和其它矿物之间磁性的差异，将钽铌矿和其它矿物分离；根据钽铌矿物、长石矿物、石英矿物、锂云母矿物之间浮游的差异等将这些矿物梯度分离。	年处理20万t尾矿能力的尾矿再选厂，试产一年产值为5899.78万元，税后利润2325.08万元。由于再选回收利用了70%以上的大宗非金属矿物并采用回水利用技术，避免了二次排放对环境的污染，实现了清洁生产，减少了尾矿堆存。	该项技术的应用不仅最大限度回收了尾矿中的有价金属元素，同时合理利用了尾矿中石英和长石等大宗矿物材料，为有色金属矿山“二次资源”利用提供了技术依据，对有色金属矿山开展清洁生产有着示范作用。
10	尾矿库尾砂再选技术	尾矿库尾砂回收磁性铁	粗选采用隔渣、强磁选回收工艺，精选采用阶段磨矿、阶段磁选、高频振动筛分与精选机选别的工艺流程，回收尾矿砂中的磁性铁，实现节约资源，发展循环经济，提高济效益。	年处理尾矿量达800万t的项目，2006年至2009年底，累计回收精矿粉95.65万t，创造效益50090余万元，实现经济效益、社会效益、环境效益相统一。	该技术的实施可提高资源利用率，有利于节约资源、保护环境，主要技术方案经济合理，值得推广。

编号	技术名称	适用范围	基本原理和内容	典型项目资源综合利用效果	推广前景
11	磷铁钛综合利用技术	磷钛铁多金属矿综合回收	破碎流程为三段一闭路，一段粗破采用颚式破碎机，二段中破采用圆锥标准破碎机，三段为细破采用短头圆锥破碎机。磨选流程是“先选磷、后选铁”，即一次磨矿后球磨溢流先行选磷，流程为一次粗选、二次精选、一次扫选，可获得 34%以上的磷精矿，磷精矿进入 18 米大井进行浓缩沉淀后，再进行磷过滤脱水处理，得到含水量 10%左右的磷精矿。扫选后的磷尾矿进入磁选流程，磁选流程包括两段磨矿三次磁选、高频振动筛、磁团聚重选，可获得 65.5%以上的铁精粉，铁精粉过滤脱水后得到含水量 8.5%左右的铁精粉，进入成品仓。将选磷、铁的综合尾矿送至钛选车间选钛，经两次螺旋溜槽重选—细筛—两次摇床重选—一次强磁选，得到钛精矿。	磷浮选使用了新型药剂，不仅解决了环保问题，而且使原来磷的可选品位由不低于 10%降到 1.8%；磷尾矿可选品位也由 1.5%以下降到 0.7%以下，大大提高了回收率。年处理 285 万 t 尾矿的项目，每年可回收 26 万 t 磷精矿和 10 万 t 钛精矿，尾矿库服务年限延长 15%，给企业带来巨大的经济效益。	该技术采用新型浮选工艺和药剂不仅解决了环保问题，而且打破了北方低温不能进行浮选的禁忌，推广前景广阔。
12	选冶联合回收锡尾矿有价组分技术	锡尾矿提取有价组分	锡尾矿经过预处理，粗砂采用载体富集技术使尾矿中锡、铁、铅等有价金属得到富集，再采用磁选、重选技术使锡（锡铅）矿物和铁矿物分离，得到锡富中矿和含锡铁物料；细泥经脱泥、分级，采用窄级别分选技术回收微细粒锡金属矿物，得到锡富中矿产品。锡富中矿产品经烟化炉处理，得到含锡 40%的烟尘锡；含锡铁产品物料经氯化挥发与还原分离，使锡、铅、铟等多种有价金属挥发得到回收，挥发后的物料进行还原，铁矿球团直接作为冶炼生铁的原料，在熔融态中实现金属铁和炉渣的熔融分离，最后得到生铁产品。	年处理锡尾矿 66 万 t 的选厂，安排劳动就业岗位 300 余人，具有较好的社会效益；减少尾矿排放量约 17%，节约尾矿库库容，减少尾矿堆存占用土地和对环境的危害。	该技术充分发挥选冶联合工艺的技术优势，选冶指标高、工艺简单、生产成本低，有效利用尾矿资源、减少尾矿占用土地，应用和推广前景广阔。
13	旋流喷射浮选柱	金属尾矿提取有价组分	旋流喷射浮选柱在气泡矿化、矿浆充气等方面主要有以下特点：1.大量析出活性微泡；2.采用旋流器式充气器；3.为了使空气分散得更好并防止给矿过早排出槽外，正对着喷嘴孔设有挡板；4.可调式尾矿排出管是将斜三通管与一节软管（比如胶皮管）相连，简单实用；5.浮选速度高；6.占地面积小，建设费用低；7.不会引起矿浆短路循环；8.适合单槽浮选，用以去掉可浮矿物，减少过磨；9.可以在低成本和不增加现有面积的情况下提高现有选厂的生产能力；10.回收率高；11.富集比高。	日处理铅锌尾矿 2300t 和稀土尾矿 2 000t 的选厂，产品有锌精矿和稀土精矿。综合利用效益 1000 万元。每年回收锌精矿和稀土精矿两万多吨。	采用该技术设备可最大限度地从尾矿中选出有价矿物，提高资源回收率、减少环境污染。

编号	技术名称	适用范围	基本原理和内容	典型项目 资源综合利用效果	推广前景
14	尾矿（金、铅、锌尾矿）中回收绢云母技术	千枚岩型有色金属尾矿	根据尾矿中的绢云母在细粒级中富集的特点，采用分级脱粗、超细粒分级的方法从细粒尾矿中回收绢云母，并进行细磨改性加工。 尾矿中回收的绢云母粒度较细（5～6μm），径厚比和比表面积大，绢云母产品在橡胶、塑料、涂料、油漆、阻燃、油漆等行业有广泛用途，市场竞争力强。	采用尾矿为原料，生产的产品性能好、附加值高，经济效益明显。以年处理尾矿 6.5 万 t 的项目为例，可获得绢云母产品 1 万 t，减少尾矿对周边环境的污染，实现资源的二次利用，安排人员就业，为橡胶、塑料等相关行业提供质优价廉的原料。	千枚岩型有色金属矿是我国最具代表性的有色矿，其选矿尾矿约占有色金属选矿尾矿总量的 40%。此类尾矿主要由绢云母、石英、高岭土等矿物组成。该技术推广应用价值大，前景广阔。
15	尾矿伴生萤石综合回收技术	伴生萤石尾矿	通过按高效浓缩脱药、高梯度磁选去除磁性矿物、常温下新型选矿药剂浮选萤石、浮选柱、浮选机连选结合、中矿合理返回、强磁脱硅、产品分流等技术回收尾矿中的萤石。	建设两条萤石回收生产线，投入 5947.56 万元，总建筑面积 5629 m^2，包括萤石回收主厂房、脱水、干燥、成球、仓储等车间。建成后，具备年产 10 万 t 萤石精矿生产能力，品位 94%以上，回收率 40%左右。	尾矿伴生萤石回收技术，减少了尾矿排放，解决了柿竹园尾矿中萤石的回收问题，创造了显著的经济效益，增强了企业竞争力。
16	尾矿回收锰矿物技术	铅锌尾矿提取锰矿物	回收铅、锌尾矿中的锰，采用的工艺流程为高梯度一粗一精一扫选工艺—中矿返回—锰精矿弱磁选除铁流程。该技术用立环脉动高梯度强磁选机回收碳酸锰、锰粗精矿弱磁选除铁，达到较高的锰品位及回收率。	年处理尾矿量 3 万 t 的项目，从尾矿中回收碳酸锰，五年累计为企业新增经济效益约 5000 万元。该技术的成功实施为矿山固体废物零排放提供了技术支撑。	该技术提高了资源的综合利用率，环境与经济效益显著。本项目曾获中国有色金属工业科技进步一等奖，并成功推广到同类矿山，为我国同类矿山矿产资源综合利用提供了一个工程范例。锰矿是我国的紧缺资源，自给率不足 20%，而我国大部分铅锌矿尾矿中都含有锰金属，技术应用前景广阔。
17	尾矿综合回收钨、铋、钼技术	钨、钼、铋伴生多金属尾矿提取有价成分	尾矿经球磨机磨矿后进行浮选，得到铋、钼混合精矿及浮选尾矿，铋、钼混合精矿送选厂分离，浮选尾矿进入绒毯溜槽回收钨精矿及氧化铋精矿后，最终排出的尾矿，出售给当地的建材砂砖厂。	年处理尾矿 18 万 t 的项目，年产钨精矿 33.8t（$WO_3$60%），铋精矿 47.7t，钼精矿 236.0t（Mo45%），剩余 179598t 尾矿全部销售。一方面减少了尾矿库的库容压力，降低了尾矿库的安全风险；另一方面提供了比较廉价的原材料替代粘土，节约了土地资源，增加了就业，提高了企业经济效益。	该技术流程简单，药剂均为常用药剂，同类型的选矿厂尾矿都适用。

编号	技术名称	适用范围	基本原理和内容	典型项目 资源综合利用效果	推广前景
18	堆浸尾渣※综合利用技术	黄金尾渣综合利用	采用尾渣破碎—磨矿—全泥氰化—炭浆提金工艺。堆浸尾渣经破碎、筛分、两段闭路磨矿分级、除屑除杂后，矿浆经浓缩送至氰化系统（CIL 边浸边吸流程），得到的载金炭再进行解吸电解。解吸电解系统采用目前先进的高温高压无氰解吸技术。电解后的金泥经水洗、酸洗处理后再进行冶炼铸锭，产品为合质金。	该技术运行稳妥可靠，易于操作。实现了高效、节能、降耗的目的，实际生产中单位电耗为 28.8kWh/t。入选原矿（包括堆浸废渣）金平均品位 0.90 g/t，其中入选堆浸尾渣金平均品位 0.55g/t，氰化后尾矿品位 0.14g/t，金总回收率 73%。	该技术适用于黄金尾渣综合利用，投资少，效益好，不仅可有效回收贵重资源、消除堆积浸渣造成的环境污染及安全隐患，又可以获得较好的经济效益，极具推广价值。
19	化学硫化集成技术	低品位含铜废石※	以低品位含铜废石为原料，经日晒雨淋、细菌氧化、喷淋堆浸等作用产生含铜酸性水，酸性水经除杂提纯预处理工序，去除水中大部分金属离子，进入硫化工序以硫化铜的形式回收铜金属。	该技术对喷淋产生的酸性水中铜回收率达 90%以上、铜品位 30%以上，铜成本 1.5 万/t 以下。采矿废石堆浸喷淋产生的酸性水的铜离子浓度降到 40mg/L 时，该技术仍然能够通过对铜金属的高回收率维持运行。对采矿废石品位的波动具有很强的适应能力，实现了对采矿废石中有色金属更广泛的回收。	该工艺可以较好的提取含铜废石中的金属铜，尤其是能够提取含铜浓度低的酸性水中的铜，同时还能够起到处理酸性水的作用，使酸性水达标排放，经济成本较低，环境效益好。
20	金属尾矿综合利用湿法冶金技术	各种金属尾矿、剥离表皮矿	从尾矿库采回的铜矿尾砂，经水冲式下料装置用部分萃余液和循环回用的中水调浆并除去石块、树枝、草根等杂物后，用稀硫酸进行浸出，将尾砂中的酸溶铜全部浸出，酸浸矿浆经浓密、萃取得到富铜液，富铜液经反复电解，生产阴极铜。经过三级磁选作业，产出的铁精矿作为产品出售，铁尾矿矿浆经卧螺离心机脱水后，矿渣直接售建材厂和水泥厂生产矿渣环保砖和水泥，中水返回上料调浆循环使用。这样，铜矿尾砂中的有价金属铜和铁，经过“L-SX-EW”湿法冶金流水线，以阴极铜板和铁精矿形态被提炼出来。	年处理尾矿量 50 万 t 的项目，2010 年预计工业产值达 1.2 亿元，利税 1500 万元，同时为当地的制砖厂和大型水泥厂提供了优质廉价的辅料。随着尾矿库的逐步降容，库区安全系数迅速提高，长期困扰尾砂库区的环境污染问题逐渐解决，改善周边地区生态环境，增加可利用的土地资源 2500 亩以上。	“酸浸-萃取-电积”法简称“L-SX-EW”法，具有效率高、成本低、无“三废”排放（萃余液全部返回循环利用）、绿色环保、低碳节能、高回收率等特点，有着极大的社会意义和经济效益，应用发展前景广阔。应用该技术可减少建材生产企业对资源的消耗，解决困扰尾砂库区的环境污染问题，真正实现了企业、社会、政府三赢。

编号	技术名称	适用范围	基本原理和内容	典型项目 资源综合利用效果	推广前景
21	尾矿中回收弱磁性矿技术	含弱磁性矿物的细粒级尾矿	该技术采用 NdB 永磁体及开放磁系多磁极磁路设计，裸露的永磁体直接作用于矿物的全作用面磁选，针对尾矿嵌布粒度细等特点，采用解离细粒尾矿直接磁选和粗粒磨至解离再磁选的方式，减少了磨矿成本，提高了弱磁性矿物回收率。	年处理60万t氧化锰尾矿项目，选别5.8%～9.6%氧化锰矿，精矿品位达33%～38%，选出11万t氧化锰矿，尾矿减排18%。采用物理选矿方式，不造成二次污染，工艺能耗低，水循环利用，节能环保。	该技术应用成本低、单线产能大、提质降杂能力强、节能环保，应用范围可遍及所有含弱磁性矿物的尾矿，具备广阔的市场前景。
二、尾矿生产建筑材料					
22	尾矿砂制造木化板技术	铁尾矿生产建筑材料	木化地板是以精选的碳硅化合物和高分子聚合物为主要原料，添加各种功能填料与助剂，经高温高压等数十道工艺而制成的新一代装饰材料。产品经国家建材权威检测部门检测，各项指标达到国家有关标准。	年处理尾矿砂13.6万t的项目，可节约木材纤维充填体约2万t。减少尾矿对环境的污染，保护水资源及土地资源。	该产品是环保新型建材，产品生产加工工艺和设备成熟、可靠，产品质量有保证，可带动周边相关行业发展，具有较好的经济、社会效益。
23	利用铅锌尾矿渣生产低碱优质硅酸盐水泥熟料技术	铅锌尾矿渣生产低碱优质硅酸盐水泥	尾矿中的主要成分 SiO_2 能够满足硅酸盐水泥生产的需要，而且尾矿中的微量元素具有矿化效果。同时其低碱性能非常适合低碱硅酸盐水泥的生产需求。因此，可代替粘土配料作为非活性填充料，或改性作为活性混合材使用。	年利用尾矿量22万t，水泥生产线日产2000t，标准煤耗由过去的每吨熟料143kg降为135kg，年节约用煤3700余t，节约用电340余万度，节约粘土12万t，减少水土流失，保护了生态环境。减少尾矿占地，消除尾矿堆积造成的环保和安全隐患，使尾矿资源得到循环利用。	经国家大型重点工程如西康铁路、西柞高速、襄渝铁路复线工程等多家单位反复试验对比和实际应用证明，使用铅锌尾矿生产的各等级、品种水泥具有强度高、易性好、耐腐蚀、抗渗性好的特点，加之低碱的特性，混凝土的可靠性和耐久性得到保证。产品具有广阔的市场前景。
24	铁尾矿制砖技术	页岩尾矿烧结砖	铁尾矿主要由赤铁矿、菱铁矿、石英、高岭石、方解石、磁铁矿、白云石等组成，具有比普通制砖黏土更大的比表面积和更小的平均粒径，有较好的成型塑性。该技术主要通过浓密脱水、成型、干燥、焙烧等工艺，生产尾矿烧结砖。	年产7000万块尾矿烧结砖项目，年可综合利用铁尾矿渣20万t。企业降低成本带来的经济效益年可增加280万元。	页岩尾矿烧结砖可替代粘土烧结砖用于建筑工程墙体，符合墙体材料改革发展的方向；技术开发研究证明了尾矿资源化应用的可行性，形成的综合技术、工艺便于向社会推广应用，为尾矿的处理提供了有效的途径，值得推广。

编号	技术名称	适用范围	基本原理和内容	典型项目资源综合利用效果	推广前景
25	铅锌尾矿资源综合利用技术	铅锌尾矿提取硫、铁，生产混凝土和建筑用砖	有些铅锌尾矿中含有一定量的硫、铁、含铁铝的硅酸盐矿物、氧化铁矿物，根据这些矿物的可浮性不同、硬度不同、比重不同、磁性不同，选用合适的分级设备、磁选设备、固液分离设备以及合适的絮凝药剂，富集分离其中的硫、铁、石英等，硫、铁销售，石英用做混凝土细骨料，细粒级的尾矿用于生产建筑砖等。	每年处理铅锌尾矿100万t，硫精矿回收率达到90%，铁精矿回收率达到80%，两者的直接经济效益450万元；用于生产混凝土和建筑砖等经济效益150万元。	我国铅锌矿资源丰富，是世界主要的铅锌生产国之一。综合回收铅锌尾矿中的硫、铁等有价元素，经济效益显著，并且铅锌尾矿再选后用于生产建材，可显著减少尾矿排放量，节约尾矿堆存成本，环境效益、经济效益巨大；具有广阔的推广前景。
26	尾矿制轻质保温建材技术	铁尾矿生产轻集料混凝土空心砌块与泡沫混凝土砌块	尾矿属惰性材料，活性较差，只能作集料或掺合剂加入建材中。1.轻集料混凝土空心砌块：把尾矿进行膨化造粒作为轻集料加入，不但解决了其它轻集料运到现场成本过高的问题，还增加了砌块所消耗的尾矿量，减少了水泥用量，使成本下降；2.泡沫混凝土砌块：用物理方法将发泡剂水溶液制成泡沫加入到由水泥基胶凝材料、集料、掺和料、外加剂和水等制成的料浆中，经混合搅拌浇注成型，自然或蒸气养护成发泡混凝土。	以年利用尾矿量10万t计，年销售收入和税金为3000万元，年利润总额为890万元。该技术全部投资回收期3.2年，具有较强的盈利能力，敏感性分析和盈亏平衡分析也表明项目的抗风险能力较强。	应用该技术生产的产品，符合严寒地区墙体节能65%规定，砌体厚度＞300（mm）时符合墙体节能50%规定。在较严寒地区具有较好的推广前景。
27	尾矿砂制纳米彩色波形瓦、外墙保温板、免烧砖技术	铁尾矿生产环保新型彩釉波形瓦等建筑材料	利用65%的尾矿砂和35%其他原料作为反应生成剂，生产环保新型彩釉波形瓦、外墙保温板、轻质复合墙隔体板等。工艺流程为：铁矿尾矿砂处理→添加化学原料→搅拌→挤压成型→凝固→切割→上釉→成品→入库→出厂。	年利用尾矿砂41万t，年实际销售收入26022万元，利税总额3352万元，所得税后静态投资回收期6.83年，具有较好的经济和社会效益。	新型彩釉波形瓦以铁矿尾矿砂及无机粘合材料为原料，大量消纳铁矿尾矿，具有良好的经济效益、社会效益和环境效益，推广前景广阔。
28	金尾矿砂新型建材的制造技术	金矿尾矿砂生产彩色混凝土瓦、混凝土砌块等建筑材料	彩色混凝土瓦采用轮碾式定量强制搅拌机，使物料搅拌均匀，混凝土达到良好的合易性，高压成型。 尾砂混凝土空心砌块，物料用混凝土搅拌机搅拌均匀，然后振动高压成型，自然养护，七日内每3～4小时加水一次，养护28天后出厂。 加气混凝土砌块：将尾砂、粉煤灰加水磨成料浆，加入粉状石灰、适量水泥、石膏和发泡剂、稳泡剂，经搅拌注入模框内，静养发泡固化后，切割成各种规格砌块或板材，送入蒸压釜，经高温高压蒸气养护，形成轻质多孔加气混凝土砌块。	典型项目年利用尾矿量22.5万t，配以水泥及其他辅料，生产新型节能混凝土加气砌块、混凝土空心砖、彩色混凝土瓦、混凝土普通砖。其中尾砂用量占40%～60%以上，节约煤炭1.5万t，节省土地530亩。实现经济效益100万元，具有显著的经济效益、社会效益和环境效益。	利用尾矿资源，减少尾矿堆存占地，节省制造粘土砖所耗用的煤资源，减少环境污染，保护生态环境。金矿尾砂新型建材产品，适合我国国情，顺应新型建材发展的方向，具有较好的经济效益和广阔的市场前景。

编号	技术名称	适用范围	基本原理和内容	典型项目资源综合利用效果	推广前景
29	砂岩型磁铁尾矿应用于蒸压加气混凝土生产技术	砂岩型磁铁尾矿生产蒸压加气混凝土	利用砂岩型铁尾矿取代石英砂（含硅量90%以上），经过调整粉磨细度及颗粒级配，提高砂岩型铁尾矿活性，配比适当的钙质量材料，生产加气混凝土制品。技术关键：（1）控制磨细度及颗粒级配，提高铁尾矿配料活性技术；（2）控制合理的钙硅比，使钙质材料与硅质材料反应充分；（3）尾矿有害成分预处理技术。	投资一年产30万m^3加气混凝土项目，总投资约4600万元，其中设备、基地、安装约3000万元，厂房土建约1600万元，年创造收入约6000万元，利润约800万元，处消纳尾矿10万t，解决100人就业，税收120万元，投资回收期5年。	在北京密云、河北唐山、辽宁、四川等地，有大量的砂岩型铁尾矿，大多都存在于尾矿库中。同时，每年又会新增上千万吨尾矿，需要新建大坝来储存，既浪费土地，又不安全，维护成本又高。加气混凝土广泛应用于城市公共建筑及居民住宅，具有重量轻、保温节能、隔声防火等一系列优点，推广前景广阔。
30	尾矿砂蒸压砖及尾矿加气建材制造技术	铜尾矿生产蒸压砖及加气建材	将难于开发利用的低硅、低活性尾矿，通过化学发泡方法，生产符合国家标准的尾矿加气混凝土板材。该新型尾矿加气板材具有保温、隔音、轻质、高强等特点，满足国家对建筑物节能60%的要求。可以根据用户的需求，改变尺寸和形状，便于运输。	典型项目投入4100万元，年产尾矿砖6000万块，年利用尾矿16万t。尾矿制砖项目，引进德国技术，采用双向液压成型，高温高压蒸养技术，使尾矿利用率达到88%。	尾矿资源化，实现企业从矿山资源型企业向综合型企业转型，提高资源利用效率。为地方经济持续发展，注入新的活力和增长点。
31	金属尾矿渣烧结多孔砖技术	金属尾矿渣生产多孔砖	该技术可以减少产品干燥焙烧收缩，不产生裂纹；形成微孔网络结构，吸收排除水分；调解室内外干湿度。工艺原理：将尾矿从尾矿堆放场运送到控料机，经过圆筒筛，传送到生产线进行制坯生产。控制掺配量，防止原料中化学成分波动太大。	以年产烧结多孔砖2500万块的项目为例，实现产值816万元，工业增加值345万元，利润50万元，同时每年可减少尾矿占地费用、环境污染等综合费用30余万元。	减少尾矿占地，改善生态环境，节约资源，降低安全隐患。具有广泛的推广和使用价值。
32	铝硅酸盐尾矿生产微晶玻璃技术	铝硅酸盐尾矿生产微晶玻璃	该技术以Na_2O-CaO-FeO-Al_2O_3-SiO_2五元体系作为尾矿微晶玻璃基础配方工艺；以硅灰石及辉石作为主析晶相，采用“水淬-烧结法”工艺，生产尾矿微晶玻璃。本技术的特点：1.利用尾矿为主要原料，变废为宝，有利于环保并降低生产成本；2.黑色微晶玻璃材料表面花纹精美，光亮度优于天然石材；3.通过配方里引进特殊添加剂和采用先进生产工艺，极大地降低微晶玻璃的气孔率，消除了尾矿微晶玻璃产品表面气孔，板材不变裂和碎裂，产品成品率达到95%以上。	以年产3万t粒料，20万m^2微晶玻璃板材生产线为例，年利用尾矿量20万t，产品中尾矿所占质量比达60%。年产值1.5亿元、利税5000万元。	本技术是一项成熟的高附加值新技术，具有很好的应用推广和产业化示范意义。同时该技术利用尾矿做原料符合国家倡导的资源综合利用产业政策向导，可节约天然石材资源，具有较高的社会效益。

编号	技术名称	适用范围	基本原理和内容	典型项目资源综合利用效果	推广前景
33	利用金属尾矿生产蒸压加气混凝土砌块技术	铜尾矿生产蒸压加气混凝土砌块	利用尾砂作为主要原料生产蒸压加气混凝土砌块，尾砂占用比例为63%左右，加入一定比例的水泥、石灰、石膏、铝粉等，按特定的工艺经过发泡、蒸养后制成多孔轻质加气混凝土制品。	该技术消纳了铜矿尾矿，生产过程基本实现零排放。所生产的产品为国家鼓励发展的建材产品，具有较好的行业发展示范意义。	该技术利用选矿废渣（粉末）、脱硫石膏等固体废弃物替代石英砂为主要原料，生产工艺技术为国内领先。产品轻质高强、吸音隔音、防潮耐火、隔热保温、节能利废、抗压耐久、可加工性强，在住宅使用中节能效果显著，具有广阔的推广应用前景。
34	铁尾矿无尾化利用技术	伴生钼、锌的铁尾矿提取钼、锌并生产建筑材料	有些铁尾矿中含有一定量的钼、锌、石英、含铁铝的硅酸盐矿物、氧化铁矿物，这些矿物的可浮性、硬度、比重、磁性不同，选用合适的分级设备、磁选设备、固液分离设备、絮凝药剂、浮选药剂及工艺富集分离其中的钼、锌、石英、石榴子石等，钼、锌作为重要的金属矿精矿可以销售，粗颗粒的石英等用做混凝土细骨料，细粒级的尾矿用于生产水泥、建筑砖等。	尾矿排放量的减少便带来了可观的附加经济效益；同时有效减少了尾矿对水、空气和土地的污染及占用土地，环境效益显著。年处理含钼、锌铁尾矿100万t的典型项目，钼精矿回收直接经济效益1030万元；锌精矿回收直接经济效益110万元；石榴子石精矿回收经济效益1080万元，用于生产混凝土和水泥、建筑砖等经济效益220万元。	华东地区有众多含钼、锌的铁尾矿，采用该技术减少了尾矿排放量，充分回收了尾矿中的有价组分，尾矿建材化的市场广阔，经济效益和环境效益明显，技术推广前景广阔。
35	浮选尾矿资源综合利用工程化应用技术	黄金尾矿堆浸提金及堆浸后尾矿生产混凝土砌块与蒸压砖	尾矿堆浸提金采用无制粒化学疏松法堆浸工艺，氰化物在有氧化剂的条件下，从含金物料中选择性地溶解金、银，使金、银及其它金属矿物与脉石分离。 浸出液中的金吸附到载金炭中，采用解吸电解方法回收。加气混凝土是以硅质材料 SiO_2 和钙质材料 CaO 为主要原料，掺加发气剂，经加水搅拌，由化学反应形成气孔，通过浇注成型、预养切割、蒸压养护等工艺过程制成的多孔硅酸盐混凝土。 尾矿蒸压砖以尾矿砂为主要原料，掺加一定量骨料、固化剂，在适宜的机械压力、外加剂等外界因素的作用下，实现初期“固化”。然后送到轮碾机里进行碾压，再送到压砖机内压制成砖坯，将砖坯送到釜中进行蒸压12小时，得到成品。	典型项目的年采选处理量为31.5万t，产生的浮选尾矿总量为27.7万t，金平均品位在0.25g/t左右，SiO_2 含量在63%～75%，具有一定的回收利用价值。通过该项目，使尾矿资源利用最大化，变废为宝、减少环境污染，年可节约土地10余亩，延长尾矿库服务年限，实现矿山生产尾矿零排放。	生产实践及产品应用证明，有色和黑色金属矿山生产的尾矿 SiO_2 含量大于62%。对品位大于0.25g/t的黄金尾矿，可以采用尾矿无制粒堆浸提金后再生产加气混凝土砌块和蒸压砖等建材产品。该技术开辟了尾矿资源再利用新途径，具有较大环保效益，值得推广。

编号	技术名称	适用范围	基本原理和内容	典型项目资源综合利用效果	推广前景
36	尾矿综合利用处理设备及技术	有色金属、黑色金属、黄金及非金属尾矿	该新型过滤与分离设备，主要有橡胶带式真空过滤机、陶瓷真空过滤机、立式板框压滤机、赤泥过滤机等。 采用烧结法溶出赤泥快速分离与洗涤技术，橡胶带式水平真空过滤机是将赤泥料浆直接进入胶带式水平过滤机进行赤泥分离与洗涤，赤泥分离后的滤液进入粗液槽，洗液进入相应的洗涤槽进行反向洗涤，滤饼用洗液冲洗进入赤泥混合槽，然后用底流泵送至赤泥洗涤工序，滤布在线用热水和碱液再生循环利用，滤饼排出到赤泥堆场干堆放。	以每年过滤100万t铁精矿分析，每年节电、节水、节投资综合效益可达2500多万元。并且占地面积少，增加安全性，在矿山运营中无废气、废水、固体废弃物、噪声、粉尘和其他废弃物排放，达到国家环境与保护行业标准的要求，实现资源开发和环境保护。	该技术已经在河北、山西、陕西等地的铁矿、铅锌矿、铜矿、金矿等尾矿广泛应用。中国铝业也已用于处理氧化铝赤泥。该尾矿综合利用处理设备及技术已在全国100多家企业使用。
37	金银尾矿砂综合利用技术	金、银尾矿提取贵金属及尾矿生产加气混凝土砌块	1.尾砂提取有价组分：利用高压水枪冲稀尾矿砂，用大功率砂泵抽取砂浆至选厂，根据尾砂浆的浓度高低及尾砂所含金属成分配制药水等选出有价组分，分离出的其余尾砂经分级机分离后生产新型建筑材料。 2.生产蒸压砂加气混凝土砌块：利用选矿尾砂废渣与石灰、水泥、脱硫石膏，按一定比例搭配、搅拌后加入铝粉发气，经切割（浇注、预养）、蒸压养护生成新型墙体材料（蒸压砂加气混凝土砌块）。	尾矿库尾砂经过处理，从中提取有价组分，处理后的尾砂生产建筑用新型墙砖。整个生产，都在尾矿库内进行，不造成污染，取得较好的社会、环境和经济效益。	该技术先进，投资较少，回收快，有较高的经济、环境等效益，应用前景广阔。
三、尾矿充填采空区					
38	井下充填新型胶结材料	有色金属矿山采空区充填	通过对高炉废渣进行活性分析、试验研究及工业化生产试验，把高炉废渣烘干外加石膏和复合激发剂等材料，经粉磨均匀混合配制成新型胶结材料。其物理形态如普通水泥。主要化学成分为SiO_2、Al_2O_3、Fe_2O_3、CaO、MgO、SO_3。	该胶结材料的应用，使得企业每年节省充填成本200万元；通过无间柱连续回采较以往多回收高品位矿石间柱、底柱4万t/a（价值6000万元），矿山综合回采率提高10%以上，提高了矿产资源利用率。	该材料用于井下充填具有用量少、砂浆流动性好、易于输送、形成充填体强度高等优点，可有效减少采场空顶时间，提高采矿安全保障。在达到相同充填强度的条件下，该材料用量为普硅水泥的1/2以下，是一种“快、强、省”的新型尾砂胶结充填材料，应用前景广阔。
39	深井矿山清洁化生产成套技术及装备	有色金属矿山采空区充填	矿山充填系统分为地表充填料制备系统和井下充填管路系统两大部分组成。地表充填料制备系统是充填系统的主体工程，主要由全尾砂、冶炼炉渣、水泥、水、搅拌、泵送6个子系统组成。井下充填系统包括：接力泵站系统、充填管线、放砂池、井下压力传感器。	该技术实现了矿业废弃物的资源化利用，降低了生产成本和能源消耗，提高了资源利用率和劳动生产率，保护了生态环境。	该技术实现了全尾砂—冶炼炉渣膏体与采矿废石联合充填，全尾砂连续给料，浓度为74%～76%。实现了井深1380m、充填管道长度超过4000米的膏体充填，在国内外处于领先地位。经济和社会效益显著，市场竞争力较强。

编号	技术名称	适用范围	基本原理和内容	典型项目资源综合利用效果	推广前景
40	低品位铁矿全尾砂结构流体胶结充填技术	黑色金属矿山采空区充填	以全尾砂作为充填材料，采用全新的充填料浆制备及输送工艺实现胶结充填。为了确保井下充填质量，解决充填料脱水问题，必须尽量提高充填料浆制备输送浓度，实现全尾砂结构流体胶结充填料浆的大倍线管道自流输送，使充填料浆充入采场后不脱水或少脱水。	保护地表自然环境，可有效防止采场顶板及上覆第四系的冒落；矿石回采率由59%提高到80%，矿山整体经济效益大幅度提高；尾砂得到充分利用，减少了尾矿库占地面积，节约了耕地。	该技术在低品位大规模地下黑色矿山开采中属首次应用，其较低的充填成本，较高的充填质量为国内同类矿山实现充填作业提供了示范作用，符合国家大力提倡的节能减排、保护环境、减少地质灾害、保护耕地等要求，弥补了大型黑色矿山无充填的空白，具有广泛的推广价值。
41	（深井）高浓度极细粒级全尾砂充填技术	有色金属矿山采空区充填	通过合理的喷咀设施造浆技术以及喷咀布置，将极细粒级的全尾砂（−20μm全尾砂约占40%）直接制备成高浓度（74%以上）砂浆，然后采用（深井）管道自流输送降压系统以及采场泄水技术，实现立式砂仓流态化全尾砂高浓度连续充填。该技术解决了深部高大采场嗣后充填问题。	该技术能提高矿山的资源利用率，充分利用尾矿资源，节地、节能、节材、环保利废，为建设无废排放矿山奠定基础。	该项技术经济和社会效益显著，拥有广阔的推广应用前景。
42	深井全尾砂－水淬渣膏体物料充填技术	有色金属矿山采空区充填	将全尾砂浆体用泵输送至充填制备站的缓冲槽，然后自流到1000多立方米的深锥浓密机中，添加絮凝剂后，使全尾砂快速均匀沉降，经浓密机浓缩成一定浓度的浆体，然后再泵送至膏体搅拌系统的一段搅拌槽；在搅拌槽内，按比例加入炼铅炉渣和普通水泥，再加入水，尾砂、炼铅炉渣、水泥三种物料和水在一段搅拌槽混合搅拌后，进入位控反切搅拌机搅拌，制备成合符采矿要求浓度的合格膏体，自流到柱塞泵料斗内，通过泵压输送，经过充填钻孔、中段平巷、斜井、充填天井等进入井下采空区内。	减少工业固体废物排放，实现了矿山无废开采，减少了地表环境污染，实现了人与自然环境的和谐友好，为清洁矿山生产树立了典范。	膏体充填采矿技术是解决深部矿体开采安全、提高资源利用率和减少矿业固体废弃物对环境影响的关键技术之一，对国内矿业的可持续发展有着重要的应用推广价值。
43	深井高浓度全尾砂充填技术	有色金属矿山采空区充填	采用砂仓直接将尾砂沉降高效脱水，具有节能、缓冲、不间断等优点，采用活化造浆及连续放砂技术实现了全尾砂低成本高浓度连续充填。	年利用尾矿量100万t的项目：1.每年节省处理采空区费用和尾矿库建设费用约1000万元以上；2.每年回采的矿产资源创造经济效益上亿元；3.回采区域岩体稳定，不会发生地压灾害。产生的直接经济效益达4458万元。	全尾砂高浓度充填技术可广泛应用于充填采矿或嗣后充填采矿技术的金属矿山。该技术对于金属矿山开采工艺和采矿方法具有促进和变革作用，并具有一定的经济效益和社会效益。同时，对部分非金属矿山的充填技术也具有借鉴意义。

编号	技术名称	适用范围	基本原理和内容	典型项目资源综合利用效果	推广前景
44	分级尾砂胶结充填技术	有色金属矿山采空区充填	该技术利用尾矿库分级尾砂充填井下采空区，很好地解决了尾矿库库容问题，控制了地压力。同时由于采场断面扩大，使采场单产能力有明显提高，坑木消耗量明显减少，对矿山安全生产、经营起到至关重要的作用。	由于是利用尾矿库分级尾砂作为主充填料，减少了工业排放，相当于延长了尾矿库的使用年限，为矿山的可持续发展奠定了基础，保障了矿山的经济效益。	该技术是一项能充分利用尾矿资源，提高矿产资源利用水平，延长尾矿库使用年限的先进技术。技术的实施不仅能为矿山带来可观的经济效益，创造安全的工作环境，也能产生良好的社会效益。
45	铁尾矿胶结充填技术	黑色金属矿山采空区充填	利用选矿厂产生的尾砂，以物化力学和胶体化学的理论为基础，通过强力机械（活化）搅拌装置将全尾砂与适量的水泥和水混合制成高浓度均质胶结充填料，以管道全自流或机械加压方式充入采空区，形成整体性强的低标号胶结体用于作为矿产资源回收柱或维护采空区地压。	典型项目年利用尾矿量30万t，2005年至2010年，已多回采矿石50万t，按每吨矿石400元计算，累计多创造经济效益20000万元，平均每年多创造经济效益4000万元。同时减少尾矿堆存，节省堆存维护费用。	由于把尾矿充入井下空区，有效解决了尾矿的存放及空区安全问题，实现了矿山清洁生产。
46	汞锑矿尾砂充填技术	有色金属矿山采空区充填	该技术采用全尾砂作为充填料，全尾砂经自然沉降，部分脱水、压气造浆后放至搅拌筒，水泥经双管螺旋定量添加至高浓度搅拌槽。料浆经搅拌后，通过砂浆泵，最终经充填管网送至井下采空区或采场充填。	利用尾砂充填技术不仅可实现无污染堆放处理，而且通过充填采空区可解决井下生产中的安全隐患，并提高矿产资源开采率，可增加矿柱回收效益。典型项目年利用尾矿量11.4万t，减少安全生产风险管理费用约200万元。	该技术为无废开采技术，在满足环保要求的同时，可以降低生产成本，经济、社会效益显著，可广泛运用于金属矿产资源的开采利用。
47	全尾砂高浓度充填采空区技术	有色金属矿山充填采空区	采用合理的控压助流风水造浆技术，将全尾砂直接制备成高浓度砂浆，按一定配比加入水泥和其他辅料，经搅拌混合并调节浓度后，高浓度全尾砂浆或胶结全尾砂浆自流输送到二步回采空区。生产中根据采场顶部结构确定接顶方式。采场充填工艺技术主要选择合理的充填料配比及浓度，采用经济的脱水方式与充填挡墙结构以实现安全采矿与回填的目的。	采用高浓度全尾砂料浆连续充填采空区，对有效控制回采区域地压，实现安全高效开采起到了积极重要的作用。该技术实现了低成本全尾砂充填，保证了金属矿山的正常生产，为无废开采奠定了技术基础。	全尾砂高浓度充填技术可广泛应用于充填采矿或嗣后充填采矿技术的金属矿山，对于金属矿山开采工艺和采矿方法具有促进和变革作用，具有一定的经济效益和社会效益。

编号	技术名称	适用范围	基本原理和内容	典型项目资源综合利用效果	推广前景
48	有色金属矿山全尾砂胶结充填技术	有色金属矿山充填采空区	全尾砂输送采用管道分二级泵送至永久充填站的两个立式砂仓，每个砂仓的有效储砂能力为900m^3，砂仓底部放砂采用多孔等阻力自动卸料，有效卸料率达78%，卸料过程中浓度非常均匀和稳定，砂仓放出的砂浆直接进入Φ2m 的搅拌桶，按灰砂比要求同时加入普通425#硅酸盐水泥，搅拌成均匀浆体，下放到Φ110mm，h=236m 的垂直钻孔至五中段，用Φ89充填管连接，自动输送到井下各采空区。	典型项目年利用尾矿量 26.4 万 t，可实现对 12 万 m^{3}的采空区实施充填；从 1998 年到 2010 年 6 月，已累计完成井下采空区充填 978733m^3。延长了尾砂库的使用年限，减少地表环境污染。	全尾砂胶结充填技术工艺成熟，经济合理，并且已运行十多年，技术适应性强，可示范推广。
49	塌陷区尾矿砂高浓度浓缩堆存技术	金属矿山塌陷区	尾矿砂高浓度浓缩堆存是指将尾矿经过脱水处理后，制成一种不偏析、低含水的饼状尾矿，再进行堆存。系统主要包括：高压深锥浓缩系统，水隔离泵站系统，脱水车间，塌陷区安全检测系统。	该技术的实施，解决了尾矿堆存问题，年处理矿石量增加40万t，减少废水排放 340万t，改善环境、消除安全隐患、节省维护费用，使原尾矿库逐步闭库并恢复生态环境。解决了塌陷区安全隐患，为企业安全生产创造了较好的条件。	塌陷区尾矿砂高浓度浓缩堆存技术是解决尾矿洁净处理和综合治理塌陷区的一项成熟、可靠的先进技术。具有显著的社会效益和经济效益。该工艺技术的推广应用，将大大减少尾矿堆存占地，降低基建投资，抑制尾矿扬尘，提高回水利用率。
四、尾矿用于农业领域					
50	钼尾矿无害化生产全价元素可控缓释 BB 肥、土壤调理剂技术	钼尾矿用于农用肥料	第一，提取和回收钼尾矿中的有价元素（组分）。第二，分离回收尾矿中的石英和部分长石，使 SiO_2 含量低于35%。第三，通过熔融氧化反应，回收尾矿中的重金属；钝化残留重金属，使重金属全含量符合国家相关农用标准的限值标准。第四，消除尾矿中含有的有毒、有害选矿添加剂，使无害化处理后的尾矿原料中不含有毒、有害有机化合物。第五，将中、微量元素和有益元素活化成可被植物吸收的枸溶性有效态化合物。第六，调节无害化钼尾矿 pH 值到 7.0～7.5，即成为可替代粘土类和轻质碳酸钙生产无机全价元素可控缓释 BB 肥的原料（活化肥料基质）。这样，既消纳了尾矿资源，又利用了尾矿的中、微量及有益元素。	典型项目年无害化处理钼尾矿 100 万 t，年产全价元素可控缓释肥料 60 万 t、年产土壤调理剂 40 万 t。间接形成减排能力（大宗工业固体废弃物等）≥20%；削减农业碳排放（提高肥料氮利用率20个百分点以上）≥20%；帮助相关产业提高能效（指化肥生产和自身企业生产链条）≥20%。	技术先进。投资少，见效快，产品附加值高，资源利用价值大。生产成本仅为目前市场缓/控肥的50%～60%，因而不仅肥料销售价格竞争优势明显，而且还有效降低了农业生产成本。

编号	技术名称	适用范围	基本原理和内容	典型项目 资源综合利用效果	推广前景
五、尾矿库复垦					
51	基于蜈蚣草的金属矿山尾砂库复垦技术	含有重金属的有色金属矿山尾矿库复垦	把筛选出来的 As 超富集植物蜈蚣草种植在含有重金属的有色金属尾矿上，利用其超量吸收尾矿中的 As、Pb、Zn、Cu 等金属，并通过定期收割其地上部分，烘干焚烧后从灰分中冶炼回收有价金属。	该技术具有以下特点：1.复垦土地，减少尾矿库扬尘时对周边环境的影响，去除尾矿中的重金属；2.焚烧后所形成的灰分（生物矿石）比传统矿石拥有更高的金属含量；3.是一种环境友好的绿色技术，可以规避重金属对周边环境的污染，减少水土流失，美化环境，取得一定的经济收入。	我国砷矿资源丰富，探明储量为世界总储量的70%。在开采中产生的含铅锌在内的砷尾矿非常多，分布面积较广，这为利用蜈蚣草在内的众多 As 超富集植物复垦提供了广阔市场；加上蜈蚣草的生物量较大，可以富集多种有价金属，因此可提高复垦的成功率和植物采矿的效率。

注※废石：是指已采下的不含矿的围岩和夹石的总称；黄金堆浸尾渣：黄金矿石采用化学选矿法，如氢化浸出处理后产生的尾矿渣。

工业和信息化部　科学技术部
关于印发《赤泥综合利用指导意见》的通知

工信部联节[2010]401 号

各省、自治区、直辖市及计划单列市、新疆生产建设兵团工业和信息化、科技主管部门，有关行业协会、中央企业：

为贯彻落实国务院《有色金属产业调整和振兴规划》，提高赤泥综合利用率和综合利用技术水平，减少赤泥堆存对环境、安全造成的影响，促进赤泥综合利用工作。工业和信息化部、科技部联合编制了《赤泥综合利用指导意见》，现印发给你们，请遵照执行。

工业和信息化部
科学技术部
二〇一〇年八月十日

赤泥综合利用指导意见

为贯彻落实国务院《有色金属产业调整和振兴规划》，提高赤泥综合利用率和技术水平，减少赤泥堆存对环境、安全造成的影响，促进赤泥综合利用工作，提出赤泥综合利用指导意见如下：

一、充分认识赤泥综合利用的重要性和紧迫性

赤泥是以铝土矿为原料生产氧化铝过程中产生的极细颗粒强碱性固体废物，每生产一吨氧化铝，大约产生赤泥 0.8～1.5 吨。我国是氧化铝生产大国，2009 年生产氧化铝 2378 万吨，约占世界总产量的 30%，产生的赤泥近 3000 万吨。目前我国赤泥综合利用率仅为 4%，累积堆存量达到 2 亿吨。随着我国氧化铝产量的逐年增长和铝土矿品位的逐渐降低，赤泥的年产生量还将不断增加，预计到 2015 年，赤泥累计堆存量将达到 3.5 亿吨。赤泥大量堆存，既占用土地，浪费资源，又易造成环境污染和安全隐患。

目前，赤泥综合利用仍属世界性难题，国际上对赤泥主要采用堆存覆土的处置方式。我国赤泥综合利用工作近年来得到各方面的高度重视，开展了跨学科、多领域的综合利用技术研究工作，如赤泥提取有价金属，配料生产水泥、建筑用砖、矿山胶结充填胶凝材料、路基固结材料和高性能混凝土掺合料、化学结合陶瓷（CBC）复合材料、保温耐火材料、环保材料等。但这些研究尚处于实验室阶段，还未实现产业化。

当前赤泥综合利用存在的主要问题：

一是缺乏大量消纳赤泥和具有产业竞争力的关键技术。赤泥具有碱性强、比表面积大、各种组分互相包裹、嵌布等特征，使其综合利用难以借鉴其他领域一些成熟的工艺、技术和设备，在我国尚未形成高效利用和适于大规模推广的技术支撑体系。

二是缺乏相应标准，产品市场认可度低。当前，已经开发出的部分赤泥综合利用产品，由于缺少国家标准或行业标准的支撑，如赤泥作建筑材料，只有参照其他同类产品标准，市场认可度低，造成产品应用受到限制，难以大规模推广。

三是缺乏针对性的扶持政策。在我国现行财税优惠政策中，未充分考虑赤泥强碱性造成综合利用难度远大于其他工业废渣的特殊性，缺乏有针对性的扶持政策，企业利用赤泥的积极性不高。

四是对赤泥的综合利用重视程度有待提高。赤泥综合利用是氧化铝企业的非主营业务，处于产业的末端，经济效益差，多数企业采取一堆了之的处置方式。赤泥堆存的环境风险和安全隐患具有长期性和隐蔽性，导致企业和相关部门的重视程度不够。

开展赤泥综合利用，是落实科学发展观，转变经济发展方式，发展循环经济，建设资源节约型和环境友好型社会的重要体现，是解决赤泥堆存造成环境污染和安全隐患的治本之策，也是我国氧化铝工业可持续发展的必由之路。相关地区和企业必须高度认识赤泥综合利用的紧迫性和重要性，积极开展赤泥综合利用工作。

二、指导思想、基本原则和目标

（一）指导思想

全面贯彻科学发展观，落实资源节约和环境保护基本国策，以发展循环经济、提高赤泥综合利用技术和利用效率为目标，加强工作指导，加快技术创新，建立标准体系，完善政策措施，实现赤泥科学、高效利用，促进铝工业与社会、环境和谐发展。

（二）基本原则

1．坚持技术创新原则。鼓励技术创新，加大研发力度，开发一批具有自主知识产权的关键技术。通过技术攻关、技术集成、产业化示范推广，促进赤泥综合利用产业发展的市场化、规范化和集约化。

2．坚持政策激励原则。发挥财税政策的鼓励、引导作用和市场配置资源的基础性作用，调动市场主体开展赤泥综合利用的积极性，激发企业开展赤泥综合利用的内在源动力。

3．坚持安全清洁利用原则。以赤泥坝安全为前提，鼓励赤泥入坝前综合利用，开发高附加值综合利用产品并实现产业化。避免利用过程中造成二次污染，提高赤泥综合利用效率，实现经济效益、社会效益和环境效益的统一。

4．坚持因地制宜原则。充分考虑赤泥废物属性和资源属性的双重特点，因地制宜，制定并实施符合赤泥资源特征、适应当地条件的高效综合利用方案。对含有潜在应用价值组分的赤泥，要考虑当前利用和长远利用有机结合。

（三）主要目标

到 2015 年，力争赤泥综合利用率达到 20%。推广应用一批先进适用技术；建成一批具有带动效应的应用示范和推广示范项目；创建 2～3 个具有一定规模的赤泥综合利用示范基地，形成多途径、高附加值赤泥综合利用发展格局。

三、重点技术和重点工程

（一）鼓励研发和攻关共性关键技术

1．低成本赤泥脱碱技术

低成本赤泥脱碱技术不仅可以为赤泥的大宗高值利用奠定基础，还能回收利用其中的碱。技术攻关要点：（1）低成本赤泥脱碱的基础物理化学条件优化；（2）低成本赤泥脱碱技术的短流程清洁生产工艺开发；（3）赤泥脱碱溶液的低成本浓缩技术；（4）赤泥脱碱过程中的节能与能源梯级利用关键技术；（5）低成本赤泥脱碱的成套设备研制。

2．高铁赤泥及赤泥铁精矿深度还原再选铁技术

高铁赤泥（含铁量在30%以上）直接深度还原和赤泥铁精粉深度还原再选铁技术，可以使还原铁粉的品位达到90%以上，实现赤泥中铁回收率达到90%以上。技术攻关要点：（1）深度还原反应气氛和过程的准确控制技术；（2）深度还原过程中还原废气的回收利用、能源的梯级利用；（3）深度还原工艺过程关键工艺参数优化；（4）深度还原过程中抑制硅酸铁的生成及抑制物料与耐火材料的粘连技术；（5）深度还原过程中铁粒的生长控制技术、自净化控制技术与非金属矿物物相控制技术；（6）深度还原产物高效磁选分离技术。

3．赤泥制备路基固结材料技术

赤泥与石灰、粉煤灰、矿渣、脱硫石膏、自燃煤矸石及其他固体废弃物混合制备路基固结材料技术。技术攻关要点：（1）赤泥与其他固体废弃物在路基固化过程中的地球化学过程优化控制；（2）赤泥及其他固体废弃物与路基土的配合比与粒级优化控制；（3）赤泥路基固化材料在路基土中的高效分散技术；（4）抑制赤泥固化路基碱溶出过程的优化控制；（5）赤泥路基固化材料大规模生产、储运工艺优化，应用施工的现代化装备配套；（6）赤泥路基固化材料应用环境效应评价。

4．赤泥循环流化床锅炉脱硫技术

充分利用赤泥中氧化钠、氧化钙等碱性物质含量高的特点，进行烟气脱硫、脱硝、脱碳技术。技术攻关要点：（1）赤泥在燃煤烟气中与二氧化硫、三氧化硫、氮氧化合物和二氧化碳等酸性成分反应过程控制；（2）用于循环流化床锅炉的赤泥低成本干燥与预处理工艺；（3）干粉状赤泥大规模输送与准确计量技术；（4）浆状赤泥直接用于燃煤锅炉烟气脱硫技术；（5）赤泥脱硫产物综合利用技术。

5．烧结法赤泥生产高性能混凝土掺合料技术

利用烧结法赤泥碱金属含量相对较低，且含有大量亚微米和纳米级超细矿物颗粒的特点，将赤泥团聚体颗粒大部分分散到原始的粒级后，少量掺入到高性能混凝土中取代水泥或其他掺合料，提高混凝土强度和耐久性技术。技术攻关要点：（1）利用微磨球效应对烧结法赤泥进行低成本超细分散技术；（2）超细赤泥与混凝土外加剂在高性能混凝土中的相容性优化；（3）超细赤泥在高性能混凝土中的水化过程优化控制及复盐生长优化控制；（4）赤泥高性能混凝土专用胶凝材料配合比优化控制。

6．赤泥生产新型建筑材料技术

利用赤泥中含有粘土矿物且粒度极细的特点，经初步脱水后与煤矸石、粉煤灰及其他工业废渣混合生产烧结空心砌块及其他新型建筑材料技术。技术攻关要点：（1）各种固体废弃物的粒级与配比的多重协同优化及大规模低成本预均化技术；（2）烧成过程中碱挥发抑制技术和各种设备的碱腐蚀保护技术；（3）物料高效拌合及水分预均化技术、泥料的表面活性剂增塑增滑挤出技术；（4）快速煅烧过程中温度均化和反应控制技术及碱组分在硅铝网络体中的电荷平衡固化控制技术；（5）赤泥免烧建筑材料的低成本技术和碱控制技术；（6）大规模流水线生产自动控制技术。

7．赤泥制备环境修复材料技术

利用赤泥具有巨大的比表面积和含有大量纳米和亚微米级孔隙的特点，生产具有可控孔结构、高气孔率、高比表面积和高强度赤泥环境修复材料技术；利用赤泥的高碱性及其他特征制备非烧结型环境修复材料技术。技术攻关要点：（1）烧结型赤泥基环境修复材料成孔剂、扩孔

剂与赤泥性能的协调性优化；（2）赤泥基环境修复材料成型和烧结过程中纳米级和亚微米级孔隙结构活化技术；（3）大规模工业化生产中碱组分迁移、碱污染和碱蚀沉积控制与能源梯级利用技术；（4）赤泥基环境修复材料应用过程中的反应调控技术；（5）赤泥基环境修复材料的环境效应综合评价；（6）赤泥基环境修复材料成套生产设备研制。

8．拜耳法高铁赤泥强磁选技术

对部分拜耳法高铁赤泥进行强磁选，从中提取铁品位在50%以上的铁精粉技术。技术攻关要点：（1）赤泥不入库，在流程中进入强磁选铁环节，控制赤泥入选量、入选浓度和强磁选生产设备的匹配以及流量调节和赤泥中间仓调控的系统技术；（2）抑制氧化铁矿物与非氧化铁矿物的物理团聚与化学团聚技术；（3）高效低能耗的低温超导强磁提铁工艺技术及设备；（4）提高铁精粉品位和回收率的成套设备改进和配套技术优化。

9．拜耳法赤泥砂作为水泥生料中的硅质原料生产干法水泥技术

部分拜耳法赤泥经水力旋流器分级处理后可分离出富含石英颗粒的高铁赤泥砂，用于代替现有干法水泥生产中所采用的页岩等硅质原料和铁质原料配制生料技术。技术攻关要点：（1）控制水泥熟料烧制过程中赤泥砂的碱走向技术；（2）控制碱挥发再沉积导致水泥窑及其他热工设备结圈、结核和运行不畅的技术；（3）优化工艺参数，提高赤泥砂的利用效率技术；（4）优化赤泥砂原料的粒级配比，提高赤泥砂在水泥熟料煅烧过程中反应性能技术。

10．赤泥生产化学结合陶瓷（CBC）复合材料技术

利用赤泥单体颗粒的亚微米和纳米超细特征，将赤泥和农作物秸秆碎屑、木屑、林业三剩物碎屑与树脂复合，生产化学结合陶瓷（CBC）复合材料技术。技术攻关要点：（1）赤泥在树脂中的低成本超细分散、与树脂及其他填料的相容性优化技术；（2）赤泥CBC复合材料刚度、韧性、强度、抗老化性、阻燃性和容重等性能的协调优化技术；（3）赤泥CBC复合材料工业生产过程中“三废”控制技术及能源梯级利用技术；（4）赤泥CBC复合材料生产成套设备研制。

11． 综合回收赤泥中多种有价组分技术

我国部分地区赤泥中含有镓、钪、铌、锂、钒、铷、钛、锆、钍等多种有价伴生组分，部分赤泥中铁、铝、钠等主要组分含量较高。攻关要点：（1）多种有价组分在氧化铝生产过程中的低成本综合回收技术；（2）存量赤泥中多种有价组分的低成本综合回收技术；（3）多种有价组分综合回收过程中的节能节水关键技术；（4）多种有价组分综合回收过程中的二次污染控制技术；（5）多种有价组分综合回收的成套设备研制。

（二）应用示范工程

1．拜耳法赤泥旋流分级综合利用工程

本示范工程将建设处理能力100万吨/年以上的拜耳法赤泥旋流分级综合利用工程。利用水力旋流器处理部分拜耳法赤泥，将其分选为较粗粒的富氧化铁和石英砂部分，以及较细的富碱尾渣部分。较粗部分再进行强磁选铁，剩余的富石英的高铁赤泥砂作为水泥厂配制水泥生料的原料，较细富碱尾渣经强磁选铁后返回烧结法作为生产氧化铝的原料，或配制采矿充填料。该工程年产品位50%以上铁精粉20万吨，富石英的高铁赤泥砂20万吨，富碱尾渣（钠硅渣）60万吨。

2．赤泥胶结充填料用于矿山充填工程

本项示范工程将建成年产5万吨赤泥胶凝材料示范生产线、50万吨矿山胶结充填料生产线和20万立方米/年的胶结充填采矿生产线。以拜耳法低铁赤泥或选铁后的赤泥尾渣或选砂、选铁后的富碱尾渣（钠硅渣）与高炉水淬矿渣、脱硫石膏、粉煤灰、循环流化床炉渣、自燃煤

矸石等固体废弃物为主要原料配制成可替代水泥的矿山充填用胶凝材料，其中赤泥用量不低于 30%。

（三）推广示范项目

1．拜耳法高铁赤泥砂作为干法水泥生产的铁质原料

到 2015 年，完成 10 条以上水泥干法生产线利用拜耳法高铁赤泥砂作为配料生产水泥，每条生产线年消纳高铁赤泥砂 10 万吨以上。

2．赤泥制备新型燃煤脱硫剂

到 2015 年，推广 10 台以上循环流化床锅炉应用赤泥脱硫工程建设，形成年处理赤泥 100 万吨生产能力。

3．拜耳法高铁赤泥选铁

到 2015 年，建设 5～10 条拜耳法高铁赤泥选铁生产线，选铁回收率达到 70%以上，形成年处理赤泥 1000 万吨以上生产能力，可回收铁精粉 200 万吨以上。

4．赤泥制备工业窑炉用耐火保温材料

到 2015 年，建设 5～10 条赤泥制备工业窑炉用耐火保温材料生产线，形成年产 20 万吨的工业窑炉用耐火保温材料和年利用赤泥 10 万吨的生产能力。

四、保障措施

（一）加强政策引导和资金支持

建立和完善赤泥综合利用的扶持政策，加大中央财政资金支持力度，选择一批赤泥综合利用应用示范项目和推广示范项目给予中央财政清洁生产专项资金支持；把赤泥综合利用纳入国家技术改造专项资金支持重点，加大技术改造资金支持力度。继续实施赤泥综合利用产品税收优惠政策。鼓励采购使用一定比例赤泥原料制成的产品。

（二）加强赤泥综合利用的基础研究与科技攻关，建立赤泥综合利用标准体系

将赤泥综合利用若干共性关键技术纳入国家科技计划体系，解决制约赤泥综合利用的重大共性关键技术问题。鼓励产学研紧密结合，加强自主创新和原始创新能力，促进先进适用技术和成套装备产业化，加快推广应用。

大力推进赤泥综合利用产品标准体系建设，加强赤泥综合利用产品质量监督，积极推进赤泥综合利用产品推广应用。

（三）加强组织协调，扎实推进工作

各级工业和信息化、科技主管部门应加强对赤泥综合利用工作的指导，相互协调、配合，推动赤泥综合利用产业发展。行业协会应充分发挥技术指导作用，推动赤泥综合利用指导意见的实施。相关企业应加强赤泥综合利用工作的领导，制定并落实方案，全面推进赤泥综合利用工作。

（四）加强国内外交流与合作

加强赤泥综合利用交流与合作，引进和吸收国外先进经验和适用技术，建立赤泥综合利用技术和经验交流推广机制，促进赤泥综合利用产业良性循环，提升赤泥综合利用水平。

【环境保护部】

关于发布《矿产资源开发利用辐射环境监督管理名录（第一批）》的通知

环办[2013]12 号

各省、自治区、直辖市环境保护厅（局）：

为保护环境、保护公众健康、促进铀（钍）矿以外的矿产资源开发利用可持续发展，根据《中华人民共和国放射性污染防治法》、《中华人民共和国环境影响评价法》等法律法规，环境保护部制定了《矿产资源开发利用辐射环境监督管理名录（第一批）》（见附件），现予发布，请遵照执行。

已纳入《矿产资源开发利用辐射环境监督管理名录（第一批）》，并且原矿、中间产品、尾矿（渣）或者其他残留物中铀（钍）系单个核素含量超过 1 贝可/克（1Bq/g）的矿产资源开发利用项目，建设单位应当委托具有核工业类评价范围的环境影响评价机构编制辐射环境影响评价专篇和辐射环境竣工验收专篇。

辐射环境影响评价专篇应当纳入环境影响评价文件，与该项目的环境影响评价文件同步编制，一并申报，评价类别按环境保护部颁布的《建设项目环境影响评价分类管理名录》执行。环评及验收阶段的辐射监测工作应当委托辖区内具有相应资质的监测单位实施。

环境保护部将根据辐射环境管理的需要，对监督管理名录适时予以调整并公布。

附件：矿产资源开发利用辐射环境监督管理名录（第一批）

环境保护部办公厅

2013 年 2 月 4 日

附件

矿产资源开发利用辐射环境监督管理名录（第一批）

序号	行业	工业活动
1	稀土	各类稀土矿（包括独居石、氟碳铈矿、磷钇矿和离子型稀土矿）的开采、选矿和冶炼
2	铌、钽	含铌、钽矿石的开采、选矿和冶炼
3	锆及氧化锆	锆英石（砂）、斜锆石的开采、选矿和冶炼
4	钒	钒矿的开采和冶炼
5	石煤	石煤的开采和使用

关于开展环境污染强制责任保险试点工作的指导意见

环发[2013]10号

各省、自治区、直辖市环境保护厅（局），新疆生产建设兵团环境保护局，辽河保护区管理局，各保监局：

为贯彻落实《国务院关于加强环境保护重点工作的意见》（国发[2011]35号）和《国家环境保护“十二五”规划》（国发[2011]42号）有关精神，进一步健全环境污染责任保险制度，做好环境污染强制责任保险试点工作，现提出以下意见：

一、充分认识环境污染强制责任保险工作的重要意义

环境污染责任保险是以企业发生污染事故对第三者造成的损害依法应承担的赔偿责任为标的的保险。原国家环境保护总局和中国保险监督管理委员会于2007年联合印发《关于环境污染责任保险工作的指导意见》（环发[2007]189号），启动了环境污染责任保险政策试点。各地环保部门和保险监管部门联合推动地方人大和人民政府，制定发布了一系列推进环境污染责任保险的法规、规章和规范性文件，引导保险公司开发相关保险产品，鼓励和督促高环境风险企业投保，取得积极进展。

根据环境风险管理的新形势新要求，开展环境污染强制责任保险试点工作，建立环境风险管理的长效机制，是应对环境风险严峻形势的迫切需要，是实现环境管理转型的必然要求，也是发挥保险机制社会管理功能的重要任务。运用保险工具，以社会化、市场化途径解决环境污染损害，有利于促使企业加强环境风险管理，减少污染事故发生；有利于迅速应对污染事故，及时补偿、有效保护污染受害者权益；有利于借助保险“大数法则”，分散企业对污染事故的赔付压力。

二、明确环境污染强制责任保险的试点企业范围

（一）涉重金属企业

按照国务院有关规定，重点防控的重金属污染物是：铅、汞、镉、铬和类金属砷等，兼顾镍、铜、锌、银、钒、锰、钴、铊、锑等其他重金属污染物。

重金属污染防控的重点行业是：

1．重有色金属矿（含伴生矿）采选业：铜矿采选、铅锌矿采选、镍钴矿采选、锡矿采选、锑矿采选和汞矿采选业等。

2．重有色金属冶炼业：铜冶炼、铅锌冶炼、镍钴冶炼、锡冶炼、锑冶炼和汞冶炼等。

3．铅蓄电池制造业。

4．皮革及其制品业：皮革鞣制加工等。

5．化学原料及化学制品制造业：基础化学原料制造和涂料、油墨、颜料及类似产品制造等。

上述行业内涉及重金属污染物产生和排放的企业，应当按照国务院有关规定，投保环境污染责任保险。

（二）按地方有关规定已被纳入投保范围的企业

地方性法规、地方人民政府制定的规章或者规范性文件规定应当投保环境污染责任保险的企业，应当按照地方有关规定，投保环境污染责任保险。

（三）其他高环境风险企业

鼓励下列高环境风险企业投保环境污染责任保险：

1．石油天然气开采、石化、化工等行业企业。

2．生产、储存、使用、经营和运输危险化学品的企业。

3．产生、收集、贮存、运输、利用和处置危险废物的企业，以及存在较大环境风险的二噁英排放企业。

4．环保部门确定的其他高环境风险企业。

三、合理设计环境污染强制责任保险条款和保险费率

保险监管部门应当引导保险公司把开展环境污染责任保险业务作为履行社会责任的重要举措，合理设计保险条款，科学厘定保险费率。

（一）责任范围

保险条款载明的保险责任赔偿范围应当包括：

1．第三方因污染损害遭受的人身伤亡或者财产损失。

2．投保企业（又称被保险人）为了救治第三方的生命，避免或者减少第三方财产损失所发生的必要而且合理的施救费用。

3．投保企业根据环保法律法规规定，为控制污染物扩散，或者清理污染物而支出的必要而且合理的清污费用。

4．由投保企业和保险公司约定的其他赔偿责任。

（二）责任限额

投保企业应当根据本企业环境风险水平、发生污染事故可能造成的损害范围等因素，确定足以赔付环境污染损失的责任限额，并据此投保。

（三）保险费率

保险公司应当综合考虑投保企业的环境风险、历史发生的污染事故及其造成的损失等方面的总体情况，兼顾投保企业的经济承受能力，科学合理设定环境污染责任保险的基准费率。

保险公司根据企业环境风险评估结果，综合考虑投保企业的环境守法状况（包括环境影响评价文件审批、建设项目竣工环保验收、排污许可证核发、环保设施运行、清洁生产审核、事故应急管理等环境法律制度执行情况），结合投保企业的行业特点、工艺、规模、所处区域环境敏感性等方面情况，在基准费率的基础上，合理确定适用于投保企业的具体费率。

四、健全环境风险评估和投保程序

企业投保或者续签保险合同前，保险公司可以委托或者自行对投保企业开展环境风险评估。

鼓励保险经纪机构提供环境风险评估和其他有关保险的技术支持和服务。

投保企业环境风险评估可以按照下列规定开展：

（一）对已有环境风险评估技术指南的氯碱、硫酸等行业，按照技术指南开展评估。

（二）对尚未颁布环境风险评估技术指南的行业，可以参照氯碱、硫酸等行业环境风险评估技术指南规定的基本评估方法，综合考虑生产因素、厂址环境敏感性、环境风险防控、事故应急管理等指标开展评估。

本意见规定的涉重金属企业、按地方有关规定已被纳入投保范围的企业，以及其他高环境风险企业，经过环境风险评估后，应当及时与保险公司签订保险合同，并将投保信息报告当地环保部门和保险监管部门。

保险监管部门应当引导和监督保险公司做好承保相关服务。

五、建立健全环境风险防范和污染事故理赔机制

（一）风险防范

在对企业日常环境监管中，环保部门应当监督企业严格落实环境污染事故预防和事故处理等责任，积极改进环境风险管理。

保险监管部门应当督促保险公司加强对投保企业环境风险管理的技术性检查和服务，充分发挥保险的事前风险防范作用。

保险公司应当按照保险合同的规定，做好对投保企业环境风险管理的指导和服务工作，定期对投保企业环境风险管理的总体状况和重要环节开展梳理和检查，查找环境风险和事故隐患，及时向投保企业提出消除不安全因素或者事故隐患的整改意见，并可视情况通报当地环保部门。

投保企业是环境风险防范的第一责任人，应当加强对重大环境风险环节的管理，对存在的环境风险隐患积极整改，并做好突发环境污染事故的应急预案、定期演练和相关准备。

（二）事故报告

发生环境污染事故后，投保企业应当及时采取必要、合理的措施，有效防止或减少损失，并按照法律法规要求，向有关政府部门报告；应当及时通知保险公司，书面说明事故发生的原因、经过和损失情况；应当保护事故现场，保存事故证据资料，协助保险公司开展事故勘查和定损。

保险公司在事故调查、理赔中，可以参考当地环保部门掌握并依法可以公开的事故调查结论。

（三）出险理赔

投保企业发生环境污染事故后，保险公司应当及时组织事故勘查、定损和责任认定，并按照保险合同的约定，规范、高效、优质地提供出险理赔服务，及时履行保险赔偿责任。

对损害责任认定较为清晰的第三方人身伤亡或者财产损失，以及投保企业为了救治第三方的生命所发生的必要而且合理的施救等费用，保险公司应当积极预付赔款，加快理赔进度。

保险监管部门应当引导保险公司简化理赔手续，优化理赔流程，提升服务能力和水平。

（四）损害计算

环境污染事故造成的对第三方的人身损害、财产损失，投保企业为防止污染扩大、降低事故损失而采取相应措施所发生的应急处置费用，可以按照环境保护部印发的《环境污染损害数额计算推荐方法》（环发[2011]60 号文件附件）规定的方法进行鉴定评估和核算。

在开展环境污染损害鉴定评估试点的地区，保险公司可以委托环境污染损害鉴定评估专业机构对污染事故的损害情况进行测算。

（五）争议案件的处理

投保企业与保险公司发生争议时，按照双方合同约定处理。保险经纪机构可以代表投保企业就有争议的案件与保险公司进行协商谈判，最大程度保障投保企业的合法权益，减少投保企业的损失和索赔成本。

六、强化信息公开

（一）环境信息

环保部门应当根据《环境信息公开办法》的有关规定，公布投保企业的下列环境信息：

1．建设项目环境影响评价文件受理情况、审批结果和建设项目竣工环保验收结果。

2．排污许可证发放情况。

3．污染物排放超过国家或者地方排放标准，或者污染物排放总量超过地方人民政府依法核定的排放总量控制指标的污染严重的企业名单。

4．发生过污染事故或者事件的企业名单，以及拒不执行已生效的环境行政处罚决定的企业名单。

5．环保部门掌握的依法可以公开的有利于判断投保企业环境风险的其他相关信息。

投保企业应当按照国家有关规定，建立重金属产生、排放台账，以及危险化学品生产过程中的特征化学污染物产生、排放台账，建立企业环境信息披露制度，公布重金属和特征化学污染物排放、转移和环境管理情况信息。

（二）保险信息

保险监管部门应当依照《中国保险监督管理委员会政府信息公开办法》有关规定，公开与环境污染强制责任保险试点相关的信息。

保险公司应当依照《保险企业信息披露管理办法》等有关规定，全面准确地公开与环境污染强制责任保险有关的保险产品经营等相关信息。

七、完善促进企业投保的保障措施

（一）强化约束手段

对应当投保而未及时投保的企业，环保部门可以采取下列措施：

1．将企业是否投保与建设项目环境影响评价文件审批、建设项目竣工环保验收、排污许可证核发、清洁生产审核，以及上市环保核查等制度的执行，紧密结合。

2．暂停受理企业的环境保护专项资金、重金属污染防治专项资金等相关专项资金的申请。

3．将该企业未按规定投保的信息及时提供银行业金融机构，为其客户评级、信贷准入退出和管理提供重要依据。

（二）完善激励措施

对按规定投保的企业，环保部门可以采取下列鼓励和引导措施：

1．积极会同当地财政部门，在安排环境保护专项资金或者重金属污染防治专项资金时，对投保企业污染防治项目予以倾斜。

2．将投保企业投保信息及时通报银行业金融机构，推动金融机构综合考虑投保企业的信贷风险评估、成本补偿和政府扶持政策等因素，按照风险可控、商业可持续原则优先给予信贷支持。

（三）健全政策法规

地方环保部门、保险监管部门应当积极争取将环境污染强制责任保险政策纳入地方性法规、规章，或者推动地方人民政府出台规范性文件，并配合有关部门制定有利于环境污染强制责任保险的经济政策和措施。

环保部门应当推动健全环境损害赔偿制度，加快建立和完善环境污染损害鉴定评估机制，支持、规范环境污染事故的责任认定和损害鉴定工作。

企业发生污染事故后，地方环保部门应当通过提供有关监测数据和相关监管信息，依法支持污染受害人和有关社会团体对污染企业提起环境污染损害赔偿诉讼，推动企业承担全面的污染损害赔偿责任，增强企业环境风险意识和环境责任意识。

涉重金属企业的环境污染强制责任保险试点工作方案，由环境保护部另行组织制定。

地方环保部门和保险监管部门应当充分认识开展环境污染强制责任保险试点工作的重要性，结合本地区实际，建立工作机制，制定实施方案，切实加大工作力度，推动试点工作取得实际成效。

环境保护部　保监会

2013 年 1 月 21 日

关于切实加强风险防范严格环境影响评价管理的通知

环发[2012]98 号

各省、自治区、直辖市环境保护厅（局），新疆生产建设兵团环境保护局，辽河保护区管理局，解放军环境保护局：

近年来，各级环保部门在环境影响评价工作中严格准入把关，加大监管力度，扎实推进建设项目环境管理中的风险防范工作，对维护群众环境权益、促进社会和谐稳定发挥了积极作用。为进一步加强风险防范，严格环境影响评价管理，现就有关事项通知如下：

一、进一步提高对风险防范工作重要性的认识

风险防范是环境影响评价的重要目的之一，事关经济社会发展全局中的环境安全，事关人民群众的根本环境权益。目前，我国环境状况总体恶化的趋势尚未根本改变，环境压力继续加大，人民群众的环境诉求不断提高，由环境风险、污染事件等引发的群体性事件不断增多，风险防范已成为一项长期性工作，环境影响评价管理面临的形势十分严峻。各级环保部门要进一步深化对所面临风险压力的认识，进一步增强大局意识、责任意识和风险防范意识，进一步加强组织领导，强化各项工作措施，坚持预防为主，全力做好风险防范工作，不断提高环境影响评价管理工作质量。

二、组织开展建设项目环境风险排查，督促建设单位和相关方进行整改落实

（一）抓紧开展排查工作

各级环保部门要按照“范围要广、密度要大、深度要够”的要求，抓紧组织对 2008 年以来本部门审批、验收的可能引发环境风险和社会关注度较高的建设项目开展环境风险排查，其他有必要进行排查的建设项目可视辖区内项目情况自行确定。排查重点包括：

1. 环境影响评价文件及审批文件。对照我部《关于进一步加强环境影响评价管理防范环境风险的通知》（环发[2012]77 号，以下简称《通知》）要求，核查环境影响评价文件是否设置了环境风险评价专章、环境风险评价内容是否完善，审批文件中环境风险防范设施和应急措施的相关要求是否完善。

2. 竣工环境保护验收报告及验收意见。对照《通知》要求，核查验收报告是否设置了环境风险防范设施和应急措施的落实情况专章、对环境风险防范设施和应急措施的落实情况是否进行了全面调查、验收意见中环境风险防范设施和应急措施的相关要求是否完善。

3. 规划调整控制、防护距离内居民搬迁、项目依托的公用环保设施或工程等工作，是否已按有关地方人民政府及相关部门承诺按期进行等。

4. 批复和验收意见中有其他要求事项的，核查是否已明确责任主体和完成期限，了解目前的进展情况。

（二）对存在的问题进行督促整改

对排查中发现的问题，要及时提出整改要求，明确责任主体和完成时间，主要包括：

1. 建设项目环境影响评价文件缺少环境风险评价专章或环境风险评价内容不完善的，应要求建设单位提出环境风险防范和应急措施，并报原环评审批部门备案；建设项目竣工环境保护验收报告缺少环境风险防范设施和应急措施的落实情况专章或落实情况调查不到位的，应要

求建设单位限期补充完善。

2. 环境影响评价文件批复和竣工环境保护验收意见要求不完善的，应提出补充建议，督促建设单位限期落实相关要求。根据环境管理工作需要，可要求建设单位对项目设计阶段环保措施落实情况、企业突发环境事件应急预案进行备案，开展环境监理工作。已投入试生产、尚未通过竣工环保验收的，如发现项目环境风险防范设施和应急措施不落实或落实不到位的，应及时予以纠正。

3. 规划调整控制、防护距离内居民搬迁、项目依托的公用环保设施或工程等工作，未按有关地方人民政府及相关部门承诺按期进行的，应及时函告承诺主体，督促其尽快实施。

4. 批复和验收意见中提出的其他要求，尚未得到落实的，应及时明确责任主体和完成期限。

5. 一旦发现有可能引发公众关注的热点环境问题，应立即向相关地方人民政府和有关部门报告，配合做好相关工作。

请各省级环保部门组织本行政区域内省、地市和县三级环保部门的排查工作，并在排查结束后认真总结，于2012年12月31日前将总结报告报送我部。

三、进一步加大环境影响评价公众参与和政务信息公开力度，切实保障公众对环境保护的参与权、知情权和监督权

各级环保部门要督促建设单位严格按照《环境影响评价公众参与暂行办法》(以下简称《暂行办法》）等文件的规定，做好相关工作。对编制环境影响报告书的项目，建设单位在开展环境影响评价的过程中，应当在当地报纸、网站和相关基层组织信息公告栏中，向公众公告项目的环境影响信息。环保部门在项目环境影响报告书的受理和审批中，要将公众参与情况作为审查重点，对公众参与的程序合法性、形式有效性、对象代表性、结果真实性等进行全面深入的审查；对其中公众提出的反对意见要高度关注，着重了解建设单位对公众所持反对意见的处理和落实情况。对存在公众参与范围过小、代表性差、原始材料缺失、程序不符合要求甚至弄虚作假等问题的项目环境影响报告书，一律不予受理和审批。

各级环保部门要按照《暂行办法》等文件的规定，进一步做好信息公开和征求公众意见等工作。需编制环境影响报告书的项目，报告书简本作为项目受理条件之一，与建设项目环境影响评价文件受理情况同时在具有审批权的环保部门网站上公布（涉密项目除外）。简本中必须论述项目建设产生的污染物排放量、可能造成的环境影响和拟采取的环境保护对策措施，对有关单位、专家和公众意见采纳或者不采纳的说明；可能产生环境风险的项目，在简本中还必须论述相应的环境风险和防范措施。对群众信访、投诉中涉及环境权益之外的其他方面诉求、反映强烈的，要及时与相关部门沟通，并向本级政府作出报告，配合做好有关工作。

四、进一步强化环境影响评价全过程监管

各级环保部门要按照我部《关于加强产业园区规划环境影响评价有关工作的通知》(环发[2011]14号）等文件要求，以化工石化园区和其他排放持久性有机物、重金属等有毒有害物质的高风险产业园区为重点，进一步严格产业园区规划环评管理，强化规划环评和项目环评的联动机制。

化工石化、有色冶炼、制浆造纸等可能引发环境风险的项目，在符合国家产业政策和清洁生产水平要求、满足污染物排放标准以及污染物排放总量控制指标的前提下，必须在依法设立、环境保护基础设施齐全并经规划环评的产业园区内布设。在环境风险防控重点区域如居民集中区、医院和学校附近、重要水源涵养生态功能区等，以及因环境污染导致环境质量不能稳定达标的区域内，禁止新建或扩建可能引发环境风险的项目。

各级环保部门在环评受理和审批中，要重点关注环境敏感目标保护、所涉及环境敏感区的主管部门相关意见、规划调整控制、防护距离内的居民搬迁安置方案和项目依托的公用环保设施或工程是否可行、是否存在环评违法行为等内容；对可能引发环境风险的项目，还要重点关注环境风险评价专章和环境风险防范措施；对水利水电、铁路、公路、机场、轨道交通、污水处理、垃圾处理处置、固废处理处置等社会关注度高的项目，还要重点关注选址选线是否具有环境优化空间。

进一步加强建设项目环评审批后的跟踪管理，督促建设单位同步落实各项污染防治、生态保护、环境风险防范设施和措施。对规划调整控制、防护距离内居民搬迁以及建设项目依托的公用环保设施或工程实施进展缓慢的，要督促建设单位配合有关部门协调解决。

严格试生产和验收管理。对环境风险防范措施不满足环境影响评价文件及批复要求，规划调整控制不到位、防护距离内居民搬迁未完成，建设项目依托的公用环保设施或工程未建成的建设项目，一律不得同意投入试生产。对投入试生产的建设项目要加强现场监管，尤其要督促建设单位对调试、试运行、开停车等阶段的非正常排放采取有效的处理措施，严防污染事故和污染扰民。对环境风险防范措施落实不到位的项目，环保投诉和信访问题突出、群众合理环境诉求未得到解决的项目，一律不予验收，并责令限期改正。

对“未批先建”、建设过程中擅自作出重大变更、“久拖不验”、“未验先投”等违法行为，要严格依法查处。企业建设项目环境违法问题严重的，对该企业及其上级集团实行环评限批。对区域内建设项目环境违法问题突出、引发群体性事件的地区，要约谈其政府负责人，提出改进工作的建议，督促当地政府依法履行职责，落实整改措施。

附一：

尾矿库分类

按照安全监管部门相关规定，将尾矿库分为五个等别，并根据尾矿库防洪能力和尾矿坝坝体稳定性确定尾矿库安全度。以下分类引自《尾矿库安全技术规程》（AQ 2006—2005）。

一、尾矿库等别

尾矿库各使用期的设计等别应根据该期的全库容和坝高分别按表 1 确定。当两者的等差为一等时，以高者为准；当等差大于一等时，按高者降低一等。尾矿库失事将使下游重要城镇、工矿企业或铁路干线遭受严重灾害者，其设计等别可提高一等。

表 1 尾矿库等别

等别	全库容 V/万 m^3	坝高 H/m
一	二等库具备提高等别条件者	
二	$V \geqslant 10000$	$H \geqslant 100$
三	$1000 \leqslant V < 10000$	$60 \leqslant H < 100$
四	$100 \leqslant V < 1000$	$30 \leqslant H < 60$
五	$V < 100$	$H < 30$

二、尾矿库安全度分类

尾矿库安全度主要根据尾矿库防洪能力和尾矿坝坝体稳定性确定。分为危库、险库、病库、正常库四级。

（1）危库：指安全没有保障，随时可能发生垮坝事故的尾矿库。危库必须停止生产并采取应急措施。尾矿库有下列工况之一的为危库：

①尾矿库调洪库容严重不足，在设计洪水位时，安全超高和最小干滩长度都不满足设计要求，将可能出现洪水漫顶；

②排洪系统严重堵塞或坍塌，不能排水或排水能力急剧降低；

③排水井显著倾斜，有倒塌的迹象；

④坝体出现贯穿性横向裂缝，且出现较大范围管涌、流土变形，坝体出现深层滑动迹象；

⑤经验算，坝体抗滑稳定最小安全系数小于规定值的 0.95；

⑥其他严重危及尾矿库安全运行的情况。

（2）险库：指安全设施存在严重隐患，若不及时处理将会导致垮坝事故的尾矿库。险库必须立即停产，排除险情。尾矿库有下列工况之一的为险库：

①尾矿库调洪库容不足，在设计洪水位时，安全超高和最小干滩长度均不满足设计要求；

②排洪系统部分堵塞或坍塌，排水能力有所降低，达不到设计要求；

③排水井有所倾斜；

④坝体出现浅层滑动迹象；

⑤经验算，坝体抗滑稳定最小安全系数小于规定值的 0.98；

⑥坝体出现大面积纵向裂缝，且出现较大范围渗透水高位出逸，出现大面积沼泽化；

⑦其他危及尾矿库安全运行的情况。

（3）病库：指安全设施不完全符合设计规定，但符合基本安全生产条件的尾矿库。病库应限期整改。尾矿库有下列工况之一的为病库：

①尾矿库调洪库容不足，在设计洪水位时不能同时满足设计规定的安全超高和最小干滩长度的要求；

②排洪设施出现不影响安全使用的裂缝、腐蚀或磨损；

③经验算，坝体抗滑稳定最小安全系数满足规定值，但部分高程上堆积边坡过陡，可能出现局部失稳；

④浸润线位置局部较高，有渗透水出逸，坝面局部出现沼泽化；

⑤坝面局部出现纵向或横向裂缝；

⑥坝面未按设计设置排水沟，冲蚀严重，形成较多或较大的冲沟；

⑦坝端无截水沟，山坡雨水冲刷坝肩；

⑧堆积坝外坡未按设计覆土、植被；

⑨其他不影响尾矿库基本安全生产条件的非正常情况。

（4）正常库：尾矿库同时满足下列工况的为正常库：

①尾矿库在设计洪水位时能同时满足设计规定的安全超高和最小干滩长度的要求；

②排水系统各构筑物符合设计要求，工况正常；

③尾矿坝的轮廓尺寸符合设计要求，稳定安全系数满足设计要求；

④坝体渗流控制满足要求，运行工况正常。

附二：

现有法律法规中涉及尾矿库的各部门管理职责摘录

一、国务院和地方各级人民政府部门

《安全生产法》

第八条　国务院和地方各级人民政府应当加强对安全生产工作的领导，支持、督促各有关部门依法履行安全生产监督管理职责。

县级以上人民政府对安全生产监督管理中存在的重大问题应当及时予以协调、解决。

第十一条　各级人民政府及其有关部门应当采取多种形式，加强对有关安全生产的法律、法规和安全生产知识的宣传，提高职工的安全生产意识。

第五十三条　县级以上地方各级人民政府应当根据本行政区域内的安全生产状况，组织有关部门按照职责分工，对本行政区域内容易发生重大生产安全事故的生产经营单位进行严格检查；发现事故隐患，应当及时处理。

第六十八条　县级以上地方各级人民政府应当组织有关部门制定本行政区域内特大生产安全事故应急救援预案，建立应急救援体系。

第七十二条　有关地方人民政府和负有安全生产监督管理职责的部门的负责人接到重大生产安全事故报告后，应当立即赶到事故现场，组织事故抢救。

第九十二条　有关地方人民政府、负有安全生产监督管理职责的部门，对生产安全事故隐瞒不报、谎报或者拖延不报的，对直接负责的主管人员和其他直接责任人员依法给予行政处分；构成犯罪的，依照刑法有关规定追究刑事责任。

《防洪法》

第十三条 山洪可能诱发山体滑坡、崩塌和泥石流的地区以及其他山洪多发地区的县级以上地方人民政府，应当组织负责地质矿产管理工作的部门、水行政主管部门和其他有关部门对山体滑坡、崩塌和泥石流隐患进行全面调查，划定重点防治区，采取防治措施。城市、村镇和其他居民点以及工厂、矿山、铁路和公路干线的布局，应当避开山洪威胁；已经建在受山洪威胁的地方的，应当采取防御措施。

第三十六条 各级人民政府应当组织有关部门加强对水库大坝的定期检查和监督管理。对未达到设计洪水标准、抗震设防要求或者有严重质量缺陷的险坝，大坝主管部门应当组织有关单位采取除险加固措施，限期消除危险或者重建，有关人民政府应当优先安排所需资金。对可能出现垮坝的水库，应当事先制定应急抢险和居民临时撤离方案。各级人民政府和有关主管部门应当加强对尾矿坝的监督管理，采取措施，避免因洪水导致垮坝。

二、安全生产监督管理部门

《安全生产法》

第九条 国务院负责安全生产监督管理的部门依照本法，对全国安全生产工作实施综合监督管理；县级以上地方各级人民政府负责安全生产监督管理的部门依照本法，对本行政区域内安全生产工作实施综合监督管理。

第五十五条 负有安全生产监督管理职责的部门对涉及安全生产的事项进行审查、验收，不得收取费用；不得要求接受审查、验收的单位购买其指定品牌或者指定生产、销售单位的安全设备、器材或者其他产品。

第五十六条 负有安全生产监督管理职责的部门依法对生产经营单位执行有关安全生产的法律、法规和国家标准或者行业标准的情况进行监督检查，行使以下职权：

（一）进入生产经营单位进行检查，调阅有关资料，向有关单位和人员了解情况。

（二）对检查中发现的安全生产违法行为，当场予以纠正或者要求限期改正；对依法应当给予行政处罚的行为，依照本法和其他有关法律、行政法规的规定作出行政处罚决定。

（三）对检查中发现的事故隐患，应当责令立即排除；重大事故隐患排除前或者排除过程中无法保证安全的，应当责令从危险区域内撤出作业人员，责令暂时停产停业或者停止使用；重大事故隐患排除后，经审查同意，方可恢复生产经营和使用。

（四）对有根据认为不符合保障安全生产的国家标准或者行业标准的设施、设备、器材予以查封或者扣押，并应当在十五日内依法作出处理决定。

监督检查不得影响被检查单位的正常生产经营活动。

《非煤矿矿山建设项目安全设施设计审查与竣工验收办法》

第二条 非煤矿矿山建设项目（以下简称“建设项目”）安全设施的设计审查和竣工验收及其监督管理工作，适用本办法。

建设项目是指非煤矿矿山新建、改建和扩建的工程项目。

第五条 建设项目施工前，其安全设施设计应当经安全生产监督管理部门审查同意；竣工投入生产或者使用前，其安全设施和安全条件应当经安全生产监督管理部门验收合格。

《尾矿库安全监督管理规定》

第二条 尾矿库的建设、运行、闭库和闭库后再利用及其安全监督管理，适用本规定。

核工业矿山和其他具有放射性物质的尾矿库安全监督管理工作，不适用本规定。

第三条 尾矿库建设、运行、闭库和闭库后再利用的安全技术要求以及尾矿库等级划分标准，按照《尾矿库安全技术规程》（AQ 2006—2005）执行。

第四条　国家安全生产监督管理总局负责对国务院或者国务院有关部门审批、核准、备案的尾矿库建设项目进行安全设施设计审查和竣工验收。

前款规定以外的其他尾矿库建设项目安全设施设计审查和竣工验收，由省级安全生产监督管理部门按照分级管理的原则作出规定。

省级安全生产监督管理部门负责总库容100万立方米（含100万立方米）以上尾矿库的安全监督管理；地（市）级安全生产监督管理部门负责总库容100万立方米以下尾矿库的安全监督管理，并可以结合实际情况委托县级安全生产监督管理部门进行监督管理。

第十一条　尾矿库建设项目包括新建、改建、扩建、闭库以及在用尾矿库回采再利用和闭库后再利用的尾矿库建设工程。

尾矿库建设项目安全设施设计审查与竣工验收应当符合《非煤矿矿山建设项目安全设施设计审查与竣工验收办法》及有关法律、法规的规定。

《非煤矿矿山企业安全生产许可证实施办法》

第四条　国务院安全生产监督管理部门指导、监督全国非煤矿矿山企业安全生产许可证的颁发管理工作，负责中央管理的非煤矿矿山企业（集团公司、总公司、上市公司）和海洋石油天然气企业安全生产许可证的颁发和管理。

省、自治区、直辖市人民政府安全生产监督管理部门（以下称“省级安全生产许可证颁发管理机关”）负责前款规定以外的非煤矿矿山企业以及含有非煤矿山或者设有尾矿库的其他非矿山企业安全生产许可证的颁发和管理。

《安全生产事故隐患排查治理暂行规定》

第二条　生产经营单位安全生产事故隐患排查治理和安全生产监督管理部门、煤矿安全监察机构（以下统称“安全监管监察部门”）实施监管监察，适用本规定。

有关法律、行政法规对安全生产事故隐患排查治理另有规定的，依照其规定。

第五条　各级安全监管监察部门按照职责对所辖区域内生产经营单位排查治理事故隐患工作依法实施综合监督管理；各级人民政府有关部门在各自职责范围内对生产经营单位排查治理事故隐患工作依法实施监督管理。

第二十条　安全监管监察部门应当建立事故隐患排查治理监督检查制度，定期组织对生产经营单位事故隐患排查治理情况开展监督检查；应当加强对重点单位的事故隐患排查治理情况的监督检查。对检查过程中发现的重大事故隐患，应当下达整改指令书，并建立信息管理台账。必要时，报告同级人民政府并对重大事故隐患实行挂牌督办。

安全监管监察部门应当配合有关部门做好对生产经营单位事故隐患排查治理情况开展的监督检查，依法查处事故隐患排查治理的非法和违法行为及其责任者。

安全监管监察部门发现属于其他有关部门职责范围内的重大事故隐患的，应该及时将有关资料移送有管辖权的有关部门，并记录备查。

三、环境保护行政部门

《防治尾矿污染环境管理规定》

第四条　县级以上人民政府环境保护行政主管部门对本辖区内的尾矿污染防治实施统一监督管理。

第六条　县级以上人民政府环境保护行政主管部门有权对管辖范围内产生尾矿的企业进行现场检查。被检查的企业应当如实反映情况，提供必要的资料。检查机关应为被检查的单位保守技术秘密和业务秘密。

第九条 产生尾矿的新建、改建或扩建项目，必须遵守国家有关建设项目环境保护管理的规定。

第十条 企业产生的尾矿必须排入尾矿设施，不得随意排放。无尾矿设施或尾矿设施不完善并严重污染环境的企业，由环境保护行政主管部门依照法律规定报同级人民政府批准，限期建成或完善。

第十五条 因发生事故或其他突然事件，造成或者可能造成尾矿污染事故的企业，必须立即采取应急措施处理，及时通报可能受到危害的单位和居民，并向当地环境保护行政主管部门和企业主管部门报告，接受调查处理。当地环境保护行政主管部门接到尾矿污染事故报告后，应立即向当地人民政府和上一级环境保护行政主管部门报告。对于特大的尾矿污染事故，由地、市环境保护行政主管部门报告国家环境保护局。任何单位和个人不得干扰对事故的抢救和处理工作。可能发生重大污染事故的企业，应当采取措施，加强防范。

第十七条 尾矿贮存设施停止使用后必须进行处置，保证坝体安全，不污染环境，消除污染事故隐患。关闭尾矿设施必须经企业主管部门报当地省环境保护行政主管部门验收，批准。

经验收移交后的尾矿设施其污染防治由接收单位负责。利用处置过的尾矿或其设施，需经地、市环境保护行政主管部门批准，并报省环境保护行政主管部门备案。

四、管理矿山企业的主管部门

《矿山安全法》

第三十四条 县级以上人民政府管理矿山企业的主管部门对矿山安全工作行使下列管理职责：

（一）检查矿山企业贯彻执行矿山安全法律、法规的情况；

（二）审查批准矿山建设工程安全设施的设计；

（三）负责矿山建设工程安全设施的竣工验收；

（四）组织矿长和矿山企业安全工作人员的培训工作；

（五）调查和处理重大矿山事故；

（六）法律、行政法规规定的其他管理职责。

五、劳动行政主管部门

《矿山安全法》

第四条 国务院劳动行政主管部门对全国矿山安全工作实施统一监督。县级以上地方各级人民政府劳动行政主管部门对本行政区域内的矿山安全工作实施统一监督。

县级以上人民政府管理矿山企业的主管部门对矿山安全工作进行管理。

第三十三条 县级以上各级人民政府劳动行政主管部门对矿山安全工作行使下列监督职责：

（一）检查矿山企业和管理企业的主管部门贯彻执行矿山安全法律、法规的情况；

（二）参加矿山建设工程安全设施的设计审查和竣工验收；

（三）检查矿山劳动条件和安全状况；

（四）检查矿山企业职工安全教育、培训工作；

（五）监督矿山企业提取和使用安全技术措施专项费用的情况；

（六）参加并监督矿山事故的调查和处理；

（七）法律、行政法规规定的其他监督职责。

《矿山安全法实施条例》

第四十三条　县级以上各级人民政府劳动行政主管部门，应当根据矿山安全监督工作的实际需要，配备矿山安全监督人员。

矿山安全监督人员必须熟悉矿山安全技术知识，具有矿山安全工作经验，能胜任矿山安全检查工作。

矿山安全监督证件和专用标志由国务院劳动行政主管部门统一制作。

第四十四条　矿山安全监督人员在执行职务时，有权进入现场检查，参加有关会议，无偿调阅有关资料，向有关单位和人员了解情况。

矿山安全监督人员进入现场检查，发现有危及职工安全健康的情况时，有权要求矿山企业立即改正或者限期解决；情况紧急时，有权要求矿山企业立即停止作业，从危险区内撤出作业人员。

劳动行政主管部门可以委托检测机构对矿山作业场所和危险性较大的在用设备、仪器、器材进行抽检。

劳动行政主管部门对检查中发现的违反《矿山安全法》和本条例以及其他法律、法规有关矿山安全的规定的情况，应当依法提出处理意见。

六、水行政主管部门

《水土保持法》

第六条　国务院水行政主管部门主管全国的水土保持工作。县级以上地方人民政府水行政主管部门，主管本辖区的水土保持工作。

第十九条　在山区、丘陵区、风沙区修建铁路、公路、水工程，开办矿山企业、电力企业和其他大中型工业企业，在建设项目环境影响报告书中，必须有水行政主管部门同意的水土保持方案。水土保持方案应当按照本法第十八条的规定制定。

在山区、丘陵区、风沙区依照矿产资源法的规定开办乡镇集体矿山企业和个体申请采矿，必须持有县级以上地方人民政府水行政主管部门同意的水土保持方案，方可申请办理采矿批准手续。

建设项目中的水土保持设施，必须与主体工程同时设计、同时施工、同时投产使用。建设工程竣工验收时，应当同时验收水土保持设施，并有水行政主管部门参加。

《防洪法》

第十六条　防洪规划确定的河道整治计划用地和规划建设的堤防用地范围内的土地，经土地管理部门和水行政主管部门会同有关地区核定，报经县级以上人民政府按照国务院规定的权限批准后，可以划定为规划保留区；该规划保留区范围内的土地涉及其他项目用地的，有关土地管理部门和水行政主管部门核定时，应当征求有关部门的意见。规划保留区依照前款规定划定后，应当公告。

前款规划保留区内不得建设与防洪无关的工矿工程设施；在特殊情况下，国家工矿建设项目确需占用前款规划保留区内的土地的，应当按照国家规定的基本建设程序报请批准，并征求有关水行政主管部门的意见。

防洪规划确定的扩大或者开辟的人工排洪道用地范围内的土地，经省级以上人民政府土地管理部门和水行政主管部门会同有关部门、有关地区核定，报省级以上人民政府按照国务院规定的权限批准后，可以划定为规划保留区，适用前款规定。

在洪泛区、蓄滞洪区内建设非防洪建设项目，应当就洪水对建设项目可能产生的影响和建设项目对防洪可能产生的影响作出评价，编制洪水影响评价报告，提出防御措施。建设项目可行性研究报告按照国家规定的基本建设程序报请批准时，应当附具有关水行政主管部门审查批准的洪水影响评价报告。在蓄滞洪区内建设的油田、铁路、公路、矿山、电厂、电信设施和管道，其洪水影响评价报告应当包括建设单位自行安排的防洪避洪方案。建设项目投入生产或者使用时，其防洪工程设施应当经水行政主管部门验收。在蓄滞洪区内建造房屋应当采用平顶式结构。

第三十四条 大中城市，重要的铁路、公路干线，大型骨干企业，应当列为防洪重点，确保安全。受洪水威胁的城市、经济开发区、工矿区和国家重要的农业生产基地等，应当重点保护，建设必要的防洪工程设施。城市建设不得擅自填堵原有河道沟叉、贮水湖塘洼淀和废除原有防洪围堤；确需填堵或者废除的，应当经水行政主管部门审查同意，并报城市人民政府批准。

《河道管理条例》

第二十四条 在河道管理范围内，禁止修建围堤、阻水渠道、阻水道路；种植高秆农作物、芦苇、杞柳、荻柴和树木（堤防防护林除外）；设置拦河渔具；弃置矿渣、石渣、煤灰、泥土、垃圾等。

第三十二条 山区河道有山体滑坡、崩岸、泥石流等自然灾害的河段，河道主管机关应当会同地质、交通等部门加强监测。在上述河段，禁止从事开山采石、采矿、开荒等危及山体稳定的活动。

附三：

尾矿库企业环境应急预案的编制内容

1 总则

1.1 编制目的

明确预案编制的目的、要达到的目标和作用等。

1.2 编制依据

明确预案编制所依据的国家法律法规、规章制度，部门文件有关行业技术规范标准，以及企业关于应急工作的有关制度和管理办法等。

1.3 适用范围

规定应急预案适用的对象、范围，以及环境污染事件的类型、级别等。

1.4 事件分级

参照《国家突发环境事件应急预案》。

1.5 工作原则

明确应急工作应遵循预防为主、减少危害，统一领导、分级负责，企业自救、属地管理，整合资源、联动处置等原则。

1.6 应急预案关系说明

明确应急预案与内部企业应急预案和外部其他应急预案的关系，并辅相应的关系图，表述预案之间的横向关联及上下衔接关系。

2 尾矿库概况

2.1 基本情况

应明确尾矿库名称、建设地点、经纬度、尾矿库等级和类别、上游汇水面积，最大降雨量、尾矿库周边环境敏感点分布等。

2.2 工程概况

明确尾矿库设计和施工单位，尾矿库设计库容、坝高、坝址抗震烈度、防洪等级、服务年限等，还应包括：尾矿坝及坝体排渗设施、排洪系统、回水系统、尾矿输送系统、尾矿水净化系统、沉积干滩与安全超高、周边环境状况及环境保护目标基本情况等。

3 尾矿库运行过程中存在的危险因素和易发生的事故种类

3.1 尾矿库产污环节及污染物种类

明确尾矿库渗漏水量及固废种类（浸出试验）。

3.2 危险因素和易发事故种类

尾矿库在一般情况下容易出现的主要事故有：垮坝、洪水漫顶、初期坝的漏砂、坝坡渗水、排洪设施破坏、库内滑坡等。另外，在尾矿库日常管理过程中还可能发生车辆伤害、溺水事故、粉尘危害等。

应明确尾矿库运行期间可能存在的危险因素、事故发生后的影响范围和后果等。

4 组织机构和职责

4.1 组织机构

明确应急组织机构的构成。一般由应急领导小组、应急指挥中心、办事机构和工作机构、应急工作主要部门、应急工作支持部门、信息组、专家组、现场应急指挥部等构成，并尽可能以结构图的形式表述。

4.2 职责

规定应急组织体系中各部门的应急工作职责、协调管理范畴、负责解决的主要问题和具体操作步骤等。

5 预防与预警

5.1 危险源监控

明确对区域内容易引发重大突发环境事件的危险源进行调查、登记、风险评估，组织进行检查、监控，并采取安全防范措施，对突发环境事件进行预防。

应急指挥机构确认可能导致突发环境事件的信息后，要及时研究确定应对方案，通知有关部门、单位采取相应措施预防事件发生。

5.2 预防与应急准备

明确应急组织机构成员根据自己的职责需开展的预防和应急准备工作，如完善应急预案、应急培训、演练、相关知识培训、应急平台建设等。

5.3 监测与预警

（1）应按照早发现、早报告、早处置的原则，对尾矿库下游监测井进行例行监测。

（2）根据企业应急能力情况及可能发生的突发环境事件级别，有针对性地开展应急监测工作。

6 应急响应

6.1 响应流程

根据所编制预案的类型和特点，明确应急响应的流程和步骤，并以流程图表示。

6.2 分级响应

根据事件紧急和危害程度，对应急响应进行分级。

6.3 启动条件

明确不同级别预案的启动条件。

6.4 信息报告与处置

（1）明确24小时应急值守电话、内部信息报告的形式和要求，以及事件信息的通报流程；

（2）明确事件信息上报的部门、方式、内容和时限等内容；

（3）明确事件发生后向可能遭受事件影响的单位，以及向请求援助单位发出有关信息的方式、方法。

6.5 应急准备

明确应急行动开展之前的准备工作，包括下达启动预案命令、召开应急会议、各应急组织成员的联系会议等。

6.6 应急监测

（1）明确紧急情况下企业应按事发地人民政府环境保护行政部门要求，配合开展工作。

（2）明确应急监测方案，包括事故现场、实验室应急监测方法、仪器、药剂。

（3）突发环境事件发生时企业环境监测机构要立即开展应急监测，在政府部门到达后，则配合政府部门相关机构进行监测。

6.7 现场处置

（1）尾矿输送系统泄漏处理

（2）排水设施堵塞或损坏处理

（3）渗漏处理

（4）管涌处理

（5）裂缝处理

（6）尾矿坝的抢险

（7）滑坡处理

（8）溃坝处理

（9）污染物控制措施

7 安全防护

7.1 应急人员的安全防护。明确事件现场的保护措施。

7.2 受灾群众的安全防护。制定群众安全防护措施、疏散措施及患者医疗救护方案等。

8 次生灾害防范

制定次生灾害防范措施，现场监测方案，现场人员撤离方案，防止人员受伤或引发次生环境事件。

9 应急状态解除

9.1 明确应急终止的条件；
9.2 明确应急终止的程序；
9.3 明确应急状态终止后，继续进行跟踪环境监测和评估的方案。

10 善后处置

10.1 明确受灾人员的安置及损失赔偿方案；
10.2 配合有关部门对环境污染事件中的长期环境影响进行评估；
10.3 明确开展环境恢复与重建工作的内容和程序。

11 应急保障

11.1 应急保障计划

制定应急资源建设及储备目标，落实责任主体，明确应急专项经费来源，确定外部依托机构，针对应急能力评估中发现的不足制定措施。

11.2 应急资源

应急保障责任主体依据既有应急保障计划，落实应急专家、应急队伍、应急资金、应急物资配备、调用标准及措施。

11.3 应急物资和装备保障

企业依据重特大事件应急处置的需求，建立健全以应急物资储备为主，社会救援物资为辅的物资保障体系，建立应急物资动态管理制度。

11.4 应急通讯

明确与应急工作相关的单位和人员联系方式及方法，并提供备用方案。建立健全应急通讯系统与配套设施，确保应急状态下信息通畅。

11.5 应急技术

阐述应急处置技术手段、技术机构等内容。

11.6 其他保障

根据应急工作需求，确定其他相关保障措施（交通运输、治安、医疗、后勤、体制机制、对外信息发布保障等）。

12 预案管理

12.1 预案培训

说明对本企业开展的应急培训计划、方式和要求。如果预案涉及相关方，应明确宣传、告知等工作。

12.2 预案演练

说明应急演练的方式、频次等内容，制定企业预案演练的具体计划，并组织策划和实施，演练结束后做好总结，适时组织有关企业和专家对部分应急演练进行观摩和交流。

12.3 预案修订

说明应急预案修订、变更、改进的基本要求及时限，以及采取的方式等，以实现可持续改进。

12.4 预案备案

说明预案备案的方式、审核要求、报备部门等内容。

13 附则

13.1 预案的签署和解释

明确预案签署人，预案解释部门。

13.2 预案的实施

明确预案实施时间。

14 附件

（1）环境风险评价文件；

（2）应急内部联系方式；

（3）应急外部（政府有关部门、救援单位、专家、环境保护目标等）联系方式；

（4）应急响应程序；

（5）单位所处位置图、区域位置及周围环境保护目标分布、位置关系图、本单位及周边区域人员撤离路线；

（6）应急设施（备）布置图；

（7）企业所在区域地下水流向图、饮用水水源保护区规划图；

（8）尾矿库所在区域水系分布图；

（9）其他。

关于进一步加强环境影响评价管理防范环境风险的通知

环发[2012]77 号

各省、自治区、直辖市环境保护厅（局），新疆生产建设兵团环境保护局，辽河保护区管理局，解放军环境保护局，各环境保护督查中心，相关企业集团：

为贯彻落实国务院《关于加强环境保护重点工作的意见》和《国家环境保护“十二五”规划》，进一步加强环境影响评价管理，明确企业环境风险防范主体责任，强化各级环保部门的环境监管，切实有效防范环境风险，现就有关事项通知如下：

一、充分认识防范环境风险的重要性，进一步加强环境影响评价管理

（一）提高认识，强化管理。各级环保部门要充分认识目前环境保护工作面临的新形势、新任务，以不断改善环境质量、解决突出环境问题为着眼点，按照“预防为主、防控结合”的原则，加强环境影响评价管理，督促企业认真落实环境风险防范和应急措施，全面提高环境保护监管水平，有效防范环境风险。

（二）突出重点，全程监管。对石油天然气开采、油气/液体化工仓储及运输、石化化工等重点行业建设项目，应进一步加强环境影响评价管理，针对环境影响评价文件编制与审批、工程设计与施工、试运行、竣工环保验收等各个阶段实施全过程监管，强化环境风险防范及应急管理要求。其他存在易燃易爆、有毒有害物质（如危险化学品、危险废物、挥发性有机物、重金属等）的建设项目，其环境管理工作可参照本通知执行。

（三）明确责任，强化落实。建设单位及其所属企业是环境风险防范的责任主体，应建立有效的环境风险防范与应急管理体系并不断完善。环评单位要加强环境风险评价工作，并对环境影响评价结论负责；环境监理单位要督促建设单位按环评及批复文件要求建设环境风险防范设施，并对环境监理报告结论负责；验收监测或验收调查单位要全面调查环境风险防范设施建设和应急措施落实情况，并对验收监测或验收调查结论负责。各级环保部门要严格建设项目环境影响评价审批和监管，在环境影响评价文件审批中对环境风险防范提出明确要求。

二、充分发挥规划环境影响评价的指导作用，源头防范环境风险

（四）石化化工建设项目原则上应进入依法合规设立、环保设施齐全的产业园区，并符合园区发展规划及规划环境影响评价要求。涉及港区、资源开采区和城市规划区的建设项目，应符合相关规划及规划环境影响评价的要求。

（五）产业园区应认真贯彻落实我部《关于加强产业园区规划环境影响评价有关工作的通知》（环发[2011]14 号）要求，在规划环境影响评价中强化环境风险评价，优化园区选址及产业定位、布局、结构和规模，从区域角度防范环境风险。涉及重点行业建设项目的港区、资源开采区规划环境影响评价也应强化环境风险评价工作。

（六）已经开展战略环境影响评价工作的重点区域内的产业园区、港区、资源开采区等，其规划环境影响评价应以战略环境影响评价结论为指导和依据，并符合战略环境影响评价提出的布局、结构、规模及环境风险防范等要求。

三、严格建设项目环境影响评价管理，强化环境风险评价

（七）建设项目环境风险评价是相关项目环境影响评价的重要组成部分。新、改、扩建相关建设项目环境影响评价应按照相应技术导则要求，科学预测评价突发性事件或事故可能引发的环境风险，提出环境风险防范和应急措施。论证重点如下：

1．从环境风险源、扩散途径、保护目标三方面识别环境风险。环境风险识别应包括生产设施和危险物质的识别，有毒有害物质扩散途径的识别（如大气环境、水环境、土壤等）以及可能受影响的环境保护目标的识别。

2．科学开展环境风险预测。环境风险预测设定的最大可信事故应包括项目施工、营运等过程中生产设施发生火灾、爆炸，危险物质发生泄漏等事故，并充分考虑伴生/次生的危险物质等，从大气、地表水、海洋、地下水、土壤等环境方面考虑并预测评价突发环境事件对环境的影响范围和程度。

3．提出合理有效的环境风险防范和应急措施。结合风险预测结论，有针对性地提出环境风险防范和应急措施，并对措施的合理性和有效性进行充分论证。

（八）改、扩建相关建设项目应按照现行环境风险防范和管理要求，对现有工程的环境风险进行全面梳理和评价，针对可能存在的环境风险隐患，提出相应的补救或完善措施，并纳入改、扩建项目“三同时”验收内容。

（九）对存在较大环境风险的相关建设项目，应严格按照《环境影响评价公众参与暂行办法》（环发[2006]28 号）做好环境影响评价公众参与工作。项目信息公示等内容中应包含项目实施可能产生的环境风险及相应的环境风险防范和应急措施。

（十）环境风险评价结论应作为相关建设项目环境影响评价文件结论的主要内容之一。无环境风险评价专章的相关建设项目环境影响评价文件不予受理；经论证，环境风险评价内容不完善的相关建设项目环境影响评价文件不予审批。

（十一）环保部门在相关建设项目环境影响评价文件审批中，对存在较大环境风险隐患的，应提出环境影响后评价的要求。相关建设项目的环境影响评价文件经批准后，环境风险防范设施发生重大变动的，建设单位应按《环境影响评价法》要求重新办理报批手续。

（十二）建设项目的环境风险防范设施和应急措施是企业环境风险防范与应急管理体系的组成部分，也是企业制定和完善突发环境事件应急预案的基础。企业突发环境事件应急预案的编制、评估、备案和实施等，应按我部《突发环境事件应急预案管理暂行办法》（环发[2010]113号）等相关规定执行。

四、加强建设项目“三同时”验收监管，严格落实环境风险防范和应急措施

（十三）建设项目设计阶段，应按照或参照《化工建设项目环境保护设计规范》（GB 50483）等国家标准和规范要求，设计有效防止泄漏物质、消防水、污染雨水等扩散至外环境的收集、导流、拦截、降污等环境风险防范设施。

（十四）相关建设项目应在其设计方案确定后、设计文件批复前，逐项对比防治污染、防止生态破坏以及防范环境风险设施的设计方案与环境影响评价文件及批复要求的相符性。建设单位应将上述环保设施在设计阶段的落实情况报环境影响评价文件审批部门备案，并抄报当地环保部门。对我部审批的建设项目，应同时抄报所在区域环境保护督查中心。

（十五）对存在较大环境风险隐患的相关建设项目，建设单位应委托环境监理单位开展环境监理工作，重点关注项目施工过程中各项防治污染、防止生态破坏以及防范环境风险设施的

建设情况，未按要求落实的应及时纠正、补救。环境监理报告应作为试生产审查和环保验收的依据之一。

（十六）相关建设项目申请试生产时，建设单位应将项目设计阶段环保措施落实情况、环境监理报告和企业突发环境事件应急预案的备案材料一并提交。建设项目防治污染、防止生态破坏措施以及环境风险防范设施和应急措施不能满足环境影响评价文件及批复要求以及无《突发环境事件应急预案备案登记表》的，各级环保部门不得批准其投入试生产。

（十七）建设项目竣工环境保护验收监测或调查时，应对环境风险防范设施和应急措施的落实情况进行全面调查。相关建设项目验收监测或调查报告，应设环境风险防范设施和应急措施落实情况专章；无相关内容的，各级环保部门不得受理其验收申请。

（十八）各级环保部门应强化建设项目试生产和竣工环保验收管理，按照环境影响评价文件及批复要求，分别对各项环境风险防范设施和应急措施落实情况进行全面现场检查和重点核查。对不符合要求的建设项目，应提出限期整改要求；对逾期未完成整改要求的，应依法予以查处。

五、严格落实企业主体责任，不断提高企业环境风险防控能力

（十九）企业应建设并完善日常和应急监测系统，配备大气、水环境特征污染物监控设备，编制日常和应急监测方案，提高监控水平、应急响应速度和应急处理能力；建立完备的环境信息平台，定期向社会公布企业环境信息，接受公众监督。将企业突发环境事件应急预案演练和应急物资管理作为日常工作任务，不断提升环境风险防范应急保障能力。

（二十）企业应积极配合当地政府建设和完善项目所在园区（港区、资源开采区）环境风险预警体系、环境风险防控工程、环境应急保障体系。企业突发环境事件应急预案应与当地政府和相关部门以及周边企业、园区（港区、资源开采区）的应急预案相衔接，加强区域应急物资调配管理，构建区域环境风险联控机制。

六、自本通知印发之日起，原国家环境保护总局《关于防范环境风险加强环境影响评价管理的通知》（环发[2005]152 号）废止。

关于加强稀土矿山生态保护与治理恢复的意见

环发[2011]48号

各省、自治区、直辖市环境保护厅（局），新疆生产建设兵团环境保护局：

稀土是不可再生的重要战略资源。近年来，我国稀土开采无序、乱采滥挖现象普遍，已经对生态环境造成严重污染和破坏，影响人民群众的生产和生活，威胁区域生态环境安全和社会稳定。为加强稀土矿山生态保护与治理恢复工作，提出如下意见：

一、稀土矿山生态保护与治理恢复总体要求

各级环境保护行政主管部门要进一步提高对加强稀土矿山生态保护与治理恢复重要性、必要性和紧迫性的认识，坚持保护优先、综合治理、多策并举、标本兼治的方针，强化企业主体责任，落实政府和部门监管职责，切实加强稀土矿山生态保护与治理恢复工作。坚决清理整顿稀土开采中的各种生态破坏等环境违法违规活动，进一步健全和完善稀土开采过程中的生态监管机制。严格实施生态保护和治理恢复措施，全面落实矿山生态环境保护与治理恢复保证金制度，积极探索生态补偿机制，形成稀土开发生态保护与治理恢复的长效机制，努力保障区域生态环境安全。

二、坚决清理整顿稀土开采生态破坏等违法活动

省级环境保护行政主管部门要会同有关部门，认真组织、详细排查辖区内稀土开采活动。排查的主要内容包括：项目基本情况，环境影响评价审批（含辐射环境影响专篇或相关内容）、清洁生产审核实施、矿山生态环境破坏，矿山生态环境保护与治理恢复工程，矿山生态环境治理恢复方案编制及生态恢复保证金征收等情况（具体见附表）。有关稀土开采中的环境污染问题，应根据《稀土企业环境保护核查办法》（环办函[2011]362号）规定执行。清理整顿的工作重点：

（一）环境保护行政主管部门会同有关部门提请当地人民政府，依法关闭在自然保护区、文化自然遗产、风景名胜区、森林公园、地质公园、重要水源地以及其他国家和地方政府划定的禁止开发区内的稀土开采活动。

（二）清理整顿禁止开发区之外的各种稀土开采违法活动，对造成严重生态破坏以及存在重大环境风险隐患的，必须依法进行停产整顿，并给予相应处罚，停产整顿达不到预期目标的，应依法严肃查处，并书面告知国土资源行政主管部门建议予以吊销采矿许可证。加强对限制开发区或其他环境敏感区内稀土开采活动的重点监管。

（三）对环境影响评价文件未经批准的采矿企业，由具有审批权的环保部门依法责令其停止建设；对采矿企业环保设施未报经环保部门验收合格而主体生产设施擅自投入生产的，由环保部门依法责令其停止生产。有关省、自治区、直辖市环保厅要将本辖区的排查和清理整顿结果于2011年9月1日前报送我部。我部将根据各地清理整顿情况，适时公布一批违法稀土开采企业，挂牌督办，并组织开展专项执法行动。

三、严格落实企业责任，实施生态保护与治理恢复工程

为落实《国务院关于切实加强中小河流治理和山洪地质灾害防治的若干意见》（国发

[2010]31 号）关于“进一步明确和落实责任主体，建立矿山环境治理和生态恢复责任制”的要求，各地要抓紧建立矿山环境保护责任制度，由采矿权人与项目所在地县级或县级以上人民政府签订稀土矿山生态保护与治理恢复责任书，明确矿山治理恢复责任、具体目标、任务和要求。

所有稀土开采企业必须根据《财政部　国土资源部　国家环保总局关于逐步建立矿山环境治理和生态恢复责任机制的指导意见》（财建[2006]215 号）（以下简称《指导意见》）的要求，编制矿山生态保护与治理恢复方案并严格执行。其中正在从事采矿作业的采矿权人，应将编制的矿山生态保护与治理恢复方案作为健全日常生态环境管理制度的主要内容上报省级环境保护行政主管部门审查。采矿权申请人申请办理新建项目、扩大开采规模、变更矿区范围或者开采方式的环评文件审批时，应编制矿山生态保护与治理恢复方案，并根据实施情况适时修编。环境保护行政主管部门应会同有关部门，对矿山生态保护与治理恢复方案进行论证，并将其作为矿山项目环境影响报告书的组成部分和矿山生态保护日常管理的基本要求。

采矿权人应按照矿山生态保护与治理恢复方案，根据“边开采，边治理”的原则，实施生态保护与治理恢复工程，针对含伴生放射性稀土矿山，还要采取相应的辐射防护和放射性污染防治措施。在矿山闭坑、停办和关闭前，矿山企业应完成生态保护与治理恢复任务，并向省级环境保护行政主管部门提交矿山生态保护与治理恢复评估报告，申请验收。环境保护行政主管部门应会同有关部门，对稀土矿山生态保护与治理恢复工作进行阶段性检查和验收。对检查和验收不合格的，要求采矿权人按相关要求进行整改，对于没有实施生态治理恢复任务的，以及整改后仍然达不到要求的，依法追究采矿权人的责任。

所有稀土开采企业要加强环境应急管理，积极构建防范与应急处置体系，强化应急监测能力建设，落实各项应急措施；建立和完善预测预警机制，开展环境风险评估，加强环境风险隐患排查和整治；按相关规定编制突发环境事件应急预案；一旦发生突发性环境事件要及时报告并采取有效应急处置措施。

四、推进生态环境保护与治理恢复保证金制度，建立稀土矿山生态补偿机制

为落实国务院关于促进稀土行业持续健康发展的有关意见提出的“落实矿山生态环境保护与治理恢复保证金制度，严格企业生态环境保护与治理恢复的经济责任”的要求，各级环境保护行政主管部门要加强同财政、国土等部门的合作，明确分工，落实责任，按照《指导意见》加快推进稀土矿山生态环境治理恢复保证金制度的实施。稀土开采企业必须依据矿山生态保护与治理恢复方案，按照不低于矿山生态保护与治理恢复费用的原则缴纳保证金，将保证金等费用列入矿山企业的生产成本。

为重点解决稀土开发造成的历史遗留和区域性环境污染、生态破坏问题以及环境健康损害赔偿问题，应积极探索建立政府主导、企业和社会参与的稀土矿山生态补偿机制。各地要研究制定稀土开发生态补偿标准，推动建立稀土矿山生态补偿基金。对废弃矿山的生态环境恢复与治理，按照“投资者受益”的原则，鼓励通过市场机制多渠道融资方式，加快治理与恢复的进程。

五、加大稀土开发生态环境监管力度

（一）加强组织领导，强化责任落实

各级环境保护行政主管部门要在当地政府的领导下，把稀土矿山生态保护与治理恢复纳入重要工作日程，加强组织领导。进一步明确和落实政府矿区生态环境保护与治理恢复保证金制度与企业责任，建立稀土矿山生态保护和治理恢复的责任制，依法加强对稀土开采活动的监管，

从源头防治生态破坏和环境污染，确保稀土矿山生态保护与治理恢复取得实效。

（二）加强稀土矿山的环境管理与执法检查

各级环境保护行政主管部门要定期对稀土矿山生态保护与治理恢复工作进行监督检查，及时掌握稀土矿山生态保护与治理恢复情况，督促采矿权人在稀土开采活动中履行生态环境保护责任和义务，加强环境风险防范工作。要认真组织开展稀土开采环保专项执法检查，加大查处力度，依法纠正和查处采矿权人在稀土开采活动中的违法行为，情节严重的应移交司法部门，依法追究其刑事责任。

（三）开展稀土企业环保核查和协同监管机制

各级环境保护行政主管部门要定期开展稀土采矿企业的环保核查，会同有关部门实行绿色信贷、绿色贸易等协同机制。采矿企业所在地的市级环保部门应当对采矿企业的建设、开采等生产经营活动中的环境守法情况进行严格审核。对存在违反环保法律法规建设、超标准排放污染物，造成环境污染事故、严重破坏生态环境等违法情形的采矿企业，除依据环保法律法规处罚外，还应将环保核查和处罚情况及时抄送银行、贸易等主管部门。

（四）建立稀土矿山生态功能评估机制

各级环境保护行政主管部门要加强稀土矿山生态环境监测监管与评估能力建设，建立并完善生态监管和评估队伍，研究制订矿山开发生态环境评估指南，规范评估技术方法，完善监管与评估体系。开展稀土矿山生态破坏和环境污染、矿山周边环境质量监测，对有放射性的稀土矿山开展原矿、尾矿（渣）和排放废水中放射水平监测。定期对稀土矿山生态环境状况和生态功能恢复情况进行评估。

（五）加强稀土矿山环境保护科技支撑能力

各级环境保护行政主管部门要加大科技投入，促进科技创新，选择典型稀土矿山开展清洁生产试点工作。加强稀土矿山生态恢复技术研究，制定矿山生态保护与治理恢复指南，提高稀土矿山生态环境保护与治理恢复科技水平，努力将稀土开采造成的生态破坏降至最低。

（六）深入宣传教育，发挥典型示范作用

各地要大力宣传稀土矿山生态保护的重要意义，提高企业和公众的法制观念和环保意识，营造良好的舆论氛围。充分发挥新闻媒体舆论导向和监督作用，曝光稀土矿山生态环境破坏违法行为，宣传推广先进经验，发挥典型示范引导作用。

附件：稀土矿山生态保护与治理恢复情况调查表

附件：

稀土矿山生态保护与治理恢复情况调查表

企业名称		
基本情况	开采矿种、项目规模、设计年产量、开采方式、开工投产时间、服务年限等	
环保审批及落实情况	是否履行环评审批手续，环评文件名称及批复文件文号	
	“三同时”执行情况	
	清洁生产审核实施情况	
	矿山生态环境治理恢复方案编制情况（包括方案名称、审批部门、实施情况等）	
	是否制定环境应急方案	
生态破坏情况	是否在禁止开发区（自然保护区、文化自然遗产、森林公园、风景名胜区、地质公园、重要水源地等）或限制开发区等生态环境敏感点内或附近	
生态破坏情况	主要生态破坏情况（植被占用和破坏、耕地占用和破坏、生物多样性丧失、生态系统平衡破坏情况等）	
	边开采边治理恢复情况，已关闭矿坑是否按规定进行闭坑、是否进行了生态治理恢复并通过验收	
	是否接受有关部门处罚及原因	
	主要生态环境问题、对策及建议	
生态环境保护与治理恢复保证金征收情况	征收主管部门	
	征收起始时间、征收标准	
	征收方式（分年度、按产量、一次性缴纳等）	
	保证金使用方式、范围和资金额度等	
	其他生态治理恢复资金来源、征收和使用情况	
其他情况		

注 1：禁止开发区和限制开发区包括国家和地方各级政府划定的禁止开发区和限制开发区。其中国家级禁止开发区和限制开发区见《国务院关于印发全国主体功能区规划的通知》（国发[2010]46 号）；

2：各地可根据实际情况增加调查内容。

环境保护部办公厅
关于印发《尾矿库环境应急管理工作指南（试行）》的通知

环办[2010]138号

各省、自治区、直辖市环境保护厅（局），新疆生产建设兵团环境保护局，各环境保护督查中心：

为进一步规范尾矿库的环境应急管理工作，有效防范和妥善处置尾矿库引发的突发环境事件，我部组织河北省环境保护厅和张家口市环境保护局编制了《尾矿库环境应急管理工作指南（试行）》。现印发给你们，请结合各地实际，参照执行。

附件：尾矿库环境应急管理工作指南（试行）

二〇一〇年九月三十日

附件：

尾矿库环境应急管理工作指南（试行）

针对我国目前尾矿库种类复杂、数量繁多、分布广泛的现状，以及尾矿库突发环境事件频发的实际情况，为构建尾矿库突发环境事件防范与应急处置体系，实现尾矿库环境应急管理的专业化、科学化和规范化，制定本指南。

1 总 论

1.1 适用范围

本指南适用于放射性选矿之外的金属与非金属选矿项目的尾矿库（含干式处理的尾矿库）环境应急管理。其他湿式堆存工业废渣库、电厂灰渣库的环境应急管理可参照本指南执行。

1.2 术语和概念

（1）尾矿库：指筑坝拦截谷口或围地构成的、用以堆存金属非金属矿山进行矿石选别后排出尾矿、湿法冶炼过程中产生的废物或其他工业废渣的场所。

（2）尾矿库企业：指建设和使用尾矿库的企业。

（3）突发环境事件：突然发生、造成或者可能造成重大人员伤亡、重大财产损失和对全国或者某一地区的经济社会稳定、政治安定构成重大威胁和损害，有重大社会影响的涉及公共安全的环境事件。

（4）环境敏感区：指依法设立的各级各类自然、文化保护地，以及对建设项目的某类污染因子或者生态影响因子特别敏感的区域。

（5）环境应急：针对可能或已发生的突发环境事件需要立即采取某些超出正常工作程序的行动，以避免事件发生或减轻事件后果的状态，也称为紧急状态；同时也泛指立即采取超出正常工作程序的行动。

（6）应急监测：环境应急情况下，为发现和查明污染物质的种类、污染物质的浓度、污染的范围、发展变化趋势及其可能的危害等情况而进行的环境监测。包括编写应急监测方案、确定监测范围、布设监测点位、现场采样、确定监测项目、现场与实验室监测方法、监测结果与数据处理、监测过程质量控制、监测过程总结等。

（7）危险化学品：指属于爆炸品、压缩气体和液化气体、易燃液体、易燃固体、自燃物品和遇湿易燃物品、氧化剂和有机过氧化物、有毒品和腐蚀品的化学品。

（8）危险废物：指列入国家危险废物名录或者根据国家规定的危险废物鉴别标准和鉴别方法认定的具有危险特性的废物。

（9）三级防控体系：指在车间、厂区和流域三个层级设防布控，防止尾矿库企业发生污染事件。一级防控是指在有毒有害原料仓储间和生产车间设置防渗围堰以收集车间泄漏的有害物质；二级防控是以厂区整体为单元，按污染物最大泄漏量设置事故应急池；三级防控是在流域的支流设置发挥拦截降解作用的设施，主要包括拦截坝、滞污塘等，并配置防控所需材料的物资储备库。水利设施和城市景观橡胶坝也可作为拦截设施。

1.3 编制依据

1.3.1 法律法规、规章

《突发事件应对法》

《环境保护法》

《水污染防治法》

《大气污染防治法》

《固体废物污染环境防治法》

《环境影响评价法》

《安全生产法》

《矿山安全法》

《矿山安全法实施条例》

《安全生产许可证条例》

《环境保护违法违纪行为处分暂行规定》

《环境保护行政主管部门突发环境事件信息报告办法》（试行）

《国家突发公共事件总体应急预案》

《国家突发环境事件应急预案》

《国家产业政策名录》

《危险化学品安全管理条例》

《国家安全生产事故灾难应急预案》

《尾矿库安全监督管理规定》

《防治尾矿污染环境管理规定》

1.3.2 标准、技术规范

《地表水环境质量标准》GB 3838—2002

《地下水质量标准》GB/T 14848—93

《生活饮用水卫生标准》GB 5749—2006

《污水综合排放标准》GB 8978—1996

《渔业水质标准》GB 11607—89

《土壤环境质量标准》GB 15618—1995

《一般工业固体废物贮存、处置场污染控制标准》GB 18599—2001

《危险废物贮存染污控制标准》GB 18597—2001

《危险废物填埋污染控制标准》GB 18598—2001

《地表水和污水监测技术规范》HJ/T 91—2002

《饮用水水源保护区划分技术规范》HJ/T 338—2007

《土壤环境监测技术规范》HJ/T 166—2004

《地下水监测技术规范》HJ/T 164—2004

《环境空气质量手工监测技术规范》HJ/T 194—2005

《环境影响评价技术导则　地面水环境》HJ/T 2.3—93

《环境影响评价技术导则　大气环境》HJ 2.2—2008

《建设项目环境风险评价技术导则》HJ/T 169—2004

《尾矿库安全技术规程》AQ 2006—2005

1.4 尾矿库企业责任和环境保护行政部门管理职责

本指南依据现行的法律法规，确定尾矿库企业在尾矿库环境管理方面的主体责任和环境保护行政部门管理职责。

1.4.1 尾矿库企业责任

尾矿库企业是防治尾矿库污染、防范和处置突发环境事件的责任主体。尾矿库企业应遵守建设项目环境影响评价和“三同时”制度，按要求进行排污申报登记，确保污染防治设施稳定正常运行；按规定编制突发环境事件应急预案，建立环境风险评估制度，组织开展应急演练，落实各项应急措施；针对各种可能发生的突发环境事件，建立和完善预测预警机制，加强环境风险隐患排查整治；构建防范与应急处置体系，负责突发环境事件的报告和应急处置。

1.4.2 环境保护行政部门管理职责

环境保护行政部门负责对涉及尾矿库建设项目的环境管理，建立和完善尾矿库环境风险评估制度；要求企业编制尾矿库突发环境事件应急预案，负责企业尾矿库污染防治的日常监督检查和处理。针对突发环境事件，按照职责和规定的权限启动相关应急响应，参与应急处置工作。

1.5 尾矿库企业和环境保护行政部门的环境应急管理工作内容

1.5.1 尾矿库企业的环境应急管理工作内容

1.5.1.1 日常环境应急管理

尾矿库企业在尾矿库日常环境应急管理中，要全面排查污染隐患，落实各种应急保障措施，加强应急培训与演练。

开展污染隐患排查。要通过经常性的污染隐患排查，确定排查和防范的重点部位，明确尾矿库下游的环境敏感保护目标，全面分析可能造成的次生灾害和衍生灾害，制定相应的切断污染源、消除和减轻污染的应急处置措施。对查出的污染隐患制定切实可行的整改方案，进行治理整改，并建立相关工作档案。

落实应急保障措施。要落实各种应急保障措施，特别是掌握本企业应急物资与装备的种类、数量、存放位置及使用方法，同时要掌握周边地区应急物资与装备的企事业单位的联系方式、储备等相关情况。

加强应急培训与演练。要通过应急培训与演练，使全体企业职工掌握尾矿中污染物的危害和防护措施，按照应急预案组织进行经常性的演练，并按照国家的要求和本企业应急资源的变化情况及时对预案进行更新和完善。

1.5.1.2 应急处置

尾矿库企业作为应对尾矿库突发环境事件的责任主体，在发生尾矿库坍塌、泄漏等引发的突发环境事件时，要立即启动本单位应急响应，实施先期处置。必须全力切断污染源，努力开展应急监测，采取行之有效的措施消除和减轻污染，尽最大可能防止突发环境事件扩大、升级，最大限度地降低对环境的损害。

尾矿库企业要将事件真实情况第一时间向当地政府和环保等职能部门报告，为政府正确判断形势、科学决策提供依据，为尽快得到政府和社会支援争取时间。

1.5.2 环境保护行政部门的环境应急管理工作内容

1.5.2.1 日常环境应急管理

在尾矿库日常环境应急管理中，环境保护行政部门要认真组织开展环境风险隐患检查工作。要及时了解和掌握本地区正在使用、停止使用或闭库的各类尾矿库环境污染治理设施和措施，以及尾矿库下游取水口、饮用水水源保护区等环境敏感保护目标。加强对环境风险隐患登记、整改、销号的全过程管理。对现有的尾矿库建立环境保护管理台账，实行动态管理。

1.5.2.2 应急处置

发生尾矿库突发环境事件后，当地环境保护行政部门要在政府的统一领导下，查明情况、及时报告、提出建议、督促落实、调查处理，做到第一时间报告、第一时间赶赴现场、第一时间开展监测、向地方政府提出第一时间向社会发布信息的建议、第一时间组织开展调查。

查明情况就是通过现场勘察、调查和应急监测，查明突发环境事件的基本情况等。

及时报告就是严格执行国家的突发环境事件信息报送制度，向当地政府和上级环境保护行政部门及时报告。

提出建议就是及时向政府现场应急指挥部提出切断污染源、控制和消除污染等方面的建议，为政府环境应急工作决策提供支持。

督促落实就是对政府现场应急指挥部制定的环境应急工作决策和措施执行情况进行跟踪检查，督促尾矿库企业予以落实，并将督促落实情况及时报告地方政府、上级环境保护行政部门及政府相关部门。

调查处理就是按照当地政府的统一安排，及时组织或参与后期处置工作，查清事件原因、责任，落实各项环保整改措施，进行环境应急事件后评估，开展环境影响后评价，总结经验教训，提高环境应急管理工作水平。

1.6 尾矿库环境应急管理体系

尾矿库的环境应急管理是一个全过程的管理。具体包括：日常预防和预警、环境应急准备、环境应急响应与处置、突发环境事件应急终止后的环境管理四个方面的内容。

日常预防和预警：包括尾矿库建设项目环境风险隐患管理、建立尾矿库动态数据库、尾矿库环境风险隐患评估、建立预警体系、建立联动机制等内容。

环境应急准备：包括应急预案体系、三级防控体系、应急保障体系等内容。

环境应急响应与处置：包括应急协调指挥、应急监测、应急处理等内容。

突发环境事件应急终止后的环境管理：包括环境恢复、中长期环境影响预测与评价、跟踪监测等内容。

尾矿库环境应急管理体系见图 1-1。

2 尾矿库环境应急预防和预警

2.1 涉及尾矿库建设项目的环境管理

2.1.1 环评审批

（1）涉及尾矿库的建设项目必须符合国家产业政策。

（2）涉及尾矿库的建设项目必须符合国家和地方的矿产资源开发利用规划、水土保持规划和土地利用总体规划等相关规划；必须符合当地环境功能区划及当地环境保护行政部门的环保要求；在尾矿库建设的选址方面应考虑尾矿库周边有利于建设尾矿库环境应急处置设施。

（3）涉及尾矿库建设项目的环境影响评价须在矿产资源开发利用规划环评审查后进行，环境影响评价等级为环境影响报告书。对所有涉及尾矿库的建设项目在报批的环境影响评价报告书中必须设置独立的环境风险评价篇章。

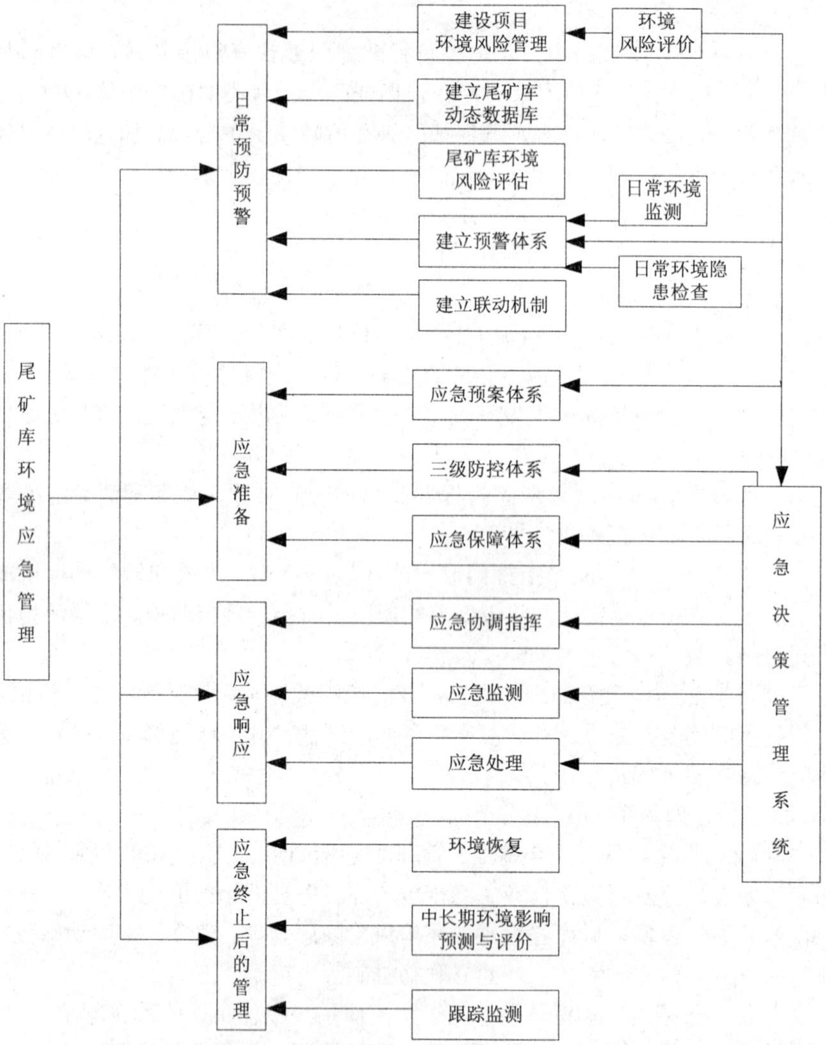

图 1-1　尾矿库环境应急管理体系图

2.1.2 环保竣工验收

存在重大环境风险的尾矿库经安全监管部门验收合格（取得尾矿库安全生产许可证）后，按相关规定进行建设项目竣工环境保护验收。

2.1.3 闭库环境管理

尾矿库企业在尾矿库停止使用后必须进行处置，保证坝体安全，不污染环境，消除污染事故隐患。

尾矿库经安全监管部门闭库验收合格后，方可对尾矿库的环境污染防治设施、生态保护工程进行闭库验收，验收时应对尾矿库中的尾砂进行环境达标监测。

关闭尾矿设施必须经企业主管部门报当地省环境保护行政部门验收、批准。经验收移交后的尾矿设施其污染防治由接收单位负责。利用处置过的尾矿或其设施，需经地、市环境保护行政部门批准，并报省环境保护行政部门备案。

2.2 尾矿库动态管理数据库

各级环境保护行政部门应加强尾矿库动态管理数据库建设，利用地理信息系统及信息管理指挥平台等信息化手段进行管理，加快信息传递速度，提高预警能力。

尾矿库动态管理数据库应包括以下内容：尾矿库概况、周边环境概况、建设（生产）情况、水土保持措施、环境应急管理、管理信息系统建设等。

2.3 尾矿库环境风险分类管理

各级地方环境保护行政部门应在对尾矿库进行普查的基础上，对尾矿库环境风险进行分类。尾矿库的环境风险分类应综合考虑以下要素：尾矿库库容、坝高、尾矿库所含污染因子、尾矿库周边环境敏感点分布情况等。

对于周边存在环境敏感点的有色金属、重金属及稀有金属等尾矿库应作为重点环境风险源进行管理。

对于环境风险较小的铁矿、锰矿等尾矿库作为一般环境风险源进行管理。

对于煤矸石等一般工业废渣且周边无环境敏感点的尾矿库，可不纳入环境风险管理范围之内。

2.4 尾矿库日常环境监测

2.4.1 常规监测

涉及《污水综合排放标准》一类污染物及氰化物等的尾矿库企业要按规定项目和频次进行监测。企业应在车间或处理设施排放口安装特征污染物在线监测设备，无在线监测设备或未安装在线监测设备的，企业应自行或委托有资质的监测机构进行手工监测。环境保护行政部门要按规定定期对企业进行监督性监测。

企业特征污染物在线监测设备应当与环境保护行政部门信息平台联网，属于省控和国控重点污染源的企业，还应与省级和国家环境保护行政部门信息平台联网。企业监测的数据要以日报或周报形式报送当地环境保护行政部门，同时向社会公告。

2.4.2 地下水监测

为监控尾矿库对地下水的影响，企业应在尾矿库周边设置三类地下水水质监控井，定期进行监测。第一类沿地下水流向设在尾矿库上游，作为对照井，反映地下水的本底值；第二类沿地下水流向设在尾矿库下游，作为污染观测井；第三类设在最可能出现扩散影响的周边（可根据实际情况适当增加），作为污染扩散监控井。

按照《地下水环境监测技术规范》要求定期对监控井取样监测。如果尾矿库周边监测范围内存在居民取水井，则可用居民取水井代替观察井。为实现对尾矿库所处区域地下水环境的动态观察，在条件允许的情况下，由具备相关资质的地勘机构出具区域地下水等水位线图、区域地下水水化学图及水文地质勘探孔柱状图。

2.4.3 地表水预防预警监测

环境保护行政部门负责尾矿库周边地表水预防预警监测布点采样。监测断面的布设和数量应符合《地表水和废水监测技术规范》的要求。

（1）在尾矿库环境风险隐患检查预防监测中，要对尾矿库周边、溃坝或泄漏可能影响的河流上游，设置对照断面，尾矿库周边涉及饮用水水源地的要设置河流背景断面。

（2）在尾矿库环境风险隐患检查预防监测中，涉及国家规定的重要江河、湖泊，要在支流与干流汇合处，下游200米设控制断面，控制断面有超标情况时，根据实际情况设消解断面。

（3）河流涉及跨省界、国界的，要根据省界、国界河流地形，设置跨界水质监测断面。

2.5 尾矿库环境风险隐患检查

2.5.1 检查准备

收集有关资料和信息，主要包括相关法律法规、规范性文件及各类环保标准，辖区内尾矿库企业的基本信息。根据收集的基础资料和数据，因地制宜，制定检查计划，确定检查重点。统筹安排现场执法需要的调查取证设备、监测仪器、交通工具等。需其他部门配合实施联合检查的，联系有关部门召开联席会议，明确各部门具体工作任务。

2.5.2 现场检查

要求被检查单位提供如下资料：企业生产销售台账及企业生产管理的基本信息资料；建设项目环评报告及审批文件、环保“三同时”验收报告及审批文件、突发环境事件应急预案及应急机构建设和管理制度、排污许可证、排污申报资料、排污费缴纳单据、自动监控数据报表等环境管理基本资料；污染治理设施运行台账、环保设施运行规程等企业内部环境管理基本资料。

根据尾矿库企业厂区布局、尾矿库位置、生产工艺流程、重点产排污节点等实际情况，确定合理的检查路线，检查尾矿库企业的生产车间、尾矿库的使用、污染防治和应急防控设施建设及运行情况等，填写《尾矿库环境风险隐患检查单》，并做好现场检查记录。

《尾矿库环境风险隐患检查单》可以分为两部分：第一部分为尾矿库基本信息表（表2-1），第二部分为尾矿库环境风险隐患检查表（表2-2）。建立尾矿库基本信息表后，日常检查时可只检查表2-2内容，如表2-1基本信息有变更则在备注栏说明。

2.5.3 调查取证

现场检查发现有环境违法行为的应当责令改正，并对违法事实、违法情节和危害后果等进行全面、客观、及时的调查，依法收集与案件有关的证据，制作现场检查（勘察）笔录和调查询问笔录，采取录音、拍照、录像或者其他方式如实记录现场情况。

2.5.4 处理

检查中发现环境违法行为，依据相关法律、法规的规定作出相应的处罚决定。属于上级环境保护行政部门管辖的，应形成书面材料报上级环境保护行政部门处理。上级环境保护行政部门可以将管辖的案件交由下级环境保护行政部门实施行政处罚。

对应责令停产整顿、停业、关闭的案件，环境保护行政部门应当提出处理建议并报本级人民政府。涉嫌存在重大安全隐患的，移送安全生产监管部门；涉嫌存在非法占地、采矿手续不完善的，移送国土资源部门；涉嫌违反国家产业政策、需淘汰关停的，移送经济主管部门等。

2.5.5 总结归档

编写总结报告，对查处过程中的相关资料、文字材料及音像资料，及时分类归档。

2.6 建立预警体系

2.6.1 预警发布条件

当发生环境水质数值异常、污染源排放污染物监测指标异常、视频监控系统显示重点污染源设施运行和排放异常、监测因子达到预警和应急响应分级标准时，报请政府启动相应等级的预警与应急预案。

2.6.2 预警分级

按照《国家突发环境事件应急预案》关于突发环境事件分级的规定，尾矿库突发环境事件预警按照下述原则分为四级：

一般（Ⅳ级）：尾矿库发生突发环境事件，尾矿库周边污染范围内的地表水、监测井水质常规因子和特征因子均未出现超标。

较大（Ⅲ级）：尾矿库发生突发环境事件，尾矿库周边污染范围内的地表水水质常规因子或特征因子至少有一项出现超标，但监测井水质常规因子和特征因子均未出现超标。

重大（Ⅱ级）：尾矿库发生突发环境事件，尾矿库周边污染范围内的地表水或监测井水质常规因子和特征因子至少有一项出现超标，造成水体污染。

特大（Ⅰ级）：尾矿库发生突发环境事件，尾矿库周边污染范围内的地表水或监测井水质常规因子和特征因子均出现超标，造成水体严重污染。

与《国家突发环境事件应急预案》预警分级相对应，一般（Ⅳ级）对应蓝色预警信号，较大（Ⅲ级）对应黄色预警信号，重大（Ⅱ级）对应橙色预警信号，特大（Ⅰ级）对应红色预警信号。

2.7 建立联动机制

各级环境保护行政部门在当地政府的统一领导下，加强与安全监管、水利、国土、公安等有关部门的沟通，实现信息互通，资源共享，联合执法，联合督办，建立健全应急长效联动机制。对在监督检查中发现不属于本部门职责的问题，环境保护行政部门应当及时通报相关职能部门，并记录备查。

涉及跨流域跨界污染问题，上下游环境保护部门要在政府的统一领导下，建立定期会商、联合预警、联合监测、联合防范，信息互通的机制，共同防范尾矿库引发的突发环境事件。

表 2-1 尾矿库基本信息表

<table>
<tr><td>尾矿库企业名称</td><td colspan="4"></td></tr>
<tr><td>法人代表</td><td colspan="2"></td><td>联系电话</td><td></td></tr>
<tr><td>企业详细地址</td><td colspan="4"></td></tr>
<tr><td>尾矿库位置</td><td colspan="4">（行政区位＋地理坐标）</td></tr>
<tr><td>尾矿库周边环境敏感点</td><td colspan="4">（山谷型取 80 倍坝高，平地型取 40 倍坝高。可附周边环境敏感点分布图）</td></tr>
<tr><td>设计库容</td><td></td><td>设计坝高</td><td></td><td></td></tr>
<tr><td>尾矿库等别</td><td></td><td>坝体类型</td><td>透水/不透水</td><td></td></tr>
<tr><td>建厂时间</td><td></td><td>主要产品</td><td></td><td></td></tr>
<tr><td>正式生产时间</td><td></td><td>主要原料及用量</td><td></td><td></td></tr>
<tr><td>设计年排尾量</td><td></td><td>辅助原料</td><td></td><td></td></tr>
<tr><td>实际年排尾量</td><td></td><td>总投资及环保投资</td><td></td><td></td></tr>
<tr><td>生产周期</td><td></td><td>劳动定员</td><td></td><td></td></tr>
<tr><td>环评及批复文号</td><td></td><td>“三同时”验收</td><td></td><td></td></tr>
<tr><td rowspan="2">安全生产许可证</td><td colspan="2">发放单位</td><td colspan="2"></td></tr>
<tr><td>颁（换）发时间</td><td></td><td>编号</td><td></td></tr>
<tr><td rowspan="2">排污许可证</td><td colspan="2">发放单位</td><td colspan="2"></td></tr>
<tr><td>颁（换）发时间</td><td></td><td>编号</td><td></td></tr>
<tr><td>环保机构名称及定员</td><td></td><td>主要职能</td><td colspan="2"></td></tr>
<tr><td>主管领导</td><td>主要负责人</td><td colspan="2">环境监督员</td><td></td></tr>
<tr><td>姓名：</td><td>姓名：</td><td colspan="2">姓名：</td><td></td></tr>
<tr><td>联系电话：</td><td>联系电话：</td><td colspan="2">联系电话：</td><td></td></tr>
<tr><td colspan="3">备注（主要填写变更情况）</td><td colspan="2"></td></tr>
</table>

表 2-2 尾矿库环境风险隐患检查表

检查人员： 日期：

类别		内容	判断依据	检查情况	整改情况
尾矿库“三防”措施		防渗漏、防扬散、防流失措施是否到位			
环评和“三同时”制度合规性		环评审批	环评审批手续符合规定；环评等级符合规定；生产规模、地点、采（选）矿方法与环评批复一致		
		“三同时”制度执行	尾矿库企业污染防治必须与主体工程同时设计、同时施工、同时使用		
污染治理设施	废水	废水处理设施运行情况	建有污水处理设施；污水处理设施正常运行且稳定达标排放或综合利用		
	粉尘	粉尘处理设施运行情况	粉尘处理设施正常运行且稳定达标排放		
	废弃矿渣	废弃矿渣贮存场所	采取防渗漏、防扬散、防流失措施		
环境应急情况		是否建立环境应急机构			
		是否配备环境应急人员			
		是否储备环境应急物资			
		是否建设环境应急设施			
		是否编制环境应急预案			
		是否定期开展环境应急演练			
排放口和自动监控合规性		排放口规范化情况	符合排污口规范化建设要求		
		污染源自动监控装置安装	安装 COD、悬浮物等主要污染物的自动监控装置		
环境管理制度合规性		排污申报执行情况	依法进行排污申报登记		
		排污许可证办理情况	依法办理排污许可证；按照排污许可证的规定排放污染物		
		缴纳排污费	依法、及时、足额		
		企业环境管理机构和人员设置	有环保机构；有专业环保管理人员；建立比较健全的环境管理责任体系		
		企业环境管理制度情况	有比较完善的内部环境管理度；环境管理制度上墙		
		环保设施运行管理情况	有运行台账记录		

备注：检查情况一栏应对照判断依据填写，符合判断依据则填写“合规”，不符合判断依据应据实填写违规情况。

3 尾矿库环境应急准备

3.1 尾矿库环境应急预案体系

3.1.1 应急预案的编制

尾矿库企业应制定尾矿库突发环境事件应急预案，纳入动态管理体系，定期进行应急演练并将本企业的环境应急预案与相关部门、各级地方政府应急预案相衔接。

尾矿库企业编制的应急预案应当包括尾矿库的基本情况、工程概况；对尾矿库运行过程中存在的危险因素和易发生的事故种类进行分析，确定组织机构和职责，对突发环境事件的预防与预警、应急响应、应急保障和终止等内容作出规定，并重点分析尾矿库运行期间和闭库过程中的环境风险防范措施和现场处置办法。

3.1.2 预案评审与应急演练

尾矿库企业应当聘请专家对尾矿库环境应急预案进行评审，并根据专家意见对应急预案进行修订。

预案评审后，尾矿库企业应组织落实预案中的相关要求，进一步明确各项职责和任务分工，加强企业员工的教育和培训，提高环境风险隐患防范意识，组织开展环境应急演练，并针对演练中的不足适时修订环境应急预案。

3.1.3 应急能力评估

环境保护行政部门应在尾矿库环境风险评估的基础上，对尾矿库企业现有的突发环境事件预防措施、应急装备、应急救援队伍等应急能力进行评估，提出评估意见，责成企业进一步完善环境应急预案。评估的主要内容：

（1）尾矿库企业环境风险隐患防范措施落实情况；

（2）应急设施（设备）包括个人防护装备器材、堵漏器材、应急监测仪器和应急交通工具等供应情况；

（3）应急物资包括处理泄漏物、消解和吸收污染物的各类吸附剂、中和剂、解毒剂等化学品物资，如活性炭、漂泊粉、石灰等；

（4）应急通讯系统；

（5）应急救援队伍建设情况；

（6）企业应急预案与地方政府和相关管理部门应急预案的衔接情况；

（7）其他相关情况。

3.2 尾矿库三级防控体系

尾矿库企业应采取措施对车间及厂区范围内可能发生的突发环境事件进行防控，地方人民政府组织企业建设流域防控措施。

3.2.1 第一级防控：车间级

因设备故障或事故造成矿浆溢流或选矿药剂泄漏进入车间。

防控措施：在车间内或车间外建事故池收集溢流的矿浆，并配立泵随时将事故池内的矿浆排入工艺中。

选矿药剂库四周应建围堰及通入事故池的地下导流沟，并与选矿车间一并做防渗处理。

3.2.2 第二级防控：厂区级

尾砂输送管道破裂造成矿浆泄漏或暴雨造成尾矿库废水漫坝溢流。

防控措施：在尾矿库初期坝下建有足够容量的事故池，将泄漏废水收集，经处理后循环使用。

3.2.3 第三级防控：流域级

尾矿库发生废水泄漏，一、二级防控措施失败。

防控措施：在尾矿库下游河道支流设计并建造拦截吸附坝基础工程。工程应以事故最大泄漏量，结合当地水文条件设计。拦截吸附坝数量与间距应按照当地实际情况选取。

在建造拦截吸附坝基础工程的同时，还应结合坝址周边地形和交通条件，同步设计建造应急物资储备场（库），并储备砂袋、水泥管、活性炭网箱及吸附物资等。流域防控的工程类型包括滞污塘和截流断面两种（建议在流量较小的河流采用）。

除以上工程措施外，还可以利用水利设施和城市景观橡胶坝等作为流域防控设施。各地应结合本地实际情况选取流域防控设施。

3.2.3.1 滞污塘

（1）设在三级或更小一级的支流沟谷中。河道宽阔、河床窄小并且具有较为平坦宽广的低漫滩地形；

（2）不占耕地，交通方便；

（3）上游汇水面积不大且发生尾矿库突发环境事件的泄流量较小。

工程由蓄存池塘及控制区域组成。蓄存池塘建在河床一侧宽阔平坦的低漫滩上，因地而异呈不规则形状。塘内开挖一定深度后进行平整防渗处理，塘边构筑混凝土矮堤围堰，使之形成一个容积达数万至数十万立方米的蓄存空间。控制枢纽建在池塘的入口与河床交汇处。由闸门及相关导水设施组成。该工程启动时先将污水导入滞污塘内存储，根据污染物性质、浓度，针对性采取降解措施，水体处理达标后再输入河床。

3.2.3.2 拦截坝

一般设在一、二级支流的山区河谷中，断面上游汇水面积较大或工矿企业较多，发生突发环境事件时泄流量较大。工程形成一般为垂直流向的开口堤堰，中间开口处为河床，经过修整断面呈箱型或梯型。启动时铺设水泥管和滤箱，河床两侧构筑混凝土或砂粘土楔形矮堰，启动时根据情况而堆放砂袋。该工程主要适用于受化学污染的泄漏水体，一方面截堵一部分水体，一方面通过滤箱和水泥管进行降解排泄，达到消除或减轻污水对下游河水及环境敏感点的污染影响。

3.3 尾矿库环境应急保障体系

3.3.1 机构建设

各省（区、市）应加强省、市、县三级环境应急管理机构的建设，保证在突发环境事件发生后能迅速参与并完成相应的现场处置工作。

3.3.2 技术保障

组建尾矿库环境应急专家库，按照理论型、管理型、行业型对专家进行分类，建立健全各专业环境应急队伍和地区专业技术机构。应急专家在发生尾矿库突发环境事件后要及时到位，为指挥决策提供技术支持。

3.3.3 物资保障

通信保障：各级环境应急相关专业部门要建立和完善环境应急指挥系统，配备必要的应急通信器材，确保发生尾矿库突发环境事件后，环境应急指挥部和有关部门及现场各专业应急分队间的联络畅通。

防护保障：配备齐全的个人防护装备。

物资保障：

1. 车辆：应急指挥车辆、应急监测车辆、应急工程车辆及水质应急监测流动实验室等，应保证油料充足及手续完整。

2. 监测：配备特征污染物现场取样和监测仪器。

3. 物资储备：地方人民政府负责建立以拦截物料、污染物降解吸附材料等物资构成的应急物资储备库。

3.3.4 培训与演练

各级环境保护行政部门以及有关类别环境事件专业主管部门应加强环境事件专业技术人员日常培训和重要目标工作人员的培训和管理，培养训练有素的环境应急处置、检验、监测等专门人才。

各级环境保护行政部门以及有关类别环境事件专业主管部门，按照环境应急预案及相关单项预案，定期组织不同类型的环境应急实战演练，提高防范和处置突发环境事件的技能，增强实战能力。

4 尾矿库环境应急响应与处置

尾矿库突发环境事件的应急响应与处置应在当地政府的统一指挥下开展。当地政府应建立统一的应急指挥、协调和决策程序，便于对事故进行初始评估、确认事故级别，迅速有效地进行应急响应。

4.1 分级响应机制

按照 2.6.2 规定的尾矿库突发环境事件的预警分级确定应急响应级别，并与之对应。根据事态的发展情况和采取措施的效果，预警级别可以升级、降级或解除。

4.2 应急响应程序

Ⅰ级响应由环境保护部和国务院相关部门组织实施，地方各级政府及其环境应急工作指挥部和有关部门、单位按照国家环境应急预案的规定和国家的统一部署，做好应急响应工作。

Ⅱ级响应由省级环境应急工作指挥部按下列规定开展工作：

（1）按规定程序迅速启动本级尾矿库突发环境事件应急预案；

（2）开通与事发地环境应急工作指挥部、现场指挥部的通讯联系，随时掌握应急工作进展情况和事态发展情况；

（3）召集专家组分析情况，研究应对措施，为应急指挥工作提供技术支持；

（4）协调组织应急救援队伍和专家赶赴事发地参加、指导现场的应急指挥工作，必要时调集事发地周边的救援队伍实施增援。

尾矿库突发环境事件的Ⅲ级响应和Ⅳ级响应工作，分别由设区的市和县（市、区）政府组织实施。需要有关应急救援力量支援时，及时向上一级环境应急工作指挥部提出申请。

尾矿库突发环境事件应急响应与处置技术流程见图 4-1。

4.3 信息报送与处理

按照《国家突发环境事件应急预案》及国家有关规定，明确信息报告时限、内容、方式和发布程序。

4.4 指挥与协调

4.4.1 指挥与协调机制

在尾矿库突发环境事件发生后，地方政府环境应急指挥部立即启动应急预案，派出应急救援队伍和有关人员赶赴事发现场，做好应急处置工作。 环境应急工作指挥部组织有关专家参与现场环境应急指挥部的工作，对事件信息进行分析、评估，根据事件发展情况，作出科学预测，提出相应的对策和建议供指挥部决策时参考。

发生尾矿库突发环境事件的责任单位要及时、主动地向环境应急指挥部提供与环境应急救援工作有关的基础资料，为环境应急指挥部研究确定救援和处置方案提供决策依据。

4.4.2 指挥协调的主要内容

尾矿库突发环境事件指挥协调的主要内容包括：

（1）提出现场应急行动原则要求；

（2）制定控制和减轻污染的处置方案；

（3）派出有关专家和人员参与现场应急处置和救援工作；

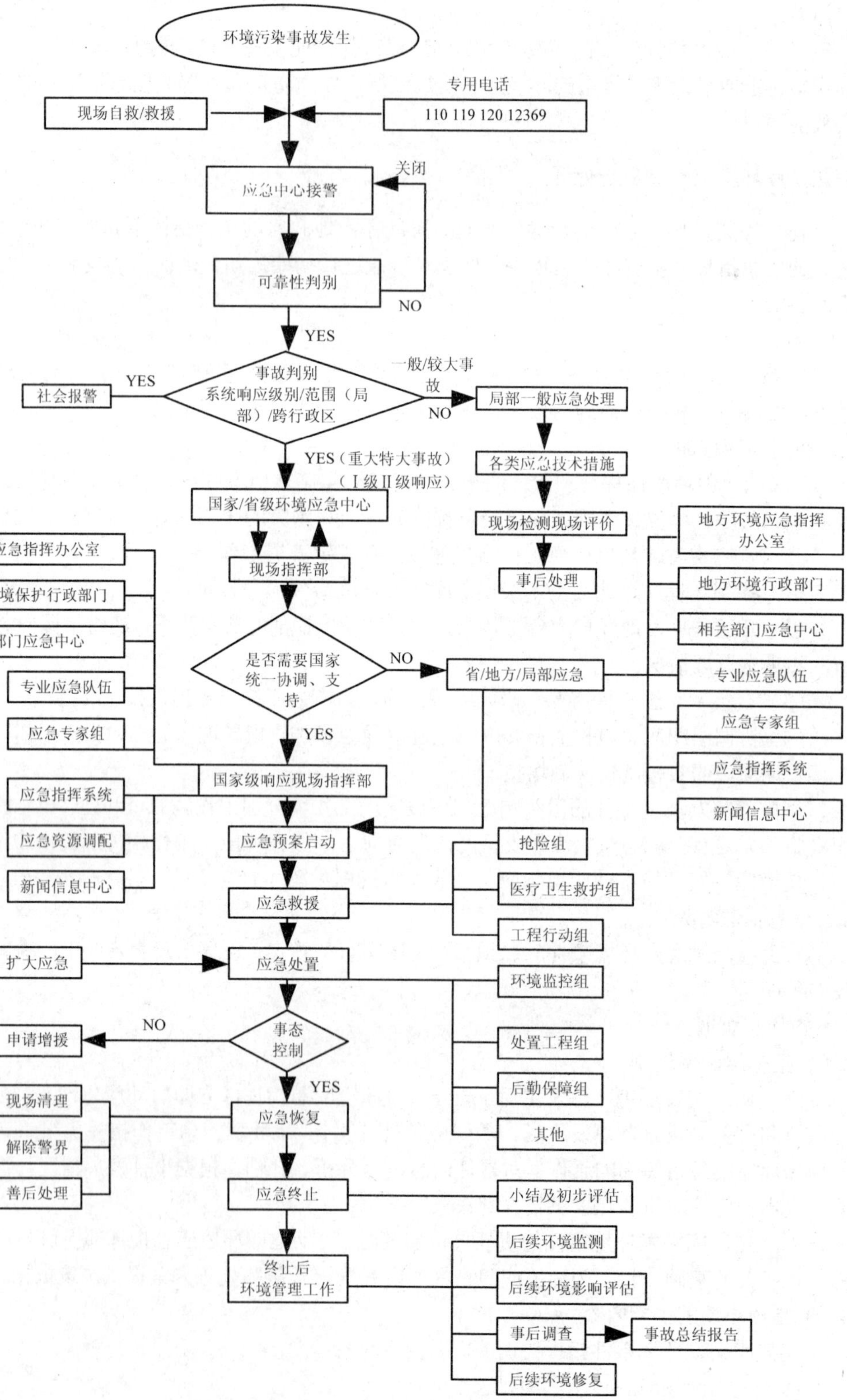

图4-1 尾矿库环境应急事件响应技术流程

（4）协调各级、各专业应急力量实施应急支援行动；

（5）指挥污染源的监测监控工作；

（6）及时向上级有关部门报告应急行动的进展情况。

4.5 处置措施

对尾矿库突发环境事件的应急处置，按照相关应急预案的规定执行。

4.5.1 尾矿库企业现场应急处置一般方法

尾矿库突发环境事件发生后，尾矿库企业应立即启动本单位应急响应，执行应急预案，实施先期处置。救援队伍到达现场后立即了解情况，确定警戒区和事故控制具体方案，布置救援任务，在救援过程中要佩戴好个人防护用品，并设定警示标志。处置方法如下：

（1）抢险：应急救援队伍到达现场后，在企业应急指挥部的统一领导下，应急技术组迅速查明事故性质、原因、影响范围等基本情况，判断事故后果和可能发展的趋势，拿出抢险和救援处置方案。事故救援组负责在紧急状态下的现场抢险作业，及时控制危险区，防止事故扩大。现场监测组迅速制定监测方案，开展监测。后勤保障组负责事故现场物资、设备、工具的保障供给工作。

（2）疏散：在尾矿库发生险情，有溃坝危险时，企业应急指挥部应立即上报当地政府和相关部门，并由安全保卫组负责下游居民的疏散和两侧的警戒工作，严禁车辆和行人通过，维护事故现场秩序和社会治安。

（3）转移：在事故救援中，尾矿库有溃坝危险或有人员伤亡、财产损失时，由安全保卫组、医疗救护组将受伤人员、居民财产向安全区域转移。转移过程中救援队伍应与现场应急指挥部保持联系。

如果溃坝事故严重，对周边环境的污染形势扩大，现场环境应急指挥部应采取果断措施，停止生产，调动铲车、挖掘机等对污染物进行封堵、拦截，并采取污染控制的有效措施，同时请求地方政府增援。

（4）结束：救援工作结束后，各应急专业队伍必须经企业指挥部同意后，方可撤离现场，同时成立事故调查组，对事故进行分析处理，及时总结经验教训，并整理事故档案，修订应急预案。

4.5.2 尾矿库突发环境事件常见类型和处置措施

尾矿库突发环境事件常见类型主要包括：输送系统泄漏、排水设施堵塞或损坏、渗漏、管涌、裂缝、滑坡、溃坝等。

企业按照应急预案确定的工程技术方案开展工作，迅速启动包括封堵污染源、筑建拦截坝和污染物降解等防控措施。

环境保护行政部门可根据现场情况，报告政府启动流域级防控措施。

4.5.3 典型尾矿库突发环境事件涉及的特征污染物处置方法

尾矿污染类型可以分为有机污染和无机污染两类，有机污染主要是有机选矿药剂造成的污染，无机污染主要是尾矿中的金属离子和选矿中使用的酸、碱药剂造成的污染。总体来讲，有机污染采取投加粉末活性炭吸附的应急处置方法，无机污染采取絮凝沉淀的应急处置方法，药剂的投加量应根据监测数据确定。典型尾矿库常见污染物处理办法参考表 4-1。

4.6 应急监测

根据尾矿库突发环境事件的特点，按照污染物种类、尾矿库周边地表水、地下水、饮用水水源保护区、环境敏感点的分布，划分监测区域，确定监测点位，明确监测项目，开展应急监测。

表 4-1 典型尾矿库常见特征污染物处置方法一览表

典型尾矿库	常见特征污染物	处 理 办 法
金、银矿	砷	一般利用絮凝沉淀-吸附法或者离子变换吸附法，还可利用高铁酸盐的氧化絮凝双重水处理功能，取代氧化铁盐法
	铬（六价）	硫酸亚铁絮凝沉淀分离铬
	镉	投加硫化钠生成硫化镉沉淀去除
	汞	投加硫化钠生成硫化汞沉淀去除
	氰化钠	加入过量 NaClO 或漂白粉分解氰化物
铅锌矿	铅	投加硫化钠生成硫化铅沉淀去除
	锌	投加硫化钠生成硫化锌沉淀去除
	铜	投加硫化钠生成硫化铜沉淀去除
	汞	投加硫化钠生成硫化汞沉淀去除
	丁基黄药	投加活性炭粉末吸附
	铅	投加硫化钠生成硫化铅沉淀去除
	锌	投加硫化钠生成硫化锌沉淀去除
	2#油	投加活性炭粉末吸附
	煤油	投加活性炭粉末吸附
铜 矿	铜	投加硫化钠生成硫化铜沉淀去除
	锌	投加硫化钠生成硫化锌沉淀去除
	硫离子	加石灰处理
	2#油	投加活性炭粉末吸附
	丁基黄药	投加活性炭粉末吸附
铝 矿	铝	加絮凝剂和石灰等沉淀去除
	氟化物	加石灰生成氟化钙沉淀去除
	盐酸	用石灰、碎石灰石或碳酸钠中和
	硝酸	用石灰、碎石灰石或碳酸钠中和

在事件发生初期，要根据事件发生地的监测能力和突发事件的严重程度，适当增加监测点位和频次，随着污染物的扩散情况和监测结果的变化趋势，调整监测频次和监测点位。

根据监测结果，综合分析尾矿库突发环境事件污染变化趋势，并通过专家咨询和讨论的方式，预测、报告尾矿库突发环境事件的发展情况和污染物的变化情况，为政府应急决策提供技术支撑。

4.7 通报与信息发布

4.7.1 事件通报

尾矿库突发环境事件发生地政府在进行环境应急响应的同时，应及时向毗邻和可能波及地区的政府通报突发环境事件的情况。

接到尾矿库突发环境事件通报的政府应将情况及时通知本行政区域内有关部门和单位，采取必要的应对措施。

按照本级政府的指示，环境应急指挥部应及时向政府有关部门通报尾矿库突发环境事件的情况。

4.7.2 信息发布

各级政府设立的环境应急指挥部按照规定职责，负责统一发布尾矿库突发环境事件信息。尾矿库突发环境事件发生后，要按规定及时发布准确、权威的信息，正确引导社会舆论。

4.8 应急终止

4.8.1 应急终止条件

（1）事件现场得到控制，事件条件已经消除；

（2）污染源的泄漏或释放已降至规定限值以内；

（3）事件所造成的危害已经消除，无继发可能；

（4）事件现场的各种专业应急处置行动已无继续的必要；

（5）采取了必要的防护措施以保护公众免受再次危害，并使事件可能引起的中长期影响趋于合理且尽量低的水平。

4.8.2 应急终止程序

（1）现场环境应急指挥部确认终止时机，或由事件责任单位提出、经现场环境应急指挥部核查后，按尾矿库突发环境事件的响应级别，报相关环境应急工作指挥部批准。

（2）现场环境应急指挥部向所属各专业应急队伍下达环境应急终止命令。

（3）应急状态终止后，根据实际需要继续进行环境监测和评价工作，直至其他补救措施无需继续进行为止。

5 尾矿库突发环境事件应急终止后的环境管理

尾矿库突发环境事件终止后，各级政府环境保护行政部门应在本级政府的领导下，做好尾矿库突发环境事件应急终止后的环境管理工作。主要内容包括：

（1）环境应急过程评价；

（2）环境污染事故原因、事故损失调查与责任认定；

（3）提出补偿和对遭受污染的生态环境进行恢复的建议；

（4）编制尾矿库突发环境事件应急总结报告；

（5）督促尾矿库企业修订应急预案；

（6）评估尾矿库污染事故的中长期环境影响；

（7）在当地政府的领导下向社会通报。

本指南由环境保护部负责解释。

关于加强资源开发生态环境保护监管工作的意见

环发[2004]24号

各省、自治区、直辖市环境保护局（厅）：

为进一步贯彻落实国务院印发的《全国生态环境保护纲要》，加强资源开发的生态环境保护监管工作，防止开发建设不当造成新的重大生态破坏，依据国家有关环境保护法律法规，现提出以下意见：

一、强化资源开发的生态环境管理，遏制新的重大生态破坏

1. 各级环境保护部门要高度重视资源开发的生态环境保护，统一认识，加强领导，完善制度，严格监管，切实扭转当前一些地方在生态环境方面边建设、边破坏，建设赶不上破坏的被动局面。

2. 资源开发活动的生态环境监管必须坚持“预防为主，保护优先”的原则，以控制人为不合理开发活动为重点，坚持事先监管、全过程监管，把资源开发的生态损失降低到最低限度。

3. 各级环境保护部门应将资源开发活动生态环境监管纳入年度工作重点，研究采取有效措施，解决生态环境监管中的难点问题，健全机构，充实执法人员和装备，保证经费投入，分级监察和考核，全面推进资源开发活动的生态环境监管。

二、认真执行环境影响评价制度和“三同时”制度，对资源开发实行全过程管理

1. 依据《环境影响评价法》和《建设项目环境保护管理条例》，对资源开发规划和资源开发项目中有关环境影响评价的内容进行重点监督，防止不符合国家环境保护法律法规，可能对生态环境造成破坏的资源开发规划和项目的立项、实施。

2. 审批资源开发建设项目要严格实行逐级备案制度，做到环境影响报告书（表）无错编，无漏审；凡违反有关分级审批规定，越权审批或降级审批的一律无效；凡未按建设项目环境保护分类管理名录规定编制环境影响评价文件的，有审批权的环境保护部门不予审批。

3. 加强对环境影响评价资格证书持有单位的管理。凡超业务范围、借用或变相借用环评证书、或者评价结果失实及出现重大失误的，应依法追究评价单位和评价人员的法律责任，降低资质等级或者吊销环评证书，并予以经济处罚；对构成犯罪的，依法追究刑事责任。

4. 采取措施，严把环境影响报告书审批关。有下列情况之一的环境影响报告书（表）要退回编制单位重新编制：未开展生态环境调查；生态环境影响论述不清；未进行生态环境影响综合分析；生态保护措施缺乏针对性和可操作性。有下列情况的资源开发建设项目，环境保护行政主管部门不予审批环境影响报告书（表）：不符合生态功能区划和生态保护规划造成重大生态破坏。

5. 各地要制定资源开发项目生态环境监察管理办法，加强环境监察队伍的生态环境监察能力建设、制度建设和监察人员培训等工作，逐步建立资源开发建设项目生态环境监察体系。实施资源开发建设项目设计、施工、运行等全过程的生态环境监察，切实解决中小型资源开发建设项目环境影响评价执行率低和重审批轻管理的问题。

6. 严格执行建设项目环境保护措施和竣工验收制度。对环境保护和生态恢复措施达不到国家有关环境保护规定和环境影响报告书（表）批复要求的，由负责其项目竣工验收的环境保

护部门责令其限期整改，由负责现场生态环境监察的环境监察机构出具整改现场环境监察合格报告后方可验收；超过期限未整改或整改后仍不符合要求的资源开发建设项目，依法责令其停止试运行。

三、预防关口前移，加大对重点资源开发的环境影响评价和监管工作力度

1. 各级环境保护部门要在生态调查基础上会同有关部门编制生态功能区划和生态保护规划，科学划定生态环境敏感区和各类资源开发“禁区”，明确不同生态功能区资源开发利用方式和生产力布局。生态功能区划和生态保护规划经同级人民政府批准后作为指导环境影响评价、环境现场管理和规范各类资源开发活动的依据。

2. 水资源开发规划和项目的环评审查和生态环境监管的重点是：流域水资源开发规划要全面评估工程对流域水文条件和水生生物多样性的影响；干旱、半干旱地区要严格控制新建平原水库，将最低生态需水量纳入水资源分配方案；对造成减水河段的水利工程，必须采取措施保护下游生物多样性；兴建河系大闸，要设立鱼蟹洄游通道；在发生江河断流、湖泊萎缩、地下水超采的流域和区域，坚决禁止新的蓄水、引水和灌溉工程建设。

3. 农业资源开发规划和项目的环评审查和生态环境监管的重点是：禁止毁林毁草（场）开垦和陡坡开垦；在生态环境敏感区域，禁止建设规模化畜禽养殖场，已经建成的要限期搬迁或关闭；畜禽养殖区与生态敏感区域的防护距离最少不得低于500米；渔业资源开发要执行捕捞限额和禁渔、休渔制度；水产养殖要合理投饵、施肥、使用药物。禁止向农村公路两侧和河道倾倒建筑垃圾、工业废料、生活垃圾、尾矿渣、废土石渣、农作物秸秆等固体废物；禁止在农村集中饮用水水源地周围建设有污染物排放的项目或从事有污染的活动；禁止使用污水浇灌生食蔬菜和瓜果；科学合理使用农药、化肥和农膜，防止农业面源污染。

4. 矿产资源开发规划和项目的环评审查和生态环境监管的重点是：在生态环境敏感区进行矿产资源开发必须进行生态环境影响专题分析；资源枯竭后必须复垦或恢复植被。不得在矿产资源开发管理部门规定的区域或生态功能重要的区域开采矿产资源。

5. 城镇道路设施建设、新区建设、旧城区改造项目的环评审查和生态环境监管的重点是：严格保护城市内的天然湿地、草地、林地、河道等生态系统；城市渠系、水体整治中不得随意对自然水体进行人为的“防渗处理”；城市绿化树（草）种应推广本地优良品种，严格控制对野生树木的采挖移植；禁止古树、名木异地移栽，防止“大树进城”造成原产地生态系统和生物多样性的破坏。

6. 林草资源规划和开发项目的环评审查和生态环境监管的重点是：禁止荒坡地全垦整地、严格控制炼山整地；在年降水量不足400毫米的地区，严格限制乔木种植和速生丰产林的建设；水资源紧缺地区，不得以灌溉大面积推进和维持人工造林。草原放牧要严格实行以草定畜和禁牧期、禁牧区以及轮牧制度；禁止采集国家重点保护的生物物种资源；在野生生物资源丰富的地区，应划定野生生物资源限采区、准采区和禁采区，对采挖方式进行严格规范。

7. 旅游资源开发项目的环评审查和生态环境监管的重点是：必须有生态环境保护规划和宣传教育专项方案；旅游区内禁止建设破坏景观资源的楼、堂、馆、所；严格限制索道、滑道、旅游列车、娱乐城等建设；科学核定景区旅游容量，做到“区内游，区外住”；禁止在自然保护区核心区、缓冲区内从事旅游开发，不得以开发为目的，擅自把自然保护区核心区、缓冲区调整为实验区。

8. 湿地等重要资源开发项目的环评审查和生态环境监管的重点是：穿越湿地等生态环境敏感区的公路、铁路等基础设施建设，应建设便于动物迁移的通道设施；在湿地内开采油、气

资源应采取措施保护生物多样性，资源枯竭后，应及时拆除生产设施，恢复自然生态；禁止围湖、围海造地和占填河道等改变生态功能的开发建设活动；禁止利用自然湿地净化处理污水。

9. 外来物种引进和转基因生物应用的环评审查和生态环境监管的重点是：引进外来物种和转基因生物环境释放前，必须进行环境影响评估；禁止在生态环境敏感区进行外来物种试验和种植放养活动；严格限制在野生生物原产地进行同类转基因生物的环境释放。

四、加强领导，建立和完善生态环境保护统一监管机制

1. 将资源开发生态环境保护工作纳入当地政府环境保护目标责任制，对责任人定期进行考评，考核结果纳入其政绩考核内容。

2. 加强资源开发活动中生态环境保护的统一监管，建立资源开发活动的监察机制和体系。对工作中失察、失职，不报、迟报、漏报、瞒报生态破坏事件者，依法依规追究其责任。

3. 环保部门要会同有关部门，建立资源开发环境保护联合工作机制，加强与计划、财政、监察、国土、农业、水利、林业和旅游等部门在生态环境保护工作上的协调，各司其职，依法依规监管，及时制止、纠正和查处资源开发中的各种违法、违规行为，切实防止资源开发导致的新的重大人为生态破坏。

4. 建立公示、举报制度，完善公众参与机制，制定有关公众参与的管理办法。加强舆论监督，对资源开发违法案件及时曝光；资源开发环境影响评价审批工作要程序公开、办事制度公开、验收前公示和验收结果公开。广泛听取社会各界对资源开发活动中环境影响监管的意见。

防治尾矿污染环境管理规定

（1992年8月17日国家环境保护局令第11号颁布，1992年10月1日实施，
1999年7月12日经国家环境保护总局令第6号修订）

第一条　为保护环境，防治尾矿污染，根据《中华人民共和国环境保护法》及有关法律、法规制定本规定。

第二条　本规定中所称尾矿是指选矿和湿法冶炼过程中产生的废物。

第三条　本规定适用于中华人民共和国领域内企业所产生尾矿的污染防治及监督管理。

氧化铝厂的赤泥和燃煤电厂水力清除的粉煤灰渣的污染防治也适用本规定。放射性尾矿、伴有放射性尾矿的非放射性尾矿的污染防治，依照国家有关放射性废物的防护规定执行。

第四条　县级以上人民政府环境保护行政主管部门对本辖区内的尾矿污染防治实施统一监督管理。

第五条　县级以上人民政府环境保护行政主管部门对在尾矿污染防治工作中有显著成绩的单位和个人给予表彰。对综合利用尾矿的，按国家有关规定给予优惠。

第六条　县级以上人民政府环境保护行政主管部门有权对管辖范围内产生尾矿的企业进行现场检查。被检查的企业应当如实反映情况，提供必要的资料。检查机关应为被检查的单位保守技术秘密和业务秘密。

第七条　产生尾矿的企业必须制定尾矿污染防治计划，建立污染防治责任制度，并采取有效措施，防治尾矿对环境的污染和危害。

第八条　产生尾矿的企业必须按规定向当地环境保护行政主管部门进行排污申报登记。

第九条　产生尾矿的新建、改建或扩建项目，必须遵守国家有关建设项目环境保护管理的规定。

第十条　企业产生的尾矿必须排入尾矿设施，不得随意排放。无尾矿设施，或尾矿设施不完善并严重污染环境的企业，由于环境保护行政主管部门依照法律规定报同级人民政府批准，限期建成或完善。

第十一条　贮存含属于有害废物的尾矿，其尾矿库必须采取防渗漏措施。

第十二条　在国务院、国务院有关主管部门和省、自治区、直辖市人民政府划定的风景名胜区、自然保护区和其他需要特殊保护的区域内不得建设产生尾矿的企业；已建的企业所排放的尾矿水必须符合国家或地方规定的污染排放标准。向上述区域内排放尾矿水超过国家或地方规定的污染物排放标准的，限期治理。

第十三条　尾矿贮存设施必须有防止尾矿流失和尾矿尘土飞扬的措施。

第十四条　产生尾矿的企业应加强尾矿设施的管理和检查，采取预防措施，消除事故隐患。

第十五条　因发生事故或其他突然事件，造成或者可能造成尾矿污染事故的企业，必须立即采取应急措施处理，及时通报可能受到危害的单位和居民，并向当地环境保护行政主管部门和企业主管部门报告，接受调查处理。当地环境保护行政主管部门接到尾矿污染事故报告后，应立即向当地人民政府和上一级环境保护行政主管部门报告。对于特大的尾矿污染事故，由地、市环境保护行政主管部门报告国家环境保护局。任何单位和个人不得干扰对事故的抢救和处理工作。可能发生重大污染事故的企业，应当采取措施，加强防范。

第十六条　禁止任何单位和个人在尾矿设施上任意挖掘、垦殖、放牧、建筑及其他妨碍尾

矿设施正常使用和可能造成污染危害的行为。

第十七条 尾矿贮存设施停止使用后必须进行处置，保证坝体安全，不污染环境，消除污染事故隐患。关闭尾矿设施必须经企业主管部门报当地省环境保护行政主管部门验收，批准。经验收移交后的尾矿设施其污染防治由接收单位负责。利用处置过的尾矿或其设施，需经地、市环境保护行政主管部门批准，并报省环境保护行政主管部门备案。

第十八条 对违反本规定，有下列行为之一的，由环境保护行政主管部门依法给予行政处罚：

（一）产生尾矿的企业未向当地人民政府环境保护行政主管部门申报登记的，可处以 300 元以上 3000 元以下罚款，并限期补办排污申报登记手续；

（二）违反本规定第十条规定，经限期治理，逾期未建成或完善尾矿设施，或者违反本规定第十二条规定，经限期治理未完成治理任务的，由环境保护行政主管部门依照《中华人民共和国固体废物污染环境防治法》第六十二条的规定，根据所造成的危害处以 10000 元以上 100000 元以下罚款，或提请人民政府责令停产；

（三）拒绝环境保护行政主管部门现场检查或在被检查时弄虚作假的，给予警告，或处以 300 元以上 3000 元以下的罚款。

第十九条 本规定所称尾矿设施是指尾矿的贮存设施（尾矿库、赤泥库、灰渣库等）、浆体输送系统、澄清水回收系统、渗透水截流及回收系统、排洪工程、尾矿综合利用及其他污染防治设施。

第二十条 本规定自 1992 年 10 月 1 日起施行。

依据《关于废止、修改部分环保部门规章和规范性文件的决定》（环境保护部令第 16 号），自 2010 年 12 月 22 日起，《防治尾矿污染环境管理规定》（1992 年 8 月 17 日，国家环境保护局令第 11 号发布；1999 年 7 月 12 日，国家环境保护总局令第 6 号修订）做如下修改：

1．删除第十七条第二款“关闭尾矿设施必须经企业主管部门报当地省环境保护行政主管部门验收，批准”中的“经企业主管部门报”。

2．删除第十七条第四款。

3．将第十八条修改为：“对违反本规定，有下列行为之一的，由环境保护行政主管部门依法给予行政处罚：

（一）产生尾矿的企业未向当地人民政府环境保护行政主管部门申报登记的，依照《中华人民共和国固体废物污染环境防治法》第六十八条规定处以五千元以上五万元以下罚款，并限期补办排污申报登记手续；

（二）违反本规定第十条规定，逾期未建成或者完善尾矿设施，或者违反本规定第十二条规定，在风景名胜区、自然保护区和其他需要特殊保护的区域内建设产生尾矿的企业的，依照《中华人民共和国固体废物污染环境防治法》第六十八条规定责令停止违法行为，限期改正，处一万元以上十万元以下的罚款；造成严重污染的，依照《中华人民共和国固体废物污染环境防治法》第八十一条规定决定限期治理；逾期未完成治理任务的，由本级人民政府决定停业或者关闭。

（三）拒绝环境保护行政主管部门现场检查的，依照《中华人民共和国固体废物污染环境防治法》第七十条规定，责令限期改正；拒不改正或者在检查时弄虚作假的，处二千元以上二万元以下的罚款。”

【国家安全生产监督管理总局】

国家安全监管总局等七部门
关于印发深入开展尾矿库综合治理行动方案的通知

安监总管一[2013]58 号

各省、自治区、直辖市人民政府，新疆生产建设兵团：

党中央、国务院高度重视尾矿库安全生产工作，近年来针对加强尾矿库安全生产和环境保护工作作出了一系列重要指示。遵照国务院领导同志重要批示精神，为深入贯彻《国务院关于进一步加强企业安全生产工作的通知》（国发[2010]23 号）和《国务院关于坚持科学发展安全发展促进安全生产形势持续稳定好转的意见》（国发[2011]40 号）精神，结合近年来我国尾矿库综合治理工作实际，国家安全监管总局、国家发展改革委、工业和信息化部、财政部、国土资源部、环境保护部、国务院南水北调办共同编制了《深入开展尾矿库综合治理行动方案》，经国务院同意，现印发给你们，请认真遵照执行。

请各地区根据《深入开展尾矿库综合治理行动方案》要求，结合实际制定切实可行的尾矿库综合治理行动实施方案，于 2013 年 9 月底前报送国家安全监管总局、国家发展改革委、工业和信息化部、财政部、国土资源部、环境保护部和国务院南水北调办，并抓好落实。

国家安全生产监督管理总局
国家发展和改革委员会
工业和信息化部
财政部
国土资源部
环境保护部
国务院南水北调工程建设委员会办公室
2013 年 5 月

深入开展尾矿库综合治理行动方案

前　言

为深入贯彻《国务院关于进一步加强企业安全生产工作的通知》（国发[2010]23 号）和《国务院关于坚持科学发展安全发展促进安全生产形势持续稳定好转的意见》（国发[2011]40 号）精神，根据《中华人民共和国安全生产法》、《中华人民共和国矿山安全法》、《中华人民共和国环境保护法》、《中华人民共和国固体废物污染环境防治法》、《中华人民共和国环境影响评价法》、《中华人民共和国矿产资源法》、《中华人民共和国土地管理法》、《土地复垦条例》（国务院令第 592 号）等有关法律法规，结合近年来我国尾矿库综合治理工作实际，由国家安全监管总局、国家发展改革委、工业和信息化部、财政部、国土资源部、环境保护部、国务院南水北调办共同编制了《深入开展尾矿库综合治理行动方案》。

本方案坚持以科学发展观为指导，以全面提升尾矿库本质安全水平，有效防范尾矿库生产安全事故及环境事件发生，保障人民群众生命和财产安全，保护生态环境，促进经济社会可持续发展为出发点，以强化落实尾矿库企业主体责任，优化产业布局，调整产业结构，深化隐患综合治理，推广应用先进适用科学技术，推进尾矿库环境恢复治理和土地复垦，加快推动尾矿资源综合利用为重点，研究制定“十二五”时期后三年尾矿库综合治理行动的目标任务和政策措施，明确职责、突出重点，扎实开展新一轮尾矿库综合隐患大排查、大整治，深入开展尾矿库整顿关闭攻坚战，努力促进尾矿库安全环保形势明显好转乃至根本好转，为实现党的十八大提出的推进绿色发展、循环发展、低碳发展，推进生态文明建设，建设美丽中国作出积极贡献。

第一章　尾矿库安全环境现状

据统计，截至2012年底，全国共有尾矿库12273座，其中在用库6633座，在建库1234座，已闭库2193座，停用库2213座（其中废弃库和强制取缔关闭库1304座）。按安全状况划分，有危库54座，险库100座，病库1069座，正常库11050座；按等别划分，有二等库143座，三等库718座，四等库2287座，五等库9125座。尾矿库分布较集中的地区有河北（2470座）、山西（1760座）、辽宁（1213座）、河南（1047座）、湖南（658座）、云南（643座）、广西（602座）、内蒙古（591座）、山东（525座）等9个省（区），约占全国尾矿库总数的77.5%。

近年来，我国尾矿库生产安全事故及环境事件时有发生，不仅给人民生命财产造成重大损失，而且对周围环境安全构成了严重威胁，甚至一定程度上影响了社会稳定。

据统计，2005年尾矿库共发生事故（或环境安全事件，下同）9起，死亡13人；2006年12起，死亡30人；2007年14起，死亡和失踪18人；2008年18起，死亡和失踪282人；2009年4起，死亡3人；2010年6起，死亡6人；2011年7起，死亡1人。特别是2008年9月8日，山西省襄汾县新塔矿业有限公司（铁矿）发生了特别重大尾矿库溃坝事故，造成277人死亡、4人失踪、33人受伤和巨大财产损失。2012年发生的广西壮族自治区华银铝业有限公司“5·26”龙山排泥库泄漏事件和贵州省铜仁市万泰锰业有限公司“11·7”锰渣库泄漏事件，造成了极为严重的环境污染和恶劣的社会影响，尾矿库安全环保形势依然严峻，隐患及问题依然十分突出。主要表现在：

一、尾矿库数量大，小库多，先天问题严重，基础薄弱

据统计，全国12273座尾矿库中，库容在100万立方米以下的五等库9125座，约占尾矿库总数的74.4%，而且非公有制企业占相当大的比例。这些小型尾矿库绝大部分是在一定历史条件下形成的，普遍存在未批先建、选址不合理、无正规设计、设备设施简陋、不按设计组织施工、从业人员素质低、生产管理粗放、安全防范措施落实不到位等问题。尤其是2004年前建设使用的尾矿库，均未履行建设项目安全设施“三同时”程序，安全设施设计审查和竣工验收由企业自行组织，标准低、把关不严等问题比较普遍，防范事故风险的能力薄弱。

二、尾矿库企业主体责任落实不到位，投入不足，大量隐患得不到及时有效治理

截至2012年底，全国仍有1223座危、险、病库尚未得到治理。特别是由于近年来我国国民经济快速发展，钢铁、有色金属等主要原材料工业扩张迅速，金属非金属矿山采选业迅速发

展，大量的小选矿厂相继建成投入使用。其中一批小选矿厂所建尾矿库数量多、水平低、管理差，在利益驱动下，投入严重不足，大量隐患得不到及时有效治理，是发生尾矿库生产安全事故和环境事件的重大隐忧。近几年虽然经过多轮专项整治，消除了一些重大隐患，但由于企业破产、改制或经济效益等多重原因，问题依然严重。尤其是一些服役到期的尾矿库由于缺少闭库资金迟迟不能履行闭库程序，加之尾矿充填技术应用和尾矿综合利用产业发展缓慢，尾矿排放和堆存量持续增加，新建尾矿库数量持续保持高位，全国尾矿库总量居高不下，这些问题给安全生产和环境保护工作带来严峻挑战，也严重制约了推进生态文明建设目标的实现。

三、停用库大量存在，废弃库隐患突出，综合治理任务十分艰巨

截至 2012 年底，全国仍有停用库 2213 座，占全国尾矿库总量的六分之一，其中大部分是废弃库和强制取缔关闭库，由于历史原因及地方财力不足等问题，一直未得到及时治理，有的已经演变成危库、险库，成为新的重大危险源。同时，受矿产品市场价格波动的影响，一些尾矿库企业经济效益差，无力对尾矿库进行隐患治理或实施闭库，甚至存在一些尾矿库企业主逃逸的现象，把存在重大安全隐患的尾矿库甩给地方政府，给地方政府带来了很大压力，也给库区周边群众的生命财产和环境安全带来了新的威胁。

四、“三边库”、“头顶库”问题棘手，简易闭库尾矿库问题普遍

“三边库”就是临近江边、河边、湖库边或位于居民饮用水源地上游的尾矿库，数量较多，存在极大的重金属或有毒有害物质污染风险，一旦发生安全事故，将对环境安全以及人民群众生命财产安全造成重大损失。“头顶库”就是下游很近距离内有居民或重要设施，且坝体高、势能大的尾矿库，其数量多、隐患重、风险大，危害严重。据对河北省承德市等 12 个重点地区初步统计，按尾矿库初期坝下游 1 公里距离计算，共有 59 座“三边库”和 264 座“头顶库”，占这 12 个地区尾矿库总量的 12%。另外，在已经闭库的 2110 座尾矿库中，绝大部分是较早时期完成闭库的，与有关技术规程要求有较大差距，普遍存在防洪排水系统不完善、覆土植被未达要求等问题，加之后期维护资金严重不足，正在演变成新的安全环保隐患。

五、尾矿库问题已经成为制约一些地方经济发展和影响社会稳定的重要因素

近年来，一些以矿业经济为主导、尾矿库比较集中的地区，尾矿库安全环保问题已经衍生为重大的经济发展问题和社会稳定问题。一方面尾矿库建设成为矿业发展的瓶颈，普遍存在选址难、审批难、搬迁难，建设新库费用高、周期长，直接制约当地矿业发展和经济发展；另一方面，由于部分尾矿库存在安全环保隐患，地方财政及企业无力治理，群众上访情况时有发生，甚至引发群体性事件，在一定程度上影响了当地社会稳定和谐。

第二章　尾矿库综合治理的指导思想、工作原则和工作目标

一、指导思想

深入贯彻落实党的十八大精神，坚持以科学发展观为统领，坚持“安全第一、预防为主、综合治理”的方针，牢固树立以人为本、节约发展、清洁发展、安全发展、可持续发展的科学理念，以治理隐患、优化布局、科技引领、节约资源、土地复垦为工作重点，以防范事故、保障人民生命财产安全、保护生态环境为主要目标，扎实推进尾矿库综合治理工作，努力提升尾矿库本质安全水平，有效降低尾矿库事故风险，控制事故总量，遏制重特大事故发生，推动实

现尾矿库安全环保形势的根本好转。

二、工作原则

（一）落实责任、强化治理。按照“政府主导、企业负责”的原则，在区分政府和企业责任的基础上，抓紧制定尾矿库综合治理方案，落实资金，积极推进综合治理各项工作。

（二）突出重点、分步实施。在全面开展隐患排查治理工作的基础上，按照隐患严重程度和环境敏感度，确定重点治理区域及重点治理项目，研究落实具体治理措施和计划，分步实施，整体推进。

（三）治用结合、因地制宜。坚持安全环保与效能并重的原则，把尾矿库隐患治理与尾矿综合利用有机结合起来，积极采用先进科技手段，结合实际宜治宜用，注重实效。尾矿资源应合理利用，避免浪费，在不具备开采条件的时候需采取封存等措施，保护资源。

（四）源头治理、加强监管。按照国家法律、法规、标准规定的要求，强化源头管理，严格尾矿库项目选址、立项、土地使用、安全、环保审查等准入环节，多方面加大尾矿库综合治理项目的监督检查力度，加强监管能力建设。

三、工作目标

通过深入开展尾矿库综合治理行动，力争在“十二五”后三年，促使全国尾矿库隐患数量大幅下降，闭库治理水平、尾矿库复垦利用率、尾矿综合利用率显著提升，安全环境风险得到有效控制，生产安全事故和环境事件明显下降，尾矿库本质安全水平迈上新台阶。2015 年底前具体工作目标包括：

（一）基本消除危、险尾矿库，全国病库数量控制在尾矿库总数的 5%以内；“三边库”全部完成升级加固改造，含有毒有害成分的尾矿库全部实现达标排放。

（二）重点治理废弃库、取缔关闭库和无主库，全面完成治理任务，杜绝出现新的废弃库和无主库。2015 年底前尾矿库数量减少 10%以上。

（三）生产运行的尾矿库全部达到安全生产标准化三级以上水平；其中中央及省直企业尾矿库和三等及以上尾矿库全部达到安全生产标准化二级以上水平。

（四）三等及以上尾矿库和部分位于敏感区的尾矿库全部安装在线监测系统。在尾矿库环境安全隐患突出的区域建设流域级防控设施。基于全国尾矿库基础数据，形成具备动态监管、应急处理、遥感监测、在线监测和远程咨询指导等功能的尾矿库“天地一体化”监控体系。

（五）加强应急管理，提升尾矿库雨情监测能力，推动建立尾矿库应急救援联防联动机制，有效防范汛期和极端气候引发的事故灾难。

第三章　尾矿库综合治理的主要任务

新一轮尾矿库综合治理行动从 2013 年开始，至 2015 年结束。2013 年各地区根据国家的统一部署，研究制定本地区尾矿库综合治理行动方案，对本地区尾矿库进行全面摸底排查，重新认定尾矿库安全度，准确定位危库、险库、病库、“三边库”、“头顶库”以及废弃库、关闭库和无主库，并分类造册，确定重点治理区域及重点治理项目，研究制定具体的治理措施和实施计划；2014 年对确定的重点地区和重点项目实施重点治理，尽快消除安全环保隐患，完成尾矿库闭库治理和升级改造，含有毒有害成分的尾矿库全部实现达标排放，确保尾矿库安全运行；2015 年在重点治理的基础上，对所有尾矿库进行全面综合整治，落实整顿关闭计划，严格市场准入，优化产业布局，推广先进适用技术，规范企业生产运行，推动尾矿库实现安全生产和清洁生产。具体工作任务是：

一、进一步落实尾矿库安全生产主体责任，夯实安全管理基础

（一）提高尾矿库企业安全准入门槛。要严格控制新建尾矿库、独立选矿厂建设项目，尤其是库容小于 100 万立方米、服务年限少于 5 年的尾矿库建设项目。新建尾矿库必须严格履行建设项目安全设施“三同时”手续；要对新建金属非金属地下矿山开采方案尾矿利用进行论证，尽可能多的将尾矿充填，以减少尾矿排放量；新建五等尾矿库应当优先采用一次性筑坝技术；新建小库（库容在 10 万立方米以下，下同）和周转库必须采用一次性筑坝方式；新建堆存重金属尾矿库的库底应硬化并防渗；严禁在岩溶发育地区利用天坑建设尾矿库。

（二）督促尾矿库企业建立和落实以法定代表人负责制为核心的各级安全生产责任制，建立健全安全管理机构，健全完善建设、生产、安全规章制度和操作规程。强化作业人员技能培训，加强尾矿库技术管理，每座尾矿库至少配备 1 名熟悉尾矿库相关业务的技术管理人员。严格尾矿库生产运行管理，加强监测监控，确保尾矿库干滩长度、安全超高、排水构筑物过流能力等重要指标符合设计要求。

（三）建立完善并严格执行尾矿库安全检查和隐患排查治理制度，切实做到措施、责任、资金、时限和预案“五落实”。对排查出的危库、险库要责令停产，采取应急措施排除险情，对经整改仍达不到安全生产条件的，要提请地方政府依法予以关闭，并履行闭库程序；对病库要限期整改消除隐患，使之达到正常库标准，争取到 2015 年底基本消除危、险尾矿库，全国病库数量控制在已取证尾矿库总数的 5%以内。建立隐患整改效果评价制度，隐患整改结束后由企业法定代表人或主管负责人、技术总负责人组织验收，确保整改到位。对发生尾矿库生产安全事故的企业，要依法进行严肃查处。

（四）加强对“头顶库”的治理。要摸清底数，按下游 1 公里距离计算，确定坝下有居民、学校、厂矿及重要设施的尾矿库。要进行风险评估论证，研究制定治理和预防事故的对策措施。要明确治理责任，限期完成治理任务。对“头顶库”要进行升级改造，提高设计等级或按设计等级上限加固坝体、完善防洪设施。要根据尾矿库坝高、库容量、服务年限和下游居民数量情况，科学制定居民搬迁计划。

（五）加强对无主尾矿库的治理。要按照国家安全监管总局、国家发展改革委、工业和信息化部、国土资源部、环境保护部联合印发的《尾矿库隐患综合治理方案》（安监总管一[2009]112 号）要求，继续深化无主尾矿库隐患治理，明确职责、强化措施，扎实开展隐患综合治理，在“十二五”时期后三年时间完成闭库治理任务，杜绝出现新的无主管单位尾矿库。

（六）强化应急管理。制定有针对性和可操作性的应急救援预案，储备必要的应急物资和装备，加强应急培训及预案演练，熟悉预案体系及响应程序。认真落实汛期或极端气候下企业负责人值班值守制度，提高事故预防和应急保障能力。建立与周边村镇的应急响应机制，完善抢险应急预案，为下游居民和重要设施安全提供有效的应急保障。

二、加强尾矿库环境保护和治理，切实防范环境风险

（一）认真落实环评准入审批和验收制度。要按照相关规划，合理确定项目地址，尽量减少对周边环境的影响。强化规划环评，对新、改、扩建尾矿库项目，严格执行环境影响评价审查和审批制度，加强对尾矿库使用后产生环境影响的跟踪检查。对未依法报批环境影响评价文件的，应责令停止建设，限期补办有关手续并依法予以处罚；对建设、运行中产生与环境影响评价文件不符情形的，应责令组织开展环境影响后评价，采取改进措施。强化对尾矿库环境保护“三同时”监督检查和竣工验收管理，对未落实环境保护“三同时”制度的，应责令停止生产或使用，依法予以处罚。

（二）督促落实环境保护企业主体责任。督促尾矿库企业健全尾矿库环境保护规章制度，建立污染防治责任制，做好排污申报登记和固体废物申报工作；加强对防扬散、防流失、防渗漏、污水处理设施或者其他防止污染环境设施的检查；加大对“三边库”以及坝下 1 公里内有危险化学品单位及危险废物收集、贮存、运输处置设施和场所的尾矿库的监督检查力度。对未建设防渗漏处理设施的，应责成企业定期提交库区周边地下水监测数据，未建设污水处理设施的应定期提交外排尾矿水监测数据；对不正常使用污染防治设施，或者擅自拆除、闲置污染防治设施的，应责令限期改正并依法予以处罚。

（三）切实加强尾矿库生态环境保护与恢复治理工作。大力推动企业依据《矿山生态环境保护与恢复治理方案编制导则》（环办[2012]154 号），编制和实施《矿山生态环境保护与恢复治理方案》，把尾矿库环境治理和生态恢复工作作为重点内容，制定落实具体措施，有效提高尾矿库环境治理与生态恢复水平。

（四）加强环境应急管理，有效防范环境风险。督促尾矿库企业建立以预防为主的环境风险管理制度，定期排查环境安全隐患，开展环境风险评估。对存在重大环境安全隐患的，要责令企业限期整治。加强对突发环境事件应急预案的管理，指导企业定期开展环境应急演练，建设应急设施，储备必要的应急物资和装备。推动尾矿库区域环境安全保障工作，在尾矿库环境安全隐患突出的区域，要开展区域环境风险评估，提请当地人民政府制定治理方案，编制专项环境应急预案，完善流域级防控设施，加强环境应急处置救援队伍建设。

（五）推进《丹江口库区及上游水污染防治和水土保持“十二五”规划》（国函[2012]50 号）的实施，重点治理可能给南水北调中线水源区水质带来严重威胁且伴生有毒有害重金属、氰化物等的尾矿库，有效防范和遏制水源区尾矿库生产安全事故和环境事件发生。

三、狠抓闭库治理和复垦，彻底消除尾矿库安全环保隐患

（一）落实《尾矿库安全监督管理规定》（国家安全监管总局令第 38 号）有关要求，尾矿库闭库工作及闭库后的安全管理由原生产经营单位负责；对解散或者关闭破产的生产经营单位，其已关闭或者废弃的尾矿库的管理工作，由生产经营单位出资人或者上级主管部门负责；无上级主管部门或者出资人不明确的，由县级以上人民政府指定管理单位负责。

（二）严格履行闭库程序和闭库尾矿库的监督管理。要委托有资质的机构进行闭库安全设施设计，并经安全监管部门审查批准；要严格按设计组织闭库安全设施施工，经安全监管部门验收合格后方能闭库，确保尾矿库防洪能力和尾矿坝稳定性满足安全要求，维持尾矿库闭库后长期安全稳定。对闭库不达标的尾矿库，要重新履行闭库程序，使之达到闭库标准要求。对停用和废弃的尾矿库，除经论证仍有使用价值，履行建设项目程序重新启用外，都应进行闭库治理，履行闭库程序。对库内尾砂尚有利用价值但目前不宜开发的尾矿库，应先进行闭库处理。对小库的治理，应当采用搬库或挖走库内部分尾砂的方式进行销库或闭库处理。

（三）严格履行闭库尾矿库的土地复垦义务，尾矿库闭库后，土地复垦义务人应严格按照土地复垦方案要求完成土地复垦义务，并及时向项目所在地国土资源部门申请验收。

（四）严格审查尾矿库建设用地条件，不符合土地利用总体规划的，一律不予办理建设用地手续，并依法取缔关闭无证占地非法生产的尾矿库企业。

（五）严格尾矿库用地审批和闭库后土地复垦验收工作，监督用地单位及时将尾矿库用地复垦为耕地、林地或园地等农林用地，交还给原农村集体经济组织使用。2011 年 3 月 5 日《土

地复垦条例》实施前已经办理建设用地手续，目前继续使用的尾矿库，造成土地毁损的，土地复垦义务人应当按照规定补充编制土地复垦方案。新建尾矿库的土地复垦义务人应当在办理建设用地申请或相关手续时，随有关报批材料报送土地复垦方案，土地复垦义务人应当将土地复垦费用列入生产成本或建设项目总投资。

四、积极推广应用先进适用技术，提升尾矿库本质安全水平

（一）加强尾矿库安全环保先进技术、工艺、设备的研发、引进和应用，发挥对提升尾矿库安全生产和环境保护的科技保障作用，依靠科技创新与进步，提高尾矿库本质安全水平。

（二）大力推广尾矿库在线监测技术，2013 年底前，三等及以上尾矿库全部完成在线监测系统建立工作，2015 年底前，完成坝下有居民、重要设施等重点在用尾矿库在线监测系统建立工作。其他尾矿库要按照《尾矿库安全技术规程》要求建立人工监测系统并安装视频监控设施，实现尾矿库潜在危险的提前预警、快速上报和高效处理。

（三）基于全国尾矿库基础数据，形成具备动态监管、应急处理、遥感监测、在线监测和远程咨询指导等功能的尾矿库“天地一体化”监控体系，2015 年底前实现对全国尾矿库的动态管理。

（四）2015 年底前，重点提升尾矿库雨情监测能力，与气象部门加强预警应急联动，及时掌握天气变化趋势，及时向被监管企业发布防范强降雨、洪水、泥石流、台风等自然灾害预警信息，有效防范和应对自然灾害引发的事故灾难。

五、大力推进尾矿综合利用工作，实现循环发展和绿色发展

（一）加快实施《国家发展改革委关于印发“十二五”资源综合利用指导意见和大宗固体废物综合利用方案的通知》（发改环资[2011]2919 号）、《金属尾矿综合利用专项规划（2010－2015 年）》（工信部联[2010]174 号）和《大宗工业固体废物综合利用“十二五”规划》（工信部规[2011]600 号），进一步做好尾矿资源调查，建立尾矿资源综合利用信息网络平台，尽快启动并建设一批尾矿综合利用重大示范项目，积极推进尾矿综合利用基地建设，在尾矿产生和堆存集中的地区建设一批尾矿综合利用示范基地。加快实施《矿产资源节约与综合利用“十二五”规划》，大力发展绿色矿业，建设绿色矿山，推进首批 40 家矿产资源综合利用示范基地建设进程，带动我国尾矿资源综合利用水平的整体提升。

（二）加快《中国资源综合利用技术政策大纲》（国家发展改革委公告 2010 年第 14 号）和《金属尾矿综合利用先进适用技术目录》（工联节[2011]第 139 号）中尾矿综合利用先进适用技术的推广应用，积极推行尾矿充填等大宗量消纳尾矿技术，有效缓解尾矿堆存所带来的安全隐患和环境污染。严格执行《矿产资源节约与综合利用鼓励、限制和淘汰技术目录》（国土资发[2010]146 号），引导矿山企业积极采用先进工艺和设备，淘汰落后技术和产能，促进矿产资源领域节能减排和节约与综合利用。

（三）加强尾矿综合利用技术研发，通过国家科技计划，鼓励和支持研发一批尾矿综合利用共性关键技术，提高尾矿综合利用技术水平。

（四）切实加强对尾矿综合利用的监督管理，督促尾矿库企业严格按照设计进行尾矿回采，并加强尾矿回采期间日常安全管理和检查，严防对尾矿坝安全和周边环境造成影响。

（五）鼓励采矿权人依法回收利用尾矿资源；凡采矿权已经灭失以及历史上形成的尾矿资源，需要综合利用的，应依法办理采矿权和其他审批手续。

第四章 尾矿库综合治理的保障措施

一、强化机制建设，加强对尾矿库综合治理工作的组织领导

经国务院同意，在国家安全监管总局、国家发展改革委、国土资源部和环境保护部组成的全国尾矿库专项整治行动工作协调小组的基础上，增加工业和信息化部、财政部和国务院南水北调办为成员单位，统筹全国尾矿库综合治理工作，监督治理方案的制定和实施，细化职责分工，分解综合治理的各项任务和政策措施，定期评估治理方案的执行情况，协调解决综合治理的重大问题。

地方各级人民政府要进一步提高对尾矿库综合治理工作的认识，把提升尾矿库本质安全水平，防止和减少尾矿库生产安全事故和环境事件，保障人民群众生命财产安全，保护生态环境作为一项政治任务来抓。要认真履行尾矿库安全环保监管主体责任，将尾矿库综合治理项目作为考核内容，列入安全生产和环境保护责任制的考核目标之中。县级以上地方人民政府要结合本地区实际，建立由政府统一领导、相关部门组成的尾矿库综合治理工作领导组织；各相关部门要按照职责分工，各司其职，加强协调联动，依法对尾矿库综合治理工作进行严格的监管和指导，督促相关企业逐级抓好落实，切实加强对尾矿库综合治理工作的组织领导。

二、结合实际细化措施，切实推进尾矿库综合治理工作

各地区要按照本方案的统一部署，针对本地区尾矿库存在的突出问题，制定切合实际的尾矿库综合治理方案，并及时充实完善方案内容，确保该方案的前瞻性、科学性、严谨性、权威性和可操作性。要按照总体规划、分级负责、分项实施、逐步推进的原则，明确工作目标、保障措施和部门责任，严格标准，细化措施，有序推进尾矿库综合治理。同时，要督促各地区及相关企业抓紧制定本地区、本企业综合治理方案，落实治理措施计划，加强监督指导，积极推进各项工作落实。对方案确定的治理项目，各地区要进一步优化、论证工程技术方案，落实项目资金，深入扎实地做好项目前期工作，严格履行项目审批程序；要强化工程实施管理，不断完善和落实治理项目法人责任制、招投标制、合同制和工程监理制，加强对工程质量和工程进度的监督管理，确保工程质量。

三、强化责任落实，推动尾矿库综合治理工作落实

建立和落实以各级行政领导人和企业法定代表人负责制为核心的尾矿库安全生产责任制，推动建立尾矿库责任主体的终身责任制度，每一座尾矿库都要有企业法定代表人、安全生产负责人、政府行政责任人和安全监管责任人，并向社会公告。通过落实尾矿库安全生产主体责任，使尾矿库企业在管理制度、生产运行、安全投入、隐患整改以及从业人员素质等各方面基础工作水平均得到提升，安全防范措施得到加强，从而有力推动尾矿库综合治理工作的落实。同时，建立保险与安全生产相结合的事故防范机制，严格落实环境损害赔偿制度；探索建立尾矿库闭库保证金制度；严格落实《企业安全生产费用提取和使用管理办法》（财企[2012]16 号）有关标准和要求，确保安全费用足额提取和合理使用。

尾矿库综合治理工作要与开展非煤矿山“打非治违”、隐患排查治理和日常监督检查紧密结合，做到明确任务，落实责任，完善措施，依法打击，依规治理，注重实效；要健全联合执法机制，完善执法程序，创新执法手段，规范执法行为，提高执法效率，保证执法质量；要坚持公正执法、严格执法，切实做到边查边纠、边查边改、全程打击，从严从快解决尾矿库安全

生产领域各种非法违法问题，力求从根本上解决尾矿库安全环保隐患治理问题。

四、创新工作机制、完善政策措施，建立尾矿库综合治理长效机制

各级安全监管、工业（经济）和信息化、国土资源、环境保护等部门要对辖区内尾矿库安全、环保为主的隐患和问题定期组织督查、检查和排查，组织专家进行论证评估，指导企业通过安全评价和环境风险评估，确认尾矿库的安全度和环境风险状况，实行隐患挂牌督办制度，实施分级管理、分类指导。要区分重点地区和重点项目，对取缔关闭库、无主库、“三边库”和“头顶库”以及危、险、病库要优先进行隐患排查和治理，及时消除安全环境隐患。要优化产业布局，走集约化、规范化、规模化道路，新建尾矿库应符合产业布局和总体规划，凡不符合产业布局和安全、环保要求的一律不予设立。

研究制定扶持尾矿库企业开展安全生产、环保和尾矿综合利用的财税、金融等经济政策，加快尾矿综合利用相关标准的制定、修订工作，全面推进尾矿综合利用，努力减少尾矿库内尾砂（浆）存储量。

加快修改完善和研究制定《尾矿库安全技术规程》、《尾矿回采安全技术规范》、《尾矿干式堆存安全技术规程》、《尾矿库环境风险评价技术方法》以及磷石膏等工业废渣堆存标准等法规、规程和标准，使尾矿库相关法规、规程和标准得到进一步完善。

各地区要按照国家对新、改、扩建尾矿库库容规模和选址的限定标准及规模以下尾矿库淘汰标准，制定落实计划和保障措施，并严格执行。要建立健全尾矿库隐患排查治理长效机制，努力实现隐患排查治理工作规范化、制度化、经常化和重大事故隐患监管监控的科学化。探索建设独立的尾矿库企业，专门从事尾矿库的经营管理，实现尾矿库的规模经营和尾矿的集中排放、统一管理，有效减少土地占用，提高尾矿库企业专业化管理水平和抵御风险的能力。

五、注重宣传教育，提高公众安全环保意识

地方各级政府及有关部门应当广泛开展有关尾矿库生产安全、环境安全隐患危害的教育，大力宣传有关法律法规知识，普及安全环保基本常识，探索企业安全生产诚信制度建设的思路和对策，提高企业业主、从业者的法制意识和责任意识，提高其安全生产、清洁生产的自觉性，增强公众的安全生产和环境保护意识。要加大新闻媒体宣传和舆论监督力度，建立舆论监督和公众监督机制，鼓励公众积极参与监督尾矿库综合治理工作，尤其要争取公众对尾矿库综合治理行动的理解和支持，保证治理行动顺利开展。

国家安全监管总局办公厅关于切实加强尾矿库汛期安全生产工作的通知

安监总厅管一[2012]36号

各省、自治区、直辖市及新疆生产建设兵团安全生产监督管理局，有关中央企业：

一、强化管理监督责任落实。各地区、各尾矿库企业要充分认识做好尾矿库汛期安全生产工作的重要性、紧迫性，深刻吸取近年来由于自然灾害引发尾矿库生产安全事故的教训，切实把做好尾矿库汛期安全生产工作摆上重要议事日程，严格落实尾矿库企业、地方及部门防汛第一责任人的责任，特别要落实无主尾矿库防汛责任，立足于防大汛、抢大险，将防汛措施细化落实到每个尾矿库企业和作业岗位，有效防范因暴雨、洪水、泥石流、地震等各类自然灾害引发尾矿库生产安全事故，切实做好尾矿库防汛度汛工作。

二、深化隐患排查登记工作。各地区、各尾矿库企业要组织开展尾矿库汛前、汛期和汛后安全检查，及时发现、登记、汇总、处理存在的隐患和问题。一是检查尾矿库干滩长度、安全超高、调洪库容满足设计要求情况，认真复核尾矿库泄洪能力，履行闭库程序的尾矿库和停用尾矿库应于汛期前排尽库内积水，在用尾矿库应于汛期前及早降低库内水位，并严禁在降雨期间及之后一段时间内向库内排放尾矿。二是检查尾矿坝坝体稳定情况，以及处置主坝、副坝、拦水坝异常沉降、位移、坍塌、沼泽化、浸润线逸出等安全隐患情况。三是检查排洪构筑物断面尺寸、入水口高程与设计符合情况，汛前维修和疏浚情况，以及处置变形、位移、损毁、淤堵、过水不畅等隐患情况。四是检查危库、险库治理责任单位汛前隐患治理进展情况，特别要检查曾发生事故或遇险尾矿库的防汛度汛设施运行及治理措施落实情况。五是检查库区周边山体是否存在滑坡、塌方和泥石流等异常现象，以及库区范围内是否存在违章爆破、采石、排放废弃物等危及尾矿库安全的行为。六是检查在建（整改）尾矿库防汛度汛设施运行情况。七是检查洪水后尾矿库坝体稳定性和排洪设施完好情况。国家安全监管总局将于4至8月对重点地区开展尾矿库防汛安全专项检查。

三、狠抓隐患整改治理工作。各地区要严格督促尾矿库企业进一步落实隐患排查治理的主体责任，对排查出的隐患，要切实做到整改措施、责任、资金、时限和预案“五落实”；对重大隐患，要挂牌督办，并督促整改到位；对一时不能治理消除的重大隐患，要切实加强防控工作，针对情况变化，采取应急措施，防范事故发生。对检查发现的非法运行尾矿库，要及时下达安全生产执法文书，责令企业停止向尾矿库排放尾矿，并提请当地人民政府依法予以取缔、关闭。要加强对中央财政支持的尾矿库隐患治理工程建设的跟踪督导，及时了解进展情况，严把工程竣工验收关。

四、加强应急管理处置工作。要强化尾矿库汛期应急预案的修订、备案和审查工作，进一步完善地方、企业应急管理和协调机制。要强化应急预案演练，切实提高应急救援水平。要强化应急物资保障，汛前应配备必要的应急救援器材、设备和物资。要加强应急值班值守和检查巡查，特别要加强停用库的值班值守和检查巡查，所有尾矿库企业要安排专人进行24小时巡查，保障信息畅通，确保及时发现险情、及时处理、及时上报。尾矿库出现重大险情时，要及时启动应急预案，果断组织疏散撤离，有效应对事故灾难。

五、高度重视极端气候影响。各地区、各尾矿库企业要充分认识极端气候对尾矿库安全威胁的严重性，特别要针对部分地区汛期提前或延后的极端气候情况，完善尾矿库安全度汛工作预案，强化极端气候情况下尾矿库安全防范措施。要切实加强与气象、水利、地震、国土资源等部门的联系，进一步建立完善预报、预警、预防机制，加强协作联动，及时掌握天气趋势变化信息，及时发布防范暴雨、洪水、泥石流、地震等自然灾害预警信息，有效防范和应对自然灾害引发的事故灾难。

六、严肃事故查处及其问责。各地区要按照“四不放过”和“科学严谨、依法依规、实事求是、注重实效”的原则，认真查明尾矿库事故原因，严肃追究事故责任，对非法违法生产造成人员伤亡，蓄意瞒报谎报事故，以及执行防汛度汛制度不力，造成严重后果的，要依法从重处罚，确保事故责任追究到位。

国家安全监管总局 国家发展改革委 工业和信息化部 国土资源部 环境保护部 关于进一步加强尾矿库监督管理工作的指导意见

安监总管一[2012]32号

各省、自治区、直辖市及新疆生产建设兵团安全生产监督管理局、发展改革委、工业和信息化主管部门、国土资源厅（局）、环境保护厅（局）：

为深入贯彻《国务院关于进一步加强企业安全生产工作的通知》（国发[2010]23号，以下简称《通知》）和《国务院关于坚持科学发展安全发展促进安全生产形势持续稳定好转的意见》（国发[2011]40号，以下简称《意见》）精神，切实落实尾矿库管理的企业主体责任，进一步提高尾矿库监督管理工作的科学化、规范化水平，有效防范和遏制生产安全事故和次生突发环境事件的发生，根据《安全生产法》、《矿山安全法》、《环境保护法》、《矿产资源法》、《土地管理法》、《国务院关于投资体制改革的决定》（国发[2004]20号）、《土地复垦条例》（国务院令第592号）等法律法规和文件规定，提出以下指导意见：

一、进一步增强新形势下做好尾矿库监督管理工作的责任感和紧迫感

（一）加强尾矿库监督管理是坚持科学发展、安全发展的必然要求。尾矿库是维持矿山企业正常生产的必要设施，对我国国民经济及矿业经济持续健康发展发挥着重要基础作用。尾矿库也是重大危险源之一，一旦发生事故，必然对人民的生命财产安全造成严重损害，对环境构成严重威胁。深入贯彻落实科学发展观，必须坚持以人民的生命财产安全为根本，加快推进节约发展、清洁发展、安全发展，切实落实企业对尾矿库管理的主体责任，大力加强尾矿库监督管理工作，进一步构建尾矿库监督管理工作的长效机制。

（二）加强尾矿库监督管理是构建和谐社会的内在要求。随着我国经济社会的快速发展，矿产品生产及需求日趋旺盛，尾矿库安全、环保压力不断加大，人民群众对尾矿库安全、环保工作日益关注，对尾矿库监督管理工作提出了新要求和新期待，尾矿库运行安全已经成为影响一些地区社会安全稳定的重要因素之一。各地区、各有关部门要站在构建社会主义和谐社会的高度，充分认识加强尾矿库监督管理工作的重要性，进一步构筑科学发展、安全、环保的工作体系，有效防范和遏制尾矿库生产安全事故和次生突发环境事件的发生，为和谐社会建设提供有效保障。

（三）加强尾矿库监督管理是促进尾矿库安全环保形势根本好转的迫切要求。近年来，为遏制尾矿库生产安全事故和次生突发环境事件的发生，各地区、各有关部门按照党中央、国务院要求，采取了一系列强有力措施，尾矿库安全、环保工作得到了明显改进和加强，尾矿库建设发展水平有了较大提升。但是，尾矿库安全生产形势依然严峻，次生突发环境事件仍然时有发生，特别是近年来全球气候异常，我国极端天气状况频频出现，对尾矿库安全运行构成严重威胁，加之我国尾矿库数量庞大，存在建设标准偏低、企业主体责任落实不到位、监管力量薄弱等问题，迫切要求进一步加强尾矿库监督管理工作，全面落实尾矿库监督管理各项规章、标准、制度和措施，努力促进尾矿库安全、环保形势明显好转乃至根本好转。

二、总体要求和目标任务

（一）总体要求。深入贯彻落实科学发展观，坚持“安全第一、预防为主、综合治理”的方针，牢固树立以人为本、节约发展、清洁发展、安全发展、可持续发展的科学理念，全面贯彻落实国务院《通知》、《意见》和有关法律法规、文件规定，以推动尾矿库企业科学发展，有效防范和遏制生产安全事故和次生突发环境事件发生、构建尾矿库监督管理工作长效机制为目标，进一步明确职责，强化措施，严把尾矿库安全、环保准入关，切实加强尾矿库日常管理、监督、隐患排查治理，以及尾矿综合利用等各项工作，积极采用先进科技手段，提高尾矿库本质安全水平，努力实现全国尾矿库安全、环保状况持续稳定好转。

（二）目标任务。进一步强化落实监督管理职责，扎实推进尾矿库专项整治行动，依法严厉打击或取缔关闭非法生产和不具备安全生产条件、严重污染环境的尾矿库，建立完善尾矿库隐患排查治理长效机制，及时治理危库、险库，将病库数量控制在已取证尾矿库总量的 5%以内，杜绝出现新的无主管单位的尾矿库。全面推进尾矿库安全生产标准化建设，2013 年底前，生产运行尾矿库全部达到安全生产标准化三级以上（含三级）。加快建设尾矿库管理国家级平台，实现对尾矿库的动态管理，建立尾矿库“天地一体化”监控体系。大力推进尾矿库先进适用技术的应用及研发，积极引导各地区和尾矿库企业应用在线监测、尾矿充填和干式排尾等先进适用技术，到 2013 年底三等及三等以上在用尾矿库在线监测率达到 100%。加快尾矿综合利用，加强政策引导和资金支持，积极推进尾矿综合利用项目的实施。

三、加强监管、严格准入，全面提升尾矿库监督管理工作科学化水平

（一）持续深化尾矿库专项整治行动。各有关部门要切实加强对尾矿库专项整治行动的组织领导，健全完善尾矿库监督管理体制机制，坚决依法严厉打击或取缔关闭非法生产和不具备安全生产条件、严重污染环境的尾矿库，加大对无主管单位尾矿库的整治力度，及时治理危、险库。要进一步督促尾矿库企业切实落实尾矿库管理主体责任，健全完善尾矿库安全、环保管理制度，加强技术和现场管理，排查消除尾矿库重大隐患，有效监控运行情况。同时，要维护尾矿库企业的合法生产经营秩序，严厉打击偷盗破坏尾矿库安全监测设施、环保设施和应急救援物资的行为。

（二）严格尾矿库建设项目行政许可工作。严把安全、环保准入关，严格控制新建尾矿库、独立选矿厂建设项目，尤其是库容小于 100 万立方米、服务年限少于 5 年的尾矿库建设项目。严格审查尾矿库建设用地条件，不符合土地利用总体规划的，一律不予办理建设用地手续，并依法取缔关闭无证占地非法生产的企业。2011 年 3 月 5 日《土地复垦条例》实施前已经办理建设用地手续，目前继续使用的尾矿库，造成土地毁损的，土地复垦义务人应当按照规定补充编制土地复垦方案。新建尾矿库的土地复垦义务人应当在办理建设用地申请或相关手续时，随有关报批材料报送土地复垦方案。同时，土地复垦义务人应当将土地复垦费用列入生产成本或建设项目总投资。新建尾矿库必须严格执行环境影响评价制度，并按照环评审批要求修建配套的污染防治设施，未经审批许可不得擅自开工建设，未经环保验收不得投入运行或使用。严格安全许可制度，新建金属非金属地下矿山必须对能否采用充填采矿法进行论证并优先推行充填采矿法，新建四等、五等尾矿库应当优先采用一次性筑坝方式；对于达不到安全生产条件的，一律不予颁发安全生产许可证。在已建成尾矿库的上游、下游建设生产、生活设施的建设项目，应当经过当地政府相关部门审查同意，未履行相关手续的，由政府组织拆除违规建设的设施。

（三）严格落实安全、环保设施“三同时”审查制度。各有关部门要对新建、改建、扩建

尾矿库执行严格的环评准入和安全、环保设施“三同时”制度，严格执行技术规范，加强源头治理。对未执行尾矿库建设项目环境影响评价制度和环保设施“三同时”制度，以及自 2005 年 2 月以后未执行尾矿库建设项目安全设施“三同时”制度的，要责令其限期补办相关手续，并依法进行处罚。对达不到安全环保要求的尾矿库，要责令其限期整改和治理，经整改和治理仍达不到要求的，要依法予以关闭停用。

（四）加强对尾矿库企业的日常监督检查和隐患排查治理的督促指导。要进一步加强对尾矿库企业的监督管理，督促检查有关地区及企业严格执行尾矿库相关法律、法规和标准，建立完善尾矿库基本情况数据库。要督促尾矿库企业开展隐患排查，采取联合执法等有效方式对企业排查隐患情况进行督查。要加强对尾矿库排污申报的登记管理，对污染环境的尾矿库责令停止使用、限期治理，或提请当地县级以上人民政府依法实施关闭。对发生尾矿库生产安全事故和环境污染事件的企业，要依法进行严肃查处。要加强对尾矿库中介服务机构的监督管理，发现存在弄虚作假、服务质量问题的中介服务机构，要依法进行查处，对情节严重的要吊销相关证照。要督促尾矿库企业编制完善事故应急预案和评审备案，并定期组织演练。

（五）实施清洁生产，大力推进尾矿综合利用工作。要加大政策支持引导力度，鼓励引导相关企业实施清洁生产，开发应用资源利用率高、污染产生量少的选矿工艺技术，有效减少含有毒有害物尾矿及污染物的排放。要按照《国家发展改革委关于印发“十二五”资源综合利用指导意见和大宗固体废物综合利用方案的通知》（发改环资[2011]2919 号）、《金属尾矿综合利用专项规划（2010—2015 年）》（工信部联[2010]174 号）、《关于印发〈大宗工业固体废物综合利用〉“十二五”规划的通知》（工信部规[2011]600 号）要求，积极开展尾矿综合利用，加快尾矿综合利用示范基地建设，重点扶持和培育一批尾矿综合利用骨干企业，实现尾矿变废为宝，有效缓解尾矿堆存所带来的环境污染和安全隐患。要切实加强对尾矿综合利用的监督管理，督促尾矿库企业严格按照设计进行尾矿回采，并加强尾矿回采期间日常安全管理和检查，严防对尾矿坝安全和周边环境造成影响。要进一步做好尾矿资源调查，建立尾矿资源综合利用信息网络平台，开展尾矿综合利用技术研究，研究制定尾矿综合利用专项扶持政策。要尽快启动并全面实施尾矿综合利用示范项目。

（六）大力推进尾矿库先进适用技术的应用及研发。要积极引导各地区和尾矿库企业应用在线监测、尾矿充填和干式排尾等先进适用技术，力争在 2013 年底前，三等以上（含三等）及有关重点在用尾矿库全部实现在线监测，逐步建立“天地一体化”监控体系。要积极推动各地区和尾矿库企业加大科技投入，进一步改善尾矿库建设和生产的工艺、技术、装备、设施，鼓励采用一次性筑坝方式建设尾矿库。要进一步重视尾矿库安全、环保科研工作，针对极端气候条件和尾矿库安全、环保面临的现实难题，加大自主研发创新工作力度，不断提高尾矿库安全环境科技保障水平。

（七）严格闭库程序和闭库尾矿库的监督管理。各地区和各有关部门要督促尾矿库企业严格履行尾矿库闭库手续，落实闭库后的管理责任，严把闭库工程安全、环保设施设计审查和竣工验收关。对解散或者关闭破产的生产经营单位已关闭或者停用尾矿库，其管理工作由生产经营单位出资人或其上级主管单位负责；无上级主管单位或者出资人不明确的，由县级以上人民政府指定管理单位。尾矿库运行到设计最终标高或者不再进行排尾作业的，应当在一年内完成闭库。凡不对停用尾矿库进行闭库治理的尾矿库企业，应按照《土地复垦条例》第十八条规定缴纳土地复垦费，有关部门不得为其办理新增项目的核准备案，不得批准环保和安全手续。尾矿库闭库后，土地复垦义务人应严格按照土地复垦方案要求完成土地复垦义务，并及时向项目所在地国土资源部门申请验收。国土资源部门要监督用地单位及时将土地复垦为耕地、林地或园地等农用地，交还给原农村集体经济组织使用。同时，要加强对已闭库尾矿库地质灾害防治管理工作的监督管理。

四、全面落实企业尾矿库管理主体责任，夯实尾矿库建设、安全、环保基础

（一）依法合规建设，严格履行安全、环保设施“三同时”手续。尾矿库企业要依法履行土地使用、地质灾害危险性评估备案、环境影响评价和安全、环保设施“三同时”审批等相关手续，依法取得相关证照后方可生产运行。尾矿库闭库时，应按照国家有关规定履行闭库设计、闭库评价、竣工验收等审批手续，承担复垦义务。闭库后进行尾矿回采综合利用的，应依法履行相关程序和审批手续。

（二）建立完善规章制度，加强现场管理，确保尾矿库运行安全。要进一步落实尾矿库企业主体责任，把尾矿库作为一个独立、特殊的生产系统进行运行管理，提高管理层级，健全完善严格的建设、生产、安全、环保规章制度，认真落实汛期或极端天气下企业领导值班值守制度。要自觉开展有针对性的教育培训，强化岗位作业人员技能培训，企业主要负责人、安全管理人员和特种作业人员必须经培训合格，取得资格证书后方可任职或上岗作业。要严格按照设计要求进行作业，确保尾矿库干滩长度、安全超高、排水构筑物过流能力等重要指标符合设计要求，尾矿库回水、尾砂处理等符合环保要求。要加强尾矿库技术管理，每座尾矿库应至少配备一名熟悉尾矿库业务的安全技术管理人员。要建立完善并严格执行尾矿库隐患排查治理制度，切实做到整改措施、责任、资金、时限和预案“五到位”。要建立尾矿库安全、环保管理档案、工程技术档案、隐患排查治理档案和年度、季度作业计划，并妥善保存。

（三）加大科技投入，推广应用先进适用技术，大力开展安全生产标准化建设。尾矿库企业要进一步加大科研投入力度，积极应用尾矿库在线监测、尾矿充填、干式排尾和综合利用等先进适用技术，采用《中国资源综合利用技术政策大纲》（国家发展改革委公告 2010 年第 14 号）和《金属尾矿综合利用先进适用技术目录》（工联节[2011]第 139 号）中的综合利用先进适用技术，按期完成在线监测等建设任务。要深入开展以岗位达标、专业达标和企业达标为内容的安全生产标准化建设，设定具体目标，采取有针对性的措施，按照依规设计、依法建设、依标管理的要求，逐步建立自我约束、自我完善、持续改进的工作机制，最大限度地消除作业过程中可能产生的事故（事件）隐患。在 2013 年底前，已取得安全生产许可证的尾矿库必须达到安全生产标准化三级以上（含三级）。

五、突出预防为主、强化综合治理，提升尾矿库监督管理和应急保障能力

（一）突出预防为主，强化尾矿库隐患综合治理。要进一步建立完善尾矿库隐患排查治理长效机制，落实重大隐患逐级挂牌督办制度，努力实现隐患排查治理的常态化、制度化、规范化。要严格按照《尾矿库隐患综合治理方案》的要求，重点整治危、险、病库，有效减少危、险、病库数量。要组织好中央预算内投资和中央财政支持无主尾矿库隐患治理及闭库项目的审核和实施工作，加强监督检查，严把项目竣工验收关，确保治理效果，并结合实际，研究制定深化整治行动的政策措施和方案。要督促各地区组织专家队伍或有资质的中介机构，对等别不清、安全度不明的尾矿库进行全面彻底的鉴定，为实施科学监管、科学治理提供依据。

（二）强化监督管理能力建设，不断提升尾矿库科学监管水平。要建立完善覆盖全面、监管到位、监督有力的政府监管体系，进一步加强对各级尾矿库监管人员法律法规和业务知识的培训，教育引导各级监管人员严格履行执法程序，依法行政，强化行政执法监督，不断提高监管执法水平。要进一步加强尾矿库监管装备建设，提高监管技术装备水平，强化基层站点监管能力，重点

加强对企业安全、环保的现场监管和技术指导服务。要加大责任追究力度，对违规审批、疏于监管、工作不力导致发生事故的单位、尾矿库企业和有关人员，要依照有关规定，严肃追究责任。

（三）切实加强尾矿库应急救援工作，有效提升应急处置能力。各有关部门和尾矿库企业要充分认识极端气候对尾矿库安全、环保威胁的严重性，切实强化尾矿库应急预案的修订、备案、审查和演练工作，特别是进一步完善地方、企业应急管理和协调机制。要强化应急保障，配备必要的应急救援器材、设备和物资。要加强应急值班值守和检查巡查，特别要加强停用库的值班值守和检查巡查，实施责任到人和专盯制度，畅通信息，保证及时发现险情、及时处理、及时上报。尾矿库出现重大险情时，要及时启动应急预案，开展应急抢险救援，最大限度地减少财产损失、环境损害和社会影响。要按照《安全生产“十二五”规划》（国办发[2011]47 号）和《国家环境保护“十二五”规划》（国发[2011]42 号）的总体要求和部署，以应急全过程管理为主线，加强尾矿库应急能力建设和流域防控工程建设，力争“十二五”期间尾矿库应急管理水平有较大提升，有效遏制各类尾矿库生产安全事故和次生突发环境事件的发生。

六、紧密配合，建立完善尾矿库监督管理长效机制

（一）建立完善联合执法工作机制。各地区要进一步完善政府统一领导，安全监管、环境保护等相关部门密切配合和共同参与的尾矿库安全、环保联合执法工作机制，加大协调力度，加强联合执法、信息通报和资源共享，实施综合治理。对未取得尾矿库安全生产许可证或者尾矿库安全生产许可证被撤销、注销、吊销的采选矿企业，不得为其尾矿库生产提供用水、用电。推动建立尾矿库应急救援联动机制，督促尾矿库主管单位与周边居民、工厂、市场、学校及其他重要设施单位建立联防联动机制，进一步提升尾矿库安全、环保应急响应水平。

（二）加强宣传教育，不断提高公众安全、环保意识。各地区和各有关部门要广泛开展有关尾矿库生产安全、环境安全隐患危害的教育，增强公众对人身安全和身体健康的保护意识。要建立完善尾矿库安全、环保社会监督机制，加大舆论监督、公众监督力度，鼓励公众积极参与尾矿库监督和隐患治理工作。要大力宣传有关法律法规知识，普及尾矿库安全、环保基本知识，提高尾矿库监管人员、企业业主、从业人员和公众的法制意识，增强其防范应对尾矿库安全、环保问题的能力。

（三）加强政策研究，解决突出问题。要针对我国目前尾矿库数量多、规模小的问题，进一步研究制定尾矿库建设规划和整合政策，控制五等尾矿库建设，探索建设独立的尾矿库企业，专门从事尾矿库的经营管理，实现尾矿的集中排放、统一管理，有效减少土地占用，提高专业化管理水平。针对尾矿库监督管理方面有关法规、规程和标准相对滞后，尤其是极端气候条件对尾矿库安全、环保构成严重威胁等问题，抓紧研究制定《尾矿库回采安全规程》、《尾矿库干式排尾安全规程》、《尾矿库环境风险评价技术方法》以及磷石膏等工业废渣堆存标准等法规、规程和标准。针对尾矿库下游居民搬迁问题，相关部门要积极研究制定相关政策措施。针对当前存在的尾矿库闭库难的问题，积极探索建立尾矿库闭库保证金提取制度，以排尾量为基数，在尾矿库生产运行过程中逐年按一定比例提留，并确保专账专款专用。针对我国尾矿库工程建设质量监督方面存在的问题，积极探索建立第三方检验机构，负责尾矿库建设工程的质量检测检验。

请各地区根据本意见的要求，结合本地区尾矿库监督管理工作的实际，进一步加强组织领导，把加强尾矿库监督管理工作切实摆上重要议事日程，在不断总结经验、剖析问题的基础上，强化对策措施，落实工作责任，加强监督检查，督促和指导尾矿库企业切实落实安全、环保主体责任，建立长效机制，扎实推动尾矿库专项整治行动和监督管理工作取得实效，努力实现尾矿库安全、环保状况持续稳定好转。

尾矿库安全监督管理规定

国家安全生产监督管理总局令

第38号

新修订的《尾矿库安全监督管理规定》已经2011年4月18日国家安全生产监督管理总局局长办公会议审议通过，现予公布，自2011年7月1日起施行。国家安全生产监督管理总局2006年公布的《尾矿库安全监督管理规定》（国家安全生产监督管理总局令第6号）同时废止。

局　长　骆　琳

二〇一一年五月四日

尾矿库安全监督管理规定

第一章　总　则

第一条　为了预防和减少尾矿库生产安全事故，保障人民群众生命和财产安全，根据《安全生产法》、《矿山安全法》等有关法律、行政法规，制定本规定。

第二条　尾矿库的建设、运行、回采、闭库及其安全管理与监督工作，适用本规定。

核工业矿山尾矿库、电厂灰渣库的安全监督管理工作，不适用本规定。

第三条　尾矿库建设、运行、回采、闭库的安全技术要求以及尾矿库等别划分标准，按照《尾矿库安全技术规程》（AQ 2006—2005）执行。

第四条　尾矿库生产经营单位（以下简称生产经营单位）应当建立健全尾矿库安全生产责任制，建立健全安全生产规章制度和安全技术操作规程，对尾矿库实施有效的安全管理。

第五条　生产经营单位应当保证尾矿库具备安全生产条件所必需的资金投入，建立相应的安全管理机构或者配备相应的安全管理人员、专业技术人员。

第六条　生产经营单位主要负责人和安全管理人员应当依照有关规定经培训考核合格并取得安全资格证书后，方可任职。

直接从事尾矿库放矿、筑坝、巡坝、排洪和排渗设施操作的作业人员必须取得特种作业操作证书，方可上岗作业。

第七条　国家安全生产监督管理总局负责对国务院或者国务院有关部门审批、核准、备案的尾矿库建设项目进行安全设施设计审查和竣工验收。

前款规定以外的其他尾矿库建设项目安全设施设计审查和竣工验收，由省级安全生产监督管理部门按照分级管理的原则作出规定。

尾矿库日常安全生产监督管理工作，实行分级负责、属地监管原则，由省级安全生产监督管理部门结合本行政区域实际制定具体规定，报国家安全生产监督管理总局备案。

第八条　鼓励生产经营单位应用尾矿库在线监测、尾矿充填、干式排尾、尾矿综合利用等先进适用技术。

一等、二等、三等尾矿库应当安装在线监测系统。

鼓励生产经营单位将尾矿回采再利用后进行回填。

第二章　尾矿库建设

第九条　尾矿库建设项目包括新建、改建、扩建以及回采、闭库的尾矿库建设工程。

尾矿库建设项目安全设施设计审查与竣工验收应当符合有关法律、行政法规及《非煤矿矿山建设项目安全设施设计审查与竣工验收办法》的规定。

第十条　尾矿库的勘察单位应当具有矿山工程或者岩土工程类勘察资质。设计单位应当具有金属非金属矿山工程设计资质。安全评价单位应当具有尾矿库评价资质。施工单位应当具有矿山工程施工资质。施工监理单位应当具有矿山工程监理资质。

尾矿库的勘察、设计、安全评价、施工、监理等单位除符合前款规定外，还应当按照尾矿库的等别符合下列规定：

（一）一等、二等、三等尾矿库建设项目，其勘察、设计、安全评价、监理单位具有甲级资质，施工单位具有总承包一级或者特级资质；

（二）四等、五等尾矿库建设项目，其勘察、设计、安全评价、监理单位具有乙级或者乙级以上资质，施工单位具有总承包三级或者三级以上资质，或者专业承包一级、二级资质。

第十一条　尾矿库建设项目初步设计应当包括安全设施设计，并编制安全专篇。安全专篇应当对尾矿库库址及尾矿坝稳定性、尾矿库防洪能力、排洪设施和安全观测设施的可靠性进行充分论证。

第十二条　尾矿库库址应当由设计单位根据库容、坝高、库区地形条件、水文地质、气象、下游居民区和重要工业构筑物等情况，经科学论证后，合理确定。

第十三条　尾矿库建设项目应当进行安全设施设计并经安全生产监督管理部门审查批准后方可施工。无安全设施设计或者安全设施设计未经审查批准的，不得施工。

严禁未经设计并审查批准擅自加高尾矿库坝体。

第十四条　尾矿库施工应当执行有关法律、行政法规和国家标准、行业标准的规定，严格按照设计施工，确保工程质量，并做好施工记录。

生产经营单位应当建立尾矿库工程档案和日常管理档案，特别是隐蔽工程档案、安全检查档案和隐患排查治理档案，并长期保存。

第十五条　施工中需要对设计进行局部修改的，应当经原设计单位同意；对涉及尾矿库库址、等别、排洪方式、尾矿坝坝型等重大设计变更的，应当报原审批部门批准。

第十六条　尾矿库建设项目安全设施试运行应当向安全生产监督管理部门备案，试运行时间不得超过6个月，且尾砂排放不得超过初期坝坝顶标高。试运行结束后，应当向安全生产监督管理部门申请安全设施竣工验收。

第十七条　尾矿库建设项目安全设施经安全生产监督管理部门验收合格后，生产经营单位应当及时按照《非煤矿矿山企业安全生产许可证实施办法》的有关规定，申请尾矿库安全生产许可证。未依法取得安全生产许可证的尾矿库，不得投入生产运行。

生产经营单位在申请尾矿库安全生产许可证时，对于验收申请时已提交的符合颁证条件的文件、资料可以不再提交；安全生产监督管理部门在审核颁发安全生产许可证时，可以不再审查。

第三章　尾矿库运行

第十八条　对生产运行的尾矿库，未经技术论证和安全生产监督管理部门的批准，任何单位和个人不得对下列事项进行变更：

（一）筑坝方式；

（二）排放方式；

（三）尾矿物化特性；

（四）坝型、坝外坡坡比、最终堆积标高和最终坝轴线的位置；

（五）坝体防渗、排渗及反滤层的设置；

（六）排洪系统的型式、布置及尺寸；

（七）设计以外的尾矿、废料或者废水进库等。

第十九条　尾矿库应当每三年至少进行一次安全现状评价。安全现状评价应当符合国家标准或者行业标准的要求。

尾矿库安全现状评价工作应当有能够进行尾矿坝稳定性验算、尾矿库水文计算、构筑物计算的专业技术人员参加。

上游式尾矿坝堆积至二分之一至三分之二最终设计坝高时，应当对坝体进行一次全面勘察，并进行稳定性专项评价。

第二十条　尾矿库经安全现状评价或者专家论证被确定为危库、险库和病库的，生产经营单位应当分别采取下列措施：

（一）确定为危库的，应当立即停产，进行抢险，并向尾矿库所在地县级人民政府、安全生产监督管理部门和上级主管单位报告；

（二）确定为险库的，应当立即停产，在限定的时间内消除险情，并向尾矿库所在地县级人民政府、安全生产监督管理部门和上级主管单位报告；

（三）确定为病库的，应当在限定的时间内按照正常库标准进行整治，消除事故隐患。

第二十一条　生产经营单位应当建立健全防汛责任制，实施24小时监测监控和值班值守，并针对可能发生的垮坝、漫顶、排洪设施损毁等生产安全事故和影响尾矿库运行的洪水、泥石流、山体滑坡、地震等重大险情制定并及时修订应急救援预案，配备必要的应急救援器材、设备，放置在便于应急时使用的地方。

应急预案应当按照规定报相应的安全生产监督管理部门备案，并每年至少进行一次演练。

第二十二条　生产经营单位应当编制尾矿库年度、季度作业计划，严格按照作业计划生产运行，做好记录并长期保存。

第二十三条　生产经营单位应当建立尾矿库事故隐患排查治理制度，按照本规定和《尾矿库安全技术规程》的规定，定期组织尾矿库专项检查，对发现的事故隐患及时进行治理，并建立隐患排查治理档案。

第二十四条　尾矿库出现下列重大险情之一的，生产经营单位应当按照安全监管权限和职责立即报告当地县级安全生产监督管理部门和人民政府，并启动应急预案，进行抢险：

（一）坝体出现严重的管涌、流土等现象的；

（二）坝体出现严重裂缝、坍塌和滑动迹象的；

（三）库内水位超过限制的最高洪水位的；

（四）在用排水井倒塌或者排水管（洞）坍塌堵塞的；

（五）其他危及尾矿库安全的重大险情。

第二十五条 尾矿库发生坝体坍塌、洪水漫顶等事故时，生产经营单位应当立即启动应急预案，进行抢险，防止事故扩大，避免和减少人员伤亡及财产损失，并立即报告当地县级安全生产监督管理部门和人民政府。

第二十六条 未经生产经营单位进行技术论证并同意，以及尾矿库建设项目安全设施设计原审批部门批准，任何单位和个人不得在库区从事爆破、采砂、地下采矿等危害尾矿库安全的作业。

第四章 尾矿库回采和闭库

第二十七条 尾矿回采再利用工程应当进行回采勘察、安全预评价和回采设计，回采设计应当包括安全设施设计，并编制安全专篇。

安全预评价报告应当向安全生产监督管理部门备案。回采安全设施设计应当报安全生产监督管理部门审查批准。

生产经营单位应当按照回采设计实施尾矿回采，并在尾矿回采期间进行日常安全管理和检查，防止尾矿回采作业对尾矿坝安全造成影响。

尾矿全部回采后不再进行排尾作业的，生产经营单位应当及时报安全生产监督管理部门履行尾矿库注销手续。具体办法由省级安全生产监督管理部门制定。

第二十八条 尾矿库运行到设计最终标高或者不再进行排尾作业的，应当在一年内完成闭库。特殊情况不能按期完成闭库的，应当报经相应的安全生产监督管理部门同意后方可延期，但延长期限不得超过6个月。

库容小于10万立方米且总坝高低于10米的小型尾矿库闭库程序，由省级安全生产监督管理部门根据本地实际制定。

第二十九条 尾矿库运行到设计最终标高的前12个月内，生产经营单位应当进行闭库前的安全现状评价和闭库设计，闭库设计应当包括安全设施设计，并编制安全专篇。

闭库安全设施设计应当经有关安全生产监督管理部门审查批准。

第三十条 生产经营单位申请尾矿库闭库工程安全设施验收，应当具备下列条件：

（一）尾矿库已停止使用；

（二）闭库前的安全现状评价报告已报有关安全生产监督管理部门备案；

（三）尾矿库闭库工程安全设施设计已经有关安全生产监督管理部门审查批准；

（四）有完备的闭库工程安全设施施工记录、竣工报告、竣工图和施工监理报告等；

（五）法律、行政法规和国家标准、行业标准规定的其他条件。

第三十一条 生产经营单位向安全生产监督管理部门提交尾矿库闭库工程安全设施验收申请报告，应当包括下列内容及资料：

（一）尾矿库库址所在行政区域位置、占地面积及尾矿库下游村庄、居民等情况；

（二）尾矿库建设和运行时间以及在建设和运行中曾经出现过的重大问题及其处理措施；

（三）尾矿库主要技术参数，包括初期坝结构、筑坝材料、堆坝方式、坝高、总库容、尾矿坝外坡坡比、尾矿粒度、尾矿堆积量、防洪排水型式等；

（四）闭库工程安全设施设计及审批文件；

（五）闭库工程安全设施设计的主要工程措施和闭库工程施工概况；

（六）闭库工程安全验收评价报告；

（七）闭库工程安全设施竣工报告及竣工图；

（八）施工监理报告；

（九）其他相关资料。

第三十二条　尾矿库闭库工作及闭库后的安全管理由原生产经营单位负责。对解散或者关闭破产的生产经营单位，其已关闭或者废弃的尾矿库的管理工作，由生产经营单位出资人或其上级主管单位负责；无上级主管单位或者出资人不明确的，由安全生产监督管理部门提请县级以上人民政府指定管理单位。

第五章　监督管理

第三十三条　安全生产监督管理部门应当严格按照有关法律、行政法规、国家标准、行业标准以及本规定要求和“分级属地”的原则，进行尾矿库建设项目安全设施设计审查、竣工验收和闭库工程安全设施验收；不符合规定条件的，不得批准或者通过验收。进行审查或者验收，不得收取费用。

第三十四条　安全生产监督管理部门应当建立本行政区域内尾矿库安全生产监督检查档案，记录监督检查结果、生产安全事故及违法行为查处等情况。

第三十五条　安全生产监督管理部门应当加强对尾矿库生产经营单位安全生产的监督检查，对检查中发现的事故隐患和违法违规生产行为，依法作出处理。

第三十六条　安全生产监督管理部门应当建立尾矿库安全生产举报制度，公开举报电话、信箱或者电子邮件地址，受理有关举报；对受理的举报，应当认真调查核实；经查证属实的，应当依法作出处理。

第三十七条　安全生产监督管理部门应当加强本行政区域内生产经营单位应急预案的备案管理，并将尾矿库事故应急救援纳入地方各级人民政府应急救援体系。

第六章　法律责任

第三十八条　安全生产监督管理部门的工作人员，未依法履行尾矿库安全监督管理职责的，依照有关规定给予行政处分。

第三十九条　生产经营单位或者尾矿库管理单位违反本规定第八条第二款、第十九条、第二十条、第二十一条、第二十二条、第二十三条、第二十四条、第二十六条、第二十九条第一款规定的，给予警告，并处1万元以上3万元以下的罚款；对主管人员和直接责任人员由其所在单位或者上级主管单位给予行政处分；构成犯罪的，依法追究刑事责任。

第四十条　生产经营单位或者尾矿库管理单位违反本规定第十八条规定的，给予警告，并处3万元的罚款；情节严重的，依法责令停产整顿或者提请县级以上地方人民政府按照规定权限予以关闭。

第四十一条　生产经营单位违反本规定第二十八条第一款规定不主动实施闭库的，给予警告，并处3万元的罚款。

第四十二条　本规定规定的行政处罚由安全生产监督管理部门决定。

法律、行政法规对行政处罚决定机关和处罚种类、幅度另有规定的，依照其规定。

第七章　附　则

第四十三条　本规定自2011年7月1日起施行。国家安全生产监督管理总局2006年公布的《尾矿库安全监督管理规定》（国家安全生产监督管理总局令第6号）同时废止。

印发关于进一步加强尾矿库安全监管工作指导意见的通知

（国家安全生产监督管理总局，安监总管一[2006]120 号，2006.6.23）

各省、自治区、直辖市及新疆生产建设兵团安全生产监督管理局，有关中央企业：

为加强尾矿库的安全监管工作，有效遏制溃坝等生产安全事故的发生，努力实现尾矿库安全生产现状的根本好转，促进矿山企业提高安全生产管理水平，我局制定了《关于进一步加强尾矿库安全监管工作的指导意见》（以下简称《指导意见》），现印发给你们。请各省级安全监管局及时将《指导意见》转发至本行政区域内的尾矿库生产经营单位，督促认真贯彻执行。国家安全监管总局将适时组织专项督查组对各地区落实《指导意见》的情况进行督查。

请各省级安全监管局、有关中央企业于 9 月底以前将落实《指导意见》情况向国家安全监管总局（监管一司）报告；并于 12 月底前将截至 2006 年 11 月底的《尾矿库（赤泥库）基本情况调查表》连同电子版（尾矿库应包括金属非金属矿物选矿厂尾矿库、氧化铝厂赤泥库、电厂灰渣库等）报送国家安全监管总局（监管一司）。

联系人：胡家国、卓卫娜

联系电话：010-64463340（兼传真）、64463067

电子信箱：hjgah@sohu.com

zhuown@chinasafety.gov.cn

二〇〇六年六月二十三日

关于进一步加强尾矿库安全监管工作的指导意见

我国尾矿库安全生产形势十分严峻。2005 年，山西、湖北、广西、安徽等省（区）相继发生了不同程度的尾矿库溃坝事故；今年，河北省迁安市、陕西省镇安县又连续发生了两起溃坝事故，这些事故造成了严重的人员伤亡和财产损失，教训十分深刻。当前，尾矿库存在的主要问题：一是基础工作仍相当薄弱。尾矿库底数不清，安全监管不到位，责任制不落实。二是尾矿库作为独立的实施安全生产许可证的生产经营单位，安全生产许可证颁发管理工作滞后。三是部分尾矿库安全评价不符合要求，安全评价报告质量较差，评价结论的可信度较低。四是关闭破产企业的尾矿库管理缺位，尾矿库的维护和监管责任不清。五是存在大量的无设计或无正规设计的尾矿库。六是一些生产单位在生产运行中擅自修改设计方案或不按设计规定操作，造成尾矿库的安全性大大降低。七是企业管理制度不健全，缺乏尾矿库年度运行计划，特种作业人员没有做到持证上岗等。

针对尾矿库安全生产中存在的主要问题，依据《安全生产法》及《尾矿库安全监督管理规定》（国家安全监管总局令第 6 号）等法律法规和规章的要求，为进一步加强尾矿库安全生产监督管理，规范尾矿库安全生产行为，督促尾矿库生产经营单位切实落实安全生产主体责任，现提出以下指导意见：

一、提高对尾矿库安全监管工作重要性的认识

尾矿库是矿山生产企业的重大危险源，一旦发生事故，将对广大人民群众生命及财产安全造成严重威胁，并带来严重后果。各地安全监管部门要充分认识做好尾矿库安全工作的重要性和紧迫性，切实加强领导，落实尾矿库安全监管责任，把尾矿库安全监管工作提到重要的工作日程，防止尾矿库重特大事故的发生。

二、加强尾矿库基础工作

近年来，在国家安全监管总局的组织下，先后对全国范围内的尾矿库基本情况进行了调查和统计。据初步统计，全国共有尾矿库3460座，其中：二等库32座、三等库200座、四等库844座、五等库1351座，四、五等库占全国尾矿库总数的63.4%。但通过督查发现，各地统计的结果与实际情况仍存在很大的差距，而且电厂灰渣库的基本情况未作统计。各级安全监管部门要进一步开展尾矿库情况调查工作，按照《尾矿库安全技术规程》中划定的技术标准，确定等级、安全度等数据，进一步完善尾矿库基本状况数据库建设，掌握尾矿库的基本情况，并实行动态信息跟踪管理，为加强尾矿库的安全监管工作打好基础。

三、严格执行尾矿库建设工程“三同时”制度

尾矿库的新建、改建、扩建、闭库以及在用尾矿库回采再利用和闭库后再利用等建设工程，要严格按照《非煤矿矿山建设项目安全设施设计审查与竣工验收办法》（原国家安全监管局令第18号）、《尾矿库安全监督管理规定》等有关规章和标准执行，编制安全预评价报告、安全专篇和验收评价报告，履行安全设施设计审查和竣工验收手续。没有尾矿库安全设施设计或者安全设施设计未依法报经安全监管部门审查通过，不得施工；经验收不合格，不得投入生产和使用。已经投入生产运营的尾矿库无正规设计或者资料不齐全的，生产经营单位应当在安全监管部门规定的限期内进行必要的勘测，补齐必要的资料，经审查合格后方可准入继续使用。

四、加大尾矿库重点监控、隐患排查力度

各地要严格执行有关尾矿库安全管理的各项法规和标准，认真研究本地区尾矿库安全现状，切实做好尾矿库隐患排查和监管工作，定期开展安全检查。要将二、三等库、危库、险库以及尾矿坝下游有居民区或重要设施的尾矿库作为监控重点。不符合要求的危库应当责令其立即停产整改；险库要责令其限期消除险情；病库应当要求其按正常库标准进行整治，消除安全隐患。

各级安全监管部门要依照《安全生产法》及《尾矿库安全监督管理规定》等有关法律和规章的规定，对不依法履行安全生产责任、存在重大安全事故隐患不及时采取治理措施或造成其他严重后果的生产经营单位和有关责任人，要依法严肃处理，加大责任追究力度，以示警戒和教育。

五、全面开展尾矿库安全评价

各级安全监管部门要督促企业及时开展尾矿库安全评价，至少每三年进行一次。当前，各地要实事求是地分析本地区尾矿库安全现状，先从危库、险库、调洪库容小和下游有居民区或重要设施的尾矿库着手进行评价和治理，做好防洪抢险准备，按照轻重缓急的原则统筹安排。同时，各地应加强对评价机构的管理，规范安全评价行为，尾矿库安全评价工作应有能够进行

尾矿坝稳定性验算、尾矿库水文计算、构筑物计算的专业技术人员参加，保证安全评价质量，推进安全评价工作健康有序发展。对关闭破产企业停用的尾矿库也要进行安全评价。

六、积极开展尾矿库安全生产标准化活动，夯实尾矿库安全基础工作

各级安全监管部门要指导企业开展尾矿库安全达标工作，督促企业执行《金属非金属矿山安全质量标准化企业尾矿库考评标准》（安监总管一字[2005]27 号），建立健全各项规章制度，完善各岗位操作规程，规范操作行为，加强尾矿库安全生产基础工作。同时，各级安全监管部门应当支持和鼓励尾矿库安全科学技术创新，依靠科学技术进步，促进尾矿库安全生产。

七、加强闭库尾矿库的安全监管工作

对关闭破产企业停用的尾矿库要进行闭库设计，明确闭库后的尾矿库安全管理职责单位。尾矿库闭库工作及闭库后的安全管理由原生产经营单位负责。对解散或者关闭破产的生产经营单位，其已关闭或者废弃的尾矿库的管理工作，由生产经营单位出资人或者其上级主管部门负责；无上级主管部门或者出资人不明确的，由县级以上地方人民政府指定管理单位。

八、严格执行安全许可制度，加快尾矿库安全生产许可证的颁发管理工作

2006 年 6 月 30 日以前未能依法取得安全生产许可证的尾矿库，一律不得生产运行；对已取得安全生产许可证的尾矿库，安全生产许可证颁发管理机关要实行动态监管，一旦发现其安全生产条件不符合要求，要暂扣安全生产许可证，及时进行整改。

九、认真开展尾矿库相关法规和标准的宣传贯彻工作

各级安全监管部门要加大法规宣传力度。要使企业了解《安全生产许可证条例》及《非煤矿矿山企业安全生产许可证实施办法》等有关规定及要求；让企业认识到未依法取得安全生产许可证从事生产活动就是违法行为，就要受到法律责任追究。

为充分发挥《尾矿库安全技术规程》（AQ 2006—2005）、《尾矿库安全监督管理规定》（国家安全监管总局令第 6 号）等规章和标准的作用，国家安全监管总局组织编写了宣传贯彻学习教材，并将于今年 7 月起在全国范围内开展宣传贯彻工作。各级安全监管部门要积极参加并配合做好工作，认真组织好本地区的宣传贯彻学习，特别是要加强对企业的宣传贯彻工作的监督和指导，确保宣传贯彻工作发挥应有的作用。

十、落实尾矿库生产企业主体责任

各级安全监管部门要督促尾矿库生产经营单位认真贯彻执行《安全生产法》、《尾矿库安全监督管理规定》和《尾矿库安全技术规程》等有关法律、规章和标准，认真落实尾矿库安全生产管理的主体责任。

（一）加强企业安全管理。要建立健全安全生产责任制，制定完备的安全生产规章制度和操作规程，配备相应的安全管理机构或者安全管理人员，保证必需的资金投入。按规定编制符合要求的尾矿库作业计划，统筹安排和实施尾矿输送、分级、筑坝和排洪的管理，做好日常巡检和定期观测。要建立尾矿库工程档案，特别是隐蔽工程的档案，并长期保管。

（二）严格尾矿库建设标准和程序。企业进行尾矿库的勘察、设计、安全评价、施工及施工监理等工作应选定具有相应资质条件的单位和中介技术服务机构承担。尾矿库施工单位应严格按照方案设计进行施工，对涉及尾矿库库址、等别、尾矿坝坝型、排洪方式等重大设计方案变更，或对设计进行重大修改的，应当由原设计单位重新设计，并报经尾矿库建设项目安全设施设计的原审批部门批准；施工中需要对设计进行局部修改的，应当经原设计单位认可。尾矿库施工应做好施工记录，确保工程质量。

（三）开展培训。对从事尾矿库放矿、筑坝和排洪操作管理的作业人员进行专门的作业培训，并取得尾矿工的特种作业人员操作资格证书。

（四）做好防洪防汛工作。要加强对尾矿库的排洪、泄洪设施的维护，确保排洪道的畅通，保证尾矿库的调洪库容和干滩长度。

（五）制定和完善事故应急预案。针对可能出现的垮坝、漫顶等生产安全事故和重大险情，要制定切实可行的事故应急救援预案，预案应包括应急机构组成和职责，通讯保障，人员、资金、物资准备等，并与企业所在地政府相关部门加强沟通，定期组织预案演练，保证尾矿库一旦发生事故或险情时，指挥有力，措施得当。

（六）闭库管理。闭库后的尾矿库必须做好坝体及排洪设施的维护，未经论证和批准，不得储水；闭库后的尾矿库重新启用或改作他用时，必须按照尾矿库建设规定进行可行性论证、工程设计、安全评价，并依照有关规定，报请安全监管部门审查批准。

国家安全生产监督管理总局关于加强金属非金属矿山尾矿库安全生产监管工作的通知

安监总管一字[2005]8号

各省、自治区、直辖市及新疆生产建设兵团安全生产监督管理局，有关中央管理企业：

根据26个省（自治区、直辖市）报送的2004年尾矿库情况初步调查资料，全国共有尾矿库2762座，其中中央管理相关企业所属的尾矿库70座。全国尾矿库中，二等库18座，占总数的0.7%；三等库211座，占总数的7.6%；四等库550座，占总数的19.9%；五等库1626座，占总数的58.9%；其他357座库由于材料报送不全，不能确定其等别。全国尾矿库安全管理存在以下主要问题：一是经过设计单位设计的尾矿库只有1250座，仅占总数的45.3%，其他尾矿库均没有经过具备资质的设计单位进行设计；且绝大部分尾矿库没有经过相关部门的设计审查。二是绝大多数尾矿库没有开展安全评价，进行过安全评价的只有206座，仅占总数的7.5%.三是危库、险库和病库的数量还相当大。在已确定了安全度的1035座尾矿库中，有危库、险库、病库392座，占已确定安全度的尾矿库数量的37.8%。

当然，由于各地特别是市（地）、县（区）级安全监管机构尚不健全和个别省（区、市）上报的资料不规范、不完整，目前统计的尾矿库基本情况与现实情况还存在较大差异。

为进一步做好尾矿库安全生产监管工作，结合安全生产许可证的颁发工作，现提出加强尾矿库安全生产监管工作的目标和要求，请各地安全生产监管部门和有关企业结合实际，认真抓好落实。

一、工作目标

通过加强尾矿库安全生产监管工作，完善尾矿库安全生产法律、法规、规章和标准；健全尾矿库安全生产监管机制；为非煤矿山企业尾矿库安全生产许可证的发放工作创造条件；坚决杜绝尾矿库重、特大事故的发生；提高尾矿库总体安全生产水平。

二、工作重点

（一）继续开展尾矿库基本情况的调查工作。进一步摸清全国尾矿库的实际情况，为加强尾矿库的安全监管工作打好基础。

（二）全面开展尾矿库安全评价工作。根据《尾矿库安全管理规定》（原国家经贸委令第20号）、《非煤矿矿山企业安全生产许可证条例实施办法》的要求，尾矿库必须由具备资质的中介技术服务机构进行安全评价，并依此申领安全生产许可证。

（三）认真开展尾矿库建设工程安全设施的设计审查和竣工验收工作。

（四）开展对危库、险库、病库等存在重大不安全隐患的尾矿库的集中治理工作。

（五）严格尾矿库安全生产许可证的颁发工作。

（六）加快推进尾矿库应急救援工作机制的建立，制定和完善尾矿库应急救援预案。

三、工作要求

（一）深入开展尾矿库情况调查，完善尾矿库基本状况数据库。

1. 各地安全生产监管部门要继续大力组织开展尾矿库基本情况调查，掌握尾矿库的基本情况，并实行动态信息跟踪管理。要按照国家安全生产监督管理部门下发的《非煤矿山安全生产基本情况统计分析》软件的要求，及时报送有关尾矿库信息。

2. 规范和完善资料的内容。各地安全生产监管部门要按照《尾矿库安全管理规定》等有关法律、法规、规章的要求，填写各项指标，不得漏项，特别是设计库容、设计坝高、尾矿库等别、安全度分类等内容必须认真填写。

3. 加强对尾矿库下游居民区等周边环境以及影响尾矿库安全相关情况的了解，并按要求报送相关情况。

（二）全面开展尾矿库安全评价工作，为安全生产许可证申领工作创造条件。各级安全生产监管部门要督促金属非金属矿山企业开展尾矿库安全评价工作，以确定尾矿库安全度。并对规模较大、同时危险性也较大的二、三等尾矿库安全评价工作进行重点督查。

（三）积极开展尾矿库建设工程安全设施的设计审查和竣工验收工作。尾矿库是矿山企业的重要生产设施，其稳定性受诸多自然因素影响，应从设计、施工和验收等关键环节上把好质量关。

1. 尾矿库必须由具备相应资质的单位进行设计，并需由安全生产监管部门进行设计审查和批复。

2. 尾矿库安全设施必须由具备相应资质的施工单位施工，竣工后，需由安全生产监管部门进行验收。

3. 尾矿库闭库设计审查和竣工验收工作，要遵从《尾矿库闭库安全监督管理规定》要求。

4. 对未进行设计审查和竣工验收的尾矿库，要针对其现状及安全评价结果，加强监控和整改。

（四）开展尾矿库隐患督查治理工作，遏制重、特大事故发生。针对当前尾矿库安全状况，2005 年开展一次尾矿库隐患集中督查，根据评价结果，重点对危库、险库、病库的隐患进行督查治理。

（五）积极推进尾矿库安全质量标准化活动。各级安全生产监管部门要积极开展尾矿库安全质量标准化活动，指导企业建立健全各项规章制度，建立和完善各环节、各岗位的安全质量责任制，规范各项生产活动和行为，从基础抓起，全面提高非煤矿山尾矿库安全生产管理水平。

（六）根据《安全生产许可证条例》和《非煤矿矿山企业安全生产许可证条例实施办法》等有关法规规章的要求，严格进行尾矿库安全生产条件的审核工作，对既无设计又未进行安全评价的尾矿库，坚决不予颁证。

（七）切实负起责任，把对尾矿库的管理纳入制度化的轨道。严格执行有关尾矿库安全管理的法规和规定，督促企业完善各项规章制度，定期检查，加大投入，对发现的不安全隐患要责令其及时整改，确保尾矿库的安全运行。

（八）加大宣传教育、培训力度。各地要加强对尾矿库周边群众的宣传教育工作，引导群众充分认识尾矿库作为重大危险源的危害性，理解和支持企业采取的各项安全防范措施。金属非金属矿山企业要加强对尾矿库安全管理人员的培训，特种作业人员必须做到持证上岗。

【财政部】

财政部、国土资源部、环保总局
关于逐步建立矿山环境治理和生态恢复责任机制的指导意见

财建[2006]215号

各省、自治区、直辖市、计划单列市财政厅（局）、国土资源厅（局）、环境保护局（厅）：

为了加强矿山环境治理和生态恢复，促使矿山企业合理负担其资源与环境成本，理顺资源价格形成机制，根据《矿产资源法》、《环境保护法》中有关加强生态环境保护、防止环境污染的有关规定，贯彻落实《国务院关于全面整顿和规范矿产资源开发秩序的通知》（国发[2005]28号）的有关要求，财政部、国土资源部、环保总局就逐步建立矿山环境治理和生态恢复责任机制提出指导意见如下：

一、从2006年起要逐步建立矿山环境治理和生态恢复责任机制。各地可根据本地实际，选择煤炭等行业的矿山进行试点，在试点的基础上再全面推开。具备条件的地区可先行在所有矿山企业普遍推开。

二、地方环境保护、国土资源行政主管部门应当组织有资质的机构对试点矿山逐个进行评估，按照基本恢复矿山环境和生态功能的原则，提出矿山环境治理和生态恢复目标及要求。地方国土资源、环境保护行政主管部门应当督促新建和已投产矿山企业根据上述要求，制订矿山生态环境保护和综合治理方案，并提出达到矿山环境治理及生态恢复目标的具体措施。在此基础上，地方国土资源、环境保护行政主管部门要会同财政部门依据新矿山设计年限或已服役矿山的剩余寿命，以及环境治理和生态恢复所需要的费用等因素，确定按矿产品销售收入的一定比例，由矿山企业分年预提矿山环境治理恢复保证金，并列入成本。

三、各地要按照"企业所有、政府监管、专款专用"的原则，由企业在地方财政部门指定的银行开设保证金账户，并按规定使用资金。地方财政部门会同国土资源、环境保护行政主管部门对企业预提的矿山环境治理恢复保证金进行监管。具体办法由各地根据本地区企业实际情况和国家有关规定自行制定。

四、对本通知发布前的矿山环境治理问题，各级政府要制定矿区环境治理和生态恢复规划，按企业和政府共同负担的原则加大投入力度。对不属于企业职责或责任人已经灭失的矿山环境问题，以地方政府为主根据财力区分重点逐步解决。

五、各级财政、国土资源、环境保护行政主管部门要高度重视建立矿山环境治理和生态恢复责任机制的工作，切实负起责任，采取有效措施督促企业按规定提取矿山环境治理恢复保证金，确保资金专项用于矿山环境治理和生态恢复。财政部、国土资源部、环保总局将对各地工作进行指导和检查，并研究采取必要措施推动此项工作。

【劳动部】

中华人民共和国矿山安全法实施条例

中华人民共和国劳动部令

第4号

《中华人民共和国矿山安全法实施条例》已于1996年10月11日经国务院批准，现予以发布，自发布之日起实施。

部长　李伯勇

1996年10月30日

第一章　总　则

第一条　根据《中华人民共和国矿山安全法》（以下简称《矿山安全法》），制定本条例。

第二条　《矿山安全法》及本条例中下列用语的含义：

矿山，是指在依法批准的矿区范围内从事矿产资源开采活动的场所及其附属设施。

矿产资源开采活动，是指在依法批准的矿区范围内从事矿产资源勘探和矿山建设、生产、闭坑及有关活动。

第三条　国家采取政策和措施，支持发展矿山安全教育，鼓励矿山安全开采技术、安全管理方法、安全设备与仪器的研究和推广，促进矿山安全科学技术进步。

第四条　各级人民政府、政府有关部门或者企业事业单位对有下列情形之一的单位和个人，按照国家有关规定给予奖励：

（一）在矿山安全管理和监督工作中，忠于职守，作出显著成绩的；

（二）防止矿山事故或者抢险救护有功的；

（三）在推广矿山安全技术、改进矿山安全设施方面，作出显著成绩的；

（四）在矿山安全生产方面提出合理化建议，效果显著的；

（五）在改善矿山劳动条件或者预防矿山事故方面有发明创造和科研成果，效果显著的。

第二章　矿山建设的安全保障

第五条　矿山设计使用的地质勘探报告书，应当包括下列技术资料：

（一）较大的断层、破碎带、滑坡、泥石流的性质和规模；

（二）含水层（包括溶洞）和隔水层的岩性、层厚、产状，含水层之间、地面水和地下水之间的水力联系，地下水的潜水位、水质、水量和流向，地面水流系统和有关水利工程的疏水能力以及当地历年降水量和最高洪水位；

（三）矿山设计范围内原有小窑、老窑的分布范围、开采深度和积水情况；

（四）沼气、二氧化碳赋存情况，矿物自然发火和矿尘爆炸的可能性；

（五）对人体有害的矿物组分、含量和变化规律，勘探区至少一年的天然放射性本底数据；

（六）地温异常和热水矿区的岩石热导率、地温梯度、热水来源、水温、水压和水量，以及圈定的热害区范围；

（七）工业、生活用水的水源和水质；

（八）钻孔封孔资料；

（九）矿山设计需要的其他资料。

第六条 编制矿山建设项目的可行性研究报告和总体设计，应当对矿山开采的安全条件进行论证。

矿山建设项目的初步设计，应当编制安全专篇。安全专篇的编写要求，由国务院劳动行政主管部门规定。

第七条 根据《矿山安全法》第八条的规定，矿山建设单位在向管理矿山企业的主管部门报送审批矿山建设工程安全设施设计文件时，应当同时报送劳动行政主管部门审查；没有劳动行政主管部门的审查意见，管理矿山企业的主管部门不得批准。

经批准的矿山建设工程安全设施设计需要修改时，应当征求原参加审查的劳动行政主管部门的意见。

第八条 矿山建设工程应当按照经批准的设计文件施工，保证施工质量；工程竣工后，应当按照国家有关规定申请验收。

建设单位应当在验收前 60 日向管理矿山企业的主管部门、劳动行政主管部门报送矿山建设工程安全设施施工、竣工情况的综合报告。

第九条 管理矿山企业的主管部门、劳动行政主管部门应当自收到建设单位报送的矿山建设工程安全设施施工、竣工情况的综合报告之日起 30 日内，对矿山建设工程的安全设施进行检查；不符合矿山安全规程、行业技术规范的，不得验收，不得投入生产或者使用。

第十条 矿山应当有保障安全生产、预防事故和职业危害的安全设施，并符合下列基本要求：

（一）每个矿井至少有两个独立的能行人的直达地面的安全出口。矿井的每个生产水平（中段）和各个采区（盘区）至少有两个能行人的安全出口，并与直达地面的出口相通。

（二）每个矿井有抽立的采用机械通风的通风系统，保证井下作业场所有足够的风量；但是，小型非沼气矿井在保证井下作业场所所需风量的前提下，可以采用自然通风。

（三）井巷断面能满足行人、运输、通风和安全设施、设备的安装、维修及施工需要。

（四）井巷支护和采场顶板管理能保证作业场所的安全。

（五）相邻矿井之间、矿井与露天矿之间、矿井与老窑之间留有足够的安全隔离矿柱。矿山井巷布置留有足够的保障井上和井下安全的矿柱或者岩柱。

（六）露天矿山的阶段高度、平台宽度和边坡角能满足安全作业和边坡稳定的需要。船采沙矿的采池边界与地面建筑物、设备之间有足够的安全距离。

（七）有地面和井下的防水、排水系统，有防止地表水泄入井下和露天采场的措施。

（八）溜矿井有防止和处理堵塞的安全措施。

（九）有自然发火可能性的矿井，主要运输巷道布置在岩层或者不易自然发火的矿层内，并采用预防性灌浆或者其他有效的预防自然发火的措施。

（十）矿山地面消防设施符合国家有关消防的规定。矿井有防灭火设施和器材。

（十一）地面及井下供配电系统符合国家有关规定。

（十二）矿山提升运输设备、装置及设施符合下列要求：

1. 钢丝绳、连接装置、提升容器以及保险链有足够的安全系数；

2．提升容器与井壁、罐道梁之间及两个提升容器之间有足够的间隙；

3．提升绞车和提升容器有可靠的安全保护装置；

4．电机车、架线、轨道的选型能满足安全要求；

5．运送人员的机械设备有可靠的安全保护装置；

6．提升运输设备有灵敏可靠的信号装置。

（十三）每个矿井有防尘供水系统。地面和井下所有产生粉尘的作业地点有综合防尘措施。

（十四）有瓦斯、矿尘爆炸可能性的矿井，采用防爆电器设备，并采取防尘和隔爆措施。

（十五）开采放射性矿物的矿井，符合下列要求：

1．矿井进风量和风质能满足降氡的需要，避免串联通风和污风循环；

2．主要进风道开在矿脉之外，穿矿脉或者岩体裂隙发育的进风巷道有防止氡析出的措施；

3．采用后退式回采；

4．能防止井下污水散流，并采取封闭的排放污水系统。

（十六）矿山储存爆破材料的场所符合国家有关规定。

（十七）排土场、矸石山有防止发生泥石流和其他危害的安全措施，尾矿库有防止溃坝等事故的安全设施。

（十八）有防止山体滑坡和因采矿活动引起地表塌陷造成危害的预防措施。

（十九）每个矿井配置足够数量的通风检测仪表和有毒有害气体与井下环境检测仪器。开采有瓦斯突出的矿井，装备监测系统或者检测仪器。

（二十）有与外界相通的、符合安全要求的运输设施和通讯设施。

（二十一）有更衣室、浴室等设施。

第三章　矿山开采的安全保障

第十一条　采掘作业应当编制作业规程，规定保证作业人员安全的技术措施和组织措施，并在情况变化时及时予以修改和补充。

第十二条　矿山开采应当有下列图纸资料：

（一）地质图（包括水文地质图和工程地质图）；

（二）矿山总布置图和矿井井上、井下对照图；

（三）矿井、巷道、采场布置图；

（四）矿山生产和安全保障的主要系统图。

第十三条　矿山企业应当在采矿许可证批准的范围开采，禁止越层、越界开采。

第十四条　矿山使用的下列设备、器材、防护用品和安全检测仪器，应当符合国家安全标准或者行业安全标准；不符合国家安全标准或者行业安全标准的，不得使用：

（一）采掘、支护、装载、运输、提升、通风、排水、瓦斯抽放、压缩空气和起重设备；

（二）电动机、变压器、配电柜、电器开关、电控装置；

（三）爆破器材、通讯器材、矿灯、电缆、钢丝绳、支护材料、防火材料；

（四）各种安全卫生检测仪器仪表；

（五）自救器、安全帽、防尘防毒口罩或者面罩、防护服、防护鞋等防护用品和救护设备；

（六）经有关主管部门认定的其他有特殊安全要求的设备和器材。

第十五条　矿山企业应当对机电设备及其防护装置、安全检测仪器定期检查、维修，并建立技术档案，保证使用安全。

非负责设备运行的人员，不得操作设备。非值班电气人员，不得进行电气作业。操作电气设备的人员，应当有可靠的绝缘保护。检修电气设备时，不得带电作业。

第十六条 矿山作业场所空气中的有毒有害物质的浓度，不得超过国家标准或者行业标准；矿山企业应当按照国家规定的方法，按照下列要求定期检测：

（一）粉尘作业点，每月至少检测两次；

（二）三硝基甲苯作业点，每月至少检测一次；

（三）放射性物质作业点，每月至少检测三次；

（四）其他有毒有害物质作业点，井下每月至少检测一次，地面每季度至少检测一次；

（五）采用个体采样方法检测呼吸性粉尘的，每季度至少检测一次。

第十七条 井下采掘作业，必须按照作业规程的规定管理顶帮。采掘作业通过地质破碎带或者其他顶帮破碎地点时，应当加强支护。

露天采剥作业，应当按照设计规定，控制采剥工作面的阶段高度、宽度、边坡角和最终边坡角。采剥作业和排土作业，不得对深部或者邻近井巷造成危害。

第十八条 煤矿和其他有瓦斯爆炸可能性的矿井，应当严格执行瓦斯检查制度，任何人不得携带烟草和点火用具下井。

第十九条 在下列条件下从事矿山开采，应当编制专门设计文件，并报管理矿山企业的主管部门批准：

（一）有瓦斯突出的；

（二）有冲击地压的；

（三）在需要保护的建筑物、构筑物和铁路下面开采的；

（四）在水体下面开采的；

（五）在地温异常或者有热水涌出的地区开采的。

第二十条 有自然发火可能性的矿井，应当采取下列措施：

（一）及时清出采场浮矿和其他可燃物质，回采结束后及时封闭采空区；

（二）采取防火灌浆或者其他有效的预防自然发火的措施；

（三）定期检查井巷和采区封闭情况，测定可能自然发火地点的温度和风量；定期检测火区内的温度、气压和空气成分。

第二十一条 井下采掘作业遇下列情形之一时，应当探水前进：

（一）接近承压含水层或者含水的断层、流砂层、砾石层、溶洞、陷落柱时；

（二）接近与地表水体相通的地质破碎带或者接近连通承压层的未封钻孔时；

（三）接近积水的老窑、旧巷或者灌过泥浆的采空区时；

（四）发现有出水征兆时；

（五）掘开隔离矿柱或者岩柱放水时。

第二十二条 井下风量、风质、风速和作业环境的气候，必须符合矿山安全规程的规定。采掘工作面进风风流中，按照体积计算，氧气不得低于20%，二氧化碳不得超过0.5%。井下作业地点的空气温度不得超过28℃；超过时，应当采取降温或者其他防护措施。

第二十三条 开采放射性矿物的矿井，必须采取下列措施，减少氡气析出量：

（一）及时封闭采空区和已经报废或者暂时不用的井巷；

（二）用留矿法作业的采场采用下行通风；

（三）严格管理井下污水。

第二十四条 矿山的爆破作业和爆破材料的制造、储存、运输、试验及销毁，必须严格执行国家有关规定。

第二十五条 矿山企业对地面、井下产生粉尘的作业，应当采取综合防尘措施，控制粉尘危害。

井下风动凿岩，禁止干打眼。

第二十六条 矿山企业应当建立、健全对地面陷落区、排土场、矸石山、尾矿库的检查和维护制度；对可能发生的危害，应当采取预防措施。

第二十七条 矿山企业应当按照国家有关规定关闭矿山，对关闭矿山后可能引起的危害采取预防措施。关闭矿山报告应当包括下列内容：

（一）采掘范围及采空区处理情况；

（二）对矿井采取的封闭措施；

（三）对其他不安全因素的处理办法。

第四章 矿山企业的安全管理

第二十八条 矿山企业应当建立、健全下列安全生产责任制：

（一）行政领导岗位安全生产责任制；

（二）职能机构安全生产责任制；

（三）岗位人员的安全生产责任制。

第二十九条 矿长（含矿务局局长、矿山公司经理，下同）对本企业的安全生产工作负有下列责任：

（一）认真贯彻执行《矿山安全法》和本条例以及其他法律、法规中有关矿山安全生产的规定；

（二）制定本企业安全生产管理制度；

（三）根据需要配备合格的安全工作人员，对每个作业场所进行跟班检查；

（四）采取有效措施，改善职工劳动条件，保证安全生产所需要的材料、设备、仪器和劳动防护用品的及时供应；

（五）依照本条例的规定，对职工进行安全教育、培训；

（六）制定矿山灾害的预防和应急计划；

（七）及时采取措施，处理矿山存在的事故隐患；

（八）及时、如实向劳动行政主管部门和管理矿山企业的主管部门报告矿山事故。

第三十条 矿山企业应当根据需要，设置安全机构或者配备专职安全工作人员。专职安全工作人员应当经过培训，具备必要的安全专业知识和矿山安全工作经验，能胜任现场安全检查工作。

第三十一条 矿长应当定期向职工代表大会或者职工大会报告下列事项，接受民主监督：

（一）企业安全生产重大决策；

（二）企业安全技术措施计划及其执行情况；

（三）职工安全教育、培训计划及其执行情况；

（四）职工提出的改善劳动条件的建议和要求的处理情况；

（五）重大事故处理情况；

（六）有关安全生产的其他重要事项。

第三十二条 矿山企业职工享有下列权利：

（一）有权获得作业场所安全与职业危害方面的信息；

（二）有权向有关部门和工会组织反映矿山安全状况和存在的问题；

（三）对任何危害职工安全健康的决定和行为，有权提出批评、检举和控告。

第三十三条 矿山企业职工应当履行下列义务：

（一）遵守有关矿山安全的法律、法规和企业规章制度；

（二）维护矿山企业的生产设备、设施；

（三）接受安全教育和培训；

（四）及时报告危险情况，参加抢险救护。

第三十四条 矿山企业工会有权督促企业行政方面加强职工的安全教育、培训工作，开展安全宣传活动，提高职工的安全生产意识和技术素质。

第三十五条 矿山企业应当按照下列规定对职工进行安全教育、培训：

（一）新进矿山的井下作业职工，接受安全教育、培训的时间不得少于 72 小时，考试合格后，必须在有安全工作经验的职工带领下工作满 4 个月，然后经再次考核合格，方可独立工作；

（二）新进露天矿的职工，接受安全教育、培训的时间不得少于 40 小时，经考试合格后，方可上岗作业；

（三）对调换工种和采用新工艺作业的人员，必须重新培训，经考试合格后，方可上岗作业；

（四）所有生产作业人员，每年接受在职安全教育、培训的时间不少于 20 小时。

职工安全教育、培训期间，矿山企业应当支付工资。

职工安全教育、培训情况和考核结果，应当记录存档。

第三十六条 矿山企业对职工的安全教育、培训，应当包括下列内容：

（一）《矿山安全法》及本条例赋予矿山职工的权利与义务；

（二）矿山安全规程及矿山企业有关安全管理的规章制度；

（三）与职工本职工作有关的安全知识；

（四）各种事故征兆的识别、发生紧急危险情况时的应急措施和撤退路线；

（五）自救装备的使用和有关急救方面的知识；

（六）有关主管部门规定的其他内容。

第三十七条 瓦斯检查工、爆破工、通风工、信号工、拥罐工、电工、金属焊接（切割）工、矿井泵工、瓦斯抽放工、主扇风机操作工、主提升机操作工、绞车操作工、输送机操作工、尾矿工、安全检查工和矿内机动车司机等特种作业人员应当接受专门技术培训，经考核合格取得操作资格证书后，方可上岗作业。特种作业人员的考核、发证工作按照国家有关规定执行。

第三十八条 对矿长安全资格的考核，应当包括下列内容：

（一）《矿山安全法》和有关法律、法规及矿山安全规程；

（二）矿山安全知识；

（三）安全生产管理能力；

（四）矿山事故处理能力；

（五）安全生产业绩。

第三十九条 矿山企业向职工发放的劳动防护用品应当是经过鉴定和检验合格的产品。劳动防护用品的发放标准由国务院劳动行政主管部门制定。

第四十条 矿山企业应当每年编制矿山灾害预防和应急计划；在每季度末，应当根据实际情况对计划及时进行修改，制定相应的措施。

矿山企业应当使每个职工熟悉矿山灾害预防和应急计划，并且每年至少组织一次矿山救灾演习。

矿山企业应当根据国家有关规定，按照不同作业场所的要求，设置矿山安全标志。

第四十一条　矿山企业应当建立由专职的或者兼职的人员组成的矿山救护和医疗急救组织。不具备单独建立专业救护和医疗急救组织的小型矿山企业，除应当建立兼职的救护和医疗急救组织外，还应当与邻近的有专业的救护和医疗急救组织的矿山企业签订救护和急救协议，或者与邻近的矿山企业联合建立专业救护和医疗急救组织。

矿山救护和医疗急救组织应当有固定场所、训练器械和训练场地。

矿山救护和医疗急救组织的规模和装备标准，由国务院管理矿山企业的有关主管部门规定。

第四十二条　矿山企业必须按照国家规定的安全条件进行生产，并安排一部分资金，用于下列改善矿山安全生产条件的项目：

（一）预防矿山事故的安全技术措施；

（二）预防职业危害的劳动卫生技术措施；

（三）职工的安全培训；

（四）改善矿山安全生产条件的其他技术措施。

前款所需资金，由矿山企业按矿山维简费的20%的比例据实列支；没有矿山维简费的矿山企业，按固定资产折旧费的20%的比例据实列支。

第五章　矿山安全的监督和管理

第四十三条　县级以上各级人民政府劳动行政主管部门，应当根据矿山安全监督工作的实际需要，配备矿山安全监督人员。

矿山安全监督人员必须熟悉矿山安全技术知识，具有矿山安全工作经验，能胜任矿山安全检查工作。

矿山安全监督证件和专用标志由国务院劳动行政主管部门统一制作。

第四十四条　矿山安全监督人员在执行职务时，有权进入现场检查，参加有关会议，无偿调阅有关资料，向有关单位和人员了解情况。

矿山安全监督人员进入现场检查，发现有危及职工安全健康的情况时，有权要求矿山企业立即改正或者限期解决；情况紧急时，有权要求矿山企业立即停止作业，从危险区内撤出作业人员。

劳动行政主管部门可以委托检测机构对矿山作业场所和危险性较大的在用设备、仪器、器材进行抽检。

劳动行政主管部门对检查中发现的违反《矿山安全法》和本条例以及其他法律、法规有关矿山安全的规定的情况，应当依法提出处理意见。

第四十五条　矿山安全监督人员执行公务时，应当出示矿山安全监督证件，秉公执法，并遵守有关规定。

第六章　矿山事故处理

第四十六条　矿山发生事故后，事故现场有关人员应当立即报告矿长或者有关主管人员；矿长或者有关主管人员接到事故报告后，必须立即采取有效措施，组织抢救，防止事故扩大，尽力减少人员伤亡和财产损失。

第四十七条　矿山发生重伤、死亡事故后，矿山企业应当在24小时内如实向劳动行政主管部门和管理矿山企业的主管部门报告。

第四十八条 劳动行政主管部门和管理矿山企业的主管部门接到死亡事故或者一次重伤3人以上的事故报告后，应当立即报告本级人民政府，并报各自的上一级主管部门。

第四十九条 发生伤亡事故，矿山企业和有关单位应当保护事故现场；因抢救事故，需要移动现场部分物品时，必须作出标志，绘制事故现场图，并详细记录；在消除现场危险，采取防范措施后，方可恢复生产。

第五十条 矿山事故发生后，有关部门应当按照国家有关规定，进行事故调查处理。

第五十一条 矿山事故调查处理工作应当自事故发生之日起90日内结束；遇有特殊情况，可以适当延长，但是不得超过180日。矿山事故处理结案后，应当公布处理结果。

第七章 法律责任

第五十二条 依照《矿山安全法》第四十条规定处以罚款的，分别按照下列规定执行：

（一）未对职工进行安全教育、培训，分配职工上岗作业的，处4万元以下的罚款；

（二）使用不符合国家安全标准或者行业安全标准的设备、器材、防护用品和安全检测仪器的，处5万元以下的罚款；

（三）未按照规定提取或者使用安全技术措施专项费用的，处5万元以下的罚款；

（四）拒绝矿山安全监督人员现场检查或者在被检查时隐瞒事故隐患，不如实反映情况的，处2万元以下的罚款；

（五）未按照规定及时、如实报告矿山事故的，处3万元以下的罚款。

第五十三条 依照《矿山安全法》第四十三条规定处以罚款的，罚款幅度为5万元以上10万元以下。

第五十四条 违反本条例第十五条、第十六条、第十七条、第十八条、第十九条、第二十条、第二十一条、第二十二条、第二十三条、第二十五条规定的，由劳动行政主管部门责令改正，可以处2万元以下的罚款。

第五十五条 当事人收到罚款通知书后，应当在15日内到指定的金融机构缴纳罚款；逾期不缴纳的，自逾期之日起每日加收3‰的滞纳金。

第五十六条 矿山企业主管人员有下列行为之一，造成矿山事故的，按照规定给予纪律处分；构成犯罪的，由司法机关依法追究刑事责任：

（一）违章指挥、强令工人违章、冒险作业的；

（二）对工人屡次违章作业熟视无睹，不加制止的；

（三）对重大事故预兆或者已发现的隐患不及时采取措施的；

（四）不执行劳动行政主管部门的监督指令或者不采纳有关部门提出的整顿意见，造成严重后果的。

第八章 附 则

第五十七条 国务院管理矿山企业的主管部门根据《矿山安全法》和本条例修订或者制定的矿山安全规程和行业技术规范，报国务院劳动行政主管部门备案。

第五十八条 石油天然气开采的安全规定，由国务院劳动行政主管部门会同石油工业主管部门制定，报国务院批准后施行。

第五十九条 本条例自发布之日起施行。

第三章　国家相关产业政策

一、产业政策

【国务院】

国务院关于促进稀土行业持续健康发展的若干意见（节选）

国发[2011]12号

各省、自治区、直辖市人民政府，国务院各部委、各直属机构：

稀土是不可再生的重要战略资源，在新能源、新材料、节能环保、航空航天、电子信息等领域的应用日益广泛。有效保护和合理利用稀土资源，对于保护环境，加快培育发展战略性新兴产业，改造提升传统产业，促进稀土行业持续健康发展，具有十分重要的意义。经过多年发展，我国稀土开采、冶炼分离和应用技术研发取得较大进步，产业规模不断扩大。但稀土行业发展中仍存在非法开采屡禁不止，冶炼分离产能扩张过快，生态环境破坏和资源浪费严重，高端应用研发滞后，出口秩序较为混乱等问题，严重影响行业健康发展。要进一步提高对有效保护和合理利用稀土资源重要性的认识，采取有效措施，切实加强稀土行业管理，加快转变稀土行业发展方式，促进稀土行业持续健康发展。现提出以下意见：

一、明确指导思想、基本原则和发展目标

（一）指导思想。以邓小平理论和“三个代表”重要思想为指导，深入贯彻落实科学发展观，加快转变稀土行业发展方式，促进稀土产业结构调整，严格控制开采和冶炼分离能力，大力发展稀土新材料及应用产业，进一步巩固和发挥稀土战略性基础产业的重要作用，确保稀土行业持续健康发展。

（二）基本原则。坚持保护环境和节约资源，对稀土资源实施更为严格的保护性开采政策和生态环境保护标准，尽快完善稀土管理法律法规，依法打击各类违法违规行为；坚持控制总量和优化存量，加快实施大企业大集团战略，积极推进技术创新，提升开采、冶炼和应用技术水平，淘汰落后产能，进一步提高稀土行业集中度；坚持统筹国内国际两个市场、两种资源，积极开展国际合作；坚持与地方经济社会发展相协调，正确处理局部与整体、当前与长远的关系。

（三）发展目标。用1～2年时间，建立起规范有序的稀土资源开发、冶炼分离和市场流通秩序，资源无序开采、生态环境恶化、生产盲目扩张和出口走私猖獗的状况得到有效遏制；基本形成以大型企业为主导的稀土行业格局，南方离子型稀土行业排名前三位的企业集团产业集中度达到80%以上；新产品开发和新技术推广应用步伐加快，稀土新材料对下游产业的支撑和保障作用得到明显发挥；初步建立统一、规范、高效的稀土行业管理体系，有关政策和法律法规进一步完善。再用3年左右时间，进一步完善体制机制，形成合理开发、有序生产、高效利用、技术先进、集约发展的稀土行业持续健康发展格局。

二、建立健全行业监管体系，加强和改善行业管理

（四）严格稀土行业准入管理。对稀土资源实施更为严格的保护性开采政策和生态环境保护标准，严把行业和环境准入关。加快制定和完善稀土开采及生产标准，明确稀土矿山和冶炼分离企业的产品质量、工艺装备、生产规模、能源消耗、资源综合利用、环境保护、清洁生产、安全生产和社会责任等方面的准入要求。实施严格的环境准入制度，严格执行《稀土工业污染物排放标准》，制定稀土行业环境风险评估制度。

（五）完善稀土指令性生产计划管理。实施严格的稀土指令性生产计划编制、下达和监管制度。加强稀土开采、冶炼分离、出口等计划间的相互衔接。对稀土冶炼分离企业实行生产许可。建立稀土开采、冶炼分离和产品流通台账和专用发票管理制度。采用信息技术实现稀土开采、冶炼分离、出口企业联网，实行在线监控。

（六）提高稀土出口企业资质门槛。稀土出口企业必须符合行业规划、产业政策、行业准入、环保标准等要求。进一步提高稀土出口企业资质标准。加强对出口企业的监督管理，强化行业自律，对存在从非法渠道采购产品出口及其他严重扰乱出口经营秩序等违法行为的企业，依法追究相应法律责任。

（八）健全税收、价格等调控措施。大幅提高稀土资源税征收标准，抑制资源开采暴利。改革稀土产品价格形成机制，加大政策调控力度，逐步实现稀土价值和价格的统一。落实矿山生态环境治理和生态恢复保证金制度，严格企业生态环境保护与恢复的经济责任。

（九）认真执行有关法律法规和制度。严格执行矿产资源法、海关法等有关法律法规的规定，依法加强对稀土的勘查开采、冶炼加工、产品流通、推广应用、战略储备、进出口等环节的管理。抓紧研究制定或修改完善稀土等稀有金属管理的有关法律法规。

三、依法开展稀土专项整治，切实维护良好的行业秩序

（十）坚决打击非法开采和超控制指标开采。国土资源部要进一步巩固稀土矿产开发秩序专项整治成果，加大稀土勘查开采监管力度，严格稀土开采总量控制指标管理，加强对重点稀土产区的联合监管。坚决取缔非法开采，严格禁止超控制指标开采，对重大非法开采案件要挂牌督办，依法追究企业和相关人员责任。重新审核已颁发的勘查许可证和开采许可证，向社会公布合法采矿企业名单。加快建立规范稀土开采秩序和监管的长效机制。

（十一）坚决打击违法生产和超计划生产。工业和信息化部要会同有关部门立即开展稀土生产专项整治行动，向社会公布合法生产企业名单，加强对国家稀土指令性生产计划执行情况的监督检查。对无计划、超计划生产企业要责令停止国家指令性计划管理产品的生产，追查矿产品来源，对违法收购和销售的企业依法予以处罚，取消生产许可和销售资质，并由工商行政管理部门限期办理变更登记、注销登记或者依法吊销营业执照。

（十二）坚决打击破坏生态和污染环境行为。环境保护部要立即对稀土开采及冶炼分离企业开展环境保护专项整治行动，严格执行国家和地方污染物排放标准。对未经环评审批的建设项目，一律停止建设和生产；对没有污染防治设施及污染防治设施运行不正常、超标排放或超过重点污染物排放总量控制指标的企业，依法责令立即停产，限期治理，逾期未完成治理任务的，依法注（吊）销相关证照。

四、加快稀土行业整合，调整优化产业结构

（十四）深入推进稀土资源开发整合。国土资源部要会同有关部门，按照全国矿产资源开发整合工作的整体部署，挂牌督办所有稀土开发整合矿区，深入推进稀土资源开发整合。严格稀土矿业权管理，原则上继续暂停受理新的稀土勘查、开采登记申请，禁止现有开采矿山扩大产能。

（十五）严格控制稀土冶炼分离总量。“十二五”期间，除国家批准的兼并重组、优化布局项目外，停止核准新建稀土冶炼分离项目，禁止现有稀土冶炼分离项目扩大生产规模。坚决制止违规项目建设，对越权审批、违规建设的，要严肃追究相关单位和负责人责任。

（十六）积极推进稀土行业兼并重组。支持大企业以资本为纽带，通过联合、兼并、重组等方式，大力推进资源整合，大幅度减少稀土开采和冶炼分离企业数量，提高产业集中度。推进稀土行业兼并重组要坚持统筹规划、政策引导、市场化运作，兼顾中央、地方和企业利益，妥善处理好不同区域和上下游产业的关系。工业和信息化部要会同有关部门尽快制定推进稀土行业兼并重组的实施方案。

（十七）加快推进企业技术改造。鼓励企业利用原地浸矿、无氨氮冶炼分离、联动萃取分离等先进技术进行技术改造。加快淘汰池浸开采、氨皂化分离等落后生产工艺和生产线。发展循环经济，加强尾矿资源和稀土产品的回收再利用，提高稀土资源采收率和综合利用水平，降低能耗物耗，减少环境污染。支持企业将技术改造与兼并重组、淘汰落后产能相结合，加快推进技术进步。

五、加强稀土资源储备，大力发展稀土应用产业

（十八）建立稀土战略储备体系。按照国家储备与企业（商业）储备、实物储备和资源（地）储备相结合的方式，建立稀土战略储备。统筹规划南方离子型稀土和北方轻稀土资源的开采，划定一批国家规划矿区作为战略资源储备地。对列入国家储备的资源地，由当地政府负责监管和保护，未经国家批准不得开采。中央财政对实施资源、产品储备的地区和企业给予补贴。

（十九）加快稀土关键应用技术研发和产业化。按照发展战略性新兴产业总体要求，引导和组织稀土生产应用企业、研发机构和高等院校，大力开发深加工和综合利用技术，推动具有自主知识产权的科技成果产业化，为发展战略性新兴产业提供支撑。

六、加强组织领导，营造良好的发展环境

（二十一）明确责任和分工。国务院有关部门按职能分工，做好相应管理工作，承担相应的责任，并严格实行问责制。坚决改变重计划、轻落实，重审批、轻监管的现状。工业和信息化部负总责，并负责稀土行业管理，制定指令性生产计划，维护稀土生产秩序，指导组建稀土行业协会。工业和信息化部、商务部、新闻办牵头做好我稀土政策的对外宣传和释疑工作。发展改革委牵头做好稀土投资规模和出口总量控制工作。发展改革委、财政部、国土资源部共同牵头研究建立稀土战略储备。财政部牵头研究制定财税支持政策。国土资源部负责稀土资源勘查开采和总量控制管理、矿业秩序整顿和资源地储备。环境保护部负责环保专项整治，严格环境准入，加强污染防治。商务部负责出口配额管理，妥善协调与各国贸易关系。海关总署负责严格出口监管和打击走私。质检总局负责严格出口检验监管和打击逃漏检行为。监察部负责对地方政府和有关部门落实稀土政策情况进行监督检查，对工作不力，影响稀土行业持续健康发展的，要严肃追究责任。有关地方政府对本地区稀土行业的管理负总责，要层层落实责任制，督促稀土企业依法经营，严格按照国家计划组织生产经营，严格履行社会责任，切实保护资源和环境。

国务院办公厅关于进一步加大节能减排力度加快钢铁工业结构调整的若干意见（节选）

国办发[2010]34号

一、充分认识加强钢铁工业节能减排和结构调整工作的重要意义

（一）认清形势，统一思想，提高认识。钢铁工业是国民经济的支柱产业，在推进工业化和城镇化进程中发挥着重要作用，为应对国际金融危机挑战、促进经济社会发展做出了积极贡献。同时，钢铁工业在快速发展过程中，也存在着重复建设严重、产能过剩、铁矿石流通秩序混乱、资源环保压力加大等深层次矛盾和问题，必须充分利用市场变化形成的倒逼机制，综合运用经济、技术、法律和必要的行政手段，切实加大节能减排力度，加快结构调整步伐，促进钢铁工业的全面、协调和可持续健康发展。

六、大力实施企业技术创新和技术改造

（十一）重点支持钢铁企业开展技术改造。积极落实财政支持政策，鼓励、引导钢铁企业加强技术改造。切实提高资金使用效率，集中支持对钢铁工业结构调整意义重大的关键项目和企业。加大关键钢材品种、钢铁新材料、新一代全流程可循环工艺、节能减排、矿山资源综合利用以及工业化与信息化融合等技术改造工作力度，促进钢铁产业升级。

八、推进国内铁矿开发和“走出去”战略的实施

（十四）大力推进国内铁矿资源的勘探开发。加大国内铁矿石资源的勘探力度，增加资源储量。研究降低国内铁矿石生产和开采企业负担、提高国内铁矿石资源保障能力的政策措施。加强对共伴生矿、难选冶矿的技术和科研开发力度，对尾矿回收等综合利用项目研究完善有关税收优惠政策。推动国内矿山的有序建设和开发，加快推进铁矿资源的开发整合，将铁矿矿业权依法优先配置给符合钢铁产业政策的钢铁企业和大型矿山企业。用好现有扶持政策，支持大型铁矿山技术改造和资源综合利用。

（十五）进一步推进“走出去”战略。支持钢铁企业充分利用两个市场、两种资源，加强对外投资和跨国经营，深化经济技术合作。鼓励钢铁和矿山企业开展多种形式的境外铁矿石资源勘探开发，在境外建立稳定、可靠的铁矿石供应基地，并统筹考虑矿山、道路、港口、供电、供水设施的规划与建设。鼓励有条件的大型钢铁企业到国外建设钢铁厂和钢铁工业园区，努力提高钢铁企业的国际化经营水平。商务部要会同有关部门组织协会商会和企业，积极应对国外对我国钢材产品提起的反倾销、反补贴等贸易救济调查，加强与各国政府及行业间的交流合作，积极化解贸易摩擦，营造良好的国际贸易环境。

国务院办公厅转发国土资源部等部门对矿产资源开发进行整合意见的通知

国办发[2006]108 号

各省、自治区、直辖市人民政府，国务院各部委、各直属机构：

国土资源部、发展改革委、公安部、监察部、财政部、商务部、工商总局、环保总局、安全监管总局《对矿产资源开发进行整合的意见》已经国务院同意，现印发给你们，请认真贯彻执行。

中华人民共和国国务院办公厅

二〇〇六年十二月三十一日

对矿产资源开发进行整合的意见

国土资源部 发展改革委 公安部 监察部 财政部

商务部 工商总局 环保总局 安全监管总局

对矿产资源开发进行整合是集中解决矿山开发布局不合理，实现资源规模化、集约化开发的重要手段，是从源头有效治理矿业秩序混乱的基础性工作，是调整矿业结构、促进矿业经济增长方式转变的有效途径，对建设资源节约型环境友好型社会，走新型工业化道路具有重大意义。各地根据《国务院关于全面整顿和规范矿产资源开发秩序的通知》（国发[2005]28 号）的要求，在整顿和规范矿产资源开发秩序的同时，开展了以煤炭等重要矿种为重点的整合工作，取得了积极进展。但在具体实施中，存在一些亟须解决的问题：一些地方做法不规范，只注重运用行政手段，不按市场经济规律办事，损害了国家利益和矿业权人合法权益；有的地区对整合工作重要性的认识不到位，有畏难情绪，工作进展缓慢；有些违规矿山企业借整合之名拖延以至逃避关闭等。为进一步推进和规范整合工作，提出如下意见：

一、指导思想

以邓小平理论和“三个代表”重要思想为指导，全面落实科学发展观，综合运用经济、法律和必要的行政手段，结合产业政策和产业结构调整需要，按照矿业可持续发展的要求，通过收购、参股、兼并等方式，对矿山企业依法开采的矿产资源及矿山企业的生产要素进行重组，逐步形成以大型矿业集团为主体，大中小型矿山协调发展的矿产开发新格局，实现资源优化配置、矿山开发合理布局，增强矿产资源对经济社会可持续发展的保障能力。

二、目标任务

通过整合，使矿山企业“多、小、散”的局面得到明显改变，矿山开发布局趋于合理，矿山企业结构不断优化，矿产资源开发利用水平明显提高，矿山安全生产条件和矿区生态环境得到明显改善，矿产资源对经济社会可持续发展的保障能力明显增强。

（一）矿山开发布局明显合理。按照矿产资源自然赋存状况、地质条件和矿产资源规划，合理编制矿业权设置方案，重新划分矿区范围，确定开采规模，一个矿区只设置一个采矿权，彻底解决大矿小开、一矿多开等问题。通过整合，重点矿区和重要矿种的矿业权设置符合规划要求。

（二）矿山企业结构明显优化。以优并劣，扶优扶强，矿产资源向开采技术先进、开发利用水平高、安全生产装备条件好和矿区生态环境得到有效保护的优势企业集聚。通过整合，使矿山企业规模化、集约化水平明显提高，矿山企业数量明显减少。

（三）开发利用水平明显提高。采用科学的采矿方法和选矿工艺，使矿产资源开采回采率和选矿回收率达到设计要求，共生、伴生矿产得到综合利用，废石、尾矿等矿业固体废物得到安全存放和二次开发。通过整合，使整合区域内的矿产资源开发利用率明显提高。

（四）安全生产状况明显好转。认真执行安全生产法律法规，强化安全监管监察，落实矿山企业安全生产主体责任，提高矿山企业安全生产技术装备水平和从业人员安全素质，改善矿山安全生产条件，遏制重特大事故发生。通过整合，使因矿山开发布局不合理引起的安全隐患基本消除。

（五）矿山生态环境明显改善。按照财政部、国土资源部、环保总局《关于逐步建立矿山环境治理和生态恢复责任机制的指导意见》的要求，建立健全矿山环境治理恢复保证金制度，制订矿山生态环境保护与综合治理方案。通过整合，实施废弃物集中贮存、处置，污染物集中治理并达标排放，重点矿区主要污染物排放总量明显减少，环境污染事故和生态破坏事件得到预防与控制。

三、基本原则

（一）统一规划，分步实施。整合工作应按照矿产资源规划、国家对有关矿产资源总量控制以及产业结构调整和产业发展规划等规定，有计划地分步实施。

（二）以大并小，以优并劣。整合工作应根据资源自然赋存状况，遵循市场经济规律，结合企业重组、改制、改造，以规模大和技术、管理、装备水平高的矿山作为主体，整合其他矿山。

（三）突出重点，分类指导。重点整合影响大矿统一规划开采的小矿、小矿密集区、对国民经济发展有较大影响的重要矿种和优势矿产；根据不同地区、不同矿种和矿山企业的具体情况，因地制宜、因势利导地做好整合工作。

（四）政府引导，市场运作。以资源为基础、矿业权为纽带，坚持政府引导和市场运作相结合，综合运用经济、法律和必要的行政手段，依法推进整合工作。

（五）统筹兼顾，公开公正。兼顾各方利益，依法保护采矿权人的合法权益，积极稳妥推进，维护社会稳定；公开整合过程，广泛接受社会监督。

四、整合范围

（一）重要矿种。煤、铁、锰、铜、铝、铅、锌、钼、金、钨、锡、锑、稀土、磷、钾盐等矿种，以及其他对各地经济社会发展具有较大影响的矿种。

（二）重点矿区。影响大矿统一规划开采的小矿，一矿多开、大矿小开的矿区，小矿密集区，位于地质环境脆弱区范围内的矿区。

（三）其他矿山。开采方法和技术装备落后，资源利用水平低的矿山；生产规模长期达不到设计要求，管理水平低、存在安全隐患，社会效益、环境效益较差的矿山。

五、工作安排

整合工作以省级行政区域为单元进行。各省（区、市）要在 2007 年 3 月底前，完成整合总体方案的编制、备案工作；在 2007 年年底前，完成 3 个以上重要矿种和 5 个以上重点矿区的整合工作；在 2008 年年底前，基本完成整合工作。整合工作分为编制总体方案、制订实施方案、方案实施和检查验收四个阶段。

（一）编制总体方案。各省（区、市）人民政府要组织有关部门和市（地）、县级人民政府对矿产资源开发现状进行调查摸底，确定整合范围，明确工作任务，编制省级整合总体方案，并报国土资源部和发展改革委备案。省级整合总体方案应包括整合目标、进度安排、任务分工和责任落实等内容。整合区域跨省级行政区域的，由相关省份协商编制总体方案；协商不一致的，由国土资源部商发展改革委根据矿产资源自然赋存状况和地质条件协调确定。

（二）制订实施方案。各省（区、市）人民政府要依据省级整合总体方案组织国土资源部门和市（地）、县级人民政府编制矿区整合实施方案。整合实施方案经省级人民政府批准后实施。整合实施方案应包括整合矿区矿产资源概况、已有矿业权设置情况、整合后拟设置矿业权方案、整合工作进度及保障措施等内容。

（三）方案实施。按照批准的矿区整合实施方案，确定整合后的主体，明确拟设置采矿权的矿区范围，按照基本建设程序编制矿山整合技术改造设计方案，重新编制矿产资源开发利用方案等资料，换发采矿许可证等相关证照（煤矿企业还应重新取得煤炭生产许可证），实施矿山生产系统停产改造，经验收合格后，按整合后矿山生产技术方案组织生产。生产技术方案要充分采用能够节约资源和清洁生产的新技术、新工艺。

（四）检查验收。各省（区、市）人民政府组织有关部门对本行政区域内整合工作进行自查，并向整顿和规范矿产资源开发秩序部际联席会议提交自查报告。国土资源部、发展改革委会同有关部门适时对全国的整合工作进行检查验收，并向国务院作出报告。

六、保障措施

（一）加强领导，确保实施。整合工作是一项政策性强、涉及面广、工作难度大的系统工程，地方各级人民政府必须高度重视，切实加强组织领导。整合工作由省级人民政府负总责，省级整顿和规范矿产资源开发秩序工作领导小组具体负责，各成员单位按各自职能具体组织实施，同时加强通力协作，确保整合任务落到实处。有关部门要提高工作效率，加快审批整合后需重新办理的有关证照。国土资源部、发展改革委要会同有关部门加强指导和协调，及时研究解决整合工作中出现的重大问题。

（二）明确分工，落实责任。地方各级国土资源部门负责对整合区域内的资源和矿业权设置情况进行调查摸底，会同发展改革部门组织审查矿区整合实施方案，煤炭行业管理部门参与审查煤炭矿区整合实施方案。国土资源部门负责划定矿区范围，依法办理采矿许可证。工商部门负责对拟设矿山企业依法办理企业名称预核准和注册登记手续。环保部门负责对严重破坏生态、污染环境的矿山企业依法提请县级以上人民政府予以关闭，对整合后矿山的环境影响评价报告进行审批。安全监管部门、煤矿安全监察机构负责矿山安全生产监管监察工作，对不符合安全生产条件的矿山提请当地政府予以关闭，对整合后矿山的安全生产条件进行审核，依法办理安全生产许可证。煤炭行业管理部门负责对整合改造后的煤矿依法办理煤炭生产许可证。公安部门负责整合矿山爆炸物品管理工作，及时依法处置关闭矿山的爆炸物品，依法核定整合后矿山的爆炸物品用量。监察部门负责会同有关部门加强监督检查，对整合工作中存在的滥用职权、失职渎职、徇私舞弊、弄虚作假等违法违纪行为进行查处，追究有关人员的责任。

（三）规范操作，依法推进。地方各级人民政府要注重运用经济手段推进整合工作，切实保护参与整合的矿业权人的合法权益。对影响大矿统一规划开采的小矿，凡能够与大矿进行整合的，由大矿采取合理补偿、整体收购或联合经营等方式进行整合。国有矿山企业之间的整合可在国有资产管理部门的监管下，采用资产整体划拨的方式进行。整合矿山原则上不得扩大矿区范围，确需扩大的，必须列入省级整合总体方案，并报国土资源部备案。整合前矿业权未进行有偿处置的矿山，整合时要按规定进行处置。整合后矿山的设计生产能力不得低于规定的开采规模要求。整合期间，整合区域及其毗邻地区暂停新设置探矿权、采矿权。按整合实施方案设置的采矿权审批工作要严格按规定的权限进行。按照实施方案被列为整合对象但不愿参加整合的矿山，其有关证照到期后，相关部门不再为其办理证照延续、变更手续，由当地政府依法收回纳入整合范围。已列入关闭名单的矿山企业以及按照法律法规规定应予以关闭的矿山企业，不参与整合，其资源需要重新开发利用的，由省级国土资源部门根据矿产资源规划组织编制矿业权设置方案，并报省级人民政府批准和国土资源部备案后，按规定的权限审批探矿权和采矿权。

（四）健全制度，加强督导。地方各级人民政府要组织有关部门建立监督管理和责任追究制度，加强督促检查，及时发现和解决有关问题，推动整合工作扎实开展，严防整合矿山弄虚作假、超能力生产。凡不能按期完成整合任务的地区，暂停探矿权、采矿权等相关证照的审批。各地要加强政策研究，总结和推广典型经验，按照国家有关规定，进一步健全和完善矿产资源规划、矿业权市场准入、矿业权市场配置、矿业权价款收益分配、矿产资源开发管理和矿山生态环境恢复补偿等配套制度，切实加强对整合后矿山企业的监管，巩固整合成果，提高矿产资源管理水平，促进矿业经济持续健康发展。

各省、自治区、直辖市人民政府要根据本意见要求，结合当地实际情况，制定具体实施意见。

国务院关于全面整顿和规范矿产资源开发秩序的通知

国发[2005]28 号

各省、自治区、直辖市人民政府，国务院各部委、各直属机构：

党中央、国务院对保护和合理开发利用矿产资源工作十分重视，制定了一系列方针、政策，多次部署了全国矿业秩序治理整顿工作。多年来，各地方和有关部门做了大量工作，取得了积极成效。但是，由于多方面的原因，矿产资源开发中存在的深层次矛盾和问题尚未得到解决，一些地区开发秩序仍然比较混乱，存在矿山布局不合理、经营粗放、浪费资源、破坏环境、安全生产事故频发等问题。尤其是最近一个时期，一些地区群发性无证勘查和开采、越界开采、乱采滥挖等各种违法违规行为出现严重反弹。为解决当前矿产资源开发中存在的突出问题，国务院决定全面整顿和规范矿产资源开发秩序。现就有关事项通知如下：

一、充分认识整顿和规范矿产资源开发秩序的重要意义

矿产资源是国民经济和社会发展的重要物质基础。整顿矿产资源开发中的各类违法违规行为，规范矿产资源开发活动，建立和维护良好的矿产资源开发秩序，是实现矿产资源合理开发、永续利用，确保安全的重要措施，对全面落实科学发展观、提高矿产资源对经济社会可持续发展的保障能力和全面建设小康社会，具有十分重要的意义。各地区、有关部门要以邓小平理论和“三个代表”重要思想为指导，以科学发展观为统领，进一步提高对整顿和规范矿产资源开发秩序工作重要性、紧迫性和艰巨性的认识，将整顿和规范矿产资源开发秩序作为一项事关全局的重要任务抓紧抓好，推动我国矿业走出一条科技含量高、经济效益好、资源利用率高、环境污染少、安全有保障、人力资源优势得到充分发挥的新路子。

二、整顿和规范矿产资源开发秩序的目标

要正确处理整顿与发展、局部与全局、当前与长远的关系，严格依照《中华人民共和国矿产资源法》等法律法规的规定，加大执法力度，切实做到有法必依、执法必严、违法必究。要坚持依法行政，并运用经济手段，全面开展以煤炭开发为重点的矿产资源开发秩序的整顿和规范行动。到 2007 年底全面完成整顿和规范的各项任务，使无证勘查和开采、乱采滥挖、浪费破坏矿产资源、严重污染环境等违法行为得到全面遏制；越界开采、非法转让探矿权和采矿权等违法行为得到全面清理，违法案件得到及时查处；矿山安全事故及破坏生态环境现象明显减少；矿山布局不合理的状况得到明显改善，矿产资源开发利用规模化、集约化程度明显提高；基层监管到位，投资环境改善，矿产资源管理加强，基本建立规范的矿产资源开发秩序。

三、整顿矿产资源开发秩序的主要任务

（一）严厉打击无证勘查和开采等违法行为。地方各级人民政府要对本行政区域内的无证勘查和开采矿产资源的违法行为进行集中打击。对无证或持过期失效许可证进行勘查、开采的，公安部门不得批准其购买、使用民用爆破器材，电力部门不得供电，工商部门不得发放营业执照，安全监管部门不得发放安全生产许可证，国土资源主管部门要责令其停止开采，没收采出的矿产品和违法所得，并从重处以罚款。对持勘查许可证采矿或开采矿种与采矿许可证不符的，国土资源主管部门要责令其停止违法行为，并按无证开采予以处罚，对拒不改正的，依法吊销

勘查许可证或采矿许可证和其他证照。对停产整改期间擅自采矿的，由决定停产整顿的部门进行严肃查处。对采矿许可证、安全生产许可证、生产许可证、营业执照和矿长资格证不全的煤炭开采企业，有关主管部门要责令其停止违法生产行为，并依法予以查处。

为防止无证勘查、开采现象出现反弹，地方各级人民政府要组织有关部门及时拆除当地违法工程的地面设施，查封设备，充填井筒。国土资源主管部门要加强巡查，发现无证勘查、开采的，要及时报告当地人民政府予以取缔。各地要高度重视并有效制止各类群发性无证开采行为的发生，对违法行为保持高压态势，做到及时发现、及时查处。对拒不停止开采或取缔后又违法开采，造成矿产资源破坏、甚至发生事故的，要依法追究有关人员的刑事责任。

（二）全面查处越界开采等违法行为。地方各级人民政府要组织国土资源等部门对本行政区域内越界开采、非法转让探矿权和采矿权等违法行为进行全面排查。对超越批准矿区范围开采的，责令退回其本矿区范围，没收越界开采的矿产品和违法所得，密封越界的井巷工程，并依法进行处罚；对拒不退回本矿区范围内开采的，依法吊销其采矿许可证和其他证照。对非法转让探矿权、采矿权的，没收其违法所得，处以罚款，并责令限期改正，逾期仍不改正的，依法吊销勘查许可证、采矿许可证和其他证照；对受让方按无证勘查、开采予以处罚。对取得勘查许可证后不按期进行施工或未依法完成最低勘查投入的，国土资源主管部门要责令限期改正，并依法处罚；对拒不改正的，依法吊销勘查许可证。对吊销许可证的，要及时依法注销工商登记并予以公告。对未按批准的开发利用方案或矿山设计进行开采、开采回采率达不到设计要求、浪费破坏矿产资源的，要责令停止生产、限期整改，对整改后仍达不到要求的，要坚决予以关闭。

（三）坚决关闭破坏环境、污染严重、不具备安全生产条件的矿山企业。要加大对矿产资源开发环境保护和矿山企业安全生产的监管力度。对在各类保护区的禁采区内进行开采的矿山企业和影响大矿安全生产的小矿，由当地人民政府予以关闭。对严重污染环境、未进行环境影响评价的矿山企业，对不符合安全生产要求超通风能力生产、未按规定建立瓦斯抽放系统、未采取防突措施、未经“三同时”审查验收的矿山企业，环境、安全监管部门要依法责令限期整改或停产整顿，有关部门要及时收回所有证照；对拒不停产和整改后仍达不到要求的，要坚决及时予以关闭，有关部门要依法吊销所有证照。

（四）全面清查和纠正矿产资源开发管理中的各种违法违规行为。地方各级人民政府及国土资源、发展改革（经贸）、安全生产、环保、工商等部门要严格依法行政，全面规范矿产资源开发管理的行政行为。要依照相关法律法规，对矿产资源开发管理中的探矿权和采矿权审批、项目核准、生产许可、安全许可、环评审查、企业设立等各项管理行为进行一次全面清理检查。对违法违规审批、滥用职权、失职、渎职行为以及国家工作人员参与办矿、徇私舞弊等腐败现象依法进行严肃查处。

（五）全面开展煤炭资源回采率专项检查。各地要采取切实有效措施，加大煤炭资源回采率专项检查工作力度。要严肃查处一批浪费、破坏煤炭资源的典型案件并进行曝光，坚决遏制浪费、破坏资源的势头。同时，表彰一批保护和合理利用资源的先进典型。修订完善煤炭资源回采率标准和管理办法。凡设计回采率达不到国家规定标准的建设项目，一律不予核准，不予颁发采矿许可证。对达不到回采率标准的煤矿，要责令其限期整改，逾期仍达不到的，依法予以经济处罚，直至吊销采矿许可证和煤炭生产许可证。强制淘汰落后的生产技术、工艺及设备。通过专项检查和整改，全面提高煤炭资源开发利用水平。

（六）对保护性开采的特定矿种进行专项整治。国土资源部要会同发展改革委、商务部等有关部门按照各自职责，对钨、锡、锑、稀土等保护性开采的特定矿种，进行开采、选冶、加工、销售和出口的专项整治，切实解决超量开采、经营秩序混乱、生产结构失衡、缺乏有效监管、不具备安全生产条件等问题。国土资源部要继续对保护性开采的特定矿种实行开采总量控制，并对控制指标执行情况进行全面清查。继续暂停审批和颁发钨矿采矿许可证。严禁保护性开采的特定矿种超计划开采和计划外出口。同时，要加强对稀缺矿种的资源保护，严禁乱采滥挖和浪费破坏资源，国土资源部要会同有关部门根据国民经济发展的需要，研究制订对保护性开采的特定矿种和稀缺矿种的管理办法。

各省、自治区、直辖市人民政府要结合地方实际，对本行政区域内油气、铁、石墨、黄金等开发秩序问题突出的矿种以及影响铁路、公路安全的采矿行为，制订专项整治的具体措施，开展专项整治工作。

四、规范矿产资源开发秩序的主要任务

（一）严格探矿权、采矿权管理。国土资源部要严格依照《中华人民共和国行政许可法》、《中华人民共和国矿产资源法》等有关法律法规的规定，组织对各地探矿权、采矿权审批情况进行全面清理，坚决刹住一些地方非法干预设置探矿权、采矿权的行为。国土资源部要严格按照国务院发布的《矿产资源勘查区块登记管理办法》和《矿产资源开采登记管理办法》的规定，对以往的各种授权进行清理并重新授权。要严格按照国家产业政策和矿产资源规划设置探矿权、采矿权。要依据法律规定严格审批条件，规范审批程序，进一步完善探矿权和采矿权申请、延续、变更、注销等相关管理制度。

（二）集中解决矿山布局不合理问题。各省、自治区、直辖市人民政府要结合本地实际，以煤炭资源为重点，通过资源整合，切实解决矿山布局不合理等问题，逐步实现资源开发规模化、集约化。国土资源部、发展改革委要积极扶持大型煤炭基地建设，在已划定 19 个煤炭国家规划矿区的基础上，继续划定并公布大型煤炭基地内的煤炭国家规划矿区名单，按照规划合理安排大型煤炭基地建设项目。对影响大矿统一规划开采的小矿，凡能够与大矿进行资源整合的，由大矿采取合理补偿、整体收购或联合经营等方式进行整合。各类矿山都要按照规模化、集约化的原则进行整合，限期达到规定的最低开采规模。各地要统一组织制定小矿整合方案，并切实抓好落实，提高矿产资源开发利用水平。国土资源部要根据国民经济和社会发展需要，结合各地实际情况，组织制定和完善不同矿种的最低开采规模标准。

（三）完善矿产资源有偿使用制度。要按照矿产资源分类、分级管理的要求，进一步推进矿产资源有偿使用制度改革。加强煤炭等国家规划矿区以及其他煤炭资源集中区的普查和必要的详查，统一编制矿区总体开发规划和探矿权、采矿权设置方案。全面实行探矿权、采矿权有偿取得制度，采取市场竞争方式出让探矿权、采矿权，规范矿业权市场，研究解决探矿权、采矿权无偿和有偿取得“双轨制”问题的有效措施。调整现行的矿业税费政策，积极探索矿产资源税费征收与储量消耗挂钩的政策措施。理顺矿产资源利益分配关系，改善矿业投资环境。具体办法由财政部、国土资源部另行制订。

（四）探索建立矿山生态环境恢复补偿制度。地方各级人民政府应对本地矿区生态环境进行监督管理，按照“谁破坏、谁恢复”的原则，明确治理责任，保证治理资金和治理措施落实到位。新建和已投产生产矿山企业要制订矿山生态环境保护与综合治理方案，报经主管部门审批后实施。对废弃矿山和老矿山的生态环境恢复与治理，按照“谁投资、谁受益”的原则，积极探索通过市场机制多渠道融资方式，加快治理与恢复的进程。财政部、国土资源部等部门应尽快制订矿山生态环境恢复的经济政策，积极推进矿山生态环境恢复保证金制度等生态环境恢复补偿机制。

（五）严格矿产资源勘查、开采准入管理。国土资源部、发展改革委等有关部门要加强勘查、开采资质管理，制订勘查、开采资质管理办法，严格市场准入标准。国土资源主管部门审批采矿许可证，必须依法对开发利用方案进行严格审查，凡不符合国家规划、产业政策和技术规范以及开采回采率低、矿产资源不能合理利用、不符合安全生产条件、不提交环境影响评价报告和地质灾害危险性评估报告批复文件的，一律不予批准。设计单位要严格按照国家规定的技术规范编制开发利用方案或设计，有关主管部门要加强监管。

（六）建立矿产资源开发监管责任体系。国土资源等有关部门要依据法律法规，进一步完善探矿权和采矿权审批、项目核准、生产许可、安全许可、环评审查、企业设立等各项矿产资源开发的管理制度，切实加强对矿产资源开发各个环节的监管并承担相应责任。要充分发挥执法监察队伍和矿产督察员队伍的作用，建立监管责任体系。要强化市、县国土资源管理部门监管职能，加强监管力量，实行任务到矿，责任到人，维护矿产资源勘查、开采正常秩序。要积极探索对储量进行动态监管的有效办法，严格矿产资源开发利用方案执行情况的检查，完善年度报告制度，切实提高矿产资源开发利用水平。

五、加强领导，确保整顿和规范矿产资源开发秩序工作顺利进行

整顿和规范矿产资源开发秩序工作时间紧、涉及面广，任务十分艰巨。各地区和有关部门要高度重视，切实加强领导。国土资源部、发展改革委要会同公安部、监察部、财政部、商务部、工商总局、环保总局、安全监管总局等部门建立部际联席会议制度，研究解决整顿和规范工作中的重大问题，指导全国整顿和规范矿产资源开发秩序工作。联席会议的日常工作由国土资源部承担。各省、自治区、直辖市人民政府是整顿和规范矿产资源开发秩序的责任主体，要将维护正常的矿产资源开发秩序纳入政府工作目标，并成立领导小组，明确责任，协调行动，联合执法，统一组织实施本行政区域内整顿和规范矿产资源开发秩序工作。

要按照统一部署、依法推进、突出重点、分步实施的原则，开展整顿和规范矿产资源开发秩序的各项工作，做到进度服从质量。整顿和规范工作大致分为两个阶段：第一阶段，自本通知下发之日起至2006年底，基本完成整顿的主要任务，同时开展相关的规范工作；第二阶段，从2007年年初至当年底，要全面完成本通知提出的各项任务。各地要建立整顿和规范工作目标责任制，一级抓一级，层层抓落实。对整顿工作不力、未完成整顿和规范任务的，要追究有关领导的责任。

各地区要在整顿和规范矿产资源开发秩序任务完成后，按照本通知的要求，分阶段认真做好检查验收工作，并向国务院作出报告。国土资源部、发展改革委要会同有关部门对全国整顿和规范矿产资源开发秩序工作进行检查验收。对整顿和规范工作中出现的重大问题，各地区和有关部门要及时向国务院报告。

国务院

二〇〇五年八月十八日

国务院办公厅转发发展改革委等部门关于加强钨锡锑行业管理意见的通知

国办发[2005]38号

各省、自治区、直辖市人民政府，国务院各部委、各直属机构：

发展改革委、国土资源部、商务部、环保总局、工商总局、质检总局、海关总署等部门《关于加强钨锡锑行业管理的意见》已经国务院同意，现转发给你们，请认真贯彻执行。

国务院办公厅

二〇〇五年七月十三日

关于加强钨锡锑行业管理的意见

发展改革委　国土资源部　商务部

环保总局　工商总局　质检总局　海关总署

（二〇〇五年六月二十七日）

钨、锡、锑是我国重要的优势矿产资源，其储量、产量和出口量均居世界前列，在国际市场有着举足轻重的地位。自《国务院关于将钨锡锑离子型稀土列为国家实行保护性开采特定矿种的通知》（国发[1991]5号）下发以来，有关部门和地方政府认真贯彻执行，对钨、锡、锑实行有计划的统一管理，在保护资源、规范矿业秩序等方面取得了积极成效。但由于一些地方、企业片面追求局部利益，以及有些管理工作不到位，在钨、锡、锑行业发展中仍存在一些突出问题：一是乱采滥挖现象屡禁不止，造成资源浪费和环境破坏，安全事故时有发生；二是生产经营秩序混乱，产品长期供大于求，造成资源大量流失，资源优势未能有效发挥；三是产业结构不合理，低水平重复建设严重，产品附加值低，出口仍以初级冶炼产品为主，部分高附加值产品尚需进口，产业结构亟待升级。为合理开发利用钨、锡、锑等优势资源，进一步加强对其开发、利用和出口的管理与指导，现提出以下意见：

一、发挥规划调控作用，加强法规政策引导

制定科学合理的规划，充分发挥规划的调控作用，是促进钨、锡、锑行业健康有序发展的重要措施。发展改革委要会同国土资源部、商务部等有关部门，依照控制总量、调整结构、节约资源、保护环境、合理布局的原则，根据国家经济发展和宏观调控的需要，制订我国钨、锡、锑工业发展规划，合理引导投资，制止低水平重复建设；同时，国土资源部和商务部要依据规划，分别会同有关部门制定钨、锡、锑三种矿产年度开采总量和出口产品配额总量计划，下达到各有关矿山和企业执行，严禁超计划开采和计划外出口。

发展改革委要会同国土资源部、商务部等有关部门，依据有关法律和规定，尽快起草国家保护性开采特定矿种经营管理方面的法规，规范开采、冶炼、加工及国内外贸易等生产经营秩

序，依法加强监督管理，促进行业健康发展。有关部门要研究完善有关政策措施，鼓励钨、锡、锑生产企业加大科研投入，改进工艺装备，提高产品的科技含量和附加值；鼓励企业按照市场经济原则进行联合重组，提高产业集中度，培养具有国际竞争力的企业集团。

二、加强行业准入和产品出口管理，提高行业自律水平

进一步完善钨、锡、锑行业准入制度，严格准入管理，对达不到准入条件的单位和个人，严禁其从事钨、锡、锑的勘查、开采、冶炼、加工、销售和出口等活动。由国土资源部会同发展改革委尽快制订钨、锡、锑勘查开采领域的准入条件，由发展改革委会同有关部门尽快制订钨、锡、锑生产经营领域的准入条件，提出资金、技术、装备、规模以及能耗、资源综合利用、环境保护和安全生产等方面的要求。继续实行钨、锑出口供货企业资格认证制度，商务部要根据国家产业政策，会同有关部门制订和完善出口经营企业的资质条件，严禁出口经营企业采购无出口供货资格企业的产品，严禁出口供货企业收购无采矿许可证开采企业的矿产品。要继续实行出口配额管理，进一步优化出口产品配额分配结构，严格控制初级产品的配额比例，提高高附加值产品的出口配额比例；要按照国家产业政策的要求，运用经济手段加强对钨、锡、锑及其制品的出口调控。

有关行业协会、商会要加强钨、锡、锑行业发展趋势、投资、市场供求、价格和技术进步等方面的分析研究，建立和完善市场信息发布制度，及时公布生产和市场供需情况；协助有关部门做好行业准入标准的制定与实施，提出调控矿山年度开采和出口总量的意见与建议；认真宣传、贯彻国家产业政策；制定行规行约，加强行业自律，防止低价竞销和恶性竞争。

三、依法开展清理整顿，规范生产经营秩序

为解决当前存在的突出问题，各地区要依据《中华人民共和国矿产资源法》等有关法律法规和国家产业政策，立即组织对钨、锡、锑行业生产经营秩序进行一次全面清理整顿。

一是清理整顿钨、锡、锑矿山开采秩序。依法取缔无证开采等违法勘查开采行为，依法查处以承包等方式擅自将采矿权转给他人进行采矿的行为，制止乱采滥挖。对已取得采矿权证，但浪费资源、破坏环境、安全生产设施不全的矿山企业，要依法予以处罚。严格执行开采总量指标控制制度，对超指标生产的矿山企业，要加大处罚力度，遏制盲目扩大生产规模；在国家新的政策出台前，继续暂停审批和颁发钨矿采矿许可证。

二是清理整顿钨、锡、锑生产经营秩序。对任何收购非法开采钨、锡、锑矿产品的单位和个人，要依法进行查处。依法取缔未经审批和无照经营的钨、锡、锑冶炼及钨加工产品（含硬质合金）生产、经营单位。对虽经审批和有营业执照，但污染严重、浪费资源等不符合产业政策和环保法规的生产企业，要依法予以处罚。

三是清理整顿钨、锡、锑在建项目。凡未履行国家有关投资管理规定程序建设的钨、锡、锑项目，一律停止建设。在国家新的政策出台前，暂停审批和新建钨、锡、锑采选、冶炼和初级加工产品生产项目；国土资源行政主管部门不得受理用地申请；环境保护行政管理部门不得审批其环境影响报告书和核发排污许可证；工商行政管理部门不予登记注册。

各地区要加强对清理整顿工作的领导，成立由政府主管领导和有关部门组成的清理整顿工作小组，组织力量进行调查摸底和开展清理整顿。经清理整顿被依法撤销或关闭的企业，工商行政管理部门要依法责令其办理变更登记或者注销登记。清理整顿工作要于 2005 年 11 月底前结束，请各地区于 2005 年 12 月 15 日前将调查和清理结果报发展改革委、国土资源部和商务部。发展改革委要会同国土资源部、商务部等有关部门加强对各地区清理整顿工作的指导，同时要根据各地自查情况，对重点地区、重点企业进行抽查，并将清理整顿结果报告国务院。

【国家发展和改革委员会】

外商投资产业指导目录（2011年修订）

（国家发展和改革委员会、中华人民共和国商务部令第12号）

《外商投资产业指导目录（2011年修订）》已经国务院批准，现予以发布，自2012年1月30日起施行。2007年10月31日国家发展和改革委员会、商务部发布的《外商投资产业指导目录（2007年修订）》同时废止。

国家发展和改革委员会主任　张　平
商务部部长　陈德铭
二〇一一年十二月二十四日

外商投资产业指导目录（2011年修订）（节选）

鼓励外商投资产业目录

二、采矿业

7. 铁矿、锰矿勘探、开采及选矿
8. 提高矿山尾矿利用率的新技术开发和应用及矿山生态恢复技术的综合应用

限制外商投资产业目录

二、采矿业

1. 特殊和稀缺煤类勘查、开采（中方控股）
2. 重晶石勘查、开采（限于合资、合作）
3. 贵金属（金、银、铂族）勘查、开采
4. 金刚石、高铝耐火粘土、硅灰石、石墨等重要非金属矿的勘查、开采
5. 磷矿、锂矿和硫铁矿的开采、选矿，盐湖卤水资源的提炼
6. 硼镁石及硼镁铁矿石开采
7. 天青石开采
8. 大洋锰结核、海砂的开采（中方控股）

禁止外商投资产业目录

二、采矿业

1. 钨、钼、锡、锑、萤石勘查、开采
2. 稀土勘查、开采、选矿
3. 放射性矿产的勘查、开采、选矿

注：1.《内地与香港关于建立更紧密经贸关系的安排》及其补充协议、《内地与澳门关于建立更紧密经贸关系的安排》及其补充协议、《海峡两岸经济合作框架协议》及其补充协议、我国与有关国家签订的自由贸易区协议另有规定的，从其规定。

2. 国务院专项规定或产业政策另有规定的，从其规定。

产业结构调整指导目录（2011 年本）

中华人民共和国国家发展和改革委员会令

第 9 号

为加快转变经济发展方式，推动产业结构调整和优化升级，完善和发展现代产业体系，根据《国务院关于发布实施〈促进产业结构调整暂行规定〉的决定》（国发[2005]40号），我委会同国务院有关部门对《产业结构调整指导目录（2005 年本）》进行了修订，形成了《产业结构调整指导目录（2011 年本）》，现予公布，自 2011 年 6 月 1 日起施行。《产业结构调整指导目录（2005 年本）》同时废止。法律、行政法规和国务院文件对产业结构调整另有规定的，从其规定。

国家发展和改革委员会主任　张　平

二〇一一年三月二十七日

产业结构调整指导目录（2011 年本）（节选）

第一类　鼓励类

八、钢铁

1．黑色金属矿山接替资源勘探及关键勘探技术开发

12．难选贫矿、（共）伴生矿综合利用先进工艺技术

13．冶金固体废弃物（含冶金矿山废石、尾矿，钢铁厂产生的各类尘、泥、渣、铁皮等）综合利用先进工艺技术

九、有色金属

1．有色金属现有矿山接替资源勘探开发，紧缺资源的深部及难采矿床开采

3．高效、节能、低污染、规模化再生资源回收与综合利用。（1）废杂有色金属回收（2）有价元素的综合利用（3）赤泥及其它冶炼废渣综合利用（4）高铝粉煤灰提取氧化铝

十、黄金

1．黄金深部（1000 米以下）探矿与开采

2．从尾矿及废石中回收黄金

第二类　限制类

七、有色金属

1．新建、扩建钨、钼、锡、锑开采、冶炼项目，稀土开采、选矿、冶炼、分离项目以及氧化锑、铅锡焊料生产项目

八、黄金

1．日处理金精矿 100 吨以下，原料自供能力不足 50%的独立氰化项目

2．日处理矿石 200 吨以下，无配套采矿系统的独立黄金选矿厂项目

3．日处理金精矿 100 吨以下的火法冶炼项目

4．年处理矿石 10 万吨以下的独立堆浸场项目（东北、华北、西北）、年处理矿石 20 万吨以下的独立堆浸场项目（华东、中南、西南）

5．日处理岩金矿石 100 吨以下的采选项目

6．年处理砂金矿砂 30 万立方米以下的砂金开采项目

7．在林区、基本农田、河道中开采砂金项目

第三类　淘汰类

注：条目后括号内年份为淘汰期限，淘汰期限为 2011 年是指应于 2011 年底前淘汰，其余类推；有淘汰计划的条目，根据计划进行淘汰；未标淘汰期限或淘汰计划的条目为国家产业政策已明令淘汰或立即淘汰。

一、落后生产工艺装备

（六）有色金属

19．离子型稀土矿堆浸和池浸工艺

20．独居石单一矿种开发项目

24．矿石处理量 50 万吨/年以下的轻稀土矿山开发项目；1500 吨（REO）/年以下的离子型稀土矿山开发项目（2013 年）

25．2000 吨（REO）/年以下的稀土分离项目

（七）黄金

1．混汞提金工艺

2．小氰化池浸工艺、土法冶炼工艺

3．无环保措施提取线路板中金、银、钯等贵重金属

4．日处理能力 50 吨以下采选项目

中国资源综合利用技术政策大纲

中华人民共和国国家发展和改革委员会

公告　2010 年　第 14 号

为进一步推动资源综合利用，提高资源利用效率，发展循环经济，建设资源节约型、环境友好型社会，国家发展和改革委员会、科学技术部、工业和信息化部、国土资源部、住房和城乡建设部、商务部组织编写了《中国资源综合利用技术政策大纲》，现予以发布，并于发布之日起施行。

附件：中国资源综合利用技术政策大纲

国家发展改革委
科　技　部
工业和信息化部
国土资源部
住房城乡建设部
商　务　部
二〇一〇年七月一日

附件：

中国资源综合利用技术政策大纲（节选）

一、总　论

（一）意义和目的

改革开放以来，我国经济持续快速增长，各项建设取得了巨大成就。与此同时，也付出了资源和环境代价，经济发展与资源环境的矛盾日益突出。“十二五”时期，我国仍将处于工业化和城镇化加快发展阶段，面临的资源和环境形势将更加严峻。开展资源综合利用，推动循环经济发展，是我国转变经济发展方式，走新型工业化道路，建设资源节约型、环境友好型社会的重要措施。

加快资源综合利用技术开发、示范和推广应用，引导社会资金投向，为相关单位开展资源综合利用工作提供技术支持，提升我国资源综合利用整体水平，是制定《中国资源综合利用技术政策大纲》的主要目的。

（二）指导思想和基本原则

以邓小平理论和“三个代表”重要思想为指导，深入贯彻落实科学发展观，坚持节约资源和保护环境的基本国策，遵循政府推动、市场引导、企业主体、自主创新、因地制宜、重点突破的方针，加快科技创新，推广先进适用技术，推进资源综合利用产业化，提高资源利用效率，减少废弃物排放，促进经济社会又好又快发展。

坚持宏观调控与市场机制相结合，发挥市场配置资源的基础性作用，完善政策体系，建立有利于促进资源综合利用的长效机制；坚持以企业为主体，产学研相结合，选择环境影响严重、产生量大的废弃资源，组织技术攻关，强化科技创新能力建设；坚持重点突破和全面推进相结合，依据资源禀赋和产业构成，形成资源综合利用产业集群，探索和完善循环经济发展模式。

（三）主要范围

一是在矿产资源开采过程中对共生、伴生矿进行综合开发与合理利用的技术；二是对生产过程中产生的废渣、废水（废液）、废气、余热、余压等进行回收和合理利用的技术；三是对社会生产和消费过程中产生的各种废弃物进行回收和再生利用的技术。

二、矿产资源综合利用技术

（二）金属矿产资源综合利用技术

1. 黑色金属矿产资源综合利用技术

（1）推广磁铁矿精选作业的磁筛等高效利用技术。

（2）推广含稀土复合矿和钒钛磁铁矿综合利用技术。

（3）推广低品位、表外矿、复杂共伴生黑色金属矿产资源综合利用技术。

（4）推进尾矿再选技术及生产各种建筑材料的产业化。

（5）研发低品位硫铁矿选矿富集技术。

（6）研发尾矿干堆技术和尾矿高效浓缩工艺及设备。

2. 有色金属矿产资源综合利用技术

（1）无废（少废）开采技术

——推广尾砂充填、废石充填、全尾砂膏体充填等充填法采矿技术。

——推广原地浸出采矿技术。

（2）推广采用大型低品位矿产自然崩落法技术开采。

（3）推广拜耳法用于低铝硅比一水硬铝石矿的选矿。

（4）推广低品位、表外矿、复杂共伴生有色金属矿产资源综合利用技术。

（5）推广复杂多金属硫化矿矿浆电解处理技术及中低品位氧
化锌矿选冶联合处理技术。

（6）推广铜铅锌锡矿细粒、微细粒矿载体浮选技术。

（7）推广铜矿等有色金属矿伴生金、银等贵金属的综合利用技术。

（8）推广有色金属硫化—氧化混合矿选矿技术。

（9）推广湿法冶金关键装备应用。

（10）研发矿山塌陷区、废石堆场和尾矿库修复与垦殖技术。

（11）研发对复杂有色金属矿石选别与富集技术。

（12）研发低品位矿生物提取技术。

（13）研发尾矿有价金属综合回收利用技术。

3. 贵金属矿产资源综合利用技术

（1）推广含金银等多金属矿选矿尾渣中综合回收有价金属成分和非金属矿资源的矿物加工技术。

（2）推广采用复杂金矿循环流态化焙烧技术。

（3）推广高硫高砷高碳复杂难处理金矿的预处理技术。

（4）推广浮选富集—炭浸工艺技术等低品位金矿的综合利用技术。

4. 稀有、稀土金属矿产资源综合利用技术

（1）推广采用电解工艺开发稀土镁中间合金技术，综合利用稀土尾矿。

（2）推广高效低毒高纯氧化铕提取技术。

（3）推进稀土冶炼分离清洁生产工艺技术的产业化。

铝行业准入条件

中华人民共和国国家发展和改革委员会

公告 2007年 第64号

为加快产业结构调整，促进铝工业的持续健康发展，加强环境保护，综合利用资源，保证职工安全，进一步提高准入门槛，规范铝行业的投资行为，制止盲目投资。促进节能减排目标的实现，依据国家有关法律法规和产业政策，我委会同有关部门制定了《铝行业准入条件》，现予以公告。

各有关部门在对铝矿山、冶炼、加工、再生利用建设项目进行投资核准、备案管理、土地供应、工商注册登记、环境影响评价、安全许可、信贷融资等工作中要以行业准入条件为依据。

附：《铝行业准入条件》

中华人民共和国国家发展和改革委员会

二〇〇七年十月二十九日

附件：

铝行业准入条件（节选）

为加快铝工业结构调整，规范投资行为，促进行业持续协调健康发展和节能减排目标的实现，根据国家有关法律法规和产业政策，制定铝行业准入条件。

一、企业布局及规模和外部条件要求

新建或者改建的铝土矿开采、铝冶炼（电解铝、氧化铝、再生铝）、加工项目必须符合国家产业政策和规划布局要求，符合土地利用总体规划、土地供应政策和土地使用标准的规定，依法做好征地补偿安置、耕地占补平衡和土地复垦工作。必须依法严格执行环境影响评价和环保、安全设施“三同时”验收制度。

各地要根据国家铝冶炼发展的总体规划布局，按照生态功能区划的要求，对优化开发、重点开发的地区研究确定不同区域的铝冶炼生产规模总量，合理选择铝冶炼企业厂址。在国家法律、法规、行政规章及规划确定或县级以上人民政府批准的饮用水水源保护区、基本农田保护区、自然保护区、风景名胜区、生态功能保护区等需要特殊保护的地区，大中城市及其近郊，居民集中区、疗养地、医院和食品、药品、电子等对环境质量要求高的企业周边1公里内，不得新建铝冶炼（电解铝、氧化铝、再生铝）企业及生产装备。

开采铝土矿资源，应依法取得采矿许可证，遵守矿产资源、安全生产法律法规、矿产资源规划及相关政策。采矿权人应严格按照批准的开发利用方案进行开采，严禁无证开采、乱采滥挖和破坏浪费资源。

新建铝土矿开采项目，必须规范设计、正规开采。矿山投资项目，必须按照《国务院关于投

资体制改革的决定》中公布的政府核准投资项目目录要求办理，总投资 5 亿元及以上的矿山开发项目由国务院投资主管部门核准，其他矿山开发项目由省级政府投资主管部门核准。申请核准的矿山投资项目，总生产建设规模不得低于 30 万吨/年，服务年限为 15 年以上。

铝矿山、冶炼、再生利用项目资本金比例要达到 35%及以上。

二、工艺和装备

新建大中型铝土矿山要采用适合矿床开采技术条件的先进采矿方法，尽量采用大型设备，适当提高自动化水平。

三、能源消耗

按照 1 千瓦时电力折 0.1229 千克标准煤的新折标系数，对铝行业能源消耗提出如下准入指标。

铝土矿地下开采原矿综合能耗要低于 25 千克标准煤/吨矿，露天开采原矿综合能耗要低于 13 千克标准煤/吨矿。

四、资源消耗及综合利用

铝土矿采矿损失率地下开采不超过 12%、露天开采不超过 8%；采矿贫化率地下开采不超过 10%、露天开采不超过 8%。禁止建设资源利用率低的铝土矿山及选矿厂。矿山企业应按照上述要求编制矿产资源开发利用方案报国土资源主管部门审批。铝土矿的实际采矿损失率和选矿回收率不得低于批准的矿产资源开发利用方案规定的指标及设计标准。

五、环境保护和土地复垦

严禁矿山企业破坏土地及污染环境。要认真履行环境影响评价文件审批和环保设施“三同时”验收程序。必须严格执行土地复垦规定，坚持“谁破坏、谁复垦”原则，履行土地复垦法定义务。按照国土资源部、发展改革委等七部门《关于加强生产建设项目土地复垦管理工作的通知》（国土资发[2006]225 号）要求，编制土地复垦方案，将土地复垦费列入生产成本并足额预算，依法缴纳土地复垦费并专项用于土地复垦，努力做到“边开发、边复垦”。按照财政部、国土资源部、环保总局《关于逐步建立矿山环境治理和生态恢复责任机制的指导意见》要求，逐步建立环境治理恢复保证金制度，专项用于矿山环境治理和生态恢复。矿山投资项目的环保设计，必须按照国家环保总局的有关规定和《国务院关于投资体制改革的决定》中公布的政府核准投资项目目录要求由有权限环保部门组织审查批准。必须按照环保、土地复垦和水土保持要求完成矿区环境恢复和土地复垦利用。铝冶炼、加工企业污染物排放要符合国家《工业炉窑大气污染物排放标准》（GB 9078—1996）、《大气污染物综合排放标准》（GB 16297—1996）、《污水综合排放标准》（GB 8978—1996）、工业固废和危险废物处理处置的有关要求及有关地方标准的规定，必须符合经合法批复的环境影响评价文件规定的控制值和总量指标要求。氧化铝厂要做到废水“零排放”，赤泥的最终处置（包括堆场）应当严格按照环评文件批复的要求执行。防止电解铝冶炼氟化物、粉尘等有害物质污染以及氧化铝赤泥随意堆放造成的污染。电解铝项目吨铝外排氟化物（包括无组织排放量）要低于 1 千克。严禁将电解铝厂的含氟电解渣添加在煤中燃烧。

根据《中华人民共和国环境保护法》等有关法律法规，所有新、改、扩建项目必须严格执行环境影响评价制度，持证排污（尚未实行排污许可证制度的地区除外），达标排放。新建铝土矿山、铝冶炼及加工生产能力，须经过有关部门验收合格后，按照有关规定办理《排污许可证》（尚未实行排污许可证的地区除外）后，企业方可进行生产和销售等经营活动。现有生产企业改扩建的生产能力经省级有关部门验收合格后，也要按照规定办理《排污许可证》等相关手续。对达不到排放标准或超过排污总量的企业，由环保部门决定限期治理，治理不合格的，由地方人民政府依法决定给予停产或关闭处理。

六、安全生产与职业危害

矿山、冶炼、加工建设项目必须符合《安全生产法》、《矿山安全法》、《职业病防治法》等法律法规规定，具备相应的安全生产和职业危害防治条件，并建立、健全安全生产责任制和各项规章制度；新、改、扩建项目安全设施和职业危害防治设施必须与主体工程同时设计、同时施工、同时投入生产和使用，铝土矿和氧化铝项目安全设施设计、投入生产和使用前，要依法经过安全生产监督管理部门审查、验收。

矿山企业要依照《安全生产许可证条例》（国务院令第 397 号）等有关规定，依法取得安全生产许可证后方可从事生产活动。氧化铝企业赤泥堆场应符合国家有关尾矿库安全管理规定及技术规程。

七、监督管理

新建和改造铝土矿山、铝冶炼及加工项目必须符合上述准入条件。有关部门办理项目的投资管理、土地供应、环境影响评价和融资等手续必须符合产业政策和准入条件的规定。建设单位必须按照国家环保总局有关分级审批的规定报批环境影响报告书，电解铝和氧化铝项目的环评报告书，必须按照规定向国家环保总局报批。符合产业政策的现有企业要通过技术改造达到新建企业在资源综合利用、能耗、环保等方面的准入条件。

新建或改建铝土矿山、铝冶炼（氧化铝、电解铝、再生铝）及加工项目投产前，要经省级以上投资、国土资源、环保、安全监管、劳动卫生、质检等行政主管部门和有关专家组成的联合检查组监督检查，检查工作要按照准入条件要求进行。经检查认为未达到准入条件的，不允许投产。投资主管部门应责令建设单位根据设计要求限期完善有关建设内容。对未依法取得土地或者未按规定的条件和土地使用合同约定使用土地，未按规定履行土地复垦义务或土地复垦措施不落实的，国土资源管理部门要按照土地管理法规和土地使用合同的约定予以纠正和处罚，责令限期纠正，且不得发放土地使用权证书；依法打击矿山开采中的各种违法行为；对不符合安全、环保要求的，安全监管和环境保护主管部门要根据有关法律、法规进行处罚，并限期整改。

各地区发展改革委、经委（经贸委）、工业办和国土资源、环保、工商、安全监管、劳动卫生等有关管理和执法部门要定期对本地区铝矿山、冶炼和加工企业执行准入条件的情况进行督查。中国有色金属工业协会协助有关部门做好跟踪监督工作。

铅锌行业准入条件

中华人民共和国国家发展和改革委员会

公告　2007 年　第 13 号

加快产业结构调整，促进铅锌工业的持续健康发展，加强环境保护，综合利用资源，进一步提高准入门槛，规范铅锌行业的投资行为，制止盲目投资和低水平重复建设，依据国家有关法律法规和产业政策，我委会同有关部门制定了《铅锌行业准入条件》，现予以公告。

各有关部门在对铅锌矿山、冶炼、再生利用建设项目进行投资核准、备案管理、土地供应、工商注册登记、环境影响评价、信贷融资等工作中要以行业准入条件为依据。

附件：《铅锌行业准入条件》

中华人民共和国国家发展和改革委员会

二〇〇七年三月六日

附件：

铅锌行业准入条件（节选）

为加快结构调整，规范铅锌行业的投资行为，促进我国铅锌工业的持续协调健康发展，根据国家有关法律法规和产业政策，制定铅锌行业准入条件。

一、企业布局及规模和外部条件要求

新建或者改、扩建的铅锌矿山、冶炼、再生利用项目必须符合国家产业政策和规划要求，符合土地利用总体规划、土地供应政策和土地使用标准的规定。必须依法严格执行环境影响评价和“三同时”验收制度。

各地要按照生态功能区划的要求，对优化开发、重点开发的地区研究确定不同区域的铅锌冶炼生产规模总量，合理选择铅锌冶炼企业厂址。在国家法律、法规、行政规章及规划确定或县级以上人民政府批准的自然保护区、生态功能保护区、风景名胜区、饮用水水源保护区等需要特殊保护的地区，大中城市及其近郊，居民集中区、疗养地、医院和食品、药品等对环境条件要求高的企业周边 1 公里内，不得新建铅锌冶炼项目，也不得扩建除环保改造外的铅锌冶炼项目。再生铅锌企业厂址选择还要按《危险废物焚烧污染控制标准》（GB 18484—2001）中焚烧厂选址原则要求进行。

开采铅锌矿资源，应遵守《矿产资源法》及相关管理规定，依法申请采矿许可证。采矿权人应严格按照批准的开发利用方案进行开采，严禁无证勘查开采、乱采滥挖和破坏浪费资源。国土资源管理部门要严格规范铅锌矿勘查采矿审批制度。按照法律法规和有关规定，严格探矿权、采矿权的出让方式和审批权限，严禁越权审批，严禁将整装矿床分割出让。

新建铅锌矿山最低生产建设规模不得低于单体矿 3 万吨/年（100 吨/日），服务年限必须在

15年以上，中型矿山单体矿生产建设规模应大于30万吨/年（1000吨/日）。

采用浮选法选矿工艺的选矿企业处理矿量必须在1000吨/日以上。

矿山投资项目，必须按照《国务院关于投资体制改革的决定》中公布的政府核准投资项目目录要求办理，总投资5亿元及以上的矿山开发项目由国务院投资主管部门核准，其他矿山开发项目由省级政府投资主管部门核准。

铅锌矿山、冶炼、再生利用项目资本金比例要达到35%及以上。

二、工艺和装备

新建大中型铅锌矿山要采用适合矿床开采技术条件的先进采矿方法，尽量采用大型设备，适当提高自动化水平。选矿须采用浮选工艺。

……

三、能源消耗

铅锌坑采矿山原矿综合能耗要低于7.1千克标准煤/吨矿、露采矿山铅锌矿综合能耗要低于1.3千克标准煤/吨矿。铅锌选矿综合能耗要低于14千克标准煤/吨矿。矿石耗用电量低于45千瓦时/吨。

四、资源综合利用

铅锌采矿损失率坑采（地下矿）不超过10%、露采（露天矿）不超过5%，采矿贫化率坑采（地下矿）不超过10%、露采（露天矿）不超过4.5%。硫化矿选矿铅金属实际回收率达到87%、选矿锌金属实际回收率达到90%以上，混合（难选）矿铅、锌金属回收率均在85%以上，平均每吨矿石耗用电量低于35千瓦时，耗用水量低于4吨/吨矿，废水循环利用率大于75%。禁止建设资源利用率低的铅锌矿山及选矿厂。国土资源管理部门在审批采矿权申请时，应严格审查矿产资源开发利用方案，铅锌矿的实际采矿损失率、贫化率和选矿回收率不得低于批准的设计标准。

五、环境保护

铅锌冶炼及矿山采选污染物排放要符合国家《工业炉窑大气污染物排放标准》（GB 9078—1996）、《大气污染物综合排放标准》（GB 16297—1996）、《污水综合排放标准》（GB 8978—1996）、固体废物污染防治法律法规、危险废物处理处置的有关要求和有关地方标准的规定。

根据《中华人民共和国环境保护法》等有关法律法规，所有新、改、扩建项目必须严格执行环境影响评价制度，持证排污（尚未实行排污许可证制度的地区除外），达标排放。现有铅锌采选、冶炼企业必须依法实施强制性清洁生产审核。严禁矿山企业破坏及污染环境。要认真履行环境影响评价文件审批和环保设施“三同时”验收程序。必须严格执行土地复垦规定，履行土地复垦义务。按照财政部、国土资源部、环保总局《关于逐步建立矿山环境治理和生态恢复责任机制的指导意见》要求，逐步建立环境治理恢复保证金制度，专项用于矿山环境治理和生态恢复。矿山投资项目的环保设计，必须按照国家环保总局的有关规定和《国务院关于投资体制改革的决定》中公布的政府核准投资项目目录要求由有权限环保部门组织审查批准。露采区必须按照环保和水土资源保持要求完成矿区环境恢复。对废渣、废水要进行再利用，弃渣应进行固化、无害化处理，污水全部回收利用。地下开采采用充填采矿法，将采矿废石等固体废弃物、选矿尾砂回填采空区，控制地表塌陷，保护地表环境。采用充填采矿法的矿山不允许有地表位移现象；采用其他采矿法的矿山，地表位移程度不得破坏地表植被、自然景观、建（构）筑物等。

六、安全生产与职业危害

铅锌建设项目必须符合《安全生产法》、《矿山安全法》、《职业病防治法》等法律法规规定，具备相应的安全生产和职业危害防治条件，并建立、健全安全生产责任制；新、改、扩建项目安全设施和职业危害防治设施必须与主体工程同时设计、同时施工、同时投入生产和使用，铅锌矿山、铅锌冶炼制酸、制氧系统项目及安全设施设计、投入生产和使用前，要依法经过安全生产管理部门审查、验收。

铅锌矿山企业要依照《安全生产许可证条例》（国务院令第 397 号）等有关规定，依法取得安全生产许可证后方可从事生产活动。

七、监督管理

新建和改造铅锌矿山、冶炼项目必须符合上述准入条件。铅锌矿山、冶炼项目的投资管理、土地供应、环境影响评价等手续必须按照准入条件的规定办理，融资手续应当符合产业政策和准入条件的规定。建设单位必须按照国家环保总局有关分级审批的规定报批环境影响报告书。符合产业政策的现有铅锌冶炼企业要通过技术改造达到新建企业在资源综合利用、能耗、环保等方面的准入条件。

新建或改建铅锌矿山、冶炼、再生利用项目投产前，要经省级及以上投资、土地、环保、安全生产、劳动卫生、质检等行政主管部门和有关专家组成的联合检查组监督检查，检查工作要按照准入条件相关要求进行。经检查认为未达到准入条件的，投资主管部门应责令建设单位根据设计要求限期完善有关建设内容。对未依法取得土地或者未按规定的条件和土地使用合同约定使用土地，未按规定履行土地复垦义务或土地复垦措施不落实的，国土资源部门要按照土地管理法规和土地使用合同的约定予以纠正和处罚，责令限期纠正，且不得发放土地使用权证书；依法打击矿山开采中的各种违法行为，构成刑事犯罪的移交司法机关追究刑事责任；对不符合环保要求的，环境保护主管部门要根据有关法律、法规进行处罚，并限期整改。

新建铅锌矿山、冶炼、再生利用的生产能力，须经过有关部门验收合格后，按照有关规定办理《排污许可证》（尚未实行排污许可证的地区除外）后，企业方可进行生产和销售等经营活动。涉及制酸、制氧系统的，应按照有关规定办理《危险化学品生产企业安全生产许可证》。现有生产企业改扩建的生产能力经省级有关部门验收合格后，也要按照规定办理《排污许可证》和《危险化学品生产企业安全生产许可证》等相关手续。

关于加快铝工业结构调整指导意见的通知（节选）

发改运行[2006]589 号

各省、自治区、直辖市和计划单列市、新疆生产建设兵团发展改革委、经委（经贸委、工业办）、财政厅（局）、国土资源厅（局）、商务主管部门、中国人民银行上海总部、各分行、营业管理部、各省会（首府）城市中心支行，海关总署广东分署、天津特派办、上海特派办、各直属海关，国家税务局、质监局、环保局：

为贯彻落实国务院《关于发布实施〈促进产业结构调整暂行规定〉的决定》（国发[2005]40 号）和《关于加快推进产能过剩行业结构调整的通知》（国发[2006]11 号）精神，现将加快铝工业结构调整指导意见通知如下：

一、促进铝工业结构调整的重要意义

尽管贯彻落实国家宏观调控政策取得成效，但引发投资热的一些结构性和体制性的深层次矛盾并未得到根本解决，铝工业总量和结构方面存在的问题仍然突出。主要表现为：

（一）铝土矿资源问题突出。资源保障程度有限，储量仅占世界总量的 2.4%，但年开采量却占全世界开采总量的 8%。全国铝土矿采矿证 323 个，矿山（点）却多达 779 个，开采秩序混乱。

三、加快铝工业结构调整的主要政策措施

（五）整顿铝土矿开采秩序，合理开发国内资源

依法关闭破坏资源、污染环境和不符合安全生产条件的矿点，制止乱采滥挖、无证开采行为。严格执行新建铝土矿矿山、勘查许可证和采矿许可证审批制度。新建铝土矿山要认真履行环境影响评价文件审批和环保设施“三同时”验收程序。新建氧化铝企业，必须按规定首先申请铝土矿采矿权；矿产资源开采登记管理部门严格依法审批和颁发采矿许可证；采矿权人要按照批准的方案，依法开采铝土矿资源。氧化铝生产企业不得收购无证开采的铝土矿。

完善资源补偿机制及资源税费政策。加大勘探力度，增加后备资源。开发低品位铝土矿利用技术，提高资源利用率。

（六）鼓励开发海外资源，拓宽利用国外氧化铝资源渠道

鼓励使用国外铝土矿资源，统筹规划国外重大氧化铝资源的开发利用，力争 10 年内使我国企业开发的国外氧化铝资源量达到国内需求量的 50%。

国家发展改革委　财政部　国土资源部
商务部　人民银行　海关总署
税务总局　质检总局　环保总局
二○○六年四月十一日

钢铁产业发展政策

中华人民共和国国家发展和改革委员会令

第35号

《钢铁产业发展政策》业经国务院常务会议讨论通过，经国务院同意，现予以发布，自发布之日起施行。

附：钢铁产业发展政策

国家发展和改革委员会主任　马　凯

二〇〇五年七月八日

钢铁产业发展政策（节选）

第七章　原材料政策

第二十八条　矿产资源属国家所有。国家鼓励大型钢铁企业进行铁矿等资源勘探开发，矿山开采必须依法取得采矿许可证。储量5000万吨及以上铁矿资源的开采建设项目必须经国家发展和改革委员会核准或审批，同时做好矿山规划、安全生产以及土地复垦、水土保持、地下矿井回填等环境保护工作，禁止乱采滥挖行为。未经合法审批手续乱采滥挖的，国土资源部门要收回采矿权，停止非法开采行为。

第二十九条　根据我国富矿少、贫矿多的资源现状，国家鼓励企业发展低品位矿采选技术，充分利用国内贫矿资源。国土资源部门要加大矿产资源勘探力度，保护矿产资源，对滥采乱挖行为，要给予必要处罚和进行整顿。

第三十条　按照优势互补、互利双赢的原则，加强与境外矿产资源国际合作。支持有条件的大型骨干企业集团到境外采用独资、合资、合作、购买矿产资源等方式建立铁矿、铬矿、锰矿、镍矿、废钢及炼焦煤等生产供应基地。沿海地区企业所需的矿石、焦炭等重要原辅材料，国家鼓励依靠海外市场解决。

注：1. 本产业发展政策所称钢铁产业的范围包括铁矿、锰矿、铬矿采选，烧结、焦化、铁合金、炭素制品、耐火材料、炼铁、炼钢、轧钢、金属制品等各工艺及相关配套工艺。

2. 跨地区投资指跨国、跨省、自治区、直辖市。

3. 境外企业包括国外和在香港、澳门、台湾地区注册的企业。

【工业和信息化部】

工业和信息化部发布《产业转移指导目录（2012年本)》

中华人民共和国工业和信息化部

公告 2012年 第31号

为贯彻落实《中华人民共和国国民经济和社会发展第十二个五年规划纲要》(以下简称国家“十二五”规划纲要)和《全国主体功能区规划》的精神，推动产业合理有序转移，优化工业生产力布局，促进区域协调可持续发展，根据《国务院关于印发工业转型升级规划（2011—2015年）的通知》(国发[2011]47号)以及《国务院关于中西部地区承接产业转移的指导意见》(国发[2010]28号)要求，工业和信息化部组织制定了《产业转移指导目录（2012年本)》(以下简称《转移目录》)

《转移目录》结合各地区产业基础、资源禀赋、环境容量和相关生产要素保障条件，通过分类指导，推动各地区积极承接发展特色优势产业。各级工业和信息化主管部门在制定行业发展规划、承接产业转移、推动园区建设等工作中，应围绕《转移目录》提出的方向，积极承接发展特色优势产业，推动产业集聚，形成区域产业竞争优势。有关部门和金融机构在制定财税、投资、规划、土地、环保、信贷以及其他政策时，可根据《转移目录》提出的重点地区和重点产业，在政策上予以重点支持，共同促进区域协调发展。

各省（区、市）工业和信息化主管部门可根据工作需要，在《转移目录》框架下，提出进一步细化落实的政策措施。

《转移目录》自发布之日起实施，由工业和信息化部负责解释。

附件：产业转移指导目录（2012年本）

工业和信息化部

2012年7月26日

附件：

产业转移指导目录

（2012 年本）（节选）

前 言

党中央、国务院高度重视产业转移对促进区域协调发展的重要作用。中央经济工作会议和政府工作报告多次对加快推进产业转移工作提出明确要求，有关规划和文件中也多次要求相关部门完善政策措施，推进产业有序转移，加快工业转型升级，促进区域协调发展。为贯彻落实党中央、国务院决策部署，根据国家“十二五”规划纲要、《全国主体功能区规划》、《工业转型升级规划（2011—2015 年）》以及国家有关区域规划和区域政策文件要求，工业和信息化部制定了《产业转移指导目录（2012 年本）》（以下简称《转移目录》）。

第一章　全国区域工业发展总体导向

按照结构优化、技术先进、清洁安全、附加值高、吸纳就业能力强的现代产业体系要求，以市场为导向，以科技进步为动力，加快产业转型升级，走中国特色的新型工业化道路。发挥区域比较优势，在主体功能区战略框架下，综合考虑能源资源、环境容量、市场空间等因素，引导产业有序转移，优化工业生产力布局。支持依托国内能源和矿产资源的重大项目向中西部地区转移；鼓励沿海地区积极承接利用进口资源和技术的重大项目。以产业链为纽带，以产业园区和产业集聚区为主要载体，引导产业集聚发展，建设一批承接产业转移和区域产业合作的典型示范园区。

（一）东北地区

东北地区包括辽宁、吉林和黑龙江三省。东北地区矿产资源丰富，重化工业基础雄厚，产业技术和人才集中，具有得天独厚的工业经济发展优势。重点承接发展的产业方向：

原材料工业：综合开发利用多宝山铜矿等资源，积极发展铜、铝深加工产品。

（四）西部地区

西部地区包括内蒙古、广西、重庆、四川、贵州、云南、西藏、陕西、甘肃、青海、宁夏和新疆（含新疆生产建设兵团）七省四区一市。西部地区具有广阔的发展空间、巨大的市场潜力和突出的资源优势，是我国重要的战略资源接续地、产业转移承接地。重点承接发展的产业方向：

原材料工业：加快包头稀土基地建设。推进攀西钒钛资源综合利用，建设稀土深加工和稀土新材料产业基地。发挥内蒙古、广西、贵州铝资源优势和重庆铝加工技术优势，建设铝精深加工产业基地，推进青海、云南铝电联营。稳步发展西藏中部地区铜铬产业。

……

第二章　东北地区

第一节　东北地区工业发展导向

五、吉林西南地区

通化和白山重点发展钢铁、有色金属等产业；

七、黑龙江东部煤电化经济区

包括鸡西、鹤岗、双鸭山、七台河、佳木斯、牡丹江等市。适度发展钢铁、有色金属等非煤产业。

九、哈牡绥东对俄贸易加工区

包括哈尔滨、牡丹江两市所属部分市县，依托绥芬河、东宁两个国家一级口岸，围绕对俄油气资源开发、森林采伐及木材加工、矿产资源开发，培育建设一批对俄资源深加工产业园区和产业集群。

第二节　东北地区优先承接发展的产业

辽宁省

七、钢铁

1．铁矿山开发利用

2．贫赤（磁）铁矿开发利用
吉林省
八、钢铁
1．铁矿资源勘查及开发利用
九、有色金属
1．多元素共（伴）生矿资源综合利用
4．钼资源开发利用及深加工

第三章 东部地区

第二节 东部地区优先承接发展的产业

河北省
十二、钢铁
1．铁矿资源勘查及开发利用
山东省
八、钢铁
1．铁矿资源勘查及开发利用
十二、有色金属
1．金矿深部及外围探矿与开采
广东省
十四、有色金属
1．高纯稀土

第四章 中部地区

第一节 中部地区工业发展导向

二十一、湘西地区

包括湘西、怀化、张家界、邵阳四市州及永州江华瑶族自治县、江永县。重点发展矿业、机械、建材、食品、医药等产业。

第二节 中部地区优先承接发展的产业

山西省
八、钢铁
1．铁矿资源勘探及开发利用
安徽省
三、钢铁
1．铁矿资源开发利用
四、有色金属
1．有色金属矿开发利用
2．多元素共（伴）生矿资源综合利用
3．有色金属现有矿山接替资源勘探开发、紧缺资源的深部及难采矿床开采

江西省

一、有色金属

1. 有色金属矿开发利用

2. 多元素共（伴）生矿资源综合利用

3. 有色金属现有矿山接替资源勘探开发、紧缺资源的深部及难采矿开发

4. 从尾矿及废石中回收金、银及有价元素

三、钢铁

1. 黑色金属矿山接替资源勘探及开发利用

2. 难选贫矿、共（伴）生矿综合利用

河南省

九、有色金属

1. 煤层伴生铝土矿勘探开发

2. 白云石矿勘探开发、赤泥综合利用

3. 从阳极泥、尾矿及废石中提取回收金银及其他有价元素

4. 金、银矿深部探矿与开采

5. 钼、钨、钛等金属矿产勘探开发及伴生资源综合利用

十、钢铁

1. 铁矿资源勘查及开发利用

湖北省

二、钢铁

1. 深部铁矿开采

2. 高磷难选矿、低品位矿开采及综合利用

湖南省

七、有色金属

1. 有色金属矿开发利用

2. 多元素共（伴）生矿资源综合利用

3. 有色金属现有矿山接替资源勘探开发、紧缺资源的深部及难采矿开发

4. 综合回收铟、锗、碲、金、银、铂族金属

第五章　西部地区

第一节　西部地区工业发展导向

一、蒙西沿黄沿线经济带

包括呼和浩特、包头、鄂尔多斯、乌兰察布、巴彦淖尔、乌海和阿拉善七盟市。重点发展农畜产品加工、新型化工、装备制造、重型汽车、钢铁、有色金属、稀土、新型建材、电子信息产业。

二、蒙东经济区

包括呼伦贝尔、通辽、赤峰、兴安四盟市和锡林郭勒盟（蒙东地区）。重点发展煤化工、有色金属、重型装备、农牧业机械、太阳能光伏、生物制药、风电装备等制造业及特色农副产品加工业。

四、广西西江经济带

柳州、桂林、来宾重点发展汽车、机械、医药、茧丝绸、食品、有色金属、电子信息等产

业，建设柳州汽车产业基地。

五、桂西资源富集区

包括百色、崇左、河池三市。重点发展有色金属、化工、建材、制糖、造纸与木材加工、茧丝绸、食品、新材料等产业，建设资源深加工基地。

十二、四川攀西经济区

包括凉山彝族自治州、攀枝花市。依托钒钛、稀土等优势资源，重点建设钒钛产业基地、精细磷化工产业基地和优质特色农产品深加工基地。

十四、黔中经济区

包括贵阳市和遵义、安顺、黔东南、黔南、毕节五市州的部分区县。重点发展轨道交通、名优白酒、特色食品、磷化工、煤化工、有色金属、电子信息、新材料、新能源、生物制药等产业，加快贵阳—遵义、贵阳—安顺工业走廊和贵阳—都匀凯里特色产业带发展，建设全国重要的能源原材料基地、以航空航天为重点的装备制造业基地和绿色食品基地。

十五、黔北经济协作区

包括遵义市和毕节、铜仁两市的部分区县，依托遵义、铜仁，构建连接成渝经济区和黔中经济区的经济走廊。重点发展有色金属、化工、装备制造、名优白酒、特色食品等产业。

十六、毕水兴能源资源富集区

以毕节、六盘水和黔西南州的兴义市为依托，重点发展煤化工、黄金、特色食品、医药、新型建材、装备制造优势产业，建设化工产业聚集区，黄金及绿色食品基地。

十九、滇东南地区

以红河、文山两州为中心，红河重点发展钢铁、有色金属和农特产品深加工等产业，推进红河锡基新材料基地建设；文山重点发展以三七为代表的生物医药、有色金属和农特产品深加工等产业。

二十、滇东北地区

以昭通为依托，重点发展煤洁净化利用、有色金属和酿酒等产业，积极承接成渝等地区产业转移，形成特色产业集群。

二十一、滇西及滇西北地区

大理重点发展有色金属、农畜产品深加工、纺织、新型建材等产业；

二十三、藏中地区

包括拉萨、日喀则、山南、林芝等地市。重点发展优势矿产采选、高原生物和绿色食（饮）品、藏药、农畜产品深加工、建材、民族手工业，积极发展新能源、节能环保等高新技术产业。

二十四、藏东地区

以昌都地区为中心，重点发展有色金属采选业、高原生物和绿色食（饮）品业。

二十五、藏北地区

包括那曲地区和阿里地区东部。主要发展特色畜牧产品加工业、矿泉水开发、

盐湖资源和多金属矿产开发产业。

……

二十七、关中—天水经济区

关中地区重点做大做强汽车、轨道交通装备、机床、输配电、工程机械、石油机械、化工、有色金属（钛）、食品等优势特色产业；

……

三十二、陇东能源化工区

包括平凉和庆阳两市。重点发展能源化工、有色金属、食品、中医药、轻工、纺织等产业。

三十三、金武经济区

包括金昌和武威两市。重点发展有色金属、新能源及新能源装备、碳基新材料、食品、石灰石深加工、化工等产业。

四十、天山北坡产业带

包括乌鲁木齐—昌吉产业集聚区、克拉玛依—奎屯—乌苏产业集聚区、伊犁河谷产业集聚区、石河子—玛纳斯—沙湾产业集聚区和博乐—精河—阿拉山口产业集聚区。重点发展石油化工、现代煤化工、氯碱化工、装备制造、有色金属、钢铁、纺织、轻工、食品、粮油加工等产业，培育发展新能源、新材料和电子信息等新兴产业。

四十一、东疆产业带

包括吐鲁番—鄯善产业集聚区和哈密产业集聚区。重点建设新疆面向内地市场的资源产品深加工基地和能源大通道，发展有色金属、新型建材、石材及深加工和绿色食品加工业。

四十二、巴州—阿克苏产业带

包括阿克苏—阿拉尔产业集聚区、库尔勒—轮台产业集聚区、库车—拜城产业集聚区和且末—若羌产业集聚区。重点发展化工、装备制造、矿产资源开发、纺织、建材、食品等产业，做强中成药、民族医药产业。

第二节　西部地区优先承接发展的产业

内蒙古自治区

一、钢铁

1．黑色金属矿山接替资源勘探及开发利用

二、有色金属

1．有色金属矿开发利用

2．多元素共（伴）生矿资源综合利用

3．有色金属现有矿山接替资源勘探开发、紧缺资源的深部及难采矿开发

4．从尾矿及废石中回收金、银及其他有价元素

5．金、银矿深部探矿与开采

四川省

九、钢铁

1．难选贫矿、共（伴）生矿综合利用

贵州省

六、有色金属

1．铝土矿资源及赤泥综合利用

2．金、银矿深部探矿与开采

3．伴生金、银等贵金属回收

云南省

四、钢铁

1．难选贫矿、共（伴）生矿综合利用

五、有色金属

1．有色金属矿开发利用

2．多元素共（伴）生矿资源综合利用

3．有色金属现有矿山接替资源勘探开发、紧缺资源的深部及难采矿开发
4．从尾矿及废石中回收金、银及其他有价元素
5．金、银矿深部探矿与开采
6．综合回收金、银、铂、铟、锗
西藏自治区
一、有色金属
1．有色金属矿开发利用
2．多元素共（伴）生矿资源综合利用
陕西省
六、有色金属
1．有色金属矿、多元素共（伴）生矿及尾矿资源综合利用
2．有色金属现有矿山接替资源勘探开发、紧缺资源的深部及难采矿开采
3．金矿深部探矿与开采
十二、钢铁
1．黑色金属矿山接替资源勘探
2．难选贫矿、共（伴）生矿综合利用
甘肃省
二、有色金属
1．有色金属矿开发利用
2．多元素共（伴）生矿资源综合利用
3．有色金属现有矿山接替资源勘探开发、紧缺资源的深部及难采矿开发
5．金、银等贵金属提取及回收
青海省
二、有色金属
1．有色金属现有矿山接替资源、紧缺资源矿深部探采及开发利用
2．多元素共（伴）生矿、尾矿资源综合利用
五、钢铁
1．难选贫矿、共（伴）生矿综合利用
新疆维吾尔自治区（含新疆生产建设兵团）
八、钢铁
1．黑色金属矿山接替资源勘探
九、有色金属
1．有色金属矿、现有矿山接替资源、紧缺资源的开发利用
2．多元素共（伴）生矿及伴生金、银等贵金属资源综合利用

工业和信息化部关于印发《稀土企业准入公告管理暂行办法》的通知

工信部原[2012]377号

各省、自治区、直辖市及计划单列市、新疆生产建设兵团工业主管部门：

为进一步加强和改善稀土行业管理，促进稀土产业结构调整、淘汰落后和产业升级，我部商环境保护部、安全监管总局等部门研究制定了《稀土企业准入公告管理暂行办法》。现印发给你们，并就有关事项通知如下：

一、各省、自治区、直辖市工业主管部门负责受理本地区稀土行业准入公告申请，并会同省级相关部门按照本办法规定的工作程序和要求，对申请公告企业提供的材料对照《稀土行业准入条件》进行核实，将核实意见和企业填报资料（一式六份）报送我部。

二、我部组织专家对申报材料复核、重点抽查和公示后，以工业和信息化部公告形式发布符合准入条件的企业名单。

三、负责此项工作的省级工业主管部门要加强协调，严格把关，认真组织好本地区稀土企业准入管理工作，对于工作中出现的问题，及时向我部报告。

电　话：010-68205584　010-68205577

地　址：北京市海淀区万寿路27号

邮　编：100846

附件：1. 稀土企业准入公告管理暂行办法

2. 稀土企业准入公告申请书（略）

工业和信息化部

2012年7月26日

附件1：

稀土企业准入公告管理暂行办法

第一章　总　则

第一条　为加强稀土行业准入管理，发挥先进企业的示范和引导作用，推进稀土产业结构调整，依据《稀土行业准入条件》（以下简称《准入条件》），制定本办法。

第二条　本办法适用于中华人民共和国境内（香港、澳门、台湾地区除外）所有的稀土矿山开发、冶炼分离和金属冶炼企业。

第三条　工业和信息化部、各省、自治区、直辖市稀土行业主管部门对稀土企业实行有进有出的动态准入管理，各级行业协会协助做好公告管理相关工作。

第二章 申请与核实

第四条 申请准入公告的稀土企业，应具备以下条件：

（一）具有独立法人资格；

（二）符合国家产业政策和相关发展规划的要求；

（三）符合《准入条件》有关规定的要求；

（四）稀土矿山开发、冶炼分离、金属冶炼建设项目立项申请、土地使用权取得、环境影响评价、节能审查、排污许可、竣工环保验收、安全生产“三同时”、职业卫生“三同时”等手续符合建设项目管理程序要求，产污强度等环保指标达到清洁生产相关标准和规定的要求；稀土矿山开发项目必须具有依法办理的采矿许可证、安全生产许可证、爆破物品和危化品使用许可证等。

（五）稀土企业不得继续使用《产业结构调整指导目录》、《部分工业行业淘汰落后生产工艺装备和产品指导目录》中规定应淘汰的落后工艺、技术、装备及生产落后产品。

（六）稀土企业安全生产条件符合有关标准、规定，依法履行各项安全生产行政许可手续。

第五条 符合本办法第四条所列条件的稀土企业可向本地区省级稀土行业主管部门提出准入公告申请，填报《稀土企业准入公告申请书》及相关情况（见附件）。准入公告申请书应对本企业符合《准入条件》中规定的企业布局、生产规模、工艺装备、能源消耗、资源综合利用、环境保护、安全生产、职业病危害防治等方面要求做出详细说明，并提供企业营业执照、环境保护部门对项目环境影响评价报告的批复文件、建设项目竣工环保验收意见、排污许可证、环境污染物监测报告、项目核准文件、采矿许可证、安全生产许可证、安全生产评价备案表等文件的复印件。

第六条 各省、自治区、直辖市稀土行业主管部门负责受理本地区企业的准入公告申请，会同省级环保、安全监管等部门依照《准入条件》要求，组织对本地区申请准入公告的稀土企业相关情况进行审查，提出初审意见，并将初审意见和企业申请材料报送工业和信息化部。中央计划单列企业提出自审意见，并将相关材料直接报送工业和信息化部。

第三章 复核与公告

第七条 工业和信息化部负责对稀土企业准入公告申请材料和初审意见的复核。自收到各地报送的申请材料 3 个月内，组织有关方面完成对申请材料和初审意见的复核及现场核实，并在征得环境保护部等有关部门同意后，确定符合《准入条件》的企业名单，向社会公示，以工业和信息化部公告形式予以公布。

第四章 监督管理

第八条 申请准入公告的稀土企业应如实填报各项申请材料。进入公告名单的稀土企业（以下简称公告企业）要严格按照《准入条件》的要求组织生产经营活动。

第九条 各省、自治区、直辖市稀土行业主管部门会同省级有关部门，对公告企业保持《准入条件》的情况定期进行监督检查，并将监督检查结果及时报工业和信息化部。

第十条 欢迎和鼓励社会监督。任何单位或个人发现正在申请准入公告或已公告的稀土企业有不符合本办法有关规定或《准入条件》有关要求的，可向稀土行业主管部门投诉或举报。

第十一条 公告企业有下列情况之一的，各省级稀土行业主管部门要责令其限期整改，拒不整改或者整改不合格的，报请工业和信息化部撤销其公告资格：

（一）不能保持《准入条件》的；
（二）填报相关资料有弄虚作假行为的；
（三）拒绝接受监督检查的；
（四）发生较大及以上安全生产和环境污染事故，或有重大环境违法行为的。
因前款规定被撤销公告资格的稀土企业，经整改合格 2 年后方可重新提出准入公告申请。

第五章　附　则

第十二条　本办法由工业和信息化部负责解释。
第十三条　本办法自 2012 年 7 月 26 日起施行。

工业和信息化部发布《稀土行业准入条件》

中华人民共和国工业和信息化部

公告 2012年 第33号

为有效保护稀土资源和生态环境，推动稀土产业结构调整和升级，规范生产经营秩序，促进稀土行业持续健康发展，根据《国务院关于促进稀土行业持续健康发展的若干意见》等要求，我部会同有关部门制定了《稀土行业准入条件》，现予以公告。

有关部门和省、自治区、直辖市在对稀土建设项目进行投资核准（备案）管理、国土资源管理、环境影响评价、信贷融资、安全监管等工作时要以本准入条件为依据。

附件：稀土行业准入条件

工业和信息化部

2012年7月26日

附件：

稀土行业准入条件（节选）

为有效保护稀土资源和生态环境，推动稀土产业结构调整和升级，规范生产经营秩序，促进稀土行业持续健康发展，根据《国务院关于促进稀土行业持续健康发展的若干意见》等要求，制定本准入条件。

一、项目的设立和布局

（一）稀土矿山开发、冶炼分离、金属冶炼项目应符合国家资源、安全生产、环境保护、节能管理等法律、法规要求，符合国家产业政策和相关发展规划要求，符合各省（自治区、直辖市）城市建设规划、土地利用总体规划、环境保护规划、安全生产规划等要求。

（二）开采稀土矿产资源，应依法取得采矿许可证和安全生产许可证。矿山企业应严格按照批准的开发利用方案和开采计划进行开采，严禁无证、越界开采和使用破坏环境、浪费资源的采选矿工艺。

（三）在国家法律、法规、行政规章及规划确定或省级以上人民政府批准的饮用水水源保护区、自然保护区、风景名胜区、生态功能保护区等需要特殊保护的地区，不得建设稀土矿山开发、冶炼分离项目。

（四）稀土矿山开发、冶炼分离、金属冶炼属于国家限制类投资项目，应按照《国务院关于投资体制改革的决定》中公布的政府核准的投资项目目录规定，经核准后方可建设生产。

二、生产规模、工艺和装备

（一）生产规模

混合型稀土矿山企业生产规模应不低于20000吨/年（以氧化物计，下同）；氟碳铈矿山企业生产规模应不低于5000吨/年；离子型稀土矿山企业生产规模应不低于500吨/年。禁止开采单一独居石矿。

使用混合型稀土矿的独立冶炼分离企业生产规模应不低于8000吨/年；使用氟碳铈矿的独立冶炼分离企业生产规模应不低于5000吨/年；使用离子型稀土矿的独立冶炼分离企业生产规模应不低于3000吨/年。

（二）工艺及装备

混合型稀土矿、氟碳铈矿开发应建有完备的“三废”处理设施，专门的废石场和尾矿库。

离子型稀土矿开发应采用原地浸矿等适合资源和环境保护要求的生产工艺，禁止采用堆浸、池浸等国家禁止使用的落后选矿工艺。

四、资源综合利用

混合型稀土矿、氟碳铈矿采矿损失率和贫化率不得超过10%，一般矿石的选矿回收率达到72%以上（含，下同），低品位、难选冶稀土矿石选矿回收率达到 60%以上，生产用水循环利用率达到85%以上。

离子型稀土矿采选综合回收率达到75%以上，生产用水循环利用率达到90%以上。

处理混合型稀土矿和氟碳铈矿的冶炼分离项目，从稀土精矿到混合稀土，稀土总收率大于90%，从混合稀土到单一或富集稀土化合物，稀土总收率大于95%；处理离子型稀土矿的冶炼分离项目，从混合稀土到单一或富集稀土化合物，稀土总收率大于92%。

五、环境保护

稀土矿山开发、冶炼分离、金属冶炼企业应通过环境保护部稀土企业环境保护核查，列入环境保护部发布的符合环保要求的稀土企业公告名单。应达到以下基本要求：

（一）严格落实各项环境保护措施，新（改、扩）建项目严格执行建设项目环评审批、“三同时”、环保设施竣工验收制度，生产项目未经环境保护部门验收不得投产。

（二）污染物排放满足总量控制指标，完成污染物减排任务；严格执行《稀土工业污染物排放标准》（GB 26451—2011），安装在线排放检测装置；按要求办理排污申报、排污许可证等环保手续，定期实施清洁生产审核，并通过评估验收。

（三）开采稀土矿产应严格执行矿山生态恢复治理保障金制度，根据“边开采、边治理”的原则，编制矿山生态保护与治理恢复方案，并按照方案进行矿山生态、地质环境恢复治理和矿区土地复垦。对含伴生放射性元素的稀土矿山，应采取相应的辐射防护和放射性污染防治措施。

（四）稀土企业一般固体废物处理处置应符合《一般工业固体废物贮存、处置场污染控制标准》（GB 18599—2001）要求，属于危险废物的，应严格执行危险废物相关管理规定；含钍、铀等放射性废渣要按照《中华人民共和国放射性污染防治法》、《放射性废物管理规定》（GB 14500—2002）要求，严格进行管理。

（五）遵守国家和地方相关法律、法规和政策；近三年未发生重大及以上环境污染事故或重大生态破坏事件；按规定制定企业环境风险应急预案并定期演练。

七、安全生产、职业病危害防治、消防和社会责任

（一）稀土矿山开发、冶炼分离和金属冶炼建设项目必须具备国家安全生产法律、法规和部门规章及标准规定的安全生产条件，并建立、健全安全生产责任制；项目安全设施必须与主体工程同时设计、同时施工、同时投入生产和使用。稀土矿山开发建设项目需按规定取得安全生产许可证，否则不得投入生产运行。

（三）稀土矿山开发、冶炼分离过程涉及放射性污染的，须按照《中华人民共和国放射性污染防治法》、《铀、钍矿冶放射性废物安全管理技术规定》（GB 14585—93）、《电离辐射防护与辐射源安全基本标准》（GB 18871—2002）及《稀土生产场所中放射卫生防护标准》（GBZ 139—2002）等法律法规要求，配套建设放射性污染防治设施。

八、监督与管理

（一）新建、改建和扩建稀土矿山开发、冶炼分离和金属冶炼项目须符合上述准入条件。对不符合准入条件基本要求的项目，有关项目审批部门不予核准，国土资源管理部门不予办理建设用地审批手续，安全监管部门对矿山开发项目安全设施设计不予审批，环保部门不予批准环境影响评价报告，节能审查部门不予通过节能审查，工商部门不予注册，税务部门不予登记，金融机构不予提供贷款和其它形式的授信支持等。

（二）未达到上述准入条件的现有稀土矿山开发、冶炼分离和金属冶炼企业应根据产业结构优化升级的要求，在国家产业政策的指导下，通过淘汰落后、兼并重组与技术改造相结合等方式，尽快达到本准入条件的规定要求。国家有关文件另有规定的从其规定。

（三）稀土矿山开发、冶炼分离和金属冶炼企业必须建立生产和销售台账，自觉接受和主动配合有关部门监督检查，按照有关部门规定报送报表。

（四）各级稀土行业主管部门会同有关部门对当地稀土生产企业执行本准入条件的情况进行监督检查。工业和信息化部会同有关部门对稀土生产企业进行抽查和检查。定期公告符合准入条件的稀土矿山开发、冶炼分离和金属冶炼企业名单。

九、附则

（一）本准入条件适用于中华人民共和国境内（港、澳、台地区除外）所有稀土矿山开发、冶炼分离和金属冶炼企业。

（二）本准入条件涉及的有关标准和行业政策、法律法规若进行了修订，按修订后的规定执行。

（三）本准入条件由工业和信息化部负责解释，自2012年7月26日起实施。

工业和信息化部关于印发钼企业准入公告管理暂行办法的通知

工信部原[2012]358号

各省、自治区、直辖市及计划单列市、新疆生产建设兵团工业和信息化主管部门：

根据《钼行业准入条件》规定，为规范准入公告管理，便于各界对符合准入标准的钼企业实行监督，我部商有关部门制定了《钼企业准入公告管理暂行办法》，现印发给你们，请遵照执行。

请及时将本地区符合《钼行业准入条件》和《钼企业准入公告管理暂行办法》的企业申请材料和审核意见（各一式三份）报我部（原材料工业司）。

联系人：黄　瑜

电　话：010-68205580

2012年7月17日

钼企业准入公告管理暂行办法

第一章　总　则

第一条　为加强钼行业的准入管理工作，发挥先进企业的示范和引导作用，推进钼行业结构调整，依据《钼行业准入条件》（以下简称《准入条件》），制定本办法。

第二条　本办法适用于中华人民共和国境内（香港、澳门、台湾地区除外）所有类型的钼企业。

第三条　工业和信息化部、各省级工业主管部门对符合《准入条件》的钼企业实行动态管理。各级行业协会负责协助做好公告管理的相关工作。

第二章　申请与核实

第四条　申请公告的钼企业，应当具备以下条件：

（一）具有独立法人资格；

（二）符合国家产业政策和行业发展规划的要求；

（三）符合《准入条件》中有关规定的要求；

（四）企业不得存有《产业结构调整目录》中规定应淘汰的落后工艺、技术、装备及产品；

（五）按指令性生产计划组织生产；

（六）无重大违法行为；

（七）法律、行政法规规定的其他条件。

第五条　符合本办法第四条所列条件的现有钼企业可向本地区省级工业主管部门提出申请，并按要求提交《钼企业准入公告申请报告》（见附件）。申请企业应当对申请材料真实性负责。

第六条　各省、自治区、直辖市工业主管部门会同省级环保、国土资源、安全监管等部门依照《准入条件》和环境保护等法律法规要求，对申请公告企业的相关情况进行核实，严格审查并提出具体意见，将核实意见和企业申请材料报送工业和信息化部。

第三章　复核与公告

第七条　工业和信息化部收到申请材料后，于 3 个月内组织有关方面对各地报送的企业材料及核实意见进行复审或现场核实。征得环境保护部同意后，确定符合《准入条件》的企业名单，并向社会进行公示后，将以工业和信息化部公告方式予以公布。

第四章　监督管理

第八条　进入公告名单的企业要严格按照准入条件要求组织生产经营活动，并对照准入条件开展自查。每年 1 月 31 日前将上年度自查报告报送省级工业主管部门。

自查报告是监督检查企业保持准入条件情况的重要依据，应说明以下情况：

（一）企业生产经营情况；

（二）质量管理、安全生产、环境保护、能源节约等制度建设及执行情况；

（三）法人代表、股权或资本金、资质、主要产品品种及生产能力等变更情况。

第九条　省级工业主管部门对公告企业保持准入条件情况进行监督检查，审查企业自查报告。经审查，自查报告不符合实际的，由企业重新自查；重新自查后仍不符合实际的，由省级工业主管部门组织检查，并责令其整改。

每年 2 月 28 日前省级工业主管部门将监督检查结果和企业自查报告报工业和信息化部。

第十条　省级工业主管部门对公告企业实行监督检查时，应记录监督检查的情况和处理结果，由监督检查人员和企业代表签字确认。

第十一条　加强社会监督。任何单位和个人发现正在申请公告企业或已公告企业有不符合规定的，可向各级工业主管部门举报或投诉。

第十二条　已公告企业有下列情况之一的，各省级工业主管部门要责令其限期整改，拒不整改或者整改不合格的，报请工业和信息化部公告不合格企业名单及相关情况：

（一）不能保持《准入条件》；

（二）填报相关资料有弄虚作假行为；

（三）不按指令性生产计划组织生产；

（四）发生较大以上生产安全和环境污染事故，或有重大环境违法行为的；

（五）拒绝接受监督检查。

因前款规定被公告不合格的企业，经整改合格 2 年后方可重新提出公告申请。省级工业主管部门应立即收回不合格企业当年未完成的指令性生产计划指标。

第十三条　钼指令性生产计划指标优先向公告企业配置。

第五章　附　则

第十四条　本办法由工业和信息化部负责解释。

第十五条　本办法自 2012 年 7 月 17 日起施行。

附件：

钼企业准入公告申请报告大纲

一、企业基本情况；
二、企业布局、生产规模、工艺装备和产品质量情况；
三、企业资源回收利用及能耗情况；
四、企业环境保护、安全生产和职业病防护及劳动保险情况；
五、附件目录
（一）附表1、2、3、4、5（附后）；
（二）企业法人营业执照复印件；
（三）项目建设备案或核准文件复印件；
（四）项目建设土地审批文件或建设用地使用权证明复印件；
（五）项目建设环境保护审批文件、竣工环境保护验收文件和排污许可证复印件；
（六）安全专项验收批复文件和安全生产许可证复印件；
（七）质量管理体系有效证明文件；
（八）企业认为需要提供的其他资料。

附件：钼行业准入附表（略）

附表1：

钼生产企业基本情况表

企业名称：（公章） 填表人： 联系电话：

序号	项目	内容	备注
1	企业名称		
2	所有制形式		
3	企业类型（现有、改扩建、新建）		
4	企业法人代表姓名		
5	企业地址		
6	钼矿山采选综合生产能力（吨/日）	露采能力：	
		坑采能力：	
7	工业氧化钼生产能力（吨/年）		
8	钼酸铵生产能力（吨/年）		
9	钼粉（吨/年）		
10	上年度采矿量（吨）		
11	上年度钼精矿指令性生产计划（吨）		
12	上年度钼精矿生产量（吨）		
13	上年度工业氧化钼生产量（吨）		
14	上年度钼酸铵生产量（吨）		

序号	项目	内容	备注
15	上年度钼粉生产量（吨）		
16	上年度工业总产值（当年价格，万元）		
17	上年度工业增加值（当年价格，万元）		
18	上年度销售收入（万元）		
19	上年度利润总额（万元）		
20	用地总面积（公顷）		
21	现有职工人数（人）		
22	联系人		
23	联系电话		
24	传真		
25	电子邮件		
26	邮编		
27	通信地址		

附表 2：

现有钼生产企业能力审批情况表

企业名称：（公章）　　　　填表人及联系电话：

序号	产品名称	生产方法	生产能力	总投资（万元）	其中				开工时间	投产时间	项目批准机关及文号	环评批准机关及文号	土地批准机关及文号	土地使用权证书号	安全生产许可证证书号	所需原料（吨/年）			备注
					自筹	贷款	外资	其他								自产	国内	进口	
1	钼矿山采选企业采矿																		
2	钼矿山采选企业选矿																		
3	工业氧化钼生产企业																		
4	钼酸铵生产企业																		
5	钼粉生产企业																		

附表 3：

钼生产企业环保设施与环保指标情况表

企业名称：（公章）　　　　　　填表人及联系电话：　　　　省级环保局（公章）

类别	产生量	环保设施名称	投入使用时间	处理方法	污染处理能力	对应生产工序及设施	主要污染物监测结果			排放量	执行标准及标准值	是否安装在线自动检测设备
							主要污染物名称	处理前 mg/L	处理后 mg/L			
一、废水												
类别	产生量	环保设施名称	投入使用时间	处理方法	污染处理能力	对应生产工序及设施	主要污染物监测结果			排放量	执行标准及标准值	是否安装在线自动检测设备
							主要污染物名称	处理前 mg/Nm^3	处理后 mg/Nm^3			
二、废气												
类别	产生量	环保设施名称	投入使用时间	处理方法	污染处理能力	对应生产工序及设施	考核产生量	综合利用量	综合利用方式	贮存量	贮存场所	
三、固体废弃物												

注：1. 该表由企业严格根据实际情况填写，并由企业所在地区的省级环境保护部门审查盖章。

2. 有多个环保设施时在表中分别列出；

3. 污染产生量指废水产生量（吨/日）、废气产生量（立方米/小时）、固体废弃物产生量（吨/年）；

4. 根据过去 1 年的监测情况填表，至少提供两份监督性监测报告。

附表 4：

钼生产企业能源及资源消耗情况表

企业名称：　　（公章）　　　　填表人：　　　　　联系电话：

序号	项 目 名 称	内　容	备　注
1	坑采采矿损失率（%）		
2	露天矿采矿损失率（%）		
3	坑采采矿贫化率（%）		
4	露天矿采矿贫化率（%）		
5	硫化矿选矿实际回收率（%）		
6	矿石选矿电耗（千瓦时/吨）		
7	钼精矿综合能耗（吨标煤/吨）		
8	平均选矿水的重复利用率（%）		
9	工业氧化钼实际回收率（%）		
10	钼铁实际回收率（%）		
11	工业氧化钼综合能耗（千克标煤/吨）		
12	钼酸铵实际金属回收率（%）		
13	吨钼酸铵液氨单耗（吨）		
14	钼粉还原工艺钼回收率（%）		
15	钼粉电耗（千瓦时/吨）		
16	钼粉耗氢气量（立方米/吨）		

附表 5:

省（自治区、直辖市、计划单列市）核实意见表

申请企业名称	
申报时间	

企业环评及污染物排放监测结果说明（附环评报告、污染物排放监测报告复印件）：

企业取得排污许可证说明（附排污许可证复印件）：

省（自治区、直辖市、计划单列市）环保局核实意见：

负责人签名　　单位公章

企业取得安全生产许可证说明（附安全生产许可证复印件）

省（自治区、直辖市、计划单列市）安全生产监管局核实意见：

负责人签名　　单位公章

省（自治区、直辖市、计划单列市）行业主管部门核实意见：

负责人签名　　单位公章

镁行业准入条件

中华人民共和国工业和信息化部

公告　2011年　第7号

为加快产业结构调整，加强环境保护，综合利用资源，规范镁行业投资行为，制止盲目投资和低水平重复建设，促进镁工业健康发展，依据国家有关法律法规和产业政策，我部会同有关部门制定了《镁行业准入条件》，现予以公告。

各有关部门和省、自治区、直辖市在对镁建设项目进行投资核准（备案）管理、国土资源管理、环境影响评价、信贷融资、安全监管等工作中要以行业准入条件为依据。

附件：镁行业准入条件

二〇一一年三月七日

附件：

镁行业准入条件（节选）

为加强镁行业管理，规范生产经营秩序和投资行为，促进镁行业产业结构调整和优化升级，依据国家有关法律法规和产业政策，制定本准入条件。

一、企业布局及规模

（三）开采镁矿资源，应遵守《矿产资源法》等相关规定，应依法取得采矿许可证、安全生产许可证等相关证照，严格按照批准的开发利用方案和开采设计进行开采，严禁无证开采、乱采滥挖和破坏浪费资源。

六、环境保护

（一）镁矿山和冶炼生产企业应严格执行环境影响评价制度，按照环境保护主管部门的相关规定报批环境影响评价文件。按照环境保护“三同时”的要求建设矿山、冶炼项目，并经环保部门验收后，方可投入生产。依法履行矿山地质环境恢复治理义务，严格执行矿山地质环境治理恢复制度；严格执行土地复垦规定，履行土地复垦法定义务。严格执行国家和地方污染物总量控制的要求，将污染物排放控制在计划目标内。

（二）废气

在原料处理、转运、熔炼、加工等过程中所有产生粉尘的部位，必须配备收尘及烟气净化装置，安装环保部门认可的烟气在线监测装置。废气排放达到《镁、钛工业污染物排放标准》的要求。

（三）废水

废水排放达到《镁、钛工业污染物排放标准》的要求。

（四）废渣

设有专用的废渣堆存处置场地，并符合《一般工业固体废物贮存、处置场污染控制标准》。危险污染物的产生、收集、贮存、运输及处置应严格执行危险废物相关管理规定。

（五）噪声

厂内噪声符合《工业企业厂界噪声标准》。采用低噪音设备和设置隔声屏障等进行噪声治理。

（六）推行清洁生产，降低产污强度，镁生产企业应依法定期实施清洁生产审核，并通过评估验收。

（七）国家发布行业污染物排放标准后按新的标准执行。向有相关地方污染物标准的地区排放污染物的，应满足地方污染物排放标准要求。

七、安全生产与职业危害防护

（一）遵守《安全生产法》、《矿山安全法》、《职业病防治法》等法律法规，执行保障安全生产和职业危害防护的国家标准或行业标准。遵守安全评价和职业危害评价制度，安全设施和职业卫生“三同时”制度。新、改、扩建镁矿山项目安全设施和职业危害防护设施必须经安全监管部门验收合格并取得安全生产许可证后方可投入生产。

（二）使用危险化学品必须遵守《危险化学品安全管理条例》等相关法规。

九、监督管理

（一）新建和改扩建项目应当符合准入条件要求；现有生产企业要尽快达到准入条件中规定的生产规模、工艺装备、产品质量、资源能源消耗与综合利用、环境保护、安全生产和职业危害防护、劳动保险等方面的要求。

各有关部门在对镁生产企业进行投资管理、土地供应、环保审批、信贷融资等工作要以准入条件为依据。对不符合准入条件的新建和改扩建项目，有关部门不予备案，金融机构不得提供贷款和其它形式的授信支持，土地管理、城市规划和建设、环境保护、消防、安全监管等部门不得办理有关手续。

（三）工业和信息化部负责公告符合准入条件的企业名单。

十、附则

本准入条件适用于中华人民共和国境内（香港、澳门、台湾地区除外）所有硅热法镁冶炼企业，电解法镁冶炼准入条件另行制定。

本准入条件将依据国家法规标准和产业政策进行修订，由工业和信息化部负责解释。

本准入条件自 2011 年 3 月 7 日起实施。

部分工业行业淘汰落后生产工艺装备和产品指导目录（2010年本）

中华人民共和国工业和信息化部

公告　工产业[2010]第122号

为加快淘汰落后生产能力，促进工业结构优化升级，按照《国务院关于进一步加强淘汰落后产能工作的通知》（国发[2010]7号）要求，依据国家有关法律、法规，我部制定了《部分工业行业淘汰落后生产工艺装备和产品指导目录（2010年本）》。

一、本目录所列淘汰落后生产工艺装备和产品主要是不符合有关法律法规规定，严重浪费资源、污染环境、不具备安全生产条件，需要淘汰的落后生产工艺装备和产品。按照以下原则确定淘汰落后生产工艺装备和产品目录：

（一）危及生产和人身安全，不具备安全生产条件；

（二）严重污染环境或严重破坏生态环境；

（三）产品不符合国家或行业规定标准；

（四）严重浪费资源、能源；

（五）法律、行政法规规定的其他情形。

二、对本目录所列的落后生产工艺装备和产品，按规定期限淘汰，一律不得转移、生产、销售、使用和采用。

三、按照国发[2010]7号文件要求，对未按规定限期淘汰落后产能的企业吊销排污许可证，银行业金融机构不得提供任何形式的新增授信支持，有关部门不予审批和核准新的投资项目，国土资源管理部门不予批准新增用地，环境保护部门不予审批扩大产能的项目，相关管理部门不予办理生产许可，已颁发生产许可证、安全生产许可证的要依法撤回。对未按规定淘汰落后产能、被地方政府责令关闭或撤销的企业，限期办理工商注销登记，或者依法吊销工商营业执照。必要时，政府相关部门可要求电力供应企业依法对落后产能企业停止供电。

四、工业和信息化部将根据工业结构调整需要适时修订本目录。

五、本目录自发布之日起执行，由工业和信息化部负责解释。

特此公告。

附件：部分工业行业淘汰落后生产工艺装备和产品指导目录（2010年本）

二〇一〇年十月十三日

附件：

部分工业行业淘汰落后生产工艺装备和产品指导目录

（2010年本）（节选）

二、有色金属

19. 独居石等具有放射性的稀土单一矿种开发生产设施
20. 离子型稀土原矿堆浸、池浸工艺

（属冶炼）

28. 混汞提金工艺
29. 小氰化池浸工艺、小冶炼提金工艺
30. 处理砂金矿砂20万立方米/年以下的砂金开采生产设施
31. 处理矿石规模50吨/日以下的金矿采选生产设施
32. 无环保措施的提取线路板中金、银、钯等贵重金属的简易酸浸工艺
33. 有色金属矿物选矿使用重铬酸盐或氰化物等剧毒药剂的分离工艺
35. 辉钼矿和镍钼矿反射炉焙烧工艺

注：条目后括号内年份为淘汰期限，如淘汰期限为“2010年”是指最迟应于2010年底前淘汰，其余类推；有淘汰计划的条目，根据计划进行淘汰；未标淘汰期限或淘汰计划的条目为已过淘汰期限应立即淘汰。

【国土资源部】

国土资源部关于贯彻落实《国务院关于促进稀土行业持续健康发展的若干意见》的通知

国土资发[2011]105 号

各省、自治区、直辖市国土资源主管部门，中国地质调查局及部有关直属单位：

党中央、国务院高度重视稀土工作，近日下发了《国务院关于促进稀土行业持续健康发展的若干意见》（国发[2011]12 号）（以下简称《意见》）。为深入贯彻落实《意见》精神，确保各项要求落到实处，现就有关事项通知如下。

一、严厉打击违法勘查开采和超指标开采，维护良好开发秩序

各级国土资源主管部门要巩固稀土矿产专项整治成果，继续保持打击违法违规的高压态势。通过运用卫片、视频监控、巡查、举报电话、全国“一张图”及综合信息监管平台等手段，加强对重点稀土产区的监管，及时发现和制止各种违法勘查开采和超指标开采行为。继续加大稀土违法勘查开采打击力度，严肃查处无证勘查开采等违法违规行为，对重大违法勘查开采案件要挂牌督办，依法追究企业和相关人员责任。省级国土资源部门要将稀土开采总量控制指标逐级分解到稀土矿山，及时向社会公布指标分配情况并报部备案；对稀土矿山生产的产品流向和数量逐一造册登记，严格按照有关规定做好统计季报工作，禁止超控制指标开采。

二、加强规划储备，提升宏观调控能力

严格执行矿产资源总体规划，加强总量控制、分区管理和准入管理。各有关省级国土资源主管部门要抓紧编制完成稀土资源重点规划区（矿区）专项规划、稀土矿产勘查专项规划和矿业权设置方案，促进矿业权科学有序投放。部将在已经发布首批稀土国家规划矿区的基础上，统筹规划南方离子型稀土和北方轻稀土资源的勘查、开采，再划定一批国家规划矿区。加快推进矿产地储备试点。由部统一部署，划定一批矿区作为国家稀土资源储备矿产地。各有关省（区）要积极配合稀土矿产地储备管理。对列入国家储备的矿产地，由当地政府负责监管和保护，未经国家批准不得开采。

三、全面清理稀土探矿权采矿权，提高开采准入门槛

为进一步规范稀土矿业权管理，省级国土资源部门要按照本通知附件要求，严格清理并重新审核已颁发的勘查许可证和采矿许可证；对列入省级稀土勘查专项规划矿区和经潜力评价确定的成矿远景区内的所有矿业权逐一进行清查，依法严格查处以登记其他矿种的名义勘查开采稀土等违法违规行为。对清理审核工作要求不落实、清理不到位、弄虚作假的，部将追究有关责任人的责任。按照《意见》要求，在全国范围内继续暂停受理新立稀土探矿权、采矿权申请，不得新增稀土矿业权；原则上禁止现有稀土开采矿山扩大产能；制定南方离子型稀土矿开采准入制度，从申请人的资金实力、技术力量、生产规模等方面提高准入门槛。

四、继续推进矿产资源开发整合，不断优化开发格局

进一步推进稀土资源开发整合，提升稀土矿业权集中度。挂牌督办所有稀土开发整合矿区的整合工作，同时加快办理整合后矿业权变更登记手续，大幅减少稀土开采企业数量。在推进整合过程中，严禁借整合之名扩大稀土生产规模的行为，积极做好稀土资源开发整合工作与稀土行业兼并重组的衔接，优化产业结构，推动实施大企业、大集团战略，使矿业权不断向优势企业集中。力争用1～2年时间，基本形成以大型企业为主导的稀土开发格局。

五、加强地质环境治理恢复工作，改善矿区生态环境

各级国土资源部门要高度重视矿山地质环境治理恢复工作，严格执行矿山地质环境治理恢复保证金制度，合理确定保证金标准，按照“谁开发、谁保护”、“谁破坏、谁治理”的原则，认真落实企业地质环境保护与治理恢复的主体责任。坚决取缔南方离子型稀土池浸和堆浸工艺，全面推行原地浸矿工艺。没有编制《矿山地质环境保护与治理恢复方案》的已有采矿权，国土资源部门应督促矿业权人编制并送主管部门审查。

六、积极推进矿区土地复垦，提高土地利用的综合效益

各级国土资源主管部门要严格按照《土地复垦条例》规定，依据土地复垦方案督促土地复垦义务人全面落实土地复垦义务，实现稀土矿山边开采，边保护，边复垦。《土地复垦条例》颁布实施前已取得稀土采矿权，没有编制土地复垦方案的，国土资源主管部门应督促土地复垦义务人补充编报。

七、深化区域联动机制，建立稀土开发监管长效机制

南方五省区15市政府要严格遵守共同签署的《区域联合行动协议》，深化区域联动机制，认真落实区域联动第二次联席会议通过的五项创新制度，进一步研究完善《稀土矿产开采与运销联合监管方案》。内蒙古包头、四川凉山、山东济宁三市（州）要尽快启动轻稀土开发监管区域联合行动，加快行业兼并重组和市场整合，形成我国南北呼应、“轻”“重”并举、有序开发、区域联动的稀土资源开发管理格局。

稀土是不可再生的重要战略资源，加强稀土资源管理意义重大。地方各级国土资源主管部门要在当地政府领导下，切实履行矿产资源开发管理职责，加大对稀土开发秩序的监管力度，促进稀土资源的有效保护和合理开发利用。各有关省级国土资源主管部门要按照本通知要求，抓紧部署开展稀土矿业权清理审核工作，并在10月底以前将清理审核结果报部，由部统一向社会公布合法稀土矿业权人名单。

二〇一一年七月二十四日

附件：1. 稀土探矿权采矿权清理审核要求

2. 稀土探矿权、采矿权清理审核情况表（略）

3. 列入清理范围的除稀土外所有其它探矿权、采矿权清理审核情况表（略）

附件 1：

稀土探矿权采矿权清理审核要求

为了有效保护和合理开发利用稀土资源，依据《中华人民共和国矿产资源法》以及其他相关法律法规，按照《国务院关于促进稀土行业持续健康发展的若干意见》（国发[2011]12 号）等有关要求，制定本次稀土探矿权、采矿权清理审核要求（以下简称“要求”）。

第一条 清理范围：

（一）稀土勘查许可证；

（二）稀土采矿许可证；

（三）列入省级稀土勘查专项规划矿区内和经潜力评价确定的成矿远景区内的所有其他勘查许可证、采矿许可证。

第二条 稀土勘查许可证、采矿许可证按以下内容逐项审核：

（一）是否存在越权颁发稀土勘查许可证、采矿许可证的行为；

（二）所颁发稀土勘查许可证、采矿许可证法定要件是否完备合规；

（三）是否存在越界开采、以采代探等违法开采行为；

（四）是否存在无指标、超指标开采；

（五）是否存在收购非法开采稀土矿产的行为；

（六）矿区范围内保有资源储量按照已核定的生产规模是否可以开采三个月以上；

（七）是否履行相关法定义务。

第三条 列入省级稀土勘查专项规划矿区内和经潜力评价确定的成矿远景区内的所有其他勘查许可证、采矿许可证按以下内容逐项审核：

（一）是否存在以其他矿种名义登记，实际勘查开采稀土；

（二）主采矿种为其他矿种，综合利用稀土资源的，是否已纳入稀土开采总量控制指标管理；

（三）是否影响稀土资源的保护与合理利用。

第四条 清理审核工作的程序：

（一）省级国土资源主管部门负责组织本辖区内属于本次清理范围内的勘查许可证、采矿许可证清理审核。

（二）矿业权所在地的县级国土资源主管部门应当按照清理审核要求登记造册，进行现场核实，填写清理审核情况表并形成文字材料逐级上报。清理审核中发现的问题要逐一说明情况，提出处理建议。

（三）省级国土资源主管部门于 2011 年 10 月底以前将清理审核结果报部。清理审核合格的稀土勘查许可证、采矿许可证，由部统一公示后向社会公告。清理审核不合格的，由省级国土资源主管部门逐一说明情况并提出处理建议报部，经部同意后，依法处理。文字材料和表格的电子版一并报部。

第五条 稀土资源开发整合矿区已确认整合主体且已划定矿区范围的，按照整合主体进行清理审核。

第六条 各省级国土资源主管部门可根据本省的实际情况，制定稀土探矿权、采矿权清理审核工作实施方案。

对清理审核工作中发现的新情况、新问题及时报部。

国土资源部关于印发《矿产资源节约与综合利用鼓励、限制和淘汰技术目录》的通知

国土资发[2010]146号

各省、自治区、直辖市国土资源厅（国土环境资源厅、国土资源局、国土资源和房屋管理局、规划和国土资源管理局），部机关各司局、各有关单位：

为加快推进资源节约与综合利用，转变矿业经济发展方式，提高资源合理利用水平，按照全国矿产资源规划的统一要求，特制定《矿产资源节约与综合利用鼓励、限制和淘汰技术目录》（以下简称《技术目录》），现予以印发，并将有关事项通知如下：

一、充分发挥《技术目录》的政策导向作用。各级国土资源行政管理部门要督促企业认真执行《技术目录》，自觉采用先进适用技术方法，提高矿产资源开发利用的效率和水平。

二、切实加强矿产资源开发利用的监督管理。各级国土资源行政管理部门应按要求加强矿产资源开发利用的准入管理，新建矿产资源开发项目不得采用限制类和淘汰类技术，已采用限制类技术的，应督促企业加大改造力度，逐步淘汰落后产能。

三、《技术目录》是享受国土资源相关优惠政策、安排落实矿产资源节约与综合利用示范工程等相关专项和指导绿色矿山建设的重要技术依据。

四、各级国土资源行政管理部门在制定规划、出台政策时应依据本目录，采用法律、经济、技术、行政等多种手段，有力推动，促进矿产资源开发利用水平的提高。

今后，将根据经济社会发展需求和国家产业政策调整，结合资源利用技术发展状况，适时对《技术目录》进行调整修订。

二〇一〇年九月九日

附件：矿产资源节约与综合利用鼓励、限制和淘汰技术目录（简表）（略）

二、环境技术政策

【环境保护部】

关于发布《矿山生态环境保护与污染防治技术政策》的通知

环发[2005]109 号

各省、自治区、直辖市环境保护局（厅），国土资源厅（局），科技厅：

为贯彻《中华人民共和国固体废物污染环境防治法》和《中华人民共和国矿产资源法》，实现矿产资源开发与生态环境保护协调发展，提高矿产资源开发利用效率，避免和减少矿区生态环境破坏和污染，现发布《矿山生态环境保护与污染防治技术政策》，请参照执行。

附件：矿山生态环境保护与污染防治技术政策

国家环保总局　国土资源部　卫生部

二〇〇五年九月七日

矿山生态环境保护与污染防治技术政策

一、总则

（一）目的和依据

为了实现矿产资源开发与生态环境保护协调发展，提高矿产资源开发利用效率，避免和减少矿区生态环境破坏和污染，根据《中华人民共和国固体废物污染环境防治法》、《中华人民共和国水污染防治法》、《中华人民共和国清洁生产促进法》、《中华人民共和国矿产资源法》、《全国生态环境保护纲要》等有关的法律、法规和政策文件，制定本技术政策。

（二）适用范围

本技术政策适用于从事固体矿产资源开发的企业，不包括从事放射性矿产、海洋矿产开发的企业。

本技术政策适用于矿产资源开发规划与设计、矿山基建、采矿、选矿和废弃地复垦等阶段的生态环境保护与污染防治。

（三）指导方针和技术原则

1. 矿产资源的开发应贯彻“污染防治与生态环境保护并重，生态环境保护与生态环境建设并举；以及预防为主、防治结合、过程控制、综合治理”的指导方针。

2. 矿产资源的开发应推行循环经济的“污染物减量、资源再利用和循环利用”的技术原则，具体包括：

（1）发展绿色开采技术，实现矿区生态环境无损或受损最小；

（2）发展干法或节水的工艺技术，减少水的使用量；

（3）发展无废或少废的工艺技术，最大限度地减少废弃物的产生；

（4）矿山废物按照先提取有价金属、组分或利用能源，再选择用于建材或其它用途，最后进行无害化处理处置的技术原则。

（四）实现目标

1. 2010 年应达到的阶段性目标

（1）新、扩、改建选煤和黑色冶金选矿的水重复利用率应达到 90%以上；新、扩、改建有色金属系统选矿的水重复利用率应达到 75%以上；

（2）大中型煤矿矿井水重复利用率力求达到 65%以上；

（3）已建立地面永久瓦斯抽放系统的大中型煤矿，其瓦斯利用率应达到当年抽放量的 85%以上；

（4）煤矸石的利用率达到 55%以上，尾矿的利用率达到 10%以上；

（5）历史遗留矿山开采破坏土地复垦率达到 20%以上，新建矿山应做到边开采、边复垦，破坏土地复垦率达到 75%以上。

2. 2015 年应达到的阶段性目标

（1）选煤厂、冶金选矿厂和有色金属选矿厂的选矿水循环利用率在 2010 年基础上分别提高 3%；

（2）大中型煤矿矿井水重复利用率、大中型煤矿瓦斯利用率、煤矸石的利用率、尾矿的利用率在 2010 年基础上分别提高 5%；

（3）历史遗留矿山开采破坏土地复垦率达到 45%以上，新建矿山应做到边开采、边复垦，破坏土地复垦率达到 85%以上。

（五）考核指标体系

政府主管部门应建立和完善矿山生态环境保护与污染防治的考核指标体系，将下述指标纳入考核指标体系：

（1）采矿回采率、贫化率、选矿回收率、综合利用率等矿产资源综合开发利用指标；

（2）固体废物综合利用率、煤矿瓦斯抽放利用率、水重复利用率等废物资源化利用指标；

（3）土地复垦率、矿山次生地质灾害治理率等生态环境修复指标。

（六）清洁生产

鼓励矿山企业开展清洁生产审核，优先选用采、选矿清洁生产工艺，杜绝落后工艺与设备向新开发矿区和落后地区转移。

二、矿产资源开发规划与设计

（一）禁止的矿产资源开发活动

1. 禁止在依法划定的自然保护区（核心区、缓冲区）、风景名胜区、森林公园、饮用水水源保护区、重要湖泊周边、文物古迹所在地、地质遗迹保护区、基本农田保护区等区域内采矿。

2. 禁止在铁路、国道、省道两侧的直观可视范围内进行露天开采。

3. 禁止在地质灾害危险区开采矿产资源。

4. 禁止土法采、选冶金矿和土法冶炼汞、砷、铅、锌、焦、硫、钒等矿产资源开发活动。

5. 禁止新建对生态环境产生不可恢复利用的、产生破坏性影响的矿产资源开发项目。

6. 禁止新建煤层含硫量大于 3%的煤矿。

（二）限制的矿产资源开发活动

1. 限制在生态功能保护区和自然保护区（过渡区）内开采矿产资源。

生态功能保护区内的开采活动必须符合当地的环境功能区规划，并按规定进行控制性开采，开采活动不得影响本功能区内的主导生态功能。

2. 限制在地质灾害易发区、水土流失严重区域等生态脆弱区内开采矿产资源。

（三）矿产资源开发规划

1. 矿产资源开发应符合国家产业政策要求，选址、布局应符合所在地的区域发展规划。

2. 矿产资源开发企业应制定矿产资源综合开发规划，并应进行环境影响评价，规划内容包括资源开发利用、生态环境保护、地质灾害防治、水土保持、废弃地复垦等。

3. 在矿产资源的开发规划阶段，应对矿区内的生态环境进行充分调查，建立矿区的水文、地质、土壤和动植物等生态环境和人文环境基础状况数据库。

同时，应对矿床开采可能产生的区域地质环境问题进行预测和评价。

4. 矿产资源开发规划阶段还应注重对矿山所在区域生态环境的保护。

（四）矿产资源开发设计

1. 应优先选择废物产生量少、水重复利用率高，对矿区生态环境影响小的采、选矿生产工艺与技术。

2. 应考虑低污染、高附加值的产业链延伸建设，把资源优势转化为经济优势。

提倡煤—电、煤—化工、煤—焦、煤—建材、铁矿石—铁精矿—球团矿等低污染、高附加值的产业链延伸建设。

3. 矿井水、选矿水和矿山其它外排水应统筹规划、分类管理、综合利用。

4. 选矿厂设计时，应考虑最大限度地提高矿产资源的回收利用率，并同时考虑共、伴生资源的综合利用。

5. 地面运输系统设计时，宜考虑采用封闭运输通道运输矿物和固体废物。

三、矿山基建

1. 对矿山勘探性钻孔应采取封闭等措施进行处理，以确保生产安全。

2. 对矿山基建可能影响的具有保护价值的动、植物资源，应优先采取就地、就近保护措施。

3. 对矿山基建产生的表土、底土和岩石等应分类堆放、分类管理和充分利用。

对表土、底土和适于植物生长的地层物质均应进行保护性堆存和利用，可优先用作废弃地复垦时的土壤重构用土。

4. 矿山基建应尽量少占用农田和耕地，矿山基建临时性占地应及时恢复。

四、采矿

（一）鼓励采用的采矿技术

1. 对于露天开采的矿山，宜推广剥离—排土—造地—复垦一体化技术。

2. 对于水力开采的矿山，宜推广水重复利用率高的开采技术。

3. 推广应用充填采矿工艺技术，提倡废石不出井，利用尾砂、废石充填采空区。

4. 推广减轻地表沉陷的开采技术，如条带开采、分层间隙开采等技术。

5. 对于有色、稀土等矿山，宜研究推广溶浸采矿工艺技术，发展集采、选、冶于一体，直接从矿床中获取金属的工艺技术。

6. 加大煤炭地下气化与开采技术的研究力度，推广煤层气开发技术，提高煤层气的开发利用水平。

7. 在不能对基础设施、道路、河流、湖泊、林木等进行拆迁或异地补偿的情况下，在矿山开采中应保留安全矿柱，确保地面塌陷在允许范围内。

（二）矿坑水的综合利用和废水、废气的处理

1. 鼓励将矿坑水优先利用为生产用水，作为辅助水源加以利用。

在干旱缺水地区，鼓励将外排矿坑水用于农林灌溉，其水质应达到相应标准要求。

2. 宜采取修筑排水沟、引流渠，预先截堵水，防渗漏处理等措施，防止或减少各种水源进入露天采场和地下井巷。

3. 宜采取灌浆等工程措施，避免和减少采矿活动破坏地下水均衡系统。

4. 研究推广酸性矿坑废水、高矿化度矿坑废水和含氟、锰等特殊污染物矿坑水的高效处理工艺与技术。

5. 积极推广煤矿瓦斯抽放回收利用技术，将其用于发电、制造炭黑、民用燃料、制造化工产品等。

6. 宜采用安装除尘装置，湿式作业，个体防护等措施，防治凿岩、铲装、运输等采矿作业中的粉尘污染。

（三）固体废物贮存和综合利用

1. 对采矿活动所产生的固体废物，应使用专用场所堆放，并采取有效措施防止二次环境污染及诱发次生地质灾害。

（1）应根据采矿固体废物的性质、贮存场所的工程地质情况，采用完善的防渗、集排水措施，防止淋溶水污染地表水和地下水；

（2）宜采用水覆盖法、湿地法、碱性物料回填等方法，预防和降低废石场的酸性废水污染；

（3）煤矸石堆存时，宜采取分层压实，粘土覆盖，快速建立植被等措施，防止矸石山氧化自燃。

2. 大力推广采矿固体废物的综合利用技术。

（1）推广表外矿和废石中有价元素和矿物的回收技术，如采用生物浸出—溶剂萃取—电积技术回收废石中的铜等；

（2）推广利用采矿固体废物加工生产建筑材料及制品技术，如生产铺路材料、制砖等；

（3）推广煤矸石的综合利用技术，如利用煤矸石发电、生产水泥和肥料、制砖等。

五、选矿

（一）鼓励采用的选矿技术

1. 开发推广高效无（低）毒的浮选新药剂产品。

2. 在干旱缺水地区，宜推广干选工艺或节水型选矿工艺，如煤炭干选、大块干选抛尾等工艺技术。

3. 推广高效脱硫降灰技术，有效去除和降低煤炭中的硫分和灰分。

4. 采用先进的洗选技术和设备，推广洁净煤技术，逐步降低直接销售、使用原煤的比率。

5. 积极研究推广共、伴生矿产资源中有价元素的分离回收技术，为共、伴生矿产资源的深加工创造条件。

（二）选矿废水、废气的处理

1. 选矿废水（含尾矿库溢流水）应循环利用，力求实现闭路循环。未循环利用的部分应进行收集，处理达标后排放。

2. 研究推广含氰、含重金属选矿废水的高效处理工艺与技术。

3. 宜采用尘源密闭、局部抽风、安装除尘装置等措施，防治破碎、筛分等选矿作业中的粉尘污染。

（三）尾矿的贮存和综合利用

1. 应建造专用的尾矿库，并采取措施防止尾矿库的二次环境污染及诱发次生地质灾害。

（1）采用防渗、集排水措施，防止尾矿库溢流水污染地表水和地下水；

（2）尾矿库坝面、坝坡应采取种植植物和覆盖等措施，防止扬尘、滑坡和水土流失。

2. 推广选矿固体废物的综合利用技术。

（1）尾矿再选和共伴生矿物及有价元素的回收技术；

（2）利用尾矿加工生产建筑材料及制品技术，如作水泥添加剂、尾矿制砖等；

（3）推广利用尾矿、废石作充填料，充填采空区或塌陷地的工艺技术；

（4）利用选煤煤泥开发生物有机肥料技术。

六、废弃地复垦

1. 矿山开采企业应将废弃地复垦纳入矿山日常生产与管理，提倡采用采（选）矿—排土（尾）—造地—复垦一体化技术。

2. 矿山废弃地复垦应做可垦性试验，采取最合理的方式进行废弃地复垦。

对于存在污染的矿山废弃地，不宜复垦作为农牧业生产用地；对于可开发为农牧业用地的矿山废弃地，应对其进行全面的监测与评估。

3. 矿山生产过程中应采取种植植物和覆盖等复垦措施，对露天坑、废石场、尾矿库、矸石山等永久性坡面进行稳定化处理，防止水土流失和滑坡。

废石场、尾矿库、矸石山等固废堆场服务期满后，应及时封场和复垦，防止水土流失及风蚀扬尘等。

4. 鼓励推广采用覆岩离层注浆，利用尾矿、废石充填采空区等技术，减轻采空区上覆岩层塌陷。

5. 采用生物工程进行废弃地复垦时，宜对土壤重构、地形、景观进行优化设计，对物种选择、配置及种植方式进行优化。

第四章　国家相关技术规范和标准

一、执行相关标准的有关文件

【环境保护部】

关于发布《一般工业固体废物贮存、处置场污染控制标准》（GB 18599—2001）等3项国家污染物控制标准修改单的公告

公告　2013年　第36号

为贯彻《中华人民共和国环境保护法》和《中华人民共和国固体废物污染环境防治法》，防治污染，保护和改善生态环境，保障人体健康，完善国家环保标准体系，我部决定对《一般工业固体废物贮存、处置场污染控制标准》（GB 18599—2001）、《危险废物贮存污染控制标准》（GB 18597—2001）和《危险废物填埋污染控制标准》（GB 18598—2001）等3项国家污染物控制标准进行修改完善，制定了上述3项标准修改单，并由我部与国家质量监督检验检疫总局联合发布。

该标准修改单自发布之日起实施。

特此公告。

（此公告业经国家质量监督检验检疫总局陈钢会签）

环境保护部

2013年6月8日

附件：

《一般工业固体废物贮存、处置场污染控制标准》（GB 18599—2001）等3项国家污染物控制标准修改单

为进一步完善国家污染物排放（控制）标准体系，我部决定修改《一般工业固体废物贮存、处置场污染控制标准》（GB 18599—2001）、《危险废物贮存污染控制标准》（GB 18597—2001）和《危险废物填埋污染控制标准》（GB 18598—2001）等3项国家污染物控制标准，修改内容如下：

一、《一般工业固体废物贮存、处置场污染控制标准》（GB 18599—2001）第 5.1.2 条修改为：

应依据环境影响评价结论确定场址的位置及其与周围人群的距离，并经具有审批权的环境保护行政主管部门批准，并可作为规划控制的依据。

在对一般工业固体废物贮存、处置场场址进行环境影响评价时，应重点考虑一般工业固体废物贮存、处置场产生的渗滤液以及粉尘等大气污染物等因素，根据其所在地区的环境功能区类别，综合评价其对周围环境、居住人群的身体健康、日常生活和生产活动的影响，确定其与常住居民居住场所、农用地、地表水体、高速公路、交通主干道（国道或省道）、铁路、飞机场、军事基地等敏感对象之间合理的位置关系。

二、《危险废物贮存污染控制标准》（GB 18597—2001）第 6.1.3 条修改为：

应依据环境影响评价结论确定危险废物集中贮存设施的位置及其与周围人群的距离，并经具有审批权的环境保护行政主管部门批准，并可作为规划控制的依据。

在对危险废物集中贮存设施场址进行环境影响评价时，应重点考虑危险废物集中贮存设施可能产生的有害物质泄漏、大气污染物（含恶臭物质）的产生与扩散以及可能的事故风险等因素，根据其所在地区的环境功能区类别，综合评价其对周围环境、居住人群的身体健康、日常生活和生产活动的影响，确定危险废物集中贮存设施与常住居民居住场所、农用地、地表水体以及其他敏感对象之间合理的位置关系。

三、《危险废物填埋污染控制标准》（GB 18598—2001）第 4.4 条、第 4.5 条、第 4.7 条合并为一条，内容修改为：

危险废物填埋场场址的位置及与周围人群的距离应依据环境影响评价结论确定，并经具有审批权的环境保护行政主管部门批准，并可作为规划控制的依据。

在对危险废物填埋场场址进行环境影响评价时，应重点考虑危险废物填埋场渗滤液可能产生的风险、填埋场结构及防渗层长期安全性及其由此造成的渗漏风险等因素，根据其所在地区的环境功能区类别，结合该地区的长期发展规划和填埋场的设计寿命，重点评价其对周围地下水环境、居住人群的身体健康、日常生活和生产活动的长期影响，确定其与常住居民居住场所、农用地、地表水体以及其他敏感对象之间合理的位置关系。

关于含重金属废气排放执行标准问题的复函

环函[2012]9 号

山东省环境保护厅：

你厅《关于含重金属废气排放执行标准的请示》（鲁环评函[2011]247 号）收悉。经研究，函复如下：

一、保障环境安全和人体健康是环境保护工作的出发点和落脚点，应采取有效措施，以保障饮用水和农产品质量安全为重点，加强环境质量监控工作。

二、根据《中华人民共和国环境保护法》和《关于未纳入污染物排放标准的污染物排放控制与监管问题的通知》（环发[2011]85 号）的有关规定，省级环境保护行政主管部门应根据污染源排放的特点，积极协助省级人民政府，制定地方污染物排放标准，完善当地的污染物排放监控体系，切实履行保护当地环境质量的责任。

三、根据《环境影响评价技术导则　大气环境》（HJ 2.2—2008）的有关规定，在建设项目的环境影响评价过程中，国家和地方标准中没有规定的污染物，可参照国外有关标准选用，但应作出说明，报省级环境保护主管部门批准后执行。

二〇一二年一月十二日

关于未纳入污染物排放标准的污染物排放控制与监管问题的通知

环发[2011]85 号

各省、自治区、直辖市环境保护厅（局），新疆生产建设兵团环境保护局，辽河保护区管理局：

排放标准是对向环境排放污染物行为作出的限制性规定，国家和地方排放标准是依法制定、强制实施的环境保护技术法规。因此，排放标准是对污染源进行排放控制的基本要求。排放标准中规定的污染物排放控制要求，都是在现实条件下可量化、可测量、可核查的内容。由于污染源的实际排污行为具有多样性、不稳定性和隐蔽性等特点，以及受到排放监控技术适用性、实施和监管成本等因素的制约，一些实际存在的排污行为和污染源排放的污染物尚难采用制定和实施排放标准的方式加以控制。而排污行为是影响环境质量状况的重要因素，对排污行为进行监督、限制和规范，是保障环境安全的必要措施。为切实防范环境和健康风险，进一步落实环境保护责任，现就完善污染物排放监控体系等问题提出如下意见。请各地环境保护行政主管部门在工作中参照实行。

一、进一步明确排污者的环境保护责任

向环境排放污染物的企事业单位，是环境污染责任的第一责任主体。无论排污行为是否达到国家或地方规定的排放标准，无论排放的污染物在国家或地方排放标准中是否规定了排放控制要求，排污者都应对其排污造成的环境污染承担相应的责任。排污企业应及时向社会发布排污信息。

二、严格执行现行的环境管理制度

要加强对建设项目和现有排污单位的环境监管，严格执行法律规定的防范排污风险的各项管理制度，包括环境影响评价、“三同时”监管、竣工环保验收、排污申报登记、排污许可证等制度，做到防患于未然。

要充分发挥排污申报登记制度的作用，并要求企业严格遵守《中华人民共和国水污染防治法》和《中华人民共和国大气污染防治法》规定，向环保部门申报登记在正常作业条件下排放污染物的种类、数量和浓度，排放污染物的种类、数量和浓度有重大改变的，应当及时申报登记。企业依法建立自行监测能力，对所排污染物的种类、数量和浓度开展日常自行监测。

三、以保障饮用水和农产品质量安全为重点，加强环境质量监控工作

在排放和泄漏有毒有害物质造成的环境污染事件中，受威胁最大的往往是饮用水水源和排污单位周围的居民区、食用农产品种植地和水产养殖区。保障环境安全和人体健康是环境保护工作的出发点和落脚点，要采取有效措施，切实加强污染源周围和纳污河流下游的水、空气、土壤等环境质量的监控工作，优先安排饮用水源上游等敏感区域环境质量自动在线监测，及时发现和消除环境隐患。鼓励群众举报，接受媒体和社会监督，形成公众广泛参与环境保护的良好氛围。

四、严格执行排放标准，进一步完善标准体系

根据经济、技术发展状况和社会发展要求，逐步完善环境质量标准和污染物排放控制指标体系。各级环境保护行政主管部门要加大环境执法监管工作力度，督促相关排污单位全面、严格地执行国家和地方排放标准，杜绝“选择性”执行标准的现象。省级环境保护行政主管部门要根据当地的产业结构和污染源排污的特点，积极协助省级人民政府，用好用足法律赋予的地方环境质量标准和排放标准制定权，切实履行保护当地环境质量的责任。

发生过污染事件省份的环保部门，要认真总结经验教训，举一反三，及时采取制定或修订地方排放标准等措施，完善当地的污染物排放监控体系，防止再次发生类似事件。加强企业所在地环保部门监测机构能力建设，确保其可对企业所排所有污染物进行监督性监测。

五、无排放限值的污染物排放控制要求

保护人体健康和生态安全是环境保护的根本目的和依据。对于国家和地方排放标准中没有规定排放限值的污染物，排污行为不得造成环境质量超标，不得损害人体健康和生态环境。

二〇一一年七月二十一日

关于修订《危险废物贮存污染控制标准》有关意见的复函

环函[2010]264 号

广东省环境保护厅：

你厅《关于〈危险废物贮存污染控制标准〉有关问题的请示》（粤环报[2010]61 号）收悉。经研究，函复如下：

一、关于污染源与敏感区域之间的距离问题，在《加强国家污染物排放标准制修订工作的指导意见》（国家环境保护总局 2007 年第 17 号公告）中已经做出明确规定，即排放标准中不规定统一的污染源与敏感区域之间的合理距离（防护距离），其具体距离应根据污染源的性质和当地的自然、气象条件等因素，通过环境影响评价确定。

二、我部已经下达计划对国家污染物排放标准《危险废物贮存污染控制标准》（GB 18597—2001）进行修订。在该标准修订过程中，将落实上述要求。

二〇一〇年九月六日

关于建设项目环境影响评价工作中确定防护距离标准问题的复函

环函[2009]224 号

福建省环境保护厅：

原福建省环境保护局《关于水泥厂环境防护距离的请示》（闽环保监[2008]140 号）收悉。经研究，现函复如下：

一、根据国家环境保护法律法规的有关规定和建设项目环境管理工作的特点和要求，建设项目的环境防护距离应综合考虑经济、技术、社会、环境等相关因素，根据建设项目排放污染物的规律和特点，结合当地的自然、气象等条件，通过环境影响评价确定。

二、在建设项目环境影响评价过程中，应按照有关法律法规和《国家环境标准管理办法》的规定，严格执行国家和地方的环境质量标准、污染物排放标准及相关的环境影响评价导则等环保标准。其他标准或规范性文件中依法提出的防护距离要求若与上述环保标准要求不一致，应从严掌握。

二〇〇九年九月十八日

二、技术规范

中华人民共和国国家环境保护标准

矿山生态环境保护与恢复治理技术规范（试行）

Technical specifications of eco-environmental protection and reclamation for mining（On trial）

HJ 651—2013

前　言

为贯彻《中华人民共和国环境保护法》、《中华人民共和国环境影响评价法》和《国务院关于加强环境保护重点工作的意见》，规范矿产资源开发过程中的生态环境保护与恢复治理工作，促进矿区生态环境保护，制定本标准。

本标准规定了矿产资源勘查与采选过程中，排土场、露天采场、尾矿库、矿区专用道路、矿山工业场地、沉陷区、矸石场、矿山污染场地等矿区生态环境保护与恢复治理的指导性技术要求。

本标准由环境保护部自然生态保护司提出。

本标准由环境保护部科技标准司组织制订。

本标准主要起草单位：环境保护部南京环境科学研究所、环境保护部环境标准研究所、中钢集团马鞍山矿山研究院有限公司（国家环境保护矿山固体废物处理与处置工程技术中心）和中国科学院寒区旱区环境与工程研究所。

本标准环境保护部 2013 年 7 月 23 日批准。

本标准自 2013 年 7 月 23 日起实施。

本标准由环境保护部解释。

1 适用范围

本标准规定了矿产资源勘查与采选过程中的矿区生态环境保护要求，包括排土场、露天采场、尾矿库、矿区专用道路、矿山工业场地、沉陷区、矸石场、矿山污染场地等生态环境保护与恢复治理的指导性技术要求。

本标准适用于煤矿、金属矿、非金属矿、油气矿、煤层气、砂石矿等陆地矿产资源勘查、采选过程和闭矿后生态环境保护与恢复治理。

铀、钍等放射性矿产资源开发的生态环境保护与恢复治理可参照执行。

2 规范性引用文件

本标准引用了下列文件或其中的条款。凡是未注明日期的引用文件，其最新版本适用于本标准。

GB 3095 环境空气质量标准
GB 3838 地表水环境质量标准
GB 5084 农田灌溉水质标准
GB 8978 污水综合排放标准
GB 9078 工业炉窑大气污染物排放标准
GB 11607 渔业水质标准
GB/T 14848 地下水质量标准
GB 14500 放射性废物管理规定
GB 16297 大气污染物综合排放标准
GB 18484 危险废物焚烧污染控制标准
GB 18597 危险废物贮存污染控制标准
GB 18598 危险废物填埋污染控制标准
GB 18599 一般工业固体废物贮存、处置场污染控制标准
GB 20426 煤炭工业污染物排放标准
GB 21522 煤层气（煤矿瓦斯）排放标准（暂行）
GB 25465 铝工业污染物排放标准
GB 25466 铅、锌工业污染物排放标准
GB 25467 铜、镍、钴工业污染物排放标准
GB 25468 镁、钛工业污染物排放标准
GB 26451 稀土工业污染物排放标准
GB 28661 铁矿采选工业污染物排放标准
GB 50433 开发建设项目水土保持技术规范
HJ/T 294 清洁生产标准 铁矿采选业
HJ/T 358 清洁生产标准 镍选矿行业
HJ 446 清洁生产标准 煤炭采选业
HJ 607 废矿物油回收利用污染控制技术规范
HJ 652 矿山生态环境保护与恢复治理方案（规划）编制规范（试行）
AQ 2006 尾矿库安全技术规程
UDC-TD 土地复垦技术标准（试行）

3 术语和定义

下列术语和定义适用于本标准。

3.1 矿山生态环境保护

指采取必要的预防和保护措施，避免或减轻矿产资源勘探和采选造成的生态破坏和环境污染。

3.2 矿山生态环境恢复

指对矿产资源勘探和采选过程中造成的各类生态破坏和环境污染采取人工促进措施，依靠生态系统的自我调节能力与自组织能力，逐步恢复与重建其生态功能。

3.3 探矿

指在勘查许可证规定的范围内勘查矿产资源的活动。

3.4 露天开采

指从敞露地表的采矿场采出有用矿物，或将矿藏上的覆盖物（包括岩石、土壤等）剥离后开采显露矿层的过程，又称露天采矿。

3.5 地下开采

指采用立井、斜井和平硐形式从地下矿床采出有用矿物的过程。

3.6 充填采矿

指随着回采工作面的推进，向地下采空区送入充填材料，控制围岩垮落和地表移动变形。

3.7 表土

指土壤剖面中最靠近地表的一个层次（A 层），一般厚度 20～30cm，黑土和黑钙土的 A 层厚度可达 50～100cm。

3.8 排土场

指矿山剥离和掘进排弃物集中排放的场所，包括外排土场和内排土场，又称为废石场、排岩场或弃渣场。

3.9 露天采场

指由采矿活动在地表形成的“空场”或“空洞”，也称露天采空区。

3.10 尾矿库

指由筑坝拦截谷口或围地构成的、用于贮存经选矿场选别后排出尾矿的场所。

3.11 矿山沉陷区

指矿山开采导致采空区之上覆岩层的原始应力平衡状态受到破坏，发生冒落、断裂、弯曲等移动变形，最终导致地表，形成下沉盆地和裂隙等沉陷区域。

3.12 矿山工业场地

指为矿山生产系统和辅助生产系统服务的地面建筑物、构造物以及有关设施的场地。

3.13 矸石场

指煤矿采选过程中产生的含炭岩石及其他岩石等固体废弃物的集中排放和处置场所。

3.14 矿山污染场地

指因堆积、储存、处理、处置或其他方式（如迁移）承载了有害物质，对人体健康或生态环境产生危害或具有潜在风险的矿山空间区域。

4 矿山生态环境保护与恢复治理的一般要求

4.1 禁止在依法划定的自然保护区、风景名胜区、森林公园、饮用水水源保护区、文物古迹所在地、地质遗迹保护区、基本农田保护区等重要生态保护地以及其他法律法规规定的禁采区域内采矿。禁止在重要道路、航道两侧及重要生态环境敏感目标可视范围内进行对景观破坏明显的露天开采。

4.2 矿产资源开发活动应符合国家和区域主体功能区规划、生态功能区划、生态环境保护规划的要求，采取有效预防和保护措施，避免或减轻矿产资源开发活动造成的生态破坏和环境污染。

4.3 坚持“预防为主、防治结合、过程控制”的原则，将矿山生态环境保护与恢复治理贯穿矿产资源开采的全过程。根据矿山生态环境保护与恢复治理的重点任务，合理确定矿山生态保护与恢复治理分区，优化矿区生产与生活空间格局。采用新技术、新方法、新工艺提高矿山生态环境保护和恢复治理水平。

4.4 所有矿山企业均应对照本标准各项要求，编制实施矿山生态环境保护与恢复治理方案。

4.5 恢复治理后的各类场地应实现：安全稳定，对人类和动植物不造成威胁；对周边环境不产生污染；与周边自然环境和景观相协调；恢复土地基本功能，因地制宜实现土地可持续利用；区域整体生态功能得到保护和恢复。

5 矿山生态保护

5.1 在国家和地方各级人民政府确定的重点（重要）生态功能区内建设矿产资源基地，应进行生态环境影响和经济损益评估，按评估结果及相关规定进行控制性开采，减少对生态空间的占用，不影响区域主导生态功能。在水资源短缺、环境容量小、生态系统脆弱、地震和地质灾害易发地区，要严格控制矿产资源开发。

5.2 矿山开采前应在矿区范围及各种采矿活动的可能影响区进行生物多样性现状调查，对于国家或地方保护动植物或生态系统，须采取就地保护或迁地保护等措施保护矿山生物多样性。

5.3 高寒区露天采矿、设置排土场和尾矿库时，应将剥离的草皮层集中养护，满足恢复条件后及时移植，恢复植被；严格控制临时施工场地与施工道路面积和范围，减少对地表植被的破坏。

5.4 荒漠和风沙区矿产资源开发应避开易发生风蚀和生态退化地带，减少开采、排土和运输等活动对土壤结皮、砾幕及沙区植被的破坏和扰动；排土场、料场及尾矿库等场地应采取围挡和覆盖等防风蚀措施。

5.5 水蚀敏感区矿产资源开发应科学设置露天采场、排土场、尾矿库及料场，并采取防洪、排水、边坡防护、工程拦挡等水土保持措施，减少对天然林草植被的破坏。

5.6 在基本农田保护区下采矿，应结合矿山沉陷区治理方案确定优先充填开采区域，防止地表二次治理；在需要保水开采的区块，应采取有效措施避免破坏地下水系。

5.7 采矿产生的固体废物，应在专用场所堆放，并采取措施防止二次污染；禁止向河流、湖泊、水库等水体及行洪渠道排放岩土、含油垃圾、泥浆、煤渣、煤矸石和其他固体废物。

5.8 评估采矿活动对地表水和地下水的影响，避免破坏流域水平衡和污染水环境；采矿区与河道之间应保留环境安全距离，防止采矿对河流生物、河岸植被、河流水环境功能和防洪安全造成破坏性影响。

5.9 矿区专用道路选线应绕避环境敏感区和环境敏感点，防止对环境保护目标造成不利影响。

5.10 排土场、采场、尾矿库、矿区专用道路等各类场地建设前，应视土壤类型对表土进行剥离。对矿区耕作土壤的剥离，应对耕作层和心土层单独剥离与回填，表土剥离厚度一般情况下不少于 30cm；对矿区非耕作土壤的采集，应对表土层进行单独剥离，如果表土层厚度小于 20cm，则将表土层及其下面贴近的心土层一起构成的至少 20cm 厚的土层进行单独剥离；高寒区表土剥离应保留好草皮层，剥离厚度不少于 20cm。剥离的表层土壤不能及时铺覆到已整治场地的，应选择适宜的场地进行堆存，并采取围挡等措施防止水土流失。

6 探矿生态恢复

6.1 探矿活动结束后，应根据景观相似原则，对探矿活动造成的土壤、植被和地表景观破坏进行恢复。

6.2 对水文地质条件、土地耕作及道路安全有影响或位于江、河、湖、海防护堤或重要建筑物附近的钻孔或坑井应予以回填封闭，并恢复其原有生态功能。

7 排土场生态恢复

7.1 岩土排弃要求

7.1.1 合理安排岩土排弃次序，将有利于植被恢复的岩土排放在上部。

7.1.2 采矿剥离物在排弃前应进行放射性和危险性物质鉴别，含放射性成分渣土的排弃应符合 GB 14500 的相关要求，经鉴别属于危险废物的应按照 GB 18597、GB 18598 等标准要求进行处置，其他类型的剥离物排弃应符合 GB 18599 的相关要求。

7.2 排土场水土保持与稳定性要求

7.2.1 排土场基底坡度大于 1∶5 时，应将地基削成阶梯状。排土场原地面范围内有出水点的，排土之前应在沟底修筑疏水暗沟、疏水涵洞。

7.2.2 排土场应设置完整的排水系统，位于沟谷的排土场应设置防洪和排水设施，避免阻碍泄洪，防止淤塞农田、加剧水土流失和诱发地质灾害。

7.2.3 具有丰富水源的排土场或有大量松散物质排放的陡坡场地，以及其他有可能出现滑坡、坍塌的排土场，应采取坡脚防护或拦渣工程。

7.3 排土场植被恢复

7.3.1 排土场总高度大于 10m 时应进行削坡开级，每一台阶高度不超过 5～8m，台阶宽度应在 2m 以上，台阶边坡坡度小于 35°，形成有利于林木植被恢复的地表条件。

7.3.2 充分利用工程前收集的表土覆盖于排土场表层，覆盖土层厚度根据植被恢复类型和场地用途确定。恢复为农业植被的，覆土厚度应在 50cm 以上；恢复为林灌草等生态或景观用地的，根据土源情况进行适当覆土。

7.3.3 干旱风沙区排土场不具备植被恢复条件的，应采用砂石等材料覆盖，防止风蚀。

7.3.4 排土场植被恢复宜林则林、宜草则草、草灌优先，恢复后的植被覆盖率不应低于当地同类土地植被覆盖率，植被类型要与原有类型相似、与周边自然景观协调。不得使用外来有害植物种进行排土场植被恢复。已采用外来物种进行植被恢复造成危害的，应采取人工铲除、生物防治、化学防治等措施及时清理。

7.4 排土场恢复再利用

生态恢复后的排土场应因地制宜地转为农业、林业、牧业、建筑等类型用地，具体恢复工程实施参照 UDC-TD 等相应标准执行。

8 露天采场生态恢复

8.1 场地整治与覆土

露天采场的场地整治和覆土方法根据场地坡度来确定。水平地和 15°以下缓坡地可采用物料充填、底板耕松、挖高垫低等方法；15°以上陡坡地可采用挖穴填土、砌筑植生盆（槽）填土、喷混、阶梯整形覆土、安放植物袋、石壁挂笼填土等方法。

8.2 露天采场植被恢复

8.2.1 边坡治理后应保持稳定。非干旱地区露天采场边坡应恢复植被。边坡恢复措施及设计要求应符合 GB 50433 的相关要求。

8.2.2 位于交通干线两侧、城镇居民区周边、景区景点等可视范围的采石宕口及裸露岩石，应采取挂网喷播、种植藤本植物等工程与生物措施进行恢复，并使恢复后的宕口与周围景观相协调。

8.3 露天采场恢复与利用

露天采场作为内排土场时，场地水土保持与稳定性、植被恢复要求按 7.2～7.3 执行。露天采场不作为内排土场时，按满足以下要求：

8.3.1 采矿剥离物含有毒有害或放射性物质时，按照 7.1.2 的要求执行。

8.3.2 平原地区的露天采场应平整、回填后进行生态恢复，并与周边地表景观相协调，位于山区的露天采场可保持平台和边坡。

8.3.3 露天采场回填应做到地面平整，充分利用工程前收集的表土和露天采场风化物覆盖于表层（覆土要求按 7.3.2 执行），并做好水土保持与防风固沙措施。

8.3.4 恢复后的露天采场进行土地资源再利用时，在坡度、土层厚度、稳定性、土壤环境安全性等方面应满足相关用地要求。

9 尾矿库生态恢复

9.1 尾矿库安全稳定性要求

尾矿库的排水、围挡、防渗、稳定等措施参照 AQ 2006 执行。

9.2 尾矿库覆土及植被恢复

9.2.1 尾矿库闭库后，坝体和坝内应视尾矿库所处地区气象条件、尾矿污染物毒性、植被恢复方式、土源情况进行不同厚度覆土，因地制宜进行植被恢复和综合利用。恢复植被的覆土厚度不低于 10cm。

9.2.2 位于干旱风沙区、不具备植被恢复条件的尾矿库，应覆盖砂石等材料。

9.2.3 尾矿库恢复后用于农业生产的，应对尾矿库覆盖土壤（包括植物根系延伸区的尾砂）进行污染物检测与农产品安全评估，根据评估结果确定农业利用方式。

9.3 尾矿再利用的生态恢复

尾矿库进行回采再利用或经批准闭库的尾矿库重新启用时，应通过环境影响评价，制定实施尾矿利用规划和恢复治理方案。再利用结束的尾矿库根据本标准要求进行生态恢复。

10 矿区专用道路生态恢复

10.1 矿区专用道路用地应严格控制占地面积和范围。开挖路基及取弃土工程，均应根据道路施工进度有计划地进行表土剥离并保存，必要时应设置截排水沟、挡土墙等相应保护措施。

10.2 矿区专用道路取弃土工程结束后，取弃土场应及时回填、整平、压实，并利用堆存的表土进行植被和景观恢复。

10.3 矿区专用道路使用期间，有条件的地区应对道路两侧进行绿化。道路绿化应以乡土树（草）种为主，选择适应性强、防尘效果好、护坡功能强的植物种。

10.4 道路建设施工结束后，临时占地应及时恢复，与原有地貌和景观协调。

11 矿山工业场地生态恢复

11.1 矿山工业场地不再使用的厂房、堆料场、沉沙设施、垃圾池、管线等各项建（构）筑物和基础设施应全部拆除，并进行景观和植被恢复。转为商住等其他用途的，应开展污染场地调查、风险评估与修复治理。

11.2 地下开采的矿山闭矿后应将井口封堵完整，采取遮挡和防护措施，并设立警示牌。

12 矿山大气污染防治

12.1 矿山采选过程中产生的大气污染物排放应符合 GB 9078、GB 16297、GB 20426、GB 25465、GB 25466、GB 25467、GB 25468、GB 26451、GB 28661 等国家大气污染物排放标准以及所在省（自治区、直辖市）人民政府发布实施的地方污染物排放标准。矿区环境空气质量应符合 GB 3095 标准要求。

12.2 矿山企业应采取如下措施避免或减轻大气污染：

（1）采矿清理地面植被时，禁止燃烧植被。运输剥离土的道路应洒水或采取其他措施减少粉尘。

（2）勘探、采矿及选矿作业中所用设备应配备粉尘收集或降尘设施。

（3）矿物和矿渣运输道路应硬化并洒水防尘，运输车辆应采取围挡、遮盖等措施。

（4）矿物堆场和临时料场应采取防止风蚀和扬尘措施。

（5）天然气井选点测试放喷，应远离居民区和建筑物，排出的气体要点燃焚烧。

（6）煤炭、石油、天然气开发中产生的伴生气或者其他有毒有害气体，应进行综合利用或无害化处置，确需排放的，须达到 GB 21522 等国家或地方排放标准。

13 矿山水污染防治

13.1 充分利用矿井水、选矿废水和尾矿库废水，避免或减少废水外排。矿山采选的各类废水排放应达到 GB 8978、GB 20426、GB 25465、GB 25466、GB 25467、GB 25468、GB 26451、GB 28661 等标准要求，矿区水环境质量应符合 GB 3838、GB/T 14848 标准要求；污废水处理后作为农业和渔业用水的，应符合 GB 5084、GB 11607 标准要求；实施清洁生产认证的企业废水污染物排放与废水利用率还应满足 HJ/T 294、HJ/T 358、HJ 446 等清洁生产标准的相关要求。

13.2 可能产生酸性废水的采矿废石堆场、临时料场等场地的矿山，应采取有效隔离和覆盖措施，减少降水入渗，并采用沉淀法、石灰中和法、微生物法、膜分离法等方法处理矿区酸性废水。

13.3 矿井水和露天采场内的季节性和临时性积水应在采取沉淀、过滤等措施去除污染物后重复利用。

14 沉陷区恢复治理

14.1 矿山企业应采取有效措施，避免或减少地面沉陷和地表扰动。

14.2 因地制宜采用固体材料、膏体材料、高水材料等安全无害充填材料和充填工艺技术，有效控制地表沉陷，固体、膏体（似膏体）、高水（超高水）材料的充填率应分别达到 70%、85% 和 90%以上。

14.3 沉陷区恢复治理应综合考虑景观恢复、生态功能恢复及水土流失控制，根据沉陷区稳定性采用生态环境恢复治理措施，可按照 UDC-TD 相关要求恢复沉陷区的土地用途和生态功能。沉陷区稳定后两年内恢复治理率应达到 60%以上；尚未稳定的沉陷区应采取有效防护措施，防止造成进一步生态破坏和环境污染。

15 矸石场恢复治理

15.1 煤矸石综合利用

在煤矸石不对土壤、地下水造成污染的前提下，通过生产建筑材料、筑路、充填（包括建筑充填、低洼地和荒地充填、矿井采空区充填）等方式充分利用煤矸石，减少露天堆放量。在平原区，煤矸石应进行综合利用或井下充填，禁止露天占地堆放。在满足相关规定条件下，可开展煤矸石发电。

15.2 煤矸石堆放

煤矸石堆放与处置应安全稳定，符合 GB 18599 标准要求。禁止矸石堆的有毒有害液体和废物进入河流和地下水体。堆存煤矸石时，应设计稳定的边坡角度，并分层覆土压实，防止出现自燃和爆炸。一般每层矸石堆存厚度不超过 2m，覆土厚度不低于 0.5m。

15.3 矸石场生态恢复

矸石场闭场后，应进行平整和覆土处理，依据景观相似性原则选择植物种进行绿化或景观恢复。矸石场生态恢复与利用可参照第 7 章相关要求执行。

16 污染场地恢复治理

16.1 污染场地的恢复应切断污染源，防止渗漏和扩散，去除污染物，恢复场地生态功能，保证安全再利用。

16.2 污染场地应采取设置屏障等措施控制污染土壤、污泥、沉积物、非水相液体和固体废物等污染物进一步迁移。

16.3 易于积水的污染场地应采用防渗膜、土工膜、土工布、GCL 膨润土垫等做好防渗漏措施，根据污染场地天然基础层的地质情况分别采用天然材料衬层、复合衬层或双人工衬层作为其防渗层，必要时设置集排水系统，防止污水渗漏和扩散。

16.4 污染场地应因地制宜采用物理、化学、生物、热处理等技术进行场地修复。对于有毒有害污染物和放射性污染物处置，应符合 GB 18484、GB 18597、GB 18598 和 GB 14500 等标准要求。酸碱污染场地应采用水覆盖法、湿地法、碱性物料回填等方法进行场地修复，使修复后的土壤 pH 值达到 5.5～8.5。场地内废矿物油的利用与处置应符合 HJ 607 标准要求。

16.5 污染场地恢复治理达到相关标准要求并经环保部门组织验收后，可转为农业、林业、牧业、渔业、建设等用地。

17 评估与管理

17.1 县级以上环境保护主管部门应定期组织对矿山生态环境质量状况进行监测与监督检查，并对矿山大气环境、水环境、污染物排放、植被覆盖度、生物多样性、水土流失情况、土地毁损与景观破坏等方面进行评估；根据矿山生态环境保护与恢复治理方案分阶段目标，对矿山生态环境保护与恢复治理成效进行评估。矿山生态环境保护与恢复治理方案应符合相应编制导则要求，参照 HJ 652 编制。

17.2 恢复治理后的排土场、尾矿库、污染场地、矸石场、沉陷区、采空区等用于农业种植或养殖时，需连续进行 3 年以上农产品安全性检测与评估，达不到要求的，禁止种养殖食用农产品或能够进入食物链的农产品。

18 标准实施与监督

本标准由县级以上人民政府环境保护行政主管部门监督实施。

中华人民共和国国家环境保护标准

矿山生态环境保护与恢复治理方案（规划）编制规范（试行）

Compiling guideline of eco-environmental protection and reclamation plan for mining（On trial）

HJ 652—2013

前　言

为贯彻《中华人民共和国环境保护法》和《国务院关于加强环境保护重点工作的意见》，加强矿山生态环境管理，推进矿产资源开发过程中的生态环境保护与恢复治理，指导和规范矿山生态环境保护与恢复治理方案（规划）编制工作，制定本标准。

本标准规定了矿山生态环境保护与恢复治理方案（规划）编制的原则、程序、内容和技术要求。

本标准的附录 A 为规范性附录。

本标准由环境保护部科技标准司组织制订。

本标准主要起草单位：中钢集团马鞍山矿山研究院有限公司（国家环境保护矿山固体废物处理与处置工程技术中心）、环境保护部环境标准研究所、环境保护部南京环境科学研究所、山西省环境保护厅、安徽工业大学。

本标准环境保护部 2013 年 7 月 23 日批准。

本标准自 2013 年 7 月 23 日起实施。

本标准由环境保护部解释。

1 适用范围

本标准规定了矿山生态环境保护与恢复治理方案（规划）编制的原则、程序、内容和技术要求。

本标准适用于新建、改（扩）建矿山及生产和闭坑矿山编制矿山生态环境保护与恢复治理方案（规划）。

2 规范性引用文件

本标准引用了下列文件或其中的条款。凡是未注明日期的引用文件，其最新版本适用于本标准。

HJ 651　矿山生态环境保护与恢复治理技术规范（试行）

3 术语和定义

下列术语和定义适用于本标准。

3.1 矿山生态环境

指矿区内生态系统和环境系统的整体，包括地表植被与景观、生物多样性、大气环境、水环境、声环境、土壤环境、地质环境等。

3.2 矿山生态环境保护

指采取必要的预防和保护措施，避免或减轻矿产资源勘探和采选矿造成的生态破坏和环境污染。

3.3 矿区生态环境恢复

指对矿产资源勘探和采选矿过程中造成的各类生态破坏和环境污染采取人工促进措施，依靠生态系统的自我调节能力与自组织能力，逐步恢复与重建其生态功能。

3.4 露天采矿场

开采所形成的采坑、台阶和露天沟道总称为露天采矿场。

3.5 地下采矿

指采用立井、斜井和平硐方式从地下矿床采出有用矿物的过程。

3.6 排土场

指矿山剥离和掘进排弃物集中排放的场所，包括外排土场和内排土场，又称为废石场、排岩场或弃渣场。

3.7 矸石场

指煤矿采选过程中产生的含炭岩石及其他岩石等固体废弃物的集中排放和处置场所。

3.8 选矿场

指采用物理、化学、生物等各类方法将有用矿物与脉石矿物分开，以获得工业原料的分选场所。

3.9 尾矿库

指由筑坝拦截谷口或围地构成的、用于贮存经选矿场选别后排出尾矿的场所。

3.10 矿山沉陷区

指矿山开采导致采空区之上覆岩层的原始应力平衡状态受到破坏，发生冒落、断裂、弯曲等移动变形，最终导致地表形成下沉盆地和裂隙等的沉陷区域。

4 方案（规划）编制的基本原则和工作程序

4.1 基本原则

4.1.1 保护优先，防治结合

矿山企业要遵循在开发中保护、在保护中开发的理念，坚持“边开采、边治理”的原则，从源头上控制生态环境破坏，减少对生态环境影响。对矿产资源开发造成的生态功能破坏和环境污染，通过生物、工程和管理措施及时开展恢复治理。

4.1.2 景观相似，功能恢复

根据矿山所处的区域、自然地理条件、生态恢复与环境治理的技术经济条件，按“整体生态功能恢复”和“景观相似性”原则，宜耕则耕、宜林则林、宜草则草、宜藤植藤、宜景建景、注重成效，因地制宜采取切实可行的恢复治理措施，恢复矿区整体生态功能。

4.1.3 突出重点，分步实施

坚持矿产资源开发与生态环境恢复治理同步进行，按照轻、重、缓、急，分步实施，优先抓好生态破坏与环境污染严重的重点恢复治理工程。以典型示范和以点带面的方式，有计划地推广试点经验，稳步推动《矿山生态环境保护与恢复治理方案》的全面实施。

4.1.4 科技引领，注重实效

坚持科学性、前瞻性和实用性相统一的原则，鼓励广泛应用新技术、新方法，选择适宜的保护与治理方案，努力提高矿山生态环境保护和恢复治理成效和水平。

4.2 方案（规划）编制的工作程序

矿山生态环境保护与恢复治理方案（规划）编制的工作程序如图 1 所示。

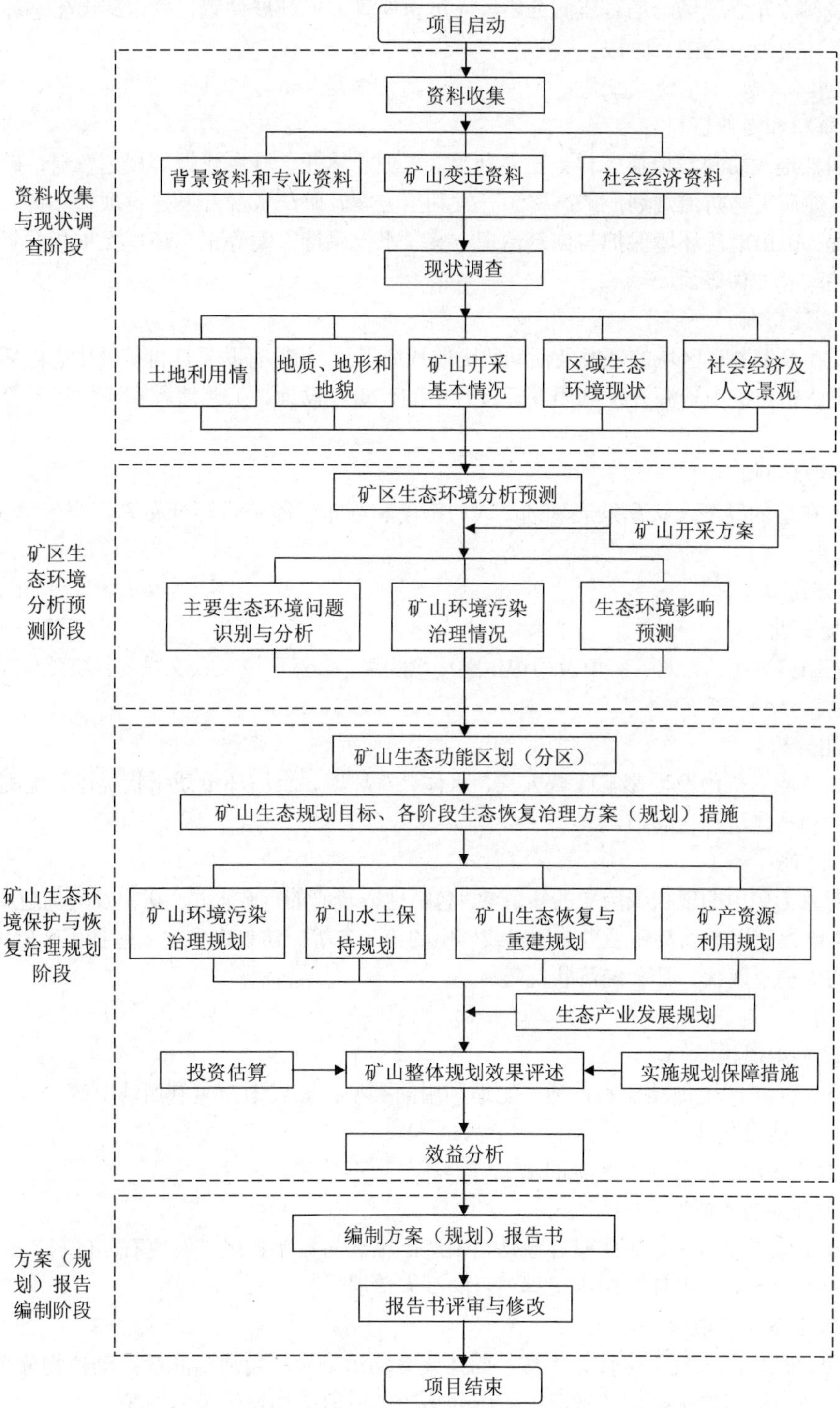

图 1　矿山生态环境保护与恢复治理方案（规划）编制的工作程序

5 方案（规划）编制背景资料收集与现状调查

通过资料收集、现场踏勘、监测分析、人员访谈等方式开展调查，确定矿山生态环境保护与恢复方案（规划）范围、时限。

5.1 资料收集

5.1.1 背景资料和专业资料

矿区自然地理资料、地质资料；土地利用、农业、林业、城乡建设等规划资料；矿山开发利用规划、地质灾害防治规划；矿产资源开发利用方案、矿产资源开发建设项目环评、矿山土地复垦方案、矿山地质环境保护与恢复治理方案、水土保持方案等生态环境保护相关资料；矿山开发相关政府文件等。

5.1.2 矿山变迁资料

反映矿山及其邻近区域的开发及活动状况航片或卫片，其他有助于评价矿区生态破坏和环境污染的历史资料；矿山资源开发利用变迁过程中的建筑、设施、工艺流程和产生污染等的变化情况。

5.1.3 社会经济资料

矿山所在地的经济现状和发展规划、人口密度和分布、敏感目标分布等。

5.2 现状调查

5.2.1 调查方式

5.2.1.1 现场踏勘

应对矿山开采工艺过程、矿山及周边生态环境状况、自然环境及人文景观、社会经济状况进行全面踏勘。

5.2.1.2 监测分析

必要时，应对矿山及受影响区域大气、水体、声环境、土壤环境质量状况进行监测，以及对受保护的动植物进行生态监测。

5.2.1.3 人员访谈

访谈对象为矿山的现状或历史的知情者，包括地方政府的行政人员、矿山及其周边居民、矿山土地不同阶段使用者以及熟悉当地情况或矿山的第三方等。访谈内容主要包括矿区生态破坏、环境污染的历史及现状、社会经济状况等。

5.2.2 调查内容

5.2.2.1 土地利用现状

踏勘和记录矿区土地功能和性质；土地利用的类型；废弃地恢复利用情况等。

5.2.2.2 地质、地形和地貌

踏勘和记录矿山及其周围区域的水文、地质与地形地貌。

5.2.2.3 矿山开采基本情况

踏勘和记录矿山范围、矿床赋存条件、采选矿工艺与设备、尾矿及废石（矸石）处理与处置和生产能力、水耗、电耗等矿山工程项目的基本情况。

5.2.2.4 区域生态环境现状

踏勘和记录矿区大气、水体、土壤、固体废弃物污染及环境质量状况；动植物分布状况；植被破坏、地表沉陷等生态破坏状况；矿山开采历史遗留的环境污染问题等。

5.2.2.5 社会经济及人文景观情况

踏勘和记录矿山所在地的工农业总产值、人口数量、人均耕地、人均收入、三大产业组成比例、重点发展产业、周边景观位置及分布，以及区域所在地的经济现状和发展规划等。

6 方案（规划）生态环境影响分析与预测

6.1 主要生态环境问题识别与分析

结合矿区生态环境现状调查，分析大气、水体、土壤等环境污染及生态破坏的范围、程度。包括对矿区生态系统和生物多样性的影响与分析（主要是对动物、植物、森林、草地资源等的影响）；矿山生产对大气污染影响与分析；矿山生产对水体（地表水、地下水）的影响与分析；矿山生产对土壤质量及污染的影响与分析；水土流失影响与分析、地表沉陷对土地资源的破坏、生态功能下降的情况、工业场地“三废”排放对环境的污染情况，以及人文景观的防护措施等。新、改（扩）建矿山可根据环境影响评价预测结果说明方案实施期内生态环境破坏情况。

6.2 矿山环境污染治理情况分析

根据调查结果，分析矿山目前环保装备水平、“三同时”履行情况、运行状况、污染治理技术水平、污染物排放情况、是否满足现行环保标准要求和总量控制要求等，分析存在的主要环境问题。

6.3 生态环境影响预测

结合矿床开拓布局和采掘规划或计划，对采矿活动在方案（规划）期内不同年份造成的生态破坏和环境污染进行预测，包括生态破坏和环境污染的范围和强度。明确矿山生态恢复与污染治理的重点，确定重点治理区、次重点治理区和一般治理区。

7 方案（规划）编制要点

7.1 范围与时限

规划以矿区为基准，包括其生态环境影响范围。编制含矿山服务年限在内的规划，一般分近期、中期和矿山服务期满（闭坑）后三个阶段。

方案期限。对于新建和改（扩）建矿山，方案编制应以矿山基本建设完成、未投产前的年份为基准年，对于已投产矿山，方案编制以前一年为基准年。方案应根据不同矿种特点原则上3～5年为一个周期，滚动编制、审批、实施和验收。

7.2 方案（规划）分区

分区应根据矿山企业生态破坏与环境污染状况现状调查、评价与预测确定，按照重点治理区、次重点治理区和一般治理区进行分区。

重点治理区一般指排土场、尾矿库、塌陷区等。一般治理区指矿山生活区、办公区等。其他为次重点治理区。

7.3 方案（规划）目标

编制规划，应按照国家和地方对矿山清洁生产、污染控制、水土保持、生态恢复治理等方面的要求提出生态环境保护与恢复治理的总体目标、阶段目标和具体指标，制定各阶段规划的切实可行目标指标体系。

制定方案，应根据矿山企业生态破坏与环境污染状况及相关技术政策和标准，分阶段确定目标和指标。

7.3.1 清洁生产指标

包括采选矿生产工艺先进性及装备技术水平、资源能源利用指标、综合利用指标、环境管理要求，并符合相应的国家和地方环境保护标准要求。

7.3.1.1 资源能源利用指标

采矿回采率（%）、采矿贫化率（%）、选矿金属回收率（%）、耗水量（m^3/t）、电耗（kW·h/t）等。

7.3.1.2 综合利用指标

采矿废石（矸石）利用率（%）、矿坑（露天、井下）涌水利用率（%）、选矿尾矿综合利用率（%）、选矿水重复利用率（%）等。

7.3.2 污染控制指标

包括工业废水排放达标率（%）、工业废气排放达标率（%）、作业环境粉尘合格率（%）、固体废弃物安全处置率（%）、生活垃圾无害化处理率（%）、生活污水处理率（%）、环境空气质量达标率（%）、地表水环境质量达标率（%）、声环境质量达标率（%）等。

7.3.3 水土保持指标

包括扰动土地整治率（%）、水土流失总治理度（%）、林草覆盖率（%）等。

7.3.4 生态恢复指标

包括矿山损毁土地恢复率（%）、工业广场及办公生活区绿化率（%）、污染场地治理达标率（%）等。

7.4 方案（规划）工程措施

方案（规划）应对各类生态环境保护与恢复治理工程所采取的技术措施、技术指标、实施时间等进行说明，对各类生态环境保护和恢复治理的要求应当符合 HJ 651 规定。

7.4.1 污染防治工程

7.4.1.1 大气污染防治工程

包括采选矿生产过程粉尘污染控制及有害气体防治等工程。

7.4.1.2 水污染防治与水资源保护工程

包括采选矿过程中产生的矿坑水、排土场淋溶水、选矿废水及生活污水等治理。根据矿山废水形成的条件和原因，从减源、减量、减时三个方面进行预防或减轻其危害程度，采取截流减源、减少疏干水量、改进工艺减少废水产生量、废水循环利用等工程措施，保护矿区地表水和地下水资源。

7.4.1.3 固体废弃物处理与处置利用工程

包括排土场、尾矿库有价值元素选别、建筑及其他材料应用；固体废弃物处理与处置包括安全贮存、植被复垦等。

7.4.1.4 噪声与振动控制工程

包括矿山生产爆破冲击波与爆破振动；采选矿设备及道路运输噪声等控制工程。

7.4.2 生态恢复与重建工程

包括采矿表土资源管理、采矿过程生态恢复与重建（含采矿坑或沉陷区生态恢复与重建）、排土（矸石）场生态恢复与重建、选矿场及尾矿库生态恢复与重建、工业场地生态恢复与重建，以及必要的土壤污染治理工程等。

7.4.3 水土保持建设工程

包括土地整治、拦渣、防洪排导、植被复垦等工程。

7.4.4 地质环境保护与治理恢复工程

包括矿山开采过程中和服务期满后矿山地质灾害防治措施（地面塌陷、地裂缝的预防措施，滑坡、崩塌的预防治施，泥石流的预防治施等）；地下含水层保护措施；矿区地形地貌景观（包括人文景观）保护与恢复工程措施等。

7.4.5 生态产业工程

可产生经济效益的生态产业，如建材业（固废利用）、花卉苗圃园等。

7.5 矿山生态环境监测与评估

提出矿山生态环境监测（地面与遥感）方案和生态环境评估方法等。

7.6 矿山生态环境保护与恢复治理效果

依据建设工程和生态监测绘制矿山生态环境保护与恢复治理工程实施后的生态恢复与重建效果，并附效果图。

7.7 投资估算

包括生态恢复与重建、环境污染治理、水土保持、资源综合利用（固废资源）、生态产业发展等工程所需要的资金估算，工程实施与执行计划（含资金计划）。

7.8 效益分析

效益主要体现在社会、经济及生态环境效益三个方面。

7.9 实施方案（规划）保障措施

包括组织管理措施、技术保障措施、资金保障措施（资金来源、渠道、责任主体）等。

8 方案（规划）报告编制

8.1 报告书文本内容

矿山生态环境保护与恢复治理方案（规划）报告书的内容结构参见附录 A-1 方案（规划）报告编写大纲。可根据矿山实际情况适当增、减有关内容。

8.2 资料性附件

报告书的资料性附件参见附录 A-2 方案（规划）报告书附件，可根据矿山实际情况适当增、减有关内容。

附录 A-1
（规范性附录）
方案（规划）报告编写大纲

A.1 总论

A.1.1 任务由来

说明方案（规划）编制任务的由来、背景资料等。

A.1.2 必要性和意义

阐述方案（规划）编制的政策符合性和规划一致性，论述方案（规划）的实施对修复矿山生态环境，改善矿区生态环境质量，促进地方经济发展的作用与意义。

A.1.3 方案（规划）编制的依据

国家、地方、部门、行业等相关法律法规、标准、规范、政策性文件等。

A.1.4 方案（规划）涵盖范围、基准年及实施时限

方案（规划）涵盖范围以矿山全部区域，包括生产区、生活区、办公区，同时考虑矿山开采影响范围内的生态环境问题。

方案编制应以矿山基本建设完成、未投产前的年份为基准年，对于已投产矿山，方案编制以前一年为基准年。方案应根据不同矿种特点原则上 3～5 年为一个周期，中远期与国民经济和社会发展规划相一致，规划应依据国家和地方相关政策要求适时调整。

A.2 指导思想与基本原则

A.2.1 指导思想、基本原则

以科学发展观为指导，以维护矿区生态环境安全为重点，针对矿产资源开发利用方式以及产生的主要生态环境问题，科学规划、合理布局，提出生态环境保护与恢复治理的主要措施，及时治理受损的生态环境，最大限度地减少因矿产资源开发利用造成的危害，促进矿产资源开发与社会经济的可持续发展。

A.2.2 基本原则

保护优先、防治结合，景观相似、功能恢复，突出重点、分步实施，科技引领、注重实效。

A.3 规划区的基本概况

A.3.1 矿区所处行政区划

包括位置、分布范围、地理坐标、区位条件等。

A.3.2 矿区及周围经济社会发展状况

包括人口、教育、工业和能源生产、农业与土地利用、交通运输、人文景观等。

A.3.3 矿区自然条件概况

包括气象气候、地质、水文、土壤、植被等。

A.3.4 矿山开采基本情况

包括储量、设计生产能力、可采矿层及其基本特征、采选工艺及设备等。

A.4 生态环境现状调查与预测、评价

A.4.1 矿区自然资源与生态系统调查

包括土地资源、动植物资源、陆生生态系统、水生生态系统等。

A.4.2 矿区土地、动植被资源的占用与破坏

包括土地利用现状改变，地貌景观破坏、水土流失控制、土地沙化、土壤盐碱化及污染、矿区土地复垦与土壤污染防治、动植物种类与生存状况等。

A.4.3 矿区地下水均衡破坏与污染

包括地下水水位下降、水资源枯竭、地下水及地表水污染等。

A.4.4 矿山地质灾害引发生态环境破坏

包括矿坑疏干排水引发的崩塌、滑坡、地面塌陷（开采沉陷、岩溶塌陷）、地裂缝、不稳定边坡；固体废弃物堆积引起的崩塌、滑坡、泥（渣）石流、不稳定边坡；尾矿库溃坝、裂隙与管涌等地质灾害引发生态破坏与环境污染、地质环境保护与治理恢复等。

A.4.5 矿山生态环境现状评价及生态状况分级

包括水、气、声、噪声与振动、动植物状况等。

A.4.6 矿山生态环境破坏的控制、恢复治理重建评价

说明生态破坏控制、恢复治理与重建水平。矿山企业污染物达标排放与总量控制要求，以及环保“三同时”履行情况。

A.4.7 生态环境预测与评估

包括各类生态系统破坏、水土流失变化、地质灾害、环境污染等的预测评估。

A.5 生态环境保护目标与指标

A.5.1 生态环境保护总体目标

依据现行法律、法规及有关技术政策，结合矿山实际情况，明确规定矿山生态环境保护与恢复治理应达到的总体目标与指标。

A.5.2 生态环境保护分期目标

结合矿山生态环境现状，其中应明确规定各分期（近期、中期与矿山开采服务期满后）目标实现年限及应达到的分期目标与指标。建立矿山生态环境保护与恢复治理的目标指标体系。

A.6 主要任务

A.6.1 确定生态环境保护与恢复治理规划分区

A.6.1.1 方案（规划）分区原则

方案（规划）分区依据矿山所处的地形地貌、地质环境，矿石种类、开采方式及规模，采矿活动对生态环境所造成的破坏和影响类型、程度，地质灾害隐患等特征，参照城镇建设规划和生态规划，进行生态环境保护与恢复治理分区。

A.6.1.2 具体方案（规划）分区

按排土场、尾矿库、矿山沉陷区、矸石场等对规划进行分区，明确重点治理区、次重点治理区以及一般治理区（可列图表说明）。

A.6.2 制定生态环境保护方案

结合矿山实际情况与生态环境保护与恢复治理目标指标，按照矿山建设和开采的不同阶段确定矿山生态环境保护与恢复治理的工作部署（可附表说明）。

A.6.3 不同阶段矿山生态环境保护与恢复工程措施

A.6.3.1 勘查阶段的生态环境保护与恢复治理

矿产地质勘探应根据查明矿区环境地质条件、现状预测评价，对可能产生的生态环境破坏与恢复治理提出防治对策。

A.6.3.2 建设阶段矿山生态环境保护与恢复治理

包括矿山建设准入条件符合性描述；矿产资源开发利用方案、矿产资源综合利用方案、水土保持方案、土地复垦方案、地质灾害防治方案、“三废”处理措施等；建设项目“三同时”落实情况叙述。

A.6.3.3 生产阶段的生态环境保护与恢复治理

包括采矿塌陷和其他采矿活动破坏（如排土场、矿坑）的矿山生态恢复治理工程；选矿生产及尾矿库生态恢复和污染治理工程；矿山“三废”排放治理工程；矿区生产过程水土流失及水土保持工程；工程实施进度与工作安排等。

A.6.3.4 矿山闭坑阶段的生态环境保护与恢复治理

闭坑矿山的生态环境恢复与重建工程，包括露天坑、排土场与尾矿库、沉陷区、生产与生活区生态恢复与重建工程；可能存在的生态环境问题和地质灾害隐患的防治措施；自然人文景观恢复措施等。

A.6.4 生态环境治理工程方案

明确工程项目名称、建设位置、实施期限、主要建设内容、工程规模及投资（包括分年度建设内容）、建设目的及预期应达到的效果以及责任单位等。

A.6.5 生态产业发展规划

根据矿山具体情况而定。包括经济林、经济作物建设规划；人工湿地建设规划；花卉苗圃产业；生态旅游业规划。

A.7 方案（规划）可行性及预计效果分析

A.7.1 方案（规划）可行性分析

从技术、组织管理、资金等方面，对方案（规划）可行性进行分析。

A.7.2 方案（规划）实施效益分析

对方案（规划）预期的经济效益、生态环境效益、社会效益进行分析。

A.7.3 方案（规划）预计效果分析

根据规划任务，对矿山污染控制、矿山生态社区建设、地质灾害隐患消除、清理矿山场地总面积、绿化面积、新增建设用地、新增垦地、人文景观恢复重建等方面进行预计效果分析，并附效果图。

A.8 方案（规划）实施的保证措施

A.8.1 政策保障措施。

A.8.2 组织保障措施。

A.8.3 资金保障措施。

A.8.4 技术保障措施。

A.9 结论

附录 A-2
（规范性附录）
方案（规划）报告书附件

附件 1 矿山开采支撑文件

附件 2 规划附图

1．矿区卫星影像图

2．矿山企业总平面布置图

3．矿区范围及生态环境现状图。应包含项目地理位置、范围、矿体境界、主要道路、主要水系、河流与湖泊、土地利用现状、绿化、矿区植被复垦类型、水土流失与水土保持、地质环境保护与治理恢复、人文景观等信息资料

4．矿山生态环境影响预测图

5．生态环境综合整治总体布局图。图中应包括综合整治工程的主要信息

6．方案（规划）中各项工程的配套专业图件

7．生态环境恢复治理效果图。绘制生态环境恢复综合整治效果图，并标示各项工程治理效果的有关数据

附件 3 其他相关附件

中华人民共和国土地管理行业标准

土地复垦质量控制标准

Completion standards on land reclamation quality

TD/T 1036—2013

前 言

本标准按照GB/T1.1—2009给出的规则起草。

本标准由全国国土资源标准化技术委员会提出并归口。

本标准主要起草单位：国土资源部土地整治中心。

本标准参加单位：中国地质大学（北京）、北京矿冶研究总院、中国矿业大学（北京）。

本标准主要起草人：吴海洋、刘仁芙、罗明、白中科、刘喜韬、王金满、周连碧、胡振琪、王敬、黄先栋、卢丽华、周妍、周际、周伟、张清春、赵中秋、周旭。

本标准主要参加人员：李树志、余建新、黄元仿、梁成华、潘英杰、贺振伟、王亚东、刘飞、谢苗苗、高晴、任君杰、杜亚敏、付佳、王英男、龚珉。

本标准由中华人民共和国国土资源部负责解释。

引 言

为规范生产建设活动和自然灾害损毁土地复垦工作，提高土地复垦的实施质量，推进土地复垦管理的制度化、规范化建设，根据《中华人民共和国土地管理法》、《土地复垦条例》及有关法律、法规、政策和技术标准，制订《土地复垦质量控制标准》。

1 范围

本标准规定了以下损毁土地复垦应遵循的技术要求和应达到的质量要求：

——露天采矿、烧制砖瓦、挖沙取土等地表挖掘所损毁的土地；

——地下采矿等造成地表塌陷的土地；

——堆放采矿剥离物、废石、矿渣、粉煤灰、冶炼渣等固体废弃物压占的土地；

——能源、交通、水利等基础设施建设和其他生产建设活动临时占用所损毁的土地；

——洪水、地质灾害等自然灾害损毁的土地；

——法律规定的其他生产建设活动造成损毁的土地。

本标准适用于土地复垦专项规划编制、土地复垦方案编制、土地复垦工程规划设计以及验收等活动。

2 规范性引用文件

下列文件对于本文件的应用是必不可少的。凡是注日期的引用文件，仅所注日期的版本适用于本文件。凡是不注日期的引用文件，其最新版本（包括所有的修改单）适用于本文件。

GB 2715　粮食卫生标准

GB 3838—2002　地表水环境质量标准

GB 8703　辐射防护规定

GB 11607　渔业水质标准

GB 14500　放射性废弃物管理规定

GB 15618—1995　土壤环境质量标准

GB 18598　危险废弃物填埋污染控制标准

GB 50007　建筑地基基础设计规范

GB 50011　建筑抗震设计规范

GB 50286　堤防工程设计规范

GB 50288　灌溉与排水工程设计规范

GB/T 16453　水土保持综合治理　技术规范

GB/T 18337.2　生态公益林建设　规划设计通则

GB/T 18337.4　生态公益林建设　检查验收规程

GB/T 21010—2007　土地利用现状分类

GBZ 167　放射性污染的物料解控和场址开放的基本要求

LY/T 1607　造林作业设计规程

NY/T 1342　人工草地建设技术规程

TD/T 1031—2011　土地复垦方案编制规程

TD/T 1033　高标准基本农田建设标准

3 术语与定义

下列术语和定义适用于本文件。

3.1 土地复垦 land reclamation

对生产建设活动和自然灾害损毁的土地，采取整治措施，使其达到可供利用状态的活动。

[TD/T 1031—2011，定义 3.1]

3.2 土地复垦质量 land reclamation quality

生产建设活动和自然灾害损毁的土地经整治措施后，在地表形态、土壤质量、配套设施和生产力水平方面达到可供持续利用状态的程度。

3.3 土地复垦质量控制 land reclamation quality control

对不同区域损毁土地复垦质量所需达到的基本完成要求进行限定。

3.4 土地复垦类型区 land reclamation types area

具有土地损毁类型、土壤类型、气候条件、土地利用特征共性的特定区域和范围。

3.5 土地损毁 land destruction

人类生产建设活动或自然灾害造成土地原有功能部分或完全丧失的过程。

3.6 土地挖损 land excavation

因采矿、挖沙、取土等生产建设活动致使原地表形态、土壤结构、地表生物等直接损毁，土地原有功能丧失的过程。

[TD/T 1031—2011，定义 3.8]

3.7 土地塌陷 land subsidence

因地下开采导致地表沉降、变形，造成土地原有功能部分或全部丧失的过程。

[TD/T 1031—2011，定义 3.9]

3.8 土地压占 land occupancy

因堆放剥离物、废石、矿渣、粉煤灰、表土、施工材料等，造成土地原有功能丧失的过程。

[TD/T 1031—2011，定义 3.10]

3.9 土地污染 land pollution

因生产建设过程中排放的污染物，造成土壤原有理化性状恶化、土地原有功能部分或全部丧失的过程。

[TD/T 1031—2011，定义 3.11]

3.10 排土场 dump

堆放剥离物的场所。建在露天采场以内的称内排土场，建在露天采场以外的称外排土场。

3.11 塌陷地 subsided land

地下开采引起围岩的位移和变形，造成地表下沉、变形和塌陷的场地。

3.12 废石场 waste dump

矿山采矿剥离、排弃物的集中堆放的场地。

3.13 尾矿库 tailings reservoir

筑坝拦截谷口或围地构成的用以贮存金属或非金属矿山进行矿石选别后排出尾矿的场所。

3.14 赤泥堆场 red mud disposal site

铝土矿提取氧化铝后排出赤泥的堆放场地。

4 总则

4.1 土地复垦质量控制标准确定应体现综合控制的原则，规定损毁土地通过工程措施、生物措施和管护措施后，在地形、土壤质量、配套设施和生产力水平方面所应达到的基本完成要求。

4.2 土地复垦质量控制标准确定应依据技术经济合理的原则，兼顾自然条件与土地类型，选择复垦土地的用途，因地制宜，综合治理。宜农则农，宜林则林，宜牧则牧，宜渔则渔，宜建则建。条件允许的地方，应优先复垦为耕地。

4.3 土地复垦质量控制标准确定应遵循保护土壤、水资源和环境质量，保护文化古迹，保护生态，防止水土流失，防止次生污染的原则。

4.4 土地复垦质量控制标准确定应遵循实事求是的原则，若损毁土地复垦遇到特殊条件不能达到本标准规定要求时，可结合当地实际情况科学合理确定土地复垦质量控制标准。

4.5 依据土地复垦质量控制标准完成损毁土地复垦工作后，需重新确权登记的复垦土地应严格按照《土地利用现状分类》（GB/T 21010）进行划分。

5 土地损毁类型与复垦类型区划分

5.1 土地损毁类型

5.1.1 依据土地损毁主体、土地损毁方式和生产建设工艺等，将土地损毁类型设置为三级分类。

5.1.2 土地损毁的一级类型包括生产建设活动损毁和自然灾害损毁。生产建设活动损毁土地的二级类型有挖损土地、塌陷土地、压占土地等；自然灾害损毁土地的二级分类包括水毁等。在二级分类的基础上继续进行三级类型划分，土地损毁类型划分参见附录 A。

5.2 土地复垦类型区划分

5.2.1 依据地貌单元的一致性和土地复垦方向与工程技术的类似性、气候-土壤-植被地带性规律以及不同性质矿山，尤其是大中型煤矿和金属矿的分布进行土地复垦类型区划分。

5.2.2 土地复垦类型区名采用“大尺度区位或自然地理单元+地貌类型组合（大尺度区位或自然地理单元和优势地面组成物质或岩性）”的方式进行命名。

5.2.3 依据土地复垦类型区划分和命名原则将全国划分为东北山丘平原区、黄淮海平原区、长江中下游平原区、东南沿海山地丘陵区、黄土高原区、北方草原区、西南山地丘陵区、中部山地丘陵区、西北干旱区、青藏高原区 10 个土地复垦类型区。土地复垦类型区划分参见附录 B。

6 损毁土地复垦质量要求

6.1 生产建设活动损毁土地

6.1.1 挖损土地

6.1.1.1 露天采场（坑）

依据当地自然环境、采掘坑面积和深度、坑底岩性和地形、表层风化程度、表土资源及灌溉条件，合理确定耕地、林地、草地、建设用地等土地复垦方向。

深度小于 1.0m 的不积水浅采场，在天然状态下或人工修复后可满足地表水、地下水径流条件时，经过削高垫洼，可复垦成耕地。覆土厚度视坑底岩体土风化程度而定，岩体风化程度较高时，自然沉实土壤覆土厚度为 30cm 以上；岩体较完整，风化程度较低时，自然沉实土壤覆土厚度为 50cm 以上。覆土层的土壤质地以壤土最佳，确保土壤涵养水分的供给能力。土壤环境质量应达到《土壤环境质量标准》(GB 15618—1995）中的二级标准。

不积水露矿深挖损地，含薄覆盖层的深采场、厚覆盖层的浅采场和厚覆盖层的深采场三种，适宜于复垦为林地。根据坑底地形、岩体风化程度、种植树木类型、根系发育状况，确定覆土厚度和配置模式及种植方式。当坑底地势较平坦、岩体风化严重时，易采用整体覆土，自然沉实土壤覆土厚度为 30cm 以上；当坑底地势起伏较大，岩体较完整，应采用客土穴植方式，减少上覆土方量，降低治理成本。土壤环境质量应达到《土壤环境质量标准》(GB 15618—1995）中的三级标准。

浅积水露天采场也可进一步深挖、筑塘坝复垦为渔业（养殖业）用地；浅积水露天采场若位于城镇附近，可复垦为人工水域和公园；积水在 3m 以上，复垦为渔业（含水产养殖）或人工水域和公园。渔业（含水产养殖）水质符合《渔业水质标准》(GB 11607)。

露天采场用于建设用地时，应进行场地地质环境调查，查明场地内崩塌、滑坡、断层、岩溶等不良地质条件的发育程度，确定地基承载力、变形及稳定性指标。

6.1.1.2 取土场

依据当地自然环境、取土场面积、深度和地形、表层风化程度及表土资源，合理确定耕地、园地、林地、草地、建设用地等土地复垦方向。

大型取土场土地复垦质量要求可参照 6.1.1.1 露天采场（坑）执行。

对于小型取土场，能够回填恢复的，应参照国家有关环境标准尽量利用废石、垃圾、粉煤灰等废料回填。取土场复垦为耕地，表土厚度不低于 50cm，土壤环境质量应达到《土壤环境质量标准》(GB 15618—1995）中的二级标准；复垦为园地，表土厚度不低于 30cm，土壤环境质量应达到《土壤环境质量标准》(GB 15618—1995）中的二级标准；复垦为林地、草地，表土厚度不低于 30cm，土壤环境质量应达到《土壤环境质量标准》(GB 15618—1995）中的三级标准。

6.1.1.3 其他

参照 6.1.1.1 和 6.1.1.2 规定执行。

6.1.2 塌陷土地

6.1.2.1 积水性塌陷地

依据当地条件，因地制宜，保留水面，集中开挖水库、蓄水池、鱼塘或人工湖等，采用挖深垫浅和充填等工艺综合实施塌陷土地复垦与生态环境治理。复垦水域水质应符合《地表水环境质量标准》（GB 3838—2002）中Ⅳ、Ⅴ类水域标准。

6.1.2.2 季节性积水塌陷地

局部积水或季节性积水地带，应依据当地条件，因地制宜，适当整形后复垦为耕地、林地、草地等。

6.1.2.3 非积水性塌陷地

基本不积水或干旱地带形成丘陵地貌，可对局部沉陷地填平补齐，进行土地平整。沉陷后形成坡地时，根据坡度情况小于25°的可修整为水平梯田，局部小面积积水可改造为水田等。

用矿山废弃物充填时，应参照国家有关环境标准，进行卫生安全土地填筑处置，充填后场地稳定。有防止填充物中有害成分污染地下水和土壤的防治措施。视其填充物性质、种类，除采取压实等加固措施外，应作不同程度防渗、防污染处置，必要时，设衬垫隔离层。

6.1.3 压占土地

6.1.3.1 排土场

依据当地自然环境、排土场地形、水资源及表土资源，合理确定耕地、林地、草地、建设用地等土地复垦方向。

排土场最终坡度应与土地利用方式相适应，应为26°～28°，机械作业区坡度小于20°，对生态利用的坡度小于岩土的自然安息角36°左右。

合理安排岩土排弃次序，尽量将含不良成分的岩土堆放在深部，品质适宜的土层包括易风化性岩层可安排在上部，富含养份的土层宜安排在排土场顶部或表层。充分利用工程前收集的表土覆盖于表层。在无适宜表土覆盖时，可采用经过试验确证，不致造成污染的其他物料覆盖。覆盖土层厚度应根据场地用途确定。煤矸石须填埋在排土场的20m以下，以防止自燃。

在采矿剥离物含有毒有害成分时，必须用碎石深度覆盖，不得出露，并应有防渗措施。然后再覆盖土层后，方可复垦为农用地。

排土场的配套设施应有合理的道路布置，排水设施应满足场地要求，设计和施工中有控制水土流失措施，特别是控制边坡水土流失措施。

6.1.3.2 废石场

依据当地自然环境、废石场地形、水资源及表土资源，合理确定耕地、林地、草地、建设用地等土地复垦方向。

新排弃废石应立即进行压实整治，形成面积大、边坡稳定的复垦场地。

已有风化层，层厚在10cm以上，颗粒细，pH值适中，可进行无覆土复垦，直接种植植被。风化层薄，含盐量高或具有酸性污染时，应经调节pH值至适中后，覆土30cm以上。不易风化废石覆土厚度应在50cm以上。

具有重金属等污染时，如果复垦为农用地，应铺设隔离层，再覆土50cm以上。

废石场的配套设施应有合理的道路布置，排水设施应满足场地要求，设计和施工中有控制水土流失措施，特别是控制边坡水土流失措施。

6.1.3.3 矸石山

依据当地自然环境、矸石山地形、水资源及表土资源，合理确定耕地、林地、草地等土地复垦方向。

矸石山原则上复垦为林草地，对立地条件较好、覆土较厚且无污染的，可复垦为耕地。

对新排的矸石山，应尽量减少硫铁矿混入，层层压实，每排10m再铺覆一层50cm的粘土层，阻隔空气进入，预防自燃。山区、丘陵区应选择填沟造地。

矸石山整地需要保障边坡的稳定，一般斜坡的坡度小于岩土自然安息角36°。修建水土保持和排水工程，有合理的道路布置，宜在坡脚修建挡土墙。

土源缺乏的非酸性矸石山，可考虑不覆土种植，保留地表风化物。常绿乔木需带土球移植，其他乔灌木应穴植、并在穴中添加土壤。对景观和环境要求较高的地区需要覆盖10～30cm以上的表土。

酸性矸石山须采取控酸和防灭火措施，可覆盖由碱性材料和土壤构成的惰性材料，并辅以碾压，其厚度依据覆盖材料不同而形成20cm以上的隔离层，阻隔空气进入矸石山。在隔离层之上再覆盖植物生长的土壤材料，厚度宜在30cm以上，具体覆土厚度根据土壤特性和复垦方向要求确定。对有自燃的矸石山应先进行灭火。酸性自燃的矸石山宜采用草灌为主，尽量少用乔木。有挡土墙的坡脚需要加强密闭措施，阻隔空气进入矸石山。

6.1.3.4 尾矿库、赤泥堆

依据当地自然环境、尾矿库或赤泥堆地形、水资源及表土资源，合理确定耕地、林地、草地、建设用地等土地复垦方向。

无相应工程设施或工程设施不能满足防渗、防洪等要求的，应采取适当的工程技术措施，使其满足当地要求。

依据各类废弃物性状，确定覆土的必要性、覆土层厚度等。一般覆土厚度应在50cm以上。覆土区有控制水土流失的措施。

具有酸性、碱性或有毒有害物质污染时，应视其含量水平，确定隔离层设置的必要性、层厚、材质等，尽可能深度覆盖。

具有放射性物质污染时，工程措施及标准应符合《放射性废弃物管理规定》（GB 14500）。

赤泥堆边坡复垦应充分考虑边坡的坡度大、碱性高、植被困难等特点，选择适宜的植被基质、施工工艺及植物品种等。

6.1.4 其他

6.1.4.1 污染土地

可根据污染物性质及污染程度，采取物理、化学或生物措施去除或钝化土壤污染物。对于通过上述措施仍无法将污染物消除或抑制其活性至目标水平的污染严重的土壤，可通过采取工程措施铺设隔离层，再行覆土，覆土厚度一般50cm以上。铺设隔离层时应对隔离材料有毒有害成分进行分析，避免隔离材料引进污染。

对于污染严重的土壤也可采取深埋措施。埋深依据污染程度确定。填埋场地需采取防渗措施，防止对地下水、相邻土层及其上部土层的二次污染，必须实行安全土地填筑处理或其他适宜方法处理。应符合《危险废弃物填埋污染控制标准》（GB 18598）。

放射性污染物污染土地处理后的场地放射性水平应符合《放射性污染的物料解控和场址开放的基本要求》（GBZ 167）和《辐射防护规定》（GB 8703）后方可用于农业种植、建筑用地等。

污染土地复垦后土壤环境质量应符合《土壤环境质量标准》（GB 15618—1995）规定的Ⅱ类土壤环境质量标准。

用于园地、林地坡度在10°～25°时，应沿等高线修筑梯地、水平沟或鱼鳞坑。有水土保持措施，防洪标准满足当地要求。有机械化作业通道。果树种植区有排灌设施。

复垦为水域时，应有防污染隔离层或防渗漏工程设施。水域面积、水深、水质、清污、供排水、防洪等场地条件应符合相关行业的执行标准。

复垦为建设用地时，应有相应的防污染隔离层或防渗工程措施。处置复垦区内对人体有害的污染源。

6.1.4.2 其他

参照 6.1.1～6.1.3 规定执行。

6.2 自然灾害损毁土地

6.2.1 水毁土地

依据过水类型、水毁程度，选择相应的复垦技术和利用类型。

清除水毁地场地杂物及淤积泥沙等。清理场地时，地面能够承载机械作业。场地平整至无大块石、砾石，适合于利用类型要求。

复垦为农用地的水毁地，排水防洪执行《堤防工程设计规范》（GB 50286）中“乡村防洪标准”，特殊情况下，可适当提高防洪标准。

低洼地水毁土地实行小区综合治理，因地制宜选择利用方向。立体利用小区水、土、光等自然条件，建立多层次种植体系。防洪排涝设施满足要求。

6.2.2 其他

其他自然灾害损毁土地类型的复垦质量要求参照 6.1 和 6.2.1 规定执行。

7 土地复垦质量指标体系

7.1 土地复垦质量指标体系包括耕地、园地、林地、草地、渔业（含养殖业）、人工水域和公园、建设用地等不同复垦方向的指标类型和基本指标。

7.2 不同复垦方向的土地复垦质量指标类型包括地形、土壤质量、生产力水平和配套设施等四个方面。

7.3 不同复垦方向在地形、土壤质量、生产力水平和配套设施方面的质量指标参见附录 C。

8 耕地复垦质量控制标准

8.1 旱地田面坡度不宜超过 25°。复垦为水浇地、水田时，地面坡度不宜超过 15°。

8.2 有效土层厚度大于 40cm，土壤具有较好的肥力，土壤环境质量符合《土壤环境质量标准》（GB 15618—1995）规定的Ⅱ类土壤环境质量标准。

8.3 配套设施（包括灌溉、排水、道路、林网等）应满足《灌溉与排水工程设计规范》（GB 50288）、《高标准基本农田建设标准》（TD/T 1033）等标准，以及当地同行业工程建设标准要求。

8.4 3～5 年后复垦区单位面积产量，达到周边地区同土地利用类型中等产量水平，粮食及作物中有害成分含量符合《粮食卫生标准》（GB 2715）。

8.5 不同区域耕地复垦质量控制标准参见附录 D.1～D.10。

9 园地复垦质量控制标准

9.1 地面坡度宜小于 25°。

9.2 有效土层厚度大于 40cm，土壤具有较好的肥力，土壤环境质量符合《土壤环境质量标准》（GB 15618—1995）规定的Ⅱ类土壤环境质量标准。

9.3 配套设施（包括灌溉、排水、道路等）应满足《灌溉与排水工程设计规范》（GB 50288）等标准以及当地同行业工程建设标准要求。有控制水土流失措施，边坡宜植被保护，满足《水土保持综合治理技术规范》(GB/T 16453）要求。

9.4 3～5 年后复垦区单位面积产量，达到周边地区同土地利用类型中等产量水平，果实中有害成分含量符合《粮食卫生标准》(GB 2715)。

9.5 不同区域园地复垦质量标准标准参见附录 D.1～D.10。

10 林地复垦质量控制标准

10.1 有效土层厚度大于 20cm，西部干旱区等生态脆弱区可适当降低标准；确无表土时，可采用无土复垦、岩土风化物复垦和加速风化等措施。

10.2 道路等配套设施应满足当地同行业工程建设标准的要求，林地建设满足《生态公益林建设规划设计通则》(GB/T 18337.2) 和《生态公益林建设 检查验收规程》(GB/T 18337.4) 的要求。

10.3 3～5 年后，有林地、灌木林地和其他林地郁闭度应分别高于 0.3、0.3 和 0.2，西部干旱区等生态脆弱区可适当降低标准；定植密度满足《造林作业设计规程》(LY/T 1607）要求。

10.4 不同区域林地复垦质量控制标准参见附录 D.1～D.10。

11 草地复垦质量控制标准

11.1 复垦为人工牧草地时地面坡度应小于 25°。

11.2 有效土层厚度大于 20cm，土壤具有较好的肥力，土壤环境质量符合《土壤环境质量标准》(GB 15618—1995）规定的Ⅱ类土壤环境质量标准。

11.3 配套设施（灌溉、道路）应满足《灌溉与排水工程设计规范》(GB 50288)、《人工草地建设技术规程》(NY/T 1342）等当地同行业工程建设标准要求。

11.4 3～5 年后复垦区单位面积产量，达到周边地区同土地利用类型中等产量水平，牧草有害成分含量符合《粮食卫生标准》(GB 2715)。

11.5 不同区域草地复垦质量控制标准参见附录 D.1～D.10。

12 其他复垦用途的土地复垦质量控制标准

12.1 损毁土地除复垦为耕地、林地、园地和草地外，其他复垦用途主要包括渔业（含养殖业）、人工水域与公园、建设用地等。

12.2 用于渔业（含养殖业）时的复垦质量应达到如下标准：

——露采场、沉陷土地等用于渔业时水源应充足，塘（池）面积以 0.5～1.0hm^2 为宜，深度以 2.5～3m 为宜，食用鱼放养面积占总养殖水面 85%以上。有排水设施，防洪标准满足当地要求。

——保持塘（池）清洁，定期清塘消毒，淤泥厚度不超过 20cm；有防止含病原体和病毒等污染塘水的措施；有防止农药、盐渍污染措施。水质符合《渔业水质标准》(GB 11607）要求。

——第三年塘养鱼单位面积产量不低于当地平均水平，水产品质量满足食品卫生要求。

渔业（含养殖业）复垦质量控制标准参见附录 D.11。

12.3 用于人工水域与公园时的复垦质量应达到如下标准：

——露采场、沉陷地等损毁土地用作人工湖、公园、水域观赏区时应与区域自然环境协调，有景观效果。

——水质符合《地表水环境质量标准》(GB 3838—2002）中Ⅳ、Ⅴ类水域标准。

——排水、防洪等设施满足当地标准。沿水域布置树草种植区，控制水土流失。

——人工水域与公园复垦质量控制标准参见附录 D.11。

12.4 用于建设用地时的复垦质量应达到如下标准：

——场地地基承载力、变性指标和稳性指标应满足《建筑地基基础设计规范》（GB 50007）的要求；地基抗震性能应满足《建筑抗震设计规范》（GB 50011）要求。

——场地基本平整，建筑地基标高满足防洪要求。

——场地污染物水平降低至人体可接受的污染风险范围内。

——建设用地复垦质量控制标准参见附录 D.11。

12.5 除以上复垦用途外的其他复垦用途的质量控制标准参照第 8 章、第 9 章、第 10 章、第 11 章、12.2～12.4 规定执行。

附 录 A
（资料性附录）
土地损毁类型

A. 1 土地损毁类型见表 A.1。

表 A.1 土地损毁类型表

一级分类		二级分类		三级分类	
代码	名称	代码	名称	代码	名称
1	生产建设活动损毁	11	挖损土地	111	露天采场（坑）
				112	取土场
				113	其他
		12	塌陷土地	121	积水性塌陷地
				122	季节性积水塌陷地
				123	非积水性塌陷地
		13	压占土地	131	排土场
				132	废石场
				133	矸石山
				134	尾矿库
				135	赤泥堆
				136	建筑物、构筑物压占土地
				137	其他
		14	其他	141	污染土地
				142	其他
2	自然灾害损毁	21	水毁土地		
		22	其他		

附 录 B
（资料性附录）
土地复垦类型区划分

B. 1 土地复垦类型区划分见表 B. 1。

表 B.1 土地复垦类型区划分表

复垦类型区	范围	生物气候带特征	土资源	水资源	生产建设项目类型	复垦方向
东北山丘平原区	呼伦贝尔草原以东，大、小兴安岭和长白山及其间平原。包括黑龙江、吉林、辽宁及内蒙古东北部	气候带类型：中温带； 年降水量：350～700mm 土壤类型：黑土，黑钙土，草甸土 植被类型：温带落叶阔叶林，草甸	土源丰富，有机质含量高，土层厚	水资源较丰富，中低潜水位，季节性积水	煤矿（井工、露天）、铁矿（露天、井工）、石油、采石场（露天）等	耕地为主，园地、林地等为辅
黄淮海平原区	北依燕山，南至大别山区一线与长江流域分界，西起太行山和伏牛山。包括北京、天津、河北全境及安徽、江苏北部、河南东部	气候带类型：暖温带； 年降水量：500～800mm 土壤类型：褐土、潮土 植被类型：暖温带落叶阔叶林	土源丰富，有机质含量高，土层厚	水资源丰富，高潜水位，永久性积水	煤矿（井工）、金矿（露天）、采石场（露天）等	耕地为主，园地、林地、草地、鱼塘与水域公园等为辅
长江中下游平原区	上海全部，湖北大部分，安徽、江苏中南部，江西北部，浙江全境及湖南东北部	气候带类型：北亚热带； 年降水量：1000～1400mm 土壤类型：红壤、黄壤、黄棕壤、水稻土 植被类型：亚热带常绿阔叶林	土源较丰富，土层较厚，有机质含量较高	水资源丰富，高潜水位	非金属矿（井工、露天）、煤矿（井工）等	耕地为主，园地、林地、鱼塘与水域公园等为辅
西南山地丘陵区	北起汉中平原，西到青藏高原，包括重庆、贵州、云南全境及四川东部和甘肃南部	气候带类型：中亚热带 年降水量：900～1100mm 土壤类型：黄壤、红壤、砖红壤、紫色土 植被类型：亚热带常绿阔叶林	土源匮乏，土层薄，有机质含量一般	水资源较丰富，季节性缺水，低潜水位	煤矿、金属矿等	耕地、草地为主，园地、林地等为辅
中部山地丘陵区	包括湖南、江西、安徽、湖北部分地区	气候带类型：中亚热带 年降水量：1200～1600mm 土壤类型：黄壤、黄棕壤、红壤 植被：亚热带常绿阔叶林	土源匮乏，土层薄，有机质含量一般	水资源较丰富，低潜水位	煤矿、金属矿等	耕地、园地为主，林地、草地等为辅
东南沿海山地丘陵区	包括福建、广东、广西、海南四省	气候带类型：南亚热带 年降水量：1500～2000mm 土壤类型：黄壤、红壤、赤红壤、砖红壤 植被类型：亚热带常绿阔叶林	土源较丰富，土层较厚，有机质含量较高	水资源丰富，高潜水位	金属矿、非金属等	耕地为主、林地、草地等为辅

复垦类型区	范围	生物气候带特征	土资源	水资源	生产建设项目类型	复垦方向
西北干旱区	包括新疆、内蒙古西部、甘肃西部	气候带类型：南温带 年降水量：0～300mm 土壤类型：风沙土、棕钙土、灰钙土、棕漠土 植被类型：温带荒漠、草原、旱生灌丛	土源极度匮乏，土层薄，有机质含量极低	水资源匮乏，低潜水位	煤矿、金属矿、石油等	灌木林地、草地为主，耕地等为辅
黄土高原区	太行山以西、青海省日月山以东，秦岭以北、长城以南的广大地区。包括山西、宁夏全境，陕西大部，甘肃中东部，内蒙古中部、河南西部	气候带类型：中温带和暖温带 年降水量：200～700mm 土壤类型：褐土、栗钙土、棕壤、绵土、黑垆土 植被类型：自南向北，自然植被呈森林向草原过渡的总体趋势	土源丰富，土层厚，有机质含量一般	水资源匮乏，低潜水位	煤矿（井工、露天）、铝土（露天）、金属矿（露天、井工）等	耕地为主，林地、草地等为辅
北方草原区	包括内蒙古自治区内锡林郭勒草原和呼伦贝尔草原地区	气候带类型：中温带 年降水量：50～450mm 土壤类型：黑钙土、栗钙土、草甸土、风沙土 植被类型：以沙地植被为主，类型多样	土源匮乏，土层薄，有机质含量高	水资源短缺，低潜水位	煤矿（露天、井工）、金属矿（井工、露天）、铁矿等	耕地、草地为主，林地等为辅
青藏高原区	西藏、青海全境，四川西部、甘肃西南部	气候带类型：高原气候区域 年降水量：50～500mm 土壤类型：高山草甸土、高山草原土、寒漠土、高山漠土 植被类型：亚高山暗针叶林、高山灌丛、草甸	土源匮乏，土层薄，有机质含量中	水资源丰富，低潜水位	金属矿（井工、露天）、非金属矿、煤矿等	草地为主，耕地、林地等为辅

附　录　C

（资料性附录）

土地复垦质量指标体系

C.1 土地复垦质量指标体系见表 C.1。

表 C.1　土地复垦质量指标体系表

复垦方向	指标类型	基本指标
耕地	地形	地面坡度/（°）
		平整度
	土壤质量	有效土层厚度/cm
		土壤容重/（g/cm³）
		土壤质地
		砾石含量/%
		pH 值
		有机质/%
		电导率/（dS/m）
	配套设施	灌溉
		排水
		道路
		林网
	生产力水平	单位面积产量/（kg/hm²）
园地	地形	地面坡度/（°）
	土壤质量	有效土层厚度/cm
		土壤容重/（g/cm³）
		土壤质地
		砾石含量/%
		pH 值
		有机质/%
		电导率/（dS/m）
	配套设施	灌溉
		排水
		道路
	生产力水平	单位面积产量/（kg/hm²）
林地	地形	地面坡度/（°）
	土壤质量	有效土层厚度/cm
		土壤质地
		砾石含量/%
		pH 值
		有机质/%
	配套设施	道路

复垦方向	指标类型	基本指标
林地	生产力水平	定植密度/（株/hm^2）
		郁闭度
草地	地形	地面坡度/（°）
		平整度
	土壤质量	有效土层厚度/cm
		土壤容重/（g/cm^3）
		土壤质地
		砾石含量/%
		pH 值
		有机质/%
	配套设施	灌溉
		道路
	生产力水平	覆盖度/%
		单位面积产量/（kg/hm^2）
渔业（含养殖业）	规格	塘（池）面积
		塘（池）深度
	水体质量	水质
	生产力水平	单位面积产量/（kg/hm^2）
	配套设施	防洪
		排水
人工水域和公园	景观	协调程度
	水体质量	水质
	配套设施	防洪
		排水
建设用地	景观	协调程度
	地形	平整度
	稳定性要求	地基承载力
	配套设施	防洪

附 录 D
（规范性附录）
土地复垦质量控制标准

D.1 东北山丘平原土地复垦质量控制标准（见表D.1）

表D.1 东北山丘平原区土地复垦质量控制标准

复垦方向		指标类型	基本指标	控制标准
耕地	旱地	地形	地面坡度/（°）	≤15
		土壤质量	有效土层厚度/cm	≥80
			土壤容重/（g/cm^3）	≤1.35
			土壤质地	砂质壤土至砂质粘土
			砾石含量/%	≤5
			pH值	6.5～8.5
			有机质/%	≥2
			电导率/（dS/m）	≤2
		配套设施	排水	达到当地各行业工程建设标准要求
			道路	
			林网	
		生产力水平	产量/（kg/hm^2）	三年后达到周边地区同等土地利用类型水平
	水浇地	地形	地面坡度/（°）	≤6
			平整度	田面高差±5cm之内
		土壤质量	有效土层厚度/cm	≥100
			土壤容重/（g/cm^3）	≤1.3
			土壤质地	砂质壤土至砂质粘土
			砾石含量/%	≤5
			pH值	6.5～8.0
			有机质/%	≥3
			电导率/（dS/m）	≤2
		配套设施	灌溉	达到当地各行业工程建设标准要求
			排水	
			道路	
			林网	
		生产力水平	产量/（kg/hm^2）	三年后达到周边地区同等土地利用类型水平
	水田	地形	地面坡度/（°）	≤6
			平整度	田面高差±3cm之内
		土壤质量	有效土层厚度/cm	≥100
			土壤容重/（g/cm^3）	≤1.3
			土壤质地	砂质壤土至砂质粘土

复垦方向		指标类型	基本指标	控制标准
耕地	水田	土壤质量	砾石含量/%	≤5
			pH 值	6.5～8.0
			有机质/%	≥3
			电导率/（dS/m）	≤2
		配套设施	灌溉	达到当地各行业工程建设标准要求
			排水	
			道路	
			林网	
		生产力水平	产量/（kg/hm^2）	三年后达到周边地区同等土地利用类型水平
园地	园地	地形	地面坡度/（°）	≤15
		土壤质量	有效土层厚度/cm	≥40
			土壤容重/（g/cm^3）	≤1.45
			土壤质地	砂土至砂质粘土
			砾石含量/%	≤10
			pH 值	6.0～8.5
			有机质/%	≥2
			电导率/（dS/m）	2
		配套设施	灌溉	达到当地各行业工程建设标准要求
			排水	
			道路	
		生产力水平	产量/（kg/hm^2）	三年后达到周边地区同等土地利用类型水平
林地	有林地	土壤质量	有效土层厚度/cm	≥30
			土壤容重/（g/cm^3）	≤1.45
			土壤质地	砂土至砂质粘土
			砾石含量/%	≤20
			pH 值	6.0～8.5
			有机质/%	≥2
		配套设施	道路	达到当地本行业工程建设标准要求
		生产力水平	定植密度/（株/hm^2）	满足《造林作业设计规程》（LY/T 1607）要求
			郁闭度	≥0.30
	灌木林地	土壤质量	有效土层厚度/cm	≥30
			土壤容重/（g/cm^3）	≤1.45
			土壤质地	砂土至砂质粘土
			砾石含量/%	≤20
			pH 值	6.0～8.5
			有机质/%	≥2
		配套设施	道路	达到当地本行业工程建设标准要求
		生产力水平	定植密度/（株/hm^2）	满足《造林作业设计规程》（LY/T 1607）要求
			郁闭度	≥0.30

复垦方向		指标类型	基本指标	控制标准
林地	其他林地	土壤质量	有效土层厚度/cm	≥30
			土壤容重/（g/cm^3）	≤1.5
			土壤质地	砂土至砂质粘土
			砾石含量/%	≤20
			pH 值	6.0～8.5
			有机质/%	≥1.5
		配套设施	道路	达到当地本行业工程建设标准要求
		生产力水平	定植密度/（株/hm^2）	满足《造林作业设计规程》（LY/T 1607）要求
			郁闭度	≥0.20
草地	人工牧草地	地形	地面坡度/（°）	≤15
		土壤质量	有效土层厚度/cm	≥50
			土壤容重/（g/cm^3）	≤1.4
			土壤质地	砂质壤土至砂质粘土
			砾石含量/%	≤5
			pH 值	6.5～8.0
			有机质/%	≥2
		配套设施	灌溉	达到当地各行业工程建设标准要求
			道路	
		生产力水平	覆盖度/%	≥30
			产量/（kg/hm^2）	三年后达到周边地区同等土地利用类型水平
	其他草地	土壤质量	有效土层厚度/cm	≥35
			土壤容重/（g/cm^3）	≤1.45
			土壤质地	砂土至砂质粘土
			砾石含量/%	≤10
			pH 值	6.0～8.5
			有机质/%	≥1
		配套设施	灌溉	达到当地各行业工程建设标准要求
			道路	
		生产力水平	覆盖度/%	≥35
			产量/（kg/hm^2）	三年后达到周边地区同等土地利用类型水平

D.2 黄淮海平原区土地复垦质量控制标准（见表 D.2）

表 D.2 黄淮海平原区土地复垦质量控制标准

复垦方向		指标类型	基本指标	控制标准
耕地	旱地	地形	地面坡度/（°）	≤15
		土壤质量	有效土层厚度/cm	≥60
			土壤容重/（g/cm^3）	≤1.40
			土壤质地	壤土至壤质粘土

复垦方向		指标类型	基本指标	控制标准
耕地	旱地	土壤质量	砾石含量/%	≤5
			pH 值	6.0～8.5
			有机质/%	≥1
			电导率/（dS/m）	≤2
		配套设施	排水	达到当地各行业工程建设标准要求
			道路	
			林网	
		生产力水平	产量/（kg/hm^2）	三年后达到周边地区同等土地利用类型水平
	水浇地	地形	地面坡度/（°）	≤6
			平整度	田面高差±5cm 之内
		土壤质量	有效土层厚度/cm	≥80
			土壤容重/（g/cm^3）	≤1.35
			土壤质地	壤土至壤质粘土
			砾石含量/%	≤5
			pH 值	6.5～8.5
			有机质/%	≥1.5
			电导率/（dS/m）	≤3
		配套设施	灌溉	达到当地各行业工程建设标准要求
			排水	
			道路	
			林网	
		生产力水平	产量/（kg/hm^2）	三年后达到周边地区同等土地利用类型水平
	水田	地形	地面坡度/（°）	≤6
			平整度	田面高差±3cm 之内
		土壤质量	有效土层厚度/cm	≥80
			土壤容重/（g/cm^3）	≤1.35
			土壤质地	壤土至壤质粘土
			砾石含量/%	≤5
			pH 值	6.5～8.0
			有机质/%	≥1.5
			电导率/（dS/m）	≤3
		配套设施	灌溉	达到当地各行业工程建设标准要求
			排水	
			道路	
			林网	
		生产力水平	产量/（kg/hm^2）	三年后达到周边地区同等土地利用类型水平

复垦方向		指标类型	基本指标	控制标准
园地	园地	地形	地面坡度/（°）	≤20
		土壤质量	有效土层厚度/cm	≥40
			土壤容重/（g/cm^3）	≤1.45
			土壤质地	砂土至壤质粘土
			砾石含量/%	≤10
			pH 值	6.0～8.5
			有机质/%	≥1
			电导率/（dS/m）	≤3
		配套设施	灌溉	达到当地各行业工程建设标准要求
			排水	
			道路	
		生产力水平	产量/（kg/hm^2）	三年后达到周边地区同等土地利用类型水平
林地	有林地	土壤质量	有效土层厚度/cm	≥30
			土壤容重/（g/cm^3）	≤1.5
			土壤质地	砂土至壤质粘土
			砾石含量/%	≤20
			pH 值	6.0～8.5
			有机质/%	≥1
		配套设施	道路	达到当地本行业工程建设标准要求
		生产力水平	定植密度/（株/hm^2）	满足《造林作业设计规程》（LY/T 1607）要求
			郁闭度	≥0.35
	灌木林地	土壤质量	有效土层厚度/cm	≥30
			土壤容重/（g/cm^3）	≤1.5
			土壤质地	砂土至壤质粘土
			砾石含量/%	≤20
			pH 值	6.0～8.5
			有机质/%	≥1
		配套设施	道路	达到当地本行业工程建设标准要求
		生产力水平	定植密度/（株/hm^2）	满足《造林作业设计规程》（LY/T 1607）要求
			郁闭度	≥0.40
	其他林地	土壤质量	有效土层厚度/cm	≥30
			土壤容重/（g/cm^3）	≤1.5
			土壤质地	砂土至壤质粘土
			砾石含量/%	≤25
			pH 值	6.0～8.5
			有机质/%	≥1
		配套设施	道路	达到当地本行业工程建设标准要求
		生产力水平	定植密度/（株/hm^2）	满足《造林作业设计规程》（LY/T 1607）要求
			郁闭度	≥0.3

复垦方向		指标类型	基本指标	控制标准
草地	人工牧草地	地形	地面坡度/（°）	≤20
		土壤质量	有效土层厚度/cm	≥50
			土壤容重/（g/cm^3）	≤1.4
			土壤质地	砂土至砂质粘土
			砾石含量/%	≤5
			pH 值	6.5～8.5
			有机质/%	≥1.5
		配套设施	灌溉	达到当地各行业工程建设标准要求
			道路	
		生产力水平	覆盖度/%	≥30
			产量/（kg/hm^2）	三年后达到周边地区同等土地利用类型水平
	其他草地	土壤质量	有效土层厚度/cm	≥40
			土壤容重/（g/cm^3）	≤1.45
			土壤质地	砂土至壤质粘土
			砾石含量/%	≤10
			pH 值	6.0～8.5
			有机质/%	≥1
		配套设施	灌溉	达到当地各行业工程建设标准要求
			道路	
		生产力水平	覆盖度/%	≥40
			产量/（kg/hm^2）	三年后达到周边地区同等土地利用类型水平

D.3 长江中下游平原区土地复垦质量控制标准（见表 D.3）

表 D.3　长江中下游平原区土地复垦质量控制标准

复垦方向		指标类型	基本指标	控制标准
耕地	旱地	地形	田面坡度/（°）	≤15
		土壤质量	有效土层厚度/cm	≥50
			土壤容重/（g/cm^3）	≤1.4
			土壤质地	砂质壤土至壤质粘土
			砾石含量/%	≤5
			pH 值	6.0～8.5
			有机质/%	≥1
			电导率/（dS/m）	≤2
		配套设施	排水	达到当地各行业工程建设标准要求
			道路	
			林网	
		生产力水平	产量/（kg/hm^2）	三年后达到周边地区同等土地利用类型水平

复垦方向		指标类型	基本指标	控制标准
耕地	水浇地	地形	田面坡度/（°）	≤15
			平整度	田面高差±5cm之内
		土壤质量	有效土层厚度/cm	≥60
			土壤容重/（g/cm^3）	≤1.35
			土壤质地	砂质壤土至壤质粘土
			砾石含量/%	≤5
			pH值	6.0～8.5
			有机质/%	≥1.5
			电导率/（dS/m）	≤2
		配套设施	灌溉	达到当地各行业工程建设标准要求
			排水	
			道路	
			林网	
		生产力水平	产量/（kg/hm^2）	三年后达到周边地区同等土地利用类型水平
	水田	地形	地面坡度/（°）	≤6
			平整度	田面高差±3cm之内
		土壤质量	有效土层厚度/cm	≥60
			土壤容重/（g/cm^3）	≤1.35
			土壤质地	砂质壤土至壤质粘土
			砾石含量/%	≤5
			pH值	6.0～8.0
			有机质/%	≥1.5
			电导率/（dS/m）	≤2
		配套设施	灌溉	达到当地各行业工程建设标准要求
			排水	
			道路	
			林网	
		生产力水平	产量/（kg/hm^2）	三年后达到周边地区同等土地利用类型水平
园地	园地	地形	地面坡度/（°）	≤20
		土壤质量	有效土层厚度/cm	≥30
			土壤容重/（g/cm^3）	≤1.45
			土壤质地	砂土至壤质粘土
			砾石含量/%	≤10
			pH值	6.0～8.5
			有机质/%	≥1
			电导率/（dS/m）	≤2
		配套设施	灌溉	达到当地各行业工程建设标准要求
			排水	
			道路	
		生产力水平	产量/（kg/hm^2）	三年后达到周边地区同等土地利用类型水平

复垦方向		指标类型	基本指标	控制标准
林地	有林地	土壤质量	有效土层厚度/cm	≥30
			土壤容重/（g/cm^3）	≤1.5
			土壤质地	砂土至壤质粘土
			砾石含量/%	≤20
			pH 值	5.0～8.5
			有机质/%	≥1
		配套设施	道路	达到当地本行业工程建设标准要求
		生产力水平	定植密度/（株/hm^2）	满足《造林作业设计规程》（LY/T 1607）要求
			郁闭度	≥0.35
	灌木林地	土壤质量	有效土层厚度/cm	≥30
			土壤容重/（g/cm^3）	≤1.5
			土壤质地	砂土至壤质粘土
			砾石含量/%	≤20
			pH 值	5.0～8.5
			有机质/%	≥1
		配套设施	道路	达到当地本行业工程建设标准要求
		生产力水平	定植密度/（株/hm^2）	满足《造林作业设计规程》（LY/T 1607）要求
			郁闭度	≥0.40
	其他林地	土壤质量	有效土层厚度/cm	≥30
			土壤容重/（g/cm^3）	≤1.5
			土壤质地	砂土至壤质粘土
			砾石含量/%	≤20
			pH 值	5.0～8.5
			有机质/%	≥1
		配套设施	道路	达到当地本行业工程建设标准要求
		生产力水平	定植密度/（株/hm^2）	满足《造林作业设计规程》（LY/T 1607）要求
			郁闭度	≥0.35
草地	人工牧草地	地形	地面坡度/（°）	≤20
		土壤质量	有效土层厚度/cm	≥40
			土壤容重/（g/cm^3）	≤1.4
			土壤质地	砂质壤土至砂质粘土
			砾石含量/%	≤5
			pH 值	6.0～8.5
			有机质/%	≥1.5
		配套设施	灌溉	达到当地各行业工程建设标准要求
			道路	
		生产力水平	覆盖度/%	≥50
			产量/（kg/hm^2）	三年后达到周边地区同等土地利用类型水平

复垦方向		指标类型	基本指标	控制标准
草地	其他草地	土壤质量	有效土层厚度/cm	≥30
			土壤容重/（g/cm^3）	≤1.45
			土壤质地	砂土至砂质粘土
			砾石含量/%	≤10
			pH 值	5.5～8.5
			有机质/%	≥1
		配套设施	灌溉	达到当地各行业工程建设标准要求
			道路	
		生产力水平	覆盖度/%	≥50
			产量/（kg/hm^2）	三年后达到周边地区同等土地利用类型水平

D.4 东南沿海山地丘陵区土地复垦质量控制标准（见表 D.4）

表 D.4 东南沿海山地丘陵区土地复垦质量控制标准

复垦方向		指标类型	基本指标	控制标准
耕地	旱地	地形	地面坡度/（°）	≤25
		土壤质量	有效土层厚度/cm	≥30
			土壤容重/（g/cm^3）	≤1.45
			土壤质地	砂质壤土至壤质粘土
			砾石含量/%	≤10
			pH 值	5.5～8.0
			有机质/%	≥1
			电导率/（dS/m）	≤2
		配套设施	排水	达到当地各行业工程建设标准要求
			道路	
			林网	
		生产力水平	产量/（kg/hm^2）	三年后达到周边地区同等土地利用类型水平
	水浇地	地形	地面坡度/（°）	≤15
			平整度	田面高差±5cm 之内
		土壤质量	有效土层厚度/cm	≥40
			土壤容重/（g/cm^3）	≤1.4
			土壤质地	砂质壤土至壤质粘土
			砾石含量/%	≤5
			pH 值	5.5～8.0
			有机质/%	≥1.5
			电导率/（dS/m）	≤2
		配套设施	灌溉	达到当地各行业工程建设标准要求
			排水	
			道路	
			林网	

复垦方向		指标类型	基本指标	控制标准
耕地	水浇地	生产力水平	产量/（kg/hm^2）	三年后达到周边地区同等土地利用类型水平
	水田	地形	地面坡度/（°）	≤15
			平整度	田面高差±3cm之内
		土壤质量	有效土层厚度/cm	≥40
			土壤容重/（g/cm^3）	≤1.4
			土壤质地	砂质壤土至壤质粘土
			砾石含量/%	≤5
			pH值	6.0～8.0
			有机质/%	≥1.5
			电导率/（dS/m）	≤2
		配套设施	灌溉	达到当地各行业工程建设标准要求
			排水	
			道路	
			林网	
		生产力水平	产量/（kg/hm^2）	三年后达到周边地区同等土地利用类型水平
园地	园地	地形	地面坡度/°	≤25
		土壤质量	有效土层厚度/cm	≥30
			土壤容重/（g/cm^3）	≤1.45
			土壤质地	砂土至壤质粘土
			砾石含量/%	≤15
			pH值	5.5～8.0
			有机质/%	≥1
			电导率/（dS/m）	≤2
		配套设施	灌溉	达到当地各行业工程建设标准要求
			排水	
			道路	
		生产力水平	产量/（kg/hm^2）	三年后达到周边地区同等土地利用类型水平
林地	有林地	土壤质量	有效土层厚度/cm	≥30
			土壤容重/（g/cm^3）	≤1.5
			土壤质地	砂土壤土至壤质粘土
			砾石含量/%	≤25
			pH值	5.0～8.0
			有机质/%	≥1
		配套设施	道路	达到当地本行业工程建设标准要求
		生产力水平	定植密度/（株/hm^2）	满足《造林作业设计规程》（LY/T 1607）要求
			郁闭度	≥0.35
	灌木林地	土壤质量	有效土层厚度/cm	≥20
			土壤容重/（g/cm^3）	≤1.5
			土壤质地	砂土至壤质粘土

复垦方向		指标类型	基本指标	控制标准
林地	灌木林地	土壤质量	砾石含量/%	≤25
			pH 值	5.0～8.0
			有机质/%	≥1
		配套设施	道路	达到当地本行业工程建设标准要求
		生产力水平	定植密度/（株/hm^2）	满足《造林作业设计规程》（LY/T 1607）要求
			郁闭度	≥0.40
	其他林地	土壤质量	有效土层厚度/cm	≥20
			土壤容重/（g/cm^3）	≤1.5
			土壤质地	砂土至壤质粘土
			砾石含量/%	≤25
			pH 值	5.0～8.0
			有机质/%	≥1
		配套设施	道路	达到当地本行业工程建设标准要求
		生产力水平	定植密度/（株/hm^2）	满足《造林作业设计规程》（LY/T 1607）要求
			郁闭度	≥0.30
草地	人工牧草地	地形	地面坡度/（°）	≤25
		土壤质量	有效土层厚度/cm	≥30
			土壤容重/（g/cm^3）	≤1.4
			土壤质地	砂质壤土至砂质粘土
			砾石含量/%	≤10
			pH 值	5.5～8.0
			有机质/%	≥1.5
		配套设施	灌溉	达到当地各行业工程建设标准要求
			道路	
		生产力水平	覆盖度/%	≥50
			产量/（kg/hm^2）	三年后达到周边地区同等土地利用类型水平
	其他草地	土壤质量	有效土层厚度/cm	≥20
			土壤容重/（g/cm^3）	≤1.45
			土壤质地	砂土至壤质粘土
			砾石含量/%	≤15
			pH 值	5.0～8.0
			有机质/%	≥1
		配套设施	灌溉	达到当地各行业工程建设标准要求
			道路	
		生产力水平	覆盖度/%	≥50
			产量/（kg/hm^2）	三年后达到周边地区同等土地利用类型水平

D.5 黄土高原区土地复垦质量控制标准（见表 D.5）

表 D.5　黄土高原区土地复垦质量控制标准

复垦方向		指标类型	基本指标	控制标准
耕地	旱地	地形	地面坡度/（°）	≤25
		土壤质量	有效土层厚度/cm	≥80，土石山区≥30
			土壤容重/（g/cm^3）	≤1.45
			土壤质地	壤土至粘壤土
			砾石含量/%	≤10
			pH 值	6.0～8.5
			有机质/%	≥0.5
			电导率/（dS/m）	≤2
		配套设施	排水	达到当地各行业工程建设标准要求
			道路	
			林网	
		生产力水平	产量/（kg/hm^2）	五年后达到周边地区同等土地利用类型水平
	水浇地	地形	地面坡度/（°）	≤15
			平整度	田面高差±5cm 之内
		土壤质量	有效土层厚度/cm	≥80
			土壤容重/（g/cm^3）	≤1.4
			土壤质地	壤土至粘壤土
			砾石含量/%	≤5
			pH 值	6.5～8.5
			有机质/%	≥0.8
			电导率/（dS/m）	≤2
		配套设施	灌溉	达到当地各行业工程建设标准要求
			排水	
			道路	
			林网	
		生产力水平	产量/（kg/hm^2）	五年后达到周边地区同等土地利用类型水平
园地	园地	地形	地面坡度/°	≤20
		土壤质量	有效土层厚度/cm	≥30
			土壤容重/（g/cm^3）	≤1.5
			土壤质地	砂土至粘壤土
			砾石含量/%	≤15
			pH 值	6.0～8.5
			有机质/%	≥0.5
			电导率/（dS/m）	≤2
		配套设施	灌溉	达到当地各行业工程建设标准要求
			排水	
			道路	
		生产力水平	产量/（kg/hm^2）	五年后达到周边地区同等土地利用类型水平

复垦方向		指标类型	基本指标	控制标准
林地	有林地	土壤质量	有效土层厚度/cm	≥30
			土壤容重/（g/cm^3）	≤1.5
			土壤质地	砂土至砂质粘土
			砾石含量/%	≤25
			pH 值	6.0～8.5
			有机质/%	≥0.5
		配套设施	道路	达到当地本行业工程建设标准要求
		生产力水平	定植密度/（株/hm^2）	满足《造林作业设计规程》（LY/T 1607）要求
			郁闭度	≥0.30
	灌木林地	土壤质量	有效土层厚度/cm	≥30
			土壤容重/（g/cm^3）	≤1.5
			土壤质地	砂土至砂质粘土
			砾石含量/%	≤25
			pH 值	6.0～8.5
			有机质/%	≥0.5
		配套设施	道路	达到当地本行业工程建设标准要求
		生产力水平	定植密度/（株/ hm^2）	满足《造林作业设计规程》（LY/T 1607）要求
			郁闭度	≥0.30
	其他林地	土壤质量	有效土层厚度/cm	≥30
			土壤容重/（g/cm^3）	≤1.5
			土壤质地	砂土至砂质粘土
			砾石含量/%	≤25
			pH 值	6.0～8.5
			有机质/%	≥0.3
		配套设施	道路	达到当地本行业工程建设标准要求
		生产力水平	定植密度/（株/hm^2）	满足《造林作业设计规程》（LY/T 1607）要求
			郁闭度	≥0.20
草地	人工牧草地	地形	地面坡度/（°）	≤20
		土壤质量	有效土层厚度/cm	≥40
			土壤容重/（g/cm^3）	≤1.40
			土壤质地	壤土至粘壤土
			砾石含量/%	≤10
			pH 值	6.5～8.5
			有机质/%	≥0.5
		配套设施	灌溉	达到当地各行业工程建设标准要求
			道路	
		生产力水平	覆盖度/%	≥30
			产量/（kg/hm^2）	五年后达到周边地区同等土地利用类型水平

复垦方向		指标类型	基本指标	控制标准
草地	其他草地	土壤质量	有效土层厚度/cm	≥30
			土壤容重/（g/cm^3）	≤1.45
			土壤质地	砂土至壤粘土
			砾石含量/%	≤15
			pH 值	6.5～8.5
			有机质/%	≥0.3
		配套设施	灌溉	达到当地各行业工程建设标准要求
			道路	
		生产力水平	覆盖度/%	≥30
			产量/（kg/hm^2）	五年后达到周边地区同等土地利用类型水平

D.6 北方草原区土地复垦质量控制标准（见表 D.6）

表 D.6 北方草原区土地复垦质量控制标准

复垦方向		指标类型	基本指标	控制标准
耕地	旱地	地形	地面坡度/（°）	≤25
		土壤质量	有效土层厚度/cm	≥50
			土壤容重/（g/cm^3）	≤1.4
			土壤质地	砂质壤土至砂质粘土
			砾石含量/%	≤10
			pH 值	6.5～8.5
			有机质/%	≥1
			电导率/（dS/m）	≤2
		配套设施	排水	达到当地各行业工程建设标准要求
			道路	
			林网	
		生产力水平	产量/（kg/hm^2）	五年后达到周边地区同等土地利用类型水平
	水浇地	地形	地面坡度/（°）	≤15
			平整度	田面高差±5cm 之内
		土壤质量	有效土层厚度/cm	≥60
			土壤容重/（g/cm^3）	≤1.35
			土壤质地	砂质壤土至砂质粘土
			砾石含量/%	≤5
			pH 值	6.5～8.5
			有机质/%	≥1.5
			电导率/（dS/m）	≤2
		配套设施	灌溉	达到当地各行业工程建设标准要求
			排水	
			道路	
			林网	
		生产力水平	产量/（kg/hm^2）	五年后达到周边地区同等土地利用类型水平

复垦方向		指标类型	基本指标	控制标准
园地	园地	地形	地面坡度/（°）	≤20
		土壤质量	有效土层厚度/cm	≥30
			土壤容重/（g/cm^3）	≤1.45
			土壤质地	砂土至砂质粘土
			砾石含量/%	≤15
			pH 值	6.0～8.5
			有机质/%	≥1
			电导率/（dS/m）	≤2
		配套设施	灌溉	达到当地各行业工程建设标准要求
			排水	
			道路	
		生产力水平	产量/（kg/hm^2）	五年后达到周边地区同等土地利用类型水平
林地	有林地	土壤质量	有效土层厚度/cm	≥30
			土壤容重/（g/cm^3）	≤1.5
			土壤质地	砂土至壤质粘土
			砾石含量/%	≤25
			pH 值	6.0～8.5
			有机质/%	≥1
		配套设施	道路	达到当地本行业工程建设标准要求
		生产力水平	定植密度/（株/hm^2）	满足《造林作业设计规程》（LY/T 1607）要求
			郁闭度	≥0.30
	灌木林地	土壤质量	有效土层厚度/cm	≥30
			土壤容重/（g/cm^3）	≤1.5
			土壤质地	砂土至壤质粘土
			砾石含量/%	≤25
			pH 值	6.0～8.5
			有机质/%	≥1
		配套设施	道路	达到当地本行业工程建设标准要求
		生产力水平	定植密度/（株/hm^2）	满足《造林作业设计规程》（LY/T 1607）要求
			郁闭度	≥0.30
	其他林地	土壤质量	有效土层厚度/cm	≥30
			土壤容重/（g/cm^3）	≤1.5
			土壤质地	砂土至壤质粘土
			砾石含量/%	≤25
			pH 值	6.0～8.5
			有机质/%	≥1
		配套设施	道路	达到当地本行业工程建设标准要求
		生产力水平	定植密度/（株/ hm^2）	满足《造林作业设计规程》（LY/T 1607）要求
			郁闭度	≥0.20

复垦方向		指标类型	基本指标	控制标准
草地	人工牧草地	地形	地面坡度/（°）	≤15
		土壤质量	有效土层厚度/cm	≥40
			土壤容重/（g/cm^3）	≤1.4
			土壤质地	砂土至砂质粘土
			砾石含量/%	≤10
			pH 值	6.5～8.5
			有机质/%	≥1
		配套设施	灌溉	达到当地各行业工程建设标准要求
			道路	
		生产力水平	覆盖度/%	≥40
			产量/（kg/hm^2）	五年后达到周边地区同等土地利用类型水平
	其他草地	土壤质量	有效土层厚度/cm	≥30
			土壤容重/（g/cm^3）	≤1.45
			土壤质地	砂土至砂质粘土
			砾石含量/%	≤15
			pH 值	6.0～8.5
			有机质/%	≥0.5
		配套设施	灌溉	达到当地各行业工程建设标准要求
			道路	
		生产力水平	覆盖度/%	≥30
			产量/（kg/hm^2）	五年后达到周边地区同等土地利用类型水平

D.7 中部山地丘陵区土地复垦质量控制标准（见表 D.7）

表 D.7 中部山地丘陵区土地复垦质量控制标准

复垦方向		指标类型	基本指标	控制标准
耕地	旱地	地形	田面坡度/（°）	≤25
		土壤质量	有效土层厚度/cm	≥40
			土壤容重/（g/cm^3）	≤1.4
			土壤质地	砂质壤土至砂质粘土
			砾石含量/%	≤15
			pH 值	5.5～8.5
			有机质/%	≥1.5
			电导率/（dS/m）	≤2
		配套设施	排水	达到当地各行业工程建设标准要求
			道路	
			林网	
		生产力水平	产量/（kg/hm^2）	四年后达到周边地区同等土地利用类型水平

复垦方向		指标类型	基本指标	控制标准
耕地	水浇地	地形	田面坡度/（°）	≤15
			平整度	田面高差±5cm之内
		土壤质量	有效土层厚度/cm	≥60
			土壤容重/（g/cm^3）	≤1.35
			土壤质地	砂质壤土至砂质粘土
			砾石含量/%	≤10
			pH值	6.0～8.5
			有机质/%	≥2
			电导率/（dS/m）	≤2
		配套设施	灌溉	达到当地各行业工程建设标准要求
			排水	
			道路	
			林网	
		生产力水平	产量/（kg/hm^2）	四年后达到周边地区同等土地利用类型水平
	水田	地形	田面坡度/（°）	≤15
			平整度	田面高差±3cm之内
		土壤质量	有效土层厚度/cm	≥60
			土壤容重/（g/cm^3）	≤1.35
			土壤质地	砂质壤土至砂质粘土
			砾石含量/%	≤10
			pH值	6.0～8.5
			有机质/%	≥2
			电导率/（dS/m）	≤2
		配套设施	灌溉	达到当地各行业工程建设标准要求
			排水	
			道路	
			林网	
		生产力水平	产量/（kg/hm^2）	四年后达到周边地区同等土地利用类型水平
园地	园地	地形	地面坡度/（°）	≤25
		土壤质量	有效土层厚度/cm	≥30
			土壤容重/（g/cm^3）	≤1.45
			土壤质地	砂土至粉粘土
			砾石含量/%	≤20
			pH值	6.0～8.5
			有机质/%	≥1.5
			电导率/（dS/m）	≤2
		配套设施	灌溉	达到当地各行业工程建设标准要求
			排水	
			道路	
		生产力水平	产量/（kg/hm^2）	三年后达到周边地区同等土地利用类型水平

复垦方向		指标类型	基本指标	控制标准
林地	有林地	土壤质量	有效土层厚度/cm	≥30
			土壤容重/（g/cm^3）	≤1.5
			土壤质地	砂土至粉粘土
			砾石含量/%	≤30
			pH 值	5.5～8.5
			有机质/%	≥1
		配套设施	道路	达到当地本行业工程建设标准要求
		生产力水平	定植密度/（株/hm^2）	满足《造林作业设计规程》（LY/T 1607）要求
			郁闭度	≥0.35
	灌木林地	土壤质量	有效土层厚度/cm	≥30
			土壤容重（g/cm^3）	≤1.5
			土壤质地	砂土至粉粘土
			砾石含量/%	≤30
			pH 值	5.5-8.5
			有机质/%	≥1
		配套设施	道路	达到当地本行业工程建设标准要求
		生产力水平	定植密度/（株/hm^2）	满足《造林作业设计规程》（LY/T 1607）要求
			郁闭度/%	≥0.35
	其他林地	土壤质量	有效土层厚度/cm	≥30
			土壤容重/（g/cm^3）	≤1.5
			土壤质地	砂土至粉粘土
			砾石含量/%	≤30
			pH 值	5.5～8.5
			有机质/%	≥1
		配套设施	道路	达到当地本行业工程建设标准要求
		生产力水平	定植密度/（株/hm^2）	满足《造林作业设计规程》（LY/T 1607）要求
			郁闭度	≥0.25
草地	人工牧草地	地形	地面坡度/（°）	≤25
		土壤质量	有效土层厚度/cm	≥40
			土壤容重/（g/cm^3）	≤1.4
			土壤质地	砂质壤土至砂质粘土
			砾石含量/%	≤15
			pH 值	6.5～8.5
			有机质/%	≥1.5
		配套设施	灌溉	达到当地各行业工程建设标准要求
			道路	
		生产力水平	覆盖度/%	≥40
			产量/（kg/hm^2）	四年后达到周边地区同等土地利用类型水平

复垦方向		指标类型	基本指标	控制标准
草地	其他草地	土壤质量	有效土层厚度/cm	≥30
			土壤容重/（g/cm^3）	≤1.45
			土壤质地	砂土至壤粘土
			砾石含量/%	≤20
			pH 值	6.0～8.5
			有机质/%	≥1
		配套设施	灌溉	达到当地各行业工程建设标准要求
			道路	
		生产力水平	覆盖度/%	≥40
			产量/（kg/hm^2）	四年后达到周边地区同等土地利用类型水平

D.8 西南山地丘陵区土地复垦质量标准（见表 D.8）

表 D.8 西南山地丘陵区土地复垦质量控制标准

复垦方向		指标类型	基本指标	控制标准
耕地	旱地	地形	地面坡度/（°）	≤25
		土壤质量	有效土层厚度/cm	≥40
			土壤容重/（g/cm^3）	≤1.4
			土壤质地	砂质壤土至壤质粘土
			砾石含量/%	≤15
			pH 值	5.5～8.0
			有机质/%	≥1
		配套设施	排水	达到当地各行业工程建设标准要求
			道路	
			林网	
		生产力水平	产量/（kg/hm^2）	四年后达到周边地区同等土地利用类型水平
	水浇地	地形	地面坡度/（°）	≤15
			平整度	田面高差±5cm 之内
		土壤质量	有效土层厚度/cm	≥50
			土壤容重/（g/cm^3）	≤1.35
			土壤质地	砂质壤土至壤质粘土
			砾石含量/%	≤10
			pH 值	5.5～8.0
			有机质/%	≥1.2
		配套设施	灌溉	达到当地各行业工程建设标准要求
			排水	
			道路	
			林网	
		生产力水平	产量/（kg/hm^2）	四年后达到周边地区同等土地利用类型水平

复垦方向		指标类型	基本指标	控制标准
耕地	水田	地形	地面坡度/（°）	≤15
			平整度	田面高差±3cm 之内
		土壤质量	有效土层厚度/cm	≥50
			土壤容重/（g/cm^3）	≤1.35
			土壤质地	砂质壤土至壤质粘土
			砾石含量/%	≤10
			pH 值	5.5～8.0
			有机质/%	≥1.2
		配套设施	灌溉	达到当地各行业工程建设标准要求
			排水	
			道路	
			林网	
		生产力水平	产量/（kg/hm^2）	四年后达到周边地区同等土地利用类型水平
园地	园地	地形	地面坡度/（°）	≤25
		土壤质量	有效土层厚度/cm	≥50
			土壤容重/（g/cm^3）	≤1.45
			土壤质地	砂质壤土至壤质粘土
			砾石含量/%	≤30
			pH 值	5.0～8.0
			有机质/%	≥1
		配套设施	灌溉	达到当地各行业工程建设标准要求
			排水	
			道路	
		生产力水平	产量/（kg/hm^2）	四年后达到周边地区同等土地利用类型水平
林地	有林地	土壤质量	有效土层厚度/cm	≥30
			土壤容重/（g/cm^3）	≤1.5
			土壤质地	砂土至壤质粘土
			砾石含量/%	≤50
			pH 值	5.5～8.0
			有机质/%	≥1
		配套设施	道路	达到当地本行业工程建设标准要求
		生产力水平	定植密度/（株/hm^2）	满足《造林作业设计规程》（LY/T 1607）要求
			郁闭度	≥0.30
	灌木林地	土壤质量	有效土层厚度/cm	≥20
			土壤容重/（g/cm^3）	≤1.5
			土壤质地	砂土至壤质粘土
			砾石含量/%	≤50
			pH 值	5.5～8.0
			有机质/%	≥1
		配套设施	道路	达到当地本行业工程建设标准要求

复垦方向		指标类型	基本指标	控制标准
林地	灌木林地	生产力水平	定植密度/（株/hm^2）	满足《造林作业设计规程》（LY/T 1607）要求
			郁闭度	≥0.35
	其他林地	土壤质量	有效土层厚度/cm	≥20
			土壤容重/（g/cm^3）	≤1.3
			土壤质地	砂土至壤质粘土
			砾石含量/%	≤50
			pH 值	5.5～8.0
			有机质/%	≥1
		配套设施	道路	达到当地本行业工程建设标准要求
		生产力水平	定植密度/（株/hm^2）	满足《造林作业设计规程》（LY/T 1607）要求
			郁闭度	≥0.30
草地	人工牧草地	地形	地面坡度/（°）	≤25
		土壤质量	有效土层厚度/cm	≥20
			土壤容重/（g/cm^3）	≤1.4
			土壤质地	砂质壤土至砂质粘土
			砾石含量/%	≤30
			pH 值	5.5～8.0
			有机质/%	≥1.2
		配套设施	灌溉	达到当地各行业工程建设标准要求
			道路	
		生产力水平	覆盖度/%	≥40
			产量/（kg/hm^2）	四年后达到周边地区同等土地利用类型水平
	其他草地	土壤质量	有效土层厚度/cm	≥10
			土壤容重/（g/cm^3）	≤1.45
			土壤质地	砂质壤土至壤质粘土
			砾石含量/%	≤50
			pH 值	5.5～8.0
			有机质/%	≥1
		配套设施	灌溉	达到当地各行业工程建设标准要求
			道路	
		生产力水平	覆盖度/%	≥40
			产量/（kg/hm^2）	四年后达到周边地区同等土地利用类型水平

D.9 西北干旱区土地复垦质量控制标准（见表 D.9）

表 D.9　西北干旱区土地复垦质量控制标准

<table>
<tr><th colspan="2">复垦方向</th><th>指标类型</th><th>基本指标</th><th>控制标准</th></tr>
<tr><td rowspan="25">耕地</td><td rowspan="12">旱地</td><td>地形</td><td>田面坡度/（°）</td><td>≤15</td></tr>
<tr><td rowspan="7">土壤质量</td><td>有效土层厚度/cm</td><td>≥40</td></tr>
<tr><td>土壤容重/（g/cm^3）</td><td>≤1.45</td></tr>
<tr><td>土壤质地</td><td>壤质砂土至粘壤土</td></tr>
<tr><td>砾石含量/%</td><td>≤20</td></tr>
<tr><td>pH 值</td><td>6.5～8.5</td></tr>
<tr><td>有机质/%</td><td>≥0.5</td></tr>
<tr><td>电导率/（dS/m）</td><td>≤3</td></tr>
<tr><td rowspan="3">配套设施</td><td>排水</td><td rowspan="3">达到当地各行业工程建设标准要求</td></tr>
<tr><td>道路</td></tr>
<tr><td>林网</td></tr>
<tr><td>生产力水平</td><td>产量/（kg/hm^2）</td><td>五年后达到周边地区同等土地利用类型水平</td></tr>
<tr><td rowspan="13">水浇地</td><td rowspan="2">地形</td><td>地面坡度/（°）</td><td>≤6</td></tr>
<tr><td>平整度</td><td>田面高差±3cm 之内</td></tr>
<tr><td rowspan="7">土壤质量</td><td>有效土层厚度/cm</td><td>≥60</td></tr>
<tr><td>土壤容重/（g/cm^3）</td><td>≤1.40</td></tr>
<tr><td>土壤质地</td><td>壤质砂土至粘壤土</td></tr>
<tr><td>砾石含量/%</td><td>≤15</td></tr>
<tr><td>pH 值</td><td>7.0～8.5</td></tr>
<tr><td>有机质/%</td><td>≥0.8</td></tr>
<tr><td>电导率/（dS/m）</td><td>≤3</td></tr>
<tr><td rowspan="4">配套设施</td><td>灌溉</td><td rowspan="4">达到当地各行业工程建设标准要求</td></tr>
<tr><td>排水</td></tr>
<tr><td>道路</td></tr>
<tr><td>林网</td></tr>
<tr><td>生产力水平</td><td>产量/（kg/hm^2）</td><td>五年后达到周边地区同等土地利用类型水平</td></tr>
<tr><td rowspan="13">园地</td><td rowspan="13">园地</td><td>地形</td><td>地面坡度/（°）</td><td>≤20</td></tr>
<tr><td rowspan="7">土壤质量</td><td>有效土层厚度/cm</td><td>≥30</td></tr>
<tr><td>土壤容重/（g/cm^3）</td><td>≤1.5</td></tr>
<tr><td>土壤质地</td><td>砂土至砂质粘土</td></tr>
<tr><td>砾石含量/%</td><td>≤30</td></tr>
<tr><td>pH 值</td><td>6.5～8.5</td></tr>
<tr><td>有机质/%</td><td>≥0.5</td></tr>
<tr><td>电导率/（dS/m）</td><td>≤3</td></tr>
<tr><td rowspan="3">配套设施</td><td>灌溉</td><td rowspan="3">达到当地各行业工程建设标准要求</td></tr>
<tr><td>排水</td></tr>
<tr><td>道路</td></tr>
<tr><td>生产力水平</td><td>产量/（kg/hm^2）</td><td>五年后达到周边地区同等土地利用类型水平</td></tr>
</table>

复垦方向		指标类型	基本指标	控制标准
林地	有林地	土壤质量	有效土层厚度/cm	≥30
			土壤容重/（g/cm^3）	≤1.55
			土壤质地	砂土至壤质粘土
			砾石含量/%	≤50
			pH 值	6.5～8.5
			有机质/%	≥0.5
		配套设施	道路	达到当地本行业工程建设标准要求
		生产力水平	定植密度/（株/hm^2）	满足《造林作业设计规程》（LY/T 1607）要求
			郁闭度	≥0.20
	灌木林地	土壤质量	有效土层厚度/cm	≥20
			土壤容重/（g/cm^3）	≤1.55
			土壤质地	砂土至壤质粘土
			砾石含量/%	≤50
			pH 值	6.5～8.5
			有机质/%	≥0.5
		配套设施	道路	达到当地本行业工程建设标准要求
		生产力水平	定植密度/（株/hm^2）	满足《造林作业设计规程》（LY/T 1607）要求
			郁闭度	≥0.20
	其他林地	土壤质量	有效土层厚度/cm	≥20
			土壤容重/（g/cm^3）	≤1.55
			土壤质地	砂土至壤质粘土
			砾石含量/%	≤50
			pH 值	6.5～8.5
			有机质/%	≥0.5
		配套设施	道路	达到当地本行业工程建设标准要求
		生产力水平	定植密度/（株/hm^2）	满足《造林作业设计规程》（LY/T 1607）要求
			郁闭度	≥0.15
草地	人工牧草地	地形	地面坡度/（°）	≤20
		土壤质量	有效土层厚度/cm	≥20
			土壤容重/（g/cm^3）	≤1.45
			土壤质地	砂土至砂质粘土
			砾石含量/%	≤30
			pH 值	7.0～8.5
			有机质/%	≥0.8
		配套设施	灌溉	达到当地各行业工程建设标准要求
			道路	
		生产力水平	覆盖度/%	≥20
			产量/（kg/hm^2）	五年后达到周边地区同等土地利用类型水平

复垦方向		指标类型	基本指标	控制标准
草地	其他草地	土壤质量	有效土层厚度/cm	≥10
			土壤容重/（g/cm³）	≤1.5
			土壤质地	砂土至砂质粘土
			砾石含量/%	≤50
			pH 值	6.5～8.5
			有机质/%	≥0.5
		配套设施	灌溉	达到当地各行业工程建设标准要求
			道路	
		生产力水平	覆盖度	≥15
			产量/（kg/hm²）	五年后达到周边地区同等土地利用类型水平

D.10 青藏高原区土地复垦质量控制标准（见表 D.10）

表 D.10 青藏高原区土地复垦质量控制标准

复垦方向		指标类型	基本指标	控制标准
耕地	旱地	地形	田面坡度/（°）	≤15
		土壤质量	有效土层厚度/cm	≥40
			土壤容重/（g/cm³）	≤1.45
			土壤质地	壤质砂土至砂质粘土
			砾石含量/%	≤20
			pH 值	6.5～8.5
			有机质/%	≥0.6
			电导率/（dS/m）	≤2
		配套设施	排水	达到当地各行业工程建设标准要求
			道路	
			林网	
		生产力水平	产量/（kg/hm²）	五年后达到周边地区同等土地利用类型水平
	水浇地	地形	地面坡度/（°）	≤6
			平整度	田面高差±5cm 之内
		土壤质量	有效土层厚度/cm	≥50
			土壤容重/（g/cm³）	≤1.4
			土壤质地	壤质砂土至砂质粘土
			砾石含量/%	≤20
			pH 值	6.5～8.5
			有机质/%	≥0.8
			电导率/（dS/m）	≤2
		配套设施	灌溉	达到当地各行业工程建设标准要求
			排水	
			防洪	
			道路	
		生产力水平	产量/（kg/hm²）	五年后达到周边地区同等土地利用类型水平

复垦方向		指标类型	基本指标	控制标准
园地	园地	地形	地面坡度/（°）	≤25
园地	园地	土壤质量	有效土层厚度/cm	≥30
园地	园地	土壤质量	土壤容重/（g/cm^3）	≤1.5
园地	园地	土壤质量	土壤质地	壤质砂土至砂质粘土
园地	园地	土壤质量	砾石含量/%	≤40
园地	园地	土壤质量	pH 值	6.5～8.5
园地	园地	土壤质量	有机质/%	≥0.5
园地	园地	土壤质量	电导率/（dS/m）	≤2
园地	园地	配套设施	灌溉	达到当地各行业工程建设标准要求
园地	园地	配套设施	排水	达到当地各行业工程建设标准要求
园地	园地	配套设施	道路	达到当地各行业工程建设标准要求
园地	园地	生产力水平	产量/（kg/hm^2）	五年后达到周边地区同等土地利用类型水平
林地	有林地	土壤质量	有效土层厚度/cm	≥30
林地	有林地	土壤质量	土壤容重/（g/cm^3）	≤1.55
林地	有林地	土壤质量	土壤质地	砂土至砂质粘土
林地	有林地	土壤质量	砾石含量/%	≤50
林地	有林地	土壤质量	pH 值	6.0～8.5
林地	有林地	土壤质量	有机质/%	≥0.5
林地	有林地	配套设施	道路	达到当地本行业工程建设标准要求
林地	有林地	生产力水平	定植密度/（株/hm^2）	满足《造林作业设计规程》（LY/T 1607）要求
林地	有林地	生产力水平	郁闭度	≥0.20
林地	灌木林地	土壤质量	有效土层厚度/cm	≥20
林地	灌木林地	土壤质量	土壤容重/（g/cm^3）	≤1.55
林地	灌木林地	土壤质量	土壤质地	砂土至砂质粘土
林地	灌木林地	土壤质量	砾石含量/%	≤50
林地	灌木林地	土壤质量	pH 值	6.0～8.5
林地	灌木林地	土壤质量	有机质/%	≥0.5
林地	灌木林地	配套设施	道路	达到当地本行业工程建设标准要求
林地	灌木林地	生产力水平	定植密度/（株/ hm^2）	满足《造林作业设计规程》（LY/T 1607）要求
林地	灌木林地	生产力水平	郁闭度	≥0.20
林地	其他林地	土壤质量	有效土层厚度/cm	≥20
林地	其他林地	土壤质量	土壤容重/（g/cm^3）	≤1.55
林地	其他林地	土壤质量	土壤质地	砂土至砂质粘土
林地	其他林地	土壤质量	砾石含量/%	≤50
林地	其他林地	土壤质量	pH 值	6.0～8.5
林地	其他林地	土壤质量	有机质/%	≥0.5
林地	其他林地	配套设施	道路	达到当地本行业工程建设标准要求
林地	其他林地	生产力水平	定植密度/（株/hm^2）	满足《造林作业设计规程》（LY/T 1607）要求
林地	其他林地	生产力水平	郁闭度	≥0.15

复垦方向		指标类型	基本指标	控制标准
草地	人工牧草地	地形	地面坡度/（°）	≤25
		土壤质量	有效土层厚度/cm	≥20
			土壤容重/（g/cm^3）	≤1.45
			土壤质地	壤质砂土至壤粘土
			砾石含量/%	≤30
			pH 值	6.5～8.5
			有机质/%	≥0.5
		配套设施	灌溉	达到当地各行业工程建设标准要求
			道路	
		生产力水平	覆盖度/%	≥20
			产量/（kg/hm^2）	五年后达到周边地区同等土地利用类型水平
	其他草地	土壤质量	有效土层厚度/cm	≥10
			土壤容重/（g/cm^3）	≤1.5
			土壤质地	砂土至壤粘土
			砾石含量/%	≤50
			pH 值	6.0～8.5
			有机质/%	≥0.3
		配套设施	灌溉	达到当地各行业工程建设标准要求
			道路	
		生产力水平	覆盖度/%	≥15
			产量/（kg/hm^2）	五年后达到周边地区同等土地利用类型水平

D.11 其他土地复垦质量控制标准（见表 D.11）

表 D.11　其他土地复垦质量控制标准

复垦用途	指标类型	基本指标	控制标准
用于渔业（含养殖业）	规格	塘（池）面积/hm^2	0.5～1.0
		塘（池）深度/m	2～3
	水体质量	水质	满足《渔业水质标准》（GB 11607）要求
	设施配套程度	防洪	有排水设施，防洪标准满足当地要求
		排水	
	生产力水平	单位面积产量/（kg/hm^2）	三年后达到当地平均水平
用于人工水域和公园	景观	景观协调程度	面积宜大于 2 hm^2，保持景观完整性与多样性
	水体质量	水质	达到《地表水环境质量标准》（GB 3838—2002）中Ⅳ、Ⅴ类以上标准
	设施配套程度	防洪	有排水设施，防洪标准满足当地要求
		排水	
用于建设用地	景观		景观协调，宜居
	地形	平整度	基本平整
	稳定性要求	地基承载力	满足《建筑地基基础设计规范》（GB 50007）要求
	配套设施	防洪	地基设计标高满足防洪要求

附 录 E
（规范性附录）
本标准用词说明

为便于本标准的执行，对要求严格程度不同的用词说明如下：

——表示很严格，非这样做不可的：正面词采用“必须”，反面词采用“严禁”。

——表示严格，在正常情况下均应这样做的：正面词采用“应”，反面词采用“不应”或“不得”。

——表示允许稍有选择，在条件许可时首先应这样做的：正面词采用“宜”，反面词采用“不宜”；

——表示有选择，在一定条件下可以这样做的，采用“可”。

参 考 文 献

[1] GB/T 28405—2012　农用地定级规程

[2] GB/T 28407—2012　农用地质量分等规程

[3] HJ/T 192—2006　生态环境状况评价技术规范（试行）

[4] NY/T 309—1996　全国耕地类型区、耕地地力等级划分

[5] NY/T 391—2000　绿色食品产地环境质量标准

[6] NY/T 1120—2006　耕地质量验收技术规范

[7] NY/T 1259—2007　基本农田环境质量保护技术规范

[8] NY/T 1634—2008 耕地地力调查与质量评价技术规程

[9] NY/T 1749—2009　南方地区耕地土壤肥力诊断与评价

中华人民共和国地质矿产行业标准

矿山地质环境保护与恢复治理方案编制规范

Compiling code on the project of mining geo-environmental protection and integrated renovation

DZ/T 0223—2011
代替 DZ/T 0223—2007

前　言

本标准按照 GB/T 1.1—2009 给出的规则起草。

本标准代替 DZ/T 0223—2007《矿山环境保护与综合治理方案编制规范》。

本标准与 DZ/T 0223—2007 相比主要变化如下：

——修改了标准的名称。标准名称改为《矿山地质环境保护与恢复治理方案编制规范》；

——调整了规范的适用范围（见第 1 章）；

——删除了与修订后规范无关的引用文件，并进行了重新排序（见第 2 章）；

——修改了部分术语和定义，并对相关措辞进行了相应变动（见第 3 章）；

——删除了总则部分条款，同时新增加了部分内容（2007 版 4.4、4.5、4.6；本标准 4.1、4.5、4.6）；

——增加了“评估范围”，合并了“评估工作任务”和“评估内容”，删除了“评估技术要求”和综合评估的相关内容（2007 版 7.1、7.2、7.6；本标准 7.1、7.2）；

——增加了第 8 章“矿山地质环境保护与恢复治理分区”和第 9 章“矿山地质环境保护与恢复治理措施”；

——修改了附录 B、附录 E、附录 F；

——增加了附录 I“矿山地质环境保护与恢复治理方案报告表”（见附录 I）；

——修改了“矿山地质环境现状调查表”（2007 版附录 I；本标准附录 J）；

——修改了“矿山地质环境保护与恢复治理方案编图常用图例”（2007 版附录 J；本标准附录 K）。

本标准的附录 A～附录 I 为规范性附录，附录 J～附录 K 为资料性附录。

本标准由国土资源部地质环境司提出，水文地质工程地质环境地质分标准技术委员会归口。

本标准起草单位：国土资源部地质环境司、中国地质环境监测院、山西省国土资源厅、河北省国土资源厅、湖南省国土资源厅、安徽省国土资源厅、江西省国土资源厅、西安地质调查中心、重庆市地质环境监测总站。

本标准主要起草人：陶庆法、李明路、李建中、张进德、张德强、白光宇、田磊、张洪波、张永波、徐友宁、杨义军、李益湘、李成秋、崔海英、巢志众、任幼蓉、卓弘春。

本标准于 2007 年 5 月 21 日首次发布，本次为第一次修订。

引　言

编制本标准的主要依据是《中华人民共和国矿产资源法》、《中华人民共和国土地管理法》及《地质灾害防治条例》。

根据中华人民共和国国土资源部令第 44 号《矿山地质环境保护规定》（2009 年 3 月发布）关于编制矿山地质环境保护与恢复治理方案的要求，特修订本标准，原标准同时废止。

1 范围

本标准规定了矿山地质环境保护与恢复治理方案编制的术语、定义、原则、工作程序及技术要求。

本标准适用于编制新建、改（扩）建及生产矿山的矿山地质环境保护与恢复治理方案，编制闭坑矿山地质环境保护与恢复治理方案参照执行。

2 规范性引用文件

下列文件中的条款通过本标准的引用而成为本标准的条款。凡是注日期的引用文件，其随后所有的修改单（不包括勘误的内容）或修订版均不适用于本标准，然而，鼓励根据本标准达成协议的各方研究是否可使用这些文件的最新版本。凡是不注日期的引用文件，其最新版本适用于本标准。

GB 958	区域地质图图例
GB/T 12328—1990	综合工程地质图图例及色标
GB 12719—1991	矿区水文地质工程地质勘探规范
GB/T 14538—1993	综合水文地质图图例及色标
GB/T 21010—2007	土地利用现状分类
GB 50021—2001	岩土工程勘察规范
GB 50330—2002	建筑边坡工程技术规范
DZ/T 0157—1995	1∶50000 地质图地理底图编绘规范
DZ/T 0179—1997	地质图用色标准及用色原则（1∶50000）
DZ/T 0218—2006	滑坡防治工程勘查规范
DZ/T 0219—2006	滑坡防治工程设计与施工技术规范
DZ/T 0220—2006	泥石流灾害防治工程勘查规范
DZ/T 0221—2006	崩塌、滑坡、泥石流监测规范
DZ 0245—2004	建设用地地质灾害危险性评估技术要求
SL/T 183—2005	地下水监测规范
TD/T 1012—2000	土地开发整理项目规划设计规范

3 术语和定义

下列术语和定义适用于本标准。

3.1 矿山地质环境 mining geo-environment

采矿活动所影响到的岩石圈、水圈、生物圈相互作用的客观地质体。

3.2 矿山地质环境问题 mining geo-environmental problems

受采矿活动影响而产生的地质环境破坏的现象。主要包括矿区地面塌陷、地裂缝、崩塌、滑坡、含水层破坏、地形地貌景观破坏等。

3.3 矿山地质环境影响评估 mining geo-environmental impact assessment

按照一定的指标要求和技术方法，定性或定量地评价和估算采矿活动对地质环境的影响程度。

3.4 矿山地质环境保护与恢复治理方案 the project of mining geo-environmental protection and integrated renovation

针对矿山地质环境问题，提出矿山地质环境保护和恢复治理技术措施、工程措施和生物措施，并做出总体部署和安排的方案。

3.5 矿山地质环境监测 mining geo-environmental monitoring

对主要矿山地质环境要素与矿山地质环境问题进行的时空动态变化的观测。

3.6 含水层破坏 aquifer breakage

地下含水层结构改变、地下水位下降、水量减少或疏干、水质恶化等现象。

3.7 地形地貌景观破坏 landforms and landscape devastation

因矿山建设与采矿活动而改变原有的地形条件与地貌特征，造成土地毁坏、山体破损、岩石裸露、植被破坏等现象。

4 总则

4.1 矿山地质环境保护与恢复治理方案是实施保护、监测和恢复治理矿山地质环境的技术依据之一。本方案不代替相关工程勘查、治理设计。

4.2 编制矿山地质环境保护与恢复治理方案，要坚持“预防为主，防治结合”、“在保护中开发，在开发中保护”、“依靠科技进步，发展循环经济，建设绿色矿业”、“因地制宜，边开采边治理”的原则。

4.3 矿山地质环境保护与恢复治理方案应在矿山地质环境现状调查和矿产资源开发利用方案或矿山开采设计等基础上编制，并与相关规划衔接。

4.4 矿山地质环境保护与恢复治理的区域范围包括开采区及其矿业活动的影响区。

4.5 矿山企业扩大开采规模、变更矿区范围或者开采方式的，应当重新编制矿山地质环境保护与恢复治理方案。

4.6 建筑用砂石粘土、油气、煤层气、地热、矿泉水等开采活动对矿山地质环境影响较小的矿山编制矿山地质环境保护与恢复治理方案，可参照附录I执行。

5 工作程序

编制矿山地质环境保护与恢复治理方案按图1程序进行。

6 矿山地质环境调查

6.1 矿山地质环境调查的范围应包括采矿登记范围和采矿活动可能影响到的范围。

6.2 矿山地质环境调查以收集资料和现场调查为主。应根据实际需要补充地形测量、遥感、物探、钻探、坑（槽）探与取样测试等工作。矿山地质环境调查应符合相关的技术规范。

6.3 资料收集主要包括下列内容：

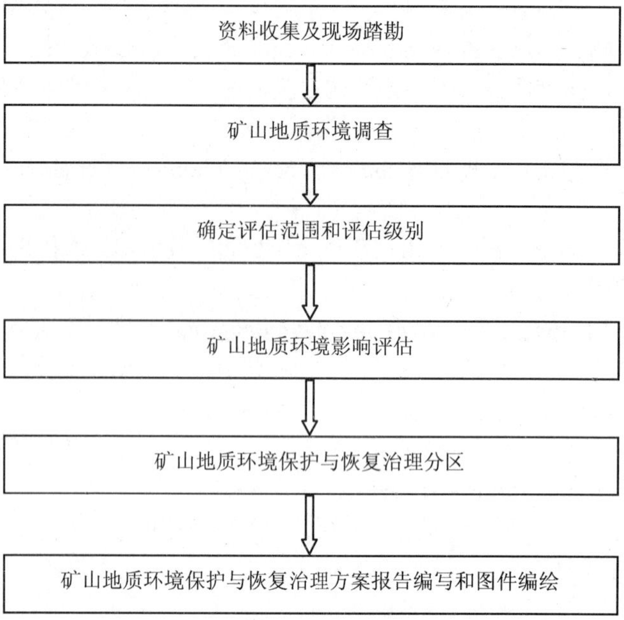

图 1　工作程序框图

6.3.1 矿山概况：矿山企业名称、位置、范围、相邻矿山的分布与概况；矿山企业的性质、总投资、矿山建设规模及工程布局；矿山设计生产能力、实际生产能力、设计生产服务年限；矿产资源储量、矿床类型与赋存特征；矿山开采历史和现状；矿山开拓、采区或开采阶段布置、开采方式（方法）、开采顺序、固体与液体废物的排放与处置情况；矿区社会经济概况、基础设施分布等。

6.3.2 矿山自然地理：包括地形地貌、气象、水文、土地类型与植被等。

6.3.3 矿山地质环境条件：包括地层岩性、地质构造、水文地质、工程地质、矿山地质、不良地质现象、人类工程活动等。

6.3.4 采矿活动引发的地面塌陷、地裂缝、崩塌、滑坡等地质灾害及其隐患，包括地质灾害的种类、分布、规模、发生时间、发育特征、成因、危险性大小、危害程度等。

6.3.5 采矿活动对地形地貌景观、地质遗迹、人文景观等的影响和破坏情况。

6.3.6 矿区含水层破坏，包括采矿活动引起的含水层破坏范围、规模、程度，及对生产生活用水的影响等。

6.3.7 采矿活动对土地资源的破坏，包括毁损的土地类型及面积。

6.3.8 采矿活动对主要交通干线、水利工程、村庄、工矿企业及其他各类建（构）筑物等的影响与破坏。

6.3.9 已采取的防治措施和治理效果。

6.4 矿山地质环境调查精度。矿山地质环境调查的比例尺不得小于 1∶10000，有重大影响的矿山地质环境问题，调查比例尺不得小于 1∶1000。

7 矿山地质环境影响评估

7.1 评估范围与评估级别确定

7.1.1 评估区范围应根据矿山地质环境调查结果分析确定。

7.1.2 矿山地质环境影响评估级别应根据评估区重要程度、矿山生产建设规模、矿山地质环境条件复杂程度综合确定，评估级别分为一级、二级、三级，见附录A。
7.1.3 评估区重要程度应根据区内居民集中居住情况、重要工程设施和自然保护区分布情况、重要水源地情况、土地类型等确定，划分为重要区、较重要区和一般区三级，见附录B。
7.1.4 矿山地质环境条件复杂程度应根据区内水文地质、工程地质、地质构造、环境地质、开采情况、地形地貌确定，划分为复杂、中等、简单三级，见附录C。
7.1.5 矿山开采规模按矿种类别和年生产量分大型、中型、小型三类，见附录D。
7.2 评估任务与内容
7.2.1 矿山地质环境影响评估包括现状评估、预测评估。
7.2.2 现状评估应在资料收集及矿山地质环境调查的基础上，对评估区地质环境影响作出评估，影响程度评估分级按附录E执行。
7.2.2.1 分析评估区内地质灾害类型、规模、发生时间、表现特征、分布、诱发因素、危害对象与危害程度；分析与相邻矿山采矿活动的相互影响特征与程度。
7.2.2.2 分析评估区内采矿活动导致地下含水层的影响或破坏情况。包括含水层结构破坏、含水层疏干、地下水水位下降、泉水流量减少、地下水位降落漏斗的分布范围、地下水水质变化、地下含水层破坏对生产生活用水水源的影响等。
7.2.2.3 分析评估区内采矿活动对地形地貌景观、地质遗迹、人文景观等的影响和破坏情况。
7.2.2.4 分析评估区内采矿活动对土地资源的影响和破坏情况。
7.2.3 预测评估应在现状评估的基础上，根据矿产资源开发利用方案和采矿地质环境条件，分析预测采矿活动可能引发或加剧的地质环境问题及其危害，评估矿山建设和生产可能造成的矿山地质环境影响。影响程度评估分级按附录E执行。
7.2.3.1 预测评估采矿活动可能引发或加剧的地质灾害，分析危害对象和危害程度。矿山建设和生产可能遭受地质灾害的危险性评估按照地质灾害危险性评估工作的有关规定执行。
7.2.3.2 预测评估由采矿活动导致地下含水层的影响或破坏程度。包括含水层结构破坏、含水层疏干、地下水水位下降、泉水流量减少、地下水位降落漏斗的分布范围、地下水水质变化、地下含水层破坏对生产生活用水水源的影响等。
7.2.3.3 预测评估采矿活动对地形地貌景观、地质遗迹、人文景观等的影响和破坏程度。
7.2.3.4 预测评估采矿活动对土地资源的影响或破坏的类型、规模和程度。
7.3 评估方法
矿山地质环境影响评估方法可采用工程类比法、层次分析法、加权比较法、相关分析法及模糊综合评判法等。
7.4 评估精度要求
7.4.1 一级评估以定量为主，作出矿山地质环境影响程度现状评估、预测评估。
7.4.2 二级评估以定量与定性结合，作出矿山地质环境影响程度现状评估、预测评估。
7.4.3 三级评估以定性为主，作出矿山地质环境影响程度现状评估、预测评估。

8 矿山地质环境保护与恢复治理分区

8.1 矿山地质环境保护与恢复治理分区应根据矿山地质环境影响评估结果，划分为重点防治区、次重点防治区、一般防治区，分区参见附录F。各防治区可根据区内矿山地质环境问题类型的差异，进一步细分为亚区。
8.2 按照重点防治区、次重点防治区和一般防治区的顺序，分别阐明各防治区的范围，区内存在或可能引发的矿山地质环境问题的类型、特征及其危害，以及矿山地质环境问题的防治措施等。

9 矿山地质环境保护与恢复治理措施

9.1 根据矿山地质环境影响评估结果，针对矿山地质环境保护与恢复治理分区，提出矿山地质环境预防措施。

9.1.1 采取以下预防措施减少或避免矿山地质灾害的发生。

a）地面塌陷、地裂缝的预防措施：

1）地下开采的固体矿山，应预留矿柱、矿墙，或采用充填法开采，及时回填采空区，避免或减少采空塌陷和地裂缝的发生；

2）地下液体矿产开采，严禁过量开采，并采取因灌措施，避免或减轻地面沉降、岩溶塌陷；

3）岩溶充水矿区，采取充填及排供结合等措施控制疏排水，防止岩溶塌陷。

b）滑坡、崩塌的预防措施：

1）在存在滑坡、崩塌隐患的区域采矿，要消除隐患或采取避让措施；

2）固体废弃物有序、合理堆放，设计稳定的边坡角，必要时应采取加固措施或修筑拦挡工程；

3）露天矿山开采应根据岩土层结构、构造条件，选择合理的坡角范围，必要时应采取加固措施或修筑拦挡、排水、防水工程。

c）泥石流的预防措施：

1）合理堆放废渣弃土，并做好护坡，消除或固化泥石流物源；

2）修筑拦挡工程、疏浚矿区排水系统，消除诱发泥石流的水源条件。

9.1.2 根据含水层结构及地下水赋存条件，结合采矿工程，采取以下措施，防止含水层破坏。

a）修筑排水沟、引流渠、防渗漏处理等措施，防止有毒有害废水、固废淋滤液污染地下水；

b）揭穿含水层的井巷工程，应采取止水措施，防止地下水串层污染；

c）采取帷幕注浆隔水、灌浆堵漏、防渗墙等工程措施，最大限度的阻止地下水进入矿坑，减少矿坑排水量，保护地下水资源。

9.1.3 采取以下措施，避免或减少采矿活动对矿区地形地貌景观的破坏。

a）优化开采方案尽量避免或少破坏耕地；

b）合理堆放固体废弃物，选用合适的综合利用技术，加大综合利用量，减少对地形地貌的破坏；

c）边开采边治理，及时恢复植被；

d）采取围栏、警示牌、避让、加固等措施保护具有重大科学文化价值的地质遗迹和人文景观。

9.2 根据矿山地质环境保护与恢复治理分区，针对具体问题提出矿山地质环境恢复治理措施。

9.2.1 地面塌陷治理，应根据地面塌陷的类型、规模、发展变化趋势、危害大小等特征，因地制宜，综合治理。

a）未达到稳定状态的，宜采取监测、示警及临时工程措施；

b）达到稳定状态的，应采取防渗处理、削高填低、回填整平、挖沟排水、植被重建等综合治理措施；

c）对岩溶塌陷区，可采取注浆、回填等措施控制塌陷的发展，减少危害。

9.2.2 地裂缝治理，应根据地裂缝的规模和危害程度采取土石填充并夯实、灌浆、防渗处理等措施。

9.2.3 崩塌、滑坡治理，主要采用清理废土石和危岩以恢复场地；削坡减荷、锚固、抗滑桩、支挡、排水、截水等工程措施进行边坡加固。

9.2.4 泥石流治理，可采用清理泥土石以恢复场地，或者修筑拦挡工程防止形成新的泥石流物源；潜在的泥石流隐患治理可采用疏导、切断或固化泥石流物源，消除引发泥石流的水源条件。

9.2.5 含水层破坏治理，可采用回灌、修补含水层、置换等措施；造成周边居民生活用水困难的，应采取措施解决替代水源。

9.2.6 丘陵山区地形地貌景观破坏治理，可采用边坡加固、采坑回填、植树种草或者挂网客土喷播等工程措施，以修复景观；平原区可采用清理废石（渣）、采坑（塌陷坑）回填、整平、覆土、复绿、造景等工程措施进行地形地貌景观重建。

9.3 根据矿山地质环境问题类型、特征提出矿山地质环境监测方案。

9.3.1 监测内容包括矿山建设及采矿活动引发或可能引发的地面塌陷、地裂缝、崩塌、滑坡、泥石流、含水层破坏、地形地貌景观破坏等矿山地质环境问题及主要环境要素。

9.3.2 监测方法主要有：

a）地面塌陷和地裂缝的监测，可采用遥感、GPS、全站仪、伸缩性钻孔桩、钻孔深部应变仪、人工观测等方法监测；

b）崩塌、滑坡、泥石流的监测，按照 DZ/T 0221—2006 执行；

c）含水层破坏的监测，主要是定期测量井孔地下水位高程、埋深，矿坑排水量，泉水溢出量，地下水水质，地下水降落漏斗及疏干范围，可采用人工测量和自动监测仪测量等方法；

d）地形地貌景观破坏的监测，可采用人工现场量测、遥感解译等方法进行监测。

10 矿山地质环境保护与恢复治理方案文本编制

10.1 矿山地质环境保护与恢复治理方案文本由报告书（报告表）和附图两部分组成。

10.2 报告书编写提纲见附录 G。

10.3 报告书编写要点如下：

a）矿山地质环境保护与恢复治理方案编制依据和适用年限。主要阐述本方案的编制依据以及本方案的适用年限。适用年限应根据矿山服务年限和开采计划确定。

b）矿山地质环境保护与恢复治理目标任务。根据矿山地质环境现状及存在的主要矿山地质环境问题、矿山地质环境影响评估结果和矿山地质环境保护与恢复治理分区，提出矿山地质环境保护与恢复治理总体目标任务和阶段目标任务。

c）矿山基本情况及地质环境背景。简述矿山企业基本概况，矿山开发方案或开发计划，矿区的自然地理与社会经济，矿区地质、水文地质、工程地质条件等。

d）矿山地质环境影响评估。明确评估级别和评估精度，确定评估指标、评估标准和评估方法，进行现状评估、预测评估。

e）矿山地质环境保护与恢复治理分区。根据矿山地质环境现状分析、矿山地质环境影响评估结果，在充分考虑矿山地质环境问题对人居环境、工农业生产、区域经济发展影响前提下，将矿山地质环境保护与恢复治理区域划分为重点防治区、次重点防治区、一般防治区。

f）矿山地质环境保护与恢复治理工程部署。根据矿山地质环境问题类型和矿山地质环境保护与恢复治理分区结果，按照轻重缓急、分阶段实施的原则，提出总体工作部署和本方案适用期内分年度实施计划。

g）矿山地质环境防治工程。依据矿山地质环境保护与恢复治理工作部署，明确矿山地质环境保护、恢复治理、监测的对象和内容，提出矿山地质环境保护与恢复治理工程和矿山地质环境监测工程，并分别提出有针对性的技术措施。

h）矿山地质环境保护与恢复治理经费估算。根据矿山地质环境保护与恢复治理工程部署、工程量及工程技术手段，参照相关标准，进行经费估算。经费估算包括矿山地质环境保护、预防、恢复治理、监测等直接费用及勘察、设计、监理等间接费用。

i）保障措施。提出切实可行的组织保障、技术保障和资金保障措施，保障矿山地质环境保护与恢复治理工作的顺利进行。

j）效益分析。对矿山地质环境保护与恢复治理工程实施后所产生的社会效益、环境效益和经济效益进行客观的分析评价。

10.4 报告表的编制按附录I执行。

10.5 附图编制按附录H执行。

附录A
（规范性附录）
矿山地质环境影响评估分级

表A.1给出了矿山地质环境影响评估分级。

表A.1 矿山地质环境影响评估分级表

评估区重要程度	矿山生产建设规模	地质环境条件复杂程度		
		复杂	中等	简单
重要区	大型	一级	一级	一级
	中型	一级	一级	一级
	小型	一级	一级	二级
较重要区	大型	一级	一级	一级
	中型	一级	二级	二级
	小型	一级	二级	三级
一般区	大型	一级	二级	二级
	中型	一级	二级	三级
	小型	二级	三级	三级

附录 B
（规范性附录）
评估区重要程度分级

表 B.1 给出了评估区重要程度的确定因素及指标。

表 B.1　评估区重要程度分级表

重要区	较重要区	一般区
分布有 500 人以上的居民集中居住区	分布有 200～500 人的居民集中居住区	居民居住分散，居民集中居住区人口在 200 人以下
分布有高速公路、一级公路、铁路、中型以上水利、电力工程或其他重要建筑设施	分布有二级公路、小型水利、电力工程或其他较重要建筑设施	无重要交通要道或建筑设施
矿区紧邻国家级自然保护区（含地质公园、风景名胜区等）或重要旅游景区（点）	紧邻省级、县级自然保护区或较重要旅游景区（点）	远离各级自然保护区及旅游景区（点）
有重要水源地	有较重要水源地	无较重要水源地
破坏耕地、园地	破坏林地、草地	破坏其他类型土地

注：评估区重要程度分级确定采取上一级别优先的原则，只要有一条符合者即为该级别。

附录 C
（规范性附录）
矿山地质环境条件复杂程度分级

表 C.1 给出了地下开采矿山地质环境条件复杂程度分级。

表 C.1　地下开采矿山地质环境条件复杂程度分级表

复　杂	中　等	简　单
主要矿层（体）位于地下水位以下，矿坑进水边界条件复杂，充水水源多，充水含水层和构造破碎带、岩溶裂隙发育带等富水性强，补给条件好，与区域强含水层、地下水集中径流带或地表水联系密切，老窿（窑）水威胁大，矿坑正常涌水量大于 10000m^3/d，地下采矿和疏干排水容易造成区域含水层破坏	主要矿层（体）位于地下水位附近或以下，矿坑进水边界条件中等，充水含水层和构造破碎带、岩溶裂隙发育带等富水性中等，补给条件较好，与区域强含水层、地下水集中径流带或地表水有一定联系，老窿（窑）水威胁中等，矿坑正常涌水量 3000～10000m^3/d，地下采矿和疏干排水较容易造成矿区周围主要充水含水层破坏	主要矿层（体）位于地下水位以上，矿坑进水边界条件简单，充水含水层富水性差，补给条件差，与区域强含水层、地下水集中径流带或地表水联系不密切，矿坑正常涌水量小于 3000m^3/d，地下采矿和疏干排水导致矿区周围主要充水含水层破坏可能性小
矿床围岩岩体结构以碎裂结构、散体结构为主，软弱岩层或松散岩层发育，蚀变带、岩溶裂隙带发育，岩石风化强烈，地表残坡积层、基岩风化破碎带厚度大于 10m，矿层（体）顶底板和矿床围岩稳固性差，矿山工程场地地基稳定性差	矿床围岩岩体以薄-厚层状结构为主，蚀变带、岩溶裂隙带发育中等，局部有软弱岩层，岩石风化中等，地表残坡积层、基岩风化破碎带厚度 5～10m，矿层（体）顶底板和矿床围岩稳固性中等，矿山工程场地地基稳定性中等	矿床围岩岩体以巨厚层状-块状整体结构为主，蚀变作用弱，岩溶裂隙带不发育，岩石风化弱，地表残坡积层、基岩风化破碎带厚度小于 5m，矿层（体）顶底板和矿床围岩稳固性好，矿山工程场地地基稳定性好

复　杂	中　等	简　单
地质构造复杂，矿层（体）和矿床围岩岩层产状变化大，断裂构造发育或有活动断裂，导水断裂带切割矿层（体）围岩、覆岩和主要含水层（带），导水性强，对井下采矿安全影响巨大	地质构造较复杂，矿层（体）、和矿床围岩岩层产状变化较大，断裂构造较发育，并切割矿层（体）围岩、覆岩和主要含水层（带），导水断裂带的导水性较差，对井下采矿安全影响较大	地质构造简单，矿层（体）和矿床围岩岩层产状变化小，断裂构造不发育，断裂未切割矿层（体）和围岩覆岩，断裂带对采矿活动影响小
现状条件下原生地质灾害发育，或矿山地质环境问题的类型多，危害大	现状条件下矿山地质环境问题的类型较多，危害较大	现状条件下矿山地质环境问题的类型少，危害小
采空区面积和空间大，多次重复开采及残采，采空区未得到有效处理，采动影响强烈	采空区面积和空间较大，重复开采较少，采空区部分得到处理，采动影响较强烈	采空区面积和空间小，无重复开采，采空区得到有效处理，采动影响较轻
地貌单元类型多，微地貌形态复杂，地形起伏变化大，不利于自然排水，地形坡度一般大于 35°，相对高差大，地面倾向与岩层倾向基本一致	地貌单元类型较多，微地貌形态较复杂，地形起伏变化中等，不利于自然排水，地形坡度一般为 20°～35°，相对高差较大，地面倾向与岩层倾向多为斜交	地貌单元类型单一，微地貌形态简单，地形起伏变化平缓，有利于自然排水，地形坡度一般小于 20°，相对高差小，地面倾向与岩层倾向多为反交

注：采取以上原则，只要有一条满足某一级别，应定为该级别。

表 C.2 给出了露天开采矿山地质环境条件复杂程度分级。

表 C.2　露天开采矿山地质环境条件复杂程度分级表

复　杂	中　等	简　单
采场矿层（体）位于地下水位以下，采场汇水面积大，采场进水边界条件复杂，与区域含水层或地表水联系密切，地下水补给、径流条件好，采场正常涌水量大于 10000m^3/d；采矿活动和疏干排水容易导致区域主要含水层破坏	采场矿层（体）局部位于地下水位以下，采场汇水面积较大，与区域含水层或地表水联系较密切，采场正常涌水量 3000～10000m^3/d；采矿和疏干排水比较容易导致矿区周围主要含水层影响或破坏	采场矿层（体）位于地下水位以上，采场汇水面积小，与区域含水层、或地表水联系不密切，采场正常涌水量小于 3000m^3/d；采矿和疏干排水不易导致矿区周围主要含水层的影响或破坏
矿床围岩岩体结构以碎裂结构、散体结构为主，软弱结构面、不良工程地质层发育，存在饱水软弱岩层或松散软弱岩层，含水砂层多，分布广，残坡积层、基岩风化破碎带厚度大于 10m、稳固性差，采场岩石边坡风化破碎或土层松软，边坡外倾软弱结构面或危岩发育，易导致边坡失稳	矿床围岩岩体结构以薄到厚层状结构为主，软弱结构面、不良工程地质层发育中等，存在饱水软弱岩层和含水砂层，残坡积层、基岩风化破碎带厚度 5～10m、稳固性较差，采场边坡岩石风化较破碎，边坡存在外倾软弱结构面或危岩，局部可能产生边坡失稳	矿床围岩岩体结构以巨厚层状-块状整体结构为主，软弱结构面、不良工程地质层不发育，残坡积层、基岩风化破碎带厚度小于 5m、稳固性较好，采场边坡岩石较完整到完整，土层薄，边坡基本不存在外倾软弱结构面或危岩，边坡较稳定
地质构造复杂。矿床围岩岩层产状变化大，断裂构造发育或有全新世活动断裂，导水断裂切割矿层（体）围岩、覆岩和主要含水层（带）或沟通地表水体，导水性强，对采场充水影响大	地质构造较复杂。矿床围岩岩层产状变化较大，断裂构造较发育，切割矿层（体）围岩、覆岩和含水层（带），导水性差，对采场充水影响较大	地质构造较简单。矿床围岩岩层产状变化小，断裂构造较不发育，断裂未切割矿层（体）围岩、覆岩，对采场充水影响小

复　杂	中　等	简　单
现状条件下原生地质灾害发育，或矿山地质环境问题的类型多、危害大	现状条件下，矿山地质环境问题的类型较多、危害较大	现状条件下，矿山地质环境问题的类型少、危害小
采场面积及采坑深度大，边坡不稳定易产生地质灾害	采场面积及采坑深度较大，边坡较不稳定，较易产生地质灾害	采场面积及采坑深度小，边坡较稳定，不易产生地质灾害
地貌单元类型多，微地貌形态复杂，地形起伏变化大，不利于自然排水，地形坡度一般大于35°，相对高差大，高坡方向岩层倾向与采坑斜坡多为同向	地貌单元类型较多，微地貌形态较复杂，地形起伏变化中等，自然排水条件一般，地形坡度一般20°～35°，相对高差较大，高坡方向岩层倾向与采坑斜坡多为斜交	地貌单元类型单一，微地貌形态简单，地形较平缓，有利于自然排水，地形坡度一般小于20°，相对高差较小，高坡方向岩层倾向与采坑斜坡多为反向坡

注：采取以上原则，只要有一条满足某一级别，应定为该级别。

附录 D
（规范性附录）
矿山生产建设规模分类

表 D.1 给出了矿山生产建设规模分类。

表 D.1　矿山生产建设规模分类一览表

矿种类别	计量单位	年生产量			备注
		大型	中型	小型	
煤（地下开采）	万吨	≥120	120～45	＜45	原煤
煤（露天开采）	万吨	≥400	400～100	＜100	原煤
石油	万吨	≥50	50～10	＜10	原油
油页岩	万吨	≥200	200～50	＜50	矿石
烃类天然气	亿立方米	≥5	5～1	＜1	
二氧化碳气	亿立方米	≥5	5～1	＜1	
煤成（层）气	亿立方米	≥5	5～1	＜1	
地热（热水）	万立方米	≥20	20～10	＜10	
地热（热气）	万立方米	≥10	10～5	＜5	
放射性矿产	万吨	≥10	10～5	＜5	矿石
金（岩金）	万吨	≥15	15～6	＜6	矿石
金（砂金船采）	万立方米	≥210	210～60	＜60	矿石
金（砂金机采）	万立方米	≥80	80～20	＜20	矿石
银	万吨	≥30	30～20	＜20	矿石
其他贵金属	万吨	≥10	10～5	＜5	矿石
铁（地下开采）	万吨	≥100	100～30	＜30	矿石
铁（露天开采）	万吨	≥200	200～60	＜60	矿石
锰	万吨	≥10	10～5	＜5	矿石
铬、钛、钒	万吨	≥10	10～5	＜5	矿石
铜	万吨	≥100	100～30	＜30	矿石
铅	万吨	≥100	100～30	＜30	矿石
锌	万吨	≥100	100～30	＜30	矿石
钨	万吨	≥100	100～30	＜30	矿石

矿种类别	计量单位	年生产量			备注
		大型	中型	小型	
锡	万吨	≥100	100～30	＜30	矿石
锑	万吨	≥100	100～30	＜30	矿石
铝土矿	万吨	≥100	100～30	＜30	矿石
钼	万吨	≥100	100～30	＜30	矿石
镍	万吨	≥100	100～30	＜30	矿石
钴	万吨	≥100	100～30	＜30	矿石
镁	万吨	≥100	100～30	＜30	矿石
铋	万吨	≥100	100～30	＜30	矿石
汞	万吨	≥100	100～30	＜30	矿石
稀土、稀有金属	万吨	≥100	100～30	＜30	矿石
石灰岩	万吨	≥100	100～50	＜50	矿石
硅石	万吨	≥20	20～10	＜10	矿石
白云岩	万吨	≥50	50～30	＜30	矿石
耐火粘土	万吨	≥20	20～10	＜10	矿石
萤石	万吨	≥10	10～5	＜5	矿石
硫铁矿	万吨	≥50	50～20	＜20	矿石
自然硫	万吨	≥30	30～10	＜10	矿石
磷矿	万吨	≥100	100～30	＜30	矿石
蛇纹岩	万吨	≥30	30～10	＜10	矿石
硼矿	万吨	≥10	10～5	＜5	矿石
岩盐、井盐	万吨	≥20	20～10	＜10	矿石
湖盐	万吨	≥20	20～10	＜10	矿石
钾盐	万吨	≥30	30～5	＜5	矿石
芒硝	万吨	≥50	50～10	＜10	矿石
碘		按小型矿山归类			
砷、雌黄、雄黄、毒砂		按小型矿山归类			
金刚石	万克	≥2	2～0.6	＜0.6	1克＝5克拉
宝石		按小型矿山归类			
云母		按小型矿山归类			工业云母
石棉	万吨	≥2	2～1	＜1	石棉
重晶石	万吨	≥10	10～5	＜5	矿石
石膏	万吨	≥30	30～10	＜10	矿石
滑石	万吨	≥10	10～5	＜5	矿石
长石	万吨	≥20	20～10	＜10	矿石
高岭土、瓷土等	万吨	≥10	10～5	＜5	矿石
膨润土	万吨	≥10	10～5	＜5	矿石
叶蜡石	万吨	≥10	10～5	＜5	矿石
沸石	万吨	≥30	30～10	＜10	矿石
石墨	万吨	≥1	1～0.3	＜0.3	石墨
玻璃用砂、砂岩	万吨	≥30	30～10	＜10	矿石
水泥用砂岩	万吨	≥60	60～20	＜20	矿石
建筑石料	万立方米	≥10	10～5	＜5	
建筑用砂、砖瓦粘土	万吨	≥30	30～5	＜5	矿石
页岩	万吨	≥30	30～5	＜5	矿石
矿泉水	万吨	≥10	10～5	＜5	

附录 E
（规范性附录）
矿山地质环境影响程度分级

表 E.1 给出了采矿活动对矿山地质环境影响程度的分级。

表 E.1　矿山地质环境影响程度分级表

影响程度分级	地质灾害	含水层	地形地貌景观	土地资源
严重	地质灾害规模大，发生的可能性大 影响到城市、乡镇、重要行政村、重要交通干线、重要工程设施及各类保护区安全 造成或可能造成直接经济损失大于 500 万元 受威胁人数大于 100 人	矿床充水主要含水层结构破坏，产生导水通道 矿井正常涌水量大于 $10000m^3/d$ 区域地下水水位下降 矿区周围主要含水层（带）水位大幅下降，或呈疏干状态，地表水体漏失严重 不同含水层（组）串通水质恶化 影响集中水源地供水，矿区及周围生产、生活供水困难	对原生的地形地貌景观影响和破坏程度大 对各类自然保护区、人文景观、风景旅游区、城市周围、主要交通干线两侧可视范围内地形地貌景观影响严重	破坏基本农田 破坏耕地大于 $2hm^2$ 破坏林地或草地大于 $4hm^2$ 破坏荒地或未开发利用土地大于 $20hm^2$
较严重	地质灾害规模中等，发生的可能性较大 影响到村庄、居民聚居区、一般交通线和较重要工程设施安全 造成或可能造成直接经济损失 100 万～500 万元 受威胁人数 10～100 人	矿井正常涌水量 $3000～10000m^3/d$ 矿区及周围主要含水层（带）水位下降幅度较大，地下水呈半疏干状态 矿区及周围地表水体漏失较严重 影响矿区及周围部分生产生活供水	对原生的地形地貌景观影响和破坏程度较大 对各类自然保护区、人文景观、风景旅游区、城市周围、主要交通干线两侧可视范围内地形地貌景观影响较重	破坏耕地小于等于 $2hm^2$ 破坏林地或草地 $2～4hm^2$ 破坏荒山或未开发利用土地 $10～20hm^2$
较轻	地质灾害规模小，发生的可能性小 影响到分散性居民、一般性小规模建筑及设施 造成或可能造成直接经济损失小于 100 万元 受威胁人数小于 10 人	矿井正常涌水量小于 $3000m^3/d$ 矿区及周围主要含水层水位下降幅度小 矿区及周围地表水体未漏失 未影响到矿区及周围生产生活供水	对原生的地形地貌景观影响和破坏程度小 对各类自然保护区、人文景观、风景旅游区、城市周围、主要交通干线两侧可视范围内地形地貌景观影响较轻	破坏林地或草地小于等于 $2hm^2$ 破坏荒山或未开发利用土地小于等于 $10hm^2$

注：若综合评估，分级确定采取上一级别优先原则，只要有一项要素符合某一级别，就定为该级别。

附录 F
（规范性附录）
矿山地质环境保护与恢复治理分区

表 F.1 给出了矿山地质环境保护与恢复治理分区。

表 F.1　矿山地质环境保护与恢复治理分区表

现状评估	预测评估		
	严重	较严重	较轻
严重	重点区	重点区	重点区
较严重	重点区	次重点区	次重点区
较轻	重点区	次重点区	一般区

附录 G
（规范性附录）
矿山地质环境保护与恢复治理方案文字报告编写提纲

前言

一、任务的由来
二、方案编制的依据
三、方案的适用年限

第一章　矿山基本情况

一、矿山地理位置和社会经济概况

矿山所处行政区位置、分布范围、地理坐标、区位条件、矿区及周围经济社会概况。

二、矿山开采历史及现状

矿山开采历史包括以往矿山开采的范围、层位、开采方式、开采规模、开采时间等；矿山开采现状包括矿山剩余资源及储量，矿山现状开采范围、层位、开采方式，矿山剩余生产服务年限、年生产能力，相邻矿山分布与开采情况。

三、矿山开发利用方案概述

包括矿山建设规模及工程布局，矿山批准的（或拟开采的）开采层位、矿山资源及储量、矿山设计生产服务年限、年生产能力，矿山阶段或采区布置、开采接替顺序、开采方式、顶板管理方法，矿山固体废弃物和废水的排放量及处置情况等。

第二章　矿山地质环境背景

一、自然地理
二、地形地貌
三、地层岩性与地质构造

四、水文地质条件
五、工程地质条件
六、矿体（层）地质特征
七、矿山及周边其他人类工程活动情况

第三章　矿山地质环境影响评估

一、评估范围和级别
二、现状评估
三、预测评估

第四章　矿山地质环境保护与恢复治理分区

一、分区原则及方法
二、分区评述

第五章　矿山地质环境保护与恢复治理原则、目标和任务

一、矿山地质环境保护与恢复治理原则
二、矿山地质环境保护与恢复治理目标和任务
三、矿山地质环境保护与恢复治理工作部署
（一）总体部署
（二）年度实施计划

第六章　矿山地质环境防治工程

一、矿山地质环境保护与恢复治理工程
按防治对象分述工程名称、主要工作量、技术方法等。
（一）地面塌陷
（二）地裂缝
（三）崩塌
（四）滑坡
（五）泥石流
（六）土地资源破坏
（七）含水层破坏
（八）地形地貌景观破坏
二、矿山地质环境监测工程
提出重点监测的内容、监测点的布设、监测方法等。

第七章　经费估算与进度安排

一、工程量估算
二、经费估算
三、进度安排

第八章　保障措施与效益分析

一、保障措施

（一）组织保障

（二）技术保障

（三）资金保障

二、效益分析

（一）社会效益

（二）环境效益

（三）经济效益

第九章　结论与建议

主要附图：1. 矿山地质环境现状评估图；2. 矿山地质环境影响预测评估图；3. 矿山地质环境保护与恢复治理工程部署图。

附录 H
（规范性附录）
图件编制要求

H.1 图件的一般要求

H.1.1 工作底图应采用最新的地理底图或地形地质图、矿区基岩地质图。如果收集到的工作底图较陈旧，地形地物变化较大，则应进行简单实测、修编；如果地形地质图是由小比例尺放大的，应进行修编。

H.1.2 成果图件应在充分利用已有资料与最新调查资料，深入分析和综合研究的基础上编制。要求报告编制人员必须亲临现场，取得最新的调查资料。

H.1.3 成果图件要求数字化成图，图形数据文件命名清晰，并与工程文件一起存储。

H.1.4 成果图件要符合有关要求，表示方法合理，层次清楚，清晰直观，图式、图例、注记齐全，读图方便。

H.1.5 成果图件比例尺原则上不小于矿山精查报告比例尺；当矿区范围较大，成图比例尺最小为 1∶10000，重要地段的成图比例尺（包括平面图和剖面图）原则上不得小于 1∶1000。

H.2 矿山地质环境现状评估图

H.2.1 图面主要反映评价区的地质环境条件、存在的矿山地质环境问题等。内容包括：

a）地理要素：包括主要地形等高线、控制点；地表水系、水库、湖泊的分布；重要城镇、村庄、工矿企业；干线公路、铁路、重要管线；人文景观、地质遗迹、供水水源地、岩溶泉域等各类保护区。

b）地质环境条件要素：包括矿区地貌分区、地层岩性（产状）、主要地质构造、水文地质要素（如井、泉分布）等。

c）矿区范围与工程布局：露采境界、矿区范围、采区布置、地下开采主要巷道的布置等。

d）主要矿山地质环境问题：采空区、地面塌陷、地裂缝、崩塌、滑坡、含水层破坏、地形地貌景观破坏、土地资源破坏等的分布、规模；采矿固体废弃物堆放位置与规模；已治理的矿山地质环境问题类型及范围等。

e）现状评估结果：用普染色表示矿山地质环境影响程度分级，参见表 K.3。当单要素评估结果有重叠时，采取就高不就低原则编图。若图面信息量大，可另附单要素评估图。

H.2.2 平面图上应附综合地层柱状图、综合地质剖面图等镶图；可根据需要附专门性镶图，如矿体底板等值线图、降水等值线图、全新世活动断裂与地震震中分布图、评估区周围矿山分布图、地下水等水位线图等。

H.2.3 可用镶表说明矿山地质环境问题类型、编号、地理位置、分布范围与规模、影响程度、形成时间、防治情况等。

H.2.4 常用图例参照附录 K，其他图例参照 GB 958。

H.3 矿山地质环境影响预测评估图

H.3.1 图面主要反映采矿活动对评估区地质环境可能造成的影响。内容包括：

a）地理要素：包括主要地形等高线、控制点；地表水系、水库、湖泊的分布；重要城镇、村庄、工矿企业；干线公路、铁路、重要管线；人文景观、地质遗迹、供水水源地、岩溶泉域等各类保护区。

b）预测评估：用普染色表示矿山地质环境影响程度分级，参见表 K.3。当单要素评估结果有重叠时，采取就高不就低原则编图。若图面信息量大，可另附单要素评估图。

H.3.2 对重点区域（由采矿引发地质环境问题突出的区域）可以在图面上插入镶图进一步说明，如完整的泥石流沟、重要地质灾害隐患点、地下水疏干范围等。镶图比例尺视具体情况而定。

H.3.3 可用镶表对矿山地质环境影响预测评估结果加以说明，如潜在矿山地质环境问题类型、编号、地理位置、分布范围与规模、影响程度、防治难度分级等。

H.3.4 常用图例参照附录 K，其他图例参照 GB 958。

H.4 矿山地质环境保护与恢复治理工程部署图

H.4.1 图面主要反映矿山地质环境保护与恢复治理责任范围分区、工作部署等。内容包括：

a）地理要素：包括主要地形等高线、控制点；地表水系、水库、湖泊的分布；重要城镇、村庄、工矿企业；干线公路、铁路、重要管线；人文景观、地质遗迹、供水水源地、岩溶泉域等各类保护区。

b）矿山地质环境保护与恢复治理分区：划分为重点防治区、次重点防治区和一般防治区，标出与本方案适用年限相对应的防治区域。

c）工程部署：主要防治、监测工作的布置、措施与手段等。

H.4.2 镶图：可以根据需要对防治区内的主要工程部署、防治工程措施与手段等插入放大比例尺的专门性镶图。

H.4.3 镶表：用镶表对矿山地质环境保护与恢复治理分区加以说明，包括分区名称、编号、分布、面积；主要矿山地质环境问题类型和影响程度、防治措施、手段、进度安排。

H.4.4 常用图例参照附录 K，其他图例参照 GB 958。

附录 I
（规范性附录）
矿山地质环境保护与恢复治理方案报告表

表 I.1 给出了建筑用砂石黏土、油气、煤层气、地热、矿泉水等开采活动对矿山地质环境影响较小的矿山，编制矿山地质环境保护与恢复治理方案报告表格式。

表 I.1　矿山地质环境保护与恢复治理方案报告表

<table>
<tr><td rowspan="10">矿山企业概况</td><td>矿山名称</td><td colspan="3">（签 章）</td></tr>
<tr><td>通讯地址</td><td></td><td>邮 编</td><td></td></tr>
<tr><td>法人代表</td><td></td><td>联系人</td><td></td></tr>
<tr><td>联系电话</td><td></td><td>传 真</td><td></td></tr>
<tr><td>经济类型</td><td>国有 集体 个体 其他</td><td>开采矿种</td><td></td></tr>
<tr><td>矿区范围</td><td>拐点坐标：</td><td>矿山面积</td><td>公顷</td></tr>
<tr><td>建矿时间</td><td>年 月 日</td><td>生产现状</td><td>新建 生产 改扩建</td></tr>
<tr><td>可采资源储量</td><td></td><td>企业规模</td><td>大 中 小</td></tr>
<tr><td>服务年限</td><td colspan="3">年 月 至 年 月</td></tr>
<tr><td>设计生产能力</td><td>万吨/年</td><td>实际生产能力</td><td>万吨/年</td></tr>
<tr><td rowspan="13">方案编制单位</td><td>单位名称</td><td colspan="3">（签 章）</td></tr>
<tr><td>通讯地址</td><td></td><td>邮 编</td><td></td></tr>
<tr><td>法人代表</td><td></td><td>联系人</td><td></td></tr>
<tr><td>联系电话</td><td></td><td>传 真</td><td></td></tr>
<tr><td>资质证书名称</td><td></td><td>资质等级</td><td></td></tr>
<tr><td>发证机关</td><td></td><td>编 号</td><td></td></tr>
<tr><td colspan="4">主要编制人员</td></tr>
<tr><td>姓名</td><td>职 务</td><td>职 称</td><td>签 名</td></tr>
<tr><td></td><td></td><td></td><td></td></tr>
<tr><td></td><td></td><td></td><td></td></tr>
<tr><td></td><td></td><td></td><td></td></tr>
<tr><td></td><td></td><td></td><td></td></tr>
<tr><td></td><td></td><td></td><td></td></tr>
</table>

一、自然地理与社会经济概况

矿山交通位置、地形地貌、气象、水文、土壤与植被、社会经济等。

二、矿区地质环境条件（可加附图说明）

地层岩性、地质构造、水文地质、工程地质、矿山地质、不良地质现象、人类工程活动等。

三、矿山地质环境问题（已产生、可能产生的）

1．矿山地质灾害及其隐患（地面塌陷、地裂缝、崩塌、滑坡分布、规模、发生时间、发育特征、成因、危险性大小、危害程度等）。

2．地形地貌景观、地质遗迹、人文景观等的影响和破坏情况。

3．矿区含水层破坏，包括采矿活动引起的含水层破坏范围、规模、程度，及对生产生活用水的影响等。

4．土地资源的影响和破坏，包括压占、毁损的土地类型及面积。

5．对主要交通干线、水利工程、村庄、工矿企业及其他各类建（构）筑物等的影响与破坏。

6．已采取的防治措施和治理效果。

四、拟采取的保护与治理措施

按防治对象（矿山地质灾害、含水层破坏、地形地貌景观破坏、其他）分述工程名称、主要工作量、技术方法等。提出重点监测的内容、监测点的布设、监测方法等。

五、工作部署（应加附图说明）

提出保护与治理措施总体部署和分年度实施计划。

六、经费估算及资金来源

附件：

1．对油气、煤层气等矿区面积较大、钻井及配套设施数量多且分散的，除填写此表外，还应以表格形式逐一说明各钻井及配套设施的建设用地地质灾害危险性（参照地质灾害危险性评估相关技术要求）。表格主要内容包括：钻井名称或编号、地理位置及经纬度坐标、用地范围及面积人、主要设施、工程建设引发或加剧地质灾害危险性的预测、工程建设可能遭受地质灾害危险性的预测、适宜性评价、防治措施。

附录 J
（资料性附录）
矿山地质环境现状调查表

表 J.1 矿山地质环境现状调查表

矿山基本概况									
企业名称		通讯地址	市（州） 县 镇（乡） 村	邮编		法人代表			
电话		传真		坐标	经度： 纬度：	矿类		矿种	
企业规模		设计生产能力/（10^4t/a）		设计服务年限					
经济类型									
矿山面积/km²		实际生产能力/（10^4t/a）		已服务年限		开采深度/m			
建矿时间		生产现状		采空区面积/m²					
		采矿方式		开采层位					

采矿破坏土地	露采场		排土场		固体废弃物堆场		地面塌陷		总计	已治理面积/m²
	数量/个	面积/m²	数量/个	面积/m²	数量/个	面积/m²	数量/个	面积/m²	面积/m²	

采矿破坏土地	破坏土地情况/m²		破坏土地情况/m²		破坏土地情况/m²		破坏土地情况/m²			
耕地	基本农田		基本农田		基本农田		基本农田			
耕地	其他耕地		其他耕地		其他耕地		其他耕地			
耕地	小计		小计		小计		小计			
	林地		林地		林地		林地			
	其他土地		其他土地		其他土地		其他土地			
	合计		合计		合计		合计			

采矿固体废弃物排放	类型	年排放量/10^4m^3	年综合利用量/10^4m^3	累计积存量/10^4m^3	主要利用方式
	废石（土）				
	煤矸石				
	合计				

含水层破坏情况	影响含水层的类型	区域含水层遭受影响或破坏的面积/km²	地下水位最大下降幅度/m	含水层被疏干的面积/m²	受影响的对象

地形地貌景观破坏	破坏的地形地貌景观类型	被破坏的面积/m^2	破坏程度	修复的难易程度

采矿引起的崩塌、滑坡、泥石流等情况	种类	发生时间	发生地点	规模	影响范围/m^2	体积/m^3	危害					发生原因	防治情况	治理面积/m^2
							死亡人数/人	受伤人数/人	破坏房屋/间	毁坏土地/m^2	直接经济损失/万元			

采矿引起的地面塌陷情况	发生时间	发生地点	规模	塌陷坑/个	影响范围/m^2	最大长度/m	最大深度/m	危害					发生原因	防治情况	治理面积/m^2
								死亡人数/人	受伤人数/人	破坏房屋/间	毁坏土地/m^2	直接经济损失/万元			

采矿引起的地裂缝情况	发生时间	发生地点	数量/个	最大长度/m	最大宽度/m	最大深度/m	走向	危害					发生原因	防治情况	治理面积/m^2
								死亡人数/人	受伤人数/人	破坏房屋/间	毁坏土地/m^2	直接经济损失/万元			

矿山企业（盖章）：　　　　填表单位（盖章）：　　　　填表人：

填表日期：　年　月　日

附录 K
（资料性附录）
矿山地质环境保护与恢复治理方案编图常用图例

表 K.1～K.5 给出了矿山地质环境保护与恢复治理方案编图常用图例符号。

表 K.1 矿山地质环境问题图例符号表

序号	图例符号	名称	说明
K. 1-1	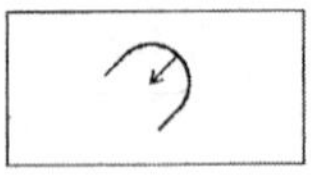	崩塌 landslip	子图号:591;高×宽:5×5;旋转角度:315;颜色号:1
K. 1-2	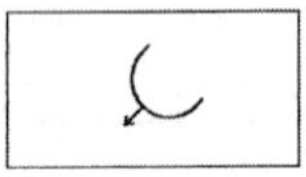	滑坡 landslide	子图号:592;高×宽:5×5;旋转角度:315;颜色号:1
K. 1-3		泥石流 debris flow	子图号:593;高×宽:5×5;旋转角度:0;颜色号:1
K. 1-4	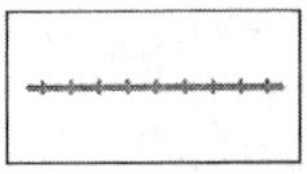	地裂缝 ground fissure	线型:7;线颜色:6;线宽:0.4;X 系数:2;Y 系数:3;辅助线型:1;辅助颜色:0
K. 1-5	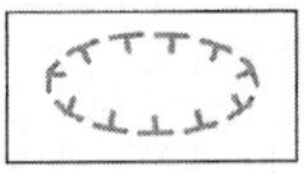	地面塌陷 ground collapse	线型:54;线颜色:3;线宽:0.3;X 系数:3;Y 系数:3;辅助线型:0;辅助颜色:0
K. 1-6	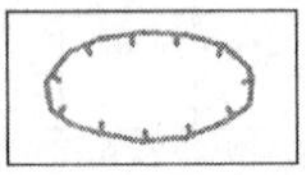	地面沉陷 land subsidence	线型:18;线颜色:3;线宽:0.3;X 系数:3;Y 系数:5;辅助线型:0;辅助颜色:0
K. 1-7	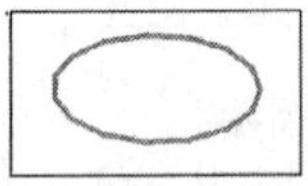	水污染 water pollution	线型:1;线颜色:6;线宽:0.5;X 系数:10;Y 系数:10;辅助线型:0;辅助颜色:0
K. 1-8	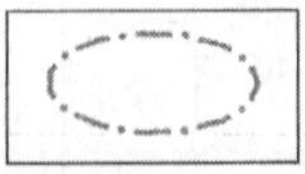	土壤污染 soil pollution	线型:3;线颜色:3;线宽:0.3;X 系数:4;Y 系数:4;辅助线型:10;辅助颜色:0
K. 1-9	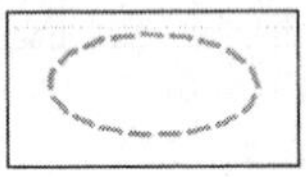	地下水漏斗区 cone of groundwater depression	线型:2;线颜色:2;线宽:0.3;X 系数:2;Y 系数:2;辅助线型:0;辅助颜色:0
K. 1-10	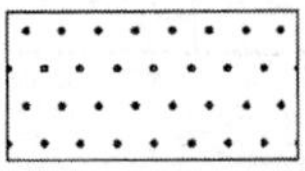	土地沙化 land desertification	填充颜色:9;填充图案:3;图案高度:5;图案宽度:5;图案颜色:1
K. 1-11	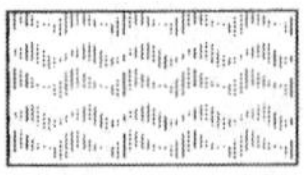	沼泽地 marshland	填充颜色:9;填充图案:26;图案高度:4;图案宽度:1;图案颜色:1

序号	图例符号	名　称	说　明
K.1-12	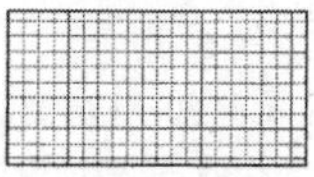	盐碱化 soil salinization	填充颜色:9;填充图案:14;图案高度:2;图案宽度:2;图案颜色:1
K.1-13		矿渣堆 slagheap	填充颜色:9;填充图案:83;图案高度:10;图案宽度:10;图案颜色:1
K.1-14	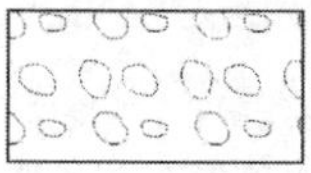	煤矸石堆 coal gangue pile	填充颜色:9;填充图案:285;图案高度:7;图案宽度:7;图案颜色:1
K.1-15	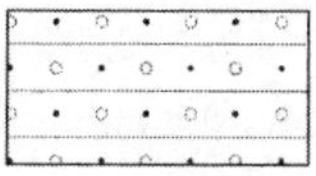	剥离表土堆 stripped topsoil heap	填充颜色:9;填充图案:234;图案高度:6;图案宽度:6;图案颜色:1
K.1-16	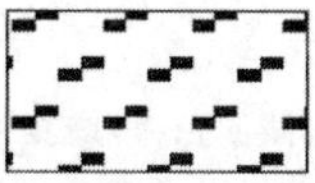	尾矿砂 mine tailings	填充颜色:9;填充图案:287;图案高度:6;图案宽度:6;图案颜色:1
K.1-17		尾矿泥 tailings mud	填充颜色:9;填充图案:116;图案高度:10;图案宽度:10;图案颜色:1
K.1-18	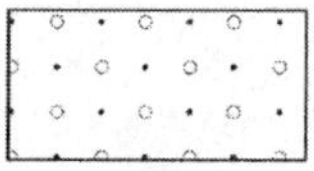	采砂采土坑 sand and soil pit	填充颜色:9;填充图案:122;图案高度:6;图案宽度:6;图案颜色:1
K.1-19	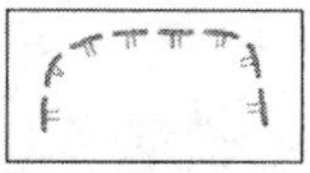	露采掌子面 opencast working face	线型:53;线颜色:6;线宽:0.3;*X* 系数:3;*Y* 系数:4;辅助线型:3;辅助颜色:0
K.1-20	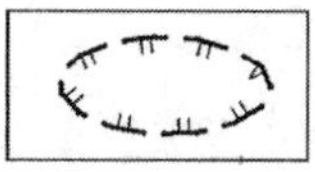	采坑边缘 openpit fringe	线型:53;线颜色:1;线宽:0.3;*X* 系数:4;*Y* 系数:4;辅助线型:3;辅助颜色:0

表 K.2　矿山地质环境保护与综合治理工程图例符号表

序号	图例符号	名　称	说　明
K.2-1	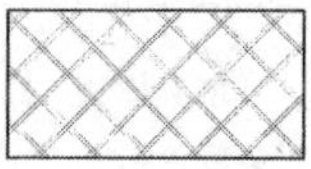	护坡 slope protection	填充颜色:9;填充图案:51;图案高度:7;图案宽度:7;图案颜色:1
K.2-2	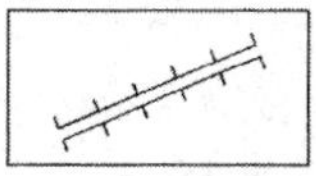	挡土墙 retaining wall	线型:18;线颜色:1;线宽:0.1;*X* 系数:3;*Y* 系数:4;辅助线型:1;辅助颜色:0

序号	图例符号	名　称	说　明
K. 2-3	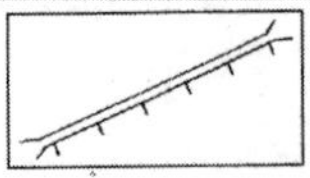	拦水坝 retaining dam	线型:18;线颜色:1;线宽:0.1;*X* 系数:3;*Y* 系数:8;辅助线型:5;辅助颜色:0
K. 2-4		拦砂坝 sand-sediment dam	线型:18;线颜色:943;线宽:0.1;*X* 系数:3;*Y* 系数:4;辅助线型:1;辅助颜色:0
K. 2-5	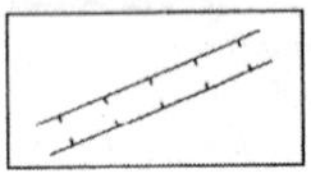	排水渠 drainage canal	线型:18;线颜色:1;线宽:0.1;*X* 系数:3;*Y* 系数:4;辅助线型:5;辅助颜色:0
K. 2-6	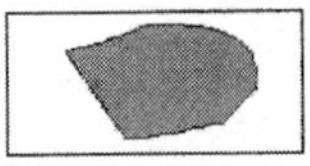	蓄水池 water pool	填充颜色:2;填充图案:0;图案高度:0;图案宽度:0;图案颜色:0
K. 2-7	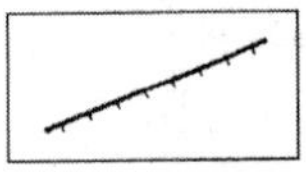	防洪堤 flood protection embankment	线型:18;线颜色:1;线宽:0.3;*X* 系数:2;*Y* 系数:5;辅助线型:5;辅助颜色:0
K. 2-8	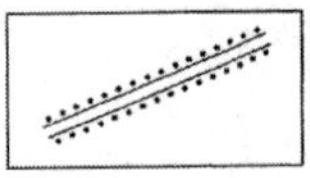	设计道路 road	线型:51;线颜色:1;线宽:0.1;*X* 系数:1;*Y* 系数:5;辅助线型:0;辅助颜色:0
K. 2-9	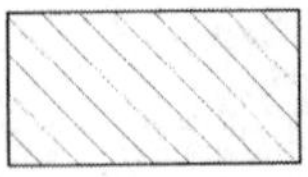	建筑用地 built-up area	填充颜色:9;填充图案:8;图案高度:5;图案宽度:5;图案颜色:1
K. 2-10	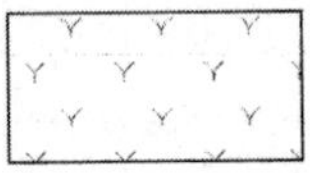	草地 grassland	填充颜色:9;填充图案:190;图案高度:6;图案宽度:6;图案颜色:1
K. 2-11	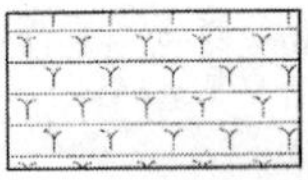	林地 forest land	填充颜色:9;填充图案:73;图案高度:8;图案宽度:8;图案颜色:1
K. 2-12	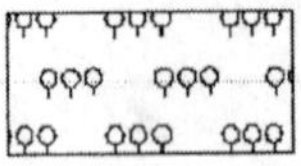	园地 garden land	填充颜色:9;填充图案:225;图案高度:7;图案宽度:7;图案颜色:1
K. 2-13	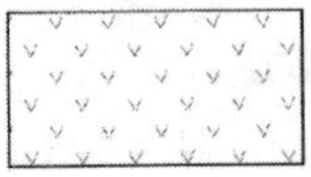	耕地 cultivated land	填充颜色:9;填充图案:290;图案高度:6;图案宽度:6;图案颜色:1
K. 2-14	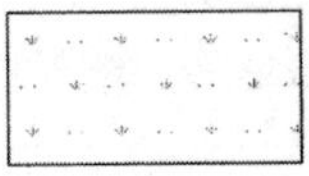	苗圃及花圃 flower nursery	填充颜色:9;填充图案:186;图案高度:6;图案宽度:6;图案颜色:1

表 K.3　矿山地质环境影响程度评估分级图例符号表

序号	图例符号	名　称	说　明
K. 3-1		矿山地质环境影响严重区 serious mining geo-environmental influence	填充颜色:175
K. 3-2		矿山地质环境影响较严重区 rather serious mining geo-environmental influence	填充颜色:198
K. 3-3		矿山地质环境影响较轻区 minor mining geo-environmental influence	填充颜色:153
K. 3-4	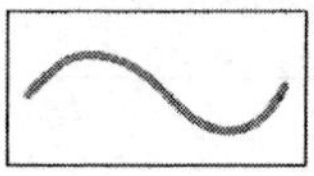	矿山地质环境影响评估界线 the boundary of mining geo-environmental impact assessment	线型:1;线颜色:6;线宽:0.5;X 系数:10;Y 系数:10;辅助线型:0,辅助颜色:0

表 K.4　矿山地质环境保护与恢复治理分区图例符号表

序号	图例符号	名　称	说　明
K. 4-1		矿山地质环境重点防治区 the key zone of mining geo-environmental protection and treatment	填充颜色:96
K. 4-2		矿山地质环境次重点防治区 the secondary key zone of mining geo-environmental protection and treatment	填充颜色:289
K. 4-3		矿山地质环境一般防治区 the general zone of mining geo-environmental protection and treatment	填充颜色:498
K. 4-4	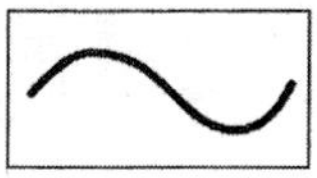	矿山地质环境保护与恢复治理分区界线 the zonation boundaries of mining geo-environmental protection and treatment	线型:1;线颜色:5;线宽:0.5;X 系数:10;Y 系数:10;辅助线型:0,辅助颜色:0

表 K.5 其他图例符号表

序号	图例符号	名称	说明
K. 5-1	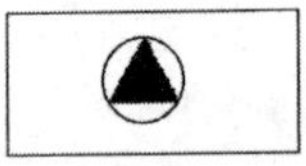	生产矿井 productive mine	子图号:9;高×宽:5×5;颜色号:1
K. 5-2	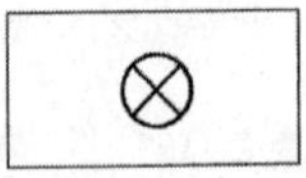	废弃矿井 abandoned mine	子图号:432;高×宽:5×5;旋转角度:45;颜色号:1
K. 5-3	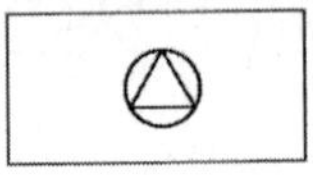	新建矿井 new mine	子图号:275;高×宽:5×5;颜色号:1
K. 5-4	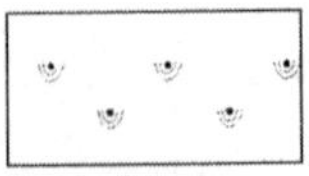	堆料场 pileup depots	填充颜色:9;填充图案:289;图案高度:8;图案宽度:8;图案颜色:1

中华人民共和国土地管理行业标准

土地复垦方案编制规程
第1部分：通则（节选）

Regulation on compiling land reclamation plan—Part 1：General rules

TD/T 1031.1—2011

1 范围

TD/T 1031 的本部分规定了生产建设活动损毁土地复垦方案编制的总则、程序、方法、内容和成果要求。

本部分适用于以下损毁类型的土地复垦方案编制：

——露天采矿、烧制砖瓦、挖沙取土等地表挖掘所损毁的土地；

——地下采矿等造成地表塌陷的土地；

——堆放采矿剥离物、废石、矿渣、粉煤灰、冶炼渣等固体废弃物压占的土地；

——能源、交通、水利等基础设施建设和其他生产建设活动临时占用所损毁的土地；

——法律规定的其他生产建设活动造成损毁的土地。

5.1 前期工作

5.1.1 资料收集

收集复垦区及周边自然地理、生态环境、社会经济、土地利用现状与权属、项目基本情况等与土地复垦有关的资料。

5.1.2 野外调研

实地调查复垦区土壤、水文、水资源、生物多样性、土地利用、土地损毁等情况。针对不同土地利用类型区，挖掘土壤剖面，采集土壤样品。

对复垦区已损毁未复垦的土地，应查清损毁范围、程度与面积；对复垦区已损毁已复垦的土地，应调查复垦所采用的主要标准和措施以及复垦效果。

采用类比方法调查收集项目周边地区可借鉴的土地复垦工程案例，包括土地损毁类型、复垦标准和措施、费用使用等情况。

野外调查应采集相应的影像、图片资料，并做文字记录。

5.1.3 样品检测

分析土壤理化性质及与生产建设项目相关的特征污染物。

5.1.4 公众调查

调查公众对土地复垦利用方向的意愿，以及对复垦标准与措施的意见。

调查对象应包括土地复垦义务人、土地使用权人、土地所有权人、政府相关部门（国土、城建、林业、水利、农业、环保）、土地复垦专家及相关权益人。

调查宜采用座谈会、问卷调查、走访及媒体公告形式。

5.2 拟定初步方案

对生产建设项目的自然地理、生态环境、社会经济、土地利用状况和生产（建设）工艺等进行分析与评价，合理确定土地复垦方案服务年限，进行土地损毁预测与土地复垦适宜性评价，选定土地复垦标准、措施，明确土地复垦目标，确定复垦费用来源，初步拟定土地复垦方案。

5.3 方案协调论证

对初步拟订的土地复垦方案广泛征询土地复垦义务人、政府相关部门（国土、城建、林业、水利、农业、环保）、土地使用权人和社会公众的意愿，从组织、经济、技术、费用保障、复垦目标以及公众接受程度等方面进行可行性论证。

5.4 编制复垦方案

依据方案协调论证结果，确定土地复垦标准，优化工程设计，完善工程量测算及投资估算，细化土地复垦实施计划安排以及费用、技术和组织管理保障措施，编制详细土地复垦方案。

中华人民共和国土地管理行业标准

土地复垦方案编制规程
第4部分：金属矿

Regulation on compiling land reclamation plan—Part 4：Metal mine

TD/T 1031.4—2011

前 言

为加强对生产建设活动损毁土地复垦方案编制工作的指导，提高方案的科学性、合理性和可操作性，推进土地复垦管理的制度化、规范化建设，根据《中华人民共和国土地管理法》、《土地复垦条例》及有关法律、法规、政策和技术标准，制定《土地复垦方案编制规程》。

TD/T 1031《土地复垦方案编制规程》共分为七个部分：

——第1部分：通则（TD/T 1031.1—2011）

——第2部分：露天煤矿（TD/T 1031.2—2011）

——第3部分：井工煤矿（TD/T 1031.3—2011）

——第4部分：金属矿（TD/T 1031.4—2011）

——第5部分：石油天然气（含煤层气）项目（TD/T 1031.5—2011）

——第6部分：建设项目（TD/T 1031.6—2011）

——第7部分：铀矿（TD/T 1031.7—2011）

本部分为TD/T 1031—2011的第4部分。

本部分由国土资源部提出并负责解释。

本部分由国土资源部归口管理。

本部分主要起草单位：国土资源部耕地保护司、国土资源部土地整理中心、北京矿冶研究总院、中国地质大学（北京）、煤炭科学研究总院唐山研究院、中国农业大学、沈阳农业大学、中国核工业集团公司矿冶部。

本部分主要起草人：刘仁芙、罗明、卢丽华、刘喜韬、周连碧、白中科、李树志、黄元仿、梁成华、潘英杰、张清春、王金满、王亚东、王敬、代宏文、周妍、周际、周伟。

本部分主要参加人员（按姓氏笔画排序）：王军、王果、王琼、方军、刘飞、刘立忠、任君杰、李娥、李超、李丽平、张继栋、陈昊、金家明、洪磊、赵中秋、贺振伟、祝怡斌、高晴、高均海、崔艳、蒋一军、温晓倩、薄传华、鞠正山。

1 范围

TD/T 1031的本部分规定了金属矿开采损毁土地复垦方案编制的总则、程序、方法、内容和成果要求。

非金属矿山开采损毁土地复垦方案编制可参照本部分执行。

2 规范性引用文件

下列文件对于本文件的应用是必不可少的。凡是注日期的引用文件，仅注日期的版本适用于本文件。凡是不注日期的引用文件，其最新版本（包括所有的修改单）适用于本文件。

GB 2715—2005 粮食卫生标准

GB 15618—1995 土壤环境质量标准

GB 18598—2001 危险废物填埋污染控制标准

GB 18599—2001 一般工业固体废物贮存、处置场污染控制标准

GB 50421—2007 有色金属矿山排土场设计规范

AQ 2006—2005 尾矿库安全技术规程

YSJ 019—1992 有色金属采矿设计规范（试行）

ZBJ 1—90 选矿厂尾矿设施设计规范

TD/T 1031.1 土地复垦方案编制规程 第1部分：通则

3 术语与定义

TD/T 1031.1 中界定的及下列术语和定义适用于本文件。

3.1 金属矿山 metal mine

指黑色金属、有色金属、稀有、稀散金属、贵金属等矿山。

3.2 露天采场 open-pit

将矿藏的上覆岩土剥离后，开采金属矿物的采矿场地。

3.3 塌陷地 subsided land

地下开采引起围岩的位移和变形，造成地表下沉、变形和塌陷的场地。

3.4 排土场（废石场） waste dump

矿山采矿剥离、排弃物的集中堆放的场地，又称废石场。排土场可分为内排土场和外排土场。

3.5 尾矿库 tailings reservoir

指筑坝拦截谷口或围地构成的用以贮存金属非金属矿山进行矿石选别后排出尾矿的场所。

3.6 污染场地 contaminated site

矿山生产过程中污染物排放，造成土壤理化性状恶化，致使土地生产力降低、生态系统退化的场地。

3.7 溶浸场 leaching site

采用堆置浸矿、就地破碎浸矿、地浸、地下钻孔原地浸矿和联合溶浸等采矿后的场地。

3.8 堆浸场 heap leaching site

采用溶液滴淋、喷淋筑堆矿物的堆浸工艺来提取低品位金属的场地。

3.9 赤泥堆场 red mud disposal site

铝土矿提取氧化铝后排出赤泥的堆放场地。

3.10 地表错动范围 displacement range of ground surface

地下开采引起采空区上方地表变形的区域。

3.11 无覆土复垦 non-soil-covering land reclamation

以不覆盖客土实现场地复垦、恢复生态的土地复垦方式。

4 总则

按 TD/T 1031.1 规定执行。

5 土地复垦方案编制程序

按 TD/T 1031.1 规定执行。

6 土地复垦方案编制内容

6.1 前言

按 TD/T 1031.1 规定执行。

6.2 编制总则

按 TD/T 1031.1 规定执行。

6.3 项目概况

按 TD/T 1031.1 规定执行。

应说明如下项目工程概况：

——资源储量及设计利用资源量、采和选工艺及设计指标、矿区总体布局、主要技术经济设计指标、进度计划及投资；

——露天采场应说明露天开采工艺、开拓运输方案，详细说明露天采场的设计参数、露天采场的采剥工程量与进度计划；

——地下开采应说明地下开拓运输方案，采用充填采矿法的应说明充填料、充填体强度、充填率等设计参数；

——排土场（废石场）、尾矿库（含赤泥堆场）、堆浸场、表土场等堆场应说明堆存工艺与方式、堆场的设计参数、堆存进度和计划；

——管线工程应给出管线的敷设方式、长度，道路工程应给出道路宽度、长度等与占地有关参数；

——应说明矿物主要成分（含伴生成分）的分析结果，以及废弃物的毒性鉴别结果及主要处置措施；

——主要图件包括总平面图；排土场（废石场）、尾矿库（含赤泥堆场）、堆浸场、表土场等场地平面及断面图；露天采场境界图；塌陷区地表错动范围图等。

6.4 土地复垦方向可行性分析

6.4.1 土地损毁分析与预测

6.4.1.1 土地损毁环节与时序

按 TD/T 1031.1 规定执行。

应分别说明各类场地土地损毁环节与时序。

排土场（废石场）排弃计划表参见附录 A。

6.4.1.2 已损毁土地现状

按 TD/T 1031.1 规定执行。

应分别针对露天采场、塌陷地、排土场（废石场）、尾矿库（含赤泥堆场）、溶浸场、表土堆场、地表错动范围、污染场地、管线区等（简称各类场地）说明土地损毁状况。

6.4.1.3 拟损毁土地预测

依据露天采场总平面图及采矿工艺等，预测采场开采形成的边坡、台阶和底部平台的面积和形成时序。

依据排土场（废石场）、尾矿库（含赤泥堆场）、表土堆放场等堆排工艺及设计参数，预测堆场边坡、台阶、顶面的表面积和形成时序。

依据溶浸场的溶浸工艺及设计参数，预测溶浸区土地损毁的表面积和形成时序。

应分析露天采场、排土场（废石场）、尾矿库（含赤泥堆场）、溶浸场、表土堆场等场地的地形地貌特征和潜在污染特性，对具有潜在土地污染风险的场地，应预测风险影响范围和程度。

地下开采可采用塌落角法或类比分析法，采用类比分析法应说明地质条件相似、矿带连续、矿体特征等的可比性，预测说明矿体开采后可能影响的地表错动范围和程度。

预测尾矿输送管线、道路等临时损毁土地的表面积。

6.4.1.4 复垦区与复垦责任范围确定

按 TD/T 1031.1 规定执行。

6.4.2 复垦区土地利用状况

按 TD/T 1031.1 规定执行。

6.4.3 生态环境影响分析

按 TD/T 1031.1 规定执行。

废石场、尾矿库等存在潜在污染的场地，应说明潜在污染对周边生态环境的影响程度和范围。

6.4.4 土地复垦适宜性评价

按 TD/T 1031.1 规定执行。

应对各类场地划分土地复垦评价单元。评价单元划分依据包括地形坡度、地表物质组成、有效覆土厚度、潜在污染物等指标。

采用类比分析法应说明类比区的复垦土地利用方向、复垦时间、复垦工艺、污染防治措施、土壤重构、复垦植被类型、配置模式、监测和管护措施等。

无客土覆盖的尾矿库等废弃场地的复垦，应进行无覆土复垦的可行性论证分析。

依据适宜性评价结果，应列表说明各复垦单元土地利用方向的适宜性。

6.4.5 水土资源平衡分析

按 TD/T 1031.1 规定执行。

6.4.6 复垦的目标任务

按 TD/T 1031.1 规定执行。

6.5 土地复垦质量要求与复垦措施

6.5.1 复垦质量要求

按 TD/T 1031.1 规定执行。

复垦土地用于农业种植时土壤环境质量应符合 GB 15618—1995，粮食作物中有害成分含量应符合 GB 2715—2005。

土源不足的地区，自然沉实后的覆土厚度＜0.3 m 或进行无覆土复垦的，仅限种植灌草类物种。

6.5.2 预防控制措施

按 TD/T 1031.1 规定执行。

应分别说明设计阶段、建设阶段、运行阶段以及关闭阶段（含后续抚育期）采取的预防与控制措施，包括各类场地的稳定技术，废石、尾矿等固体废物的综合利用，表土堆放及保护，污染防治措施。

各类场地存在潜在二次污染问题时，应明确说明预防控制措施。

采取防渗措施的，应明确防渗材料、防渗层的构筑方式，满足各类场地防渗要求。

采取隔离措施的，应明确隔离材料、隔离层的构筑方式，满足各类场地隔离要求。

6.5.3 复垦措施

6.5.3.1 工程技术措施

按 TD/T 1031.1 规定执行。

依据表土剥离、覆土、堆存的调配计划，因地制宜地确定各类场地的剥离厚度和表土堆场的占地面积。

废弃物堆场边坡坡度较陡时，须采取降坡措施。

井下采用充填工艺应明确充填处理方法、充填料来源、充填体数量、地面损毁类别、程度、地面保护要求、处置方式等。

塌陷地的处理应结合地形地貌采取人工复垦与自然恢复相结合的措施。

6.5.3.2 生物和化学措施

按 TD/T 1031.1 规定执行。

无覆土复垦的尾矿库等废弃场地，可采取适宜的乡土品种种植。

污染场地依据污染物性质采取针对性的化学或生物措施，营造一个适宜植物生存的生态环境。

6.5.4 监测措施

按 TD/T 1031.1 规定执行。

监测措施应包括复垦土地质量、植被长势、污染防治效果、地表变形程度等。

6.5.5 管护措施

按 TD/T 1031.1 规定执行。

管护措施应包括植被抚育和场地管理。

6.6 土地复垦工程设计及工程量测算

6.6.1 工程设计

按 TD/T 1031.1 规定执行。

——表土剥离设计应包括剥离参数、剥离量、占地面积、调配计划、复垦工程设计等。

——降坡工程设计应包括坡度、平台宽度、平台高度等参数。

——防渗工程设计应包括防渗材料、防渗层构筑方式、渗透系数等，附防渗层断面图。应符合 GB 18599—2001 和 GB 18598—2001 中的场地防渗要求。

——隔离工程设计应包括隔离材料、隔离层构筑方式等，附隔离层断面图。

——农田水利及配电工程设计应明确取水、引水、灌排水等各类工程的相关参数；明确配电线路、配电装置等。

——客土工程设计应包括客土厚度、覆土方式等。

——道路工程设计应包括道路的等级、宽度、路基等。

——植被工程设计应包括物种选择、配置模式、种植密度、种植方式等。

——抚育工程设计应包括管护对象、方法、时间、频率、措施等。

——监测工程设计应包括监测地点、监测项目、时间、频率等。

6.6.2 工程量测算

按 TD/T 1031.1 规定执行。

6.7 土地复垦投资估算

按 TD/T 1031.1 规定执行。

6.8 土地复垦服务年限与复垦工作计划安排

6.8.1 土地复垦服务年限

按 TD/T 1031.1 规定执行。

土地复垦方案服务年限应包括采矿许可证年限及后续抚育期的年限，后续抚育期包括监测和管护。

一般矿区废弃地后续抚育期 3～4 年，酸、碱等污染土地以及生态脆弱区后续抚育期 5～10 年。

6.8.2 土地复垦工作计划安排

按 TD/T 1031.1 规定执行。

根据排土场（废石场）、尾矿库的边坡、平台形成的时序和面积，及时安排复垦计划。

6.8.3 土地复垦费用安排

按 TD/T 1031.1 规定执行。

6.9 土地复垦效益分析

按 TD/T 1031.1 规定执行。

6.10 保障措施

按 TD/T 1031.1 规定执行。

7 土地复垦方案编制成果

按 TD/T 1031.1 规定执行。

附 录 A

（资料性附录）

排土场（废石场）排弃计划表

表 A.1 排土场（废石场）排弃计划表

台阶标高	体积	台阶		坡度比
		高度	宽度	
…				
…				
…				
…				
…				
…				
…				

爆破安全规程（节选）

GB 6722—2011

1 范围

本标准规定了爆破作业和爆破作业单位爆炸物品的购买、运输、储存、使用、加工、检验与销毁的安全技术要求及管理工作要求。

本标准适用于各种民用爆破作业和中国人民解放军、中国人民武装警察部队从事的非军事目的的工程爆破。

13 安全允许距离与对环境影响的控制

13.1 一般规定

13.1.1 爆破地点与人员和其他保护对象之间的安全允许距离，应按各种爆破有害效应（地震波、冲击波、个别飞散物等）分别核定，并取最大值。

13.1.2 确定爆破安全允许距离时，应考虑爆破可能诱发的滑坡、滚石、雪崩、涌浪、爆堆滑移等次生灾害的影响，适当扩大安全允许距离或针对具体情况划定附加的危险区。

13.1.3 爆破安全测试项目负责人和测试人员应参加培训并取得爆破效应测试资格后才能承担爆破安全测试工作；爆破项目技术负责人应同时具备爆破技术人员安全作业证和爆破安全测试资格证。

13.1.4 爆破地震波、水中冲击波、空气冲击波、噪声等物理量的观测所使用测试系统的频率与量程范围应满足测量的要求。

13.2 爆破振动安全允许距离

13.2.1 评价爆破对不同类型建（构）筑物、设施设备和其他保护对象的振动影响，应采用不同的安全判据和允许标准。

13.2.2 地面建筑物、电站（厂）中心控制室设备、隧道与巷道、岩石高边坡和新浇大体积混凝土的爆破振动判据，采用保护对象所在地基础质点峰值振动速度和主振频率。安全允许标准如表 13-1 所示。

表 13-1　爆破振动安全允许标准

序号	保护对象类别	安全允许质点振动速度 V/（cm/s）		
		$f\leqslant$10Hz	10Hz $<f\leqslant$50Hz	$f>$50 Hz
1	土窑洞、土坯房、毛石房屋	0.15～0.45	0.45～0.9	0.9～1.5
2	一般民用建筑物	1.5～2.0	2.0～2.5	2.5～3.0
3	工业和商业建筑物	2.5～3.5	3.5～4.5	4.2～5.0
4	一般古建筑与古迹	0.1～0.2	0.2～0.3	0.3～0.5
5	运行中的水电站及发电厂中心控制室设备	0.5～0.6	0.6～0.7	0.7～0.9
6	水工隧洞	7～8	8～10	10～15
7	交通隧道	10～12	12～15	15～20

序号	保护对象类别	安全允许质点振动速度 V/（cm/s）		
		f≤10Hz	10Hz ＜f≤50Hz	f＞50 Hz
8	矿山巷道	15～18	18～25	20～30
9	永久性岩石高边坡	5～9	8～12	10～15
10	新浇大体积混凝土（C20）： 龄 期：初凝～3d 龄 期：3～7 d 龄 期：7～28d	 1.5～2.0 3.0～4.0 7.0～8.0	 2.0～2.5 4.0～5.0 8.0～10.0	 2.5～3.0 5.0～7.0 10.0～12

注 1：表中质点振动速度为三分量中的最大值；振动频率为主振频率。

注 2：频率范围根据现场实测波形确定或按如下数据选取：硐室爆破 f＜20Hz；露天深孔爆破 f=10～60Hz；露天浅孔爆破 f=40～100Hz；地下深孔爆破 f=30～100Hz；地下浅孔爆破 f=60～300Hz。

注 3：爆破振动监测应同时测定质点振动相互垂直的三个分量。

13.2.3 在按表 13-1 选定安全允许质点振速时，应认真分析以下影响因素：

——选取建筑物安全允许质点振速时，应综合考虑建筑物的重要性、建筑质量、新旧程度、自振频率、地基条件等；

——省级以上（含省级）重点保护古建筑与古迹的安全允许质点振速，应经专家论证后选取，并报相应文物管理部门批准；

——选取隧道、巷道安全允许质点振速时，应综合考虑构筑物的重要性、围岩分类、支护状况、开挖跨度、埋深大小、爆源方向、周边环境等；

——对永久性岩石高边坡，应综合考虑边坡的重要性、边坡的初始稳定性、支护状况、开挖高度等；

——隧道和巷道的爆破振动控制点为距离爆源 10～15m 处；高边坡的爆破振动控制点为上一级马道的内侧坡脚。

——非挡水新浇大体积混凝土的安全允许质点振速按表 13-1 给出的上限值选取。

13.2.4 爆破振动安全允许距离，按式（13-1）计算。安全允许质点振速

$$R=\left(\frac{K}{V}\right)^{\frac{1}{\alpha}}Q^{\frac{1}{3}} \tag{13-1}$$

式中：R—— 爆破振动安全允许距离，m；

Q——炸药量，齐发爆破为总药量，延时爆破为最大单段药量，kg；

V——保护对象所在地安全允许质点振速，cm/s。

K，α——与爆破点至保护对象间的地形、地质条件有关的系数和衰减指数，应通过现场试验确定；在无试验数据的条件下，可参考表 13-2 选取。

表 13-2 爆区不同岩性的 K、α 值

岩性	K	α
坚硬岩石	50～150	1.3～1.5
中硬岩石	150～250	1.5～1.8
软岩石	250～350	1.8～2.0

13.2.5 在复杂环境中多次进行爆破作业时，应从确保安全的单响药量开始，逐步增大到允许药量，并按允许药量控制一次爆破规模。

13.2.6 核电站及受地震惯性力控制的精密仪器、仪表等特殊保护对象，应采用爆破振动加速度作为安全判据，安全允许质点加速度由相关运营单位和仪器、仪表说明书给出。

13.2.7 高耸建（构）筑物拆除爆破安全允许距离包括建（构）筑物塌落触地振动安全距离和爆破振动安全距离。

13.3 爆破空气冲击波安全允许距离

13.3.1 露天地表爆破一次爆破炸药量不超过 25kg 时，应按式（13-2）确定空气冲击波对在掩体内避炮作业人员的安全允许距离。

$$R_k = 25\sqrt[3]{Q} \tag{13-2}$$

式中：R_k ——空气冲击波对掩体内人员的最小允许距离，m；

Q ——一次爆破的梯恩梯炸药当量，秒延时爆破为最大一段药量，毫秒延时爆破为总药量，kg。

13.3.2 爆炸加工或特殊工程需要在地表进行大当量爆炸时，应核算不同保护对象所承受的空气冲击波超压值，并确定相应的安全允许距离。在平坦地形条件下爆破时，可按式（13-3）计算超压。

$$\Delta P = 14\frac{Q}{R^3} + 4.3\frac{Q^{\frac{2}{3}}}{R^2} + 1.1\frac{Q^{\frac{1}{3}}}{R} \tag{13-3}$$

式中：ΔP ——空气冲击波超压值，10^5Pa；

Q ——一次爆破的梯恩梯炸药当量，秒延时爆破为最大一段药量，毫秒延时爆破为总药量，kg；

R——爆源至保护对象的距离，m。

13.3.3 空气冲击波超压的安全允许标准：对非作业人员为 0.02×10^5Pa，掩体中的作业人员为 0.1×10^5Pa；建筑物的破坏程度与超压的关系列入表 13-3。

空气冲击波安全允许距离，应根据保护对象、所用炸药品种、药量、地形和气象条件由设计确定。

表 13-3　建筑物的破坏程度与超压关系

破坏等级		1	2	3	4	5	6	7
破坏等级名称		基本无破坏	次轻度破坏	轻度破坏	中等破坏	次严重破坏	严重破坏	完全破坏
超压ΔP/10^5Pa		<0.02	0.02～0.09	0.09～0.25	0.25～0.40	0.40～0.55	0.55～0.76	>0.76
建筑物破坏程度	玻璃	偶然破坏	少部分破碎呈大块，大部分呈小块	大部分破碎呈小块到粉碎	粉碎	—	—	—
	木门窗	无损坏	窗扇少量破坏	窗扇大量破坏，门扇、窗框破坏	窗扇掉落、内倒，窗框、门扇大量破坏	门、窗扇摧毁，窗框掉落	—	—
	砖外墙	无损坏	无损坏	出现小裂缝，宽度小于 5mm，稍有倾斜	出现较大裂缝，缝宽 5～50mm，明显倾斜，砖垛出现小裂缝	出现大于 50mm 的大裂缝，严重倾斜，砖垛出现较大裂缝	部分倒塌	大部分或全部倒塌

破坏等级		1	2	3	4	5	6	7
破坏等级名称		基本无破坏	次轻度破坏	轻度破坏	中等破坏	次严重破坏	严重破坏	完全破坏
建筑物破坏程度	木屋盖	无损坏	无损坏	木屋面板变形，偶见折裂	木屋面板、木檩条折裂，木屋架支座松动	木檩条折断，木屋架杆件偶见折断，支座错位	部分倒塌	全部倒塌
	瓦屋面	无损坏	少量移动	大量移动	大量移动到全部掀动	—	—	—
	钢筋混凝土屋盖	无损坏	无损坏	无损坏	出现小于 1mm 的小裂缝	出现 1～2mm 宽的裂缝，修复后可继续使用	出现大于 2mm 的裂缝	承重砖墙全部倒塌，钢筋混凝土承重柱严重破坏
	顶棚	无损坏	抹灰少量掉落	抹灰大量掉落	木龙骨部分破坏，出现下垂缝	塌落	—	—
	内墙	无损坏	板条墙抹灰少量掉落	板条墙抹灰大量掉落	砖内墙出现小裂缝	砖内墙出现大裂缝	砖内墙出现严重裂缝至部分倒塌	砖内墙大部分倒塌
	钢筋混凝土柱	无损坏	无损坏	无损坏	无损坏	无损坏	有倾斜	有较大倾斜

13.3.4 露天及地下爆破作业，对人员和其他保护对象的空气冲击波安全允许距离由设计确定。

13.4 爆破作业噪声控制标准

13.4.1 爆破突发噪声判据，采用保护对象所在地最大声级。其控制标准见表 13-4。

表 13-4 爆破噪声控制标准 单位：dB（A）

声环境功类别	对应区域	不同时段控制标准	
		昼间	夜间
0 类	康复疗养区、有重病号的医疗卫生区或生活区、养殖动物区（冬眠期）	65	55
1 类	居民住宅、一般医疗卫生、文化教育、科研设计、行政办公为主要功能，需要保持安静的区域	90	70
2 类	以商业金融、集市贸易为主要功能，或者居住、商业、工业混杂，需要维护住宅安静的区域。噪声敏感动物集中养殖区，如养鸡场等	100	80
3 类	以工业生产、仓储物流为主要功能，需要防止工业噪声对周围环境产生严重影响的区域	110	85
4 类	人员警戒边界，非噪声敏感动物集中养殖区，如养猪场等	120	90
施工作业区	矿山、水利、交通、铁道、基建工程和爆炸加工的施工场区内	125	110

13.4.2 在 0～2 类区域进行爆破时，应采取降噪措施并进行必要的爆破噪声监测。监测应采用爆破噪声测试专用的 A 计权声压计及记录仪；监测点宜布置在敏感建筑物附近和敏感建筑物

室内。

13.5 水中冲击波及涌浪安全允许距离

13.5.1 水下裸露爆破，当覆盖水厚度小于三倍药包半径时，对水面以上人员或其他保护对象的空气冲击波安全允许距离的计算原则，与地表爆破相同。

13.5.2 在水深不大于 30m 的水域内进行水下爆破，水中冲击波的安全允许距离，应遵守下列规定：

——对人员按表 13-5 确定；

表 13-5　对人员的水中冲击波安全允许距离

装药及人员状况		炸药量/kg		
		$Q\leqslant 50$	$50<Q\leqslant 200$	$200<Q\leqslant 1000$
水中裸露装药/m	游泳	900	1400	2000
	潜水	1200	1800	2600
钻孔或药室装药/m	游泳	500	700	1100
	潜水	600	900	1400

——客船：1500m；

——施工船舶：按表 13-6 确定；

——非施工船舶：可参照表 13-6 和式（13-4），根据船舶状况由设计确定。

表 13-6　对施工船舶的水中冲击波安全允许距离

装药及船舶类别		炸药量/kg		
		$Q\leqslant 50$	$50<Q\leqslant 200$	$200<Q\leqslant 1000$
水中裸露装药/m	木船	200	300	500
	铁船	100	150	250
钻孔或药室装药/m	木船	100	150	250
	铁船	70	100	150

13.5.3 一次爆破药量大于 1000kg 时，对人员和施工船舶的水中冲击波安全允许距离可按式（13-4）计算。

$$R = K_0 \times \sqrt[3]{Q} \tag{13-4}$$

式中：R——水中冲击波的最小安全允许距离，m；

Q——一次起爆的炸药量，kg；

K_0—— 系数，按表 13-7 选取。

表 13-7　K_0 值

装药条件	保护人员		保护施工船舶	
	游泳	潜水	木船	铁船
裸露装药	250	320	50	25
钻孔或药室装药	130	160	25	15

13.5.4 在水深大于 30m 的水域内进行水下爆破时，水中冲击波安全允许距离由设计确定。

13.5.5 在重要水工、港口设施附近及水产养殖场或其他复杂环境中进行水下爆破，应通过测试和邀请专家对水中冲击波和涌浪的影响作出评估，确定安全允许距离。
13.5.6 水中爆破或大量爆渣落入水中的爆破，应评价爆破涌浪影响，确保不产生超大坝、水库校核水位涌浪、不淹没岸边需保护物和不造成船舶碰撞受损。
13.5.7 水中冲击波对鱼类影响安全控制标准，参见表 13-8。

表 13-8 水中冲击波超压峰值对鱼类影响安全控制标准 单位：MPa

鱼类品种		自然状态	网箱养殖
高度敏感	石首科鱼类	0.10	0.05
中度敏感	石斑鱼、鲈鱼、梭鱼	0.30～0.35	0.20～0.25
低度敏感	冬穴鱼、野鲤鱼、鲟鱼、比目鱼	0.35～0.50	0.25～0.40

13.6 个别飞散物安全允许距离
13.6.1 爆破时，个别飞散物对人员的安全距离不应小于表 13-9 的规定；对设备或建（构）物的安全允许距离，应由设计确定。
13.6.2 抛掷爆破时，个别飞散物对人员、设备和建筑物的安全允许距离应由设计确定。

表 13-9 爆破个别飞散物对人员的安全允许距离

爆破类型和方法		最小安全允许距离/m
1. 露天岩石爆破	裸露药包爆破法破大块	400
	浅孔爆破法破大块	300
	浅孔台阶爆破	200（复杂地质条件下或未形成台阶工作面时不小于 300）
	深孔台阶爆破	按设计，但不小于 200
	硐室爆破	按设计，但不小于 300
2. 水下爆破	水深小于 1.5m	与露天岩石爆破相同
	水深 1.5～6m	由设计确定
	水深大于 6m	可不考虑飞石对地面或水面以上人员的影响
3. 破冰工程	爆破薄冰凌	50
	爆破覆冰	100
	爆破阻塞的流冰	200
	爆破厚度大于 2m 的冰层或爆破阻塞流冰一次用药量超过 300kg	300
4. 爆破金属物	在露天爆破场	1500
	在装甲爆破坑中	150
	在厂区内的空场中	由设计确定
	爆破热凝结物和爆破压接	按设计、但不小于 30
	爆炸加工	由设计确定
5. 拆除爆破、城镇浅孔爆破及复杂环境深孔爆破		由设计确定
6. 地震勘探爆破	浅井或地表爆破	按设计，但不小于 100
	在深孔中爆破	按设计，但不小于 30

注：沿山坡爆破时，下坡方向的个别飞散物安全允许距离应增大 50%。

13.6.3 硐室爆破个别飞散物安全距离，可参照式（13-5）计算：

$$R_f=20K_f n^2 W \tag{13-5}$$

式中：R_f——爆破飞石安全距离，m；

K_f——安全系数，一般取 K_f=1.0～1.5；

n——爆破作用指数；

W——最小抵抗线，m。

应逐个药包进行计算，选取最大值为个别飞散物安全距离。

13.7 外部电源与电爆网路的安全允许距离

13.7.1 电力起爆时，普通电雷管爆区与高压线间的安全允许距离，应按表 13-10 的规定；与广播电台或电视台发射机的安全允许距离，应按表 13-11、表 13-12 和表 13-13 的规定。

表 13-10　爆区与高压线的安全允许距离

电压/kV		3～6	10	20～50	50	110	220	400
安全允许距离/m	普通电雷管	20	50	100	100	—	—	—
	抗杂电雷管	—	—	—	—	10	10	16

表 13-11　爆区与中长波电台（AM）的安全允许距离

发射功率/W	5～25	25～50	50～100	100～250	250～500	500～1000
安全允许距离/m	30	45	67	100	136	198
发射功率/W	10^3～2500	2500～5000	5000～10^4	10^4～25000	25000～50000	50000～10^5
安全允许距离/m	305	455	670	1060	1520	2130

表 13-12　爆区与调频（FM）发射机的安全允许距离

发射功率/W	1～10	10～30	30～60	60～250	250～600
安全允许距离/m	1.5	3.0	4.5	9.0	13.0

表 13-13　爆区与甚高频（VHF）、超高频（UHF）电视发射机的安全允许距离

发射功率/W	1～10	10～10^2	10^2～10^3	10^3～10^4	10^4～10^5	10^5～10^6	10^6～5×10^6
VHF 安全允许距离/m	1.5	6.0	18.0	60.0	182.0	609.0	
UHF 安全允许距离/m	0.8	2.4	7.6	24.4	76.2	244.0	609.0

注：调频发射机（FM）的安全允许距离与 VHF 相同。

13.7.2 手持式或其他移动式通讯设备进入爆区前应关闭。

13.8 爆破对环境有害影响控制

13.8.1 有害气体

13.8.1.1 有害气体监测应遵守下列规定：

——在煤矿、钾矿、石油地蜡矿、铀矿和其他有爆炸性气体及有害气体的矿井中爆破时，应按有关规定对气体进行监测；

——在下水道、储油容器、报废盲巷、盲井中爆破时，作业人员进入之前应先对空气取样检验。

13.8.1.2 预防瓦斯爆炸应采取下列措施：

——爆破工作面的瓦斯超标时不应进行爆破作业；

——在有瓦斯爆炸危险的矿井中，严格按规程进行布孔、装药、填塞、起爆，以防爆破引爆瓦斯；

——通风良好，防止瓦斯积累；

——封闭采空区，以防氧气进入和瓦斯逸出；

——采用防爆型电器设备，严格控制杂散电流。

13.8.1.3 地下爆破作业点有害气体的浓度，不应超过表 13-14 的标准。

表 13-14 地下爆破作业点有害气体允许浓度

有害气体名称		CO	N_nO_m	SO_2	H_2S	NH_3	R_n
允许浓度	按体积/%	0.00240	0.00025	0.00050	0.00066	0.00400	3700Bq/m^3
	按质量/（mg/m^3）	30	5	15	10	30	

13.8.1.4 有害气体监测应遵守下列规定：

——应按 GB18098 规定的方法监测爆破后作业面和重点区域有害气体的浓度，且不应超过表 13-14 的规定值；

——露天硐室爆破后，24 小时内，应多次检查与爆区相邻的井、巷、涵洞内的有毒、有害气体浓度，防止人员误入中毒；

——地下爆破作业面有害气体浓度应每月测定一次；爆破炸药量增加或更换炸药品种时，应在爆破前后各测定一次爆破有害气体浓度。

13.8.1.5 预防有害气体中毒应采取下列措施：

——使用合格炸药；

——做好爆破器材防水处理，确保装药和填塞质量，避免半爆和爆燃；

——井下爆破前后加强通风，应采取措施向死角和盲区引入风流；

——加强有毒气体监测，不盲目进入可能聚藏有害气体的死角；

——对封闭矿井应作监管，防止盗采和人员侮辱造成中毒事故。

13.8.2 防尘与预防粉尘爆炸

13.8.2.1 城镇拆除爆破工程中，在确保爆破作业安全的条件下应采取以下措施，减少粉尘污染：

——适当预拆非承重墙，清理构件上的积尘；

——建筑物内部洒水或采用泡沫吸尘措施；

——各层楼板设置塑料盛水袋；

——起爆前后组织消防车或其他喷水装置喷水降尘。

13.8.2.2 在有煤尘、硫尘、硫化物粉尘的矿井中进行爆破作业，应遵守有关粉尘防爆的规定。

13.8.2.3 在面粉厂、亚麻厂等有粉尘爆炸危险的地点进行爆破时，离爆区 10m 范围内的空间和表面应作喷水降尘处理。

13.8.3 噪声控制

13.8.3.1 城镇拆除及岩石爆破，应采取以下措施控制噪声：

——严禁使用导爆索起爆网路，在地表空间不应有裸露导爆索；

——严格控制单位耗药量、单孔药量和一次起爆药量；

——实施毫秒延时爆破；

——保证填塞质量和长度；

——加强对爆破体的覆盖。

13.8.3.2 爆区周围有学校、医院、居民点时，应与各有关单位协商，实施定点、准时爆破。

13.8.4 水下爆破对水生物的保护

13.8.4.1 水下爆破前应详细了解爆破影响范围内水生物及水产养殖的基本情况。并评估水中冲击波、涌浪及爆渣落水对水生物的影响。

13.8.4.2 应尽量避开水生物的主要洄游、产卵季节，避开产卵区域或水生物幼苗生长区域，并应选用无污染或污染小的爆破器材。

13.8.4.3 可采取以下措施减少爆破有害效应对水生物的影响：

——优先采用水下钻孔爆破并保证孔口填塞长度与质量，避免采用水中裸露爆破；

——采用毫秒延时起爆技术并控制单段起爆药量；

——采用气泡帷幕等防护技术；

——减少爆破岩石向水域中的抛掷量。

13.8.4.4 受影响水域内有重点保护生物时，应与生物保护管理单位协商制定保护措施。

13.8.5 振动液化控制

13.8.5.1 在饱和砂（土）地基附近进行爆破作业时，应邀请专家评估爆破引起地基振动液化的可能性和危害程度；提出预防土层受爆破振动压密、孔隙水压力骤升的措施；评估因土体“液化”对建筑物及其基础产生的危害。

13.8.5.2 实施爆破前，应查明可能产生液化土层的分布范围，并采取相应的处理措施，如：增加土体相对密度，降低浸润线，加强排水，减小饱和程度；控制爆破规模，降低爆破振动强度，增大振动频率，缩短振动持续时间等。

中华人民共和国国家标准

有色金属矿山节能设计规范（节选）

Code for energy conservation design of non-ferrous metal mines

GB 50595—2010

3 采矿

3.1 一般规定

3.1.1 矿山工程总体布置应综合考虑采矿工业场地和选矿工业场地位置，有条件时主井提升的矿石应直接卸入选矿厂原矿仓，减少矿石转运和地表运输的能耗。

3.1.2 在选择矿床开采方式时，应考虑能耗因素。经过资源—环境—经济—能耗综合评价后确定开采方式。

3.1.3 采矿应选择高效、低能耗的采矿方法。当采矿方法能耗指标与损失率、贫化率以及成本发生矛盾时，应进行综合技术经济比较。

3.1.4 根据资源条件和市场需求条件，应采用先进技术和设备，合理扩大矿山生产能力，降低单位矿石耗能量。

3.1.5 选择矿山开拓运输方案应把节能指标作为重要内容参与方案比较。

3.1.6 矿井提升系统、坑内运输系统、压风系统、通风系统、排水系统、充填系统等重点能耗工艺设计方案应合理选择。

3.1.7 坑内探矿工程布置宜兼顾开拓、采准工程布置，使之互为利用减少工程量。

3.1.8 采矿应采用新技术、新工艺、新设备，促进技术进步，降低采矿能耗；不得选用高耗能的落后生产工艺和已淘汰的高能耗机电设备。

4 选矿

4.1 一般规定

4.1.1 选择选矿厂址时，应综合考虑选矿厂与采矿工业场地、水源地、电源、尾矿库和精矿运输距离等因素，认真进行技术经济比较和论证，择优选取经济合理、节省能耗的厂址方案。

4.1.2 选矿厂应避免物料的重复运输，充分利用山坡地形阶梯布置厂房，减少矿石的提升和运距，实现矿浆自流输送。

4.1.3 选矿工艺流程的制定应遵循“多碎少磨，能收早收，能丢早丢”的技术原则。

4.1.4 选矿厂应选用与生产规模相适应的大型高效节能设备，减少运转系列。

4.1.5 选矿厂应采用节约能源的新工艺、新技术和高效设备，不得采用已淘汰的高能耗、低效率的落后机电产品。

4.1.6 选矿厂宜采用计算机和先进仪表对选矿生产过程实施自动化检测和监控，使各种设备在最佳状态下运转，充分发挥设备效能。

4.1.7 分期建设的选矿厂宜根据生产需要，统筹前期与后期的关系分步实施。

4.1.8 车间工艺布置应遵循简化、优化的原则，砂泵站、压气站和车间变配电所等辅助设施的设计布置，选矿专业应兼顾有关专业的节能要求，使其靠近各自的负荷中心。

中华人民共和国国家标准

冶金矿山选矿厂工艺设计规范（节选）

Code for technological design of metallurgical concentrator

GB 50612—2010

1 总则

1.0.1 为在设计中贯彻国家技术经济政策，统一和规范冶金矿山选矿厂工艺设计技术要求，提高设计质量，推动技术进步，做到充分利用矿产资源，确保经济合理、环保节能和安全生产，制定本规范。

1.0.2 本规范适用于新建、改建和扩建冶金矿山选矿厂工程的设计。

1.0.3 冶金矿山选矿厂设计应从国情出发，积极、稳妥地采用国内外先进技术和成熟可靠的新工艺、新设备和新材料。

1.0.4 冶金矿山选矿厂设计除应符合本规范外，尚应符合国家现行有关标准的规定。

3 基本规定

3.0.1 冶金矿山选矿厂设计应有充分的设计依据和完整的设计基础资料。

3.0.2 设计工艺流程应以经审查或鉴定的试验报告为依据，并参考处理类似矿石性质的选矿厂的生产实践确定。

3.0.3 设备选择应符合下列规定：

1 主要设备应选用技术先进、生产可靠、节能和环保型设备。

2 辅助设备的规格和性能，应与主要设备相匹配。

3 不得采用国内外的淘汰设备。

3.0.4 选矿厂排出的废石、尾矿、污水、粉尘、有害气体和产生的噪声等应妥善处理，并应符合国家现行有关环境保护和职业健康安全标准的规定。

3.0.5 选矿厂应充分利用环水，环水利用率不应低于 92%。

4 选矿试验

4.1 矿样代表性

4.1.1 矿样的矿物组成、矿石结构构造、元素或化合物含量、成分分布状态、嵌布粒度特性、含泥、含水及其他物理、化学性质应与该品级和该自然类型矿石所代表的采区和采出的矿石特征相符。

4.1.2 矿样的各品级和各类型比例应与所代表的开采区段的地质矿量和采出矿量的比例相符。

4.1.3 矿样各品级和各类型的有益、有害成分的平均品位及品位频率、分布特征，应与所代表的开采区段矿石的特征相符。

4.1.4 依据采矿过程中废石混入率，应采取相应数量的顶底板围岩及夹层矿样，顶底板围岩及夹层矿样的物质组成、化学成分等应与采矿的实际接近。

4.1.5 氧化带、混合带、原生带矿石或开采前后期的矿石性质差异较大时，应分别采样。当不能分采时，应按实际开采比例采取混合样。

4.2 选矿试验

4.2.1 选矿试验应依据矿石类型、设计阶段确定选矿试验规模。

4.2.2 粗中粒嵌布的单一原生磁铁矿矿石，可行性研究阶段应依据可选性试验，初步设计阶段应依据小型流程试验。大中型选矿厂初步设计宜依据扩大连续试验。

4.2.3 细粒、微细粒嵌布的原生磁铁矿，可行性研究阶段应依据小型流程试验，初步设计应依据扩大连续试验。

4.2.4 氧化矿、半氧化矿、复合矿、各种弱磁性矿及其混合矿，当粗中粒嵌布时，可行性研究阶段应依据扩大连续试验；初步设计阶段应依据扩大连续试验或半工业试验。当微细粒嵌布时，可行性研究阶段应依据扩大连续试验，初步设计应依据半工业试验，对矿石性质特别复杂的大型选矿厂宜做工业试验。

4.2.5 除选矿流程试验外，必要时应进行相应规模的单项试验。

6 厂址选择

6.0.1 冶金矿山选矿厂厂址宜靠近矿山，但不得布置在矿体上和塌落界限及爆破危险区内。

6.0.2 生活居住区、文教区、水源保护区、名胜古迹保护区、风景游览区、温泉疗养区和自然保护区等界区内不得建厂。

6.0.3 厂址应具备建厂需要的工程地质条件。不应建在断层、滑坡上及洪水水位下，应避开溶洞、淤泥、腐殖土、坑洞、古井等不良地段，不宜在地震烈度九级以上地震区或三级以上湿陷性黄土层区内建厂。

6.0.4 原矿与产品的运输条件及地形、供水、供电、交通、燃料供应和尾矿堆存、工程地质条件等因素应综合考虑，并应通过多方案技术经济比较，推荐合理的厂址。

6.0.5 厂址的地形应适合工艺流程的需要，除应满足占地面积要求外，其地形条件应满足矿浆自流或半自流的要求。

6.0.6 厂址的选择要贯彻节约用地的原则。在满足生产需要的前提下，少占地，不占或少占耕地。对有扩建可能的选矿厂应留有发展余地。

7 工艺流程

7.1 一般规定

7.1.1 工艺流程的确定应以试验为依据，以结构简单、技术先进、工艺成熟、生产可靠、节约能源、经济效益高、环境友好为原则。

7.1.2 在确定工艺流程时，伴生有用矿物的含量达到本规范表 12.1.1 的规定时应综合回收，在现有技术上无法回收或回收经济效益差的矿物，应有处理措施。

7.1.3 选矿产品及指标的确定应以充分利用国家矿产资源为原则，进行经济技术比较，并依据类似选矿厂实际，合理确定产品种类、产品质量及回收率。

7.1.4 常规碎磨流程应缩小破碎最终产品粒度。

9 工艺厂房布置与车间设备配置

9.1 工艺厂房布置

9.1.1 厂房布置应做到投资省、建设快、生产维修方便，符合安全环保及节能要求。
9.1.2 厂房布置应结合工程地质条件，合理利用地形，力求紧凑，缩短物料运程，不宜反向运输。
9.1.3 破碎、筛分与干选厂房宜布置在主厂房的主导风向的下风向，磨矿、选别、过滤厂房宜台阶式布置。
9.1.4 供水、供电、供热及压缩空气等设施应靠近主要使用地点。
9.1.5 各种管线在技术允许的前提下应共桥、共沟、共架布置。
9.1.6 在工艺厂房布置时，应规划辅助专业建筑物的布置。

12 综合利用

12.1 综合利用原则
12.1.1 矿石中伴生的有用矿物达到表 12.1.1 规定的综合利用指标时应予以回收；当低于综合利用指标，但在主要目的矿物选别过程中能够富集，易于回收，产品质量合格时，也应综合回收。

表 12.1.1 伴生元素综合利用指标表

伴生元素	综合利用指标/%	伴生元素	综合利用指标/%	伴生元素	综合利用指标/%
S	＞5	Zn	＞0.5	Sn	＞0.1
P	0.5～0.8	Mo	＞0.02	V_2O_5	＞0.2
TiO_2	＞5	Pb	＞0.2	Co	＞0.02
Cu	＞0.2	Ni(NiS)	＞0.2	Ga、Ge	＞0.001
Mn	＞3	—	—	—	—

12.1.2 伴生的有用矿物与主要目的矿物共生紧密，或以类质同象赋存于目的矿物中，并且不是冶炼时的有害元素，应与冶炼部门协商，确定综合利用方案。
12.1.3 干式磁选的废石、选矿的尾矿，宜进行综合利用。
12.1.4 综合利用方案的确定应进行全面的技术经济评价。
12.1.5 当伴生的有用矿物在现有技术上不能回收，或技术经济评价结论不宜综合利用的，应有处理措施。
12.2 综合利用试验
12.2.1 综合利用试验应与目的矿物的选矿试验同时进行。
12.2.2 综合利用试验规模宜与目的矿物试验相同。当目的矿物性质简单、易选，而综合利用矿物性质复杂难选时，应按综合利用矿物确定其试验规模。

13 安全与环保

13.3 环境保护
13.3.1 选矿工艺设计应减少物料的转运次数并降低转运落差，并应减少扬尘点和扬尘量。主要产尘点应设相应防尘和除尘设施。
13.3.2 选矿工艺设计时应选用耗水少的工艺和低毒、低腐蚀或无毒、无腐蚀的浮选药剂。
13.3.3 选矿厂产生的尾矿严禁排入江、河、湖、海。
13.3.4 选择设备时宜选用低噪声设备，高噪声设备应采取降低噪声措施，厂界噪声值应符合国家现行的相关标准要求。

中华人民共和国国家标准

尾矿堆积坝岩土工程技术规范（节选）

Technical code for geotechnical engineering of tailings embankment

GB 50547—2010

1 总则

1.0.1 为在尾矿堆积坝岩土工程工作中贯彻执行国家有关的技术经济政策，做到安全适用，技术先进，经济合理，确保质量，保护环境，制定本规范。

1.0.2 本规范适用于尾矿堆积坝的勘察、评价、监测和治理。

1.0.3 尾矿堆积坝在堆筑运行过程中必须进行岩土工程勘察。

1.0.4 本规范规定了尾矿堆积坝岩土工程勘察、评价、监测和治理的基本技术要求。当本规范与国家法律、行政法规的规定相抵触时，应按国家法律、行政法规的规定执行。

1.0.5 尾矿堆积坝的勘察、评价、监测和治理除应符合本规范的规定外，尚应符合国家现行有关标准的规定。

3 基本规定

3.0.1 尾矿堆积坝岩土工程勘察（以下简称“堆积坝勘察”）应依据委托单位提供的勘察任务书进行。任务书的内容应符合本规范附录 A 的要求。

3.0.2 堆积坝勘察可根据尾矿库等别确定其勘察等级。Ⅰ等至Ⅲ等尾矿库的堆积坝勘察等级宜定为甲级，其余可定为乙级。

3.0.3 尾矿库等别应根据该期的全库容和坝高按表 3.0.3-1 确定，尾矿堆积坝的级别应根据尾矿库的等别按表 3.0.3-2 确定。

表 3.0.3-1　尾矿库等别

等别	全库容 $V/10^6m^3$	坝高 H/m
Ⅰ	Ⅱ等库具备提高等别条件者	
Ⅱ	$V \geqslant 100$	$H \geqslant 100$
Ⅲ	$10 \leqslant V < 100$	$60 \leqslant H < 100$
Ⅳ	$1 \leqslant V < 10$	$30 \leqslant H < 60$
Ⅴ	$V < 1$	$H < 30$

注：1 当库容与坝高指标分属不同等别时，按高的等别；当等别相差大于 1 时，按高等别降低 1 等；

2 当尾矿库失事将使下游的重要城镇、工矿企业或铁路干线遭受严重灾害者，可按本表确定的等别提高 1 等。

表 3.0.3-2 尾矿堆积坝级别

尾矿库等别	I	II	III	IV	V
尾矿堆积坝级别	1	2	3	4	5

3.0.4 堆积坝勘察应分别在堆积至总坝高的 1/3 和 2/3 时进行，对总坝高小于 30m 的堆积坝可减少勘察次数。坝的堆筑运行有异常情况时应随时进行勘察。闭库勘察宜在闭库前或闭库时进行。

3.0.5 尾矿可根据其粒度成分和塑性指数按表 3.0.5 确定其类别和名称，尾矿的性状可根据其分类参照国家现行有关标准中相应土类的性状进行描述。对烧结法赤泥除按表 3.0.5 分类外，还可根据其固化程度划分为固化、半固化和未固化。

表 3.0.5 尾矿分类

类别	名称	分类标准
砂性尾矿	尾砾矿	粒径大于 2mm 的颗粒质量占总质量的 25%～50%
	尾粗砂	粒径大于 0.5mm 的颗粒质量超过总质量的 50%
	尾中砂	粒径大于 0.25mm 的颗粒质量超过总质量的 50%
	尾细砂	粒径大于 0.075mm 的颗粒质量超过总质量的 85%
	尾粉砂	粒径大于 0.075mm 的颗粒质量超过总质量的 50%
粉性尾矿	尾粉土	粒径大于 0.075mm 的颗粒质量不超过总质量的 50%，且塑性指数不大于 10
黏性尾矿	尾粉质黏土	塑性指数大于 10，且小于或等于 17
	尾黏土	塑性指数大于 17

注：1 定名时应根据颗粒级配由大到小以最先符合者确定；

2 塑性指数应由相应于 76g 圆锥仪沉入土中深度为 10mm 时测定的液限计算而得。

8 监测

8.1 一般规定

8.1.1 为提供坝体稳定性分析、安全性评价和加固的基础资料，以及预测环境影响，应对堆积坝进行监测。

8.1.2 监测项目和要求应根据堆积坝的规模、工程环境、运营状况确定。监测项目宜包括地下水动态监测、库内水位和坝体排渗监测、溢流监测、坝体变形监测，以及库岸不良地质监测等。

8.1.3 监测资料应及时整理，并建立监测图表记录档案，发现异常必须及时报告。

8.2 日常巡视

8.2.1 日常巡视应包括安全设施的运营状况，坝坡的维护和异常变形，库内水位的涨落，浸润线出逸引起的管涌，排渗流量和浑浊度变化，以及影响堆积坝安全的库岸滑坡、泥石流、岩溶、采空区等不良地质现象的发育情况。

8.2.2 巡视工作宜采用现场记录、绘制草图、拍照、录像等手段进行。

8.2.3 巡视周期可每周一次，暴雨季节或坝体出现险情时应连续监视。

8.3 地下水和库内水位监测

8.3.1 坝体浸润线监测应符合下列规定：

1 浸润线监测可通过布设在坝坡上的滤水管井水位进行观测。

2 观测井宜沿垂直坝轴线方向的剖面布置。对于沟谷型坝，宜布置3条观测剖面，短坝可于沟谷中心布设1条观测剖面。平地筑坝，可区别不同坝段，分别选择代表性剖面布设观测井。

3 观测剖面应自初期坝坝趾至堆积坝坝顶，并随堆积坝加高而向上延伸。渗流水对坝外环境有不良影响的地段，坝前应根据其影响范围增设观测井。

4 观测井间距可按25～50m布置，并视坝体规模和渗流变化情况调整。其中初期坝坝坡、初期坝与堆积坝的结合部，以及排渗设施两侧均应布置观测井。

5 观测井深度应至浸润线设计埋深以下3～5m。

6 观测井宜采用清水钻孔，当采用泥浆钻进时必须采用清水洗井。井管下部渗水管长度宜为3～5m，外包无纺布和粗砂滤料，管底应封闭。

7 水位量测宜采用电子水位计，有条件时也可采用自记水位计。

8 观测周期宜为每周一次。在库内水位异常变化或放矿点变动期间，应每天进行观测。

8.3.2 坝体孔隙水压力监测应符合下列规定：

1 坝体孔隙水压力监测宜通过埋设在坝体不同部位和不同深度的孔隙水压力计进行。

2 孔隙水压力观测点宜沿垂直坝轴线方向的剖面布设。主要观测剖面应选在坝坡断面最大的部位，其他部位可根据堆积坝运营状态和稳定性分析的需要设置。

3 观测剖面应自初期坝坝趾向上至堆积坝坝顶，观测点平面间距可按25～50m布置，渗流条件突变部位应增设观测点。

4 孔隙水压力计竖向分层埋设深度和层数应根据含水层变化情况选定。如果坝底有透水层，孔隙水压力计设置应自坝基开始。孔隙水压力计埋设方法可参照本规范附录C。

5 孔隙水压力观测可与浸润线观测同步进行。

8.3.3 库内水位和坝体排渗及溢流监测应符合下列规定：

1 库内水位监测应在库内淹没范围内设置固定水位标尺进行观测，并同时量测库内水位与堆积坝坝顶高差和干面滩长度。

2 坝体排渗流量和溢出点流量监测可采用三角堰或流量计量测，流量偏小时也可采用容量法测定。水的浑浊度可取样进行固体含量分析。

3 监测工作可与巡视工作同步进行。

8.4 坝体变形监测

8.4.1 坝面水平变形和竖向变形监测应符合下列规定：

1 坝面变形监测宜按垂直坝轴线方向布置观测剖面。沟谷型坝宜视坝长布置1～3条。平地型坝可区分不同坝段选择不利剖面布置观测点。

2 观测剖面应自初期坝坝趾至堆积坝坝顶。观测点水平间距可视坝坡规模和复杂程度按25～50m布置，其中初期坝的坝坡和坝顶应布置观测点。

3 坝面水平变形和竖向变形监测应根据地形地貌条件建立适宜的观测网站；水平变形观测的测角应采用J_1级经纬仪，测距应采用钢尺，长距离宜采用光电测距仪。观测周期每月不应少于1次，每期观测不应少于2个回次，回次误差不应超过5mm，竖向变形观测应达到国家三等水准测量精度。

4 观测基准点和测点的埋设需牢固可靠，具体要求应符合国家现行有关测量技术标准的规定。

8.4.2 坝体分层水平变形监测宜符合下列规定：

1 对于已有变形隐患的坝坡，宜在最不利坝剖面上埋设垂直测斜管，采用测斜仪进行坝体不同深度水平差异变形观测。

2 测斜管的设置间距可视坝体规模和复杂程度选定，每个观测剖面不宜少于 5 根。

3 测斜管可采用钻孔法埋设，垂直误差不得大于 1°。管的下端应进入坝基以下稳定地层不少于 2m。

4 坝体分层水平差异变形观测周期，不应少于每月 1 次，并宜与坝面变形观测同步进行。

中华人民共和国安全生产行业标准

尾矿库安全监测技术规范（节选）

Technical regulations for the tailings pond safety monitoring

AQ 2030—2010

1 范围

本规范规定了尾矿库及与其安全运行有直接关系的建（构）筑物等安全监测的原则、内容和要求。

本规范适用于中华人民共和国境内金属非金属矿物选矿厂在用尾矿库、氧化铝厂赤泥库。其他湿式堆存工业废渣库及干式处理的尾矿库可参照执行。

3 总则

3.1 一般规定

尾矿库安全监测设计、施工应由具备与其相应的专业技术的单位进行。

3.2 监测原则

3.2.1 尾矿库安全监测应遵循科学可靠、布置合理、全面系统、经济适用的原则。

3.2.2 监测仪器、设备、设施的选择，应先进和便于实现在线监测。

3.2. 3 监测布置应根据尾矿库的实际情况，突出重点，兼顾全面，统筹安排，合理布置。

3.2.4 监测仪器、设备、设施的安装、埋设和运行管理，应确保施工质量和运行可靠。

3.2.5 监测周期应满足尾矿库日常管理的要求，相关的监测项目应在同一时段进行。

3.2.6 实施监测的尾矿库等别根据尾矿库设计等别确定，监测系统的总体设计应根据总坝高进行一次性设计，分步实施。

3.3 监测内容

监测内容包括位移、渗流、干滩、库水位、降水量。

3.4 监测要求

3.4.1 尾矿库的安全监测，必须根据尾矿库设计等别、筑坝方式、地形和地质条件、地理环境等因素，设置必要的监测项目及其相应设施，定期进行监测。

——一等、二等、三等、四等尾矿库应监测位移、浸润线、干滩、库水位、降水量，必要时还应监测孔隙水压力、渗透水量、混浊度。五等尾矿库应监测位移、浸润线、干滩、库水位。

——一等、二等、三等尾矿库应安装在线监测系统，四等尾矿库宜安装在线监测系统。

3.4.2 尾矿库安全监测，应与人工巡查和尾矿库安全检查相结合。

3.4.3 尾矿库的安全监测工作在不同阶段应做到：

——设计阶段应提出安全监测系统的设计方案、技术要求、仪器设备清单和投资概算。

——施工阶段应根据监测系统设计和技术要求，由设计单位提出施工详图，承建施工单位做好仪器设备的埋设、安装、调试和保护；工程竣工验收时，应将竣工图、埋设记录、施工期记录及整理分析资料等全部汇编成工程档案，移交建设单位。

——试运行阶段应缩短监测周期，验证所有检测设施、仪器运行的有效性和准确性，达到设计要求后投入正常运行，对不符合要求的仪器应调换更新。

——运行期间应做好监测系统和全部监测设施的检查、维护、校正、监测资料的整编、监测报告的编写以及监测技术档案的建立。

3.4.4 监测数据应及时整理，如有异常，应及时响应，当影响尾矿库运行安全时，应及时分析原因和采取对策，并上报主管部门。

3.4.5 尾矿库监测设施不全、损坏、失效的，应根据情况予以补设或更新改造。当尾矿库进行除险加固、扩建、改建影响原监测系统时，应根据本规范做出相应的监测系统设计更新，并保持监测资料的连续性。

3.4.6 当发生地震、洪水以及尾矿库工作状态出现异常等特殊情况时，对重点部位的有关项目加强监测。

中华人民共和国国家标准

危险化学品重大危险源辨识

Identification of major hazard installations for dangerous chemicals

GB 18218—2009
代替 GB 18218—2000

前　言

本标准的全部技术内容为强制性的。

本标准代替 GB 18218—2000《重大危险源辨识》。

本标准与 GB 18218—2000 相比主要变化如下：

——将标准名称改为《危险化学品重大危险源辨识》；

——将采矿业中涉及危险化学品的加工工艺和储存活动纳入了适用范围；

——不适用范围增加了海上石油天然气开采活动；

——对部分术语和定义进行了修订；

——对危险化学品的范围进行了修订；

——对危险化学品的临界量进行了修订；

——取消了生产场所与储存区之间临界量的区别。

本标准由国家安全生产监督管理总局提出。

本标准由全国安全生产标准化技术委员会化学品安全标准化分技术委员会(TC288/SC3)归口。

本标准负责起草单位：中国安全生产科学研究院。

本单位参加起草单位：中石化青岛安全工程研究院。

本标准主要起草人：吴宗之、魏利军、刘骥、多英全、师立晨、高进东、孙猛、于立见、张海峰、杨春笋、彭湘潍。

本标准于 2000 年首次发布，本次修订为第一次修订。

1 范围

本标准规定了辨识危险化学品重大危险源的依据和方法。

本标准适用于危险化学品的生产、使用、储存和经营等各企业或组织。

本标准不适用于：

a）核设施和加工放射性物质的工厂，但这些设施和工厂中处理非放射性物质的部门除外；

b）军事设施；

c）采矿业，但涉及危险化学品的加工工艺及储存活动除外；

d）危险化学品的运输；

e）海上石油天然气开采活动。

2 规范性引用文件

下列文件中的条款通过本标准的引用而成为本标准的条款。凡是注日期的引用文件，其随后所有的修改单（不包括勘误的内容）或修订版均不适用于本标准，然而，鼓励根据本标准达成协议的各方研究是否可使用这些文件的最新版本。凡是不注日期的引用文件，其最新版本适用于本标准。

GB 12268 危险货物品名表

GB 20592 化学品分类、警示标签和警示性说明安全规范 急性毒性

3 术语和定义

下列术语和定义适用于本标准。

3.1 危险化学品 dangerous chemicals

具有易燃、易爆、有毒、有害等特性，会对人员、设施、环境造成伤害或损害的化学品。

3.2 单元 unit

一个（套）生产装置、设施或场所，或同属一个生产经营单位的且边缘距离小于 500m 的几个（套）生产装置、设施或场所。

3.3 临界量 threshold quantity

对于某种或某类危险化学品规定的数量，若单元中的危险化学品数量等于或超过该数量，则该单元定为重大危险源。

3.4 危险化学品重大危险源 major hazard installations for dangerous chemicals

长期地或临时地生产、加工、使用或储存危险化学品，且危险化学品的数量等于或超过临界量的单元。

4 危险化学品重大危险源辨识

4.1 辨识依据

4.1.1 危险化学品重大危险源的辨识依据是危险化学品的危险特性及其数量，具体见表 1 和表 2。

4.1.2 危险化学品临界量的确定方法如下：

a）在表 1 范围内的危险化学品，其临界量按表 1 确定；

b）未在表 1 范围内的危险化学品，依据其危险性，按表 2 确定临界量；若一种危险化学品具有多种危险性，按其中最低的临界量确定。

表 1 危险化学品名称及其临界量

序号	类别	危险化学品名称和说明	临界量（T）
1	爆炸品	叠氮化钡	0.5
2		叠氮化铅	0.5
3		雷酸汞	0.5
4		三硝基苯甲醚	5
5		三硝基甲苯	5
6		硝化甘油	1
7		硝化纤维素	10
8		硝酸铵（含可燃物＞0.2%）	5

序号	类别	危险化学品名称和说明	临界量（T）
9	易燃气体	丁二烯	5
10		二甲醚	50
11		甲烷，天然气	50
12		氯乙烯	50
13		氢	5
14		液化石油气（含丙烷、丁烷及其混合物）	50
15		一甲胺	5
16		乙炔	1
17		乙烯	50
18	毒性气体	氨	10
19		二氟化氧	1
20		二氧化氮	1
21		二氧化硫	20
22		氟	1
23		光气	0.3
24		环氧乙烷	10
25		甲醛（含量＞90%）	5
26		磷化氢	1
27		硫化氢	5
28		氯化氢	20
29		氯	5
30		煤气（CO、CO 和 H_2、CH_4 的混合物等）	20
31		砷化三氢（胂）	1
32		锑化氢	1
33		硒化氢	1
34		溴甲烷	10
35	易燃液体	苯	50
36		苯乙烯	500
37		丙酮	500
38		丙烯腈	50
39		二硫化碳	50
40		环己烷	500
41		环氧丙烷	10
42		甲苯	500
43		甲醇	500
44		汽油	200
45		乙醇	500
46		乙醚	10
47		乙酸乙酯	500
48		正己烷	500
49	易于自燃的物质	黄磷	50
50		烷基铝	1
51		戊硼烷	1

序号	类别	危险化学品名称和说明	临界量（T）
52	遇水放出易燃气体的物质	电石	100
53		钾	1
54		钠	10
55	氧化性物质	发烟硫酸	100
56		过氧化钾	20
57		过氧化钠	20
58		氯酸钾	100
59		氯酸钠	100
60		硝酸（发红烟的）	20
61		硝酸（发红烟的除外，含硝酸>70%）	100
62		硝酸铵（含可燃物≤0.2%）	300
63		硝酸铵基化肥	1000
64	有机过氧化物	过氧乙酸（含量≥60%）	10
65		过氧化甲乙酮（含量≥60%）	10
66	毒性物质	丙酮合氰化氢	20
67		丙烯醛	20
68		氟化氢	1
69		环氧氯丙烷（3-氯-1,2-环氧丙烷）	20
70		环氧溴丙烷（表溴醇）	20
71		甲苯二异氰酸酯	100
72		氯化硫	1
73		氰化氢	1
74		三氧化硫	75
75		烯丙胺	20
76		溴	20
77		乙撑亚胺	20
78		异氰酸甲酯	0.75

表 2 未在表 1 中列举的危险化学品类别及其临界量

类别	危险性分类及说明	临界量（T）
爆炸品	1.1A 项爆炸品	1
	除 1.1A 项外的其他 1.1 项爆炸品	10
	除 1.1 项外的其他爆炸品	50
气体	易燃气体：危险性属于 2.1 项的气体	10
	氧化性气体：危险性属于 2.2 项非易燃无毒气体且次要危险性为 5 类的气体	200
	剧毒气体：危险性属于 2.3 项且急性毒性为类别 1 的毒性气体	5
	有毒气体：危险性属于 2.3 项的其他毒性气体	50
易燃液体	极易燃液体：沸点≤35℃且闪点＜0℃的液体；或保存温度一直在其沸点以上的易燃液体	10
	高度易燃液体：闪点＜23℃的液体（不包括极易燃液体）；液态退敏爆炸品	1000
	易燃液体：23℃≤闪点＜61℃的液体	5000

类别	危险性分类及说明	临界量（T）
易燃固体	危险性属于 4.1 项且包装为 I 类的物质	200
易于自燃的物质	危险性属于 4.2 项且包装为 I 类或 II 类的物质	200
遇水放出易燃气体的物质	危险性属于 4.3 项且包装为 I 类或 II 类的物质	200
氧化性物质	危险性属于 5.1 项且包装为 I 类的物质	50
	危险性属于 5.1 项且包装为 II 类或 III 类的物质	200
有机过氧化物	危险性属于 5.2 项的物质	50
毒性物质	危险性属于 6.1 项且急性毒性为类别 1 的物质	50
	危险性属于 6.1 项且急性毒性为类别 2 的物质	500
注：以上危险化学品危险性类别及包装类别依据 GB 12268 确定，急性毒性类别依据 GB 20592 确定。		

4.2 重大危险源的辨识指标

单元内存在危险化学品的数量等于或超过表 1、表 2 规定的临界量，即被定为重大危险源。单元内存在的危险化学品的数量根据处理危险化学品种类的多少区分为以下两种情况：

4.2.1 单元内存在的危险化学品为单一品种，则该危险化学品的数量即为单元内危险化学品的总量，若等于或超过相应的临界量，则定为重大危险源。

4.2.2 单元内存在的危险化学品为多品种时，则按式（1）计算，若满足式（1），则定为重大危险源：

$$q_1/Q_1+q_2/Q_2+\cdots+q_n/Q_n\geqslant 1 \qquad (1)$$

式中：q_1，q_2，…，q_n——每种危险化学品实际存在量，t；

Q_1，Q_2，…，Q_n——与各危险化学品相对应的临界量，t。

中华人民共和国国家标准

开发建设项目水土保持技术规范（节选）

Technical code on soil and water conservation of development and construction projects

GB 50433—2008

前　言

本规范是根据建设部建标[2003]102 号文《关于印发“二〇〇二—二〇〇三年度工程建设国家标准制订修订计划”的通知》的要求，由水利部水土保持监测中心会同有关单位共同编制而成。

在规范编制过程中，编制组进行了广泛深入的调查研究，认真总结了《开发建设项目水土保持方案技术规范》（SL204—98）实施 9 年来的实践经验，吸收了相关行业设计规范的最新成果，认真研究分析了水土保持工作的现状和发展趋势，并在广泛征求意见的基础上，通过反复讨论、修改和完善，最后召开相关行业参加的全国性会议，邀请有关专家审查定稿。

本规范共分为 14 章和 2 个附录。主要内容是总则、术语、基本规定、各设计阶段的任务、水土保持方案、水土保持初步设计专章、拦渣工程、斜坡防护工程、土地整治工程、防洪排导工程、降水蓄渗工程、临时防护工程、植被建设工程、防风固沙工程等。

本规范中用黑体字标志的条文为强制性条文，必须严格执行。

本规范由建设部负责管理和对强制性条文的解释，由水利部负责日常管理，由水利部水土保持监测中心负责具体技术内容的解释。

本规范在执行过程中，请各单位注意总结经验，积累资料，随时将有关意见和建议反馈给水利部水土保持监测中心（北京市宣武区白广路二条 2 号，邮政编码 100053），以供今后修订时参考。

本规范主编单位、参编单位和主要起草人：

主编单位：水利部水土保持监测中心

参编单位：水利部水利水电规划设计总院

长江流域水土保持监测中心站

黄河水利委员会天水水土保持科学试验站

松辽水利委员会水土保持处

中国水电工程顾问集团公司

铁道第二勘察设计院

交通部公路科学研究所

中国有色工程设计研究集团

煤炭工业环境保护办公室

主要起草人：姜德文 郭索彦 赵永军 王治国 蔡建勋 张长印 秦百顺
李仁华 袁普金 孟令钦

1 总则

1.0.1 为贯彻国家有关法律、法规，预防、控制和治理开发建设活动导致的水土流失，减轻对生态环境可能产生的负面影响，防止水土流失危害，制定本规范。

1.0.2 本规范适用于建设或生产过程中可能引起水土流失的开发建设项目的水土流失防治。

1.0.3 开发建设项目的水土流失防治应重视调查研究，鼓励采用新技术、新工艺和新材料，做到因地制宜，综合防治，实用美观。

1.0.4 水土保持工程设计除应符合本规范外，尚应符合国家现行有关标准的规定。

3 基本规定

3.1 一般规定

3.1.1 开发建设项目水土流失防治及其措施总体布局应遵循下列规定：

1 应控制和减少对原地貌、地表植被、水系的扰动和损毁，保护原地表植被、表土及结皮层，减少占用水、土资源，提高利用效率。

2 开挖、排弃、堆垫的场地必须采取拦挡、护坡、截排水以及其他整治措施。

3 弃土（石、渣）应综合利用，不能利用的应集中堆放在专门的存放地，并按“先拦后弃”的原则采取拦挡措施，不得在江河、湖泊、建成水库及河道管理范围内布设弃土（石、渣）场。

4 施工过程必须有临时防护措施。

5 施工迹地应及时进行土地整治，采取水土保持措施，恢复其利用功能。

3.1.2 开发建设项目水土保持设计文件应符合下列规定：

1 当主体工程建设地点、工程规模或布局发生变化时，水土保持方案及其设计文件应重新报批。

2 当取土（石、料）场、弃土（石、渣）场、各类防护工程等发生较大变化时，应编制水土保持工程变更设计文件。

3 涉及移民（拆迁）安置及专项设施改（迁）建的建设项目，规模较小的，水土保持方案中应根据移民与占地规划，提出水土保持措施布局与规划，明确水土流失防治责任，估列水土保持投资；规模较大的，应单独编报水土保持方案。

4 征占地面积在 $1hm^2$ 以上或挖填土石方总量在 1 万 m^3 以上的开发建设项目，必须编报水土保持方案报告书，其他开发建设项目必须编报水土保持方案报告表，其内容和格式应分别符合附录 A、附录 B 的规定。

5 水土流失防治措施应分阶段进行设计，其内容和要求应符合本规范第 7～14 章的规定。

6 在施工准备期前，应由监测单位编制水土保持监测设计与实施计划，为开展水土保持监测工作提供指导。

3.2 对主体工程的约束性规定

3.2.1 工程选址（线）、建设方案及布局应符合下列规定：

1 选址（线）必须兼顾水土保持要求，应避开泥石流易发区、崩塌滑坡危险区以及易引起严重水土流失和生态恶化的地区。

2 选址（线）应避开全国水土保持监测网络中的水土保持监测站点、重点试验区，不得占用国家确定的水土保持长期定位观测站。

3 城镇新区的建设项目应提高植被建设标准和景观效果，还应建设灌溉、排水和雨水利用设施。

4 公路、铁路工程在高填深挖路段，应采用加大桥隧比例的方案，减少大填大挖。填高大于 20m 或深挖大于 30m 的，必须有桥隧比选方案。路堤、路堑在保证边坡稳定的基础上，应采用植物防护或工程与植物防护相结合的设计方案。

5 选址（线）宜避开生态脆弱区、固定半固定沙丘区、国家划定的水土流失重点预防保护区和重点治理成果区，最大限度地保护现有土地和植被的水土保持功能。

6 工程占地不宜占用农耕地，特别是水浇地、水田等生产力较高的土地。

3.2.2 取土（石、料）场选址应符合下列规定：

1 严禁在县级以上人民政府划定的崩塌和滑坡危险区、泥石流易发区内设置取土（石、料）场。

2 在山区、丘陵区选址，应分析诱发崩塌、滑坡和泥石流的可能性。

3 应符合城镇、景区等规划要求，并与周边景观相互协调，宜避开正常的可视范围。

4 在河道取砂（砾）料的应遵循河道管理的有关规定。

3.2.3 弃土（石、渣）场选址应符合下列规定：

1 不得影响周边公共设施、工业企业、居民点等的安全。

2 涉及河道的，应符合治导规划及防洪行洪的规定，不得在河道、湖泊管理范围内设置弃土（石、渣）场。

3 禁止在对重要基础设施、人民群众生命财产安全及行洪安全有重大影响的区域布设弃土（石、渣）场。

4 不宜布设在流量较大的沟道，否则应进行防洪论证。

5 在山丘区宜选择荒沟、凹地、支毛沟，平原区宜选择凹地，荒地、风沙区应避开风口和易产生风蚀的地方。

3.2.4 主体工程施工组织设计应符合下列规定：

1 控制施工场地占地，避开植被良好区。

2 应合理安排施工，减少开挖量和废弃量，防止重复开挖和土（石、渣）多次倒运。

3 应合理安排施工进度与时序，缩小裸露面积和减少裸露时间，减少施工过程中因降水和风等水土流失影响因素可能产生的水土流失。

4 在河岸陡坡开挖土石方，以及开挖边坡下方有河渠、公路、铁路和居民点时，开挖土石必须设计渣石渡槽、溜渣洞等专门设施，将开挖的土石渣导出后及时运至弃土（石、渣）场或专用场地，防止弃渣造成危害。

5 施工开挖、填筑、堆置等裸露面，应采取临时拦挡、排水、沉沙、覆盖等措施。

6 料场宜分台阶开采，控制开挖深度。爆破开挖应控制装药量和爆破范围，有效控制可能造成的水土流失。

7 弃土（石、渣）应分类堆放，布设专门的临时倒运或回填料的场地。

3.2.5 工程施工应符合下列规定：

1 施工道路、伴行道路、检修道路等应控制在规定范围内，减少施工扰动范围，采取拦挡、排水等措施，必要时可设置桥隧；临时道路在施工结束后应进行迹地恢复。

2 主体工程动工前，应剥离熟土层并集中堆放，施工结束后作为复耕地、林草地的覆土。

3 减少地表裸露的时间，遇暴雨或大风天气应加强临时防护。雨季填筑土方时应随挖、随运、随填、随压，避免产生水土流失。

4 临时堆土（石、渣）及料场加工的产品料应集中堆放，设置沉沙、拦挡等措施。

5　开挖土石和取料场地应先设置截排水、沉沙、拦挡等措施后再开挖。不得在指定取土（石、料）场以外的地方乱挖。

6 土（砂、石、渣）料在运输过程中应采取保护措施，防止沿途散溢，造成水土流失。

3.2.6 工程管理应符合下列规定：

1 将水土保持工程纳入招标文件、施工合同，将施工过程中防治水土流失的责任落实到施工单位。合同段划分要考虑合理调配土石方，减少取、弃土（石）方数量和临时占地数量。

2 工程监理文件中应落实水土保持工程监理的具体内容和要求，由监理单位控制水土保持工程的进度、质量和投资。

3 在水土保持监测文件中应落实水土保持监测的具体内容和要求，由监测单位开展水土流失动态变化及防治效果的监测。

4 建设单位应通过合同管理、宣传培训和检查验收等手段对水土流失防治工作进行控制。

5 工程检查验收文件中应落实水土保持工程检查验收程序、标准和要求，在主体工程竣工验收前完成水土保持设施的专项验收。

6 外购土（砂、石）料的，必须选择合法的土（砂、石）料场，并在供料合同中明确水土流失防治责任。

3.3 不同水土流失类型区的特殊规定

3.3.1 风沙区的建设项目应符合下列规定：

1　应控制施工场地和施工道路等扰动范围，保护地表结皮层。

2　应采取砾（片、碎）石覆盖、沙障、草方格或化学固化等措施。

3　植被恢复应同步建设灌溉设施。

4　沿河环湖滨海平原风沙区应选择耐盐碱的植物品种。

3.3.2 东北黑土区的建设项目应符合下列规定：

1 应保护现有天然林、人工林及草地。

2 清基作业时，应剥离表土并集中堆放，用于植被恢复。

3 在丘陵沟壑区还应有坡面径流排导工程。

4 工程措施应有防治冻害的要求。

3.3.3 西北黄土高原区的建设项目应符合下列规定：

1 在沟壑区，应对边坡削坡开级并放缓坡度（45°以下），应采取沟道防护、沟头防护措施并控制塬面或梁峁地面径流。

2 沟道弃渣可与淤地坝建设结合。

3 应设置排水与蓄水设施，防止泥石流等灾害。

4 因水制宜布设植物措施，降水量在 400mm 以下地区植被恢复应以灌草为主，400mm 以上（含 400mm）地区应乔灌草结合。

5　在干旱草原区，应控制施工范围，保护原地貌，减少对草地及地表结皮的破坏，防止土地沙化。

3.3.4 北方土石山区的建设项目应符合下列规定：

1 应保存和综合利用表土。

2 弃土（石、渣）场应做好防洪排水、工程拦挡，防止引发泥石流；弃土（石、渣）应平整后用于造地。

3 应采取措施恢复林草植被。

4 高寒山区应保护天然植被，工程措施应有防治冻害的要求。

3.3.5 西南土石山区的建设项目应符合下列规定：

1 应做好表土的剥离与利用，恢复耕地或植被。

2 弃土（石、渣）场选址、堆放及防护应避免产生滑坡及泥石流问题。

3 施工场地、渣料场上部坡面应布设截排水工程，可根据实际情况适当提高防护标准。

4 秦岭、大别山、鄂西山地区应提高植物措施比重，保护汉江等上游水源区。

5 川西山地草甸区应控制施工范围，保护表土和草皮，并及时恢复植被；工程措施应有防治冻害的要求。

6 应保护和建设水系，石灰岩地区还应避免破坏地下暗河和溶洞等地下水系。

3.3.6 南方红壤丘陵区的建设项目应符合下列规定：

1 应做好坡面水系工程，防止引发崩岗、滑坡等灾害。

2 应保护地表耕作层，加强土地整治，及时恢复农田和排灌系统。

3 弃土（石、渣）的拦护应结合降雨条件，适当提高设计标准。

3.3.7 青藏高原冻融侵蚀区的建设项目应符合下列规定：

1 应控制施工便道及施工场地的扰动范围。

2 保护现有植被和地表结皮，需剥离高山草甸（天然草皮）的，应妥善保存，及时移植。

3 应与周围景观相协调，土石料场和渣场应远离项目一定距离或避开交通要道的可视范围。

4 工程建设应有防治冻土翻浆的措施。

3.3.8 平原和城市的建设项目应符合下列规定：

1 应保存和利用表土（农田耕作层）。

2 应控制地面硬化面积，综合利用地表径流。

3 平原河网区应保持原有水系的通畅，防止水系紊乱和河道淤积。

4 植被措施需提高标准时，可按园林设计要求布设。

5 封闭施工，遮盖运输，土石方及堆料应设置拦挡及覆盖措施，防止大风扬尘或造成城市管网的淤积。

6 取土场宜以宽浅式为主，注重复耕，做好复耕区的排水、防涝工程。

7 弃土（石、渣）应分类堆放，宜结合其他基本建设项目综合利用。

3.4 不同类型建设项目的特殊规定

3.4.1 线型建设类工程应符合下列规定：

1 穿（跨）越工程的基础开挖、围堰拆除等施工过程中产生的土石方、泥浆应采取有效防护措施。

2 陡坡开挖时，应在边坡下部先行设置拦挡及排水设施，边坡上部布设截水沟。

3 隧道进出口紧临江河、较大沟道时，不宜在隧道进出口布设永久渣场。

4 输变电工程位于坡面的塔基宜采取“全方位、高低腿”型式，开挖前应设置拦挡和排水设施。

5 土质边坡开挖不宜超过45°，高度不宜超过30m。

6 公路、铁路等项目的取（弃）土场宜布设在沿线视线以外。

3.4.2 点型建设类工程应符合下列规定：

1 弃土（石、渣）应分类集中堆放。

2 对水利枢纽、水电站等工程，弃渣场选址应布设在大坝下游或水库回水区以外。

3 在城镇及其规划区、开发区、工业园区的项目，应提高防护标准。

4 施工导流不宜采用自溃式围堰。

3.4.3 点型建设生产类工程应符合下列规定：

1 剥离表层土应集中保存，采取防护措施，最终利用。

2 露天采掘场，应采取截排水和边坡防护等措施，防止滑坡、塌方和冲刷。

3 排土（渣、矸石等）场地应事先设置拦挡设施，弃土（石、渣）必须有序堆放，并及时采取植物措施。

4 可能造成环境污染的废弃土（石、渣、废液）等应设置专门的处置场，并符合相应防治标准。

5 采石场应在开采范围周边布设截排水工程，防止径流冲刷。施工过程中应控制开采作业范围，不得对周边造成影响。

6 排土场、采掘场等场地应及时复耕或恢复林草植被。

7 井下开采的项目，应防止疏干水和地下排水对地表土壤水分和植被的影响。采空塌陷区应有保护水系、保护和恢复土地生产力等方面的措施。

5 水土保持方案

5.1 一般规定

5.1.1 开发建设项目水土保持方案应达到下列防治水土流失的基本目标：

1 项目建设区的原有水土流失得到基本治理。

2 新增水土流失得到有效控制。

3 生态得到最大限度的保护，环境得到明显改善。

4 水土保持设施安全有效。

5 扰动土地整治率、水土流失总治理度、土壤流失控制比、拦渣率、林草植被恢复率、林草覆盖率等指标达到现行国家标准《开发建设项目水土流失防治标准》（GB 50433—2008）的要求。

5.1.2 水土流失防治责任范围的确定应符合下列规定：

1 开发建设项目防治水土流失的责任范围包括项目建设区和直接影响区。

2 项目建设区包括永久征地、临时占地、租赁土地以及其他属于建设单位管辖范围的土地。经分析论证确定的施工过程中必然扰动和埋压的范围应列入项目建设区。

3 直接影响区应通过调查、分析确定。

5.1.3 水土保持方案中水土保持工程的界定应符合下列原则：

1 主导功能原则。以防治水土流失为目标的工程为水土保持工程；以主体设计功能为主，同时具有水土保持功能的工程，不作为水土保持工程。

2 责任区分原则。对建设项目临时征、占地范围内的各项防护工程均作为水土保持工程。

3 试验排除原则。难以区分以主体设计功能为主或以水土保持功能为主的工程，可按破坏性试验的原则进行排除。假定没有这些工程，主体设计功能仍旧可以发挥作用，但会产生较大的水土流失，此类工程应作为水土保持工程。

5.1.4 主体工程及比选方案的水土保持分析与评价应包括以下内容：

1 主体工程是否满足本规范第 3 章的要求。

2 工程选址（线）、总体布局、施工组织（施工布置、交通条件、施工工艺及时序等）。

3 弃土（石、渣）场选址、数量、容量、占地类型及面积。

4 取料场分布、位置、储量、开采方式等。

5 主体工程防护措施的标准、等级、型式、范围等。

5.1.5 对生态可能有重大影响和严重危害的，总体布置和主体工程设计中不能满足水土保持要求的，应提出要求与建议。

5.1.6 对施工交通、土石方调配、施工时序等应提出水土保持要求和建议。

5.1.7 对主体工程有否定性意见的，应由主体设计单位重新论证。

5.2 调查和勘测的一般规定

5.2.1 地质、地貌的调查内容与方法应符合下列规定：

1 地质调查内容应包括地质构造、断裂和断层、岩性、地下水、地震烈度、不良地质灾害等与水土保持有关的工程地质情况等。

2 地质调查应采取资料收集和野外调查方式进行。

3 地貌调查内容应包括项目区内的地形、地面坡度、沟壑密度、地表物质组成、土地利用类型等。

4 调查方法应采用地形图调绘（比例尺 1/5000～1/10000），也可采用航片判读、地形图与实地调查相结合的方法。

5.2.2 气象、水文的调查内容与方法应符合下列规定：

1 气象调查内容应包括项目区所处气候带、干旱及湿润气候类型，气温，大于等于 10℃有效积温，蒸发量，多年平均降水量、极值及出现时间、降水年内分配，无霜期，冻土深度，年平均风速、年大风日数及沙尘天数。

2 水文调查内容应包括一定频率（5 年、10 年、20 年一遇）、一定时段（1h、6h、24h）降水量，地表水系，河道不同设计标准对应的洪水位等与工程防护布设和设计标准相关的水文、气象资料。

3 调查方法应以收集和分析资料为主，辅以必要的野外查勘。

4 气象资料系列长度宜在 30 年以上。

5.2.3 土壤、植被的调查内容和方法应符合下列规定：

1 土壤调查内容应包括地带性土壤类型、分布、土层厚度、土壤质地、土壤肥力、土壤的抗侵蚀性和抗冲刷性等。

2 调查方法应为收集资料、现场调查和取样化验相结合。

3 植被调查内容应包括地带性（或非地带性）植被类型，项目区植物种类，乡土树种、草种及分布，林草植被覆盖率。

4 植被类型的调查可采用野外调查或野外调查与航片判读相结合的方法，乡土树种、草种的种类和造林经验等情况采取收集资料和现场调查相结合的方法。

5.2.4 水土流失的调查内容和方法应符合下列规定：

1 水土流失调查内容应包括水土流失类型、面积及强度、现状土壤侵蚀（流失）量或模数、土壤流失容许量、水土流失发生、发展、危害及其造成原因等。

2 调查方法：

1）水土流失类型和面积应采取收集资料并结合现场实地勘察进行。

2）项目周边地区的土壤侵蚀状况应收集和使用国家最新公布的土壤侵蚀遥感调查成果，项目区的土壤侵蚀状况应以调查、实测为主。

3）土壤侵蚀（流失）模数宜采用本工程和类比工程实测资料分析确定，采用数学模型法应有当地 3 年以上实测验证的参数。

4）水土流失发生、发展、危害及其造成原因应以调查和收集资料为主。

5）扩建工程应调查原工程的水土流失及水土保持情况。

5.2.5 水土保持的调查内容和方法应包括：

1 水土保持重点防治区划分成果，水土流失防治主要经验、研究成果。

2 水土流失治理程度，水土保持设施，成功的防治工程设计、组织实施和管护经验等。

3 主要经验与成果应采用资料收集和访问等方法，治理情况应采用实地调查与收集资料相结合的方法。

5.2.6 工程调查与勘测的调查内容和方法应符合下列规定：

1 主体工程的平面布局、施工组织可采用收集相关资料及设计文件的方法。

2 对100万m^3以上的取土（石、料）场、弃土（石、渣）场以及其他重要的防护工程必须收集工程地质勘测资料及地形图（比例尺不低于1/10000），并进行必要的补充测量。

3 工程建设可能影响的范围应采用资料收集与实地调查相结合的方法。

5.3 项目概况介绍的基本要求

5.3.1 基本情况应包括建设项目名称、项目法人单位、项目所在地的地理位置（应附平面位置图）、建设目的与性质，工程任务、等级与规模，总投资及土建投资，建设工期等主要技术经济指标等，并附主体工程特性表。

5.3.2 项目组成及布置概况介绍应包括下列内容：

1 项目建设基本内容，单项工程的名称、建设规模、平面布置等（应附平面布置图）。扩建项目还应说明与已建工程的关系。

2 项目附属工程，包括供电系统、给排水系统、通信系统、本项目内外交通等。

5.3.3 施工组织概述应包括下列内容：

1 施工布置、施工工艺、主要工序及时序，分段或分部分进行施工的工程应列表说明，重点阐述与水土保持直接相关的内容。可附主要施工工艺（方法）流程图。

2 施工方法特别是土石方工程挖、填、运、弃的施工方法、工艺。

3 建设生产用的土、石、砂、沙砾料等建筑材料的数量、来源、综合加工系统，料场的数量、位置、可采量等。

4 施工所用的水、电、风等能量供应方式及设施布局情况。

5.3.4 工程征占地可包括永久性占地和临时性征占地，应按项目组成及行政区分别说明占地性质、占地类型、占地面积等情况。

5.3.5 土石方工程量应分项说明工程土石方挖方、填方、调入方、调出方、外借方、弃方量。土石方平衡应根据项目设计资料、标段划分、地形地貌、运距、土石料质量、回填利用率、剥采比等合理确定取土（石）量、弃土（石、渣）量和开采、堆弃地点、形态等。并附土石方平衡表、土石方流向框图。

对于铁路、公路的隧道、穿山、穿河流等土石方开挖工程，应说明出渣方法、出渣量及弃土（石、渣）的处置方案。

5.3.6 工程投资应说明主体工程总投资、土建投资、资本金构成及来源等。

5.3.7 进度安排应说明主体工程总工期，包括施工准备期、开工时间、完工时间、投产时间、验收时间，建设进度安排以及施工季节的安排等。对于分期建设的项目，还应说明后续项目的立项计划，并附施工进度表。

5.3.8 拆迁与移民安置应包括移民规模、搬迁规划、拆迁范围，安置原则、安置形式，生产、拆迁和安置责任。

5.4 项目区概况介绍的基本要求

5.4.1 自然环境概况的介绍应包括下列内容：

1 地质。包括项目区所处的大地构造位置和地质结构，岩层和岩性，断层和断裂结构和地震烈度、不良地质灾害等。

2 地貌。包括项目建设区域的地貌类型、地表形态要素、地表物质组成等。

3 气象。包括项目建设区所处气候带、干旱及湿润气候类型，代表性气象站的年均气温，无霜期，大于等于10℃有效积温，极端最高气温，极端最低气温，最高月平均气温，最低月平均气温；冻土深度；多年平均降水量及降水的时空分布，5年、10年及20年一遇最大日降水量，反映降雨强度的一定频率的1h、6h或24h降雨量；年平均蒸发量，大风日数，平均风速，主导风向等与植物措施配置相关的气候因子。线性工程的气象特征值应分段表述。

4 水文。包括项目建设区及周边区域水系及河道冲淤情况，地表水、地下水状况，河流泥沙平均含沙量，径流模数，洪水（水位、水量）与建设场地的关系等情况，如有沟道工程应说明不同频率洪峰流量、洪水总量；并说明植被建设等生态用水的来源和保证率。

5 土壤。包括项目区及周边区域土壤类型、分布、理化性质等，并说明土壤的可蚀性。

6 植被。包括项目区及周边区域林草植被类型、当地乡土树（草）种，主要群落类型、植被的垂直及水平分布、覆盖率、生长状况等基本情况。

7 其他。包括可能被工程影响的其他环境资源，项目区内的历史上多发的自然灾害。

5.4.2 对点型工程，可适当扩展到项目区范围外，线型工程以乡（镇）、县（市、区）为单位进行调查统计。不需单独编报移民拆迁安置区水土保持方案的，应说明拟安置或迁建区的位置、面积、土地利用现状等基本情况。应包括下列内容：

1 项目区人口、人均收入、产业结构。

2 项目区域的土地类型、利用现状、分布及其面积，基本农田、林地等情况，人均土地及耕地等。

5.4.3 水土流失及水土保持现状的介绍应包括下列内容：

1 水土流失现状。项目区及周边区域水土流失类型、流失强度、土壤侵蚀模数、土壤流失容许量等，并列表、附图说明。项目周边区域的水土流失对工程项目的影响。

2 水土保持现状。项目区及周边区域水土流失治理现状、主要经验、成功的防治工程类型、设计标准、林草品种和管护经验，项目区水土保持设施，水土流失重点防治区划分成果，同类型开发建设项目水土保持经验等。

3 项目区内的水土保持现状。项目区内现有水土保持设施的类型、数量、保存状况、防治水土流失的效果等。扩建项目还应介绍上期工程水土保持开展情况和存在问题。

5.5 主体工程水土保持分析与评价

5.5.1 分析评价内容应符合下列规定：

1 分析评价主体工程是否满足本规范第3章的基本规定。

2 从主体工程的选线（址）、总体布置、施工方法与工艺、土石料场选址、弃土（石、渣）场选址、占地类型及面积等方面，用扰动面积、土石方量、损坏植被面积、水土流失量及危害、工程投资等指标做出水土资源占用评价、水土流失影响评价和景观评价，提出或认定推荐方案。

3 对主体设计选定的弃土（石、渣）场从水土保持角度进行比选和综合分析，不符合水土保持要求的，必须提出新的场址；主体工程设计深度不够的，由水土保持与主体设计单位共同调查、分析比选，确定弃土（石、渣）场。

4 综合分析挖填方的施工时段、土石料组成成分、运距、回填利用率等因素，从水土保持角度提出土石方调配的合理化建议，并对施工时序是否做到“先拦后弃”做出评价。

5.5.2 评价主体工程设计，应从布置、范围、标准等方面评价能否控制水土流失，是否满足水土保持要求。

5.5.3 经分析与评价，对主体工程设计中不能满足水土保持要求的应提出要求或在方案中进行补充、设计。

5.6 水土流失防治责任范围及防治分区

5.6.1 项目建设区范围应包括建（构）物占地，施工临时生产、生活设施占地，施工道路（公路、便道等）占地，料场（土、石、沙砾、骨料等）占地，弃渣（土、石、灰等）场占地，对外交通、供水管线、通信、施工用电线路等线型工程占地，水库正常蓄水位淹没区等永久和临时占地面积。改建、扩建工程项目与现有工程共用部分也应列入项目建设区。建设区除文字叙述外还应列表、附图说明。

5.6.2 直接影响区应包括规模较小的拆迁安置和道路等专项设施迁建区，排洪泄水区下游，开挖面下边坡，道路两侧，灰渣场下风向，塌陷区，水库周边影响区，地下开采对地面的影响区，工程引发滑坡、泥石流、崩塌的区域等。应依据区域地形地貌、自然条件和主体工程设计文件，结合对类比工程的调查，根据风向、边坡、洪水下泄、排水、塌陷、水库水位消落、水库周边可能引起的浸渍，排洪涵洞上、下游的滞洪、冲刷等因素，经分析后确定，不应简单外延。

5.6.3 水土流失防治分区应符合下列规定：

1 在确定防治责任范围的基础上应划分防治分区，并分区进行典型设计，计算工程量。

2 应根据野外调查（勘测）结果，在确定的防治责任范围内，依据主体工程布局、施工扰动特点、建设时序、地貌特征、自然属性、水土流失影响等进行分区。

3 分区的原则应符合下列要求：

1）各分区之间具有显著差异性。

2）各分区内造成水土流失的主导因子相近或相似。

3）一级分区应具有控制性、整体性、全局性，线型工程应按地貌类型划分一级区。

4）二级及其以下分区应结合工程布局和施工区进行逐级分区。

5）各级分区应层次分明，具有关联性和系统性。

4 宜采取实地调查勘测、资料收集与数据分析相结合的方法进行分区。

5 分区结果应包括文字、图、表说明。

5.7 水土流失预测的基本要求

5.7.1 水土流失预测应在主体工程设计功能的基础上，根据自然条件、施工扰动特点等进行预测。可从气象（降水、大风）、土壤可蚀性、地形地貌、施工方法等方面进行水土流失影响因素甄别，分析项目生产建设产生水土流失的客观条件。

5.7.2 扰动前土壤侵蚀模数应根据自然条件、当地水文手册、土壤侵蚀模数等值线图、库坝工程淤积观测、相关试验研究等资料合理确定，并作为水土流失预测分析的基础。扰动后土壤侵蚀模数应根据施工工艺、施工时序、下垫面、汇流面积、汇流量的变化及相关试验等综合确定。

5.7.3 开发建设项目可能产生的水土流失量应按施工准备期、施工期、自然恢复期三个时段进行预测。每个预测单元的预测时段按最不利的情况考虑，超过雨季（风季）长度的按全年计算，不超过雨季（风季）长度的按占雨季（风季）长度的比例计算。

5.7.4 水土流失预测单元的划分应符合下列要求：

1 地形地貌、扰动地表的物质组成相近。

2 扰动方式相似。

3 土地利用现状基本相同。

4 降水或大风特征值（降雨量、强度与降雨的年内分配等）基本一致。

5.7.5 水土流失预测内容包括开挖扰动地表面积、损坏水土保持设施的数量、弃土（石、渣）量、水土流失量、新增水土流失量、水土流失危害等。

5.7.6 水土流失量预测方法的选择应符合下列规定：

1 采用类比法进行水土流失预测。

1）当具有类似工程水土流失实测资料时，应列表分析预测工程与实测工程在地形地貌和气候特征、植被类型和覆盖率、土壤、扰动地表的组成物资和坡度、坡长、侵蚀类型、弃土（石、渣）的堆积形态等水土流失主要因子的可比性。

2）当预测工程与实测工程具有较强的可比性时，可采用类比法进行水土流失预测，根据对水土流失影响的因子比较，对有关参数进行修正。

土壤流失量可按下式计算：

$$W=\sum_{i=1}^{n}\sum_{k=1}^{3}F_i\times M_{ik}\times T_{ik} \tag{5.7.6-1}$$

新增土壤流失量可按下式计算：

$$\Delta W=\sum_{i=1}^{n}\sum_{k=1}^{3}F_i\times \Delta M_{ik}\times T_{ik} \tag{5.7.6-2}$$

$$\Delta M_{ik}=\frac{(M_{ik}-M_{i0})+|M_{ik}-M_{i0}|}{2} \tag{5.7.6-3}$$

式中 W—— 扰动地表土壤流失量，t；

ΔW—— 扰动地表新增土壤流失量，t；

i—— 预测单元（1，2，3，…，n）；

k—— 预测时段，1，2，3，指施工准备期、施工期和自然恢复期；

F_i—— 第 i 个预测单元的面积，km^2；

M_{ik}—— 扰动后不同预测单元不同时段的土壤侵蚀模数，t/（km^2·a）；

ΔM_{ik}—— 不同单元各时段新增土壤侵蚀模数，t/（km^2·a）；

M_{i0}—— 扰动前不同预测单元土壤侵蚀模数，t/（km^2·a）；

T_{ik}—— 预测时段（扰动时段），a。

注：1 当各区土壤侵蚀强度恢复到土壤侵蚀容许值及以下时，不再计算。

2 当弃土弃渣外表面积每年变化时应分年计算和预测。

2 有条件的地方可采用当地科学试验研究成果并经鉴定认可的公式和方法。

3 宜通过试验、观测等方法进行水土流失预测，可在项目区设立监测小区（或径流小区）和土壤流失观测场，采用天然或人工模拟（降雨）试验，取得不同预测单元的土壤流失模数。通过对上述指标的论证分析与调整后，采用类比法的公式进行计算。

5.7.7 位于大中城市及周边地区、南方石漠化地区和西北干旱地区的开发建设项目，以及有大量疏干水和排水的项目，还应进行水损失（或水资源流失、有效水资源的减少）的预测，以减轻城市排水防洪压力，改善水环境。预测基础应为工程按设计建成后的情况。

水损失的预测宜采用径流系数法，可按下式计算：

$$W_w = \sum_{1}^{n} [F_i \times H_i \times (a_i - a_{i0})] \quad (5.7.7)$$

式中 W_w —— 扰动地表水流失量，m^3；

F_i —— 第 i 个预测单元的面积，km^2；

H_i —— 项目区年降雨量，mm；

a_i —— 预测单元扰动地表的径流系数；

a_{i0} —— 预测单元原状地表的径流系数。

5.7.8 对项目可能造成的水土流失危害进行预测和分析。预测水土流失危害形式、程度，可能产生的后果。

5.7.9 根据预测结果，分析并明确产生水土流失的重点区域（地段）和时段、水土流失防治和监测的重点区段和时段，并对防治措施布设提出指导性意见。

5.8 水土流失防治措施布局

5.8.1 水土流失防治措施的布局应遵循下列原则：

1 结合工程实际和项目区水土流失现状，因地制宜、因害设防、总体设计、全面布局、科学配置，并与周边景观相协调。

1）在干旱、半干旱地区以工程、防风固沙等措施为主，辅之以必要的植物措施。

2）在半湿润区采用以植物措施、土地整治与工程措施相结合的防治措施。

3）在湿润区应有挡护、坡面排水工程、植被恢复等措施。

2 减少对原地貌和植被的破坏面积，合理布设弃土（石、渣）场、取料场，弃土（石、渣）应分类集中堆放。

3 项目建设过程中应注重生态环境保护，设置临时性防护措施，减少施工过程中造成的人为扰动及产生的废弃土（石、渣）。

4 宜吸收当地水土保持的成功经验，借鉴国内外先进技术。

5.8.2 防治措施布局要求应符合下列规定：

1 在分区布设防护措施时，应结合各分区的水土流失特点提出相应的防治措施、防治重点和要求，保证各防治分区的关联性、系统性和科学性。

2 植物措施应在对立地条件的分析基础上，推荐多树种、多草种，供设计时进一步优化。

3 防治水蚀、风蚀的植物措施应有针对性，水蚀风蚀复合区的措施应兼顾两种侵蚀类型的防治。

5.8.3 应对所拟定的重要防护工程进行方案比选，提出推荐方案。防治措施比选的重点地段应为大型弃渣（土、石）场、取料（土、石）场、高路堑、大型开挖面等。防治措施比选的内容应包括防护措施类型、防护效果、投资等。防治措施比选的考虑因素应包括工程安全、水土保持防护效果、施工条件、立地条件、工程投资等。

5.8.4 水土保持工程施工组织设计应包括施工组织、施工条件、施工材料来源及施工方法与质量要求等内容。进度安排应符合下列规定：

1 应遵循“三同时”制度，按照主体工程施工组织设计、建设工期、工艺流程，坚持积极稳妥、留有余地、尽快发挥效益的原则，以水土保持分区进行措施布设，考虑施工的季节性、施工顺序、措施保证、工程质量和施工安全，分期实施，合理安排，保证水土保持工程施工的组织性、计划性、有序性以及资金、材料和机械设备等资源的有效配置，确保工程按期完成。

2 分期实施应与主体工程协调一致，根据工程量组织劳动力，使其相互协调，避免窝工浪费。

3 应先工程措施再植物措施，工程措施应安排在非主汛期，大的土方工程宜避开汛期。植物措施应以春季、秋季为主。施工建设中，应按“先拦后弃”的原则，先期安排水土保持措施的实施。结合四季自然特点和工程建设特点及水土流失类型，在适宜的季节进行相应的措施布设。

5.9 水土保持监测的基本要求

5.9.1 开发建设项目水土保持监测应按照国家现行标准《水土保持监测技术规程》（SL 277—2002）的规定进行。在水土保持方案中，应确定监测的内容、项目、方法、时段、频次，初步确定定点监测点位，估算所需的人工和物耗。能够指导监测机构编制监测实施计划，落实监测的具体工作。监测成果应能全面反映开发建设项目水土流失及其防治情况。

5.9.2 水土保持监测时段应从施工准备期前开始，至设计水平年结束。建设生产类项目还应对运行期进行监测。

5.9.3 水土保持重点监测应包括下列内容：

1 项目区水土保持生态环境变化监测。应包括地形、地貌和水系的变化情况，建设项目占地和扰动地表面积，挖填方数量及面积，弃土、弃石、弃渣量及堆放面积，项目区林草覆盖率等。

2 项目区水土流失动态监测。应包括水土流失面积、强度和总量的变化及其对下游及周边地区造成的危害与趋势。

3 水土保持措施防治效果监测。应包括各类防治措施的数量和质量，林草措施的成活率、保存率、生长情况及覆盖率，工程措施的稳定性、完好程度和运行情况，以及各类防治措施的拦渣保土效果。

5.9.4 开发建设项目水土流失的监测应以水土流失严重区域为重点。不同类型建设项目的监测重点区域的选择应遵循下列规定：

1 采矿类工程应为露天采矿的排土（石）场、地下采矿的弃土（渣）场和地面塌陷区，以及铁路和公路专用线，集中排水区下游。

2 交通铁路工程应为施工过程中弃土（渣）场、取土（石）场、大型开挖破坏面和土石料临时转运场，集中排水区下游和施工道路。

3 电力工程应为电厂施工中弃土（渣）场、取土（石）场、临时堆土场、施工道路和火力发电厂运行期贮灰场。

4 冶炼工程应为施工中弃土（渣）场、取土（石）场和运行期添加料场、尾矿（渣）场，施工和生产道路。

5 水工程应为施工中弃土（渣）场、取土（石）场、大型开挖面、排水泄洪区下游、施工期临时堆土（渣）场。

6 建筑及城镇建设工程应为施工中的地面开挖、弃土弃渣和土石料的临时堆放地。

7 其他工程应为施工或运行中易造成水土流失的部位和工作面。

5.9.5 水土流失危害的监测可根据水土流失防治措施的薄弱环节以及生产生活集中区设置。施工过程中防治措施不能及时到位的施工区（段）应重点监测。

5.9.6 开发建设项目水土保持监测站点的布设应根据开发建设项目扰动地表的面积、涉及的不同水土流失类型、扰动开挖和堆积形态、植物状况、水土保持设施及其布局，以及交通、通信等条件综合确定。应根据工程特点与扰动地表特征分别布设不同的监测点，并应符合下列要求：

1 对弃土弃渣场、取料场及大型开挖面宜布设监测小区。

2 项目区较为集中的工程宜布设监测控制站（或卡口站）。

3 项目区类型复杂、分散、人为活动干扰小的工程宜布设简易观测场。

5.9.7 开发建设项目水土保持监测布点应符合下列规定：

1 建设类项目施工期宜布设临时监测点；建设生产类项目施工期宜布设临时监测点，生产运行期可布设长期监测点；工程规模大、环境影响范围广、建设周期长的大型建设项目应布设长期监测点；特大型建设项目监测点的布设还应符合国家或区域水土保持监测网络布局的要求，并纳入相应监测站网的统一管理。

2 制定和完善调查和巡查制度，扩大监测覆盖面，并作为上述监测点的补充。

3 监测小区、简易土壤侵蚀观测场应在同一水土流失类型区平行布设，平行监测点的数目不得少于3个。对铁路、公路、输油（气）管道、输电等线型工程，还应在不同水土流失类型区布设平行监测点。

5.9.8 监测点的场地选择应符合下列规定：

1 每个监测点都应有较强的代表性，对所在水土流失类型区和监测重点要有代表意义，原地表与扰动地表应具有一定的可比性。

2 各种观测场地应适当集中，不同监测项目宜相互结合。

3 宜避免人为活动的干扰。

4 交通方便，便于监测管理。

5 监测小区应根据需要布设不同坡度和坡长的径流小区进行同步监测。

6 控制（卡口）站的主要工程设施应与小流域水文、泥沙及其动力特性相适应。

7 简易土壤侵蚀观测场应避免周边来水对观测场的影响。

8 风蚀量监测点应避免围墙、建筑物、大型施工机械等对监测的影响。

9 重力侵蚀监测点应根据开发建设项目可能造成的侵蚀部位布设。滑坡监测应针对变形迹象明显、潜在威胁大的滑坡体和滑坡群布置；泥石流监测应在泥石流危险性评价的基础上进行布设。

5.9.9 开发建设项目水土保持监测应采取定位监测与实地调查、巡查监测相结合的方法，有条件的大型建设项目可同时采用遥感监测方法。监测方法的选择应遵循下列原则：

1 小型工程宜采取调查监测或场地巡查的监测方法。

2 大中型工程应采取地面监测、调查监测和场地巡查监测相结合的方法。

3 规模大、影响范围广、有条件的特大型工程除地面监测、调查监测和场地巡查监测外，还可采用遥感监测的方法。

4 水土流失影响因子和水土流失量的监测应采用地面监测法。

5 扰动面积、弃渣量、地表植被和水土保持设施运行情况等项目的监测应采用调查法和实测法。

6 施工过程中时空变化多、定位监测困难的项目可采用场地巡查法监测。

5.9.10 标准径流小区的建设应按国家相关标准建设。

5.9.11 非标准径流小区的观测设施可参照标准径流小区建设。

5.9.12 具备条件的可建设人工模拟降雨径流小区进行观测。

5.9.13 以控制站进行监测的应能满足监测工作的需要。

5.9.14 风蚀监测应根据扰动地表情况、可能产生风蚀的区域和数量，合理布设监测点主要是布设集沙池和插钎等。

5.10 实施保障措施的规定

5.10.1 项目法人必须将水土保持工程纳入项目的招标投标管理中，并在设计、施工、监理、验收等各个环节逐一落实，合同文件中应有明确的水土保持条款。

5.10.2 水土保持方案确定的各项水土流失防治措施均应在工程初步设计及施工图设计阶段予以落实，编制单册或专章。重大变更应按规定程序重新编报水土保持方案。

5.10.3 施工管理应满足下列要求：

1 施工期应控制和管理车辆机械的运行范围，防止扩大对地表的扰动。

2 应设立保护地表及植被的警示牌。施工过程应保护表土与植被。

3 应有施工及生活用火安全措施，防止火灾烧毁地表植被。

4 应对泄洪防洪设施进行经常性检查维护，保证其防洪效果和通畅。

5 建成的水土保持工程应有明确的管理维护要求。

5.10.4 从事水土保持监理工作的单位应具有水土保持工程监理资质。

5.10.5 从事水土保持监测工作的单位应具有水土保持监测资质。

5.10.6 建设单位应经常开展水土保持工作的检查。

5.10.7 主体工程投入运行前必须首先验收水土保持设施。验收内容、程序等应符合国家有关规定。

5.10.8 水土保持工程验收后，应由项目法人负责对永久占地区的水土保持设施进行后续管护与维修；临时占地区内的水土保持设施应由项目法人移交土地权属单位或个人继续管理维护。

5.11 结论及建议

5.11.1 结论中应明确有无限制工程建设的制约因素，对主体工程方案比选的结论性意见，水土保持方案的最终结论。

5.11.2 应提出对主体工程及施工组织的水土保持要求，水土保持工程后续设计的要求，明确下阶段需进一步深入研究的问题。

5.12 水土保持方案编制主要内容的规定

5.12.1 开发建设项目可行性研究阶段（项目核准阶段）水土保持方案报告书的编制内容应遵循附录 A 的规定。

5.12.2 开发建设项目水土保持方案报告表的编制内容应遵循附录 B 的规定。

中华人民共和国国家标准

钢铁工业环境保护设计规范（节选）

Code for design of environmental protection of iron and steel industry

GB 50406—2007

1 总则

1.0.1 为提高钢铁工业建设项目的环境保护设计水平，全面贯彻《中华人民共和国环境保护法》、《中华人民共和国清洁生产促进法》以及有关工业污染防治、资源综合利用和节能、节水、钢铁产业发展政策等方面的法律、法规和政策，推行清洁生产，发展循环经济，保护和改善生态环境质量，制定本规范。
1.0.2 本规范适用于钢铁工业的新建、扩建、改建项目的环境保护设计。
1.0.3 钢铁工业环境保护设计必须坚持清洁生产、循环经济的原则，保护优先，以防为主，防治结合。污染治理应立足于采用先进生产工艺和技术装备，并与资源综合利用、节能、节水相结合。环保设计应严格控制环境污染，减少环境风险，保护和改善生态环境，促进经济、社会和环境的可持续发展。
1.0.4 钢铁工业环境保护设计，除应执行本规范的规定外，尚应符合国家现行有关标准的规定。

6 环境保护设计

6.1 采矿
6.1.1 露天和地下开采矿山的穿孔、凿岩应实行湿式作业。严重缺水区采用干式作业时，应采取完善的密闭和除尘措施。露天和地下开采的铲装、爆破作业区应采取抑尘措施。溜井放矿硐室应采取喷雾洒水措施，溜井口宜采取密闭抽风净化等措施。
6.1.2 矿区永久性主干道路应采取路面硬化和洒水措施，并宜在道路两旁植树绿化。露天采场内道路及井下主斜坡道、井下汽车运输主干道应采取路面洒水或其他抑尘措施。山坡露天采场宜采用平硐溜井开拓，并应采取相应的通风除尘措施。
6.1.3 井下破碎硐室、带式输送机等产尘点应采取密闭抽风除尘或喷雾降尘措施。
6.1.4 地下采矿通风宜采用多级机站通风系统。排风井的位置应远离居民区。当条件受限制时，可设在居民区常年最大频率风向的下风侧。主入风井（巷）应位于产生粉尘等空气污染源的常年最大频率风向的上风侧，其周围环境应保持清洁，并宜设置卫生防护林带和采取洒水等改善空气质量的措施。干旱和风沙地区，吸风口应背向常年最大频率风向。
6.1.5 含放射性元素超过标准的矿石运输、贮存必须符合《中华人民共和国放射性污染防治法》的要求。
6.1.6 井下作业不宜使用燃油动力设备，必须使用时应设尾气净化装置。
6.1.7 大型深凹露天矿山应设置小型气象观测站。
6.1.8 对露天采矿场、地下采矿坑的废水和排土场的有毒淋溶水应设置集水沟（管）予以收集，并应导入废水调节池（库），废水经处理后，宜返回生产使用。含有害物质或含重金属的废水应作特殊处理，其废水调节池（库）应设防渗设施，有回收价值时应设置回收利用设施。

6.1.9 矿山炸药加工厂废水及地面油污应经处理后循环使用，其沉渣应集中处理并回收利用。

6.1.10 采矿造成的土地破坏，应按《中华人民共和国土地复垦规定》进行土地复垦设计。

6.1.11 采矿场、废石场（排土场）、道路等应按《中华人民共和国水土保持法》及相关要求，设置完善的截排水系统和防治水土流失的拦挡防护设施。

6.1.12 可能发生滑坡、泥石流、塌陷等灾害的采矿场、废石场（排土场）应采取稳定处理措施，并应设置预防监测设施。

6.1.13 矿山无毒废石宜用于采空区、地下开采塌陷坑的充填或用作建筑材料。含有毒物质或放射性物质的废石处置或利用，应符合国家现行有关标准规定。

6.1.14 露天开采作业的穿孔机、挖掘机、自卸汽车宜设置隔声操作室。气动凿岩机宜在其排气口设置消声器，并应采用减振套、包封套对其机械性、冲击性噪声采取减振、阻尼措施。多机凿岩台车上宜设置隔声操作间。柴油机设备应在其排气口设置消声器。对各类空压机应采取安装消声器及机房内密闭的隔声措施。宜采用节能、低噪、体积小、随机移动的坑内移动空压机替代坑口集中空压机。

6.1.15 矿井多级机站通风机必须在其出风口设置消声器，若矿井仍采用地面主通风机（主扇）时，除应在其出风口设置消声器外，还应设置隔声间，对其辐射噪声应采取隔声、阻尼措施。

6.1.16 露天开采、地下开采均应采用深孔、微差爆破技术。

6.2 选矿

6.2.1 选矿的污染防治应按选矿试验报告中所提出的污染物种类、数量、浓度、排放方式及其污染治理措施方案进行设计。无污染治理措施的试验报告不应作为设计依据。

6.2.2 破碎筛分系统的矿仓、破碎机、振动筛、带式输送机的受料点、卸料点等产尘处应设置抽风除尘或喷雾除尘装置。

6.2.3 磁化焙烧的回转窑和竖窑烟气净化宜选用高效除尘器。

6.2.4 矿石的干粉矿仓应加以密闭。地下矿仓的地下操作空间应有完善的通风通道。

6.2.5 选矿厂应建立循环供水系统，对尾矿浆应进行浓缩并回收利用其废水。

6.2.6 浮选作业应选用无毒性浮选药剂，不应采用高碱性、高酸性浮选作业。必须采用高碱、酸性浮选作业时，其废水应循环使用。废水必须外排时，应进行中和处理，达标后排放。

6.2.7 尾矿浆应采用浓相输送，其输送系统应使用高效耐磨管。精矿宜选用管道浓相输送。

6.2.8 破碎、筛分、运输系统湿法除尘设备的排水及各厂房冲洗地坪水应集中处理，处理后的矿泥宜回收利用；溢流水应直接回收利用，外排时宜排入尾矿系统。

6.2.9 设备冷却水冷却后应循环使用。

6.2.10 精矿过滤回水、浓缩池和尾矿库的澄清水应回用于生产；尾矿库废水外排时应符合有关排放标准。

6.2.11 选矿厂必须设有尾矿库，严禁将尾矿排入江、河、湖、海。

6.2.12 尾矿库址的选择、尾矿设施的环保措施以及尾矿输送系统事故处理设施的设计，应符合国家现行标准《选矿厂尾矿设施设计规范》（ZBJ 1）的有关规定。

6.2.13 废弃尾矿应综合利用。

6.2.14 破碎筛分系统的振动筛宜选用橡胶筛网及弹簧减振器等措施降低噪声。球磨机宜采用橡胶衬板代替锰钢衬板。振动筛、球磨机宜采取局部密闭措施。地下矿仓应选用低噪声给、排料设备。

6.3 原料场

6.3.1 原料场地的雨排水系统应采取防止物料流失的措施。原料场应设置集水沟收集废水，并应导入废水沉淀池。废水经采取必要的处理措施后，可返回原料场用于喷水抑尘。废水处理设施收集的污泥必须予以综合利用。原料场地面应采取硬化措施。

6.3.2 原料场、煤堆场的料堆应设置喷水抑尘装置或采用防风网，对亲水性差的物料如煤等可添加化学凝固剂。

6.3.3 物料在装卸、贮运、破碎、筛分等过程中应采取有效的防止扬尘措施和除尘设施。除尘灰外运时应采取防止扬尘的措施。分散的除尘设施应设置完善的卸灰、排气装置，不得造成二次污染。

6.3.4 大宗散状物料的堆取过程应采取喷水抑尘措施；输送应采用自动控制的连续输送装置。

6.3.5 散状物料宜采用密闭库（仓）和密闭装卸。采用管道输送时应采取完善的防止事故措施。

6.3.6 原料场出口应设置汽车洗车台。

6.3.7 洗矿、冲洗地坪和湿式除尘的废水应处理后回用。

6.3.8 除尘设施收集的粉尘和废水处理产生的尘泥应分类回收予以利用，并不得造成二次污染。

6.3.9 破碎筛分设备、风机、水泵等高噪声设备，应采取消声、隔声、减振等措施。

7 环境保护设施划分

7.0.1 环境保护设施的划分应符合下列规定：

1 属防治污染、保护环境所需的各类设备、装置和工程设施以及环境监测站（含环境监测装备、矿山小型气象观测站）、环境绿化设施、矿山土地复垦等均属环保设施。

2 为保护环境和资源综合利用所采取的“三废”综合利用设施及其相应配套工程均属于环保设施。

3 既为工艺生产所需而又为保护环境所需的设施也属环保设施。

7.0.2 钢铁工业各生产工序的环保设施内容应符合本规范附录A的规定。

附录A　钢铁工业各生产工序的环境保护设施内容

A.1 采矿、选矿

A.1.1 采矿、选矿生产过程中各尘源的除尘、抑尘和收尘等设施。

A.1.2 井下有毒有害气体、含放射性物质的废气和转窑、竖窑等焙烧设备以及湿精矿干燥设备的烟气净化处理设施。

A.1.3 井下废水、露天采场废水、选矿废水、废石场（排土场）有毒淋溶水和尾矿库（坝）溢流水及其他生产浊废水的收集净化处理和循环利用设施。

A.1.4 废石、尾矿、污泥等综合利用设施。

A.1.5 含有毒物质、放射性物质的废石场（排土场）、尾矿库的污染防治设施。

A.1.6 矿山土地复垦工程设施。

A.1.7 矿山水土保持设施，包括采矿场、废石场（排土场）、道路的截排水沟和拦挡防护设施。

A.1.8 矿山设置的预测滑坡、泥石流、塌陷等地质灾害的监测设施。

A.1.9 废石场（排土场）、尾矿库（坝）的工程设施及其配套设施。

A.1.10 深凹露天矿山的小型气象观测站。

A.1.11 矿山绿化和防护林带设施。

A.1.12 各种降噪减振设施。

A.2 原料场

A.2.1 原料堆场喷洒水及加药设施和覆盖、遮挡设施。

A.2.2 原料受卸、混匀、输送等系统的除尘设施。

A.2.3 进出料场的车辆冲洗设施。

A.2.4 生产浊废水处理和循环利用设施。

A.2.5 粉尘、尘泥处理及综合利用设施。

A.2.6 各种降噪减振设施。

A.2.7 环境绿化及绿化设施。

中华人民共和国国家标准

有色金属矿山排土场设计规范（节选）

Code for waste dump design of nonferrous metal mines

GB 50421—2007

前　言

根据建设部建标函[2005]124 号文《关于印发“2005 年工程建设标准规范制订、修订计划（第二批）”的通知》的要求，本规范由长沙有色冶金设计研究院编制完成。

本规范共分 10 章。主要内容有总则、术语、场址选择、安全与卫生防护距离、排土场分类及适用条件、堆置要素、病害防治与稳定性措施、排土场复垦、环境保护、设计所需基础资料等。

本规范以**黑体字**标志的条文为强制性条文，必须严格执行。本规范由建设部负责管理和对强制性条文的解释，由中国有色金属工业协会中国有色金属工业工程建设标准规范管理处负责日常管理工作，由长沙有色冶金设计研究院负责具体技术内容的解释。

本规范在执行过程中，请各单位注意总结经验，积累资料，如发现有需要修改和补充之处，请将意见反馈给长沙有色冶金设计研究院（地址：长沙市解放中路 199 号；邮政编码：410011），以便今后修订时参考。

本规范主编单位和主要起草人：

主编单位：长沙有色冶金设计研究院

主要起草人：袁　义　高梁勇　高守民　吴庆国　李永红　李　立　殷碧文

1 总则

1.0.1 为了规范有色金属矿山排土场设计的技术要求，贯彻国家技术经济政策，达到安全堆存矿山剥离物和保护环境的要求，制定本规范。

1.0.2 本规范适用于新建、改扩建的有色金属露天开采矿山、地下开采矿山排土场设计。

1.0.3 排土场设计应符合下列要求：

1 符合矿山建设的总体规划；拟建场址和排土工艺必须做到安全可靠、技术先进、经济合理。

2 排土场场址的选择应经多方案技术经济比较，最优方案的经济准则应是在矿山开采的服务年限内，折算到单位矿石成本中的废石运输、排弃、环境污染的整治、复垦等费用的现值最小。

3 排土场规划应满足服务年限的全部容量，排土场的设置应远近期结合，排土场用地可根据排土计划分期征用。

4 排土场设计时应通过现场查勘，确定环境影响和水土流失防治责任范围，因地制宜，坚持以防为主、防治结合的原则，全面贯彻保护耕地、保护环境和防治水土流失、土地复垦及可持续发展的国策。

1.0.4 排土场设计除应遵守本规范外，尚应符合国家现行有关标准、规范的规定。

3 场址选择

3.1 一般规定

3.1.1 排土场场址的选择必须与采矿设计同步进行。选址时应考虑采掘和剥离物的分布，采掘顺序，剥离量大小，场址宜靠近采矿场。

3.1.2 排土场的容量应能容纳矿山服务年限内所排弃的全部岩土；排土场地可为一个或多个。在占地多、占用先后时间不一时，则宜一次规划，分期征用或租用。初期征用土地时，大型矿山不宜小于10年的容量，中型矿山不宜小于7年的容量，小型矿山不宜小于5年的容量。

3.1.3 有回收利用价值的岩土和耕植土的排土场应按要求分排、分堆，并应为其回收利用创造有利的条件。

3.1.4 可行性研究、初步设计文件应对排土场设计方案优缺点和设计技术经济进行论证比较，并应包括以下内容：

1 排弃土、石数量；

2 排弃工艺、运距；

3 排土场场址方案；

4 原地貌特征，环境因素，占用土地概况；

5 压占耕地和损坏林木面积；

6 安全措施及防护带技术保证；

7 可能造成的环保问题和水土流失危害；

8 复垦安排。

3.1.5 排土场场址方案的比较应包括以下内容：

1 场址的地形、工程地质及水文地质；

2 建设的自然条件；

3 排弃物的运输方式、运距、容量、用地；

4 对暂不能利用的资源日后利用回收的条件；

5 安全与卫生防护距离。

3.2 外部排土场场址选择

3.2.1 外部排土场场址的选择应根据剥离物的运输方式，在保证开拓运输便捷通畅的前提下，因地制宜地利用地形，适当提高堆置高度，并应合理确定排土场各排土平台设计标高。

3.2.2 外部排土场应充分利用沟谷、洼地、荒坡、劣地，不占良田，少占耕地；应避开城镇生活区。

3.2.3 严禁将水源保护区、江河、湖泊作为排土场；严禁侵占名胜古迹、自然保护区。

3.2.4 外部排土场场址宜选择在水文地质条件相对简单，原地形坡度相对平缓的沟谷；不宜设在工程地质与水文地质不良地带；不宜设在汇水面积大，沟谷纵坡陡，出口又不易拦截的山谷中；也不宜设在主要工业厂房、居住区及交通干线临近处。当无法避开时，必须采取有效措施，防止泥石流灾害的发生。

3.2.5 外部排土场不应设在居民区或工业场地的主导风向的上风侧和生活水源的上游，并不应设在废弃物扬散、流失的场所以及饮用水源的近旁。废石中的污染物必须按照现行国家标准《一般工业固体废物贮存、处置场污染控制标准》（GB 18599—2001）堆放、处置。对有可能造成水土流失或泥石流的排土场，必须采取有效的拦截措施，防止水土流失，预防灾害的发生。

3.2.6 宜利用山岗、山丘、竹木林地等有利地形地貌作为排土场的卫生防护带，无地形利用时，在排土场与居住区之间应按卫生、安全、防灾、环保等要求建设防护绿地。

3.2.7 建于沟谷的外部排土场，设计时应设排洪设施，避免因排土场的设置而影响山洪的排泄及农田灌溉。

3.2.8 外部排土场的复垦规划必须与排土规划同时进行，设计文件中应有包括土地复垦和恢复良好生态系统的工程措施。

3.3 内部排土场场址选择

3.3.1 有采空区或塌陷区的矿山，在条件允许时，应将其采空区或塌陷区开辟为内部排土场。

3.3.2 采用充填法开采的矿山，宜将剥离物用作充填料。

3.3.3 一个采场内有两个不同标高底平面的矿山，应考虑采用内部排土场。

3.3.4 露天矿群和分区分段开采的矿山，应合理安排采掘顺序，选择易采矿体先行强化开采，腾出采空区用作内部排土场。

3.3.5 分期开采的矿山，可在远期开采境界内设置临时的内部排土场，但应与外部排土场进行技术经济比较后确定。

4 安全与卫生防护距离

4.0.1 排土场最终破底线与其相邻的铁路、道路、工业场地、村镇等之间应有安全防护距离，并应根据下列因素确定：

1 剥离物的颗粒组成及其性质，运输排土方式，堆置台阶高度及其边坡坡度；

2 排土场地基的稳定性和相邻建筑物及设施的性质；

3 安全防护地带的原地面坡度，植被情况和工程地质；

4 安全防护对象的地面与排土场最终堆置高度的相对高差；

5 气象条件。

4.0.2 剥离物堆置整体稳定、排水良好、原地面坡度不大于24°的排土场，其设计最终坡底线与主要建、构筑物等的安全防护距离按下列要求确定：

1 当采取防护工程措施时，应根据所采取工程措施的不同由设计确定；

2 当未采取防护工程措施时，应按表4.0.2的规定确定。

表 4.0.2　排土场最终坡底线与保护对象间的安全距离

序号	保护对象名称	安全距离
1	国家铁（公）路干线、航道、高压输电线路铁塔等重要设施	$1.00H$～$1.50H$
2	矿山铁（道）路干线（不包括露天采矿场内部生产线路）	不宜小于 $0.75H$
3	露天采矿场开采终了境界线	根据边坡稳定状况及坡底线外地面坡度确定，但应大于或等于30m
4	矿山居住区、村镇、工业场地等	$\geqslant 2.00H$

注：1 安全防护距离：航道由设计水位岸边线算起；铁路、公路、道路由其设施边缘算起；建、构筑物由其边缘算起；工业场地由其边缘或围墙算起。

2 规模较大的（0.7万人口以上）矿山居住区、有建制的镇，应按表列数值适当加大。

3 排土场采取分层堆置，各层间留有宽20～30m安全平台时，序号1、2可取表列距离的75%；零星建、构筑物及分散的个别农舍，可取表列序号4距离的75%；20～30m安全平台系指各台阶最终平台的宽度。

4 序号1排土场坡底线外地面坡度不大于24°时，取下限值；大于24°时，应根据需要设置防滚石危害的措施，并在滚石区加设醒目的安全警示标志。

5 表中 H 值为排土场设计最终堆置高度。

4.0.3 剥离物堆置整体稳定性较差、排水不良且具有形成泥石流条件的排土场，严禁布置在有可能危及工业场地、村镇、居民区及交通干线的上游。

4.0.4 具有本规范第4.0.3条情况的排土场，有特殊要求需要在其下方布置一般性建、构筑物而又无法满足安全距离要求时，必须采取可靠的安全防护工程措施，并征得有关部门同意后方可布置。

4.0.5 排土场的设计等级应根据使用期内排土总容量、排土场的地形、排弃物堆置高度、场地地基强度和失事后的危害程度按表4.0.5的规定划分确定。

表4.0.5 排土场的设计等级

等别	单个排土场总容量 $V/10^4m^3$	堆置高度 H/m
一	$V \geq 1000$	$H \geq 150$
二	$500 \leq V < 1000$	$100 \leq H < 150$
三	$100 \leq V < 500$	$50 \leq H < 100$
四	$V < 100$	$H < 50$

注：1 剥离物堆置整体稳定性较差，排水不良，且具备形成泥石流条件的排土场，其设计等级可提高一等。

2 排土场失事将使下游居民区、工矿或交通干线遭受严重灾难者，其设计等级可提高一等。

4.0.6 排土场周围必须设置完整的排水系统。

4.0.7 排土场排洪设施设计频率对于大、中型矿山宜为1/25，对于小型矿山宜为1/15，设计流量应采用调查并结合地区经验公式或推理公式确定。排土场构筑物防洪级别根据排土场的等级及其在工程中的作用和重要性可按表4.0.7的规定划分确定。

表4.0.7 排土场防洪构筑物的级别

排土场等级	构筑物的级别		
	主要构筑物	次要构筑物	临时构筑物
一	1	3	4
二	2	3	4
三	3	4	4
四	4	4	—

注：1 主要构筑物系指失事后使村镇、主要工业场地遭受严重灾害或主要交通干线运输中断的构筑物，如整治滑坡、泥石流的主体构筑物。

2 次要构筑物系指失事后不致造成人员伤害或经济损失不大的构筑物，如护坡、谷坊、地表排水设施。

3 临时构筑物系指防洪工程施工期使用的构筑物。

4.0.8 排土线应整体均衡推进，卸载平台边缘必须设置安全车挡。安全车挡的高度不应小于轮胎直径的2/5，车挡顶部和底部宽度分别不应小于轮胎直径的1/3和1.3倍。

4.0.9 排土场与村镇、居住区及其他设施的卫生防护距离，应符合国家有关规定和标准要求。

4.0.10 排土场的排土作业区宜设夜间照明，照明灯塔与安全车挡距离宜为15～25m。

5 排土场分类及适用条件

5.0.1 排土场可按设置地点、台阶数量、投资阶段等特征进行分类，并符合表5.0.1的要求。

表 5.0.1 排土场分类

分类		特征	适用条件
按设置地点划分	内部排土场	在露天采场或地下开采境界内，不另征地，剥离物运距较近	一个采场内有两个不同标高底平面的矿山；露天矿群或分区开采的矿山，合理安排开采顺序，可实现部分内部排弃
	外部排土场	剥离物堆放在采场境界以外	无采用内部排土场条件的矿山
按地形划分	山坡排土场	初始沿山坡堆放，逐步向外扩大堆放	地形起伏较大的山区和重丘区
	山沟排土场	剥离物在山沟堆放	优先选择沟底平缓、肚大口小沟谷
	平地排土场	在平缓的地面修筑较低的初始路堤，然后交替排弃	地形平缓的地区
按台阶划分	单台阶排土场	在同一场地单层排弃，有利于尽早复垦	剥离量少、采场出口仅一个、运距短的矿山
	多台阶排土场	在同一场地有两层以上同时排弃，能充分利用空间	多台阶同时剥离的山坡露天矿；需充分利用排弃空间的矿山
按时间划分	临时性排土场	剥离物需要二次搬运	在综合利用的岩土；剥离物堆置在采场周边或以后开采矿体上；可复垦的表土层
	永久性排土场	剥离物长期堆存	排弃不再回收的岩土
按投资划分	基建排土场	基建剥离期间堆置剥离物的场地	堆置费用列入基建投资
	生产排土场	矿山生产期间堆置剥离物的场地	堆置费用计入生产成本
按排土方式划分	见表 5.0.2		

5.0.2 排土场根据矿山所采用的排土设施，按排土方式进行分类，并符合表 5.0.2 的要求。

表 5.0.2 排土场按排土方式分类

序号	类别	作业程序	使用条件
1	人工排土	窄轨铁路运输机车牵引（或人力推或自溜），人工翻车，平整，移道	1. 单台阶排土场堆置高度高； 2. 矿车容量小； 3. 运输量小
2	推土机排土	窄轨铁路运输，推土机转排	1. 排土宽度≤25m； 2. 块度大于 0.5m 的岩石不超过 1/3； 3. 排土线有效长度宜为 1～3 倍列车长
3	推土机排土	汽车运输自卸，推土机配合	1. 工序简单，排放设备机动性大，各类型矿山都适用； 2. 岩土受雨水冲刷后能确保汽车安全正常作业或影响作业时间不长
4	铲运机排土	铲运机装、运、排土	1. 被剥离的岩土质松层厚，含水量≤20%； 2. 铲斗容积为 4.5～40m^3，运距为 100～1000m； 3. 运行坡度：空车上坡≤18°，重车上坡≤11°
5	电铲（或推土犁）排土	准轨铁路运输，电铲或推土犁排土③④	1. 排土场基底稳定，其平均原地面坡度≤24°；① 2. 所排岩土力学性质较差； 3. 排土段高：电铲≤50m，推土犁≤30m；② 4. 排土线有效长度≥3 倍列车长
6	装载机转排	准轨铁路运输，装载机排土③④	1. 排土场基底工程地质情况复杂，原地面坡度＞24°； 2. 所排岩土力学性质较差； 3. 排土台阶高度大于 50m； 4. 排土线有效长度宜为 1～3 倍列车长

序号	类别	作业程序	使用条件
7	排土机排土	胶带机运输，排土机排土	1. 排土场基底稳定，其平均原地面坡度≤24°；① 2. 所排岩土力学性质较好，排土工艺需有破碎-胶带机配合； 3. 排土机下分台阶的阶段高度小于或等于排料臂长度的 0.5 倍；⑤ 4. 排土线的有效长度能使移道周期控制在 2～3 个月内
8	架空索道排土	架空索道运输	适用于小型露天矿或地下开采窄轨运输的矿山
9	斜坡道排土	斜坡道提升翻车架卸排；转运仓箕斗提升，卸载架排土	矿车沿斜坡道逐步向上排土形成锥形废石山，适于 1000t/d 以下废石排放企业
10	水力排土	水力剥离自流或压力管道输送排放	1. 采矿场采用水力剥离； 2. 有适宜的水力排土场
11	高强胶带输送机排土	胶带机运输，排土机转排	运量大，需扩大堆置容量而用地受限的排土场，胶带坡度 16°～18°，适用于大型矿山

注：1 表中①～⑤说明如下：

①适合单台阶排土场和多台阶排土场下部台阶的地形坡度。

②当推土犁作为电铲或装载机的辅助排土设备时，不受此限。

③排土电铲和装载机的斗容，不得小于剥离电铲的斗容。

④序号 5、6 排土方式的主要技术条件，亦适用于窄轨铁路。

⑤有可靠的安全措施时不受此限。

2 水力排土场的技术条件同尾矿库。

5.0.3 人工排土宜采用单台阶排土方式。

5.0.4 汽车或铁路运输的矿山宜采用推土机排土。

推土机的推送距离宜为 10～50m，推刀的偏角宜在 20°以内。当推送含水量大的粘性土或块度大而硬的岩石，且坚硬岩石粒径在 0.5m 以上，大块率超过 30%时，宜选用功率较大的推土机。

采用汽车运输—推土机排土工艺的排土场堆置高度可适当加高，各台阶堆置顺序宜根据采矿场出口标高合理安排。

1 采矿场运输出口标高低于排土最低台阶顶面标高时，宜先低后高，分台堆排；

2 采矿场运输出口标高等于或高于排土台阶顶面标高时，宜采用单台阶堆排；

3 采矿场运输出口标高随开拓运输台阶变动时，排土台阶顶面标高亦应与其相适应。

5.0.5 铲运机可用于采剥、运输、排土，也可与松土机配合使用，合理的平均运距为 100～1000m。

5.0.6 力学性质较差的岩土转排及南方多雨地区大型露天矿排土作业宜采用准轨铁路运输—电铲排土；大中型矿山松散岩土或挖掘机作业危险的排土作业宜采用准轨铁路运输—推土犁排土。准轨铁路运输—移道机移道的矿山，可采用推土犁推土；在剥离物稳定性较差的排土场，台阶高度应小于 30m。

5.0.7 自然条件和岩土物理力学性质较差地点排土，可采用装载机排土。

5.0.8 采用架空索道、斜坡道或胶带运输机排土的排土场，应提高堆高，减少占地及其对环境的污染。

5.0.9 各种排放方式的排土场，都应根据其各自特点和以下要求确定。

1 初始路基宽度；

2 多台阶同时作业时，相邻上、下两台阶必须保持足够的排土作业及其安全防护要求的宽度；

3 多台阶排土场，下台阶的初始路基可在上台阶的排土边坡上修建，但必须在上台阶边坡完全稳定后进行。

5.0.10 山坡露天矿多台阶排土，应高土高排，低土低排。

7 病害防治与稳定性措施

7.0.1 排土场设计应根据其所在地区的地形、工程地质、水文地质、气象和剥离物的物理力学性质以及排土方式、台阶高度等因素，对有可能招致病害（滑坡、坍塌、泥石流、沉陷、裂缝、水土流失、污染环境等）的原因认真分析，贯彻以防为主、防治结合的方针。

7.0.2 在排土场设计时应配备病害监测所需的人员和配套仪器与设备。

7.0.3 对有可能出现滑坡、坍塌的排土场，应采取下列措施防治：

1 正确处理场址地基，必要时应根据工程、水文地质勘察资料、堆置高度分析验算边坡稳定性，对稳定性较差的土质山坡，宜采用推土机将原坡堆成台阶状，以增加稳定性；对松软潮湿土宜在堆排土之前挖渗沟疏干基底，倾填块碎石作垫层，以利排水；高填区，可采用自上而下逐层放缓折线形边坡或层间留出小平台。

2 合理安排排土顺序，应将大块石堆置在最底层以稳定基底或把大块石堆在最低一个台阶；应合理确定台阶排土高度和最终堆置高度，并应符合下列要求：

1）对结构松散、粒径小的土质边坡，两台阶高差宜为 6～12m，宜设置宽度不小于 1.5～2m 的平台；

2）对干旱、半干旱地区，两台阶高差可大些；湿润、半湿润地区，两台阶高差可小些；

3）当混合的碎（砾）石土高度大于 30m，或在 8 度以上高烈度地震区，土坡高度大于 12m 时，应设置宽 4m 以上的大平台。

3 消除水害。

4 采用适宜的坡脚防护，包括沿排土场外侧堆置路堤或干砌（或浆砌）拦石堤。

5 合理确定台阶的排土高度。

7.0.4 排土场必须有可靠的截流、防洪、排水设施。防止水土流失，淤塞河道，淹没农田，影响周边环境。

7.0.5 沿山谷或山坡堆置的排土场，应在场外周边设置截水沟或排洪渠。沟渠类型可根据沟渠坡降及流速大小分别采用土质、三合土、浆砌石、预制块等形式。

7.0.6 排土场分台阶排弃时，其平台应有 2%～3%的逆坡，场内的地表水应有组织排至场外。有条件时，在排土场坡脚处宜采用大块石填筑高 5～10m 的渗水层。

7.0.7 对有大量松散物质排放的陡坡场地，或具有丰富水源的排土场，必须采取坡脚防护或拦碴工程，防止水土流失。

7.0.8 坡脚防护及拦碴工程可采取以下措施：

1 当坡面砂石对山沟下方可能造成危害时，应设置一级或多级挡砂堤（或坝），用地紧张时可采用坡脚挡碴墙。

2 当小规模泥石流对山沟下方可能造成危害时，应在沟谷的收口部位设置拦碴坝等拦蓄、排导、防治构筑物。

3 当滚石对山沟下方可能造成危害时，应设置拦石堤或沟渠，并应留有足够的安全距离。拦石堤可使用当地土（或干砌片石）筑成，宜采用梯形，其内坡陡于外坡；当拦石堤后的落石沟或落石平台有较宽的用地时，亦可采用较缓的内侧边坡，堤顶高出计算撞点的安全高度应为 1m。

4 当小规模滑坡对山沟下方可能造成危害时，应设置如重力式抗滑挡土墙、抗滑片石垛或抗滑桩等抗滑支挡构筑物。

7.0.9 建于陡坡场地的排土场应进行稳定性验算。当地面横坡大于24°时，除应保证排土场边坡的稳定外，还应预防整个场地沿陡山坡下滑。排土场稳定性验算方法应根据边坡的类型和可能的破坏形式，可按下列原则确定：

1 土质边坡和较大规模的碎裂结构岩质边坡，宜采用圆弧滑动法验算。边坡稳定性系数可按下式计算：

$$K_s = \frac{\sum R_i}{\sum T_i} \tag{7.0.9-1}$$

$$R_i = N_i \tan\varphi_i + C_i l_i \tag{7.0.9-2}$$

$$N_i = (G_i + G_{bi})\cos\theta_i + P_{wi}\sin(\alpha_i - \theta_i) \tag{7.0.9-3}$$

$$T_i = (G_i + G_{bi})\sin\theta_i + P_{wi}\cos(\alpha_i - \theta_i) \tag{7.0.9-4}$$

式中 K_s——边坡稳定性系数；

R_i——第 i 计算条块滑动面上的抗滑力，kN/m；

T_i——第 i 计算条块滑体在滑动面切线上的反力，kN/m；

N_i——第 i 计算条块滑体在滑动面法线上的反力，kN/m；

C_i——第 i 计算条块滑动面上岩土体的粘结强度标准值，kPa；

φ_i——第 i 计算条块滑动面上岩土体的内摩擦角标准值，(°)；

l_i——第 i 计算条块滑动面长度，m；

θ_i、α_i——第 i 计算条块底面倾角和地下水位面倾角，(°)；

G_i——第 i 计算条块单位宽度岩土体自重，kN/m；

G_{bi}——第 i 计算条块滑体地表建筑物的单位宽度自重，kN/m；

P_{wi}——第 i 计算条块单位宽度的动水压力，kN/m。

2 对可能产生平面滑动的边坡宜采用平面滑动法计算。边坡稳定性系数可按下式计算：

$$K_s = \frac{抗滑力}{下滑力} = \frac{\gamma V\cos\alpha\tan\varphi + AC}{\gamma V\sin\alpha} \tag{7.0.9-5}$$

式中 A——结构面的面积，m^2；

γ——岩土体的重度，kN/m^3；

V——岩体的体积，m^3；

α——滑动面的倾角，(°)；

φ——滑动面的内摩擦角，(°)；

C——排土场基底接触面间的粘聚力，kPa；亦称结构面的粘聚力。

3 对可能产生折线滑动的边坡宜采用折线滑动法计算。边坡稳定性系数可按下式计算：

$$K_s = \frac{\sum R_i\psi_i\psi_{i+1}\ldots\psi_{n-1} + R_n}{\sum T_i\psi_i\psi_{i+1}\ldots\psi_{n-1} + T_n} \tag{7.0.9-6}$$

$$\psi_i = \cos(\theta_i - \theta_{i+1}) - \sin(\theta_i - \theta_{i+1})\tan\varphi_i \tag{7.0.9-7}$$

式中 Ψ_i——第 i 计算条块剩余下滑推力向第 i+1 计算条块的传递系数。

上述三种滑动法计算出的边坡稳定系数 K_s 取值，宜取1.15～1.3，并应根据被保护对象的等级而定。当被保护对象为失事后使村镇或集中居民区遭受严重灾害时，K_s 应取1.3；当被保护对象为失事后不致造成人员伤亡或者造成经济损失不大的次要建构筑物时，K_s 应取1.2；当被保护对象为失事后损失轻微时，K_s应取 1.15。

7.0.10 当山坡或沟渠与排土场发生交叉时，必须设置相应排洪设施。

1 排土场上游洪水较小，可采用截水沟或排洪渠导排。

2 排土场上游洪水较大，应在上游加修拦截上游洪水的挡水坝，或视其地形特征，沿山坡修排洪渠或在排土场底部修暗涵将其排出场外。挡水坝的安全超高不应小于 1m。

3 兼顾挡碴与防洪功能的挡碴坝，应有一定的拦泥库容。

7.0.11 排土场内的地下水和滞留水，在排弃物透水性弱、对稳定性不利情况下，应根据潜水大小，采用盲沟、透水管或涵洞形式将水引出场外。

7.0.12 排土场在排弃作业过程中所形成的边坡，可根据边坡高度和坡度等不同条件，分别采取下列措施：

1 对于弃石不易风化的边坡，当块径较大，或粒径虽小但土石能自然胶结、坡脚无水流淘刷的边坡，可不予加固。

2 对于坡比小于 1∶1.5、土层较薄的土质或砂质坡面，可采取种草护坡。种草护坡应先将坡面进行整治，宜选用生长快的低矮匍伏型草种。

3 对于坡比缓于 1∶2、土层较厚的土质或砂质坡面，在南方坡面土层厚 15cm 以上和北方坡面土层厚 40cm 以上的地方可采用造林护坡。造林护坡应采用根深与根浅相结合的乔灌混交方式，同时宜选用适合当地速生的乔灌木树种。坡面采用植苗造林，宜带土栽植。

4 在路旁或景观要求较高的土质或砂土质坡面，可采用浆砌块石格构或钢筋混凝土格构，在坡面上做成网格状。网格内种植草皮。

8 排土场复垦

8.0.1 排土场必须进行复垦。

8.0.2 排土场复垦规划应与排土规划同时编制，复垦规划内容应包括复垦的基本原则和目标，并应明确复垦类型、复垦工艺、复垦率、复垦周期，落实设备及资金渠道、组织机构。

8.0.3 排土场的复垦规划应做到技术可行、经济合理、因地制宜，并应符合下列要求：

1 复垦类型应因地制宜，宜农则农、宜林则林、宜牧则牧，条件允许时，应优先复垦为耕地或农用地。

2 复垦规划宜满足开发复垦耕地与占用耕地动态平衡。

3 复垦后地形地貌应与当地自然环境和景观相协调，其植被的覆盖率不应低于原有覆盖率。

4 坚持经济效益、生态效益和社会效益相统一。

5 排土场复垦应贯穿于矿山开发的全过程，并应充分利用采矿设备，推行采矿、排土、复垦一体化。

8.0.4 排土场应通过对排弃物的合理调配，整治成为复垦场地，并应符合下列要求：

1 合理安排岩土排弃次序，尽量将废石排放至底部，品质适宜的土层（包括风化石）安排在上部。

2 排土场边坡应适当放缓，宜有利于场地的稳定和开发利用。

3 快速地恢复植被，控制水土流失。

4 为复垦场留下必需的进场道路。

8.0.5 复垦类型的选择应根据排土场形态、土源、区域自然环境等因地制宜确定，并应符合下列要求：

1 复垦场地用作农业用地，经整治后的地面坡度宜为小于 15°的平缓坡地，土质较好，气候适宜，有一定水利条件，铺土厚度宜为 0.8～1.0m。

2 复垦场地用作林业和牧业用地，经整治后地面坡度不宜大于 25°；25°以内坡度可用于果园和其他经济林；超过 25°坡度的复垦场地，可种植草、灌木，植被固土封坡。铺土厚度林业用地宜大于 0.5m；牧业用地宜大于 0.3m。在土源缺乏的地方，可铺一层风化碎屑。

8.0.6 复垦工艺可分为工程复垦和生物复垦。

1 工程复垦可根据规划复垦类型，对其地表加工处理，进行适当压实，然后将收集的表土覆盖于表层，整治、改造为平整用地。

2 生物复垦应对复垦场地进行生态恢复、土地熟化，其过程应精耕细作，培肥、浇灌。可组织综合技术研究，通过试验后再全面推广。

8.0.7 排土场复垦应在停排以后 3 年内完成，其中工程复垦 1 年，生物复垦 2 年。生产期内，对排土已到位的平台宜在生产过程中先进行复垦。

9 环境保护

9.0.1 排土场设计时，必须贯彻“防治并重，治管结合，因地制宜，全面规划，综合治理，除害兴利”的水土保持工作方针。

9.0.2 排土场设计应采取相应措施，防止废渣、粉尘、水污染对环境的影响，使污染物排放达到国家有关规定。

9.0.3 排土场周边的原有植被应加以保护。没有植被时，应结合水土保持在排土场四周进行环行带状绿化；带状布设可采用乔灌混交，隔行种植。长江以南，绿化应以常绿树种为主。建于北方风沙林区的排土场，在防治工程布设上，应择重考虑排弃物为散粒状砂土所带来的风沙危害，在其四周，特别是风口上，应以营造防风固沙林带为主。沙障固沙的有关技术，可按现行国家标准《水土保持综合治理技术规范　风沙治理技术》（GB/T 16453.5—1996）第四章的要求执行。

9.0.4 排土作业区和进场运输道路应采用洒水车洒水或其他抑尘措施，减少粉尘散发。排土场周围有工业场地或居民村时，宜增设喷水抑尘设施。在主导风向下风侧有居民村和基本农田保护区的，应结合绿化工程营造卫生防护林带。

9.0.5 属砂尘矿山的排土场应有防止二次扬尘设施，其排土场应布置在农田和水库主导风向的下风侧及远离要求空气清洁的场所。

9.0.6 凡堆置含汞、镉、砷、六价铬、铅、氰化物、有机磷、硫化物及其他毒性大的可溶性废碴的排土场，必须专门设置有防水、防渗措施的存放场所及防护工程，必须制定事故处理措施，必须确保废水中的有害物质经处理达到排放标准后方可排放，确保对相邻区域及附近农田、水体不产生污染。

10 设计所需基础资料

10.0.1 排土场设计所需基础资料应包括以下内容：

1 与采矿场相同比例的现状地形图。

2 采矿工艺与开拓运输方式，剥离物的数量、块度和物理、化学性质。

3 排土场附近的气象、气候及自然条件，地震设防烈度，环境现状资料。

4 排土场及其周边地区的土地类别及利用现状，农田水利规划，场区内拆迁工程资料。

5 排土场场址的工程地质和水文地质勘察资料。

6 现有排土场及其排土设施资料。

中华人民共和国国家标准

有色金属矿产品的天然放射性限值

Limitation concentration of natural radioactivity in non-ferrous metal ores and concentrates products

GB 20664—2006

前　言

本标准第 4 章为强制性条款，其余部分为推荐性条款。

本标准是参考国际原子能机构（IAEA）安全导则《排除、豁免和解控概念的应用》(RS-G-1.7)，并结合我国有色金属矿产品放射性检验的实践经验制定的。本标准明确了有色金属矿产品天然放射性限值的要求，对于合理利用矿产资源、保护国土和环境、保护公众的健康是必不可少的。

本标准的附录 A、附录 B 为规范性附录。

本标准由国家质量监督检验检疫总局检验司、中国有色金属工业协会提出。

本标准由全国有色金属标准化技术委员会归口。

本标准由山东出入境检验检疫局负责起草。

本标准由铜陵有色金属（集团）公司参加起草。

本标准主要起草人：宋吉国、马昕、孙健、朱金荣、高建民。

本标准委托全国有色金属标准化技术委员会解释。

本标准为首次制定。

1 范围

本标准规定了有色金属矿产品中的天然放射性的限制要求，以及对天然放射性活度浓度超标和人工放射性核素污染的管理控制。

本标准适用于铜、铅、锌、锡、镍、钴等有色金属矿产品的开发利用。其他矿产品的开发利用也可参照该标准规定执行。

2 规范性引用文件

下列文件中的条款通过本标准的引用而成为本标准的条款。凡是注日期的引用文件，其随后所有的修改单（不包括勘误的内容）或修订版均不适用于本标准，然而，鼓励根据本标准达成协议的各方研究是否可以使用这些文件的最新版本。

GB/T 2007.2—1987　散装矿产品取样、制样通则　手工制样方法

GB/T 4960.5—1996　核科学技术术语　辐射防护与辐射源安全

GB/T 11713　用半导体γ谱仪分析低比活度　γ放射性样品的标准方法

GB/T 14583—1993　环境地表γ辐射剂量率测定规范

JJG 752　锗γ谱仪活度标准装置检定规程

3 术语和定义

以下术语和定义适用于本标准。

3.1 放射性 radioactivity

某些核素自发地放出粒子或γ射线，或在发生轨道电子俘获之后放出 χ 射线，或发生自发裂变的性质。

[GB/T 4960.5—1996，术语 2.1]

3.2 核素 nuclide

具有相同数目的质子、中子，并处于同一核能态的一类原子。

3.3 放射性核素 radionuclide

具有放射性的核素。

[GB/T 4960.5—1996，术语 2.5]

3.4 （放射性）活度 activity

在给定时刻，处在特定能态的一定量的某种放射性核素的活度 A 是 dN 除以 dt 而得的商：

$$A=\mathrm{d}N/\mathrm{d}t$$

其中：dN 是在时间间隔 dt 内，该核素由该能态发生自发核跃迁的数目的期望值。

[GB/T 4960.5—1996，术语 4.31]

3.5 活度浓度 activity concentration

在辐射安全领域内，一般指单位质量或单位体积物质的放射性活度；前者也称为比活度（specific activity）。

注：改写 GB/T 4960.5—1996，术语 4.32。

3.6 筛选水平 screening level

为简化矿产品的放射性检验，针对矿产品表面外一定距离处的γ辐射剂量率所规定的一种阈值，低于该阈值时，表明矿产品的放射性活度浓度不超标，不需要进行详细的核素分析。

3.7 天然环境本底辐射 natural environment background radiation

宇宙射线和自然分布在地表、地面大气、水体等人体外环境的天然放射性物质的辐射所构成的电离辐射。

3.8 γ辐射剂量率 gamma-radiation dose rate

由天然核素和人工核素发出的γ射线产生的空气吸收剂量率。

[GB/T 14583—1993，术语 3.3]

4 要求

4.1 天然放射性核素活度浓度

有色金属矿产品天然放射性核素 ^{238}U、^{226}Ra、^{232}Th、^{40}K 的活度浓度限制值为：

^{238}U、^{226}Ra、^{232}Th 衰变系中的任一核素≤1 Bq/g；

^{40}K≤10 Bq/g。

4.2 筛选水平

在距有色金属矿产品货堆（直径≥2m，厚度≥1m）表面 0.1m 处测量的条件下，规定矿产品γ辐射剂量率（包括环境γ本底剂量率）的现场检测筛选水平为400nGy/h。

4.3 人工放射性核素污染

禁止有色金属矿产品被人工放射性核素污染或夹带人工放射性物质或放射源。

5 检验程序与方法

5.1 检验程序

进行有色金属矿产品的放射性检验，应遵循以下检验程序：

a）按照5.2规定的现场检测筛选方法，对矿产品的γ辐射剂量率按4.2中规定的条件进行现场检测筛选；

b）如果检测结果显示矿产品的γ辐射剂量率（包括环境γ本底剂量率）分布均匀，并且不超过筛选水平，则表明矿产品的放射性符合第4章规定的限值要求，检测结束；

c）如果检测结果显示矿产品的γ辐射剂量率（包括环境γ本底剂量率）分布均匀，但高于4.2规定的筛选水平，则应按5.3规定的方法，对矿产品取样，送实验室进行核素分析，确定矿产品的天然放射性核素活度浓度；

d）如果检测过程中发现存在γ辐射剂量率明显升高的“热点”，则应考虑矿产品中存在人工放射性污染或物质的可能性，必须进行进一步的测量，以确定“热点”是否确实存在；

e）当确认存在“热点”时，可采用就地γ谱仪进行定性分析或针对热点部位取样送实验室进行核素分析，进一步确定人工放射性核素的种类、分布范围和活度。

5.2 现场检测筛选方法

产品γ辐射剂量率的现场检测筛选方法应按附录A的规定进行。

5.3 核素分析的取制样与分析方法

5.3.1 为进行核素分析所选取的矿产品样品应具有代表性。对于表面γ辐射剂量率分布均匀的矿产品，其取制样方法应按附录B的规定进行。

5.3.2 样品的核素分析应按GB/T 11713的规定进行。

6 管理控制

6.1 有色金属矿产品，应按照本标准的规定对产品进行放射性检验。经检验，确认产品符合本标准规定时，方可不受限制地开发利用。

6.2 流通领域的有色金属矿产品应当接受本标准所规定的放射性检验；经检验，确认产品符合本标准规定时，方可进行流通。

6.3 经检验，表明有色金属矿产品的天然放射性核素活度浓度不符合本标准4.1规定时，或出现不符合本标准4.3规定时，应及时报告国家有关部门，并按规定对该批矿产品进行处理、处置，或者按规定有限制地进行开发利用。

附录 A
（规范性附录）
γ 辐射剂量率的现场检测筛选方法

A.1 范围

本附录规定了有色金属矿产品γ 辐射剂量率的现场检测筛选方法。

本附录适用于铜、铅、锌、锡、镍、钴等有色金属矿产品的γ 辐射剂量率的现场筛选检测。

A.2 方法原理

在特定环境条件下，矿产品中天然放射性核素所产生的γ 辐射剂量率与其放射性比活度成正比，通过对矿产品堆上的γ 辐射剂量率的筛选检测，可以初步确定矿产品中放射性核素的活度浓度的上限。

A.3 仪器要求

A.3.1 仪器性能要求

现场检测用的γ 辐射剂量率仪的技术性能和功能至少应满足下列要求：

a）剂量率测量范围：10nGy/h～10mGy/h；

b）适用的能量范围：50keV～3MeV；

c）测量不确定度：≤±25%；

d）报警水平：可视需要设定；

e）自检功能：仪器本身可以对其工作是否正常进行自动检验。

A.3.2 仪器检定要求

应按 JJG752 对现场检测用的γ 辐射剂量率仪定期进行检定。

A.4 现场检测操作程序

A.4.1 仪器启动

打开电源，进行仪器自检，确认仪器对检验源和环境本底的指示正常。根据被测有色金属矿产品的放射性控制要求，设定剂量率仪的预警值，进入待测状态。

A.4.2 集装箱装运的有色金属矿产品

A.4.2.1 集装箱外测量

对每个集装箱的前后左右 4 个面进行测量。

测量方法：将剂量率仪的探头贴近集装箱外壁，寻找每个面的γ 辐射剂量率最高点，在每个面的最高点处重复测量 5 次（间隔 10s），5 次测量的平均值作为该面的γ 辐射剂量率水平值。以任意一个面的最高剂量率水平值作为该箱的剂量率水平值。

A.4.2.2 集装箱开箱测量

按下列方法进行开箱测量：打开集装箱门，将剂量率仪探头置于距离有色金属矿产品 0.1m 处寻找γ 辐射剂量率的最高点，在最高点处重复测量 5 次（间隔 10s），取其 5 次测量的平均值作为该箱的γ 辐射剂量率水平值。

A.4.3 散装有色金属矿产品

A.4.3.1 船运散装有色金属矿产品

对船运散装有色金属矿产品，在卸货过程中根据整批有色金属矿产品的重量确定检测频次。批量在 1500t 以下的，至少保证在卸货开始、卸货到全部有色金属矿产品的 1/3、2/3 以及结束时进行 4 次检测。批量在 1500t 以上的，每间隔 500t 进行一次测量。

测量方法：用装卸机械抓斗从船舱中的货物表面的不同部位随机抓取不少于 50t 有色金属矿产品到检验场地，堆积成厚度≥1m、顶部直径≥2m 且平坦的货堆。将剂量率仪探头置于距离货堆顶部表面 0.1m 处，寻找γ 辐射剂量率的最高点，在最高点处重复测量 5 次（间隔 10s），取其 5 次测量的平均值作为该批有色金属矿产品该次测量的γ 辐射剂量率水平值。

以整个检测过程中最高一次的γ 辐射剂量率水平值作为该检验批的放射性水平。

A.4.3.2 陆运散装有色金属矿产品

对每个车皮进行γ 辐射剂量率测量。

将剂量率仪探头置于距离货物上方 0.1m 处寻找γ 辐射剂量率最高点，在最高点处重复测量 5 次（间隔 10s），取其 5 次测量的平均值作为该车皮的γ 辐射剂量率水平值。

A.4.4 结果判断

当检测结果低于设定的预警值时，仪器不会发出警报；当检测结果高于设定的预警值时，仪器自动报警。检测人员可根据仪器显示的γ 辐射剂量率，对有色金属矿产品的放射性水平进行判断。

附录 B
（规范性附录）
矿产品中核素分析样品的取制样方法

B.1 范围

本附录规定了有色金属矿产品的核素分析样品取制样方法。

本附录适用于表面γ 辐射剂量率分布均匀的铜、铅、锌、锡、镍、钴等有色金属矿产品的取制样。

B.2 取样方法

取样方法有传送带取样、货车取样、容器取样和船舱取样 4 种方式。

B.2.1 传送带取样方法

B.2.1.1 取样位置

有色金属矿产品通过皮带传送设备流动时，从皮带上的稳定地方或其落口处取份样。

B.2.1.2 份样数

按表 B.1 确定一批有色金属矿产品需取的最小份样数。

表 B.1 最小份样数

批量/t	≤20	＞20～50	＞50～150	＞150～500	＞500
最小份样数/n	5	10	20	50	75

B.2.1.3 取样

a）根据份样数和批量大小确定取样间隔。

b）根据有色金属矿产品的最大粒度按表 B.2 确定最小取样体积。

c）在传送带停止时取样，沿皮带运行方向从规定部位取整个宽度和厚度的矿石流，取样长度应大于 3 倍的最大粒度。

d）在运送中的传送带上取样时，从落口处取整个宽度和厚度的矿石流。

表 B.2 最小取样体积

矿产品最大粒度/mm	取样体积/cm^3	矿产品最大粒度/mm	取样体积/cm^3
150	35000	22.4	270
125	21000	16	180
100	11000	10	120
71	3700	5	70
50	1600	2.8	35
40	730	1	16
31.5	380	0.25	2

B.2.2 货车取样方法

B.2.2.1 取样位置

从装卸有色金属矿的货车上取份样。

B.2.2.2 份样数

按表 B.1 确定一批有色金属矿产品需取的最小份样数。

B.2.2.3 取样

下列取样方法所取份样的体积均要求不低于表 B.2 规定。

a）卸货过程中从货车上取样时，从卸货时新露出的面上随机选取取样点。

b）由货车运送从船上卸下的有色金属矿产品时，可在卸下的矿堆上取份样，或在皮带传送设备运输过程中随机取样。

c）用货车长距离运输有色金属矿产品时，必须从上层到下层分层取样（不得少于 3 层），并根据每层的重量按比例在新露出的面上，均匀布点取样。

B.2.3 容器取样方法

B.2.3.1 取样位置

当货物采用袋装、桶装或其他容器包装时，从容器中取样。

B.2.3.2 份样数

a）当容器的个数小于表 B.1 规定的最小份样数时，规定份样数为容器的个数。

b）当容器的个数大于表 B.1 规定的最小份样数时，取样的容器数量应不小于最小份样数。

B.2.3.3 取样

a）在容器数量少的情况下（容器的数量小于表 B.1 规定的最小份样数），从所有容器中按层取样。容器的数量特别少的情况下，可以把所有容器装的内容物作为一个大样。

b）在容器数量多的情况下（容器的数量大于表 B.1 规定的最小份样数），系统地选择与份样数相当的容器个数，从其中各取一个份样。在容器容量小的情况下，可以把选择的各容器的内容物作为份样。

c）从容器中取份样时，按下列之一进行：

1）从容器中任意位置取份样。

2）在没有混入异物（杂质）的情况下，把内容物全部倒出来，然后从任意位置取份样。

B.2.4 船舱取样方法

B.2.4.1 取样位置

有色金属矿产品通过挖掘机、铲斗等装卸工具进行装卸时，从装卸工具中或者舱内装卸中新露出的面上取份样。

B.2.4.2 份样数

按表 B.1 确定最小份样数。

B.2.4.3 取样

a）随机进行系统取样，根据份样数和批量大小，确定取样间隔。

b）从装卸工具中取样时，根据装卸工具的种类，按 B.2.2 或 B.2.3 取份样。

c）从船舱内每次装卸后新露出的面上取样，随机确定取样位置以及份样数。

B.3 制样方法

以上各种取样方法所得的样品，应按破碎、混合和缩分 3 个程序（必要时进行预先干燥）进行制样。制样过程中应防止样品发生变化和污染。

B.3.1 样品的破碎

参照 GB/T 2007.2—1987 中条款 6。

B.3.2 样品的混合

参照 GB/T 2007.2—1987 中条款 7。

B.3.3 样品的缩分

参照 GB/T 2007.2—1987 中条款 8。

B.3.4 制样程序示例

制样程序见图 B.1。

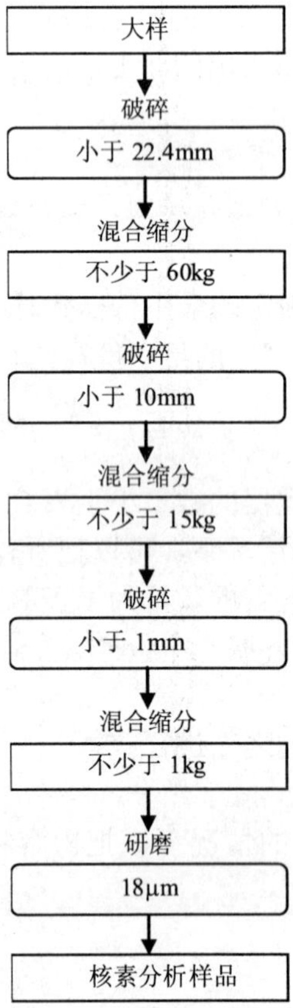

图 B.1　制样流程示意图

中华人民共和国国家标准

重金属精矿产品中有害元素的限量规范

The specification for limit on harmful element content of the heavy metal concentrates products

GB 20424—2006

前　言

本标准第 4 章为强制性条款，其余部分为推荐性条款。

重金属精矿产品中的 Pb、Hg、Cd、As 等有害元素，严重影响环境和人身安全，所以，制定本标准对其加以限制。

本标准由中国有色金属工业协会提出。

本标准由全国有色金属标准化技术委员会归口。

本标准由中国有色金属工业标准计量质量研究所、铜陵有色金属（集团）公司、水口山有色金属有限责任公司、葫芦岛有色金属集团有限公司、深圳市中金岭南有色金属股份有限公司、柳州华锡集团有限公司、金川集团有限公司负责起草。

本标准主要起草人：范顺科、朱玉华、杨丽娟、盛忠义、唐爱群、付跃生、吴国法、罗佩珍、林秀英、赵永善、卜少田、谢雪飞、李宇峰、薛立新。

本标准由全国有色金属标准化技术委员会解释。

1 范围

本标准规定了重金属精矿产品中所含有害元素的限量及检测方法。

本标准适用于重金属精矿产品。

2 规范性引用文件

下列文件中的条款通过本标准的引用而成为本标准的条款。凡是注日期的引用文件，其随后所有的修改单（不包括勘误的内容）或修订版均不适用于本标准，然而，鼓励根据本标准达成协议的各方研究是否可使用这些文件的最新版本。凡是不注日期的引用文件，其最新版本适用于本标准。

GB/T 1819.4　锡精矿化学分析方法　铅量的测定　火焰原子吸收分光光谱法和 EDTA 滴定法

GB/T 1819.5　锡精矿化学分析方法　砷量的测定　砷锑钼蓝分光光度法和蒸馏分离-碘滴定法

GB/T 1819.17　锡精矿化学分析方法　汞量的测定　冷原子吸收光谱法

GB/T 3884.5　铜精矿化学分析方法　氟量的测定

GB/T 3884.6　铜精矿化学分析方法　铅、锌、镉和镍量的测定

GB/T 3884.7 铜精矿化学分析方法 铅量的测定
GB/T 3884.9 铜精矿化学分析方法 砷和铋量的测定
GB/T 3884.11 铜精矿化学分析方法 汞量的测定 冷原子吸收光谱法
GB/T 8151.7 铜精矿化学分析方法 砷量的测定
GB/T 8151.8 锌精矿化学分析方法 镉量的测定
GB/T 8151.15 锌精矿化学分析方法 汞量的测定 原子荧光光谱法
GB/T 8152.5 铅精矿化学分析方法 砷量的测定 原子荧光光谱法
GB/T 8152.11 铅精矿化学分析方法 汞量的测定 原子荧光光谱法
YS/T 301 钴硫精矿技术条件
YS/T 318 铜精矿
YS/T 319 铅精矿
YS/T 320 锌精矿
YS/T 339 锡精矿
YS/T 340 镍精矿技术条件
YS/T 452 混合铅锌精矿
YS/T 461.4 混合铅锌精矿化学分析方法 砷量的测定 碘滴定法
YS/T 461.6 混合铅锌精矿化学分析方法 汞量的测定 冷原子荧光光度法
YS/T 461.7 混合铅锌精矿化学分析方法 镉量的测定 火焰原子吸收光谱法
YS/T 472.1 镍精矿、钴硫精矿化学分析方法 镉量的测定 火焰原子吸收光谱法
YS/T 472.3 镍精矿、钴硫精矿化学分析方法 汞量的测定 氢化物发生—原子荧光光谱法
YS/T 472.4 镍精矿、钴硫精矿化学分析方法 铅量的测定 火焰原子吸收光谱法
YS/T 472.5 镍精矿、钴硫精矿化学分析方法 砷量的测定 氢化物发生—原子荧光光谱法

3 术语和定义

下列术语和定义适用于本标准。

3.1 重金属精矿产品 heavy metal concentrates

是有色金属中重金属精矿的总称，一般包括铜精矿、铅精矿、锌精矿、铅锌混合精矿、锡精矿、镍精矿、钴硫精矿等。

3.2 有害元素 harmful element

指对人体有明显毒性，对环境有明显污染的元素，如 Pb、Hg、Cd、As 等。

3.3 铜精矿 copper concentrate

含铜矿石经浮选或其他方法选矿得到的含铜量不小于 13%的供冶炼铜用的精矿产品。

3.4 铅精矿 lead concentrate

含铅矿石经浮选或其他方法选矿得到的含铅量不小于 45%，粒度不大于 150μm（高品位的方铅矿无粒度要求），供冶炼铅用的精矿产品。

3.5 锌精矿 zinc concentrate

含锌矿石经浮选或其他方法选矿得到的含锌量不小于 40%，粒度不大于 150μm，供冶炼锌用的精矿产品。

3.6 混合铅锌精矿 lead and zinc bulk concentrate

含铅锌矿石经浮选或其他方法选矿得到的含铅量不小于 14%，含锌量不小于 28%或含铅和锌量总计不小于 45%，粒度不大于 150μm，供同时冶炼铅和锌用的精矿产品。

3.7 锡精矿　tin concentrate

含锡矿石经浮选或其他方法选矿得到的含锡量不小于 40%，粒度不大于 150μm，供冶炼锡用的精矿产品。

3.8 镍精矿　nickel concentrate

含镍矿石经浮选或其他方法选矿得到的含镍量不小于 3%，供冶炼镍用的精矿产品。

3.9 钴硫精矿　cobalt-sulphur concentrate

含钴矿石经浮选或其他方法选矿得到的含钴量不小于 0.20%，硫含量不小于 27%，供冶炼钴及氧化钴用的精矿产品。

4 要求

4.1 铜精矿

铜精矿中所含有害元素应符合表 1 的规定。

表 1

有害元素	Pb	As	F	Cd	Hg
含量（%），不大于	6.0	0.50	0.10	0.05	0.01

4.2 铅精矿

铅精矿中所含有害元素应符合表 2 的规定。

表 2

有害元素	As	Hg
含量（%），不大于	0.70	0.05

4.3 锌精矿

锌精矿中所含有害元素应符合表 3 的规定。

表 3

有害元素	As	Cd	Hg
含量（%），不大于	0.60	0.30	0.06

4.4 混合铅锌精矿

混合铅锌精矿中所含有害元素应符合表 4 的规定。

表 4

有害元素	As	Cd	Hg
含量（%），不大于	0.45	0.40	0.05

4.5 锡精矿

锡精矿中所含有害元素应符合表 5 的规定。

表 5

有害元素	Pb	As	Hg
含量（%），不大于	0.50	2.50	0.05

4.6 镍精矿

镍精矿中所含有害元素应符合表 6 的规定。

表 6

有害元素	Pb	As	Cd	Hg
含量（%），不大于	0.10	0.50	0.05	0.001

4.7 钴硫精矿

钴硫精矿中所含有害元素应符合表 7 的规定。

表 7

有害元素	Pb	As	Cd	Hg
含量（%），不大于	0.10	0.10	0.05	0.001

5 试验方法

5.1 铜精矿

铜精矿中 Pb、As、F、Cd、Hg 元素的化学成分仲裁分析方法按 GB/T 3884.5、GB/T 3884.6、GB/T 3884.7、GB/T 3884.9、GB/T 3884.11 的规定进行。

5.2 铅精矿

铅精矿中 As、Hg 元素的化学成分仲裁分析方法按 GB/T 8152.5、GB/T 8152.6 的规定进行。

5.3 锌精矿

锌精矿中 Cd、As、Hg 元素的化学成分仲裁分析方法按 GB/T 8151.7、GB/T 8151.8、GB/T 8151.15 的规定进行。

5.4 混合铅锌精矿

混合铅锌精矿中 As、Cd、Hg 元素的化学成分仲裁分析方法按 YS/T 461.4、YS/T 461.6、YS/T 461.7 的规定进行。

5.5 锡精矿

锡精矿中 Pb、As、Hg 元素的化学成分仲裁分析方法按 GB/T 1819.4、GB/T 1819.5、GB/T 1819.17 的规定进行。

5.6 镍精矿

镍精矿中 Pb、As、Cd、Hg 元素的化学成分仲裁分析方法按 YS/T 472.1、YS/T 472.3、YS/T 472.4、YS/T 472.5 的规定进行。

5.7 钴硫精矿

钴硫精矿中 Pb、As、Cd、Hg 元素的化学成分仲裁分析方法分别按 YS/T 472.1、YS/T 472.3、YS/T 472.4、YS/T 472.5 的规定进行。

6 检验规则

本标准规定的铜精矿、铅精矿、锌精矿、混合铅锌精矿、锡精矿、镍精矿和钴硫精矿中所含有害元素的检验规则按 YS/T 318、YS/T 319、YS/T 320、YS/T 452、YS/T 339、YS/T 340、YS/T 301 标准中的相应规定进行。

中华人民共和国安全生产行业标准

尾矿库安全技术规程

Safety technical regulations for the tailings pond

AQ 2006—2005

前　言

为规范尾矿库建设、运行、闭库及再利用，保障人民生命财产安全，依据《中华人民共和国安全生产法》、《中华人民共和国矿山安全法》和有关法律、行政法规及有关行业技术标准、规范、规定，制定本规程。

本规程的附录 A、附录 B 是资料性附录。

本规程由国家安全生产监督管理总局提出并归口。

本规程起草单位：中国有色工程设计研究总院、秦皇岛冶金设计研究总院。

本规程主要起草人：田文旗、曲忠德、伍绍辉、杨春福、时炜、王树。

1 范围

本规程规定了尾矿库在建设、生产运行、安全检查、安全度、闭库、再利用、安全评价等方面的安全要求。

本规程适用于中华人民共和国境内金属非金属矿物选矿厂尾矿库、氧化铝厂赤泥库。其他湿式堆存工业废渣库、电厂灰渣库和干式处理的尾矿库可参照执行。

2 规范性引用文件

下列文件中的条款通过本规程的引用而成为本规程的条款。引用文件最新版本，以及其后的修订版均适用于本规程。

选矿厂尾矿设施设计规范

尾矿设施施工及验收规程

岩土工程勘察规范

碾压式土石坝设计规范

碾压式土石坝施工规范

水工建筑物抗震设计规范

构筑物抗震设计规范

3 术语和定义

下列术语和定义适用于本规程。

3.1 尾矿库 tailings pond

筑坝拦截谷口或围地构成的、用以贮存金属非金属矿山进行矿石选别后排出尾矿或其他工业废渣的场所。

3.2 全库容 whole storage capacity

尾矿坝某标高顶面、下游坡面及库底面所围空间的容积，包括有效库容、死水库容、蓄水库容、调洪库容和安全库容 5 部分。

3.3 有效库容 effective storage capacity

某坝顶标高时，初期坝内坡面、堆积坝外坡面以里（对下游式尾矿筑坝则为坝内坡面以里），沉积滩面以下，库底以上的空间，即容纳尾矿的库容。

3.4 调洪库容 flood regulation storage capacity

某坝顶标高时，沉积滩面、正常水位以上的库底、正常水位三者以上，最高洪水位以下的空间。

3.5 总库容 total storage capacity

设计最终堆积标高时的全库容。

3.6 尾矿坝 tailings dam

挡尾矿和水的尾矿库外围构筑物，常泛指尾矿库初期坝和堆积坝的总体。

3.7 初期坝 starter dam

基建中用作支撑后期尾矿堆存体的坝。

3.8 堆积坝 embankment

生产过程中在初期坝坝顶以上用尾矿充填堆筑而成的坝。

3.9 上游式（尾矿筑坝法） upstream embankment method

在初期坝上游方向充填堆积尾矿的筑坝方式。

3.10 中线式（尾矿筑坝法） centerline embankment method

在初期坝轴线处用旋流分级粗尾砂冲积尾矿的筑坝方式。

3.11 下游式（尾矿筑坝法） downstream embankment method

在初期坝下游方向用旋流分级粗尾砂冲积尾矿的筑坝方式。

3.12 沉积滩 deposited beach

水力冲积尾矿形成的沉积体表层，常指露出水面部分。

3.13 滩顶 beach crest

沉积滩面与堆积坝外坡的交线，为沉积滩的最高点。

3.14 滩长 beach width

由滩顶至库内水边线的水平距离。

3.15 最小干滩长度 minimum beach width

设计洪水位时的干滩长度。

3.16 安全超高 free height

尾矿坝沉积滩顶至设计洪水位的高差。

3.17 最小安全超高 minimum free height

规定的安全超高最小允许值。

3.18 坝高 dam height

对初期坝和中线式、下游式筑坝为坝顶与坝轴线处坝底的高差；对上游式筑坝则为堆积坝坝顶与初期坝坝轴线处坝底的高差。

3.19 总坝高 total dam height

与总库容相对应的最终堆积标高时的坝高。

3.20 堆坝高度或堆积高度 embankment height or accumulation height

尾矿堆积坝坝顶与初期坝坝顶的高差。

3.21 尾矿库挡水坝 water dam of tailings pond

长期或较长期挡水的尾矿坝，包括不用尾矿堆坝的主坝及尾矿库侧、后部的副坝。

3.22 尾矿库安全设施 safety establishment installation of tailings pond

直接影响尾矿库安全的设施，包括初期坝、堆积坝、副坝、排渗设施、尾矿库排水设施、尾矿库观测设施及其他影响尾矿库安全的设施。

3.23 尾矿工 tailings worker

指从事尾矿库放矿、筑坝、排洪和排渗设施操作的专职作业人员。

4 尾矿库等别及构筑物级别

4.1 尾矿库各使用期的设计等别应根据该期的全库容和坝高分别按表 1 确定。当两者的等差为一等时，以高者为准；当等差大于一等时，按高者降低一等。尾矿库失事将使下游重要城镇、工矿企业或铁路干线遭受严重灾害者，其设计等别可提高一等。

表 1 尾矿库等别

等 别	全库容 V/万 m^3	坝高 H/m
一	二等库具备提高等别条件者	
二	$V \geqslant 10000$	$H \geqslant 100$
三	$1000 \leqslant V < 10000$	$60 \leqslant H < 100$
四	$100 \leqslant V < 1000$	$30 \leqslant H < 60$
五	$V < 100$	$H < 30$

4.2 尾矿库构筑物的级别根据尾矿库等别及其重要性按表 2 确定。

表 2 尾矿库构筑物的级别

等 别	构筑物的级别		
	主要构筑物	次要构筑物	临时构筑物
一	1	3	4
二	2	3	4
三	3	5	5
四	4	5	5
五	5	5	5

注：主要构筑物指尾矿坝、库内排水构筑物等失事后难以修复的构筑物；次要构筑物指失事后不致造成下游灾害或对尾矿库安全影响不大并易于修复的构筑物；临时构筑物指尾矿库施工期临时使用的构筑物。

5 尾矿库建设

5.1 尾矿库勘察

5.1.1 尾矿库工程地质与水文地质勘察应符合有关国家及行业标准要求，查明影响尾矿库及各构筑物安全性的不利因素，并提出工程措施建议，为设计提供可靠依据。

5.1.2 在用的上游法尾矿堆积坝的勘察应执行《岩土工程勘察规范》。

5.2 尾矿库设计

5.2.1 尾矿库库址选择应遵守下列原则：

a）不宜位于工矿企业、大型水源地、水产基地和大型居民区上游；

b）不应位于全国和省重点保护名胜古迹的上游；

c）应避开地质构造复杂、不良地质现象严重区域；

d）不宜位于有开采价值的矿床上面；

e）汇水面积小，有足够的库容和初、终期库长。

5.2.2 尾矿库设计应对不良地质条件采取可靠的治理措施。

5.2.3 对停采的露天采矿场改作尾矿库的，应对安全性进行专项论证；对露天采矿场下部有采矿活动的，不宜作为尾矿库。确需用时，应由有资质的单位进行专项论证，并提出安全技术措施，在保证地下采矿安全时，方可使用。

5.2.4 尾矿库设计文件应明确下列安全运行控制参数：

a）尾矿库设计最终堆积高程、最终坝体高度、总库容；

b）尾矿坝堆积坡比；

c）尾矿坝不同堆积标高时，库内控制的正常水位、调洪高度、安全超高及最小干滩长度等；

d）尾矿坝浸润线控制。

5.2.5 尾矿库初步设计应编制安全专篇，主要内容为：

a）尾矿库区存在的安全隐患及对策；

b）尾矿库初期坝和堆积坝的稳定性分析；

c）尾矿库动态监测和通讯设备配置的可靠性分析；

d）尾矿库的安全管理要求。

5.3 尾矿坝设计

5.3.1 尾矿坝宜以滤水坝为初期坝，利用尾矿筑坝。当遇有下列条件之一时，可以采用当地土石料或废石建坝。

a）尾矿颗粒很细、粘粒含量大，不能筑坝；

b）由尾矿库后部放矿合理；

c）尾矿库与废石场结合考虑，用废石筑坝合理。

5.3.2 初期坝高度的确定除满足初期堆存尾矿、澄清尾矿水、尾矿库回水和冬季放矿要求外，还应满足初期调蓄洪水要求。

5.3.3 坝基处理应满足渗流控制和静力、动力稳定要求。遇有下列情况时，应进行专门研究处理：

a）透水性较大的厚层砂砾石地基；

b）易液化土、软粘土和湿陷性黄土地基；

c）岩溶发育地基；

d）采空区地基。

5.3.4 尾矿筑坝的方式，对于抗震设防烈度为 7 度及 7 度以下地区宜采用上游式筑坝，抗震设防烈度为 8～9 度地区宜采用下游式或中线式筑坝。

5.3.5 上游式筑坝，中、粗尾矿可采用直接冲填筑坝法，尾矿颗粒较细时宜采用分级冲填筑坝法。

5.3.6 下游式或中线式尾矿筑坝分级后用于筑坝的尾矿，其粗颗粒（$d \geqslant 0.074$mm）含量不宜少于 70%，否则应进行筑坝试验。筑坝上升速度应满足库内沉积滩面上升速度和防洪的要求。

5.3.7 下游式或中线式尾矿坝应设上游初期坝和下游滤水坝趾，二者之间的坝基应设置排渗设施。

5.3.8 尾矿库挡水坝应按水库坝的要求设计。

5.3.9 上游式尾矿坝沉积滩顶至设计洪水位的高差不得小于表 3 的最小安全超高值，同时，滩顶至设计洪水位边线距离不得小于表 3 的最小滩长值。

表 3 上游式尾矿坝的最小安全超高与最小滩长

坝的级别	1	2	3	4	5
最小安全超高/m	1.5	1.0	0.7	0.5	0.4
最小滩长/m	150	100	70	50	40

5.3.10 下游式和中线式尾矿坝坝顶外缘至设计洪水位水边线的距离不宜小于表 4 的最小滩长值。

当坝体采取防渗斜（心）墙时，坝顶至设计洪水位的高差亦不得小于表 3 的最小安全超高值。

表 4 下游式及中线式尾矿坝的最小滩长

坝的级别	1	2	3	4	5
最小滩长/m	100	70	50	35	25

5.3.11 尾矿库挡水坝在设计洪水位时安全超高不得小于表 3 的最小安全超高值、最大风壅水面高度和最大风浪爬高三者之和。最大风壅水面高度和最大风浪爬高可按《碾压式土石坝设计规范》推荐的方法计算。

5.3.12 地震区尾矿坝应符合下列规定：

上游式尾矿坝沉积滩顶至正常高水位的高差不得小于表 3 最小安全超高值与地震壅浪高度之和，滩顶至正常高水位水边线的距离不得小于表 3 的最小滩长值与地震壅浪高度对应滩长之和。

下游式与中线式尾矿坝坝顶外边缘至正常高水位水边线的距离不宜小于表 4 的最小滩长值与地震壅浪高度对应滩长之和。

尾矿库挡水坝坝顶至正常高水位的高差不得小于表 3 最小安全超高值与地震壅浪高度之和。

地震壅浪高度可根据抗震设防烈度和水深确定，可采用 0.5～1.5m。

对于全部采用当地土石料或废石堆筑的尾矿坝，其安全超高按尾矿库挡水坝要求确定。

5.3.13 尾矿坝设计应进行渗流计算，以确定坝体浸润线、逸出坡降和渗流量。浸润线出逸的尾矿堆积坝坝坡，应设排渗设施，1、2 级尾矿坝还应进行渗流稳定研究。

5.3.14 上游式尾矿坝的渗流计算应考虑尾矿筑坝放矿水的影响。1、2 级山谷型尾矿坝的渗流应按三维计算或由模拟试验确定；3 级以下尾矿坝的渗流计算可按附录 A 进行。

5.3.15 上游式尾矿堆积坝的初期透水堆石坝坝高与总坝高之比值不宜小于 1/8。

5.3.16 尾矿初期坝与堆积坝坝坡的抗滑稳定性应根据坝体材料及坝基岩土的物理力学性质，考虑各种荷载组合，经计算确定。计算方法宜采用瑞典圆弧法；当坝基或坝体内存在软弱土层时，可采用改良圆弧法；考虑地震荷载时，应按《水工建筑物抗震设计规范》的有关规定进行计算。

抗震设防烈度为 6 度及 6 度以下地区的 5 级尾矿坝，当坝外坡比小于 1∶4 时，除原尾矿属尾粘土和尾粉质粘土以及软弱坝基外，可不作稳定计算。

5.3.17 尾矿坝稳定性计算的荷载分下列 5 类，可根据不同情况按表 5 进行组合：

一类为筑坝期正常高水位的渗透压力；

二类为坝体自重；

三类为坝体及坝基中孔隙压力；

四类为最高洪水位有可能形成的稳定渗透压力；

五类为地震惯性力。

表 5　荷载的组合

荷载组合		荷载类别				
		一	二	三	四	五
正常运行	总应力法	有	有			
	有效应力法	有	有	有		
洪水运行	总应力法		有		有	
	有效应力法		有	有	有	
特殊运行	总应力法		有		有	有
	有效应力法		有	有	有	有

5.3.18 按瑞典圆弧法计算坝坡抗滑稳定的安全系数不应小于表 6 规定的数值。

表 6　坝坡抗滑稳定最小安全系数

运用情况	坝的级别			
	1	2	3	4.5
正常运行	1.30	1.25	1.20	1.15
洪水运行	1.20	1.15	1.10	1.05
特殊运行	1.10	1.05	1.05	1.00

5.3.19 当采用简化毕肖普法与瑞典圆弧法计算结果相比较时，可参照《碾压式土石坝设计规范》有关规定选用两种方法各自的最小安全系数。

5.3.20 尾矿坝坝体材料及坝基土的抗剪强度指标类别，应视强度计算方法与土类的不同按表 7 选取。

表 7　尾矿及土的抗剪强度指标

<table>
<tr><th rowspan="2">强度计算方法</th><th rowspan="2">土的类别</th><th colspan="2">强度指标类别（取得的方法）</th><th rowspan="2">试验仪器</th><th rowspan="2">试验起始状态</th></tr>
<tr><th>试验方法</th><th>强度指标</th></tr>
<tr><td rowspan="5">总应力法</td><td>无粘性土</td><td>固结不排水剪</td><td rowspan="5">C_u，Φ_u</td><td>三轴仪</td><td rowspan="9">一、坝体材料
1．含水量及密度与原状一样
2．浸润线以下及水下要预先饱和
3．试验应力与坝体实际应力相一致
二、坝基用原状土</td></tr>
<tr><td rowspan="2">少粘性土</td><td>固结快剪</td><td>直剪仪</td></tr>
<tr><td>固结不排水剪</td><td>三轴仪</td></tr>
<tr><td rowspan="2">粘性土</td><td>固结快剪</td><td>直剪仪</td></tr>
<tr><td>固结不排水剪</td><td>三轴仪</td></tr>
<tr><td rowspan="4">有效应力法</td><td rowspan="2">无粘性土</td><td>慢剪</td><td rowspan="4">C'，Φ'</td><td>直剪仪</td></tr>
<tr><td>固结排水剪</td><td>三轴仪</td></tr>
<tr><td rowspan="2">粘性土</td><td>慢剪</td><td>直剪仪</td></tr>
<tr><td>固结不排水剪、测孔压</td><td>三轴仪</td></tr>
</table>

注 1：少粘性土指粘粒含量小于 15%的尾矿。

注 2：软弱尾粘土类粘性土采用固结快剪指标时，应根据其固结程度确定；当采用十字板抗剪强度指标时，应考虑土体固结后强度的增长。

5.3.21 上游式尾矿坝的计算断面应考虑到尾矿沉积规律，根据颗粒粗细程度概化分区。各区尾矿的物理力学指标可参考类似尾矿坝或按附录 B 确定，必要时通过试验研究确定。

对在用尾矿坝进行稳定计算时应根据该坝勘察报告确定概化分区及相应的物理力学指标。

5.3.22 上游式尾矿坝堆积至 1/2～2/3 最终设计坝高时，应对坝体进行一次全面的勘察，并进行稳定性专项评价，以验证现状及设计最终坝体的稳定性，确定相应技术措施。

5.3.23 透水堆石坝上游坡坡比不宜陡于 1∶1.6；土坝上游坡坡比可略陡于或等于下游坡。初期坝下游坡比在初定时可按表 8 确定。

表 8 初期坝下游坡坡比

坝高/m	土坝下游坡坡比	透水堆石坝下游坡坡比	
		岩基	非岩基（软基础外）
5～10	1∶1.75～1∶2.0	1∶1.5～1∶1.75	1∶1.75～1∶2.0
10～20	1∶2.0～1∶2.5		
20～30	1∶2.5～1∶3.0		

5.3.24 尾矿堆积坝下游坡与两岸山坡结合处应设置截水沟。

5.3.25 上游式尾矿坝的堆积坝下游坡面上宜用土石覆盖或用其他方式植被绿化，并可结合排渗设施每隔 6～10m 高差设置排水沟。

5.3.26 4 级以上尾矿坝应设置坝体位移和坝体浸润线观测设施。必要时还宜设置孔隙水压力、渗透水量及其混浊度的观测设施。

5.4 排洪设计

5.4.1 尾矿库必须设置排洪设施，并满足防洪要求。尾矿库的排洪方式，应根据地形、地质条件、洪水总量、调洪能力、回水方式、操作条件与使用年限等因素，经过技术比较确定。尾矿库宜采用排水井（斜槽）-排水管（隧洞）排洪系统。有条件时也可采用溢洪道或截洪沟等排洪设施。

5.4.2 尾矿库的防洪标准应根据各使用期库的等别，综合考虑库容、坝高、使用年限及对下游可能造成的危害等因素，按表 9 确定。

表 9 尾矿库防洪标准

尾矿库等别		一	二	三	四	五
洪水重现期/a	初期		100～200	50～100	30～50	20～30
	中、后期	1 000～2 000	500～1 000	200～500	100～200	50～100

注：初期指尾矿库启用后的头 3～5 年。

5.4.3 储存铀矿等有放射性和有害尾矿，失事后可能对下游环境造成极其严重危害的尾矿库，其防洪标准应予以提高，必要时其后期防洪可按可能最大洪水进行设计。

5.4.4 尾矿库洪水计算应符合下列要求：

a）应根据当地水文图册或有关部门建议的适用于特小汇水面积的计算公式计算。当采用全国通用的公式时，应当用当地的水文参数。有条件时应结合现场洪水调查予以验证。

b）库内水面面积不超过流域面积的 10%，则可按全面积陆面汇流计算。否则，水面和陆面面积的汇流应分别计算。

5.4.5 设计洪水的降雨历时应采用 24 小时计算，经论证也可采用短历时计算。

5.4.6 当24小时洪水总量小于调洪库容时，洪水排出时间不宜超过72小时。

5.4.7 尾矿库排水构筑物的型式与尺寸应根据水力计算及调洪计算确定。对一、二等尾矿库及特别复杂的排水构筑物，还应通过水工模型试验验证。

5.4.8 尾矿库排洪构筑物宜控制常年洪水（多年平均值）不产生无压与有压流交替的工作状态。无法避免时，应加设通气管。当设计为有压流时，排水管接缝处止水应满足工作水压的要求。

排水管或隧洞中最大流速应不大于管（洞）壁材料的容许流速。

5.4.9 排水构筑物的基础应避免设置在工程地质条件不良或需要填方的地段。无法避开时，应进行地基处理设计。

5.4.10 排水构筑物的设计应按《水工混凝土结构设计规范》和《水工隧洞设计规范》进行。

5.4.11 设计排水系统时，应考虑终止使用时在井座或支洞末端进行封堵的措施。

5.4.12 在排水构筑物上或尾矿库内适当地点，应设置清晰醒目的水位标尺。

5.5 尾矿库安全设施施工及验收

5.5.1 尾矿库初期坝、副坝、排洪设施、观测设施等安全设施的施工及验收可参照《尾矿设施施工及验收规程》和其他有关规程进行。

5.5.2 隐蔽工程必须经分段验收合格后，方可进行下一阶段施工。

6 尾矿库生产运行

6.1 安全生产管理职责

6.1.1 建立健全尾矿设施安全管理制度；对从事尾矿库作业的尾矿工进行专门的作业培训，并监督其取得特种作业人员操作资格证书和持证上岗情况。

6.1.2 编制年、季作业计划和详细运行图表，统筹安排和实施尾矿输送、分级、筑坝和排洪的管理工作。

6.1.3 严格按照本规程、《尾矿库安全监督管理规定》和设计文件的要求，做好尾矿库放矿筑坝、回水排水、防汛、抗震等安全生产管理。

6.1.4 做好日常巡检和定期观测，并进行及时、全面的记录。发现安全隐患时，应及时处理并向企业主管领导报告。

6.2 应急救援预案

6.2.1 企业应编制应急救援预案，并组织演练。

6.2.2 应急救援预案种类：

a）尾矿坝垮坝；

b）洪水漫顶；

c）水位超警戒线；

d）排洪设施损毁、排洪系统堵塞；

e）坝坡深层滑动；

f）防震抗震；

g）其他。

6.2.3 应急救援预案内容：

a）应急机构的组成和职责；

b）应急通讯保障；

c）抢险救援的人员、资金、物资准备；

d）应急行动；

e）其他。

6.3 尾矿排放与筑坝

6.3.1 尾矿排放与筑坝，包括岸坡清理、尾矿排放、坝体堆筑、坝面维护和质量检测等环节，必须严格按设计要求和作业计划及本规程精心施工，并做好记录。

6.3.2 尾矿坝滩顶高程必须满足生产、防汛、冬季冰下放矿和回水要求。尾矿坝堆积坡比不得陡于设计规定。

6.3.3 每期子坝堆筑前必须进行岸坡处理，将树木、树根、草皮、废石、坟墓及其他有害构筑物全部清除。若遇有泉眼、水井、地道或洞穴等，应作妥善处理。清除杂物不得就地堆积，应运到库外。

岸坡清理应作隐蔽工程记录，经主管技术人员检查合格后方可充填筑坝。

6.3.4 上游式筑坝法，应于坝前均匀放矿，维持坝体均匀上升，不得任意在库后或一侧岸坡放矿。应做到：

a）粗粒尾矿沉积于坝前，细粒尾矿排至库内，在沉积滩范围内不允许有大面积矿泥沉积；

b）坝顶及沉积滩面应均匀平整，沉积滩长度及滩顶最低高程必须满足防洪设计要求；

c）矿浆排放不得冲刷初期坝和子坝，严禁矿浆沿子坝内坡趾流动冲刷坝体；

d）放矿时应有专人管理，不得离岗。

6.3.5 坝体较长时应采用分段交替作业，使坝体均匀上升，应避免滩面出现侧坡、扇形坡或细粒尾矿大量集中沉积于某端或某侧。

6.3.6 放矿口的间距、位置、同时开放的数量、放矿时间以及水力旋流器使用台数、移动周期与距离，应按设计要求和作业计划进行操作。

6.3.7 为保护初期坝上游坡及反滤层免受尾矿浆冲刷，应采用多管小流量的放矿方式，以利尽快形成滩面，并采用导流槽或软管将矿浆引至远离坝顶处排放。

6.3.8 冰冻期、事故期或由某种原因确需长期集中放矿时，不得出现影响后续堆积坝体稳定的不利因素。

6.3.9 岩溶发育地区的尾矿库，可采用周边放矿，形成防渗垫层，减少渗漏和落水洞事故。

6.3.10 尾矿坝下游坡面上不得有积水坑。

6.3.11 坝外坡面维护工作应按设计要求进行，或视具体情况选用以下维护措施：

a）坡面修筑人字沟或网状排水沟；

b）坡面植草或灌木类植物；

c）采用碎石、废石或山坡土覆盖坝坡。

6.3.12 每期子坝堆筑完毕，应进行质量检查，检查记录需经主管技术人员签字后存档备查。主要检查内容：

a）子坝长度、剖面尺寸、轴线位置及内外坡比；

b）新筑子坝的坝顶及内坡趾滩面高程、库内水位；

c）尾矿筑坝质量。

6.3.13 坝体出现冲沟、裂缝、塌坑和滑坡等现象时，应及时妥善处理。

6.4 尾矿库水位控制与防汛

6.4.1 当尾矿库防洪标准低于本规程规定时，应采取措施，提高尾矿库防洪能力，满足现行标准要求。

6.4.2 控制尾矿库内水位应遵循的原则：

a）在满足回水水质和水量要求前提下，尽量降低库内水位；

b）在汛期必须满足设计对库内水位控制的要求；

c）当尾矿库实际情况与设计不符时，应在汛前进行调洪演算，保证在最高洪水位时滩长与超高都满足设计要求；

d）当回水与尾矿库安全对滩长和超高的要求有矛盾时，必须保证尾矿库安全；

e）水边线应与坝轴线基本保持平行。

6.4.3 汛期前应对排洪设施进行检查、维修和疏浚，确保排洪设施畅通。根据确定的排洪底坎高程，将排洪底坎以上 1.5 倍调洪高度内的挡板全部打开，清除排洪口前水面漂浮物；库内设清晰醒目的水位观测标尺，标明正常运行水位和警戒水位。

6.4.4 排出库内蓄水或大幅度降低库内水位时，应注意控制流量，非紧急情况不宜骤降。

6.4.5 岩溶或裂隙发育地区的尾矿库，应控制库内水深，防止落水洞漏水事故。

6.4.6 非紧急情况，未经技术论证，不得用常规子坝挡水。

6.4.7 洪水过后应对坝体和排洪构筑物进行全面认真的检查与清理，发现问题及时修复，同时，采取措施降低库水位，防止连续降雨后发生垮坝事故。

6.4.8 尾矿库排水构筑物停用后，必须严格按设计要求及时封堵，并确保施工质量。严禁在排水井井筒顶部封堵。

6.5 渗流控制

6.5.1 尾矿库运行期间应加强观测，注意坝体浸润线埋深及其出逸点的变化情况和分布状态，严格按设计要求控制。

6.5.2 在尾矿库运行过程中，如坝体浸润线超过控制线，应经安全技术论证增设或更新排渗设施。

6.5.3 上游式尾矿堆积坝可采取下列措施控制渗流：

a）尾矿筑坝地基设置排渗褥垫、水平排渗管（沟）及排渗井等；

b）尾矿堆积体内设置水平排渗管（沟）或垂直排渗井、辐射式排渗井等；

c）与山坡接触的尾矿堆积坡脚处设置贴坡排渗或排渗管（沟）等；，

d）适当降低库内水位，增大沉积滩长；

e）坝前均匀放矿。

6.5.4 当坝面或坝肩出现集中渗流、流土、管涌、大面积沼泽化、渗水量增大或渗水变浑等异常现象时，可采取下列措施处理：

a）在渗漏水部位铺设土工布或天然反滤料，其上再以堆石料压坡；

b）增设排渗设施，降低浸润线。

6.6 尾矿库防震与抗震

6.6.1 尾矿库原设计抗震标准低于现行标准时，应进行安全技术论证。需提高尾矿坝抗震稳定性时可采取以下措施：

a）在下游坡坡脚增设土石料压坡；

b）对堆积坡进行削坡、放缓坝坡；

c）对坝体进行加密处理；

d）降低库内水位或增设排渗设施，降低坝体浸润线。

6.6.2 震前应注意库区岸坡的稳定性，防止滑坡破坏尾矿设施。

6.6.3 上游建有尾矿库、排土场或水库等工程设施的尾矿库，应了解上游所建工程的稳定情况，必要时应采取防范措施避免造成更大损失。

6.6.4 震后应进行检查，对被破坏的设施及时修复。

6.7 库区及周边条件规定
6.7.1 尾矿库下游不宜建设居住、生产等设施。
6.7.2 严禁在尾矿坝上和库区周围进行乱采、滥挖和非法爆破等。

7 尾矿库安全检查

7.1 防洪安全检查
7.1.1 检查尾矿库设计的防洪标准是否符合本规程规定。当设计的防洪标准高于或等于本规程规定时，可按原设计的洪水参数进行检查；当设计的防洪标准低于本规程规定时，应重新进行洪水计算及调洪演算。
7.1.2 尾矿库水位检测，其测量误差应小于 20mm。
7.1.3 尾矿库滩顶高程的检测，应沿坝(滩)顶方向布置测点进行实测，其测量误差应小于 20mm。

当滩顶一端高一端低时，应在低标高段选较低处检测 1～3 个点；当滩顶高低相同时，应选较低处不少于 3 个点；其他情况，每 100m 坝长选较低处检测 1～2 个点，但总数不少于 3 个点。

各测点中最低点作为尾矿库滩顶标高。
7.1.4 尾矿库干滩长度的测定，视坝长及水边线弯曲情况，选干滩长度较短处布置 1～3 个断面。测量断面应垂直于坝轴线布置，在几个测量结果中，选最小者作为该尾矿库的沉积滩干滩长度。
7.1.5 检查尾矿库沉积滩干滩的平均坡度时，应视沉积干滩的平整情况，每 100m 坝长布置不少于 1～3 个断面。测量断面应垂直于坝轴线布置，测点应尽量在各变坡点处进行布置，且测点间距不大于 10～20m（干滩长者取大值），测点高程测量误差应小于 5mm。尾矿库沉积干滩平均坡度，应按各测量断面的尾矿沉积干滩加权平均坡度平均计算。
7.1.6 根据尾矿库实际的地形、水位和尾矿沉积滩面，对尾矿库防洪能力进行复核，确定尾矿坝安全超高和最小干滩长度是否满足设计要求。
7.1.7 排洪构筑物安全检查主要内容：构筑物有无变形、位移、损毁、淤堵，排水能力是否满足要求等。
7.1.8 排水井检查内容：井的内径、窗口尺寸及位置，井壁剥蚀、脱落、渗漏、最大裂缝开展宽度，井身倾斜度和变位，井、管联结部位，进水口水面漂浮物，停用井封盖方法等。
7.1.9 排水斜槽检查内容：断面尺寸、槽身变形、损坏或坍塌，盖板放置、断裂，最大裂缝开展宽度，盖板之间以及盖板与槽壁之间的防漏充填物，漏砂，斜槽内淤堵等。
7.1.10 排水涵管检查内容：断面尺寸，变形、破损、断裂和磨蚀，最大裂缝开展宽度，管间止水及充填物，涵管内淤堵等。
7.1.11 对于无法入内检查的小断面排水管和排水斜槽可根据施工记录和过水畅通情况判定。
7.1.12 排水隧洞检查内容：断面尺寸，洞内塌方，衬砌变形、破损、断裂、剥落和磨蚀，最大裂缝开展宽度，伸缩缝、止水及充填物，洞内淤堵及排水孔工况等。
7.1.13 溢洪道、截洪沟检查内容：断面尺寸，沿线山坡滑坡、塌方，护砌变形、破损、断裂和磨蚀，沟内淤堵等。对溢洪道还应检查溢流坎顶高程、消力池及消力坎等。
7.2 尾矿坝安全检查
7.2.1 尾矿坝安全检查内容：坝的轮廓尺寸、变形、裂缝、滑坡和渗漏、坝面保护等。尾矿坝的位移监测可采用视准线法和前方交汇法；尾矿坝的位移监测每年不少于 4 次，位移异常变化时应增加监测次数；尾矿坝的水位监测包括库水位监测和浸润线监测；水位监测每月不少于 1 次，暴雨期间和水位异常波动时应增加监测次数。

7.2.2 检测坝的外坡坡比。每100m坝长不少于2处，应选在最大坝高断面和坝坡较陡断面。水平距离和标高的测量误差不大于10mm。尾矿坝实际坡陡于设计坡比时，应进行稳定性复核，若稳定性不足，则应采取措施。
7.2.3 检查坝体位移。要求坝的位移量变化应均衡，无突变现象，且应逐年减小。当位移量变化出现突变或有增大趋势时，应查明原因，妥善处理。
7.2.4 检查坝体有无纵、横向裂缝。坝体出现裂缝时，应查明裂缝的长度、宽度、深度、走向、形态和成因，判定危害程度，妥善处理。
7.2.5 检查坝体滑坡。坝体出现滑坡时，应查明滑坡位置、范围和形态以及滑坡的动态趋势。
7.2.6 检查坝体浸润线的位置。应查明坝面浸润线出逸点位置、范围和形态。
7.2.7 检查坝体排渗设施。应查明排渗设施是否完好、排渗效果及排水水质。
7.2.8 检查坝体渗漏。应查明有无渗漏出逸点，出逸点的位置、形态、流量及含沙量等。
7.2.9 检查坝面保护设施。检查坝肩截水沟和坝坡排水沟断面尺寸，沿线山坡稳定性，护砌变形、破损、断裂和磨蚀，沟内淤堵等；检查坝坡土石覆盖保护层实施情况。
7.3 尾矿库库区安全检查
7.3.1 尾矿库库区安全检查主要内容：周边山体稳定性，违章建筑、违章施工和违章采选作业等情况。
7.3.2 检查周边山体滑坡、塌方和泥石流等情况时，应详细观察周边山体有无异常和急变，并根据工程地质勘察报告，分析周边山体发生滑坡可能性。
7.3.3 检查库区范围内危及尾矿库安全的主要内容：违章爆破、采石和建筑，违章进行尾矿回采、取水，外来尾矿、废石、废水和废弃物排入，放牧和开垦等。

8 尾矿库安全度

8.1 尾矿库安全度分类

尾矿库安全度主要根据尾矿库防洪能力和尾矿坝坝体稳定性确定，分为危库、险库、病库、正常库四级。

8.2 危库

危库指安全没有保障，随时可能发生垮坝事故的尾矿库。危库必须停止生产并采取应急措施。

尾矿库有下列工况之一的为危库：

a）尾矿库调洪库容严重不足，在设计洪水位时，安全超高和最小干滩长度都不满足设计要求，将可能出现洪水漫顶；

b）排洪系统严重堵塞或坍塌，不能排水或排水能力急剧降低；

c）排水井显著倾斜，有倒塌的迹象；

d）坝体出现贯穿性横向裂缝，且出现较大范围管涌、流土变形，坝体出现深层滑动迹象；

e）经验算，坝体抗滑稳定最小安全系数小于表6规定值的0.95；

f）其他严重危及尾矿库安全运行的情况。

8.3 险库

险库指安全设施存在严重隐患，若不及时处理将会导致垮坝事故的尾矿库。险库必须立即停产，排除险情。

尾矿库有下列工况之一的为险库：

a）尾矿库调洪库容不足，在设计洪水位时安全超高和最小干滩长度均不能满足设计要求；

b）排洪系统部分堵塞或坍塌，排水能力有所降低，达不到设计要求；

c）排水井有所倾斜；

d）坝体出现浅层滑动迹象；

e）经验算，坝体抗滑稳定最小安全系数小于表 6 规定值的 0.98；

f）坝体出现大面积纵向裂缝，且出现较大范围渗透水高位出逸，出现大面积沼泽化；

g）其他危及尾矿库安全运行的情况。

8.4 病库

病库指安全设施不完全符合设计规定，但符合基本安全生产条件的尾矿库。病库应限期整改。

尾矿库有下列工况之一的为病库：

a）尾矿库调洪库容不足，在设计洪水位时不能同时满足设计规定的安全超高和最小干滩长度的要求；

b）排洪设施出现不影响安全使用的裂缝、腐蚀或磨损；

c）经验算，坝体抗滑稳定最小安全系数满足表 6 规定值，但部分高程上堆积边坡过陡，可能出现局部失稳；

d）浸润线位置局部较高，有渗透水出逸，坝面局部出现沼泽化；

e）坝面局部出现纵向或横向裂缝；

f）坝面未按设计设置排水沟，冲蚀严重，形成较多或较大的冲沟；

g）坝端无截水沟，山坡雨水冲刷坝肩；

h）堆积坝外坡未按设计覆土、植被；

i）其他不影响尾矿库基本安全生产条件的非正常情况。

8.5 正常库

尾矿库同时满足下列工况的为正常库：

a）尾矿库在设计洪水位时能同时满足设计规定的安全超高和最小干滩长度的要求；

b）排水系统各构筑物符合设计要求，工况正常；

c）尾矿坝的轮廓尺寸符合设计要求，稳定安全系数满足设计要求；

d）坝体渗流控制满足要求，运行工况正常。

9 尾矿库闭库

9.1 闭库设计

9.1.1 对停用的尾矿库应按正常库标准和闭库安全评价，进行闭库整治设计，确保尾矿库防洪能力和尾矿坝稳定性满足本规程要求，维持尾矿库闭库后长期安全稳定。

9.1.2 尾矿坝整治内容为：

a）对坝体稳定性不足的，应采取削坡、压坡、降低浸润线等措施，使坝体稳定性满足本规程要求；

b）完善坝面排水沟和土石覆盖或植被绿化、坝肩截水沟、观测设施等。

9.1.3 排洪系统整治内容为：

c）根据防洪标准复核尾矿库防洪能力，当防洪能力不足时，应采取扩大调洪库容或增加排洪能力等措施；必要时，可增设永久溢洪道；

d）当原排洪设施结构强度不能满足要求或受损严重时，应进行加固处理；必要时，可新建永久性排洪设施，同时将原排洪设施进行封堵。

9.2 施工及验收

闭库工程施工及验收可参照《尾矿设施施工及验收规程》和其他有关规程。

9.3 尾矿库闭库后的维护

9.3.1 闭库后的尾矿库，必须做好坝体及排洪设施的维护。未经论证和批准，不得储水。严禁在尾矿坝和库内进行乱采、滥挖、违章建筑和违章作业。

9.3.2 闭库后的尾矿库，未经设计论证和批准，不得重新启用或改作他用。

10 尾矿再利用及尾矿库闭库后再利用

10.1 在用尾矿库进行回采再利用或经批准闭库的尾矿库重新启用或改作他用时，必须按照本规程第 5 章尾矿库建设的规定进行技术论证、工程设计、安全评价。

10.2 在尾矿库再利用生产运行过程中必须按本规程第 6 章尾矿库生产运行的规定确保尾矿库安全。

10.3 对在用尾矿库或对闭库尾矿库进行回采再利用的，必须严格按照批准的设计规划在库内进行回采、排沙和排水，对于继续使用原尾矿坝和排洪设施的，不得影响尾矿坝和原排洪设施的安全。

10.4 尾矿库再利用生产完成后，应按本规程第 9 章尾矿库闭库的规定，进行闭库。

11 尾矿库安全评价

11.1 尾矿库安全评价属专项安全评价，包括建设期间的安全预评价和安全验收评价、生产运行期间及闭库前的安全现状评价。

11.2 尾矿库安全评价前期应进行现场考察，察看地形地貌、不良地质现象、人文地理、周边环境等。安全验收评价还应查看工程施工情况；安全现状评价还应查看尾矿坝运行情况、排洪设施完好程度等。

11.3 企业应根据各项评价的目的和要求分别向评价单位提供以下资料：

a）尾矿库现状地形图及上、下游有关资料；

b）水文气象资料；

c）尾矿库（坝）工程地质勘察报告（含堆积坝物理力学指标）；

d）尾矿库安全设施设计资料；

e）尾矿库安全设施施工资料；

f）尾矿库运行管理（含安全管理、事故及其处理情况）资料；

g）其他有关资料。

11.4 安全预评价报告的重点内容包括：

a）库址的合理性，尾矿库与周围环境的相互影响；

b）尾矿坝坝型选择的合理性；

c）排洪系统布置的合理性及排洪能力的可靠性；

d）尾矿库监测系统的完整性及可靠性；

e）危险因素辨识及对策。

11.5 安全预评价报告的结论应包括：

a）对尾矿库设计方案的安全性作出明确结论；

b）提出尾矿库安全措施建议。

11.6 安全验收评价报告的重点内容包括：

a）查看安全预评价在初步设计中的落实；

b）是否有完备的经监理和业主确认的隐蔽工程记录；

c）各单项工程施工参数与质量是否满足国家和行业规范、规程及设计要求。

11.7 安全验收评价报告的结论应包括：

a）对工程是否满足安全要求作出明确结论；

b）提出安全生产措施的补充建议。

11.8 安全现状评价报告的重点内容包括：

a）尾矿库自然状况的说明及评价，包括尾矿库的地理位置、周边人文环境、库形、汇水面积、库底与周边山脊的高程、工程地质概况等；

b）尾矿坝设计及现状的说明与评价，包括初期坝的结构类型、尺寸、尾矿堆坝方法、堆积标高、库容、堆积坝的外坡坡比、坝体变形及渗流、采取的工程措施等；

c）根据勘察资料（或经验数据）对尾矿坝稳定性进行定量分析，说明采用的计算方法、计算条件，并给出计算分析评价结果；

d）尾矿库防洪设施设计及现状的说明与评价，包括尾矿库的等别、防洪标准、暴雨洪水总量、洪峰流量、排洪系统的型式、排洪设施结构尺寸及完好情况等；

e）复核尾矿库防洪能力及排洪设施的可靠性能否满足设计要求；

f）当尾矿库防洪能力及排洪设施的可靠性或尾矿坝稳定性不能满足设计要求时，应进行必要计算，提出可行的对策；

g）管理系统的完善程度及评价。

11.9 安全现状评价报告的结论应包括：

a）尾矿坝稳定性是否满足设计要求；

b）尾矿库防洪能力是否满足设计要求；

c）尾矿库安全度；

d）尾矿库与周边环境的相互影响；

e）安全对策。

11.10 安全评价报告应有附件和附图。附件包括任务委托书或评价委托合同、岩土勘察物理力学指标表和与安全评价有关的文件。附图包括尾矿库平面图、尾矿坝横剖面图、带有最危险滑弧位置的尾矿坝稳定计算简图及建议的尾矿库整治方案图等。

12 尾矿库工程档案

12.1 尾矿库工程档案包括工程建设档案、生产运行档案和闭库及闭库后再利用档案。

12.2 尾矿库工程建设档案包括地形测量、工程地质及水文地质勘察、设计、施工及竣工验收、监理、安全预评价及安全验收评价、审批等文件、图纸、资料。

12.3 尾矿库生产运行档案包括年度计划、生产记录（入库尾矿量、堆坝高程、库内水位）、坝体位移及浸润线观测记录、安全隐患检查记录及处理、事故及处理、安全现状评价等。

12.4 尾矿库闭库及闭库后再利用档案包括安全评价、闭库设计、施工及验收、闭库后再利用、审批文件等。

附 录 A
（资料性附录）
上游式尾矿坝的渗流计算简法

将计算条件下的滩长换算为化引滩长，从而得到高于计算库水位的化引库水位。

化引滩长可按下式计算：

放矿水覆盖绝大部分滩面时

$$L_h=3.3L^{0.48} \quad (A1.1)$$

放矿水覆盖部分滩面时

$$L_h=2.26L^{0.645} \quad (A1.2)$$

式中：L_h——化引滩长，m；

L——计算滩长，m。

按化引库水位和化引滩长，用二相均质渗流计算方法确定浸润线，取其下游坝坡范围内的线段作为坝下游坡部分的浸润线。

从下游坡浸润线上端点至计算库水位水边线用对数曲线连接成光滑曲线，即为沉积滩部分的浸润线。

附 录 B
（资料性附录）
坝体尾矿的平均物理力学指标

项　目	尾中砂	尾细砂	尾粉砂	尾粉土	尾粉质粘土	尾粘土
平均粒径 d_p/mm	0.35	0.2	0.075	0.05	0.035	0.02
有效粒径 d_{10}/mm	0.10	0.07	0.02	0.010	0.003	0.002
不均匀系数 d_{60}/d_{10}	3	3	4	6	10	5
天然密度ρ/（g/cm^{-3}）	1.8	1.85	1.9	2	1.95	1.8
孔隙比 e/%	0.8	0.9	0.9	0.95	1.0	1.4
内摩擦角Φ/（°）	34	33	30	28	16	8
凝聚力 C/kPa	7.84	7.84	9.8	9.8	10.78	13.72
压缩系数 a_{1-2}/kPa^{-1}	1.7×10^{-4}	1.7×10^{-4}	1.6×10^{-4}	2.1×10^{-4}	4.1×10^{-4}	9.2×10^{-4}
渗透系数 K/（cm・s^{-1}）	1.5×10^{-3}	1.3×10^{-3}	3.75×10^{-4}	1.25×10^{-4}	3×10^{-6}	2×10^{-7}

注：① 表中指标均系从坝体取样试验所得的平均值；

② C、Φ值为直剪（固结快剪）强度指标。

中华人民共和国行业标准

有色金属工业环境保护设计技术规范（节选）

Technical code for non-ferrousmetals industry environment protection design

YS 5017—2004
J299—2004

1 总则

1.0.1 为全面贯彻环境保护的法律法规，统一有色金属工业环境保护设计的技术要求，提高设计质量，根据国家现行《建设项目环境保护设计规定》和《建设项目环境保护管理条例》，制定本规范。

1.0.2 本规范适用于有色金属工业新建、扩建、改建和技术改造项目。

1.0.3 有色金属工业环境保护设计必须坚持清洁生产、以防为主、防治结合、以新带老、综合治理、达标排放、总量控制的原则。

1.0.4 有色金属工业环境保护设计必须与主体工程设计同步进行。初步设计应以环境影响报告书（表）及批文为依据。

1.0.5 建设项目水土保持设施设计应与主体工程建设和生产设施相配套，总体规划，分期实施。

1.0.6 有色金属工业环境保护设计除执行本规范外，尚应符合国家现行的有关法规、标准和规范的规定。

2 基本规定

2.0.1 建设项目各设计阶段环境保护设计的主要内容，应按国家现行《建设项目环境保护设计规定》执行。

独立承接的有色金属工业环境保护专项工程的设计深度，应达到相关主体工程设计的有关规定的深度要求。

2.0.2 初步设计阶段的环境保护设计，应具有下列依据：

1 经过环境保护行政主管部门审批的环境影响报告书（表）及批文；

2 经过鉴定的主体工程新工艺和新型设备试验报告中有关污染源的测定数据与符合环境要求的防治措施的试验资料；

3 环境治理工程新工艺和新型设备的选用，应有经过鉴定的试验报告或验收资料；

4 引进或转让的新工艺、新技术和新设备应有相关技术保证合同或协议。

2.0.3 厂址选择与总体布置，应符合下列规定：

1 进行厂址与总体布置方案比较时，必须把环境保护及水土保持作为主要的内容之一，力求对自然环境、自然资源和生态系统产生的影响小，防治水土流失，避免地质灾害。

2 凡排放有害废气、废水、固体废物和受噪声及放射性元素影响的建设项目，严禁在城市规划确定的名胜风景区和自然保护区等界区内或周边选址，也不得在集中的居住区选址。

3 厂址的选择应有利于气体扩散，不应设在重复污染区、窝风地段、居住区常年主导风向上风侧、生活饮用水源保护区的上游 1000m 和周边 100m 以内；总体布置时，应有利于废气的扩散。

4 地下开采矿山的抽出式通风机房和出风井，宜位于工业场地和居住区常年主导风向下风侧。

5 选矿尾矿库、采矿废石和冶炼废渣的堆置场，当与工业场地和居住区相距较近时，宜位于工业场地和居住区常年主导风向的下风侧。

6 产生有害废水的废石堆场和赤泥堆场（含尾矿库），在选址以前，应根据不同设计阶段，获取相应的水文工程地质资料；避免选在有渗漏的地区。

2.0.4 总平面布置应符合下列规定：

1 总平面布置除应满足生产、安全、卫生的要求外，尚应按环境保护和水土保持要求，合理布置，防止或减轻相互污染，并控制挖填方平衡，减少水土流失。

2 散发粉尘、酸雾、有毒有害气体和产生放射性物质的厂房、仓库、贮罐、堆场和主要排气筒，应布置在厂区常年主导风向的下风侧。

3 产生高噪声的车间，宜布置在厂区夏季主导风向的下风侧，并应合理利用地形、建筑物或绿化林带的屏蔽作用。

4 有爆炸危险的车间和库房布置，应符合国家民用爆破安全有关规定的要求。

5 应预留环境治理工程的发展场地。

2.0.5 有色金属工业建设项目的卫生防护距离，应符合国家现行标准的规定；或根据环境影响报告书，并与环境保护行政主管部门或卫生主管部门共同确定卫生防护距离。宜利用现有的山谷、河流、绿地等荒地作为防护隔离带。在卫生防护距离内不得设置居住区或养殖区。

2.0.6 有色金属工业建设项目应防止对附近居民区、学校、医院和公园等环境产生光污染。

2.0.7 污染治理所采用的工艺方法，应因地制宜，注重实效，先进可靠，并应优先选用国家新近推荐的最佳实用技术。

2.0.8 污染治理措施应保证排放的污染物符合有关排放标准的要求，国家明确实行总量控制的污染物和本行业的特征污染物排放总量应控制在允许的范围内。

2.0.9 建设项目的绿化设计，应有利于净化空气、消声隔声、水土保持和美化环境，并应符合国家现行标准《工业企业总平面设计规范》（GB 50187）和《有色金属企业总图运输设计规范》（YSJ 001）等有关规范的规定。设计应配置绿化养护的设备或设施。

2.0.10 投资概算中应列出环境保护设施的投资，且宜分别将废气、废水、固体废物和噪声等污染防治及环境监测设备或配套设施的投资，以及生态环境保护和水土保持设施的投资列出。

3 清洁生产

3.0.7 有色金属采矿、选矿、冶炼和加工生产用水应清污分流、分质利用、串级供水和循环供水。尾矿库排水宜返回选矿、采矿工艺使用。生产用水的重复利用率应符合有关标准要求。

3.0.8 新建矿山和冶炼项目生产用水的重复利用率设计值，矿山宜为 80%以上，冶炼和加工宜为 90%以上，新建氧化铝厂宜为 92%以上。

3.0.9 各类有色金属冶炼项目，以及产生污染物数量多、危害大的有色金属矿山和加工项目宜列出清洁生产的设计指标，并对主要生产工艺过程中的主要有毒、有害物质进行清洁生产审计。

4 大气污染防治

4.1 一般规定

4.1.1 有色金属工业建设项目产生烟（粉）尘、二氧化硫、酸雾和其他有害气体的作业区，应设置通风净化装置；向大气环境排放时，应符合相应的排放标准。

4.1.2 粉状物料宜采用气力输送，料仓进料处应设泄压与收尘装置。

4.1.3 含放射性物质且活度浓度和（或）总活度大于清洁解控水平的有色金属精矿，必须贮存在专用的料库或料仓中。

4.1.4 排放气载放射性物质所致的公众照射，必须符合国家规定的剂量限值要求。

4.1.5 液氯库内必须设置事故处理设施。

4.1.6 有色金属工业建设项目工业锅炉烟气应净化处理，净化后的烟气应达到相应排放标准。

4.1.7 有色金属工业建设项目工业炉窑烟气应达到排放标准。

4.1.8 排气筒高度和出口烟速，应统一按现行国家标准《制定地方大气污染物排放标准的技术方法》（GB/T 3840）确定，并应达到项目环境影响报告书提出的要求。厂区内有两座及以上的排气筒时，其中心连线与常年主导风向宜垂直或成45°以上的角度。

4.2 采矿与选矿

4.2.1 露天开采矿山应采取下列防尘措施：

1 大型或深凹露天矿在确定矿岩运输方案时，宜采用间断-连续运输方案；

2 穿孔凿岩宜实行湿式作业，当采用干式作业时，应设置密闭和除尘设施；

3 采矿场应设喷雾洒水设施；

4 大块矿岩宜采用碎石机械破碎；

5 大型深凹露天矿山，应设置小型污染气象观测设施。

4.2.2 地下开采矿山应采用湿式凿岩，并设喷雾洒水设施。

4.2.3 采场公路和矿区主要运输道路，应采用洒水车洒水或其他抑尘措施。

4.2.4 采矿废石堆和尾矿库沉积滩的干尾矿，宜采取防止扬尘的措施。

4.2.5 使用的内燃机设备、车辆排放有害气体超过排放标准时，应采取净化措施。

4.2.6 采用生石灰制备石灰乳作业宜在密闭的条件下进行，并应设通风除尘系统。

4.2.7 药剂制备、给药和试验、化验等作业中产生有害气体的设备应密闭，并应设通风净化系统，达标排放。

4.2.8 选矿厂的给矿、破碎、筛分等，应根据现场条件采用分散式除尘系统或集中式除尘系统。

5 水污染防治

5.1 一般规定

5.1.1 有色金属工业建设项目的排水及废水处理系统的设计，应贯彻清污分流、分质处理、以废治废、一水多用的原则，并应符合下列规定：

1 含污染物的性质相同或相近的废水，宜合并处理。

2 含第一类污染物，且浓度超过国家排放标准的废水，应在车间处理设施处理或与其他车间同类废水合并处理，达到排放标准后，方可排放。不得稀释处理。

3 湿式除尘废水，酸雾、碱雾或其他有害气体湿法净化的废液（水）以及冲渣水，应分别循环利用。定期排放的废水当其所含污染物超过排放标准时，应进行处理，达标后排放。

4 仅温度升高，而未受其他有害物质污染的废水，应设专门的循环利用系统；当外排可能造成热污染时，应采取防治措施。

5 废水中的金属具有回收价值时应先回收，后处理。

6 含有多种金属离子的废水，可采取分步沉淀或共沉淀的措施。

7 冶炼厂区地面冲洗水和初期受污染的雨水应收集处理。

5.1.2 车间及设备用水计量率，应符合现行国家标准《评价企业合理用水技术通则》（GB 7119）的规定。废水总排放口、废水量大和污染较严重的车间排放口应设计量装置。

5.1.3 煤气站洗涤污水应去除焦油、悬浮物，并经降温处理后循环使用；必要时，应抽出部分处理后的污水进行脱氰、脱酚和脱硫后，返回再用或达标排放。

5.1.4 事故或设备检修的排放液和冲洗废水，以及跑冒滴漏的溶液，应设收集处理或回用的设施。

5.1.5 向环境排放任何液态放射性物质之前应根据需要完成以下工作，并将结果书面报告审管部门：

1 确定拟排放物质的特性与活度及可能的排放位置和方法；

2 确定所排放的放射性核素可能引起公众照射的所有重要照射途径；

3 估计计划的排放可能引起的关键人群组的受照剂量。

5.1.6 有毒有害或含有腐蚀性物质废水的输送沟渠和地下管线检查井等，必须采取防渗漏和防腐蚀措施。上述废水严禁采用渗井、渗坑或废矿井排放。

5.1.7 大、中型建设项目的试验室、化验室的废水应进行处理。

5.1.8 大、中型建设项目的生活污水，宜根据当地条件进行处理。

5.1.9 职工医院的污水应净化处理。

5.2 采矿与选矿

5.2.1 采选联合企业在确定废水治理方案时，宜利用酸、碱废水中和，并应充分发挥尾矿库自净能力。

5.2.2 地下开采的矿坑水经净化处理后，宜返回生产使用；对含有重金属离子的酸性废水，经论证有回收价值时，应设回收处理的设施。

5.2.3 露天采矿场和废石场废水的处理，应符合下列规定：

1 当上述两项废水含有害物质时，应设集水设施，集中进入废水调节池（库）。废水池（库）必须防渗。场地周边的汇水面积较大时，应设环库截洪沟。

2 废水调节池（库）的设计容积还应包括沉积淤泥的容积和清泥措施。

3 废水处理工艺应综合考虑金属回收、以废治废或安全处置。

5.2.4 洗矿废水应沉降处理，并应根据废水中的金属和酸、碱含量，确定进一步处理和回用方案。

5.2.5 选矿厂的废水除部分返回生产使用外，宜排入尾矿库。尾矿库排放的废水，必须达到排放标准。

5.2.6 尾矿输送系统的事故设施的设计，应符合现行行业标准《选矿厂尾矿设施设计规范》（ZBJ 1）的规定。

6 固体废物污染防治

6.1 一般规定

6.1.1 有色金属工业固体废物应根据国家的有关规定，对其浸出的毒性、腐蚀性、放射性和急性毒性等进行定性鉴别；确定性质后，应采取相应的防治措施。

6.1.2 一般固体废物与危险废物不得混合装运与堆存。

6.1.3 危险废物贮存库与处置场设计应符合国家现行的有关规定。

6.1.4 固体废物综合利用的工艺，应技术可靠、经济合理，不产生新的污染源或虽有新污染源产生，但易于治理。

6.1.5 有综合利用可能但暂未利用的固体废物处置时，应为今后综合利用创造条件。

6.1.6 湿式除尘废水净化时，所产生的尘泥和石灰消化残渣，应利用或妥善处置。

6.1.7 含放射性物质的固体废物处置或用于生产建筑材料，应符合国家现行的有关规定。

6.1.8 处理含重金属废水所产出的泥渣，应回收利用或进行无害化处理。

6.1.9 锅炉煤渣和煤灰宜综合利用；暂时难于利用时，应送渣场堆放。

6.2 采矿与选矿

6.2.1 采矿废石场当其对下游有可能产生污染或形成灾害和水土流失时，必须进行稳定处理，防止发生滑坡和泥石流。

6.2.2 废石场和尾矿库必须按土地复垦设计，分期进行覆土植被。开采终了的露天采矿场和废矿井地表塌陷的区域，亦宜做土地复垦设计。

6.2.3 尾矿或废石宜用于地下开采矿山的充填。

6.2.4 铜矿山的废石宜采用堆浸方法回收铜。

7 生态环境保护与水土保持

7.1 一般规定

7.1.1 有色金属工业项目设计应严格执行有关水土保持的法律、法规，设计文件应有专门的生态环境保护和水土保持方案，并编写水土保持章（节）。

7.1.2 生态环境保护与水土保持工程内容应包括建筑工程、植物工程和临时工程。具体项目如下：

1 拦渣、挡土工程；

2 护坡工程：削坡开级、砌石或混凝土护坡、喷浆护坡、植物护坡和滑坡治理等；

3 土地整治：挖填后土地整治利用、废石场、尾矿库及渣场改造等；

4 防洪工程；

5 泥石流防治工程；

6 防风固沙工程；

7 绿化工程；

8 野生动物过境通道、涵洞；

9 其他相关工程及措施。

7.1.3 开发建设项目的生态环境保护及水土流失防治的具体责任范围，应与当地县级以上水土保持监督机构协商后确定，应包括下列内容：

1 征地范围、租地范围和土地使用管辖范围；

2 因该项目开发建设和生产活动而直接造成生态环境破坏及水土流失或受其直接影响的区域。

7.1.4 项目征用、管辖、租用土地范围内的原有生态破坏和水土流失应进行防治。基建期的场地平整、道路开挖、弃土（石）应统一规划，并减少对原土的扰动和植被破坏，且应采取护坡和排水沟等防止水土流失的措施。

7.1.5 矿山项目或在山区、丘陵区、风沙区建设冶炼项目和加工项目应编报水土保持方案。中型以上矿山和大型工厂建设项目应设专职的生态环境保护和水土保持管理和实施的人员。

7.1.6 需要编制水土保持方案的工程投资估（概）算，应列出生态环境保护及水土保持设施工程费、补偿费、生态环境调研费和水土流失监测费，其中水土保持补偿费的范围和定额应按当地的规定计算。

7.2 采矿与选矿

7.2.1 矿山开采过程中应防止滑坡、塌陷以及运输过程中矿物和物料的洒落。

7.2.2 废弃的矿井（坑）应采取防塌陷和防滑坡措施，并应恢复植被或进行土地整治和开发利用。

7.2.3 露天采场和废石场宜分期进行水土流失防治。

7.2.4 废石场（排土场）应根据地形坡度、所排岩土的物理力学性质、排土方式合理规划和设计拦渣坝（挡土墙）、排水沟，应保证边坡稳定，服务期满后应进行土地利用或恢复生态。

具有形成泥石流条件的排土场，应根据具体情况采取植被、稳坡、拦挡、排导和跨越等防治措施。

7.2.5 尾矿的输送系统应有事故池（井、槽）。尾矿库库容应满足项目服务年限的要求；堆积坝必须稳定，应有足够的沉积滩长和澄清距离；应防止尾矿粉尘污染环境。尾矿库服务期满后应复垦和开发利用。

7.2.6 矿山及厂区内部道路应根据需要设排水沟、涵洞和护坡，沿路应进行绿化。

8 噪声污染防治

8.0.1 有色金属工业厂界的噪声级，应按现行国家标准《工业企业厂界噪声标准》（GB 12348）的规定执行。

8.0.2 产生高噪声的有色金属工业项目，不得在居民区、医疗区和文教区等噪声敏感区域选择厂址。

8.0.3 产生高噪声的有色金属工业项目进行总平面设计时，应符合下列规定：

1 结合功能要求，应将生活区、行政办公区与生产区分开布置；

2 在满足生产工艺要求的条件下，高噪声车间和站房应与低噪声车间分开，并应远离厂界布置，其周围宜布置无降噪要求的辅助车间、仓库、料场等建筑与场所。

8.0.4 高噪声设备宜集中布置。有高噪声设备的厂房，其门、窗不宜朝向居民集中区；厂房内宜采取降低噪声的措施。

8.0.5 选择设备时，应选用低噪声设备；当达不到噪声标准时，应根据噪声源的特性及噪声传播方式，采取相应的隔声、吸声、消声、隔振、阻尼或综合控制措施。

8.0.6 产生空气动力性噪声为主的设备，应采取消声、隔声及阻尼措施。

8.0.7 产生机械振动性为主的设备，应采取隔振、隔声及阻尼措施。

8.0.8 产生电磁噪声为主的大型电机等设备，应采取隔声及隔振等措施。

8.0.9 对某些高噪声车间、站房、试验室和设备，当采取单一的隔声、吸声、消声措施不能达到噪声标准时，应采取含隔声、吸声、消声、隔振等综合控制措施。

8.0.10 降低鼓风机噪声，对单台机组宜采用负压式一带进风消声器的隔声罩；对多台机组宜采用负压式一带进风消声器或消声道和隔声门窗的隔声间。

8.0.11 降低空压机噪声，应在机组进、排气管路上设置消声器或消声坑，并应将空压机房设计成带有隔声门窗和通风消声的隔声间。

8.0.12 降低柴油发电机房噪声，应在机组排烟管路上设计抗性或以抗性为主的阻抗复合消声器，并应将机房设计成带有隔声门斗和进排风消声设施的隔声间，机房内宜布置消声体。

9 环境管理与监测

9.0.1 有色金属工业建设项目应按国家有关规定设置环境保护机构及专职人员，并应根据建设项目具体情况确定。

9.0.2 污染源和内外环境质量监测点的布置，应符合国家现行环境监测技术规范和环境影响报告书（表）的要求。污染物处理设施的进、出口和总排口应分别设置监测点。污染源监测点应设置采样和测试用的通道（或平台）、电源、防雨棚（或防雨罩）等设施。平台最小宽度为1m。设计应与相关工程同步。

9.0.3 气体管道的监测孔，宜布置在气流较稳定的管段。含尘气体的监测孔，宜布置在竖直管段。正压气体管道的监测孔，应有防喷措施。高温、高湿烟气管道的监测孔应保温。

9.0.4 污染源监测项目应根据建设项目的生产工艺特点、排放的主要污染物和特征污染物的性质，以及环境影响评价的要求来确定。

9.0.5 有条件时应设自动连续监测设施。大中型金属硫化矿火法冶炼项目的主要烟气排放源和单台容量大于等于14MW（20t/h）的锅炉，必须设置固定的烟尘、二氧化硫排放浓度连续监测装置。建设项目的污水总排放口应设置自动流量测量装置。

9.0.6 建设项目环境监测制度，应按经环境保护主管部门审批的建设项目环境影响报告书（表）中的环境监测计划执行。

9.0.7 地下水可能受到污染时，应在污染源上游、周侧、下游附近布置监测井，其位置应根据地下水活动规律确定。上游和周侧不宜超过100m。

9.0.8 环境监测的采样、分析方法应按国家现行标准、规范的规定执行。

中华人民共和国国家标准

固体矿产地质勘查规范总则

General requirements for solid mineral exploration

GB/T 13908—2002
代替 GB/T 13687—1992
GB/T 13688—1992
GB/T 13908—1992

前　言

本标准是根据 GB/T 17766—1999《固体矿产资源/储量分类》对 GB/T 13908—1992《固体矿产地质勘探规范总则》、GB/T 13688—1992《固体矿产详查总则》、GB/T 13687—1992《固体矿产普查总则》等三个标准进行修订，并合并为 GB/T 13908—2002《固体矿产地质勘查规范总则》。

本标准自实施之日起，代替 GB/T 13908—1992、GB/T 13688—1992、GB/T 13687—1992。

本标准的附录 A 是标准的附录，附录 B、附录 C 是提示的附录。

本标准由国土资源部提出。

本标准由全国地质矿产标准化技术委员会归口。

本标准起草单位：国土资源部储量司、咨询研究中心、评审中心、国家有色金属工业局、国家石油和化学工业局。

本标准起草人：邵厥年、严铁雄、宾德智、张文海、邓善德、田绍东、王炳铨、甘先平。

本标准委托国土资源部储量司负责解释。

1 范围

本标准规定了固体矿产地质勘查的目的任务、勘查工作、可行性评价工作、矿产资源/储量类型条件、矿产资源/储量估算等。

本标准适用于固体矿产地质勘查各阶段的总体工作部署；可作为评审、验收固体矿产地质勘查成果的总要求；也是制定各类（种）固体矿产地质勘查规范、规定、指南的总原则；还可作为矿业权转让、矿产勘查开发筹资、融资、股票上市等活动中评价、估算矿产资源/储量的依据。

2 引用标准

下列标准所包含的条文，通过在本标准中引用而构成为本标准的条文。本标准出版时，所示版本均为有效。所有标准都会被修订，使用本标准的各方应探讨使用下列标准最新版本的可能性。

GB/T 17766—1999　固体矿产资源/储量分类

3 矿产勘查的目的任务

矿产勘查最终的目的是为矿山建设设计提供矿产资源/储量和开采技术条件等必需的地质资料，以减少开发风险和获得最大的经济效益。

固体矿产勘查工作分为预查、普查、详查、勘探4个阶段。

3.1 预查是通过对区内资料的综合研究、类比及初步野外观测、极少量的工程验证，初步了解预查区内矿产资源远景，提出可供普查的矿化潜力较大地区，并为发展地区经济提供参考资料。

3.2 普查是通过对矿化潜力较大地区开展地质、物探、化探工作和取样工程，以及可行性评价的概略研究，对已知矿化区作出初步评价，对有详查价值地段圈出详查区范围，为发展地区经济提供基础资料。

3.3 详查是对详查区采用各种勘查方法和手段，进行系统的工作和取样，并通过预可行性研究，作出是否具有工业价值的评价，圈出勘探区范围，为勘探提供依据，并为制定矿山总体规划、项目建议书提供资料。

3.4 勘探是对已知具有工业价值的矿区或经详查圈出的勘探区，通过应用各种勘查手段和有效方法，加密各种采样工程以及可行性研究，为矿山建设在确定矿山生产规模、产品方案、开采方式，开拓方案、矿石加工选冶工艺、矿山总体布置、矿山建设设计等方面提供依据。

4 矿产勘查工作

4.1 矿产勘查内容

包括勘查区地质、矿体地质、开采技术条件、矿石加工技术性能和综合评价等。

4.1.1 勘查区地质

搜集、研究与成矿有关的地层、构造、岩浆岩、变质岩、围岩蚀变等区域地质和矿区地质资料，对砂矿床还包括第四纪地质及地貌特征。

地层：应划分地层层序、岩性组合、岩相分带，确定含矿层位。对沉积矿产应研究含矿层的岩性组合、物质组成以及沉积环境与成矿关系等。

构造：应对控制或破坏矿床的主要构造进行研究，了解其空间分布、发育程度、先后次序及分布规律等。

岩浆岩：对与成矿有关的岩浆岩应了解或查明其岩类、岩相、岩性、演化特点及其与成矿的关系等。

变质岩：对变质矿床应了解或研究变质作用的性质、强度、影响因素、相带分布特点及其对矿床形成或改造的影响。

围岩蚀变：应了解或研究矿床的围岩蚀变种类、规模、强度、矿物组成、分带性及其与成矿的关系。

4.1.2 矿体地质

矿体特征：应研究或控制矿体分布范围、数量、规模、产状、空间位置及形态、相互间关系及氧化带（风化带）的范围等；研究围岩、夹石的岩性、产状、形态等；研究成矿后断层对矿体的破坏情况，找出矿体的对比标志，使其合理地有依据的连接。

矿石特征：包括矿石物质组成和矿石质量特征。

矿石物质组成：包括矿物组成及主要矿物含量、结构、构造、共生关系、嵌布粒度及其变化和分布特征；应划分矿石自然类型，矿石的蚀变和泥化特征，并研究各类型的性质、分布、所占比例及对加工、选冶性能试验的影响。

矿石质量特征：包括矿石的化学成分，有用组分、有益和有害组分含量、可回收组分含量、赋存状态、变化及分布特征；依据矿石的工艺性质及当前生产技术条件，划分矿石工业类型和品级，不同类型变化规律和所占比例，非金属矿产及固体燃料矿产，可据用途要求选择测定项目，用以确定该矿产的类型、品级。

4.1.3 开采技术条件

水文地质条件研究：调查矿区地下水的补给、径流、排泄条件，确定其汇水边界；查明含（隔）水层的分布、含水性质、构造破坏与含水层间的水力联系情况，主要构造破碎带、岩溶发育带与风化带的分布及其导水性，主要充水含水层的含水性及储水性、与矿层（体）的相对位置、连通其他含水层及地表水体和老窿水的情况，地下水的水头高度、水力坡度、径流场特征与动态变化，地表水体的分布、水文特征、连通主要充水含水层的可能途径及其对矿床开采的影响；确定矿床主要充水因素、充水方式和途径，建立水文地质模型，结合矿床可能的开拓方案，估算矿坑开拓水平的正常和最大涌水量以及矿区总涌水量。

调查矿区及其相邻地区的供水水源条件，结合矿山排水对矿山供水问题及排供结合的可能性进行综合评价，指出矿山供水水源方向。缺水地区，应对矿坑涌水的利用价值进行评价。

工程地质条件研究：研究矿床开采区矿体及围岩的物理力学性质，岩体结构及其结构面发育程度、组合关系，评价岩体质量，调查影响矿床开采的不良工程地质岩组（风化层、软弱层、构造破碎带）的性质、产状与分布特征，结合矿山工程需要，对露天采矿场边坡的稳定性或井巷围岩及溶（熔）腔的稳固性作出初步评价，指出可能发生工程地质问题的地质体或不良地段。

环境地质研究：研究区域稳定性，矿区内历次地震活动强度及所在地区的地震烈度，老窿的分布范围、充填情况，在可能的情况下，圈定老窿（采空区）界限。查明矿区内崩塌、滑坡、泥石流、山洪、地热等自然地质作用的分布、活动性及其对矿床开采的影响，调查矿区存在的有毒（砷、汞……）、有害（热、瓦斯、游离二氧化硅等）及放射性物质的背景值，对矿床开采可能造成的危害进行评价。

预测矿床疏干排水影响范围，对影响区内的生产、居民生活可能造成的影响和对生态环境、风景名胜区可能构成的危害作出评价，提出防治意见。

结合采矿工程，对矿床开采可能引起的地面变形破坏（地面沉降、开裂、塌陷、崩塌、泥石流等）范围，采选矿废水排放对附近水体的污染进行预测和评价，对采矿废石的堆放与处置、利用提出建议。

适于水溶、热熔、酸浸、碱浸、气化开采的矿床以及多年冻土矿床，应针对其勘查的特殊要求开展工作，具体要求在矿产分类规范中予以明确。

4.1.4 矿石加工选冶技术性能试验

根据试验的目的、要求、程度、其成果在生产实践中的可靠性，矿石加工选冶试验可分为可选（冶）性试验、实验室流程试验、实验室扩大连续试验、半工业试验、工业试验 5 类。

非金属矿产的选矿加工技术试验是为了获取某些物理的技术工艺性能或特殊要求。

煤的选矿加工技术试验主要是通过筛分、浮沉及工艺性能试验，了解煤的可选性及加工工艺特性。

试验工作应根据矿产勘查阶段、由浅入深循序渐进。具体要求按有关规范执行。

4.1.5 综合评价

在勘查主矿产的同时，对于达到一般工业指标要求、又具有一定规模的共生矿产或伴生的其他矿产，应进行综合评价。对同体共生矿，应综合考虑，整体勘查，运用综合指标圈定矿体；对异体共生矿，应利用勘查主矿产的工程进行控制，其控制程度，视具体情况确定。

应据地质条件、产出特征、共伴生关系、价值大小、需求程度、开发利用的可能性等条件，对市场适销对路、经济价值较大、并能同时开采的共生矿，尤其是位于首采地段或露采境界内的共生矿，应加强综合评价。对伴生矿产，据经济价值和经济效益，确定其评价程度。

4.1.6 放射性检查

一般矿产应做放射性检查，对于放射性矿产，在各勘查阶段均应按规范要求开展放射性测量工作。

4.2 矿产勘查的控制要求

4.2.1 勘查类型确定和划分

划分勘查类型是为了正确选择勘查方法和手段，合理确定勘查工程间距，对矿体进行有效的控制和圈定。

应根据矿体规模、矿体形态复杂程度、内部结构复杂程度、矿石有用组分分布的均匀程度、构造复杂程度等主要地质因素确定勘查类型。

矿床勘查类型确定应以一个或几个主矿体为主，对于巨大矿体也可根据不同地段勘查的难易程度，分段确定勘查类型。

按矿床地质特征将勘查类型划分为简单（Ⅰ类型）、中等（Ⅱ类型）、复杂（Ⅲ类型）3个类型。由于地质因素的复杂性，允许有过渡类型存在。

按矿床开采技术条件分类：应遵循水文地质、工程地质、环境地质相统一、突出重点的原则，将矿床开采技术条件的类型分为3类9型。即开采技术条件简单的矿床（1类）、开采技术条件中等的矿床（Ⅱ类）、开采技术条件复杂的矿床（Ⅲ类），除Ⅰ类只有Ⅰ型外，Ⅱ、Ⅲ类中又按主要影响因素分为4型，即以水文地质问题为主的矿床（Ⅱ-1、Ⅲ-1型），以工程地质问题为主的矿床（Ⅱ-2、Ⅲ-2型），以环境地质问题为主的矿床（Ⅱ-3、Ⅲ-3型）和复合型的矿床（Ⅱ-4、Ⅲ-4型），见附录B（提示的附录）。

4.2.2 工程间距确定原则

工程间距是指最相邻勘查工程控制矿体的实际距离，其间距应根据反映矿床地质条件复杂程度的勘查类型来确定。首先要看矿体的整体规模，并结合其主要因素确定工程间距，即使是分段勘查，也要从整体规模入手。不同地质可靠程度、不同勘查类型的勘查工程间距，视实际情况而定，不限于加密或放稀一倍。当矿体沿走向和倾向的变化不一致时，工程间距要适应其变化；矿体出露地表时，地表工程间距应比深部工程间距适当加密。

工程间距通常采用与同类矿床类比的办法确定。也可根据已完工的勘查成果，运用地质统计学的方法或用SD法确定，见附录C（提示的附录）。

由于矿床的形成条件各异，勘查工程间距的确定应充分考虑矿床自身特点，并应在施工过程中进行必要的调整。各矿种（类）勘查规范可制定相应的参考工程间距要求。

4.2.3 工程布置、施工原则、控制程度

工程布置：应根据矿体地质特征和矿山建设的需要，参考同类矿床勘查的经验进行。一般情况下，地表应以槽井探为主，浅钻工程为辅，配合有效的物探、化探方法，深部应以岩心钻探为主；当地形有利或矿体形态复杂～极复杂、物质组分变化大时，应以坑探为主配以钻探；当采集选矿大样时，也可动用坑探工程；对管条状和形态极复杂的矿体应以坑探为主。若钻探所获地质成果与坑探验证成果相近，则不强求一定要投入较多的坑探工程，可以钻探为主配合坑探进行。坑探应以脉内沿脉为主，当沿脉坑道未能揭露矿体全厚时，应以相应间距的穿脉配合进行。

施工原则：应按照由已知到未知、由表及里、由浅入深、由稀到密的原则进行，基准孔、

参数孔、沿走向和倾向的主导剖面应优先施工。各阶段工程布置应考虑后续勘查和开发工作的衔接。

控制程度：首先应控制勘查范围内矿体的总体分布范围、相互关系。对出露地表的矿体边界应用工程控制。对基底起伏较大的矿体、无矿带、破坏矿体及影响开采的构造、岩脉、岩溶、盐溶、泥垄、泥柱、老窿、划分井田的构造等的产状和规模要有控制。对与主矿体能同时开采的周围小矿体应适当加密控制。对拟地下开采的矿床，要重点控制主要矿体的两端、上下界面和延伸情况。对拟露天开采的矿床要注重系统控制矿体四周的边界和采场底部矿体的边界。对主要盲矿体应注意控制其顶部边界。对矿石质量稳定、埋藏较浅的沉积矿产，应以地表采样工程为主，深部施工少量工程以验证矿石质量。

4.3 矿产勘查各阶段要求

4.3.1 预查

全面收集调查区内的地质、矿产、物探、化探、遥感、重砂、探矿工程等各种有关信息及研究成果，并运用新理论新方法进行深入的综合分析研究。

对有希望的地区，应选择几条路线，进行比例尺为 1∶50000 或 1∶25000 的路线地质踏勘，辅以有效的物探、化探方法，并选择有代表性的异常进行Ⅱ～Ⅲ级查证，圈出可供普查的矿化潜力较大地区。

对发现的矿（化）点或经类比认定为矿引起的异常及有意义的地质体进行研究，与地质特征相似的已知矿床从基本特征、成矿地质条件等方面进行类比、预测，必要时可投入极少量工程进行追索、验证，采集测试样品。

寻找的矿产与地表（下）水关系密切时，应收集、分析区域水文地质、工程地质资料，为开展下步工作提供设计依据。

应圈出预测矿产资源范围，当有估算资源量的必要参数时，可以估算预测的资源量。

4.3.2 普查

通过 1∶25000～1∶50000 比例尺的地质填图和露头检查，对区内地质特征的查明程度应达到相应比例尺的精度要求，成矿地质条件达到大致查明程度。

通过 1∶10000～1∶2000 比例尺地质填图和有效的物探、化探、遥感、重砂等方法手段及数量有限的取样工程，大致控制主要矿体特征，地表要用取样工程稀疏控制，深部要有工程证实，不要求系统工程网度；大致查明矿石的物质组成、矿石质量，并进行相应的综合评价。对物探、化探异常进行Ⅰ～Ⅱ级验证。

大致了解开采技术条件，包括区域和测区范围内的水文地质、工程地质、环境地质条件，为详查工作提供依据。对开采条件简单的矿床，可依据与同类型矿山开采条件的对比，对矿床开采技术条件作出评价；对水文地质条件复杂的矿床，应进行适当的水文地质工作，了解地下水埋藏深度、水质、水量以及近矿围岩强度等。

对已发现的矿产，应与邻区同类型已开采矿山，从矿石物质组成、主要矿石矿物、脉石矿物、结构构造、嵌布特征、粒度大小、有害组分及影响选冶条件等因素进行全面的对比，并就矿石加工选冶的性能作出概略评述。对无可类比的或新类型矿石应进行可选（冶）性试验或实验室流程试验，为是否值得进一步工作提供依据。对饰面石材还应作出“试采”检查。

依据普查所获得的地质矿产资料及国内、外市场情况，进行概略研究，研究有无投资机会，是否值得转入详查，并采用一般工业指标估算资源量。

4.3.3 详查

通过：1∶10000～1∶2000 地质填图，基本查明成矿地质条件，描述矿床的地质模型。

通过系统的取样工程、有效的物探、化探工作，控制矿体的总体分布范围，基本控制了主矿体的矿体特征、空间分布，基本确定了矿体的连续性；基本查明矿石的物质组成、矿石质量；对可供综合利用的共、伴生矿产，进行相应的综合评价。

对矿床开采可能影响的地区（矿山疏排水水位下降区、地面变形破坏区、矿山废弃物堆放场及其可能污染区）开展详细水文地质、工程地质、环境地质调查，基本查明矿床的开采技术条件。选择代表性地段对矿床充水的主要含水层及矿体围岩的物理力学性质进行试验研究，初步确定矿床充水的主（次）要含水层及其水文地质参数、矿体围岩岩体质量及主要不良层位，估算矿坑涌水量，指出影响矿床开采的主要水文地质、工程地质、环境地质问题；对矿床开采技术条件的复杂性作出评价。

对矿石的加工选冶性能进行试验和研究，易选的矿石可与同类矿石进行类比，一般矿石进行可选性试验或实验室流程试验，难选矿石还应作实验室扩大连续试验。饰面石材还应有代表性的试采资料。直接提供开发利用时，试验程度应达到可供设计的要求。

在详查区内，依据系统工程取样资料，有效的物探、化探资料以及实测的各种参数，用一般工业指标圈定矿体，选择合适的方法估算相应类型的资源量，或经预可行性研究，分别估算相应类型的储量、基础储量、资源量。为是否进行勘探决策、矿山总体设计、矿山建设项目建议书的编制提供依据。

4.3.4 勘探

通过1∶10000～1∶2000（必要时可用1∶500）比例尺地质填图，加密各种取样工程及相应的工作，详细查明成矿地质条件及内在规律，建立矿床的地质模型。

详细控制主要矿体的特征、空间分布；详细查明矿石物质组成、赋存状态、矿石类型、质量及其分布规律；对破坏矿体或划分井田等有较大影响的断层、破碎带，应有工程控制其产状及断距；煤炭第一水平范围内的古河流冲刷、古隆起、较大陷落柱应有工程控制；对首采地段主矿体上、下盘具工业价值的小矿体，应一并勘探，以便同时开采；对可供综合利用的共、伴生矿产，应进行综合评价，共生矿产的勘查程度应视该矿种的特征而定。异体共生的应单独圈定矿体，同体共生的需要分采分选时也应分别圈定矿体或矿石类型。

对影响矿床开采的主要水文地质、工程地质、环境地质问题要详细查明。通过试验，获取计算参数，结合矿山工程计算首采区、第一开采水平的矿坑涌水量，预测下一开采水平的涌水量；预测不良工程地质和问题；对矿山排水、开采区的地面变形破坏、矿山废水排放与矿渣堆放可能引起的环境地质问题作出评价；未开发过的新区，应对原生地质环境作出评价；老矿区则应针对已出现的环境地质问题（如放射性、有害气体、各种不良自然地质现象的展布及危害性）进行调研，找出产生和形成条件，预测其发展趋势，提出治理措施。

在矿区范围内，针对不同的矿石类型，采集具有代表性的样品，进行加工选冶性能试验。可类比的易选矿石应进行实验室流程试验，一般矿石在实验室流程试验基础上，进行实验室扩大连续试验，难选矿石和新类型矿石应进行实验室扩大连续试验，必要时进行半工业试验。

勘探时未进行可行性研究的，可依据系统工程及加密工程的取样资料、有效的物探、化探资料及各种实测的参数，用一般工业指标圈定矿体，并选择适合的方法，详细估算相应类型的资源量；进行了预可行性研究或可行性研究的，可根据当时的市场价格论证后所确定的、由地质矿产主管部门下达的正式工业指标圈定矿体，详细估算相应类型的储量、基础储量和资源量，为矿山初步设计和矿山建设提供依据。探明的可采储量应满足矿山返本付息的需要。

4.4 勘查工作质量

各项勘查工作都应执行相应规范、规定，保证质量要求。对勘查工作中出现的所有质量问题，都应该客观、详实地反映和评价，不允许用平均数来掩饰质量问题。

4.4.1 地形及工程测量

地形测量和勘查工程测量应采用全国通用的坐标系统和最新的国家高程基准点进行。对于边远地区小矿，周围没有可供联测的全国坐标系统基准点时，可采用全球卫星定位系统（GPS）提供的当地数据，建立独立坐标系统测图。但必须详细说明所采用定位仪器的型号、定位的时间、程序、精度。测量的精度要求，应按有关规范执行。不同比例尺的勘探线剖面应当是实测剖面。

4.4.2 地质填图

不论哪种比例尺的地质填图，都应以地质观察为基础，其精度要求应按同比例尺地质测量规范要求。大比例尺地质填图是为矿产勘查、矿山建设设计服务的，比例尺的选择应以矿床的矿体规模、形态复杂程度以及各勘查阶段的要求为依据。地质点要布设在界线上或有特殊意义的地方，用仪器法展绘到图上。对于薄矿体（层）、标志层及其它有特殊意义的地质现象，必要时应扩大表示。

4.4.3 水文地质、工程地质、环境地质工作

各种比例尺的水文地质、工程地质测量和环境地质调查，均应符合相应比例尺规范的要求和相应勘查阶段对矿区水文地质、工程地质、环境地质工作的要求。专门水文地质工作及岩矿石物理力学性质测定样的测试都应满足有关规定、规范的要求，以保证工作成果的可靠性。

4.4.4 物探、化探工作

各种比例尺的地球物理测量、地球化学测量的质量，都应符合相应比例尺规范的要求。各项测试数据应准确、可靠。

4.4.5 探矿工程

对覆盖层小于 3m 的浅部矿体可使用探槽、浅坑，大于 3m 应采用浅井。钻探工程的质量应符合钻探规程的要求，矿芯及顶、底板 3～5m 范围内的岩石及标志层和全孔岩芯采取率不得低于规程规定或勘查设计的要求。当厚大矿体连续 5m 低于要求时，应立即采取补救措施。钻孔（井）进出矿体应测顶角、方位角，丈量孔深。钻孔实际出矿点偏离设计出矿点的垂直勘探线距离，应视矿床具体情况而定。砂钻严禁超套管采样，开孔、穿矿、终孔应测钻头内径。坑探工程应按坑探规程或设计要求进行。

4.4.6 采样及测试（含加工选冶试验样品）

必须严格执行采样规范的要求，不得混样、错号，严禁选择性采样。难以识别的矿石或可能矿化地段，应连续取样。煤质采样要根据不同煤类及其可能的工业用途、煤质主要指标的变化程度来确定。砂矿样的淘洗、称重按有关规范执行。金属、非金属矿产样品加工应严格遵循切乔特公式，样品加工重量总损失率不大于 5%。样品分析、测试，应由国家认证的有资质的化验单位承担，严格执行操作规程和质量标准。内检样品必须由送样单位编密码、送原分析单位进行验证。外检样亦编密码，附原分析方法的说明，送指定实验室进行外检。具体要求应按有关规范执行。

加工选冶试验样品的采取，要考虑矿石类型、特征及代表性，能分采的应分类型采集。实验室流程试验样和扩大连续试验样在采集前应与试验单位共同编制采样设计，在采集时还要考虑到开采时矿石的贫化。样品主要组分含量应低于所代表的矿石类型的平均品位。当矿石中有共、伴生有用组分时，采样时应一并考虑。加工选冶试验的各环节都必须符合规范、规程的要求。

4.4.7 地质编录、综合整理

必须严格执行有关规范的要求。原始地质编录要在现场进行，应及时、准确、客观、齐全，

综合整理要运用新理论、新方法，全面、深入的分析研究。鼓励使用计算机辅助野外采集系统，凡能用计算机成图、成表的资料，都应按标准化表格内容的要求填写。工程、采样、测试、编录的质量问题及矿体、矿石质量的异常变化，应如实在报告中一一反映。

5 可行性评价工作

为适应市场经济发展的需要，使矿产勘查工作与矿山建设紧密衔接，减少矿产勘查和矿山开发投资的风险，提高矿产勘查和开发的经济、社会效益。在普查、详查和勘探3个阶段，都应进行相应的可行性评价工作。可行性评价包括概略研究、预可行性研究和可行性研究三个阶段。

5.1 概略研究

是对矿床开发经济意义的概略评价。通常是在收集分析该矿产资源在国内、外市场供需状况的基础上，分析已取得的地质资料，类比已知矿床，推测矿床规模、矿产质量和开采利用的技术条件，结合矿区的自然经济条件、环境保护等，以我国类似企业的技术经济指标或按扩大指标对矿床作出技术经济评价。从而为矿床开发有无投资机会、是否进行详查阶段工作、制定长远规划或为工程建设规划的决策提供依据。

一般普查阶段应做概略研究，详查或勘探阶段的矿床，也可只进行概略研究。

5.2 预可行性研究

是对矿床开发经济意义的初步评价。预可行性研究需要比较系统地对国内外该种资源、储量、生产、消费进行调查和初步分析；还需对国内外市场的需要量、产品品种、质量要求和价格趋势作出初步预测。根据矿床规模和矿床地质特征以及矿区地形地貌，借鉴类似企业的实践经验，初步研究并提出项目建设规模、产品种类，矿区总体建设轮廓和工艺技术的原则方案；参照价目表或类似企业开采对比所获数据估算的成本，初步提出建设总投资、主要工程量和主要设备等，进行初步经济分析，并估算不同的矿产资源/储量类型。

通过国内、外市场调查和预测资料，综合矿区资源条件、工艺技术、建设条件、环境保护以及项目建设的经济效益等各方面因素，从总体上、宏观上对矿山建设的必要性，建设条件的可行性以及经济效益的合理性作出评价，为是否进行勘探阶段地质工作以及推荐项目和编制项目建议书提供依据。

预可行性研究应在详查工作的基础上进行。

5.3 可行性研究

是对矿床开发经济意义的详细评价。可行性研究首先需要认真对国内外该矿种资源、储量、生产和消费进行调查、统计和分析；对国内外市场的需要量、产品品种、质量要求、价格、竞争能力进行分析研究和预测。工作中对资源（或原料）条件要认真进行分析研究；充分考虑地质、工程、环境、法律和政府的经济政策的影响，对企业生产规模、开采方式、开拓方案、选冶工艺流程、产品方案、主要设备的选择、供水供电、总体布局和环境保护等方面，进行深入细致的调查研究、分析计算和多方案进行比较，并依据评价当时的市场价格、确定投资、生产经营成本、销售收入、利润和现金流入、流出等。项目的技术经济数据能满足投资有关各方的审查、评价需要。从而得出拟建工程是否应该建设以及如何建设的基本认识。

通过可行性研究的论证和评价，为上级机关或主管部门投资决策，确定工程项目建设计划等提供依据。

可行性研究应在勘探工作基础上进行。

6 矿产资源/储量分类及类型条件

6.1 矿产资源/储量分类

根据矿产资源/储量的经济意义、可行性评价和地质可靠程度，将固体矿产资源/储量分为储量、基础储量和资源量三大类 16 种类型。[见附录 A（标准的附录）]

6.1.1 储量

经过详查或勘探，达到了控制的或探明的程度，在进行了预可行性或可行性研究，扣除了设计和采矿损失，能实际采出的数量，经济上表现为在生产期内，每年的平均内部收益率高于行业基准内部收益率。储量是基础储量中的经济可采部分，又可分为可采储量（111）、探明的预可采储量（121）及控制的预可采储量（122）3 个类型。

6.1.2 基础储量

经过详查或勘探，达到控制的和探明的程度，在进行了预可行性或可行性研究后，经济意义属于经济的或边际经济的那部分矿产资源。基础储量又可分为两部分：经济基础储量和边际经济的基础储量。经济基础储量是每年的内部收益率大于行业基准内部收益率，并扣除设计和采矿损失之前的那部分。可分为 3 个类型，探明的（可研）经济基础储量（111b），探明的（预可研）经济基础储量（121b）、控制的经济基础储量（122b）。边际经济基础储量，其平均内部收益率介于行业基准内部收益率与零之间的那部分，也有 3 个类型，即探明的（可研）边际经济基础储量（2M11）、探明的（预可研）边际经济基础储量（2M21）、控制的边际经济基础储量（2M22）。

6.1.3 资源量

可分为三部分，即内蕴经济资源量、次边际经济资源量和预测资源量。

内蕴经济资源量。即自普查至勘探，地质可靠程度达到了推断的至探明的，但可行性评价工作只进行了概略研究，尚分不清其真实的经济意义，统归为内蕴经济资源量。可细分为 3 个类型：探明的内蕴经济资源量（331）、控制的内蕴经济资源量（332）、推断的内蕴经济资源量（333）；

次边际经济的矿产资源量。即经过详查、勘探的成果，进行了预可行性、可行性研究后，其内部收益率呈负值，在当时开采是不经济的，只有在技术上有了很大进步、产品能大幅度降低成本或大幅度降价时，才能使其变为经济的那部分矿产资源。也分为 3 个类型：探明的（可研）次边际经济资源量（2S11）、探明的（预可研）次边际经济资源量（2S21）、控制的次边际经济资源量（2S22）；

预测的矿产资源。即经过预查工作，依据已有资料分析、类比、估算的资源量（334），也是资源量的一种，属潜在矿产资源。

6.2 矿产资源/储量类型条件

6.2.1 可采储量（111）

在勘探地段内，达到了探明的程度，详细圈定了矿体的三维空间，肯定了矿体的连续性，排除了多解性；矿石的物质组成、矿石质量都已详细查明；开采技术条件和影响开采的各种因素也已详细查明；对共、伴生组分进行了综合评价；矿石加工选冶性能试验的成果可供矿山建设设计利用。

经可行性研究，在对矿床的开采、选冶、经济、市场、法律、环境、社会和政府因素的研究，并扣除了受这些因素影响而不能开采的部分后，被证实为在当时开采是经济的那部分即谓可采储量（111），可供矿山建设设计利用。地质和可行性评价的可信度高。

6.2.2 探明的预可采储量（121）

在勘探地段内，达到了探明的程度，但仅作了预可行性研究，在扣除了因开采、选冶、经济、市场、法律、环境、社会和政府等多种因素影响而不能开采的部分后即探明的预可采储量。它只是用于从总体上、客观上对项目建设的必要性、建设条件的可行性以及经济效益的合理性进行研究和论证。地质可信度高，可行性评价结果的可信度一般。

6.2.3 控制的预可采储量（122）

在详查地段内，达到了控制的程度，圈定了矿体的三维空间，基本确定了矿体的连续性，排除了大的多解性；基本查明了矿石物质组成、矿石质量；对矿石中的共伴生有用组分进行了综合评价；对易选矿石的可选性进行了类比，一般矿石作了实验室流程试验，新类型或难选矿石作了实验室扩大连续试验，其成果可供评价矿石是否具有工业价值。

经预可行性研究，并扣除了因各种因素的影响而不能采的部分后即为控制的预可采储量。地质可信度较高，可行性评价的可信度一般。

6.2.4 探明的（可研）经济基础储量（111b）

在达到勘探阶段要求的勘探地段，地质可靠程度和经济意义同 6.2.1 所述，其中包括了可采储量。即经可行性研究后属经济的，是未扣除设计、采矿损失的部分。

6.2.5 探明的（预可研）经济基础储量（121b）

在勘探地段内，达到勘探阶段探明的程度，预可行性研究认定为是经济的，是未扣除设计、采矿损失的部分。

6.2.6 控制的经济基础储量（122b）

在详查地段内，达到了详查阶段控制的程度，经预可行性研究认定为是经济的，是未扣除设计、采矿损失的部分。

6.2.7 探明的（可研）边际经济基础储量（2M11）

在勘探地段内，达到探明的程度，经可行性研究，按评价时的市场价格估算为边际经济的。开采这部分矿产资源，其内部收益率在生产期内年平均大于 0，小于行业内部基准收益率。未扣除设计、采矿损失的部分。

6.2.8 探明的（预可研）边际经济基础储量（2M21）

在勘探地段内，达到探明的程度，经预可行性研究证实，用适合评价当时市场价格的指标进行估算时，年平均内部收益率大于 0，小于行业内部基准收益率，没有扣除设计和采矿损失的部分。

6.2.9 控制的边际经济基础储量（2M22）

在详查地段内，达到控制的程度，预可行性研究证实，用适合评价当时市场价格的指标进行估算时，年平均内部收益率大于 0，小于行业内部基准收益率，没有扣除设计和采矿损失的部分。

6.2.10 探明的（可研）次边际经济资源量（2S11）

在勘探地段内，达到探明的程度，可行性研究证实其依据评价当时的市场价格估算、年均内部收益率呈负值的那部分资源量。

6.2.11 探明的（预可研）次边际经济资源量（2S21）

在勘探地段内，勘查程度和可行性评价达到如 6.2.2 所述，预可行性研究证实，评价当时年均内部收益率呈负值的那部分资源量。

6.2.12 控制的（预可研）次边际经济资源量（2S22）

在详查地段内，达到控制的程度，预可行性研究证实，评价当时年均内部收益率呈负值的那部分资源量。

6.2.13 探明的内蕴经济资源量（331）

在勘探地段内，达到探明的程度，未进行可行性研究或预可行性研究，只依据我国同类矿山企业多年生产经验所确定的各项指标，进行了概略研究，尚无法确定其经济意义的那部分资源量。

6.2.14 控制的内蕴经济资源量（332）

在详查地段内，达到控制的程度，进行了概略研究，尚无法确定其经济意义的那部分资源量。

6.2.15 推断的内蕴经济资源量（333）

在普查地段内，达到推断的程度，对矿体在地表或浅部沿走向有工程稀疏控制，沿倾向有工程证实，并结合地质背景、矿床成因特征和有效的物、化探成果推断、不受工程间距的限制，进行了概略研究，尚无法确定其经济意义的那部分资源量。

6.2.16 预测的资源量（334）

在预查区内，综合各方面的资料分析、研究和极少量的工程验证，通过已知矿床的类比，有足够的数据所估算的资源量。各项参数都是假设的，属潜在矿产资源，经济意义未确定。

7 矿产资源/储量估算

7.1 工业指标

依据保护和合理利用矿产资源的方针以及国家经济政策、科技水平和经济效益所确定的，由矿石质量（化学的或物理的）指标和矿床开采技术条件两部分组成。预查、普查时，可用一般工业指标进行圈定和估算。详查、勘探所用指标通常应结合预可行性研究或可行性研究，依据当时的市场价格论证、确定的工业指标进行圈定和估算。供矿山建设设计利用所需的工业指标，应严格按国家规定的程序制定、下达。

7.2 矿产资源/储量估算一般原则

7.2.1 应按矿体、块段、矿产资源/储量类型、能分采的矿石类型、品级及不同工业用途分别估算矿产资源/储量。

7.2.2 已查明赋存状态，达到工业指标要求、具一定规模可以综合回收的共生矿产，应分别估算矿产资源/储量。有经济效益的伴生组分，也应分别估算矿产资源/储量。

7.2.3 参与矿产资源/储量估算的各取样工程、样品采集、加工、测试质量均应符合有关规范、规程及规定的要求。

7.2.4 矿体、不同矿石类型、品级的圈定，应遵循矿床自身的地质规律。矿体任意位置圈连的厚度，不得大于相邻地段工程实际控制的矿体厚度。厚大且能连片的低品位矿石，应单独圈定。边缘见矿工程的控制范围，应根据矿床地质变量的变化特征、影响范围来确定。当边缘见矿工程出现薄而富的矿体时，可根据米百分值或米克/吨值，以该工程为截止点圈连矿体。

7.2.5 参与矿产资源/储量估算的参数一般包括面积、品位、厚度、体重等。详查、勘探阶段所用参数应是实际测定的，不论在数量上还是分布上，均应有代表性，数据要准确可靠。

面积：可用求积仪或几何图形法、坐标计算法等多种方法求得。面积测定时，不得少于两次，当两次的差值不大于 2%时，取均值。几何图形法要求图形尽可能简单，采用图件的比例尺视矿体规模而定，一般为 1∶1000。参与估算的面积应扣除采空区的面积。

品位：平均品位的计算，当样长不均匀时，或影响品位的其他因素不均匀时，以加权平均法求取，反之可用算术平均法。用几何图形法估算矿产资源/储量，当遇有特高品位存在时，应先处理特高品位，再求平均品位。特高品位值一般取矿体平均品位的 6～8 倍来衡量。当矿体品位变化系数大时采用上限值，变化系数小时采用下限值。其处理方法是用特高品位所影响块段的平均品位或单工程平均品位（厚度较大时）代替。用 SD 储量计算法时，用削减值代替特高品位，置于原始数据中参与计算。

厚度：一般用算术平均法求取平均厚度，但厚度的选取要视计算方法而定。用纵投影面积时，应计算平均水平厚度；用水平投影面积时，应计算平均垂直厚度，用真面积计算时，应计算平均真厚度。对于厚度变化很大的矿床，遇到特大厚度，应先进行特大厚度的处理，然后再求平均厚度。当工程分布很不均匀时，可据影响长度或面积加权。

体重：应分矿石类型或品级采集体重样。致密块状矿石采集小体重样。每种矿石类型不得少于 30 块；松散矿石则应采集大体重样，且不得少于 3～4 个；裂隙较发育的块状矿石，除按上述数量采集小体重样外，还应采集 2～3 个大体重样，对体重值进行校正，再参与矿产资源/储量估算。对于湿度较大的矿石，应采样测定湿度，当湿度大于 3%时，体重值应进行湿度校正。

对于一些具有特殊性能的矿产，在估算矿产资源/储量时，应充分考虑其特殊的参数。如砂矿常用的松散系数，淘洗系数，砾石系数，石灰岩、白云岩矿床的岩溶率，汞矿的含矿系数等。

7.3 矿产资源/储量估算方法的选择

估算方法的选择，要根据矿床自身的特点，并结合勘查工作实际，以有效、准确、简便、能满足要求为依据。

估算矿产资源/储量的方法主要有几何图形法、地质统计学法和 SD 储量计算法（简称 SD 法）等。

几何图形法：是将矿体空间形态分割成较简单的几何形态，将矿石组分均一化，估算矿体的体积、平均品位、矿石量、金属量等。这种方法对于形态简单、矿化均一的矿体还是很有效的。

地质统计学法：是以区域化变量理论作为基础，以变异函数作为主要工具，对既具有随机性、又具有结构性的变量进行统计学研究，估算时能充分考虑品位的空间变异性和矿化强度在空间的分布特征，使估算结果更加符合地质规律，置信度高，但需有较多的样本个体为基础。勘查过程中，针对矿床的地质特征，运用这种方法，还能制定或检验合理的勘探工程间距。

SD 法：以最佳结构地质变量为基础，以断面构形替代空间构形为核心，以 Spline 函数及分维几何学为工具的估算方法，立足于传统的断面法。它适用于不同矿床类型、矿体规模、产状、不同矿产勘查阶段，还可对估算的成果作精度预测。

提倡和鼓励运用新技术、新方法。对于矿产资源/储量计算的新方法或新研制的软件，必须经国务院地质矿产主管部门组织专家鉴定、验收并认可后，方可使用。

附录 A
（标准的附录）
固体矿产资源/储量分类表

地质可靠程度 分类类型 经济意义	查明矿产资源			潜在矿产资源
	探明的	控制的	推断的	预测的
经济的	可采储量（111）			
	基础储量（111b）			
	预可采储量（121）	预可采储量（122）		
	基础储量（121b）	基础储量（122b）		
边际经济的	基础储量（2M11）			
	基础储量（2M21）	基础储量（2M22）		
次边际经济的	资源量（2S11）			
	资源量（2S21）	资源量（2S22）		
内蕴经济的	资源量（331）	资源量（332）	资源量（333）	资源量（334）？

注：表中所用编码（111～334）；

第 1 位数表示经济意义：1＝经济的，2M＝边际经济的，2S＝次边际经济的，3＝内蕴经济的，？＝经济意义未定的；

第 2 位数表示可行性评价阶段：1＝可行性研究，2＝预可行性研究，3＝概略研究；

第 3 位数表示地质可靠程度：1＝探明的，2＝控制的，3＝推断的，4＝预测的，b＝未扣除设计、采矿损失的基础储量。

附录B

（提示的附录）

固体矿产开采技术条件勘查类型划分及工作要求表

勘查类型		开采技术条件特征	典型矿床实例	勘查工作要求
开采技术条件简单的矿床（Ⅰ）		主要矿体位于当地侵蚀基准面以上，地形有利于自然排水，或矿体虽位于侵蚀基准面以下，但含水层富水性弱，附近无地表水体，无水富；矿体围岩单一，力学强度高，结构面不发育，稳定性好，或矿床虽处于多年冻土区，但因长年冻结，工程地质问题不突出，无原生环境地质问题，矿石及废弃物不易分解出有害组分，采矿活动不形成对附近环境和水体的污染。	石灰石、花岗岩露天开采矿床	一般不投入专门工作，以搜集区域和相邻开采矿区资料为主，结合矿区实际进行重点调查，在综合分析研究的基础上，可通过类比做出评价。
开采技术条件中等的矿床（Ⅱ）	水文地质问题为主的矿床（Ⅱ-1）	主要矿体虽位于当地侵蚀基准面上，地形有利于自然排水，但因矿体顶板有富水的含水层或断裂带对矿山生产造成危害；或主要矿体位于当地侵蚀基准面以下，主要充水含水层富水性中等，但地下水补给条件差，地表水不构成矿床充水的主要因素，矿山排水可引起局部地面变形破坏，水体轻度污染，矿床工程地质环境地质问题较简单。	云南四营煤矿山东省焦家市金矿	主要针对水文地质问题开展工作，相应进行矿区工程地质环境地质工作，搜集区域水文地质资料，结合矿区进行大、中比例尺的水文地质填图，对地质钻孔及坑道进行水文工程地质编录，开展地表水、地下水动态观测，选择代表性地段进行水文地质勘探试验，求取主要充水含水层的水文地质参数，查明充水因素，预测矿坑涌水量。
	工程地质问题为主的矿床（Ⅱ-2）	矿体围岩多为坚硬、半坚硬岩组，岩组结构较复杂，有局部软弱夹层或透镜体分布，各类结构面较发育，露采边坡可沿软弱夹层或不利结构面产生局部滑移，井采可在风化带、构造破碎带产生局部变形破坏，矿床水文地质环境地质问题一般较简单。	吉林磐石镍矿、四川攀枝花把关河石灰岩矿，青海柴达木煤矿	主要围绕矿床工程地质问题开展工作。相应进行矿区水文地质环境地质工作，开展大、中比例尺水文工程地质填图与钻孔水文工程地质编录，划分工程地质岩组，对矿体围岩选取代表性试样测定其物理力学性质并评价其岩体质量，确定主要结构面的发育程度、组合关系及其不利结构面，依据实际资源用类比评价矿床开采技术条件。
	环境地质问题为主的矿床（Ⅱ-3）	有热害或气害或放射性危害或不良地质作用危害等原生环境地质问题，矿床开采中需采取相应措施处理和预防，矿床水文地质工程地质问题较简单。	河南平顶山煤矿陕北榆家梁井田	主要对矿床原生环境地质问题进行工作，针对主要危害（热、气或放射性）开展相应地调查测试，结合地质、水文地质、地球物理、地球化学资料进行分析研究，确定热（气或放射性）的在矿区的背景值和异常值，对其可能产生的危害做出评价；对矿床的水文地质工程地质条件可用类比法进行评价。
	复合问题的矿床（Ⅱ-4）	矿床水文地质、工程地质、环境地质条件三因素中两项以上属中等的矿床，其余为简单。	四川金河磷矿，北京门头沟煤矿	针对主要问题有重点的开展工作，可参照上述Ⅱ-1～Ⅱ-3 的要求进行。

勘查类型		开采技术条件特征	典型矿床实例	勘查工作要求
开采技术条件复杂的矿床（III）	水文地质问题为主的矿床（III-1）	主要矿体位于当地侵蚀基准面以下，主要充水含水层富水性强，地下水补给条件好，与地表水或相邻强含水层有密切的水力联系，存在导水性强的构造破碎带或岩溶发育带，矿坑涌水量大；矿床开采需采取强排水或专防、治水措施，疏干排水可引起巷道变形破坏和地面沉降、开裂、塌陷、水体污染等工程地质和环境地质问题。	广东矾口铅锌矿，安徽铜官山铜矿，湖南香花岭锡矿	运用综合勘查手段全面系统的进行各项水文地质勘查工作，对大水矿床，应进行大口径、大流量、大降深、长时间的群孔抽水试验，充分揭露水文地质、环境地质问题，和地下水流的边界条件，求取可靠的水文地质参数，建立水文地质模型，用两种以上的方法预测矿坑涌水量，对矿床工程地质、环境地质问题做出相应评价。
	工程地质问题为主的矿床（III-2）	矿体围岩破碎，各级结构面发育，构造破碎带、接触破碎带比较发育，地应力大；或矿体转岩主要为松散软弱岩层；或冻融层厚度大。矿床开采露采边坡滑移、巷道变形破坏普遍，并可诱发突水、突泥（沙）、地面变形破坏等环境地质问题，矿床水文地质环境地质条件不复杂。	甘肃金川镍矿，苏州阳山高岭土矿，云南向阳煤矿，吉林舒兰煤矿	系统开展工程地质勘查，详细划分工程地质岩组，对矿体围岩进行系统采样，测定其物理力学性质、对不良工程地质岩组、地段及不利结构面组合关系进行重点研究，必要时可布置专门工程地质孔勘探或进行工程地质原位试验或模拟试验，以实测资料为依据对井巷围岩的稳固性和露采边坡的稳定性做出评价。
	环境地质问题为主的矿床（III-3）	矿床处于热、气，放射性异常区或区域稳定性差的地区，或矿体围岩含有毒有害气体或易分解有毒有害元素和组分，或具有严重的自燃发火势。矿床开采可产生严重的热害、气害、放射性危害、环境污染和山体失稳等问题，需采取专门防治措施，矿床水文地质工程地质问题不复杂。	湖南郴州411矿，浙江溪里萤石矿，湖南马田煤矿，四川叙永煤矿（自燃）	对原生地质环境问题进行专项调查和分析测试，详细研究产生的地质条件、影响因素、背景值、危及的范围和程度、对其可能产生的危害做出评价；对矿床的水文地质工程地质条件可用类比法进行评价。
	复合问题的矿床（III-4）	矿床水文地质、工程地质、环境地质条件三因素中两项以上属复杂的矿床，其余不复杂。	广东石录铜矿，安徽钟山铁矿，云南小龙潭煤矿，湖南恩口煤矿，江西城门山铜矿	针对主要问题及其复杂程度开展相应工作，参照上述III-1～III-3的要求进行。

注：含水层富水性分级：

1. 按钻孔单位涌水量分为：弱富水：$q < 0.1$L/s·m；中等富水：0.1L/s·m $< q <$ 1.0L/s·m；强富水：1.0L/s·m $< q <$ 5.0L/s·m；极强富水：$q > 5.0$L/s·m；

2. 按天然泉水流量分为：弱富水：$Q < 1.0$L/s·m；中等富水：1.0L/s·m $< Q <$ 10.0L/s·m；强富水：10.0L/s·m $< Q <$ 50.0L/s·m；极强富水：$Q < 50.0$L/s·m。

附录 C
（提示的附录）
确定勘查工程间距的方法

C.1 地质统计学法确定矿产勘查的工程间距

应用地质统计学方法确定最佳工程间距，有以下几种情况：

C.1.1 在新勘查区（或已勘查完毕，需进行矿产资源储量评估地区），可将区内按不同网度划分各种网形。计算每一结点（孔位）的估计方差，再计算每一网度（形）的平均估算方差，将每一网度（形）所花费的金额与平均估计方差进行对比（图 C1），该图最优勘查网度在 300～200m。当我们找到最佳勘查网（形）后，再利用每一结点上σ_E^2，绘制σ_E^2等值线图，在估计方差较高的区域，利用 C1.2 所述方法，适当加密钻孔。一旦全部孔位确定后，应在相对收益较高地段优先施工。

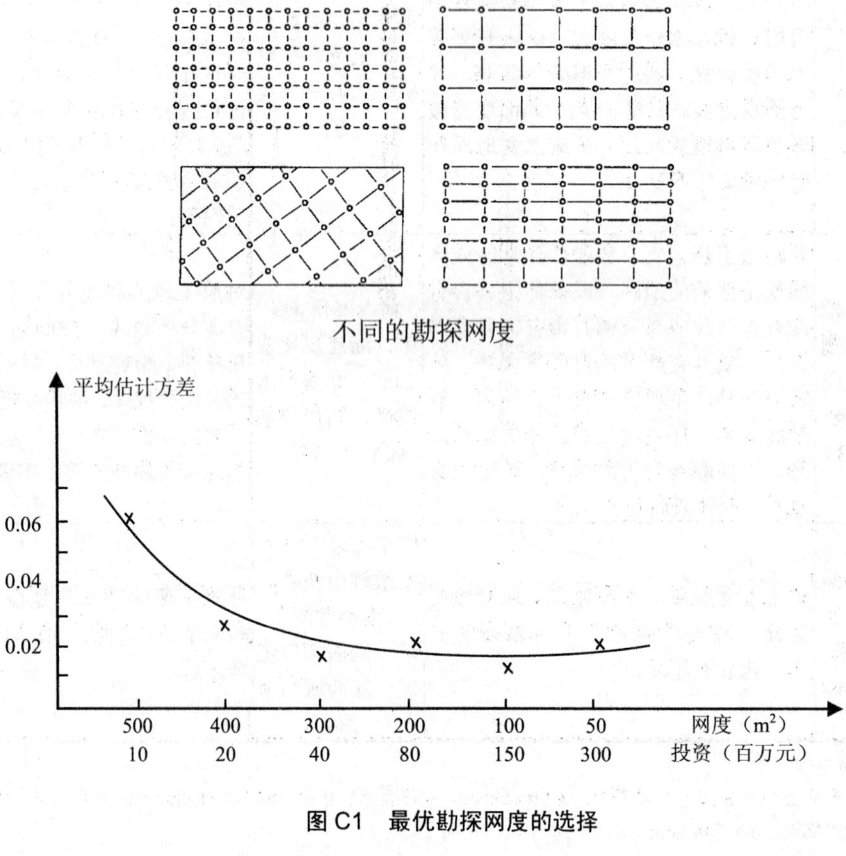

图 C1 最优勘探网度的选择

C.1.2 勘查区内已有 n 个钻孔施工完毕，为提高矿产资源储量估算精度、减少风险，或为了增加矿产资源储量，要在 n 个钻孔的基础上再增加几个钻孔（图 C2），可用估计方差σ_E^2确定最佳孔位。

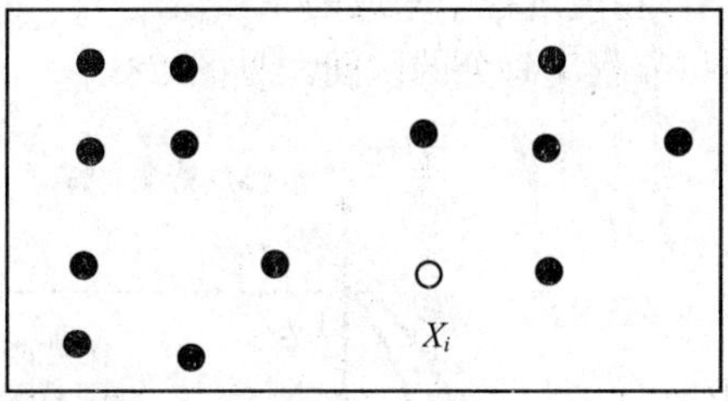

图 C2 利用σ_E^2确定的最佳孔位

（1）计算当钻孔数为 n 时的估计方差$\sigma^2_{E(n)}$；

（2）计算增加一个新孔 X_i 后，每一钻孔的估计方差$\sigma^2_{E(n+1, X_i)}$；

（3）计算每一钻孔的相对收益，见式（C1）；

$$G_{(X_i)} = \frac{(-\sigma^2_{E(n+1, X_i)} + \sigma^2_{E(n)}) \times 100}{\sigma^2_{E(n)}}\% \tag{C1}$$

（4）绘制全区等相对收益线图，当 X_i 位置与该等相对收益线图的最高点吻合，则 X_i 即为最佳孔位；否则，改变 X_i 的位置，再计算，直至吻合；

（5）以同样方法确定其余钻孔 X_i 的位置。

C.1.3 一定方向上区域变化量（有用组分）变异函数的变程值（或略小于该值），可作为该方向上最大工程间距。

C.2 SD 法确定矿产勘查工程间距

SD 法是动态分维几何学储量计算法的简称。以动态分维几何学和最佳结构地质变量为基础，以断面构形替代空间构形为核心，用 Spline 函数拟合的点列函数曲线，对其求解和积分，整个运算过程贯穿了动态的“搜索”和“递进”原理。

SD 分数维和结构地质变量是动态分维几何学的两个基本内容。前者是地质变量复杂性的表述，后者是地质变量可微性的表述。由此产生 SD 储量计算和精度计算。

SD 精度具有度量地质可靠程度和确定勘查工程间距的功能，按照对精度的要求计算工程间距。

SD 法确定矿产勘查的工程间距 h 的公式为式（C2）：

$$h = \sqrt{\frac{\sum L_j}{N-K} h_2} \tag{C2}$$

式中：h_2——勘探线平均间距；

L_j——第 j 条线两端点工程间的总距离；

K——勘探线数；

N——根据要求的精度求取所需的工程数；

$$N = \frac{\beta\eta'}{1-\alpha\eta'}$$

η'——要求达到的精度值；

α、β——初始递进计算 SD 精度过程中求取的系数值。

SD 精度（η%）：据地质可靠程度划分的区间。见图 C3：

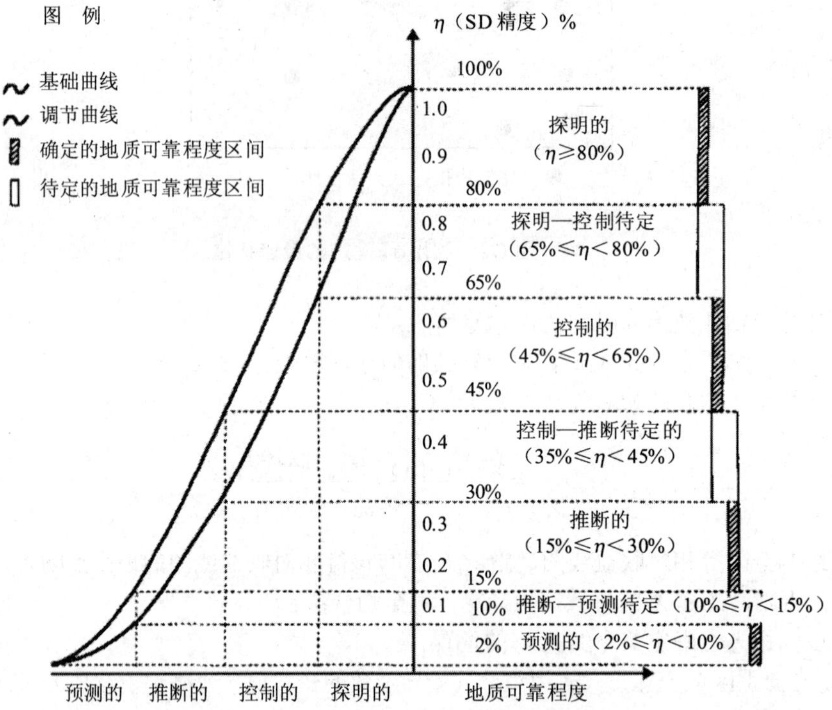

图 C3 SD 精度与地质可靠程度关系应用图

探明的$\eta \geqslant 80\%$；

控制的 $45\% \leqslant \eta < 65\%$；

推断的 $15\% \leqslant \eta < 30\%$；

预测的$\eta < 10\%$。

图中的几个可靠程度待定区间属何精度，需结合矿床地质复杂程度来定，简单者可归于高精度类，复杂者归于低精度类。

中华人民共和国国家标准

选矿安全规程（节选）

Safety regulations for ore dressing

GB 18152—2000

前　言

本标准以中华人民共和国原冶金工业部1988年3月12日颁布实施的《选矿安全规程》为基础，增补了“范围”、“引用标准”、“定义”、“防火”和“工业卫生”等部分，涵盖了化工、建材等行业选矿厂所特有的内容，而且在总体内容上也作了较大的充实，是全国统一的选矿安全标准。

本标准实施之后，各行业应根据本标准的规定，对所颁布的原《选矿安全规程》作出修订或废止。

本标准由中华人民共和国国家经济贸易委员会安全生产局提出并归口。

本标准起草单位：冶金工业安全环保研究院。

本标准参加起草单位：山东龙口市黄金矿冶公司。

本标准主要起草人：庞奇志、李文勇、王红汉、初元民、沈传平、李晓飞、张其中、曲欣、孙家寿、张傲时、方和平。

1 范围

本标准对选矿厂的厂址选择及厂区布置、选矿工艺和尾矿设施、运输、起重、电气、防火等的安全技术及工业卫生要求，作出了规定。

本标准适用于冶金（含有色）、化工、建材等行业的选矿厂。

部分采用选矿工艺的企业，亦可参照执行。

本标准不适用于选煤厂和核工业铀矿冶厂。

5 厂址选择及厂区布置

5.1 厂址选择

5.1.1 选择厂址，应有完整的地形、工程地质、水文地质、地震、气象及环境影响评价等方面的资料作依据。

5.1.2 选择厂址，宜避开岩溶、流砂、淤泥、湿陷性黄土、断层、塌方、泥石流、滑坡等不良地质地段；否则，应采取可靠的安全措施。

5.1.3 厂址不应选择在地下采空区塌落界限和露天爆破危险区以内，也不应选择在炸药加工厂、爆破器材库及油库最小安全距离范围内。

5.1.4 厂址应避免选在地震断层带和基本烈度高于9度的地区；否则应按国家有关抗震规定进行设防。

5.1.5 厂址应避免洪水淹没。场地的设计标高，应高出当地计算水位 0.5m 以上。

5.1.6 在居民区建厂时，厂址应位于居民区常年最小风频方向的上风侧。在山区建厂时，应根据当地小区气象，确定厂区与居民区的位置。

5.1.7 选厂一般建构筑物地基土的承载力标准值，应大于 150kPa（$1.5kgf/cm^2$）；主要建构筑物地基土的承载力标准值，应大于 250kPa（$2.5kgf/cm^2$）。如地基土承载力不满足要求，应对地基进行妥善处理。

5.1.8 尾矿库应尽可能远离人口稠密区或有重要设施的地方，尾矿不应直接排入江、河、湖、海。

8.2 尾矿库

8.2.1 尾矿库的设计，应遵守《选矿厂尾矿库设施设计规范》的规定。

8.2.2 尾矿库及其附属设施的施工和验收，应遵照有关施工验收规范和设计要求进行。

8.2.3 尾矿库的生产管理，应遵守《冶金矿山尾矿设施管理规程》的规定。

中华人民共和国国家标准

矿区水文地质工程地质勘探规范

Exploration specification of hydrogeology and engineering geology in mining areas

GB 12719—91

1 主题内容与适用范围

1.1 本规范是固体矿产（金属、非金属、煤下同）矿区（或井田、矿段下同）水文地质工程地质勘探工作的基本准则，规定了勘探类型、勘探程度、工程量、勘探技术要求及矿区水文地质工程地质环境地质评价和报告编写的基本要求。

1.2 本规范适用于固体矿产矿区水文地质工程地质勘探，是制订勘探设计、工程质量检查、验收和报告编写、审查批准的依据。

2 引用标准

GB 3838　地面水环境质量标准

GB 5034　农田灌溉水质标准

GB 5749　生活饮用水水质标准

GB 8537　饮用天然矿泉水

GB 8978　污水综合排放标准

GB 11615　地热资源地质勘查规范

GBJ 27　供水水文地质勘察规范

3 总则

3.1 勘探工作的基本任务

3.1.1 查明矿区水文地质条件及矿床充水因素，预测矿坑涌水量。对矿床水资源综合利用进行评价，指出供水水源方向。

3.1.2 查明矿区的工程地质条件，评价露天采矿场岩体质量和边坡的稳定性，或井巷围岩的岩体质量和稳固性，预测可能发生的主要工程地质问题。

3.1.3 评述矿区的地质环境质量，预测矿床开发可能引起的主要环境地质问题，并提出防治的建议。

3.2 勘查工作阶段划分及其工作程度要求

矿区水文地质工程地质勘查和环境地质调查评价应与矿产地质勘查工作阶段相适应，分为普查、详查和勘探三个阶段。水文地质和工程地质条件简单的矿区，勘查阶段可简化或合并。但提供矿山建设设计作依据的地质勘查报告，均应达到勘探阶段的要求。

普查阶段：结合矿产普查进行，对于已进行过区域水文地质工程地质普查的地区，其资料可直接利用或只进行有针对性的补充调查，大致查明工作区的水文地质工程地质和环境地质条件。

详查阶段：基本查明矿区的水文地质工程地质和环境地质条件，为矿床初步技术经济评价、矿山总体建设规划和矿区勘探设计提供依据。

勘探阶段：详细查明矿区水文地质工程地质条件，评价地质环境，为矿床的技术经济评价及矿山建设可行性研究和设计提供依据。

3.3 勘查范围宜包括一个完整的水文地质单元，当水文地质单元面积过大时，应包括疏干排水可能影响的范围。

3.4 已确定具有工业利用价值的矿床，通过详查工作满足矿山总体建设规划需要，但矿区水文地质或工程地质条件直接影响矿山建设开发总体设计时，应超前进行水文地质或工程地质勘探。

3.5 水文地质或工程地质条件极复杂的矿区，如确需立项建设的矿山，而勘探阶段的工作程度又难于满足设计要求，应根据矿山建设设计的实际需要，针对主要问题进行专门性的水文地质或工程地质勘探。

3.6 矿区环境地质调查评价是在地质、水文地质、工程地质勘查工作的基础上，对矿区的地质环境作出评价。

3.7 矿区水文地质工程地质勘探，应从社会的综合效益出发，既要研究保障矿山安全，连续生产，又要研究矿山排水的综合利用以及对附近水源地和地质环境的可能影响。

3.8 扩大延深勘探的矿区，应充分利用已有勘探报告和矿山生产中的资料，对矿区水文地质工程地质环境地质条件进行评价。当不能满足要求时，应根据实际需要，有针对性地进行补充勘探。

3.9 矿区水文地质工程地质勘探和环境地质调查评价，应与矿产地质勘探紧密结合，将地质、水文地质、工程地质、环境地质作为一个整体，运用先进和综合手段进行。

3.10 各矿种的矿区水文地质工程地质勘探和环境地质调查评价的基本要求以本规范为准，各矿种可依其特点，在矿种规范中制订相应要求，与本规范配套使用。

4 矿区水文地质勘探

4.1 勘探类型划分

4.1.1 根据矿床主要充水含水层的容水空间特征，将充水矿床分为三类：第一类以孔隙含水层充水为主的矿床，简称孔隙充水矿床；第二类裂隙充水矿床；第三类岩溶充水矿床。

第三类可按岩溶形态划分为三个亚类：第一亚类以溶蚀裂隙为主的岩溶充水矿床；第二亚类以溶洞为主的岩溶充水矿床；第三亚类以暗河为主的岩溶充水矿床。

4.1.2 各类充水矿床按矿体（或层，下同）与主要充水含水层的空间关系，充水方式分为：

直接充水的矿床：矿床主要充水含水层（含冒落带和底板破坏厚度）与矿体直接接触，地下水直接进入矿坑。

顶板间接充水的矿床：矿床主要充水含水层位于矿层冒落带之上，矿层与主要充水含水层之间有隔水层（注）或弱透水层，地下水通过构造破碎带、导水裂隙带或弱透水层进入矿坑。

底板间接充水的矿床：矿床主要充水含水层位于矿层之下，矿层与主要充水含水层之间有隔水层或弱透水层。承压水通过底板薄弱地段、构造破碎带、弱透水层或导水的岩溶陷落柱进入矿坑。

注：一般将钻孔单位涌水量小于 0.001L/s·m 的岩层视为隔水层。

4.1.3 根据主要矿体与当地侵蚀基准面的关系，地下水的补给条件，地表水与主要充水含水层水力联系密切程度，主要充水含水层和构造破碎带的富水性、导水性、第四系覆盖情况以及水文地质边界的复杂程度，将各类充水矿床勘探的复杂程度划分为三型：

第一型 水文地质条件简单的矿床：主要矿体位于当地侵蚀基准面以上，地形有利于自然排水，矿床主要充水含水层和构造破碎带富水性弱至中等，或主要矿体虽位于当地侵蚀基准面以下，但附近无地表水体，矿床主要充水含水层和构造破碎带富水性弱，地下水补给条件差，很少或无第四系覆盖，水文地质边界简单。

第二型 水文地质条件中等的矿床，主要矿体位于当地侵蚀基准面以上，地形有自然排水条件，主要充水含水层和构造破碎带富水性中等至强，地下水补给条件好；或主要矿体位于当地侵蚀基准面以下，但附近地表水不构成矿床的主要充水因素，主要充水含水层、构造破碎带富水性中等，地下水补给条件差，第四系覆盖面积小且薄，疏干排水可能产生少量塌陷，水文地质边界较复杂。

第三型 水文地质条件复杂的矿床：主要矿体位于当地侵蚀基准面以下，主要充水含水层富水性强，补给条件好，并具较高水压；构造破碎带发育，导水性强且沟通区域强含水层或地表水体；第四系厚度大、分布广，疏干排水有产生大面积塌陷、沉降的可能，水文地质边界复杂。

4.2 勘探程度要求

4.2.1 一般要求

4.2.1.1 研究区域水文地质条件，确定矿区所处水文地质单元的位置，详细查明矿区地下水的补给、径流、排泄条件，区域地下水对矿区的补给关系，主要进水通道及其渗透性。

4.2.1.2 详细查明矿区含（隔）水层的岩性、厚度、产状，分布范围、埋藏条件，含水层的富水性，矿床顶底板隔水层的稳定性。着重查明矿床主要充水含水层的富水性、渗透性、水位、水质、水温、动态变化以及地下水径流场的基本特征，确定矿区水文地质边界。

4.2.1.3 详细查明对矿坑充水有较大影响的构造破碎带的位置、规模、性质、产状、充填与胶结程度、风化及溶蚀特征、富水性和导水性及其变化、沟通各含水层以及地表水的程度，分析构造破碎带可能引起突水的地段，提出开采中防治水的建议。

4.2.1.4 详细查明对矿床开采有影响的地表水的汇水面积、分布范围、水位、流量、流速及其动态变化、历史上出现的最高洪水位、洪峰流量及淹没范围。详细查明地表水对井巷充水的方式、地段，并分析论证其对矿床开采的影响，提出地表水防治的建议。

4.2.1.5 矿层与含（隔）水层多层相间的矿床，应详细查明开采矿层顶、底板主要充水含水层的水文地质特征和隔水层的岩性、厚度、稳定性和隔水性，断裂发育程度、导水性以及沟通各含水层的情况，分析采矿对隔水层的可能破坏情况。当深部有强含水层时，应查明主要充水含水层从底部获得补给的途径和部位。

4.2.1.6 调查老窿的分布范围、深度、积水和塌陷情况，大致圈定采空区，估算积水量，提出开采中对老窿水的防治建议。

4.2.1.7 对有热水、气（有害气体，下同）的矿床，应基本查明热水，气的分布、压力、温度、梯度、流量，大致查明热水、气的来源及其控制因素，有害气体成分及其浓度，地热盖层的厚度，热异常区的范围、温度及热水、气对矿床开采的影响。

4.2.1.8 冻土地区矿床，应详细查明冻土的类型、分布、厚度、层上水、层间水、层下水的空间分布、富水性及其对矿床开采的影响。

4.2.1.9 水溶法开采的盐类矿床，应详细查明岩、矿层的空间分布，矿层顶底板岩石的物理力学性质和水理性质（指可塑性、膨胀性、收缩性、崩解性、透水性等），地质构造发育程度及分布规律，各含水层与矿层的空间关系及其水力联系情况。

4.2.1.10 扩大延深勘探矿区，应充分研究已有勘探和矿山生产的资料，评价矿区的水文地质条件，扩大勘探的矿区，应详细查明主要充水含水层，断裂破碎带及矿区水文地质边界在扩大范围内的变化，当水文地质条件变化不大时，可用比拟法预测矿坑涌水量，否则应按新矿区的要求进行勘探。

延深勘探矿区，应详细查明主要充水含水层的富水性，断裂破碎带向深部的变化，若水文地质条件变化不大，可用比拟法预测矿坑涌水量：当深部发现新的充水含水层和导水构造破碎带时，应按 4.2.1.2 和 4.2.1.3 条执行，并可根据实际条件结合已有的矿山巷道进行放水试验，查明深部含水层富水性变化及地下水径流场特征，预测矿坑涌水量。

4.2.2 各类充水矿床应着重查明的问题

4.2.2.1 孔隙充水矿床：应着重查明含水层的成因类型，分布、岩性、厚度、结构、粒度、磨圆度、分选性胶结程度、富水性、渗透性及其变化；查明流砂层的空间分布和特征，含（隔）水层的组合关系，各含水层之间，含水层与弱透水层以及与地表水之间的水力联系，评价流砂层的疏干条件及降水和地表水对矿床开采的影响。

4.2.2.2 裂隙充水矿床：应着重查明裂隙含水层的裂隙性质、规模、发育程度、分布规律、充填情况及其富水性；岩石风化带的深度和风化程度；构造破碎带的性质、形态、规模及其与各含水层和地表水的水力联系；裂隙含水层与其相对隔水层的组合特征。

4.2.2.3 岩溶充水矿床：应着重查明岩溶发育与岩性、构造等因素的关系，岩溶在空间的分布规律、充填深度和程度、富水性及其变化，地下水主要径流带的分布。

以溶隙、溶洞为主的岩溶充水矿床，应查明上覆松散层的岩性、结构、厚度，或上覆岩石风化层厚度、风化程度及其物理力学性质，分析在疏干排水条件下产生突水、突泥、地面塌陷的可能性，塌陷的程度与分布范围以及对矿坑充水的影响。对层状发育的岩溶充水矿床，还应查明相对隔水层和弱含水层的分布。

以暗河为主的岩溶充水矿床：应着重查明岩溶洼地、漏斗、落水洞等的位置及其与暗河之间的联系；暗河发育与岩性、构造等因素的关系；暗河的补给来源、补给范围、补给量、补给方式及其与地表水的转化关系；暗河入口处的高程、流量及其变化；暗河水系与矿体之间的相互关系及其对矿床开采的影响。

4.2.3 不同充水方式的矿床应着重查明的问题

4.2.3.1 直接充水的矿床：应着重查明直接充水含水层的富水性、渗透性，地下水的补给来源、补给边界、补给途径和地段；直接充水含水层与其他含水层、地表水、导水断裂的关系。当直接充水含水层裸露时，还应查明地表汇水面积及大气降水的入渗补给强度。

4.2.3.2 顶板间接充水的矿床：应着重查明直接顶板隔水层或弱透水层的分布、岩性、厚度及其稳定性、岩石的物理力学性质和水理性质、裂隙发育情况、受断裂构造破坏程度，研究和估算导水裂隙带高度（附录 F），分析主要充水含水层地下水进入矿坑的地段。

4.2.3.3 底板间接进水的矿床：应着重查明承压含水层径流场特征，直接底板的岩性、厚度及其变化，岩石的物理力学性质和水理性质，以及断裂构造对底板完整性的破坏程度，分析论证可能产生的底鼓，突水的地段（附录 G）。

4.3 勘探工程布置原则及工程量

4.3.1 勘探工程布置原则

4.3.1.1 应结合矿区具体条件，针对主要水文地质问题做到有的放矢。从区域着眼，立足矿区，把矿区和区域的地下水、地表水和大气降水作为统一系统进行研究。应重视水文地质测绘和钻孔简易水文地质观测与编录等基础工作，配合地面物探或井中物探，因地制宜地进行适当规模的抽水试验，运用多种勘探手段，加强综合分析研究，从而查明矿区的水文地质条件及主要充水因素。

4.3.1.2 水文地质勘探钻孔，应尽量构成剖面，既控制地下水天然流场的补给、径流、排泄各个地段；又要控制开采后流场变化，特别是进水通道地段。

4.3.1.3 群孔抽水试验，主孔宜布在主要充水含水层的富水段或强径流带上。必须有足够的观测孔（点），观测孔布置必须建立在系统整理、研究各勘探资料的基础上，根据试验目的，水文地质分区情况，矿坑涌水量计算方案等要求确定，应尽可能利用地质勘探钻孔、地下水天然或人工露头作为观测孔（点）。

4.3.2 勘探工程量

4.3.2.1 各类型充水矿床勘探所需的基本工程量应结合矿区的具体情况确定，以满足相应的勘探程度要求为原则。可参照表1、表2执行。

表1　孔隙裂隙充水为主的矿床水文地质工作基本工程量表

项目		工程量＼类型	孔隙充水为主的矿床			裂隙充水为主的矿床		
			简单	中等	复杂	简单	中等	复杂
水文地质测绘比例尺		普查、详查	1∶50000～1∶10000					
		勘探	1∶10000～1∶2000					
钻孔简易水文地质观测与编录孔占地质孔的比例/%		普查、详查	全部钻孔					
		勘探	10～20	30～40	50～60	30～40	50～60	70～80
水文地质剖面数/条		详查	0～1	1～2	2～4	0～1	1～2	2～3
		勘探	1～2	2～3	4～6	1～2	2～3	3～5
加深揭露底板充水含水层钻孔/个		详查、勘探					各水文地质剖面不少于3孔	
分层静止水位观测孔数/个		详查、勘探	全部水文地质孔				全部水文地质孔	
抽水试验	单孔/个	详查		2～3	3～5		1～2	2～3
		勘探	0～2			0～2	1～2	2～3
	多孔/组	详查			2～3			1～2
		勘探		1～2			1	
	群孔/组	详查						
		勘探			1～2			1
水动态长期观测	地表水/处	详查	根据查明水文地质条件，矿坑涌水量计算和水源地选择的需要，选代表性地段设站					
		勘探	根据实际需要对详查阶段各站取舍和补充					
	钻孔/个	详查		3～5	5～7		3～5	7～10
		勘探		根据需要对详查阶段钻孔取舍和补充			根据需要对详查阶段钻孔取舍和补充	
	井泉/个	详查、勘探	根据实际需要选择代表性点					
	勘探坑道或生产矿井	详查、勘探	勘探坑道和主要生产矿井设排水量观测站，简单矿区可省略					
	水化学样、细菌检验样	详查、勘探	可作水源地的井、泉、地表水按丰、枯季取样					
水化学分析样		普查、详查、勘探	代表性水点，以控制地表水、地下水、水化学类型为原则					
地面物探		普查、详查、勘探	根据需要布置					
钻孔水文物探测井		详查、勘探	水文地质孔应进行					
气象观测		详查、勘探	远离气象台站的矿区，气象变化大时，应建立临时性的降水、气温观测站					

表 2 岩溶充水为主的矿床水文地质工作基本工程量表

项目		工程量 \ 类型	溶蚀裂隙充水为主的岩溶充水矿床			溶洞充水为主的岩溶充水矿床			暗河充水为主的岩溶充水矿床
			简单	中等	复杂	简单	中等	复杂	复杂
水文地质测绘比例尺		普查、详查	1∶50000～1∶10000						
		勘探	1∶10000～1∶2000						
钻孔简易水文地质观测与编录孔占地质孔的比例/%		普查、详查	全部钻孔						
		勘探	50～60	60～70	80～90	60～70	70～80	80～90	80～90
水文地质剖面数/条		详查	0～1	1～2	2～4	0～1	1～2	2～4	3～5
		勘探	1～2	2～3	3～5	1～2	2～3	3～5	5～7
加深揭露底板充水含水层钻孔/个		详查、勘探		各水文地质剖面不少于 3 孔			各水文地质剖面不少于 3 孔		
分层静止水位观测孔数/个		详查、勘探		全部水文地质孔			全部水文地质孔		
抽水试验	单孔/个	详查		2～3	3～5		3～5	5～7	根据实际条件和需要确定
		勘探	0～2	1～2	2～3	0～2	2～3	2～3	
	多孔/组	详查			1～2			1～2	
		勘探		1～2			1～2		
	群孔/组	勘探			1～2			1～2	
连通试验		勘探							钻孔和暗河水系
水动态长期观测	地表水/处	详查	根据查明水文地质条件，矿坑涌水量计算和水源地选择的需要，选代表性地段设站						
		勘探	根据需要对详查阶段的站取舍和补充						
	钻孔/个	详查	0～1	3～5	5～7	0～2	3～7	5～9	根据需要确定
		勘探	根据需要对详查阶段钻孔取舍和补充						
	暗河	详查、勘探							出（入）口处设站
	井泉	详查、勘探	根据需要选择代表性点						
	生产矿井或勘探坑道	详查、勘探	勘探坑道及主要生产矿井设排水量观测站，简单矿区可省略						
	水化学样、细菌检验样	详查、勘探	可作为水源地的井、泉、地表水点按丰、枯季取样						
水化学分析		普查、详查、勘探	代表性水点，以控制地表水、地下水水化学类型为原则						
地面物探		普查、详查、勘探	根据需要布置						
钻孔水文物探测井		详查、勘探	水文地质孔应进行						
气象观测		详查、勘探	远离气象台站的矿区，气象变化大时，应建立临时性的降水、气温观测站						

4.3.2.2 表 1、表 2 工作量指各勘查阶段的基本工作量，小型矿床可酌减。

4.3.2.3 表 1、表 2 所列抽水试验和动态观测孔的数量，指控制矿区主要充水含水层的基本工程量，次要充水含水层及构造破碎带必须根据矿区的具体条件增加相应的工程量。

4.3.2.4 矿区附近有水文地质条件相似的生产矿井资料可利用时，可适当减少抽水试验或其他工作量。

4.4 勘探技术要求

4.4.1 水文地质测绘

4.4.1.1 水文地质测绘分为区域和矿区。区域水文地质测绘范围应包括一个完整的水文地质单元，以查明区域地下水的补给，径流、排泄条件为重点，水文地质条件简单的矿区，可不进行区域水文地质测绘；矿区水文地质测绘应包括矿床疏干可能影响的范围及补给边界，以查明矿床充水因素及矿区水文地质边界条件为重点。

4.4.1.2 水文地质测绘比例尺，区域一般采用 1∶50000～1∶10000；矿区一般采用 1∶10000～1∶2000。

4.4.1.3 水文地质测绘一般在地质测绘的基础上进行，应全面搜集和充分利用航（卫）片解释、区域水文地质普查和相邻矿区的资料。

4.4.1.4 水文地质测绘应全面收集矿区及相邻地区历年的水文、气象资料；详细调查矿区地形地貌、地下水的天然和人工露头及其水化学特征、岩溶发育情况、第四系松散层的形成与分布、地下水的补给、径流、排泄条件，圈定矿区水文地质边界；调查矿山老窿的分布：对现有生产矿井或勘探坑道进行水文地质编录，系统收集生产矿井（或露天采矿场）的水文地质资料。

4.4.2 钻孔简易水文地质观测与编录

4.4.2.1 观测和详细记录钻进中涌（漏）水、掉块、塌孔、缩（扩）径、逸气、涌砂、掉钻等现象发生的层位和深度，测量涌（漏）水量，有条件时，应观测钻进中动水位和冲洗液消耗量的变化，必要时应测量稳定水位并进行简易放（注）水试验。

4.4.2.2 描述岩芯的岩性、结构构造、裂隙性质、密度、岩石的风化程度和深度以及岩溶形态、大小、充填情况、发育深度，统计裂隙率、岩溶率。

4.4.2.3 单一含水层（组）的钻孔应测定终孔稳定水位。

4.4.3 水文地质钻探

4.4.3.1 钻孔施工宜采用清水钻进，当地层破碎不能用清水钻进时，应在主要含水层或试验段（观测段）用清水钻进，若必须采用泥浆钻进时，应采取有效的洗井措施。

4.4.3.2 钻孔揭露多个含水层时，应测定分层稳定水位；分层抽水试验和分层测水位的钻孔，必须严格止水，并检查止水效果，不合格时应重新进行。

4.4.3.3 钻孔孔径视钻孔目的确定，抽水试验孔试验段孔径以满足设计的抽水量和安装抽水设备为原则，一般不小于 91mm，水位观测孔观测段孔径应满足止水和水位观测的要求。

4.4.3.4 钻孔应取芯钻进。岩芯采取率：岩石大于 70%，破碎带大于 60%，粘土大于 70%，砂和砂砾层大于 50%。当采用水文物探测井，能正确划分含（隔）水层位置和厚度时，可适当减少取芯。

4.4.3.5 钻孔的孔斜应满足选用抽水设备和水位观测仪器的工艺要求。

4.4.3.6 钻孔控制深度以揭穿主要目的层为原则，重点控制第一期开拓水平，少数孔兼顾矿体主要储量分布标高。对底板直接或间接充水的矿床，应按勘探剖面加深控制，其深度以揭穿含水层的裂隙、岩溶发育带为原则。

4.4.3.7 应结合矿区的物性条件，选择有效的方法进行水文物探测井（含井中测流）。

4.4.3.8 钻孔除留作长期观测外，均应封孔，封孔方法宜结合水文地质条件和可能的开采方式研究确定。

4.4.4 抽水试验

4.4.4.1 抽水试验前应获得自然流场水位、流量变化趋势和速率的资料；试验过程中，严禁抽出的水就地排放造成回渗或倒灌；注意观测地面塌陷、沉降现象。

4.4.4.2 抽水试验方法分为稳定流和非稳定流，可根据概化的水文地质模型和水文地质参数计算的要求选择。

4.4.4.3 稳定流抽水试验要求

a．水位降深应根据试验目的和含水层富水程度确定，应尽设备能力作一次最大降深，其值宜不小于 10m；当采用涌水量与降深相关方程预测矿坑涌水量时，应进行三次水位降低。

b. 稳定时段延续时间宜根据含水层的特征，补给条件确定。单孔抽水试验最低不少于 8 小时，潜水层抽水、带观测孔抽水和有越流以及潮汐影响的抽水，必须适当延长。

c．稳定时段内钻孔水位、流量稳定程度应结合区域地下水动态变化确定。水位波动相对误差：抽水孔不大于 1%；观测孔水位变化不大于 2cm。涌水量波动相对误差：当单位涌水量大于 0.1L/s·m 时，不大于其平均值的 3%；当单位涌水量等于或小于 0.1L/s·m 时，不大于其平均值的 5%。波动相对误差按式（1）计算：

$$\text{波动相对误差}(\%)=\frac{\text{最大或最小值}-\text{平均值}}{\text{平均值}}\times 100 \qquad (1)$$

d．抽水试验过程中应取全取准水位下降、流量、水温和水位恢复的连续观测资料。

4.4.4.4 非稳定流抽水试验要求

a．非稳定流抽水试验宜采用定流量或阶梯定流量抽水，也可用定降深抽水，其降深值可参照 4.4.4.3a 条执行。

b．抽水孔水位、流量的波动误差可参照 4.4.4.3c 条执行。

c．抽水孔水位、流量累计观测时间，可按对数轴上的分格点进行。

d. 抽水延续时间应根据试验目的参照水位降深——时间半对数曲线 S（或 h^2）——lg$t$ 形态确定，当曲线出现固定斜率的渐近线时，观测时间需后延续一个对数周期；有越流补给时，观测时间则需曲线经过拐点后趋于水平时为止；有观测孔时，应以代表性观测孔的 S（或 h^2）——lg$t$ 曲线判定。

e．停止抽水后，应立即观测恢复水位，观测时间参照 4.4.4.4c 执行。

4.4.4.5 具有多层含水层的矿区，需要分层评价时，应进行分层抽水试验。水文地质条件允许，可用井中测流方法进行混合抽水，分层求取水文地质参数。

4.4.4.6 大型抽水试验

a．大型抽水试验宜在勘探后期进行，必须建立在获得矿区水文地质条件和天然流场及其动态变化资料的基础上。

b．水位降深、降深次数和延续时间视矿区水文地质条件、试验目的和计算方法确定。抽水水量应对天然流场有较大的扰动，尽可能暴露储存量与径流量的转化关系和矿区的水文地质边界。

c．观测孔（点），应根据试验目的和计算方法确定。宜布在不同的富水区、参数区、边界水量交换地段以及地表水、“天窗”、断裂带等地段，必要时外围区亦应布少数孔控制。

d. 具体观测方法应按专项设计执行。

4.4.5 地表水、地下水动态观测

4.4.5.1 矿区进入详查阶段即应选择代表性井、泉、钻孔、生产矿井、地表水等进行动态观测，勘探阶段应进一步充实和完善。观测内容包括：水位、水量、水温和水质。

4.4.5.2 水位、水量、水温观测，一般每隔 5～10 天一次，雨季或急剧变化时段加密。日变幅大的地区，应选定一个时段进行微动态观测；水质一般按丰、枯季取样。连续观测时间不少于一个水文年，当勘探周期不足一年的中、小型矿床或水文地质条件简单的矿区可视矿区条件酌定。
4.4.5.3 地下水动态观测设施应采取有效措施予以保护，勘探工作结束后由生产部门继续观测。
4.5 矿坑涌水量计算
4.5.1 矿坑涌水量计算必须建立在正确认识矿区水文地质条件的基础上，勘探设计时应初步确定其计算方案，并在勘探过程中，随着对矿区水文地质条件认识的深化逐步的修正和完善。
4.5.2 应根据矿区水文地质特征、边界条件、充水方式，建立矿区水文地质模型和数学模型，选择有代表性的参数及合理的方法计算矿区一期开拓水平的正常和最大涌水量。需预先疏干的矿床，应计算相应水平疏干漏斗范围内的地下水储存量，必要时，估算最低开拓水平的正常和最大涌水量。

主矿体在侵蚀基准面以上，水文地质条件简单的矿区，可计算全矿区的正常和最大涌水量。
4.5.3 矿坑涌水量计算主要方法有：比拟法、数理统计法、水均衡法、解析法、数值法和物理模拟法等应根据概化的矿区水文地质模型和所获得的各项水文地质参数情况选择，必须注意计算方法的使用条件，有条件时应采用几种方法计算和对比。
4.5.4 对计算成果应进行详细评述，推荐作为矿山一期开拓水平疏干排水设计的矿坑涌水量，分析论证计算涌水量可能偏大或偏小的原因及矿床开采后矿坑充水因素和涌水量的变化。
4.6 矿区水资源综合利用评价
4.6.1 对矿坑排水应对其利用的可能性及可利用程度做出评价。
4.6.2 矿区内有可供利用的供水水源时，应根据现有资料做出评价；矿区无可供利用的水源时，应在区域上指出供水方向。
4.6.3 矿区内有地下热水时，应圈定热异常范围，大致查明热水的形成条件，估算热水量，测定其化学成分，分析热水开发利用前景。
4.6.4 根据矿区水化学分析成果，研究赋存矿泉水的可能性，对达到 GB 8537—87《饮用天然矿泉水》国家标准的水点，应对其利用的可能性做出初步评价，提出进一步工作的建议。

5 矿区工程地质勘探

5.1 勘探类型划分
5.1.1 依据矿体及围岩工程地质特征，主要工程地质问题出现层位，将矿区工程地质勘探分为四类：

第一类 松散、软弱岩类：以第四系砂、砂砾石及粘性土，或第三系弱胶结的砂质、粘土质岩石为主的岩类。岩体稳定性取决于岩性、岩层结构和饱水情况，稳定性差。勘探中应着重查明岩（土）的岩性、结构及其物理力学特征。

第二类 块状岩类：以火成岩、结晶变质岩为主的岩类。块状结构，岩体稳定性取决于构造破碎带、蚀变带及风化带的发育程度，一般岩体稳定性好。勘探中应着重查明Ⅱ、Ⅲ级结构面（附录 D）的分布、产状、延伸情况、充填物、粗糙度及其组合关系；蚀变带的宽度、破碎程度；风化带深度及风化程度。

第三类 层状岩类：以碎屑岩、沉积变质岩、火山沉积岩为主的岩类。层状结构，岩体各向异性，强度变化大。岩体稳定性主要取决于层间软弱面、软弱夹层、构造破碎及岩体风化程度。勘探中应着重查明岩层组合特征；软弱夹层分布位置、数量、粘土矿物成分、厚度及其水理、物理力学性质。

第四类 可溶盐岩类：以碳酸盐岩为主，次为硫酸盐岩、盐岩等岩类。工程地质条件一般较复杂。勘探中应着重查明岩溶和蚀变带在空间的分布和发育程度，可溶岩的溶解性，第四系松散层和软弱层的分布、厚度、岩性、结构和物理力学性质。

5.1.2 根据地形、地貌、地层岩性、地质构造、岩体风化及岩溶发育程度、第四系覆盖厚度、地下水静水压力等因素，将工程地质勘探的复杂程度划分为三型：

简单型：地形地貌条件简单，地形有利于自然排水：地层岩性单一，地质构造简单，岩溶不发育，岩体结构以整块或厚层状结构为主，岩石强度高，稳定性好，不易发生矿山工程地质问题。

中等型：地层岩性较复杂，地质构造发育，风化及岩溶作用中等或有软弱夹层及局部破碎带和饱水砂层影响岩体稳定，局部地段易发生矿山工程地质问题。

复杂型：地层岩性复杂，岩石风化、岩溶作用强，构造破碎带发育，岩石破碎，新构造活动强烈或松散软弱层厚、含水砂层多、分布广，地下水具较大的静水压力，矿山工程地质问题发生的比较普遍和经常。

5.2 勘探程度要求

5.2.1 一般要求

5.2.1.1 在研究矿区地层岩性、厚度及分布规律的基础上，划分岩（土）体的工程地质岩组，查明对矿床开采不利的软弱岩组的性质、产状与分布。

5.2.1.2 详细查明矿区所处构造部位，主要构造线方向，各级结构面的分布、产状、规模及充填、充水情况，确定结构面的级别（附录 D）及主要不良优势结构面，指出其对矿床开采的影响。

5.2.1.3 详细查明矿体及围岩的岩体结构、岩体质量，参照附录 E. H 对岩体质量及其稳定性作出评价。

5.2.1.4 可溶岩类矿床，应详细查明岩溶发育主要层位、深度、发育程度和主要特征、充水、充填情况及表部覆盖层的厚度、岩性、结构特征。

5.2.1.5 详细查明岩体的风化程度、强弱风化带界面及标高、强风化带的物理力学性质。对强蚀变矿区，应确定主要蚀变作用，圈定蚀变范围。

5.2.1.6 系统、完整地测定露采和井采影响范围内各种岩石（土）的物理力学参数。

5.2.1.7 矿层及其围岩含粘土的矿区，应查明粘土的成分、分布、厚度及其变化。

5.2.1.8 多年冻土区还需查明冻土类型、分布范围、温度（地温）、含冰率，测定多年冻土最大融化深度，季融层及覆盖层剥离后多年冻土融化速度，冻土层的上、下限。

5.2.1.9 船采砂矿区，还应查明松散层砾卵石的粒级、含量及分布、底板纵向和横向坡度、岩石硬度、岸坡的岩石组成及坡度，测量砂层水上、水下安息角。

5.2.1.10 扩大延深勘探矿区，应详细调查矿床开采中已发生的各种工程地质问题，查明其产生的条件和原因，并针对扩大延深可能产生的工程地质问题进行相应的工作。

5.2.1.11 在构造活动强烈的高地应力地区，有条件时，应专门进行地应力测量，确定最大主应力方向及大小。

5.2.2 边坡勘探应重点查明的问题

5.2.2.1 松散岩（土）类边坡：查明岩（土）层的岩性、结构；粘土岩的矿物成分、含量、分布范围、物理力学性质（特别是抗剪切）和水理性质，含水层的水压、透水性和岩石力学强度差异明显的岩层界面位置及特征。

5.2.2.2 层状岩类边坡：查明软弱夹层的层位、岩性、厚度、产状、分布；粘土矿物成分、含量、物理力学和水理性质：各类结构面的发育程度和组合关系，含水层的水压等。

5.2.2.3 块状岩类边坡：查明边坡与各类结构面的产状、组合关系、结构面的发育程度、充填物成分、分布及物理力学性质。

5.2.3 剥离物强度勘探

5.2.3.1 对适宜建设特大型露天开采的矿床，应着重查明岩（矿）石强度的空间分布规律，为能否采用轮斗开采提供岩（矿）石的力学强度基础资料。

5.2.3.2 运用地质方法、物探测井配合岩石物理力学试验进行岩（矿）层对比，着重查明剖面上岩（矿）层层序、岩性、厚度、结构；强度变化；裂隙发育程度、规模、密度、产状、充填胶结情况，建立完整的地质柱状及其对比剖面。尤其应查明硬岩[1)]的层位、岩性、厚度、分布及其在剥离物中的比例。

注：1）按剥离物岩石抗压强度分为三类：第一类松散软岩类，岩石抗压强度小于 6MPa；第二类中硬岩类，岩石抗压强度 15～6MPa；第三类硬岩类，岩石抗压强度大于 15MPa。

5.3 勘探工程布置原则和工程量

5.3.1 勘探工程布置原则

5.3.1.1 勘探工程应能控制采矿工程可能影响的范围。

5.3.1.2 在详查的基础上，已确定开采方式的矿区，勘探工程的布置应结合开采方式。

5.3.1.3 井下开采的矿区，主要工作量应放在首采地区（段），兼顾深部，根据工程地质条件复杂程度沿矿体走向与倾向以工程地质剖面控制。

5.3.1.4 应重视地表工程地质测绘和地质孔的岩芯编录等基础工作，在此基础上结合采矿工程需要，布置工程地质勘探剖面，工程地质孔应与地质、水文地质孔相结合，一孔多用。

5.3.1.5 露天开采矿区，边坡勘探的重点是首期开采地段的长久帮和边帮，以勘探剖面进行控制。

5.3.1.6 剥离物强度勘探，重点是首期开采地段，同时对全区作适当控制。勘探线沿岩石强度变化的主导方向布置，其线距视岩石强度均匀程度、勘探面积大小而定。剥离物强度为第一类的矿区，可选择少量地质水文地质钻孔取芯进行采样试验；第二类矿区线距 400～1200m；第三类矿区一般只宜布少量钻孔进行控制。

5.3.2 勘探工程量，结合矿区实际情况参照表 3 确定

表 3 矿区工程地质勘探工程量表

项目	工程地质条件复杂程度		
	简单型	中等型	复杂型
工程地质测绘比例尺	1∶10000～1∶2000		
钻孔工程地质编录占地质孔数/%	10～20	20～30	30～50
工程地质钻孔/个	一般不布置		根据需要布置
工程地质剖面[1)]/条	0～1	2～3	3～5
室内岩（土）样	对矿体围岩不同工程地质岩组分层取样，控制到坑道底板或露天采场坑底 30～50m。取样数：块状岩类及岩溶化岩类，每种岩石不少于 3 组；层状岩类每种岩石不少于 3～5 组，每组岩块数按试验项目确定；松散岩类按岩性、厚度取样，剥离物强度勘探不受此限		

注：1）每条勘探剖面由 3～5 个工程地质孔或具有工程地质编录的地质孔、水文地质孔组成。

5.4 勘探技术要求

5.4.1 工程地质测绘

5.4.1.1 测绘范围以达到采矿工程可能影响的边界外 200～300m，比例尺 1∶10000～1∶2000。

5.4.1.2 测绘内容

a．划分工程地质岩组，详细调查软弱岩组的性质、产状、分布及其工程地质特征。

b. 调查矿区内软弱夹层及各类结构面的分布、物质组成、胶结程度、结构面的特征及组合关系，按附录D进行分级。

c．按岩组和不同构造部位进行节理裂隙统计，测量其产状、宽度及延伸长度，编制玫瑰花图或级射赤平投影图，确定优势节理裂隙发育方向，参照附录H划分岩体结构类型。

d．对矿体主要围岩的风化特征进行研究，可参照附录I划分岩体的强弱风化带。

e．对自然斜坡和人工边坡进行实地测定，研究边坡坡高、坡面形态与岩体结构的关系；调查各种物理地质现象。在多年冻土区应着重调查融区的分布、成因以及胀丘、冰锥、地下冰层、融冻泥石流堆积、热融滑塌、沉陷、沼泽湿地等的特征与分布。对含连续性冻土的矿床，还应测量冻层下限深度，并绘制冻层底板等高线及冻层等厚线图。

f. 对矿区工程地质条件有影响的地下水露头点、含水岩层与隔水层接触界面特征、构造破碎带的水理性质进行重点调查研究。

g．详细调查生产矿井及相邻矿山的各类工程地质问题；调查露采边坡变形特征、变形类型、形成条件和影响因素，井巷变形破坏特征、支护情况，变形破坏与软弱层、破碎带、节理裂隙发育带等结构面的关系。

5.4.2 钻孔工程地质编录

5.4.2.1 钻孔工程地质编录内容包括：统计与描述岩芯块度，绘制岩芯块度柱状图；统计节理裂隙；确定钻孔中流砂层、破碎带、裂隙密集带、风化带与软弱夹层、岩溶发育带、蚀变带的位置和深度；并可按工程地质岩组用点荷载仪测定岩石力学指标。

5.4.2.2 按钻进回次测定岩石质量指标（RQD），确定不同岩组 RQD 值的范围和平均值。RQD值一般按公式（2）计算确定：

$$\mathrm{RQD}(\%)=\frac{L_\mathrm{p}}{L_\mathrm{t}}\times 100 \qquad (2)$$

式中：L_p——某岩组大于10cm完整岩芯[1)]长度之和，m；

L_t——某岩组钻探总进尺，m。

注：1）小于10cm岩芯若为钻进过程中机械破碎，则应上、下对接，其长度大于10cm时应参与计算；当钻头内径小于54.1mm时，RQD值作适当降低，根据经验降低20%～50%。

5.4.2.3 根据RQD值，按附录E划分岩石质量等级和岩体质量等级。

5.4.3 坑道工程地质编录

5.4.3.1 对矿区的勘探坑道应全部进行工程地质编录，工程地质条件简单的矿区可适当减少，有生产坑道时可选择典型坑道进行。

5.4.3.2 坑道工程地质编录内容包括：对坑道所揭示的岩层划分岩组，重点观察描述软弱夹层、风化带、构造破碎带、蚀变带、岩溶发育带的特征，分布、产状、溶蚀现象；系统采取岩（矿）石物理力学试验样；统计节理裂隙；详细描述地下水活动对井巷围岩稳固性的影响及工程地质问题发生的位置不稳定地段掘进与支护方法。坑道变形地段必要时设置工程地质观测点，进行长期观测。

5.4.4 工程地质钻探

5.4.4.1 钻探深度：露采矿区宜控制到最终坡脚或坑底以下30～50m；井下开采矿区控制到矿床主要储量标高以下30～50m。

5.4.4.2 钻孔孔径以满足采取岩、土物理力学试验样规格为准。
5.4.4.3 要求全部取芯钻进。岩芯采取率，可根据不同的目的确定。
5.4.4.4 应进行物探测井，结合钻探地质剖面，确定岩石风化带深度、构造破碎带、岩溶发育带及层间软弱夹层的分布部位。
5.4.5 工程地质测试
5.4.5.1 勘探矿区应选取代表性岩、土室内试样，测定其物理力学性质，工程地质条件中等—复杂的矿区，除选取代表性室内试样外，还可应用点荷载仪、携带式剪切仪进行钻孔及野外现场测试。
5.4.5.2 室内岩（土）样试验项目，按开采方式、矿区实际情况，结合工程地质评价要求参照附录 J 选作。
5.4.5.3 岩（土）样采样要求

a. 井采矿区对一期开拓水平以上矿体及其围岩按不同岩石分别采样；露采矿区应在边坡地段自上而下分组采样。

b. 块状、层状岩类按不同岩石采样；松散软弱岩类，若岩性较均一，厚度大于 10m 时，每 10m 采一组样；岩性不均一时，根据岩性结构特征分层采样。

c. 块状、层状岩类可直接从岩芯采样；松散软弱岩类应利用坑道或山地工程采样，如在钻孔中取样，则应采取专门取芯工具，砂砾石样应保持原级配。

d. 采样规格与数量可根据实验室的具体要求确定。

5.5 矿区工程地质评价
5.5.1 矿区工程地质评价应在查明矿区工程地质条件的基础上结合开采方式，对边坡稳定性或井巷围岩岩体质量给予定性和半定量的预测评价。
5.5.2 露采边坡稳定性评价
5.5.2.1 坚硬、半坚硬岩类[1)]边坡稳定性评价：根据边坡与各类结构面的组合关系、软弱夹层情况，分别判断并预测边坡可能滑动变形的地段、范围、变形的性质、滑动面、切割面的可能位置，根据需要以类比法、经验数据法建议最终边坡角。

注：1）按岩石单轴极限抗压强度（R）将岩石强度分为：坚硬的 $R \geqslant 60MPa$；半坚硬的 $60MPa \geqslant R \geqslant 30hPa$；软弱的 $R \leqslant 30MPa$。

5.5.2.2 松散软岩类边坡稳定性评价：一般将拟建采场划分为不同的工程地质区，并分区进行稳定性评价，建议最终边坡角；对具有饱水砂层的边坡，应根据需要进行专门性的预先疏干试验及饱水抗剪试验，在试验的基础上，建议边坡角。
5.5.3 井巷围岩岩体质量评价：宜采用两种方法对比评价，常用的方法为岩体质量系数法和岩体质量指标法。
5.5.3.1 岩体质量系数法：依据公式（3）求得岩体质量系数 Z，按附录 E2 确定岩体质量优劣。

$$Z=I \cdot f \cdot S \tag{3}$$

式中：Z——岩体质量系数；

I——岩体完整系数（无资料时可用 RQD 值代替）；

f——结构面摩擦系数（影响稳定的主要结构面）；

S——岩块坚硬系数；

$$S=\frac{R_c}{100} \tag{4}$$

R_c——岩块饱和轴向抗压强度。

5.5.3.2 岩体质量指标（M）法，可按近似公式（5）粗略估算：

$$M = \frac{R_c}{300} \cdot \text{RQD} \tag{5}$$

参照附录E3评价岩体质量的优劣。

5.5.4 地下水溶开采的矿床，根据顶、底板岩（矿）石、夹层的物理力学性质、溶解性、膨胀性和液柱压力大小，结合开采方案综合分析，初步评价溶腔的稳固性。

6 矿区环境地质调查与评价

6.1 环境地质调查

6.1.1 区域稳定性调查，收集矿区附近历史地震资料，调查新构造活动情况，分析其是否有活动性断裂的存在。

6.1.2 调查矿区所处社会环境（建筑物的类型、密度）和自然地理环境（旅游区、文物保护区、自然保护区等）。

6.1.3 勘探矿区调查内容

6.1.3.1 调查、收集地表水、地下水的环境背景值（污染起始值）或对照值。

6.1.3.2 对矿区开发影响范围的滑坡、崩塌、山洪泥石流等物理地质现象进行野外调查。

6.1.3.3 调查地质体中可能成为污染源的物质的赋存状态、含量及分布规律。

6.1.3.4 当调查区有热（气）水时，应查明其分布、控制因素、水温、流量，水中气体及化学组分，了解热（气）水补给、径流、排泄条件。

6.1.3.5 当矿体埋深较大（垂深＞500m）应在不同构造部位选择代表性钻孔进行地温测量，确定恒温带深度、温度及地温梯度。

6.1.3.6 矿区放射性调查

a. 矿区发现有放射性元素，但确认无工业价值时，应对其影响安全生产和环境污染作出评价。

b. 在铀矿区应对有水钻孔和地下水露头取样，测试水中放射性元素含量，同位素比值和化学组分，水文地球化学指标，研究其在水平与垂向的分布规律。

6.1.4 扩大延深勘探矿区调查内容

6.1.4.1 调查由于矿坑排水而引起的区域地下水位下降，井、泉枯竭对当地用水的影响和地下水补给、径流、排泄条件的变化。

6.1.4.2 地表水污染调查，包括污染位置及废水、废渣中排出的主要污染物的浓度、年排放量、排放方式、排放途径和去向、处理和综合利用状况。

6.1.4.3 矿坑水污染调查，着重调查硫化矿床（如黄铁矿、黄铜矿、闪锌矿等）、高硫煤矿床、放射性、汞、砷等矿床中对人体有害有毒元素的矿坑排水及废弃的尾矿和废石堆在降水淋滤作用下对水体的污染。调查矿坑排放的高悬浮物（大于400mg/L）和高矿化水的排放浓度、分布范围以及对环境的危害程度。

6.1.4.4 调查矿山开采中引起的岩溶塌陷、山体失稳、崩落、地裂、沉降等对地质环境的破坏范围、破坏程度。

6.1.4.5 收集矿山不同开采中段（水平）的井巷温度，确定其地温梯度。

6.1.4.6 调查尾矿和废石堆放场的稳定性，根据地形、地貌、水文、气象等因素，分析形成山洪泥石流的可能性以及复垦还田的情况。

6.2 矿区环境地质评价

6.2.1 确定矿区地质环境类型：可根据地质环境现状及矿床开采引起的变化分为三类：

第一类 矿区地质环境质量良好，矿区附近无污染源，地表、地下水水质良好（Ⅰ、Ⅱ）[1)]，矿石和废石不易分解出有害组分。

注：1）见 GB 3838。

第二类 矿区地质环境质量中等：采矿可产生局部地表变形，但对地质环境破坏不大；区内无重大的污染源，无热害，地表水、地下水水质较好（不低于Ⅲ类），矿坑排水对附近水体有一定污染；矿石和废石化学成分基本稳定，无其他环境地质隐患。

第三类 矿区地质环境质量不良：矿区水文地质工程地质条件复杂，因采矿可带来严重的环境地质问题，如地面塌陷、山体开裂失稳、井泉干涸，有热害或矿坑排水以及矿石、废石有害组分的分解易造成对附近水体的污染，水体水质超过Ⅲ类标准。

6.2.2 区域稳定性评价：在全国地震烈度分区的基础上，根据断裂的活动性及工程地质条件，初步阐明区域稳定性及对工程建筑物的影响。

6.2.3 矿区水环境质量评价：在查明矿区地表水、地下水的物理性质、化学成分及其变化、卫生防护条件的基础上，按 GB 3838 进行评价。

6.2.4 勘探矿区环境地质评价：指出可能影响矿区安全的滑坡、崩塌、山洪泥石流等物理地质现象的危害，河流洪水危害及放射性和其它有害物质的分布及其对人身安全的影响。

岩溶充水矿床应预测开采条件下可能出现的泥砂溃塌及疏干排水产生岩溶塌陷的程度、分布范围及地表水渗漏。倒灌等环境地质问题，并提出防治建议。

6.2.5 扩大延深勘探矿区环境地质评价：当开采矿区已产生环境地质问题，如水体污染、塌陷、滑坡、地面开裂、泥石流、山体失稳等，应在查明其形成条件的基础上，对现状进行评价，预测其发展趋势，提出防治意见。

7 报告编写要求

7.1 一般要求

矿区水文地质工程地质勘探报告一般应作为矿产地质勘探报告的一章，当矿区水文地质工程地质内容多，或进行了专门性勘探时，可根据具体情况单独编写，与矿产地质报告同时提交。

7.2 文字报告编写要求

7.2.1 基本要求：报告内容齐全，重点突出，论证的依据充分，数据可靠，文字通顺，用词准确，结论明确，文图表应协调一致，互为补充，使报告成为一个有机整体。

7.2.2 编写内容

7.2.2.1 工作概况

简述矿区水文地质、工程地质勘探和环境地质调查评价的目的任务，工作时间，完成的工作量和采用的工作方法，对各项工程的质量进行评价以及其他必须说明问题。

7.2.2.2 水文地质

a. 区域水文地质

简述区域地形、地貌、水文、气象特征；含（隔）水层的岩性、厚度、产状与分布；含水层的富水性及地下水的补给、径流、排泄条件。

b. 矿区水文地质

应阐明如下问题：

矿区在水文地质单元的位置，最低侵蚀基准面标高和矿坑水自然排泄面标高，首采地段或第一期开拓水平和储量计算底界的标高；矿区的水文地质边界。

含水层的岩性、厚度、产状、分布、埋藏条件、单位涌水量、渗透系数或导水系数、给水度或弹性释水系数，裂隙、岩溶发育程度、分布规律、控制裂隙及岩溶发育的因素；地下水的水位（水压）、水温、水质以及补给、径流、排泄条件；隔水层的岩性、分布、产状、稳定性及隔水性；确定矿床充水主要含水层的依据及其与矿层之间的关系。

主要构造破碎带对矿床充水的影响：构造破碎带的位置、性质、规模、产状、埋藏条件及其在平面和剖面上的形态特征，充填物的成分、胶结程度、溶蚀和风化特征，导水性、富水性及其变化规律，与其它构造破碎带的组合关系以及沟通各含水层和地表水的情况。

地表水对矿床充水的影响：地表水的汇水范围，河水的流量、水位及其变化，历年最高洪水位的标高、洪峰流量及淹没的最大范围，地表水与地下水的水力联系情况及其对矿床开采的影响。对船采砂矿床，还应阐明河流枯、平、丰水期的河床宽度、深度、流速及河水位标高，采矿船过河地段的最小、一般和最大流速。

老窿水和生产井对矿床充水的影响：矿区内生产井的位置，开采的最大深度和最低标高，开采面积、产量、排水量和充水来源，历年来发生突水事故的次数、突水量和原因；老窿的分布范围、坑口标高、开采的最大深度及最低标高、积水情况及对矿床开采的影响。

c．矿坑涌水量预测

论证并确定矿区水文地质边界，建立水文地质模型、数学模型并论证其合理性；阐明各计算参数的来源，并论证其可靠性和代表性；对各种计算方法计算的结果进行分析对比，推荐可供矿山建设设计利用的矿坑涌水量，并分析涌水量可能偏大、偏小的原因。

d．矿区水资源综合利用评价

对矿坑水的供排结合及矿区作为供水水源的地下水、地表水、矿泉水和地下热水的水质，水量及其利用条件进行初步评价，如矿区内无可作供水的水源，则应指出供水方向。

7.2.2.3 矿区工程地质

a．矿区工程地质特征

矿区各工程地质岩组的分布、岩性、厚度和物理力学性质。着重阐明较弱层的分布、岩性、厚度、水理和物理力学性质及其对矿床开采的影响。

矿区所在地的构造部位，主要构造线方向，划分各级结构面并阐述各级结构面的特征、分布、产状、规模、充填情况、组合关系及优势结构面对矿床开采的影响。

岩体风化带性质，结构类型和发育深度。蚀变带的性质、结构类型和分布范围。

b. 工程地质评价

露天边坡的稳定性评价：根据构成边坡岩体的岩性、物理力学性质和结构面发育程度、组合关系、确定边坡类型：阐明软弱夹层的分布、产状、岩性、厚度、水理性质、物理力学性质及其对边坡稳定性的影响；着重说明首期开采地段中的长久性边坡地段的边坡特征；提出建议最终边坡角，对各边坡的稳定性做出评价，并对评价方法的合理性进行论证：根据边坡和结构面的组合关系，预测可能出现滑动变形的地段，当有不稳定滑动块体存在时，根据需要进行边坡稳定性计算，并提出建议的最终边坡角。

井巷围岩稳固性评价：根据矿体及井巷围岩的工程地质特征，评述岩（矿）体的质量，对其稳固性做出评价，指出不稳定的因素，可能产生的工程地质问题及其部位，提出工程措施的建议。

7.2.2.4 矿区环境地质

a．评述矿区及其附近地区的地震历史，历年来地震的次数、位置及烈度，指出历史上出现的最高烈度，对区域稳定性作出评价。

b．预测矿坑水和其他污染源对地下水、地表水的水质可能污染的情况，提出保护地下水、地表水的建议；论述产生地表变形（地裂、塌陷、露采坑、废石堆）对地质环境的影响，矿山环保和复垦情况。

评述地下水、地表水的环境质量，确定水环境质量等级。

预测因矿山长期排水所产生的地下水位下降的深度、疏干漏斗的扩展范围及邻海矿区引起海水倒灌的情况，评述对当地居民生活用水，工农业用水的影响程度和影响范围。

c．预测疏干排水后可能引起的地面塌陷、沉降、开裂的范围和深度，对位于旅游风景点、著名热矿水点附近的矿区还应评述对其影响程度；对位于高山、陡崖、深谷的矿区，应预测矿床开采可能引起的山体开裂、危岩崩落、滑坡复活的范围和影响程度，提出防治地质灾害的建议。

d．对矿体（层）埋藏深度大于500m的矿区，应阐明矿区内不同深度和各构造部位的地温变化和地温梯度。指出高温区的分布范围，并分析其产生的原因。

7.2.2.5 结论

论述矿区水文地质工程地质和地质环境的类型，勘探成果能否满足规范的要求，能否作为矿山建设的依据；简述矿区主要水文地质工程地质环境地质问题的结论；指出勘探工作中存在的主要问题和开采过程中可能出现的问题，提出下步工作的意见及防治的建议。

7.3 附图和附表

7.3.1 附图和附表应完整、系统、数据准确、清晰美观和实用。

7.3.2 附图

7.3.2.1 基本图件

区域水文地质图（含水文地质剖面图及柱状图）；矿区水文地质图（含柱状图）及水文地质剖面图；矿区工程地质图（含柱状图）及工程地质剖面图；井巷水文地质工程地质图；钻孔抽水试验综合成果图；矿床主要充水含水层地下水等水位（水压）线图；地下水、地表水、矿坑水动态与降水量关系曲线图；矿坑涌水量计算图（附剖面图）；钻孔工程地质综合柱状图（或典型钻孔工程地质编录柱状图）；代表性照片。

7.3.2.2 根据实际需要编制的图件

直接顶板（或直接底板）隔水层厚度等值线图；底板含水层地下水等压线图；地貌和第四系地质图；中段岩体稳固性预测图；露天采矿场边坡稳定性预测图；岩石强风化带厚度等值线图；地热异常区等温线图；矿区地质环境现状评价及发展趋势预测图；岩溶发育程度图。

7.3.3 附表

钻孔静水位一览表；钻孔（井）抽水试验成果汇总表；钻孔简易水文地质工程地质综合编录一览表；地下水、地表水、矿坑水动态观测成果表；气象要素统计表；风化带、构造破碎带及含水层厚度统计表；矿坑涌水量计算表；井（泉）、生产矿井和老窿调查资料综合表；水质分析成果表；岩（土）样试验成果汇总表；工程地质动态观测资料汇总表；矿区环境地质调查资料汇总表。

7.3.4 上述文字报告的编写内容和附图、附表适用于大中型矿床水文地质工程地质条件中等至复杂的矿区；文地质工程地质条件简单的矿区以及小型矿床可根据实际情况进行精简或合并。

附 录 A
本规范用词说明
（补充件）

A.1 执行本规范条文时严格程度的用词说明如下：

A.1.1 表示很严格，非这样做不可的用词：正面词一般采用“必须”；反面词一般采用“严禁”。

A.1.2 表示严格，正常情况下应这样做的用词：正面词一般采用“应”；反面词采用“不应”或“不得”。

A.1.3 表示允许稍有选择，在条件许可时首先应这样做的用词：正面词一般采用“宜”或“可”；反面词一般采用“不宜”。

A.2 条文中指明必须按其他有关标准和规范执行的写法为：“应按……执行”或“应符合……要求或规定”，非必须按所指定的标准和规范执行的写法为：“可参照……执行”。

附 录 B
名词术语
（补充件）

B.1 主要充水含水层 main filling aquifer 指在矿床开采条件下，对井巷产生充水量最大的含水层。

B.2 水文地质勘探 hydro geological exploration 为水文地质目的钻孔的施工。

B.3 单孔抽水试验 single well pumping test 仅在一个钻孔中进行的抽水试验。

B.4 多孔抽水试验 pumping test with multiple observation wells 在一个主孔抽水，其周围设置若干观测孔观测地下水位的抽水试验。

B.5 群孔抽水试验 interference wells pumping test 在抽水影响半径范围内，同时在两个以上钻孔中进行抽水并在其周围布置若干个孔观测水位的试验。

B.6 矿坑正常水量 normal water yield of mines 有变化规律的充水因素（不含井巷突水、地表水倒灌等）所形成的矿坑涌水量的常见值。

B.7 矿坑最大涌水量 maximum water yield of mines 有变化规律的矿坑充水因素(不含井巷突水、地表水倒灌等）所形成矿坑涌水量的最高峰值，计算方法依矿区的气象和水文地质条件具体情况确定。

B.8 工程地质钻探 engineering geological drilling 指为工程地质目的钻孔的施工。

B.9 矿山工程地质问题 engineering geological problems of mines 指采矿工程与岩体相互作用产生地质危害的总称。

B.10 rock mass 地质体的一部分，指与工程建筑有关，即工程所辖地区及相邻地段的地质体，它有特定的自然边界，而依解决岩体稳定问题的需要所圈定。

B.11 岩组 rock group 岩石的工程地质组合，每一岩组都有一定的岩石组合特征及相似的工程地质特征。

B.12 结构面 structural plane 指在地质发展历史中，岩体内形成具有一定方向、一定规模、一定形态的特征的面、缝、层、带状的地质界面。

B.13 结构体 structural block 指岩体中被结构面切割并包围的不同形状和大小的岩石块体（岩

块）和岩块集合体。

B.14 岩体结构 structure of rock mass 指岩体中结构面与结构体的大小，形状及组合方式。

B.15 矿区环境地质质量评价 environmental geology quality assessment of mining areas 指对矿区地质环境质量现状的评价和对矿山开采条件下的地质环境质量进行预测，进而提出控制和消除因采矿而产生的有害作用及合理开发和保护地质环境的对策。

B.16 水体环境背景值 environ merit background value of water 指未受人类活动影响情况下，水体（地表水、地下水）中各种化学组分的天然含量，但是， 目前地球几乎找不到未受人类活动影响的地方，因此，求得的背景值实际上是污染相对较轻情况下的各种化学组分含量。

B.17 矿区地质环境 geological environmental of mining areas 指矿山开采影响到的范围和深度内的客观的地质实体。

B.18 矿区环境地质 environmental geology of mining areas 指矿区地质环境现状，以及矿山建设和采选过程中人为因素与地质环境之间的相互影响，并由此产生的地质环境破坏和污染等问题的总称。

附 录 C
含水层富水性分级
（补充件）

C.1 按钻孔单位涌水量（q）富水性[注]分为以下四级：

a. 弱富水性：q<0.1L/s·m；

b. 中等富水性：0.1L/s·m<q≤1.0L/s·m；

c. 强富水性：1.0L/s·m<q≤5.0L/s·m；

d. 极强富水性：q>5.0L/s·m。

C.2 按天然泉水流量含水层富水性划分以下四级：

a. 弱富水性：Q<1.0L/s；

b. 中等富水性：1.0L/s<Q≤10.0L/s；

c. 强富水性：10.0L/s<Q≤50.0L/s；

d. 极强富水性：Q>50.0L/s。

注：评价含水层的富水性，钻孔单位涌水量以口径 91mm，抽水水位降深 10m 为准，若口径、降深与上述不符时，应进行换算再比较富水性。

附 录 D
结构面分级表
（补充件）

特征 分级	结构面形式	规模		对岩体稳定性影响
		走向	倾向垂深	
Ⅰ	区域断裂带	延展达数千米以上	至少切穿一个构造层	控制区域稳定，应着重研究断裂力学机制，构造应力场方向及断裂带的活动性
Ⅱ	矿区内主要断裂或延伸较稳定的原生较弱层	数千米	数百米	控制山体稳定，应着重研究结构面的产状、形态、物理力学性质
Ⅲ	矿区内次一级断裂及不稳定的原生软弱层及层间错动带	数百米以内	数十米至数百米	影响岩体稳定，应着重研究可能出现的滑动面及滑动面的力学性
Ⅳ	节理裂隙、层理、片理	延展有限	无明显深度及宽度	破坏岩体完整，影响岩体的力学性质及局部稳定性，研究其节理、裂隙发育组数、密度
Ⅴ	微小的节理劈理、不发育片理			降低岩石强度

附 录 E
岩石、岩体质量及岩体优劣分级表
（补充件）

E.1 岩石质量等级表见表 E.1。

表 E.1 岩石质量等级表

等级	RQD/%	岩石质量描述	岩体完整性评价
Ⅰ	90～100	极好的	岩体完整
Ⅱ	75～90	好的	岩体较完整
Ⅲ	50～75	中等的	岩体中等完整
Ⅳ	25～50	劣的	岩体完整性差
Ⅴ	＜25	极劣的	岩体破碎

E.2 岩体 Z 值范围及其优劣分级表见表 E.2。

表 E.2 岩体 Z 值范围及其优劣分级表

岩体结构类型	代号	岩体质量系数 Z 值一般范围			
整体结构	Ⅰ1	2.5～20			
块状结构	Ⅰ2	0.3～10			
层状结构	Ⅱ1	0.2～5			
薄层状结构	Ⅱ2	0.08～3			
镶嵌结构	Ⅲ1	0.2～2.5			
碎裂结构	Ⅲ2、Ⅲ3	0.05～0.1			
散体结构	Ⅳ	0.002～0.1			
岩体质量系数（Z）	＜0.1	0.1～0.3	0.3～2.5	2.5～4.5	＞4.5
岩体质量等级	极坏	坏	一般	好	特好

E.3 岩体质量分级表见表 E.3。

表 E.3　岩体质量分级表

岩体分类	I	II	III	IV	V
岩体质量指标（M）	＞3	1.0～3.0	0.12～1.0	0.01～0.12	＜0.01
岩体质量	优	良	中等	差	坏

附　录　F
冒落带导水裂隙带最大高度经验公式表
（参考件）

煤层倾角/（°）	岩石抗压强度/MPa	岩石名称	顶板管理方法	冒落带最大高度/m	导水裂隙带（包括冒落带最大高度）/m
0～54	40～60	辉绿岩、石灰岩、硅质石英岩、砾岩、砂砾岩、砂质页岩等	全部陷落	H_c=（4～5）M	$H_t=\frac{100M}{2.4n+2.1}+11.2$
	20～40	砂质页岩、泥质砂岩、页岩	全部陷落	H_c=（3～4）M	$H_t=\frac{100M}{3.3n+3.8}+5.1$
	＜20	风化岩石、页岩、泥质砂岩、粘土岩、第四系和第三系松散层等	全部陷落	H_c=（1～2）M	$H_t=\frac{100M}{5.1n+5.2}+5.1$
55～85	40～60	辉绿岩、石灰岩、硅质石英岩、砾岩、砂砾岩、砂质页岩等	全部陷落		$H_t=\frac{100mh}{4.1h+133}+8.4$
	＜40	砂质页岩、泥质砂岩、页岩、粘土岩、风化岩石、第三系和第四系松散层等	全部陷落	H_c=0.5M	$H_t=\frac{100mh}{7.5h+293}+7.3$

注：① 表中：M——累计采厚，m；n——煤分层层数；m——煤层厚度，m；h——采煤工作面小阶段垂高，m。

② 冒落带、导水裂隙带最大高度，对于缓倾斜和倾斜煤层，系指从煤层顶面算起的法向高度；对于急倾斜煤层，系指从开采上限算起的垂向高度。

③ 岩石抗压强度为饱和单轴极限强度。

附　录　G
安全隔水厚度和突水系数计算公式
（参考件）

G.1

$$t=\frac{L(\sqrt{r^2L^2-8K_pH}-rL)}{4K_p} \tag{G.1}$$

式中：t—— 安全隔水厚度，m；

L—— 采掘工作面底板最大宽度，m；

r —— 隔水层岩石的容重，t/m^3；

K_p —— 隔水层岩石的抗张强度，Pa；

H —— 隔水层底板承受的水头压力，Pa。

G.2

$$T_s=\frac{p}{M-C_p} \tag{G.2}$$

式中：T_s —— 突水系数，MPa/m；

p —— 隔水层承受的水压，MPa；

M —— 底板隔水层厚度，m；

C_p —— 采矿对底板隔水层的扰动破坏厚度，m。

按式（G.1）计算，如底板隔水层实际厚度小于计算值时，就是不安全的。按式（G2）计算，就全国实际资料看，底板受构造破坏块段突水系数一般不大于 0.06，正常块段不大于 0.15。

附 录 H
岩体结构分类表
（参考件）

表 H.1

结构类型		亚类		地质背景	完整状态		结构面特征	结构体特征		水文地质特征
代号	名称	代号	名称		结构面间距/cm	完整性系数		形态	强度/MPa	
I	整体块状结构	I 1	整体结构	岩性单一，构造变形轻微的巨（极）厚层沉积岩、变质岩和火成岩体	＞100	＞0.75	Ⅳ、Ⅴ级结构面存在，无或偶见Ⅲ级结构面，组数一般不超过 3 组，而且延展性极差，多呈闭合、粗糙状态，无充填或夹少量碎屑。$tg\phi \geq 0.60$	岩体呈整体状态，或由巨型块状体所组成	＞60	地下水作用不明显
		I 2	块状结构	岩性单一，构造变形轻—中等的厚层沉积岩、变质岩和火成岩体	100～50	0.57～0.35	以Ⅳ、Ⅴ级结构面为主，少见Ⅱ、Ⅲ级结构面，层间有一定的结合力，结构面一般发育有 2～3 组，以两组高角度剪切节理为发育。面多闭合、粗糙或夹碎屑或附薄膜，一般 $tg\phi=0.40 \sim 0.60$	长方体、立方体、菱形块体以及占多数的多角形块体	＞30 一般均在 60 以上	裂隙水甚为微弱，沿面可以出现渗水、滴水现象，主要表现对半坚硬岩石的软化

结构类型		亚类		地质背景	完整状态		结构面特征	结构体特征		水文地质特征
代号	名称	代号	名称		结构面间距/cm	完整性系数		形态	强度/MPa	
Ⅱ	层状结构	Ⅱ1	层状结构	主要指构造变形轻—中等的，中—厚（单层厚度大于30cm）层的层状岩体	50～30	0.6～0.3	以Ⅲ、Ⅳ级结构面（层面、片理、节理）为主，亦存在Ⅱ级结构面（原生软弱夹层、层间错动）延展性较好，一般有2～3组结构面，层面尤为显著，层间结合力较差，结构面的摩擦系数一般为0.30～0.50	长方体、厚板体、块体和柱状体	＞30	由于岩层的组合和变位程度的不同，就有不同的水文地质结构；地下水的贮存情况和水动力条件则不相同。不仅要注意地下水渗透压力所引起的问题，而且地下水的软化、泥化作用亦是明显的
		Ⅱ2	薄层状结构	同Ⅱ1，但层厚小于30cm，在构造变动作用下表现为相对强烈的褶皱（或褶曲）和层间错动	＜30	＜0.40	层理、片理发育，Ⅲ级、Ⅱ级结构面如原生软弱夹层、层间错动和小断层不时出现，结构面多为泥膜、碎屑和泥质物所充填，一般结合力差 $tg\phi \approx 0.30$ 上下	组合板状体或薄板状体	一般30～10	
Ⅲ	碎裂结构	Ⅲ1	镶嵌结构	一般发育于脆硬岩层中的压碎岩带，节理、劈理组数多，密度大	＜50一般为数厘米	＜0.35	以Ⅳ、Ⅴ级结构面（节理、劈理及隐微裂隙）为主，结构面组数多（均多于3组），密度大，但其延展性甚差。结构面粗糙，闭合无充填或夹少量碎屑，$tg\phi \approx 0.40 \sim 0.60$	形态不一，大小不同，棱角显著彼此咬合	＞60	本身即为统一含水体，虽然导水性能并不显著，但渗水亦有一定的渗透压力
		Ⅲ2	层状碎裂结构	软硬相间的岩石组合，如复理石建造，火山岩建造和变质岩建造中，通常有一系列近于平行的软弱破碎带，它们与完成性较好的岩体相间存在	＜100	＜0.40	Ⅱ、Ⅲ、Ⅳ级结构面均发育，Ⅱ、Ⅲ级（软弱夹层和各种成因类型的破碎带）尤为突出，在岩体中大致平行分布，起着控制性作用，其摩擦系数一般为0.20～0.40；相对坚硬完整的、与软弱破碎带相间存在的骨架岩体中，以Ⅳ、Ⅴ级结构面为主，一般 $tg\phi \approx 0.40$	软弱破碎带以碎屑、碎块、岩粉、泥为主；滑架部分岩体为大小不等、形态不同的岩块	骨架岩体中岩块强度在30上下或更大些	亦具层状水文地质结构特性，软弱破碎带两侧地下水呈带状渗流、同时对软弱结构面（包括破碎带）的软化、泥化作用甚为明显

结构类型		亚类		地质背景	完整状态		结构面特征	结构体特征		水文地质特征
代号	名称	代号	名称		结构面间距/cm	完整性系数		形态	强度/MPa	
Ⅲ	碎裂结构	Ⅲ3	碎裂结构	岩性复杂，构造变动剧烈，断裂发育，亦包括风化作用下的弱风化带	＜50	＜0.30	Ⅱ、Ⅲ、Ⅳ、Ⅴ级结构面均发育，组数不下4～5组，彼此交切结构面多被充填；或为泥夹碎屑、或为泥膜、或为矿物薄膜，擦痕镜面多见，结构面光滑度不等，形态不一。有的破碎带中粘土矿物成分甚多。结构面的摩擦系数一般为0.20～0.40	碎屑和大小不等、形态不同的岩块	岩块中隐微裂隙甚多，不堪一击，小于30	地下水各方面作用均为显著，不仅有软化、泥化作用，而且由于渗流还可能引起化学管涌和机械管涌现象
Ⅳ	散体结构			构造变动剧烈，一般为断层破碎带、岩浆岩侵入接触破碎带以及剧烈—强强风化带		＜0.2	断层破碎带、接触破碎带中一般均具有数条滑动面，带中节理、劈理密集而呈无序状。整个破碎带（包括剧—强烈风化带）呈块夹泥的松散状态或泥包块的松软状态。摩擦系数一般在0.20上下	泥、岩粉、碎屑、碎块、碎片等	岩块的强度在此无实际意义	泥质物多，所以破碎带起隔水作用，使地下水沿破碎带两侧富集；同时地下水可以促使破碎带物质软化、泥化、崩解、膨胀，还可产生化学和机械管涌

表 H.2

结构类型		亚类		力学介质类型	岩体变形破坏的特征	工程地质评价要点
代号	名称	代号	名称			
Ⅰ	整体块状结构	Ⅰ1	整体结构	连续介质	硬脆岩石中的深埋地下工程可能出现岩爆，即脆性破裂，一般是沿裂隙端部产生。在半坚硬岩层中可能产生微弱的塑性变形	埋深大或处地震危险区的地下工程的围岩中，初始应力大能产生岩爆
		Ⅰ2	块状结构	连续或不连续介质	压缩变形微量，主要决定于结构面的规模、数量和方位以及结构体的强度。剪切滑移受结构面抗剪强度及岩块刚度、形状、大小所制约，部分岩石抗剪断强度可以发挥作用，滑移面多迁就已有结构面	结构面的分布与特性，尤其Ⅱ、Ⅲ级结构面的存在及其组合的块体的规模、形状和方位；深埋或地震危险区地下开拓时，岩体中隐微裂隙的存在；可导致岩爆

结构类型		亚类		力学介质类型	岩体变形破坏的特征	工程地质评价要点
代号	名称	代号	名称			
Ⅱ	层状结构	Ⅱ1	层状结构	不连续介质	变形受岩石组合、结构面所控制。压缩变形取决于岩性、岩层变位程度、结构面发育情况，缓倾和陡立岩层在拱顶和边墙可能出现弯曲拗折现象。剪切滑移受软面尤其面及软弱夹层的抗剪强度及其方位所制约	岩石组合；层面特征及其结合力，岩层的产状；要特别注意软弱夹层、层间错动的存在和Ⅱ、Ⅲ级结构面的组合；水文地质结构和水动力条件
		Ⅱ2	薄层状结构		岩体的变形受破坏整体特性所控制，特别是软弱破碎岩层可能出现压缩、挤出底鼓等现象。洞室顶部、边墙易产生拗折现象。剪切滑移受结构面抗剪强度和薄板体的强度所控制	层间结合状态、软弱岩层的褶曲和坚硬岩层的破裂及其变化情况；地下水对软弱破碎岩层的软化和泥化，块体及组合块体的存在及其稳定性
Ⅲ	碎裂结构	Ⅲ1	镶嵌结构	似连续介质	压缩变形量直接与结构体的大小、形态、强度有关。结构面抗剪强度、结构体彼此镶嵌能力，在岩体变形破坏过程中起决定性作用。崩落坍塌是由表及里逐渐发展的，若及时喷锚即可改善表层的应力状态，防止变形的发展	结构面发育的组数及其特征；地下水的渗透特性以及工程岩体所处的振动、风化条件；Ⅱ、Ⅲ级结构面的存在及其组合关系，这些软弱结构面的特性以及块体、组合块体的稳定性
		Ⅲ2	层状碎裂结构	不连续介质	岩体的变形破坏受软弱破碎带所控制，具备坍塌、滑移的条件，还有压缩变形的可能	控制性软弱破碎带的方位、规模、组成物质的特性及其抗剪强度；相对完整岩体的骨架作用；地下水的赋存条件及其对岩体稳定性所起的作用
		Ⅲ3	破碎结构	不连续介质似连续介质	整体强度低，坍塌、滑移、压缩变形均可产生。岩体塑性强，变形时间效应明显。岩体的变形破坏受软弱结构面的规模、数量、特性及其组合特征所决定	软弱结构面方位、规模、数量特性及其组合特征；结构面软弱物质的水理性以及地下水的赋存条件和作用；岩体变形的时间效应；组合块体对变形初始阶段的控制作用
Ⅳ	散体结构			似连续介质	是岩体中工程地质特性最坏的部位，近松散介质，具显著的塑性特征，变形时间明显。基础的压缩沉降、边坡的塑性挤出、坍塌滑移、洞室的坍塌、鼓胀无不产生。其变形、破坏受破碎带的物质组成及其强度所控制	构造岩、风化岩的破碎特征：物质组成、物理—力学性质、水理特性等；注意断层破碎带的多期活动性和新构造应力场

附 录 I

岩体风化程度野外鉴定表

（参考件）

分带	鉴定特征
强风化带	锤击浊音粉碎，岩石全部退色，多数矿物粘土化，裂隙面明显，且粘土化，岩芯块度5～15mm，多角砾—岩块（片）状，为团块—碎裂结构
弱风化带	岩石表面和裂隙面有风化迹象，部分矿物风化变质，颜色变浅，有少量裂隙将岩体切割成20～50cm块体，不易击碎，基本保持母岩结构

附 录 J

岩（土）样室内试验项目表

（参考件）

试验项目 \ 岩、土类别		砂质土	粘性土	多年冻土	软岩	半坚硬岩石	坚硬岩石	备注
成分	颗粒成分	+	+	+	+	—	—	a.水溶浸法开采的盐岩类矿床应进行水溶性试验。b.露采剥离物强度应进行切割强度试验
	矿物成分	+	+	+	+	+	+	
	化学成分	—	+	+	+	+	—	
	粘土矿物	—	+	+	+	—	—	
物理性质	比重	+	+	+	+	+	+	
	容重	+	+	+	+	+	+	
	相对密度	+	—	+	—	—	—	
	天然含水量	+	+	—	+	+	+	
	软化系数	—	—	—	+	+	+	
	孔隙度（比）	+	+	—	+	—	—	
	界限含水量	—	+	—	—	—	—	
	膨胀性（膨胀量、冻胀量）	—	+	+	+	—	—	
	耐崩解性指数	—	—	—	+	+	—	
	安息角	+	—	+	—	—	—	
吸水率（含水率）		—	—	+	+	+	+	
力学性质	压缩性	+	+	+	+	—	—	
	抗压强度（干、湿）	—	—	+	+	+	+	
	抗拉强度	—	—	+	—	+	+	
	抗剪强度（干、湿）	—	+	+	+	+	+	
	弹性模量（干、湿）	—	—	—	+	+	+	
	泊桑比	—	—	—	—	+	—	
	抗冻性	—	—	—	+	+	—	
	加利福尼亚承载比试验	—	—	—	—	+	+	
	洛杉矶拉磨试验	—	—	—	—	+	+	

附加说明：

本规范是以1982年地质矿产部颁发的《矿区水文地质工程地质普查勘探规范》为基础，参照煤田、金属、非金属、放射性等矿种规范及有关专题研究资料编制而成。由全国矿产储量委员会审定提出。

本规范由国家矿产储量管理局组织湖北、湖南、吉林、四川省储委办公室负责起草。

本规范主要起草人迟景砚、王喜恩、漆尔清、罗鑫亮。

本规范由国家矿产储量管理局归口管理。

钢铁行业采选矿工艺污染防治最佳可行技术指南（试行）

Guideline on Best Available Technologies of Pollution Prevention and Control for Mining and Mineral Processing of the Iron and Steel Industry（on Trial）

HJ-BAT-003

前　言

为贯彻执行《中华人民共和国环境保护法》，加快建设环境技术管理体系，确保环境管理目标的技术可达性，增强环境管理决策的科学性，提供环境管理政策制定和实施的技术依据，引导污染防治技术进步和环保产业发展，根据《国家环境技术管理体系建设规划》，环境保护部组织制定污染防治技术政策、污染防治最佳可行技术指南、环境工程技术规范等技术指导文件。

本指南可作为钢铁行业采选矿项目环境影响评价、工程设计、工程验收以及运营管理等环节的技术依据，是供各级环境保护部门、设计单位以及用户使用的指导性技术文件。

本指南为首次发布，将根据环境管理要求及技术发展情况适时修订。

本指南起草单位：北京市环境保护科学研究院、中国中钢集团天澄环保科技股份有限公司、中国中钢集团马鞍山矿山研究院、中国冶金科工集团建筑研究总院。

本指南由环境保护部解释。

1 总则

1.1 适用范围

本指南适用于钢铁行业采矿、选矿生产企业或具有采选矿工艺的钢铁生产企业，包括铁矿山、钢铁行业辅料矿山等。其他与铁矿开采和选矿工艺相近的冶金行业采选矿工艺可参照执行。

1.2 术语和定义

1.2.1 最佳可行技术

是针对生活、生产过程中产生的各种环境问题，为减少污染物排放，从整体上实现高水平环境保护所采用的与某一时期技术、经济发展水平和环境管理要求相适应、在公共基础设施和工业部门得到应用的、适用于不同应用条件的一项或多项先进、可行的污染防治工艺和技术。

1.2.2 最佳环境管理实践

是指运用行政、经济、技术等手段，为减少生活、生产活动对环境造成的潜在污染和危害，确保实现最佳污染防治效果，从整体上达到高水平的环境保护所采用的管理活动。

2 生产工艺及主要环境问题

2.1 生产工艺及产污环节

2.1.1 采矿工艺流程及产污环节

对于地下矿体，首先进行开拓和采准，然后通过凿岩、爆破等手段开采矿石。采矿方法主要包括空场法、充填法和崩落法。不同的采矿方法具有不同的回采率、贫化率以及资源利用率。

露天开采分为剥离和采矿两个环节。首先将矿床上方的表土和岩石剥掉，运往排土场堆放；然后将境界内的矿岩划分成具有一定厚度的水平分层，再由上向下逐层进行开采。

地下采矿及露天采矿工艺流程及主要产污环节见图1。

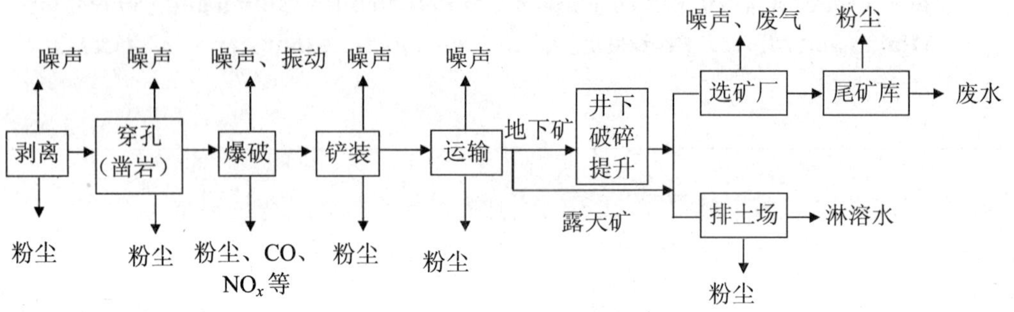

图1　采矿工艺流程及产污环节

2.1.2 选矿工艺流程及产污环节

矿石经过粗碎、中碎、细碎作业后，进行磨矿分级。通过磨矿分离出矿石中的有用矿物颗粒单体，利用矿石颗粒的密度、磁性或对浮选剂亲疏水性不同进行分选，即常用的重选法、磁选法和浮选法。选矿作业的精矿中含有大量水分，应对其进行脱水浓缩作业。尾矿排至尾矿库。

选矿工艺流程及主要产污环节见图2。

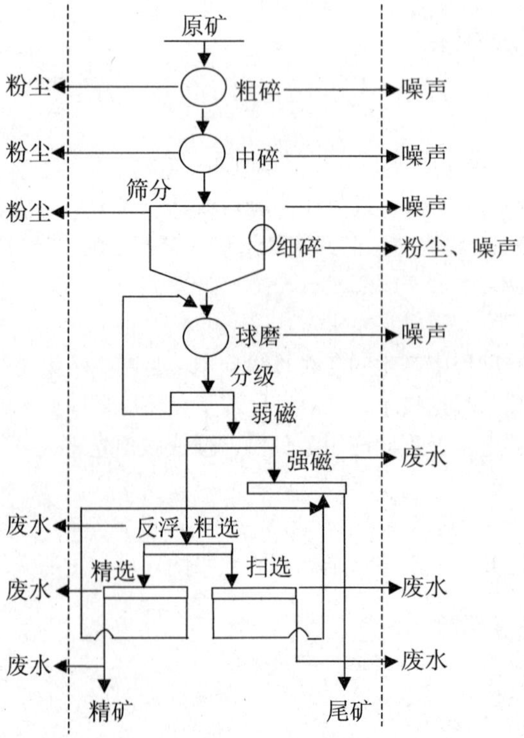

图2　选矿工艺流程及产污环节

2.2 主要环境问题

采选矿工艺的主要环境问题包括生态破坏、大气污染、水污染、噪声污染和固体废弃物污染。

采选矿过程的大气污染物主要为扬尘。采矿过程的穿孔、凿岩、爆破、装卸、井下爆破、矿石运输等作业产生大量粉尘，以及选矿厂的矿石运输、转载、破碎、筛分等环节产生大量粉尘。

采选矿过程的废水主要为露天矿坑水、地下坑道水、废石堆场淋溶水和尾矿库溢流水，以及选矿厂生产废水。矿山废水由于矿石的氧化、水解而呈酸性；选矿过程中产生的废水由于pH值不同而溶解汞、镉、铬、铅等不同重金属元素，同时还含有选矿的残余药剂。

采选矿过程的固体废物主要为采矿生产中产生的废石和选矿加工过程中产生的尾矿。废石和尾矿产生量大，排土场和尾矿库的建设影响生态环境。

采选矿工艺的其他环境影响包括植被破坏、扰动土壤、表土破坏、矿井水排泄、地表塌陷以及由此引起的水土流失等问题。同时，采矿生产活动中，由于噪声、扬尘的产生，对周围动植物也产生不良影响，矿山开发对环境产生的综合影响见图3。

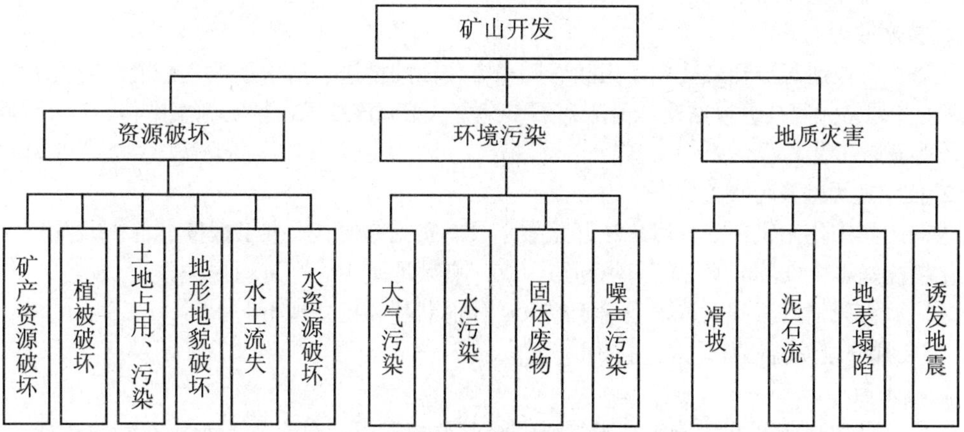

图3 矿山采矿选矿对环境的影响

采选矿过程产生环境问题的主要原因之一是矿产资源在开采中的损失和浪费。充分利用矿产资源，减少开采损失的办法是：对整体矿块而言选取回采率高、贫化率低的采矿方法；对复杂难采矿体，采用综合方法尽可能地把矿石开采出来，从根本上减少对环境的污染。

矿山开发导致环境污染的另一主要原因是矿产资源回收率低。在选矿工艺中，可选取适宜的破、磨、选别的优化组合工序，提高精矿品位，提高金属回收率，充分利用矿产资源，从源头上控制污染。

3 采选矿工艺污染防治技术

3.1 采矿工艺减少矿产资源损失技术

3.1.1 胶结充填开采技术

3.1.1.1 技术原理

胶结充填开采技术是将尾矿和水泥等固体物料与少量水搅拌制备成充填料浆，充填至采空区的充填开采技术。该技术典型工艺流程见图4。

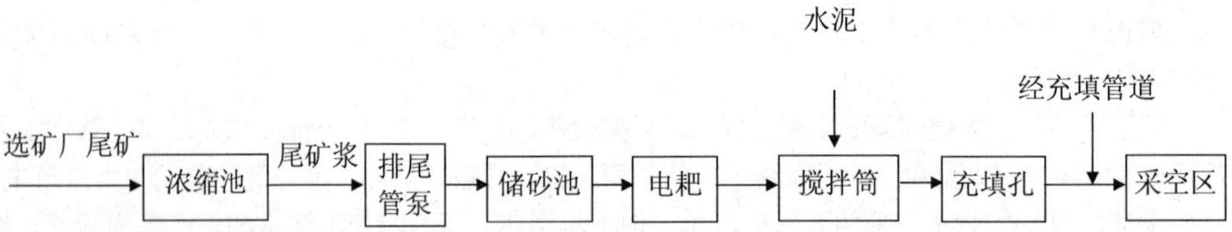

图 4　胶结充填工艺流程图

3.1.1.2 技术适用性及特点

该技术回采率高、贫化率低，可防止岩层移动和地表塌陷，同时可处置矿山固体废物。

该技术生产能力较低，约为崩落法的二分之一；使用该技术时，如充填体接顶不实密，会影响顶板稳定性。

该技术适用于品位大于 40%的富矿的新建和已建地下矿山。

3.1.2 无底柱分段崩落法开采技术

3.1.2.1 技术原理

无底柱分段崩落法开采技术是指随着回采工作面的推进，崩落顶板，在覆盖岩块下出矿，不留底柱。通常无底柱分段崩落法开采矿石贫化率较高。该技术包括实施集中化、大进路间距、高分段等开采工艺。

3.1.2.2 技术适用性及特点

大间距集中化无底柱分段崩落法开采技术具有实施方便、采准工程量小、采矿强度高、损失贫化指标好等特点，可使贫化率降到约 10%，有效地减少矿产资源损失。

无底柱分段崩落法开采技术适用于厚大矿体的新建和已建地下矿山。

3.1.3 无底柱分段崩落低贫化放矿技术

3.1.3.1 技术原理

无底柱分段崩落低贫化放矿技术打破截止品位放矿时以单个步距为矿石回收指标的考核单元，在上部分层放矿时，在采场内残留部分矿作为“隔离层”，每个步距都按此方式放矿，使上部分层矿岩混合程度减少。该技术从整体上减少矿岩混合量。

3.1.3.2 技术适用性及特点

该技术可使贫化率降至约 10%，从源头削减污染。该技术可减少采出矿石中岩石混入量，降低矿山提升、运输、选矿等日常运行费用，提高选矿回收率；但造成积压部分矿量。

该技术适合于厚大矿体的新建和已建地下矿山。

3.1.4 阶段自然崩落法开采技术

3.1.4.1 技术原理

阶段自然崩落法开采技术是指在拉底空间上依靠矿体自身的软弱结构面，在自重应力、次生构造应力作用下使其进一步失稳，通过底部放矿使上部矿岩逐渐崩落，直至上部分层或崩透地表的过程。

3.1.4.2 技术适用性及特点

该技术可使矿石贫化率小于 10%。

该技术适合于厚大矿体和存在一定程度可崩性矿体的新建和已建地下矿山。对于崩落区的残留矿体和本水平矿柱，也可采用自然崩落法平巷回采。

3.1.5 空场法开采技术

3.1.5.1 技术原理

空场法开采技术是指将矿块划分为矿房和矿柱，在回采过程中既不崩落围岩，也不充填采空区，而是利用空场的侧帮岩石和所留的矿柱来支撑采空区顶板围岩。

3.1.5.2 技术适用性及特点

该技术可提高选矿回收率，但由于需要留矿柱而损失大量的矿产资源。

该技术适用于矿石和围岩稳固的水平或倾斜的地下矿体。对于复杂难采矿体如松软破碎矿体、残留矿体等，其综合回采可采用空场法中的房柱法、全面采矿法等技术。对于矿岩稳固条件较好的边角矿，可采用空场法中的全面采矿法、浅孔爆破落矿、人工装矿等技术。

3.1.6 露天转地下联合开采技术

3.1.6.1 技术原理

露天转地下联合开采技术是指矿床埋藏较深而覆盖层较薄时，矿床上部通常采用露天开采，下部则转为地下开采。地下开采方法根据矿体赋存的特点、露天边坡地压情况和露天坑底是否留设境界矿柱等因素确定。

3.1.6.2 技术适用性及特点

该技术适用于新建和已建露天矿山。

3.1.7 挂帮矿回采技术

3.1.7.1 技术原理

挂帮矿回采技术是指在露天矿开采后期，当底部矿体尖灭无延深条件时，采用深部边坡角加陡方法或露天转地下开采的回采技术。采用深部边坡加陡方法回收挂帮矿时，应适当调整边坡治理方案，当影响边坡稳定时，可采取“以坡养坡”办法。若转地下开采，可选用空场法等。

3.1.7.2 技术适用性及特点

该技术可提高回采率、充分利用矿产资源。

该技术适用于露天闭坑矿山与露天转地下开采矿山挂帮矿开采。

3.2 选矿工艺提高矿产资源综合利用率技术

3.2.1 阶段磨矿、弱磁选-反浮选技术

3.2.1.1 技术原理

采用阳离子反浮选或阴离子反浮选技术，经一次粗选、一次精选后获得最终精矿。反浮选泡沫经浓缩磁选后再磨，再磨产品经脱水槽和多次扫磁选后抛尾，磁选精矿返回反浮选作业再选。

3.2.1.2 技术适用性及特点

阶段磨矿、弱磁选-反浮选技术可提高金属回收率，相对减少开采量，从源头削减污染。

使用该技术可使铁精矿品位接近 69%，SiO_2 降至 4%以下，浮选尾矿含铁 10%～12%。

该技术适用于要求高质量铁精矿或含杂质多的磁铁矿。

3.2.2 全磁选选别技术

3.2.2.1 技术原理

全磁选选别技术是指在现有阶段磨矿-弱磁选-细筛再磨再选工艺的基础上，再以高效细筛和高效磁选设备进行精选。高效磁选设备主要包括高频振网筛、磁选机、磁选柱、盘式过滤机等。

3.2.2.2 技术适用性及特点

该技术可提高金属回收率，从源头削减污染。

使用该技术可使铁精矿品位达到67%～69.5%，SiO_2含量小于4%。

该技术适用于已建和新建的磁铁矿矿山。

3.2.3 超细碎-湿式磁选抛尾技术

3.2.3.1 技术原理

用高压辊磨机将矿石磨细碎至5mm或3mm以下，然后用永磁中场强磁选机进行湿式磁选抛尾。

3.2.3.2 技术适用性及特点

超细碎-湿式磁选抛尾技术可提高金属回收率，从源头削减污染。

采用该技术可抛出约40%的粗尾矿，使入磨物料铁品位提高到约40%，获得的铁精矿品位65%以上，SiO_2降至4%以下，尾矿品位10%以下。但该技术对自动化控制程度要求高。

该技术普遍适用于已建和新建磁铁矿矿山，尤其适用于极贫矿。

3.2.4 贫磁铁矿综合选别技术

3.2.4.1 技术原理

贫磁铁矿综合选别技术是指采用高效节能的"多段干式预选—多碎少磨—阶段磁选抛尾—细筛—磁团聚提质—尾矿中磁扫选"整套贫磁铁矿综合利用技术，在破碎系统运用多段磁滑轮预选抛废，提高入磨矿石品位和系统处理能力；利用先进工艺技术和设备，提高破碎产品质量，多破少磨，节能降耗；利用阶段磁选抛尾，充分解离有用矿物与脉石矿物，增产提质；采用"细筛-磁团聚"提质降杂技术，有效分离连生体，提高铁精矿品位；采用尾矿中磁扫选技术，提高金属回收率，减少铁流失；运用高效节能的陶瓷过滤和尾矿输送技术，实现清洁生产。

3.2.4.2 技术适用性及特点

该技术可提高金属回收率，从源头削减污染。

采用该技术可使铁精矿品位达66.8%，铁回收率69%。

该技术适用于贫磁铁矿。

3.2.5 连续磨矿、磁选-阴离子反浮选技术

3.2.5.1 技术原理

连续磨矿、磁选-阴离子反浮选技术是指矿石经过连续磨矿，使矿物充分解离，从而进行磁选、浮选等的选别过程。

3.2.5.2 技术适用性及特点

该技术获得的磨矿粒度稳定，选别指标高，可充分利用资源，从源头削减污染。

该技术既可提高进入阴离子反浮选作业物料的铁品位，又可减少矿量，可为浮选作业创造良好的选别条件；浮选作业铁回收率达90%以上。弱磁选及强磁选精矿合并后给入浮选作业，可避免矿石中FeO变化对选别指标的影响；该技术工艺流程紧凑，设备用量较少，便于生产操作管理。

采用该技术可实现铁精矿品位达67%～68%，尾矿品位可降至8%～9%。但原矿全部要经过两段连续磨矿，能耗和钢球消耗高，运行成本高。

该技术适用于贫赤铁矿。

3.2.6 阶段磨矿、粗细分选、重选-磁选-阴离子反浮选技术

3.2.6.1 技术原理

阶段磨矿、粗细分选、重选-磁选-阴离子反浮选技术是指对粗粒部分选别采用阶段磨矿、粗细分选、重选-磁选-酸性正浮选流程；对细粒部分选别采用连续磨矿、磁选-阴离子反浮选流程。

3.2.6.2 技术适用性及特点

该技术可充分利用资源，相对减少开采量，从源头削减污染。

采用该技术可实现铁精矿品位达 64%～67%，尾矿品位 11%以下，SiO_2 4%以下。

该技术适用于脉石非石英的赤铁矿或鞍山地区贫赤铁矿。

3.2.7 含稀土元素等共生铁矿弱磁-强磁-浮选技术

3.2.7.1 技术原理

含稀土元素等共生铁矿弱磁-强磁-浮选技术是指对氧化矿矿石采用弱磁-强磁-反浮选流程，对磁铁矿矿石采用弱磁-反浮选流程。矿石首先通过磨矿使磨矿产品中粒径小于 0.074mm 的占 90%～92%，然后经弱磁选选出磁铁矿，其尾矿在强磁选机磁感应强度 1.4T 条件下进行粗选，将赤铁矿及大部分稀土矿物选入强磁粗精矿中，粗精矿经一次强磁精选（0.6～0.7T），强磁精选铁精矿和弱磁铁精矿合并送去反浮选，脱除萤石、稀土等脉石矿物，最后得到合格铁精矿。

3.2.7.2 技术适用性及特点

该技术可提高资源综合回收率。

采用该技术可使铁精矿品位达到 60%～61%，铁回收率达到 71%～73%；稀土中矿品位 REO 34.5%（回收率 6.01%），稀土精矿品位 REO 50%～60%（回收率 12.55%），稀土总回收率 40.6%。

该技术适用于白云鄂博铁矿石及含稀土元素的铁矿石。

3.2.8 钒钛磁铁矿按粒度分选技术

3.2.8.1 技术原理

钒钛磁铁矿按粒度分选技术是指将选矿尾矿按 0.045mm 粒度分级，大于 0.045mm 粒度的部分采用重选-强磁-脱硫浮选-电选流程，小于 0.045mm 粒度的部分采用强磁-脱硫浮选-钛铁矿浮选流程。

3.2.8.2 技术适用性及特点

该技术可提高资源综合回收率，从源头削减污染，具有较高的经济效益。

使用该技术可使铁精矿品位达到 47.48%，选钛总回收率达 25.01%。

该技术适用于钒钛磁铁矿和钛磁铁矿。

3.2.9 岩石干选技术

3.2.9.1 技术原理

原矿石均匀布料于给矿皮带上，当矿石运转到磁力滚筒时，有用矿物在磁力的作用下吸附在皮带表面，非磁性或磁性很弱的颗粒在惯性作用下脱离磁滚筒表面被抛出。

3.2.9.2 技术适用性及特点

岩石干选技术可提高产品质量，从源头削减污染。

采用该技术时岩石甩出量占出矿量的 6%～8%，混入岩石 90%被甩出。

该技术适用于采用汽车-胶带运输系统的露天矿的磁铁矿石。

3.3 大气污染防治技术

3.3.1 凿岩湿式防尘技术

3.3.1.1 技术原理

通过喷雾洒水捕获粉尘；或对钎杆供水，湿润、冲洗，并排出粉尘，从而从源头抑制产尘。如在水中添加湿润剂，除尘效果更佳。

3.3.1.2 技术适用性及特点

该技术通常用于地下矿山凿岩、爆破、岩矿装运等作业防尘。

3.3.2 穿爆干/湿式防尘技术

3.3.2.1 技术原理

干式防尘技术是指露天矿钻孔牙轮钻和潜孔钻机采用三级干式捕尘系统，压气排出的孔内粉尘经集尘罩收集，粗颗粒沉降后的含尘气流进入旋风除尘器作初级净化，布袋除尘器作末级净化。

湿式防尘技术是指通过喷雾风水混合器将水分散成极细水雾，经钎杆进入孔底，补给粉尘形成泥浆。井口风机的风流将排出的泥浆吹向孔口一侧，并沉积该处。泥浆干燥后呈胶结状，避免粉尘二次飞扬。

3.3.2.2 技术适用性及特点

该技术可减少粉尘和有毒气体等大气污染物的产生，降低作业场所粉尘浓度。

该技术通常用于露天矿穿爆作业防尘。

3.3.3 运输路面防尘技术

运输路面防尘措施主要是沿路铺设洒水器向路面洒水，同时路面喷洒钙、镁等吸湿盐溶液或用覆盖剂处理路面。

3.3.4 覆盖层防尘技术

3.3.4.1 技术原理

通过喷洒系统将焦油、防腐油等覆盖剂喷洒在废石堆表面，利用覆盖剂和废石间的黏结力，在废石表面形成薄层硬壳，从而减少粉尘飞扬。

3.3.4.2 技术适用性及特点

该技术可减少扬尘，降低雨水侵蚀，减少物料流失。

该技术适用于废石场、排土场、尾矿库以及矿石转载点料堆等场所的扬尘控制。

3.3.5 就地抑尘技术

3.3.5.1 技术原理

应用压缩空气冲击共振腔产生超声波，超声波将水雾化成浓密的、直径1～50μm的微细雾滴，雾滴在局部密闭的产尘点内捕获、凝聚细粉尘，使粉尘迅速沉降，实现就地抑尘。

3.3.5.2 技术适用性及特点

就地抑尘系统占据空间少，节省场地；使用该技术无需清灰，避免二次污染。

该技术适用于细尘扬尘大产尘点的防尘。

3.3.6 固体物料浆体长距离管道输送技术

3.3.6.1 技术原理

固体物料浆体长距离管道输送技术是以有压气体或液体为载体，在密闭管道中输送固体物料，从而防止粉尘外排。

3.3.6.2 技术适用性及特点

该技术对地形适应性强，占用土地少，基建及运营成本低，环境影响小。

该技术适用于铁精矿的输送作业。

3.3.7 袋式除尘技术

3.3.7.1 技术原理

利用纤维织物的过滤作用对含尘气体进行过滤，当含尘气体进入袋式除尘器后，颗粒大、比重大的粉尘，由于重力的作用沉降下来，落入灰斗，含有较细小粉尘的气体在通过滤料时，粉尘被阻留，气体得到净化。

3.3.7.2 技术适用性及特点

袋式除尘技术除尘效率高，但运行维护工作量较大，滤袋破损需及时更换。为避免潮湿粉尘造成糊袋现象，应采用由防水滤料制成的滤袋。

对布袋收集的粉尘进行处理时可能产生二次污染。

该技术适用于选矿厂破碎筛分系统的粉尘治理。

3.3.8 高效微孔膜除尘技术

3.3.8.1 技术原理

含尘气体进入除尘器后，大颗粒靠自重沉降，小颗粒随气流通过微孔膜滤料被阻留，清洁空气通过微孔膜后排出。粉尘在膜上积到一定厚度时在重力作用下脱落，粘在膜上的粉尘由PLC 定时控制的高频振打电机振打脱落。

3.3.8.2 技术适用性及特点

高效微孔膜除尘技术具有阻力低、透气性好、寿命长、耐潮、除尘效率高等特点。

该技术适用于矿山破碎筛分系统的粉尘治理，尤其适用于潮湿性粉尘。

3.3.9 高效湿式除尘技术

3.3.9.1 技术原理

颗粒与水雾强力碰撞、凝聚成大颗粒后被除掉，或通过惯性和离心力作用被捕获。

3.3.9.2 技术适用性及特点

高效湿式除尘技术的除尘效率可达 95%，排放浓度达 $50mg/m^3$ 以下。

该技术运行成本低，适用于新建和已建矿山破碎筛分系统除尘。

3.3.10 旋风除尘技术

3.3.10.1 技术原理

含尘气流沿某一方向作连续旋转运动，粉尘颗粒在离心力作用下被去除。多管旋风除尘器是指通过一组平行的旋风除尘器，应用相同原理而得到较好的效果。

3.3.10.2 技术适用性及特点

多管旋风除尘器结构简单、工作可靠、维护容易、体积小、成本低、管理简便。

旋风除尘技术多用于收集粗颗粒，对于粉尘细微的矿山选矿厂破碎点的粉尘，多管旋风除尘器仅可达 60%～80%的除尘效率。该技术通常作为矿山除尘系统的前级除尘，以提高除尘系统的总除尘效率。

3.3.11 静电除尘技术

3.3.11.1 技术原理

含尘空气进入由放电极和收集极组成的静电场后，空气被电离，荷电尘粒在电场力作用下向收集极运动并集积其上，释放电荷；通过振打极板使集尘落入灰斗，实现除尘。

3.3.11.2 技术适用性及特点

静电除尘技术的除尘效率通常为 90%～95%，在运行良好的情况下可达 99%。

该技术适用于比电阻在 10^4～$10^9\Omega$范围内的矿尘治理。

使用该技术时，设备清灰过程对环境有一定影响。灰斗收集的干粉尘可直接进入选矿流程。

3.3.12 传统湿式除尘技术

3.3.12.1 技术原理

传统湿式除尘技术是指尘粒与液滴或水膜的惯性碰撞、截留的过程。粒经 1～5μm 以上颗粒直接被捕获，微细颗粒则通过无规则运动与液滴接触加湿彼此凝聚增重而沉降。湿式除尘器主要包括水膜除尘器、泡沫除尘器和冲激除尘器，以冲击除尘器为主。

3.3.12.2 技术适用性及特点

湿式除尘器对粒径小于 5μm 的粉尘捕集效率较低。在北方冬季结冻地区，传统湿式除尘技术的使用受到限制。

3.4 废水控制与治理技术

3.4.1 矿坑涌水控制技术

- 通常采用以下技术措施预防矿山废水的产生：
- 留足水岩柱；
- 井巷掘进接近含水层、导水断层时，打超前钻孔探水；
- 在井下有突水危险的地区设水闸门或水墙；
- 矿山边界设排水沟或引流渠，截断地表水进入矿区、露天采场、排土场，防止渗漏而进入井下；
- 地下开采时，选择上部顶板不产生或不易产生裂隙的采矿技术，防止地表水进入矿井；
- 露天开采时，下边坡应留矿壁，防止地面水流入采场；
- 对废弃凹地、与井下相通的裂隙、废弃钻井、溶洞等进行排水、填堵等复地措施；
- 对废石堆进行密封或防范处理。

预防和控制矿坑涌水是从源头预防废水产生的重要措施，对已建和新建的矿山均适用。

3.4.2 硫铁矿酸性水控制技术

硫铁矿酸性水是由于硫铁矿（Fe^{2+}）的氧化、水解而产生具有腐蚀性的 H_2SO_4 形成。硫铁矿酸性水来源有地下采场、覆盖岩层剥离后露天采场、废石场等，控制措施有：

- 废石场实行分台阶排土，含硫较多的废石或表外矿石集中排放和管理，也可分层掺和石灰粉，废石场储用后及时复垦、植被，以减少硫化矿氧化；
- 在采场、排土场、尾矿库周围修截流水沟渠，对酸性水源上游进行截水，既减少与硫铁矿接触，又可清污分流；采矿技术采用陡帮开采，减少矿体暴露和推迟矿体暴露时间；
- 对产生的酸性废水设截水沟、蓄水池，部分废水经中和泵送回采场，用于采场降尘用水。

3.4.3 酸性废水处理

酸性废水成分复杂多样，在众多方法中，中和法技术成熟，应用广泛。

中和法处理酸性废水是指以碱性物质作为中和剂，与酸反应生成盐，从而提高废水的 pH 值，同时去除重金属等污染物。对于矿山酸性废水，可直接投加碱性中和剂，在反应池中进行混合，发生中和和氧化反应，将 Fe^{2+} 氧化生成 $Fe(OH)_3$，经沉淀去除。常用的中和剂有石灰石、氧化钙、电石渣和氢氧化钠等。处理工艺有中和反应池、中和滤池、中和滚筒、变速膨胀滤池等。

石灰中和法处理技术具有反应速度快，占地面积小，出水水质好，排泥量小，污泥含水率低等优点。但中和反应后生产泥渣，存在二次污染；适用于已建和新建矿山的酸性废水治理。

3.4.4 选矿废水循环利用技术

该技术是采用循环供水系统，使废水在生产过程中多次重复利用，将尾矿库溢流水闭路循环用作选矿生产用水。选矿厂设置废水沉淀池，洗矿水、碎矿水及尾矿水进入沉淀池，经化学沉淀净化处理后，出水全部循环利用，其底流排入尾矿库。

此技术可使选矿废水全部循环利用，从而节省水资源，减少水环境污染。同时选矿废水循环利用可提高选矿指标；该技术适用于已建和新建矿山选矿厂。

3.4.5 含汞废水处理

含汞废水处理方法主要有铁屑过滤法和硫化沉淀法。

铁屑过滤法是指含汞废水经砂滤后，再经铁屑还原处理，在 pH 为 3.0～3.5 时汞离子被还原成金属汞而被过滤去除。

硫化沉淀法是指将废水中悬浮物除去后，加入硫化钠，生成硫化汞沉淀，并加入铁盐或铝盐使之沉淀，焚烧沉淀物可回收汞。经硫化法处理的出水再经活性炭处理，废水中残留的汞被活性炭吸附去除。

3.4.6 含镉废水处理

含镉废水处理技术主要是化学沉淀法，是指在碱性条件下形成氢氧化镉、碳酸镉或硫化镉沉淀。处理时向废水中加碱或硫化钠，在 pH 值达 10.5～11 时，经沉淀去除镉。

3.4.7 含铅废水处理

含铅废水处理可采用化学沉淀-过滤法，是指向废水中加碱或硫化钠维持 pH 值在 9～10 之间使铅沉淀分离，再经过滤或活性炭吸附进一步除铅。处理过程中严格控制 pH 值，若 pH 值在 11 以上时，则形成亚铅酸离子，沉淀物再度溶解。

3.4.8 含铬废水处理

含铬废水处理通常采用化学还原法、钡盐法、电解还原法。

化学还原法是指利用硫酸亚铁、亚硫酸钠、硫酸氢钠等作为还原剂，使六价铬还原为三价铬，然后加碱调节 pH 值，使三价铬形成氢氧化铬沉淀得以去除。

钡盐法是指向废水中投加碳酸钡、氯化钡，形成铬酸钡沉淀。钡盐法除铬效果好，出水可排放或回用。

电解还原法是指在废水中加入一定量食盐，以铁板为阳极和阴极，通直流电进行电解，析出 Fe^{2+}把六价铬还原成三价铬，形成三价铬和三价铁的沉淀，电解后的水入沉淀池沉淀分离。

3.5 固体废物处置及综合利用技术

3.5.1 铁尾矿再选技术

3.5.1.1 技术原理

铁尾矿按选矿不同阶段可分为浓缩机前、浓缩机至尾矿库前和尾矿库中的尾矿。尾矿再选技术是指对尾矿进行二次选矿的技术，主要有单一磁选；尾矿初选后再选、再磨，尾矿内部回收流程；单一重选及干/湿尾矿再磨的磁选-重选联合流程。

3.5.1.2 技术适用性及特点

该技术内部回收流程可生产品位大于 66%的铁精矿，单一重选可获得含铁 57%～62%的铁精矿。该技术可提高金属回收率和资源利用率，减少固体废物排放。适用于已建和新建铁矿山的尾矿。

3.5.2 废石、尾矿生产建筑材料技术

3.5.2.1 技术原理

废石、尾矿生产建筑材料技术是以废石、尾矿作为原料生产建材产品，如空心砖、路面砖、饰面砖、免蒸砌块，代替黄砂做混凝土骨料等。

3.5.2.2 技术适用性及特点

该技术能够提高尾矿资源利用率，减少尾矿、废石排放和对水体、大气的污染，保护生态环境。

该技术适用于已建及新建矿山。

3.5.3 尾矿制造微晶玻璃技术

3.5.3.1 技术原理

针对含钛磁铁矿和高铁尾矿含铁高的特点，以尾矿及石灰石、河砂、石英为原料，生产微晶玻璃。

尾矿制造微晶玻璃技术通常采用水淬法，其主要工艺流程如图 5。

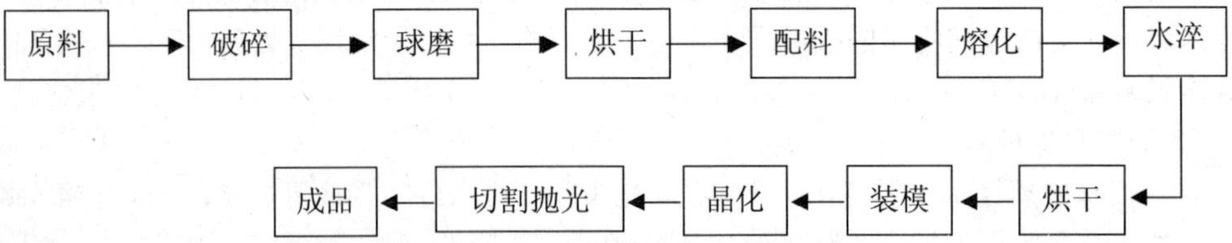

图 5 水淬法微晶玻璃生产主要工艺流程

3.5.3.2 技术适用性及特点

微晶玻璃生产的关键技术是热处理工艺，是尾矿微晶玻璃成核和晶体成长的关键，采用阶梯制度微晶化比等温制度微晶化更有利于提高晶化率和产品性能。

该技术能够充分利用矿产资源，可使尾矿得以资源化利用。

3.5.4 固体废物排放采空区技术

3.5.4.1 技术原理

将采选矿固体废物排放于矿山地下采空区、露天矿坑或地表塌陷区等废弃采空空间。

3.5.4.2 技术适用性及特点

该技术可有效利用采空空间，减少了废石、尾矿的堆放空间，消除或减少废石、尾矿对水和大气环境的污染，改善生态环境。

该技术适用于有地下采空区、露天矿坑或地表塌陷区等废弃空间稳定的矿山。

3.6 生态恢复技术

根据矿山开发的不同时段，实施不同的生态恢复技术。

施工期的生态恢复技术包括开拓运输道路、工业广场、露天矿剥离工序等的生态恢复，主要内容为：选址尽量少占土地，设置表土场，将施工的土石方及剥离的表土集中堆放，以便日后复垦时作为覆土利用。运输道路两侧及工业广场四周设置排水沟，防治水土流失。

运营期对露天开采应边采矿边复垦，宜使用采掘机械复垦。对缓倾斜薄矿体，剥离表土可边采边回填采空区，使剥离物不占用土地。

闭坑期，对矿山各类废弃地进行全面复垦，其中包括工业广场、露天采空区、地表塌陷区、排土场、尾矿库等。复垦方式应结合当地具体条件，将破坏的土地复垦成为自然生态系统、农林生态系统和城市生态系统。

3.6.1 复垦植被优化技术

排土场复垦时利用开采初期预先剥离、储存的原有表土层作为复垦的覆土回填；或采用尾矿砂回填，铺垫表土复垦。

覆土应保证植物的种植深度，覆土厚度通常为 0.4～0.5m。对适生品种应进行筛选和互生植物配置。若种植粮源性植物，必须通过使用物理、化学、生物技术将土壤中有害成分降至安全水平。在植被的选择上，优先选择本地性植被，结构上体现出草、灌、乔搭配的复合型模式；覆土与修坡工作要保持与开采、排弃顺序相协调，尽可能利用矿山的采、装、运设备。

复垦植被优化技术可保护大气和水资源，防止污染，充分利用废弃地、恢复生态环境，形成生态型矿山。该技术适用于已建和新建的矿山。

3.6.2 尾矿库无土植被技术

尾矿库无土植被技术是在不覆盖土层的条件下采用生物稳定技术，直接种植有强大护坡功能的植物，建立植被，形成生物坝，使其达到稳定并同时减少对环境的污染。

根据尾矿库不同基质条件，试验实施培肥熟化的植被基质，确定肥料的用量和品种。筛选适生品种，筛选出抗贫瘠、耐热性强、发芽率高、繁衍快、分蘖快、根系发达的品种。配置互生植物，确定种植方式、密度、方法、施肥等。

尾矿库无土植被技术可节约土源和覆土费用；与有土植被相比，节省投资50%，适用于已封闭和正在使用的尾矿库。

3.7 新技术

3.7.1 充填采矿新技术

原充填工艺已不能满足回采工艺和进一步降低采矿成本或环境保护的需要，因而发展了高浓度充填、膏体充填、废石胶结充填和全尾砂胶结充填等新技术。

高浓度充填技术是指通过特殊设备和造浆技术，按试验的配比加入水泥和其他辅料，将极细粒级的全尾砂直接制备成高浓度砂浆，用以充填采空区。该技术可有效控制回采区域地压，广泛应用于充填采矿矿山。

膏体充填是指把尾矿等固体废物在地面加工成膏状浆体，利用管道泵送到井下工作面，适时充填采空区的采矿方法。

废石胶结充填采矿技术是指以废石作为充填材料，以水泥浆或砂浆作为胶结介质的一种在采场不脱水的充填技术。

全尾砂胶结充填采矿技术是指尾砂不分级，全部用作矿山充填料，适用于尾砂产率低和需要实现零排放目标的矿山。

3.7.2 选矿新技术

“多破少磨”工艺流程是选矿技术的发展趋势，是指从采矿过程中的爆破开始到选矿的入磨，降低入磨矿石粒度，减少选矿磨矿能耗，如利用挤压爆破技术、高压辊磨机等。

选矿新技术和设备包括浮选柱、旋流器分级机、盘式真空过滤机、带式真空过滤机、陶瓷过滤机、高效浓密机、深锥浓密机、高浓度输送技术等。

3.7.3 矿山酸性废水处理新技术

3.7.3.1 电石渣代替石灰处理酸性矿山废水技术

利用新鲜电石渣（含水率30%左右）乳化制浆来处理矿山酸性废水。采用电石渣可避免采用人工石灰乳制备时造成的石灰粉尘飞扬及易结钙堵塞管道等恶化作业环境、容易发生人员灼伤事故等问题。

电石渣处理酸性矿山废水只需少量装卸、运输，节省人力、物力及费用，使废水处理成本显著降低。

3.7.3.2 人工湿地处理技术

利用湿地种植水葱、香蒲、芦苇、菖蒲、凤眼莲等抗酸性重金属废水能力较强的植物处理铁矿排放的酸性重金属废水。

人工湿地法具有建设费用低、易管理、工艺流程简捷的特点，处理后的水可回用或农用，可改善和美化环境。

3.7.3.3 利用尾矿分级溢流液处理酸性矿山废水技术

将尾矿浆经旋流器分级产生的尾矿分级溢流液作为中和剂处理酸性矿山废水。该法产生的中和渣存放于尾矿库内，不用另建矿渣库，既节省了建设投资，又不产生二次污染，处理后出水可满足选矿生产用水水质要求。

4 采选矿工艺污染防治最佳可行技术

4.1 采选矿工艺污染防治最佳可行技术概述

采选矿工艺可分为采矿生产工艺和选矿生产工艺两部分。每部分按整体性原则，从设计时段的源头污染预防、生产时段的污染防治，到闭坑时段的生态恢复，按生产工序的产污节点和技术经济适宜性，确定最佳可行技术组合，以保证生产工艺全过程的污染防治。

图 6 和图 7 分别为采矿工艺和选矿工艺的污染防治最佳可行技术组合。

4.2 采矿工艺减少矿产资源损失最佳可行技术

4.2.1 胶结充填开采技术

4.2.1.1 最佳可行工艺参数

利用胶结充填开采技术采矿时，尾矿充填浆料质量浓度以 68%～75%为宜。

4.2.1.2 环境效益

该技术可提高资源利用率，从源头削减污染；可防止岩层移动和地表塌陷，减少固体废物排放，从而减少二次污染以及对生态环境的影响。

采用该技术可获得回采率 80%～95%，矿石贫化率为 3%～10%。

4.2.1.3 技术经济适用性

该技术充填成本约 30 元/t，胶凝材料占充填成本的 40%～70%。

该技术适用于矿石品位大于 40%的富矿的新建和已建地下矿山。

4.2.2 大间距集中化无底柱分段崩落采矿法开采技术

4.2.2.1 最佳可行工艺参数

采用该技术时，结构参数通常为：分段高度 10～15m，进路间距 15～20m，崩矿步距 2.5～3.2m，一次崩矿量与设备台班效率比 1∶（3～4）。通常采用 6m^3 铲运机与之相配套。

4.2.2.2 环境效益

该技术可提高资源利用率，但采用该技术时在顶板崩落后易造成地表塌陷，可能造成生态环境破坏。

根据矿山具体条件选择进路间距，采用该技术可使贫化率降至约 10%，矿石回收率达 85%。

4.2.2.3 技术经济适用性

采用该技术可节省采准工作量，减少采矿循环次数，提高采矿强度，降低成本 20%～25%。

该技术适用于采用不同分段高度的无底柱崩落法开采技术的新建和已建厚大矿体地下矿山，在地表不允许塌陷的矿山不宜采用。

4.2.3 无底柱分段崩落低贫化放矿技术

4.2.3.1 最佳可行工艺参数

控制不同步距条件下，控制低贫化放矿的出矿量，提高采矿计量的准确性，严格控制爆破参数。

4.2.3.2 环境效益

该技术可提高产品质量，从源头削减污染。

采用该技术可使贫化率达至约 10%。

4.2.3.3 技术经济适用性

采用该技术采出矿石的岩石含量减少，可降低提升、运输、选矿等工序的费用。

该技术适用于厚大矿体的新建和已建矿山。

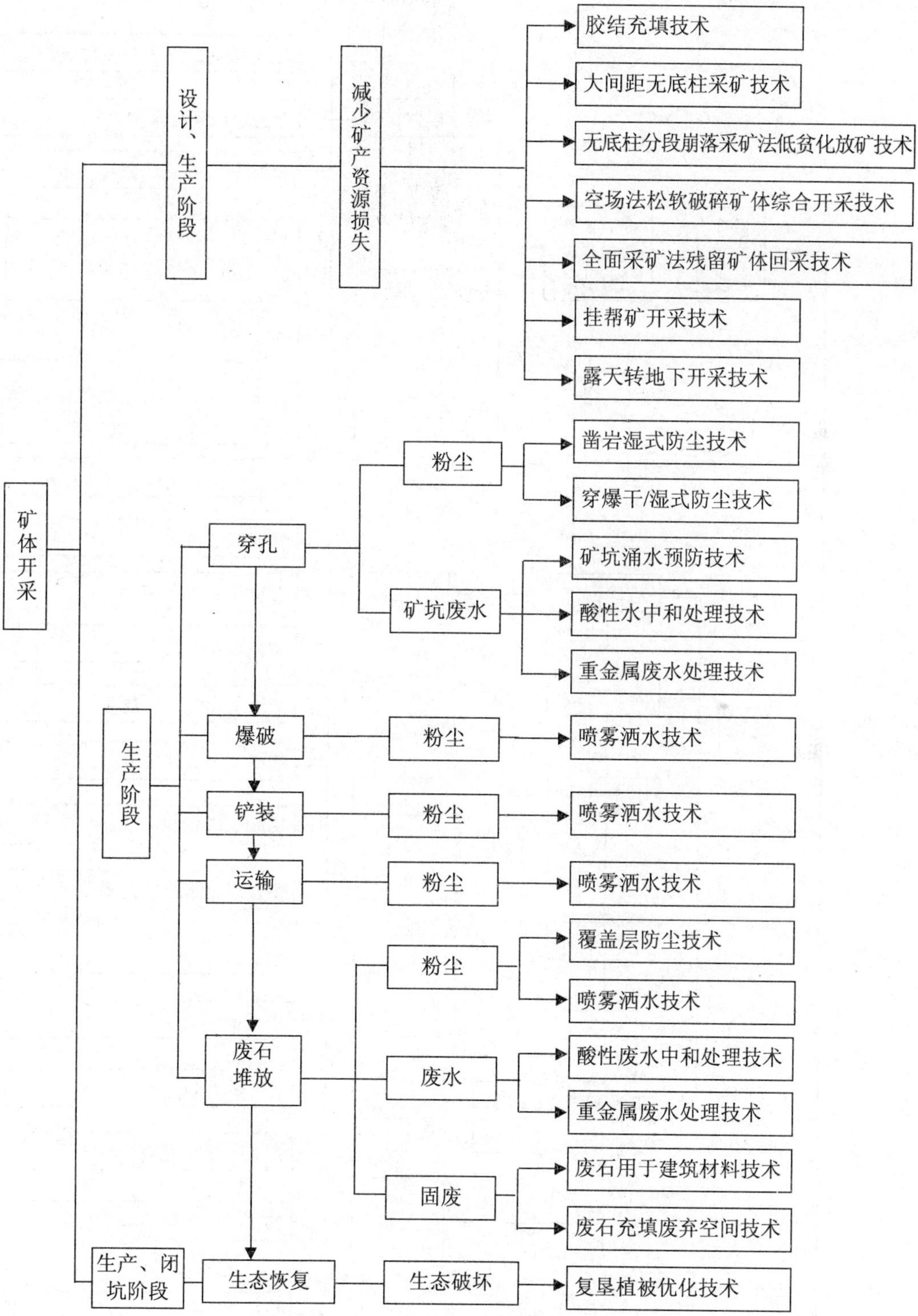

图 6　采矿工艺污染防治最佳可行技术组合图

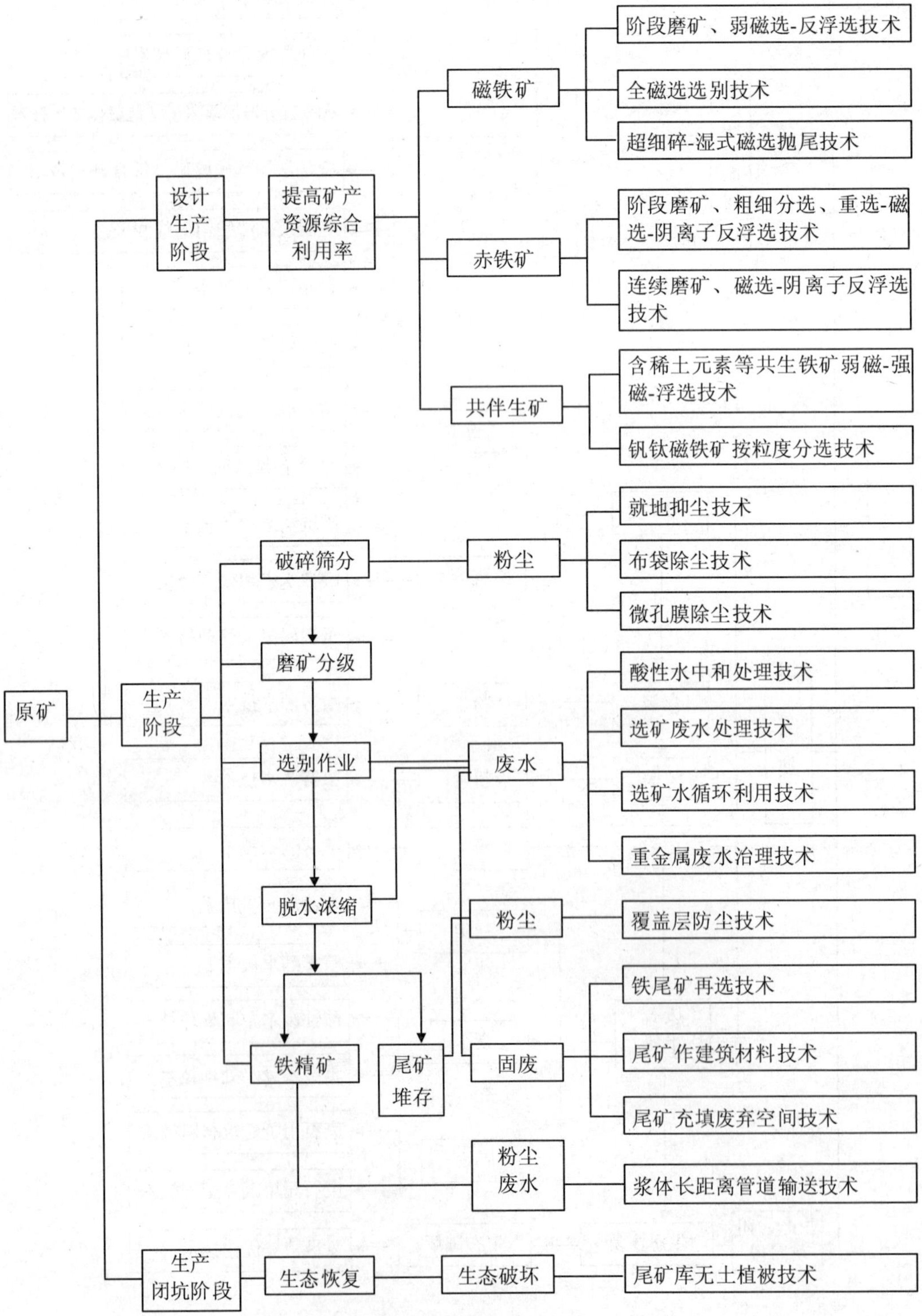

图7 选矿工艺污染防治最佳可行技术组合图

4.2.4 空场法松软破碎矿体综合开采技术

4.2.4.1 最佳可行工艺参数

在松软破碎矿体的开采中，根据地压活动规律，确定锚杆类型、布局、密度及柱网参数。通常情况下，参数为：锚杆长度 2m，锚杆间距 750mm×750mm，网线尺寸 2.1m×1.2m，网目 100mm×100mm，喷射混凝土厚度 80～100mm，长螺杆长度（外加）3m。

4.2.4.2 环境效益

该技术可提高资源利用率，从源头削减污染。

采用该技术可使回采率达 80%～90%，贫化率下降至 7%～8%。

4.2.4.3 技术经济适用性

该技术可提高采场生产能力和巷道利用率。采用该技术时，需加强支护，大大增加支护成本。

该技术适用于已建和新建的松软破碎岩体矿山。

4.2.5 全面采矿法残留矿体回采技术

4.2.5.1 最佳可行工艺参数

矿体厚度为 2～3m 时，一次采全厚；当矿体厚度大于 3m 时，分层回采。

4.2.5.2 环境效益

该技术可提高矿产资源利用率，从源头削减污染。

4.2.5.3 技术经济适用性

该技术可回收残矿，适用于薄和中厚（小于 5～7m）的矿石和围岩均稳固的缓倾斜（倾角小于 30°）的已建和新建矿体（含残留矿体）。

4.2.6 露天转地下联合开采技术

4.2.6.1 最佳可行工艺参数

在采用露天转地下开采技术时，按照露天开采和地下开采矿石生产成本相等的原则确定露天开采的极限深度。

露天矿境界内地下采空区顶板上方的岩层厚度受岩体自身强度等内在因素与爆破震动、雨水侵蚀等外在因素综合决定，根据岩石力学试验计算指标确定。

4.2.6.2 环境效益

该技术可增加采矿量，从源头减少污染。

4.2.6.3 技术经济适用性

采用该技术可缩小露天境界，减少剥离量，增加矿石回收量，节省建设投资。

该技术适用于新建和已建露天矿山。

4.2.7 挂帮矿回采技术

4.2.7.1 最佳可行工艺参数

采用挂帮矿回采技术时，为达到中深部边坡加陡效果，通常在已靠帮的上部边坡不做改动、在未靠帮的下部边坡加陡，形成上缓下陡的凸形边坡，最终边坡并段数为 2～3 个以上；提高并段后阶段坡面角到 70°；在边坡面留有挂帮矿的地段，边坡线向原设计境界线外挂；在无矿地段，边坡线尽量向内移动；对采场内压有大量矿石的原有运输线路，线路改道后将矿石采出。部分挂帮矿体可转地下开采。

4.2.7.2 环境效益

该技术可减少资源损失，从源头削减污染。

4.2.7.3 技术经济适用性

该技术可实现矿产资源回收，增加经济效益。

该技术适用于新建和已建的露天闭坑矿山。

4.2.8 最佳可行技术及适用性

钢铁行业采矿工艺减少矿产资源损失最佳可行技术见表 1。

4.3 选矿工艺提高矿产资源综合利用率最佳可行技术

选矿工艺提高矿产资源综合利用率最佳可行技术见表 2。

表 1 钢铁采矿生产工艺减少矿产资源损失最佳可行技术及适用性

<table>
<tr><th colspan="2">最佳可行技术</th><th>环境效益</th><th>适用条件</th></tr>
<tr><td>充填法</td><td>胶结充填开采技术</td><td>回采率 80%～95%，矿石贫化率 3%～10%；资源利用率高，相对减少开采量</td><td>品位大于40%的富矿的新建和已建地下矿山、具有高经济效益的共伴生矿石矿山敏感区</td></tr>
<tr><td rowspan="2">崩落法</td><td>大间距集中化无底柱分段崩落采矿技术</td><td>矿石回收率 85%，贫化率 10%，相对减少开采量</td><td>采用不同分段高度的无底柱崩落法开采技术的新建和已建厚大矿体地下矿山</td></tr>
<tr><td>无底柱分段崩落采矿法低贫化放矿技术</td><td>贫化率 10%左右</td><td>厚大矿体的新建和已建矿山</td></tr>
<tr><td rowspan="2">空场法</td><td>空场法松软破碎矿体综合开采技术</td><td>回采率大于 80%，贫化率小于 8%；充分利用资源</td><td>松软破碎岩体的已建和新建矿山</td></tr>
<tr><td>全面采矿法残留矿体回采技术</td><td>提高资源回收率，减少开采损失率，相对减少开采量</td><td>薄和中厚（小于 5～7m）的矿石和围岩均稳固的缓倾斜（倾角小于 30°）的已建和新建矿体（含残留矿体）</td></tr>
<tr><td colspan="2">露天转地下开采及联合开采技术</td><td>提高矿产资源开发利用率，稳定矿山产量</td><td>已建和新建露天矿山</td></tr>
<tr><td colspan="2">挂帮矿回采技术</td><td>提高回采率，充分利用资源</td><td>露天闭坑矿山</td></tr>
</table>

表 2 选矿工艺提高矿产资源综合利用率最佳可行技术及适用性

最佳可行技术	环境效益	适用条件
阶段磨矿、弱磁选-反浮选技术	铁精矿品位 69%，SiO_2 降至 4%以下；金属回收率高	要求高质量铁精矿以及含杂质多的已建和新建磁铁矿矿山
全磁选选别技术	铁精矿品位 67%～69%，SiO_2<4%，金属回收率高	已建和新建矿山的磁铁矿
超细碎-湿式磁选抛尾技术	抛出 40%粗尾矿，铁精矿品位 65%，SiO_2<4%，金属回收率高	已建和新建磁铁矿矿山，具有普遍性，尤其适用于极贫矿
连续磨矿、磁选-阴离子反浮选技术	铁精矿品位 67%～68%，尾矿品位 8%～9%，金属回收率高	已建和新建的贫赤铁矿
阶段磨矿、粗细分选、重选-磁选-阴离子反浮选技术	铁精矿品位 65%～67%，SiO_2<4%，金属回收率高	已建、新建脉石非石英的赤铁矿，鞍山地区贫赤铁矿
含稀土元素等共生铁矿弱磁-强磁-浮选技术	铁精矿品位 60%～61%，稀土精矿品位 ERO 50%～60%,综合回收率高，资源利用率高	已建和新建的含稀土铁矿，白云鄂博铁矿石
钒钛磁铁矿按粒度分选技术	铁精矿品位达到 47.48%，选钛总回收率达 25.01%，资源综合回收率高	已建和新建的钒钛磁铁矿、钛磁铁矿
岩石干选技术	甩出混合岩石 90%，提高产品质量，从源头削减污染	已建和新建的采用露天汽车-胶带运输的磁铁矿石

4.4 大气污染防治最佳可行技术

4.4.1 凿岩湿式防尘技术

4.4.1.1 最佳可行工艺参数

湿式凿岩工艺中水压不低于 304kPa，风压大于 5.07MPa；喷雾洒水工艺中喷雾器水雾粒度宜为 100～200μm。

4.4.1.2 环境效益

该技术从源头减少粉尘产生量并防止粉尘飞扬。

4.4.1.3 技术经济适用性

该技术通常用于地下矿山凿岩、爆破、岩矿装运等作业。

4.4.2 穿爆干/湿式防尘技术

4.4.2.1 环境效益

钻机三级干式捕尘系统的除尘效率达 99.9%，排放粉尘浓度可降为 $6mg/m^3$；其他措施可减少粉尘和有毒气体产生，减少大气污染。

4.4.2.2 技术经济适用性

该技术适用于新建和已建的露天矿山穿爆作业。

4.4.3 覆盖层防尘技术

4.4.3.1 最佳可行工艺参数

料堆表面形成的硬壳厚度为 10～20mm，壳体应致密连续、无裂隙。

4.4.3.2 环境效益

该技术可减少扬尘，粉尘浓度达 $1mg/m^3$ 以下，可减少料堆雨水侵蚀和物料流失，防止水土污染。

4.4.3.3 技术经济适用性

该技术适用于新建和已建矿山排土场、尾矿库以及矿石堆存点等料堆的防尘。

4.4.4 就地抑尘技术

4.4.4.1 最佳可行工艺参数

超声雾化器工作时压缩空气压力为 0.3～0.4MPa，水压为 0.1～0.15MPa，耗气量为 0.08～$0.1m^3/min$，耗水量为 0.3～0.5L/min。

4.4.4.2 环境效益

该技术显著降低产尘点扬尘浓度，无需清灰，避免二次污染。

4.4.4.3 技术经济适用性

就地抑尘技术比其他除尘系统节省 30%～50%投资，节能 50%，且占据空间小，节省场地。

该技术适用于矿石破碎、筛分、皮带运输转载点等细尘扬尘大的产尘点，对呼吸性粉尘捕获效果更佳。

4.4.5 固体物料浆体长距离管道输送技术

4.4.5.1 最佳可行工艺参数

根据运行要求确定管道输送参数。确定参数时应考虑停泵再启对管道压力、堵管的影响，进行浆体水击及过渡过程分析计算，考虑气囊及加速流的产生及预防，进行线路选择及优化等。

对长距离细颗粒黏度高的精矿管道，通常选用隔膜泵。

4.4.5.2 环境效益

由于输送管线埋入地下，不占用或占用土地少；建成后土地可复垦利用；管线沿程污染小。

4.4.5.3 技术经济适用性

该技术的基建投资和运营成本比铁路运输低 30%～50%。

该技术适用于新建和已建矿山输送铁精矿。

4.4.6 袋式除尘技术

4.4.6.1 最佳可行工艺参数

气布比为 0.8～1.2m/min；系统阻力小于 1500Pa；系统漏风系数小于 3%。

4.4.6.2 环境效益

对于粒径 0.5μm 的粉尘，除尘效率为 98%～99%，总除尘效率可达 99.99%，排放浓度可达 20mg/m^3 或更低。

4.4.6.3 技术经济适用性

布袋除尘器一次性投资约为 10 元/（m^3·h），换料、电耗等运行费约 60 元/万 t 矿石。

该技术适用于已建和新建选矿厂破碎筛分系统除尘。

4.4.7 高效微孔膜除尘技术

4.4.7.1 最佳可行工艺参数

高效微孔膜运行阻力应小于 1300Pa，粉膜透气度为 1.2m/min，清灰剥离率达 98.4%～100%。

4.4.7.2 环境效益

除尘效率大于 99%，选矿厂破碎筛分系统中的粉尘排放浓度为 30～50mg/ m^3。

4.4.7.3 技术经济适用性

该技术适用于新建和已建的矿山破碎筛分系统粉尘治理，适用于潮湿性粉尘。

4.4.8 最佳可行技术及适用性

钢铁行业采选矿工艺大气污染防治最佳可行技术及适用性见表 3。

表 3 钢铁行业采选矿工艺大气污染防治最佳可行技术及适用性

防治阶段	最佳可行技术	环境效益	适用条件
工艺过程	凿岩湿式防尘技术	从源头减少粉尘产生量，防止粉尘飞扬	已建和新建地下矿山凿岩、爆破、岩矿装运等作业
	穿爆干/湿式防尘技术	钻机三级除尘效率达 99.9% 粉尘排放浓度＜6mg/m^3	已建和新建露天矿山穿爆作业
	覆盖层防尘技术	粉尘浓度＜1mg/m^3，减少扬尘、雨水侵蚀和物料流失	已建和新建矿山排土场、尾矿库以及矿石堆存点等料堆的防尘
	就地抑尘技术	降低产尘点扬尘浓度，避免二次污染	已建和新建矿山矿石破碎、筛分、皮带运输等扬尘点，对呼吸性粉尘捕获效果更佳
	固体物料浆体长距离管道输送技术	少占用土地，管线沿线无污染	已建和新建矿山铁精矿输送
末端治理	袋式除尘技术	除尘效率>99%，排放浓度＜20mg/m^3	已建和新建矿山破碎筛分系统除尘
	高效微孔膜除尘技术	除尘效率>99%，排放浓度 40～50mg/m^3	已建和新建矿山的破碎筛分系统亲水性粉尘

4.5 废水控制与处理最佳可行技术

钢铁行业采选矿工艺废水控制与处理最佳可行技术见表 4。

表 4　钢铁行业采选矿工艺废水控制与处理最佳可行技术及适用性

废水来源或种类	最佳可行技术	适用条件
矿坑涌水	采矿矿坑涌水控制技术	已建和新建矿山，敏感区
酸性废水	中和法	已建和新建矿山，敏感区
含汞废水	铁屑过滤法、硫化沉淀法	已建和新建矿山，敏感区
含镉废水	化学沉淀法-硫化法	已建和新建矿山，敏感区
含铅废水	化学沉淀法-硫化法	已建和新建矿山，敏感区
含铬废水	药剂还原沉淀法、电解还原法、钡盐法	已建和新建矿山，敏感区
选矿废水	絮凝-沉淀，循环利用	已建和新建矿山，敏感区

4.6 固体废物处置及综合利用最佳可行技术

4.6.1 铁尾矿再选技术

4.6.1.1 环境效益

减少尾矿固废排放量，提高铁的回收率。通过再选工艺内部回收流程，可提高品位大于66%的铁精矿产量，单一重选可获得含铁 57%～62%的铁精矿。

4.6.1.2 技术经济适用性

该技术适用于已建和新建的铁矿山的尾矿。

与只进行处理原矿选矿相比，采用该技术可增加产量，可降低成本。

4.6.2 废石、尾矿用于建筑材料技术

4.6.2.1 最佳可行工艺参数

生产尾矿地面砖时应控制尾矿粒级比例，粒级比例要求可参照表 5。

表 5　生产尾矿地面砖尾矿粒级比例表

粒级/目	+55	－55+100	－100+200	－200
混合样/%	37.0	31.0	22.5	9.5

尾矿建材地面砖应达到下列质量要求：抗折强度＞40MPa，吸水率＜8%，耐磨耐抗长度＜35mm，抗冻融损失＜20%。

4.6.2.2 环境效益

提高尾矿资源利用率，减少尾矿、废石排放，消除和减少尾矿、废石环境污染。

4.6.2.3 技术经济适用性

该技术经济效益显著，适用于已建和新建矿山。

4.6.3 尾矿制造微晶玻璃技术

4.6.3.1 最佳可行工艺参数

原料主要为高铁尾矿和含钛磁铁矿。产品应达到以下要求：抗压强度：$1.25t\cdot cm^{-2}$，弯曲强度：37.3MPa，防震能力：2.5，莫氏硬度：6，耐酸性（1%H_2SO_4）：0.11%，耐碱性（1%NaOH）：0.15%，密度：$2.63g\cdot cm^{-3}$，光泽度 5～100。

4.6.3.2 环境效益

该技术可提高尾矿资源利用率，减少尾矿、废石排放，消除和减少尾矿、废石的环境污染。

4.6.3.3 技术经济适用性

采用尾矿制造微晶玻璃技术可获得显著经济效益。

4.6.4 固体废物排放采空区技术

4.6.4.1 最佳可行工艺参数

采空区固体废物回填量：采出 1t 矿石可回填 0.25～0.4m^3 的固废。

4.6.4.2 环境效益

该技术可减少废石、尾矿的排放状况，消除或减少废石、尾矿对环境的污染，改善生态环境。

4.6.4.3 技术经济适用性

该技术可节省尾矿库建设工程投资，适用于有地下采空区、露天采坑或地表塌陷区等废弃空间稳定的新建和已建矿山。

4.6.5 最佳可行技术及适用性

钢铁行业采选矿工艺固体废物处置及综合利用最佳可行技术见表 6。

表 6 钢铁行业采选矿工艺固体废物处置及综合利用最佳可行技术及适用性

最佳可行技术	环境效益	适用条件
铁尾矿再选技术	再选的铁精矿品位 66%，减少固体废物排放，提高资源利用率	已建和新建矿山尾矿，敏感区
废石、尾矿用于建筑材料技术	减少排放，减少和消除对大气和水系污染	已建和新建矿山，敏感区
尾矿制造微晶玻璃技术	减少排放，减少对大气和水系污染	已建和新建矿山
固体废物排放采空区技术	减少排放，减少和消除对大气污染和对水系污染	有地下采空区，露天坑或地表塌陷区等稳定废弃空间的矿山，敏感区

4.7 生态恢复最佳可行技术

钢铁行业采选矿工艺生态恢复最佳可行技术见表 7。

表 7 钢铁行业采选矿工艺生态恢复最佳可行技术及适用性

最佳可行技术	技术指标和环境效益	适用条件
铁矿复垦植被优化技术	保护大气和水资源，恢复采区生态环境，充分利用废弃地	已建和新建矿山 已建和新建矿山的选矿作业，敏感区
尾矿库无土植被技术	植被覆盖率 90%，控制水土流失、抑尘	已建和新建矿山的选矿作业，敏感区

4.8 采选矿工艺污染防治最佳环境管理实践

为保证最佳可行技术的应用效果，采取如下最佳环境管理实践：

- 矿产资源综合开发规划和设计阶段包含资源开发利用、生态环境保护、地质灾害防治、水土保持和废弃地复垦等内容，充分考虑低污染、高附加值的产业链延伸建设和多元化经营建设。
- 根据矿山地质条件以及矿石性质，采用适宜的采矿技术，提高资源利用率。
- 对于采、选矿过程产生的废水，根据用水水质要求实现废水梯级利用。
- 采选矿生产中采用低噪声设备或采用隔声减震措施，控制噪声源强。
- 加强采矿点排土场和拦渣坝及选矿厂尾矿库的管理和维护，防止扬尘和溃坝。
- 坚持开采与恢复并举，根据复垦条件选择不同的复垦模式。
- 加强生产设备的使用、维护和检修，保证设备正常运行。
- 重视污染物的监测和计量管理工作，定期进行全厂物料平衡测试。
- 加强操作管理，建立岗位操作规程，制定应急预案，定期对职工进行技术培训和演练。

三、污染物排放标准

中华人民共和国国家标准

铁矿采选工业污染物排放标准

Emission standard of pollutants for iron ore mining and mineral processing industry

GB 28661—2012

前 言

为贯彻《中华人民共和国环境保护法》、《中华人民共和国水污染防治法》、《中华人民共和国大气污染防治法》、《国务院关于落实科学发展观 加强环境保护的决定》等法律、法规和《国务院关于编制全国主体功能区规划的意见》，保护环境，防治污染，促进铁矿采选工业生产工艺和污染治理技术的进步，制定本标准。

本标准规定了铁矿采选生产企业水和大气污染物排放限值、监测和监控要求。为促进地区经济与环境协调发展，推动经济结构的调整和经济增长方式的转变，引导铁矿采选工业生产工艺和污染治理技术的发展方向，本标准规定了水和大气污染物特别排放限值。

本标准中的污染物排放浓度均为质量浓度。

铁矿采选生产企业排放恶臭污染物、环境噪声适用相应的国家污染物排放标准，产生固体废物的鉴别、处理和处置适用国家固体废物污染控制标准。

本标准为首次发布。

自本标准实施之日起，不再执行《钢铁工业水污染物排放标准》（GB 13456—92）和《大气污染物综合排放标准》（GB 16297—1996）中的相关规定。

地方省级人民政府对本标准未作规定的污染物项目，可以制定地方污染物排放标准；对本标准已作规定的污染物项目，可以制定严于本标准的地方污染物排放标准。

本标准由环境保护部科技标准司组织制订。

本标准起草单位：中钢集团马鞍山矿山研究院、环境保护部环境标准研究所。

本标准由环境保护部 2012 年 6 月 15 日批准。

本标准自 2012 年 10 月 1 日起实施。

本标准由环境保护部解释。

1 适用范围

本标准规定了铁矿采选生产企业或生产设施的水污染物和大气污染物排放限值、监测和监控要求，以及标准的实施与监督等相关规定。

本标准适用于现有铁矿采选生产企业或生产设施的水污染物和大气污染物排放管理，以及铁矿采选工业建设项目的环境影响评价、环境保护设施设计、环境保护工程竣工验收及其投产后的水污染物和大气污染物排放管理。

本标准适用于法律允许的污染物排放行为；新设立污染源的选址和特殊保护区域内现有污染源的管理，按照《中华人民共和国大气污染防治法》、《中华人民共和国水污染防治法》、《中华人民共和国海洋环境保护法》、《中华人民共和国固体废物污染环境防治法》、《中华人民共和国环境影响评价法》等法律、法规、规章的相关规定执行。

本标准规定的水污染物排放控制要求适用于企业直接或间接向其法定边界外排放水污染物的行为。

2 规范性引用文件

本标准内容引用了下列文件中的条款。

GB/T 6920—1986 水质 pH 值的测定 玻璃电极法
GB/T 7466—1987 水质 总铬的测定
GB/T 7467—1987 水质 六价铬的测定 二苯碳酰二肼分光光度法
GB/T 7469—1987 水质 总汞的测定 高锰酸钾-过硫酸钾消解 双硫腙分光光度法
GB/T 7475—1987 水质 铜、锌、铅、镉的测定 原子吸收分光光度法
GB/T 7484—1987 水质 氟化物的测定 离子选择电极法
GB/T 7485—1987 水质 总砷的测定 二乙基二硫代氨基钾酸银分光光度法
GB/T 11893—1989 水质 总磷的测定 钼酸铵分光光度法
GB/T 11901—1989 水质 悬浮物的测定 重量法
GB/T 11902—1989 水质 硒的测定 2,3 二氨基萘荧光法
GB/T 11906—1989 水质 锰的测定 高碘酸钾分光光度法
GB/T 11907—1989 水质 银的测定 火焰原子吸收分光光度法
GB/T 11910—1989 水质 镍的测定 丁二酮肟分光光度法
GB/T 11911—1989 水质 铁、锰的测定 火焰原子吸收分光光度法
GB/T 11912—1989 水质 镍的测定 火焰原子吸收分光光度法
GB/T 11914—1989 水质 化学需氧量的测定 重铬酸盐法
GB/T 15505—1995 水质 硒的测定 石墨炉原子吸收分光光度法
GB/T 15432—1995 环境空气 总悬浮颗粒物的测定 重量法
GB/T 16157—1996 固定污染源排气中颗粒物测定与气态污染物采样方法
GB/T 16489—1996 水质 硫化物的测定 亚甲基蓝分光光度法
GB 18871—2002 电离辐射防护与辐射源安全基本标准
HJ/T 55—2000 大气污染物无组织排放监测技术导则
HJ/T 58—2000 水质 铍的测定 铬氰 R 分光光度法
HJ/T 59—2000 水质 铍的测定 石墨炉原子吸收分光光度法
HJ/T 60—2000 水质 硫化物的测定 碘量法
HJ/T 195—2005 水质 氨氮的测定 气相分子吸收光谱法
HJ/T 200—2005 水质 硫化物的测定 气相分子吸收光谱法
HJ 345—2007 水质 铁的测定 邻菲啰啉分光光度法（试行）
HJ/T 397—2007 固定源废气监测技术规范
HJ/T 399—2007 水质 化学需氧量的测定 快速消解分光光度法
HJ 485—2009 水质 铜的测定 二乙基二硫代氨基甲酸钠分光光度法

HJ 486—2009　水质　铜的测定　2,9-二甲基-1,10-菲啰啉分光光度法

HJ 487—2009　水质　氟化物的测定　茜素磺酸锆目视比色法

HJ 488—2009　水质　氟化物的测定　氟试剂分光光度法

HJ 489—2009　水质　银的测定　3,5-Br_2-PADAP 分光光度法

HJ 490—2009　水质　银的测定　镉试剂 2B 分光光度法

HJ 537—2009　水质　氨氮的测定　蒸馏-中和滴定法

HJ 597—2011　水质　总汞的测定　冷原子吸收分光光度法

HJ 636—2012　水质　总氮的测定　碱性过硫酸钾消解紫外分光光度法

HJ 637—2012　水质　石油类和动植物油类的测定　红外分光光度法

《污染源自动监控管理办法》（国家环境保护总局令　第 28 号）

《环境监测管理办法》（国家环境保护总局令　第 39 号）

3 术语和定义

下列术语和定义适用于本标准。

3.1 采矿 mining

在铁矿山及以铁矿石为主要产品的多金属矿山采用露天开采或地下开采工艺开采铁矿石的过程。

3.2 选矿 mineral processing

采用重选、磁选、浮选及其联合工艺选别铁矿石，获取铁精矿。

3.3 现有企业 existing facility

本标准实施之日前，已建成投产或环境影响评价文件已通过审批的铁矿采选生产企业或生产设施。

3.4 新建企业 new facility

自本标准实施之日起，环境影响评价文件通过审批的新建、改建和扩建的铁矿采选工业建设项目。

3.5 采矿废水 mining wastewater

采矿过程中产生并排出的废水，包括地下开采区域或采空区域抽出的排水、露天开采的区域或采后区域排放的疏干水、废石场（包括排土场）排出的废水。

3.6 矿山酸性废水 mine acid wastewater

未经处理，pH 值小于 6 的采矿废水。

3.7 选矿废水 mineral processing wastewater

选矿过程中产生并排出的废水，包括铁矿在重选、磁选、浮选及其联合工艺流程中排放的废水，以及洗矿、碎矿和选矿厂浓缩池、尾矿库等排出的废水。

3.8 直接排放 direct discharge

排污单位直接向环境排放水污染物的行为。

3.9 间接排放 indirect discharge

排污单位向公共污水处理系统排放水污染物的行为。

3.10 公共污水处理系统 public wastewater treatment system

通过纳污管道等方式收集废水，为两家以上排污单位提供废水处理服务并且排水能够达到相关排放标准要求的企业或机构，包括各种规模和类型的城镇污水处理厂、区域（包括各类工业园区、开发区、工业聚集地等）废水处理厂等，其废水处理程度应达到二级或二级以上。

3.11 排水量 effluent volume

生产设施或企业向企业法定边界以外排放的废水的量，包括与生产有直接或间接关系的各种外排废水（如厂区生活污水、冷却废水、厂区锅炉和电站排水等）。

3.12 单位产品基准排水量 benchmark effluent volume per unit product

用于核定水污染物排放浓度而规定的生产单位产品的废水排放量上限值。

3.13 标准状态 standard condition

温度 273.15K，压力 101325Pa 时的状态，本标准规定的大气污染物排放浓度均指标准状态下干空气数值。

3.14 厂（场）区边界 factory（field）boundary

铁矿采选企业采矿场、选矿厂、排土场、废石场、尾矿库等的法定边界。若无法定边界，则指实际边界。

3.15 排气筒高度 stack height

自排气筒（或其主体建筑构造）所在的平面至排气筒出口的高度，单位为 m。

4 污染物排放控制要求

4.1 水污染物排放控制要求

4.1.1 自 2012 年 10 月 1 日至 2014 年 12 月 31 日止，现有企业执行表 1 规定的水污染物排放限值。

表 1 现有企业水污染物排放限值 单位：mg/L（pH 值除外）

序号	污染物项目	排放限值					污染物排放监控位置
		直接排放限值				间接排放限值	
		采矿废水		选矿废水			
		酸性废水	非酸性废水	浮选废水	重选和磁选废水		
1	pH 值	6～9	6～9	6～9	6～9	6～9	企业废水总排放口
2	悬浮物	100	100	150	100	300	
3	化学需氧量（COD_{Cr}）	—	—	100	—	200	
4	氨氮	—	—	20	—	30	
5	总氮	15	15	25	15	40	
6	总磷	1.0	1.0	1.0	1.0	2.0	
7	石油类	10	10	10	10	20	
8	总锌	5.0	—	5.0	5.0	5.0	
9	总铜	1.0	—	1.0	1.0	2.0	
10	总锰	3.0	—	3.0	3.0	4.0	
11	总硒	0.2	—	0.2	0.2	0.4	
12	总铁	10	—	—	—	10	
13	硫化物	1.0	1.0	1.0	1.0	1.0	
14	氟化物	10	10	10	10	20	
15	总汞	0.05					车间或生产设施废水排放口
16	总镉	0.1					
17	总铬	1.5					
18	六价铬	0.5					
19	总砷	0.5					
20	总铅	1.0					
21	总镍	1.0					
22	总铍	0.005					
23	总银	0.5					

序号	污染物项目	排放限值					污染物排放监控位置
		直接排放限值				间接排放限值	
		采矿废水		选矿废水			
		酸性废水	非酸性废水	浮选废水	重选和磁选废水		
单位矿石产品基准排水量/（m^3/t）	采矿	—					排水量计量位置与污染物排放监控位置相同
	选矿 浮选	3.0					
	选矿 重选和磁选	4.0					

4.1.2 自 2015 年 1 月 1 日起，现有企业执行表 2 规定的水污染物排放限值。

4.1.3 自 2012 年 10 月 1 日起，新建企业执行表 2 规定的水污染物排放限值。

表 2　新建企业水污染物排放限值　　单位：mg/L（pH 值除外）

序号	污染物项目	排放限值					污染物排放监控位置
		直接排放限值				间接排放限值	
		采矿废水		选矿废水			
		酸性废水	非酸性废水	浮选废水	重选和磁选废水		
1	pH 值	6～9	6～9	6～9	6～9	6～9	企业废水总排放口
2	悬浮物	70	70	100	70	300	
3	化学需氧量（COD_{Cr}）	—	—	70	—	200	
4	氨氮	—	—	15	—	30	
5	总氮	15	15	25	15	40	
6	总磷	0.5	0.5	0.5	0.5	2.0	
7	石油类	5	5	10	5	20	
8	总锌	2.0	—	2.0	2.0	5.0	
9	总铜	0.5	—	0.5	0.5	2.0	
10	总锰	2.0	—	2.0	2.0	4.0	
11	总硒	0.1	—	0.1	0.1	0.4	
12	总铁	5.0	—	—	—	10	
13	硫化物	0.5	0.5	0.5	0.5	1.0	
14	氟化物	10	10	10	10	20	
15	总汞	0.05					车间或生产设施废水排放口
16	总镉	0.1					
17	总铬	1.5					
18	六价铬	0.5					
19	总砷	0.5					
20	总铅	1.0					
21	总镍	1.0					
22	总铍	0.005					
23	总银	0.5					
单位矿石产品基准排水量/（m^3/t）	采矿	—					排水量计量位置与污染物排放监控位置相同
	选矿 浮选	2.0					
	选矿 重选和磁选	3.0					

4.1.4 根据环境保护工作的要求，在国土开发密度已经较高、环境承载能力开始减弱，或环境容量较小、生态环境脆弱，容易发生严重环境污染问题而需要采取特别保护措施的地区，应严

格控制企业的污染物排放行为，在上述地区的企业执行表 3 规定的水污染物特别排放限值。

表 3　水污染物特别排放限值　　单位：mg/L（pH 值除外）

序号	污染物项目	排放限值					污染物排放监控位置
		直接排放限值				间接排放限值	
		采矿废水		选矿废水			
		酸性废水	非酸性废水	浮选废水	重选和磁选废水		
1	pH 值	6～9	6～9	6～9	6～9	6～9	企业废水总排放口
2	悬浮物	50	50	60	50	100	
3	化学需氧量（COD_{Cr}）	—	—	50	—	70	
4	氨氮	—	—	8	—	15	
5	总氮	15	15	20	15	25	
6	总磷	0.3	0.3	0.3	0.3	0.5	
7	石油类	3	3	5	3	10	
8	总锌	1.0	—	1.0	1.0	2.0	
9	总铜	0.3	—	0.3	0.3	0.5	
10	总锰	1.0	—	1.0	1.0	2.0	
11	总硒	0.05	—	0.05	0.05	0.1	
12	总铁	5.0	—	—	—	5.0	
13	硫化物	0.3	0.3	0.3	0.3	0.5	
14	氟化物	8	8	8	8	10	
15	总汞	0.01					车间或生产设施废水排放口
16	总镉	0.05					
17	总铬	0.5					
18	六价铬	0.1					
19	总砷	0.2					
20	总铅	0.5					
21	总镍	0.5					
22	总铍	0.003					
23	总银	0.2					
单位矿石产品基准排水量/（m^3/t）	采矿	—					排水量计量位置与污染物排放监控位置相同
	选矿	2.0					

执行水污染物特别排放限值的地域范围、时间，由国务院环境保护行政主管部门或省级人民政府规定。

4.1.5 对于排放含有放射性物质的污水，除执行本标准外，还应符合 GB 18871—2002 的规定。

4.1.6 采矿水污染物排放以实测浓度作为判定排放是否达标的依据。选矿水污染物排放浓度限值适用于单位产品实际排水量不高于单位产品基准排水量的情况。若单位产品实际排水量超过单位产品基准排水量，须按式（1）将实测水污染物浓度换算为水污染物基准排水量排放浓度，并以水污染物基准排水量排放浓度作为判定排放是否达标的依据。产品产量和排水量统计周期为一个工作日。

在企业的生产设施同时生产两种以上产品、可适用不同排放控制要求或不同行业国家污染物排放标准，且生产设施产生的污水混合处理排放的情况下，应执行排放标准中规定的最严格的浓度限值，并按式（1）换算水污染物基准排水量排放浓度。

$$\rho_{基}=\frac{Q_{总}}{\sum Y_i Q_{i基}}\times\rho_{实} \tag{1}$$

式中：$\rho_{基}$——水污染物基准排水量排放浓度，mg/L；

$Q_{总}$——实测排水总量，m^3；

Y_i——第 i 种产品产量，t；

$Q_{i基}$——第 i 种产品的单位产品基准排水量，m^3/t；

$\rho_{实}$——实测水污染物浓度，mg/L。

若 $Q_{总}$ 与 $\sum Y_i Q_{i基}$ 的比值小于 1，则以水污染物实测浓度作为判定排放是否达标的依据。

4.2 大气污染物排放控制要求

4.2.1 自 2012 年 10 月 1 日至 2014 年 12 月 31 日止，现有企业执行表 4 规定的大气污染物排放限值。

表 4　现有企业大气污染物排放限值　　单位：mg/m^3

污染物项目	生产工序或设施	排放限值	污染物排放监控位置
颗粒物	选矿厂的矿石运输、转载、矿仓、破碎、筛分	50	车间或生产设施排气筒

4.2.2 自 2015 年 1 月 1 日起，现有企业执行表 5 规定的大气污染物排放限值。

4.2.3 自 2012 年 10 月 1 日起，新建企业执行表 5 规定的大气污染物排放限值。

表 5　新建企业大气污染物排放限值　　单位：mg/m^3

污染物项目	生产工序或设施	排放限值	污染物排放监控位置
颗粒物	选矿厂的矿石运输、转载、矿仓、破碎、筛分	20	车间或生产设施排气筒

4.2.4 根据环境保护工作的要求，在国土开发密度已经较高、环境承载能力开始减弱，或环境容量较小、生态环境脆弱，容易发生严重环境污染问题而需要采取特别保护措施的地区，应严格控制企业的污染物排放行为，在上述地区的企业执行表 6 规定的大气污染物特别排放限值。

表 6　大气污染物特别排放限值　　单位：mg/m^3

污染物项目	生产工序或设施	排放限值	污染物排放监控位置
颗粒物	选矿厂的矿石运输、转载、矿仓、破碎、筛分	10	车间或生产设施排气筒

执行大气污染物特别排放限值的地域范围、时间，由国务院环境保护行政主管部门或省级

人民政府规定。

4.2.5 自本标准实施之日起，铁矿采选生产企业大气污染物无组织排放限值应符合表 7 的规定。

表 7 大气污染物无组织排放限值

单位：mg/m^3

污染物项目	生产工序或设施	排放限值
颗粒物	选矿厂、排土场、废石场、尾矿库	1.0

4.2.6 在现有企业生产、建设项目竣工环保验收及其后的生产过程中，负责监管的环境保护行政主管部门，应对周围居住、教学、医疗等用途的敏感区域环境空气质量进行监测。建设项目的具体监控范围为环境影响评价确定的周围敏感区域；未进行过环境影响评价的现有企业，监控范围由负责监管的环境保护行政主管部门，根据企业排污的特点和规律及当地的自然、气象条件等因素，参照相关环境影响评价技术导则确定。地方政府应对本辖区环境质量负责，采取措施确保环境状况符合环境质量标准要求。

4.2.7 产生大气污染物的生产工艺和装置必须设立局部或整体气体收集系统和净化处理装置，达标排放。

4.2.8 所有排气筒高度应不低于 15m。排气筒周围半径 200m 范围内有建筑物时，排气筒高度还应高出最高建筑物 3m 以上。

4.2.9 在国家未规定生产单位产品基准排气量之前，以实测浓度作为判定大气污染物排放是否达标的依据。

5 污染物监测要求

5.1 污染物监测一般要求

5.1.1 对企业排放废水和废气的采样，应根据监测污染物的种类，在规定的污染物排放监控位置进行，有废水和废气处理设施的，应在该设施后监控。在污染物排放监控位置须设置永久性排污口标志。

5.1.2 新建企业和现有企业安装污染物排放自动监控设备的要求，按有关法律和《污染源自动监控管理办法》的规定执行。

5.1.3 对企业污染物排放情况进行监测的频次、采样时间等要求，按国家有关污染源监测技术规范的规定执行。

5.1.4 企业产品产量的核定，以法定报表为依据。

5.1.5 企业应按照有关法律和《环境监测管理办法》的规定，对排污状况进行监测，并保存原始监测记录。

5.2 水污染物监测要求

对企业排放水污染物浓度的测定采用表 8 所列的方法标准。

表 8 水污染物浓度测定方法标准

序号	污染物项目	方法标准名称	标准编号
1	pH 值	水质 pH 值的测定 玻璃电极法	GB/T 6920—1986
2	悬浮物	水质 悬浮物的测定 重量法	GB/T 11901—1989
3	化学需氧量	水质 化学需氧量的测定 重铬酸盐法	GB/T 11914—1989
		水质 化学需氧量的测定 快速消解分光光度法	HJ/T 399—2007

序号	污染物项目	方法标准名称	标准编号
4	氨氮	水质 氨氮的测定 气相分子吸收光谱法	HJ/T 195—2005
		水质 氨氮的测定 蒸馏-中和滴定法	HJ 537—2009
5	总氮	水质 总氮的测定 碱性过硫酸钾消解紫外分光光度法	HJ 636—2012
6	总磷	水质 总磷的测定 钼酸铵分光光度法	GB/T 11893—1989
7	石油类	水质 石油类和动植物油类的测定 红外分光光度法	HJ 637—2012
8	总锌	水质 铜、锌、铅、镉的测定 原子吸收分光光度法	GB/T 7475—1987
9	总铜	水质 铜、锌、铅、镉的测定 原子吸收分光光度法	GB/T 7475—1987
		水质 铜的测定 二乙基二硫代氨基甲酸钠分光光度法	HJ 485—2009
		水质 铜的测定 2,9-二甲基-1,10-菲啰啉分光光度法	HJ 486—2009
10	总锰	水质 铁、锰的测定 火焰原子吸收分光光度法	GB/T 11911—1989
		水质 锰的测定 高碘酸钾分光光度法	GB/T 11906—1989
11	总硒	水质 硒的测定 2,3 二氨基萘荧光法	GB/T 11902—1989
		水质 硒的测定 石墨炉原子吸收分光光度法	GB/T 15505—1995
12	总铁	水质 铁、锰的测定 火焰原子吸收分光光度法	GB/T 11911—1989
		水质 铁的测定 邻菲啰啉分光光度法（试行）	HJ 345—2007
13	硫化物	水质 硫化物的测定 亚甲基蓝分光光度法	GB/T 16489—1996
		水质 硫化物的测定 碘量法	HJ/T 60—2000
		水质 硫化物的测定 气相分子吸收光谱法	HJ/T 200—2005
14	氟化物	水质 氟化物的测定 离子选择电极法	GB/T 7484—1987
		水质 氟化物的测定 茜素磺酸锆目视比色法	HJ 487—2009
		水质 氟化物的测定 氟试剂分光光度法	HJ 488—2009
15	总汞	水质 总汞的测定 高锰酸钾-过硫酸钾消解-双硫腙分光光度法	GB/T 7469—1987
		水质 总汞的测定 冷原子吸收分光光度法	HJ 597—2011
16	总镉	水质 铜、锌、铅、镉的测定 原子吸收分光光度法	GB/T 7475—1987
17	总铬	水质 总铬的测定	GB/T 7466—1987
18	六价铬	水质 六价铬的测定 二苯碳酰二肼分光光度法	GB/T 7467—1987
19	总砷	水质 总砷的测定 二乙基二硫代氨基甲酸银分光光度法	GB/T 7485—1987
20	总铅	水质 铜、锌、铅、镉的测定 原子吸收分光光度法	GB/T 7475—1987
21	总镍	水质 镍的测定 丁二酮肟分光光度法	GB/T 11910—1989
		水质 镍的测定 火焰原子吸收分光光度法	GB/T 11912—1989
22	总铍	水质 铍的测定 铬氰 R 分光光度法	HJ/T 58—2000
		水质 铍的测定 石墨炉原子吸收分光光度法	HJ/T 59—2000
23	总银	水质 银的测定 火焰原子吸收分光光度法	GB/T 11907—1989
		水质 银的测定 3,5-Br_2-PADAP 分光光度法	HJ 489—2009
		水质 银的测定 镉试剂 2B 分光光度法	HJ 490—2009

5.3 大气污染物监测要求

5.3.1 排气筒中大气污染物的监测采样按 GB/T 16157—1996、HJ/T 397—2007 规定执行；大气污染物无组织排放的监测按 HJ/T 55—2000 规定执行。

5.3.2 对企业排放大气污染物浓度的测定采用表 9 所列的方法标准。

表 9 大气污染物浓度测定方法标准

污染物项目	方法标准名称	标准编号
颗粒物	固定污染源排气中颗粒物测定与气态污染物采样方法	GB/T 16157—1996
	环境空气 总悬浮颗粒物的测定 重量法	GB/T 15432—1995

6 实施与监督

6.1 本标准由县级以上人民政府环境保护行政主管部门负责监督实施。

6.2 在任何情况下，铁矿采选生产企业均应遵守本标准的污染物排放控制要求，采取必要措施保证污染防治设施正常运行。各级环保部门在对企业进行监督性检查时，可以现场即时采样或监测的结果，作为判定排污行为是否符合排放标准以及实施相关环境保护管理措施的依据。在发现设施耗水或排水量有异常变化的情况下，应核定设施的实际产品产量和排水量，按本标准的规定，换算为水污染物基准排水量排放浓度。

中华人民共和国国家标准

稀土工业污染物排放标准

Emission standard of pollutants for rare earths industry

GB 26451—2011

前　言

为贯彻《中华人民共和国环境保护法》、《中华人民共和国水污染防治法》、《中华人民共和国大气污染防治法》、《中华人民共和国海洋环境保护法》、《国务院关于落实科学发展观　加强环境保护的决定》等法律、法规和国家加强重金属污染防治工作的有关要求，保护环境，防治污染，促进稀土工业生产工艺和污染治理技术的进步，制定本标准。

本标准规定了稀土工业企业水污染物和大气污染物排放限值、监测和监控要求，适用于稀土工业企业水污染和大气污染防治和管理。为促进区域经济与环境协调发展，推动经济结构的调整和经济增长方式的转变，引导稀土工业生产工艺和污染治理技术的发展方向，本标准规定了水污染物特别排放限值。

本标准中的污染物排放浓度均为质量浓度。

稀土工业企业排放恶臭污染物、环境噪声以及锅炉排放大气污染物适用相应的国家污染物排放标准，产生固体废物的鉴别、处理和处置适用国家固体废物污染控制标准。

本标准为首次发布。

自本标准实施之日起，稀土工业企业的水污染物和大气污染物排放控制按本标准的规定执行，不再执行《污水综合排放标准》(GB 8978—1996)、《大气污染物综合排放标准》(GB 16297—1996）和《工业炉窑大气污染物排放标准》(GB 9078—1996）中的相关规定。

地方省级人民政府对本标准未作规定的污染物项目，可以制定地方污染物排放标准；对本标准已作规定的污染物项目，可以制定严于本标准的地方污染物排放标准。

本标准由环境保护部科技标准司组织制订。

本标准主要起草单位：中国恩菲工程技术有限公司（中国有色工程设计研究总院），环境保护部环境标准研究所、北京有色金属研究总院、包头稀土研究院、四川省稀土行业协会、内蒙古包钢稀土高科技股份有限公司、包头华美稀土高科有限公司、江西钨业集团有限公司、溧阳罗地亚稀土新材料有限公司、内蒙古自治区稀土行业协会参加。

本标准环境保护部 2011 年 1 月 18 日批准。

本标准自 2011 年 10 月 1 日起实施。

本标准由环境保护部解释。

1 适用范围

本标准规定了稀土工业企业水污染物和大气污染物排放限值、监测和监控要求，以及标准的实施与监督等相关规定。

本标准适用于现有稀土工业企业的水污染物和大气污染物排放管理，以及稀土工业建设项目的环境影响评价、环境保护设施设计、竣工环境保护验收及其投产后的水污染物和大气污染物排放管理。

本标准不适用于稀土材料加工企业（或车间、系统）及附属于稀土工业企业的非特征生产工艺和装置。

本标准适用于法律允许的污染物排放行为。新设立污染源的选址和特殊保护区域内现有污染源的管理，按照《中华人民共和国大气污染防治法》、《中华人民共和国水污染防治法》、《中华人民共和国海洋环境保护法》、《中华人民共和国固体废物污染环境防治法》、《中华人民共和国放射性污染防治法》、《中华人民共和国环境影响评价法》等法律、法规、规章的相关规定执行。

本标准规定的水污染物排放控制要求适用于企业直接或间接向其法定边界外排放水污染物的行为。

2 规范性引用文件

本标准内容引用了下列文件或其中的条款。

GB/T 6768　水中微量铀分析方法

GB/T 6920—1986　水质　pH 值的测定　玻璃电极法

GB/T 7466—1987　水质　总铬的测定

GB/T 7467—1987　水质　六价铬的测定　二苯碳酰二肼分光光度法

GB/T 7475—1987　水质　铜、锌、铅、镉的测定　原子吸收分光光度法

GB/T 7484—1987　水质　氟化物的测定　离子选择电极法

GB/T 7485—1987　水质　总砷的测定　二乙基二硫代氨基甲酸银分光光度法

GB/T 11224　水中钍的分析方法

GB/T 11743　土壤中放射性核素的γ能谱分析方法

GB/T 11893—1989　水质　总磷的测定　钼酸铵分光光度法

GB/T 11894—1989　水质 总氮的测定　碱性过硫酸钾消解紫外分光光度法

GB/T 11901—1989　水质　悬浮物的测定　重量法

GB/T 15432—1995　环境空气　总悬浮颗粒物的测定　重量法

GB/T 16157—1996　固定污染源排气中颗粒物测定与气态污染物采样方法

GB/T 16488—1996　水质　石油类和动植物油的测定　红外光度法

GB/T 18871　电离辐射防护与辐射源安全基本标准

HJ/T 27—1999　固定污染源排气中氯化氢的测定　硫氰酸汞分光光度法

HJ/T 30—1999　固定污染源排气中氯气的测定　甲基橙分光光度法

HJ/T 42—1999　固定污染源排气中氮氧化物的测定　紫外分光光度法

HJ/T 43—1999　固定污染源排气中氮氧化物的测定　盐酸萘乙二胺分光光度法

HJ/T 55　大气污染物无组织排放监测技术导则

HJ/T 56—2000　固定污染源排气中二氧化硫的测定　碘量法

HJ/T 57—2000　固定污染源排气中二氧化硫的测定　定电位电解法

HJ/T 67—2001　大气固定污染源　氟化物的测定　离子选择电极法

HJ/T 70—2001　高氯废水　化学需氧量的测定　氯气校正法

HJ/T 75　固定污染源烟气排放连续监测技术规范（试行）

HJ/T 132—2003　高氯废水　化学需氧量的测定　碘化钾碱性高锰酸钾法

HJ/T 195—2005　水质　氨氮的测定　气相分子吸收光谱法
HJ/T 199—2005　水质　总氮的测定　气相分子吸收光谱法
HJ 479—2009　环境空气　氮氧化物（一氧化氮和二氧化氮）的测定　盐酸萘乙二胺分光光度法
HJ 480—2009　环境空气　氟化物的测定　滤膜采样氟离子选择电极法
HJ 481—2009　环境空气　氟化物的测定　石灰滤纸采样氟离子选择电极法
HJ 482—2009　环境空气　二氧化硫的测定　甲醛吸收-副玫瑰苯胺分光光度法
HJ 483—2009　环境空气　二氧化硫的测定　四氯汞盐吸收-副玫瑰苯胺分光光度法
HJ 487—2009　水质　氟化物的测定　茜素磺酸锆目视比色法
HJ 488—2009　水质　氟化物的测定　氟试剂分光光度法
HJ 535—2009　水质　氨氮的测定　纳氏试剂分光光度法
HJ 536—2009　水质　氨氮的测定　水杨酸分光光度法
HJ 537—2009　水质　氨氮的测定　蒸馏-中和滴定法
HJ 544—2009　固定污染源废气　硫酸雾的测定　离子色谱法（暂行）
HJ 547—2009　固定污染源废气　氯气的测定　碘量法（暂行）
HJ 548—2009　固定污染源废气　氯化氢的测定　硝酸银容量法（暂行）
HJ 549—2009　空气和废气　氯化氢的测定　离子色谱法（暂行）
《污染源自动监控管理办法》（国家环境保护总局令　第 28 号）
《环境监测管理办法》（国家环境保护总局令　第 39 号）

3 术语和定义

下列术语与定义适用于本标准。

3.1 稀土 rare earths

元素周期表中原子序数从 57 到 71 的镧系元素，即镧（La）、铈（Ce）、镨（Pr）、钕（Nd）、钷（Pm）、钐（Sm）、铕（Eu）、钆（Gd）、铽（Tb）、镝（Dy）、钬（Ho）、铒（Er）、铥（Tm）、镱（Yb）、镥（Lu）和原子序数为 21 的钪（Sc）、39 的钇（Y）共 17 个元素的总称，通常用符号 RE 表示，是化学性质相似的一组元素。

3.2 稀土工业企业 rare earths industry

指生产稀土精矿或稀土富集物、稀土化合物、稀土金属、稀土合金中任一种或数种产品的企业。

3.3 稀土采矿 rare earths mining

指以露天开采或地下开采方式从矿床中采出稀土原矿的过程。本标准不包括采用溶液浸矿方式直接从稀土矿床浸出或堆浸获得离子型稀土浸取液的过程。

3.4 稀土选矿 rare earths mineral processing

指根据稀土原矿中有用矿物和脉石的物理化学性质，对有用矿物与脉石或有害物质进行分离生产稀土精矿的过程，以及从溶液浸矿获得的稀土浸取液中通过化学方法生产稀土富集物的过程。

3.5 稀土冶炼 rare earths metallurgy

以稀土精矿或含稀土的物料为原料，含有分解提取、分组、分离、金属及合金制取工艺中至少一步生产稀土化合物、稀土金属或稀土合金的过程。

3.6 分解提取生产工艺 decomposition and extraction

以稀土精矿或含稀土的物料为原料，经过焙烧或酸、碱等分解手段生产混合稀土化合物的过程。

3.7 稀土分组、分离生产工艺 rare earths separation and purification

以混合稀土化合物为原料，通过溶剂萃取、离子交换、萃取色层、氧化还原、结晶沉淀等分离提纯手段生产单一稀土化合物或稀土富集物（包括稀土氯化物、稀土硝酸盐、稀土碳酸盐、稀土磷酸盐、稀土草酸盐、稀土氢氧化物、稀土氧化物等）的过程。本标准包括将不溶性稀土盐类化合物经洗涤、煅烧制备稀土氧化物或其他化合物的过程。

3.8 稀土金属及合金生产工艺 rare earths metal and its alloy preparation

以单一或混合稀土化合物为原料，采用电解法、金属热还原法或其他方法制得稀土金属及稀土合金的过程。

3.9 稀土氧化物 rare earths oxide

稀土元素和氧元素结合生成的化合物总称，通常用符号 REO 表示。

3.10 稀土硅铁合金 rare earths ferrosilicon alloy

由稀土元素与其他元素，如钙、锰、铝等组成的含硅的铁合金。

3.11 特征生产工艺和装置 typical processing and facility

指稀土的采矿、选矿、冶炼的生产工艺和装置以及与这些工艺相关的污染物治理工艺和装置。

3.12 现有企业 existing facility

指本标准实施之日前已建成投产或环境影响评价文件已通过审批的稀土工业企业及生产设施。

3.13 新建企业 new facility

指本标准实施之日起环境影响评价文件通过审批的新建、改建和扩建的稀土工业建设项目。

3.14 企业边界 enterprise boundary

指稀土工业企业的法定边界。若无法定边界，则指实际边界。

3.15 标准状态 standard condition

指温度为 273.15K、压力为 101325Pa 时的状态。本标准规定的大气污染物排放浓度限值均以标准状态下的干气体为基准。

3.16 排水量 effluent volume

指稀土工业生产设施或企业向企业法定边界以外排放的废水的量，包括与生产有直接或间接关系的各种外排废水（如厂区生活污水、冷却废水、厂区锅炉和电站排水等）。

3.17 排气量 exhaust volume

指稀土工业生产工艺和装置排入环境空气的废气量，包括与生产工艺和装置有直接或间接关系的各种外排废气。

3.18 单位产品基准排水量 benchmark effluent volume per unit product

指用于核定水污染物排放浓度而规定的生产单位产品的废水排放量上限值。

3.19 单位产品基准排气量 banchmark exhaust volume per unit product

指用于核定大气污染物排放浓度而规定的生产单位产品的废气排放量上限值。

3.20 排气筒高度 stack height

指自排气筒（或其主体建筑构造）所在的地平面至排气筒出口计的高度。

3.21 含钍、铀粉尘 uranium and thorium dust

指天然钍、铀含量大于 1‰的粉尘。

3.22 直接排放 direct discharge

指排污单位直接向环境排放水污染物的行为。

3.23 间接排放 indirect discharge

指排污单位向公共污水处理系统排放水污染物的行为。

3.24 公共污水处理系统 public wastewater treatment system

指通过纳污管道等方式收集废水，为两家以上排污单位提供废水处理服务并且排水能够达到相关排放标准要求的企业或机构，包括各种规模和类型的城镇污水处理厂、区域（包括各类工业园区、开发区、工业聚集地等）废水处理厂等，其废水处理程度应达到二级或二级以上。

4 污染物排放控制要求

4.1 水污染物排放控制要求

4.1.1 自 2012 年 1 月 1 日起至 2013 年 12 月 31 日止，现有企业执行表 1 规定的水污染物排放限值。

表 1　现有企业水污染物排放浓度限值及单位产品基准排水量

单位：mg/L（pH 值除外）

序号	污染物项目	排放限值		污染物排放监控位置
		直接排放	间接排放	
1	pH 值	6～9	6～9	企业废水总排放口
2	悬浮物	70	100	
3	氟化物（以 F 计）	10	10	
4	石油类	5	5	
5	化学需氧量（COD）	80	100	
6	总磷	3	5	
7	总氮	50	70	
8	氨氮	25	50	
9	总锌	1.5	1.5	
10	钍、铀总量	0.1		车间或生产设施废水排放口
11	总镉	0.08		
12	总铅	0.5		
13	总砷	0.3		
14	总铬	1.0		
15	六价铬	0.3		
单位产品基准排水量	选矿（以原矿计）	m^3/t	1.0	排水量计量位置与污染物排放监控位置相同
	分解提取（以 REO 计）	m^3/t	30	
	萃取分组、分离（以 REO 计）	m^3/t	35	
	金属及合金制取	m^3/t	8	

4.1.2 自 2014 年 1 月 1 日起，现有企业执行表 2 规定的水污染物排放限值。

4.1.3 自 2011 年 10 月 1 日起，新建企业执行表 2 规定的水污染物排放限值。

4.1.4 根据环境保护工作的要求，在国土开发密度较高、环境承载能力开始减弱，或水环境容量较小、生态环境脆弱，容易发生严重水环境污染问题而需要采取特别保护措施的地区，应严格控制企业的污染排放行为，在上述地区的企业执行表 3 规定的水污染物特别排放限值。

表 2 新建企业水污染物排放浓度限值及单位产品基准排水量

单位：mg/L（pH 值除外）

序号	污染物项目	排放限值		污染物排放监控位置
		直接排放	间接排放	
1	pH 值	6～9	6～9	企业废水总排放口
2	悬浮物	50	100	
3	氟化物（以 F 计）	8	10	
4	石油类	4	5	
5	化学需氧量（COD）	70	100	
6	总磷	1	5	
7	总氮	30	70	
8	氨氮	15	50	
9	总锌	1.0	1.5	
10	钍、铀总量	0.1		车间或生产设施废水排放口
11	总镉	0.05		
12	总铅	0.2		
13	总砷	0.1		
14	总铬	0.8		
15	六价铬	0.1		
单位产品基准排水量	选矿（以原矿计）	m^3/t	0.8	排水量计量位置与污染物排放监控位置相同
	分解提取（以 REO 计）	m^3/t	25	
	萃取分组、分离（以 REO 计）	m^3/t	30	
	金属及合金制取	m^3/t	6	

表 3 水污染物特别排放限值 单位：mg/L（pH 值除外）

序号	污染物项目	排放限值		污染物排放监控位置
		直接排放	间接排放	
1	pH 值	6～9	6～9	企业废水总排放口
2	悬浮物	40	50	
3	氟化物（以 F 计）	5	8	
4	石油类	3	4	
5	化学需氧量（COD）	60	70	
6	总磷	0.5	1	
7	总氮	20	30	
8	氨氮	10	25	
9	总锌	0.8	1.0	
10	钍、铀总量	0.1		车间或生产设施废水排放口
11	总镉	0.05		
12	总铅	0.1		
13	总砷	0.05		
14	总铬	0.5		
15	六价铬	0.1		

序号	污染物项目	排放限值		污染物排放监控位置
		直接排放	间接排放	
单位产品基准排水量	选矿（以原矿计）	m^3/t	0.6	排水量计量位置与污染物排放监控位置相同
	分解提取（以 REO 计）	m^3/t	20	
	萃取分组、分离（以 REO 计）	m^3/t	25	
	金属及合金制取	m^3/t	4	

执行水污染物特别排放限值的地域范围、时间，由国务院环境保护行政主管部门或省级人民政府规定。

4.1.5 对于排放含有放射性物质的污水，除执行本标准外，还应符合 GB 18871 的规定。

4.1.6 水污染物排放浓度限值适用于单位产品实际排水量不大于单位产品基准排水量的情况。若单位产品实际排水量超过单位产品基准排水量，须按式（1）将实测水污染物浓度换算为水污染物基准水量排放浓度，并以水污染物基准水量排放浓度作为判定排放是否达标的依据。产品产量和排水量统计周期为一个工作日。

在企业的生产设施同时生产两种以上产品、可适用不同排放控制要求或不同行业国家污染物排放标准，且生产设施产生的污水混合处理排放的情况下，应执行排放标准中规定的最严格的浓度限值，并按式（1）换算水污染物基准排水量排放浓度。

$$\rho_{基}=\frac{Q_{总}}{\sum Y_i \cdot Q_{i基}} \cdot \rho_{实} \qquad (1)$$

式中：$\rho_{基}$——水污染物基准排水量排放浓度，mg/L；

$Q_{总}$——排水总量，m^3；

Y_i——第 i 种产品产量，t；

$Q_{i基}$——第 i 种产品的单位产品基准排水量，m^3/t；

$\rho_{实}$——实测水污染物排放浓度，mg/L。

若 $Q_{总}$ 与 $\sum Y_i \cdot Q_{i基}$ 的比值小于 1，则以水污染物实测浓度作为判定排放是否达标的依据。

4.1.7 对于萃取分组、分离工艺，生产 1～4 种纯度为 99%以上的稀土产品时，单位产品基准排水量应执行表 1～表 3 中的限值；生产 5～9 种纯度为 99%以上的稀土产品时，单位产品基准排水量应为表 1～表 3 中限值的 1.5 倍；生产 10 种以上纯度为 99%以上的稀土产品时，单位产品基准排水量应为表 1～表 3 中限值的 2 倍；生产荧光级或等同于荧光级质量产品时，单位产品基准排水量应在上述单位基准排水量的基础上增加 $30m^3$。同一稀土元素的不同规格的产品按 1 种产品计。

4.2 大气污染物排放控制要求

4.2.1 自 2012 年 1 月 1 日起至 2013 年 12 月 31 日止，现有企业执行表 4 规定的大气污染物排放限值。

4.2.2 自 2014 年 1 月 1 日起，现有企业执行表 5 规定的大气污染物排放限值。

4.2.3 自 2011 年 10 月 1 日起，新建企业执行表 5 规定的大气污染物排放限值。

表 4 现有企业大气污染物排放浓度限值 单位：mg/m^3

序号	污染物项目	生产工艺及设备	限值	污染物排放监控位置
1	二氧化硫	分解提取	500	车间或生产设施排气筒
2	硫酸雾	分解提取	45	
3	颗粒物	采选	80	
		分解提取	50	
		萃取分组、分离	50	
		金属及合金制取	60	
		稀土硅铁合金	60	
4	氟化物	分解提取	9	
		金属及合金制取	7	
		稀土硅铁合金	7	
5	氯气	分解提取	30	
		萃取分组、分离	30	
		金属及合金制取	50	
6	氯化氢	分解提取	60	
		萃取分组、分离	80	
7	氮氧化物	分解提取（焙烧）	240	
		萃取分组、分离（煅烧）	200	
8*	钍、铀总量	全部	0.10	
单位产品基准排气量	选矿（以原矿计）	m^3/t	300	排气量计量位置与污染物排放监控位置相同
	分解提取（以 REO 计）	m^3/t	25000	
	萃取分组、分离（以 REO 计）	m^3/t	30000	
	金属及合金制取	m^3/t	25000	

* 排放含钍、铀粉尘废气的排气筒执行该项限值。

表 5 新建企业大气污染物排放浓度限值 单位：mg/m^3

序号	污染物项目	生产工艺及设备	限值	污染物排放监控位置
1	二氧化硫	分解提取	300	车间或生产设施排气筒
2	硫酸雾	分解提取	35	
3	颗粒物	采选	50	
		分解提取	40	
		萃取分组、分离	40	
		金属及合金制取	50	
		稀土硅铁合金	50	
4	氟化物	分解提取	7	
		金属及合金制取	5	
		稀土硅铁合金	5	
5	氯气	分解提取	20	
		萃取分组、分离	20	
		金属及合金制取	30	

序号	污染物项目	生产工艺及设备	限值	污染物排放监控位置
6	氯化氢	分解提取	40	车间或生产设施排气筒
		萃取分组、分离	50	
7	氮氧化物	分解提取（焙烧）	200	
		萃取分组、分离（煅烧）	160	
8*	钍、铀总量	全部	0.10	
单位产品基准排气量	选矿（以原矿计）	m^3/t	300	排气量计量位置与污染物排放监控位置相同
	分解提取（以 REO 计）	m^3/t	25000	
	萃取分组、分离（以 REO 计）	m^3/t	30000	
	金属及合金制取	m^3/t	25000	

*排放含钍、铀粉尘废气的排气筒执行该项限值。

4.2.4 企业边界大气污染物任何 1h 平均浓度执行表 6 规定的浓度限值。

表 6 现有企业和新建企业边界大气污染物浓度限值 单位：mg/m^3

序号	污染物项目	限值
1	二氧化硫	0.40
2	硫酸雾	1.2
3	颗粒物	1.0
4	氟化物	0.02
5	氯气	0.40
6	氯化氢	0.20
7	氮氧化物	0.12
8*	钍、铀总量	0.0025

*排放含钍、铀粉尘废气的企业执行该项限值。

4.2.5 在现有企业生产、建设项目竣工环保验收后的生产过程中，负责监管的环境保护主管部门应对周围居住、教学、医疗等用途的敏感区域环境质量进行监测。建设项目的具体监控范围为环境影响评价确定的周围敏感区域；未进行过环境影响评价的现有企业，监控范围由负责监管的环境保护主管部门，根据企业排污的特点和规律及当地的自然、气象条件等因素，参照相关环境影响评价技术导则确定。地方政府应对本辖区环境质量负责，采取措施确保环境状况符合环境质量标准要求。

4.2.6 大气污染物排放浓度限值适用于单位产品实际排气量不高于单位产品基准排气量的情况。若单位产品实际排气量超过单位产品基准排气量，须将实测大气污染物浓度换算为大气污染物基准气量排放浓度，并以大气污染物基准气量排放浓度作为判定排放是否达标的依据。大气污染物基准气量排放浓度的换算，可参照式（1）。排气量统计周期为一个工作日。

4.2.7 产生大气污染物的生产工艺和装置必须设立局部或整体气体收集系统和净化处理装置，达标排放。所有排气筒高度应不低于 15m（排放含氯气、氯化氢废气的排气筒高度不得低于 25m）。排气筒周围半径 200m 范围内有建筑物时，排气筒高度还应高出最高建筑物 3m 以上。

5 污染物监测要求

5.1 污染物监测的一般要求

5.1.1 对企业排放废水和废气的采样，应根据监测污染物的种类，在规定的污染物排放监控位置进行，有废水和废气处理设施的，应在处理设施后监控。在污染物排放监控位置须设置永久性排污口标志。

5.1.2 新建企业和现有企业安装污染物排放自动监控设备的要求，按有关法律和《污染源自动监控管理办法》的规定执行。

5.1.3 对企业污染物排放情况进行监测的频次、采样时间等要求，按国家有关污染源监测技术规范的规定执行。排放重金属污染物的企业应建立特征污染物的日监测制度。

5.1.4 企业产品产量的核定，以法定报表为依据。

5.1.5 企业须按照有关法律和《环境监测管理办法》的规定，对排污状况进行监测，并保存原始监测记录。

5.2 水污染物监测要求

对企业排放水污染物浓度的测定采用表 7 所列的方法标准。

表 7 水污染物浓度测定方法标准

序号	污染物项目	方法标准名称	方法标准编号
1	pH 值	水质 pH 值的测定 玻璃电极法	GB/T 6920—1986
2	悬浮物	水质 悬浮物的测定 重量法	GB/T 11901—1989
3	氟化物	水质 氟化物的测定 离子选择电极法	GB/T 7484—1987
		水质 氟化物的测定 茜素磺酸锆目视比色法	HJ 487—2009
		水质 氟化物的测定 氟试剂分光光度法	HJ 488—2009
4	石油类	水质 石油类和动植物油的测定 红外光度法	GB/T 16488—1996
5	化学需氧量	高氯废水 化学需氧量的测定 氯气校正法	HJ/T 70—2001
		高氯废水 化学需氧量的测定 碘化钾碱性高锰酸钾法	HJ/T 132—2003
6	总磷	水质 总磷的测定 钼酸铵分光光度法	GB/T 11893—1989
7	总氮	水质 总氮的测定 气相分子吸收光谱法	HJ/T 199—2005
		水质 总氮的测定 碱性过硫酸钾消解紫外分光光度法	GB/T 11894—1989
8	氨氮	水质 氨氮的测定 气相分子吸收光谱法	HJ/T 195—2005
		水质 氨氮的测定 纳氏试剂分光光度法	HJ 535—2009
		水质 氨氮的测定 水杨酸分光光度法	HJ 536—2009
		水质 氨氮的测定 蒸馏-中和滴定法	HJ 537—2009
9	钍	水中钍的分析方法	GB/T 11224
10	铀	水中微量铀分析方法	GB/T 6768
11	总镉	水质 铜、锌、铅、镉的测定 原子吸收分光光度法	GB/T 7475—1987
12	总铅	水质 铜、锌、铅、镉的测定 原子吸收分光光度法	GB/T 7475—1987
13	总锌	水质 铜、锌、铅、镉的测定 原子吸收分光光度法	GB/T 7475—1987
14	总砷	水质 总砷的测定 二乙基二硫代氨基甲酸银分光光度法	GB/T 7485—1987
15	总铬	水质 总铬的测定	GB/T 7466—1987
16	六价铬	水质 六价铬的测定 二苯碳酰二肼分光光度法	GB/T 7467—1987

5.3 大气污染物监测要求

5.3.1 采样点的设置与采样方法按 GB 16157—1996 和 HJ/T 75 的规定执行。

5.3.2 在有敏感建筑物方位、必要的情况下进行无组织排放监控，具体要求按 HJ/T 55 进行监测。

5.3.3 对企业排放大气污染物浓度的测定采用表 8 所列的方法标准。

表 8 大气污染物浓度测定方法标准

序号	污染物项目	方法标准名称	方法标准编号
1	二氧化硫	固定污染源排气中二氧化硫的测定 碘量法	HJ/T 56—2000
		固定污染源排气中二氧化硫的测定 定电位电解法	HJ/T 57—2000
		环境空气 二氧化硫的测定 甲醛吸收-副玫瑰苯胺分光光度法	HJ 482—2009
		环境空气 二氧化硫的测定 四氯汞盐吸收-副玫瑰苯胺分光光度法	HJ 483—2009
2	硫酸雾	固定污染源废气 硫酸雾的测定 离子色谱法（暂行）	HJ 544—2009
3	颗粒物	固定污染源排气中颗粒物测定与气态污染物采样方法	GB/T 16157—1996
		环境空气 总悬浮颗粒物的测定 重量法	GB/T 15432—1995
4	氟化物	大气固定污染源 氟化物的测定 离子选择电极法	HJ/T 67—2001
		环境空气 氟化物的测定 滤膜采样氟离子选择电极法	HJ 480—2009
		环境空气 氟化物的测定 石灰滤纸采样氟离子选择电极法	HJ 481—2009
5	氯气	固定污染源排气中氯气的测定 甲基橙分光光度法	HJ/T 30—1999
		固定污染源废气 氯气的测定 碘量法（暂行）	HJ 547—2009
6	氯化氢	固定污染源排气中氯化氢的测定 硫氰酸汞分光光度法	HJ/T 27—1999
		固定污染源废气 氯化氢的测定 硝酸银容量法（暂行）	HJ 548—2009
		空气和废气 氯化氢的测定 离子色谱法（暂行）	HJ 549—2009
7	氮氧化物	固定污染源排气中氮氧化物的测定 紫外分光光度法	HJ/T 42—1999
		固定污染源排气中氮氧化物的测定 盐酸萘乙二胺分光光度法	HJ/T 43—1999
		环境空气 氮氧化物（一氧化氮和二氧化氮）的测定 盐酸萘乙二胺分光光度法	HJ 479—2009
8	颗粒物中钍、铀	土壤中放射性核素的γ能谱分析方法	GB/T 11743

6 标准实施与监督

6.1 本标准由县级以上人民政府环境保护行政主管部门负责监督实施。

6.2 在任何情况下，企业均应遵守本标准的污染物排放控制要求，采取必要措施保证污染防治设施正常运行。各级环保部门在对设施进行监督性检查时，可以现场即时采样或监测的结果，作为判定排污行为是否符合排放标准以及实施相关环境保护管理措施的依据。在发现设施耗水或排水量、排气量有异常变化的情况下，应核定企业的实际产品产量、排水量和排气量，按本标准的规定，换算水污染物基准水量排放浓度和大气污染物基准气量排放浓度。

中华人民共和国国家标准

钒工业污染物排放标准

Discharge standard of pollutants for vanadium industry

GB 26452—2011

前 言

为贯彻《中华人民共和国环境保护法》、《中华人民共和国水污染防治法》、《中华人民共和国大气污染防治法》、《国务院关于落实科学发展观 加强环境保护的决定》等法律、法规和国家加强重金属污染防治工作的有关要求，保护环境，防治污染，促进钒工业生产工艺和污染治理技术的进步，制定本标准。

本标准规定了钒工业企业水和大气污染物排放限值、监测和监控要求，适用于钒工业企业水污染和大气污染防治和管理。为促进区域经济与环境协调发展，推动经济结构的调整和经济增长方式的转变，引导钒工业生产工艺和污染治理技术的发展方向，本标准规定了水污染物特别排放限值。

本标准中的污染物排放浓度均为质量浓度。

钒工业企业排放恶臭污染物、环境噪声适用相应的国家污染物排放标准，产生固体废物的鉴别、处理和处置适用国家固体废物污染控制标准。

本标准为首次发布。

自本标准实施之日起，钒工业企业的水和大气污染物排放控制按本标准的规定执行，不再执行《污水综合排放标准》（GB 8978）、《钢铁工业水污染排放标准》（GB 13456）、《大气污染物综合排放标准》（GB 16297）和《工业炉窑大气污染物排放标准》（GB 9078）中的相关规定。

地方省级人民政府对本标准未作规定的污染物项目，可以制定地方污染物排放标准；对本标准已作规定的污染物项目，可以制定严于本标准的地方污染物排放标准。

本标准由环境保护部科技标准司组织制订。

本标准主要起草单位：东北大学、中国环境科学研究院。

本标准由环境保护部 2011 年 2 月 25 日批准。

本标准自 2011 年 10 月 1 日起实施。

本标准由环境保护部解释。

1 适用范围

本标准规定了钒工业企业特征生产工艺和装置水污染物和大气污染物的排放限值、监测和监控要求，以及标准的实施与监督等相关规定。

本标准适用于现有钒工业企业水和大气污染物排放管理，以及钒工业企业建设项目的环境影响评价、环境保护设施设计、竣工环境保护验收及其投产后的水、大气污染物排放管理。

本标准适用于法律允许的污染物排放行为；新设立污染源的选址和特殊保护区域内现有污染

源的管理，按照《中华人民共和国水污染防治法》、《中华人民共和国大气污染防治法》、《中华人民共和国海洋环境保护法》、《中华人民共和国固体废物污染环境防治法》、《中华人民共和国放射性污染防治法》、《中华人民共和国环境影响评价法》等法律、法规、规章的相关规定执行。

本标准规定的水污染物排放控制要求适用于企业直接或间接向其法定边界外排放水污染物的行为。

2 规范性引用文件

本标准内容引用了下列文件或其中的条款。

GB 6920—86　水质　pH 值的测定　玻璃电极法

GB 7466—87　水质　总铬的测定

GB 7467—87　水质　六价铬的测定　二苯碳酰二肼分光光度法

GB 7469—87　水质　总汞的测定　高锰酸钾-过硫酸钾消解法　双硫腙分光光度

GB 7470—87　水质　铅的测定　双硫腙分光光度法

GB 7471—87　水质　镉的测定　双硫腙分光光度法

GB 7472—87　水质　铅的测定　双硫腙分光光度法

GB 7475—87　水质　铜、锌、铅、镉的测定　原子吸收分光光度法

GB 7485—87　水质　总砷的测定　二乙基二硫代氨基钾酸银分光光度法

GB 11893—89　水质　总磷的测定　钼酸铵分光光度法

GB 11894—89　水质　总氮的测定　碱性过硫酸钾消解紫外分光光度法

GB 11896—89　水质　氯化物的测定　硝酸银滴定法

GB 11901—89　水质　悬浮物的测定　重量法

GB 11914—89　水质　化学需氧量的测定　重铬酸盐法

GB/T 14673—1995　水质　钒的测定　石墨炉原子吸收分光光度法

GB/T 15264—94　环境空气　铅的测定　火焰原子吸收分光光度法

GB/T 15432—1995　环境空气　总悬浮颗粒物的测定　重量法

GB/T 15503—1995　水质　钒的测定　钽试剂（BPHA）萃取分光光度法

GB/T 16157—1996　固定污染源排气中颗粒物测定与气态污染物采样方法

GB/T 16488—1996　水质　石油类和动植物油的测定　红外光度法

GB/T 16489—1996　水质　硫化物的测定　亚甲基蓝分光光度法

GB 18871—2002　电离辐射防护与辐射源安全基本标准

HJ/T 27—1999　固定污染源排气中氯化氢的测定　硫氰酸汞分光光度法

HJ/T 30—1999　固定污染源排气中氯气的测定　甲基橙分光光度法

HJ/T 55—2000　大气污染物无组织排放监测技术导则

HJ/T 56—2000　固定污染源排气中二氧化硫的测定　碘量法

HJ/T 57—2000　固定污染源排气中二氧化硫的测定　定电位电解法

HJ/T 60—2000　水质　硫化物的测定　碘量法

HJ/T 195—2005　水质　氨氮的测定　气相分子吸收光谱法

HJ/T 199—2005　水质　总氮的测定　气相分子吸收光谱法

HJ/T 200—2005　水质　硫化物的测定　气相分子吸收光谱法

HJ/T 343—2007　水质　氯化物的测定　硝酸汞滴定法

HJ/T 399—2007　水质　化学需氧量的测定　快速消解分光光度法

HJ 482—2009 环境空气 二氧化硫的测定 甲醛吸收-副玫瑰苯胺分光光度法
HJ 483—2009 环境空气 二氧化硫的测定 四氯汞盐吸收-副玫瑰苯胺分光光度法
HJ 485—2009 水质 铜的测定 二乙基二硫代氨基甲酸钠分光光度法
HJ 486—2009 水质 铜的测定 2,9-二甲基-1,10-菲啰啉分光光度法
HJ 535—2009 水质 氨氮的测定 纳氏试剂分光光度法
HJ 536—2009 水质 氨氮的测定 水杨酸分光光度法
HJ 537—2009 水质 氨氮的测定 蒸馏-中和滴定法
HJ 544—2009 固定污染源废气 硫酸雾的测定 离子色谱法（暂行）
HJ 547—2009 固定污染源废气 氯气的测定 碘量法（暂行）
HJ 548—2009 固定污染源废气 氯化氢的测定 硝酸银容量法（暂行）
HJ 549—2009 空气和废气 氯化氢的测定 离子色谱法（暂行）
HJ 538—2009 固定污染源废气 铅的测定 火焰原子吸收分光光度法（暂行）
HJ 539—2009 环境空气 铅的测定 石墨炉原子吸收分光光度法（暂行）
HJ 597—2011 水质 总汞的测定 冷原子吸收分光光度法
《污染源自动监控管理办法》（国家环境保护总局令 第 28 号）
《环境监测管理办法》（国家环境保护总局令 第 39 号）

3 术语和定义

下列术语和定义适用于本标准。

3.1 钒工业企业 vanadium industrial enterprise

指以钒渣、石煤、含钒固废或其他含钒二次资源为原料生产 V_2O_3、V_2O_5 等氧化钒的企业。

3.2 特征生产工艺和装置 typical processing and facility

指：（1）以焙烧、浸出、沉淀和熔化为主要工序的 V_2O_5 生产工艺与装置；

（2）以焙烧、浸出、沉淀和还原为主要工序的 V_2O_3 生产工艺与装置；

（3）与这些生产工艺有关的水和大气污染物治理与综合利用等装置。

3.3 现有企业 existing facility

指本标准实施之日前，已建成投产或环境影响评价文件已通过审批的钒工业生产企业或生产设施。

3.4 新建企业 new facility

指本标准实施之日起环境影响评价文件通过审批的新建、改建、扩建的钒工业建设项目。

3.5 公共污水处理系统 public wastewater treatment system

指通过纳污管道等方式收集废水，为两家以上排污单位提供废水处理服务并且排水能够达到相关排放标准要求的企业或机构，包括各种规模和类型的城镇污水处理厂、区域（包括各类工业园区、开发区、工业聚集地等）废水处理厂等，其废水处理程度应达到二级或二级以上。

3.6 直接排放 direct discharge

指排污单位直接向环境排放水污染物的行为。

3.7 间接排放 indirect discharge

指排污单位向公共污水处理系统排放水污染物的行为。

3.8 排水量 effluent volume

指生产设施或企业向企业边界以外排放的废水的量，包括与生产有直接或间接关系的各种外排废水（如厂区生活污水、冷却废水、厂区锅炉和电站排水等）。

3.9 单位产品基准排水量 benchmark effluent volume per unite product

指用于核定水污染物排放浓度而规定的生产单位氧化钒产品的排水量上限值。

3.10 排气筒高度 stack height

指自排气筒（或其主体建筑构造）所在的地平面至排气筒出口计的高度。

3.11 标准状态 standard condition

指温度为 273.15 K、压力为 101325 Pa 时的状态。本标准规定的大气污染物排放浓度限值均以标准状态下的干气体为基准。

3.12 排气量 exhaust volume

指钒工业生产工艺和装置排入环境空气的废气量，包括与生产工艺和装置有直接或间接关系的各种外排废气（如环境集烟等）。

3.13 单位产品基准排气量 benchmark exhaust volume per unite product

指用于核定大气污染物排放浓度而规定的生产单位氧化钒产品的排气量上限值。

3.14 过量空气系数 excess air coefficient

指工业炉窑运行时实际空气量与理论空气需要量的比值。

3.15 企业边界 enterprise boundary

指钒工业企业的法定边界。若无法定边界，则指实际边界。

4 污染物排放控制要求

4.1 水污染物排放控制要求

4.1.1 自 2012 年 1 月 1 日起至 2012 年 12 月 31 日止，现有企业执行表 1 规定的水污染物排放限值。

表 1　现有企业水污染物排放浓度限值及单位产品基准排水量

单位：mg/L（pH 除外）

序号	污染物项目	排放限值		污染物排放监控位置
		直接排放	间接排放	
1	pH	6～9	6～9	企业废水总排放口
2	悬浮物	70	70	
3	化学需氧量（COD_{Cr}）	80	100	
4	硫化物	1.0	1.0	
5	氨氮	25	40	
6	总氮	40	60	
7	总磷	1.0	2.0	
8	氯化物（以 Cl^- 计）	500	500	
9	石油类	10	10	
10	总锌	2.0	2.0	
11	总铜	0.5	0.5	
12	总镉	0.1		车间或生产设施废水排放口
13	总铬	1.5		
14	六价铬	0.5		
15	总钒	2.0		
16	总铅	1.0		
17	总砷	0.5		
18	总汞	0.05		
单位产品（V_2O_5 或 V_2O_3）基准排水量/（m^3/t）		20		排水量计量位置与污染物排放监控位置一致

4.1.2 现有企业自 2013 年 1 月 1 日起执行表 2 规定的水污染物排放限值。

4.1.3 新建企业自 2011 年 10 月 1 日起执行表 2 规定的水污染物排放限值。

表 2 新建企业水污染物排放浓度限值及单位产品基准排水量

单位：mg/L（pH 除外）

序号	污染物项目	排放限值		污染物排放监控位置
		直接排放	间接排放	
1	pH	6～9	6～9	企业废水总排放口
2	悬浮物	50	70	
3	化学需氧量（COD_{Cr}）	60	100	
4	硫化物	1.0	1.0	
5	氨氮	10	40	
6	总氮	20	60	
7	总磷	1.0	2.0	
8	氯化物（以 Cl^- 计）	300	300	
9	石油类	5	5	
10	总锌	2.0	2.0	
11	总铜	0.3	0.3	
12	总镉	0.1		车间或生产设施废水排放口
13	总铬	1.5		
14	六价铬	0.5		
15	总钒	1.0		
16	总铅	0.5		
17	总砷	0.2		
18	总汞	0.03		
单位产品（V_2O_5 或 V_2O_3）基准排水量/（m^3/t）		10		排水量计量位置与污染物排放监控位置一致

4.1.4 根据环境保护工作的要求，在国土开发密度较高、环境承载能力开始减弱，或水环境容量较小、生态环境脆弱，容易发生严重环境污染问题而需要采取特别保护措施的地区，应严格控制企业的污染物排放行为，在上述地区的企业执行表 3 规定的水污染物特别排放限值。

表 3 水污染物特别排放限值

单位：mg/L（pH 除外）

序号	污染物项目	排放限值		污染物排放监控位置
		直接排放	间接排放	
1	pH	6～9	6～9	企业废水总排放口
2	悬浮物	20	50	
3	化学需氧量（COD_{Cr}）	30	60	
4	硫化物	1.0	1.0	
5	氨氮	8	10	
6	总氮	15	20	
7	总磷	0.5	1.0	

序号	污染物项目	排放限值		污染物排放监控位置
		直接排放	间接排放	
8	氯化物（以 Cl^- 计）	200	200	企业废水总排放口
9	石油类	1	1	
10	总锌	1.0	1.0	
11	总铜	0.2	0.2	
12	总镉	0.1		车间或生产设施废水排放口
13	总铬	1.5		
14	六价铬	0.5		
15	总钒	0.3		
16	总铅	0.1		
17	总砷	0.1		
18	总汞	0.01		
单位产品（V_2O_5 或 V_2O_3）基准排水量/（m^3/t）		3		排水量计量位置与污染物排放监控位置一致

执行水污染物特别排放限值的地域范围、时间，由国务院环境保护行政主管部门或省级人民政府规定。

4.1.5 对于排放含有放射性物质的污水，除执行本标准外，还应符合 GB 18871—2002 的规定。

4.1.6 水污染物排放浓度限值适用于单位产品实际排水量不高于单位产品基准排水量的情况。若单位产品实际排水量超过单位产品基准排水量，须按式（1）将实测水污染物浓度换算为水污染物基准排水量排放浓度，并以水污染物基准排水量排放浓度作为判定排放是否达标的依据。产品产量和排水量统计周期为一个工作日。

在企业的生产设施同时生产两种以上产品、可适用不同排放控制要求或不同行业国家污染物排放标准，且生产设施产生的污水混合处理排放的情况下，应执行排放标准中规定的最严格的浓度限值，并按式（1）换算水污染物基准排水量排放浓度。

$$\rho_{基}=\frac{Q_{总}}{\sum Y_i \cdot Q_{i基}}\cdot\rho_{实} \tag{1}$$

式中：$\rho_{基}$——水污染物基准排水量排放质量浓度，mg/L；

$Q_{总}$——排水总量，m^3；

Y_i——第 i 种产品产量，t；

$Q_{i基}$——第 i 种产品的单位产品基准排水量，m^3/t；

$\rho_{实}$——实测水污染物浓度，mg/L。

若 $Q_{总}$ 与 $\sum Y_i Q_{i基}$ 的比值小于 1，则以水污染物实测浓度作为判定排放是否达标的依据。

4.2 大气污染物排放控制要求

4.2.1 自 2012 年 1 月 1 日起至 2012 年 12 月 31 日止，现有企业执行表 4 规定的大气污染物排放限值。

4.2.2 现有企业自 2013 年 1 月 1 日起执行表 5 规定的大气污染物排放限值。

4.2.3 新建企业自 2011 年 10 月 1 日起执行表 5 规定的大气污染物排放限值。

表4 现有企业大气污染物排放浓度限值及单位产品基准排气量

单位：mg/m^3

序号	生产过程	工艺或工序	污染物名称及排放限值						污染物排放监控位置
			二氧化硫	颗粒物	氯化氢	硫酸雾	氯气	铅及其化合物	
1	原料预处理	破碎、筛分、混配料、球磨、制球、原料输送等装置及料仓	—	100	—	—	—	0.7	车间或生产设施排气筒
2	焙烧	焙烧炉/窑	700	100	100	—	65	1.5	
3	沉淀	沉淀池/罐	—	—	—	35	—	0.7	
4	熔化（制取V_2O_5）	熔化炉	700	100	100	—	65	1.5	
5	干燥（制取V_2O_3）	干燥炉/窑	700	100	—	—	—	1.5	
6	还原（制取V_2O_3）	还原炉/窑	700	100	—	—	—	1.5	
7	熟料输送及储运	熟料仓、卸料点等	—	100	—	—	—	0.7	
8	其他		—	100	—	—	—	0.7	
单位产品（V_2O_5或V_2O_3）基准排气量/（m^3/t）			150000						车间或生产设施排气筒

注：浸出过程产生的含碱蒸汽必须经过吸收净化，吸收液循环利用后进入废水处理系统。

表5 新建企业大气污染物排放浓度限值及单位产品基准排气量

单位：mg/m^3

序号	生产过程	工艺或工序	污染物名称及排放限值						污染物排放监控位置
			二氧化硫	颗粒物	氯化氢	硫酸雾	氯气	铅及其化合物	
1	原料预处理	破碎、筛分、混配料、球磨、制球、原料输送等装置及料仓	—	50	—	—	—	0.5	车间或生产设施排气筒
2	焙烧	焙烧炉/窑	400	50	80	—	50	1.0	
3	沉淀	沉淀池/罐	—	—	—	20	—	0.5	
4	熔化（制取V_2O_5）	熔化炉	400	50	80	—	50	1.0	
5	干燥（制取V_2O_3）	干燥炉/窑	400	50	—	—	—	1.0	
6	还原（制取V_2O_3）	还原炉/窑	400	50	—	—	—	1.0	
7	熟料输送及储运	熟料仓、卸料点等	—	50	—	—	—	0.5	
8	其他		—	50	—	—	—	0.7	
单位产品（V_2O_5或V_2O_3）基准排气量/（m^3/t）			130000						车间或生产设施排气筒

注：浸出过程产生的含碱蒸汽必须经过吸收净化，吸收液循环利用后进入废水处理系统。

4.2.4 企业边界大气污染物任何 1 h 平均浓度执行表 6 规定的限值。

表 6　现有和新建企业边界大气污染物浓度限值

单位：mg/m^3

序号	污染物	最高浓度限值
1	二氧化硫	0.3
2	颗粒物	0.5
3	氯化氢	0.15
4	硫酸雾	0.3
5	氯气	0.02
6	铅及其化合物	0.006

4.2.5 在现有企业生产、建设项目竣工环保验收及其后的生产过程中，负责监管的环境保护行政主管部门，应对周围居住、教学、医疗等用途的敏感区域环境空气质量进行监测，并采取措施保证空气中污染物浓度符合环境质量标准的要求。建设项目的具体监控范围为环境影响评价确定的周围敏感区域；未进行过环境影响评价的现有企业，监控范围由负责监管的环境保护行政主管部门，根据企业排污的特点和规律及当地的自然、气象条件等因素，参照相关环境影响评价技术导则，因地制宜地予以确定。

4.2.6 产生大气污染物的生产工艺和装置必须设立局部或整体气体收集系统和集中处理装置，达标排放。所有排气筒高度应不低于 30m。排气筒周围半径 200m 范围内有建筑物时，排气筒高度还应高出最高建筑物 3m 以上。

4.2.7 炉窑基准过量空气系数为 1.6，实测炉窑的大气污染物排放浓度，应换算为基准过量空气系数排放浓度。生产设施应采取合理的通风措施，不得故意稀释排放，若单位产品实际排气量超过单位产品基准排气量，须将实测大气污染物浓度换算为大气污染物基准气量排放浓度，并以大气污染物基准气量排放浓度作为判定排放是否达标的依据。大气污染物基准气量排放浓度的换算，可参照采用水污染物基准水量排放浓度的计算公式。在国家未规定其他生产设施单位产品基准排气量之前，暂以实测浓度作为判定是否达标的依据。

5 污染物监测要求

5.1 污染物监测的一般要求

5.1.1 对企业排放废水和废气的采样，应根据监测污染物的种类、在规定的污染物排放监控位置进行，有废水和废气处理设施的，应在处理设施后监控。在污染物排放监控位置须设置永久性排污口标志。

5.1.2 新建企业和现有企业安装污染物排放自动监控设备的要求，按有关法律和《污染源自动监控管理办法》的规定执行。

5.1.3 对企业污染物排放情况进行监测的频次、采样时间等要求，按国家有关污染源监测技术规范的规定执行。

5.1.4 企业产品产量的核定，以法定报表为依据。

5.1.5 企业应按照有关法律和《环境监测管理办法》的规定，对排污状况进行监测，并保存原始监测记录。

5.2 水污染物监测要求

对企业排放水污染物浓度的测定采用见表 7 所列的方法标准。

表 7 水污染物浓度测定方法标准

序号	污染物项目	方法标准名称	方法标准编号
1	pH	水质 pH 值的测定 玻璃电极法	GB 6920—86
2	悬浮物	水质 悬浮物的测定 重量法	GB 11901—89
3	化学需氧量（COD_{Cr}）	水质 化学需氧量的测定 重铬酸盐法	GB 11914—89
		水质 化学需氧量的测定 快速消解分光光度法	HJ/T 399—2007
4	硫化物	水质 硫化物的测定 亚甲基蓝分光光度法	GB/T 16489—1996
		水质 硫化物的测定 碘量法	HJ/T 60—2000
		水质 硫化物的测定 气相分子吸收光谱法	HJ/T 200—2005
5	氨氮	水质 氨氮的测定 纳氏试剂分光光度法	HJ 535—2009
		水质 氨氮的测定 水杨酸分光光度法	HJ 536—2009
		水质 氨氮的测定 蒸馏-中和滴定法	HJ 537—2009
		水质 氨氮的测定 气相分子吸收光谱法	HJ/T 195—2005
6	总氮	水质 总氮的测定 碱性过硫酸钾消解紫外分光光度法	GB 11894—89
		水质 总氮的测定 气相分子吸收光谱法	HJ/T 199—2005
7	总磷	水质 总磷的测定 钼酸铵分光光度法	GB 11893—89
8	氯化物	水质 氯化物的测定 硝酸银滴定法	GB 11896—89
		水质 氯化物的测定 硝酸汞滴定法	HJ/T 343—2007
9	石油类	水质 石油类和动植物油的测定 红外光度法	GB/T 16488—1996
10	总镉	水质 镉的测定 双硫腙分光光度法	GB 7471—87
		水质 铜、锌、铅、镉的测定 原子吸收分光光度法	GB 7475—87
11	总铬	水质 总铬的测定	GB 7466—87
12	六价铬	水质 六价铬的测定 二苯碳酰二肼分光光度法	GB 7467—87
13	总钒	水质 钒的测定 石墨炉原子吸收分光光度法	GB/T 14673—1995
		水质 钒的测定 钽试剂（BPHA）萃取分光光度法	GB/T 15503—1995
14	总铅	水质 铜、锌、铅、镉的测定 原子吸收分光光度法	GB 7475—87
		水质 铅的测定 双硫腙分光光度法	GB 7470—87
15	总锌	水质 铜、锌、铅、镉的测定 原子吸收分光光度法	GB 7475—87
		水质 锌的测定 双硫腙分光光度法	GB 7472—87
16	总铜	水质 铜、锌、铅、镉的测定 原子吸收分光光度法	GB 7475—87
		水质 铜的测定 二乙基二硫代氨基甲酸钠分光光度法	HJ 485—2009
		水质 铜的测定 2,9-二甲基-1,10-菲啰啉分光光度法	HJ 486—2009
17	总砷	水质 总砷的测定 二乙基二硫代氨基钾酸银分光光度法	GB 7485—87
18	总汞	水质 总汞的测定 冷原子吸收分光光度法	HJ 597—2011
		水质 总汞的测定 高锰酸钾-过硫酸钾消解法 双硫腙分光光度	GB 7469—87

5.3 大气污染物监测要求

5.3.1 采样点的设置与采样方法按 GB/T 16157—1996 执行。

5.3.2 在有敏感建筑物方位、必要的情况下进行监控，具体要求按 HJ/T 55—2000 进行监测。

5.3.3 对企业排放大气污染物浓度的测定采用表 8 所列的方法标准。

表 8　大气污染物浓度测定方法标准

序号	污染物项目	方法标准名称	方法标准编号
1	二氧化硫	固定污染源排气中二氧化硫的测定　碘量法	HJ/T 56—2000
		固定污染源排气中二氧化硫的测定　定电位电解法	HJ/T 57—2000
		环境空气　二氧化硫的测定　甲醛吸收-副玫瑰苯胺分光光度法	HJ 482—2009
		环境空气　二氧化硫的测定　四氯汞盐吸收-副玫瑰苯胺分光光度法	HJ 483—2009
2	颗粒物	固定污染源排气中颗粒物测定与气态污染物采样方法	GB/T 16157—1996
		环境空气　总悬浮颗粒物的测定　重量法	GB/T 15432—1995
3	氯化氢	固定污染源排气中氯化氢的测定　硫氰酸汞分光光度法	HJ/T 27—1999
		固定污染源废气　氯化氢的测定　硝酸银容量法（暂行）	HJ 548—2009
		空气和废气　氯化氢的测定　离子色谱法（暂行）	HJ 549—2009
4	硫酸雾	固定污染源废气　硫酸雾的测定　离子色谱法（暂行）	HJ 544—2009
5	氯气	固定污染源排气中氯气的测定　甲基橙分光光度法	HJ/T 30—1999
		固定污染源废气　氯气的测定　碘量法（暂行）	HJ 547—2009
6	铅及其化合物	环境空气　铅的测定　火焰原子吸收分光光度法	GB/T 15264—94
		固定污染源废气　铅的测定　火焰原子吸收分光光度法（暂行）	HJ 538—2009
		环境空气　铅的测定　石墨炉原子吸收分光光度法（暂行）	HJ 539—2009

6 标准实施与监督

6.1 本标准由县级以上人民政府环境保护行政主管部门负责监督实施。

6.2 在任何情况下，企业均应遵守本标准的污染物排放控制要求，采取必要措施保证污染防治设施正常运行。各级环保部门在对设施进行监督性检查时，可以现场即时采样或监测的结果，作为判定排污行为是否符合排放标准以及实施相关环境保护管理措施的依据。在发现设施耗水或排水量、排气量有异常变化的情况下，应核定企业的实际产品产量、排水量和排气量，按本标准的规定，换算水污染物基准排水量排放浓度和大气污染物基准气量排放浓度。

中华人民共和国国家标准

镁、钛工业污染物排放标准

Emission standard of pollutants for magnesium and titanium industry

GB 25468—2010

前　言

为贯彻《中华人民共和国环境保护法》、《中华人民共和国水污染防治法》、《中华人民共和国大气污染防治法》、《中华人民共和国海洋环境保护法》、《国务院关于落实科学发展观　加强环境保护的决定》等法律、法规和《国务院关于编制全国主体功能区规划的意见》，保护环境，防治污染，促进镁、钛工业生产工艺和污染治理技术的进步，制定本标准。

本标准规定了镁、钛工业企业生产过程中水污染物和大气污染物排放限值、监测和监控要求，适用于镁、钛工业企业水污染和大气污染防治和管理。为促进区域经济与环境协调发展，推动经济结构的调整和经济增长方式的转变，引导镁、钛工业生产工艺和污染治理技术的发展方向，本标准规定了水污染物特别排放限值。

本标准中的污染物排放浓度均为质量浓度。

镁、钛工业企业排放恶臭污染物、环境噪声适用相应的国家污染物排放标准，产生固体废物的鉴别、处理和处置适用国家固体废物污染控制标准。

本标准为首次发布。

自本标准实施之日起，镁、钛工业企业水和大气污染物排放执行本标准，不再执行《污水综合排放标准》（GB 8978—1996）、《大气污染物综合排放标准》（GB 16297—1996）和《工业炉窑大气污染物排放标准》（GB 9078—1996）中的相关规定。

地方省级人民政府对本标准未作规定的污染物项目，可以制定地方污染物排放标准；对本标准已作规定的污染物项目，可以制定严于本标准的地方污染物排放标准。

本标准由环境保护部科技标准司组织制订。

本标准主要起草单位：贵阳铝镁设计研究院、环境保护部环境标准研究所、中国瑞林工程技术有限公司（原南昌有色冶金设计研究院）。

本标准环境保护部 2010 年 9 月 10 日批准。

本标准自 2010 年 10 月 1 日起实施。

本标准由环境保护部解释。

1 适用范围

本标准规定了镁、钛工业企业水污染物和大气污染物排放限值、监测和监控要求，以及标准的实施与监督等相关规定。

本标准适用于镁、钛工业企业的水污染物和大气污染物排放管理，以及镁、钛工业企业建设项目的环境影响评价、环境保护设施设计、竣工环境保护验收及其投产后的水污染物和大气污染物排放管理。

本标准不适用于镁、钛再生及压延加工等工业，也不适用于附属于镁、钛企业的非特征生产工艺和装置。

本标准适用于法律允许的污染物排放行为；新设立污染源的选址和特殊保护区域内现有污染源的管理，按照《中华人民共和国大气污染防治法》、《中华人民共和国水污染防治法》、《中华人民共和国海洋环境保护法》、《中华人民共和国固体废物污染环境防治法》、《中华人民共和国环境影响评价法》等法律、法规、规章的相关规定执行。

本标准规定的水污染物排放控制要求适用于企业直接或间接向其法定边界外排放水污染物的行为。

2 规范性引用文件

本标准内容引用了下列文件或其中的条款。

GB/T 6920—1986　水质　pH 值的测定　玻璃电极法

GB/T 7466—1987　水质　总铬的测定

GB/T 7467—1987　水质　六价铬的测定　二苯碳酰二肼分光光度法

GB/T 7475—1987　水质　铜、锌、铅、镉的测定　原子吸收分光光度法

GB/T 11893—1989　水质　总磷的测定　钼酸铵分光光度法

GB/T 11894—1989　水质　总氮的测定　碱性过硫酸钾消解紫外分光光度法

GB/T 11901—1989　水质　悬浮物的测定　重量法

GB/T 11914—1989　水质　化学需氧量的测定　重铬酸盐法

GB/T 15432—1995　环境空气　总悬浮颗粒物的测定　重量法

GB/T 16157—1996　固定污染源排气中颗粒物测定与气态污染物采样方法

GB/T 16488—1996　水质　石油类和动植物油的测定　红外光度法

HJ/T 27—1999　固定污染源排气中氯化氢的测定　硫氰酸汞分光光度法

HJ/T 30—1999　固定污染源排气中氯气的测定　甲基橙分光光度法

HJ/T 55—2000　大气污染物无组织排放监测技术导则

HJ/T 56—2000　固定污染源排气中二氧化硫的测定　碘量法

HJ/T 57—2000　固定污染源排气中二氧化硫的测定　定电位电解法

HJ/T 195—2005　水质　氨氮的测定　气相分子吸收光谱法

HJ/T 199—2005　水质　总氮的测定　气相分子吸收光谱法

HJ/T 399—2007　水质　化学需氧量的测定　快速消解分光光度法

HJ 482—2009　环境空气　二氧化硫的测定　甲醛吸收-副玫瑰苯胺分光光度法

HJ 483—2009　环境空气　二氧化硫的测定　四氯汞盐吸收-副玫瑰苯胺分光光度法

HJ 535—2009　水质　氨氮的测定　纳氏试剂分光光度法

HJ 536—2009　水质　氨氮的测定　水杨酸分光光度法

HJ 537—2009　水质　氨氮的测定　蒸馏-中和滴定法

HJ 547—2009　固定污染源废气　氯气的测定　碘量法（暂行）

HJ 548—2009　固定污染源废气　氯化氢的测定　硝酸银容量法（暂行）

HJ 549—2009　空气和废气　氯化氢的测定　离子色谱法（暂行）

《污染源自动监控管理办法》（国家环境保护总局令　第 28 号）

《环境监测管理办法》（国家环境保护总局令　第 39 号）

3 术语和定义

下列术语和定义适用于本标准。

3.1 镁、钛工业企业 magnesium and titanium industry

镁工业企业是指以白云石为原料生产金属镁的硅热法镁冶炼企业及其白云石矿山；钛工业企业是指以钛精矿或高钛渣或四氯化钛为原料生产海绵钛的企业及其矿山，包括以高钛渣、四氯化钛、海绵钛等为最终产品的生产企业。

3.2 特征生产工艺和装置 typical processing and facility

指镁、钛金属的采矿、选矿、冶炼的生产工艺及与这些工艺相关的装置。

3.3 现有企业 existing facility

指在本标准实施之日前已建成投产或环境影响评价文件通过审批的镁、钛工业企业或生产设施。

3.4 新建企业 new facility

指本标准实施之日起环境影响评价文件通过审批的新建、改建和扩建的镁、钛生产设施建设项目。

3.5 排水量 effluent volume

指生产设施或企业向企业法定边界以外排放的废水的量，包括与生产有直接或间接关系的各种外排废水（如厂区生活污水、冷却废水、厂区锅炉和电站排水等）。

3.6 单位产品基准排水量 benchmark effluent volume per unit product

指用于核定水污染物排放浓度而规定的生产单位镁、钛产品的废水排放量上限值。

3.7 排气筒高度 stack height

指自排气筒（或其主体建筑构造）所在的地平面至排气筒出口计的高度。

3.8 标准状态 standard condition

指温度为 273.15 K、压力为 101325 Pa 时的状态。本标准规定的大气污染物排放浓度限值均以标准状态下的干气体为基准。

3.9 过量空气系数 excess air coefficient

指工业炉窑运行时实际空气量与理论空气需要量的比值。

3.10 企业边界 enterprise boundary

指镁、钛工业企业的法定边界。若无法定边界，则指实际边界。

3.11 公共污水处理系统 public wastewater treatment system

指通过纳污管道等方式收集废水，为两家以上排污单位提供废水处理服务并且排水能够达到相关排放标准要求的企业或机构，包括各种规模和类型的城镇污水处理厂、区域（包括各类工业园区、开发区、工业聚集地等）废水处理厂等，其废水处理程度应达到二级或二级以上。

3.12 直接排放 direct discharge

指排污单位直接向环境排放水污染物的行为。

3.13 间接排放 indirect discharge

指排污单位向公共污水处理系统排放水污染物的行为。

4 污染物排放控制要求

4.1 水污染物排放控制要求

4.1.1 自 2011 年 1 月 1 日起至 2011 年 12 月 31 日止，现有企业执行表 1 规定的水污染物排放限值。

表 1 现有企业水污染物排放浓度限值及单位产品基准排水量

单位：mg/L（pH 值除外）

序号	污染物项目	限值		污染物排放监控位置
		直接排放	间接排放	
1	pH 值	6～9	6～9	企业废水总排放口
2	悬浮物	70	70	
3	化学需氧量（COD_{Cr}）	100	180	
4	石油类	8	15	
5	总氮	20	40	
6	总磷	1.5	3.0	
7	氨氮	15	25	
8	总铜	0.5	1.0	
9	总铬	1.5		车间或生产设施废水排放口
10	六价铬	0.5		
单位产品基准排水量	镁冶炼企业/（m^3/t）	1.5		排水量计量位置与污染物排放监控位置一致
	以钛精矿为原料生产海绵钛/（m^3/t）	80		
	以精 $TiCl_4$ 为原料生产海绵钛/（m^3/t）	10		
	以高钛渣为原料生产四氯化钛/（m^3/t）	17		
	以钛精矿为原料生产高钛渣/（m^3/t）	0.5		

4.1.2 自 2012 年 1 月 1 日起，现有企业执行表 2 规定的水污染物排放限值。

4.1.3 自 2010 年 10 月 1 日起，新建企业执行表 2 规定的水污染物排放限值。

表 2 新建企业水污染物排放浓度限值及单位产品基准排水量

单位：mg/L（pH 值除外）

序号	污染物项目	限值		污染物排放监控位置
		直接排放	间接排放	
1	pH 值	6～9	6～9	企业废水总排放口
2	悬浮物	30	70	
3	化学需氧量（COD_{Cr}）	60	180	
4	石油类	3	15	
5	总氮	15	40	
6	总磷	1.0	3.0	
7	氨氮	8	25	
8	总铜	0.5	1.0	
9	总铬	1.5		车间或生产设施废水排放口
10	六价铬	0.5		
单位产品基准排水量	镁冶炼企业/（m^3/t）	1.0		排水量计量位置与污染物排放监控位置一致
	以钛精矿为原料生产海绵钛/（m^3/t）	55		
	以精 $TiCl_4$ 为原料生产海绵钛/（m^3/t）	8		
	以高钛渣为原料生产四氯化钛/（m^3/t）	12		
	以钛精矿为原料生产高钛渣/（m^3/t）	0.2		

4.1.4 根据环境保护工作的要求，在国土开发密度已经较高、环境承载能力开始减弱，或环境容量较小、生态环境脆弱，容易发生严重环境污染等问题而需要采取特别保护措施的地区，应严格控制企业的污染物排放行为，在上述地区的企业执行表 3 规定的水污染物特别排放限值。

表 3　水污染物特别排放限值

单位：mg/L（pH 值除外）

序号	污染物项目	限　值		污染物排放监控位置
		直接排放	间接排放	
1	pH 值	6.5～8.5	6～9	企业废水总排放口
2	悬浮物	10	30	
3	化学需氧量（COD_{Cr}）	50	60	
4	石油类	1.0	3.0	
5	总氮	15	15	
6	总磷	0.5	1.0	
7	氨氮	5.0	8.0	
8	总铜	0.2	0.5	
9	总铬	1.0		车间或生产设施废水排放口
10	六价铬	0.2		
单位产品基准排水量	镁冶炼企业/（m^3/t）	0.5		排水量计量位置与污染物排放监控位置一致
	以钛精矿为原料生产海绵钛/（m^3/t）	35		
	以精 $TiCl_4$ 为原料生产海绵钛/（m^3/t）	6		
	以高钛渣为原料生产四氯化钛/（m^3/t）	8		
	以钛精矿为原料生产高钛渣/（m^3/t）	0.1		

执行水污染物特别排放限值的地域范围、时间，由国务院环境保护行政主管部门或省级人民政府规定。

4.1.5 水污染物排放浓度限值适用于单位产品实际排水量不高于单位产品基准排水量的情况。若单位产品实际排水量超过单位产品基准排水量，须按式（1）将实测水污染物浓度换算为水污染物基准排水量排放浓度，并以水污染物基准排水量排放浓度作为判定排放是否达标的依据。产品产量和排水量统计周期为一个工作日。

在企业的生产设施同时生产两种以上产品、可适用不同排放控制要求或不同行业国家污染物排放标准，且生产设施产生的污水混合处理排放的情况下，应执行排放标准中规定的最严格的浓度限值，并按式（1）换算水污染物基准水量排放浓度。

$$\rho_{基}=\frac{Q_{总}}{\sum Y_i \cdot Q_{i基}}\cdot \rho_{实} \tag{1}$$

式中：$\rho_{基}$——水污染物基准水量排放浓度，mg/L；

$Q_{总}$——排水总量，m^3；

Y_i——第 i 种产品产量，t；

$Q_{i基}$——第 i 种产品的单位产品基准排水量，m^3/t；

$\rho_{实}$——实测水污染物排放浓度，mg/L。

若$Q_{总}$与$\sum Y_i \cdot Q_{i基}$的比值小于 1，则以水污染物实测浓度作为判定排放是否达标的依据。

4.2 大气污染物排放控制要求

4.2.1 自 2011 年 1 月 1 日起至 2011 年 12 月 31 日止，现有企业执行表 4 规定的大气污染物排放限值。

表 4　现有企业大气污染物排放浓度限值

单位：mg/m^3

生产系统及设备		限值				污染物排放监控位置
		颗粒物	二氧化硫	氯气	氯化氢	
矿山	破碎、筛分、转运等	100	—	—	—	车间或生产设施排气筒
镁冶炼	原料制备	100	—	—	—	
	煅烧炉	200	800	—	—	
	还原炉	100	800	—	—	
	精炼	100	800	—	—	
	其他	100	800	—	—	
钛冶炼	原料制备	100	—	—	—	
	高钛渣电炉	120	300	—	—	
	氯化系统	—	—	70	120	
	精制系统	—	—	70	120	
	镁电解槽	—	—	70	120	
	镁精炼	100	800	—	—	
	其他	100	800	70	120	

4.2.2 自 2012 年 1 月 1 日起，现有企业执行表 5 规定的大气污染物排放限值。

4.2.3 自 2010 年 10 月 1 日起，新建企业执行表 5 规定的大气污染物排放限值。

表 5　新建企业大气污染物排放浓度限值

单位：mg/m^3

生产系统及设备		限值				污染物排放监控位置
		颗粒物	二氧化硫	氯气	氯化氢	
矿山	破碎、筛分、转运等	50	—	—	—	车间或生产设施排气筒
镁冶炼	原料制备	50	—	—	—	
	煅烧炉	150	400	—	—	
	还原炉	50	400	—	—	
	精炼	50	400	—	—	
	其他	50	400	—	—	
钛冶炼	原料制备	50	—	—	—	
	高钛渣电炉	70	400	—	—	
	氯化系统	—	—	60	80	
	精制系统	—	—	60	80	
	镁电解槽	—	—	60	80	
	镁精炼	50	400	—	—	
	其他	50	400	60	80	

4.2.4 企业边界大气污染物任何 1h 平均浓度执行表 6 规定的限值。

表 6 现有和新建企业边界大气污染物浓度限值

单位：mg/m^3

序号	污染物	限值
1	二氧化硫	0.5
2	颗粒物	1.0
3	氯气	0.02
4	氯化氢	0.15

4.2.5 在现有企业生产、建设项目竣工环保验收后的生产过程中，负责监管的环境保护主管部门应对周围居住、教学、医疗等用途的敏感区域环境质量进行监测。建设项目的具体监控范围为环境影响评价确定的周围敏感区域；未进行过环境影响评价的现有企业，监控范围由负责监管的环境保护主管部门，根据企业排污的特点和规律及当地的自然、气象条件等因素，参照相关环境影响评价技术导则确定。地方政府应对本辖区环境质量负责，采取措施确保环境状况符合环境质量标准要求。

4.2.6 产生大气污染物的生产工艺和装置必须设立局部或整体气体收集系统和集中净化处理装置，并通过符合要求的排气筒排放。所有排气筒高度应不低于 15m（排放氯气的排气筒高度不得低于 25m）。排气筒周围半径 200m 范围内有建筑物时，排气筒高度还应高出最高建筑物 3m 以上。

4.2.7 炉窑基准过量空气系数为 1.7，实测炉窑的大气污染物排放浓度，应换算为基准过量空气系数排放浓度。生产设施应采取合理的通风措施，不得故意稀释排放。在国家未规定其他生产设施单位产品基准排气量之前，暂以实测浓度作为判定是否达标的依据。

5 污染物监测要求

5.1 污染物监测的一般要求

5.1.1 对企业排放废水和废气的采样，应根据监测污染物的种类，在规定的污染物排放监控位置进行，有废水和废气处理设施的，应在处理设施后监控。在污染物排放监控位置须设置永久性排污口标志。

5.1.2 新建企业和现有企业安装污染物排放自动监控设备的要求，按有关法律和《污染源自动监控管理办法》的规定执行。

5.1.3 对企业污染物排放情况进行监测的频次、采样时间等要求，按国家有关污染源监测技术规范的规定执行。

5.1.4 企业产品产量的核定，以法定报表为依据。

5.1.5 企业须按照有关法律和《环境监测管理办法》的规定，对排污状况进行监测，并保存原始监测记录。

5.2 水污染物监测要求

对企业排放水污染物浓度的测定采用表 7 所列的方法标准。

5.3 大气污染物监测要求

5.3.1 采样点的设置与采样方法按 GB/T 16157—1996 执行。

5.3.2 在有敏感建筑物方位、必要的情况下进行监控，具体要求按 HJ/T 55—2000 进行监测。

5.3.3 对企业排放大气污染物浓度的测定采用表 8 所列的方法标准。

表 7　水污染物浓度测定方法标准

序号	污染物项目	方法标准名称	方法标准编号
1	pH 值	水质　pH 值的测定　玻璃电极法	GB/T 6920—1986
2	悬浮物	水质　悬浮物的测定　重量法	GB/T 11901—1989
3	化学需氧量	水质　化学需氧量的测定　重铬酸盐法	GB/T 11914—1989
		水质　化学需氧量的测定　快速消解分光光度法	HJ/T 399—2007
4	石油类	水质　石油类和动植物油的测定　红外光度法	GB/T 16488—1996
5	总氮	水质　总氮的测定　碱性过硫酸钾消解紫外分光光度法	GB/T 11894—1989
		水质　总氮的测定　气相分子吸收光谱法	HJ/T 199—2005
6	总磷	水质　总磷的测定　钼酸铵分光光度法	GB/T 11893—1989
7	氨氮	水质　氨氮的测定　纳氏试剂分光光度法	HJ 535—2009
		水质　氨氮的测定　水杨酸分光光度法	HJ 536—2009
		水质　氨氮的测定　蒸馏-中和滴定法	HJ 537—2009
		水质　氨氮的测定　气相分子吸收光谱法	HJ/T 195—2005
8	总铜	水质　铜、锌、铅、镉的测定　原子吸收分光光度法	GB/T 7475—1987
9	总铬	水质　总铬的测定	GB/T 7466—1987
10	六价铬	水质　六价铬的测定　二苯碳酰二肼分光光度法	GB/T 7467—1987

表 8　大气污染物浓度测定方法标准

序号	污染物项目	方法标准名称	方法标准编号
1	二氧化硫	固定污染源排气中二氧化硫的测定　碘量法	HJ/T 56—2000
		固定污染源排气中二氧化硫的测定　定电位电解法	HJ/T 57—2000
		环境空气　二氧化硫的测定　甲醛吸收-副玫瑰苯胺分光光度法	HJ 482—2009
		环境空气　二氧化硫的测定　四氯汞盐吸收-副玫瑰苯胺分光光度法	HJ 483—2009
2	颗粒物	固定污染源排气中颗粒物测定与气态污染物采样方法	GB/T 16157—1996
		环境空气　总悬浮颗粒物的测定　重量法	GB/T 15432—1995
3	氯气	固定污染源排气中氯气的测定　甲基橙分光光度法	HJ/T 30—1999
		固定污染源废气　氯气的测定　碘量法（暂行）	HJ 547—2009
4	氯化氢	固定污染源排气中氯化氢的测定　硫氰酸汞分光光度法	HJ/T 27—1999
		固定污染源废气　氯化氢的测定　硝酸银容量法（暂行）	HJ 548—2009
		空气和废气　氯化氢的测定　离子色谱法（暂行）	HJ 549—2009

6 实施与监督

6.1 本标准由县级以上人民政府环境保护行政主管部门负责监督实施。

6.2 在任何情况下，企业均应遵守本标准规定的污染物排放控制要求，采取必要措施保证污染防治设施正常运行。各级环保部门在对设施进行监督性检查时，可以现场即时采样或监测的结果，作为判定排污行为是否符合排放标准以及实施相关环境保护管理措施的依据。在发现设施耗水或排水量有异常变化的情况下，应核定企业的实际产品产量、排水量，按本标准的规定，换算水污染物基准排水量排放浓度。

中华人民共和国国家标准

铜、镍、钴工业污染物排放标准

Emission standard of pollutants for copper，nickel，cobalt industry

GB 25467—2010

前　言

为贯彻《中华人民共和国环境保护法》、《中华人民共和国水污染防治法》、《中华人民共和国大气污染防治法》、《中华人民共和国海洋环境保护法》、《国务院关于落实科学发展观　加强环境保护的决定》等法律、法规和《国务院关于编制全国主体功能区规划的意见》，保护环境，防治污染，促进铜、镍、钴工业生产工艺和污染治理技术的进步，制定本标准。

本标准规定了铜、镍、钴工业企业生产过程中水污染物和大气污染物排放限值、监测和监控要求，适用于铜、镍、钴工业企业水污染和大气污染防治和管理。为促进区域经济与环境协调发展，推动经济结构的调整和经济增长方式的转变，引导铜、镍、钴工业生产工艺和污染治理技术的发展方向，本标准规定了水污染物特别排放限值。

本标准中的污染物排放浓度均为质量浓度。

铜、镍、钴工业企业排放恶臭污染物、环境噪声适用相应的国家污染物排放标准，产生固体废物的鉴别、处理和处置适用国家固体废物污染控制标准。

本标准为首次发布。

自本标准实施之日起，铜、镍、钴工业企业水和大气污染物排放执行本标准，不再执行《污水综合排放标准》（GB 8978—1996）、《大气污染物综合排放标准》（GB 16297—1996）和《工业炉窑大气污染物排放标准》（GB 9078—1996）中的相关规定。

地方省级人民政府对本标准未作规定的污染物项目，可以制定地方污染物排放标准；对本标准已作规定的污染物项目，可以制定严于本标准的地方污染物排放标准。

本标准由环境保护部科技标准司组织制订。

本标准主要起草单位：中国瑞林工程技术有限公司（原南昌有色冶金设计研究院）、环境保护部环境标准研究所。

本标准由环境保护部 2010 年 9 月 10 日批准。

本标准自 2010 年 10 月 1 日起实施。

本标准由环境保护部解释。

1 适用范围

本标准规定了铜、镍、钴工业企业水污染物和大气污染物排放限值、监测和监控要求，以及标准的实施与监督等相关规定。

本标准适用于铜、镍、钴工业企业的水污染物和大气污染物排放管理，以及铜、镍、钴工业企业建设项目的环境影响评价、环境保护设施设计、竣工环境保护验收及其投产后的水污染物和大气污染物排放管理。

本标准不适用于铜、镍、钴再生及压延加工等工业；也不适用于附属于铜、镍、钴工业的非特征生产工艺和装置。

本标准适用于法律允许的污染物排放行为；新设立污染源的选址和特殊保护区域内现有污染源的管理，按照《中华人民共和国大气污染防治法》、《中华人民共和国水污染防治法》、《中华人民共和国海洋环境保护法》、《中华人民共和国固体废物污染环境防治法》、《中华人民共和国放射性污染防治法》、《中华人民共和国环境影响评价法》等法律、法规、规章的相关规定执行。

本标准规定的水污染物排放控制要求适用于企业直接或间接向其法定边界外排放水污染物的行为。

2 规范性引用文件

本标准内容引用了下列文件或其中的条款。

GB/T 6920—1986　水质　pH 值的测定　玻璃电极法

GB/T 7468—1987　水质　总汞的测定　冷原子吸收分光光度法

GB/T 7475—1987　水质　铜、锌、铅、镉的测定　原子吸收分光光度法

GB/T 7484—1987　水质　氟化物的测定　离子选择电极法

GB/T 7485—1987　水质　总砷的测定　二乙基二硫代氨基甲酸银分光光度法

GB/T 11893—1989　水质　总磷的测定　钼酸铵分光光度法

GB/T 11894—1989　水质　总氮的测定　碱性过硫酸钾消解紫外分光光度法

GB/T 11901—1989　水质　悬浮物的测定　重量法

GB/T 11912—1989　水质　镍的测定　火焰原子吸收分光光度法

GB/T 11914—1989　水质　化学需氧量的测定　重铬酸盐法

GB/T 15432—1995　环境空气　总悬浮颗粒物的测定　重量法

GB/T 16157—1996　固定污染源排气中颗粒物测定与气态污染物采样方法

GB/T 16488—1996　水质　石油类和动植物油的测定　红外光度法

GB/T 16489—1996　水质　硫化物的测定　亚甲基蓝分光光度法

HJ/T 27—1999　固定污染源排气中氯化氢的测定　硫氰酸汞分光光度法

HJ/T 30—1999　固定污染源排气中氯气的测定　甲基橙分光光度法

HJ/T 55—2000　大气污染物无组织排放监测技术导则

HJ/T 56—2000　固定污染源排气中二氧化硫的测定　碘量法

HJ/T 57—2000　固定污染源排气中二氧化硫的测定　定电位电解法

HJ/T 60—2000　水质　硫化物的测定　碘量法

HJ/T 63.1—2001　大气固定污染源　镍的测定　火焰原子吸收分光光度法

HJ/T 63.2—2001　大气固定污染源　镍的测定　石墨炉原子吸收分光光度法

HJ/T 67—2001　大气固定污染源　氟化物的测定　离子选择电极法

HJ/T 195—2005　水质　氨氮的测定　气相分子吸收光谱法

HJ/T 199—2005　水质　总氮的测定　气相分子吸收光谱法

HJ/T 399—2007　水质　化学需氧量的测定　快速消解分光光度法

HJ 480—2009　环境空气　氟化物的测定　滤膜采样氟离子选择电极法

HJ 481—2009　环境空气　氟化物的测定　石灰滤纸采样氟离子选择电极法

HJ 482—2009　环境空气　二氧化硫的测定　甲醛吸收-副玫瑰苯胺分光光度法

HJ 483—2009 环境空气 二氧化硫的测定 四氯汞盐吸收-副玫瑰苯胺分光光度法
HJ 487—2009 水质 氟化物的测定 茜素磺酸锆目视比色法
HJ 488—2009 水质 氟化物的测定 氟试剂分光光度法
HJ 535—2009 水质 氨氮的测定 纳氏试剂分光光度法
HJ 536—2009 水质 氨氮的测定 水杨酸分光光度法
HJ 537—2009 水质 氨氮的测定 蒸馏-中和滴定法
HJ 538—2009 固定污染源废气 铅的测定 火焰原子吸收分光光度法（暂行）
HJ 539—2009 环境空气 铅的测定 石墨炉原子吸收分光光度法（暂行）
HJ 540—2009 空气和废气 砷的测定 二乙基二硫代氨基甲酸银分光光度法（暂行）
HJ 542—2009 环境空气 汞的测定 巯基棉富集-冷原子荧光分光光度法（暂行）
HJ 543—2009 固定污染源废气 汞的测定 冷原子吸收分光光度法（暂行）
HJ 544—2009 固定污染源废气 硫酸雾的测定 离子色谱法（暂行）
HJ 547—2009 固定污染源废气 氯气的测定 碘量法（暂行）
HJ 548—2009 固定污染源废气 氯化氢的测定 硝酸银容量法（暂行）
HJ 549—2009 空气和废气 氯化氢的测定 离子色谱法（暂行）
HJ 550—2009 水质 总钴的测定 5-氯-2-（吡啶偶氮）-1,3-二氨基苯分光光度法（暂行）
《污染源自动监控管理办法》（国家环境保护总局令 第 28 号）
《环境监测管理办法》（国家环境保护总局令 第 39 号）

3 术语和定义

下列术语和定义适用于本标准。

3.1 铜、镍、钴工业 copper，nickel and cobalt industry

指生产铜、镍、钴金属的采矿、选矿、冶炼工业企业，不包括以废旧铜、镍、钴物料为原料的再生冶炼工业。

3.2 特征生产工艺和装置 typical processing and facility

指铜、镍、钴金属的采矿、选矿、冶炼的生产工艺及与这些工艺相关的装置。

3.3 现有企业 existing facility

指在本标准实施之日前已建成投产或环境影响评价文件已通过审批的铜、镍、钴工业企业或生产设施。

3.4 新建企业 new facility

指本标准实施之日起环境影响评价文件通过审批的新建、改建和扩建的铜、镍、钴生产设施建设项目。

3.5 排水量 effluent volume

指生产设施或企业向企业法定边界以外排放的废水的量，包括与生产有直接或间接关系的各种外排废水（如厂区生活污水、冷却废水、厂区锅炉和电站排水等）。

3.6 单位产品基准排水量 benchmark effluent volume per unit product

指用于核定水污染物排放浓度而规定的生产单位铜、镍、钴产品的废水排放量上限值。

3.7 排气筒高度 stack height

指自排气筒（或其主体建筑构造）所在的地平面至排气筒出口计的高度。

3.8 标准状态 standard condition

指温度为 273.15K、压力为 101325Pa 时的状态。本标准规定的大气污染物排放浓度限值均以标准状态下的干气体为基准。

3.9 过量空气系数 excess air coefficient

指工业炉窑运行时实际空气量与理论空气需要量的比值。

3.10 排气量 exhaust volume

指铜、镍、钴工业生产工艺和装置排入环境空气的废气量，包括与生产工艺和装置有直接或间接关系的各种外排废气（如环境集烟等）。

3.11 单位产品基准排气量 benchmark exhaust volume per unit product

指用于核定大气污染物排放浓度而规定的生产单位铜、镍、钴产品的排气量上限值。

3.12 企业边界 enterprise boundary

指铜、镍、钴工业企业的法定边界。若无法定边界，则指实际边界。

3.13 公共污水处理系统 public wastewater treatment system

指通过纳污管道等方式收集废水，为两家以上排污单位提供废水处理服务并且排水能够达到相关排放标准要求的企业或机构，包括各种规模和类型的城镇污水处理厂、区域（包括各类工业园区、开发区、工业聚集地等）废水处理厂等，其废水处理程度应达到二级或二级以上。

3.14 直接排放 direct discharge

指排污单位直接向环境排放水污染物的行为。

3.15 间接排放 indirect discharge

指排污单位向公共污水处理系统排放水污染物的行为。

4 污染物排放控制要求

4.1 水污染物排放控制要求

4.1.1 自 2011 年 1 月 1 日起至 2011 年 12 月 31 日止，现有企业执行表 1 规定的水污染物排放限值。

表 1　现有企业水污染物排放浓度限值及单位产品基准排水量

单位：mg/L（pH 值除外）

序号	污染物项目	限值		污染物排放监控位置
		直接排放	间接排放	
1	pH 值	6～9	6～9	企业废水总排放口
2	悬浮物	100（采选）	200（采选）	
		70（其他）	140（其他）	
3	化学需氧量（COD_{Cr}）	120（湿法冶炼）	300（湿法冶炼）	
		100（其他）	200（其他）	
4	氟化物（以 F 计）	8	15	
5	总氮	20	40	
6	总磷	1.5	2.0	
7	氨氮	15	20	
8	总锌	2.0	4.0	
9	石油类	8	15	
10	总铜	1.0（矿山及湿法冶炼）	2.0（矿山及湿法冶炼）	
		0.5（其他）	1.0（其他）	
11	硫化物	1.0	1.0	

序号	污染物项目	限值		污染物排放监控位置
		直接排放	间接排放	
12	总铅	1.0		车间或生产设施废水排放口
13	总镉	0.1		
14	总镍	1.0		
15	总砷	0.5		
16	总汞	0.05		
17	总钴	1.0		
单位产品基准排水量	选矿（原矿）/（m^3/t）	1.65		排水量计量位置与污染物排放监控位置一致
	铜冶炼/（m^3/t）	25		
	镍冶炼/（m^3/t）	35		
	钴冶炼/（m^3/t）	70		

4.1.2 自2012年1月1日起，现有企业执行表2规定的水污染物排放限值。

4.1.3 自2010年10月1日起，新建企业执行表2规定的水污染物排放限值。

表2 新建企业水污染物排放浓度限值及单位产品基准排水量

单位：mg/L（pH值除外）

序号	污染物项目	限值		污染物排放监控位置
		直接排放	间接排放	
1	pH值	6～9	6～9	企业废水总排放口
2	悬浮物	80（采选）	200（采选）	
		30（其他）	140（其他）	
3	化学需氧量（COD_{Cr}）	100（湿法冶炼）	300（湿法冶炼）	
		60（其他）	200（其他）	
4	氟化物（以F计）	5	15	
5	总氮	15	40	
6	总磷	1.0	2.0	
7	氨氮	8	20	
8	总锌	1.5	4.0	
9	石油类	3.0	15	
10	总铜	0.5	1.0	
11	硫化物	1.0	1.0	
12	总铅	0.5		车间或生产设施废水排放口
13	总镉	0.1		
14	总镍	0.5		
15	总砷	0.5		
16	总汞	0.05		
17	总钴	1.0		
单位产品基准排水量	选矿（原矿）/（m^3/t）	1.0		排水量计量位置与污染物排放监控位置一致
	铜冶炼/（m^3/t）	10		
	镍冶炼/（m^3/t）	15		
	钴冶炼/（m^3/t）	30		

4.1.4 根据环境保护工作的要求，在国土开发密度已经较高、环境承载能力开始减弱，或环境容量较小、生态环境脆弱，容易发生严重环境污染等问题而需要采取特别保护措施的地区，应严格控制企业的污染物排放行为，在上述地区的企业执行表 3 规定的水污染物特别排放限值。

执行水污染物特别排放限值的地域范围、时间，由国务院环境保护行政主管部门或省级人民政府规定。

表 3　水污染物特别排放限值

单位：mg/L（pH 值除外）

序号	污染物项目	限值		污染物排放监控位置
		直接排放	间接排放	
1	pH 值	6～9	6～9	企业废水总排放口
2	悬浮物	30（采选）	80（采选）	
		10（其他）	30（其他）	
3	化学需氧量（COD_{Cr}）	50	60	
4	氟化物（以 F 计）	2	5	
5	总氮	10	15	
6	总磷	0.5	1.0	
7	氨氮	5	8	
8	总锌	1.0	1.5	
9	石油类	1.0	3.0	
10	总铜	0.2	0.5	
11	硫化物	0.5	1.0	
12	总铅	0.2		车间或生产设施废水排放口
13	总镉	0.02		
14	总镍	0.5		
15	总砷	0.1		
16	总汞	0.01		
17	总钴	1.0		
单位产品基准排水量	选矿（原矿）/（m^3/t）	0.8		排水量计量位置与污染物排放监控位置相同
	铜冶炼/（m^3/t）	8		
	镍冶炼/（m^3/t）	12		
	钴冶炼/（m^3/t）	16		

4.1.5 水污染物排放浓度限值适用于单位产品实际排水量不高于单位产品基准排水量的情况。若单位产品实际排水量超过单位产品基准排水量，须按式（1）将实测水污染物浓度换算为水污染物基准排水量排放浓度，并以水污染物基准排水量排放浓度作为判定排放是否达标的依据。产品产量和排水量统计周期为一个工作日。

在企业的生产设施同时生产两种以上产品、可适用不同排放控制要求或不同行业国家污染物排放标准，且生产设施产生的污水混合处理排放的情况下，应执行排放标准中规定的最严格的浓度限值，并按式（1）换算水污染物基准排水量排放浓度。

$$\rho_{基}=\frac{Q_{总}}{\sum Y_i \cdot Q_{i基}}\cdot \rho_{实} \tag{1}$$

式中：$\rho_{基}$——水污染物基准排水量排放浓度，mg/L；

$Q_{总}$——排水总量，m^3；

Y_i——第 i 种产品产量，t；

$Q_{i基}$——第 i 种产品的单位产品基准排水量，m^3/t；

$\rho_{实}$——实测水污染物浓度，mg/L。

若 $Q_{总}$ 与 $\sum Y_i \cdot Q_{i基}$ 的比值小于 1，则以水污染物实测浓度作为判定排放是否达标的依据。

4.2 大气污染物排放控制要求

4.2.1 自 2011 年 1 月 1 日起至 2011 年 12 月 31 日止，现有企业执行表 4 规定的大气污染物排放限值。

表 4　现有企业大气污染物排放浓度限值　　单位：mg/m^3

序号	生产类别	工艺或工序	限值										污染物排放监控位置
			二氧化硫	颗粒物	砷及其化合物	硫酸雾	氯气	氯化氢	镍及其化合物	铅及其化合物	氟化物	汞及其化合物	
1	采选	破碎、筛分	—	150	—	—	—	—	—	—	—	—	车间或生产设施排气筒
		其他	800	100		45	70	120					
2	铜冶炼	物料干燥	800	100	0.5	45	—	—	—	0.7	9.0	0.012	
		环境集烟	960										
		其他	900										
3	镍、钴冶炼	全部	960	100	0.5	45	70	120	4.3	0.7	9.0	0.012	
4	烟气制酸	一转一吸	960	50	0.5	45	—	—	—	0.7	9.0	0.012	
		两转两吸	860										
单位产品基准排气量			铜冶炼/（m^3/t）		24000								
			镍冶炼/（m^3/t）		40000								

4.2.2 自 2012 年 1 月 1 日起，现有企业执行表 5 规定的大气污染物排放限值。

4.2.3 自 2010 年 10 月 1 日起，新建企业执行表 5 规定的大气污染物排放限值。

表 5　新建企业大气污染物排放浓度限值　　单位：mg/m^3

序号	生产类别	工艺或工序	限值										污染物排放监控位置
			二氧化硫	颗粒物	砷及其化合物	硫酸雾	氯气	氯化氢	镍及其化合物	铅及其化合物	氟化物	汞及其化合物	
1	采选	破碎、筛分	—	100	—	—	—	—	—	—	—	—	车间或生产设施排气筒
		其他	400	80		40	60	80					
2	铜冶炼	全部	400	80	0.4	40	—	—	—	0.7	3.0	0.012	
3	镍、钴冶炼	全部	400	80	0.4	40	60	80	4.3	0.7	3.0	0.012	
4	烟气制酸	全部	400	50	0.4	40	—	—	—	0.7	3.0	0.012	
单位产品基准排气量			铜冶炼/（m^3/t）		21000								
			镍冶炼/（m^3/t）		36000								

4.2.4 企业边界大气污染物任何 1h 平均浓度执行表 6 规定的限值。

表 6　现有和新建企业边界大气污染物浓度限值　单位：mg/m^3

序号	污染物	限值
1	二氧化硫	0.5
2	颗粒物	1.0
3	硫酸雾	0.3
4	氯气	0.02
5	氯化氢	0.15
6	砷及其化合物	0.01
7	镍及其化合物 1)	0.04
8	铅及其化合物	0.006
9	氟化物	0.02
10	汞及其化合物	0.0012

注：1）镍、钴冶炼企业监控。

4.2.5 在现有企业生产、建设项目竣工环保验收后的生产过程中，负责监管的环境保护主管部门应对周围居住、教学、医疗等用途的敏感区域环境质量进行监测。建设项目的具体监控范围为环境影响评价确定的周围敏感区域；未进行过环境影响评价的现有企业，监控范围由负责监管的环境保护主管部门，根据企业排污的特点和规律及当地的自然、气象条件等因素，参照相关环境影响评价技术导则确定。地方政府应对本辖区环境质量负责，采取措施确保环境状况符合环境质量标准要求。

4.2.6 产生大气污染物的生产工艺和装置必须设立局部或整体气体收集系统和集中净化处理装置，净化后的气体由排气筒排放，所有排气筒高度应不低于 15m（排放氯气的排气筒高度不得低于 25m）。排气筒周围半径 200m 范围内有建筑物时，排气筒高度还应高出最高建筑物 3m 以上。

4.2.7 炉窑基准过量空气系数为 1.7，实测炉窑的大气污染物排放浓度，应换算为基准过量空气系数排放浓度。生产设施应采取合理的通风措施，不得故意稀释排放，若单位产品实际排气量超过单位产品基准排气量，须将实测大气污染物浓度换算为大气污染物基准排气量排放浓度，并以大气污染物基准排气量排放浓度作为判定排放是否达标的依据。大气污染物基准排气量排放浓度的换算，可参照采用水污染物基准排水量排放浓度的计算公式。在国家未规定其他生产设施单位产品基准排气量之前，暂以实测浓度作为判定是否达标的依据。

5 污染物监测要求

5.1 污染物监测的一般要求

5.1.1 对企业排放废水和废气的采样，应根据监测污染物的种类，在规定的污染物排放监控位置进行，有废水和废气处理设施的，应在处理设施后监控。在污染物排放监控位置须设置永久性排污口标志。

5.1.2 新建企业和现有企业安装污染物排放自动监控设备的要求，按有关法律和《污染源自动监控管理办法》的规定执行。

5.1.3 对企业污染物排放情况进行监测的频次、采样时间等要求，按国家有关污染源监测技术规范的规定执行。

5.1.4 企业产品产量的核定，以法定报表为依据。

5.1.5 企业须按照有关法律和《环境监测管理办法》的规定，对排污状况进行监测，并保存原始监测记录。

5.2 水污染物监测要求

对企业排放水污染物浓度的测定采用表 7 所列的方法标准。

表 7 水污染物浓度测定方法标准

序号	污染物项目	方法标准名称	标准编号
1	pH 值	水质 pH 值的测定 玻璃电极法	GB/T 6920—1986
2	悬浮物	水质 悬浮物的测定 重量法	GB/T 11901—1989
3	化学需氧量	水质 化学需氧量的测定 重铬酸盐法	GB/T 11914—1989
		水质 化学需氧量的测定 快速消解分光光度法	HJ/T 399—2007
4	氟化物	水质 氟化物的测定 离子选择电极法	GB/T 7484—1987
		水质 氟化物的测定 茜素磺酸锆目视比色法	HJ 487—2009
		水质 氟化物的测定 氟试剂分光光度法	HJ 488—2009
5	总氮	水质 总氮的测定 气相分子吸收光谱法	HJ/T 199—2005
		水质 总氮的测定 碱性过硫酸钾消解紫外分光光度法	GB/T 11894—1989
6	总磷	水质 总磷的测定 钼酸铵分光光度法	GB/T 11893—1989
7	氨氮	水质 氨氮的测定 气相分子吸收光谱法	HJ/T 195—2005
		水质 氨氮的测定 纳氏试剂分光光度法	HJ 535—2009
		水质 氨氮的测定 水杨酸分光光度法	HJ 536—2009
		水质 氨氮的测定 蒸馏-中和滴定法	HJ 537—2009
8	总锌	水质 铜、锌、铅、镉的测定 原子吸收分光光度法	GB/T 7475—1987
9	石油类	水质 石油类和动植物油的测定 红外光度法	GB/T 16488—1996
10	总铜	水质 铜、锌、铅、镉的测定 原子吸收分光光度法	GB/T 7475—1987
11	硫化物	水质 硫化物的测定 碘量法	HJ/T 60—2000
		水质 硫化物的测定 亚甲基蓝分光光度法	GB/T 16489—1996
12	总铅	水质 铜、锌、铅、镉的测定 原子吸收分光光度法	GB/T 7475—1987
13	总镉	水质 铜、锌、铅、镉的测定 原子吸收分光光度法	GB/T 7475—1987
14	总镍	水质 镍的测定 火焰原子吸收分光光度法	GB/T 11912—1989
15	总砷	水质 总砷的测定 二乙基二硫代氨基甲酸银分光光度法	GB/T 7485—1987
16	总汞	水质 总汞的测定 冷原子吸收分光光度法	GB/T 7468—1987
17	总钴	水质 总钴的测定 5-氯-2-（吡啶偶氮）-1,3-二氨基苯分光光度法（暂行）	HJ 550—2009

5.3 大气污染物监测要求

5.3.1 采样点的设置与采样方法按 GB/T 16157—1996 执行。

5.3.2 在有敏感建筑物方位、必要的情况下进行监控，具体要求按 HJ/T 55—2000 进行监测。

5.3.3 对企业排放大气污染物浓度的测定采用表 8 所列的方法标准。

表 8　大气污染物浓度测定方法标准

序号	污染物项目	方法标准名称	标准编号
1	颗粒物	固定污染源排气中颗粒物测定与气态污染物采样方法	GB/T 16157—1996
		环境空气　总悬浮颗粒物的测定　重量法	GB/T 15432—1995
2	二氧化硫	固定污染源排气中二氧化硫的测定　碘量法	HJ/T 56—2000
		固定污染源排气中二氧化硫的测定　定电位电解法	HJ/T 57—2000
		环境空气　二氧化硫的测定　甲醛吸收-副玫瑰苯胺分光光度法	HJ 482—2009
		环境空气　二氧化硫的测定　四氯汞盐吸收-副玫瑰苯胺分光光度法	HJ 483—2009
3	硫酸雾	固定污染源废气　硫酸雾的测定　离子色谱法（暂行）	HJ 544—2009
4	氯气	固定污染源排气中氯气的测定　甲基橙分光光度法	HJ/T 30—1999
		固定污染源废气　氯气的测定　碘量法（暂行）	HJ 547—2009
5	氯化氢	固定污染源排气中氯化氢的测定　硫氰酸汞分光光度法	HJ/T 27—1999
		固定污染源废气　氯化氢的测定　硝酸银容量法（暂行）	HJ 548—2009
		空气和废气　氯化氢的测定　离子色谱法（暂行）	HJ 549—2009
6	镍及其化合物	大气固定污染源　镍的测定　火焰原子吸收分光光度法	HJ/T 63.1—2001
		大气固定污染源　镍的测定　石墨炉原子吸收分光光度法	HJ/T 63.2—2001
7	砷及其化合物	空气和废气　砷的测定　二乙基二硫代氨基甲酸银分光光度法（暂行）	HJ 540—2009
8	氟化物	大气固定污染源　氟化物的测定　离子选择电极法	HJ/T 67—2001
		环境空气　氟化物的测定　滤膜采样氟离子选择电极法	HJ 480—2009
		环境空气　氟化物的测定　石灰滤纸采样氟离子选择电极法	HJ 481—2009
9	汞及其化合物	环境空气　汞的测定　巯基棉富集-冷原子荧光分光光度法（暂行）	HJ 542—2009
		固定污染源废气　汞的测定　冷原子吸收分光光度法（暂行）	HJ 543—2009
10	铅及其化合物	固定污染源废气　铅的测定　火焰原子吸收分光光度法（暂行）	HJ 538—2009
		环境空气　铅的测定　石墨炉原子吸收分光光度法（暂行）	HJ 539—2009

6 实施与监督

6.1 本标准由县级以上人民政府环境保护行政主管部门负责监督实施。

6.2 在任何情况下，企业均应遵守本标准规定的污染物排放控制要求，采取必要措施保证污染防治设施正常运行。各级环保部门在对设施进行监督性检查时，可以现场即时采样或监测的结果，作为判定排污行为是否符合排放标准以及实施相关环境保护管理措施的依据。在发现设施耗水或排水量、排气量有异常变化的情况下，应核定企业的实际产品产量、排水量和排气量，按本标准的规定，换算水污染物基准排水量排放浓度和大气污染物基准排气量排放浓度。

中华人民共和国国家标准

铅、锌工业污染物排放标准

Emission standard of pollutants for lead and zinc industry

GB 25466—2010

前　言

为贯彻《中华人民共和国环境保护法》、《中华人民共和国水污染防治法》、《中华人民共和国大气污染防治法》、《中华人民共和国海洋环境保护法》、《国务院关于落实科学发展观　加强环境保护的决定》等法律、法规和《国务院关于编制全国主体功能区规划的意见》，保护环境，防治污染，促进铅、锌工业生产工艺和污染治理技术的进步，制定本标准。

本标准规定了铅、锌工业企业生产过程中水污染物和大气污染物排放限值、监测和监控要求，适用于铅、锌工业企业水污染和大气污染防治和管理。为促进区域经济与环境协调发展，推动经济结构的调整和经济增长方式的转变，引导铅、锌工业生产工艺和污染治理技术的发展方向，本标准规定了水污染物特别排放限值。

本标准中的污染物排放浓度均为质量浓度。

铅、锌工业企业排放恶臭污染物、环境噪声适用相应的国家污染物排放标准，产生固体废物的鉴别、处理和处置适用国家固体废物污染控制标准。

本标准为首次发布。

自本标准实施之日起，铅、锌工业企业水和大气污染物排放执行本标准，不再执行《污水综合排放标准》（GB 8978—1996）、《大气污染物综合排放标准》（GB 16297—1996）和《工业炉窑大气污染物排放标准》（GB 9078—1996）中的相关规定。

地方省级人民政府对本标准未作规定的污染物项目，可以制定地方污染物排放标准；对本标准已作规定的污染物项目，可以制定严于本标准的地方污染物排放标准。

本标准由环境保护部科技标准司组织制订。

本标准主要起草单位：长沙有色冶金设计研究院、环境保护部环境标准研究所、中国瑞林工程技术有限公司（原南昌有色冶金设计研究院）。

本标准环境保护部 2010 年 9 月 10 日批准。

本标准自 2010 年 10 月 1 日起实施。

本标准由环境保护部解释。

1 适用范围

本标准规定了铅、锌工业企业水污染物和大气污染物排放限值、监测和监控要求，以及标准的实施与监督等相关规定。

本标准适用于铅、锌工业企业的水污染物和大气污染物排放管理，以及铅、锌工业企业建设项目的环境影响评价、环境保护设施设计、竣工环境保护验收及其投产后的水污染物和大气污染物排放管理。

本标准不适用于再生铅、锌及铅、锌材压延加工等工业，也不适用于附属于铅、锌工业企业的非特征生产工艺和装置。

本标准适用于法律允许的污染物排放行为；新设立存在的污染源的选址和特殊保护区域内现有污染源的管理，除执行本标准外，还应符合《中华人民共和国大气污染防治法》、《中华人民共和国水污染防治法》、《中华人民共和国海洋环境保护法》、《中华人民共和国固体废物污染环境防治法》、《中华人民共和国环境影响评价法》等法律、法规、规章的相关规定。

本标准规定的水污染物排放控制要求适用于企业直接或间接向其法定边界外排放水污染物的行为。

2 规范性引用文件

本标准内容引用了下列文件或其中的条款。

GB/T 6920—1986　水质　pH 值的测定　玻璃电极法

GB/T 7466—1987　水质　总铬的测定

GB/T 7468—1987　水质　汞的测定　冷原子吸收分光光度法

GB/T 7475—1987　水质　铜、锌、铅、镉的测定　原子吸收分光光度法

GB/T 7484—1987　水质　氟化物的测定　离子选择电极法

GB/T 7485—1987　水质　总砷的测定　二乙基二硫代氨基甲酸银分光光度法

GB/T 11893—1989　水质　总磷的测定　钼酸铵分光光度法

GB/T 11894—1989　水质　总氮的测定　碱性过硫酸钾消解紫外分光光度法

GB/T 11901—1989　水质　悬浮物的测定　重量法

GB/T 11912—1989　水质　镍的测定　火焰原子吸收分光光度法

GB/T 11914—1989　水质　化学需氧量的测定　重铬酸盐法

GB/T 15432—1995　环境空气　总悬浮颗粒物的测定　重量法

GB/T 16157—1996　固定污染源排气中颗粒物的测定与气态污染物采样方法

GB/T 16489—1996　水质　硫化物的测定　亚甲基蓝分光光度法

HJ/T 55—2000　大气污染物无组织排放监测技术导则

HJ/T 56—2000　固定污染源排气中二氧化硫的测定　碘量法

HJ/T 57—2000　固定污染源排气中二氧化硫的测定　定电位电解法

HJ/T 195—2005　水质　氨氮的测定　气相分子吸收光谱法

HJ/T 199—2005　水质　总氮的测定　气相分子吸收光谱法

HJ/T 399—2007　水质　化学需氧量的测定　快速消解分光光度法

HJ 482—2009　环境空气　二氧化硫的测定　甲醛吸收-副玫瑰苯胺分光光度法

HJ 483—2009　环境空气　二氧化硫的测定　四氯汞盐吸收-副玫瑰苯胺分光光度法

HJ 487—2009　水质　氟化物的测定　茜素磺酸锆目视比色法

HJ 488—2009　水质　氟化物的测定　氟试剂分光光度法

HJ 535—2009　水质　氨氮的测定　纳氏试剂分光光度法

HJ 536—2009　水质　氨氮的测定　水杨酸分光光度法

HJ 537—2009　水质　氨氮的测定　蒸馏-中和滴定法

HJ 538—2009　固定污染源废气　铅的测定　火焰原子吸收分光光度法（暂行）

HJ 539—2009　环境空气　铅的测定　石墨炉原子吸收分光光度法（暂行）

HJ 542—2009 环境空气 汞的测定 巯基棉富集-冷原子荧光分光光度法（暂行）

HJ 543—2009 固定污染源废气 汞的测定 冷原子吸收分光光度法（暂行）

HJ 544—2009 固定污染源废气 硫酸雾的测定 离子色谱法（暂行）

《污染源自动监控管理办法》（国家环境保护总局令 第28号）

《环境监测管理办法》（国家环境保护总局令 第39号）

3 术语和定义

下列术语和定义适用于本标准。

3.1 铅、锌工业 lead and zinc industry

指生产铅、锌金属矿产品和生产铅、锌金属产品（不包括生产再生铅、再生锌及铅、锌材压延加工产品）的工业。

3.2 特征生产工艺和装置 typical processing and facility

指为生产原铅、原锌金属而进行的采矿、选矿、冶炼的生产工艺及与这些工艺相关的装置。

3.3 现有企业 existing facility

指在本标准实施之日前已建成投产或环境影响评价文件通过审批的铅、锌工业企业或生产设施。

3.4 新建企业 new facility

指本标准实施之日起环境影响评价文件通过审批的新建、改建和扩建的铅、锌生产设施建设项目。

3.5 排水量 effluent volume

指生产设施或企业向企业法定边界以外排放的废水的量，包括与生产有直接或间接关系的各种外排废水（如厂区生活污水、冷却废水、厂区锅炉和电站排水等）。

3.6 单位产品基准排水量 benchmark effluent volume per unit product

指用于核定水污染物排放浓度而规定的生产单位铅、锌产品的废水排放量上限值。

3.7 排气筒高度 stack height

指自排气筒（或其主体建筑构造）所在的地平面至排气筒出口计的高度。

3.8 标准状态 standard condition

指温度为273.15K、压力为101325Pa时的状态。本标准规定的大气污染物排放浓度限值均以标准状态下的干气体为基准。

3.9 过量空气系数 excess air coefficien

指工业炉窑运行时实际空气量与理论空气需要量的比值。

3.10 企业边界 enterprise boundary

指铅、锌工业企业的法定边界。若无法定边界，则指实际边界。

3.11 公共污水处理系统 public wastewater treatment system

指通过纳污管道等方式收集废水，为两家以上排污单位提供废水处理服务并且排水能够达到相关排放标准要求的企业或机构，包括各种规模和类型的城镇污水处理厂、区域（包括各类工业园区、开发区、工业聚集地等）废水处理厂等，其废水处理程度应达到二级或二级以上。

3.12 直接排放 direct discharge

指排污单位直接向环境排放水污染物的行为。

3.13 间接排放 indirect discharge

指排污单位向公共污水处理系统排放水污染物的行为。

4 污染物排放控制要求

4.1 水污染物排放控制要求

4.1.1 自 2011 年 1 月 1 日起至 2011 年 12 月 31 日止，现有企业执行表 1 规定的水污染物排放限值。

表 1　现有企业水污染物排放浓度限值及单位产品基准排水量

单位：mg/L（pH 值除外）

序号	污染物项目	限值		污染物排放监控位置
		直接排放	间接排放	
1	pH 值	6～9	6～9	企业废水总排放口
2	化学需氧量（COD_{Cr}）	100	200	
3	悬浮物（SS）	70	70	
4	氨氮（以 N 计）	15	25	
5	总磷（以 P 计）	1.5	2.0	
6	总氮（以 N 计）	20	30	
7	总锌	2.0	2.0	
8	总铜	0.5	0.5	
9	硫化物	1.0	1.0	
10	氟化物	10	10	
11	总铅	1.0		车间或生产设施废水排放口
12	总镉	0.1		
13	总汞	0.05		
14	总砷	0.5		
15	总镍	1.0		
16	总铬	1.5		
单位产品基准排水量	选矿（原矿）/（m^3/t）	3.5		排水量计量位置与污染物排放监控位置一致
	冶炼/（m^3/t）	15		

4.1.2 自 2012 年 1 月 1 日起，现有企业执行表 2 规定的水污染物排放限值。

4.1.3 自 2010 年 10 月 1 日起，新建企业执行表 2 规定的水污染物排放限值。

表 2　新建企业水污染物排放浓度限值及单位产品基准排水量

单位：mg/L（pH 值除外）

序号	污染物项目	限值		污染物排放监控位置
		直接排放	间接排放	
1	pH 值	6～9	6～9	企业废水总排放口
2	化学需氧量（COD_{Cr}）	60	200	
3	悬浮物（SS）	50	70	
4	氨氮（以 N 计）	8	25	
5	总磷（以 P 计）	1.0	2.0	
6	总氮（以 N 计）	15	30	
7	总锌	1.5	1.5	

序号	污染物项目	限值		污染物排放监控位置
		直接排放	间接排放	
8	总铜	0.5	0.5	企业废水总排放口
9	硫化物	1.0	1.0	
10	氟化物	8	8	
11	总铅	0.5		车间或生产设施废水排放口
12	总镉	0.05		
13	总汞	0.03		
14	总砷	0.3		
15	总镍	0.5		
16	总铬	1.5		
单位产品基准排水量	选矿（原矿）/（m^3/t）	2.5		排水量计量位置与污染物排放监控位置一致
	冶炼/（m^3/t）	8		

4.1.4 根据环境保护工作的要求，在国土开发密度已经较高、环境承载能力开始减弱，或环境容量较小、生态环境脆弱，容易发生严重环境污染等问题而需要采取特别保护措施的地区，应严格控制企业的污染物排放行为，在上述地区的企业执行表 3 规定的水污染物特别排放限值。

表 3 水污染物特别排放限值

单位：mg/L（pH 值除外）

序号	污染物项目	限值		污染物排放监控位置
		直接排放	间接排放	
1	pH 值	6～9	6～9	企业废水总排放口
2	化学需氧量（COD_{Cr}）	50	60	
3	悬浮物（SS）	10	50	
4	氨氮（以 N 计）	5	8	
5	总磷（以 P 计）	0.5	1.0	
6	总氮（以 N 计）	10	15	
7	总锌	1.0	1.0	
8	总铜	0.2	0.2	
9	硫化物	1.0	1.0	
10	氟化物	5	5	
11	总铅	0.2		车间或生产设施废水排放口
12	总镉	0.02		
13	总汞	0.01		
14	总砷	0.1		
15	总镍	0.5		
16	总铬	1.5		
单位产品基准排水量	选矿（原矿）/（m^3/t）	1.5		排水量计量位置与污染物排放监控位置一致
	冶炼/（m^3/t）	4		

执行水污染物特别排放限值的地域范围、时间，由国务院环境保护行政主管部门或省级人民政府规定。

4.1.5 水污染物排放浓度限值适用于单位产品实际排水量不高于单位产品基准排水量的情况。若单位产品实际排水量超过单位产品基准排水量，须按式（1）将实测水污染物浓度换算为水污染物基准排水量排放浓度，并以水污染物基准排水量排放浓度作为判定排放是否达标的依据。产品产量和排水量统计周期为一个工作日。

在企业的生产设施同时生产两种以上产品、可适用不同排放控制要求或不同行业国家污染物排放标准，且生产设施产生的污水混合处理排放的情况下，应执行排放标准中规定的最严格的浓度限值，并按式（1）换算水污染物基准排水量排放浓度。

$$\rho_{基}=\frac{Q_{总}}{\sum Y_i \cdot Q_{i基}} \cdot \rho_{实} \quad (1)$$

式中：$\rho_{基}$——水污染物基准排水量排放浓度，mg/L；

$Q_{总}$——排水总量，m^3；

Y_i——第 i 种产品产量，t；

$Q_{i基}$——第 i 种产品的单位产品基准排水量，m^3/t；

$\rho_{实}$——实测水污染物浓度，mg/L。

若 $Q_{总}$ 与 $\sum Y_i \cdot Q_{i基}$ 的比值小于 1，则以水污染物实测浓度作为判定排放是否达标的依据。

4.2 大气污染物排放控制要求

4.2.1 自 2011 年 1 月 1 日起至 2011 年 12 月 31 日止，现有企业执行表 4 规定的大气污染物排放限值。

表 4　现有企业大气污染物排放浓度限值

单位：mg/m^3

序号	污染物	适用范围	排放浓度限值	污染物排放监控位置
1	颗粒物	干燥	200	车间或生产设施排气筒
		其他	100	
2	二氧化硫	所有	960	
3	硫酸雾	制酸	35	
4	铅及其化合物	熔炼	10	
5	汞及其化合物	烧结、熔炼	1.0	

4.2.2 自 2012 年 1 月 1 日起，现有企业执行表 5 规定的大气污染物排放限值。

4.2.3 自 2010 年 10 月 1 日起，新建企业执行表 5 规定的大气污染物排放限值。

表 5　新建企业大气污染物排放浓度限值

单位：mg/m^3

序号	污染物	适用范围	排放浓度限值	污染物排放监控位置
1	颗粒物	所有	80	车间或生产设施排气筒
2	二氧化硫	所有	400	
3	硫酸雾	制酸	20	
4	铅及其化合物	熔炼	8	
5	汞及其化合物	烧结、熔炼	0.05	

4.2.4 企业边界大气污染物任何 1h 平均浓度执行表 6 规定的限值。

表 6 现有和新建企业边界大气污染物浓度限值

单位：mg/m^3

序号	污染物项目	最高浓度限值
1	二氧化硫	0.5
2	颗粒物	1.0
3	硫酸雾	0.3
4	铅及其化合物	0.006
5	汞及其化合物	0.0003

4.2.5 在现有企业生产、建设项目竣工环保验收后的生产过程中，负责监管的环境保护主管部门应对周围居住、教学、医疗等用途的敏感区域环境质量进行监测。建设项目的具体监控范围为环境影响评价确定的周围敏感区域；未进行过环境影响评价的现有企业，监控范围由负责监管的环境保护主管部门，根据企业排污的特点和规律及当地的自然、气象条件等因素，参照相关环境影响评价技术导则确定。地方政府应对本辖区环境质量负责，采取措施确保环境状况符合环境质量标准要求。

4.2.6 产生大气污染物的生产工艺和装置必须设立局部或整体气体收集系统和集中净化处理装置。所有排气筒高度应不低于 15m。排气筒周围半径 200m 范围内有建筑物时，排气筒高度还应高出最高建筑物 3m 以上。

4.2.7 铅、锌冶炼炉窑规定过量空气系数为 1.7。实测的铅、锌冶炼炉窑的污染物排放浓度，应换算为基准过量空气系数排放浓度。生产设施应采取合理的通风措施，不得故意稀释排放。在国家未规定其他生产设施单位产品基准排气量之前，暂以实测浓度作为判定是否达标的依据。

5 污染物监测要求

5.1 污染物监测的一般要求

5.1.1 对企业排放废水和废气的采样，应根据监测污染物的种类，在规定的污染物排放监控位置进行，有废水和废气处理设施的，应在处理设施后监控。在污染物排放监控位置须设置永久性排污口标志。

5.1.2 新建企业和现有企业安装污染物排放自动监控设备的要求，按有关法律和《污染源自动监控管理办法》的规定执行。

5.1.3 对企业污染物排放情况进行监测的频次、采样时间等要求，按国家有关污染源监测技术规范的规定执行。

5.1.4 企业产品产量的核定，以法定报表为依据。

5.1.5 企业须按照有关法律和《环境监测管理办法》的规定，对排污状况进行监测，并保存原始监测记录。

5.2 水污染物监测要求

对企业排放水污染物浓度的测定采用表 7 所列的方法标准。

表 7　水污染物浓度测定方法标准

序号	污染物项目	方法标准名称	标准编号
1	pH 值	水质　pH 值的测定　玻璃电极法	GB/T 6920—1986
2	化学需氧量	水质　化学需氧量的测定　重铬酸盐法	GB/T 11914—1989
		水质　化学需氧量的测定　快速消解分光光度法	HJ/T 399—2007
3	悬浮物	水质　悬浮物的测定　重量法	GB/T 11901—1989
4	氨氮	水质　氨氮的测定　气相分子吸收光谱法	HJ/T 195—2005
		水质　氨氮的测定　纳氏试剂分光光度法	HJ 535—2009
		水质　氨氮的测定　水杨酸分光光度法	HJ 536—2009
		水质　氨氮的测定　蒸馏-中和滴定法	HJ 537—2009
5	总磷	水质　总磷的测定　钼酸铵分光光度法	GB/T 11893—1989
6	总氮	水质　总氮的测定　气相分子吸收光谱法	HJ/T 199—2005
		水质　总氮的测定　碱性过硫酸钾消解紫外分光光度法	GB/T 11894—1989
7	总锌	水质　铜、锌、铅、镉的测定　原子吸收分光光度法	GB/T 7475—1987
8	总铜	水质　铜、锌、铅、镉的测定　原子吸收分光光度法	GB/T 7475—1987
9	硫化物	水质　硫化物的测定　亚甲基蓝分光光度法	GB/T 16489—1996
		水质　硫化物的测定　碘量法	HJ/T 60—2000
10	氟化物	水质　氟化物的测定　离子选择电极法	GB/T 7484—1987
		水质　氟化物的测定　茜素磺酸锆目视比色法	HJ 487—2009
		水质　氟化物的测定　氟试剂分光光度法	HJ 488—2009
11	总铅	水质　铜、锌、铅、镉的测定　原子吸收分光光度法	GB/T 7475—1987
12	总镉	水质　铜、锌、铅、镉的测定　原子吸收分光光度法	GB/T 7475—1987
13	总汞	水质　汞的测定　冷原子吸收分光光度法	GB/T 7468—1987
14	总砷	水质　总砷的测定　二乙基二硫代氨基甲酸银分光光度法	GB/T 7485—1987
15	总镍	水质　镍的测定　火焰原子吸收分光光度法	GB/T 11912—1989
16	总铬	水质　总铬的测定	GB/T 7466—1987

5.3 大气污染物监测要求

5.3.1 采样点的设置与采样方法按 GB/T 16157—1996 执行。

5.3.2 在有敏感建筑物方位、必要的情况下进行无组织排放监控，具体要求按 HJ/T 55—2000 进行监测。

5.3.3 对企业排放大气污染物浓度的测定采用表 8 所列的方法标准。

表 8　大气污染物浓度测定方法标准

序号	污染物项目	方法标准名称	标准编号
1	颗粒物	固定污染源排气中颗粒物的测定与气态污染物采样方法	GB/T 16157—1996
		环境空气　总悬浮颗粒物的测定　重量法	GB/T 15432—1995
2	二氧化硫	固定污染源排气中二氧化硫的测定　碘量法	HJ/T 56—2000
		固定污染源排气中二氧化硫的测定　定电位电解法	HJ/T 57—2000
		环境空气　二氧化硫的测定　甲醛吸收-副玫瑰苯胺分光光度法	HJ 482—2009
		环境空气　二氧化硫的测定　四氯汞盐吸收-副玫瑰苯胺分光光度法	HJ 483—2009

序号	污染物项目	方法标准名称	标准编号
3	硫酸雾	固定污染源废气　硫酸雾的测定　离子色谱法（暂行）	HJ 544—2009
		硫酸浓缩尾气　硫酸雾的测定　铬酸钡比色法	GB/T 4920—1985
4	铅及其化合物	固定污染源废气　铅的测定　火焰原子吸收分光光度法（暂行）	HJ 538—2009
		环境空气　铅的测定　石墨炉原子吸收分光光度法（暂行）	HJ 539—2009
5	汞及其化合物	环境空气　汞的测定　巯基棉富集-冷原子荧光分光光度法（暂行）	HJ 542—2009
		固定污染源废气　汞的测定　冷原子吸收分光光度法（暂行）	HJ 543—2009

6 实施与监督

6.1 本标准由县级以上人民政府环境保护行政主管部门负责监督实施。

6.2 在任何情况下，企业均应遵守本标准规定的污染物排放控制要求，采取必要措施保证污染防治设施正常运行。各级环保部门在对设施进行监督性检查时，可以现场即时采样或监测的结果，作为判定排污行为是否符合排放标准以及实施相关环境保护管理措施的依据。在发现设施耗水或排水量有异常变化的情况下，应核定企业的实际产品产量和排水量，按本标准的规定，换算水污染物基准水量排放浓度。

中华人民共和国国家标准

铝工业污染物排放标准

Emission standard of pollutants for aluminum industry

GB 25465—2010

前　言

为贯彻《中华人民共和国环境保护法》、《中华人民共和国水污染防治法》、《中华人民共和国大气污染防治法》、《中华人民共和国海洋环境保护法》、《国务院关于落实科学发展观　加强环境保护的决定》等法律、法规和《国务院关于编制全国主体功能区规划的意见》，保护环境，防治污染，促进铝工业生产工艺和污染治理技术的进步，制定本标准。

本标准规定了铝工业企业生产过程中水污染物和大气污染物排放限值、监测和监控要求。适用于铝工业企业水污染和大气污染防治和管理。为促进区域经济与环境协调发展，推动经济结构的调整和经济增长方式的转变，引导铝工业生产工艺和污染治理技术的发展方向，本标准规定了水污染物特别排放限值。

本标准中的污染物排放浓度均为质量浓度。

铝工业企业排放恶臭污染物、环境噪声适用相应的国家污染物排放标准，产生固体废物的鉴别、处理和处置适用国家固体废物污染控制标准。

本标准为首次发布。

自本标准实施之日起，铝工业企业水和大气污染物排放执行本标准，不再执行《污水综合排放标准》（GB 8978—1996）、《大气污染物综合排放标准》（GB 16297—1996）和《工业炉窑大气污染物排放标准》（GB 9078—1996）中的相关规定。

地方省级人民政府对本标准未作规定的污染物项目，可以制定地方污染物排放标准；对本标准已作规定的污染物项目，可以制定严于本标准的地方污染物排放标准。

本标准由环境保护部科技标准司组织制订。

本标准主要起草单位：沈阳铝镁设计研究院、环境保护部环境标准研究所、中国瑞林工程技术有限公司（原南昌有色冶金设计研究院）。

本标准环境保护部 2010 年 9 月 10 日批准。

本标准自 2010 年 10 月 1 日起实施。

本标准由环境保护部解释。

1 适用范围

本标准规定了铝工业企业水污染物和大气污染物排放限值、监测和监控要求，以及标准的实施与监督等相关规定。

本标准适用于铝工业企业的水污染物和大气污染物排放管理，以及铝工业企业建设项目的环境影响评价、环境保护设施设计、竣工环境保护验收及其投产后的水污染物和大气污染物排放管理。

本标准不适用于再生铝和铝材压延加工企业（或生产系统）；也不适用于附属于铝工业企业的非特征生产工艺和装置。

本标准适用于法律允许的污染物排放行为；新设立污染源的选址和特殊保护区域内现有污染源的管理，按照《中华人民共和国大气污染防治法》、《中华人民共和国水污染防治法》、《中华人民共和国海洋环境保护法》、《中华人民共和国固体废物污染环境防治法》、《中华人民共和国环境影响评价法》等法律、法规、规章的相关规定执行。

本标准规定的水污染物排放控制要求适用于企业直接或间接向其法定边界外排放水污染物的行为。

2 规范性引用文件

本标准内容引用了下列文件或其中的条款。

GB/T 6920—1986 水质 pH 值的测定 玻璃电极法

GB/T 7484—1987 水质 氟化物的测定 离子选择电极法

GB/T 11893—1989 水质 总磷的测定 钼酸铵分光光度法

GB/T 11894—1989 水质 总氮的测定 碱性过硫酸钾消解紫外分光光度法

GB/T 11901—1989 水质 悬浮物的测定 重量法

GB/T 11914—1989 水质 化学需氧量的测定 重铬酸盐法

GB/T 15432—1995 环境空气 总悬浮颗粒物的测定 重量法

GB/T 15439—1995 环境空气 苯并[*a*]芘测定 高效液相色谱法

GB/T 16157—1996 固定污染源排气中颗粒物测定与气态污染物采样方法

GB/T 16488—1996 水质 石油类和动植物油的测定 红外光度法

GB/T 16489—1996 水质 硫化物的测定 亚甲基蓝分光光度法

GB/T 17133—1997 水质 硫化物的测定 直接显色分光光度法

HJ/T 45—1999 固定污染源排气中沥青烟的测定 重量法

HJ/T 55—2000 大气污染物无组织排放监测技术导则

HJ/T 56—2000 固定污染源排气中二氧化硫的测定 碘量法

HJ/T 57—2000 固定污染源排气中二氧化硫的测定 定电位电解法

HJ/T 60—2000 水质 硫化物的测定 碘量法

HJ/T 67—2001 固定污染源排气 氟化物的测定 离子选择电极法

HJ/T 195—2005 水质 氨氮的测定 气相分子吸收光谱法

HJ/T 199—2005 水质 总氮的测定 气相分子吸收光谱法

HJ/T 399—2007 水质 化学需氧量的测定 快速消解分光光度法

HJ 480—2009 环境空气 氟化物的测定 滤膜采样氟离子选择电极法

HJ 481—2009 环境空气 氟化物的测定 石灰滤纸采样氟离子选择电极法

HJ 482—2009 环境空气 二氧化硫的测定 甲醛吸收-副玫瑰苯胺分光光度法

HJ 483—2009 环境空气 二氧化硫的测定 四氯汞盐吸收-副玫瑰苯胺分光光度法

HJ 484—2009 水质 氰化物的测定 容量法和分光光度法

HJ 487—2009 水质 氟化物的测定 茜素磺酸锆目视比色法

HJ 488—2009 水质 氟化物的测定 氟试剂分光光度法

HJ 502—2009 水质 挥发酚的测定 溴化容量法

HJ 503—2009 水质 挥发酚的测定 4-氨基安替比林分光光度法
HJ 535—2009 水质 氨氮的测定 纳氏试剂分光光度法
HJ 536—2009 水质 氨氮的测定 水杨酸分光光度法
HJ 537—2009 水质 氨氮的测定 蒸馏-中和滴定法
《污染源自动监控管理办法》（国家环境保护总局令 第 28 号）
《环境监测管理办法》（国家环境保护总局令 第 39 号）

3 术语和定义

下列术语和定义适用于本标准。

3.1 铝工业企业 aluminum industry

指铝土矿山、氧化铝厂、电解铝厂和铝用炭素生产企业或生产设施。

3.2 现有企业 existing facility

指本标准实施之日前已建成投产或环境影响评价文件已通过审批的铝生产企业或生产设施。

3.3 新建企业 new facility

指本标准实施之日起环境影响评价文件通过审批的新建、改建和扩建的铝生产设施建设项目。

3.4 排水量 effluent volume

指生产设施或企业向企业法定边界以外排放的废水的量，包括与生产有直接或间接关系的各种外排废水（如厂区生活污水、冷却废水、厂区锅炉和电站排水等）。

3.5 单位产品基准排水量 benchmark effluent volume per unit product

指用于核定水污染物排放浓度而规定的生产单位铝产品的废水排放量上限值。

3.6 排气筒高度 stack height

指自排气筒（或其主体建筑构造）所在的地平面至排气筒出口计的高度。

3.7 标准状态 standard condition

指温度为 273.15 K、压力为 101325 Pa 时的状态。本标准规定的大气污染物排放浓度限值均以标准状态下的干气体为基准。

3.8 企业边界 enterprise boundary

指铝工业企业的法定边界。若无法定边界，则指实际边界。

3.9 公共污水处理系统 public wastewater treatment system

指通过纳污管道等方式收集废水，为两家以上排污单位提供废水处理服务并且排水能够达到相关排放标准要求的企业或机构，包括各种规模和类型的城镇污水处理厂、区域（包括各类工业园区、开发区、工业聚集地等）废水处理厂等，其废水处理程度应达到二级或二级以上。

3.10 直接排放 direct discharge

指排污单位直接向环境排放水污染物的行为。

3.11 间接排放 indirect discharge

指排污单位向公共污水处理系统排放水污染物的行为。

4 污染物排放控制要求

4.1 水污染物排放控制要求

4.1.1 自 2011 年 1 月 1 日起至 2011 年 12 月 31 日止，现有企业执行表 1 规定的水污染物排放限值。

表 1 现有企业水污染物排放浓度限值及单位产品基准排水量

单位：mg/L（pH 值除外）

序号	污染物项目	限值		污染物排放监控位置
		直接排放	间接排放	
1	pH 值	6～9	6～9	企业废水总排放口
2	悬浮物	70	70	
3	化学需氧量（COD_{Cr}）	100	200	
4	氟化物（以 F 计）	8	8	
5	氨氮	15	25	
6	总氮	20	30	
7	总磷	1.5	2.0	
8	石油类	8	8	
9	总氰化物[1)]	0.5	0.5	
10	硫化物[1)]	1.0	1.0	
11	挥发酚[1)]	0.5	0.5	
单位产品基准排水量	选（洗）矿（合格矿）/（m^3/t）	0.2		排水量计量位置与污染物排放监控位置一致
	氧化铝厂/（m^3/t）	1.0		
	电解铝厂/（m^3/t）	2.5		
	铝用炭素厂（炭块）/（m^3/t）	3.0		

注：1）设有煤气生产系统企业增加的控制项目。

4.1.2 自 2012 年 1 月 1 日起，现有企业执行表 2 规定的水污染物排放限值。

4.1.3 自 2010 年 10 月 1 日起，新建企业执行表 2 规定的水污染物排放限值。

表 2 新建企业水污染物排放浓度限值及单位产品基准排水量

单位：mg/L（pH 值除外）

序号	污染物项目	限值		污染物排放监控位置
		直接排放	间接排放	
1	pH 值	6～9	6～9	企业废水总排放口
2	悬浮物	30	70	
3	化学需氧量（COD_{Cr}）	60	200	
4	氟化物（以 F 计）	5.0	5.0	
5	氨氮	8.0	25	
6	总氮	15	30	
7	总磷	1.0	2.0	
8	石油类	3.0	3.0	
9	总氰化物[1)]	0.5	0.5	
10	硫化物[1)]	1.0	1.0	
11	挥发酚[1)]	0.5	0.5	
单位产品基准排水量	选（洗）矿（合格矿）/（m^3/t）	0.2		排水量计量位置与污染物排放监控位置一致
	氧化铝厂/（m^3/t）	0.5		
	电解铝厂/（m^3/t）	1.5		
	铝用炭素厂（炭块）/（m^3/t）	2.0		

注：1）设有煤气生产系统企业增加的控制项目。

4.1.4 根据环境保护工作的要求，在国土开发密度已经较高、环境承载能力开始减弱，或环境容量较小、生态环境脆弱，容易发生严重环境污染问题而需要采取特别保护措施的地区，应严格控制企业的污染物排放行为，在上述地区的企业执行表 3 规定的水污染物特别排放限值。

表 3　水污染物特别排放限值

单位：mg/L（pH 值除外）

序号	污染物项目	限值		污染物排放监控位置
		直接排放	间接排放	
1	pH 值	6.5～8.5	6～9	企业废水总排放口
2	悬浮物	10	30	
3	化学需氧量（COD_{Cr}）	50	60	
4	氟化物（以 F 计）	2.0	2.0	
5	氨氮	5.0	8.0	
6	总氮	10	15	
7	总磷	0.5	1.0	
8	石油类	1.0	1.0	
9	总氰化物[1]	0.2	0.2	
10	硫化物[1]	0.5	0.5	
11	挥发酚[1]	0.3	0.3	
单位产品基准排水量	选（洗）矿（合格矿）/（m^3/t）	0.1		排水量计量位置与污染物排放监控位置一致
	氧化铝厂/（m^3/t）	0.2		
	电解铝厂/（m^3/t）	1.0		
	铝用炭素厂（炭块）/（m^3/t）	1.2		

注：1）设有煤气生产系统企业增加的控制项目。

执行水污染物特别排放限值的地域范围、时间，由国务院环境保护行政主管部门或省级人民政府规定。

4.1.5 水污染物排放浓度限值适用于单位产品实际排水量不高于单位产品基准排水量的情况。若单位产品实际排水量超过单位产品基准排水量，须按式（1）将实测水污染物浓度换算为水污染物基准排水量排放浓度，并以水污染物基准排水量排放浓度作为判定排放是否达标的依据。产品产量和排水量统计周期为一个工作日。

在企业的生产设施同时生产两种以上产品、可适用不同排放控制要求或不同行业国家污染物排放标准，且生产设施产生的污水混合处理排放的情况下，应执行排放标准中规定的最严格的浓度限值，并按式（1）换算水污染物基准排水量排放浓度。

$$\rho_{基}=\frac{Q_{总}}{\sum Y_i\cdot Q_{i基}}\cdot\rho_{实} \tag{1}$$

式中：$\rho_{基}$——水污染物基准排水量排放浓度，mg/L；

$Q_{总}$——排水总量，m^3；

Y_i——第 i 种产品产量，t；

$Q_{i基}$——第 i 种产品的单位产品基准排水量，m^3/t；

$\rho_{实}$——实测水污染物排放浓度，mg/L。

若$Q_{总}$与$\sum Y_i \cdot Q_{i基}$的比值小于 1，则以水污染物实测浓度作为判定排放是否达标的依据。

4.2 大气污染物排放控制要求

4.2.1 自 2011 年 1 月 1 日起至 2011 年 12 月 31 日止，现有企业执行表 4 规定的大气污染物排放限值。

表 4 现有企业大气污染物排放浓度限值

单位：mg/m^3

生产系统及设备		限值				污染物排放监控位置
		颗粒物	二氧化硫	氟化物（以 F 计）	沥青烟	
矿山	破碎、筛分、转运	120	—	—	—	车间或生产设施排气筒
氧化铝厂	熟料烧成窑	200	850	—	—	
	氢氧化铝焙烧炉、石灰炉（窑）	100	850	—	—	
	原料加工、运输	120	—	—	—	
	氧化铝贮运	100	—	—	—	
	其他	120	850	—	—	
电解铝厂	电解槽烟气净化	30	200	4.0	—	
	氧化铝、氟化盐贮运	50	—	—	—	
	电解质破碎	100	—	—	—	
	其他	100	850	—	—	
铝用炭素厂	阳极焙烧炉	100	850	6.0	40	
	阴极焙烧炉	—	850	—	50	
	石油焦煅烧炉（窑）	200	850	—	—	
	沥青熔化	—	—	—	40	
	生阳极制造	120	—	—	40[1)]	
	阳极组装及残极破碎	120	—	—	—	
	其他	120	850	—	—	

注：1）混捏成型系统加测项目。

4.2.2 自 2012 年 1 月 1 日起，现有企业执行表 5 规定的大气污染物排放浓度限值。

4.2.3 自 2010 年 10 月 1 日起，新建企业执行表 5 规定的大气污染物排放浓度限值。

表 5 新建企业大气污染物排放浓度限值

单位：mg/m^3

生产系统及设备		限值				污染物排放监控位置
		颗粒物	二氧化硫	氟化物（以 F 计）	沥青烟	
矿山	破碎、筛分、转运	50	—	—	—	车间或生产设施排气筒
氧化铝厂	熟料烧成窑	100	400	—	—	
	氢氧化铝焙烧炉、石灰炉（窑）	50	400	—	—	
	原料加工、运输	50	—	—	—	
	氧化铝贮运	30	—	—	—	
	其他	50	400	—	—	

生产系统及设备		限值				污染物排放监控位置
		颗粒物	二氧化硫	氟化物（以F计）	沥青烟	
电解铝厂	电解槽烟气净化	20	200	3.0	—	车间或生产设施排气筒
	氧化铝、氟化盐贮运	30	—	—	—	
	电解质破碎	30	—	—	—	
	其他	50	400	—	—	
铝用炭素厂	阳极焙烧炉	30	400	3.0	20	
	阴极焙烧炉	—	400	—	30	
	石油焦煅烧炉（窑）	100	400	—	—	
	沥青熔化	—	—	—	30	
	生阳极制造	50	—	—	20[1)]	
	阳极组装及残极破碎	50	—	—	—	
	其他	50	400	—	—	

注：1）混捏成型系统加测项目。

4.2.4 企业边界大气污染物任何 1 h 平均浓度执行表 6 规定的限值。

表 6　现有和新建企业边界大气污染物浓度限值

单位：mg/m^3

序号	污染物项目	限值
1	二氧化硫	0.5
2	颗粒物	1.0
3	氟化物	0.02
4	苯并[*a*]芘	0.00001

4.2.5 在现有企业生产、建设项目竣工环保验收后的生产过程中，负责监管的环境保护主管部门应对周围居住、教学、医疗等用途的敏感区域环境质量进行监测。建设项目的具体监控范围为环境影响评价确定的周围敏感区域；未进行过环境影响评价的现有企业，监控范围由负责监管的环境保护主管部门，根据企业排污的特点和规律及当地的自然、气象条件等因素，参照相关环境影响评价技术导则确定。地方政府应对本辖区环境质量负责，采取措施确保环境状况符合环境质量标准要求。

4.2.6 所有排气筒高度应不低于 15m。排气筒周围半径 200m 范围内有建筑物时，排气筒高度还应高出最高建筑物 3m 以上。

4.2.7 在国家未规定生产设施单位产品基准排气量之前，以实测浓度作为判定大气污染物排放是否达标的依据。

5 污染物监测要求

5.1 污染物监测的一般要求

5.1.1 对企业排放废水和废气的采样，应根据监测污染物的种类，在规定的污染物排放监控位置进行，有废水和废气处理设施的，应在处理设施后监控。在污染物排放监控位置须设置永久性排污口标志。

5.1.2 新建企业和现有企业安装污染物排放自动监控设备的要求，按有关法律和《污染源自动监控管理办法》的规定执行。

5.1.3 对企业污染物排放情况进行监测的频次、采样时间等要求，按国家有关污染源监测技术规范的规定执行。

5.1.4 企业产品产量的核定，以法定报表为依据。

5.1.5 企业须按照有关法律和《环境监测管理办法》的规定，对排污状况进行监测，并保存原始监测记录。

5.2 水污染物监测要求

对企业排放水污染物浓度的测定采用表7所列的方法标准。

表7 水污染物浓度测定方法标准

序号	污染物项目	方法标准名称	方法标准编号
1	pH值	水质 pH值的测定 玻璃电极法	GB/T 6920—1986
2	悬浮物	水质 悬浮物的测定 重量法	GB/T 11901—1989
3	化学需氧量	水质 化学需氧量的测定 重铬酸盐法	GB/T 11914—1989
		水质 化学需氧量的测定 快速消解分光光度法	HJ/T 399—2007
4	氟化物	水质 氟化物的测定 离子选择电极法	GB/T 7484—1987
		水质 氟化物的测定 茜素磺酸锆目视比色法	HJ 487—2009
		水质 氟化物的测定 氟试剂分光光度法	HJ 488—2009
5	氨氮	水质 氨氮的测定 纳氏试剂分光光度法	HJ 535—2009
		水质 氨氮的测定 水杨酸分光光度法	HJ 536—2009
		水质 氨氮的测定 蒸馏-中和滴定法	HJ 537—2009
		水质 氨氮的测定 气相分子吸收光谱法	HJ/T 195—2005
6	总氮	水质 总氮的测定 碱性过硫酸钾消解紫外分光光度法	GB/T 11894—1989
		水质 总氮的测定 气相分子吸收光谱法	HJ/T 199—2005
7	总磷	水质 总磷的测定 钼酸铵分光光度法	GB/T 11893—1989
8	石油类	水质 石油类和动植物油的测定 红外光度法	GB/T 16488—1996
9	总氰化物	水质 氰化物的测定 容量法和分光光度法	HJ 484—2009
10	硫化物	水质 硫化物的测定 亚甲基蓝分光光度法	GB/T 16489—1996
		水质 硫化物的测定 直接显色分光光度法	GB/T 17133—1997
		水质 硫化物的测定 碘量法	HJ/T 60—2000
11	挥发酚	水质 挥发酚的测定 4-氨基安替比林分光光度法	HJ 503—2009
		水质 挥发酚的测定 溴化容量法	HJ 502—2009

5.3 大气污染物监测要求

5.3.1 采样点的设置与采样方法按GB/T 16157—1996执行。

5.3.2 在有敏感建筑物方位、必要的情况下进行监控，具体要求按HJ/T 55—2000进行监测。

5.3.3 对企业排放大气污染物浓度的测定采用表8所列的方法标准。

表 8　大气污染物浓度测定方法标准

序号	污染物项目	方法标准名称	方法标准编号
1	颗粒物	固定污染源排气中颗粒物测定与气态污染物采样方法	GB/T 16157—1996
		环境空气　总悬浮颗粒物的测定　重量法	GB/T 15432—1995
2	沥青烟	固定污染源排气中沥青烟的测定　重量法	HJ/T 45—1999
3	二氧化硫	固定污染源排气中二氧化硫的测定　碘量法	HJ/T 56—2000
		固定污染源排气中二氧化硫的测定　定电位电解法	HJ/T 57—2000
		环境空气　二氧化硫的测定　甲醛吸收-副玫瑰苯胺分光光度法	HJ 482—2009
		环境空气　二氧化硫的测定　四氯汞盐吸收-副玫瑰苯胺分光光度法	HJ 483—2009
4	氟化物	固定污染源排气　氟化物的测定　离子选择电极法	HJ/T 67—2001
		环境空气　氟化物的测定　滤膜采样氟离子选择电极法	HJ 480—2009
		环境空气　氟化物的测定　石灰滤纸采样氟离子选择电极法	HJ 481—2009
5	苯并[*a*]芘	环境空气　苯并[*a*]芘的测定　高效液相色谱法	GB/T 15439—1995

6 实施与监督

6.1 本标准由县级以上人民政府环境保护行政主管部门负责监督实施。

6.2 在任何情况下，企业均应遵守本标准规定的污染物排放控制要求，采取必要措施保证污染防治设施正常运行。各级环保部门在对设施进行监督性检查时，可以现场即时采样或监测的结果，作为判定排污行为是否符合排放标准以及实施相关环境保护管理措施的依据。在发现设施耗水或排水量有异常变化的情况下，应核定企业的实际产品产量和排水量，按本标准的规定，换算水污染物基准水量排放浓度。

四、固废污染控制标准

中华人民共和国环境保护行业标准

危险废物鉴别技术规范

Technical specifications on identification for hazardous waste

HJ/T 298—2007

前　言

为贯彻《中华人民共和国固体废物污染环境防治法》及相关法律和法规，加强危险废物管理，保证危险废物鉴别的科学性，制定本标准。

本标准由国家环境保护总局科技标准司提出。

本标准由中国环境科学研究院固体废物污染控制技术研究所起草。

本标准国家环境保护总局 2007 年 5 月 21 日批准。

本标准自 2007 年 7 月 1 日起实施。

本标准由国家环境保护总局解释。

1 适用范围

本标准规定了固体废物的危险特性鉴别中样品的采集和检测，以及检测结果的判断等过程的技术要求。

本标准中的固体废物包括固态、半固态废物和液态废物（排入水体的废水除外）。

本标准适用于固体废物的危险特性鉴别，不适用于突发性环境污染事故产生的危险废物的应急鉴别。

2 规范性引用文件

下列文件中的条款通过在本标准中被引用而成为本标准的条款，与本标准同效。凡是不注明日期的引用文件，其最新版本适用于本标准。

HJ/T 20　工业固体废物采样制样技术规范

GB 5085　危险废物鉴别标准

3 术语和定义

本标准中份样、份样数、份样量的定义参见 HJ/T 20 的规定。下列定义适用于本标准。

固体废物产生量：产生固体废物的装置按设计生产能力满负荷运行时所产生的固体废物量。

4 样品采集

4.1 采样对象的确定

对于正在产生的固体废物，应在确定的工艺环节采取样品。

4.2 份样数的确定

4.2.1 表 1 为需要采集的固体废物的最小份样数。

表 1　固体废物采集最小份样数

固体废物量（以 q 表示）/t	最小份样数/个	固体废物量（以 q 表示）/t	最小份样数/个
$q \leq 5$	5	$90 < q \leq 150$	32
$5 < q \leq 25$	8	$150 < q \leq 500$	50
$25 < q \leq 50$	13	$500 < q \leq 1\,000$	80
$50 < q \leq 90$	20	$q > 1\,000$	100

4.2.2 固体废物为历史堆存状态时，应以堆存的固体废物总量为依据，按照表 1 确定需要采集的最小份样数。

4.2.3 固体废物为连续产生时，应以确定的工艺环节一个月内的固体废物产生量为依据，按照表 1 确定需要采集的最小份样数。如果生产周期小于一个月，则以一个生产周期内的固体废物产生量为依据。

样品采集应分次在一个月（或一个生产周期）内等时间间隔完成；每次采样在设备稳定运行的 8h（或一个生产班次）内等时间间隔完成。

4.2.4 固体废物为间歇产生时，应以确定的工艺环节一个月内的固体废物产生量为依据，按照表 1 确定需要采集的最小份样数。如果固体废物产生的时间间隔大于一个月，以每次产生的固体废物总量为依据，按照表 1 确定需要采集的份样数。

每次采集的份样数应满足下式要求：

$$n = \frac{N}{p}$$

式中：n——每次采集的份样数；

N——需要采集的份样数；

p——一个月内固体废物的产生次数。

4.3 份样量的确定

4.3.1 固态废物样品采集的份样量应同时满足下列要求：

（1）满足分析操作的需要；

（2）依据固态废物的原始颗粒最大粒径，不小于表 2 中规定的质量。

表 2　不同颗粒直径的固态废物的一个份样所需采取的最小份样量

原始颗粒最大粒径（以 d 表示）/cm	最小份样量/g	原始颗粒最大粒径（以 d 表示）/cm	最小份样量/g
$d \leq 0.50$	500	$d > 1.0$	2000
$0.50 < d \leq 1.0$	1000		

4.3.2 半固态和液态废物样品采集的份样量应满足分析操作的需要。

4.4 采样方法

4.4.1 固体废物采样工具、采样程序、采样记录和盛样容器参照 HJ/T 20 的要求进行。

4.4.2 在采样过程中应采取必要的个人安全防护措施，同时应采取措施防止造成二次污染。

4.4.3 固态、半固态废物样品应按照下列方法采集：

（1）连续产生

在设备稳定运行时的 8h（或一个生产班次）内等时间间隔用勺式采样器采取样品。每采取一次，作为一个份样。

（2）带卸料口的贮罐（槽）装

应尽可能在卸除废物过程中采取样品；根据固体废物性状分别使用长铲式采样器、套筒式采样器或者探针进行采样。

当只能在卸料口采样时，应预先清洁卸料口，并适当排出废物后再采取样品。采样时，用布袋（桶）接住料口，按所需份样量等时间间隔放出废物。每接取一次废物，作为一个份样。

（3）板框压滤机

将压滤机各板框顺序编号，用 HJ/T 20 中的随机数表法抽取 N 个板框作为采样单元采取样品。采样时，在压滤脱水后取下板框，刮下废物。每个板框采取的样品作为一个份样。

（4）散状堆积

对于堆积高度小于或者等于 0.5m 的散状堆积固态、半固态废物，将废物堆平铺成厚度为 10～15cm 的矩形，划分为 $5N$ 个（N 为份样数，下同）面积相等的网格，顺序编号；用 HJ/T 20 中的随机数表法抽取 N 个网格作为采样单元，在网格中心位置处用采样铲或锹垂直采取全层厚度的废物。每个网格采取的废物作为一个份样。

对于堆积高度小于或者等于 0.5m 的数个散状堆积固体废物，选择堆积时间最近的废物堆，按照散状堆积固体废物的采样方法进行采取。

对于堆积高度大于 0.5m 的散状堆积固态、半固态废物，应分层采取样品；采样层数应不小于 2 层，按照固态、半固态废物堆积高度等间隔布置；每层采取的份样数应相等。分层采样可以用采样钻或者机械钻探的方式进行。

（5）贮存池

将贮存池（包括建筑于地上、地下、半地下的）划分为 $5N$ 个面积相等的网格，顺序编号；用 HJ/T 20 中的随机数表法抽取 N 个网格作为采样单元采取样品。采样时，在网格的中心处用土壤采样器或长铲式采样器垂直插入废物底部，旋转 90°后抽出。每采取一次，作为一个份样。

池内废物厚度大于或等于 2m 时，应分为上部（深度为 0.3m 处）、中部（1/2 深度处）、下部（5/6 深度处）三层分别采取样品；每层等份样数采取。

（6）袋、桶或其他容器装

将各容器顺序编号，用 HJ/T 20 中的随机数表法抽取 $\frac{(N+1)}{3}$（四舍五入取整数）个袋作为采样单元采取样品。根据固体废物性状分别使用长铲式采样器、套筒式采样器或者探针进行采样。打开容器口，将各容器分为上部（1/6 深度处）、中部（1/2 深度处）、下部（5/6 深度处）三层分别采取样品；每层等份样数采取。每采取一次，作为一个份样。

只有一个容器时，将容器按上述方法分为三层，每层采取 2 个样品。

4.4.4 液态废物的样品采集

根据容器的大小采用玻璃采样管或者重瓶采样器进行采样。将容器内液态废物混匀（含易挥发组分的液态废物除外）后打开容器，将玻璃采样管或者重瓶采样器从容器口中心处垂直缓慢插入液面至容器底；待采样管（采样器）内装满液态废物后，缓缓提出，将样品注入采样容器。每采取一次，作为一个份样。

5 制样、样品的保存和预处理

采集的固体废物应按照 HJ/T 20 中的要求进行制样和样品的保存，并按照 GB 5085 中分析方法的要求进行样品的预处理。

6 样品的检测

6.1 固体废物特性鉴别的检测项目应依据固体废物的产生源特性确定。根据固体废物的产生过程可以确定不存在的特性项目或者不存在、不产生的毒性物质，不进行检测。固体废物特性鉴别使用 GB 5085 规定的相应方法和指标限值。

6.2 无法确认固体废物是否存在 GB 5085 规定的危险特性或毒性物质时，按照下列顺序进行检测。

（1）反应性、易燃性、腐蚀性检测；

（2）浸出毒性中无机物质项目的检测；

（3）浸出毒性中有机物质项目的检测；

（4）毒性物质含量鉴别项目中无机物质项目的检测；

（5）毒性物质含量鉴别项目中有机物质项目的检测；

（6）急性毒性鉴别项目的检测。

在进行上述检测时，如果依据第 6.1 条规定确认其中某项特性不存在时，不进行该项目的检测，按照上述顺序进行下一项特性的检测。

6.3 在检测过程中，如果一项检测的结果超过 GB 5085 相应标准值，即可判定该固体废物为具有该种危险特性的危险废物。是否进行其他特性或其余成分的检测，应根据实际需要确定。

6.4 在进行浸出毒性和毒性物质含量的检测时，应根据固体废物的产生源特性首先对可能的主要毒性成分进行相应项目的检测。

6.5 在进行毒性物质含量的检测时，当同一种毒性成分在一种以上毒性物质中存在时，以分子量最高的毒性物质进行计算和结果判断。

6.6 无法确认固体废物的产生源时，应首先对这种固体废物进行全成分元素分析和水分、有机分、灰分三成分分析，根据结果确定检测项目，并按照第 6.2 条规定进行检测。

6.7 根据第 6.1、6.4、6.6 条规定确定固体废物特性鉴别检测项目时，应就固体废物的产生源特性向与该固体废物的鉴别工作无直接利害关系的行业专家咨询。

7 检测结果判断

7.1 在对固体废物样品进行检测后，如果检测结果超过 GB 5085 中相应标准限值的份样数大于或者等于表 3 中的超标份样数下限值，即可判定该固体废物具有该种危险特性。

表 3 分析结果判断方案

份样数	超标份样数下限	份样数	超标份样数下限
5	1	32	8
8	3	50	11
13	4	80	15
20	6	100	22

7.2 如果采取的固体废物份样数与表 3 中的份样数不符，按照表 3 中与实际份样数最接近的较小份样数进行结果的判断。

7.3 如果固体废物份样数大于 100，应按照下列公式确定超标份样数下限值：

$$N_{限} = \frac{N \times 22}{100}$$

式中：$N_{限}$——超标份样数下限值，按照四舍五入法则取整数；

N——份样数。

8 实施

本标准由县级以上人民政府环境保护行政主管部门负责监督实施。

中华人民共和国国家标准

危险废物鉴别标准　通则

Identification standards for hazardous wastes General specifications

GB 5085.7—2007

前　言

为贯彻《中华人民共和国环境保护法》和《中华人民共和国固体废物污染环境防治法》，防治危险废物造成的环境污染，加强对危险废物的管理，保护环境，保障人体健康，制定本标准。

本标准是国家危险废物鉴别标准的组成部分。国家危险废物鉴别标准规定了固体废物危险特性技术指标，危险特性符合标准规定的技术指标的固体废物属于危险废物，须依法按危险废物进行管理。国家危险废物鉴别标准由以下 7 个标准组成：

1．危险废物鉴别标准　通则
2．危险废物鉴别标准　腐蚀性鉴别
3．危险废物鉴别标准　急性毒性初筛
4．危险废物鉴别标准　浸出毒性鉴别
5．危险废物鉴别标准　易燃性鉴别
6．危险废物鉴别标准　反应性鉴别
7．危险废物鉴别标准　毒性物质含量鉴别

本标准为新增部分。

按照有关法律规定，本标准具有强制执行的效力。

本标准由国家环境保护总局科技标准司提出。

本标准起草单位：中国环境科学研究院环境标准研究所、固体废物污染控制技术研究所。

本标准国家环境保护总局 2007 年 3 月 27 日批准。

本标准自 2007 年 10 月 1 日起实施。

本标准由国家环境保护总局解释。

1 范围

本标准规定了危险废物的鉴别程序和鉴别规则。

本标准适用于任何生产、生活和其他活动中产生的固体废物的危险特性鉴别。

本标准适用于液态废物的鉴别，但不适用于排入水体的废水的鉴别。

本标准不适用于放射性废物。

2 规范性引用文件

下列文件中的条款通过 GB 5085 的本部分的引用而成为本标准的条款。凡是不注日期的引用文件，其最新版本适用于本标准。

GB 5085.1　危险废物鉴别标准　腐蚀性鉴别

GB 5085.2　危险废物鉴别标准　急性毒性初筛

GB 5085.3　危险废物鉴别标准　浸出毒性鉴别

GB 5085.4　危险废物鉴别标准　易燃性鉴别

GB 5085.5　危险废物鉴别标准　反应性鉴别

GB 5085.6　危险废物鉴别标准　毒性物质含量鉴别

《固体废物鉴别导则（试行）》（国家环境保护总局、国家发展和改革委员会、商务部、海关总署、国家质量监督检验检疫总局公告，2006 年第 11 号）

《国家危险废物名录》

3 术语和定义

下列术语和定义适用于本标准。

3.1 固体废物 solid waste

是指在生产、生活和其他活动中产生的丧失原有利用价值或者虽未丧失利用价值但被抛弃或者放弃的固态、半固态和置于容器中的气态的物品、物质以及法律、行政法规规定纳入固体废物管理的物品、物质。

3.2 危险废物 hazardous waste

是指列入《国家危险废物名录》或者根据国家规定的危险废物鉴别标准和鉴别方法认定的具有腐蚀性、毒性、易燃性、反应性和感染性等一种或一种以上危险特性，以及不排除具有以上危险特性的固体废物。

4 鉴别程序

危险废物的鉴别应按照以下程序进行：

4.1 依据《中华人民共和国固体废物污染环境防治法》《固体废物鉴别导则》判断待鉴别的物品、物质是否属于固体废物，不属于固体废物的，则不属于危险废物。

4.2 经判断属于固体废物的，则依据《国家危险废物名录》判断。凡列入《国家危险废物名录》的，属于危险废物，不需要进行危险特性鉴别（感染性废物根据《国家危险废物名录》鉴别）；未列入《国家危险废物名录》的，应按照第 4.3 条的规定进行危险特性鉴别。

4.3 依据 GB 5085.1—GB 5085.6 鉴别标准进行鉴别，凡具有腐蚀性、毒性、易燃性、反应性等一种或一种以上危险特性的，属于危险废物。

4.4 对未列入《国家危险废物名录》或根据危险废物鉴别标准无法鉴别，但可能对人体健康或生态环境造成有害影响的固体废物，由国务院环境保护行政主管部门组织专家认定。

5 危险废物混合后判定规则

5.1 具有毒性（包括浸出毒性、急性毒性及其他毒性）和感染性等一种或一种以上危险特性的危险废物与其他固体废物混合，混合后的废物属于危险废物。

5.2 仅具有腐蚀性、易燃性或反应性的危险废物与其他固体废物混合，混合后的废物经 GB 5085.1、GB 5085.4 和 GB 5085.5 鉴别不再具有危险特性的，不属于危险废物。

5.3 危险废物与放射性废物混合，混合后的废物应按照放射性废物管理。

6 危险废物处理后判定规则

6.1 具有毒性（包括浸出毒性、急性毒性及其他毒性）和感染性等一种或一种以上危险特性的危险废物处理后的废物仍属于危险废物，国家有关法规、标准另有规定的除外。

6.2 仅具有腐蚀性、易燃性或反应性的危险废物处理后，经 GB 5085.1、GB 5085.4 和 GB 5085.5 鉴别不再具有危险特性的，不属于危险废物。

7 标准实施

本标准由县级以上人民政府环境保护行政主管部门负责监督实施。

中华人民共和国国家标准

危险废物鉴别标准　腐蚀性鉴别

Identification standards for hazardous waste Identification for corrosivity

GB 5085.1—2007
代替 GB 5085.1—1996

前　言

为贯彻《中华人民共和国环境保护法》和《中华人民共和国固体废物污染环境防治法》，防治危险废物造成的环境污染，加强对危险废物的管理，保护环境，保障人体健康，制定本标准。

本标准是国家危险废物鉴别标准的组成部分。国家危险废物鉴别标准规定了固体废物危险特性技术指标，危险特性符合标准规定的技术指标的固体废物属于危险废物，须依法按危险废物进行管理。国家危险废物鉴别标准由以下7个标准组成：

1．危险废物鉴别标准　通则
2．危险废物鉴别标准　腐蚀性鉴别
3．危险废物鉴别标准　急性毒性初筛
4．危险废物鉴别标准　浸出毒性鉴别
5．危险废物鉴别标准　易燃性鉴别
6．危险废物鉴别标准　反应性鉴别
7．危险废物鉴别标准　毒性物质含量鉴别

本标准对《危险废物鉴别标准 腐蚀性鉴别》（GB 5085.1—1996）进行了修订，主要内容是增加了钢材腐蚀的鉴别标准及检测方法。

按照有关法律规定，本标准具有强制执行的效力。

本标准由国家环境保护总局科技标准司提出。

本标准起草单位：中国环境科学研究院固体废物污染控制技术研究所、环境标准研究所。

本标准国家环境保护总局2007年3月27日批准。

本标准自2007年10月1日起实施，《危险废物鉴别标准　腐蚀性鉴别》（GB 5085.1—1996）同时废止。

本标准由国家环境保护总局解释。

1 范围

本标准规定了腐蚀性危险废物的鉴别标准。

本标准适用于任何生产、生活和其他活动中产生的固体废物的腐蚀性鉴别。

2 规范性引用文件

下列文件中的条款通过 GB 5085 的本部分的引用而成为本标准的条款。凡是不注日期的引用文件，其最新版本适用于本标准。

GB/T 699 优质碳素结构钢

GB/T 15555.12—1995 固体废物 腐蚀性测定 玻璃电极法

HJ/T 298 危险废物鉴别技术规范

JB/T 7901 金属材料实验室均匀腐蚀全浸试验方法

3 鉴别标准

符合下列条件之一的固体废物，属于危险废物。

3.1 按照GB/T 15555.12—1995的规定制备的浸出液，pH≥12.5，或者pH≤2.0。

3.2 在55℃条件下，对GB/T 699中规定的20号钢材的腐蚀速率≥6.35 mm/a。

4 实验方法

4.1 采样点和采样方法按照HJ/T 298的规定进行。

4.2 第3.1条所列的pH测定按照GB/T 15555.12—1995的规定进行。

4.3 第3.2条所列的腐蚀速率测定按照JB/T 7901的规定进行。

5 标准实施

本标准由县级以上人民政府环境保护行政主管部门负责监督实施。

中华人民共和国国家标准

危险废物鉴别标准　急性毒性初筛

Identification standards for hazardous waste Screening test for acute toxicity

GB 5085.2—2007
代替 GB 5085.2—1996

前　言

为贯彻《中华人民共和国环境保护法》和《中华人民共和国固体废物污染环境防治法》，防治危险废物造成的环境污染，加强对危险废物的管理，保护环境，保障人体健康，制定本标准。

本标准是国家危险废物鉴别标准的组成部分。国家危险废物鉴别标准规定了固体废物危险特性技术指标，危险特性符合标准规定的技术指标的固体废物属于危险废物，须依法按危险废物进行管理。国家危险废物鉴别标准由以下7个标准组成：

1．危险废物鉴别标准　通则

2．危险废物鉴别标准　腐蚀性鉴别

3．危险废物鉴别标准　急性毒性初筛

4．危险废物鉴别标准　浸出毒性鉴别

5．危险废物鉴别标准　易燃性鉴别

6．危险废物鉴别标准　反应性鉴别

7．危险废物鉴别标准　毒性物质含量鉴别

本标准对《危险废物鉴别标准 急性毒性初筛》（GB 5085.2—1996）进行了修订，主要内容是：

——用《化学品测试导则》中指定的急性经口毒性试验、急性经皮毒性试验和急性吸入毒性试验取代了原标准附录中的“危险废物急性毒性初筛试验方法”。

——对急性毒性初筛鉴别值进行了调整。

按照有关法律规定，本标准具有强制执行的效力。

本标准由国家环境保护总局科技标准司提出。

本标准起草单位：中国环境科学研究院固体废物污染控制技术研究所、环境标准研究所。

本标准国家环境保护总局2007年3月27日批准。

本标准自2007年10月1日起实施，《危险废物鉴别标准　急性毒性初筛》（GB 5085.2—1996）同时废止。

本标准由国家环境保护总局解释。

1 范围

本标准规定了急性毒性危险废物的初筛标准。

本标准适用于任何生产、生活和其他活动中产生的固体废物的急性毒性鉴别。

2 规范性引用文件

下列文件中的条款通过 GB 5085 的本部分的引用而成为本标准的条款。凡是不注日期的引用文件，其最新版本适用于本标准。

HJ/T 153　化学品测试导则

HJ/T 298　危险废物鉴别技术规范

3 术语和定义

下列术语和定义适用于本标准。

3.1 口服毒性半数致死量 LD_{50}　LD_{50}（median lethal dose）for acute oral toxicity

是经过统计学方法得出的一种物质的单一计量，可使青年白鼠口服后，在14d内死亡一半的物质剂量。

3.2 皮肤接触毒性半数致死量 LD_{50}　LD_{50} for acute dermal toxicity

是使白兔的裸露皮肤持续接触24h，最可能引起这些试验动物在14d内死亡一半的物质剂量。

3.3 吸入毒性半数致死浓度 LC_{50}　LC_{50} for acute toxicity on inhalation

是使雌雄青年白鼠连续吸入1h，最可能引起这些试验动物在14d内死亡一半的蒸气、烟雾或粉尘的浓度。

4 鉴别标准

符合下列条件之一的固体废物，属于危险废物。

4.1 经口摄取：固体 LD_{50}≤200mg/kg，液体 LD_{50}≤500mg/kg。

4.2 经皮肤接触：LD_{50}≤1000mg/kg。

4.3 蒸气、烟雾或粉尘吸入：LC_{50}≤10mg/L。

5 实验方法

5.1 采样点和采样方法按照HJ/T 298的规定进行。

5.2 经口LD_{50}、经皮LD_{50}和吸入LC_{50}的测定按照HJ/T 153中指定的方法进行。

6 标准实施

本标准由县级以上人民政府环境保护行政主管部门负责监督实施。

中华人民共和国国家标准

危险废物鉴别标准　浸出毒性鉴别

Identification standards for hazardous waste Identification for extraction toxicity

GB 5085.3—2007
代替 GB 5085.3—1996

前　言

为贯彻《中华人民共和国环境保护法》和《中华人民共和国固体废物污染环境防治法》，防治危险废物造成的环境污染，加强对危险废物的管理，保护环境，保障人体健康，制定本标准。

本标准是国家危险废物鉴别标准的组成部分。国家危险废物鉴别标准规定了固体废物危险特性技术指标，危险特性符合标准规定的技术指标的固体废物属于危险废物，须依法按危险废物进行管理。国家危险废物鉴别标准由以下 7 个标准组成：

1．危险废物鉴别标准　通则

2．危险废物鉴别标准　腐蚀性鉴别

3．危险废物鉴别标准　急性毒性初筛

4．危险废物鉴别标准　浸出毒性鉴别

5．危险废物鉴别标准　易燃性鉴别

6．危险废物鉴别标准　反应性鉴别

7．危险废物鉴别标准　毒性物质含量鉴别

本标准对《危险废物鉴别标准　浸出毒性鉴别》（GB 5085.3—1996）进行了修订，主要内容是：

——在原标准 14 个鉴别项目的基础上，增加了 36 个鉴别项目。新增项目主要是有机类毒性物质。

——修改了毒性物质的浸出方法。

——修改了部分鉴别项目的分析方法。

按有关法律规定，本标准具有强制执行的效力。

本标准由国家环境保护总局科技标准司提出。

本标准起草单位：中国环境科学研究院固体废物污染控制技术研究所、环境标准研究所。

本标准国家环境保护总局 2007 年 3 月 27 日批准。

本标准自 2007 年 10 月 1 日起实施，《危险废物鉴别标准　浸出毒性鉴别》（GB 5085.3—1996）同时废止。

本标准由国家环境保护总局解释。

1 范围

本标准规定了以浸出毒性为特征的危险废物鉴别标准。

本标准适用于任何生产、生活和其他活动中产生固体废物的浸出毒性鉴别。

2 规范性引用文件

下列文件中的条款通过 GB 5085 本部分的引用而成为本标准的条款。凡是不注日期的引用文件，其最新版本适用于本标准。

HJ/T 299　固体废物　浸出毒性浸出方法　硫酸硝酸法

HJ/T 298　危险废物鉴别技术规范

3 鉴别标准

按照 HJ/T 299 制备的固体废物浸出液中任何一种危害成分含量超过表 1 中所列的浓度限值，则判定该固体废物是具有浸出毒性特征的危险废物。

表 1　浸出毒性鉴别标准值

序号	危害成分项目	浸出液中危害成分质量浓度限值/（mg/L）	分析方法
		无机元素及化合物	
1	铜（以总铜计）	100	附录 A、B、C、D
2	锌（以总锌计）	100	附录 A、B、C、D
3	镉（以总镉计）	1	附录 A、B、C、D
4	铅（以总铅计）	5	附录 A、B、C、D
5	总铬	15	附录 A、B、C、D
6	铬（六价）	5	GB/T 15555.4—1995
7	烷基汞	不得检出*	GB/T 14204—93
8	汞（以总汞计）	0.1	附录 B
9	铍（以总铍计）	0.02	附录 A、B、C、D
10	钡（以总钡计）	100	附录 A、B、C、D
11	镍（以总镍计）	5	附录 A、B、C、D
12	总银	5	附录 A、B、C、D
13	砷（以总砷计）	5	附录 C、E
14	硒（以总硒计）	1	附录 B、C、E
15	无机氟化物（不包括氟化钙）	100	附录 F
16	氰化物（以 CN^- 计）	5	附录 G
		有机农药类	
17	滴滴涕	0.1	附录 H
18	六六六	0.5	附录 H
19	乐果	8	附录 I
20	对硫磷	0.3	附录 I
21	甲基对硫磷	0.2	附录 I
22	马拉硫磷	5	附录 I
23	氯丹	2	附录 H
24	六氯苯	5	附录 H
25	毒杀芬	3	附录 H
26	灭蚁灵	0.05	附录 H
		非挥发性有机化合物	

序号	危害成分项目	浸出液中危害成分质量浓度限值/（mg/L）	分析方法
27	硝基苯	20	附录 J
28	二硝基苯	20	附录 K
29	对硝基氯苯	5	附录 L
30	2,4-二硝基氯苯	5	附录 L
31	五氯酚及五氯酚钠（以五氯酚计）	50	附录 L
32	苯酚	3	附录 K
33	2,4-二氯苯酚	6	附录 K
34	2,4,6-三氯苯酚	6	附录 K
35	苯并[*a*]芘	0.0003	附录 K、M
36	邻苯二甲酸二丁酯	2	附录 K
37	邻苯二甲酸二辛酯	3	附录 L
38	多氯联苯	0.002	附录 N
挥发性有机化合物			
39	苯	1	附录 O、P、Q
40	甲苯	1	附录 O、P、Q
41	乙苯	4	附录 P
42	二甲苯	4	附录 O、P
43	氯苯	2	附录 O、P
44	1,2-二氯苯	4	附录 K、O、P、R
45	1,4-二氯苯	4	附录 K、O、P、R
46	丙烯腈	20	附录 O
47	三氯甲烷	3	附录 Q
48	四氯化碳	0.3	附录 Q
49	三氯乙烯	3	附录 Q
50	四氯乙烯	1	附录 Q

* “不得检出”指甲基汞 < 10 ng/L，乙基汞 < 20 ng/L。

4 实验方法

4.1 采样点和采样方法按照 HJ/T 298 进行。

4.2 无机元素及其化合物的样品（除六价铬、无机氟化物、氰化物外）的前处理方法参照附录 S；六价铬及其化合物的样品的前处理方法参照附录 T。

4.3 有机样品的前处理方法参照附录 U、附录 V、附录 W。

4.4 各危害成分项目的测定，除执行规定的标准分析方法外，暂按附录中推荐的方法执行；待适用于测定特定危害成分项目的国家环境保护标准发布后，按标准的规定执行。

5 标准实施

本标准由县级以上人民政府环境保护行政主管部门负责监督实施。

中华人民共和国国家标准

危险废物鉴别标准　毒性物质含量鉴别

Identification standards for hazardous waste
Identification for toxic subsance content

GB 5085.6—2007

前　言

为贯彻《中华人民共和国环境保护法》和《中华人民共和国固体废物污染环境防治法》，防治危险废物造成的环境污染，加强对危险废物的管理，保护环境，保障人体健康，制定本标准。

本标准是国家危险废物鉴别标准的组成部分。国家危险废物鉴别标准规定了固体废物危险特性技术指标，危险特性符合标准规定的技术指标的固体废物属于危险废物，须依法按危险废物进行管理。国家危险废物鉴别标准由以下 7 个标准组成：

1．危险废物鉴别标准　通则
2．危险废物鉴别标准　腐蚀性鉴别
3．危险废物鉴别标准　急性毒性初筛
4．危险废物鉴别标准　浸出毒性鉴别
5．危险废物鉴别标准　易燃性鉴别
6．危险废物鉴别标准　反应性鉴别
7．危险废物鉴别标准　毒性物质含量鉴别

本标准为新增部分。

按有关法律规定，本标准具有强制执行的效力。

本标准由国家环境保护总局科技标准司提出。

本标准起草单位：中国环境科学研究院固体废物污染控制技术研究所、环境标准研究所。

本标准国家环境保护总局 2007 年 3 月 27 日批准。

本标准自 2007 年 10 月 1 日起实施。

本标准由国家环境保护总局解释。

1 范围

本标准规定了含有毒性、致癌性、致突变性和生殖毒性物质的危险废物鉴别标准。

本标准适用于任何生产、生活和其他活动中产生的固体废物的毒性物质含量鉴别。

2 规范性引用文件

下列文件中的条款通过 GB 5085 的本部分的引用而成为本标准的条款。凡是不注日期的引用文件，其最新版本适用于本标准。

HJ/T 298 危险废物鉴别技术规范

3 术语和定义

下列术语和定义适用于本标准。

3.1 剧毒物质 acutely toxic substance

具有非常强烈毒性危害的化学物质，包括人工合成的化学品及其混合物和天然毒素。

3.2 有毒物质 toxic substance

经吞食、吸入或皮肤接触后可能造成死亡或严重健康损害的物质。

3.3 致癌性物质 carcinogenic substance

可诱发癌症或增加癌症发生率的物质。

3.4 致突变性物质 mutagenic substance

可引起人类的生殖细胞突变并能遗传给后代的物质。

3.5 生殖毒性物质 reproductive toxic substance

对成年男性或女性性功能和生育能力以及后代的发育具有有害影响的物质。

3.6 持久性有机污染物 persistent organic pollutants

具有毒性、难降解和生物蓄积等特性，可以通过空气、水和迁徙物种长距离迁移并沉积，在沉积地的陆地生态系统和水域生态系统中蓄积的有机化学物质。

4 鉴别标准

符合下列条件之一的固体废物是危险废物。

4.1 含有本标准附录 A 中的一种或一种以上剧毒物质的总含量≥0.1%。

4.2 含有本标准附录 B 中的一种或一种以上有毒物质的总含量≥3%。

4.3 含有本标准附录 C 中的一种或一种以上致癌性物质的总含量≥0.1%。

4.4 含有本标准附录 D 中的一种或一种以上致突变性物质的总含量≥0.1%。

4.5 含有本标准附录 E 中的一种或一种以上生殖毒性物质的总含量≥0.5%。

4.6 含有本标准附录 A 至附录 E 中两种及以上不同毒性物质，如果符合下列等式，按照危险废物管理：

$$\sum\left[\left(\frac{p_{\mathrm{T}}^{+}}{L_{\mathrm{T}}^{+}}+\frac{p_{\mathrm{T}}}{L_{\mathrm{T}}}+\frac{p_{\mathrm{Carc}}}{L_{\mathrm{Carc}}}+\frac{p_{\mathrm{Muta}}}{L_{\mathrm{Muta}}}+\frac{p_{\mathrm{Tera}}}{L_{\mathrm{Tera}}}\right)\right]\geqslant 1$$

式中：p_{T}^{+} ——固体废物中剧毒物质的含量；

p_{T} ——固体废物中有毒物质的含量；

p_{Carc} ——固体废物中致癌性物质的含量；

p_{Muta}——固体废物中致突变性物质的含量；

p_{Tera} ——固体废物中生殖毒性物质的含量；

L_{T}^{+}、L_{T}、L_{Carc}、L_{Muta}、L_{Tera}——分别为各种毒性物质在 4.1～4.5 中规定的标准值。

4.7 含有本标准附录 F 中的任何一种持久性有机污染物（除多氯二苯并对二噁英、多氯二苯并呋喃外）的含量≥50mg/kg。

4.8 含有多氯二苯并对二噁英和多氯二苯并呋喃的含量≥15μg TEQ/kg。

5 实验方法

5.1 采样点和采样方法按照 HJ/T 298 进行。

5.2 无机元素及其化合物的样品（除六价铬、无机氟化物、氰化物外）的前处理方法见 GB 5085.3 附录 S；六价铬及其化合物的样品的前处理方法参照 GB 5085.3 附录 T。

5.3 有机样品的前处理方法参照 GB 5085.3 附录 U、附录 V、附录 W 和本标准附录 G。

5.4 各毒性物质的测定，除执行规定的标准分析方法外，暂按附录中规定的方法执行；待适用于测定特定毒性物质的国家环境保护标准发布后，按标准的规定执行。

6 标准实施

本标准由县级以上人民政府环境保护行政主管部门负责监督实施。

附录 A
（规范性附录）
剧毒物质名录

序号	中文名称		英文名称	CAS 号	分析方法
	化学名	别名			
1	苯硫酚	硫代苯酚；苯硫醇	Thiophenol; Benzenethiol	108-98-5	GB 5085.3 附录 K
2	丙酮氰醇	2-羟基-2-甲基丙腈；2-羟基异丁腈	Acetone cyanohydrin; 2-Hydroxy-2-methylpropionitrile; 2-Hydroxuisobutyronitrile	75-86-5	GB 5085.3 附录 O
3	丙烯醛	2-丙烯醛；败脂醛	Acrolein; 2-Propenal	107-02-8	GB 5085.3 附录 O
4	丙烯酸	2-丙烯酸	Acrylic acid; 2-Propenoic acid	79-10-7	GB 5085.3 附录 I
5	虫螨威	卡巴呋喃；2,3-二氢-2,2-二甲基-7-苯并呋喃基-*N*-甲基氨基甲酸酯	Furadan; Carbofuran; 2,2-Dimethyl-2,3-dihydro-7-benzofuranyl-*N*-methylcarbamate	1563-66-2	GB 5085.3 附录 K、本标准附录 H
6	碘化汞	碘化高汞；二碘化汞	Mercuric iodide; Mercury diiodide	7774-29-0	GB 5085.3 附录 B
7	碘化铊	碘化亚铊；一碘化铊	Thallium iodide; Thallous iodide	7790-30-9	GB 5085.3 附录 A、B、C、D
8	二硝基邻甲酚	2-甲基-4,6-二硝基苯酚	Dinitro-ortho-cresol; 2-Methyl-4,6-dinitrophenol	534-52-1	GB 5085.3 附录 K
9	二氧化硒	亚硒酸	Selenium dioxide; Selenious acid	7783-00-8	GB 5085.3 附录 B、C、E
10	甲拌磷	*O*,*O*-二乙基-*S*-（乙硫基甲基）二硫代磷酸酯；三九一一	Phorate; *O*,*O*-Diethyl-*S*-（ethylthio methyl）phosphorodithioate	298-02-2	GB 5085.3 附录 I、K、L
11	磷胺	2-氯-2-二乙氨基甲酰基-1-甲基乙烯基二甲基磷酸酯；大灭虫	Phosphamidon; 2-Chloro-2-diethylcarbamoyl-1-methylvinyl dimethylphosphate	13171-21-6	GB 5085.3 附录 I、K
12	硫氰酸汞	二硫氰酸汞	Mercuric thiocyanate; Mercury dithiocyanate	592-85-8	GB 5085.3 附录 B
13	氯化汞	氯化汞（II）；二氯化汞	Mercuric chloride; Mercury(II) chloride; Mercury dichloride	7487-94-7	GB 5085.3 附录 B
14	氯化硒	一氯化硒	Selenium chloride; Selenium monochloride	10025-68-0	GB 5085.3 附录 B、C、E
15	氯化亚铊	氯化铊	Thallous chloride; Thallium chloride	7791-12-0	GB 5085.3 附录 A、B、C、D
16	灭多威	1-（甲基硫代）亚乙基氨基甲基氨基甲酸酯；灭多虫；灭索威	Methomyl; 1-(Methylthio) ethylideneamino methylcarbamate	16752-77-5	GB 5085.3 附录 L、本标准附录 H

序号	中文名称		英文名称	CAS 号	分析方法
	化学名	别名			
17	氰化钡	二氰化钡	Barium cyanide; Barium dicyanide	542-62-1	GB 5085.3 附录 G
18	氰化钙	—	Calcium cyanide; Calcyanide	592-01-8	GB 5085.3 附录 G
19	氰化汞	二氰化汞	Mercuric cyanide; Mercury dicyanide	592-04-1	GB 5085.3 附录 G
20	氰化钾	氢氰酸钾盐；山奈钾	Potassium cyanide; Hydrocyanic acid，Potassium salt	151-50-8	GB 5085.3 附录 G
21	氰化钠	氢氰酸钠盐；山奈；山奈钠	Sodium cyanide; Hydrocyanic acid，sodium salt	143-33-9	GB 5085.3 附录 G
22	氰化锌	二氰化锌	Zinc cyanide; Zinc dicyanide	557-21-1	GB 5085.3 附录 G
23	氰化亚铜	氰化铜（I）	Cuprous cyanide; Copper（I）cyanide	544-92-3	GB 5085.3 附录 G
24	氰化亚铜钠	氰化铜钠；紫铜盐	Sodium cuprocyanide; Copper sodium cyanide	14264-31-4	GB 5085.3 附录 G
25	氰化银	氰化银（1+）	Silver cyanide; Silver（1+）cyanide	506-64-9	GB 5085.3 附录 G
26	三碘化砷	碘化亚砷	Arsenic triiodide; Arsenous iodide	7784-45-4	GB 5085.3 附录 C、E
27	三氯化砷	氯化亚砷	Arsenic trichloride; Arsenous chloride	7784-34-1	GB 5085.3 附录 C、E
28	砷酸钠（以元素砷为分析目标，以该化合物计）	原砷酸钠； 砷酸三钠盐	Sodium arsenate; Arsenic acid，trisodium salt	7631-89-2	GB 5085.3 附录 C、E
29	四乙基铅	—	Lead tetraethyl; Plumbane，tetraethyl-	78-00-2	GB 5085.3 附录 A、B、C、D
30	铊	金属铊	Thallium; Thallium metal	7440-28-0	GB 5085.3 附录 A、B、C、D
31	碳氯灵	八氯六氢亚甲基异苯并呋喃； 碳氯特灵	Isobenzan; Octachloro-hexahydro-methanoisobenzo furan	297-78-9	GB 5085.3 附录 K
32	羰基镍	四羰基镍	Nickel carbonyl; Nickel tetracarbonyl	13463-39-3	GB 5085.3 附录 A、B、C、D
33	涕灭威	2-甲基-2-（甲硫基）-*O*-[（甲氨基）甲酰基]丙醛肟；丁醛肟威； 涕灭克	Aldicarb; Propanal，2-methyl-2-(methylthio)-，*O*-[(methylamino) carbonyl]oxime	116-06-C	本标准附录 H
34	硒化镉	—	Cadmium selenide	1C06-24-7	GB 5085.3 附录 A、B、C、D

序号	中文名称		英文名称	CAS 号	分析方法
	化学名	别名			
35	硝酸亚汞	硝酸亚汞（一水合物）	Mercurous nitrate; Mercurous nitrate（monohydrate）	7782-86-7	GB 5085.3 附录 B
36	溴化亚铊	—	Thallous bromide	7789-40-4	GB 5085.3 附录 A、B、C、D
37	亚碲酸钠（以元素碲为分析目标，以该化合物计）	三氧碲酸二钠	Sodium tellurite; Disodium trioxotellurate	10102-20-2	GB 5085.3 附录 B
38	亚砷酸钠（以元素砷为分析目标，以该化合物计）	亚砷酸钠盐；偏亚砷酸钠	Sodium arsenite; Arsenenous acid，sodium salt; Sodium metaarsenite	7784-46-5	GB 5085.3 附录 C、E
39	烟碱	尼古丁；1-甲基-2-（3-吡啶基）吡咯烷	Pyridine; Nicotine; 1-Methyl-2-（3-pyridyl）pyrrolidine	54-11-5	GB 5085.3 附录 K

附录 B
（规范性附录）
有毒物质名录

序号	中文名称		英文名称	CAS 号	分析方法
	化学名	别名			
1	氨基三唑	杀草强	Aminotriazole; Amitrole	61-82-5	本标准附录 I
2	钯	海绵（状）钯	Palladium; Palladium sponge	7440-05-3	GB 5085.3 附录 B
3	百草枯	1,1′二甲基-4,4′-联吡啶二氯化物；对草快	Paraquat; 4,4'-Bipyridinium,1,1'-dimethyl-, dichloride	1910-42-5	本标准附录 A0
4	百菌清	2,4,5,6-四氯-1,3-苯二腈	Chlorothalonil; 1,3-Benzenedicarbonitrile, 2,4,5,6-tetrachloro-	1897-45-6	GB 5085.3 附录 H、K
5	倍硫磷	*O,O*-二甲基-*O*-4-甲基硫代间甲苯基硫代磷酸酯；百治屠；蕃硫磷	Fenthion; *O,O*-Dimethyl-*O*-4-methylthio-m-tolyl phosphorothioate	55-38-9	GB 5085.3 附录 I、K
6	苯胺	氨基苯	Aniline; Aminobenzene; Benzeneamine	62-53-3	本标准附录 K
7	1,4-苯二胺	对苯二胺； 1,4-二氨基苯	1,4-Phenylenediamine; *p*- Phenylenediamine; 1,4-Diaminobenzene	106-50-3	GB 5085.3 附录 K
8	1,3-苯二酚	间苯二酚；雷琐辛	1,3-Benzenediol; *m*-Benzenediol; Resorcin	108-46-3	GB 5085.3 附录 K
9	1,4-苯二酚	对苯二酚；氢醌	1,4-Benzenediol; *p*-Benzenediol; Hydroquinone	123-31-9	GB 5085.3 附录 K
10	苯肼	肼基苯	Phenylhydrazine; Hydrazobenzene	100-63-0	GB 5085.3 附录 K
11	苯菌灵	苯来特	Benomyl; Benlate	17804-35-2	GB 5085.3 附录 L
12	苯醌	对苯醌； 1,4-环已二烯二酮	Quinone; *p*-Quinone; 1,4-Cyclohexadienedione	106-51-4	GB 5085.3 附录 K
13	苯乙烯	乙烯基苯	Styrene；Vinyl benzene	100-42-5	GB 5085.3 附录 O、P
14	表氯醇	1-氯-2,3-环氧丙烷；环氧氯丙烷	Epichlorohydrin; 1-Chloro-2,3-epoxypropane	106-89-8	GB 5085.3 附录 O、P
15	丙酮	2-丙酮	Acetone; 2-Propanone	67-64-1	GB 5085.3 附录 O
16	铂	海绵（状）铂；白金	Platinum; Platinum sponge	7440-06-4	GB 5085.3 附录 B

序号	中文名称		英文名称	CAS 号	分析方法
	化学名	别名			
17	草甘膦	*N*-（磷酰甲基）甘氨酸；镇草宁	Glyphosate; *N*-(Phosphonomethyl) glycine	1071-83-6	本标准附录 L
18	除虫脲	1-（4-氯苯基）-3-（2,6-二氟苯甲酰基）脲；伏脲杀、杀虫脲、二氟脲	Diflubenzuron; 1-(4-Chlorophenyl)-3-(2,6-difluorobenzoyl)urea	35367-38-5	本标准附录 M
19	2,4-滴（含量＞75%）	2,4-二氯苯氧乙酸	2,4-D（content >75%）；2,4-Dichlorophenoxyacetic-acid	94-75-7	GB 5085.3 附录 L、本标准附录 N
20	敌百虫	二甲基（2,2,2-三氯-1-羟基乙基）膦酸酯	Trichlorfon; Dimethyl(2,2,2-trichloro-1-hydroxyethyl)phosphonate	52-68-6	GB 5085.3 附录 I、L
21	敌草快	杀草快；1,1'-亚乙基-2,2'-联吡啶二溴盐	Diquat; Diquat dibromide; 1,1'-Ethylene 2,2'-bipyridylium dibromide	85-00-7	本标准附录 J
22	敌草隆	*N*-（3,4-二氯苯基）-*N'*,*N'*-二甲基脲	Diuron; *N*-（3,4-Dichlorophenyl）-*N'*,*N'*-dimethyl urea	330-54-1	GB 5085.3 附录 L、本标准附录 M
23	敌敌畏	*O*, *O*-二甲基-*O*-（2,2-二氯）乙烯基磷酸酯	Dichlorvos; *O*,*O*-Dimethyl-*O*-(2,2-dichloro) vinyl phosphate	62-73-7	GB 5085.3 附录 I、K、L
24	1-丁醇	正丁醇	1-Butanol；*n*-Butanol	71-36-3	GB 5085.3 附录 O
25	2-丁醇	仲丁醇	2-Butanol; sec-Butanol	78-92-2	GB 5085.3 附录 O
26	异丁醇	2-甲基丙醇	Isobutanol; 2-Methyl propanol	78-83-1	GB 5085.3 附录 O
	叔丁醇	1,1-二甲基乙醇	tert-Butyl alcohol; 1,1-Dimethy lethanol	75-65-0	GB 5085.3 附录 O
27	毒草胺	2-氯-*N*-异丙基乙酰苯胺	Propachlor; 2-Chloro-N-isopropylacetanilide	1918-16-7	GB 5085.3 附录 L
28	多菌灵	棉萎灵	Carbendazim; Carbendazol	4697-36-3	GB 5085.3 附录 L
29	多硫化钡	硫化钡；硫钡合剂	Barium polysulfide; Barium sulfide	50864-67-0	GB 5085.3 附录 A、B、C、D
30	1,1-二苯肼	*N*,*N*-二苯基联胺	1,1-Diphenylhydrazine; *N*,*N*-Diphenylhydrazine	530-50-7	GB 5085.3 附录 K
31	*N*,*N*-二甲基苯胺	（二甲基氨基）苯	*N*,*N*-Dimethylaniline;（Dimethylamino）benzene	121-69-7	GB 5085.3 附录 K
32	二甲基苯酚	二甲酚	Dimethyl phenol; Xylenol	1300-71-6	GB 5085.3 附录 K

序号	中文名称		英文名称	CAS 号	分析方法
	化学名	别名			
33	二甲基甲酰胺	*N,N*-二甲基甲酰胺	Dimethylformamide; *N,N*-Dimethylformamide	68-12-2	GB 5085.3 附录 K
34	1,2-二氯苯	邻二氯苯	1,2-Dichlorobenzene; *o*-Dichlorobenzene	95-50-1	GB 5085.3 附录 K、O、P、R
35	1,3-二氯苯	间二氯苯	1,3-Dichlorobenzene; *m*-Dichlorobenzene	541-73-1	GB 5085.3 附录 K、O、P、R
36	1,4-二氯苯	对二氯苯	1,4-Dichlorobenzene; *p*-Dichlorobenzene	106-46-7	GB 5085.3 附录 K、O、P、R
37	2,4-二氯苯胺	2,4-DCA	2,4-Dichloroaniline; 2,4-Dichlorobenzenamine	554-00-7	本标准附录 K
38	2,5-二氯苯胺	对二氯苯胺	2,5-Dichloroaniline; *p*-Dichloroaniline	95-82-9	本标准附录 K
39	2,6-二氯苯胺	—	2,6-Dichloroaniline; Benzenamine, 2,6-dichloro-	608-31-1	本标准附录 K
40	3,4-二氯苯胺	1-氨基-3,4-二氯苯	3,4-Dichloroaniline; 1-Amino-3,4-dichlorobenzene	95-76-1	本标准附录 K
41	3,5-二氯苯胺	3,5-DCA	3,5-Dichloroaniline; Benzenamine, 3,5-dichloro-	626-43-7	本标准附录 K
42	1,3-二氯丙烯,1,2-二氯丙烷及其混合物	滴滴混剂；氯丙混剂	1,3-Dichloropropene, 1,2-dichloropropane and mixtures	542-75-678-87-5	GB 5085.3 附录 O、P
43	2,4-二氯甲苯	2,4-二氯-1-甲苯	2,4-Dichlorotoluene; Benzene, 2,4-dichloro-1-methyl-	95-73-8	GB 5085.3 附录 K、O、P、R
44	2,5-二氯甲苯	1,4-二氯-2-甲基苯	2,5-Dichlorotoluene; Benzene, 1,4-dichloro-2-methyl-	19398-61-9	GB 5085.3 附录 K、O、P、R
45	3,4-二氯甲苯	1,2-二氯-4-甲苯	3,4-Dichlorotoluene; Benzene, 1,2-dichloro-4-methyl-	95-75-0	GB 5085.3 附录 K、O、P、R
46	二氯甲烷	亚甲基氯	Dichloromethane; Methylene chloride	75-09-2	GB 5085.3 附录 O、P
47	二嗪农	地亚农；二嗪磷	Diazinon; Diazide	333-41-5	GB 5085.3 附录 I
48	1,2-二硝基苯	邻二硝基苯	1,2-Dinitrobenzene; *o*- Dinitrobenzene	528-29-0	GB 5085.3 附录 K
49	1,3-二硝基苯	间二硝基苯	1,3-Dinitrobenzene; *m*-Dinitrobenzene	99-65-0	GB 5085.3 附录 J、K
50	1,4-二硝基苯	对二硝基苯	1,4- Dinitrobenzene; *p*- Dinitrobenzene	100-25-4	GB 5085.3 附录 K
51	2,4-二硝基苯胺	间二硝基苯胺	2,4-Dinitroaniline; *m*-Dinitroaniline	97-02-9	GB 5085.3 附录 K、本标准附录 K
52	2,6-二硝基苯胺	二硝基苯胺	2,6-Dinitroaniline; Dinitrobenzenamine	606-22-4	GB 5085.3 附录 K、本标准附录 K

序号	中文名称		英文名称	CAS 号	分析方法
	化学名	别名			
53	1,2-二溴乙烷	二溴化乙烯	1,2-Dibromoethane; Ethylene dibromide	106-93-4	GB 5085.3 附录 O、P
54	钒	钒粉尘	Vanadium; Vanadium dust	7440-62-2	GB 5085.3 附录 A、B、C、D
55	氟化铝	三氟化铝	Aluminium fluoride; Aluminium trifluoride	7784-18-1	GB 5085.3 附录 F
56	氟化钠	一氟化钠	Sodium fluoride; Sodium monofluoride	7681-49-4	GB 5085.3 附录 F
57	氟化铅	二氟化铅	Lead fluoride; Lead difluoride	7783-46-2	GB 5085.3 附录 F
58	氟化锌	二氟化锌	Zinc fluoride; Zinc difluoride	7783-49-5	GB 5085.3 附录 F
59	氟硼酸锌	双（四氟硼酸）锌	Zinc fluoborate; Zinc bis（tetrafluoroborate）	13826-88-5	GB 5085.3 附录 F
60	甲苯二胺	二氨基甲苯	Toluenediamine; Diaminotoluenes	25376-45-8	GB 5085.3 附录 K
61	甲苯二异氰酸酯	2,4-甲苯二异氰酸酯；2,6-甲苯二异氰酸酯	Toluene diisocyanates; 2,4-Toluene diisocyanate; 2,6-Toluene diisocyanate	584-84- 991-08-7	GB 5085.3 附录 K
62	4-甲苯酚	对甲酚	4-Cresol; p-Cresol	106-44-5	GB 5085.3 附录 K
63	甲醇	木醇；木酒精	Methanol; Methyl alcohol	67-56-1	GB 5085.3 附录 O
64	甲酚（混合异构体）	混合甲酚	Cresol（mixed isomers）; Methylphenol, mixed	1319-77-3	GB 5085.3 附录 K
65	3-甲基苯胺	间甲苯胺；间氨基甲苯；3-氨基甲苯	3-Toluidine; *m*-Toluidine; *m*- Aminotoluene; 3-Aminotoluene	108-44-1	GB 5085.3 附录 K
66	4-甲基苯胺	对甲苯胺；对氨基甲苯；4-氨基甲苯	4-Toluidine; p-Toluidine; *p*-Aminotoluene; 4-Aminotoluene	106-49-0	GB 5085.3 附录 K
67	2-甲基苯酚	邻甲苯酚	2-Cresol; o-Cresol	95-48-7	GB 5085.3 附录 K
68	3-甲基苯酚	间甲酚	3-Cresol; m-Cresol	108-39-4	GB 5085.3 附录 K
69	甲基叔丁基醚	2-甲氧基-2-甲基丙烷	Methyl tertiary-butyl ether; Propane, 2-methoxy-2-methyl-	1634-04-4	GB 5085.3 附录 O
70	甲基溴	一溴甲烷	Methyl bromide; Bromomethane	74-83-9	GB 5085.3 附录 O、P
71	甲基乙基酮	2-丁酮	Methyl ethyl ketone; 2-Butanone	78-93-3	GB 5085.3 附录 O
72	甲基异丁酮	4-甲基-2-戊酮；2-甲基丙基甲酮；MIBK	Methyl isobutyl ketone; 4-Methyl-2-pentanone; 2-Methylpropyl methyl ketone	108-10-1	GB 5085.3 附录 O

序号	中文名称		英文名称	CAS 号	分析方法
	化学名	别名			
73	3-甲氧基苯胺	间甲氧基苯胺；间氨基苯甲醚；间茴香胺	3- Methoxyaniline; *m*- Methoxyaniline; *m*-Aminoanisole; *m*-Anisidine	536-90-3	GB 5085.3 附录 K
74	4-甲氧基苯胺	对甲氧基苯胺；对氨基苯甲醚；对茴香胺	4- Methoxyaniline; *p*-Methoxyaniline; *p*-Aminoanisole; *p*-Anisidine	104-94-9	GB 5085.3 附录 K
75	2-甲氧基乙醇,2-乙氧基乙醇及其醋酸酯	—	2-Methoxyethanol, 2-ethoxyethanol, and their acetates	109-86-4	GB 5085.3 附录 O
76	开蓬	十氯酮	Chlordecone; Decachloroketone	143-50-0	GB 5085.3 附录 K
77	克来范	—	Kelevan	4234-79-1	GB 5085.3 附录 H
78	邻苯二甲酸二乙基己酯	邻苯二甲酸二（2-乙基己基）酯	Diethylhexyl phthalate; Phthalic acid, bis (2-ethylhexyl) ester	117-81-7	GB 5085.3 附录 K
79	林丹	γ-六六六	Lindane; γ-Hexachlorocyclohexane	58-89-9	GB 5085.3 附录 H、K、R
80	磷酸三苯酯	三苯基磷酸酯	Phosphoric acid, triphenyl ester;Triphenyl phosphate	115-86-6	GB 5085.3 附录 K
81	磷酸三丁酯	磷酸三正丁酯	Tributyl phosphate; Phosphoric acid, tri-n-butyl ester	126-73-8	GB 5085.3 附录 K
82	磷酸三甲苯酯	磷酸三甲酚酯；增塑剂 TCP	Phosphoric acid, tritolyl ester; Tricresyl phosphate	1330-78-5	GB 5085.3 附录 K
83	硫丹	1,2,3,4,7,7-六氯双环[2,2,1]庚烯-5,6-双羟甲基亚硫酸酯	Endosulfan; 1,2,3,4,7,7-Hexachlorobicyclo (2,2,1)hepten-5,6-bioxymet-hylenesulfite	115-29-7	GB 5085.3 附录 H
84	六氯丁二烯	六氯-1,3-丁二烯	Hexachlorobutadiene; Hexachloro-1,3-butadiene	87-68-3	GB 5085.3 附录 K、O、P、R
85	六氯环戊二烯	全氯环戊二烯	Hexachlorocyclopentadiene; Perchlorocyclopentadiene	77-47-4	GB 5085.3 附录 H、K、R
86	六氯乙烷	全氯乙烷	Hexachloroethane; Perchloroethane	67-72-1	GB 5085.3 附录 K、O、R
87	2-氯-4-硝基苯胺	邻氯对硝基苯胺	2-Chloro-4-nitroaniline; *o*-Chloro-*p*-nitroaniline	121-87-9	本标准附录 K
88	2-氯苯胺	邻氯苯胺；邻氨基氯苯	2-Chloroaniline; *o*-Chloroaniline; *o*-Aminochlorobenzene	95-51-2	本标准附录 K

序号	中文名称		英文名称	CAS 号	分析方法
	化学名	别名			
89	3-氯苯胺	间氯苯胺；间氨基氯苯	3-Chloroaniline; *m*-Chloroaniline; *m*-Aminochlorobenzene	108-42-9	本标准附录 K
90	4-氯苯胺	对氯苯胺；对氨基氯苯	4-Chloroaniline; *p*- Chloroaniline; *p*-Aminochlorobenzene	106-47-8	GB 5085.3 附录 K、本标准附录 K
91	2-氯苯酚	邻氯苯酚；2-氯-1-羟基苯；2-羟基氯苯	2-Chlorophenol; *o*-Chloropheno; 2-Chloro-1-hydroxybenzene; 2-Hydroxychlorobenzene	95-57-8	GB 5085.3 附录 K
92	3-氯苯酚	间氯苯酚；3-氯-1-羟基苯；间羟基氯苯	3-Chlorophenol; *m*-Chlorophenol; 3-Chloro-1-hydoxybenzene; *m*-Hydroxychlorobenzene	108-43-0	GB 5085.3 附录 K
93	氯酚	一氯苯酚	Chlorophenols; Phenol, chloro-	25167-80-0	GB 5085.3 附录 K
94	氯化钡	二氯化钡	Barium chloride; Barium dichloride	10361-37-2	GB 5085.3 附录 A、B、C、D
95	2-氯乙醇	乙撑氯醇；氯乙醇	2-Chloroethanol; Ethylene chlorohydrin; Chloroethanol	107-07-3	GB 5085.3 附录 O
96	锰	元素锰	Manganese; Manganese, elemental	7439-96-5	GB 5085.3 附录 A、B、C、D
97	1-萘胺	*α*-萘胺；1-氨基萘	Naphthylamine; *α*- Naphthylamine; 1-Aminonaphthalene	134-32-7	GB 5085.3 附录 K
98	三（2,3-二溴丙基）磷酸酯和二（2,3-二溴丙基）磷酸酯	—	Tris-and bis(2,3-dibromopropyl) phosphate	126-72-7	GB 5085.3 附录 K、L
99	三丁基锡化合物	—	Tributyltin compounds	—	GB 5085.3 附录 D
100	1,2,3-三氯苯	连三氯苯	1,2,3-Trichlorobenzene; vic-Trichlorobenzene	87-61-6	GB 5085.3 附录 R
101	1,2,4-三氯苯	不对称三氯苯	1,2,4-Trichlorobenzene; unsym-Trichlorobenzene	120-82-1	GB 5085.3 附录 K、M、O、P、R
102	1,3,5-三氯苯	对称三氯苯	1,3,5-Trichlorobenzene; sym-Trichlorobenzene	108-70-3	GB 5085.3 附录 R
103	2,4,5-三氯苯胺	1-氨基-2,4,5-三氯苯	2,4,5-Trichloroaniline; 1-Amino-2,4,5-trichlorobenzene	636-30-6	本标准附录 K

序号	中文名称		英文名称	CAS 号	分析方法
	化学名	别名			
104	2,4,6-三氯苯胺	1-氨基-2,4,6-三氯苯	2,4,6-Trichloroaniline; 1-Amino-2,4,6-trichlorobenzene	634-93-5	本标准附录 K
105	1,2,3-三氯丙烷	三氯丙烷；烯丙基三氯	1,2,3-Trichloropropane; Trichlorohydrin; Allyl trichloride	96-18-4	GB 5085.3 附录 O、P
106	1,1,1-三氯乙烷	甲基氯仿；*α*-三氯乙烷	1,1,1-Trichloroethane; Methylchloroform; *α*- Trichloroethane	71-55-6	GB 5085.3 附录 O、P
107	1,1,2-三氯乙烷	*β*-三氯乙烷	1,1,2-Trichloroethane; beta-Trichloroethane	79-00-5	GB 5085.3 附录 O、P
108	杀螟硫磷	*O,O*-二甲基-*O*-4-硝基间甲苯基硫代磷酸酯；杀螟松；速灭虫	Fenitrothion; *O,O*-Dimethyl *O*-4-nitro-m-tolyl phosphorothioate	122-14-5	GB 5085.3 附录 I
109	石油溶剂	石油溶剂油	White spirit	63394-00-3	本标准附录 O
110	1,2,3,4-四氯苯	1,2,3,4-四氯代苯	1,2,3,4-Tetrachlorobenzene; Benzene,1,2,3,4-tetrachloro-	634-66-2	GB 5085.3 附录 R
111	1,2,3,5-四氯苯	1,2,3,5-四氯代苯	1,2,3,5-Tetrachlorobenzene; Benzene,1,2,3,5-tetrachloro-	634-90-2	GB 5085.3 附录 R
112	1,2,4,5-四氯苯	四氯苯	1,2,4,5-Tetrachlorobenzene; Benzene tetrachloride	95-94-3	GB 5085.3 附录 K
113	2,3,4,6-四氯苯酚	1-羟基-2,3,4,6-四氯苯	2,3,4,6-Tetrachlorophenol; 1-Hydroxy-2,3,4,6-tetrachlorobenzene	58-90-2	GB 5085.3 附录 K
114	四氯硝基苯	2,3,5,6-四氯硝基苯	Tecnazene; 2,3,5,6-Tetrachloronitrobenzene	117-18-0	GB 5085.3 附录 K
115	四氧化三铅	红丹；铅丹	Lead tetroxide; Orange lead; CI Pigment Red 105	1314-41-6	GB 5085.3 附录 A、B、C、D
116	钛	钛粉	Titanium; Titanium powder	7440-32-6	GB 5085.3 附录 A、B
117	碳酸钡	碳酸钡盐	Barium carbonate; Carbonic acid, barium salt	513-77-9	GB 5085.3 附录 A、B、C、D
118	锑粉	金属锑	Antimony powder; Antimony, metallic	7440-36-0	GB 5085.3 附录 A、B、C、D、E
119	五氯硝基苯	硝基五氯苯；PCNB	Quintozene; Nitropentachlorobenzene; Pentachloronitrobenzene	82-68-8	GB 5085.3 附录 K
120	五氯乙烷	—	Pentachloroethane; Ethane, pentachloro-	76-01-7	GB 5085.3 附录 K
121	五氧化二锑	五氧化锑	Diantimony pentoxide; Antimony pentoxide	1314-60-9	GB 5085.3 附录 A、B、C、D、E

序号	中文名称		英文名称	CAS 号	分析方法
	化学名	别名			
122	西维因	1-萘基甲基氨基甲酸酯；胺甲萘	Carbaryl; 1-Naphthyl methylcarbamate	63-25-2	GB 5085.3 附录 K、本标准附录 H
123	锡及有机锡化合物	—	Tin and organotin compounds	—	GB 5085.3 附录 B、D
124	2-硝基苯胺	邻硝基苯胺；1-氨基-2-硝基苯	2-Nitroaniline; *o*- Nitroaniline; 1-Amino-2-nitrobenzene	88-74-4	GB 5085.3 附录 K、本标准附录 K
125	3-硝基苯胺	间硝基苯胺；1-氨基-3-硝基苯	3-Nitroaniline; *m*-Niroaniline; 1-Amino-3- nitrobenzene	99-09-2	GB 5085.3 附录 K、本标准附录 K
126	4-硝基苯胺	对硝基苯胺；1-氨基-4-硝基苯	4-Nitroaniline; *p*-Nitroaniline; 1-Amino-4-nitrobenzene	100-01-6	GB 5085.3 附录 K、本标准附录 K
127	2-硝基苯酚	邻硝基苯酚	2-Nitrophenol; *o*- Nitrophenol	88-75-5	GB 5085.3 附录 K
128	3-硝基苯酚	间硝基苯酚	3-Nitrophenol; *m*-Nitrophenol	554-84-7	GB 5085.3 附录 K
129	4-硝基苯酚	对硝基苯酚	4-nitrophenol; *p*-Nitrophenol	100-02-7	GB 5085.3 附录 K
130	2-硝基丙烷	二甲基硝基甲烷；2-NP	2-Nitropropane; Dimethylnitromethane	79-46-9	GB 5085.3 附录 O
131	2-硝基甲苯	邻硝基甲苯	2-Nitrotoluene; *o*-Nitrotoluene	88-72-2	GB 5085.3 附录 J
132	3-硝基甲苯	间硝基甲苯	3-Nitrotoluene; *m*-Nitrotoluene	99-08-1	GB 5085.3 附录 J
133	4-硝基甲苯	对硝基甲苯	4-Nitrotoluene; *p*-Nitrotoluene	99-99-0	GB 5085.3 附录 J
134	4-溴苯胺	对溴苯胺	4-Bromoaniline; *p*-Bromoaniline	106-40-1	本标准附录 K
135	溴丙酮	1-溴-2-丙酮	Bromoacetone; 1-Bromo-2-propanone	598-31-2	GB 5085.3 附录 O、P
136	溴化亚汞	一溴化汞	Mercurous bromide; Mercury monobromide	10031-18-2	GB 5085.3 附录 B
137	亚苄基二氯	（二氯甲基）苯；苄基二氯；*α,α*-二氯甲苯	Benzal chloride; （Dichloromethyl）benzene; Benzyl dichloride; *α,α*-Dichlorotoluene	98-87-3	GB 5085.3 附录 R
138	N-亚硝基二苯胺	N-亚硝基-N-苯基苯胺	N-Nitrosodiphenylamine; N-Nitroso-N-phenylbenzenamine	86-30-6	GB 5085.3 附录 K
139	亚乙烯基氯	1,1-二氯乙烯	Vinylidene chloride; 1,1-Dichloroethylene	75-35-4	GB 5085.3 附录 O、P

序号	中文名称		英文名称	CAS 号	分析方法
	化学名	别名			
140	一氧化铅	氧化铅；黄丹；密陀僧	Lead monoxide; Lead oxide; Lead Oxide Yellow	1317-36-8	GB 5085.3 附录 A、B、C、D
141	乙腈	氰化甲烷；甲基氰	Acetonitrile; Cyanomethane; Methyl cyanide	75-05-8	GB 5085.3 附录 O
142	乙醛	醋醛	Acetaldehyde; Acetyl aldehyde	75-07-0	本标准附录 P
143	异佛尔酮	3,5,5-三甲基-2-环己烯-1-酮	Isophorone; 3,5,5-Trimethyl-2-cyclohexen-lone	78-59-1	GB 5085.3 附录 K

附录 C
（规范性附录）
致癌性物质名录

序号	中文名称		英文名称	CAS 号	分析方法
	化学名	别名			
1	4-氨基-3-氟苯酚	2-氟-4-羟基苯胺	4-Amino-3-fluorophenol; 2-Fluoro-4-hydroxyaniline	399-95-1	GB 5085.3 附录 K
2	4-氨基联苯	联苯基-4-胺；联苯基胺	4-Aminobiphenyl; Biphenyl-4-ylamine; Xenylamine	92-67-1	GB 5085.3 附录 K
3	4-氨基偶氮苯	对氨基偶氮苯	4-Aminoazobenzene; *p*- Aminoazobenzene	60-09-3	GB 5085.3 附录 K
4	苯	环己三烯	Benzene; Cyclohexatriene	71-43-2	GB 5085.3 附录 O、P
5	苯并[*a*]蒽	1,2-苯并蒽	Benzo[*a*]anthracene; 1,2-Benzanthracene	56-55-3	GB 5085.3 附录 K、M、本标准附录 Q
6	苯并[*b*]荧蒽	3,4-苯并荧蒽；2,3-苯并荧蒽	Benzo[*b*]fluoranthene; 3,4-Benzofluoranthene; 2,3-Benzofluoranthene	205-99-2	GB 5085.3 附录 K、M、本标准附录 Q
7	苯并[*j*]荧蒽	7,8-苯并荧蒽；10,11-苯并荧蒽	Benzo [*j*] fluoranthene; 7,8-Benzofluoranthene; 10,11-Benzofluoranthene	205-82-3	本标准附录 Q
8	苯并[*k*]荧蒽	8,9-苯并荧蒽；11,12-苯并荧蒽	Benzo [*k*] fluoranthene; 8,9-Benzofluoranthene; 11,12-Benzofluoranthene	207-08-9	GB 5085.3 附录 K、M、本标准附录 Q
9	丙烯腈	2-丙烯腈	Acrylonitrile; 2-Propenenitrile	107-13-1	GB 5085.3 附录 O
10	除草醚	2,4-二氯苯基-4-硝基苯基醚	Nitrofen; 2,4-Dichlorophenyl-4-Nitrophenyl ether	1836-75-5	GB 5085.3 附录 K
11	次硫化镍	二硫化三镍	Nickel subsulphide; Trinickel disulfide	12035-72-2	GB 5085.3 附录 A、B、C、D
12	二苯并[*a*, *h*]蒽	1,2：5,6-二苯并蒽	Dibenz[*a*,*h*]anthracene; 1,2:5,6-Dibenzanthracene	53-70-3	GB 5085.3 附录 M
13	1,2：3,4-二环氧丁烷	2,2′-双环氧乙烷	1,2:3,4-Diepoxybutane; 2,2'-Bioxirane	1464-53-5	GB 5085.3 附录 O
14	二甲基硫酸酯	硫酸二甲酯	Dimethyl sulphate; Sulfuric acid, dimethyl ester	77-78-1	GB 5085.3 附录 K
15	1, 3-二氯-2-丙醇	1,3-二氯-2-羟基丙烷	1,3-Dichloro-2-propanol; 1,3-Dichloro-2-hydroxypropane	96-23-1	GB 5085.3 附录 P
16	二氯化钴	氯化钴	Cobalt dichloride; Cobaltous chloride	7646-79-9	GB 5085.3 附录 A、B、C、D

序号	中文名称		英文名称	CAS 号	分析方法
	化学名	别名			
17	3,3′-二氯联苯胺	3,3′-二氯联苯-4,4′-二胺	3,3′-Dichlorobenzidine; 3,3′-Dichlorobiphenyl-4,4′-diamine	91-94-1	GB 5085.3 附录 K
18	3,3′-二氯联苯胺盐	3,3′-二氯联苯胺盐；3,3′-二氯联苯-4,4′-二胺盐	Salts of 3,3′-dichlorobenzidine; Salts of 3,3′,-dichlorobiphenyl-4,4′-diamine	—	GB 5085.3 附录 K
19	1,2-二氯乙烷	二氯化乙烯	1,2-Dichloroethane; Ethylene dichloride	107-06-2	GB 5085.3 附录 O、P
20	2,4-二硝基甲苯	1-甲基-2,4-二硝基苯	2,4-Dinitrotoluene; 1-Methyl-2,4-dinitrobenzene	121-14-2	GB 5085.3 附录 J、K
21	2,5-二硝基甲苯	2-甲基-1,4-二硝基苯	2,5-Dinitrotoluene; 2-Methyl-1,4-dinitrobenzene	619-15-8	GB 5085.3 附录 J、K
22	2,6-二硝基甲苯	2-甲基-1,3-二硝基苯	2,6-Dinitrotoluene; 2-Methyl-1,3-dinirobenzene	606-20-2	GB 5085.3 附录 J、K
23	二氧化镍	氧化镍	Nickel dioxide; Nickel oxide	12035-36-8	GB 5085.3 附录 A、B、C、D
24	铬酸镉	—	Cadmium chromate	14312-00-6	GB 5085.3 附录 A、B、C、D
25	铬酸铬（III）	铬酸铬	Chromium(III)chromate; Chromic chromate	24613-89-6	GB 5085.3 附录 A、B、C、D
26	铬酸锶	锶黄；C.I.颜料黄 32	Strontium chromate; Strontium Yellow; C.I. Pigment Yellow 32	7789-06-2	GB 5085.3 附录 A、B、C、D
27	环氧丙烷	1,2-环氧丙烷；甲基环氧乙烷	Propylene oxide; 1,2-Epoxypropane; Methyloxirane	75-56-9	GB 5085.3 附录 O
28	4-甲基间苯二胺	2,4-二氨基甲苯；1,3-二氨基-4-甲苯	4-Methyl-*m*-phenylenediamine; 2,4-Diaminotoluene; 1,3-Diamino-4-methylbenzene	95-80-7	GB 5085.3 附录 K
29	甲醛	蚁醛；福尔马林	Formaldehyde; Methanal; Formalin	50-00-0	本标准附录 P
30	2-甲氧基苯胺	邻茴香胺	2-Methoxyaniline; *o*-Anisidine	90-04-0	GB 5085.3 附录 K
31	联苯胺	4,4′-二氨基联苯；对二氨基联苯	Benzidine; 4,4′-Diaminobiphenyl; *p*- Diaminobiphenyl	92-87-5	GB 5085.3 附录 K
32	联苯胺盐	对二氨基联苯盐	Salts of benzidine; Salts of *p*- diaminobiphenyl	—	GB 5085.3 附录 K
33	邻甲苯胺	2-甲苯胺	*o*-Toluidine; 2-Toluidine	95-53-4	GB 5085.3 附录 K、O
34	邻联茴香胺	3,3′-二甲氧基联苯胺	*o*-Dianisidine; 3,3′-Dimethoxybenzidine	119-90-4	GB 5085.3 附录 K
35	邻联甲苯胺	3,3′-二甲基联苯胺	*o*-Tolidine; 3,3′-Dimethylbenzidine	119-93-7	GB 5085.3 附录 K

序号	中文名称		英文名称	CAS 号	分析方法
	化学名	别名			
36	邻联甲苯胺盐	3,3′-二甲基联苯胺盐	Salts of o-tolidine; Salts of 3,3′-dimethylbenzidine	—	GB 5085.3 附录 K
37	硫化镍	一硫化镍	Nickel sulphide; Nickel monosulfide	16812-54-7	GB 5085.3 附录 A、B、C、D
38	硫酸镉	硫酸镉盐（1∶1）	Cadmium sulphate; Sulfuric acid, cadmium salt (1∶1)	10124-36-4	GB 5085.3 附录 A、B、C、D
39	硫酸钴	硫酸钴（II）	Cobalt sulphate; Cobalt(Ⅱ) sulfate	10124-43-3	GB 5085.3 附录 A、B、C、D
40	六甲基磷三酰胺	六甲基磷酰胺	Hexamethylphosphoric triamide; Hexamethylphosphoramide	680-31-9	GB 5085.3 附录 I、K
41	氯化镉	二氯化镉	Cadmium chloride; Cadmium dichloride	10108-64-2	GB 5085.3 附录 A、B、C、D
42	α-氯甲苯	苄基氯	α-Chlorotoluene; Benzyl chloride	100-44-7	GB 5085.3 附录 O、P、R
43	氯甲基甲醚	氯二甲基醚	Chloromethyl methyl ether; Chlorodimethyl ether	107-30-2	GB 5085.3 附录 P
44	氯甲基醚	二（氯甲基）醚；氯（氯甲氧基）甲烷	Chloromethyl ether; Bis (chloromethyl) ether; Chloro(chloromethoxy)methane	542-88-1	GB 5085.3 附录 P
45	氯乙烯	一氯乙烯	Vinyl chloride; Chloroethylene;Monochloroethene	75-01-4	GB 5085.3 附录 O、P
46	2-萘胺	β-萘胺	2-Naphthylamine; β-Naphthylamine	91-5999-8	GB 5085.3 附录 K
47	2-萘胺盐	β-萘胺盐	Salts of 2-naphthylamine; Salts of β-naphthylamine	—	GB 5085.3 附录 K
48	铍	金属铍	Beryllium; Beryllium metal	7440-41-7	GB 5085.3 附录 A、B、C、D
49	铍化合物（硅酸铝铍除外）	—	Beryllium compounds with the exception of aluminium beryllium silicates	—	GB 5085.3 附录 A、B、C、D
50	α,α,α-三氯甲苯	三氯甲苯	α,α,α-Trichlorotoluene; Benzotrichloride	98-07-7	GB 5085.3 附录 R
51	三氯乙烯	1,1,2-三氯乙烯；1-氯-2,2-二氯乙烯	Trichloroethylene; 1,1,2-Trichloroethylene; 1-Chloro-2,2-dichloroethylene	79-01-6	GB 5085.3 附录 O、P
52	三氧化二镍	氧化高镍	Dinickel trioxide; Nickelic oxide	1314-06-3	GB 5085.3 附录 A、B、C、D
53	三氧化二砷	三氧化砷；砒霜	Diarsenic trioxide; Arsenic trioxide	1327-53-3	GB 5085.3 附录 C、E
54	三氧化铬	铬酸酐	Chromium trioxide; Chromic anhydride	1333-82-0	GB 5085.3 附录 A、B、C、D

序号	中文名称		英文名称	CAS 号	分析方法
	化学名	别名			
55	砷酸及其盐（以元素砷为分析目标，以该化合物计）	—	Arsenic acid and its salts	—	GB 5085.3 附录 C、E
56	五氧化二砷	砷酸酐	Arsenic pentoxide; Arsenic acid anhydride	1303-28-2	GB 5085.3 附录 C、E
57	2-硝基丙烷	二甲基硝基甲烷；异硝基丙烷	2-Nitropropane; Dimethylnitromethane; Isonitropropane	79-46-9	GB 5085.3 附录 O
58	硝基联苯	对硝基联苯；1-硝基-4-苯基苯	4-Nitrobiphenyl; *p*-Nitrobiphenyl; 1-Nitro-4-phenylbenzene	92-93-3	GB 5085.3 附录 K
59	1,2-亚肼基苯	1,2-二苯肼	Hydrazobenzene; 1,2-Diphenylhydrazine	122-66-7	GB 5085.3 附录 K
60	*N*-亚硝基二甲胺	二甲基亚硝胺	*N*-Nitrosodimethylamine; Dimethylnitrosamine	62-75-9	GB 5085.3 附录 K
61	氧化镉	一氧化镉	Cadmium oxide; Cadmium monoxide	1306-19-0	GB 5085.3 附录 A、B、C、D
62	氧化铍	一氧化铍	Beryllium oxide; Beryllium monoxide	1304-56-9	GB 5085.3 附录 A、B、C、D
63	一氧化镍	氧化镍	Nickel monoxide; Nickel oxide	1313-99-1	GB 5085.3 附录 A、B、C、D

附录 D
（规范性附录）
致突变性物质名录

序号	中文名称		英文名称	CAS 号	分析方法
	化学名	别名			
1	苯并[*a*]芘	苯并[*d*，*e*，*f*] 䓛	Benzo[*a*]pyrene; Benzo[*d*,*e*,*f*]chrysene	50-32-8	GB 5085.3 附录 K、M
2	丙烯酰胺	2-丙烯酰胺	Acrylamide; 2-Propenamide	79-06-1	本标准附录 R
3	1,2-二溴-3-氯丙烷	二溴氯丙烷	1,2-Dibromo-3-chloropropane; Dibromochloropropane	96-12-8	GB 5085.3 附录 H、K、O、P
4	二乙基硫酸酯	硫酸二乙酯	Diethyl sulphate; Sulfuric acid，diethyl ester	64-67-5	GB 5085.3 附录 K
5	氟化镉	二氟化镉	Cadmium fluoride; Cadmium difluoride	7790-79-6	GB 5085.3 附录 A、B、C、D
6	铬酸钠（以元素铬为分析目标，以该化合物计）	铬酸二钠盐	Sodium chromate; Chromic acid，disodium salt	7775-11-3	GB 5085.3 附录 A、B、C、D
7	环氧乙烷	氧化乙烯	Ethylene oxide; Oxirane	75-21-8	GB 5085.3 附录 O

附录 E
（规范性附录）
生殖毒性物质名录

序号	中文名称		英文名称	CAS 号	分析方法
	化学名	别名			
1	醋酸铅	二乙酸铅	Lead acetate; Lead diacetate	301-04-2 1335-32-6	GB 5085.3 附录 A、B、C、D
2	叠氮化铅	二叠氮化铅	Lead azide; Lead diazide	13424-46-9	GB 5085.3 附录 A、B、C、D
3	二醋酸铅	乙酸铅盐（2∶1）	Lead diacetate; Acetic acid，lead salt（2∶1）	301-04-2	GB 5085.3 附录 A、B、C、D
4	铬酸铅	铬酸铅（2+）盐（1∶1）	Lead chromate; Chromic acid，lead（2+）salt（1∶1）	7758-97-6	GB 5085.3 附录 A、B、C、D
5	甲基磺酸铅（Ⅱ）	甲磺酸铅（2+）盐	Lead(Ⅱ) methanesulphonate; Methanesulfonic acid, lead(2+) salt	17570-76-2	GB 5085.3 附录 A、B、C、D
6	邻苯二甲酸二丁酯	1，2-苯二甲酸二丁酯	Dibutyl phthalate; 1,2-Benzenedicarboxylic acid, dibutyl ester	84-74-2	GB 5085.3 附录 K
7	磷酸铅	二正磷酸三铅	Lead phosphate; Trilead bis(orthophosphate)	7446-27-7	GB 5085.3 附录 A、B、C、D
8	六氟硅酸铅	氟硅酸铅（Ⅱ）	Lead hexafluorosilicate; Lead(Ⅱ) fluorosilicate	25808-74-6	GB 5085.3 附录 A、B、C、D
9	收敛酸铅	2，4，6-三硝基间苯二酚氧化铅	Lead styphnate; Lead 2,4,6-trinitroresorcinoxide	15245-44-0	GB 5085.3 附录 A、B、C、D
10	烷基铅	—	Lead alkyls	—	GB 5085.3 附录 A、B、C、D
11	2-乙氧基乙醇	乙二醇单乙醚	2-Ethoxyethanol; Ethylene glycol monoethyl ether	110-80-5	GB 5085.3 附录 O

附录 F
（规范性附录）
持久性有机污染物名录

序号	中文名称		英文名称	CAS 号	分析方法
	化学名	别名			
1	多氯联苯	氯化联苯；PCBs	Polychlorinated biphenyls; Polychlorodiphenyls		GB 5085.3 附录 N
2	氯丹	八氯	Chlordane	12789-03-6	GB 5085.3 附录 H
3	滴滴涕	二氯二苯三氯乙烷	2,2-bis（4-Chlorophenyl）-1,1,1-trichloroethane,DDT	50-29-3	GB 5085.3 附录 H
4	六氯苯	灭黑穗药	Hexachlorobenzene ,HCB	118-74-1	GB 5085.3 附录 H
5	灭蚁灵	十二氯代八氢-亚甲基-环丁并[*c*,*d*]戊搭烯	Mirex	2385-85-5	GB 5085.3 附录 H
6	毒杀芬	氯化莰烯	Toxaphene	8001-35-2	GB 5085.3 附录 H
7	艾氏剂	六氯-六氢-二甲撑萘	Aldrin		GB 5085.3 附录 H
8	狄氏剂	六氯-环氧八氢-二甲撑萘	Dieldrin		GB 5085.3 附录 H
9	异狄氏剂	1,2,3,4,10,10-六氯-6,7-环氧-1,4,4a,5,6,7,8,8a-八氢-1,4-挂-5,8-挂-二甲撑萘	Endrin, Hexadrin		GB 5085.3 附录 H
10	七氯	七氯-四氢-甲撑茚；七氯化茚	Heptachlor; Velsicol		GB 5085.3 附录 H
11	多氯二苯并对二噁英和多氯二苯并呋喃		PCDDs/PCDFs		本标准附录 S

中华人民共和国国家标准

一般工业固体废物贮存　处置场污染控制标准

Standard for pollution control on the storage and disposal site for general industrial solid wastes

GB 18599—2001

前　言

为贯彻《中华人民共和国固体废物污染环境防治法》，防治一般工业固体废物贮存、处置场的二次污染，制定本标准。

本标准规定了一般工业固体废物贮存、处置场的选址、设计、运行管理、关闭与封场，以及污染控制与监测等内容。

本标准为首次发布。

本标准由国家环境保护总局科技标准司提出。

本标准由原冶金部马鞍山矿山研究院负责起草。

本标准由国家环境保护总局于 2001 年 11 月 26 日批准。

本标准由国家环境保护总局负责解释。

1 主题内容与适用范围

1.1 主题内容

本标准规定了一般工业固体废物贮存、处置场的选址、设计、运行管理、关闭与封场，以及污染控制与监测等要求。

1.2 适用范围

本标准适用于新建、扩建、改建及已经建成投产的一般工业固体废物贮存、处置场的建设、运行和监督管理；不适用于危险废物和生活垃圾填埋场。

2 引用标准

下列标准所包含的条文，在本标准中引用而构成本标准的条文，与本标准同效。

GB 5085.1～2　危险废物鉴别标准

GB 8978　污水综合排放标准

GB 16297　大气污染物综合排放标准

GB/T 14848　地下水质量标准

HJ/T 20　工业固体废物采样制样技术规范

GB 5086.1～2　固体废物浸出毒性浸出方法

GB/T 15555.1～12　固体废物浸出毒性测定方法

GB 5750　生活饮用水标准检验方法

GB 15562.2 环境保护图形标志——固体废物贮存（处置）场

当上述标准被修订时，应使用其最新版本。

3 定义

本标准采用下列定义：

3.1 一般工业固体废物

系指未被列入《国家危险废物名录》或者根据国家规定的 GB 5085 鉴别标准和 GB 5086 及 GB/T 15555 鉴别方法判定不具有危险特性的工业固体废物。

3.2 第Ⅰ类一般工业固体废物

按照 GB 5086 规定方法进行浸出试验而获得的浸出液中，任何一种污染物的浓度均未超过 GB 8978 最高允许排放浓度，且 pH 值在 6～9 范围之内的一般工业固体废物。

3.3 第Ⅱ类一般工业固体废物

按照 GB 5086 规定方法进行浸出试验而获得的浸出液中，有一种或一种以上的污染物浓度超过 GB 8978 最高允许排放浓度，或者是 pH 值在 6～9 范围之外的一般工业固体废物。

3.4 贮存场

将一般工业固体废物置于符合本标准规定的非永久性的集中堆放场所。

3.5 处置场

将一般工业固体废物置于符合本标准规定的永久性的集中堆放场所。

3.6 渗滤液

一般工业固体废物在贮存、处置过程中渗流出的液体。

3.7 渗透系数

水力坡降为 1 时，水穿过土壤、岩石或其他防渗材料的渗透速度，以 cm/s 计。

3.8 防渗工程

用天然或人工防渗材料构筑阻止贮存、处置场内外液体渗透的工程。

4 贮存、处置场的类型

贮存、处置场划分为Ⅰ和Ⅱ两个类型。

堆放第Ⅰ类一般工业固体废物的贮存、处置场为第一类，简称Ⅰ类场。

堆放第Ⅱ类一般工业固体废物的贮存、处置场为第二类，简称Ⅱ类场。

5 场址选择的环境保护要求

5.1 Ⅰ类场和Ⅱ类场的共同要求

5.1.1 所选场址应符合当地城乡建设总体规划要求。

5.1.2 应选在工业区和居民集中区主导风向下风侧，场界距居民集中区 500m 以外。

5.1.3 应选在满足承载力要求的地基上，以避免地基下沉的影响，特别是不均匀或局部下沉的影响。

5.1.4 应避开断层、断层破碎带、溶洞区，以及天然滑坡或泥石流影响区。

5.1.5 禁止选在江河、湖泊、水库最高水位线以下的滩地和洪泛区。

5.1.6 禁止选在自然保护区、风景名胜区和其他需要特别保护的区域。

5.2 Ⅰ类场的其他要求

应优先选用废弃的采矿坑、塌陷区。

5.3 Ⅱ类场的其他要求
5.3.1 应避开地下水主要补给区和饮用水源含水层。
5.3.2 应选在防渗性能好的地基上。天然基础层地表距地下水位的距离不得小于1.5m。

6 贮存、处置场设计的环境保护要求

6.1 Ⅰ类场和Ⅱ类场的共同要求
6.1.1 贮存、处置场的建设类型，必须与将要堆放的一般工业固体废物的类别相一致。
6.1.2 建设项目环境影响评价中应设置贮存、处置场专题评价；扩建、改建和超期服役的贮存、处置场，应重新履行环境影响评价手续。
6.1.3 贮存、处置场应采取防止粉尘污染的措施。
6.1.4 为防止雨水径流进入贮存、处置场内，避免渗滤液量增加和滑坡，贮存、处置场周边应设置导流渠。
6.1.5 应设计渗滤液集排水设施。
6.1.6 为防止一般工业固体废物和渗滤液的流失，应构筑堤、坝、挡土墙等设施。
6.1.7 为保障设施、设备正常运营，必要时应采取措施防止地基下沉，尤其是防止不均匀或局部下沉。
6.1.8 含硫量大于1.5%的煤矸石，必须采取措施防止自燃。
6.1.9 为加强监督管理，贮存、处置场应按GB 15562.2设置环境保护图形标志。
6.2 Ⅱ类场的其他要求
6.2.1 当天然基础层的渗透系数大于1.0×10^{-7}cm/s时，应采用天然或人工材料构筑防渗层，防渗层的厚度应相当于渗透系数1.0×10^{-7}cm/s和厚度1.5m的黏土层的防渗性能。
6.2.2 必要时应设计渗滤液处理设施，对渗滤液进行处理。
6.2.3 为监控渗滤液对地下水的污染，贮存、处置场周边至少应设置三口地下水质监控井。一口沿地下水流向设在贮存、处置场上游，作为对照井；第二口沿地下水流向设在贮存、处置场下游，作为污染监视监测井；第三口设在最可能出现扩散影响的贮存、处置场周边，作为污染扩散监测井。

当地质和水文地质资料表明含水层埋藏较深，经论证认定地下水不会被污染时，可以不设置地下水质监控井。

7 贮存、处置场的运行管理环境保护要求

7.1 Ⅰ类场和Ⅱ类场的共同要求。
7.1.1 贮存、处置场的竣工，必须经原审批环境影响报告书（表）的环境保护行政主管部门验收合格后，方可投入生产或使用。
7.1.2 一般工业固体废物贮存、处置场，禁止危险废物和生活垃圾混入。
7.1.3 贮存、处置场的渗滤液水质达到GB 8978标准后方可排放，大气污染物排放应满足GB 16297无组织排放要求。
7.1.4 贮存、处置场使用单位，应建立检查维护制度。定期检查维护堤、坝、挡土墙、导流渠等设施，发现有损坏可能或异常，应及时采取必要措施，以保障正常运行。
7.1.5 贮存、处置场的使用单位，应建立档案制度。应将入场的一般工业固体废物的种类和数量以及下列资料，详细记录在案，长期保存，供随时查阅。

a．各种设施和设备的检查维护资料；

b. 地基下沉、坍塌、滑坡等的观测和处置资料；

c. 渗滤液及其处理后的水污染物排放和大气污染物排放等的监测资料。

7.1.6 贮存、处置场的环境保护图形标志，应按 GB 15562.2 规定进行检查和维护。

7.2 Ⅰ类场的其他要求

禁止Ⅱ类一般工业固体废物混入。

7.3 Ⅱ类场的其他要求

7.3.1 应定期检查维护防渗工程，定期监测地下水水质，发现防渗功能下降，应及时采取必要措施。地下水水质按 GB /T 14848 规定评定。

7.3.2 应定期检查维护渗滤液集排水设施和渗滤液处理设施，定期监测渗滤液及其处理后的排放水水质，发现集排水设施不通畅或处理后的水质超过 GB 8978 或地方的污染物排放标准，需及时采取必要措施。

8 关闭与封场的环境保护要求

8.1 Ⅰ类场和Ⅱ类场的共同要求

8.1.1 当贮存、处置场服务期满或因故不再承担新的贮存、处置任务时，应分别予以关闭或封场。关闭或封场前，必须编制关闭或封场计划，报请所在地县级以上环境保护行政主管部门核准，并采取污染防止措施。

8.1.2 关闭或封场时，表面坡度一般不超过 33%。标高每升高 3～5m，需建造一个台阶。台阶应有不小于 1m 的宽度、2%～3%的坡度和能经受暴雨冲刷的强度。

8.1.3 关闭或封场后，仍需继续维护管理，直到稳定为止。以防止覆土层下沉、开裂，致使渗滤液量增加，防止一般工业固体废物堆体失稳而造成滑坡等事故。

8.1.4 关闭或封场后，应设置标志物，注明关闭或封场时间，以及使用该土地时应注意的事项。

8.2 Ⅰ类场的其他要求

为利于恢复植被，关闭时表面一般应覆一层天然土壤，其厚度视固体废物的颗粒度大小和拟种植物种类确定。

8.3 Ⅱ类场的其他要求

8.3.1 为防止固体废物直接暴露和雨水渗入堆体内，封场时表面应覆土两层，第一层为阻隔层，覆 20～45cm 厚的黏土，并压实，防止雨水渗入固体废物堆体内；第二层为覆盖层，覆天然土壤，以利植物生长，其厚度视栽种植物种类而定。

8.3.2 封场后，渗滤液及其处理后的排放水的监测系统应继续维持正常运转，直至水质稳定为止。地下水监测系统应继续维持正常运转。

9 污染物控制与监测

9.1 污染控制项目

9.1.1 渗滤液及其处理后的排放水

应选择一般工业固体废物的特征组分作为控制项目。

9.1.2 地下水

贮存、处置场投入使用前，以 GB/T 14848 规定的项目为控制项目；使用过程中和关闭或封场后的控制项目，可选择所贮存、处置的固体废物的特征组分。

9.1.3 大气

贮存、处置场以颗粒物为控制项目，其中属于自燃性煤矸石的贮存、处置场，以颗粒物和二氧化硫为控制项目。

9.2 监测

9.2.1 渗滤液及其处理后的排放水

a．采样点。采样点设在排放口。

b．采样频率。每月一次。

c．测定方法。按 GB 8978 选配方法进行。

9.2.2 地下水

a．采样点。采样点设在地下水质监控井。

b．采样频率。贮存、处置场投入使用前，至少应监测一次本底水平；在运行过程中和封场后，每年按枯、平、丰水期进行，每期一次。

c．测定方法。按 GB 5750 进行。

9.2.3 大气

a．采样点。按 GB 16297 附录 C 进行。

b．采样频率。每月一次。

c．测定方法（见表 1）。

表 1　大气污染物测定方法

项　目	测定方法	方法来源
颗粒物	重量法	GB/T 15432—1995
二氧化硫	（1）甲醛吸收副玫瑰苯胺分光光度法	GB/T 15262—94
	（2）四氯汞盐副玫瑰苯胺分光光度法	GB 8970—88

10 标准的实施与监督

本标准由县级以上人民政府环境保护行政主管部门负责监督实施。

中华人民共和国国家标准

危险废物填埋污染控制标准

Standard for pollution control on the security landfill site for hazardous wastes

GB 18598—2001

前　言

为贯彻《中华人民共和国固体废物污染环境防治法》，防止危险废物填埋处置对环境造成的污染，制定本标准。

本标准对危险废物安全填埋场在建造和运行过程中涉及的环境保护要求，包括填埋物入场条件、填埋场选址、设计、施工、运行、封场及监测等方面作了规定。

本标准的附录 A 是标准的附录。

本标准为首次发布。

本标准由国家环境保护总局科技标准司提出。

本标准由中国环境科学研究院固体废物污染控制技术研究所负责起草。

本标准由国家环境保护总局于 2001 年 11 月 26 日批准。

本标准由国家环境保护总局负责解释。

1 主题内容与适用范围

1.1 主题内容

本标准规定了危险废物填埋的入场条件，填埋场的选址、设计、施工、运行、封场及监测的环境保护要求。

1.2 适用范围

本标准适用于危险废物填埋场的建设、运行及监督管理。

本标准不适用于放射性废物的处置。

2 引用标准

下列标准所含的条文，在本标准中被引用即构成本标准的条文，与本标准同效。

GB 5085.1　危险废物鉴别标准　腐蚀性鉴别

GB 5085.3　危险废物鉴别标准　浸出毒性鉴别

GB 5086.1～2　固体废物浸出毒性浸出方法

GB/T 15555.1～12　固体废物　浸出毒性测定方法

GB 16297　大气污染物综合排放标准

GB 12348　工业企业厂界噪声标准

GB 8978　污水综合排放标准

GB/T 4848　地下水水质标准

GB 15562.2　环境保护图形标志——固体废物贮存（处置）场

当上述标准被修订时，应使用最新版本。

3 定义

3.1 危险废物

列入国家危险废物名录或者根据国家规定的危险废物鉴别标准和鉴别方法认定具有危险特性的废物。

3.2 填埋场

处置废物的一种陆地处置设施，它由若干个处置单元和构筑物组成，处置场有界限规定，主要包括废物预处理设施、废物填埋设施和渗滤液收集处理设施。

3.3 相容性

某种危险废物同其他危险废物或填埋场中其他物质接触时不产生气体、热量、有害物质，不会燃烧或爆炸，不发生其他可能对填埋场产生不利影响的反应和变化。

3.4 天然基础层

填埋场防渗层的天然土层。

3.5 防渗层

人工构筑的防止渗滤液进入地下水的隔水层。

3.6 双人工衬层

包括两层人工合成材料衬层的防渗层，其构成见附录 A 图 1。

3.7 复合衬层

包括一层人工合成材料衬层和一层天然材料衬层的防渗层，其构成见附录 A 图 2。

4 填埋场场址选择要求

4.1 填埋场场址的选择应符合国家及地方城乡建设总体规划要求，场址应处于一个相对稳定的区域，不会因自然或人为的因素而受到破坏。

4.2 填埋场场址的选择应进行环境影响评价，并经环境保护行政主管部门批准。

4.3 填埋场场址不应选在城市工农业发展规划区、农业保护区、自然保护区、风景名胜区、文物（考古）保护区、生活饮用水源保护区、供水远景规划区、矿产资源储备区和其他需要特别保护的区域内。

4.4 填埋场距飞机场、军事基地的距离应在 3000m 以上。

4.5 填埋场场界应位于居民区 800m 以外，并保证在当地气象条件下对附近居民区大气环境不产生影响。

4.6 填埋场场址必须位于百年一遇的洪水标高线以上，并在长远规划中的水库等人工蓄水设施淹没区和保护区之外。

4.7 填埋场场址距地表水域的距离不应小于 150m。

4.8 填埋场场址的地质条件应符合下列要求：

a. 能充分满足填埋场基础层的要求；

b. 现场或其附近有充足的黏土资源以满足构筑防渗层的需要；

c. 位于地下水饮用水水源地主要补给区范围之外，且下游无集中供水井；

d. 地下水位应在不透水层 3m 以下，否则，必须提高防渗设计标准并进行环境影响评价，取得主管部门同意；

e．天然地层岩性相对均匀、渗透率低；

f．地质构结构相对简单、稳定，没有断层。

4.9 填埋场场址选择应避开下列区域：破坏性地震及活动构造区；海啸及涌浪影响区；湿地和低洼汇水处；地应力高度集中，地面抬升或沉降速率快的地区；石灰溶洞发育带；废弃矿区或塌陷区；崩塌、岩堆、滑坡区；山洪、泥石流地区；活动沙丘区；尚未稳定的冲积扇及冲沟地区；高压缩性淤泥、泥炭及软土区以及其他可能危及填埋场安全的区域。

4.10 填埋场场址必须有足够大的可使用面积以保证填埋场建成后具有 10 年或更长的使用期，在使用期内能充分接纳所产生的危险废物。

4.11 填埋场场址应选在交通方便、运输距离较短，建造和运行费用低，能保证填埋场正常运行的地区。

5 填埋物入场要求

5.1 下列废物可以直接入场填埋：

a．根据 GB 5086 和 GB/T 15555.1～11 测得的废物浸出液中有一种或一种以上有害成分浓度超过 GB 5085.3 中的标准值并低于表 1 中的允许进入填埋区控制限值的废物；

b．根据 GB 5086 和 GB/T 15555.12 测得的废物浸出液 pH 值在 7.0～12.0 之间的废物。

5.2 下列废物需经预处理后方能入场填埋：

a．根据 GB 5086 和 GB/T 15555.1～11 测得废物浸出液中任何一种有害成分浓度超过表 1 中允许进入填埋区的控制限值的废物；

表 1 危险废物允许进入填埋区的控制限值

序 号	项 目	稳定化控制限值/（mg/L）
1	有机汞	0.001
2	汞及其化合物（以总汞计）	0.25
3	铅（以总铅计）	5
4	镉（以总镉计）	0.50
5	总铬	12
6	六价铬	2.50
7	铜及其化合物（以总铜计）	75
8	锌及其化合物（以总锌计）	75
9	铍及其化合物（以总铍计）	0.20
10	钡及其化合物（以总钡计）	150
11	镍及其化合物（以总镍计）	15
12	砷及其化合物（以总砷计）	2.5
13	无机氟化物（不包括氟化钙）	100
14	氰化物（以 CN 计）	5

b．根据 GB 5086 和 GB/T 15555.12 测得的废物浸出液 pH 值小于 7.0 和大于 12.0 的废物；

c．本身具有反应性、易燃性的废物；

d．含水率高于 85%的废物；

e．液体废物。

5.3 下列废物禁止填埋：

a．医疗废物；

b．与衬层具有不相容性反应的废物。

6 填埋场设计与施工的环境保护要求

6.1 填埋场应设预处理站，预处理站包括废物临时堆放、分捡破碎、减容减量处理、稳定化养护等设施。

6.2 填埋场应对不相容性废物设置不同的填埋区，每区之间应设有隔离设施。但对于面积过小，难以分区的填埋场，对不相容性废物可分类用容器盛放后填埋，容器材料应与所有可能接触的物质相容，且不被腐蚀。

6.3 填埋场所选用的材料应与所接触的废物相容，并考虑其抗腐蚀特性。

6.4 填埋场天然基础层的饱和渗透系数不应大于 1.0×10^{-5}cm/s，且其厚度不应小于 2m。

6.5 填埋场应根据天然基础层的地质情况分别采用天然材料衬层、复合衬层或双人工衬层作为其防渗层。

6.5.1 如果天然基础层饱和渗透系数小于 1.0×10^{-7}cm/s，且厚度大于 5m，可以选用天然材料衬层。天然材料衬层经机械压实后的饱和渗透系数不应大于 1.0×10^{-7}cm/s，厚度不应小于 1m。

6.5.2 如果天然基础层饱和渗透系数小于 1.0×10^{-6}cm/s，可以选用复合衬层。复合衬层必须满足下列条件：

a．天然材料衬层经机械压实后的饱和渗透系数不应大于 1.0×10^{-7}cm/s，厚度应满足表 2 所列指标，坡面天然材料衬层厚度应比表 2 所列指标大 10%；

表 2　复合衬层下衬层厚度设计要求

基础层条件	下衬层厚度
渗透系数≤1.0×10^{-7}cm/s，厚度≥3m	厚度≥0.5m
渗透系数≤1.0×10^{-6}cm/s，厚度≥6m	厚度≥0.5m
渗透系数≤1.0×10^{-6}cm/s，厚度≥3m	厚度≥1.0m

b．人工合成材料衬层可以采用高密度聚乙烯（HDPE），其渗透系数不大于 10^{-12}cm/s，厚度不小于 1.5mm。HDPE 材料必须是优质品，禁止使用再生产品。

6.5.3 如果天然基础层饱和渗透系数大于 1.0×10^{-6}cm/s，则必须选用双人工衬层。双人工衬层必须满足下列条件：

a．天然材料衬层经机械压实后的渗透系数不大于 1.0×10^{-7}cm/s，厚度不小于 0.5m；

b．上人工合成衬层可以采用 HDPE 材料，厚度不小于 2.0mm；

c．下人工合成衬层可以采用 HDPE 材料，厚度不小于 1.0mm。

衬层要求的其他指标同第 6.5.2 条。

6.6 填埋场必须设置渗滤液集排水系统、雨水集排水系统和集排气系统。各个系统在设计时采用的暴雨强度重现期不得低于 50 年。管网坡度不应小于 2%；填埋场底部应以不小于 2%的坡度坡向集排水管道。

6.7 采用天然材料衬层或复合衬层的填埋场应设渗滤液主集排水系统，它包括底部排水层、集排水管道和集水井；主集排水系统的集水井用于渗滤液的收集和排出。

6.8 采用双人工合成材料衬层的填埋场除设置渗滤液主集排水系统外，还应设置辅助集排水系统，它包括底部排水层、坡面排水层、集排水管道和集水井；辅助集排水系统的集水井主要用作上人工合成衬层的渗漏监测。

6.9 排水层的透水能力不应小于 0.1cm/s。

6.10 填埋场应设置雨水集排水系统，以收集、排出汇水区内可能流向填埋区的雨水、上游雨水以及未填埋区域内未与废物接触的雨水。雨水集排水系统排出的雨水不得与渗滤液混排。

6.11 填埋场设置集排气系统以排出填埋废物中可能产生的气体。

6.12 填埋场必须设有渗滤液处理系统，以便处理集排水系统排出的渗滤液。

6.13 填埋场周围应设置绿化隔离带，其宽度不应小于 10m。

6.14 填埋场施工前应编制施工质量保证书并获得环境保护主管部门的批准。施工中应严格按照施工质量保证书中的质量保证程序进行。

6.15 在进行天然材料衬层施工之前，要通过现场施工试验确定合适的施工机械，压实方法、压实控制参数及其他处理措施，以论证是否可以达到设计要求。同时在施工过程中要进行现场施工质量检验，检验内容与频率应包括在施工设计书中。

6.16 人工合成材料衬层在铺设时应满足下列条件：

a．对人工合成材料应检查指标合格后才可铺设，铺设时必须平坦，无褶皱；

b．在保证质量条件下，焊缝尽量少；

c．在坡面上铺设衬层，不得出现水平焊缝；

d．底部衬层应避免埋设垂直穿孔的管道或其他构筑物；

e．边坡必须锚固，锚固形式和设计必须满足人工合成材料的受力安全要求；

f．边坡与底面交界处不得设角焊缝，角焊缝不得跨过交界处。

6.17 在人工合成材料衬层在铺设、焊接过程中和完成之后，必须通过目视，非破坏性和破坏性测试检验施工效果，并通过测试结果控制施工质量。

7 填埋场运行管理要求

7.1 在填埋场投入运行之前，要制订一个运行计划。此计划不但要满足常规运行，而且要提出应急措施，以便保证填场的有效利用和环境安全。

7.2 填埋场的运行应满足下列基本要求：

a．入场的危险废物必须符合本标准对废物的入场要求；

b．散状废物入场后要进行分层碾压，每层厚度视填埋容量和场地情况而定；

c．填埋场运行中应进行每日覆盖，并视情况进行中间覆盖；

d．应保证在不同季节气候条件下，填埋场进出口道路通畅；

e．填埋工作面应尽可能小，使其得到及时覆盖；

f．废物堆填表面要维护最小坡度，一般为 1∶3（垂直∶水平）；

g．通向填埋场的道路应设栏杆和大门加以控制；

h．必须设有醒目的标志牌，指示正确的交通路线，标志牌应满足 GB 15562.2 的要求；

i．每个工作日都应有填埋场运行情况的记录，应记录设备工艺控制参数，入场废物来源、种类、数量，废物填埋位置及环境监测数据等；

j．运行机械的功能要适应废物压实的要求，为了防止发生机械故障等情况，必须有备用机械；

k．危险废物安全填埋场的运行不能暴露在露天进行，必须有遮雨设备，以防止雨水与未进行最终覆盖的废物接触；

1. 填埋场运行管理人员，应参加环保管理部门的岗位培训，合格后上岗。

7.3 危险废物安全填埋场分区原则

7.3.1 可以使每个填埋区能在尽量短的时间内得到封闭。

7.3.2 使不相容的废物分区填埋。

7.3.3 分区的顺序应有利于废物运输和填埋。

7.4 填埋场管理单位应建立有关填埋场的全部档案，从废物特性、废物倾倒部位、场址选择、勘察、征地、设计、施工、运行管理、封场及封场管理、监测直至验收等全过程所形成的一切文件资料，必须按国家档案管理条例进行整理与保管，保证完整无缺。

8 填埋场污染控制要求

8.1 严禁将集排水系统收集的渗滤液直接排放，必须对其进行处理并达到 GB 8978《污水综合排放标准》中第一类污染物最高允许排放浓度的要求及第二类污染物最高允许排放浓度标准要求后方可排放。

8.2 危险废物填埋场废物渗滤液第二类污染物排放控制项目为：pH 值、悬浮物（SS）、五日生化需氧量（BOD_5）、化学需氧量（COD_{Cr}）、氨氮（NH_3-N）、磷酸盐（以 P 计）。

8.3 填埋场渗滤液不应对地下水造成污染。填埋场地下水污染评价指标及其限值按照 GB/T 14848 执行。

8.4 地下水监测因子应根据填埋废物特性由当地环境保护行政主管部门确定，必须具有代表性，能表示废物特性的参数。常规测定项目为：浊度、pH 值、可溶性固体、氯化物、硝酸盐（以 N 计）、亚硝酸盐（以 N 计）、氨氮、大肠杆菌总数。

8.5 填埋场排出的气体应按照 GB 16297 中无组织排放的规定执行。监测因子应根据填埋废物特性由当地环境保护行政主管部门确定，必须具有代表性，能表示废物特性的参数。

8.6 填埋场在作业期间，噪声控制应按照 GB 12348 的规定执行。

9 封场要求

9.1 当填埋场处置的废物数量达到填埋场设计容量时，应实行填埋封场。

9.2 填埋场的最终覆盖层应为多层结构，应包括下列部分：

a．底层（兼作导气层）：厚度不应小于 20cm，倾斜度不小于 2%，由透气性好的颗粒物质组成；

b．防渗层：天然材料防渗层厚度不应小于 50cm，渗透系数不大于 10^{-7}cm/s；若采用复合防渗层，人工合成材料层厚度不应小于 1.0mm，天然材料层厚度不应小于 30cm。其他设计要求同衬层相同；

c．排水层及排水管网：排水层和排水系统的要求同底部渗滤液集排水系统相同，设计时采用的暴雨强度不应小于 50 年；

d．保护层：保护层厚度不应小于 20cm，由粗砥性坚硬鹅卵石组成；

e．植被恢复层：植被层厚度一般不应小于 60cm，其土质应有利于植物生长和场地恢复；同时植被层的坡度不应超过 33%。在坡度超过 10%的地方，须建造水平台阶；坡度小于 20%时，标高每升高 3m，建造一个台阶；坡度大于 20%时，标高每升高 2m，建造一个台阶。台阶应有足够的宽度和坡度，要能经受暴雨的冲刷。

9.3 封场后应继续进行下列维护管理工作，并延续到封场后 30 年：

a．维护最终覆盖层的完整性和有效性；

b．维护和监测检漏系统；

c．继续进行渗滤液的收集和处理；

d．继续监测地下水水质的变化。

9.4 当发现场址或处置系统的设计有不可改正的错误，或发生严重事故及发生不可预见的自然灾害使得填埋场不能继续运行时，填埋场应实行非正常封场。非正常封场应预先作出相应补救计划，防止污染扩散。实施非正常封场必须得到环保部门的批准。

10 监测要求

10.1 对填埋场的监督性监测的项目和频率应按照有关环境监测技术规范进行，监测结果应定期报送当地环保部门，并接受当地环保部门的监督检查。

10.2 填埋场渗滤液

10.2.1 利用填埋场的每个集水井进行水位和水质监测。

10.2.2 采样频率应根据填埋物特性、覆盖层和降水等条件加以确定，应能充分反映填埋场渗滤液变化情况。渗滤液水质和水位监测频率至少为每月一次。

10.3 地下水

10.3.1 地下水监测井布设应满足下列要求：

a．在填埋场上游应设置一眼监测井，以取得背景水源数值。在下游至少设置三眼井，组成三维监测点，以适应于下游地下水的羽流几何型流向；

b．监测井应设在填埋场的实际最近距离上，并且位于地下水上下游相同水力坡度上；

c．监测井深度应足以采取具有代表性的样品。

10.3.2 取样频率

10.3.2.1 填埋场运行的第一年，应每月至少取样一次；在正常情况下，取样频率为每季度至少一次。

10.3.2.2 发现地下水质出现变坏现象时，应加大取样频率，并根据实际情况增加监测项目，查出原因以便进行补救。

10.4 大气

10.4.1 采样点布设及采样方法按照 GB 16297 的规定执行。

10.4.2 污染源下风方向应为主要监测范围。

10.4.3 超标地区、人口密度大和距工业区近的地区加大采样点密度。

10.4.4 采样频率。填埋场运行期间，应每月取样一次，如出现异常，取样频率应适当增加。

11 标准监督实施

本标准由县以上地方人民政府环境保护行政主管部门负责监督实施。

附录 A
（标准的附录）
衬层系统示意图（参考件）

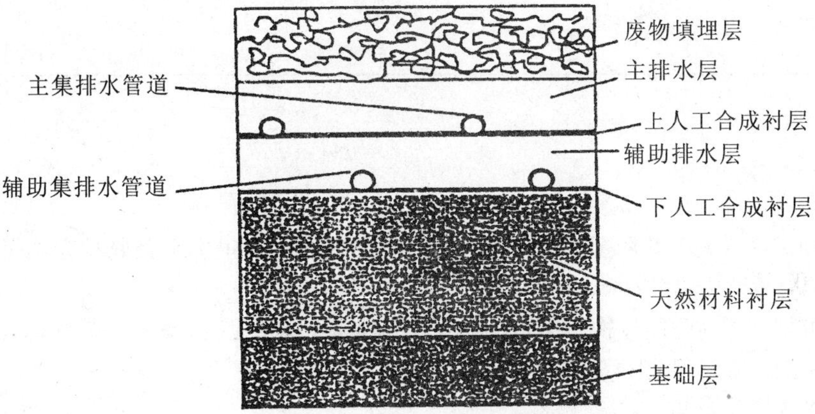

图 1　双人工衬层示意图

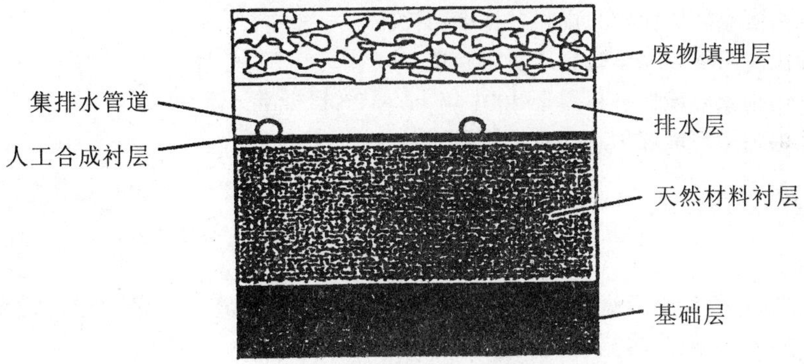

图 2　复合衬层示意图

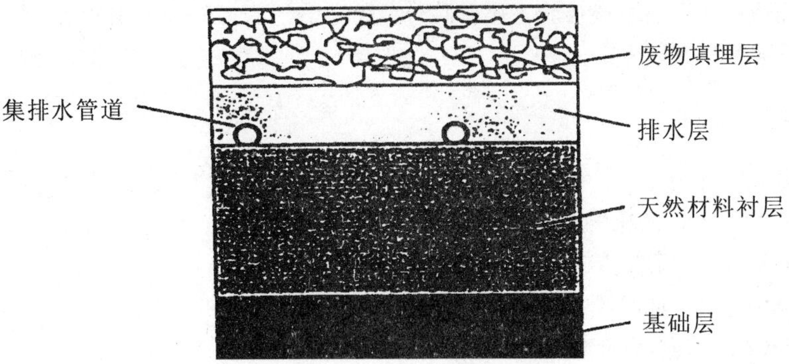

图 3　天然材料衬层示意图

中华人民共和国国家标准

危险废物贮存污染控制标准

Standard for pollution control on hazardous waste storage

GB 18597—2001

前　言

为贯彻《中华人民共和国固体废物污染环境防治法》，防止危险废物贮存过程造成的环境污染，加强对危险废物贮存的监督管理，制定本标准。

本标准规定了对危险废物贮存的一般要求，对危险废物包装、贮存设施的选址、设计、运行、安全防护、监测和关闭等要求。

本标准为首次发布。

本标准中附录A是标准的附录，附录B是提示性附录。

本标准由国家环境保护总局科技标准司提出。

本标准由沈阳环境科学研究所负责起草。

本标准由国家环境保护总局于2001年11月26日批准。

本标准由国家环境保护总局负责解释。

1 主题内容与适用范围

1.1 主题内容

本标准规定了对危险废物贮存的一般要求，对危险废物的包装、贮存设施的选址、设计、运行、安全防护、监测和关闭等要求。

1.2 适用范围

本标准适用于所有危险废物（尾矿除外）贮存的污染控制及监督管理，适用于危险废物的产生者、经营者和管理者。

2 引用标准

下列标准所含的条文，通过在本标准中引用而构成本标准的条文，与本标准同效。

GB 16297　大气污染物综合排放标准

GB 8978　污水综合排放标准

GB 5085.1～3　危险废物鉴别标准

GB 15562.2　环境保护图形标志——固体废物贮存（处置）场

GB 14554　恶臭污染物排放标准

GB/T 15555.1～12　固体废弃物浸出毒性测定方法

当上述标准被修订时，应使用其最新版本。

3 定义

3.1 危险废物

指列入国家危险废物名录或者根据国家规定的危险废物鉴别标准和鉴别方法认定的具有危险特性的废物。

3.2 危险废物贮存

指危险废物再利用，或无害化处理和最终处置前的存放行为。

3.3 贮存设施

指按规定设计、建造或改建的用于专门存放危险废物的设施。

3.4 集中贮存

指危险废物集中处理、处置设施中所附设的贮存设施和区域性的集中贮存设施。

3.5 容器

指按标准要求盛载危险废物的器具。

4 一般要求

4.1 所有危险废物产生者和危险废物经营者应建造专用的危险废物贮存设施，也可利用原有构筑物改建成危险废物贮存设施。

4.2 在常温常压下易爆、易燃及排出有毒气体的危险废物必须进行预处理，使之稳定后贮存，否则，按易爆、易燃危险品贮存。

4.3 在常温常压下不水解、不挥发的固体危险废物可在贮存设施内分别堆放。

4.4 除 4.3 规定外，必须将危险废物装入容器内。

4.5 禁止将不相容（相互反应）的危险废物在同一容器内混装。

4.6 无法装入常用容器的危险废物可用防漏胶袋等盛装。

4.7 装载液体、半固体危险废物的容器内须留足够空间，容器顶部与液体表面之间保留 100mm 以上的空间。

4.8 医院产生的临床废物，必须当日消毒，消毒后装入容器。常温下贮存期不得超过 1d，于 5℃以下冷藏的，不得超过 7d。

4.9 盛装危险废物的容器上必须粘贴符合本标准附录 A 所示的标签。

4.10 危险废物贮存设施在施工前应做环境影响评价。

5 危险废物贮存容器

5.1 应当使用符合标准的容器盛装危险废物。

5.2 装载危险废物的容器及材质要满足相应的强度要求。

5.3 装载危险废物的容器必须完好无损。

5.4 盛装危险废物的容器材质和衬里要与危险废物相容（不相互反应）。

5.5 液体危险废物可注入开孔直径不超过 70mm 并有放气孔的桶中。

6 危险废物贮存设施的选址与设计原则

6.1 危险废物集中贮存设施的选址

6.1.1 地质结构稳定，地震烈度不超过 7 度的区域内。

6.1.2 设施底部必须高于地下水最高水位。

6.1.3 场界应位于居民区 800m 以外，地表水域 150m 以外。

6.1.4 应避免建在溶洞区或易遭受严重自然灾害如洪水、滑坡、泥石流、潮汐等影响的地区。

6.1.5 应建在易燃、易爆等危险品仓库、高压输电线路防护区域以外。

6.1.6 应位于居民中心区常年最大风频的下风向。

6.1.7 集中贮存的废物堆选址除满足以上要求外，还应满足 6.3.1 款要求。

6.2 危险废物贮存设施（仓库式）的设计原则

6.2.1 地面与裙脚要用坚固、防渗的材料建造，建筑材料必须与危险废物相容。

6.2.2 必须有泄漏液体收集装置、气体导出口及气体净化装置。

6.2.3 设施内要有安全照明设施和观察窗口。

6.2.4 用以存放装载液体、半固体危险废物容器的地方，必须有耐腐蚀的硬化地面，且表面无裂隙。

6.2.5 应设计堵截泄漏的裙脚，地面与裙脚所围建的容积不低于堵截最大容器的最大储量或总储量的 1/5。

6.2.6 不相容的危险废物必须分开存放，并设有隔离间隔断。

6.3 危险废物的堆放

6.3.1 基础必须防渗，防渗层为至少 1m 厚黏土层（渗透系数≤10^{-7}cm/s），或 2mm 厚高密度聚乙烯，或至少 2mm 厚的其他人工材料，渗透系数≤10^{-10}cm/s。

6.3.2 堆放危险废物的高度应根据地面承载能力确定。

6.3.3 衬里放在一个基础或底座上。

6.3.4 衬里要能够覆盖危险废物或其溶出物可能涉及的范围。

6.3.5 衬里材料与堆放危险废物相容。

6.3.6 在衬里上设计、建造浸出液收集清除系统。

6.3.7 应设计建造径流疏导系统，保证能防止 25 年一遇的暴雨不会流到危险废物堆里。

6.3.8 危险废物堆内设计雨水收集池，并能收集 25 年一遇的暴雨 24h 降水量。

6.3.9 危险废物堆要防风、防雨、防晒。

6.3.10 产生量大的危险废物可以散装方式堆放贮存在按上述要求设计的废物堆里。

6.3.11 不相容的危险废物不能堆放在一起。

6.3.12 总贮存量不超过 300kg（L）的危险废物要放入符合标准的容器内，加上标签，容器放入坚固的柜或箱中，柜或箱应设多个直径不少于 30mm 的排气孔。不相容危险废物要分别存放或存放在不渗透间隔分开的区域内，每个部分都应有防漏裙脚或储漏盘，防漏裙脚或储漏盘的材料要与危险废物相容。

7 危险废物贮存设施的运行与管理

7.1 从事危险废物贮存的单位，必须得到有资质单位出具的该危险废物样品物理和化学性质的分析报告，认定可以贮存后，方可接收。

7.2 危险废物贮存前应进行检验，确保同预定接收的危险废物一致，并登记注册。

7.3 不得接收未粘贴符合 4.9 规定的标签或标签没按规定填写的危险废物。

7.4 盛装在容器内的同类危险废物可以堆叠存放。

7.5 每个堆间应留有搬运通道。

7.6 不得将不相容的废物混合或合并存放。

7.7 危险废物产生者和危险废物贮存设施经营者均须作好危险废物情况的记录，记录上须注明危险废物的名称、来源、数量、特性和包装容器的类别、入库日期、存放库位、废物出库日期及接收单位名称。

危险废物的记录和货单在危险废物回取后应继续保留 3 年。

7.8 必须定期对所贮存的危险废物包装容器及贮存设施进行检查，发现破损，应及时采取措施清理更换。

7.9 泄漏液、清洗液、浸出液必须符合 GB 8978 的要求方可排放，气体导出口排出的气体经处理后，应满足 GB 16297 和 GB 14554 的要求。

8 危险废物贮存设施的安全防护与监测

8.1 安全防护

8.1.1 危险废物贮存设施都必须按 GB 15562.2 的规定设置警示标志。

8.1.2 危险废物贮存设施周围应设置围墙或其他防护栅栏。

8.1.3 危险废物贮存设施应配备通讯设备、照明设施、安全防护服装及工具，并设有应急防护设施。

8.1.4 危险废物贮存设施内清理出来的泄漏物，一律按危险废物处理。

8.2 按国家污染源管理要求对危险废物贮存设施进行监测。

9 危险废物贮存设施的关闭

9.1 危险废物贮存设施经营者在关闭贮存设施前应提交关闭计划书，经批准后方可执行。

9.2 危险废物贮存设施经营者必须采取措施消除污染。

9.3 无法消除污染的设备、土壤、墙体等按危险废物处理，并运至正在营运的危险废物处理处置场或其他贮存设施中。

9.4 监测部门的监测结果表明已不存在污染时，方可摘下警示标志，撤离留守人员。

10 标准的实施与监督

本标准由县级以上人民政府环境保护行政主管部门负责实施与监督。

附录 A
（标准的附录）
危险废物标签

危 险 废 物	
主要成分 化学名称	危险类别 
危险情况：	
安全措施：	
废物产生单位：______ 地址：______ 电话：______ 联系人：______ 批次： 数量： 出厂日期：	

危险废物标签

M 1∶1

字体为黑体字。

底色为醒目的橘黄色。

危险废物种类标志

危险分类	符号	危险分类	符号
Explosive 爆炸性	 黑色字橙色底	Toxic 有毒	
Flammable 易燃	 黑色字红色底	Harmful 有害	
Oxidizing 助燃	 黑色字黄色底	Corrosive 腐蚀性	
Irritant 刺激性		Asbestos 石棉	

附录 B

（提示性附录）

表 1　不同危险废物种类与一般容器的化学相容性

	容器或衬垫的材料							
	高密度聚乙烯	聚丙烯	聚氯乙烯	聚四氟乙烯	软碳钢	不锈钢		
						$OCr_{18}Ni_9$（GB）	$M_{03}T_i$（GB）	$9Cr_{18}M_0V$（GB）
酸（非氧化）如硼酸、盐酸	R	R	A	R	N	*	*	*
酸（氧化）如硝酸	R	N	N	R	N	R	R	*
碱	R	R	A	R	N	R	*	R
铬或非铬氧化剂	R	A*	A*	R	N	A	A	*
废氰化物	R	R	R	A*—N	N	N	N	N
卤化或非卤化溶剂	*	N	N	*	A*	A	A	A
金属盐酸液	R	A*	A*	R	A*	A*	A*	A*
金属淤泥	R	R	R	R	R	*	R	*
混合有机化合物	R	N	N	A	R	R	R	R
油腻废物	R	N	N	R	A*	R	R	R
有机淤泥	R	N	N	R	R	*	R	*
废漆油（原溶剂）	R	N	N	R	R	R	R	R
酚及其衍生物	R	A*	A*	R	N	A*	A*	A*
聚合前驱物及产生的废物	R	N	N	*	R	*	*	*
皮革废物（铬鞣溶剂）	R	R	R	R	N	*	R	*
废催化剂	R	*	*	A*	A*	A*	A*	A*

A：可接受；N：不建议使用；R：建议使用。

*：因变异性质，请参阅个别化学品的安全资料。

表 2　部分不相容的危险废物

不相容危险废物		混合时会产生的危险
甲	乙	
氰化物	酸类、非氧化	产生氰化氢，吸入少量可能会致命
次氯酸盐	酸类、非氧化	产生氯气，吸入可能会致命
铜、铬及多种重金属	酸类、氧化，如硝酸	产生二氧化氮、亚硝酸盐，引致刺激眼目及烧伤皮肤
强酸	强碱	可能引起爆炸性的反应及产生热能
氨盐	强碱	产生氨气，吸入会刺激眼目及呼吸道
氧化剂	还原剂	可能引起强烈及爆炸性的反应及产生热能

表 3　一些危险废物的危险分类

废物种类	危险分类
废酸类	刺激性/腐蚀性（视其强度而定）
废碱类	刺激性/腐蚀性（视其强度而定）
废溶剂如乙醇、甲苯	易燃
卤化溶剂	有毒
油—水混合物	有害
氰化物溶液	有毒
酸及重金属混合物	有害/刺激性
重金属	有害
含六价铬的溶液	刺激性
石棉	石棉

表4 危险废物相容性质列表

反应编号
U——可能是危险废物但不详
H——产生热
F——火警
G——产生无害或不易燃气体
GT——产生有毒气体
E——爆炸
P——强烈聚合作用
S——溶解有毒物质

例子
H
F 产生热、火警及有毒气体
GT

编号	名称																																									
1	酸类、矿物、非氧化	1																																								
2	酸类、矿物、氧化		2																																							
3	有机酸		G H	3																																						
4	醇类及二醇	H	H P	H P	4																																					
5	醛	H P	H P	H P		5																																				
6	酸液或氮化物	H	H GT				6																																			
7	胺类、脂肪族的及芳香族的	H	H GT	H		H		7																																		
8	偶氮及重氮化合物及肼	H G	H GT	H G	H G	H			8																																	
9	氨基甲酸酯	H G	H GT						G H	9																																
10	强碱	H	H	H		H				G H	10																															
11	氰化物	GT GF	GT GF	GT GF					G			11																														
12	二硫代氨基甲酸酯	H GF F	H GF F	H GF GT		GF GT		U	H G				12																													
13	酯	H	H F						H G		H			13																												
14	醚	H	H F												14																											
15	无机氟化物	GT	GT	GT												15																										
16	芳香族碳氢化合物		H F														16																									
17	卤化有机物	H GT	H F GT					H GT	H GF		H GF	H						17																								
18	异氰酸盐	H G	H F GT	H G	H P			H P	H G		H P G	H G	U						18																							
19	酮	H	H F						H G		H	H								19																						
20	硫醇及其他有机硫化物	GT GF	H F GT						H G									H	H	H	20																					
21	碱及碱土金属	GF H F	GF H F	GF H F	GF H F	GF H F	GF H	GF H	GF H	GF H	GF H	GF H	GF GT H	GF H				H E	GF H	GF H	GF H	21																				
22	粉状、气体或海绵状的金属及合金	GF H F	GF H F	GF					H F GT	U	GF H							H E	GF H		H GF F		22																			
23	片状、棱状、模状金属及合金	GF H F	GF H F						H F G									H E						23																		
24	有毒的金属及其化合物	S	S	S			S	S			S														24																	
25	氮化物	GF HF	H F E	H GF	GF H	GF H			U	H G	U	GF H	GF H	GF H				GF H	U	GF H	GF H	E				25																
26	腈类	H GT GF	H F GT	H							U											H P			S	GF H	26															
27	硝基化合物		H F GT			H					H E											H GF E				H GF E		27														
28	饱和脂肪族碳氢化合物	H	H F			H																	H E						28													
29	碳氧化合物、脂肪族的、不饱和的		H F																											29												
30	有机过氧化物及氮过氧化物	H G	H E		H F	H G		H GT	H F E	H F GT		H E GT	E F GT					H E	H	E	H F GT	H E	F G		H G	H GF E	H P GT		H P		30											
31	酚及甲酚类	H	H F						H G										H P			GF H				GF H					H	31										
32	有机磷酸盐、磷酸硫代盐	H GT	H GT						U		H E											H									U		32									
33	无机硫化物	GT GF	H GT	GT		H			E										H												H GT			33								
34	环氧化物	H P	H P	H P	H P	U		H P	H P		H P	H P	U								H P	H P	H P		H P	H P					H P	H P	U	H P	34							
35	可燃及易燃物料	H G	H F GT																			H G F				H GF F					H F GT					35						
36	爆炸物	H E	H E	H E					H E		H E			H E								H E	H E	H	E	E					H E	H E		H E	H E	H E	36					
37	可聚合的化合物	P H	P H	P H					P H		P H	P H	U									P H	P H	E P	P H	P H					P H	P H		P H			H E	37				
38	强氧化剂	H GT		H GT	H F	H F	H F GT	H F GT	H E	H F GT		H E GT	H F GT	H F				H GT	H F GT	H F	H F GT	H F E	H F E	H H P		H F E	H E GT	H E	H F	H F	H G	H F	H F GT	H F GT	H F G	H F G	H E	H F GT	38			
39	强还原剂	H GF	H F GT	H GF	H GF F	GF H F	GF H	H GF	H G				H GT	H F	H F		H F	H E	GF H	GF H	GF H						H GF	H E			H E	GF H	GT GP H		H	GF H	H E	H P GF	H F E	39		
40	水及含水混合物	H	H						G										H G			GF H	GF H		S	GF H								GT GF						GF GT	40	
41	与水起反应物质	起激烈反应																																								41

标签上的危险用语

1．干燥时容易爆炸。
2．振动、摩擦、接触火焰或其他火源即可能爆炸。
3．振动、摩擦、接触火焰或其他火源极易爆炸。
4．形成极度敏感的爆炸性金属化合物。
5．加热可能引起爆炸。
6．不论是否与空气接触都容易爆炸。
7．可能引起火警。
8．与可燃物料接触可能引起火警。
9．与可燃物料混合时容易爆炸。
10．易燃。
11．高度易燃。
12．极度易燃。
13．极度易燃的液化气体。
14．遇水即产生强烈反应。
15．遇水即放出高度易燃气体。
16．与助燃物质混合时容易爆炸。
17．在空气中会自动燃烧。
18．使用时，可能产生易燃/爆炸性气体及空气混合气体。
19．可能产生容易爆炸的过氧化物。
20．吸入后会对人体有害。
21．沾及皮肤后会对人体有害。
22．吞食后会对人体有害。
23．吸入后会中毒。
24．沾及皮肤后会中毒。
25．吞食后会中毒。
26．吸入后会中剧毒。
27．沾及皮肤后会中剧毒。
28．吞食后会中剧毒。
29．遇水即放出毒气。
30．使用时，可以变得高度易燃。
31．与酸接触后即放出毒气。
32．与酸接触后即放出剧毒气体。
33．有累积效果的危险。
34．引致灼伤。
35．引致严重灼伤。
36．刺激眼睛。
37．刺激呼吸系统。
38．刺激皮肤。
39．有对人体造成非常严重及永不复原的损害的危险。

40．可能对人体造成永不复原的损害。
41．可能对眼睛造成严重损害。
42．吸入后可能引起敏感。
43．沾及皮肤后可能引起敏感。
44．在密封情况下加热可能爆炸。
45．可能引致癌症。
46．可能造成遗传性的基因损害。
47．可能引致先天性缺陷。
48．长期接触可能严重危害健康。
49．当潮湿时，在空气中会自动燃烧。

同时出现的危险情况时标签上的参考危险用语

14/15　遇水即产生强烈反应，并放出高度易燃气体。
15/29　遇水即放出有毒及高度易燃气体。
20/21　吸入或沾及皮肤后都对人体有害。
20/21/22　吸入、沾及皮肤或吞食后都对人体有害。
20/22　吸入或吞食后都对人体有害。
21/22　沾及皮肤或吞食后都对人体有害。
23/24　吸入或沾及皮肤后会中毒。
23/24/25　吸入、沾及皮肤或吞食后会中毒。
23/25　吸入或吞食后会中毒。
24/25　沾及皮肤或吞食后会中毒。
26/27　吸入或沾及皮肤后会中剧毒。
26/27/28　吸入、沾及皮肤或吞食后会中剧毒。
26/28　吸入或吞食后会中剧毒。
27/28　沾及皮肤或吞食后会中剧毒。
36/37　刺激眼睛及呼吸系统。
36/37/38　刺激眼睛、呼吸系统及皮肤。
36/38　刺激眼睛及皮肤。
37/38　刺激呼吸系统及皮肤。
42/43　吸入或沾及皮肤后都可能引起敏感。

标签上的安全用语

1．必须锁紧。
2．放在阴凉地方。
3．切勿放近住所。
4．容器必须盖紧。
5．容器必须保持干燥。
6．容器必须放在通风的地方。
7．切勿将容器密封。
8．切勿放近食物、饮品及动物饲料。

9．切勿放近　　（须指定互不相容的物质）。

10．切勿受热。

11．切勿近火　不准吸烟。

12．切勿放近易燃物质。

13．处理及打开容器时、必须小心。

14．使用时严禁饮食。

15．使用时，严禁吸烟。

16．切勿吸入尘埃。

17．切勿吸入气体（烟雾、蒸汽、喷雾或其他）。

18．避免沾及皮肤。

19．避免沾及眼睛。

20．如沾及眼睛，立即用大量清水来清洗，并尽快就医诊治。

21．所有受污染的衣物必须立即脱掉。

22．沾及皮肤后，立即用大量（指定液来清洗）。

23．切勿倒入水渠。

24．切勿加水。

25．防止静电发生。

26．避免震荡和摩擦。

27．穿上适当防护服。

28．戴上防护手套。

29．如通风不足，则须配戴呼吸器。

30．配戴护眼、护面用具。

31．使用　　（须予指定）来清理受这种物质污染的地面及物件。

32．遇到火警时，使用　　灭火设备，切勿使用。

33．存放温度不超过　　摄氏度。

34．以　　保持湿润。

35．只可放在原用的容器内。

36．切勿与　　混合。

37．只可放在通风的地方。

各种安全用语的配合使用

38．容器必须锁紧，存在阴凉通风的地方。

39．存放在阴凉通风的地方，切勿放近　。（须指明互不相容的物质）

40．容器必须盖紧，保持干燥。

41．只可放在原用的容器内，并放在阴凉通风的地方，切勿放近　。（须指明互不相容的物质）

42．容器必须盖紧，并存放在通风的地方。

43．使用时严禁饮食或吸烟。

44．避免沾及皮肤和眼睛。

45．穿上适当的防护服和戴上适当防护手套。

46．穿上适当的防护服，戴上适当防护手套，并戴上护眼、护面用具。

中华人民共和国环境保护行业标准

工业固体废物采样制样技术规范

Technical specifications on sampling and sample preparation from industry solid waste

HJ/T 20—1998

前　言

为贯彻《中华人民共和国固体废物污染环境防治法》，加强工业固体废物的控制，特制定本标准。

本标准是在《工业固体废物有害特性试验与监测分析方法（试行）》（国家环境保护局（86）环监字第114号文颁布）样品的采集和制备一章的基础上，同时参考了国际上固体废物采样、制样技术的先进经验制定的。

本标准此次为首次发布，于1998年7月1日开始实施。

本标准由国家环境保护局科技标准司提出。

本标准委托辽宁省环境保护科学研究所负责解释。

1 范围

本规范规定了工业固体废物采样制样方案设计、采样技术、制样技术、样品保存和质量控制。

本规范适用于工业固体废物的特性鉴别、环境污染监测、综合利用及处置等所需样品的采集和制备。

本规范不适用于放射性指标监测的采样制样。

2 引用标准

下列标准所包含的条文，通过在本标准中引用而构成为本标准的条文。在标准出版时，所示版本均为有效。所有标准都会被修订，使用本标准的各方应探讨、使用下列标准最新版本的可能性。

GB 2007.1—87　散装矿产品取样、制样通则　手工取样方法

GB 2007.2—87　散装矿产品取样、制样通则　手工制样方法

GB 3723—83　工业用化学产品采样安全通则

GB 6679—86　固体化工产品采样通则

GB 6680—86　液体化工产品采样通则

GB 6678—86　化工产品采样总则

3 定义

3.1 工业固体废物：是指在工业、交通等生产活动中产生的固体废物。
3.2 批：进行特性鉴别、环境污染监测、综合利用及处置的一定质量的工业固体废物。
3.3 批量：构成一批工业固体废物的质量。
3.4 份样：用采样器一次操作从一批的一个点或一个部位按规定质量所采取的工业固体废物。
3.5 份样量：构成一个份样的工业固体废物的质量。
3.6 份样数：从一批中所采取的份样个数。
3.7 小样：由一批中的两个或两个以上的份样或逐个经过粉碎和缩分后组成的样品。
3.8 大样：由一批的全部份样或全部小样或将其逐个进行粉碎和缩分后组成的样品。
3.9 试样：按规定的制样方法从每个份样、小样或大样所制备的供特性鉴别、环境污染监测、综合利用及处置分析的样品。
3.10 最大粒度：筛余量约 5%时的筛孔尺寸。

4 采样

4.1 方案设计（采样计划制定）

在工业固体废物采样前，应首先进行采样方案（采样计划）设计。方案内容包括采样目的和要求、背景调查和现场踏勘、采样程序、安全措施、质量控制、采样记录和报告等。

4.1.1 采样目的

采样的基本目的是：从一批工业固体废物中采集具有代表性的样品，通过试验和分析，获得在允许误差范围内的数据。在设计采样方案时，应首先明确以下具体目的和要求：

——特性鉴别和分类；
——环境污染监测；
——综合利用或处置；
——污染环境事故调查分析和应急监测；
——科学研究；
——环境影响评价；
——法律调查、法律责任、仲裁等。

4.1.2 背景调查和现场踏勘

采样目的明确后，要调查以下影响采样方案制定的因素，并进行现场踏勘：

——工业固体废物的产生（处置）单位、产生时间、产生形式（间断还是连续）、贮存（处置）方式；
——工业固体废物的种类、形态、数量、特性（含物性和化性）；
——工业固体废物试验及分析的允许误差和要求；
——工业固体废物污染环境、监测分析的历史资料；
——工业固体废物产生或堆存或处置或综合利用现场踏勘，了解现场及周围环境。

4.1.3 采样程序

采样按以下步骤进行；
——确定批废物；
——选派采样人员；
——明确采样目的和要求；

——进行背景调查和现场踏勘；
——确定采样法；
——确定份样量；
——确定份样数；
——确定采样点；
——选择采样工具；
——制定安全措施；
——制定质量控制措施；
——采样；
——组成小样或大样。

4.1.4 采样记录和报告

采样时应记录工业固体废物的名称、来源、数量、性状、包装、贮存、处置、环境、编号、份样量、份样数、采样点、采样法、采样日期、采样人等。必要时，根据记录填写采样报告。

4.2 采样技术

4.2.1 采样法

4.2.1.1 简单随机采样法

一批废物，当对其了解很少，且采取的份样比较分散也不影响分析结果时，对这一批废物不做任何处理，不进行分类也不进行排队，而是按照其原来的状况从批废物中随机采取份样。

抽签法：先对所有采份样的部位进行编号，同时把号码写在纸片上（纸片上号码代表采份样的部位），掺和均匀后，从中随机抽取份样数的纸片，抽中号码的部位，就是采份样的部位，此法只宜在采份样的点不多时使用。

随机数字表法：先对所有采份样的部位进行编号，有多少部位就编多少号，最大编号是几位数，就使用随机数表的几栏（或几行），并把几栏（或几行）合在一起使用，从随机数字表的任意一栏、任意一行数字开始数，碰到小于或等于最大编号的数码就记下来（碰上已抽过的数就不要它），直到抽够份数为止。抽到的号码，就是采份样的部位。

4.2.1.2 系统采样法

一批按一定顺序排列的废物，按照规定的采样间隔，每隔一个间隔采取一个份样，组成小样或大样。

在一批废物以运送带、管道等形式连续排出的移动过程中，按一定的质量或时间间隔采份样，份样间的间隔可根据表 1 规定的份样数和实际批量按公式（1）计算：

$$T \leqslant \frac{Q}{n} \text{或} T' \leqslant \frac{60Q}{G \cdot n} \tag{1}$$

式中：T——采样质量间隔，t；

Q——批量，t；

n——按公式（4）计算出的份样数或表 1 中规定的份样数；

G——每小时排出量，t/h；

T'——采样时间间隔，min。

采第一个份样时，不可在第一间隔的起点开始，可在第一间隔内随机确定。

在运送带上或落口处采份样，须截取废物流的全截面。

所采份样的粒度比例应符合采样间隔或采样部位的粒度比例，所得大样的粒度比例应与整批废物流的粒度分布大致相符。

表 1　批量大小与最少份样数

单位：固体：t；液体：1000L

批量大小	最少份样数	批量大小	最少份样数
＜1	5	≥100	30
≥1	10	≥500	40
≥5	15	≥1000	50
≥30	20	≥5000	60
≥50	25	≥10000	80

4.2.1.3 分层采样法

根据对一批废物已有的认识，将其按照有关标志分若干层，然后在每层中随机采取份样。

一批废物分次排出或某生产工艺过程的废物间歇排出过程中，可分 n 层采样，根据每层的质量，按比例采取份样。同时，必须注意粒度比例，使每层所采份样的粒度比例与该层废物粒度分布大致相符。

第 i 层采样份数 n_i 按式（2）计算：

$$n_i = \frac{n \cdot Q_L}{Q} \qquad (2)$$

式中：n_i——第 i 层应采份样数；

n——按公式（4）计算出的份样数或表 1 中规定的份样数；

Q_L——第 i 层废物质量，t；

Q——批量，t。

4.2.1.4 两段采样法

简单随机采样、系统采样、分层采样都是一次就直接从批废物中采取份样，称为单阶段采样。当一批废物由许多车、桶、箱、袋等容器盛装时，由于各容器件比较分散，所以要分阶段采样。首先从批废物总容器件数 N_0 中随机抽取 n_1 件容器，然后再从 n_1 件的每一件容器中采 n_2 个份样。

推荐当 $N_0 \leqslant 6$ 时，取 $n_1 = N_0$；当 $N_0 > 6$ 时，n_1 按式（3）计算：

$$n_1 \geqslant 3 \cdot \sqrt[3]{N_0} \text{（小数进整数）} \qquad (3)$$

推荐第二阶段的采样数 $n_2 \geqslant 3$，即 n_1 件容器中的每个容器均随机采上、中、下最少 3 个份样。

4.2.1.5 权威采样法

由对被采批工业固体废物非常熟悉的个人来采取样品而置随机性于不顾。这种采样法，其有效性完全取决于采样者的知识。尽管权威采样有时也能获得有效的数据，但对大多数采样情况，建议不采用这种采样方法。

4.2.2 份样量

4.2.2.1 一般地说，样品量多一些，才有代表性。因此，份样量不能少于某一限度；但份样量达到一定限度之后，再增加重量也不能显著提高采样的准确度。份样量取决于废物的粒度上限，废物的粒度越大，均匀性越差，份样量就应越多，它大致与废物的最大粒度直径某次方成正比，与废物不均匀性程度成正比。份样量可按切乔特公式（4）计算：

$$Q \geqslant K \cdot d^{\alpha} \qquad (4)$$

式中：Q——份样量应采的最低重量，kg；

d——废物中最大粒度的直径，mm；

K——缩分系数，代表废物的不均匀程度，废物越不均匀，K 值越大，可用统计误差法由实验测定，有时也可由主管部门根据经验指定；

α——经验常数，随废物的均匀程度和易破碎程度而定。

对于一般情况，推荐 $K=0.06$，$\alpha=1$。

4.2.2.2 对于液态批废物的份样量以不小于 100ml 的采样瓶（或采样器）所盛量为准。

4.2.3 份样数

4.2.3.1 公式法

当已知份样间的标准偏差和允许误差时，可按（5）式计算份样数。

$$n \geqslant \left(\frac{t \cdot s}{\Delta}\right)^2 \quad (5)$$

式中：n——必要份样数；

s——份样间的标准偏差；

Δ——采样允许误差；

t——选定置信水平下的概率度。

取 $n \to \infty$ 时的 t 值作为最初 t 值，以此算出 n 的初值。用对应于 n 初值的 t 值代入，不断迭代，直至算得的 n 值不变，此 n 值即为必要份样数。

4.2.3.2 查表法

当份样间标准偏差或允许误差未知时，可按表 1 经验确定份样数。

4.2.4 采样点

4.2.4.1 对于堆存、运输中的固态工业固体废物和大池（坑、塘）中的液体工业固体废物，可按对角线型、梅花型、棋盘型、蛇型等点分布确定采样点（采样位置）。

4.2.4.2 对于粉末状，小颗粒的工业固体废物，可按垂直方向、一定深度的部位确定采样点（采样位置）。

4.2.4.3 对于容器内的工业固体废物，可按上部（表面下相当于总体积的 1/6 深处）、中部（表面下相当于总体积的 1/2 深处）、下部（表面下相当于总体积的 5/6 深处）确定采样点（采样位置）。

4.2.4.4 根据采样方式（简单随机采样、分层采样、系统采样、两段采样等）确定采样点（采样位置）。

4.3 采样类型

4.3.1 固态废物采样

4.3.1.1 采样工具

a．尖头钢锹；

b．钢锤；

c．采样探子（见 GB 6679—86 附录 A）；

d．采样钻（见 GB 6679—86 附录 B）；

e．气动和真空探针（见 GB 6679—86 附录 C）；

f．取样铲（见 GB 2007.1—87 图 1 和表 1）；

g．带盖盛样桶或内衬塑料薄膜的盛样袋。

4.3.1.2 件装采样

a．按 4.2.1.4 确定份样数；

b．按 4.2.2.1 确定份样量；

c．按 4.2.1.1 确定采样法；

d．按 4.2.4.3 确定采样点；

e．选择合适的采样工具，按其操作要求采取份样；

f．组成小样（即副样）或大样（见 GB 2007.1—87 图 2、图 3、图 4）。

4.3.1.3 散装采样

4.3.1.3.1 静止废物采样

a．按 4.2.3 确定份样数；

b．按 4.2.2.1 确定份样量；

c．按 4.2 确定采样法；

d．按 c 确定的采样法和 4.2.4 确定采样点；

e．选择合适的采样工具，按其操作要求采取份样；

f．组成小样（即副样）或大样（见 GB 2007.1—87 图 2、图 3、图 4）。

4.3.1.3.2 移动废物采样

a．按 4.2.3 确定份样数；

b．按 4.2.2.1 确定份样量；

c．按 4.2.1.2 或 4.2.1.3 确定采样法；

d．按 c 确定的采样法确定采样点；

e．选择合适的采样工具，按其操作要求采取份样；

f．组成小样（即副样）或大样（见 GB 2007.1—87 图 2、图 3、图 4）。

4.3.2 液态废物采样

4.3.2.1 采样工具

a．采样勺（见 GB 6680—86 图 A1）；

b．采样管（见 GB 6680—86 图 A2、图 A4、图 A5）；

c．采样瓶、罐（见 GB 6680—86 图 A6、图 A7、图 A8、图 A9、图 A10、图 A11、图 A12）；

d．搅拌器（见 GB 6680—86 图 A17）。

4.3.2.2 件装采样

a．按 4.2.1.4 确定份样数和采样法；

b．按 4.2.2.2 确定份样量；

c．按 4.2.4.3 确定采样点；

d．混匀：对于小容器（瓶、罐）用手摇晃混匀；对于中等容器（桶、听）用滚动、倒置或手工搅拌器混匀；对于大容器（贮罐、槽车、船舱）用机械搅拌器、喷射循环泵混匀；

e．选择合适的采样工具，按其操作要求采取份样；

f．对于多相液体不易混匀时，按 4.2.1.3 采样；

g．组成小样（即副样）或大样（见 GB 2007.1—87 图 2、图 3、图 4）。

4.3.2.3 大池（坑、塘）采样

a．按 4.2.3 确定份样数；

b．按 4.2.2.2 确定份样量；

c．按 4.2.1 确定采样法；

d．按 c 确定的采样法和 4.2.4 确定采样点（取不同深度）；

e．选择合适的采样工具，按其操作要求采取份样；

f．组成小样（即副样）或大样（见 GB 2007.1—87 图 2、图 3、图 4）。

4.3.2.4 移动废物采样

a．按 4.2.3 确定份样数；

b．按 4.2.2.2 确定份样量；

c．按 4.2.1.2 确定采样法及采样点；

d．选择合适的采样工具，按其操作要求采取份样；

e．组成小样（即副样）或大样（见 GB 2007.1—87 图 2、图 3、图 4）。

4.3.3 半固态废物采样

4.3.3.1 半固态废物采样，原则上按 4.3.1 固态废物采样或 4.3.2 液态废物采样规定进行。

4.3.3.2 对在常温下为固体，当受热时易变成流动的液体而不改变其化学性质的废物，最好在产生现场或加热使全部熔化后按 4.3.2 采取液态样品；也可劈开包装按 4.3.1 采取固态样品。

4.3.3.3 对黏稠的液体废物，有流动而又不易流动，所以最好在产生现场按 4.2.1.2 采样；当必须从最终容器中采样时，要选择合适的采样器按 4.3.2.2 采样。由于此种废物难以混匀，所以份样数建议取 4.2.3 确定的份样数的 $\frac{4}{3}$ 倍。

4.4 安全措施

工业固体废物采样安全措施参照《工业用化学产品采样安全通则》（GB 3723—83）。

4.5 质量控制

4.5.1 为保证在允许误差范围内获得工业固体废物的具有代表性的样品，应在采样的全过程进行质量控制。

4.5.2 在工业固体废物采样前，应设计详细的采样方案（采样计划）；在采样过程中，应认真按采样方案进行操作。

4.5.3 对采样人员应进行培训。工业固体废物采样是一项技术性很强的工作，应由受过专门培训、有经验的人员承担。采样人员应熟悉工业固体废物的性状、掌握采样技术、懂得安全操作的有关知识和处理方法。采样时，应由 2 人以上在场进行操作。

4.5.4 采样工具、设备所用材质不能和待采工业固体废物有任何反应，不能使待采工业固定废物污染、分层和损失。采样工具应干燥、清洁，便于使用、清洗、保养、检查和维修。任何采样装置（特别是自动采样器）在正式使用前均应做可行性试验。

4.5.5 采样过程中要防止待采工业固体废物受到污染和发生变质。与水、酸、碱有反应的工业固体废物，应在隔绝水、酸、碱的条件下采样（如反应十分缓慢，在采样精确度允许条件下，可以通过快速采样消除这一影响）；组成随温度变化的工业固体废物，应在其正常组成所要求的温度下采样。

4.5.6 盛样容器应满足以下要求：

——盛样容器材质与样品物质不起作用，没有渗透性；

——具有符合要求的盖、塞或阀门，使用前应洗净、干燥；

——对光敏性工业固体废物样品，盛样容器应是不透光的（使用深色材质容器或容器外罩深色外套）。

4.5.7 样品盛入容器后，在容器壁上应随即贴上标签。标签内容包括：

——样品名称及编号；

——工业固体废物批及批量；

——产生单位；

——采样部位；

——采样日期；

——采样人等。

4.5.8 样品运输过程中，应防止不同工业固体废物样品之间的交叉污染；盛样容器不可倒置、倒放，应防止破损、浸湿和污染。

4.5.9 填写好、保存好采样记录和采样报告。

4.5.10 采样全过程应由专人负责。

5 制样

5.1 方案设计（制样计划制定）

在工业固体废物制样前，应首先进行制样方案（制样计划）设计。方案内容包括制样目的和要求、制样程序、安全措施、质量控制、制样记录和报告。

5.1.1 制样目的

制样的目的是从采取的小样或大样中获取最佳量、具有代表性、能满足试验或分析要求的样品。在设计制样方案时，应首先明确以下具体目的和要求：

——特性鉴别试验；

——废物成分分析；

——样品量和粒度要求；

——其他目的和要求。

5.1.2 制样程序

制样按以下步骤进行：

——选派制样人员；

——确定小样或大样的量和最大粒度直径；

——明确制样的目的和要求；

——按 $Q \geqslant K \cdot d^{\alpha}$ 确定制样操作和选择制样工具；

——制定安全措施；

——制定质量控制措施；

——制样；

——送检和保存。

5.1.3 制样记录和报告

制样时应记录工业固体废物的名称、数量、性状、包装、处置、贮存、环境、编号、送样日期、送样人、制样日期、制样法、制样人等。必要时，根据记录填写制样报告。

5.2 制样技术

5.2.1 制样工具

a．颚式破碎机；

b．圆盘粉碎机；

c．玛瑙研磨机；

d．药碾；

e．玛瑙研钵或玻璃研钵；

f. 标准套筛；

g. 十字分样板；

h. 分样铲（见 GB 2007.2—87 图 2 及表 2）及挡板（见 GB 2007.2—87 图 4）；

i. 分样器；

j. 干燥箱；

k. 盛样容器。

5.2.2 固态废物制样

固态废物样品制备包括以下四个不同操作：

——粉碎：经破碎和研磨以减小样品的粒度；

——筛分：使样品保证 95%以上处于某一粒度范围；

——混合：使样品达到均匀；

——缩分：将样品缩分成两份或多份，以减少样品的质量。

以上四项操作进行一次，即组成制样的一个阶段。

5.2.2.1 样品的粉碎

用机械方法或人工方法破碎和研磨，使样品分阶段达到相应排料的最大粒度。

5.2.2.2 样品的筛分

根据粉碎阶段排料的最大粒度，选择相应的筛号，分阶段筛出一定粒度范围的样品。

5.2.2.3 样品的混合

用机械设备或人工转堆法，使过筛的一定粒度范围的样品充分混合，以达均匀分布。

5.2.2.4 样品的缩分

可以采用下列一个方法或几个方法并用。

a. 份样缩分法：将样品置于平整、洁净的台面（地板革）上，充分混合后，根据厚度（见 GB 2007.2—87 表 2）铺成长方形平堆，划成等分的网络，缩分大样不少于 20 格，缩分小样不少于 12 格，缩分份样不少于 4 格（见 GB 2007.2—87 图 3）。将挡板垂直插至平堆底部，然后于距挡板约等于 C 处将分样铲垂直插至底部，水平移动直至分样铲开口端部接触挡板（见 GB 2007.2—87 图 4），将分样铲和挡板同时提起，以防止样品从分样铲开口处流掉。从各格随机取等量一满铲，合并为缩分样品。

b. 圆锥四分法：将样品置于洁净、平整的台面（地板革）上，堆成圆锥形，每铲自圆锥的顶尖落下，使均匀地沿锥尖散落，注意勿使圆锥中心错位，反复转堆至少三次，使充分混匀，然后将圆锥顶端压平成圆饼，用十字分样板自上压下，分成四等分，任取对角的两等分，重复操作数次，直至该粒度对应的最小样品量。

c. 二分器缩分法：有条件的实验室，可采用此法缩分。

5.2.3 液态废物制样

液体废物制样主要为混匀、缩分。

5.2.3.1 样品的混匀

对于盛小样或大样的小容器（瓶、罐）用手摇晃混匀；对于盛小样或大样的中等容器（桶、听）用滚动、倒置或手工搅拌器混匀；对于盛小样或大样的大容器（贮罐）用机械搅拌器、喷射循环泵混匀。

5.2.3.2 样品的缩分

样品混匀后，采用二分法，每次减量一半，直至试验分析用量的 10 倍为止。

5.2.4 半固态废物制样

5.2.4.1 半固态废物制样原则上按 5.2.2 和 5.2.3 规定进行。

5.2.4.2 黏稠的不能缩分的污泥，要进行预干燥，至可制备状态时，进行粉碎、过筛、混合、缩分。

5.2.4.3 对于有固体悬浮物的样品，要充分搅拌，摇动混匀后，再按需要制成试样。

5.2.4.4 对于含油等难以混匀的液体，可用分液漏斗等分离，分别测定体积，分层制样分析。

5.2.5 安全措施

工业固体废物制样安全措施参照《工业用化学产品采样安全通则》(GB 3723—83)。

5.2.6 质量控制

5.2.6.1 为保证在允许误差范围内获得工业固体废物的具有代表性的样品，应在制样的全过程进行质量控制。

5.2.6.2 在工业固体废物制样前，应设计详细的制样方案（制样计划）；在制样过程中，应认真按制样方案进行操作。

5.2.6.3 对制样人员应进行培训，制样人员应熟悉工业固体废物的性状、掌握制样技术、懂得安全操作的有关知识和处理方法。制样时，应由两人以上在场进行操作。

5.2.6.4 制样工具、设备所用材质不能和待制工业固体废物有任何反应、不破坏样品代表性、不改变样品组成；制样工具应干燥、清洁，便于使用、清洗、保养、检查和维修。

5.2.6.5 制样过程中要防止待制工业固体废物受到交叉污染、发生变质和样品损失。组成随温度变化的工业固体废物，应在其正常组成所要求的温度下制样。

5.2.6.6 盛样容器要求同 4.5.6。

5.2.6.7 样品盛入容器后，在容器壁上应随即贴上标签。标签内容包括：

——样品名称及编号；

——工业固体废物批及批量；

——产生单位；

——送样日期；

——送样人；

——制样日期；

——制样人；

——样品保存期。

5.2.6.8 样品的保存和撤销应按规定期保存环境、保存时间及撤销办法操作。

5.2.6.9 填写好、保存好制样记录和制作报告。

5.2.6.10 制样全过程应设专人负责。

6 样品保存

6.1 每份样品保存量至少应为试验和分析需用量的 3 倍。

6.2 样品装入容器后应立即贴上样品标签。

6.3 对易挥发废物，采取无顶空存样，并取冷冻方式保存。

6.4 对光敏废物，样品应装入深色容器中并置于避光处。

6.5 对温度敏感的废物，样品应保存在规定的温度之下。

6.6 对与水、酸、碱等易反应的废物，应在隔绝水、酸、碱等条件下贮存。

6.7 样品保存应防止受潮或受灰尘等污染。

6.8 样品保存期为 1 个月，易变质的不受此限制。

6.9 样品应在特定场所由专人保管。

6.10 撤销的样品不许随意丢弃，应送回原采样处或处置场所。

附加说明：

本标准由辽宁省环境保护科学研究所起草。

本标准主要起草人：王明杰、全淑和、高敏、辛晓牧。

五、清洁生产与循环经济

中华人民共和国环境保护行业标准

清洁生产标准　镍选矿行业

Cleaner production standard - Nickel ore processing

HJ/T 358—2007

前　言

为贯彻《中华人民共和国环境保护法》和《中华人民共和国清洁生产促进法》，保护环境，为镍选矿生产企业开展清洁生产提供技术支持和指导，制定本标准。

本标准规定了在达到国家和地方环境标准的基础上，根据当前的行业技术、装备水平和管理水平，镍选矿生产企业清洁生产的一般要求。本标准分三级。一级代表国际清洁生产先进水平，二级代表国内清洁生产先进水平，三级代表国内清洁生产基本水平。随着技术的不断进步和发展，本标准也将不断修订，一般三至五年修订一次。

本标准为首次发布。

本标准为指导性标准。

本标准由国家环境保护总局科技标准司提出。

本标准起草单位：甘肃省环境科学设计研究院、中国环境科学研究院、金川集团有限公司。

本标准国家环境保护总局 2007 年 8 月 1 日批准。

本标准自 2007 年 10 月 1 日起实施。

本标准由国家环境保护总局解释。

1 适用范围

本标准规定了清洁生产的一般要求。本标准将清洁生产指标分为五类，即生产工艺与装备要求、资源能源利用指标、污染物产生指标（末端处理前）、废物回收利用指标和环境管理要求。

本标准适用于镍选矿（本标准所称镍选矿是指镍矿石从碎矿作业—磨浮作业—精选作业—尾矿处置的全过程）企业清洁生产审核和清洁生产潜力与机会的判断，以及清洁生产绩效评定和清洁生产绩效公告制度。

2 规范性引用文件

下列标准所含条款通过本标准的引用而成为本标准的条款。当下列标准被修订时，其最新版本适用于本标准。

GB 5085.3　危险废物鉴别标准　浸出毒性鉴别

GB 5086.1　固体废物浸出毒性浸出方法　翻转法

GB 5086.2　固体废物浸出毒性浸出方法　水平振荡法
GB 8978　污水综合排放标准
GB/T 11912　水质 镍的测定 火焰原子吸收分光光度法
GB/T 12998　水质 采样技术指导
GB 18152　选矿安全规程
GB 18597　危险废物贮存污染控制标准
GB 18598　危险废物填埋污染控制标准
GB 18599　一般工业固体废物贮存、处置场污染控制标准
GB/T 24001　环境管理体系　要求及使用指南
GBZ 1　工业企业设计卫生标准
GBZ 2　工作场所有害因素职业接触限值

3 术语和定义

3.1 清洁生产

指不断采取改进设计、使用清洁的能源和原料、采用先进的工艺技术和设备、改善管理、综合利用等措施，从源头削减污染物，提高资源利用效率，减少或者避免生产、服务和产品使用过程中污染物的产生和排放，以减轻或者消除对人类健康和环境的危害。

3.2 原矿品位

指进入选矿厂处理的原矿中所含金属量占原矿数量的百分比。它是反映原矿质量的指标之一，也是选矿厂金属平衡的基本数据之一。

4 规范性技术要求

4.1 指标分级

镍选矿行业生产过程清洁生产水平分三级技术指标：

一级：国际清洁生产先进水平；

二级：国内清洁生产先进水平；

三级：国内清洁生产基本水平。

4.2 指标要求

镍选矿行业清洁生产标准各级指标要求见表1。

表1　镍选矿企业清洁生产标准指标要求

清洁生产指标等级	一级	二级	三级
一、生产工艺与装备要求			
1. 选矿工艺	采用国际先进的自动化程度高，机械性能好，设备台数少的清洁生产选矿工艺、技术	采用国内先进的自动化程度较高，机械性能良好，设备台数较少的清洁生产选矿工艺、技术	无应淘汰的落后选矿工艺、技术
2. 设备节能	采用国际先进的效率高、能耗低的设备	采用国内先进的效率高、能耗较低的设备	无应淘汰的高能耗设备
3. 生产作业地面防渗措施	具备		
4. 事故性渗漏防范措施	具备		
5. 选矿设备设施的完整性	具有完整的选矿设备及配套设施		

清洁生产指标等级	一级	二级	三级
二、资源能源利用指标			
1．选矿回收率/%	≥87.0	≥85.5	≥80.0
2．新鲜水用量/（m^3/t）	≤2.0	≤2.5	≤3.0
3．单位电耗/（kW·h/t）	≤45	≤50	≤60
4．精矿品位/%	Ni≥8.0 MgO≤6.0	Ni≥7.0 MgO≤6.8	Ni≥6.5 MgO≤7.5
三、污染物产生指标			
1．废水产生量/（m^3/t）	≤0.20	≤0.75	≤1.20
2. 固废浸出液中 Ni 的最高容许质量浓度/（mg/L）	≤0.50	≤0.80	≤1.00
3．作业环境噪声/dB（A）	≤75	≤80	≤85
4．作业环境空气中粉尘最高容许质量浓度/（mg/m^3）	≤8	≤9	≤10
四、废物回收利用指标			
1．工业水重复利用率/%	≥90	≥80	≥75
2．尾矿砂综合利用率/%	≥20	≥15	≥8
五、环境管理要求			
1．环境法律法规标准	符合国家和地方有关环境法律、法规，污染物排放达到国家和地方排放标准、总量控制和排污许可证管理要求		
2．组织机构	设专门管理机构和专职管理人员，开展环保和清洁生产有关工作		
3．环境审核	进行了清洁生产审核，实施了全部无、低费方案和部分中、高费方案；按照 GB/T 24001 建立并运行环境管理体系，环境管理制度健全，环境管理手册、程序文件及作业文件齐备	进行了清洁生产审核，实施了全部无、低费方案；建立环境管理与监控制度，有污染事故的应急程序，原始记录及统计数据齐全有效	
4．生产过程环境管理	所有岗位进行过严格培训，有完善的岗位操作规程和作业指导书	所有岗位进行过严格培训，每个作业区有操作规程，重点岗位有作业指导书	主要岗位进行过严格培训，有较完善的岗位操作规程·
	设备运行无故障、完好率达 100%；各种计量装置齐全，并制定严格计量考核制度	设备运行无故障、完好率达 98%；各种计量装置基本齐全，并制定严格考核制度	设备运行无故障、完好率达 95%；主要环节进行计量
	记录运行数据并建立环保档案；制定了企业环境风险预案	记录运行数据并建立环保档案；制定了企业环境风险预案	记录并统计运行数据；制定了企业环境风险预案
	环保设施正常运行，无跑、冒、滴、漏现象，主要生产部位有明显标识，生产环境整洁	环保设施正常运行，无跑、冒、滴、漏现象，重点生产部位标识明显，生产环境整洁	环保设施正常运行，无跑、冒、滴、漏现象，生产环境整洁
	具备药剂制配室和严格的药剂制度，添加的药剂种类、药剂用量、添加方式、加药地点以及加药顺序等均经过充分试验确定		
	作业环境满足 GBZ 1、GB 18152、GBZ 2 标准要求		
5．尾矿处理与处置	采取专用尾矿库，具有防渗、集排水措施、尾矿库坝面、坝坡采取覆盖等措施并有专人维护管理，符合危险废物鉴别标准要求的固体废弃物严格按照危废处理处置（GB 18597，GB 18598）		
6．相关方环境管理	服务协议中明确原辅料的包装、运输、装卸等过程中的安全及环保要求		

5 数据采集和计算方法

5.1 本标准的各项指标的采样和监测按照国家标准监测方法执行。

各项指标的采样、监测和鉴别方法见 GB 12998、GB 11912、GB 18599、GB 5085.3、GB 5086.1～5086.2 和 GB 8978。

5.2 固废浸出液含量指标系指末端处理之前的指标。

5.3 镍选矿企业的原材料及能源使用量、产品产量、废水和固体废弃物产生量及相关技术经济指标等，以法定月报表或年报表为准。

5.4 以下给出各项指标的计算方法。

5.4.1 选矿回收率

回收率是重要的选矿指标，它反映了选矿过程中金属（或其他回收的有用成分）的回收程度，选矿技术水平以及选矿工作质量。

$$\varepsilon=\frac{\beta(\alpha-\theta)}{\alpha(\beta-\theta)}\times 100$$

式中：ε——金属回收率，%；

α——原矿品位，%；

β——精矿品位，%；

θ——尾矿品位，%。

5.4.2 新鲜水用量

新鲜水用量是指选矿过程中处理单位原矿石消耗的新鲜水量。总新鲜水用量是指在一定的计量时间内（年），企业在镍选矿生产全过程中取用的新鲜水总量。

$$W=\frac{W_t}{Q_o}$$

式中：W——新鲜水用量，m^3/t；

W_t——总新鲜水用量，m^3；

Q_o——处理原矿石量，t。

5.4.3 精矿品位

$$\beta_n=\frac{q_n}{Q_n}\times 100\%=\alpha_n\frac{\varepsilon_n}{\gamma_n}\times 100$$

式中：q_n——原矿和各产物（Ni 或 MgO）的有用成分产量，t；

Q_n——原矿和各产物（Ni 或 MgO）的产量，t；

ε_n——原矿和各产物（Ni 或 MgO）的有用成分回收率，%；

γ_n——原矿和各产物（Ni 或 MgO）的产率，%；

α_n——原矿中（Ni 或 MgO）成分品位，%；

β_n——Ni 或 MgO 品位，%。

5.4.4 单位电耗

单位电耗是指选矿过程中处理单位原矿石消耗的电能。总耗电量是指企业内部在一定的计量时间内（年），企业在镍选矿生产全过程中消耗的电量。

$$T=\frac{T_t}{Q_o}$$

式中：T——单位电耗，kW·h/t；

T_t——总耗电量，kW·h；

Q_o——处理原矿石量，t。

5.4.5 废水产生量

废水是指选矿过程中最终排入尾矿坝不再回用的水。废水产生量是指选矿过程中处理单位原矿石排放的废水量。总排废水量是指企业内部在一定的计量时间内（年），企业在镍选矿生产全过程中排放的废水量。

$$L = \frac{L_w}{Q_o}$$

式中：L——废水产生量，m^3/t；

L_w——总排废水量，m^3；

Q_o——处理原矿石量，t。

5.4.6 固废浸出液中 Ni 最高允许浓度

是指固废按 GB 5085.3 要求进行浸出毒性鉴别试验得到的浸出液中镍的最高允许浓度。

5.4.7 工业水重复利用率

工业水重复利用率是指企业内部在一定的计量时间内（年），在生产过程中使用的重复利用水量占总用水量的百分比。

总用水量是指生产过程中取用新鲜水量和重复利用水量之和。

$$R = \frac{V_r}{V_t} \times 100$$

式中：R——工业水重复利用率，%；

V_r——重复利用水量（包括循环用水量和串联使用水量），m^3；

V_t——生产过程中总用水量，m^3。

6 标准的实施

本标准由各级人民政府环境保护行政主管部门负责监督实施。

中华人民共和国环境保护行业标准

清洁生产标准　铁矿采选业

Cleaner production standard - Iron oremining andmineral processing industry

HJ/T 294—2006

前　言

为贯彻实施《中华人民共和国环境保护法》和《中华人民共和国清洁生产促进法》，进一步推动中国的清洁生产，防止生态破坏，保护人民健康，促进经济发展，并为铁矿采选企业开展清洁生产提供技术支持和导向，制订本标准。

本标准为推荐性标准，可用于铁矿采选企业的清洁生产审核和清洁生产潜力与机会的判断，以及清洁生产绩效评定和清洁生产绩效公告制度。

在达到国家和地方环境标准的基础上，本标准根据当前的行业技术、装备水平和管理水平而制定，共分为三级。一级代表国际清洁生产先进水平，二级代表国内清洁生产先进水平，三级代表国内清洁生产基本水平。随着技术的不断进步和发展，本标准也将不断修订，一般三至五年修订一次。

根据清洁生产的一般要求，清洁生产指标原则上分为生产工艺与装备要求、资源能源利用指标、产品指标、污染物产生指标（末端处理前）、废物回收利用指标和环境管理要求六类。考虑到铁矿采选行业的特点，本标准将清洁生产指标分别分为四类（采矿类）和五类（选矿类），即装备要求、资源能源利用指标、污染物产生指标（选矿类，末端处理前）、废物回收利用指标和环境管理要求。

本标准由国家环境保护总局科技标准司提出。

本标准起草单位：马鞍山矿山研究院、中国环境科学研究院。

本标准为首次发布，自 2006 年 12 月 1 日起实施。

本标准由国家环境保护总局解释。

1 适用范围

本标准适用于铁矿采矿（包括地下采矿和露天采矿）和选矿（包括重选、磁选和浮选）企业的清洁生产审核、清洁生产潜力与机会的判断、清洁生产绩效评定和清洁生产绩效公告制度。

2 规范性引用文件

以下标准所含条文，在本标准中被引用即构成本标准的条文，与本标准同效。

GB 11901　水质　悬浮物的测定　重量法

GB 11914　水质　化学需氧量的测定　重铬酸钾法

GB 12998　水质　采样技术指导

GB 12999　水质　采样样品的保存和管理技术规定

GB 13456　钢铁工业水污染物排放标准

GB/T 7119　评价企业合理用水技术通则

当上述标准被修订时，应使用其最新版本。

3 术语和定义

3.1 清洁生产

清洁生产是指不断采取改进设计、使用清洁的能源和原料、采用先进的工艺技术与设备、改善管理、综合利用等措施，从源头削减污染，提高资源利用效率，减少或者避免生产、服务和产品使用过程中污染物的产生和排放，以减轻或者消除对人类健康和环境的危害。

3.2 土地复垦

指对在生产建设过程中，因挖损、塌陷、压占等造成破坏的土地，采取整治措施，使其恢复到可利用状态的活动。

4 技术要求

4.1 指标分级

本标准将铁矿采选行业生产过程清洁生产水平划分为三级技术指标：

一级：国际清洁生产先进水平；

二级：国内清洁生产先进水平；

三级：国内清洁生产基本水平。

4.2 指标要求

铁矿采选行业清洁生产标准（露天开采类）的指标要求见表1。

铁矿采选行业清洁生产标准（地下开采类）的指标要求见表2。

铁矿采选行业清洁生产标准（选矿类）的指标要求见表3。

表1　铁矿采选行业清洁生产标准（露天开采类）

指标	一级	二级	三级
一、工艺与装备要求			
穿孔	采用国际先进的高效、信息化程度高、大孔径、配有除尘净化装置的牙轮钻、潜孔钻等凿岩设备	采用国内的先进高效、较大孔径、配有除尘净化装置的牙轮钻、潜孔钻等凿岩设备	采用国产较先进的配有除尘净化装置的牙轮钻、潜孔钻等凿岩设备
爆破	采用国际先进的机械化程度高的装药车和炮孔填塞机，采用仿真模拟的控制爆破技术	采用国内先进的机械化程度较高的装药车和炮孔填塞机，采用优化的控制爆破技术	采用国内较先进的机械化装药设备，采用控制爆破技术
铲装	采用国际先进的效率高、信息化程度高、大型化电铲，配有除尘净化设施	采用国内先进的效率较高、大型化的电铲，配有除尘净化设施	采用国内较先进的机械化装岩设备，配有除尘净化设施
运输	采用国际先进的高效铁路运输、胶带运输，或公路—铁路、汽车—破碎—胶带联合运输系统；配有除尘净化设施	采用国内先进的高效铁路运输、胶带运输，或公路—铁路、汽车—破碎—胶带联合运输系统；配有除尘净化设施	采用国内较先进的机械化运输系统，配有除尘净化设施

<table>
<tr><th colspan="2">指标</th><th>一级</th><th>二级</th><th>三级</th></tr>
<tr><td colspan="2">排水</td><td>满足 30 年一遇的矿坑涌水量排水要求</td><td>满足 20 年一遇的矿坑涌水量排水要求</td><td>满足最大的矿坑涌水量排水要求</td></tr>
<tr><td colspan="5">二、资源能源利用指标</td></tr>
<tr><td colspan="2">回采率/%</td><td>≥98</td><td>≥95</td><td>≥90</td></tr>
<tr><td colspan="2">贫化率/%</td><td>≤3</td><td>≤7</td><td>≤12</td></tr>
<tr><td colspan="2">采矿强度/[t/（m·a）]</td><td>≥6000</td><td>≥2000</td><td>≥1000</td></tr>
<tr><td colspan="2">电耗/（kW·h/t）</td><td>≤0.7</td><td>≤1.2</td><td>≤2.5</td></tr>
<tr><td colspan="5">三、废物回收利用指标</td></tr>
<tr><td colspan="2">废石综合利用率/%</td><td>≥25</td><td>≥15</td><td>≥10</td></tr>
<tr><td colspan="5">四、环境管理要求</td></tr>
<tr><td colspan="2">环境法律法规标准</td><td colspan="3">符合国家和地方有关环境法律、法规，污染物排放达到国家和地方排放标准、总量控制和排污许可证管理要求</td></tr>
<tr><td colspan="2">环境审核</td><td>按照企业清洁生产审核指南的要求进行了审核；按照 ISO 14001 建立并运行环境管理体系，环境管理手册、程序文件及作业文件齐备</td><td>按照企业清洁生产审核指南的要求进行了审核；环境管理制度健全，原始记录及统计数据齐全有效</td><td>按照企业清洁生产审核指南的要求进行了审核；环境管理制度、原始记录及统计数据基本齐全</td></tr>
<tr><td rowspan="5">生产过程环境管理</td><td>岗位培训</td><td colspan="2">所有岗位进行过严格培训</td><td>主要岗位进行过严格培训</td></tr>
<tr><td>穿孔、爆破、铲装、运输等主要工序的操作管理</td><td>有完善的岗位操作规程；运行无故障、设备完好率达 100%</td><td>有完善的岗位操作规程；运行无故障、设备完好率达 98%</td><td>有较完善的岗位操作规程；运行无故障、设备完好率达 95%</td></tr>
<tr><td>生产设备的使用、维护、检修管理制度</td><td>有完善的管理制度，并严格执行</td><td>主要设备有具体的管理制度，并严格执行</td><td>主要设备有基本的管理制度，并严格执行</td></tr>
<tr><td>生产工艺用水、用电管理</td><td>各种计量装置齐全，并制定严格计量考核制度</td><td>主要环节进行计量，并制定定量考核制度</td><td>主要环节进行计量</td></tr>
<tr><td>各种标识</td><td colspan="3">生产区内各种标识明显，严格进行定期检查</td></tr>
<tr><td rowspan="6">环境管理</td><td>环境管理机构</td><td colspan="3">建立并有专人负责</td></tr>
<tr><td>环境管理制度</td><td colspan="2">健全、完善的环境管理制度，并纳入日常管理</td><td>较完善的环境管理制度</td></tr>
<tr><td>环境管理计划</td><td>制定近、远期计划并监督实施</td><td>制定近期计划并监督实施</td><td>制定日常计划并监督实施</td></tr>
<tr><td>环保设施运行管理</td><td colspan="2">记录运行数据并建立环保档案</td><td>记录并统计运行数据</td></tr>
<tr><td>污染源监测系统</td><td colspan="3">对穿孔、爆破、铲装、运输等生产过程产生的粉尘进行定期监测</td></tr>
<tr><td>信息交流</td><td colspan="2">具备计算机网络化管理系统</td><td>定期交流</td></tr>
<tr><td colspan="2">土地复垦</td><td>1）具有完整的复垦计划，复垦管理纳入日常生产管理；
2）土地复垦率达到 80%以上</td><td>1）具有完整的复垦计划，复垦管理纳入日常生产管理；
2）土地复垦率达到 50%以上</td><td>1）具有完整的复垦计划；
2）土地复垦率达到 20%以上</td></tr>
<tr><td colspan="2">废物处理与处置</td><td colspan="3">应建有废石贮存、处置场，并有防止扬尘、淋滤水污染、水土流失的措施</td></tr>
<tr><td colspan="2">相关方环境管理</td><td colspan="3">服务协议中应明确原辅材料的供应方、协作方、服务方的环境要求</td></tr>
</table>

表 2 铁矿采选行业清洁生产标准（地下开采类）

指标	一级	二级	三级
一、工艺与装备要求			
凿岩	采用国际先进的信息化程度高、凿岩效率高、配有除尘净化装置的凿岩台车	采用国内先进的凿岩效率较高、配有除尘净化装置的凿岩台车	采用国产较先进的配有除尘净化装置的凿岩设备
爆破	采用国际先进的机械化程度高的装药车，采用控制爆破技术	采用国内先进的机械化程度较高的装药车，采用控制爆破技术	厚矿体采用机械化装药，薄矿体采用人工装药
铲装	采用国际先进的高效、能耗低的铲运机、装岩机等装岩设备，配有除尘净化设施	采用国内先进的高效、能耗较低的铲运机、装岩机等装岩设备，配有除尘净化设施	采用国内较先进的机械化装岩设备，配有除尘净化设施
运输	采用高效、规模化、配套的机械运输体系，如电机车运输，胶带运输，配有除尘净化设施		采用国内较先进的机械化运输体系，配有除尘净化设施
提升	采用国际先进的自动化程度高的提升系统	采用国内先进的自动化程度较高的提升系统	采用国内较先进的提升机系统
通风	采用配有自动控制、监测系统的通风系统，采用低压、大风量、高效、节能的矿用通风机	采用大风量、低压、高效、节能的矿用通风机	
排水	满足 30 年一遇的矿井涌水量排水要求	满足 20 年一遇的矿井涌水量排水要求	满足矿井最大涌水量排水要求
二、资源能源利用指标			
回采率/%	≥90	≥80	≥70
贫化率/%	≤8	≤12	≤15
采矿强度/[t/（m^2·a）]	≥50	≥30	≥20
电耗/（kW·h/t）	≤10	≤18	≤25
三、废物回收利用指标			
废石综合利用率/%	≥30	≥20	≥10
四、环境管理要求			
环境法律法规标准	符合国家和地方有关环境法律、法规，污染物排放达到国家和地方排放标准、总量控制和排污许可证管理要求		
环境审核	按照企业清洁生产审核指南的要求进行了审核；按照 ISO 14001 建立并运行环境管理体系，环境管理手册、程序文件及作业文件齐备	按照企业清洁生产审核指南的要求进行了审核；环境管理制度健全，原始记录及统计数据齐全有效	按照企业清洁生产审核指南的要求进行了审核；环境管理制度、原始记录及统计数据基本齐全

指标		一级	二级	三级
生产过程环境管理	岗位培训	所有岗位进行过严格培训		主要岗位进行过严格培训
	凿岩、爆破、铲装、运输等主要工序的操作管理	有完善的岗位操作规程；运行无故障、设备完好率达 100%	有完善的岗位操作规程；运行无故障、设备完好率达 98%	有较完善的岗位操作规程；运行无故障、设备完好率达 95%
	生产设备的使用、维护、检修管理制度	有完善的管理制度，并严格执行	主要设备有具体的管理制度，并严格执行	主要设备有基本的管理制度，并严格执行
	生产工艺用水、用电管理	各种计量装置齐全，并制定严格计量考核制度	主要环节进行计量， 并制定定量考核制度	主要环节进行计量
	各种标识	生产区内各种标识明显，严格进行定期检查		
环境管理	环境管理机构	建立并有专人负责		
	环境管理制度	健全、完善的环境管理制度，并纳入日常管理		较完善的环境管理制度
	环境管理计划	制定近、远期计划并监督实施	制定近期计划并监督实施	制定日常计划并监督实施
	环保设施运行管理	记录运行数据并建立环保档案		记录并统计运行数据
	污染源监测系统	对凿岩、爆破、铲装、运输等生产过程产生的粉尘进行定期监测		
	信息交流	具备计算机网络化管理系统		定期交流
土地复垦		1）具有完整的复垦计划，复垦管理纳入日常生产管理； 2）土地复垦率达到 80%以上	1）具有完整的复垦计划，复垦管理纳入日常生产管理； 2）土地复垦率达到 50%以上	1）具有完整的复垦计划； 2）土地复垦率达到 20%以上
废物处理与处置		应建有废石贮存、处置场，并有防止扬尘、淋滤水污染、水土流失的措施		
相关方环境管理		服务协议中应明确原辅材料的供应方、协作方、服务方的环境要求		

表 3　铁矿采选行业清洁生产标准（选矿类）

指标	一级	二级	三级
一、工艺与装备要求			
破碎筛分	采用国际先进的处理量大、高效超细破碎机等破碎设备，配有除尘净化设施	采用国内先进的处理量较大、效率较高的超细破碎机等破碎设备，配有除尘净化设施	采用国内较先进的旋回、颚式、圆锥锤式破碎机等破碎设备，配有除尘净化设施
磨矿	采用国际先进的处理量大、能耗低、效率高的筒式磨矿机、高压辊磨机等磨矿设备	采用国内先进的处理量较大、能耗较低、效率较高的筒式磨矿机、高压辊磨机等磨矿设备	采用国内较先进的筒式磨矿、干式自磨、棒磨、球磨等磨矿设备
分级	采用国际先进的分级效率高的高频振动细筛分级机等分级设备	采用国内先进的分级效率较高的电磁振动筛、高频细筛等分级设备	采用国内较先进的旋流分级、振动筛、高频细筛等分级设备

指标		一级	二级	三级
选别		采用国际先进的回收率高、自动化程度高的大粒度中高场强磁选机和跳汰机、立环脉动高梯度强磁选机、充气机械搅拌式浮选机等选别设备	采用国内先进的回收率较高、自动化程度较高的大粒度中高场强磁选机和跳汰机、立环脉动高梯度强磁选机、充气机械搅拌式浮选机等选别设备	采用国内较先进的回收率较高的立环式、平环式强磁选机、机械搅拌式浮选机、棒型浮选机等选别设备
脱水过滤		采用国际先进的效率高、自动化程度高的高效浓缩机和大型高效盘式过滤机等脱水过滤设备	采用国内先进的脱水过滤效率较高、自动化程度较高的高效浓缩机和大型高效盘式压滤机等脱水过滤设备	采用国内较先进的脱水过滤效率较高的浓缩机和筒式压滤机等脱水过滤设备
二、资源能源利用指标				
金属回收率/%		≥90	≥80	≥70
电耗/（kW·h/t）*		≤16	≤28	≤35
水耗/（m^3/t）*		≤2	≤7	≤10
三、污染物产生指标				
废水产生量/（m^3/t）*		≤0.1	≤0.7	≤1.5
悬浮物/（kg/t）*		≤0.01	≤0.21	≤0.60
化学需氧量/（kg/t）*		≤0.01	≤0.11	≤0.75
四、废物回收利用指标				
工业水重复利用率/%		≥95	≥90	≥85
尾矿综合利用率/%		≥30	≥15	≥8
五、环境管理要求				
环境法律法规标准		符合国家和地方有关环境法律、法规，污染物排放达到国家和地方排放标准、总量控制和排污许可证管理要求		
环境审核		按照企业清洁生产审核指南的要求进行了审核；按照ISO 14001建立并运行环境管理体系，环境管理手册、程序文件及作业文件齐备	按照企业清洁生产审核指南的要求进行了审核；环境管理制度健全，原始记录及统计数据齐全有效	按照企业清洁生产审核指南的要求进行了审核；环境管理制度、原始记录及统计数据基本齐全
生产过程环境管理	岗位培训	所有岗位进行过严格培训		主要岗位进行过严格培训
	破碎、磨矿、分级等主要工序的操作管理	有完善的岗位操作规程；运行无故障、设备完好率达100%	有完善的岗位操作规程；运行无故障、设备完好率达98%	有较完善的岗位操作规程；运行无故障、设备完好率达95%
	生产设备的使用、维护、检修管理制度	有完善的管理制度，并严格执行	主要设备有具体的管理制度，并严格执行	主要设备有基本的管理制度，并严格执行
	生产工艺用水、用电管理	各种计量装置齐全，并制定严格计量考核制度	主要环节进行计量，并制定定量考核制度	主要环节进行计量
	各种标识	生产区内各种标识明显，严格进行定期检查		

指标		一级	二级	三级
环境管理	环境管理机构	建立并有专人负责		
	环境管理制度	健全、完善的环境管理制度，并纳入日常管理		较完善的环境管理制度
	环境管理计划	制定近、远期计划并监督实施	制定近期计划并监督实施	制定日常计划并监督实施
	环保设施运行管理	记录运行数据并建立环保档案		记录并统计运行数据
	污染源监测系统	对水、气、声主要污染源、主要污染物进行定期监测		
	信息交流	具备计算机网络化管理系统		定期交流
土地复垦（尾矿库）		1)具有完整的复垦计划，复垦管理纳入日常生产管理； 2）土地复垦率达到80%以上	1)具有完整的复垦计划，复垦管理纳入日常生产管理； 2）土地复垦率达到50%以上	1）具有完整的复垦计划，并纳入日常生产管理； 2）土地复垦率达到20%以上
废物处理与处置		应建有尾矿贮存、处置场，并有防止扬尘、淋滤水污染、水土流失的措施		
相关方环境管理		服务协议中应明确原辅材料的供应方、协作方、服务方的环境要求		

注：“*”选矿为单位原矿。

5 数据采集和计算方法

本标准所规定的各项指标均采用铁矿采选行业和环境保护部门最常用的指标，易于理解和执行。

5.1 本标准各项指标的采样和监测按照国家标准监测方法执行。

废水污染物各项指标的采样和监测方法见 GB 12999、GB 12998、GB 11901 和 GB 11914。

5.2 废水污染物产生指标系指末端处理之前的指标。

5.3 企业的原材料及能源使用量、产品产量、废水和固体废物产生量及相关技术经济指标等，以法定月报表或年报表为准。

5.4 以下给出相关指标的计算方法。

5.4.1 回采率

回采率是区域矿石采出量与区域内矿石储量的比值。

5.4.2 贫化率

贫化率是工业储量品位（C）与采出矿石品位（C_c）的差值与工业储量品位的比率。

$$P=\frac{C-C_c}{C}\times 100\%$$

式中：P——贫化率，%；

C——工业储量品位，%；

C_c——采出矿石品位，%。

5.4.3 采矿强度

地下矿山采矿强度是指每平方米采场面积年产矿石量。

$$q=\frac{A}{S}$$

式中：q——地下矿山采矿强度，t/（$m^2\cdot a$）；

A——采矿工作面全年采出矿石量，t/a；

S——本年度进行回采的各采场面积之和，m^2。

露天矿山采矿强度是指每米采矿工作线年产矿石量。

$$q = \frac{A}{L}$$

式中：q——露天矿山采矿强度，t/（m·a）；

A——采矿工作面全年采出矿石量，t/a；

L——本年度各采场采矿工作线长度之和，m。

注：计算中采矿工作线长度按有效采矿工作线取用。

5.4.4 金属回收率

$$\varepsilon = \frac{(\gamma \times \beta)}{\alpha} \times 100\%$$

式中：ε——金属回收率，%；

γ——精矿产率，%；

β——精矿品位，%；

α——原矿品位，%。

5.4.5 全员劳动生产率

全员劳动生产率是年生产的矿石量与全员人数的比值。

5.4.6 工业水重复利用率

工业水重复利用率是在一定的计量时间内（年），生产过程中使用的重复利用水量与总用水量之比。总用水量是指主要生产用水、辅助生产用水和附属生产用水之和。

$$P = \frac{V_r}{V_t} \times 100\%$$

$$V_t = V_r + V_f$$

式中：R——重复利用率，%；

V_r——重复利用水量（包括循环用水量和串联使用水量），m^3；

V_f——生产过程中取用的新水量，m^3；

V_t——生产过程中总用水量，为 V_r 和 V_f 之和，m^3。

5.4.7 废石综合利用率

废石综合利用率是在一定的计量时间内（年），回收利用的废石量与同期废石产生量之比。

5.4.8 土地复垦率

土地复垦率是累计的土地复垦面积与累计的废弃地面积之比。

5.4.9 尾矿综合利用率

尾矿综合利用率是在一定的计量时间内（年），尾矿综合回收利用量与同期尾矿产生量之比。

6 标准的实施

本标准由各级人民政府环境保护行政主管部门负责监督实施。

中华人民共和国国家环境保护标准

铝工业发展循环经济环境保护导则

Environmental protection guide for developing circular economy in aluminum industry

HJ 466—2009

前 言

为了贯彻《中华人民共和国环境保护法》、《中华人民共和国循环经济促进法》、《国务院关于落实科学发展观 加强环境保护的决定》（国发[2005]39 号）、《国务院关于加快发展循环经济的若干意见》（国发[2005]22 号）和《国务院关于做好建设节约型社会近期重点工作的通知》（国发[2005]21 号），促进铝工业发展循环经济，实现资源能源利用效率最大化，预防和控制铝工业发展循环经济过程中的环境污染，制定本标准。

本标准就铝工业发展循环经济的规划、建设及运行中的污染防治和环境保护相关事项提出了要求，相关企业和管理部门可参照执行。

本标准为首次发布。

本标准由环境保护部科技标准司组织制订。

本标准起草单位：中国环境科学研究院。

本标准环境保护部 2009 年 3 月 14 日批准。

本标准自 2009 年 7 月 1 日起实施。

本标准由环境保护部解释。

1 范围

本标准适用于各级环境保护主管部门对铝工业发展循环经济的规划、建设和运行中污染的防治和环境管理。本标准也适用于指导铝工业企业在发展循环经济中加强污染控制。

2 规范性引用文件

本标准内容引用了下列文件中的条款。凡是不注日期的引用文件，其有效版本适用于本标准。

GB 8978—1996 污水综合排放标准

GB 12348—2008 工业企业厂界环境噪声排放标准

GB 16297—1996 大气污染物综合排放标准

GB 9078—1996 工业炉窑大气污染物排放标准

GB 16487.10—2005 进口可用做原料的固体废物环境保护控制标准 废五金电器

HJ/T 187—2006 清洁生产标准 电解铝业

HJ/T 254—2006 建设项目竣工环境保护验收技术规范 电解铝

HJ/T 273—2006 行业类生态工业园区标准（试行）

3 术语定义

3.1 循环经济

循环经济，是指在生产、流通和消费等过程中进行的减量化、再利用、资源化活动的总称，也就是资源节约和循环利用活动的总称。循环经济是推进可持续发展战略的一种优选模式，它强调以循环发展模式替代传统的线性增长模式，表现为以“资源—产品—再生资源”和“生产—消费—再循环”的模式，有效地利用资源和保护环境，最终达到以较小发展成本获取较大的经济效益、社会效益和环境效益。

3.2 铝工业

铝是国民经济发展的重要基础原材料，我国的铝工业主要由氧化铝、电解铝、铝加工三部分组成。

4 铝工业发展循环经济基本原则

4.1 以循环经济和工业生态学理论为指导，按照物质、能量、信息流动的生态规律，通过废铝资源综合利用、物质闭合循环、产品与服务的减物质化以及能源效率最大化等措施来构建行业发展循环经济的模式与结构。

4.2 在企业内部实施清洁生产，通过减少资源和能源的消耗、循环利用废物、降低废物排放量、研究开发铝制品品种、提高铝制品适用性，规范再生铝企业发展，实现资源、能源利用效率最大化。

4.3 在不同的生产系统之间通过产品流和废物流链接，对资源、能源加以整合，构建物质和能量循环，实现行业内部资源、能源利用最大化。

4.4 通过铝工业的发展拉动其他产业和周边地区的发展。促进周边的产业结构调整和提升，使区域环境得到持续改善，资源得到充分利用。

5 铝工业提高资源、能源效率，降低污染负荷的主要途径

5.1 在企业内部通过促进清洁生产、推进生态设计、建立环境管理体系，改变传统的、单一的末端污染治理，合理利用自然资源、实现工业污染全过程控制。

5.2 坚持科学发展观，继续加强和改善宏观调控，充分、合理利用国内外两种现有铝土矿资源，控制总量，优化结构，合理布局，降耗减污，推动铝工业走新型工业化道路，实现由大到强的转变。通过加强国际合作，积极利用两个市场、两种资源，发挥我国铝工业的规模优势，以尽可能小的资源消耗和环境成本，获得尽可能大的经济效益和社会效益，提升国际竞争力。

5.3 在铝土矿开采和氧化铝、电解铝的生产中要不断推动技术进步，改进工艺，扩大规模，进行资源综合利用，降低能耗、物耗，提高产品质量，大力开发多品种氧化铝和铝深加工产品，增加产品种类。以市场为导向，大力开发铝深加工产品，延伸产业链，提高产品附加值。

5.4 有效的能源利用是削减费用和环境负担的主要战略。在铝工业产业链内根据不同行业、产品、工艺的用能质量需求，规划和设计能源梯级利用流程，可使能源在产业链中得到充分利用，提高能源利用效率。

5.5 节能是铝工业能源战略的重要组成部分。铝工业主要节能措施如下：

（1）氧化铝生产：一是加快氧化铝生产新工艺的开发与应用；二是以节能降耗、提高产出率为重点，对拜耳法工艺进行优化；三是加强烧结法工艺节能降耗的挖潜；四是加强联合法工艺研究及其赤泥干法输送研究；五是提升高附加值化学品氧化铝产品比例，降低单位产值能耗；

六是限期淘汰直接加热溶出技术。

（2）电解铝生产：一是加快大容量预焙阳极电解槽成套技术与装备的产业化，强制淘汰自焙电解槽，限期淘汰小预焙槽；二是进一步加强电解槽物理场技术研究，优化电解槽，提高电流效率。进一步完善和推广浓相与超浓相输送技术、模糊控制技术、大型直降式可控硅整流技术国产化、干法净化技术等；三是加大电解铝液直接铸坯、合金锭、板材的比例，通过提高产业聚合度，降低熔解铝的再氧化，减少电能消耗；四是完善和推广系列不停电、停开槽大修技术；五是电解槽的焙烧启动应采用新型湿法无效应焙烧启动技术，降低电解槽启动能耗并有效减少温室气体排放量；六是采用新型原材料，如石墨化阴极炭块、新型阳极等。研制新型炼铝工艺和装备，如惰性阳极、润湿性阳极、超大型电解槽等。

（3）铝加工生产：加大铝产品结构调整力度，提高铸轧卷、铸造铝合金、变形铝合金等产品品级，降低铝烧损和降低重熔能耗，增加铝制品应用的广泛性。

（4）碳素生产：应发展石油焦集中煅烧，提高煅烧余热的利用效率。新建碳素生产厂应尽可能直接采用煅后石油焦，要发展液体沥青原料的供应和使用，有条件的碳素厂应直接采用液体沥青。抓紧实施焙烧炉改造，用先进的新型立装 W 型环式焙烧炉取代 V 型炉，并配备自动化燃料控制系统。采用回转窑煅烧石油焦，控制挥发分在窑内完全燃烧，实现无燃料或低燃料燃烧，并加强煅烧余热的回收利用；采用连续混捏，实现沥青配料混捏自动化，提高产品合格率。

5.6 铝工业企业生产用水要贯彻“节约用水、清污分流、循环使用、梯级利用”的原则。要通过抓源头、改善流程和强化管理等手段，有效地降低新水使用量，减少工业废水的产生和排放。杜绝跑、冒、滴、漏是铝工业企业节水和避免水污染的重要内容，对供水设备、用水设备须及时维修，减少管道渗漏。

5.7 铝工业企业水循环利用的核心指导思想是“全过程控制、分散和集中相结合”。通过统筹安排实现水的循环。采用不用水或少用水的工艺及大型设备，做到源头用水减量化；采用高效、安全可靠的先进水处理技术和工艺，提高水的循环利用率，进一步降低吨铝耗新鲜水量；采用先进工艺对循环水系统的排污水及其他排水进行有效处理，使工业废水资源化，实现工业废水“零排放”。铝工业主要水循环利用措施如下：

（1）设立完善的循环水系统，实现原位再生。根据工艺特点及各工段对循环水质的不同要求，在生产车间设立水原位再生系统，使水在车间内或系统内循环。

（2）水分质利用，实现企业内水梯级利用。设备间接冷却水水质要求较高，排水水质较清洁，可以用于其他循环水系统的补充水。

（3）工业废水利用，实现企业内集中再生回用。设立工业废水处理设施，采用物理法处理各生产系统不能进入循环水系统的废水，使处理后的废水用于对水质要求不高的生产过程。

（4）赤泥多级反向洗涤，洗液回收利用。赤泥多级反向洗涤可以提高洗涤效率，降低附液含碱，可以减少新水用量，避免回水过量，增加蒸发工序的负荷。赤泥堆场的澄清液和坝体渗水均设置完善的集水管道和泵房，确保收集的附液全部返回工艺流程予以利用。

（5）减少跑、冒、滴、漏，提高生产管理水平。减少生产冲洗水，回收滴、漏冲洗水，返回工艺流程。对含碱车间跑、冒、滴、漏的工艺物料以及地坪、设备冲洗水均要收集回收，返回工艺流程予以利用。

（6）反渗透脱盐技术应用。热力锅炉脱盐水处理采用反渗透—离子交换联合脱盐工艺，酸、碱消耗较离子交换减少 95%，是脱盐工艺中酸、碱使用量最少，废水排放量最少的工艺。

（7）灰渣水循环利用。当热力生产系统采用水力除灰时，除灰渣水设循环水系统，冲灰水澄清后经泵返回到冲灰系统；同时，冲灰水对水质要求不高，可采用其他生产过程的废水。湿排灰改造成干排灰方式，可减少生产用水量，同时提高灰渣的综合利用率。

（8）推广电解铝厂整流机组风冷技术的应用。缺水地区新建电解铝厂整流机组应采用风冷技术，控制新水消耗量。

（9）提高全流程生产用水计量、管控水平。

5.8 提高铝工业生产过程产生尾矿、赤泥、阴极炭块等废物的资源化利用率。主要途径包括：

（1）尾矿是选矿后的产物。选矿生产系统可建在铝土矿山附近，也可以建在氧化铝生产系统内。根据尾矿的成分进行开发利用。另外，石灰石筛选的碎渣也可用于铺路或烧制水泥。“剥离—采矿—复垦”一体化复垦新工艺使矿山开采与土地复垦同步进行，有比较明显的经济效益、社会效益和环境效益。

（2）赤泥是氧化铝生产带来的主要废物。联合法赤泥可代替砂岩和黏土，直接生产硅酸盐水泥。烧结法赤泥主要成分是硅酸二钙，适于烧制水泥。赤泥还可用来生产清水砖和透水砖、炼钢脱硫剂、塑料阻燃剂、玻璃钢阻燃剂、PVC和沥青填料等。赤泥和粉煤灰可烧结成为建筑陶瓷，采用赤泥、粉煤灰、煤矸石配料，还可用于生产新型墙体材料。赤泥中含有多种对农作物生长有用的元素，可生产复合肥料。

（3）铝电解生产过程中所产生的废电解质返回电解槽即可使用，残极送碳素生产系统配料生产新阳极。电解槽大修渣应进行分类处理，废阴极炭块可进行安全处置后再利用，也可作氧化铝厂或水泥厂熟料窑燃料进行安全利用，其他部分应进行安全处置或利用。

5.9 铝的可回收性高，使用节约效益显著。通过废铝收集、分拣、熔炼、深加工等类似产业链，可以生产再生铝（重熔用铝锭、重配铝合金等），生产挤压用的圆锭与轧板用的扁锭，还可以用再生铝锭压铸或铸造汽车、摩托车、农业机械的零配件以及五金件等。应大力研发和采用清洁生产技术、环境友好型技术进行废铝的资源化，努力建设若干具有一定规模的再生铝示范工程。

5.10 铝工业应积极采取新技术、新工艺，减少电解铝生产系统、煅烧生产石灰、发电等环节的二氧化碳产生，开展二氧化碳回收利用的研究及运用。

5.11 铝电联营是我国电解铝工业发展的有效途径，也是我国铝工业产业结构调整的重要内容。在有条件的地区，新建大型电解铝生产企业（大型氧化铝生产企业新建电解铝项目除外）应鼓励进行铝电联营。铝电联营中的电力生产系统也应满足电力清洁生产的相关要求，不能因为“铝电联营”而降低对“铝电联营”中电力清洁生产的要求。

5.12 我国铝工业已经初步形成了“靠近铝土矿资源建设氧化铝，依托能源基地建设电解铝，在消费集中地发展铝加工”的模式。建立以铝生产为中心，与能源、建材等相关行业以及社会生活共享资源、企业共生的生态工业园，实现区域内物质循环，消费后废弃产品的资源化社会大循环。

5.13 铝工业发展循环经济产业链示意图如图1所示。

6 铝工业发展循环经济污染控制要求

6.1 铝工业发展循环经济要满足《行业类生态工业园区标准（试行）》（HJ/T 273—2006）的要求。

6.2 铝工业水污染物排放控制执行《污水综合排放标准》（GB 8978—1996）。

6.3 铝工业大气污染物排放控制执行《大气污染物综合排放标准》（GB 16297—1996）、《工业炉窑大气污染物排放标准》（GB 9078—1996）等相关排放标准。国家出台行业污染物排放标准后，按照新标准规定执行。

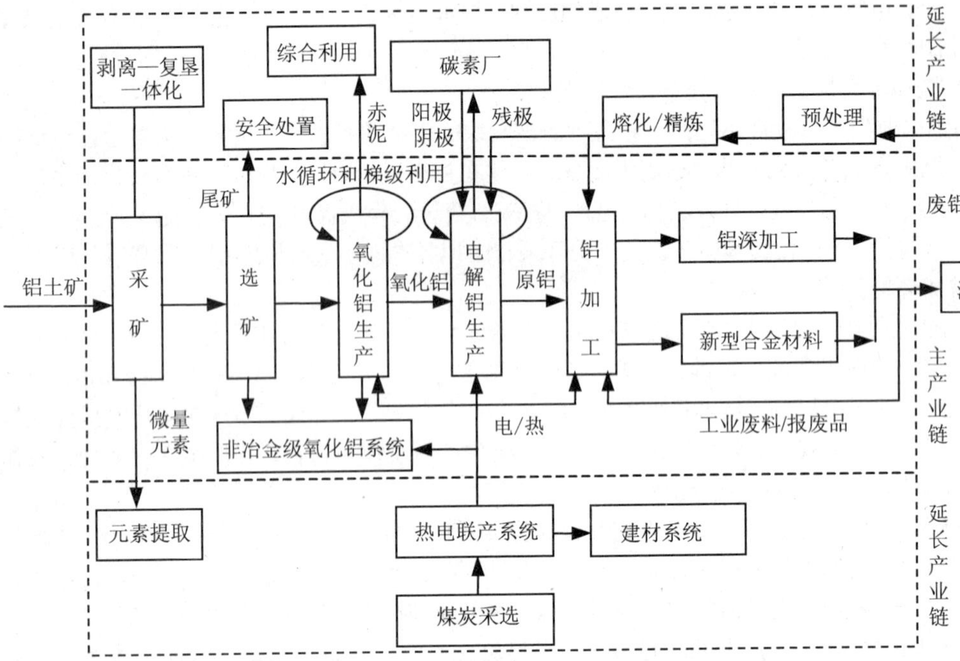

图 1 铝工业发展循环经济产业链示意图

6.4 铝工业发展循环经济水、气、固体废物综合利用指标要求如表 1 所示。

表 1 铝工业发展循环经济水、气、固体废物综合利用指标要求

指标	基本要求	先进水平
1. 冷却水复用率/%	100	100
2. 尾矿综合利用率/%	≥20	≥50
3. 赤泥综合利用率/%	≥20	≥30
4. 废电解质回收并加工利用率/%	100	100
5. 废阳极回收并利用率/%	100	100

6.5 噪声执行《工业企业厂界环境噪声排放标准》（GB 12348—2008）。

6.6 在电解铝、铝加工生产系统，进口废铝的使用执行《进口可用做原料的固体废物环境保护控制标准 废五金电器》（GB 16487.10—2005）。

6.7 提高铝工业环境管理水平。对新、改、扩、建项目严格执行项目环境影响评价制度，依据企业所在区域的区位特点和环境容量，制定建设项目污染物强度准入要求和污染物总量准入要求；建设项目竣工参照《建设项目竣工环境保护验收技术规范 电解铝》（HJ/T 254—2006）。新建项目的能耗、物耗和污染物产生强度控制要求参照《清洁生产标准 电解铝业》（HJ/T 187—2006）。

6.8 对于无法资源化利用的危险废物，应按照《中华人民共和国固体废物污染环境防治法》，委

托具有资质的危险废物处置单位，统一收集处置，危险废物的收集、运输、贮存、处置应遵守《废弃危险化学品污染环境防治办法》、《危险废物转移联单管理办法》等相关规定。

7 铝工业发展循环经济保障措施

7.1 在贯彻执行现有相关法规、政策的基础上，制订铝工业促进发展循环经济的配套政策和措施，形成发展循环经济的政策、法规支撑体系。加强执法力度，通过国家、地方以及部门法律、法规的实施和执行来保障行业循环经济的发展。

7.2 加强宏观调控，提高铝工业工艺装备和技术的升级和进步，提高配置资源能力、技术装备水平、产品竞争力和技术创新等方面。通过联合重组，着力提高产业集中度，实行专业化分工，发挥工艺技术先进的、有实力的大型铝工业企业的骨干作用。在联合重组、技术改造的过程中，坚持淘汰消耗高、效率低、污染严重的落后工艺装备和生产能力。

7.3 铝工业应按照循环经济模式建立现代铝工业体系，延长产业链，实行上下游产业联产联营，同时要充分利用资本及体制优势，整合现有产业资源，实现产业聚合效应；适度发展原生铝工业，重点发展多品种氧化铝、铝合金、高端铝加工产品和再生铝工业，通过全球铝资源配置、产地配置、市场配置、循环再利用配置和替代配置，既从根本上解决资源和能源约束矛盾和环境压力，又满足对铝产品不断增长的消费需求。

7.4 健全相应法规扶植再生铝产业的发展，加强行业规划和宏观调控，促其健康发展。规范再生铝生产园区的法规和政策，引导拆解和加工企业进入园区共用环保设施，以解决“小、多、散”造成的环境污染；增加科技投入，提高金属回收率；逐步提高技术装备水平，推进企业升级，实现规模生产。

7.5 通过引进世界先进铝工业发展技术和人才以及建立“产学研”联盟等方式，建立健全适合铝工业循环经济发展，由替代技术、减量技术、再利用技术、资源化技术、系统化技术等构成的铝工业企业生态支撑技术体系。

7.6 提高环境监管能力，建立健全铝工业污染源日常管理、应急响应和事故处理的监测和监控体系。

7.7 建设具有高技术含量的信息基础设施和信息管理体系，充分发挥信息在行业管理、信息交流、技术支持、环境咨询等方面的作用。

7.8 积极宣传循环经济，树立铝工业循环经济示范企业。

7.9 建立公众参与机制和信息公开制度，制定公众参与的鼓励政策，形成公众参与的制度。建立行业的监督体系，强化社会监督机制。

7.10 编写年度环境报告书。环境报告书应包括污染物排放达标情况、污染物产生和排放强度变化情况、资源能源减量使用、废物减量排放、污染物监控管理措施及效果评价、废物处理处置等方面内容。

8 标准实施

本标准由各级环境保护行政主管部门负责组织实施。

第二部分

国家及地方金属矿采选业相关法规、规划、标准目录

第五章　国家相关规划及标准

一、国家相关规划

1．关于印发《大宗工业固体废物综合利用“十二五”规划》的通知（工业和信息化部，工信部规[2011]600 号，2011.12.27）

2．有色金属工业“十二五”发展规划（工业和信息化部，2011.12.4）

3．铝工业“十二五”发展专项规划（工业和信息化部，2011.12.4）

4．矿产资源节约与综合利用“十二五”规划（国土资源部，国土资发[2011]184 号，2011.11.15）

5．重金属污染综合防治“十二五”规划（国务院，2011.2.18 批准）

6．金属尾矿综合利用专项规划（2010—2015 年）（工业和信息化部，工信部联规[2010]174 号，2010.4.11）

7．全国矿山环境保护与治理规划（2010—2015 年）（国土资源部）

8．全国矿山地质环境保护与治理规划（2009—2015 年）（国土资源部，国土资发[2010]44 号）

9．全国矿产资源规划（2008—2015 年）（国土资源部，国土资发[2008]309 号，2008.12.31）

二、国家相关标准和技术规范

10．《有色金属采矿设计规范》（GB 50771—2012）

11．《铝土矿矿山安全生产技术规程》（Q/CHALCO B003—2010）

12．《钢铁工业资源综合利用设计规范》（GB 50405—2007）

13．《饮用水水源保护区划分技术规范》（HJ/T 338—2007）

14．《金属非金属矿山安全规程》（GB 16423—2006）

15．《金属非金属矿山安全标准化规范尾矿库实施指南》（AQ 2007.4—2006）

16．《水工隧洞设计规范》（SL 279—2002）

17．《固体矿产资源/储量分类》（GB/T 17766—1999）

18．《开发建设项目水土保持方案技术规范》（SL 204—98）

19．《尾矿设施施工及验收规程》（YS 5418—95）

20．《制定地方大气污染物排放标准的技术方法》（GB/T 3840—91）

21．《有色金属矿山井巷工程设计规范（试行）》（YSJ 021—1993）

22．《有色金属选矿厂工艺设计规范（试行）》（YSJ 014—1992）

23．《选矿厂尾矿设施设计规范》（ZBJ 1—90）

第六章　地方政策法规规划目录

一、北京市

1．北京市矿产资源总体规划（2008—2015年）（北京市国土资源局，2009.12）

2．北京市矿山环境保护与治理规划（2006—2015年）（北京市国土资源局，2007.11）

3．北京市矿产资源管理条例（1998年4月16日北京市第十一届人民代表大会常务委员会第二次会议通过，根据2006年7月28日北京市第十二届人民代表大会常务委员会第二十九次会议《关于修改〈北京市矿产资源管理条例〉的决定》修正）

二、上海市

4．上海市矿区生态环境恢复治理保证金制度（上海市规划和国土资源管理局，2009.8.26）

5．上海市地质勘查与矿产资源总体规划（2008—2015年）

三、天津市

6．天津市矿产资源总体规划（2008—2015年）（天津市人民政府，津政发[2010]12号，2010.3.19）

7．关于印发天津市矿山地质环境治理项目管理暂行办法的通知（天津市国土资源和房屋管理局，津国土房勘[2007]1155号，2007.12.20）

8．关于印发《天津市矿产资源储量评审管理办法》的通知（天津市国土资源和房屋管理局，津国土房矿[2006]940号，2006.9.2）

9．批转市国土房管局拟定的天津市矿山复垦保证金或景观协调保证金收缴及使用管理暂行办法的通知（天津市人民政府，津政发[2006]74号，2006.8.23）

10．天津市全面整顿和规范矿产资源开发秩序实施方案（天津市人民政府，津政发[2005]104号，2005.11.20）

11．天津市矿产资源管理条例（2001年10月31日天津市第十三届人民代表大会常务委员会第二十八次会议通过，根据2004年11月12日天津市第十四届人民代表大会常务委员会第十五次会议通过的《天津市人民代表大会常务委员会关于修改〈天津市矿产资源管理条例〉的决定》修正）

12．天津市矿产资源补偿费征收管理办法（天津市人民政府，津政令第7号，2003.8.16）

四、重庆市

13．重庆市矿产资源补偿费征收管理实施办法（1998年5月18日重庆市人民政府令第13号发布，根据2012年2月8日重庆市人民政府令第261号《重庆市人民政府关于废止、继续施行和修改部分政府规章的决定》修正）

14．重庆市矿产资源总体规划（2008—2015年）

15．重庆市矿山环境治理和生态恢复保证金管理暂行办法（重庆市财政局、重庆市国土资

源和房屋管理局、重庆市环境保护局，渝财建[2007]41 号，2007.2.26）

16. 重庆市矿产资源管理条例（重庆市人民代表大会常务委员会公告第 89 号，1998.10.13）

五、河北省

17. 关于印发河北省矿产资源总体规划实施管理办法的通知（河北省国土资源厅，冀国土资发[2011]67 号，2011.9.28）

18. 河北省人民政府办公厅印发关于加强尾矿库安全生产工作若干规定的通知（河北省人民政府办公厅，办字[2011]4 号，2011.1.7）

19. 河北省矿产资源管理条例（1993 年 9 月 6 日河北省第八届人民代表大会常务委员会第三次会议通过，根据 1997 年 12 月 22 日河北省第八届人民代表大会常务委员会第三十一次会议《关于修改〈河北省矿产资源管理条例〉的决定》修正，根据 2010 年 7 月 30 日《河北省人民代表大会常务委员会关于修改部分法规的决定》修正）

20. 河北省国土资源厅关于进一步加强矿产资源开发整合工作的通知（河北省国土资源厅，冀国土资发[2010]43 号，2010.11.9）

21. 河北省矿产资源总体规划（2008—2015 年）（河北省人民政府，冀政办函[2010]8 号，2010.2.4）

22. 河北省人民政府办公厅关于进一步推进矿产资源开发整合工作的实施意见（河北省人民政府办公厅，办字[2010]9 号，2010.1.15）

23. 河北省关于进一步做好资源整合及整顿和规范矿产资源开发秩序工作的意见（2007.9.12）

24. 河北省矿山生态环境恢复治理保证金管理暂行办法（河北省国土资源厅，冀国土资发[2006]15 号，2006.12.25）

25. 河北省人民政府关于整合矿产资源调整矿山布局的实施意见（河北省人民政府，冀政[2005]84 号，2005.10.8）

六、山西省

26. 山西省人民政府办公厅关于印发山西省矿产资源总体规划（2008—2015 年）的通知（山西省人民政府办公厅，晋政办发[2011]46 号，2011.12.7）

27. 山西省矿山环境恢复治理保证金提取使用管理办法（试行）（山西省人民政府，晋政发[2007]41 号，2007.11.15）

28. 山西省铝土矿资源开发利用规划（2006—2020 年）（山西省人民政府办公厅，晋政办发[2006]72 号，2006.11.10）

29. 山西省矿产资源管理条例（1998 年 9 月 29 日山西省第九届人民代表大会常务委员会第五次会议通过并实施）

30. 山西省矿产资源补偿费征收管理实施办法（山西省人民政府令第 58 号，1994.11.8）

七、内蒙古自治区

31. 内蒙古自治区矿山地质环境保护与治理规划（2011—2015）

32. 内蒙古自治区人民政府关于进一步规范矿业开发秩序依法保护环境保障民生的指导意见（内蒙古自治区人民政府，内政发[2011]81 号，2011.7.13）

33. 内蒙古自治区矿产资源补偿费征收管理实施办法（1994 年 5 月 8 日内蒙古自治区人

民政府令第59号颁布，根据2010年11月26日内蒙古自治区人民政府令第175号修订）

34．内蒙古自治区矿产资源总体规划（2008—2015年）

35．内蒙古自治区矿山地质环境治理保证金管理办法（内蒙古自治区人民政府，内政发[2013]23号，2013.2.22）

36．内蒙古自治区人民政府关于印发《内蒙古自治区矿产资源有偿使用管理办法（试行）》的通知（内蒙古自治区人民政府，内政发[2007]14号，2007.2.12）

37．内蒙古自治区矿产资源管理条例（1999年7月31日内蒙古自治区第九届人民代表大会常务委员会第十次会议通过并实施）

八、辽宁省

38．辽宁省青山保护条例（辽宁省人民代表大会常务委员会公告第五十五号，2012.7.27）

39．辽宁省矿产资源管理条例（1997年11月29日辽宁省第八届人民代表大会常务委员会第三十一次会议通过，2002年5月30日辽宁省第九届人民代表大会常务委员会第三十次会议修改，根据2004年9月29日辽宁省第十届人民代表大会常务委员会第十四次会议《关于修改〈辽宁省矿产资源管理条例〉的决定》第一次修正，根据2012年3月30日辽宁省第十一届人民代表大会常务委员会第二十八次会议《关于修改〈辽宁省矿产资源管理条例〉的决定》第二次修正）

40．辽宁省钼、萤石、高铝粘土矿产开发利用管理专项工作方案（辽宁省国土资源厅办公室，辽国土资办发[2010]87号，2010.11.4）

41．辽宁省国土资源厅关于辽宁省矿山地质环境恢复治理保证金管理暂行办法的实施意见（辽宁省国土资源厅，辽国土资发[2008]204号，2008.8.14）

42．辽宁省矿产资源总体规划（2008—2015年）

43．辽宁省地质环境保护条例（2007年9月28日辽宁省第十届人民代表大会常务委员会第三十三次会议通过，自2007年12月1日起施行）

44．辽宁省矿山环境恢复治理保证金管理暂行办法（辽宁省整规办，2007.5.17）

45．辽宁省全面整顿和规范矿产资源开发秩序实施方案（辽宁省人民政府，辽政发[2005]26号，2005.9.7）

46．辽宁省黄金生产管理办法（辽宁省人民政府令第171号，2004.6.27）

47．辽宁省矿产资源补偿费征收使用管理办法（辽宁省人民政府令第50号，1994.11.10）

九、吉林省

48．吉林省矿产资源总体规划（2008—2015年）（吉林省人民政府，吉政发[2010]5号，2010.2.1）

49．吉林省矿山生态环境恢复治理备用金管理办法（吉林省人民政府令第184号，2006.7.17）

50．吉林省矿产资源勘查开采管理条例（1997年12月19日吉林省第八届人民代表大会常务委员会第三十五次会议通过，根据2005年6月2日吉林省第十届人民代表大会常务委员会第二十次会议通过的《吉林省人民代表大会常务委员会关于修改部分地方性法规的决定》修改）

51．吉林省矿产资源储量管理条例（2000年1月17日吉林省第九届人民代表大会常务委员会第十四次会议通过，根据2004年6月18日吉林省第十届人民代表大会常务委员会第十一

次会议修订）

52．吉林省矿产资源开发利用保护条例（2012 年 5 月 30 日吉林省第十一届人民代表大会常务委员会公告第 66 号公布）

53．吉林省矿产资源补偿费征收管理实施办法（吉林省人民政府令第 21 号，1994.9.23）

十、黑龙江省

54．黑龙江省矿产资源总体规划（2008—2015 年）（黑龙江省人民政府，黑政发[2010]25 号，2010.4.1）

55．黑龙江省地质环境保护条例（黑龙江省第十一届人民代表大会常务委员会公告第 19 号，2009.6.12）

56．黑龙江省矿产资源管理条例（1998 年 10 月 16 日黑龙江省第九届人民代表大会常务委员会第五次会议通过，1998 年 11 月 1 日起施行）

57．黑龙江省冶金工业行业管理暂行办法（黑龙江省人民政府令第 16 号，1992.1.1）

十一、江苏省

58．省政府办公厅关于印发江苏省“十二五”国土资源开发与保护规划的通知（江苏省政府办公厅，苏政办发[2012]24 号，2012.2.23）

59．省政府办公厅关于印发江苏省矿山地质环境恢复治理保证金收缴及使用管理办法的通知（江苏省政府办公厅，苏政办发[2010]132 号，2010.11.17）

60．江苏省矿产资源总体规划（2008—2015 年）（江苏省人民政府，苏政发[2009]143 号，2009.11.13）

61．江苏省有色金属产业调整和振兴规划纲要（江苏省人民政府，苏政发[2009]86 号，2009.5.31）

62．江苏省钢铁产业调整和振兴规划纲要（江苏省人民政府，苏政发[2009]81 号，2009.5.20）

63．省政府关于加快推进工业结构调整和优化升级的实施意见（江苏省人民政府，苏政发[2009]69 号，2009.4.30）

64．江苏省矿产资源开发整合实施方案（江苏省国土资源厅，苏国土资发[2008]50 号，2008.2.21）

65．省政府办公厅关于转发省国土资源厅等部门江苏省矿产资源开发整合总体方案的通知（江苏省政府办公厅，苏政办发[2007]51 号，2007.5.8）

66．省政府办公厅关于印发江苏省工业结构调整指导目录的通知（江苏省政府办公厅，苏政办发[2006]140 号，2006.12.13）

67．江苏省政府贯彻实施省人大常委会关于限制开山采石的决定的通知（江苏省人民政府，苏政发[2001]130 号，2001.10.19）

68．江苏省人大常委会关于限制开山采石的决定（江苏省人民代表大会常务委员会公告第 3 号，2001.8.28）

69．江苏省矿产资源管理条例（1999 年 10 月 30 日江苏省第九届人民代表大会常务委员会第十二次会议通过，自 1999 年 12 月 1 日起实施）

70．江苏省矿产资源补偿费征收管理实施办法（1994 年 7 月 10 日江苏省人民政府令第 48 号公布，根据 1997 年 12 月 27 日江苏省人民政府第 107 次常务会议通过的江苏省人民政府令第 122 号进行修正）

十二、浙江省

71．浙江省矿产资源总体规划（2009—2015 年）

72．浙江省矿山生态环境保护与治理规划（2006—2020 年）（浙江省国土资源厅）

73．浙江省省级绿色矿山创建管理暂行办法（浙江省国土资源厅、浙江省环保局，浙土资发[2008]20 号，2008.6.20）

74．浙江省矿产资源管理条例（2000 年 4 月 29 日浙江省第九届人民代表大会常务委员会第二十次会议通过，根据 2004 年 7 月 30 日浙江省第十届人民代表大会常务委员会第十二次会议《关于修改〈浙江省矿产资源管理条例〉的决定》修正）

十三、福建省

75．福建省国土资源厅关于进一步做好矿山植被恢复和“青山挂白”治理工作的通知（福建省国土资源厅，闽国土资综[2011]54 号，2011.3.9）

76．福建省国土资源厅关于印发《开展矿山植被恢复和“青山挂白”治理工作方案》的通知（福建省国土资源厅，闽国土资综[2010]326 号，2010.12.14）

77．福建省环境保护厅、福建省国土资源厅关于进一步做好矿产资源整合与采矿权延续项目环境监督管理工作的通知（福建省环境保护厅、福建省国土资源厅，闽环保监 [2010] 82 号，2010.6.23）

78．福建省矿产资源规划管理办法（试行）（福建省国土资源厅，闽国土资文[2009]276 号，2009.12.26）

79．福建省人民政府办公厅关于转发省国土资源厅等部门关于进一步推进矿产资源开发整合总体方案的通知（福建省人民政府办公厅，闽政办[2009]197 号，2009.12.11）

80．福建省矿产资源总体规划（2008—2015 年）（福建省人民政府，闽政文[2009]332 号，2009.10）

81．福建省人民政府关于进一步加强矿产资源勘查开发管理的通知（福建省人民政府，闽政[2009]9 号，2009.2.16）

82．关于将尾矿库安全、环保条件纳入矿山开发项目前置条件的通知（福建省安监局、省发改委、省经贸委、省环保局，闽安监矿山[2008]239 号）

83．福建省国土资源厅、福建省财政厅、福建省环境保护局关于实施矿山生态环境恢复治理保证金管理办法有关事项的通知（福建省国土资源厅、福建省财政厅、福建省环境保护局，闽国土资综[2007]168 号，2007.7.17）

84．福建省人民政府办公厅关于转发国土资源厅等部门进一步推进矿产资源开发整合实施意见的通知（福建省人民政府办公厅，闽政办[2007]99 号，2007.5.14）

85．福建省矿山生态环境恢复治理保证金管理办法（试行）（福建省国土资源厅等，闽国土资文[2006]195 号，2006.12.12）

86．福建省非煤矿山矿产资源开发利用整合方案（福建省国土资源厅等，闽国土资综[2006]219 号，2006.8.1）

87．福建省新建、已建矿山部分矿种最小开采规模目录（修订）（福建省国土资源厅等，2006.5.23）

88．福建省矿产资源监督管理办法（福建省人民政府令第 93 号，2004.7.7）

89．福建省矿产资源条例（1997 年 10 月 25 日福建省第八届人民代表大会常务委员会第

三十五次会议通过，自 1998 年 1 月 1 日起施行）

十四、安徽省

90．安徽省非煤矿山建设工程项目管理暂行规定（安徽省经济和信息化委员会，皖经信非煤[2011]101 号，2011.4.21）

91．安徽省金矿采选行业准入条件（安徽省经济和信息化委员会等，皖经信非煤[2010]195 号，2010.8.16）

92．安徽省矿产资源总体规划（2008—2015 年）（安徽省人民政府，2010.6）

93．安徽省钨钼锑矿采选行业准入条件（安徽省经济和信息化委员会等，皖经信非煤[2010]107 号，2010.5.6）

94．安徽省铁矿采选行业准入条件（安徽省经济和信息化委员会等，皖经信办[2009]87 号，2009.8.12）

95．安徽省铜铅锌矿采选行业准入条件（安徽省经济和信息化委员会等，皖经信办[2009]87 号，2009.8.12）

96．安徽省矿业权出让转让管理办法（安徽省国土资源厅，皖国土资[2009]29 号，2009.2.1）

97．关于印发安徽省矿山地质环境治理恢复保证金缴存使用管理规定（试行）的通知（安徽省国土资源厅，皖国土资[2008]19 号，2008.1.14）

98．安徽省矿山地质环境治理恢复保证金管理办法（安徽省人民政府令第 206 号，2007.12.6）

99．安徽省矿山地质环境保护条例（安徽省人民代表大会常务委员会公告第 99 号，2007.6.22）

100．安徽省矿产资源管理办法（1998 年 4 月 10 日安徽省人大常委会公告第 65 号公布，2006 年 6 月 29 日根据安徽省人民代表大会常务委员会公告第 79 号修改）

101．安徽省人民政府办公厅关于转发《安徽省国土资源厅等部门全面整顿和规范矿产资源开发秩序实施方案》的通知（安徽省人民政府办公厅，皖政办[2005]64 号，2005.12.3）

102．安徽省矿产资源储量管理办法（安徽省人民政府令第 170 号，2004.8.30）

十五、江西省

103．江西省矿产资源补偿费征收实施办法（江西省国土资源厅，2010.7.30）

104．江西省矿产资源总体规划（2008—2015 年）（江西省人民政府，赣府发[2010]4 号，2010.1.29）

105．江西省矿山环境治理和生态恢复保证金管理暂行办法（江西省财政厅、江西省国土资源厅、江西省环保局，赣建财[2008]155 号，2008.7.11）

106．关于转发江西省矿产资源开发整合总体方案的通知（江西省人民政府办公厅，赣府厅字[2007]76 号，2007.5.31）

107．江西省有色金属矿山建设工程设计文件审批办法（江西省工业和信息化委员会，赣色字[2005]31 号，自 2006 年 3 月 1 日起执行）

108．江西省保护性开采的特定矿种管理条例（江西省人民代表大会常务委员会公告第 52 号，2004.11.26）

109．江西省矿产资源开采管理条例（江西省人民代表大会常务委员会公告第 35 号，1999.10.27）

十六、山东省

110．山东省人民政府办公厅关于进一步加强矿山企业安全生产工作的意见（山东省人民政府办公厅，鲁政办发[2011]67 号，2011.11.16）

111．山东省人民政府办公厅关于深化矿产资源开发整合工作的通知（山东省人民政府办公厅，鲁政办发[2010]1 号，2010.1.4）

112．山东省矿产资源总体规划（2008—2015 年）

113．山东省矿产资源补偿费使用管理暂行办法（山东省国土资源厅，2006.11.3）

114．山东省地质环境保护条例（2003 年 7 月 25 日山东省第十届人民代表大会常务委员会第三次会议通过，根据 2004 年 11 月 25 日山东省第十届人民代表大会第十一次会议《关于修改〈山东省人才市场管理条例〉等十件地方性法规的决定》修正）

十七、河南省

115．河南省国土资源厅关于进一步加强矿山地质环境恢复治理工作的意见（河南省国土资源厅，豫国土资发[2012]39 号，2012.4.5）

116．河南省矿产资源总体规划（2008—2015 年）（河南省人民政府，豫政[2010]76 号，2010.9.29）

117．河南省人民政府关于印发河南省有色金属产业调整振兴规划的通知（河南省人民政府，豫政[2009]73 号，2009.9.5）

118．河南省人民政府关于进一步加强矿产资源勘查开发管理的若干意见（河南省人民政府，豫政[2008]49 号，2008.9.22）

119．河南省人民政府办公厅关于转发省国土资源厅　发展改革委　环境保护局　河南省钼矿资源整合实施意见的通知（河南省人民政府办公厅，豫政办[2008]11 号，2008.1.18）

120．河南省人民政府关于进一步加强整顿和规范矿产资源开发秩序工作的意见（河南省人民政府，豫政[2007]17 号，2007.3.2）

121．河南省人民政府办公厅转发省国土资源厅发展改革委关于优化配置铝土矿资源若干意见的通知（河南省人民政府办公厅，豫政办[2006]55 号，2006.7.10）

122．河南省煤炭铝土矿资源整合实施方案（河南省人民政府，豫政[2004]41 号，2004.6.30）

123．河南省矿产资源补偿费征收管理办法（河南省人民政府令第 13 号，1995.2.13）

十八、湖北省

124．省国土资源厅、省科学技术厅关于规范和加快推进鄂西高磷铁矿选冶试验工作的若干意见（湖北省国土资源厅、湖北省科学技术厅，鄂土资发[2011]120 号，2011.9.29）

125．省国土资源厅关于开展鄂西高磷铁矿开发秩序专项整治行动有关事项的函（湖北省国土资源厅，鄂土资函[2011]475 号，2011.8.16）

126．省人民政府关于进一步加强磷矿高磷铁矿开发利用管理的意见（湖北省人民政府，鄂政发 [2011]41 号，2011.7.11）

127．中共湖北省委、湖北省人民政府关于进一步加强矿产资源勘查开发管理的意见（中共湖北省委、湖北省人民政府，鄂发[2010]16 号，2010.9.10）

128．湖北省人民政府关于发布实施湖北省矿产资源总体规划（2008—2015 年）的通知（湖北省人民政府，鄂政发[2010]12 号，2010.2.21）

129．湖北省矿山地质环境恢复治理备用金管理办法（湖北省人民政府令第 298 号，2007.1.29）

130．省环保局关于加强锰矿开采和电解锰行业环境管理的通知（湖北省环保局，鄂环发[2005]72 号，2005.11.2）

131．省环保局、省国土资源厅关于加强钒矿开采和冶炼管理的紧急通知（湖北省环保局、湖北省国土资源厅，鄂环发[2005]37 号，2005.7.4）

132．湖北省矿产资源储量评审监督管理暂行办法（湖北省人民政府令第 254 号，2003.9.1）

133．湖北省地质环境管理条例（湖北省人民代表大会常务委员会公告第 8 号，2001.5.31）

134．湖北省矿产资源开采管理条例（1997 年 12 月 3 日湖北省第八届人民代表大会常务委员会第 31 次会议通过并实施）

十九、湖南省

135．湖南省有色金属行业“十二五”发展规划（湖南省有色金属管理局，2011 年 2 月颁布）

136．湖南省矿产资源总体规划（2008—2015 年）（湖南省人民政府，湘政发[2010]29 号，2010.11.25）

137．湖南省中央下放政策性关闭破产有色金属矿山企业尾矿库闭库治理安全工程项目资金管理办法（湖南省财政厅、湖南省安全生产监督管理局，湘财企[2010]22 号，2010.6.24）

138．湖南省矿产资源开发整合总体方案（湖南省人民政府办公厅，湘政办发[2010]10 号，2010.3.2）

139．湖南省有色金属产业振兴实施规划（2009—2011 年）（湖南省人民政府，湘政发[2009]17 号，2009.6.3）

140．湖南人民政府关于长株潭区域产业发展环境准入规定的通知（湖南省人民政府，湘政办函[2006]205 号，2006.11.21）

141．湖南省矿山地质环境治理备用金管理暂行办法（湖南省人民政府，湘政发[2004]21 号，2004.8.4）

142．湖南省矿产资源管理条例（湖南省第九届人民代表大会常务委员会公告第 22 号，1999.6.4）

143．关于加强矿产资源开采中环境保护工作的通知（湖南省环保局、地矿局，湘环发[1999]035 号，1999.5. 5）

二十、广东省

144．印发关于进一步加强矿产资源开发利用生态环境保护工作的意见的通知（广东省环境保护厅、广东省国土资源厅，粤环[2012]37 号，2012.5.15）

145．广东省矿产资源管理条例（经 1999 年 9 月 24 日广东省九届人大常委会第 12 次会议通过，根据 2012 年 7 月 26 日广东省十一届人大常委会第 35 次会议通过的《广东省人民代表大会常务委员会关于修改〈广东省民营科技企业管理条例〉等二十三项法规的决定》修正）

146．广东省矿产资源总体规划（2008—2015 年）（广东省人民政府，粤府函[2010]79 号，2010.4.26）

147．关于进一步加强尾矿库安全监管 坚决依法取缔关闭非法违法尾矿库的通知（广东省安全生产监督管理局，粤安办[2010]112 号）

148. 广东省探矿权采矿权招标拍卖挂牌出让管理办法（广东省国土资源厅，粤国土资法规发[2010]58 号）

149. 广东省采石取土管理规定（1998 年 11 月 27 日广东省第九届人民代表大会常务委员会第六次会议通过，根据 2008 年 5 月 29 日广东省第十一届人民代表大会常务委员会第二次会议《关于修改〈广东省采石取土管理规定〉的决定》修正）

150. 广东省国土资源厅矿山储量动态监督管理办法（广东省国土资源厅，粤国土资矿管发[2008]23 号，2008.1.16）

151. 广东省主要矿产资源开发整合总体方案（广东省人民政府办公厅，粤府办[2007]94 号，2007 年 11 月 6 日）

152. 关于进一步规范采矿权审批登记管理的通知（广东省国土资源厅，粤国土资矿管发[2007]34 号，2007.2.6）

153. 广东省矿产资源规划实施管理办法（广东省国土资源厅，粤国土资（矿管）字[2003]211 号，2003.11.10）

154. 广东省地质环境管理条例（广东省第十届人民代表大会常务委员会公告第 14 号，2003.7.25）

155. 关于做好全省采石场整治和复绿工作的通知（广东省人民政府办公厅，粤府办[2003]49 号，2003.7.15）

二十一、广西壮族自治区

156. 中共广西壮族自治区委员会、广西壮族自治区人民政府关于以环境倒逼机制推动产业升级攻坚战的决定（中共广西壮族自治区委员会、广西壮族自治区人民政府，桂发[2012]9 号，2012.2.24）

157. 关于加强广西涉重金属建设项目环境影响评价文件审批管理的通知（广西壮族自治区环境保护厅，桂环发[2011]39 号，2011.6.22）

158. 广西稀土矿矿产资源规划（广西国土资源厅，2011.1）

159. 广西壮族自治区矿产资源总体规划（2008—2015 年）（广西壮族自治区国土资源厅，2009.1.7）

160. 广西壮族自治区矿山地质环境恢复保证金管理办法（广西壮族自治区国土资源厅等，桂国土资发[2009]24 号，2009.4.20）

161. 广西壮族自治区地质环境保护条例（2006 年 3 月 30 日广西壮族自治区第十届人民代表大会常务委员会第十九次会议通过）

162. 广西壮族自治区人民政府办公厅关于进一步治理整顿矿业秩序促进大厂矿区矿产资源合理开发利用的通知（广西壮族自治区人民政府办公厅，桂政办发[2004]118 号，2004.7.21）

163. 广西壮族自治区矿产资源管理条例（2000 年 12 月 2 日广西壮族自治区第九届人民代表大会常务委员会第二十一次会议通过，根据 2004 年 6 月 3 日广西壮族自治区第十届人民代表大会常务委员会第八次会议《关于修改〈广西壮族自治区矿产资源管理条例〉的决定》修正）

164. 广西壮族自治区人民政府关于加强对钨、锡、锑、离子型稀土矿开采、冶炼、加工以及产品收购、销售的统一管理的通知（广西壮族自治区人民政府，桂政发[1992]18 号，1992.2.28）

二十二、海南省

165. 海南省国土环境资源厅关于印发《海南省矿业权有形市场管理办法》的通知（海南省国土环境资源厅，琼土环资矿字[2011]29 号，2011.11.23）

166. 海南省国土环境资源厅关于印发土地使用权和矿业权出让有关业务委托办法的通知（海南省国土环境资源厅，琼土环资法字[2010]13 号，2010.10.21）

167. 海南省国土环境资源厅关于地质灾害治理及矿山地质环境治理工程有关问题的通知（海南省国土环境资源厅，琼土环资法字[2010]10 号，2010.9.3）

168. 海南省矿产资源总体规划（2008—2015 年）（海南省人民政府，2009.12）

169. 海南省矿产资源管理条例（2012 年 9 月）

170. 海南省矿产资源补偿费征收管理办法（海南省人民政府办公厅，琼府办[2009]98 号，2009.6.10）

171. 海南省国土环境资源厅关于印发《关于进一步加强探矿权采矿权管理的若干规定》的通知（海南省国土环境资源厅，琼土环资矿字[2008]23 号，2008.5.27）

172. 海南省国土环境资源厅关于清理处置无偿占有国家出资探明矿产地的采矿权有关问题的通知（海南省国土环境资源厅，琼土环资矿字[2008]16 号，2008.4.9）

173. 海南省地质环境管理办法（1997 年 11 月 21 日省政府令第 107 号发布实施，2004 年 2 月 26 日省政府令 171 号令修订，2008 年 1 月 14 日省政府令第 211 号修订）

174. 海南省人民政府关于对矿产资源开发进行整合的实施意见（海南省人民政府，琼府[2007]22 号，2007.4.4）

175. 海南省矿产储量管理规定（1997 年 7 月 14 日海南省政政府令第 104 号颁布并实施，2005 年 11 月 3 日根据海南省政府令第 195 号修订）

176. 关于规范矿山土地复垦及环境保护恢复保证金管理的通知（海南省国土环境资源厅，琼土环资矿字[2005]22 号，2005.6.28）

二十三、四川省

177. 四川省矿产资源总体规划（2008—2015 年）

178. 四川省矿山环境保护与治理规划（2006—2015 年）

179. 四川省鼓励外商投资勘查开采矿产资源条例（2001 年 5 月 25 日四川省第九届人民代表大会常务委员会第二十三次会议通过，自 2001 年 7 月 1 日起施行）

180. 四川省矿产资源管理条例（1997 年 10 月 17 日四川省第八届人民代表大会常务委员会第 29 次会议通过，自 1998 年 1 月 1 日起施行）

181. 四川省矿产资源补偿费征收管理办法（四川省人民政府令第 52 号，1994.10.22）

二十四、贵州省

182. 贵州省工业十大产业振兴规划（贵州省人民政府，黔府发[2010]16 号，2010.11.7）

183. 关于发布实施《贵州省矿产资源总体规划（2008—2015 年）》的通知（贵州省国土资源厅，黔国土资发[2010]101 号，2010.8.9）

184. 省人民政府办公厅关于印发贵州省尾矿库隐患治理实施方案的通知（贵州省人民政府办公厅，黔府办发[2009]103 号，2009.11.6）

185. 贵州省矿产资源补偿费征收管理实施办法（1994 年 12 月 17 日贵州省人民政府令第

11 号发布，根据 2008 年 8 月 4 日《贵州省人民政府修改废止部分规章的决定》修正）

186．贵州省矿山环境保护与治理规划（2006—2015 年）（贵州省国土资源厅，2008.6.3）

187．贵州省铅锌矿资源勘查与开发规划（2007—2015 年）（贵州省国土资源厅，2008.8.5）

188．省人民政府办公厅关于转发省国土资源厅等部门贵州省矿山环境治理恢复保证金管理暂行办法的通知（贵州省人民政府办公厅，黔府办发[2007]38 号，2007.5.21）

189．贵州省金矿资源勘查与开发规划（2004—2015 年）

190．贵州省矿产资源管理条例（2000 年 3 月贵州省第九届人民代表大会常务委员会第十五次会议通过，根据 2004 年 5 月 28 日贵州省第十届人民代表大会常务委员会第八次会议通过的《贵州省部分地方性法规条款修改案》修正）

二十五、云南省

191．云南省国土资源厅关于下达 2012 年钨矿锑矿和稀土矿开采总量控制指标（第一批）的通知（云南省国土资源厅，2012.4.1）

192．云南省矿产资源总体规划（2008—2015 年）（云南省人民政府，2010.8.31）

193．云南省人民政府关于印发云南省探矿权采矿权管理办法等 3 个文件的通知（云南省人民政府，云政发[2008]241 号，2008.11.28）

194．云南省人民政府办公厅关于印发云南省矿产资源开发整合总体方案的通知（云南省人民政府，云政办发[2007]162 号，2007.7.13）

195．云南省矿山地质环境恢复治理保证金管理暂行办法（云南省人民政府，云政发[2006]102 号，2006.7.2）

196．云南省探矿权采矿权使用费和价款收缴使用管理暂行办法（云南省财政厅公告第 6 号公布，2005.6.26）

197．云南省地质环境保护条例（2001 年 7 月 28 日云南省第九届人民代表大会常务委员会第二十三次会议通过，自 2002 年 1 月 1 日起施行）

198．云南省外商投资勘查开采矿产资源登记管理规定（云南省人民政府令第 99 号，2001.1.8）

199．云南省外商投资勘查开采矿产资源条例（云南省人大常委会公告第 27 号，1999.7.29）

200．云南省矿山地质环境保护规定（云南省人民政府令第 71 号，1998.9.16）

201．云南省矿产资源管理条例（1997 年 12 月 3 日云南省第八届人民代表大会常务委员会第三十一次会议通过，自 1998 年 1 月 1 日起施行）

202．云南省实施《中华人民共和国矿山安全法》办法（1994 年 6 月 2 日云南省第八届人民代表大会常务委员会第 7 次会议通过，自 1994 年 8 月 1 日起施行，1997 年 12 月 3 日云南省第八届人民代表大会常务委员会第 31 次会议修正）

203．云南省矿产资源补偿费征收管理实施办法（云南省人民政府令第 19 号，1994.12.10）

二十六、西藏自治区

204．西藏自治区人民政府关于加强矿产资源开发环境保护工作的意见（西藏自治区人民政府，藏政发[2011]34 号，2011.4.7）

205．西藏自治区矿产资源总体规划（2008—2015 年）

206．西藏自治区矿产资源管理条例（1999 年 4 月 1 日西藏自治区第七届人民代表大会常务委员会第六次会议通过，2002 年 1 月 20 日西藏自治区第七届人民代表大会常务委员会第二

十四次会议第一次修正，2011 年 11 月 24 日西藏自治区第九届人民代表大会常务委员会第二十五次会议第二次修正）

207．西藏自治区人民政府关于进一步规范矿产资源勘查开发管理的意见（西藏自治区人民政府，藏政发[2009]69 号，2009.11.25）

208．西藏自治区整顿和规范矿产资源开发秩序工作方案（西藏自治区人民政府办公厅，藏政办发[2006]6 号，2006.1.17）

209．西藏自治区人民政府关于禁止开采砂金矿的公告（西藏自治区人民政府，2005.10.8）

二十七、陕西省

210．陕西省环境保护厅关于印发陕西省矿产资源开发生态环境治理方案编制规范的通知（陕西省环境保护厅，陕环函[2012]313 号）

211．陕西省环境保护厅《关于进一步加强采掘类建设项目环评管理的通知》（陕西省环境保护厅，陕环函[2011]755 号，2011.9.2）

212．陕西省环境保护厅关于进一步加强涉重金属重点行业重点区域环评管理的通知（陕西省环境保护厅，陕环函[2011]234 号，2011.4.1）

213．陕西省环境保护厅、陕西省发展和改革委员会关于印发陕西省钒矿采选冶项目环境准入规定的通知（陕西省环境保护厅、陕西省发展和改革委员会，陕环发[2010]77 号，2010.11.23）

214．陕西省矿产资源管理条例（1999 年 11 月 30 日陕西省第九届人民代表大会常务委员会第十二次会议通过，根据 2004 年 8 月 3 日陕西省第十届人民代表大会常务委员会第十二次会议修正，根据 2010 年 3 月 26 日陕西省第十一届人民代表大会常务委员会公告第 26 号修订）

215．陕西省矿产资源总体规划（2008—2015 年）（陕西省人民政府，2010.5.28）

216．陕西省人民政府办公厅关于加强陕南矿产资源开发管理工作的通知（陕西省人民政府办公厅，陕政办发[2008]28 号，2008.3.28）

217．陕西省秦岭生态环境保护条例（2007 年 11 月 24 日经陕西省第十届人民代表大会常务委员会第三十四次会议通过，自 2008 年 3 月 1 日起施行）

218．陕西省尾矿库安全监督管理办法（陕西省人民政府令第 111 号，2006.7.25）

219．陕西省人民政府关于全面整顿和规范矿产资源开发秩序的通知（陕西省人民政府，陕政发[2005]36 号，2005.11.16）

220．陕西省矿产资源储量管理办法（陕西省人民政府令第 62 号，2000.11.5）

221．陕西省矿产资源补偿费征收管理实施办法（陕西省人民政府令第 9 号，1994.12.27）

二十八、甘肃省

222．甘肃省人民政府办公厅关于加强矿产资源管理和矿区生态环境保护的通知（甘肃省人民政府办公厅，甘政办发[2012]187 号，2012.7.21）

223．关于印发《甘肃省金属非金属地下矿山安全避险“六大系统”建设实施方案》的通知（甘肃省安全生产监督管理局，甘安监管一[2011]74 号，2011.3.29）

224．甘肃省矿产资源总体规划（2008—2015 年）（甘肃省人民政府，2010.4）

225．甘肃省尾矿库安全监督管理办法（甘肃省安全生产监督管理局，甘安监管一[2009]47 号，2009.4.8）

226．甘肃省金属非金属地下矿山安全管理办法（甘肃省安全生产监督管理局，甘安监管一[2009]45 号，2009.4.8）

227．甘肃省地质环境保护条例（2000 年 12 月 2 日省九届人大常委会第十九次会议通过）

228．甘肃省矿产资源管理条例（1997 年 11 月 25 日甘肃省第八届人民代表大会常务委员会第三十次会议通过）

229．甘肃省矿产储量管理条例（1994 年 8 月 3 日省第八届人民代表大会常务委员会第十次会议通过并公布施行，1997 年 5 月 28 日甘肃省第八届人民代表大会常务委员会第二十七次会议修正）

二十九、宁夏回族自治区

230．宁夏回族自治区矿产资源总体规划（2008—2015 年）

231．自治区人民政府办公厅关于印发宁夏回族自治区矿产资源开发整合工作方案的通知（宁夏回族自治区人民政府办公厅，宁政办发[2010]33 号，2010.2.23）

232．自治区人民政府批转关于进一步加强矿产资源勘查开发管理的若干意见的通知（宁夏回族自治区人民政府，宁政发[2009]48 号，2009.4.3）

233．宁夏回族自治区矿山环境治理和生态恢复保证金管理暂行办法（宁夏回族自治区人民政府，宁政发[2008]100 号，2008.7.17）

234．宁夏回族自治区矿产资源管理条例（1987 年 11 月 28 日宁夏回族自治区第五届人民代表大会常务委员会第二十六次会议通过，根据 2006 年 3 月 31 日宁夏回族自治区人民代表大会常务委员会公告第 30 号修订）

三十、青海省

235．青海省矿产资源补偿费征收管理实施办法（1994 年 10 月 22 日青海省人民政府令第 12 号发布，根据 2012 年 10 月 24 日青海省人民政府令第 90 号修改）

236．青海省矿产资源总体规划（2008—2015 年）（青海省人民政府，2010.1）

237．青海省地质环境保护办法（2003 年 12 月 3 日青海省人民政府令第 37 号发布，根据 2009 年 11 月 23 日青海省人民政府令第 12 号修订）

238．青海省人民政府办公厅关于进一步改善矿产资源勘查开发外部环境的通知（青海省人民政府办公厅，青政办[2009]126 号，2009.7.17）

239．青海省矿山环境治理恢复保证金管理办法（青海省财政厅、青海省国土资源厅、青海省环境保护局，青财建[2007]517 号，2007.6.18）

240．青海省矿产资源整合总体方案（青海省人民政府办公厅，青政办[2007]47 号，2007.4.19）

241．青海省规范矿产资源勘查开发暂行规定（青海省人民政府，青政[2006]47 号，2006.5.27）

242．青海省鼓励外商投资勘查开采矿产资源若干规定（青海省人民政府，青政[2002]39 号，2002.5.25）

243．青海省矿产资源管理条例（青海省人大常委会公告第 18 号，1999.11.25）

三十一、新疆维吾尔自治区

244．新疆维吾尔自治区关于西部大开发土地使用和矿产资源优惠政策的实施意见（新疆维吾尔自治区人民政府，新政发[2002]82 号，2002.12.9）

245．新疆维吾尔自治区矿产资源勘查开发“十二五”规划（新疆维吾尔自治区国土资源

厅，2012.3.19）

246．新疆维吾尔自治区矿产资源总体规划（2008—2015 年）（新疆维吾尔自治区人民政府，新政发[2010]49 号，2010.4.24）

247．新疆维吾尔自治区矿山地质环境治理恢复保证金管理办法（新疆维吾尔自治区人民政府令第 155 号，2008.5.8）

248．关于进一步加强矿山地质环境保护方案编制与审查工作有关问题的通知（新疆国土资源厅，新国土资发[2006]234 号，2006.4.26）

249．新疆维吾尔自治区地质环境保护条例（2002 年 1 月 10 日新疆维吾尔自治区第九届人民代表大会常务委员会第二十六次会议通过，2004 年 11 月 26 日自治区第十届人民代表大会常务委员会第十三次会议《关于修改〈自治区地质环境保护条例〉的决定》修正）

250．新疆维吾尔自治区关于西部大开发土地使用和矿产资源优惠政策的实施意见（新疆维吾尔自治区人民政府，新政发[2002]82 号，2002.12.9）

251．新疆维吾尔自治区矿产资源补偿费使用管理实施细则（新疆维吾尔自治区人民政府，新政函[1998]41 号，1998.5.5）

252．新疆维吾尔自治区矿产资源管理条例（1995 年 1 月 13 日新疆维吾尔自治区第八届人民代表大会常务委员会第十二次会议审议通过，根据 1997 年 10 月 11 日新疆维吾尔自治区第八届人民代表大会常务委员会第二十九次会议《关于修改〈新疆维吾尔自治区矿产资源管理条例〉的决定》修正）

253．新疆维吾尔自治区矿产资源补偿费征收使用管理办法（新疆维吾尔自治区人民政府令第 47 号，1994.7.21）

254．新疆维吾尔自治区矿产储量管理规定（新疆维吾尔自治区人民政府，新政函[1992]136 号，1992.6.23）